Mathematik im Kontext

Reihe herausgegeben von

David E. Rowe, Mainz, Deutschland

Klaus Volkert, Wuppertal, Deutschland

Die Buchreihe Mathematik im Kontext publiziert Werke, in denen mathematisch wichtige und wegweisende Ereignisse oder Perioden beschrieben werden. Neben einer Beschreibung der mathematischen Hintergründe wird dabei besonderer Wert auf die Darstellung der mit den Ereignissen verknüpften Personen gelegt sowie versucht, deren Handlungsmotive darzustellen. Die Bücher sollen Studierenden und Mathematikern sowie an Mathematik Interessierten einen tiefen Einblick in bedeutende Ereignisse der Geschichte der Mathematik geben.

Jule Marie Hänel · Nicola Oswald ·
Jörn Steuding · Klaus Volkert

Drei mathematische Freunde

Der Briefwechsel von David Hilbert, Adolf Hurwitz und Hermann Minkowski

Jule Marie Hänel
Bergische Universität Wuppertal
Wuppertal, Deutschland

Jörn Steuding
Institut für Mathematik
Julius-Maximilians-Universität Würzburg
Würzburg, Deutschland

Nicola Oswald
Nachhaltigkeitslabor WueLAB
Julius-Maximilians-Universität Würzburg
Würzburg, Deutschland

Klaus Volkert
Fakultät für Mathematik und
Naturwissenschaften
Bergische Universität Wuppertal
Wuppertal, Deutschland

ISSN 2191-074X ISSN 2191-0758 (electronic)
Mathematik im Kontext
ISBN 978-3-662-71860-5 ISBN 978-3-662-71861-2 (eBook)
https://doi.org/10.1007/978-3-662-71861-2

Die Deutsche Nationalbibliothek verzeichnet diese Publikation in der Deutschen Nationalbibliografie; detaillierte bibliografische Daten sind im Internet über https://portal.dnb.de abrufbar.

Planung/Lektorat: Veronika Erdmann
Springer Spektrum ist ein Imprint der eingetragenen Gesellschaft Springer-Verlag GmbH, DE und ist ein Teil von Springer Nature.
Die Anschrift der Gesellschaft ist: Heidelberger Platz 3, 14197 Berlin, Germany

Vorwort

Das Kernstück des vorliegenden Buches bilden die Briefe und Postkarten, die zwischen David Hilbert (1862–1943), Adolf Hurwitz (1859–1919) und Hermann Minkowski (1864–1909) gewechselt wurden. Bis auf die leider verloren gegangenen an Minkowski gerichteten Briefe und Karten haben wir uns um bestmögliche Vollständigkeit bemüht. Die Herkunft des hier dargebotenen Materials ist unterschiedlich: Die Briefe von Hilbert an Minkowski wurden nahezu vollzählig von Lily Rüdenberg und Hans Zassenhaus 1973 in Buchform veröffentlicht. Die Originale der weiteren Briefe und Karten finden sich in der Handschriftenabteilung der Niedersächsischen Landes- und Universitätsbibliothek in Göttingen sowie zu einem geringen Teil im Hochschularchiv der Eidgenössische Technische Hochschule (ETH) in Zürich. Wir danken diesen Institutionen für ihre Unterstützung. An vereinzelten Stellen des Briefwechsels ist ersichtlich, dass nicht alle Briefe und Karten, die gewechselt wurden, vorhanden sind. Insgesamt ergibt sich jedoch ein facettenreiches und umfassendes Bild von der lebenslangen Brieffreundschaft der drei Mathematiker.

Die Briefe und Karten werden hier in chronologischer Abfolge präsentiert, den einzelnen Korrespondenzen entsprechend ineinander verwoben dargestellt. Dies ermöglicht, dass nachvollzogen werden kann, wie sich zwischen den Briefpartnern manche Themen entwickelt haben – oder fallengelassen wurden. Zudem zeigten sich die Freunde ausgewählte Briefe untereinander, etwa gab Minkowski Briefe Hilberts in seiner Züricher Zeit Hurwitz zum Lesen und umgekehrt. Insofern waren die Briefe wiederholt nicht ausschließlich für den Adressaten selbst bestimmt. Die Kommentierung der Briefe und Karten wurde so vorgenommen, dass alle im fraglichen Dokument vorkommenden Stellen, die aus Sicht der Autor:innen einer solchen bedürfen, an Ort und Stelle kommentiert wurden. Das bedeutet zum einen, dass die Briefe einzeln studiert werden können, andererseits hat dies eine gewisse Redundanz zur Folge, die wir in Kauf nehmen. Die Schreibweise folgt grundsätzlich den Originalen, lediglich die Zeichensetzung wurde im Interesse besserer Lesbarkeit vorsichtig korrigiert und ergänzt. Es ist nicht immer gelungen, die Originale zu entziffern, entsprechende Stellen haben wir deutlich gemacht. Das gilt vor allem für Postkarten, die damals oft in zwei Richtungen gewissermaßen übereinander beschrieben wurden.

Während die Handschriften von Hurwitz und Minkowski geradezu vorbildlich sind, macht die Hilberts große Mühe. Allerdings wurden viele seiner Briefe von Käthe Hilbert ins Reine geschrieben. Natürlich werden uns Fehler unterlaufen sein; die menschliche Intelligenz hat ihre Schranken und die künstliche ist gerade erst dabei, Handschriften lesen zu lernen.

Ergänzt wird die Korrespondenz durch tabellarische Lebensläufe der drei mathematischen Freunde. Diese sollen den Leser:innen die zeitliche Einordnung vieler in den Briefen genannten Ereignisse erleichtern. Weiterhin gibt es im Anhang ein ausführliches Personenverzeichnis, das Informationen insbesondere zu jenen Namen liefert, die wenig bekannt sind. Ergänzend zu den Briefen wurden kontextualisierende Essays aufgenommen, die auch unabhängig voneinander gelesen werden können. Zum einen werden die wichtigsten Institutionen vorgestellt, an denen die drei Freunde wirkten. Das waren die Universität Königsberg, die Eidgenössische Polytechnische Schule in Zürich, die heutige ETH, sowie die Universität Göttingen. Diese boten durchaus unterschiedliche Rahmenbedingungen, was sich sowohl im Wirken als auch in der Korrespondenz der drei Freunde zeigt. Anschließend folgt eine eher quantitative Betrachtung der Briefe und Karten. Darin wird versucht, gewisse wiederkehrende Themen in Kategorien zu ordnen und somit eine Herangehensweise aus der Vogelperspektive an die Korrespondenz zu ermöglichen. Weitere Essays beschäftigen sich mit der Zahlentheorie, ein Gebiet, das im Briefwechsel lange Zeit vorherrschend war – nicht zuletzt wegen Hilberts Zahlbericht (1897) und dessen nie erschienenen zweiten Teil von Minkowski. Eine Art Ersatz war dessen Buch „Geometrie der Zahlen“ (1896); diesem Gebiet, eine genuine Schöpfung, Minkowskis ist ein eigener Essay gewidmet. Zusätzlich wird die Geometrie in der Korrespondenz selbst vorgestellt, ein Thema, an dem alle drei Freunde Interesse hatten, wenn auch Hilberts „Grundlagen der Geometrie“ das herausragende Werk hierzu darstellt. Deren Vorgeschichte lässt sich anhand des Briefwechsels nachvollziehen.

Das vorliegende Buch ist das Resultat einer jahrelangen Zusammenarbeit der vier Autor:innen, gewissermaßen Produkt eines Autorenkollektivs – darin der Korrespondenz der drei Freunde nicht unähnlich. Deshalb haben wir darauf verzichtet, einzelne Teile des Buches Autorinnen oder Autoren zuzuordnen.

Wir danken herzlich allen Personen und Institutionen, die uns unterstützt haben. Neben den genannten Archiven waren dies vor allem Mitglieder der Arbeitsgruppe Didaktik und Geschichte der Mathematik an der Bergischen Universität Wuppertal sowie der Arbeitsgruppe Topologie und Geometrie an der Bergischen Universität Wuppertal, die drei der vier Autor:innen einen angenehmen Arbeitszusammenhang boten. Insbesondere hat Ralf Krömer die Mühe auf sich genommen, das Projekt administrativ zu vertreten. Die DFG unterstützte das Projekt im Rahmen einer Sachbeihilfe (Projektnummer 511998019). Zu danken haben wir darüber hinaus den Lektorinnen des Springer-Verlags, die dieses Werk begleitet haben (Frau Azarm, Frau Eisemann und Frau Nörthen) sowie David Rowe, dem Mitherausgeber der Reihe „Mathematik im Kontext“. Weiterhin danken wir Hannes Wagener (Wuppertal), der uns bei der Herstellung der Druckfassung sehr geholfen hat. Für die Erstellung der Endfassung dieses Buches danken wir schließlich Dr. Rasa Steuding (Gerbrunn) aufs herzlichste.

Wir hoffen, dass wir zum besseren Verständnis einer wichtigen Episode der Mathematikgeschichte, die man als Entstehung der modernen Mathematik bezeichnet hat und bei der die drei Freunde eine wesentliche Rolle gespielt haben, mit unserem Buch beitragen. Dabei steht nicht allein die Mathematik im Vordergrund, sondern auch die persönlichen, familiären und institutionellen Kontexte, in denen die drei Briefeschreiber lebten und arbeiteten. Hierzu eignet sich die Korrespondenz besonders, da solche Themen – im Unterschied beispielsweise zu wissenschaftlichen Publikationen – immer wieder zur Sprache kommen, wie unter wirklichen Freunden üblich und wichtig. Um diesem Ziel näherzukommen, haben wir auch Briefe von Angehörigen aufgenommen, also von Käthe Hilbert, Ida Hurwitz-Samuel und Auguste Minkowski sowie von Adolf Hurwitz' Bruder Julius, der zumeist „vergessene Hurwitz".

Wir wünschen den Leser:innen viel Freude und interessante Einblicke beim Erkunden dieses vielseitigen Austausches rund um Mathematik des 19. und beginnenden 20. Jahrhunderts!

Jule Hänel, Nicola Oswald, Jörn Steuding, Klaus Volkert

Interessenkonflikt

Der/die Autor*in hat keine für den Inhalt dieses Manuskripts relevanten Interessenkonflikte.

Inhaltsverzeichnis

1 Lebenswege

1.1 Tabellarische Kurz-Biographien

Adolf Hurwitz

Hildesheim, München, Leipzig

Geburt 26. März 1859 in Hildesheim
1877 erste Veröffentlichung zum Satz von Chasles, gemeinsam mit seinem Lehrer Hermann Cäsar Hanibal Schubert
Studium ab 1877 in München mit Unterbrechung in 1877/1878 in Berlin
Promotion bei Felix Klein 1881 in Leipzig
1882 Habilitation in Göttingen; viel Zeit in Berlin und Hildesheim

Königsberg

1884 Extraordinat in Königsberg, auf Bestreben von Ferdinand Lindemann; Interesse an Diophantischen Fragen
Freundschaft mit den Studenten David Hilbert und Hermann Minkowski
1892 Heirat Ida Samuel(-Hurwitz)

Zürich

1892 Professor an dem Eidgenössischen Polytechnikums Zürich (ab 1911 umbenannt in Eidgenössiche Technische Hochschule ETH), als Nachfolger von Georg Frobenius
1894–1898 Geburt der Kinder Lisbeth, Eva und Otto Adolf
ab 1896 Forschung zu hyperkomplexen Zahlen und 1919 Lehrbuch zu Quaternionen
1897 Organisation und Plenarvortrag des ersten Mathematikkongresses, in Zürich
Tod 18. November 1919 in Zürich an Nierenversagen.

J. M. Hänel et al., *Drei mathematische Freunde*, Mathematik im Kontext,
https://doi.org/10.1007/978-3-662-71861-2_1

David Hilbert

Königsberg

Geburt 23. Januar 1862 in Königsberg (Ostpreußen)
Studium ab Wintersemester 1880 in Königsberg
Freundschaft mit Kommilitone Hermann Minkowski und (ab 1884) Professor Adolf Hurwitz
1885 Promotion mit einer Arbeit zur Invariantentheorie bei Ferdinand Lindemann
Studienreise mit Besuch bei Felix Klein in Leipzig und anschließend Paris
1886 Habilitation mit einer Arbeit über Invariantentheorie
1890 Gründungsmitglied der DMV
1890 und 1893 Forschung zu Invariantentheorie
1892 Übernahme des Extraordinats von Hurwitz
1892 Heirat mit Käthe Jerosch
1893 Geburt von Sohn Franz
1893 Übernahme des Ordinariats von Lindemann

Göttingen

1895 Ruf nach Göttingen, auf Initiative von Felix Klein
1897 Zahlbericht
1899 Grundlagen der Geometrie (Festschrift)
1900 Präsident der DMV
1900 Rede mit den 23 Problemen auf dem ICM in Paris
1902–1939 Mitherausgabe der Mathematischen Annalen
Ab 1912 Arbeiten zur mathematischen Physik und Relativitätstheorie
1917 Vortrag zu axiomatischem Denken in Zürich
1921–1928 Grundlagenkrise, Arbeiten zur Beweistheorie
1928 Plenarvortrag beim Internationalen Kongress in Bologna
1930 Vortrag Naturerkennen und Logik in der Gesellschaft Deutscher Naturforscher und Ärzte in Königsberg
1930 Emeritierung, Nachfolger wird Hermann Weyl
1942 Ehrenmitglied der DMV
Tod 14. Februar 1943 in Göttingen.

Hermann Minkowski

Königsberg

Geburt 22. Juni 1864 in Aleksotas (heute ein Stadtteil von Kaunas in Litauen, damals russisch), 1872 Umzug ins ostpreußische Königsberg
Studium ab Sommer 1880 in Königsberg, drei Semester in Berlin
Freundschaft mit Kommilitone David Hilbert und (ab 1884) Professor Adolf Hurwitz
1883 Gewinn eines Preisausschreibens der Pariser Akademie zu Quadratsummen (Preis geteilt mit H.J.S. Smith)
1885 Promotion mit einer Arbeit zu quadratischen Formen bei Ferdinand Lindemann
1885/86 einjähriger Militärdienst

Bonn

1887 Wechsel nach Bonn
1887 Habilitation in Bonn mit einer Arbeit zu quadratischen Formen
1889–1897 Begrundung der Geometrie der Zahlen
1892 Extraordinarius (bezahlt)

Königsberg

1894 Professor in Königsberg (als Nachfolger von Hilbert)

Zürich

1896 Professor am Polytechnikum Zurich (heute ETH), Kollege von Adolf Hurwitz
1896 Erscheinen des ersten Buches Geometrie der Zahlen; zweite umfassendere „Lieferung", erscheint 1910 posthum
1897 Heirat mit Auguste Adler
1898 Geburt der Tochter Lily, 1902 Geburt der Tochter Ruth

Göttingem

1902 Ruf nach Göttingen, Kollege von David Hilbert und Felix Klein
1904 Eingeladener Vortrag auf dem ICM in Heidelberg
1905–1909 Interesse an Physik und insbesondere Relativitätstheorie (Raumzeit)
1907 Erscheinung des Buches zu Diophantische Approximationen
1908 Vortrag bei der Kölner Versammlung Deutscher Naturforscher und Ärzte über Raum und Zeit
Tod 12. Januar 1909 in Göttingen an einem Blinddarmdurchbruch.

1.2 Königsberg – Zürich – Göttingen

Im Folgenden werden die wichtigsten Wirkungsstätten der drei Freunde, die Universitäten Königsberg und Göttingen sowie die Eidgenössische Polytechnische Schule in Zürich vorgestellt. Diese boten durchaus unterschiedliche Arbeitsbedingungen, bedingt durch unterschiedliche Traditionen und Zielsetzungen. Dabei spielten auch Aspekte der Lehre eine wichtige Rolle.

Als Studenten, Doktoranden und Postdoktoranden hielten sich Adolf Hurwitz, David Hilbert und Hermann Minkowski, die drei mathematischen Freunde, an verschiedenen Orten und Universitäten bzw. Hochschulen auf. Hurwitz (1859–1919) begann sein Studium an der Technischen Hochschule in München bei Felix Klein, ging dann für längere Zeit nach Berlin, wo ihn vor allem Leopold Kronecker beeindruckte, um dann in Leipzig, wohin Klein gewechselt war, zu promovieren. Zum Zwecke der Habilitation (1882) wandte sich Hurwitz nach Göttingen, als Absolvent eines Realgymnasiums konnte er in Leipzig nicht problemlos habilitieren. Zwar hatte Klein kurz zuvor mit Mühe eine Ausnahmeregelung für Walther Dyck, der ebenso wie Hurwitz nicht das humanistische Gymnasium besucht hatte, erwirkt, aber es schien ihm wohl aussichtslos, dies noch einmal zu versuchen. Nach der Habilitation blieb Hurwitz kurze Zeit als Privatdozent in Göttingen aktiv, bis er schon 1884 nach Königsberg als Extraordinarius berufen wurde.

David Hilbert (1862–1943) studierte mit Beginn des Wintersemesters 1880 in seiner Heimatstadt Königsberg, wechselte aber – wie zu jener Zeit sehr üblich – gleich im nachfolgenden Sommersemester für ein Semester nach Heidelberg, im Sommer lag die Zahl der Studenten in Heidelberg stets viel höher als im Winter, um danach wieder nach Ostpreußen zurückzukehren. Nach der Promotion (11. Dezember 1884; Thema der Dissertation: Über invariante Eigenschaften specieller binärer Formen, insbesondere der Kugelfunctionen) zum Dr. phil. unternahm Hilbert eine Bildungsreise, zuerst zu F. Klein nach Leipzig, von dort aus auf dessen Empfehlung nach Paris. 1885 habilitierte sich Hilbert in Königsberg mit der Abhandlung „Ueber einen allgemeinen Gesichtspunkt für invariantentheoretische Untersuchungen im binären Formengebiete"; 1892 erhielt er dort in der Nachfolge von Hurwitz ein etatmäßiges Extraordinariat.

Hermann Minkowski (1864–1909) studierte schon ab Sommersemester 1880 – er hatte drei Klassen im Gymnasium übersprungen – fünf Semester in Königsberg, dann drei Semester in Berlin. Nach seiner Rückkehr promovierte Minkowski am 30. Juli 1885 in Königsberg mit der Dissertation „Untersuchungen über quadratische Formen", um danach seinen einjährigen Militärdienst abzuleisten, der Hilbert erspart blieb. Bei der Disputation im Rahmen von Minkowskis Promotion dienten ihm Hilbert und Emil Wiechert, der später in Göttingen als Geophysiker wirkte und den zweiten Beitrag – neben Hilberts

„Grundlagen der Geometrie“ – zur „Gauß-Weber-Festschrift“ (1899) verfassen sollte, als Opponenten; letzterer war auch bei Hilberts Promotion Opponent. Hilbert, dem Minkowski gelegentlich Pessimismus bescheinigte, legte auch noch das Staatsexamen ab, was ihn beim Scheitern einer Universitätskarriere die Möglichkeit eröffnet hätte, in den Schuldienst zu gehen.

Da die Mathematik an der Königsberger Universität nur klein war – hauptsächlich was die Zahl der Studierenden anbelangte – und für zwei – berücksichtigt man noch Viktor Eberhard, der sich 1888 dort habilitierte, so wären es sogar drei gewesen – junge Privatdozenten sich somit wenig Möglichkeiten boten, ging Minkowski 1887 nach Bonn. Dort herrschte ein Mangel an aktiven Dozenten der Mathematik, hier habilitierte sich Minkowski am 15.4.1887; nach einigen Jahren als Privatdozent in Bonn erhielt er 1892 dort ein bezahltes Extraordinariat. Als Habilitationsschrift dienten zwei Arbeiten im Crelle-Journal „Über den arithmetischen Begriff der Äquivalenz“ und „Zur Theorie der positiven Formen‘.

Die weitere Laufbahn der drei mathematischen Freunde kreiste um die Orte Königsberg, Zürich und Göttingen. Bis 1892 finden wir Hilbert und Hurwitz zusammen in Königsberg, Minkowski in Bonn. Allerdings wissen wir u.a. aus den Briefen des letzteren, dass er jede sich bietende Gelegenheit nutzte, um nach Königsberg zu kommen (vgl. Hilbert 1910, 461), wo ja neben seinen mathematischen Freunden auch seine Familie lebte. Im Jahr 1892 trat eine wichtige Veränderung ein, da Hurwitz den Ruf auf eine Lehrstelle, anderswo hätte man Ordinariat gesagt, an der Eidgenössischen Polytechnischen Schule in Zürich annahm und Hilbert sein Nachfolger in Königsberg wurde. Überhaupt geschahen 1892 einige wichtige Ereignisse für die Mathematik im deutschsprachigen Raum, u.a. kamen Frobenius nach Berlin, Schottky nach Marburg und H. Weber nach Göttingen.

Zwischen 1892 und 1894 finden wir somit die drei mathematischen Freunde auf drei Orte verstreut. 1894 rückte Hilbert in der Nachfolge von Lindemann auf das Ordinariat in Königsberg auf, Minkowski erhielt das dort freigewordene Extraordinariat. Er übernahm 1895 das Ordinariat, welches durch Hilberts Weggang nach Göttingen vakant geworden war, nahm aber schon 1896 – sich in Königsberg mathematisch vereinsamt fühlend – den Ruf auf die zweite Lehrstelle für reine Mathematik in deutscher Sprache der Eidgenössischen Polytechnischen Schule in Zürich an. Hier blieb er zusammen mit Hurwitz bis 1902. Um einen möglichen Weggang Hilberts nach Berlin zu verhindern, erreichte Klein mit Althoffs Hilfe in diesem Jahr die Einrichtung eines dritten mathematischen Ordinariats in Göttingen, das ganz in Hilberts Sinne mit Minkowski besetzt wurde. Damit zog Göttingen, was die Zahl drei der mathematischen Ordinariate anging, mit Berlin gleich. Bis 1909, als Minkowski unerwartet starb, wirkten Hilbert und Minkowski gemeinsam in Göttingen. Hurwitz blieb in Zürich, wo er 1919 starb, Hilbert lebte und wirkte bis zu seiner Emeritierung (1930) in Göttingen, wo er 1943 starb.

Der erhaltene Briefwechsel zwischen Hurwitz, Hilbert und Minkowski umspannt den Zeitraum von 1885 bis 1918, also rund 30 Jahre. In vielen dieser

Jahre waren zwei der drei Beteiligten an einem Ort: Königsberg bis 1892 und dann nochmals 1894/95, Zürich von 1896 bis 1902 und schließlich Göttingen von 1902 bis 1909. Verständlicher Weise nahm die Korrespondenz zwischen denjenigen Freunden ab, die an einem Ort wirkten, man sah sich ja oft genug, um sich austauschen zu können.

Königsberg

Die Universität Königsberg (Ostpreußen), heute Kaliningrad (Russland), meist kurz Albertina genannt, war eine klassische protestantische Universität, gegründet 1544 von Herzog Albrecht von Brandenburg-Ansbach; bis etwa 1860 konnten nur Protestanten eine Professur an der Albertina erhalten. Die Mathematik gehörte wie üblich zur Philosophischen Fakultät und wurde bis ins 19. Jh. hinein meist von Theologen unterrichtet. Entscheidungen fielen folglich in einer Fakultät, in der eine Vielzahl von Fächern vertreten war: von der Philosophie über die Philologie und Geographie hin zu den Naturwissenschaften und eben der Mathematik. Nur Ordinarien durften abstimmen, alle anderen Dozenten hatten keinen Einfluss auf das Geschehen. Viel Einfluss hatte hingegen das zuständige Ministerium in Berlin mit dem zuständigen Referenten Ministerialrat (später: -direktor) Friedrich Althoff.[1] Dieser betrachtete alle universitären Angelegenheiten unter gesamtpreußischer Sicht – etwa, wenn er einen vielversprechenden jungen Mathematiker von Königsberg nach Bonn dirigierte, um dort einen Überschuss zu vermeiden und hier eine Lücke zu schließen. Auch in Berufungsangelegenheiten entschied letztlich das Ministerium, allerdings wurden in der Regel die Vorschläge der Universitäten befolgt.

Was die Mathematik anbelangt, kam Königsberg, trotz seiner Lage fernab aller Zentren, im 19. Jh. eine wichtige Rolle zu. Das lag vor allem an Carl Gustav Jacob Jacobi, der von 1826 bis 1843 in Königsberg wirkte und dort wichtige Neuerungen einführte, nämlich die Forschungsorientierung der Lehre, deren „vertiefte Spezialisierung", wie Klein[2] das nannte. Diese löste die Vorlesungen enzyklopädischer Tendenz des 18. Jhs. – ein typisches Beispiel lieferte August Abraham Kästner in Göttingen, der seine Vorlesungen auch in Buchform veröffentlichte und damit großen Erfolg hatte – ab. Einher damit ging die Einbindung von fortgeschrittenen Studenten in die Forschung insbesondere durch das neue Instrument des Mathematischen Seminars. Zusammen mit dem Astronomen Fr. Bessel und dem mathematischen Physiker Franz Neumann begründete Jacobi die sogenannte Königsberger Schule, aus der zahlreiche bekannte Mathematiker hervorgingen, wie Siegfried Heinrich Aronhold, Alfred Clebsch, Otto Ludwig Hesse, Rudolf Lipschitz und Friedrich Richelot. Man vermutete sogar, dass Ostpreußen besonders günstige Bedingungen dafür böte, Mathematiker hervorzubringen[3]:

---

[1] Zu Althoff vgl. man Zassenhaus 1973.

[2] Vgl. Klein 1926, 113.

[3] Lorey 1916, 64.

> Ist doch Bonn geographisch günstiger gelegen als Königsberg, so scheint doch der Osten Deutschlands und insbesondere Ostpreußen ein vortrefflicher Boden für die Entwicklung mathematischer Begabungen zu sein, besonders in der von Jacobi beeinflussten arithmetisch-analytischen Richtung. Es ist jedenfalls eigentümlich, wieviel deutsche Mathematiker des vorigen Jahrhunderts aus den östlichen Provinzen stammen.

Hier klingt ein Thema an, das im 19. Jh. oft, wenn auch in unterschiedlicher Weise, zitiert wurde: die strenge norddeutsche (preußische) arithmetisch-algebraische Denkweise, die auf Logik und Kalkül aufbaut, versus die intuitive süddeutsche, die Anschauung und Konstruktion in den Mittelpunkt stellt und die Geometrie favorisiert. Als Grenze zwischen beiden galt die Mainlinie.

Ähnlich wie Lorey äußerte sich auch Klein, der allerdings einen für uns heutige problematischen Begriff ins Spiel bringt[4]:

> Bei dieser Gelegenheit möchte ich nicht versäumen, auf eine merkwürdige Tatsache aufmerksam zu machen, das ist die außerordentlich große Zahl berühmter Mathematiker, die aus Königsberg stammen, wie denn überhaupt die ostpreußische Rasse mit besonderer Begabung in der Richtung unserer Wissenschaft gesegnet zu sein scheint.

Als charakteristisch für die Königsberger Schule galt die starke Betonung des formalen – im Unterschied zum materialen – Bildungswertes der Mathematik, damit verbunden ein geringes Interesse an deren Anwendungen soweit sie nicht analytisch sind (wie etwa die analytische Mechanik, zu der Jacobi ja wichtige Beiträge lieferte) und eine vertiefte Kluft zwischen Schul- und Universitätsmathematik, bedingt durch das hohe Anspruchsniveau der universitären Veranstaltungen.[5] Geradezu programmatisch klingt Jacobi's Kritik an Fourier in einem Brief aus Königsberg an A. M. Legendre vom 2. Juli 1830[6]:

> Es trifft zu, dass Herr Fourier der Meinung war, dass das wichtigste Ziel der Mathematik ihr Nutzen für die Allgemeinheit und die Erklärung der Naturphänomene sei. Ein Philosoph wie er hätte aber wissen sollen, dass das alleinige Ziel der Wissenschaft die Ehre des menschlichen Geistes ist und dass so betrachtet eine Frage der Zahlentheorie ebenso viel Wert besitzt wie eine zum System der Welten.

Heinrich Weber meinte zu Königsberg, wo er immerhin acht Jahre Ordinarius war: „Zum Arbeiten ist Königsberg gut geeignet, da man sonst nichts hat.“ (Brief an W. Fiedler, Königsberg 24. März 1877).[7]

---

[4]Klein 1926, 159.

[5]Vgl. Lorey 1916, 78.

[6]Legendre/Jacobi 1880, 272-273 (Übersetzung von den Autoren).

[7]Biliothek ETH-Hochschularchiv Hs 87 : 1475.

Nach Jacobi's Weggang nach Berlin (1843) hatten im 19. Jh. folgende Personen das mathematische Ordinariat in Königsberg inne: Friedrich Richelot (1843–1875), direkter Schüler von Jacobi, Heinrich Weber (1875–1883), Ferdinand Lindemann (1883–1893), David Hilbert (1893–1895), Hermann Minkowski (1895–1896) und Otto Hölder (1896–1899).

Weiterhin gab es in Königsberg ein etatmäßiges, d. h. bezahltes, Extraordinariat, das bis 1884 Johann Georg Rosenhain innehatte, ein bezahltes Extraordinariat erhielt 1884 dann auch Adolf Hurwitz (bis 1892). Ein außerplanmäßiges, also unbezahltes, vertrat Louis Saalschütz, der Oberlehrer an der Königsberger Gewerbeschule war und hauptsächlich Themen der angewandten Mathematik anbot. 1888 wurde auch er etatmäßiger Extraordinarius. Hinzu kam Paul Volkmann, der sich 1882 in Königsberg habilitierte, 1886 zum Extraordinarius ernannt wurde und der 1894 das Ordinariat für mathematische Physik, das einstmals Franz Neumann innehatte, erhielt. Erst Ende der 1890er Jahre wurde ein zweites Ordinariat für Mathematik geschaffen und mit A. Schoenflies besetzt.

Es war im 19. Jh. üblich, Privatdozenten nach einigen Jahren erfolgreicher Lehrtätigkeit den Titel (ohne Mittel) Extraordinarius zu verleihen; ihre Einnahmequelle waren wie die der Privatdozenten die Hörergelder, eventuell auch ein bezahlter Lehrauftrag, z. B. für Kameralisten. Aus diesem Grunde suchte mancher Habilitand für sein Vorhaben (wieder) die Nähe zum elterlichen Herd.

An Habilitationen sind noch in der Königsberger Zeit der mathematischen Freunde zu nennen: der Geometer Victor Eberhard habilitierte sich 1888 und wurde 1894 zum Extraordinarius ernannt. Er wechselte 1896 auf ein etatmäßiges Extraordinariat in Halle. Eberhard war seit seiner Jugend vollständig erblindet, was ihm eine gewisse Sonderstellung gab. Er hat zwei Bücher, davon eines über Polyedertheorie, während seiner Königsberger Zeit verfasst. Das Polyederbuch stand noch ganz in der Tradition der Morphologie, einem Forschungsprogramm, das um diese Zeit bereits im Rückzug begriffen war. Das Schicksal Eberhards lag den drei Freunden, wie viele Stellen im Briefwechsel zeigen, am Herzen; mathematisch war er für sie eher ein Atavismus.

Ein weiterer Privatdozent war Emil Müller, der aus Wien kam und seit 1892 an der Baugewerkenschule in Königsberg als Lehrer wirkte. Er promovierte 1898 in Königsberg bei Fr. W. Franz Meyer mit der Arbeit „Die Geometrie orientierter Kugeln nach Grassmann'schen Methoden" und habilitierte sich dort im nachfolgenden Jahr. 1902 erhielt er ein Ordinariat an der Technischen Hochschule in Wien, wo er zum führenden Vertreter der Wiener Schule der Geometrie und erfolgreichem Lehrbuchautor wurde. Müller war ein versierter Kenner der klassischen Geometrie einschließlich der darstellenden, der aber auch offen war für neue Ansätze, interessierte sich aber – im Unterschied zu Hilbert – weniger für Axiomatik.[8]

Dieser doch recht intensiven Entwicklung des Lehrkörpers für Mathematik standen in Königsberg nur wenige Fachstudenten gegenüber – ein Mangel, der sich immer wieder bemerkbar machte, u.a. in den kleinen Hörerzahlen, die nicht

[8] Vgl. Binder 2019 und Stachel 2019.

eben motivierend auf die meisten Dozenten wirkten. Manche Vorlesung, z. B. eine von Hilbert für das Sommersemester 1893 geplante über Grundlagen der Geometrie, kam in Ermangelung von Zuhörern auch gar nicht erst zustande. Allerdings war unter den Königsberger Studenten zu Zeiten von Hilbert und Minkowski ein aus dieser Stadt gebürtiger Student, der später als Physiker sehr bekannt werden sollte, nämlich Arnold Sommerfeld. Er begann als Mathematikstudent in Königsberg, promovierte dort 1891 bei Lindemann über die willkürlichen Funktionen in der Physik und wechselte dann nach Göttingen, wo er sich habilitierte und unter dem Einfluss vor allem von F. Klein zur theoretischen Physik überging; eine enge Freundschaft verband ihn mit E. Wiechert.

Im Jahr 1869 gründeten A. Clebsch (damals schon in Göttingen) und Carl Neumann (in Leipzig) die „Mathematischen Annalen" in Konkurrenz zum „Journal für die reine und angewandte Mathematik", kurz nach seinem Begründer „Crelle-Journal" genannt, das seinerzeit von K. Borchardt, später dann von Kronecker und Weierstraß, herausgegeben und von den Berliner Mathematikern dominiert wurde. Die Mathematischen Annalen, die nach Clebschs Tod von F. Klein und Carl Neumann herausgegeben wurden, entwickelten sich zum Organ der neuen Invariantentheorie, die wiederum enge Beziehungen zur analytisch-algebraischen Geometrie hatte und von Königsbergern wie Aronhold, Clebsch, Hesse u.a. ausgebaut worden war.

Als Hilbert und Minkowski 1880 das Studium begannen, war das mathematische Ordinariat mit Heinrich Weber besetzt. Weber hatte in seiner Vaterstadt Heidelberg, vor allem bei L. O. Hesse studiert, promoviert und habilitiert, war also durchaus von der Königsberger Schule beeinflusst. Zudem hatte er nach der Promotion mehrere Semester in Königsberg verbracht. Bekannt wurde Weber vor allem durch seine Beiträge zur Algebra, insbesondere durch sein Algebra-Lehrbuch und seine gemeinsame Arbeit mit R. Dedekind über algebraische Funktionen; er hatte aber sehr breite Interessen, die bis in die mathematische Physik reichten, und machte sich als Bearbeiter der Riemann-Werke (wieder zusammen mit Dedekind) verdient. Weber war in seiner Zeit ein sehr einflussreicher Mathematiker – u.a. präsidierte er dem Internationalen Mathematiker-Kongress 1904 in Heidelberg –, der viele Rufe erhielt und der eine vermittelnde Position in den diversen Auseinandersetzungen seiner Zeit (vor allem jene zwischen der Berliner Schule und F. Klein und seinen Anhängern) einnahm. Hilbert und Minkowski haben zusammen eine Vorlesung von Weber über Zahlentheorie gehört, Hilbert hörte auch elliptische Funktionen bei ihm und besuchte ein Seminar über Invariantentheorie von Weber. Es ist anzunehmen, dass Ähnliches für Minkowski gilt, über dessen Studium leider nur wenig bekannt ist. Neben dem Einfluss Webers ist Leopold Kronecker zu nennen, der eine wichtige mathematische Quelle für Hilbert und Minkowski wurde. Minkowski lernte diesen während seines Studiums in Berlin kennen, Hilbert während eines Berlin-Aufenthaltes im Rahmen seiner Bildungsreise. Kroneckers Ansichten zu den Grundlagen der Mathematik, teilten sie allerdings, wie manche Briefstellen belegen, nicht: „Die natürlichen Zahlen hat Gott gemacht, alles andere ist Menschenwerk." war eine Parole, die H. Weber in seinem Nachruf Kronecker zuschrieb und die fortan gerne zur Charakterisierung von dessen Position herangezogen wurde. Ob das Kronecker wirklich gesagt hat, bleibt offen. Am 24. August 1888 berichtete Hurwitz, der sich zuvor in Berlin aufgehalten hatte, an Hilbert HuHi 4:

> Weniger erfreulich waren die vereinzelten Mittheilungen über den erneuten Riss, welcher durch Kronecker's Betonung der ganzen Zahlen und sonstiges Verhalten in die mathematische Welt einzugreifen scheint. Cantor ist außer sich über Kronecker's Verhalten – ich glaube mit Recht.

Nach dem Weggang Webers, es zog ihn westwärts zu wärmeren Gefilden, er wechselte 1883 nach Charlottenburg an die Technische Hochschule, wurde F. Lindemann, Schüler von A. Clebsch und nach dessen Tod von F. Klein, nach Königsberg berufen. Sein 1882 veröffentlichter Beweis der Transzendenz der Kreiszahl hatte ihn in kürzester Zeit berühmt gemacht und ihm den Steiner-Preis eingebracht. Lindemann wurde formal zum Doktorvater von Hilbert und Minkowski, die beide 1885 wie bereits erwähnt bei ihm promovierten. Es gab natürlich auch keine Alternative zu Lindemann in Königsberg, inhaltlich scheint Lindemann wenig Einfluss auf seine beiden Doktoranden gehabt zu haben, aber er ebnete ihnen in mancher Hinsicht den Weg. Am wichtigsten für Hilbert und Minkowski war wohl, dass Lindemann 1884 für die Berufung von A. Hurwitz nach Königsberg auf ein etatmäßiges Extraordinariat sorgte. Damit war das Triumvirat Hurwitz, Hilbert, Minkowski geboren und die berühmten mathematischen Spaziergänge zum Apfelbaum nahmen ihren Anfang – zu dritt, wenn Minkowski in Königsberg war, oder auch nur zu zweit in seiner Abwesenheit. In seinem Kondolenzbrief an Ida Hurwitz-Samuel vom 15. Dezember 1919 HiHu 109 nannte Hilbert Hurwitz seinen „ältesten mathematischen Freund", während „Minkowski etwas später hinzu getreten" sei.

So entstand eine damals ungewöhnliche Art und Weise, Mathematik zu betreiben – man könnte sie die dialogische nennen. Sie beruhte auf dem intensiven meist mündlichen Austausch und löste den in seiner Studierstube einsam für sich hin forschenden Wissenschaftler mit gelegentlichen Ausflügen ins pralle Leben, in der deutschen Literatur paradigmatisch verkörpert durch Goethes Dr. Faustus, ab. In ihren Briefen an Hurwitz betonen Hilbert und Minkowski immer wieder, wie wichtig das persönliche Gespräch sei und wie sehr es fehle, weil Hurwitz Zürich nur selten verließ. Besonders für Hilbert sollte dieser dialogische Stil später in Göttingen wichtig sein, wo er zum Mittelpunkt einer ganzen Schule wurde, in der dieser ausgeprägt praktiziert wurde[9] – im Gegensatz übrigens zur Berliner Mathematik, wo man den alten Stil des einsamen Gelehrten weiterhin pflegte. Minkowski nannte Hilbert gar den „Generaldirektor" der modernen Mathematik, die folglich mit einem Wirtschaftsunternehmen verglichen wird.

---

[9]Vgl. Rowe 2018.

Den Dialog pflegten die drei mathematischen Freunde über rund 30 Jahre miteinander – sei es schriftlich per Brief oder mündlich vor Ort, oft auf gemeinsamen Spaziergängen in Königsberg, Zürich oder Göttingen. Zu diesen Spaziergängen kamen später auch andere Mathematiker hinzu, z. B. in Zürich H. Burkhardt von der benachbarten Universität und in Göttingen Felix Klein und Carl Runge.

Die dialogisch genannte Tendenz zeigte sich bei Hilbert und Minkowski noch in einer anderen Hinsicht: Sie waren aktiv im Rahmen der Deutschen Mathematiker-Vereinigung, bei deren Gründung sie mitwirkten und deren Jahrestagungen (damals sprach man von Jahresversammlungen) – die lange Zeit im Rahmen der Versammlung deutscher Naturforscher und Ärzte abgehalten wurde; man schätzte die Breite der dort angebotenen Beiträge – regelmäßig besuchten. Hilbert war 1900 Vorsitzender der DMV, Minkowski war in ihrem Vorstand. Auch bei den internationalen Mathematiker-Kongressen, der erste wurde 1897 in Zürich mit einem Hauptreferat von A. Hurwitz abgehalten (hier fehlte allerdings Hilbert), und natürlich in lokalen Vereinen, wie etwa dem mathematischen Verein in Göttingen, waren sie präsent. Hurwitz wurde oft brieflich gebeten, doch auch zu kommen, sich mal wieder der Öffentlichkeit zu zeigen, so für persönliche Bekanntschaft zu sorgen und seine Chancen auf eine Rückberufung nach Deutschland zu verbessern – allerdings fast immer vergeblich. Dabei spielte sicher seine angegriffene Gesundheit eine wichtige Rolle, vielleicht aber auch eine Scheu vor zu viel Publikum.

Die intensive Reisetätigkeit vor allem Hilberts ist auffallend und ergänzt den dialogischen Stil. So ist in den Briefen immer wieder die Rede von Gesprächen von Fachkollegen, die man auswärts getroffen hatte oder die zu Besuch weilten.

Zürich

Mit Hurwitz‘ Berufung nach Zürich hielt die Stadt an der Limmat Einzug in das Leben der drei mathematischen Freunde. 1892 übernahm Hurwitz in der Nachfolge von G. Frobenius, der nach Berlin als Nachfolger von L. Kronecker berufen worden war, das erste Ordinariat („Lehrstelle" war die übliche Bezeichnung) für reine Mathematik an der eidgenössischen polytechnischen Schule, der heutigen ETH, in Zürich. Diese Institution unterschied in manchen Aspekten deutlich von den deutschen Universitäten, an denen die drei Freunde zuvor gewirkt hatten oder immer noch wirkten.

Das Züricher Polytechnikum war 1855 entstanden als erste (und lange Zeit einzige) schweizerische Hochschule, die von der Eidgenossenschaft selbst betrieben wurde; Mitte der 1860er Jahre fand eine umfassende Reorganisation statt. Die 1833 gegründete benachbarte Universität Zürich – man teilte sich sogar jahrzehntelang den Semperschen Neubau an der Rämistraße – war dagegen eine Institution des Kantons. Wie die Universität Göttingen war auch sie Ideen der Aufklärung verpflichtet. Der Verdacht, die Eidgenossenschaft würde über eine Kooperation von Universität und Polytechnikum das Kanton Zürich bevorteilen, spielte in der Geschichte des Polytechnikums immer wieder eine Rolle. Ein

Beispiel hierfür war die Berufung von Minkowski (1896), die ursprünglich gemeinsam von Universität und Polytechnikum durchgeführt werden sollte.[10] Die Umsetzung dieses Plans verhinderte der Bundesrat in Bern, dem das Polytechnikum in letzter Instanz unterstellt war. Das operative Leitungsgremium der Schule war der ehrenamtliche Schulrat mit drei Mitgliedern plus Präsident und Stellvertreter. Nur der Präsident – lange Zeit (1857–1888) der Politiker, Jurist und Unternehmer Karl Kappeler, der das Polytechnikum stark prägte, zur Zeit von Hurwitz und Minkowski war Oberst Hermann Bleuler Präsident (1888–1905), der i. w. den Spuren Kappelers folgte – war hauptamtlich tätig und residierte im Semperbau. Ursprünglich gab es keine kollegiale Selbstverwaltung am Polytechnikum, erst im Laufe von Hurwitz‘ Tätigkeit wurden Elemente der Selbstverwaltung eingeführt. Allerdings gab es einen Direktor, der aus der Mitte der Professorenschaft kam. Seine Kompetenzen waren aber weit geringer als diejenigen des Präsidenten des Schulrats. Berufungen wurden vom Bundesrat auf Vorschlag des Schulrates vorgenommen, es gab dabei kein offizielles Mitspracherecht seitens der Professorenschaft.

Die Studierenden unterlagen einem strengen Reglement, die Forderung nach Studienfreiheit wurde in der zweiten Hälfte des 19. Jhs. allerdings immer lauter. Eine Besonderheit des Züricher Polytechnikums in der Welt des technischen Bildungswesens war, dass es von Anfang an Lehrer, sogenannte Fachlehrer für Mathematik und Naturwissenschaften, ausbildete. Bei der Reorganisation Mitte der 1860er Jahre wurde auf Betreiben von B. E. Christoffel zu diesem Zweck eine eigene Fachlehrerabteilung (lange Zeit war dies die VI. Abteilung, die fünf ersten widmeten sich Ingenieuren und Technikern, die siebte umfasste die sogenannten Freifächer, gewissermaßen das Studium generale; schließlich gab es noch eine militärwissenschaftliche Abteilung) eingerichtet. Die Studenten der Fachlehrerabteilung hatten am Polytechnikum eine gewisse Studienfreiheit.

Das Polytechnikum in Zürich nannte im 19. Jh. eine lange Reihe von bekannten Ingenieuren und Architekten, wie z.B. G. Semper, K. Culmann, K. Reuleaux, G. Zeuner, und Naturwissenschaftlern, etwa R. Clausius, sein eigen. Manche spätere Berühmtheit kam nach Zürich, um der Repression in deutschen Landen zu entgehen, die Tatsache, dass die Schweiz eine Republik mit weitgehend demokratischen Strukturen (zumindest für ihre männlichen Bewohner) war, zog viele Gelehrte an. Das vielleicht prominenteste Beispiel am Polytechnikum war der Kunst- und Literaturhistoriker Gottfried Kinkel, der sich an der badischen Revolution u.a. bei der Verteidigung der Festung Rastatt[11] beteiligte und nach deren Eroberung zuerst zum Tode, dann zu lebenslänglicher Haftstrafe verurteilt wurde. Es gelang ihm aber aus der Haftanstalt Spandau „zu entweichen“ und in London, später in der Schweiz, Zuflucht zu finden. Kinkel lehrte ab 1866 mit großem Erfolg am Züricher Polytechnikum. Eine andere Zelebrität des

[10] Zu den Details dieser ziemlich komplizierten aber dennoch erstaunlich rasch ablaufenden Berufung vgl. man Stammbach o. J. sowie die Briefe von Minkowski an Hurwitz aus dieser Zeit.

[11] Kinkels Pathos war geradezu sprichwörtlich und prägte auch seine Vorlesungen. In Rastatt soll er ausgerufen haben: „Helft mir, ich bin tot.“ (vgl. Chr. Beyel: Erinnerungen eines alten Mathematikers (unveröffentlichten Manuskript, ZB Zürich).

Polytechnikums war der Kulturhistoriker und Schriftsteller[12] Johannes Scherr, der ebenfalls wegen Teilnahme an der deutschen Revolution fliehen musste und am Polytechnikum ab 1860 die Geschichte vertrat. Da er das Frauenstudium strikt ablehnte, pflegte er Frauen, die in seinen Vorlesungen erschienen, in der gröbsten Weise zu beleidigen und durch anzügliche Erzählungen zu kompromittieren.[13]

Während in Deutschland trotz formaler Emanzipation der Juden durchaus antisemitische Strömungen an den Universitäten wirksam waren[14], gab es solche Vorbehalte am Polytechnikum und bei seinem Schulrat nicht. Das betonte schon K. Culmann in einem vertraulichen Bericht vom 12. Oktober 1868 über das Züricher Polytechnikum, den er für seinen Bekannten, den Geodäten und Bauingenieur Karl Maximilian Bauernfeind in München, verfasste, der seinerseits mit der Reorganisation, faktisch eine Wiedereröffnung, des dortigen Polytechnikums betraut war.[15]

> Die Zahl derjenigen, welche nach dieser Besprechung [Vorauswahl durch den Schulrat] würdig erscheinen berufen zu werden, ist immer sehr gering, 3 bis 4, und doch werden weder Religion noch Nationalität noch politische Gesinnung auch nur im mindesten in Berücksichtigung gezogen; ...

Mit Hurwitz und Minkowski gab es ab 1896 zwei Mathematiker am Polytechnikum, die an ihrer Zugehörigkeit zum mosaischen Glauben nicht rüttelten. In Deutschland wäre dies wohl nicht möglich gewesen, wie ja auch Minkowski in einem Brief vom 30. August 1892 MiHi 12 an Hilbert betonte. Hier gab es immer höchstens einen Mathematikprofessor an einer Universität mosaischen Glaubens, an manchen Orten hatten Kandidaten mosaischen Glaubens überhaupt keine Chance. Der erste unter den Mathematikprofessoren dieses Glaubens war Moritz Abraham Stern in Göttingen gewesen, der 1848 dort zum Extraordinarius und 1859 schließlich zum Ordinarius ernannt wurde. Stern, der Hurwitz' Habilitation in Göttingen neben H. A. Schwarz unterstützte, zog nach seiner Emeritierung (1884) zu seinem Sohn, dem Historiker Alfred Stern, nach Bern; 1887 siedelten die Sterns nach Zürich über, da Alfred Stern eine Professur am Polytechnikum erhielt. Hier schlossen sie Freundschaft mit den Familien Hurwitz und Minkowski. M. A. Stern war Ehrenmitglied der Naturforschenden Gesellschaft Zürich und ein wohlbekannter Wissenschaftler in der Limmatstadt.[16] Lange Zeit hielt man übrigens P. Gordan und M. Noether in Erlangen für ein Gegenbeispiel gegen die Behauptung, es hätte nicht mehr als einen mosaischen Mathematikprofessor an einer deutschen Universität gegeben. Es hat sich aber mittlerweile herausgestellt (vgl. Tobies 2019, 139, wo auch

---

[12] Aufgrund seiner ganz ungewöhnlichen Produktivität könnte man Scherr auch einen Polygraphen nennen.

[13] Vgl. Chr. Beyel: Erinnerungen eines alten Mathematikers (unveröffentlichten Manuskript, ZB Zürich.

[14] Vgl. hierzu die einschlägige Arbeit Rowe 2018a.

[15] Zitiert nach Maurer 1998, 281.

[16] Vgl. Nachruf von F. Rudio 1894. Hurwitz und Rudio gaben die Briefe von Gotthold Eisenstein an M. A. Stern heraus (Zeitschrift für Mathematik und Physik 40 (1895), 169 – 204).

dargestellt wird, auf welche antisemitischen Hindernisse Max Noether traf), dass Gordan sich in seiner Jugend evangelisch taufen ließ – und ein getaufter Jude war damals kein Jude mehr: Die Taufe war das „Entreebillett zur europäischen Kultur", wie Heinrich Heine es formulierte – wohl aber mehr als notwendige denn als hinreichende Bedingung.

Die reine Mathematik war mit zwei Lehrstellen, also Ordinariaten, am Züricher Polytechnikum vertreten. Die Liste von deren Inhabern liest sich imposant: R. Dedekind (bis 1862, zu seiner Zeit gab es nur eine Lehrstelle für reine Mathematik), B. E. Christoffel, Fr. Prym (beide bis 1869), H. Weber, H. A. Schwarz (beide bis 1875), G. Frobenius und F. Schottky (beide bis 1892). Die meisten der Genannten blieben allerdings nur einige Jahre in Zürich, eine Ausnahme war Frobenius, der von 1875 bis 1892 hier wirkte.

Die erste Lehrstelle für reine Mathematik, die 1892 Hurwitz übernahm, hatte die Aufgabe, das Lehrangebot in den Grundvorlesungen, die auch von den angehenden Ingenieuren besucht werden mussten, sicherzustellen. Heute würde man von Servicevorlesungen sprechen. Hierzu zählten natürlich die Differential- und die Integralrechnung aber auch Theorie der gewöhnlichen Differentialgleichungen und Anwendungen der höheren Mathematik. Die geometrischen Fächer wie analytische und darstellende Geometrie wurden von Hurwitz' Kollegen W. Fiedler, Professor für darstellende Geometrie und Geometrie der Lage, und K. F. Geiser angeboten, F. Rudio behandelte in seinen Vorlesungen ähnliche Themen wie Hurwitz. Letzterer hielt daneben auch Spezialvorlesungen wie Theorie der analytischen Funktionen, höhere komplexe Zahlsysteme, Invariantentheorie oder Theorie der Riemannschen Flächen, der Schwerpunkt seiner Lehrtätigkeit lag aber bis 1902, als er auf die zweite, durch Minkowskis Weggang frei gewordene Lehrstelle wechselte, eindeutig auf den analytischen Anfängervorlesungen. Diese übernahm 1902 der aus Königsberg stammende Artur Hirsch, der Assistent am Polytechnikum gewesen war, sich dort 1897 habilitiert hatte und nun die erste Lehrstelle erhielt. In der VI. Abteilung wurde regelmäßig ein mathematisches Seminar angeboten, das von einigen oder allen deutschsprachigen Professoren teilweise unter Einschluss von Fiedler angeboten wurde. Einen angenehmen Nebeneffekt hatten allerdings die gut besuchten Grundvorlesungen: Der Dozent bekam nämliche beträchtliche Hörergelder.

Hurwitz war auch lange Zeit Vorstand der VI. Abteilung, in dieser Eigenschaft führte er u.a. Gespräche mit den Studierenden über ihre Studienfortschritte. Über diese und die Versetzung, man sprach von Promotion, ins nächste Studienjahr aber auch über die Erteilung des Diploms diskutierte die Abteilungskonferenz. Das ausgeprägte Prüfungswesen am Polytechnikum, insbesondere die vielen Diplomprüfungen, belasteten allerdings Hurwitz erheblich, worüber er sich in vielen seiner Briefe beklagte.

Eine Besonderheit des Polytechnikums waren Assistenten, die die Professoren in der Lehre unterstützten. Diese umfasste nämlich auch einen intensiven Übungsbetrieb und regelmäßige Prüfungen, sogenannte Repetitorien, Dinge, die an deutschen Universitäten unbekannt waren. Die Assistentenstellen, für reine

Mathematik gab es deren zwei, dienten nicht – oder zumindest nicht in erster Linie – der wissenschaftlichen Weiterbildung der Inhaber, konnten aber nebenher dazu verwendet werden. 1900 bewarb sich ein später berühmt gewordener Student des Polytechnikums bei Hurwitz auf eine Assistentenstelle: Albert Einstein. Auf briefliche Rückfrage musste der Kandidat allerdings zugeben, dass er sich im Studium recht wenig um Mathematik gekümmert habe, die Physik habe ihm dazu leider keine Zeit gelassen – was Hurwitz sicherlich sowieso klar war, denn man kannte sich ja. Deshalb zog er einen anderen Kandidaten vor, J. Ehrat.

Die Hörerzahlen in den mathematischen Grundvorlesungen waren immer hoch (mehr als 100 mit Schwankungen natürlich), bedingt vor allem durch die zukünftigen Ingenieure. Die Anzahl der Fachlehrerstudenten war dagegen lange Zeit klein, oft im einstelligen Bereich pro Studienjahr. In Einsteins Jahrgang etwa gab es fünf Examenskandidaten, drei in der Mathematik und zwei in der Physik – darunter Mileva Maric, Einsteins spätere (erste) Frau. Das Frauenstudium war in Zürich früh möglich, anfänglich kamen vor allem russische Studentinnen an die Universität, die sich in Medizin einschrieben. Die mathematischen Kommilitonen Einsteins wurden alle drei Mathematikprofessoren, darunter der bereits genannte Ehrat (in Lausanne), Kollros (der bei Minkowski 1905 promovierte) am Polytechnikum, ebenso M. Grossmann (letzterer unterrichtete in der Nachfolge von Fiedler darstellende Geometrie). Kollros lehrte darstellende Geometrie in französischer Sprache). Die Fachlehrerabteilung bot den Mathematikdozenten die Gelegenheit, weiterführende Mathematikvorlesungen zu halten, was in Deutschland an Polytechnika nur bedingt – wenn überhaupt – möglich war. Eine Besonderheit des Züricher Polytechnikums war zudem, dass es je eine Stelle für reine Mathematik und für darstellende Geometrie in französischer Sprache gab (J. Franel und M. Lacombe).

Insgesamt bot das Züricher Polytechnikum ein Umfeld, das zu einem engagierten Lehrer wie Hurwitz gut passte. Die zahlreichen Ausarbeitungen von Veranstaltungen, die sich in seinem Nachlass finden, unterstreichen dies. Die Grundvorlesungen hat er wohl als didaktische Herausforderung und nicht als lästige Pflicht empfunden, auch zu ihnen gibt es ausführliche Ausarbeitungen[17], manchmal sogar mehrere zur selben Vorlesung, z. B. Differential- oder Integralrechnung (das waren zwei Vorlesungen), aus verschiedenen Semestern. Hurwitz schrieb an Hilbert (19. Dezember 1893) HuHi 16:

> Ich sehne mich auch danach [Weihnachtsferien; K. V.], obgleich ich nicht behaupten kann, dass mich die Vorlesungen nicht auch interessirten. Man hat doch immer wieder Gelegenheit viele, interessante Beispiele zu machen und den Stoff besser zu gliedern und zu ordnen.

Von Hurwitz' Interesse an seinen Vorlesungen zeugen auch viele Eintragungen in seinen mathematischen Tagebüchern, in denen er sich Gedanken über Beispiele und Ähnliches machte.

[17]Vgl. Bibliothek ETH-Hochschularchiv Hs 563 : 34-47.

In einem anderen Brief an Hilbert (28. September 1894) HuHi 23 verglich Hurwitz seine Arbeitsbelastung mit der seines Freundes:

> Wie schön bequem hat es doch ein deutscher Universitätsprofessor, wie viel schöne freie Zeit zu eigenen Arbeiten! Dafür bietet uns ja freilich die Befriedigung eines größeren Wirkungskreises wieder Ersatz.

Minkowski, stets kritisch gesinnt, spöttelte in manchen seiner Briefe gar über Hurwitz' Bemühen, es Jedem recht zu machen (Brief vom 31. Januar 1897 MiHi 46):

> Auch die eigentlichen Mathematiker, deren Zahl aber sehr klein ist, sind durch alle Collegien, die sie sonst hören müssen, so in Anspruch genommen, dass sie nur geniessen können, was ihnen zerschnitten und zerlegt nach gewaltsamer Öffnung des Mundes eingetrichtert wird. Hurwitz hat hierbei gar nicht mehr das richtige Empfinden, dass diese Tätigkeit doch nicht die beneidenswerteste ist.

Hurwitz' anteilnehmende Einstellung zu den Studierenden wird durch folgendes Zitat aus seiner Feder belegt (Brief vom 19. Dezember 1893 HuHi 16): Ich weiß aus eigener Erfahrung, wie angenehm es ist, einen tüchtigen Studirenden zu prüfen, und wie wenig erfreulich und mühsam einen Schwächling im Examen vor sich zu haben.

Zu prüfen hatte Hurwitz reichlich Gelegenheit. Zu dessen Interesse am Wohl seiner Studenten passt ein Bonmot von Hurwitz, das laut Heinz Hopf an der ETH kursierte: Eine Dissertation ist eine Arbeit des Betreuers, die unter erschwerten Bedingungen zustande gekommen ist.

Die zweite Lehrstelle für reine Mathematik, die Fr. Schottky innegehabt hatte, wurde 1892 nicht sofort wieder besetzt. Schottky war wohl kein erfolgreicher Lehrer in Zürich gewesen und man hatte ja noch K. Fr. Geiser und F. Rudio als Dozenten, daneben auch Privatdozenten (z. B. Chr. Beyel). Vielleicht hoffte man, eine Stelle einsparen zu können.[18] Offiziell wartete man allerdings, bis sich geeignete Kandidaten anbieten würden.[19] Erst 1896 gelang es, diese Stelle wieder zu besetzen – und zwar mit Minkowski. Die zweite Lehrstelle musste sich traditionell nicht um Grundvorlesungen kümmern, bot also mehr Spielraum für anspruchsvollere Themen wie Algebra und elliptische Funktionen, was Minkowski sicherlich entgegenkam. Auch von Minkowski Züricher Lehrtätigkeit zeugen ausgearbeitete Skripten, die sich im Hochschularchiv der ETH befinden.

Das Polytechnikum hatte von seinen Anfängen an das Recht der Habilitation, diese erfolgte auf Antrag des Kandidaten beim Schulrat. Ein Verfahren wie an Universitäten gab es nicht, der Schulrat holte Informationen über den Aspiranten ein, bat die Fachkonferenz um eine Stellungnahme und entschied dann auf dieser Basis. Das Promotionsrecht blieb dem Polytechnikum bis 1909 verwehrt,

[18] Dank an U. Stammbach für Hinweise.

[19] Vgl. Frei/Stammbach 2007, 78.

Promotionen wurden meist an der benachbarten Universität unter Mitwirkung des dortigen Mathematikers, lange Zeit war dies Arnold Meyer (-Kaiser), durchgeführt. Bis in die 1890er Jahre hinein war es so, dass die Professoren des Polytechnikums dabei gar nicht in Erscheinung traten, zu Zeiten von Hurwitz und Minkowski konnten sie dann aber schon selbst Gutachten verfassen. Minkowski promovierte in Zürich erst 1905 – also schon nach seinem Wechsel nach Göttingen – den bereits genannten Louis Kollros mit der Arbeit „Un algorithme pour l'approximation simultaneé de deux grandeurs". Kollros war nach seinem Studium am Polytechnikum Lehrer in La Chaux-de-Fonds geworden und verbrachte ein Sabbatjahr in Göttingen. Minkowski hatte übrigens insgesamt sieben Doktoranden, Hurwitz dagegen 22. Aufgrund seiner Briefe gewinnt man den Eindruck, dass Minkowski mit der Lehre in Zürich nicht allzu zufrieden gewesen ist, weil er hier seine anspruchsvollen Ideen nicht umsetzen konnte. Anders wurde das in Göttingen, wo er sogar ein Lehrbuch über diophantische Approximation erarbeitete – sein einziges Werk dieser Art.

Die Mathematik und ihre Vertreter an polytechnischen Schulen bzw. technischen Hochschulen sahen sich Ende des 19. Jhs. im deutschsprachigen Raum zunehmender Kritik ausgesetzt. Der Vorwurf war zu große Praxisferne in der Ausbildung angehender Ingenieure allgemein und in der Mathematik im Speziellen. Gefordert wurde eine Reduktion der Stundenzahlen in Mathematik und (teilweise) andere Inhalte. Ein bekannter Wortführer dieser manchmal als antimathematisch bezeichneten Bewegung war Alois Riedler, Professor an der Technischen Hochschule in Berlin und sehr erfolgreicher Konstrukteur von Pumpen. Am Polytechnikum in Zürich ging diese Debatte weitgehend vorbei. Allerdings hatte die darstellende Geometrie hier, so wie sie ihr Vertreter W. Fiedler seit seiner Berufung 1867 betrieb, vor allem aber auch die dafür veranschlagte Anzahl an Stunden und das damit zusammenhängende Arbeitspensum, zu jahrzehntelangen heftigen Streitigkeiten geführt, die ihren Niederschlag sogar in der Neuen Züricher Zeitung fanden. Fiedler ist übrigens der einzige Kollege, über den man in Hurwitz' Briefen eindeutig negative Urteile findet:

> Vor Fiedler's Charakter bin ich von allen Seiten gewarnt worden; mit dem ist's also auch Nichts. (Hurwitz an Hilbert (Zürich, 13.2.1893) HuHi 10)

Und:

> Dr. Waelsch wird übrigens seine Stelle als Assistent schon Ostern niederlegen. Auf die Dauer hält es keiner bei Fiedler aus. Letzterer gilt hier allgemein als eine ganz bösartige Persönlichkeit. (Hurwitz an Hilbert (Zürich, 30.1.1894) HuHi 17)

In diesem konkreten Fall tat Hurwitz Fiedler allerdings Unrecht, denn Waelsch ging nicht im Unfrieden. Er kehrte nach Österreich-Ungarn zurück, weil er dort Aussicht auf eine Stelle hatte. Es ist nicht bekannt, dass Hurwitz mit Fiedler in offenen Streit geraten wäre. Da so viele Kompetenzen beim Schulrat lagen, fielen ja die üblichen Vorgänge mit Konfliktpotential – allen voran Berufungen, Promotionen und Habilitationen – weitgehend als Anlässe für Streitigkeiten weg: Die Dozenten des Polytechnikums konnten sich wohl ganz gut aus dem Weg gehen. Ansonsten wird Hurwitz unisono von seinen Zeitgenossen als milder Charakter geschildert. In einem Brief an Hilbert (vom 9. März 1905 HuHi 60) schilderte Hurwitz die Situation unter den Mathematikern am Polytechnikum. Anlass war Hilberts Bericht von den Auseinandersetzungen unter den Königsberger Mathematikern.

> Wie ruhig und friedlich leben wir dagegen! Freilich kommt dieser Frieden wohl hauptsächlich daher, dass jede Reibungsfläche fehlt. Man sieht sich selten, und seit Minkowski gegangen ist, fehlt mir jeglicher wissenschaftlicher Umgang.

Die reine Mathematik blieb am Züricher Polytechnikum von Kämpfen in der Art derjenigen um die darstellende Geometrie verschont. Offensichtlich gab ihre Vertretung durch Hurwitz wenig Anlass zur Klage. A. Stodola, seines Zeichens Professor für Maschinenbau und Maschinenkonstruktion am Eidgenössische Polytechnikum seit 1892, ein großer Spezialist für Turbinen, trug beim Internationalen Mathematiker-Kongress 1897 „Über die Beziehungen von Technik und Mathematik" vor, wobei er die Züricher Position darlegte, die man vermittelnd nennen könnte. Sein Fazit lautete (Stodola 1897, 267):

> Wenn wir lediglich die Rücksicht auf die praktische Anwendbarkeit walten lassen, so muß zugegeben werden, daß die technischen Hochschulen in ihren reglementarischen Studienplänen an mathematischen Disziplinen, insbesondere hinsichtlich der analytischen Methoden, für die große Mehrheit der Techniker zu viel, umgekehrt, wie oben nachgewiesen, für eine kleine Minderheit zu wenig bieten.

An den Universitäten waren die Mathematiker vor solchen Anfeindungen sicher, damit mussten sie sich nicht auseinandersetzen.

In das gemeinsame Wirken von Hurwitz und Minkowski in Zürich fiel ein mathematisches Großereignis, nämlich der bereits erwähnte erste internationale Mathematiker-Kongress 1897. Die örtlichen Organisatoren waren K. F. Geiser, der auch zweimal Direktor des Polytechnikums (1881–1887, 1891–1895) gewesen war und als erfahrener Organisator galt, sowie F. Rudio, Professor der Mathematik und Leiter der Bibliothek.[20] Der erste Kongress seiner Art fand auf neutralem Boden statt, heißt: weder in Frankreich noch in Deutschland. A. Hurwitz hielt als Vertreter der ausrichtenden Hochschule einen Hauptvortrag mit dem Titel „Über die Entwicklung der allgemeinen Theorie der analytischen Funktionen in neuerer Zeit". F. Hausdorff, der unter den Hörern weilte, soll durch ihn auf die Mengenlehre aufmerksam geworden sein. Die drei Freunde waren sich übrigens einig, dass Cantors Mengelenhre von großer Wichtigkeit für die zukünftige Mathematik sei und traten für diese ein.

[20] Zur Organisation des Kongresses vgl. man Eminger 2012. Geiser war übrigens auch in der militärwissenschaftlichen Abteilung, u.a. unterrichtete er Ballistik und veranstaltete Schießübungen.

Hurwitz war auch Präsident des Empfangskomitees, in dieser Eigenschaft verbrachte er den 8. August – ein Sonntag – am Züricher Hauptbahnhof, um die Teilnehmer willkommen zu heißen und organisatorischen Beistand zu leisten. Am Abend dieses Tages hielt Hurwitz eine kurze Begrüßungsansprache in der Tonhalle. Minkowski gehörte dem Vergnügungskomitee an.

Der Zuspruch aus den Kreisen deutscher Universitätsmathematiker zu diesem Ereignis war vergleichsweise gering – anwesend waren die Protagonisten der Idee eines internationalen Mathematiker-Kongresses, nämlich Georg Cantor[21] und Felix Klein[22], aber aus der Berliner Schule kam nur Fr. Schottky in seine alte Wirkungsstätte. Auch Hilbert blieb dem Kongress fern, da seine Schwester überraschend gestorben war; ebenso H. Poincaré, der seine Mutter verloren hatte. Vergleichsweise viele deutsche Teilnehmer stammten von deutschen Technischen Hochschulen. Mit 48 teilnehmenden Herren war die deutsche Delegation nach den Gastgebern die größte, mit 14 Damen übertraf sie alle anderen.

Göttingen

Die Göttinger Universität, die Georgia Augusta, wurde erst 1737 eröffnet, war also eine junge Universität, die sich dem Geiste der Aufklärung verbunden wusste. Fortan spielte sie eine wichtige Rolle in der eher kleinen Stadt Göttingen – nicht zuletzt in ökonomischer Hinsicht. Studenten beherrschten das Stadtbild und die Lehrenden liefen sich notgedrungen über den Weg. Alles in allem eine familiäre Stimmung.

Mit Göttingen kamen die drei mathematischen Freunde erstmals in Berührung, als Hurwitz sich, wie bereits erwähnt, dorthin wandte, um zu habilitieren. Im 19. Jh. war die Göttinger Mathematik, nachdem sie im 18. Jh. durch den vor allem als Lehrbuchautor („Anfangsgründe") erfolgreichen Abraham Gotthelf Kästner vertreten worden war, zur Weltgeltung aufgrund ihrer Erfolge in der Forschung aufgestiegen. Dies belegt die Reihe der Namen der Ordinarien Gauß, Dirichlet, Riemann und Clebsch. Daneben gab es eine zweite Linie weniger bekannter Namen, nämlich jener Dozenten, die sich wesentlich der Lehre widmen – und zwar durchaus mit Erfolg: B. Thibaut, M. A. Stern und G. Ulrich. Gauß selbst hatte sich bekanntlich in der Lehre auf elementare Themen beschränkt und an derselben wenig Interesse gezeigt, erst Dirichlet (Nachfolger von Gauß) und sein Nachfolger Riemann lasen in Göttingen über fortgeschrittene Themen. Unter Clebsch, der von 1868 bis zu seinem frühen Tod 1872 in Göttingen wirkte, änderte sich diese Situation, denn dieser integrierte beide Aspekte, Lehre und Forschung, in seiner Tätigkeit – was nicht so erstaunlich ist, kam doch Clebsch aus der Königsberger Schule. Er war zudem Mitglied des Schellbachschen Seminars und Lehrer in Berlin gewesen. Nach Clebschs Tod kam Lazarus Fuchs für kurze Zeit nach Göttingen, um schon bald nach Heidelberg zu wechseln. Aus Zürich folgte nun Hermann Amandus Schwarz; Schwarz und Stern waren Ordinarien, als Hurwitz in Göttingen sich habilitierte. Das Bild,

[21] Vgl. Décaillot 2011 zu Cantors Engagement für einen internationalen Kongress.
[22] Vgl. Tobies 2019.

das die Mathematikgeschichte von Schwarz bewahrt hat, ist wesentlich von seiner späteren Zeit in Berlin geprägt (wohin er 1892 als Wunschnachfolger von Weierstrass kam und wo er u.a. in einen hässlichen Streit mit Fuchs geriet (vgl. Minkowski an Hilbert Königsberg, 1. Juli 1895 MiHi 26)); in Zürich und Göttingen war Schwarz ein erfolgreicher und von den Studenten geschätzter, engagierter Dozent. Ähnliches gilt übrigens auch für G. Frobenius, der in Zürich nicht durch Streitigkeiten auffiel. Allerdings pflegte Schwarz auch in Zürich schon eine Eigenart, er forderte vollkommene Eigenständigkeit bei seinen Doktoranden, ließ sie also völlig alleine; dennoch nennt das *Mathematical Genealogy Project* 22 Doktoranden von Schwarz – allerdings war er bei manchen nur Zweitgutachter. Fr. Engel berichtet in seinem Nachruf auf Freund Friedrich Schur, dass dessen Versuch, sich in Göttingen zu habilitieren (1879) an der Unverträglichkeit seines Charakters mit dem von Schwarz scheiterte.[23] Ein Selbstläufer war Hurwitz' Habilitation wohl auch nicht. Kurze Zeit nach Hurwitz habilierten sich Arthur Schönflies und Otto Hölder in Göttingen (1884), beide gingen später nach Königsberg. Insgesamt gab es in Göttingen vergleichsweise viele Habilitationen – sicherlich ein Ausdruck der Forschungsstärke der Göttinger Mathematik.

Im Jahr 1885 kam Klein als Nachfolger von Stern nach Göttingen. Anfänglich hegte er die Hoffnung, mit Schwarz dort gemeinsam etwas aufbauen können, aber das Verhältnis trübte sich zusehends: Das akademische Alphabet lässt eben nur ein Alpha zu.[24] Nach dem Weggang von Schwarz 1892 schien die Bahn für Kleins Plan, Hilbert nach Göttingen zu holen, endlich frei. Die Fakultät entschied sich aber für H. Weber als Nachfolger von Schwarz. Erst als dieser 1895 nochmals weiter westwärts nämlich nach Strassburg wechselte, konnte Klein seinen Wunschkandidaten Hilbert durchsetzen. Schon 1892 hatte sich Klein verpflichtet gefühlt, seinem Schüler Hurwitz zu erklären, warum Hilbert und nicht er nach Göttingen kommen sollte .[25] Bildlich gesprochen war Hilbert die Lokomotive, die vor den Kleinschen Zug gespannt werden sollte, eine Rolle, für die Hurwitz kaum in Frage kam. 1909 kam Hurwitz dann doch noch mit Landau und Blumenthal gleichberechtigt („aequo loco") auf die Liste für die Nachfolge von Minkowski, wurde aber nicht berufen.[26]

Mit Hilberts Berufung nach Göttingen zum WS 1895/96 sollte dann Göttingen allmählich zum Schwerpunkt des Dreiecks Hurwitz-Hilbert-Minkowski werden: Es entstand dort in Zusammenarbeit mit Klein das, was man das Göttinger Modell nennen könnte, treffend auch als der „mathematische Großbetrieb" (O. Blumenthal)[27] bezeichnet und damit der Wiederaufstieg der Göttinger Mathematik zur Weltgeltung. Nach einer Aufstellung bei Lorey war Göttingen 1914 die einzige deutsche Universität mit vier mathematischen Ordinarien – darunter das einzige für angewandte Mathematik, das C. Runge innehatte.[28] Hinzukamen ein a.o. Professor und vier Privatdozenten. Berlin, Breslau, Leipzig

[23] Vgl. Engel 1935, 6.
[24] Vgl. Tobies 2019, 295-296.
[25] Vgl. Tobies 2019, 331-337.
[26] Rowe 2018, 132-134, vgl. auch das Gutachten der Fakultät zu Hurwitz bei Rowe 2018, 315-316.
[27] Vgl. Lorey 1916, 356.
[28] Lorey 1916, 16.

und München nannten drei mathematische Ordinariate ihr Eigen, alle anderen Universitäten zwei – bis auf Rostock, das mit einem Ordinariat auskommen musste; nur kurze Zeit zuvor hatte Heidelberg ein zweites mathematisches Ordinariat erhalten. Nur in München gab es drei Privatdozenten, in Breslau zwei und in Berlin einen. Hinzukamen noch Extaraordinarien (meist einer) und a.o. Professoren (ebenfalls meist einer), eventuell auch ein Honorarprofessor.

Das Göttinger Modell ist oft beschrieben und analysiert worden.[29] Wir müssen uns hier auf einige wenige Aspekte dieses komplexen Phänomens beschränken. Es handelte sich um eine bemerkenswerte Konstellation, in der sich Klein vor allem um organisatorische Fragen kümmerte, Netzwerke knüpfte und Mittel beschaffte, während Hilbert mathematisch sehr produktiv war und eine enorme Anzahl[30] von Doktoranden mit Themen aus den verschiedensten Bereichen der Mathematik versorgte und Vorlesungen für fortgeschrittene Studenten und Doktoranden – die „Oberschicht" (O. Blumenthal)[31] – auf hohem Niveau hielt. Göttingen erlebte nach 1900 eine „Hochflut" an Studierenden der Mathematik, es entstand geradezu ein „Massenbetrieb"[32]; Minkowski sprach wie immer mit subtilem Humor von den „großen Heerden von Mathematikern, die auf Göttingens Gefilden weiden" (Brief an Hurwitz vom 27. August 1903 MiHu 21). Göttingen wurde zum Ziel für viele angehende Mathematiker aus dem Ausland, darunter auch einige Frauen.[33] Bemerkenswert ist, dass Hilbert seinen ersten Doktoranden, Otto Blumenthal[34], erst 1898 promovierte, danach setzte die lange Reihe von Hilberts Doktoranden ein, die sich kontinuierlich über lange Jahre hinweg erstreckte. Darunter waren auch viele Doktoranden, die aus dem Ausland kamen: 1898 promovierten neben Blumenthal noch Anne Bosworth, Edward von Schaper und Hans Dörrie, 1899 waren Fritz Beer, Max Dehn[35], Michal Feldblum und Edward Kasner an der Reihe. Als Minkowski 1902 nach Göttingen kam, hatte das Göttinger Modell bereits ordentlich Fahrt aufgenommen.

Bemerkenswerterweise schaffte es Hilbert dennoch, sich die Freiräume für seine eigene Forschung zu erhalten und fähige Mitarbeiter und Koautoren (Ackermann, Bernays, Cohn-Vossen, Courant) zu rekrutieren – ganz im Stile eines Generaldirektors, dessen wichtigste Fähigkeit ja angeblich das geschickte Deligieren von Arbeit ist – allerdings eines Generaldirektors, der sich allen „nicht rein mathematischen Verpflichtungen geschickt zu entziehen" wusste, wie Minkowski nach Zürich berichtete (Brief vom 2. Dezember 1904 MiHu 24). Vielleicht kann man Hilbert als einen kommunikativen Autisten bezeichnen. In dem erwähnten Brief von Minkowski an Hurwitz Brief geht es um die Dirichlet-Feier, die in Göttingen organisiert werden sollte, wobei Minkowski

[29] Vgl. Rowe 2018, für die Kleinsche Perspektive Tobies 2019.

[30] Nämlich 76 laut *Mathematical Genealogy Project*, teilweise als Zweitgutachter, darunter auch ein Hilbert und ein Hurwitz.

[31] Vgl. Lorey 1916, 351.

[32] Lorey 1916, 353.

[33] Vgl. Tobies 2020.

[34] Vgl. Rowe 2018, wo sich auch viele Informationen zu Göttingen finden sind, und Rowe/Felsch 2019.

[35] Über Dehns Dissertation berichtete Hilbert ausführlich an Hurwitz in seinem Brief vom 5./12. Dezember 1899 HiHu 61; er war offensichtlich sehr angetan von Dehns Leistung.

davon ausging, dass die Arbeit bei ihm liegen würde, weil Klein kein Verhältnis zu Dirichlet hatte und Hilbert aus obigem Grund ausfiel. Die Feier fand dann im Januar 1905 statt, Minkowski hielt eine sehr bemerkenswerte Rede über Dirichlet, in der das hohe Lied der Zahlentheorie sang.[36] Auch auf die Geschichte der Göttinger Mathematik ging Minkowski in seiner Rede ein. Freund Hurwitz erhielt eine Postkarte mit einem Portrait von Dirichlet und Unterschriften einiger Tagungsteilnehmer:

Abbildung 1.1. Postkarte von der Dirichlet-Feier mit Unterschriften von Minkowski, Klein, Prantl, Runge und Schwarzschild (ETH-Bibliothek Hochschularchiv Hs 583:52)

Minkowski war wohl nie in dem Maße in das Göttinger Modell integriert wie Hilbert, seine Briefe zeigen eine gewisse Distanz zum dortigen Hochbetrieb. Auffallend ist, dass alle sieben Promotionen bei Minkowski in dessen Göttinger Zeit fallen – ähnliches gilt für Hilbert. Minkowskis Göttinger Zeit dauerte nur gut sechs Jahre; wie es weitergegangen wäre, darüber lässt sich nur spekulieren. Aber man darf wohl vermuten, dass Minkowski auch nicht der Typ von Mathematiker war, der Kleins Zug ziehen konnte (oder wollte). Spaziergänge gehörten auch in Göttingen zum Bestand der wissenschaftlichen Arbeit, und zwar nicht nur die etwas despektierlich „Bonzenspaziergänge" genannten am Donnerstagnachmittag mit Hilbert, Klein und Minkowski – später auch mit Runge – sondern auch solche mit Doktoranden und Studenten z. B. nach

[36] Vgl. Minkowski 1905.

Seminaren.[37] Die mathematische Gesellschaft und die Akademie, in Göttingen Gesellschaft der Wissenschaften genannt. bot zudem Gelegenheit zum Austausch.

Die Briefwechsel Minkowski – Hilbert und Hurwitz – Hilbert sind in den Jahren, in denen Minkowski in Zürich war, besonders ausgeprägt. Nach dem Wechsel Minkowskis nach Göttingen kam ersterer natürlich fast völlig zu Erliegen, Hilbert und Minkowski wohnten ja nicht weite voneinander, Hilbert berichtet in seinem Nachruf von den Steinchen, die er an die Scheibe von Minkowskis Arbeitszimmer warf, um diesen ans Fenster zu locken, damit er mit ihm sprechen konnte.[38] Der Austausch mit Hurwitz nimmt sowohl seitens Hilberts als auch Seitens Minkowskis in der Göttinger Zeit eher ab. Dabei ist u.a. zu bedenken, dass Hurwitz‘ gesundheitliche Probleme nach der Entfernung einer Niere (1905) mehr und mehr zunahmen.

Während Hilberts „Annus mirabilis" (um einen gerne auf Einstein gemünzten Begriff zu verwenden, vielleicht etwas gewagt), also von Frühsommer 1899 bis Herbst 1900, kommentierte vor allem Minkowski ausführlich die Vorstufen der Festschrift „Grundlagen der Geometrie" als auch die von Hilbert beim zweiten internationalen Mathematiker-Kongress in Paris vorgetragenen „Mathematische Probleme". In ersten Fall las Minkowski Korrektur, im zweiten machte er Vorschläge, die Hilberts Vortrag maßgeblich beeinflussten. Aber auch Hurwitz hat die Axiomatik, ein Thema, das Hilbert einige Jahre intensiv beschäftigte, in denen er alle möglichen Wissensgebiete[39] axiomatisieren wollte, im Sommersemester 1905 in einer Vorlesung, die er wegen seiner Nierenoperation vorzeitig beenden musste, behandelt. Von dieser existiert eine sorgfältige Ausarbeitung.[40] Hurwitz prägte den Begriff „Mathematik der Axiome" für Hilberts Bestrebungen und prophezeite diesen ganz zu Recht eine große Zukunft (Brief an Hilbert vom 8. Juni 1903 HuHi 57). Interessant ist Hurwitz‘ Idee, Arithmetik und Geometrie gewissermaßen parallel zu behandeln – eine Idee, die bei Hilbert selbst angelegt ist (z. B. durch die Bezeichnungen der Axiomengruppen). Auch Minkowski berichtete davon, dass er die Axiomatik in seiner Lehrveranstaltung „Encyklopädie der Elementarmathematik" behandelt habe (Brief an Hurwitz vom 29. Dezember 1906 MiHu 28). Offensichtlich wirkte sich der Austausch auf alle Beteiligten produktiv aus, was natürlich für viele andere Bereiche der Mathematik, allen voran die Zahlen- und Invariantentheorie auch gilt.

Bekanntlich schwenkte Hilbert nach seinen „axiomatischen Jahren" um die Jahrhundertwende um auf Integralgleichungen, heute würde man sagen: Funktionalanalysis, später dann zur mathematischen Physik und zu Logik und Grundlagenforschung; Minkowski wandte sich verstärkt der Physik zu[41], um schließlich die Geometrisierung der speziellen Relativitätstheorie mit seinem Raum-Zeit-Kontinuum zu leisten, das „Prinzip der hyperbolischen Welt" zu formulieren, wie er das nannte (Brief an Hurwitz vom 10. Mai 1908 MiHu 31).

---

[37] Vgl. z. B. die Berichte von Blumenthal und Faber in Lorey 1916, 351-357.

[38] Zur Kultur des mündlichen Austauschs, die in Göttingen gepflegt wurde, vgl. man Rowe 2004

[39] Ein verblüffendes Beispiel ist die Genetik, vgl. Jansen 2022

[40] Bibliothek ETH-Hochschularchiv Hs 592 : 111.

[41] Vgl. seinen Artikel über Kapillarität in der Encyklopädie der mathematischen Wissenschaften, erschienen 1906 im fünften Band erster Teil.

Hilbert und Minkowski veranstalteten gemeinsam Seminare zur mathematischen Physik in Göttingen. Hurwitz hingegen beschäftigte sich kaum mit Physik, wie ja auch Minkowski in einem Brief feststellte, der sie „ein von Ihnen bisher gemiedenes Feld" nennt (Brief an Hurwitz vom 1. Februar 1908 MiHu 30). Die mathematischen Freunde trifteten inhaltlich etwas auseinander.

Literaturverzeichnis

[1] Barbin, E./Menghini, M./Volkert, K.: Descripitive Geometry, the Spread of a Polytechnic Art (Cham: Springer, 2019).

[2] Binder, Chr.: The Vienna School of Desciptive Geometry. In: BArbin/Menghini/Volkert 2019, 197-210.

[3] Décaillot, A.: Cantor und die Franzosen (Berlin/Heidelberg: Springer, 2011).

[4] Engel, Fr.: Friedrich Schur (Jahresbericht der Deutschen Mathematiker-Vereinigung 45 (1935), 1-31).

[5] Eminger, S. U.: Carl Friedrich Geiser and Ferdinand Rudio : The Men behind the first International Congress of Mathematicians (Dissertation St. Andrews, 2015) – `http://hdl.handle.net/10023/6536`.

[6] Frei, G./Stammbach, U.: Mathematicians and Mathematics in Zürich, at the University and the ETH (Zürich: ETH Bibliothek, 2007).

[7] Hilbert, D.: Hermann Minkowski (Mathematische Annalen 68 (1910), 445-471).

[8] Janßen, M.: David Hilbert und Drosophila. Mathematische Arbeiten zur Genetik (1910 –1933) und Hilberts Verständnis der axiomatischen Methode (Dissertation Duisburg-Essen 2019).

[9] Kaufholz-Soldat, E./Oswald, N.: Against all Odds. Women's Ways to Mathematical Research since 1800 (Cham: Springer, 2020).

[10] Legendre, A.M./Jacobi, C.G.J.: Correspondance mathématique entre Legendre et Jacobi (Journal für die reine und angewandte Mathematik 80 (1875), 205-279).

[11] Lorey, W.: Das Studium der Mathematik an den deutschen Universitäten seit Anfang des 19. Jahrhunderts (Leipzig/Berlin: Teubner, 1916).

[12] Maurer, B.: Karl Culmann und die graphische Statik (Berlin u.a.: IGN-Verlag, 1998).

[13] Minkowski, H.: Peter Gustav Lejeune Dirichlet und seine Bedeutung für die heutige Mathematik (Jahresbericht der Deutschen Mathematiker-Vereinigung 14 (1905), 149-163).

[14] Rowe, D.: Making Mathematics in an Oral Culture: Göttingen in The Era of Klein and HIlbert (Science in Context 17 (2004), 85-129

[15] Rowe, D.: A Richer Picture of Mathematics (Cham: Springer, 2018).

[16] Rowe, D.: Klein, Hurwitz, and the „Jewish Question" in German Academia. In: Rowe 2018, 171-182.

[17] Rowe, D.: Otto Blumenthal: Ausgewählte Briefe und Schriften I. 1897–1918 (Berlin: Springer-Spektrum, 2018).

[18] Rowe, D./Felsch, V.: Otto Blumenthal: Ausgewählte Briefe und Schriften I. 1919–1944 (Berlin: Springer-Spektrum, 2019).

[19] Rudio, F.: Erinnerung an Moritz Abraham Stern (Vierteljahrsschrift der Naturforschenden Gesellschaft in Zürich 39 (1894), 131-143).

[20] Stachel, H.: The Evolution of Descriptive Geometry in Austria. In. Barbin/Menghini/Volkert 2019, 181-196.

[21] Stammbach, U.: Die Berufung von Hermann Minkowski an das Eidgenössische Polytechnikum in Zürich. In: Stammbach, U.: Mathematische Miszellen (Zürich o. J.), 75-92. Online verfügbar: `https://polybox.ethz.ch/index.php/s/rOMWgMZWBtUpnzH`.

[22] Stodola, A.: Über die Beziehungen der Technik zur Mathematik. In: Verhandlungen des ersten Internationalen Mathematiker Kongress in Zürich vom 9. bis 11. August 1897, hg. von F. Rudio (Leipzig: Teubner, 1898), 260-271.

[23] Tobies, R.: Felix Klein. Visionen für Mathematik, Anwendungen und Unterricht (Berlin: Springer Spektrum, 2019).

[24] Tobies, R.: Internationality. Women in Felix Klein's Courses at the University of Göttingen (1893–1920). In Kaufholz-Soldat/Oswald 2020, 9-38).

[25] Volkert, K.: Adolf Hurwitz, Geometer (Mathematische Semesterberichte 68 (2021), 1-15).

[26] Zassenhaus, H.: Über Friedrich Althoff. In: Hermann Minkowski. Briefe an David Hilbert, hg. von L. Rüdenberg und H. Zassenhaus (Berlin/Heidelberg/New York: Springer, 1973), 22-26.

2 Ergänzende Essays

2.1 Die Vielseitigkeit des Briefwechsels

In diesem Beitrag wird der Briefwechsel zwischen den Mathematikern Adolf Hurwitz, David Hilbert und Hermann Minkowski im allgemeinen vorgestellt. Anschließend wird anhand von ausgewählten Briefen rund um zwei Transzendenzbeweise der Eulerschen Zahl e von 1893 sowie durch Briefe und Postkarten mit Bezug auf die Rede, die Hilbert beim Internationalen Mathematiker-Kongress in Paris 1900 hielt, der Austausch der drei Kollegen und Freunde in den Blick genommen. Insgesamt entsteht ein Bild von einer vielseitigen gegenseitigen Unterstützung und einem gemeinsamen wissenschaftlichem Diskurs, der einen Einblick in die zeitgenössische mathematische Gemeinschaft ermöglicht.

Annäherung an den Briefwechsel[1]

Sicherlich zeichnet sich die Korrespondenz zwischen Adolf Hurwitz, David Hilbert und Hermann Minkowski dadurch aus, dass sich die drei Mathematiker Zeit ihres beruflichen Lebens mit jeweils unterschiedlichen Herangehensweisen zu damals aktuellen Themen der Mathematik ausgetauscht haben. Eine grundlegende Basis bildete hierfür ihre gemeinsame Zeit in Königsberg. Wie im vorangegangenen Kapitel dargestellt, waren David Hilbert und Hermann Minkowski bereits als Mathematikstudierende vor Ort als Adolf Hurwitz sein erstes besoldetes Extraordinariat an der Albertus-Universität Königsberg im Jahr 1884 antrat. Durch verschiedene Erinnerungen an diese Zeit ist belegt, wie eng ihr mathematischer Austausch bereits zu dieser Zeit war. In seinem Nachruf für Adolf Hurwitz schrieb Hilbert etwa[2]:

[1]Diese Perspektiven auf den Briefwechsel sind auch erschienen im Tagungsband „Vom Mittelalter in die Moderne – Episoden aus der Mathematikgeschichte" der Jahrestagung 2023 der Sektion „Mathematikgeschichte" der Deutschen Mathematiker Vereinigung in der Buchreihe „Schriften zur Geschichte der Mathematik und ihrer Didaktik Bandzählung" (Herausgeber:innen: Schöneburg-Lehnert, Krohn, & Dasenbrock).

[2]Hilbert, D.: Adolf Hurwitz (Mathematische Annalen 83 (1921), 161-172), 162.

J. M. Hänel et al., *Drei mathematische Freunde*, Mathematik im Kontext,
https://doi.org/10.1007/978-3-662-71861-2_2

> Auf zahllosen, zeitweise Tag für Tag unternommenen Spaziergängen haben wir damals während acht Jahren wohl alle Winkel mathematischen Wissens durchstöbert, und Hurwitz mit seinen ebenso ausgedehnten und vielseitigen wie festbegründeten und wohlgeordneten Kenntnissen war uns dabei immer der Führer.

Insgesamt gehen wir heute von 198 Briefen zwischen David Hilbert und Adolf Hurwitz[3], von 97 Briefen von Hermann Minkowski an David Hilbert und von 29 Briefen von Hermann Minkowski an Adolf Hurwitz aus[4], siehe Abbildung 2.1. Briefe, die an Minkowski geschrieben wurden, haben die Zeit der Weltkriege nicht überstanden. Darüber hinaus ist aufgrund der Hinweise in der erhaltenen Korrespondenz ersichtlich, dass die bekannten Briefe nicht vollständig sind. Manche Kommunikation erscheint lückenhaft, Hinweise und Bemerkungen können nicht immer klar eingeordnet werden.

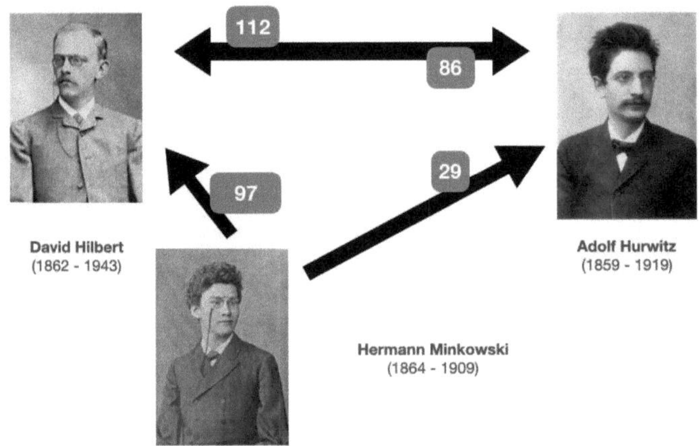

Abbildung 2.1. Illustration der ausgetauschten Briefe zwischen Hilbert, Minkowski und Hurwitz. Insgesamt sind bisher 324 Briefe bekannt, welche zwischen 1884 und 1919 ausgetauscht wurden.

Die Inhalte der Briefe sind außerordentlich vielseitig: Neben zahlreichen fachmathematischen Inhalten werden hochschulpolitische und institutionelle Themen, wie Stellenbesetzungen, Tagungen und Veröffentlichungen diskutiert. Darüber hinaus wird über Kollegen:innen und Schüler:innen aber auch über

[3]Diese werden vornehmlich im Staats- und Universitätsarchiv Göttingen unter den Signaturen Cod. Ms. D. Hilbert 160 und Cod. Ms. Math.-Arch. 76 verwahrt. Einige wenige zusätzliche Briefe liegen im Archiv der ETH Bibliothek in Zürich im Hurwitzschen Nachlass mit der Signatur Hs 583 : 51, 52.

[4]Die Briefe von Minkowski an Hilbert und Hurwitz werden ebenso vornehmlich im Staats- und Universitätsarchiv Göttingen verwahrt, unter den Signaturen Cod. Ms. D. Hilbert 258 und Cod. Ms. Math.-Arch. 78. Darüber hinaus wurden die Briefe von Minkowski an Hilbert in dem Buch Rüdenberg, L. & Zassenhaus, H. (Eds.): Hermann Minkowski – Briefe an David Hilbert (Berlin-Heidelberg-New York: Springer, 1973) von der ältesten Tochter H. Minkowskis Lily verheiratete Rüdenberg veröffentlicht.

persönliche Ereignisse, wie Hochzeiten und Todesfälle, die eigenen Kinder und Einschätzungen der eigenen Lebens- und Stellensituation geschrieben. Insgesamt ergibt sich ein komplexes, detailliertes und authentisches Bild, welches einer achtsamen und strukturierten Annäherung bedarf.

Der Versuch einer Kategorisierung

Eine deduktive inhaltliche Analyse von den Autor:innen erfolgt zunächst nach klassischen Kategorien für die Strukturierung von Korrespondenzen: Art des Dokuments, Seitenanzahl, Datum, Absender und Empfänger und jeweiliger Ort des des Absenders und Empfängers. Diesbezüglich war insbesondere bemerkenswert, dass es zunächst verborgene Absender:innen und Empfänger:innen gibt, so stammen beispielsweise mindestens zwei an Hilbert gerichtete Briefe in Hilberts Nachlass, nicht von Adolf Hurwitz, sondern von seinem Bruder Julius Hurwitz (1857–1919). Zudem gab es gelegentlich Ergänzungen oder eigene Briefe von Ida Samuel-Hurwitz an Käthe Hilbert und umgekehrt. Auch Auguste Minkowski schrieb an Ida Samuel-Hurwitz.

Darüber hinaus wurden die themenspezifischen Kategorien Mathematiker:innen, herausragende Lebensereignisse, fachmathematische Themen, mathematische Events, Publikationen, Stellenbesetzungen, mathematische Spaziergänge und Unstimmigkeiten als wiederkehrende Themen erkannt. Diese Auswahl an Kategorien erfolgte deduktiv, orientiert an einer qualitativen Auswertung von Textbausteinen. Gerade die Kategorien Mathematiker:innen und mathematische Themen erwiesen sich als umfangreich und dementsprechend wurden diesen Themen im vierten Kapitel eine Vielzahl an Fußnoten gewidmet.

In dem folgenden „Briefwechsel" konzentrieren wir uns auf den bisher noch nicht in seiner Gesamtheit veröffentlichten Austausch von Briefen zwischen Adolf Hurwitz und David Hilbert. Dieser Briefwechsel ist besonders aufschlussreich, da die Briefe in beiden Richtungen erhalten sind. Insgesamt wurden darin rund 220 Mathematikerinnen und Mathematiker erwähnt, wobei nicht alle Personen im Kontext ihrer mathematischen Leistung genannt wurden, sondern auch im Zusammenhang mit anderen Themen wie Stellenbesetzungen. Dabei reichte die Anzahl der jeweiligen Nennungen der Person von einer einzigen bis hin zu 96 Erwähnungen. Wir beschränken uns bei unserer analytischen Annäherung hier auf Mathematiker, die in mindestens neun Briefen oder Postkarten genannt wurden. Dieses Kriterium wird von 27 Personen erfüllt, deren Erwähnung wir nach zeitlichem Auftreten zwischen 1884 und 1919 sowie nach der Häufigkeit der jeweiligen Nennung ordnen. Es lassen sich verschiedene Tendenzen ablesen, siehe Abbildung 2.2a. Insgesamt gab es die meisten Nennungen zwischen 1894 und 1906. Dabei wurden Felix Klein (75), Ferdinand Lindemann (40), Julius Hurwitz (32) und Hermann Minkowski (96) mit Abstand am häufigsten und vielseitigsten erwähnt. Ab 1906 lässt sich eine eindeutige Abnahme der Nennungen von Mathematiker:innen insgesamt erkennen, wobei auch die Intensitiät des Austausches an Briefen nachlässt – bedingt wohl durch Minkowskis Wechsel nach Göttingen und seinen frühen Tod sowie durch Hurwitz‘ zunehmend schlechte Gesundheit.

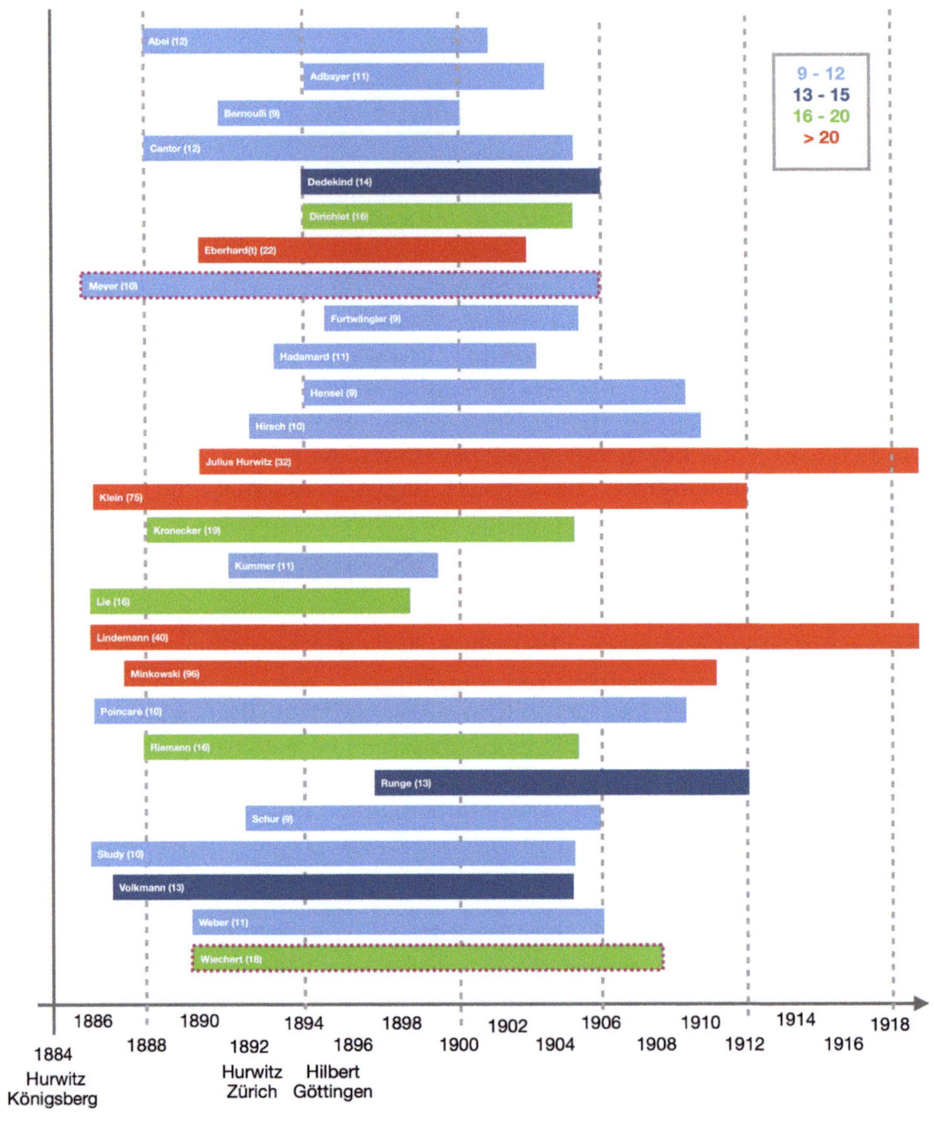

Abbildung 2.2. a) Die Kategorie „Mathematiker:innen" geordnet nach zeitlicher Erwähnung (Skala von 1884 bis 1919) und Häufigkeit der Nennungen (hervorgehoben: 9-12, 13-15, 16-20 und > 20 Nennungen).

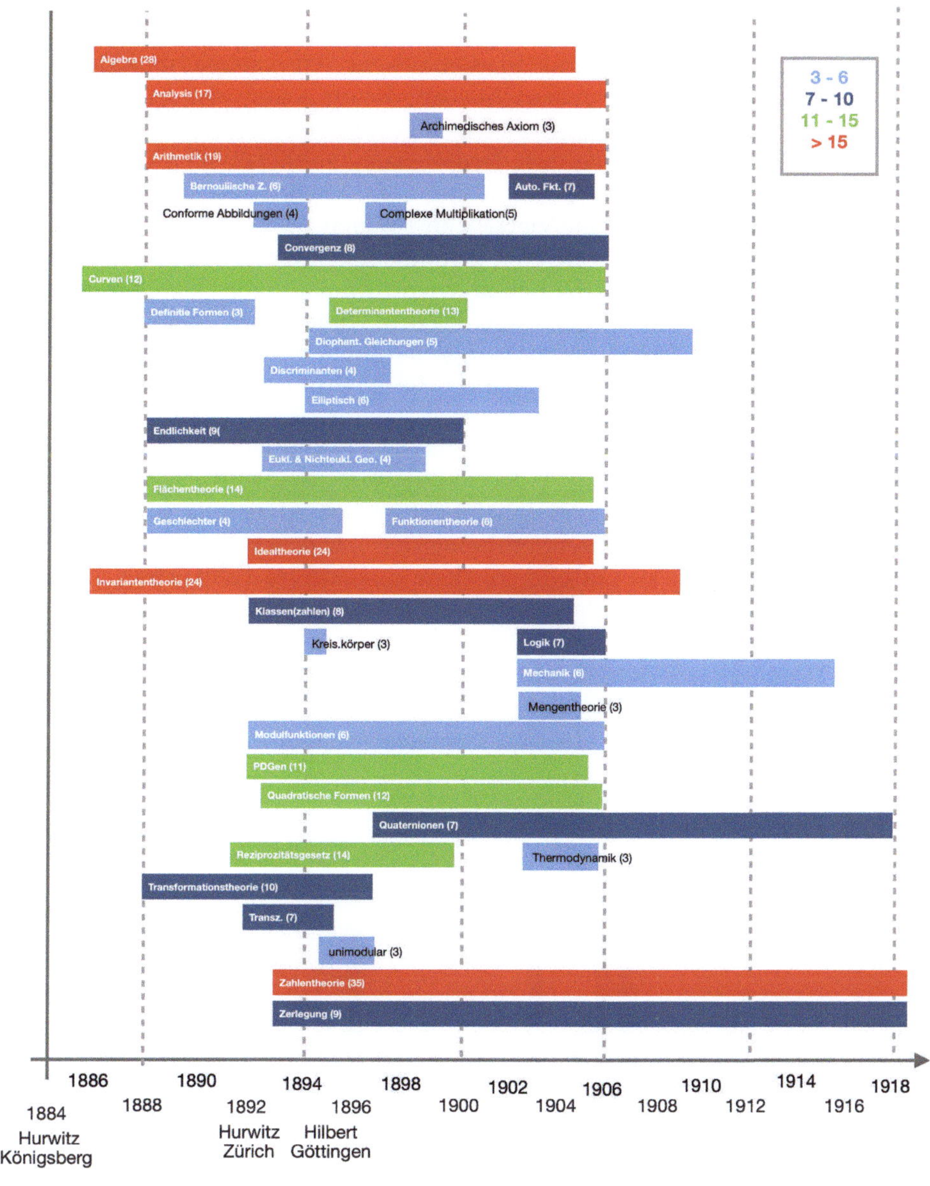

Abbildung 2.2. b) Die Kategorie „fachmathematische Themen" geordnet nach zeitlicher Erwähnung (Skala von 1886 bis 1919) und Häufigkeit der Nennungen (hervorgehoben: 3-6, 7-10, 11-15 und > 15 Nennungen).

Im Hinblick auf die angesprochenen fachmathematischen Themen ist die Annäherung naturgemäß wesentlich schwieriger. Diese kann lediglich dazu dienen, Tendenzen für eine weitere tiefere Bearbeitung zu liefern. Insgesamt identifizieren wir 40 konkret benannte mathematische Themen, die wir grob in Fachgebiete, Methoden und mathematische Werkzeuge einordnen. Um zufällig genannte Themen auszuschließen, beschränken wir uns auf solche Themen, die in mindestens drei Briefen angesprochen wurden. Damit ergeben sich 38 Stichwörter, die wir wiederum nach zeitlicher Erwähnung sowie Häufigkeit strukturieren, siehe Abbildung 2.2b. Ebenso wie bei der Kategorie Mathematiker:innen wurde eine Vielzahl an Themen, Methoden und Werkzeugen kleinteiliger zwischen 1894 und 1906 diskutiert. Insgesamt lässt sich feststellen, dass sich Hilbert und Hurwitz, entsprechend ihrer universellen Interessen, zu allen grundlegenden mathematischen Fachrichtungen der reinen Mathematik (von Algebra bis Funktionentheorie) ausgetauscht haben. Weiter ist zu erkennen, dass sie zu Themen korrespondiert haben, die im Hinblick auf ihre Publikationen eher einem der beiden zugeordnet werden, beispielsweise Quaternionen (7), zu denen Hurwitz gearbeitet hat, und Grundlagen der Mathematik (Axiomatik) und Logik (7), einem Bereich in dem Hilbert aktiv war. Darüber hinaus fällt auf, dass einige Themen in kurzer Zeit in einer recht großen Anzahl an Briefen genannt werden, beispielsweise Transzendenzbeweise (7). Dies scheint mit gemeinsamen Publikationsinteressen zu korrelieren, siehe qualitatives Fallbeispiel. Auch hier ist auffällig, dass – wie bereits erwähnt – die Intensität des Austauschs ab 1906 abnimmt.

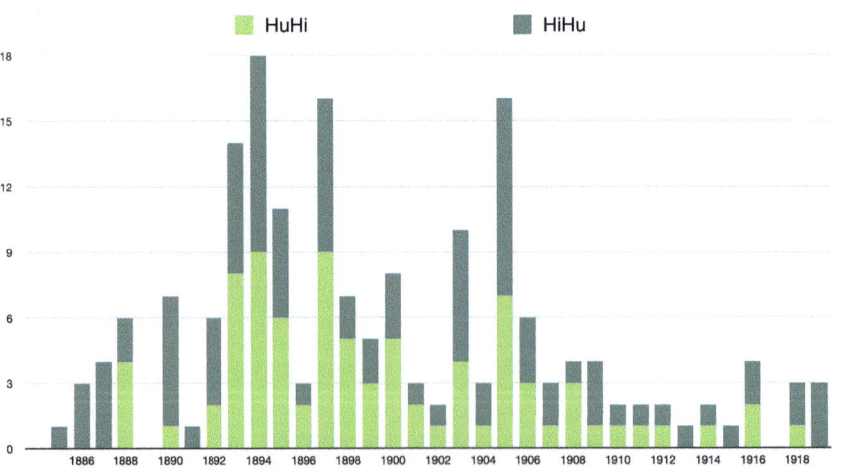

Abbildung 2.3. Anzahl der Briefe pro Jahr, die zwischen Adolf Hurwitz und David Hilbert gewechselt wurden.

Insgesamt lässt sich mit einer quantitativen Perspektive eine tendenzielle, grobe Einteilung der Briefe zwischen David Hilbert und Adolf Hurwitz in folgende Phasen ableiten: Die Briefe nehmen ab 1893, kurz nach Hurwitz' Umzug nach Zürich, signifikant an Dynamik zu (siehe Abbildung 2.3). Der in Königsberg noch mögliche mündliche Austausch wird erzwungenermaßen ersetzt durch den schriftlichen, wobei beide Partner ihr Bedauern hierüber ausdrücken. Es werden mehr Briefe geschrieben und viele kleinteilige Themen diskutiert, beispielsweise werden Publikationen von anderen Mathematiker:innen direkt besprochen und eigene Resultate detailliert diskutiert. Ein Thema, das besonders intensiv diskutiert wird, ist der so genannte „Zahlbericht". Dieser sollte ursprünglich auf Bitten der Deutschen Mathematiker-Vereinigung (München 1893) gemeinsam von Hilbert und Minkowski geliefert werden. Man einigte sich dann auf zwei unabhängige Teile, wobei aber nur der Hilbertsche (1897)[5] gedruckt wurde. Minkowski und Hurwitz haben zu diesem zahlreiche inhaltliche Vorschläge gemacht; sie drängten Hilbert schließlich auch, seiner Frau für die Reinschrift zu danken. (Brief von Minkowski an Hilbert 17. März 1897 MiHi 49). Wie intensiv sich besonders Minkowski mit dem Hilbertschen Bericht auseinandergesetzt hat erkennt man an seiner Bemerkung, dass er „bald das Ganze auswendig kenne" (Brief von Minkowski an Hilbert 17. März 1897 MiHi 49).

Ab 1900 nehmen die gemeinsamen mathematischen Interessen schleichend ab. Während Adolf Hurwitz zunehmend unter einer angeschlagenen Gesundheit litt und inhaltlich eher seine langjährigen Interessen aus der Funktionen- und Zahlentheorie vertiefte, wandte sich David Hilbert neuen Themen zu (Integralgleichungen, Grundlagen der Mathematik und Logik, mathematische Physik). Er übernahm zudem eine aktivere Rolle bei der nationalen (z. B. Deutsche Mathematiker-Vereinigung) und internationalen Repräsentation (z. B. Internationale Mathematiker-Kongresse) von Mathematik. Nach dem Tod Hermann Minkowskis 1909 nimmt auch der Briefwechsel zwischen Hilbert und Hurwitz signifikant ab. In den letzten (Kriegs-)Jahren vor Hurwitz' Ableben werden vornehmlich noch vereinzelte Postkarten ausgetauscht.

Zwei Fallbeispiele

Im Hinblick auf eine qualitative Auswertung erläutern wir zwei Fallbeispiele, um insbesondere die Art und Entwicklung der Zusammenarbeit der drei Mathematiker darzustellen.

Zunächst wenden wir uns den Transzendenzbeweisen der Eulerschen Zahl e von David Hilbert und Adolf Hurwitz zu, welche im Jahr 1893 kurz hintereinander in den Göttinger Nachrichten publiziert wurden[6]. Diese wurden sowohl vor als auch während und nach ihrer Veröffentlichung an verschiedenen Stellen und mit unterschiedlicher Intensität in den Briefen

[5]Hilbert, D.: Die Theorie der algebraischen Zahlkörper (Jahresbericht der deutschen Mathematiker-Vereinigung 4 (1897), 175-546).

[6]Hilbert, D.: Ueber die Transcendenz der Zahlen e und π (Göttinger Nachrichten 1893, 113-116), vorgelegt von F. Klein; Hurwitz, A. Beweis der Transcendenz der Zahl e (Göttinger Nachrichten 1893, 153-155), vorgelegt von F. Klein.

zwischen Hilbert, Hurwitz und auch Minkowski besprochen, siehe Abbildung 2.5. Eine umfangreiche Analyse der mathematischen Beweisführungen sowie der Briefinhalte und sonstigen beteiligten Personen wurde in (Oswald, 2023) und (Oswald, 2022) dargelegt und werden im folgenden Essay zu Zahlentheorie in den Briefwechsekn nochmals aufgegriffen.[7] Hier möchten wir vornehmlich die Art der Zusammenarbeit in den Blick nehmen.

Als Ausgangspunkt der Beschäftigung mit den Transzendenzbeweisen kann eine Notiz von Hurwitz gesehen werden (obwohl bereits zuvor zu Transzendenzbeweisen kommuniziert wurde). Am 6. März 1892 schrieb er an Hilbert in einem Brief HuHi 7 mit insgesamt sehr unterschiedlichen Themen:[8] „Ich mache Sie auf einen sehr schönen Beweis für die Transzendenz von e von Stieltjes (Comptes R. 1890) aufmerksam." In seiner Antwort vom 24. Oktober 1892 HiHu 22 gab Hilbert bereits eine erste Vereinfachung des Beweises von Stieltjes. Er hatte dabei vornehmlich seine Vorlesung zur Integralrechnung vor Augen, siehe auch Abbildung 2.4:

> Ausser der Vorbereitung auf meine Vorlesungen habe ich wissenschaftlich noch nicht viel gethan: Der Stieltjes'sche Beweis für die Transzendenz von e lässt sich so darstellen, wobei man die Hermiteschen Integralformeln vermeidet [...] Ich werde diesen Beweis sehr schön in der Integralrechnung vortragen können.

Darauf nahm Hurwitz in seiner Antwort vom 4. Dezember 1892 HuHi 8 Bezug:

> Ihre Vereinfachung des Stieltjes'schen Beweises ist sehr schön; ich habe sie mir gleich in mein „Zahlenbuch" eingetragen. Man sollte doch versuchen auch den Beweis der Transzendenz von π ähnlich zu vereinfachen.

Der Austausch erfährt an Dynamik nachdem Hilbert ein entschiedener Schritt bei der Vereinfachung des Beweises gelingt. Dies teilt er Hurwitz am 31. Dezember 1892 HiHu 23 (kurz vor einer Silvestereinladung bei Bekannten) mit:

> Betreffs meines Beweises für die Transzendenz von e habe ich sehr bald, nachdem ich Ihnen schrieb erkannt, dass man denselben noch erheblich abkürzen kann, indem man die ganze Stieltjesche Pointe weglässt. [...] Die Bemerkung dieses Schlusses giebt auch dem

[7] Vgl. Oswald, N. Mathematic-historical example for university teaching of mathematics - how can methodical knowledge be taught as well as the culture of mathematics be made accessible? In: Hodgen, J. et al. (eds.) Proceedings of the Twelfth Congress of the European Society for Research in Mathematics Education (CERME), 2022, 2097-2103 und Oswald, N. Simplifying a proof of transcendence for e - A letter exchange between Adolf Hurwitz, David Hilbert and Paul Gordan. In: The Richness of the History and Philosophy of Mathematics (eds. Chemla, K. Scholz. E. et al.), Archimedes series, Springer (2024) 227-254.

[8] Wie etwa der Wohnungssuche in Zürich, der verschobenen Mathematikerversammlung in Nürnberg 1892 aufgrund der Cholera oder der aus diesem Grunde verschobenen Ausstellung, die Walter Dyck organisiert hatte. Sie wurde 1893 in München nachgeholt.

> Beweise für die Transzendenz von π eine Vereinfachung, welche mir nicht unerheblich erscheint.

Hilbert gelangt folglich eine Vereinfachung und tatsächlich eine Verallgemeinerung des Beweises auf π; sein Beweis war in der Argumentation elementarmathematischer. Hier knüpfte Hurwitz wenige Tage später an. Er schrieb am 10. Januar 1892 HuHi 9:

> Ihre wissenschaftliche Mittheilung die Zahl e betreffend hat mich, wie Sie sich denken können, sehr interessirt. Das ist in der That eine sehr hübsche Vereinfachung des Beweises, die Sie da gefunden haben. Mich hat die Sache nicht ruhen lassen und ich habe eine weitere Vereinfachung entdeckt, die darin besteht, dass das [...] Integral herausgeworfen wird, derart, dass man jetzt den Beweis in den ersten Stunden einer Vorlesung über Differentialrechnung bringen kann. [...] Haben Sie Ihren Beweis schon redigirt? Wenn ja so schreiben Sie mir bitte, ob Sie ihn schon an Klein geschickt haben. Ich würde dann die vorstehende weitere Vereinfachung in einer kurzen Mittheilung hinter Ihrer Arbeit abdrucken lassen. Am liebsten wäre es mir, wenn wir die Göttinger Nachrichten wählten. [...]

Bereits drei Tage später antwortete Hilbert:

> Meinen Beweis für e und π habe ich in der That bereits in den Weihnachtsferien ausgearbeitet, es hat sich dabei - zumal bei dem über π handelnde Teile - noch mancherlei Vorteilhaftes und Vereinfachendes ergeben, sodass die ganze Sache jetzt auf 4-5 Druckseiten herausgegeben wird und dabei ist meine Darstellung durchaus nicht knapp. Bei Ihrem Beweise wird freilich das Integral vermieden; ob aber die Darstellung des Beweises kürzer und übersichtlicher wird, ist mir doch noch nicht ganz einleuchtend. [...] Doch ist es meine Überzeugung, dass der Beweis mit Hilfe des Integrals immer der übersichtlichste und entwicklungsfähigste bleiben wird. [...] Kurios ist es, dass auch ich gerade die Göttinger Nachrichten gewählt habe; Klein schrieb mir umgehend, dass er die Note bereits in dieser Woche vorlegen würde. Aber dies schadet ja durchaus nicht Ihrer Absicht, Ihren Beweis in der folgenden Sitzung vorzulegen [...]

Hurwitz' nächste Antwort kam einen Monat später am 13. Februar 1893 HuHi 10[9]:

> Lange schon wollte ich Ihren lieben Brief vom 13/I beantworten, aber – wie das so geht – die Antwort wurde von Tag zu Tag verschoben. Heute trifft nun als lehrsamer Anstoss Ihre Transcendenz-Note ein,

[9]Siehe auch Abbildung 2.4.

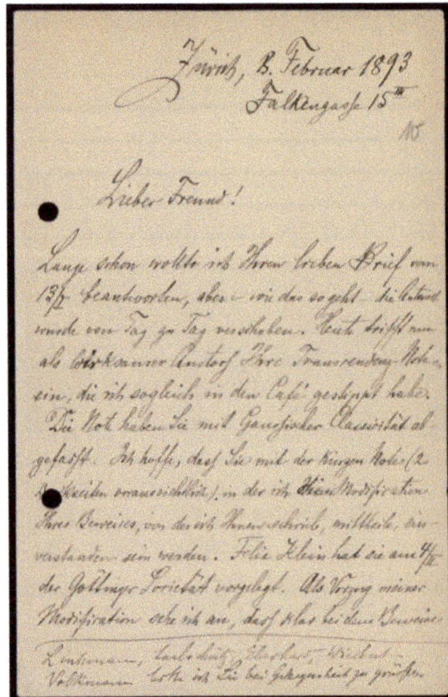

Zürich, 8. Februar 1893
Falkengasse 15 III

Lieber Freund!

Lange schon wollte ich Ihren lieben Brief vom 13/1 beantworten, aber – wie das so geht – die Antwort wurde von Tag zu Tag verschoben. Heute trifft nun ... Ihre Transcendenz-Note ein, die ich sogleich in dem Café gestippt habe. Die Note haben Sie mit Gaussischer Classicität abgefasst. Ich hoffe, dass Sie mit der kurzen Note (2 Druckseiten voraussichtlich), in der ich eine Modification Ihres Beweises, von der ich Ihnen schrieb, mittheile, einverstanden sein werden. Felix Klein hat sie am 4/II der Göttinger Societät vorgelegt. Als Vorzug meiner Modification sehe ich an, dass ...

Abbildung 2.4. links: Zweite Seite des Briefes von Hilbert an Hurwitz vom 24. Dezember 1892, rechts: erste Seite des Briefes von Hurwitz an Hilbert vom 13. Februar 1893 (SUB Göttingen).

> die ich sogleich in den Café gestippt habe. Die Note haben Sie mit Gausscher Classicität abgefasst. Ich hoffe, dass Sie mit der kurzen Note (2 Druckseiten voraussichtlich), in der ich eine Modification Ihres Beweises, von der ich Ihnen schrieb, mittheile, einverstanden sein werden. Felix Klein hat sie am 4/II der Göttingen Societät vorgelegt. Als Vorzug meiner Modifikation sehe ich an [...]. Der Gedanke, Ihren Beweis dadurch abzuändern, dass man die Integrale durch Grenzwerthe ersetzt, war mir auch gekommen.[10]

In weiteren Briefen (u.a. vom 8. März 1893 HiHu 25 und 8. April 1893 HuHi 11) tauschten sich Hilbert und Hurwitz noch Bemerkungen dazu aus, dass andere Mathematiker (Hermite, Gordan, Weierstraß und Klein) ihren jeweiligen Beweis gelobt hätten. Auch zwei Briefe von Hermann Minkowski, zu dieser Zeit in Bonn, an Hilbert beziehen sich auf dessen Transzendenzbeweise von e und π. Am 23. Februar 1893 MiHi 13 sendet ihm Minkowski seine überschwängliche Einschätzung:

[10] Tatsächlich gelingt im gleichen Jahr dem Erlangener Mathematiker Paul Gordan (1837–1912) eine weitere Vereinfachung des Transzendenzbeweises anhand der Reihenentwicklung von e, siehe Gordan, P. Sur la transcendance du nombre e (Comptes Rendus hebdomadaires de l'Acadamie des Sciences 115 (1893), 1040-1041); vorgelegt von C. Hermite.

> Nachdem ich aber vor einer Stunde Deine Note über e und π erhalten habe, auf die ich schon sehr gespannt war, kann ich doch nicht anders, als Dir unverzüglich meine aufrichtige herzliche Bewunderung aussprechen. Manch einer dürfte wohl, wie einst Euler bei einer Entdeckung von Lagrange ausrufen: **Penitus obstupui, quum hoc mihi nunciaretur**, und die Zahl der Leser, die diese Notiz Deinen übrigen Arbeiten zuführen wird, dürfte ausserordentlich sein. Ich kann mir auch die Gemüthserschütterung von Hermite beim Lesen Deines Aufsatzes ausmalen, und wie ich den alten Herrn kenne, wird es mich nicht wundern, wenn er Dir demnächst seine Freude darüber berichten sollte, dass er Dieses noch erleben durfte.

Einige Monate später fügte er in einem Brief vom 2. Juni 1893 MiHi 14 noch hinzu: „Lipschitz, den ich bewogen habe, Deine Note über e zu lesen, sagte „meisterhaft". Weder Hurwitz' noch Gordans Transzendenzbeweise werden von Minkowski erwähnt. Diese Ausführungen schließen möchten wir mit einem wesentlich späteren Zitat von Hermann Weyl aus seinem Beitrag „Zu David Hilberts siebzigsten Geburtstag" in „Die Naturwissenschaften, 20. Jahrgang, Heft 4" vom 22. Januar 1932. In diesem wird rückblickend die vielfältige Relevanz der Transzendenzbeweise, auch für Studierende der Mathematik, deutlich: „Ich erinnere mich, mit welchem Zauber das erste mathematische Kolleg mich ergriff, das ich hörte; ich preise mich noch jetzt glücklich, daß es ein HILBERTSCHES Kolleg war, seine berühmte Vorlesung über die Transzendenz von e und pi." (S. 58)

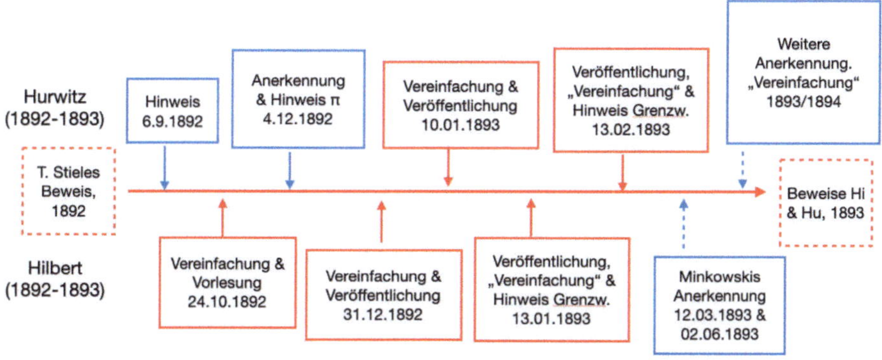

Abbildung 2.5. Qualitativer Zeitstrahl zur Illustration des Briefwechsels zwischen Hilbert, Hurwitz und Minkowski rund um die Transzendenzbeweise von e von 1893.

Obwohl die Briefwechsel hier nur in Ausschnitten vorgestellt werden und wir für weitere Einblicke auf die entsprechenden Briefe (siehe auch Abbildung 2.5) im folgenden Kapitel verweisen möchten, und die Mathematik der Transzendenzbeweise erst im Essay zu Zahlentheorie in den Briefwechseln im Kapitel 2.4 näher besprochen wird, liefert die Korrespondenz ein markantes Beispiel für die Zusammenarbeit und mathematische Freundschaft der Briefpartner. Es wird deutlich, dass die mathematischen Freunde sich gegenseitig auf aktuelle Publikationen aufmerksam machten, sich Hinweise zu interessanten Forschungsthemen gaben und gegenseitig Definitionen, Beweise und dergleichen kommentierten und verbesserten. Darüber hinaus wird erkennbar, dass sie sich über Publikationsstrategien austauschten, durchaus auch miteinander wetteiferten und insgesamt an einer Vereinfachung und Verallgemeinerung von Mathematik interessiert waren[11]. Sie tauschten sich in einem Netzwerk von herausragenden Mathematiker:innen ihrer Zeit aus und waren, auch durch ihre gegenseitige Zusammenarbeit und Unterstützung[12], in der Position, zeitgenössische Mathematikthemen zu beeinflussen.

Gerade letzteres wird auch durch ein weiteres qualitatives Beispiel aus dem Briefwechsel unterstrichen: Hilberts Rede beim zweiten Internationalen Mathematiker-Kongress im Jahr 1900 in Paris und die daraus hervorgegangene Publikation.[13] Grundsätzlich sind die daraus entstandenen und oft zitierten „23 mathematischen Probleme" von David Hilbert bereits umfänglich behandelt worden[14], in Teilen wurde dabei auch auf den Briefaustausch eingegangen.

Der Kongress wurde vom 6. bis 12. August 1900 in Paris abgehalten, Hilberts Vortrag fand dort in der Sektion „Bibliographie und Geschichte. Unterricht und Methoden" am Mittwoch, den 8. August 1900 statt. Hilberts Rede war also kein Hauptvortrag.

Tatsächlich bezieht Hilbert sich bereits in einem Brief an Hurwitz von Mitte November 1899 HiHu 61 zum geplanten Urlaubsaufenthalt am Genfer See mit den Minkowskis auf eine mögliche Teilnahme am Pariser Kongress:

> Wir wollen uns dort in der französischen Sprache auf Paris vorbereiten und uns mathematisch unterhalten und zugleich erholen. Was meinen Sie zu einem solchen Plan? Würden Sie sich nicht auch einmal dazu entschliessen.

Hurwitz konnte sich nicht entschließen, in weiteren Briefen wird allerdings deutlich, welchen Anteil er und Minkowski an Hilberts geplanter Rede nahmen.

[11] Mit dem gegenseitigen Streben nach „Vereinfachungen" beschäftigt sich Oswald, N. Simplifying a proof of transcendence for e - A letter exchange between Adolf Hurwitz, David Hilbert and Paul Gordan. In: The Richness of the History and Philosophy of Mathematics (eds. Chemla, K. Scholz. E. et al.), Archimedes series, Springer (2024) 227-254

[12] Beispielsweise werden Hilbert und Hurwitz in der Literatur zu Transzendezbeweisen seit Felix Klein meist beide erwähnt. Hurwitz bezieht sich in seiner Publikation explizit auf die Arbeit von Hilbert. Vgl. Klein, F.: Vorträge über ausgewählte Fragen der Elementargeometrie (Leipzig: Teubner, 1895), 46f.

[13] Die offizielle Publikation erfolgte in Hilbert, D. Sur les problèmes futurs des mathématiques. Compte Rendu du deuxième congrès international des mathématiciens (Paris: Gauthier-Villars, 1902), 58-114. Deutsche Versionen erschienen Unter dem Titel „Mathematische Probleme" in den Göttinger Nachrichten, mathematisch-physikalische Klasse 1900, 253-297 und im Archiv für Mathematik und Physik (3. Serie 1 (1901), 44-63 und 213-237).

[14] Vgl. etwa Grattan-Guiness, I.: A Sideways Look on Hilbert's twenty-three Problems of 1900 (Notices of the American Mathematical Society 47 (2000), 752-757) und Gray, J.: The Hilbert challenge (Oxford: Oxford University Press, 2000).

Am 5. Januar 1900 MiHi 68 antwortete Minkowski Hilbert auf einen Brief, der heute nicht mehr erhalten ist, folgendermaßen:

> Die Züricher Rede von Poincaré[15] habe ich wieder durchgelesen. Ich finde, dass man alle seine Behauptungen bei der milden Form, in der sie gehalten sind, gut unterschreiben kann. Er wird ja auch der reinen Mathematik völlig gerecht. Eine Rede zu ganz ausschliesslichem Lobe der reinen Mathematik will mir daher nicht recht einleuchten. Übrigens werden nur wenige noch wissen, was Poincaré damals [1897] gesagt hat. [...] Am anziehendsten würde der Versuch eines Vorblicks auf die Zukunft sein, also eine Bezeichnung der Probleme, an welche sich die künftigen Mathematiker machen sollten. Hier könntest Du unter Umständen erreichen, dass man von Deiner Rede noch nach Jahrzehnten spricht. [...] Da es doch Fachleute sind, vor denen man spricht, finde ich eine Rede wie die Hurwitzsche, die damals auch sehr gut gefiel, mit bestimmten Thatsachen besser am Platze als eine blosse Causerie, wie es die Poincaré'sche ist. Von Reden, die Dich interessiren könnten, fällt mir nur die von Henry Stephen Smith „On the Present State and Prospects of Some Branches of Pure Mathematics" in seinen Werken, Bd. II, S. 166 ein. Vielleicht könnte Dir auch die Rede von Hermite bei Einweihung der neuen Sorbonne im Bulletin der Sciences math., 2° série, t. XIV, janvier 1890 irgendwie zu Statten kommen.

Minkowski beriet Hilbert (offensichtlich auf dessen Nachfrage hin) inhaltlich. Es ist aber nicht klar, ob das Hilberts Bestreben überhaupt war. Minkowski könnte das ganz aus sich heraus geschrieben haben. Bei dem Hinweis auf die Reden von Poincaré und Hurwitz[16] bezieht er sich auf den ersten Internationalen Mathematiker-Kongress, der 1897 in Zürich abgehalten wurde. Die Vorbereitungen dieses Kongresses, an denen Hurwitz und Minkowski beteiligt waren, werden in der Korrespondenz der Freunde mehrfach thematisiert.

In weiteren Briefen wird deutlich, wie intensiv Minkowski und Hurwitz, von dem augenscheinlich einige Briefe an Hilbert verschollen sind, an Details des Vortrags mitarbeiteten (siehe auch Abbildung 2.6). Wir können hier lediglich Ausschnitte der Briefe zitieren und verweisen für weitere Einblicke auf den vollständigen Briefwechsel in Kapitel 3. Am 10. Juli 1900 MiHi 75 schreibt Minkowski:

> Deine Anfrage über Picard und Poincaré hat ja wohl schon Hurwitz beantwortet. Von bestimmteren (?) Problemen der mathematischen Physik, die weder zu speciellen noch zu allgemeinen Charakter tragen,

[15]Es geht um Poincaré, H.: Sur les rapports de l'analyse pure et de la physique mathématique (Verhandlungen des Ersten Internationalen Mathematiker-Kongresses in Zürich vom 9. bis 11. August 1897 (Leipzig: Teubner, 1989), 81-90.

[16]Allerdings hatte Poincaré seine Rede in Zürich nicht selbst vorgetragen, da seine Mutter kurz vor dem Kongress gestorben war, weshalb er nicht nach Zürich kam. Hurwitz sprach „Über die Entwicklung der allgemeinen Theorie der analytischen Funktionen in neuerer Zeit".

> wäre vielleicht zu nennen, die Auffindung mechanischer Analogien zur Wirkungsweise der Kräfte im Äther und weiter der chemischen Affinitätskräfte. Vielleicht siehst Du Dir daraufhin in der Gastheorie von Boltzmann die Stellen: Bd. I § 1. Einleitung, S. 4. 5. Bd. II. Schluss des § 70. S. 206., S. 212 Mitte der Seite, § 88-90 an. [...] Die Fahnen Deines Vortrags lese ich selbstverständlich mit grossem Interesse.

Am 17. Juli 1900 MiHi 76 schließt er daran an:

> Von Deinem Vortrag habe ich die 3 ersten Fahnen erhalten. [...] Jedenfalls musst Du aber, das ist meine und auch Hurwitz' Meinung, für den mündlichen Vortrag sehr grosse Kürzungen und Zurechtstutzungen vornehmen.

Und führt seine Ausführungen am 28. Juli 1900 MiHi 77 fort:

> Deinen Vortrag habe ich nun mit grossem Genusse zu Ende gelesen. Da ich das Ende abwartete, um mir ein richtiges Bild zu machen, hat sich die Lectüre etwas verzögert. Ich kann Dir nur zu der Rede Glück wünschen, sie wird sicher das Ereignis des Congresses bilden und der Erfolg wird ein sehr nachhaltiger sein. [...] Hurwitz und ich hatten uns zunächst ein ganzes falsches Bild gemacht, indem wir dachten, mit dem Ignorabimus sollte Schluss gemacht werden, namentlich da die Variationsrechnung schon so genau abgehandelt war. Nunmehr hast Du wirklich die Mathematik für das 20te Jahrhundert in Generalpacht genommen und wird man Dich allgemein gern als Generaldirector anerkennen. [...] Auf der definitiv gedruckten Rede, von der mir ebenfalls ein Exemplar zuging, habe ich mehrere Druckfehler bemerkt und schicke sie Dir daher ebenfalls, mit nächster Post, zurück.

Hilbert erwähnte in seiner Rede lediglich zehn der mathematischen Probleme und verteilte eine gedruckte französische Version[17] seiner Rede. Die direkten Reaktionen waren nicht überwältigend. Die Teilnehmerin Charlotte Agnes Scott (1858–1931) beschrieb die anschließende Diskussion wie folgt:

> In the course of a rather desultory discussion that followed the reading of this paper, the claim was made, though apparently without adequate grounds, that more had been done as regards the equation of the 7th degree (by some German writer) than the author of the paper was willing to allow. A more precise objection was taken to M. Hilbert's remarks on the axioms of arithmetic by M. Peano, who claimed that such a system as that specified as desirable has already been established by his compatriots MM. Burali-Forti, Padoa, Pieri, [...].[18]

---

[17] Vermutlich bezog sich Minkowski auf diesen in seinem Brief vom 28. Juli 1900 MiHi 77.

[18] Scott, C.A.: „The International Congress of Mathematicians in Paris" (Bulletin of the American Mathematical Society 7 (1900), 57-79), 68.

Und auch Hilbert hielt sich bei einem Bericht an Hurwitz über den Pariser Kongress mit Enthusiasmus zurück. Am 25. August 1900 HiHu 62 schrieb er aus seinem favorisierten Urlaubsort Rauschen:

> Ueber den Verlauf des Pariser Congresses werden Sie vielleicht schon gehört haben. Der Besuch war nicht sehr stark weder in quantitativer noch in qualitativer Hinsicht. [...]

An der nachträglich gedruckten Versionen des Hilbertschen Beitrags, die auf die nachfolgenden Jahrzehnten tatsächlich einen großen Einfluss haben sollte, nahmen Minkowski und Hurwitz regen Anteil. Beide erhielten Korrekturbögen und tauschten sich mit Hilbert darüber aus. Am 5. November 1900 MiHi 79 gab Minkowski Hilbert bezüglich Hurwitz den Hinweis:

> Dir zu schreiben, wie Du ihn in dem Neuabdruck Deines Pariser Vortrags erwähnen könntest, vermochte er nicht über's Herz zu bringen.

Im Hintergrund stand, dass Hilbert Hurwitz in seinem Vortrag nicht erwähnt hatte, wohl aber Minkowski. Am gleichen Tag nahm Hurwitz in einem Brief an Hilbert HuHi 50 darauf einen etwas relativierenden Bezug:

> Ihr Congressvortrag hat mich natürlich ausserordentlich interessirt. Nur hat es mir leid gethan, dass Sie bei seiner Abfassung nicht ganz an meine Bestrebungen gedacht haben (Zahlentheorie complexer Zahlen, Endlichkeitsbeweise). Minkowski hat Ihnen ja in Aachen davon gesprochen, aber mir scheint, die Sache ist dadurch in ein etwas schiefes Licht gerückt.

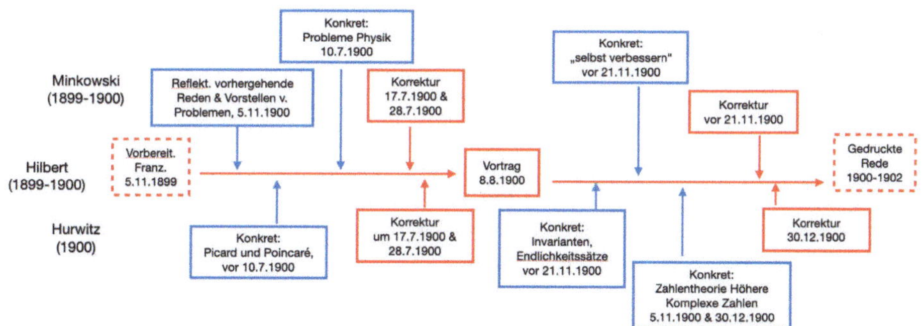

Abbildung 2.6. Qualitativer Zeitstrahl zur Illustration des Briefwechsels zwischen Hilbert, Hurwitz und Minkowski rund um Hilberts Rede beim zweiten Internationalen Mathematiker-Kongress in Paris 1900 und der anschließenden Veröffentlichung seines Beitrags.

Hilbert nahm sein vermeintliches Versäumnis ernst und ging in zwei weiteren Briefen darauf ein, zuerst am 21. November 1900 HiHu 63:

> Was meinen Pariser Vortrag anbetrifft, so fiel es mir sofort, als Minkowski davon sprach, schwer auf die Seele, dass ich bei dem Invariantenproblem nicht Ihrer schönen Arbeit über Invariantenerzeugung durch Integration gedacht habe, die mir selbst damals so sehr wichtig erschien, weil sie die ersten über meine alten Endlichkeitssätze hinausgehenden Resultate enthielt. Ich habe aber das Versäumniss sofort an dieser und auch noch an einer anderen Stelle meiner Rede von mir aus gut zu machen gesucht [...] Minkowski hat sich sogar selbst beim Correkturlesen an einer Stelle hinein verbessert.

Und dann noch einmal am 27. Dezember 1900 HiHu 64 auf einer Postkarte:

> In Ihrem Brief vom 5.11. erwähnen Sie noch der Zahlenth. höheren complexen Zahlen. Würden Sie vielleicht auf dem Correkturbogen, den ich Ihnen mit gleicher Post sende, mir wenn möglich genauer bemerken, wo und wie ich am besten dieser Ihrer Bestrebung in meiner Rede Erwähnung thue.

Hierauf antwortete Hurwitz ausführlich in einem Brief vom 30.12.1900 HuHi 51 den wir als letzten Teil dieses Austausches miteinbeziehen:

> Wieder bin ich stark in Ihrer Schuld: vor mir liegt Ihr liebenswürdiger Brief vom 21 November, sowie Ihre Karte von vorgestern nebst den Correcturbogen Ihres Pariser Vortrages. Um mit letzterem zu beginnen, so habe ich mir erlaubt, auf pag 23 an den Rand eine Anfrage anzumerken, welche Sie sich vielleicht ansehen. Ein Citat auf meine Zahlentheorie der Quaternionen wäre in der That nur möglich, durch Aufnahme eines neuen Problems zwischen dem 11ten + 12ten, nämlich: Man soll die Zahlentheorie der Systeme höherer complexer Zahlen entwickeln. [...] Ich glaube bestimmt, dass Ihr Vortrag auf lange hinaus, namentlich der nachwachsenden Generation, die nachhaltigste Anregung für die Weiterentwicklung der mathem. Forschung geben wird.

Wir halten einige Eckpunkte zu den Inhalten der ausgetauschten Briefe fest: Hilbert hat seine geplante Rede und seine Intentionen offen mit seinen mathematischen Freunden besprochen. Seine Arbeit wurde direkt durch Vorschläge von Hilbert und Minkowski inspiriert und beeinflusst. Ideen wurden kommentiert und untereinander zirkuliert. Unter den Mathematikern herrschte ein hilfsbereiter Austausch, welcher von inhaltlichen Kommentaren bis hin zum Korrigieren von Tippfehler ging. Obwohl sie nicht die gleichen Ambitionen teilten, nahmen sie die jeweiligen Anliegen auf.

Insgesamt lässt sich festhalten, dass die Kombination von Freunden und Kollegen mit sehr unterschiedlichen Arbeitsweisen und Ambitionen bemerkenswert gut funktionierte und alle Beteiligten davon profitierten - und dies, obwohl sich die drei Mathematiker ihrer jeweiligen unterschiedlichen Positionen und Möglichkeiten bewusst waren. So erlangte Hilberts Beitrag etwa eine vielseitigere Note, indem er sich mit Minkowksi und Hurwitz zu deren Fachgebieten austauschte und deren Hinweise aufnahm. Auf der anderen Seite konnten die Mathematiker untereinander dafür sorgen mit ihren eigenen Arbeiten genannt zu werden. Interessant ist, dass sowohl Minkowski als auch Hilbert konkret auf den zukünftigen Ruhm Hilberts durch seine Rede anspielten.

Fazit

Abschließend lässt sich festhalten, dass durch die beiden Fallbeispiele bereits wesentliche Merkmale des Briefwechsels erkennbar sind.

Der Austausch zwischen den Mathematikern ist sehr persönlich, offen und authentisch. Sie wechselten zeitlebens Briefe und begleiteten sich in verschiedenen Phases ihres beruflichen und privaten Lebens, wobei diese Phasen naturgemäß unterschiedlich intensiv waren und abhängig vom jeweiligen Wohn- und Arbeitsort. Alle drei waren unabhängige und erfolgreiche Mathematiker mit individuellen Karrierestrategien.

Ihr Briefwechsel kann als Herzstück eines weitreichenden sozial-mathematischen Netzwerks (insbesondere im zeitgenössischen deutschsprachigen Raum) betrachtet werden. In Briefen von allen drei Freunden wird deutlich, dass sie ihr jeweils eigenes mathematisches Netzwerk in den gemeinsamen Austausch einbrachten. Auf unterschiedliche Weise profitierten sie folglich gemeinsam direkt und indirekt von dieser großen Reichweite. Im Hinblick auf fachmathematische Themen war ihr Austausch sehr konkret und, zumindest für ca. 15 Jahre lang (vor 1906), intensiv. Dies geschah zu einer Zeit, in der die mathematische Gemeinschaft und die Mathematik selbst, in reger Bewegung waren.

Dementsprechend ist die Korrespondenz zwischen Hurwitz, Hilbert und Minkowski von zeitgeschichtlicher Relevanz und kann als facettenreicher Einblick in die Mathematik und Fachkultur um 1900 gewertet werden.

2.2 Geometrie im Briefwechsel der drei Freunde: Unterwegs zur Festschrift

Der Briefwechsel zwischen den drei mathematischen Freunden liefert interessante Einblicke in die Entstehungsgeschichte von Hilberts Festschrift, eines Ereignisses von größter Tragweite für die Entwicklung der Mathematik im 20. Jh.. Er beleuchtet aber auch die Sicht auf Geometrie, die Hilbert, Hurwitz und Minkowski teilten und ordnet diese in die Auffassungen, die Ende des 19. Jhs. bezüglich der Geometrie herrschten, ein. Im folgenden wird versucht, die Themen des Briefwechsels in breitere Kontexte zu stellen.

Ohne Zweifel ist die Geometrie nicht das Gebiet, das im Briefwechsel und im Schaffen von Hilbert, Hurwitz und Minkowski dominierte. Vieles zur Geometrie hat eigentlich nur Hilbert veröffentlicht während seiner „geometrischen Phase" (etwa 1899 bis 1902), deren Höhepunkt die Publikation der Festschrift „Grundlagen der Geometrie" (1899) war. Sie wurde in den nachfolgenden Jahren durch mehrere Abhandlungen ergänzt. Hilbert war auf die Festschrift durch mehrere Vorlesungen zum Thema Geometrie vorbereitet (vgl. Hallett/Majer 2004) sowie durch eine wenig beachtete Publikation von 1895. Gerade die Geometrie liefert bei Hilbert ein bemerkenswertes Beispiel für die „Forschung aus der Lehre" (vgl. auch Blumenthal 1935, 393), wie auch die folgende Wendung aus seinem Briefwechsel mit Hurwitz belegt: „Meine Vorlesung über Euklidische Geometrie hat mich noch auf eine Reihe ziemlich merkwürdiger Dinge geführt." (Hilbert an Hurwitz Göttingen, 31. Dezember 1898 HiHu 59). Im Zuge der Überlegungen, die mehrere Vorlesungen zwischen 1891 und 1899 anregten, entwickelten sich Hilberts Vorstellungen weiter, wie auch der Briefwechsel der Freunde zeigt.

Hurwitz begann seine Laufbahn als Mathematiker mit geometrischen Arbeiten; schon seine erste Veröffentlichung überhaupt, jene des Gymnasiasten Adolf Hurwitz zusammen mit seinem Lehrer H. C. H. Schubert behandelte ein Thema aus diesem Bereich, nämlich Porismen (Hurwitz/Schubert 1876). Das sind geometrische Aufgaben, für die gilt: Gibt es eine Lösung, so gleich unendlich viele. Bekanntes Beispiel sind Poncelet's Kreisreihen, auf diesen geht auch die Terminologie zurück. Bei der Lösung von Hurwitz kommen algebraische Hilfsmittel zum Einsatz, nämlich die so genannten Korrespondenzen, die vor allem M. Chasles bekannt gemacht hatte. Hurwitz ist hierauf in seiner ersten eigenständigen Publikation zurückgekommen (Hurwitz 1879). Das aus seiner Sicht charakteristische Zusammenspiel von analytisch-algebraischen Methoden und geometrischen Fragen hat Hurwitz schon sehr früh in einer Publikation formuliert (Hurwitz 1882, 66):

> Wie der Fundamentalsatz der Algebra durch seine geometrische Formulirung im Correspondenzprincip zu einem der fruchtbarsten

> Werkzeuge geometrischer Forschung wird, so gewinnt jeder analytische Satz, welcher einer ähnlichen Umsetzung fähig ist, durch diese eine grosse Beweglichkeit in seiner Anwendbarkeit.

Seinen Habilitationsvortrag widmete Hurwitz 1882 neueren Methoden der Geometrie (vgl. Volkert 2019) und seine ersten beiden Vorlesungen, die er dann als Privatdozent in Göttingen hielt, waren Kreis und Kugel sowie der synthetischen Geometrie, worunter hier in erster Linie die projektive Geometrie zu verstehen ist, gewidmet. Man kann also festhalten, dass Hurwitz ein ausgeprägtes Interesse an der Geometrie besaß, diese kommt ja in vielem seiner Vorliebe für das Problemlösen entgegen. Ein schönes Beispiel hierfür sei noch erwähnt. Am 3. Januar 1908 HuHi 71 schrieb Hurwitz an Hilbert:

> Mathematisch habe ich in diesen Ferien nur Allotria getrieben: die Kinder haben an Weihnachten einige Hefte mit Anleitungen zum Papierfalten geschenkt bekommen, da habe ich eine Theorie der Geometr. Constructionen durch Falten von Papier entworfen und mit den Kindern tüchtig gefaltet und geklebt.

Das Thema Faltgeometrie fand auch seinen Niederschlag in Hurwitz' mathematischen Tagebuch, vgl. Oswald 2015; dort wird es mit dem Schulunterricht von Hurwitz' Sohn Otto und dessen Lehrer in Verbindung gebracht. Auch andere geometrische Themen treten in Hurwitz' Tagebücher, teilweise wiederholt, auf, insbesondere klassische Probleme wie das Malfattische und das Apollinische.[19] Die Tradition war auch Hilbert wichtig; in einem Brief vom 24. Juli 1890 an Felix Klein (Frei 1985, 68) hatte er konstatiert:

> Die Mathematiker verstehen sich, wie mir scheint, heute gar zu wenig, sie interessieren sich für einander nicht rege genug und sie kennen auch – soweit ich dies beurteilen kann – zu wenig unsere Klassiker, viele außerdem arbeiten mühevoll auf todten Strängen.

Hurwitz hat noch mehrere Aufsätze zur Geometrie veröffentlicht.[20] Dabei ging es u.a. um Kurventheorie und die Methoden waren analytische bis hin zu elliptischen Funktionen; auch eine Arbeit zum isoperimetrischen Problem könnte man zur Geometrie zählen. Im Sommersemester 1905 hielt Hurwitz ein „Colleg", also eine Vorlesung (ETH-Bibliothek Hochschularchiv Hs 592 : 111), über Axiomatik, in dem er Hilberts Axiomatik der Geometrie und der reellen Zahlen, der Arithmetik, behandelte.

Minkowski, der Schöpfer der Geometrie der Zahlen und Mitbegründer der Konvexgeometrie, hat vor allem im Zwischenbereich von Zahlentheorie und Geometrie gearbeitet, charakteristisch für ihn war die Anwendung der geometrischen Anschauung in abstrakten Situationen; seine Geometrie der

---

[19] Übrigens weist auch Hilbert am Ende seiner Festschrift ausdrücklich auf diese beiden Probleme hin und dass sie unterschiedliche Mittel (Streckenübertrager versus Zirkel) zur Lösung erfordern.

[20] Die Gesammelten Werke führen im Band 2 acht Publikationen in der Rubrik Geometrie auf. Allerdings ist diese Ausgabe nicht vollständig, so fehlt z. B. Hurwitz' Arbeit zum Satz von Pohlke.

Zahlen war eine frühe Geometrisierung eines genuin ungeometrischen Bereichs in der Mathematikgeschichte (siehe unten), die in Hinblick auf Axiomatisierung anregend wirken konnte. Klein hat Minkowski's Stil so charakterisiert (Klein 1926, 328):

> Minkowski hier in Betracht kommende Arbeiten beruhen auf der Verbindung durchsichtiger geometrischer Anschauung mit zahlentheoretischen Problemen.

Die von D. Hilbert herausgegebenen „Gesammelten Abhandlungen" von Minkowski führen in der Rubrik „Geometrie" sechs Aufsätze aus den Jahren 1897 bis 1905 auf; im Zentrum dieser Arbeiten stehen konvexe Körper sowie das Thema Oberfläche und Volumen, also Themen der Konvexgeometrie. Dabei spielen analytische Hilfsmittel stets eine wichtige Rolle.

Aber Minkowski interessierte sich auch für die Axiomatik; am 29. Dezember 1906 MiHu 28 berichtet er Hurwitz:

> Außerdem hatte ich ein Kolleg mit dem sehr verunglücktem Titel Encyklopädie der Elementarmathematik. Ich habe aber gleich in der ersten Stunde den Begriff der Elemente so gefasst, dass alles darunter fällt, was mir Spass macht, und so habe ich schon die Cantorsche Mengenlehre, die Axiome der Geometrie darin vorgetragen und komme jetzt dazu, die quadratischen Formen als Universalmittel in allen mathematischen, reinen wie angewandten, Nöten zu preisen.

Offensichtlich teilten die drei Freunde das Interesse an der Geometrie und ihren Grundlagen, wenn auch hauptsächlich Hilbert dazu aktiv forschte und publizierte. Mehr dazu werden wir im Folgenden sehen.

Vor der Festschrift

Die Geometrie war ein Gebiet, über das sich die drei mathematischen Freunde oft brieflich austauschten. Ein frühes Indiz hierfür ist ein Brief von Minkowski aus Bonn an Hilbert in Königsberg vom 29. Dezember 1887 MiHi 4, in dem er schreibt – beim „Du" waren die beiden noch nicht angekommen:

> Ich bin auch ganz Geometer geworden und bedauere aus diesem Grund doppelt, nicht in Ihrem Kreise weilen zu können. Ich habe eine Reihe ziemlich genau präcisirter Fragen für Sie, die ich Ihnen indeß lieber mündlich als schriftlich vorlegen möchte.

Offensichtlich war Hilbert in Minkowskis Augen ein Geometer, zumindest mehr Geometer als er selbst. Das zeigt auch die Anfrage, die er am 19. Juni 1889 MiHi 5 an Hilbert richtete;

> Ich bin mehrfach auf Flächen gestoßen, die gleiche Ordnung und Klasse haben. Können Sie mir vielleicht sagen, wo ich mich am besten über solche Flächen orientire; sie müssen sehr einfache Eigenschaften besitzen.

Ähnliches schrieb Minkowski an Hurwitz in Königsberg am 25. Juli 1889 MiHu 1. Nachdem er seine Rückkehr nach Königsberg während der bevorstehenden Ferien angekündigt hatte, hieß es:

> Ich bitte Sie, Hilbert zu grüßen und ihm zu sagen, daß er seine Freude daran haben soll, welches Interesse ich für die Plücker'schen Formeln mitbringe. Ich habe sie in der letzten Zeit öfter gebraucht.

Die Plücker-Formeln sind ein zentrales Mittel der Kurventheorie; Hilbert hielt im Sommersemester 1890 eine Vorlesung „Theorie der krummen Linien und Flächen", von der auch eine Ausarbeitung existiert (SUB 532). Im WS 1890/91 folgte dann eine „Theorie der algebraischen Linien und Flächen" (SUB 533). Etwas später (WS 1894/95) griff Hilbert ein geometrisches Thema auf, auf das er immer wieder zurückkam, nämlich Konstruktionsprobleme in Gestalt der Quadratur des Kreises. Diese liefern ein paradigmatisches Beispiel für das fruchtbare Zusammenwirken von Geometrie und Algebra, das auch in Hilberts Festschrift eine wichtige Rolle spielen wird. Auch Minkowski widmete seine Aufmerksamkeit Problemen der Konstruierbarkeit und dem damit verbundenen Zusammenspiel von Geometrie und Algebra. Am 17. Mai 1895 MiHi 25 berichtete er Hilbert, der mittlerweile nach Göttingen gewechselt war, über seine Königsberger Vorlesung zur Zahlentheorie: „Freilich muss ich mit Rücksicht auf diese unvorhergesehene Schaar von jungen Semestern die Vorlesung etwas anders einrichten, als ich geplant hatte, und zusehen, dass ich überall mit elementaren Hülfsmitteln auskomme. Das geht aber zum Theil besser, als ich gedacht hätte, z. B. habe ich schon bewiesen, dass für die Primzahlen p von der Form $2^p + 1$ die Theilung des Kreises in p gleiche Theile mit Lineal und Zirkel ausführbar ist; man kann dabei ganz ohne die Irreducibilität der Kreistheilungsgleichung u. dgl. auskommen."

Eine neue Wendung nahm das Thema Geometrie im Briefwechsel der Freunde, als Hilbert sich entschloss, eine Vorlesung über Grundlagen der Geometrie für das Sommersemester 1893 anzukündigen. Schon im Sommersemester 1891 hatte er eine Vorlesung „Geometrie der Lage" vor drei Hörern gehalten, darunter der Vorsteher der Königsberger Kunstschule, „ein für Geometrie interessierter Maler" (Frei 1985, 74), und Adolf Hurwitz' älterer Bruder Julius, der seit dem Vorjahr in Königsberg Mathematik studierte. Julius fertigte eine Ausarbeitung dieser Vorlesung an (ETH-Bibliothek Hochschularchiv Hs 592 : 158; Hilberts eigene Ausarbeitung befindet sich in Göttingen SUB 535 und ist im Buch von Hallett und Majer auszugsweise abgedruckt).

In seiner Vorlesung von 1891 behandelte Hilbert die projektive Geometrie, wie wir heute sagen würden und wie Hilbert sie auch auf dem Deckblatt seiner eigenen Ausarbeitung in Abweichung von der offiziellen Ankündigung nannte, wo von Geometrie der Lage die Rede war (vgl. Hallett/Majer 2004, 63). Aus seiner Schulzeit ist ein Schulheft erhalten, welche seine Vorbildung in Richtung projektive Geometrie belegt (vgl. Toepell 1999), sicher nicht ganz ungewöhnlich in jener Zeit, in der der Einbezug der projektiven Geometrie in den gymnasialen Geometrieunterricht durchaus diskutiert wurde (vgl. Kitz 2015). In der Vorlesung folgt Hilbert dem von Steiner und von Staudt vorgezeichneten Weg, das heißt, er geht rein synthetisch vor und behandelt ausführlich die Grundgebilde erster Stufe (Punktreihe, Strahlenbüschel, Ebenenbüschel) à la Steiner – wie Hurwitz das schon vor ihm in seiner Göttinger (WS 1882/83) und dann in Königsberg im WS 1888/89 wiederholten Vorlesung über synthetische Geometrie (ETH-Bibliothek Hochschularchiv Hs 582 : 69) getan hatte; homogene Koordinaten kommen nicht zum Einsatz. Allgemein zugänglich gemacht hatte Th. Reye diesen Weg durch sein weitverbreitetes Lehrbuch „Geometrie der Lage" (erster Band 1866, zweiter Band 1868), in dem er nach von Staudts Vorbild sorgfältig zwischen synthetischem Vorgehen und analytischen Methoden trennte, wobei er letztere nur in gesonderten Ergänzungen behandelte. Hilbert bezieht sich aber nicht auf Reye's Werk, das sehr breit angelegt war; er suchte seinen eigenen Zugang.

Ob Hilbert und Hurwitz über die projektive Geometrie auf ihren Spaziergängen in Königsberg diskutiert haben, wissen wir nicht, es erscheint allerdings wahrscheinlich. Deshalb gehen wir zuerst etwas näher auf Hurwitz' Vorstellungen ein. Hurwitz hatte seine Vorlesung über „Kreise und Kugeln", gehalten im Sommersemester 1882 in Göttingen als erste Vorlesung des gerade ernannten Privatdozenten (Bibliothek ETH-Hochschularchiv Hs 582 : 98) ganz im Sinne seines Habilitationsvortrages über die Methoden der neueren Geometrie (vgl. Volkert 2021) mit der programmatischen Bemerkung geschlossen:

> Und hiermit sind wir von der Seite der Kreistheorie mitten in die proj. Geometrie hineingekommen. Dieses war auch der histor. Entwicklungsgang der Wissenschaft.
>
> Heutzutage freilich können wir die reine Geometrie auf einem ganz anderen Wege entwickeln. Der verst. Hankel nannte ihn den „Königsweg" und in der That, es giebt keine Disciplin der Mathematik, welche diesen stolzen Nahmen für ihre Methoden mit mehr Recht in Anspruch nehmen könnte als die reine Geometrie.

Felix Klein hat sich später in seinen Vorlesungen über die Entwicklung der Mathematik im 19. Jahrhundert, gehalten während des Ersten Weltkriegs, publiziert erst postum 1926, kritisch mit diesem „Königsweg" auseinandergesetzt; er sah darin eine Überschätzung der projektiven Geometrie (vgl. Klein 1926, 135).

Reine Geometrie war bei Hurwitz synonym mit synthetischer Geometrie, was in unserer heutigen Lesart in etwa projektive Geometrie meinte. Die verschiedenen Bezeichnungen für das fragliche Gebiet, wie neuere Geometrie (im Gegensatz zur klassischen euklidischen), synthetische Geometrie (im Gegensatz zur analytischen), Geometrie der Lage (im Gegensatz zur Geometrie des Maßes), projektive (auch: projektivische) Geometrie, Geometrie der projektiv invarianten Eigenschaften (im Gegensatz zur Geometrie der metrischen Eigenschaften), Geometrie des Lineals alleine (im Gegensatz zur Geometrie von Zirkel und Lineal) deuten an, dass im letzten Drittel des 19. Jhs. mehrere unterschiedliche Sichtweisen auf dieses Gebiet, das noch nicht klar abgegrenzt war, existierten. Diese Bezeichnungen spiegeln durchaus unterschiedliche Auffassungen wider und sind keineswegs vollständig äquivalent. Der Aushandlungsprozess, was denn nun unter der neuen Geometrie zu verstehen sei, war noch nicht abgeschlossen (vgl. Volkert 2023).

Hurwitz' Enthusiasmus für die neuere Geometrie und deren Gründe kommen in folgendem Zitat aus seiner Vorlesung über synthetische Geometrie (ETH-Bibliothek Hochschularchiv Hs 592 : 99, p. 7) zum Ausdruck, ähnliche Aussagen gibt es auch in seinem Habilitationsvortrag:

> Noch eine Bemerkung möchte ich machen, die sich auf den Vergleich der synth. Geometrie mit der Geometrie Euklids bezieht. Während nämlich die letztere aus einer großen Zahl von aneinandergereihten Sätzen besteht, welche sich mit einander in mehr oder weniger lockeren Zusammenhange befinden, bietet die neuere synth. Geometrie ein einheitliches, harmonisch abgerundetes Ganzes dar, bei dem sich organisch alle complicirten Sätze aus den einfachen Beziehungen entwickeln. Es wird Sie hiernach nicht mehr befremden, daß wir von den trivialsten Betrachtungen ausgehen, um von diesen in kürzester Frist zu interessanten, inhaltsreichen Gegenständen zu gelangen.

Der Einfluss von Steiners Gedanken ist nicht zu übersehen; man beachte insbesondere die Kennzeichnung „organisch".

Kommen wir nun zu Hilbert, dessen Vorlesung insofern bemerkenswert ist, als sie eine sehr stringente Vorgehensweise realisiert, es zeigt sich hier schon seine große Stärke im Systematisieren. Er vermeidet explizit metrische Betrachtungen – implizit gibt es Ausnahmen, weil er gelegentlich Argumente gebraucht im Sinne von: Läuft Punkt P von A nach B, so muss P einen bestimmten Punkt C dazwischen auch treffen. Auch Kongruenz kommt ins Spiel, wenn Hilbert den rechten Winkel verwendet, um Kreise als besondere Kegelschnitte auszuzeichnen. Den Fundamentalsatz der projektiven Geometrie beweist Hilbert im §3 seiner Vorlesung – zuerst in der speziellen Form, dass eine Projektivität einer Punktreihe auf sich mit drei Fixpunkten die Identität ist. Der Kern des Argumentes liest sich bei Hilbert so:

> Angenommen auf dem Träger aa' fielen die Punkte A, B u. C mit den entsprechenden Punkten A', B', C' zusammen.

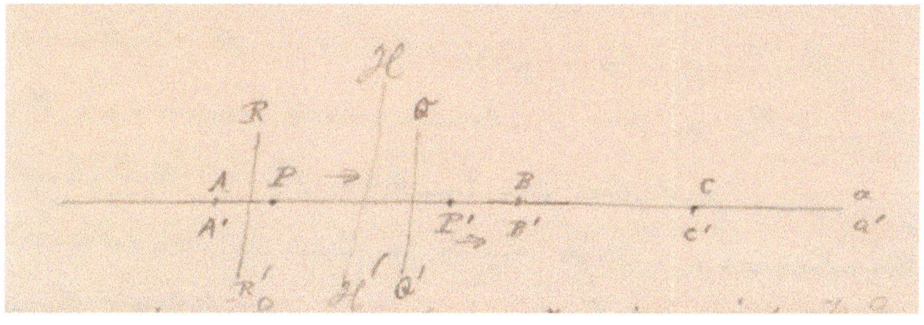

Abbildung 2.7. Skizze von Hilbert zum Beweis des Fundamentalsatzes.

> Nehmen wir nun an, irgend ein vierter Punkt P fiele nicht mit P‘ zusammen, etwa wie oben gezeichnet, so sehen wir, daß, wenn wir P auf P‘ zuwandern lassen und immer den zu P entsprechenden Punkt suchen, P‘ in der gleichen Richtung laufen muß. (Ungleichlaufend können die Punkte nicht sein, weil wir oben bewiesen haben, daß in diesem Falle nur zwei zusammenfallende Punkte existieren.) Gelangt P auf B, so muß P‘ auf B‘ gelangen, P u. P‘ können sich also entweder schon in P,P‘ oder schon früher, etwa in Q,Q‘, treffen.

(Einleitung in das Studium der theoretischen Physik, Vorlesung von Paul Oskar Eduard Volkmann. Geometrie der Lage, Vorlesung von David Hilbert. Vorlesungsnachschriften, ausgearbeitet von Julius Hurwitz (Bibliothek ETH-Hochschularchiv Hs 582 : 158), p. 27-28.)

Hier verwendet Hilbert also noch unkommentiert ein Stetigkeitsprinzip – obwohl dieser Punkt schon vor 1891 Gegenstand breiter Diskussionen gewesen war. Weiter unten werden wir hierauf zurückkommen.

Auffallend ist, dass Hilbert in seiner Vorlesung dem Desargues‘schen Satz eine zentrale Rolle zuweist: „Auf die folgenden Grundsätze (Theoreme) baut sich die Geometrie der Lage auf." heißt es zu Beginn des zweiten Paragraphen der Vorlesung überschrieben mit „Harmonische Lage". Gemeint sind der Desarguesche Satz im Raum sowie in der Ebene und seine Umkehrung. Desargues ist nicht mehr ein interessanter Satz wie viele, insbesondere darf man hier an die klassischen Sätze von Pappos, Pascal und Brianchon denken, sondern er bekommt eine Schlüsselrolle. Insofern erstaunt es nicht, dass Hilbert von H. Wieners Vortrag „Ueber Grundlagen und Aufbau der Geometrie" bei der Naturforschertagung in Halle (21. bis 25. September 1891), deren Mathematiksektion zugleich auch als Jahresversammlung der Deutschen Mathematiker-Vereinigung fungierte, angetan war, vielleicht aber mehr im Sinne einer Bestätigung Hilbertscher Ideen denn als Anregung zu neuen (vgl. Blumenthal 1935, 402 – 403); eine Bemerkung, die an Blumenthals Bierseidel etc. erinnert, findet sich übrigens in Hilberts Ausarbeitung von 1893/94: „Das Axiom entspricht einer Beobachtung, wie sich leicht durch Kugeln, Lineal und Pappdeckel zeigen läßt." (Hallett/Majer 2004 74).[21] Das ist aber genau genommen Empirismus à la Pasch und keine Deontologisierung (siehe unten).

Hervorzuheben ist, dass Wiener von „Schließungssätzen" spricht, „worunter hier solche Sätze zu verstehen sind, in denen jede in dem Satze vorkommende Gerade wenigstens drei ebensolche Punkte trägt, und jeder Punkt auf wenigstens drei Geraden liegt." (Wiener 1891, 46) Als Beispiele nennt Wiener den Satz von Desargues und den „auf das Geradenpaar bezogene Pascal'sche Satz." (Wiener 1891, 46) Heute spricht man von Konfigurationen anstelle von Schließungssätzen und vom Satz von Pappos anstatt vom Pascalschen Satz für Geradenpaare. Sätze wie der von Pappos, aber etwas anders gedeutet, sind für die Koordinatisierung wichtig, denn er garantiert die Kommutativität des zu konstruierenden Körpers – anschaulich gesprochen geht es jetzt darum, dass zwei Polygonzüge im selben

[21] Die Bemerkung Hilberts bezieht sich auf die Inzidenzaxiome, auf welches einzelne davon ist unklar.

Punkt enden, was wohl die Bezeichnung „Schließungssätze" erklärt. Sie schlagen eine Brücke zwischen Geometrie und Algebra. Bemerkenswert ist folgende Bemerkung von Wiener (Wiener 1890-92, 47):

> So erhält man aus dem ersten Schließungssatz [das ist Desargues; K. V.] (dessen Beweis in der räumlichen Geometrie geführt wird) ein Gebiet, das die sonst durch Strecken- (bezw. Punkt-) Addition gewonnenen Sätze umfasst.

Zudem behauptete Wiener (Wiener 1890 - 92, 47), diese Sätze genügten, um ohne weitere Stetigkeitsargumente oder unendliche Prozesse den Fundamentalsatz zu beweisen, „und damit die ganze lineare projektive Geometrie der Ebene zu entwickeln."

Hier knüpfte Wiener an wohlbekannte Diskussionen über den Fundamentalsatz der projektiven Geometrie an (vgl. Voelke 2008), bei denen es um die Rolle der Stetigkeit ging. Diesen Aspekt griff Wiener 1893 in einem weiteren DMV-Vortrag in München mit dem Titel „Weiteres über Grundlagen und Aufbau der Geometrie" nochmals auf, wo er betonte, dass man eine Geometrie mit und eine ohne Stetigkeit untersuchen solle – also genau das, was Hilbert später tat, setzt man Stetigkeit mit Geltung des Archimedischen Axioms gleich. Bei dieser Tagung hielt auch Hilbert einen Vortrag, er wurde zusammen mit Minkowski hier gebeten, ein Referat über Zahlentheorie zu verfassen. Die Münchner Tagung wurde begleitet von der bekannten Modell-Ausstellung. Von dieser berichtet Hilbert Hurwitz in einem Brief vom 15. September 1893, in dem er die Ausstellung den „Mittelpunkt" der Versammlung nennt, während mit den Vorträgen „weniger los" gewesen seien. Eine von Althoff gewährte Aufstockung der Königsberger Mittel nutzte Hilbert sogleich, um „allerlei Gegenstände aus der Ausstellung" anzukaufen

Wiener könnte Hilberts Tendenz zu einer abstrakten Auffassung der Axiomatik der Geometrie bestärkt oder gar erst angeregt haben – nicht zuletzt durch die abschließende Bemerkung (Wiener 1890–92, 47-48):

> Andere Gebiete erhält man durch Aufnahme neuer Voraussetzungen. Die Geometrie der Ordnung setzt den Satz voraus, dass auf einer geschlossenen Linie vier Punkte sich auf eine angebbare Weise in zwei Paare zerlegen, die sich trennen. Weitere Gebiete beruhen auf der Voraussetzung der Stetigkeit, sie es nun die analytische Stetigkeit der Grenzprozesse oder die geometrische des Durchlaufens, die ihren Ausdruck in dem Aufeinandertreffen von Punkten findet, welche sich in gewisser Weise gleichzeitig in einer Linie bewegen.

Dieser Tendenz kommt entgegen, dass Hilbert schon früh – nämlich in seinem wenig beachteten wissenschaftlichen Brief an Klein vom August 1894 (Hilbert 1895, siehe unten) - sein Axiomensystem in Teilen an den zugrunde liegenden Relationen, nicht an den Objekten (wie Pasch), orientiert hat. Bemerkenswert in dieser Hinsicht ist das Kurzreferat, das V. Schlegel für das Jahrbuch 1892 über

Wieners Beitrag schrieb. Es hebt nämlich genau diesen Gesichtspunkt hervor (p. 500), wobei er allerdings i. w. Wiener paraphrasiert:

> Aus einer beschränkten Zahl von Objekten (z. B. Punkte und Geraden) und Operationen (z. B. Verbinden und Schneiden) lässt sich ein „in sich begründetes" Gebiet der Wissenschaft aufbauen, wobei sich herausstellt, welche anderweitig zu beweisenden Fundamentalsätze oder Axiome noch hinzukommen müssen, damit man jeden Satz mit der kleinsten Anzahl nothwendiger Voraussetzungen beweisen kann.

Im Briefwechsel der Freunde finden wir keine Hinweise auf Hilberts Vorlesung über Geometrie der Lage oder auf den Wienerschen Vortrag. Das ist nicht allzu verwunderlich, war doch Hurwitz 1891 noch vor Ort in Königsberg und der (erhaltene) briefliche Austausch mit Minkowski im fraglichen Jahr spärlich – es gibt von ihm nur einen Brief an Hilbert aus dem Jahr 1891 und eine Postkarte an Hurwitz. Zudem besuchten Minkowski und Hilbert gemeinsam die Versammlung in Halle, ersterer sprach über die Geometrie der Zahlen, letzterer über volle Invariantensysteme, konnten sich also vor Ort austauschen.

Im Jahr 1891 erschien der erste Teil des zweiten Bandes von Clebschs „Vorlesungen über Geometrie", die Lindemann bearbeitete; der erste Band in zwei Teilen war schon 1876/1877 erschienen. Den Inhalt des zweiten Bandes kann man grob mit projektiver algebraischer Geometrie der Flächen charakterisieren, in der dritten Abteilung ergänzt durch grundlagentheoretische Erläuterungen zu den Grundbegriffen der projektivischen und metrischen Geometrie inklusive Euklids Axiome in Griechisch. Von Lindemanns Beschäftigung mit diesen Themen wussten Hilbert, Hurwitz und Minkowski sicherlich, was auch mehrere Hinweise auf Clebsch/Lindemann in Hilberts Vorlesungsausarbeitungen belegen (z. B. Hallett/Majer 2004, 82); Lindemann kündigte im Sommersemester 1890 eine Vorlesung über Euklid an und für das Wintersemester 1891/92 eine über Grundlagen der Geometrie.[22] Offensichtlich war sein Interesse an Grundlagenfragen der Geometrie lebhaft. Ob es zu einem inhaltlichen Austausch zwischen Hilbert, Hurwitz und Lindemann kam, wissen wir nicht. Immerhin ist es bemerkenswert, dass sich der junge Privatdozent Hilbert auf ein Gebiet wagte, das vom Ordinarius höchst persönlich unter Berufung auf höchste Autoritäten bearbeitet wurde.

Hilberts Hinwendung zu den Grundlagen der Geometrie, diesen Begriff machte er dann mit seiner Festschrift sehr populär, zeichnete sich in einem Brief an Hurwitz, der in der Zwischenzeit nach Zürich gegangen war, vom 19. April 1893 HiHu 26 ab:

> Ich bin auch sonst in den Osterferien recht fleißig gewesen und habe mich in die Nicht-Euklidische Geometrie hineingearbeitet, da ich in diesem Semester darüber zu lesen gedenke. Man findet die Sätze in

[22] Weitere Vorlesungen Lindemann, die in diesen Umkreis passten, waren: Vergleichende Betrachtungen über neuere Geometrie (Sommersemester 86) und Über die so-genannte nicht-euklidische Geometrie (Sommersemester 88).

> keinem Buch ordentlich und vollständig. Doch nimmt das Pasch'sche Buch wegen seiner scharfsinnigen Deduction den ersten Platz ein. Erst durch Pasch ist mir die Fragestellung vollständig klar geworden: es kommt nämlich darauf an, die nothwendigen, hinreichenden und unter sich unabhängigen Postulate aufzustellen, die ich an ein System von Dingen stellen muß, damit dasselbe fähig ist, alle geometrischen Thatsachen zu beschreiben. Insbesondere scheinen mir einige der Pasch'schen Axiome eine Folge früherer zu sein. Doch ist sein Weg, den er nach Euklids Muster wählt, der einzig befriedigende, während Riemann, Helmholtz, Lie allesamt die mathematische Darstellbarkeit jenes Systems von Dingen bereits voraussetzen, und mithin da anfangen, wo die eigenthliche Schwierigkeit aufhört.

Hintergrund hierfür ist die bereits erwähnte Ankündigung Hilberts, im Sommersemester 1893 eine zweistündige Vorlesung „Die Grundlagen der Geometrie" halten zu wollen. Am 23. Mai 1893 berichtete Hilbert dann an Klein (Frei 1985, 90):

> Mein 3tes Colleg[23] „über Nichteuklidische Geometrie" habe ich gar nicht zustande gebracht, doch arbeite ich dasselbe für mich aus und finde, dass man am besten aus dem scharfsinnigen Buche von Pasch Verständnis für den Streit der Geometer um die Axiome gewinnt. Auch hat doch Pasch das Verdienst, die Notwendigkeit der Axiome über den Begriff „zwischen" erkannt zu haben. ([...]) Freilich hat Pasch eine Menge überflüssiger Axiome (Grundsätze). [...][24] Die Frage nach dem *kleinsten* System von Forderungen (Axiomen), die ich an ein System von Einheiten stellen muss, damit dasselbe dazu dienen kann, die geometrischen (d.h. auf die äussere Gestalt der Dinge bezüglichen) Erscheinungen der Aussenwelt zu beschreiben, scheint bis heute nicht vollständig erledigt.

Auffallend an den zitierten Briefstellen ist, dass Hilbert davon spricht, er habe sich in die nichteuklidische Geometrie eingearbeitet, und dass er dabei Pasch's Buch „Vorlesungen über neuere Geometrie" (1882) eine wichtige Rolle einräumt[25]; insbesondere erkannte Hilbert Pasch das Verdienst zu, die

[23]Hilbert bot noch zwei andere Veranstaltungen im fraglichen Semester an. Am 15. Mai 1893 teilte Hilbert auch Hurwitz mit, dass seine Vorlesung nicht zustande gekommen war. Das war übrigens in Königsberg keine Seltenheit, die Zahl der Mathematikstudenten lag im einstelligen Bereich.

[24]Ein Beispiel, das Hilbert hier nennt, ist „Grundsatz IV, S. 105" (in der zweiten Auflage ist das der IV. Kernsatz S. 97), das Archimedische Axiom, von dem er – leider ohne Begründung - behauptet, es sei eine Folge der anderen Axiome. Die Frage nach der Unabhängigkeit des Archimedischen Axioms wird später in Hilberts Festschrift (1899) eine prominente Rolle spielen.

[25]Dies betont er auch in einem Brief an Fr. Engel vom 14. Januar 1894 (Universitätsarchiv Marburg NE 180610), in dem er schreibt: „Ich habe Nicht-Euklidische Geometrie lediglich aus diesem Buch [Pasch; K. V.] gelernt und bin überzeugt, dass in diesem Buch Alles correct ist, und dass es wirklich die einfachsten Axiome der Geometrie vollständig aufzählt, was mir Lie noch lange nicht erreicht zu haben scheint. Freilich muss man bei Pasch in den späteren Abschnitten noch Manches selbst ergänzen." Interessant ist, dass Hilberts Einschätzung des Buches hier positiver ausfällt als im zitierten Brief an Klein, der rund ein halbes Jahr älter ist.

Anordnungsaxiome – die Axiome zur Relation „zwischen" - formuliert zu haben, worauf er auch in der Festschrift explizit hinweist. Nicht ganz klar ist, was Hilbert hier mit nichteuklidischer Geometrie meint, insbesondere ob diese vielleicht Pasch's neuere Geometrie (also projektive Geometrie aus unserer Sicht) sein könnte. Um 1890 herum bildeten die Alternativen zur herkömmlichen Geometrie ein recht unübersichtliches Konglomerat, zu dessen Klärung Hilberts Festschrift erheblich beitrug. Zudem fehlte es auch an Lehrbüchern der hyperbolischen Geometrie, das erste deutschsprachige sollte erst Heinrich Liebmann 1905 veröffentlichen. Hilbert hätte allerdings auf die Bearbeitung der Arbeit („Appendix") von J. Bolyai durch J. Frischauf (Frischauf 1872) zurückgreifen können, die er in einer Literaturliste (Hallett/Majer 2004, 125) erwähnt; ein Lehrbuch war dies allerdings kaum. Briefe von Hilbert an Fr. Engel, Geometer und Duzfreund Hilberts aus gemeinsamen Leipziger Tagen, belegen zudem, dass ersterer sich mit Lobatschewski beschäftigte. Am 15.5.99 schrieb er nach Erhalt der von Engel veröffentlichten Übersetzung zweier Arbeiten von Lobatschewski (Lobatschefsky 1898) an diesen:

> Es ist mir dieses Geschenk von umso grösserem Werth, als ich mich seit längerem auch mit den Grundlagen der Geometrie beschäftige und insbesondere Arbeiten von Lobatschefsky studire – bisher allerdings nur die nicht-russischen. Auch die Anmerkungen und die Biographie sind mir auf's höchste interessant und lehrreich. (Universitätsarchiv Gießen NE 180614)[26]

Bemerkenswert ist die Kritik, die Hilbert an Pasch's Werk in der oben zitierten Briefstelle übt. Pasch's Anliegen, eine Axiomatik der Geometrie aufzustellen, in deren Rahmen dann rein deduktiv verfahren werden kann, findet Hilberts Zustimmung. Paschs Art und Weise der Durchführung hingegen ist weder „ordentlich noch vollständig", insbesondere kritisiert Hilbert, dass Pasch's Axiome nicht unabhängig seien, wofür er sogar Belege angibt im Brief an Klein. Festzuhalten ist weiter, dass Hilbert keinen Bezug zu italienischen Autoren (Pieri, Peano, ...) herstellte, vielleicht, weil er deren Arbeiten nicht kannte. Allerdings war Hilbert durchaus im Stande, mathematische Arbeiten in italienischer Sprache zu verstehen. Das belegen u.a. mehrere Referate von Abhandlungen in italienischer Sprache, welche er für das „Jahrbuch über die Fortschritte der Mathematik" verfasste. Am 17.3.94 schrieb Hilbert aus Königsberg an Hurwitz HiHu 36:

> Die Fortschrittsreferate habe ich erhalten, doch befindet sich viel langweiliges Zeug darunter, leider auch italienisches. Ich will diese Ferien recht fleißig arbeiten, um damit aufzuräumen.

Das Jahrbuch widmete Arbeiten aus Italien recht viel Aufmerksamkeit, im Bereich der Geometrie war oft G. Loria der Referent. Hilbert war über Jahre

[26] Der Verfasser dankt Gabriele Wickel (Wuppertal) für ihre Hinweise auf die Korrespondenz von Fr. Engel. Vgl. auch Ullrich 2021 zum Briefwechsel Hilbert–Engel.

hinweg ein emsiger Mitarbeiter am Jahrbuch; in einem Brief an Hurwitz vom 2. April 1890 erwähnt er 43 Referaten für das Jahrbuch, die er erledigt habe. Die meisten der Hilbertschen Referate finden sich in der Rubrik „Theorie der Formen", was im Wesentlichen Invariantentheorie meinte. Das scheint nicht immer spannend für ihn gewesen zu sein. Am 2. April 1890 HiHu 11 klagte Hilbert sein Leid an Hurwitz:

> Die Abfassung der Referate hat bei mir diesmal eine wissenschaftliche Oede erzeugt, was nicht zu vermeiden ist bei all den Cyklikanten, Co- und Semi-co-genetiven und – generatricen Functionen, die man in England neu entdeckt. Es ist mir überhaupt schwer geworden, nicht satyrisch zu sein. Denn auch in Deutschland „schiebt" man „über" um die Wette und zwar noch jeder auf seine ganz besondere Weise, die er einmal eingeschlagen hat und von welcher er nicht loskommen kann.

Am 31. Mai 1894 HiHu 39 berichtete Hilbert wieder an Hurwitz:

> An den Fortschrittsreferaten arbeite ich fleißig. Von 37 habe ich bereits 20 fertig, wobei mich freilich meine Frau immer sehr thatkräftig durch Ausschreiben unterstützt hat.

Käthe Hilbert schrieb übrigens auch die meisten Briefe Ihres Mannes ins Reine, teilweise auch seine Skripten. Erst auf briefliches Drängen seiner Freunde bedankte sich Hilbert in seinem Zahlbericht (1897) ausdrücklich bei seiner Frau für ihre Hilfe.

Die weiter oben zitierte Stelle aus dem Brief an Hurwitz formuliert ein Programm: „die nothwendigen, hinreichenden und unter sich unabhängigen Postulate aufzustellen" (im Brief an Klein spricht Hilbert etwas unschärfer vom „kleinsten System"), welches Hilbert auch in der Einleitung zu seiner Vorlesung wörtlich wiedergibt (vgl. Hallett/Majer 2004, 72) und das er mit seiner Festschrift von 1899 weitgehend einlösen sollte. Wie wir noch sehen werden, arbeitete Hilbert immer wieder in den 1890iger Jahren an ihm. Bei diesen Bemühungen traten die projektive und die nichteuklidische Geometrie allmählich in den Hintergrund zugunsten der klassischen Euklidischen Geometrie. Hervorzuheben ist schließlich, dass im obigen Brief an Hurwitz schon von dem berühmten „System von Dingen" die Rede ist, mit dem Hilberts Festschrift dann nach dem einschlägigen Kant-Zitat („So fängt also alle menschliche Erkenntnis mit Anschauungen an, geht von da zu Begriffen und endigt mit Ideen." [Kritik der reinen Vernunft. Elementarlehre 2. Teil, 2. Abteilung]) anheben wird (dort im Plural, da drei Systeme gedacht werden müssen). Wie wichtig ihm diese Formulierung ihm war, ist allerdings nicht so klar, denn gegenüber Klein spricht er vom „System von Einheiten".

Was „geometrische Thatsachen" sind, wird in dem Brief an Klein präzisiert: Das sind Aussagen, die sich auf die „äussere Gestalt der Dinge" beziehen, also auf einen Aspekt der „Aussenwelt". Das ist ein deutliches Bekenntnis zum empirischen Ursprung der Geometrie.

Hilberts Anmerkung zu Riemann, Helmholtz und Lie im Brief an Hurwitz ist interessant: Diese Autoren begründen seiner Ansicht nach nicht die Geometrie, sondern setzen sie voraus, weil sie von dem Begriff der Zahlenmannigfaltigkeit ausgingen. Das kann man auf dem Hintergrund der zeitgenössischen Diskussionen – ein typischer Vertreter ist Benno Erdmann 1877 – sehen, in denen eben der Weg von Riemann-Helmholtz-Lie als eine Alternative für die Grundlegung der Geometrie gehandelt wurde. Man kann festhalten, dass bei diesen Autoren differentialgeometrische (vielleicht würden wir heute auch differentialtopologische sagen) Methoden verwendet werden und dass der Bewegungsbegriff vor allem bei Helmholtz eine wichtige Rolle spielte. In einer seiner letzten Arbeiten der geometrischen Phase sollte Hilbert dann auf den Helmholtz-Lieschen Ansatz zurückkommen (Hilbert 1903a) – ihn sozusagen rehabilitieren. Lie war wohl zwiespältig für Hilbert – und nicht nur für ihn. In einem nichtdatierten Brief Hilberts an Hurwitz, geschrieben vermutlich Ende Oktober 1893 HiHu 33 nach dem Umzug der Königsberger Mathematik in neue Räumlichkeiten, hieß es:

> Lie leidet doch entschieden an Grössenwahn, wenn man nach dem 3ten Band seiner Vorlesungen[27] schliessen will, trotzdem viel Scharfsinniges in dem Abschnitt über die Axiome der Geometrie drin zu stecken scheint.

Auch in einem Brief an Klein[28], der ja mit Lie befreundet war und mit ihm zusammengearbeitet hatte, äußerte sich Hilbert ebenfalls zu Lie (15. November 1893 vgl. Frei 1985, 101) – verständlicher Weise etwas vorsichtiger:

> Lie trägt, wie es mir scheint, immer einen vorgefassten einseitig analytischen Standpunkt in die Sache hinein und lässt dabei ganz die Hauptaufgabe der nichteuklidischen Geometrie, durch successive Einführung *elementarer* Axiome die verschiedenen möglichen Geometrien zu charakterisieren bis zum schliesslichen Aufbau der allein noch übrigen Euklidischen Geometrie ganz ausser Augen. Bei dieser Verfahrensweise ist es dann nicht zu verwundern, dass die Behauptungen anderer Mathematiker in sein festes analytisches Fachwerk nicht hineinpassen. Dennoch erscheinen Lie's Ausführungen vielfach sehr scharfsinnig und jedenfalls sehr des Studierens wert.

Fr. Schur ging so weit, Hilbert zu attestieren, dass er kein Verständnis für Lie habe (vgl. Brief an Engel vom 20.2.1899, Universitätsarchiv Gießen NE 110 371). Allerdings räumte er auch ein, dass Lie's Zugang an Wichtigkeit verloren habe, dadurch, dass nachgewiesen worden sei, dass weite Teile der Geometrie ohne

[27] Im Vorwort des dritten Bands der „Theorie der Transformationsgruppen" (1893) erhob Lie öffentlich heftige Vorwürfe gegen Klein, die ihn zu einem Außenseiter in der deutschen mathematischen Gemeinschaft machten.

[28] Kritische Äußerungen zu Lie finden sich in mehreren Briefen von Hilbert an Engel, der ja ein enger Mitarbeiter von Lie war. Vgl. Ullrich 2019.

Stetigkeitsbetrachtungen entwickelt werden könnten. Im Falle Lie's überlagerten sich zwei Aspekte bei Hilbert: zum einen eine gewisse Zurückhaltung gegen Lie's Zugang zur Geometrie vermöge Transformationsgruppen, zum andern eine starke Abneigung, ausgelöst durch Lie's Attacken vor allem gegen Klein. Während wohl fast alle Mathematiker den zweiten Aspekt ähnlich sahen wie Hilbert, wurde seine Zurückhaltung nicht allgemein geteilt.

Hurwitz kommentierte Hilberts Überlegungen zur Axiomatik (Brief vom 1. Mai 1893 HuHi 12):

> Interessant war mir insbesondere, daß Sie aus der Nicht-Euclid. Geometrie jetzt eine klare Fragestellung herausgestellt haben und angenehm, daß man wenigstens einen Anhalt in dem Buche von Pasch hat. Sie meinen doch die Vorlesungen über neuere Geometrie von Pasch? Ihre Vorlesungsabsichten sind hoffentlich nicht durch die Ebbe im Studium der Mathematik verstellt worden oder ist die Nachricht, die ich neulich erhielt, die mir aber nicht ganz glaubwürdig erscheint, begründet, daß in Königsberg kein mathem. Colleg zustande gekommen sei?

Erstaunlich wirkt Hurwitz' Frage, ob Hilbert Paschs „Vorlesungen über neuere Geometrie" gemeint habe. Dazu gab es keine wirkliche Alternative im Schaffen von Pasch; zwar hatte dieser auch ein Buch über Differential- und Integralrechnung veröffentlicht, aber dieses hatte mit den Grundlagen der Geometrie nichts zu tun. Möglicherweise hatte Hurwitz sich Paschs Buch noch gar nicht angesehen.

Im Anschluss ruhte das Thema Grundlagen der Geometrie im Briefwechsel der Freunde für rund ein Jahr. Allerdings gibt es zur Geometrie allgemein noch einen Hinweis von Minkowski (Brief an Hilbert vom 8. Februar 1894 MiHi 21 (Nr. 21 p. 60)):

> Mit den Ausführungen in Deinem letzten Brief konnte ich nur einverstanden sein. Über den erzieherischen Werth der Geometrie läßt sich nicht streiten, wenn auch in anderen Gebieten der Mathematik mehr Leben ist.

Da Hilberts Briefe an Minkowski verloren sind, wissen wir nicht genau, worauf sich Minkowski hier bezieht. Vielleicht ging es um die Vorlesungen, welche Minkowski, gerade als Nachfolger Hilberts auf das Königsberger Extraordinariat berufen[29], dort ankündigen sollte. Am 10. Januar 1894 MiHi 20 hatte er geschrieben: „Besondere Wünsche habe ich gerade nicht, Algebra oder irgend ein Gebiet aus der Analysis wäre mir aber lieber als Geometrie." Hilbert könnte in seiner Antwort versucht haben, Minkowski die Geometrie schmackhaft zu machen. Minkowski las denn auch in Königsberg im Sommersemester

[29]E. Study hatte hierbei das Nachsehen, wurde aber mit einer Stelle in Bonn entschädigt. Vgl. auch Ullrich 2019.

zweistündig Liniengeometrie, daneben algebraische Gleichungen, zudem bot er Übungen zur Algebra an.

Festzuhalten ist jedenfalls, dass Minkowski andere Gebiete der Mathematik – wir dürfen hier an die Algebra sowie an Zahlen- und Funktionentheorie denken – für dynamischer als die Geometrie hielt. Dieser Ansicht war wohl auch Hurwitz; er hatte dem jungen Hilbert einst geraten (19. August 1888 HuHi 3): „Sie müssen nunmehr zur Functionentheorie, die gegenwärtig Riesenfortschritte macht." In einem weiteren Brief an Hilbert vom 26. Juni 1895 HuHi 27 erläuterte Hurwitz zudem, dass seiner Ansicht nach die Zahlentheorie die Führung übernommen habe und der Fortschritt der Funktionentheorie an den der Zahlentheorie gekoppelt sei.

In gewisser Weise wurde Minkowski's Einschätzung, die Geometrie sei kein sehr dynamisches Gebiet, durch die Flut von Arbeiten zur „Mathematik der Axiome" (ein sehr treffender Terminus, den Hurwitz in einem Brief an Hilbert vom 8. Juni 1903 HuHi 57 prägte), die Hilberts Festschrift nach 1899 auslöste, widerlegt; Hilbert hatte mit seiner Abhandlung ein sehr produktives Forschungsfeld eröffnet. Dies spiegelt auch das Jahrbuch über die Fortschritte der Mathematik wider: Während in den 1890iger Jahren die u.a. der Axiomatik gewidmete Rubrik „Principien der Geometrie" eher spärlich vertreten war, erlebte diese nach 1900 einen enormen Aufschwung an Besprechungen. Geradezu prophetisch klingt Hurwitz' Bemerkung im bereits erwähnten Brief:

> Ihre neuen geometrischen Abhandlungen habe ich mit großem Interesse gelesen. Sie haben da ein unermessliches Feld mathem. Forschung erschlossen, welches als Mathematik der Axiome bezeichnet werden könnte und weit über das Gebiet der Geometrie hinausreicht.

Auch Hurwitz wurde in der Geometrie aktiv. Am 30. Januar 1894 HuHi 17 meldet er Hilbert:

> In den letzten Tagen habe ich die Vorlesungen Kleins über höhere Geometrie verschlungen – mit viel Nutzen, denn die Lie'sche Theorie gewinnt jetzt in meinem Innern Licht.

Klein hatte im Wintersemester 1892/93 und im anschließenden Sommersemester 1893 in Göttingen zwei Vorlesungen „Einleitung in die höhere Geometrie" gehalten und diese autographieren lassen (vgl. Klein 1893 und Klein 1893a); offensichtlich hatten Hurwitz und Hilbert je ein Exemplar dieses Skripts – modern gesprochen – bekommen. Hilbert hatte Klein a, 19. Dezember 1893 berichtet:

> Ihre von Schilling ausgearbeiteten Vorlesungen über höhere Geometrie und Nichteuklidische Geometrie lese ich jetzt täglich nach dem Essen mit grossem Vergnügen.

Ob sich Klein dadurch geehrt fühlte, nach dem Mittagessen gelesen zu werden, bleibt unklar. An Hurwitz meldete Hilbert am 6. Januar 1894 HiHu 35, dass er Kleins autographierte Vorlesungen „mit viel Vergnügen" lese: „Die lesen sich so flüssig, dass man von Schwierigkeiten nichts merkt." Mit zwei Aufsätzen in den Annalen (Klein 1894 und Klein 1895) sorgte Klein zusätzlich dafür, dass seine Autographen allgemein bekannt wurden, was wohl erklärt, warum man sie heute noch hier und da findet.

Am 30. April 1894 HiHu 38 konnte Hilbert dann Hurwitz mitteilen, dass er im Sommersemester 1894 mehr Glück hatte mit seinem Vorhaben, über die Grundlagen der Geometrie, dieses Mal unter dem Titel „Über die Axiome der Geometrie" (vgl. Hallett/Majer 2004, 611), zu lesen:

> Ich habe nur Grundlegende Geometrie 2 St. mit 4 Zuhörern und Seminar mit 2 Zuhörern zu Stande bekommen. Minkowski Algebra 4 St. mit 2.

Man sieht: In Königsberg waren Mathematikstudenten Mangelware.

Allerdings räumte Hilbert schon am 13.6.1894 HiHu 40 eine gewisse Enttäuschung gegenüber Hurwitz ein:

> Von meinem Colleg über axiomatische Geometrie bin ich übrigens, wenigstens augenblicklich, gar nicht sehr erbaut. Immer dieselbe Sache, ob man dieses oder jenes als Axiom nehmen soll und ein und derselbe trockene Ton ohne die lebendige Frische neuer Resultate.

Offensichtlich suchte Hilbert nach einer ihn befriedigenden in sich stimmigen Struktur für die Axiome, war aber noch zu keinem abschließenden Ergebnis gelangt; ähnlich äußerte sich Hilbert in einem Brief an Lindemann vom 17. Juli 1894 (Hallett/Majer 2004, 104 n. 99): Dort betont er, dass es ihm an einem Prinzip fehle, nach welchem man Axiome auswählen könne. Gäbe es ein solches Prinzip, wäre vermutlich eine bestimmte Geometrie ausgezeichnet, nämlich diejenige, deren Axiome gemäß Prinzip auszuzeichnen wären. Das war vielleicht nicht sehr plausibel, aber möglicherweise hat Hilbert soweit nicht gedacht zu diesem Zeitpunkt (vgl. Hallett/Majer 2004, 104). Hurwitz pflichtete Hilbert umgehend bei (16. Juni 1894 HuHi 22):

> Die Erfahrungen, die Sie in Ihrem Colleg über die Axiome der Geometrie machen, sind mir interessant. Sie stimmen mit der Vorstellung, die ich mir von jeher von dieser Art von Untersuchungen gemacht habe.

Diese Äußerung von Hurwitz deutet darauf hin, dass auch er sich Gedanken über die Axiomatik der Geometrie gemacht hatte. Einen Fortschritt dank seiner Vorlesung konnte Hilbert dennoch bald vermelden (5. August 1894 HiHu 41):

> Ich gedenke ... vielleicht an Klein einen Brief über die gerade Linie als kürzeste Verbindung 2er Punkte fertig zu machen. Ich habe

> nämlich während meines Collegs bemerkt, dass dieser Satz unter einer gewissen Einschränkung schon sehr früh aus den Axiomen der projektiven Geometrie[30] abzuleiten ist und dieses schien mit von einigem Interesse,

Das Projekt, das Hilbert Klein bereits am 29. Juli 1894 mit ähnlichen Worten (vgl. Frei 1985, 109) angekündigt hatte, wurde umgehend in die Tat umgesetzt: Am 14. August 1894 sandte Hilbert aus „Kleinteich bei Ostseebad Rauschen", einem seiner bevorzugten Ferienorte, einen „historisch bedeutenden" (Blumenthal 1935, 403) wissenschaftlichen Brief an Klein, den dieser im nachfolgenden Jahr in den „Mathematischen Annalen" publizierte.[31] Im Werk Hilberts gibt es noch einen Brief, den er veröffentlichte: „Lettre adressée à M. Hermite", erschienen 1888 im *Journal des mathématiques pures et appliquées.* Dabei geht es um eine Anregung in der Theorie der Formen, die Hilbert von Hermite während seines Aufenthaltes in Paris erhalten hatte. Der Bezug zu Hermite war somit ein unmittelbarer. Hilberts Vorgehensweise im Falle des Briefes an Klein ist anders geartet, denn ein direkter Bezug des Inhaltes zu seinem Empfänger ist nicht gegeben. Dieser Brief hat eher den Charakter eines Preprints (wie wir heute sagen würden); er gibt die wichtigsten Argumente, ohne sie aber detailliert auszuführen:

> Es lassen sich leicht die Eigenschaften des Begriffs der Länge aufzählen, ...; doch unterlasse ich dies, damit ich durch diesen Brief nicht allzusehr Ihre Aufmerksamkeit ermüde.
>
> (Hilbert 1895, 93)

Es sieht so aus, als wollte sich Hilbert beeilen, seine Ergebnisse bekannt zu machen – das war eigentlich sonst nicht seine Art. Verständlich wäre es allerdings, denn er macht in diesem Brief beachtliche, allerdings von der wissenschaftlichen Gemeinschaft nur wenig beachtete Fortschritte, was die Axiomatik anbelangt. Übrigens hatte Freund Minkowski schon 1890 einen „Auszug aus einem Brief" an Hurwitz im Crelle-Journal veröffentlicht, der gut zwanzig Seiten lang war. Er beginnt mit einer direkten Ansprache an Hurwitz (Minkowski 1890, 5):

> Bei unserem letzten Zusammensein interessirten Sie und Herr Hilbert sich für die Frage, ... "

Dieser Sachverhalt wird von Hurwitz in einer von ihm verfassten Fußnote zur Abhandlung von Minkowski noch näher erläutert. Nach dem zitierten kurzen einleitenden Absatz folgen dann sorgfältig ausgearbeitete rein mathematische Ausführungen; der Charakter eines Briefes geht hier vollkommen verloren. Der Originalbrief existiert leider nicht mehr. Bei Minkowski entsteht der Eindruck, als habe er die Briefform gewählt, um die Referenz an seine Freunde

[30] Zum Begriff „projektive Geometrie" vgl. hierzu den nächsten Abschnitt.

[31] Zum Inhalt des Briefes vgl. man den nächsten Abschnitt.

unterzubringen – den Artikel also als ein Produkt des Austauschs unter den drei Freunden deutlich zu machen. In einem Brief an Hilbert vom 6. November 1889 erwähnt Minkowski, dass Kronecker, zu jener Zeit einer der Herausgeber des Crelle-Journals, bei einem Besuch gesagt habe, sein Brief „(bei welchem ich das Porto allerdings gespart habe)" sei bereits im Druck.

Auch Hurwitz hat in Briefform veröffentlicht: 1916 publizierten die Acta mathematica „aus einem Briefwechsel zwischen A. Hurwitz und G. Polya"[32], 1917 folgte ein Beitrag von Hurwitz zur Versammlung der Schweizerischen Naturforschenden Gesellschaft (Hurwitz 1917) in Zürich. In deren Verhandlungen findet sich ein Auszug aus einem Brief an Louis Kollros, in dem es um eine Verallgemeinerung des Satzes von Pohlke ging. Der Briefwechsel von Hurwitz mit Kollros (Hs 583 : 67-68) zeigt, dass Kollros einer schriftlichen Mitteilung des ersteren für die Druckfassung die Form eines Briefes gab. Möglich ist, dass Hurwitz sich verpflichtet fühlte, etwas zu dieser in Zürich tagenden Versammlung beizutragen und ihm aufgrund seiner gesundheitlichen Situation keine andere Ausarbeitung zur Verfügung stand; in seinem mathematischen Tagebuch kommt der Satz von Pohlke übrigens mehrfach vor (TB 28 (1915–17) [Hs 582 : 28], 46-52, 63-64 und 71). Auf die darstellende Geometrie aufmerksam gemacht hatte Hurwitz der Unterricht von Tochter Eva (TB 28 (1915–17), 25):

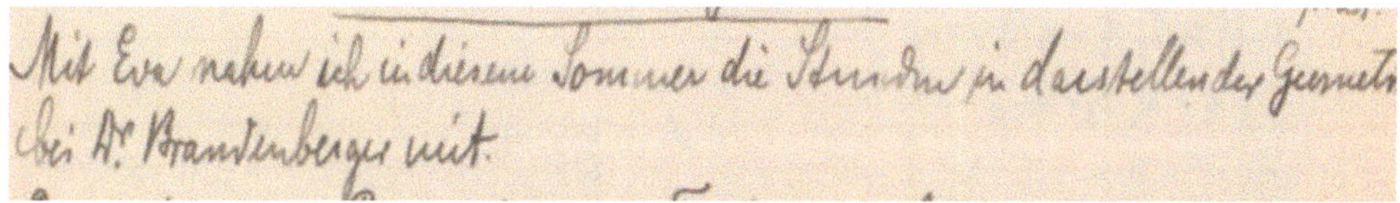
Mit Eva nahm ich in diesem Sommer die Stunden in darstellender Geometr
bei Dr. Brandenberger mit.

Abbildung 2.8. Notiz von Hurwitz.

Auf dieser Züricher Versammlung der Naturforschenden Gesellschaft hat Hilbert über die axiomatische Methode vorgetragen. Kollros war 1896 - 1900 Student am Polytechnikum (im Jahrgang von Einstein, Ehrat, Grossmann und Mileva Maric) gewesen. Nach seinem Abschluss war Kollros einige Jahre als Gymnasiallehrer in La Chaux-de-Fonds tätig, 1903–04 hielt er sich mit einem Stipendium in Göttingen auf und promovierte 1905 bei Minkowski an der Universität Zürich über ein zahlentheoretisches Thema. Kollros wurde 1908 Professor für darstellende Geometrie in französischer Sprache am Polytechnikum. Minkowski hielt große Stücke auf ihn (siehe unten).

Die Professuren für darstellende Geometrie am Polytechnikum – eine in deutscher, eine in französischer Sprache – spielten auch im Briefwechsel der Freunde eine Rolle. Hurwitz fragte 1907, als sich das Ausscheiden von W. Fiedler nach vierzig Dienstjahren abzeichnete, bei Minkowski an, wen er als geeignete Kandidaten für die deutschsprachige Stelle vorschlagen könne. Der Präsident des Schulrates Gnehm würde wie üblich die aussichtsreichsten Kandidaten persönlich in Augenschein nehmen. Minkowski antwortete am 24. Juni 1907 MiHu 29:

[32] Zum Beweis eines von Herrn Fatou vermuteten Satzes (Acta mathematica 40 (1916), 179-183).

> Wenn der Herr Präsident Gnehm seine Reise soweit nach Norden erstrecken sollte, möchte ich empfehlen – und es war das auch die Meinung von Klein – dass er einen Abstecher hierher macht. Klein kennt die eventuell in Betracht kommenden Personen wohl so ziemlich, da er mehrfach das Ministerium wegen der neu zu errichtenden Polytechnika beraten musste. Auch sind hier mancherlei Einrichtungen betreffend darstellende Geometrie und sonst angewandte Mathematik getroffen, die kennen zu lernen von Interesse sein würde. Klein und Runge werden natürlich aufs Bereitwilligste Auskunft erteilen. Soviel ich selber weiß, ist wohl Schilling in Danzig derjenige unter den darstellenden Geometern, der die Sache am besten heraus hat; er hatte auch grosse Lehrfolge, als er noch hier war. Da er aber schon Berlin wesentlich aus Bequemlichkeitsgründen abgelehnt hat, so ist zweifelhaft, ob er für Zürich überhaupt in Frage kommen kann. Neulich hat Fricke überall nach einem darstellenden Geometer Umschau gehalten und unter den Jüngeren Ludwig aus Karlsruhe am besten gefunden. Ein sehr gescheidter, äusserst lebendiger und amüsanter Mann ist Hessenberg, der am Charlottenburger Polytechnikum infolge Feindseligkeiten von Seiten Lampes nicht aufkommen konnte und im Begriffe steht, einem Rufe nach Poppelsdorf Folge zu leisten.

Entgegen den Empfehlungen Minkowskis entschied man sich in Zürich, nachdem der Erstplatzierte Martin Disteli (Dresden) abgesagt hatte, für den Zweitplatzierten Marcel Grossmann, Lehrer an der Kantonsschule in Basel. Er hatte seinen Lehrer Fiedler schon im Sommersemester 1907 vertreten und trat dessen Nachfolge zum Wintersemester 1907 an. Als Gymnasiallehrer hatte Grossmann schon Unterrichtsmaterialien zur darstellenden Geometrie erarbeitet (vgl. Hs 421 : 10, 1 und 10,2), war also für dieses Gebiet durchaus qualifiziert. [33]

Der bereits genannte Präsident des Schulrates Gnehm wandte sich am 15. Oktober 1908 direkt an Minkowski und bat ihn um eine Beurteilung des Kandidaten Louis Kollros, den man für die 1894 eingerichtete Stelle für darstellende Geometrie in französischer Sprache in Erwägung zog; diese war durch den Wechsel von Marius Lacombe nach Lausanne vakant geworden. In seiner Antwort vom 18.10.1908 nutzte Minkowski die Gelegenheit, einige Erinnerungen an seine Zeit in Zürich zu schildern und damit höchstes Lob für Kollros zu verbinden:

> Herr Louis Kollros erschien mir und wohl auch den Kollegen seinerzeit als der mathematisch begabteste des betreffenden Jahrganges und das hatte viel zu sagen, denn gerade aus der geringen Zahl der damaligen Studierenden der VI^{ten} Abteilung sind

[33] Das sah allerdings Fr. Schur anders. Er beklagte in einem Brief an W. Fiedler vom 23. Juli 1907 (Hs 87 : 1180), der befand, dass Grossmanns Arbeiten "ganz und gar Schülerarbeitenßeien. Durch diese Besetzung werde Fiedlers Professur abgewertet.

> namhafte wissenschaftliche Forscher hervorgegangen: Albert Einstein in Bern, Walter Ritz in Göttingen, Ihr Marcel Grossmann.

Weiter fügte er hinzu:

> Darf ich hinzufügen, dass viel die Ansicht vertreten wird, für das Gebiet der darstellenden Geometrie bestehe eine spezifische Art der Begabung, die nicht schlechthin mit mathematischer Begabung zu identifizieren ist. Inwieweit die genannten Herren [Kollros und Damus] diese spezielle Begabung zu eigen ist, lässt sich nach der Richtung ihrer bisherigen Publikationen [Zahlentheorie, Algebra] kaum vermuten.

Ansonsten ist dieser Brief vor allem eine Lobrede auf Einstein, der vier Jahre später dann ja auch an die ETH berufen wurde. Anders als Grossmann hatte sich Kollros vor seiner Berufung nicht mit darstellender Geometrie beschäftigt.

Hilberts Vorlesung 1893/94 und der Brief an Klein

Wenden wir uns nun der Vorlesung Hilberts von 1893/94 zu. Hilbert hat diese wie auch andere seiner Ausarbeitungen überarbeitet und ergänzt, so dass es im Einzelnen schwierig bis unmöglich ist, zu entscheiden, wann genau er die entsprechenden Ideen notierte (vgl. die ausführliche Diskussion dieser Problematik in Hallett/Majer 2004, 128-144). Diejenige Errungenschaft dieser Vorlesung, die unter dem Eindruck der Festschrift am meisten auffällt, ist, dass Hilbert schon hier in groben Zügen das System von Axiomen entwickelt, das er dann in der Festschrift systematisch ausarbeitete. Das erklärt auch, warum Hilbert die Festschrift überhaupt so schnell, wie er es anscheinend tat, liefern konnte (vgl. Brief von Minkowski an Hilbert unten): Er hatte schon umfangreiche Vorarbeiten geleistet. Vermutlich wusste das auch Klein, als er Hilbert um seinen Beitrag zur Festschrift bat. Leider ist nicht mehr feststellbar, wann genau Klein das tat.[34] Klar ist nur, dass Klein sich schon früh für das Projekt eines Denkmals für Gauß und Weber einsetzte: Er unterzeichnete im Mai 1892 einen Aufruf zur Unterstützung des Projektes. Es ist zudem auffällig, dass sowohl Hilbert als auch Wiechert über „Grundlagen" lasen. Auch das deutet darauf hin, dass Klein schon frühzeitig mit ihnen das Projekt besprochen hatte.

Hilbert machte in seiner Vorlesung einen ganz wesentlichen Schritt über Pasch hinaus, sein System ist übersichtlich und klar strukturiert; es liefert auch die Grundlage für Hilberts bereits erwähnten Brief an Klein (Hilbert 1895). Anders als Pasch stellt er nicht mehr die behandelten Objekte (in Gestalt der Axiome der Geraden, der Ebene … – bei Pasch heißen die Axiome Grund- in der zweiten Auflage dann Kernsätze) in den Vordergrund sondern die Relationen zwischen denselben. Und der empirische Unterbau, den Pasch ausführlich entwickelt, entfällt bei Hilbert gänzlich. Es gibt bei Hilbert 1893 folgende Gruppen:

---

[34] Dank an R. Tobies für ihre Auskünfte zu Klein.

A. Existenzaxiome [gemäß einer Notiz von Hilbert besser: Axiome der Verknüpfung]

B. Lagenaxiome

C. Das Stetigkeitsaxiom

D. Congruenzaxiome (oder auch Bewegungsaxiome zu nennen)

E. Das Parallelenaxiom

(Aus heutiger Sicht handelt es sich bei A. um Inzidenzaxiome, bei B um Anordnungsaxiome.)

In der Festschrift ist die Reihenfolge der Axiomengruppen modifiziert, dort ist sie A-B-E-D-C, es gibt zudem auch noch Unterschiede in den Formulierungen der einzelnen Axiome. Ganz traditionell bildet 1893/94 wie bei Euklid das Parallelenproblem den Abschluss des Gebäudes, während diese Rolle in der Festschrift der Stetigkeit zufällt. Interessant ist, dass Hilbert 1893/94 nach der Diskussion der Axiomengruppen A. und B. auf die projektive Geometrie eingeht (diese Gruppen wurden manchmal auch projektive Axiome genannt, dazu müsste man eigentlich die Axiome an die projektive Situation anpassen [z. B. zwei koplanare Geraden schneiden sich immer, Anordnung muss modifiziert werden]); er führt wieder die Steinerschen Grundgebilde ein und stellt fest:

> Wir sind jetzt [nach A. und B.] im Stande, die Fundamentalsätze der projektiven Geometrie zu entwickeln. (Hallett/Majer 2004, 81)

Hilbert sagt nicht, was er mit Fundamentalsätzen meint; üblicherweise sind dies der Fundamentalsatz der projektiven Geometrie („Eine Projektivität ist durch drei Punkte und ihre Bilder festgelegt.") sowie die Sätze von Desargues und Pappos, von Hilbert Satz von Pascal (im Sonderfall für zwei Geraden) genannt, sowie die klassischen Sätze von Pascal und Brianchon. Um diese zu beweisen, genügen allerdings die beiden Axiomengruppen A. und B. nicht, es braucht zusätzliche Axiome etwa Kongruenz oder Stetigkeit.[35] Vielleicht hatte Hilbert aber auch einfachere Sätze im Auge wie denjenigen über die Schnitte und Scheine harmonischer Büschel bzw. Punktreihen, also die Invarianz der harmonischen Lage.

Weiterhin behandelt Hilbert die harmonische Lage – rein projektiv mit Hilfe von vollständigen Vierecken. Es schließt sich ein Abschnitt „Einführung der Zahl" an, der i.w. die Wurfrechnung nach von Staudt unter Berufung auf Lindemann (vgl. Clebsch/Lindemann 1892, dritte Abteilung) wiedergibt. Nach dem hierfür wichtigen Stetigkeitsaxiom, bei Hilbert hier gefasst als Axiom über die Existenz des Grenzpunktes (Hallett/Majer 2004, 92 – zur Problematik des Stetigkeitsaxioms vgl. weiter unten), folgen dann das Doppelverhältnis sowie lange Ausführungen zum Thema „Projektive und analytische Geometrie".

[35] Die Problematik des Desargueschen und des Pappos'schen Satzes wurde abschließend erst von G. Hessenberg 1905 geklärt; vgl. auch Reich 2008.

Mit Hilfe der Stetigkeit lässt sich der Fundamentalsatz beweisen, Desargues und Pappos folgen dann aus diesem. Die hyperbolische und die parabolische Geometrie werden diskutiert und ein Maß, sprich Streckenlänge, eingeführt.

Hervorzuheben ist, dass Hilbert in allen seinen Vorlesungen die projektive Geometrie nicht autonom, etwa axiomatisch, behandelt; sie wird vielmehr immer als Erweiterung der Euklidischen durch ideale oder uneigentliche Elemente betrachtet. Dadurch gibt es in ihr stets ausgezeichnete Elemente, die uneigentlichen eben, was wiederum in einigen Aspekten, z. B. bei der Anordnung, eine Rolle spielt. In dieser Hinsicht folgt Hilbert noch der Tradition des 19. Jhs.

Hilbert liefert in der Vorlesung von 1893/94 gewissermaßen die Grundlagen, von denen er in seiner Vorlesung 1891 über projektive Geometrie ausgegangen war, ergänzt diese allerdings auch z. B. durch die Einführung des Doppelverhältnisses. Im Vergleich zur späteren Festschrift fällt auf, dass die behandelten Themen teilweise abweichen, sie sind 1893/94 noch geprägt von den Fragen und Gebieten, die Hilbert zu seiner Axiomatik geführt haben, also insbesondere von der projektiven Geometrie; weniger von systematischen Erwägungen zur Euklidischen Geometrie, wie das in der Festschrift der Fall sein wird. Das unterstreicht auch die Tatsache, dass ganz traditionell das Parallelenaxiom den Abschluss der Liste der Axiome bildet: Die Geometrie mit Parallelenaxiom wird derjenigen gegenübergestellt, die dessen Negation voraussetzt.

Kommen wir nun zu dem Brief, den Hilbert an Klein (als Redakteur der Mathematischen Annalen) richtete. Er ist u.a. deshalb bemerkenswert, weil in ihm explizit Bezug auf Minkowski und seine Geometrie der Zahlen genommen wird. Deren Ausarbeitung, die sich lange hinzog, der erste Teil des Buches wurde erst 1896 gedruckt (nach Minkowskis Tod wurde 1910 noch ein zweiter Teil veröffentlicht), kommt an vielen Stellen im Briefwechsel der drei Freunde zur Sprache. Die Grundidee hatte Minkowski schon 1891 in einem Vortrag bei der Versammlung deutscher Naturforscher und Ärzte in Halle skizziert, eine etwas ausführlichere Darstellung gab er in seinem Beitrag zum Internationalen Mathematiker-Kolloquium 1893 in Chicago mit dem schönen Titel „Über Eigenschaften von ganzen Zahlen, die durch räumliche Anschauung erschlossen sind".

Ein zentraler Begriff, den Minkowski einführte, war die Strahldistanz, die den modernen Begriff der Metrik als Spezialfall der einhelligen, wechselseitigen Strahldistanz vorwegnimmt. In ihrem Kontext ist die Dreiecksungleichung wesentlich: Gilt diese, so definiert die Strahldistanz einen nirgends konkaven Eichkörper und man erhält eine Geometrie, welche vertraute Eigenschaft besitzt, z. B. sind Geraden unter allen stückweise geraden Verbindungslinien die kürzesten Verbindungen.

Hilbert hatte seine Absicht Klein bereits am 27.Juli 1894 von Königsberg aus mitgeteilt (Frei 1985, 109), wobei er auch etwas zu seinen Motiven ausführte:

> Ich habe die Absicht, in der nächsten Zeit einen wissenschaftlichen Brief an Sie zu richten über die Eigenschaft der geraden Linie,

> die kürzeste Verbindung zweier Punkte zu sein. Während meiner Vorlesung über Nicht-Euklidische Geometrie bemerkte ich nämlich, dass diese Eigenschaft in gewisser Einschränkung schon sehr früh aus den ersten Axiomen der projektiven Geometrie geschlossen werden kann, und man insbesondere zu ihrer Ableitung keineswegs der Bewegungs- oder Congruenzaxiome bedarf.

Interessant ist, dass Hilbert auch hier – wie schon im oben zitierten Brief an Hurwitz vom 5. August 1894 HiHu 41 – ausdrücklich von den Axiomen der projektiven Geometrie spricht. Im ersten Teil seines Briefes wie er dann in den Annalen 1895 gedruckt wurde, referiert Hilbert einige Ergebnisse seiner Vorlesung (Axiome der Verknüpfung und der Anordnung). Diese werden ergänzt durch das Stetigkeitsaxiom:

> **3. Das Axiom der Stetigkeit, welchem ich folgende Fassung gebe:**
>
> **Wenn A_1, A_2, A_3, ... eine unendliche Reihe von Punkten einer Geraden a sind und B ein weiterer Punkt auf a ist, von der Art, dass allgemein A_i zwischen A_h und B liegt, sobald der Index h kleiner als i ist, so giebt es einen Punkt C, welcher folgende Eigenschaft besitzt: sämmtliche Punkte der unendlichen Reihe A_2, A_3, A_4, ... liegen zwischen A_1 und C und jeder andere Punkt C', für welchen dies ebenfalls zutrifft, liegt zwischen C und B.**

(Hilbert 1895, 92)

Diese Fassung des Stetigkeitsaxioms lässt sofort an die Analysis denken, etwa an den Satz von Bolzano-Weierstrass. In deren Rahmen bemühte man sich ja auch in der zweiten Hälfte des 19. Jhs. um eine Fassung dessen, was wir heute Vollständigkeit (der reellen Zahlen) nennen und was man damals gerne als Stetigkeit bezeichnete, vgl. beispielsweise den Titel von R. Dedekinds bekannter Schrift „Stetigkeit und irrationale Zahlen" (1872). Schon Pasch verwandte neben dem archimedischen Axiom auch diese Form des Stetigkeitsaxioms in seinen „Vorlesungen" (Pasch 1882, 114); in Kleins Kritik des von Staudtschen Beweises für den Fundamentalsatz wird sie angedeutet (siehe unten).

Im zweiten Teil des Briefes konstruiert Hilbert das, modern gesprochen, Modell einer Geometrie, in der die ersten beiden Axiomengruppen und das Stetigkeitsaxiom gelten. Diese Konstruktion ist ein neuer Gesichtspunkt, der so noch nicht bei Hilbert in den Vorlesungen zu finden war, der aber in seiner Festschrift geradezu prägend sein wird. Er schreibt (Hilbert 1895, 93):

> Wenn umgekehrt im euklidischen Raum ein beliebiger nirgends concaver Körper gegeben ist, so definirt derselbe eine bestimmte Geometrie, in welcher die genannten Axiome sämmtlich gültig sind; ... Der obige Satz über die Abbildung der Punkte in der

> allgemeinen Geometrie auf das Innere des nirgends concaven Körpers im Euklidischen Raume drückt somit eine Eigenschaft der Elemente der allgemeinen Geometrie aus, welche inhaltlich mit den anfangs aufgestellten Axiomen vollkommen gleichbedeutend ist.

Die allgemeine Geometrie ist die abstrakte, durch die Axiome beschriebene Geometrie, die verschiedenen konkrete Realisierungen vermöge „Abbildung" finden kann. Hilbert beweist, dass in seinem Modell die Dreiecksungleichung gilt, nachdem er für dieses eine Metrik mit Hilfe des Logarithmus des Doppelverhältnisses ähnlich wie in den Cayley-Klein-Geometrien eingeführt hat. Diesen Schritt in seine ehemaligen Jagdgründe ließ Felix Klein nicht unvermerkt. Am 28. August 1894 kommentierte er das Manuskript Hilberts, das er zwischenzeitlich erhalten hatte:

> Uebrigens werde ich auch an meine alten Betrachtungen über die F. und K. [lies: Flächen und Körper; K.V.] in Ann 6[36] erinnert, die vielleicht der formalen Strenge entbehren aber doch nicht ganz töricht waren.

In der Dissertation von Georg Karl Wilhelm Hamel, die dieser 1901 in Göttingen vorlegte, wurde das Thema von Hilberts Brief noch einmal aufgegriffen: „Über Geometrien, in denen die Geraden die kürzesten sind". Hilbert hatte es als viertes Problem bei seinem Pariser Vortrag (1900) erwähnt als „Problem von der Geraden als kürzeste Verbindung zweier Punkte". Auch in Paris würdigte er Minkowskis „Geometrie der Zahlen":

> Als Muster einer mit geometrischen Begriffen und Zeichen in strenger Weise operirenden arithmetischen Theorie nenne ich das Werk von Minkowski „Geometrie der Zahlen".
>
> (Hilbert 1900, 260)

Minkowskis Geometrie der Zahlen war wohl, und das hebt Hilbert hervor, das erste Beispiel einer vollkommen abstrakten Geometrie, also einer Geometrie, die sich konsequent von den herkömmlichen anschaulichen Vorstellungen der geometrischen Objekte und ihrer Relationen gelöst hatte. Man könnte auch sagen: Beispiel der Geometrisierung eines genuin ungeometrischen Gebietes. Insofern könnte man sie auch mit der vielzitierten Deontologisierung in Verbindung bringen.

Aufgrund des Briefes von 1894 war Klein mit Sicherheit bewusst, dass sich Hilbert mit den Grundlagen der Geometrie beschäftigte. Es ist also nicht erstaunlich, wenn er diesen später um den entsprechenden Beitrag zur Festschrift bat, zumal Hilberts Thema für ein Gauß-Denkmal sehr angemessen schien, ebenso wie das von Wiechert für ein Weber-Denkmal.

In der Folgezeit wurde es wieder still um die Geometrie im Briefwechsel der drei Freunde. Allerdings machte Hurwitz in seinem Brief an Hilbert vom 29.11.1895 HuHi 28 eine witzige Bemerkung:

---

[36]Gemeint ist die Abhandlung Klein 1873, insbesondere deren Paragraphen 3 bis 8.

> Die „Arithmetisierung der Mathematik“ habe ich vor einigen Tagen bekommen. Ich glaube, Sie dürften mit diesen Ausführungen nicht ganz einverstanden sein. Oder haben Sie Ihre „Anschauungen“ zu Gunsten der „Anschauung“ geändert?

Hurwitz spielt hier auf Kleins Aufsatz mit dem Titel „Ueber Arithmetisierung der Mathematik“ (Klein 1895) an, in dem dieser sehr vereinfacht gesagt versuchte, den Wert der Anschauung für die Mathematik zu verteidigen gegen das, was er „Arithmetisierung“ nannte, charakterisiert durch die sprichwörtliche Weierstraßsche Strenge. Typisches Beispiel für letztere ist die Konstruktion der reellen Zahlen aus den rationalen nach Dedekind, Cantor, Weierstrass etc., aber auch das Auftreten pathologischer Beispiele wie stetige nirgends differenzierbare Funktionen (Weierstrass 1872). Interessanterweise appellierte Hilbert in seiner Vorlesung von 1891 durchaus noch an die Anschauung mit Wendungen wie „die Anschauung zeigt uns“, „der Anschauung entnimmt man“ etc. Offensichtlich hatten sich seine Ansichten in dieser Richtung radikalisiert in der Zwischenzeit – oder aber die Hinweise in der Vorlesung waren rein didaktisch motiviert. Die projektive Geometrie rechnete Hilbert zur anschaulichen Geometrie, die Axiomatik bildete eine eigene separate Ebene, die kritische (vgl. Hallett/Majer 2004, 21-22). Bedenkenswert in diesem Kontext ist schließlich, dass Hilberts letztes Buch die mit S. Cohn-Vossen zusammen verfasste „Anschauliche Geometrie“ war, ein Thema, das er schon im Sommersemester 1928 in einer Vorlesung behandelte.

Hilbert selbst griff den Kleinschen Terminus „Arithmetisierung“ auf und zwar in seinem bekannten Zahlbericht, der 1897 im Jahresbericht der Deutschen Mathematiker-Vereinigung für 1894–95 veröffentlicht wurde und dessen Entstehung ein wichtiges Thema im Briefwechsel der drei mathematischen Freunde war. Dort heißt es in der Einführung (Hilbert 1894-95, V):

> Es kommt endlich hinzu, dass, wenn ich nicht irre, überhaupt die moderne Entwickelung der reinen Mathematik vornehmlich unter dem Zeichen der Zahl geschieht: *Dedekind*'s und *Weierstrass*' Definitionen der arithmetischen Grundbegriffe und *Cantor*'s allgemeine Zahlgebilde führen zu einer Arithmetisirung der Functionentheorie und dienen zur Durchführung des Princips, dass auch in der Functionentheorie eine Thatsache erst dann als bewiesen gilt, wenn sie in letzter Instanz auf Beziehungen für ganze rationale Zahlen zurückgeführt worden ist. Die Arithmetisirung der Geometrie vollzieht sich durch die modernen Untersuchungen über Nicht-Euklidische Geometrie, in denen es sich um einen streng logischen Aufbau derselben und um die möglichst directe und völlig einwandsfreie Einführung der Zahl in die Geometrie handelt.

In seinen Vorlesungen ist Hilbert erst im Wintersemester 1898/99 in Göttingen wieder auf die Geometrie zurückgekommen; er las zweistündig „Elemente der Euklidischen Geometrie". Vorangegangen waren zwei Ferienkurse für Gymnasiallehrer (1896 und 1898), in denen Hilbert auch Fragen der Grundlegung der Geometrie ansprach (vgl. Hallett/Majer 2004, 146-159 und 160-184) – eine weitere Quelle für Kleins Kenntnis der Hilbertschen Bemühungen um die Grundlagen der Geometrie. Von der Vorlesung 1898/99 wurde eine lithographierte Ausarbeitung in 70 Exemplaren verbreitet, die unter Hilberts Aufsicht Hans von Schaper, der 1898 bei ihm mit einer Dissertation über Hadamardsche Funktionen promoviert hatte und sein Assistent war, angefertigt. In der auf März 1899 datierten Vorrede derselben erwähnt v. Schaper schon das Projekt „Festschrift". Die Ausarbeitung selbst dürfte also nicht vor Anfang April verfügbar gewesen sein – und das Projekt Festschrift muss schon im März spruchreif gewesen sein. [37]

Im Briefwechsel der Freunde findet sich im Frühjahr 1898 wieder ein Hinweis auf das Thema „Grundlagen der Geometrie". Am 16. März 1898 HiHu 58 berichtete Hilbert aus Göttingen an Hurwitz:

> Sommerfeld und Landsberg waren gestern zu Abendbrot bei uns. Wir hatten viele mathematische Gespräche, z. B. über die Grundlagen der Geometrie., in denen noch viel Unklares sich findet. Man hat fast ausschließlich das Augenmerk auf das Parallelenaxiom gerichtet und über der so entstandenen Nichteuklidischen Geometrie die euklidische vernachlässigt.[38] Neulich hat Schur in einem Brief an Klein gezeigt, daß mit Hülfe der Congruenzsätze der Pascal'sche Satz in der Ebene für das Geradenpaar bewiesen werden kann, d. h. ohne das archimedische Axiom. Dieser Brief, über den uns Schönflies in der mathemat. Gesellschaft vortrug, hat mir Anlaß gegeben, meine ältere Überlegung über die Grundlagen der Euklidischen Geometrie wieder aufzunehmen. So habe ich gefunden, daß in der Ebene mit Hülfe der Congruenzsätze der spezielle Pascal'sche Satz (immer vom Geradenpaar) aus dem Desargues'schen abgeleitet werden kann[39]. Ferner dann, wenn man flächengleich = Summe congruenter Dreiecke in der bekannten Weise definirt, aus dem Axiom: Gleiches von Gleichem subtrahirt giebt Gleiches, sowohl Pascal als der Desargues abgeleitet werden kann. Auch kann ich beweisen, daß es außer Pascal und Desargues in der Ebene überhaupt keine Schnittpunktsätze für Geraden giebt, die nicht bloß logische Combinationen jener sind usw. Vor Allem aber arbeite ich in der Zahlentheorie ...

[37] Am 20. März 1899 vermeldete Friedrich Schur aus Karlsruhe an Engel, dass Hilbert eine Festschrift über die Grundlagen der Geometrie veröffentlichen wolle (Universitätsbibliothek Gießen NE 10 369).

[38] Ähnlich äußerte sich auch Fr. Schur in einem Brief an Engel (Karlsruhe 5. Februar 1899; Universitätsbibliothek Gießen NE 110 377).

[39] Die Behauptung Hilberts, der Satz des Pappos ließe sich aus dem von Desargues ableiten, ist so uneingeschränkt formuliert falsch, wie er selbst in der Festschrift nachweist (siehe unten).

Diese Schilderung Hilberts ist in mehreren Hinsichten aufschlussreich. Zum einen kommt hier die Situation in Göttingen mit seinen vielen Besuchern und Kollegen zum Ausdruck, denn der Ausgangspunkt von Hilberts Überlegungen sind Gespräche mit solchen. Sommerfeld kannte Hilbert noch aus Königsberger Zeiten, er war nach seinem Wechsel nach Göttingen zeitweise Assistent von Klein und hatte mit diesem den ersten Band der „Theorie des Kreisels" veröffentlicht und sich in mathematischer Physik habilitiert. Für die „Encyklopädie der mathematischen Wissenschaften" lieferte er Beiträge. 1897 ging er nach Clausthal an die Bergakademie, 1900 nach Aachen, bevor er 1906 nach München wechselte. Landsberg war in erster Linie Zahlentheoretiker, bekannt ist sein zusammen mit K. Hensel verfasstes Lehrbuch „Theorie der algebraischen Funktionen einer Veränderlichen" (1901). In seinem Brief erwähnt Hilbert auch noch E. Zermelo als Mathematiker und Gesprächspartner vor Ort. Dieser habilitierte sich aus Berlin kommend in Göttingen im Bereich der mathematischen Physik, arbeitete nach 1900 aber ganz im Hilbertschen Sinne die Axiomatik der Mengenlehre aus. Nach der Formulierung des Auswahlaxioms (1904) wurde er 1905 zum Extraordinarius in Göttingen ernannt, 1910–16 war Zermelo an der Universität Zürich tätig.

Im Göttingen jener Zeit war vor allem A. M. Schoenflies ein ausgewiesener Geometer, der u.a. für die darstellende Geometrie zuständig war und im Jahrbuch über die Fortschritte der Mathematik zahlreiche Referate zu geometrischen Arbeiten lieferte; nach Blumenthal war er auch bei der vielzitierten Diskussion mit Hilbert im Anschluss an Wieners Vortrags 1891 anwesend (neben E. Kötter), bei der angeblich die Äußerung über die Bierseidel fiel. Schönflies war von 1892 bis 1899 der erste Inhaber der neu geschaffenen a.o. Professur für angewandte Mathematik in Göttingen, er wechselte von dort nach Königsberg[40] und dann nach Frankfurt a. M., wo er Gründungsrektor der Universität wurde. Seine wohl bekannteste Leistung betrifft die Ermittlung der kristallographischen Gruppen (1891) unabhängig von Fedorov; gegen Ende des 19. Jhs. wandte er sich dann verstärkt der Mengenlehre und der mengentheoretischen Topologie zu. Die geometrischen Neigungen von Schoenflies waren schon früh Minkowski aufgefallen, am 11. Juni 1892 MiHi 11 berichtete er aus Bonn an Hilbert:

> Ich bin jüngstens in einen Briefwechsel mit Schoenflies eingetreten, der an mich eine Anfrage über reguläre Raumeintheilungen richtete. Doch scheint dabei Nichts herauszukommen, indem Schoenflies alle Vermuthungen, die ich ausspreche, beweisen will, ich aber die Beweise anzweifle. Er hat eine verteufelt geometrische Manier, so daß ich an meine einstige Doctorthese erinnert werde.

[40] Hilbert wünschte, Fr. Engel als Nachfolger von Schönflies nach Göttingen zu berufen. Dies scheiterte am Widerstand von F. Klein, der „nach wie vor den principiellen Unterschied zwischen Universität und Polytechnikum verkennt" (Hilbert an Engel, Göttingen 15. Februar 1899; Universitätsbibliothek Gießen NE 180 614). Nachfolger von Schoenflies wurde der stärker anwendungsorientierte Friedrich Schilling. Vgl. auch Ullrich 2019.

Die zweite These, die Minkowski anlässlich seiner Doktorprüfung verteidigte, lautete: „Es hat seine Bedenken, in mathematischen Untersuchungen sich auf räumliche Anschauungen zu berufen."

Zum andern ist Hilberts Hinweis auf Friedrich Schur interessant. Dieser arbeitete zu der damaligen Zeit als Professor an der Technischen Hochschule Karlsruhe, wo er u.a. für die darstellende Geometrie zuständig war, was er wegen der vielen Korrekturarbeiten als lästig empfand. Schur, der übrigens mit Hurwitz seit gemeinsamen Berliner Studententagen befreundet war, beschäftigte sich intensiv mit den Grundlagen der Geometrie, wobei er auch mit dem Abbildungsbegriff arbeitete (vgl. Henke 2009, 286-316). Für ihn sollte es eine herbe Enttäuschung werden, dass ausgerechnet der „Zahlentheoretiker" Hilbert, so nämlich sah Schur ihn, den Ruhm errang, das Problem der Axiomatik der Geometrie gelöst zu haben (zur Bedeutung von Schur für Hilbert vgl. Toepell 1985). Das belegen z.B. seine Briefe an Fr. Engel (Gießen), aber auch seine Einleitung zu der Arbeit „Über die Grundlagen der Geometrie" (1902). Schur hatte, wohl auch als Reaktion auf Hilberts Festschrift, im Wintersemester 1899/1900 eine gleichnamige Vorlesung gehalten; in seinem Aufsatz machte er nicht nur eigene Prioritätsansprüche, vor allem bzgl. der Streckenrechnung, geltend, sondern kritisierte auch Hilberts wegen mangelnder Literaturhinweise. Schur hingegen wies ausführlich auf die italienischen Autoren hin, die Hilbert mit Ausnahme von Veronese mit Schweigen überging. Der von Hilbert angesprochene Brief Schurs an Klein (vom 30. Januar 1898 vgl. Toepell 1986, 641), führte schließlich zu der Abhandlung „Ueber den Fundamentalsatz der projectiven Geometrie" (Schur 1899) – datiert Karlsruhe 21. März 1898. Dort heißt es (Schur 1899, 402):

> In der That hat ja Veronese die Behauptung aufgestellt, dass die Geometrie vom Postulate des Archimedes unabhängig sei. Wenn nun auch gegen die von Veronese eingeführten transfiniten Zahlen, auf deren Eigenschaften er seine Behauptung stützt, Bedenken erhoben worden sind [hier verweist Schur auf Schönflies, K.V.], so lässt sich doch auf elementarem Wege zeigen, dass alle zur Begründung der Geometrie hinreichenden Sätze aus den Congruenzaxiomen ohne das Postulat des Archimedes abgeleitet werden können. Es lässt sich dies zeigen auf Grund der wohl zuerst von H. Wiener ohne Beweis ausgesprochenen Behauptung, dass sich der Fundamentalsatz der projectiven Geometrie aus dem Satze des Desargues über zwei perspective Dreiecke und dem Satz des Pascal für einen aus zwei Geraden bestehenden Kegelschnitt ohne alle Stetigkeitsaxiome beweisen lasse. Es ist nämlich gerade nur dieser Fundamentalsatz, zu dessen Beweis Pasch den o.a. Grundsatz benutzt.[41]

[41] Die Aussage, der Fundamentalsatz folge aus dem Satz des Desargues ist so uneingeschränkt formuliert mit Vorsicht zu genießen, siehe unten.

Es geht hier um Paschs Stetigkeitsaxiom, von dem noch die Rede sein wird, das i.w. Hilberts Formulierung aus seinem Brief an Klein entspricht. Schur scheint einen Unterschied zu machen zwischen dem Archimedischen und dem Stetigkeitsaxiom. Insbesondere dachte er auch explizit über eine projektive Formulierung des Archimedischen Axioms nach (Schur 1899, 402):

> Sieht man in der That mit Pasch diesen Grundsatz als eine Abstraction aus der Erfahrung an, so ist nicht ersichtlich, dass nicht dieselbe Auffassung für denjenigen Grundsatz erlaubt wäre, welcher aus jenem dadurch entsteht, dass das Auftragen der congruenten Strecken durch die Aufsuchung des jedesmaligen vierten harmonischen Punktes c_{i+1} von c_{i-1} in Bezug auf c_i und einen über b hinausliegenden Punkt d ersetzt wird. Auch diesen Grundsatz wird die Erfahrung in allen der Construction überhaupt zugänglichen Fällen bestätigen, nicht anders wie das Abgreifen mit dem Zirkel das Postulat des Archimedes.

Die Unterschiede und Gemeinsamkeiten der verschiedenen Fassungen des Stetigkeitsaxioms werden an dieser Stelle bei Schur nicht diskutiert – für sein Anliegen ist ja nur wichtig, in seinem Beweis ohne sie auszukommen. Weiter unten wird Hilberts Version des projektiven Archimedischen Axioms zitiert.

Zusammenfassend heißt es bei Schur (Schur 1899, 402):

> Sicherlich ist nun der Beweis geliefert, dass auch das gewöhnliche Rechnen mit Strecken auf einem von der Masszahl und dem Archimedischen Postulate unabhängigen Wege abgeleitet werden kann.

Hier ist jetzt also nur noch vom Archimedischen Axiom die Rede. Da dieses eine Folgerung aus dem anderen Stetigkeitsaxiom ist, reicht Schurs Ergebnis völlig aus, um die Situation zu klären, Ob er das so gesehen hat, kann dahin gestellt bleiben. An der Festschrift schätzte Schur nach eigener Aussage vor allem, dass Hilbert den Nachweis geliefert habe, „daß das Axiom des Archimedes von den übrigen unabhängig ist, zumal der Beweis so außerordentlich einfach ist und frei von allen Betrachtungen über das aktuale Unendliche." (Brief an Engel zitiert in Henke 2009, 287). In seinem Brief an Klein vom 30. Januar 1898 sprach übrigens Schur davon, dass dieser die Diskussionen, ob das Archimedische Axiom für die projektive Geometrie notwendig sei oder nicht, wohl kenne (vgl. Henke 2009, 288). Dies unterstreicht, dass dieses Problem einen gewissen Grad an Bekanntheit erlangt hatte.

Die von Schur angesprochene Stelle bei Wiener lautete (Wiener 1891, 47):

> Diese beiden Schliessungsssätze aber genügen, um ohne weitere Stetigkeitsbetrachtungen oder unendliche Processe den Grundsatz der projectiven Geometrie zu beweisen, und damit die ganze lineare projective Geometrie der Ebene zu entwickeln.

Bei Wiener wird also behauptet, dass sich aus den Sätzen von Pappos und Desargues ohne Verwendung von Stetigkeit der Fundamentalsatz der projektiven Geometrie beweisen ließe, positiv aus unserer Sicht ausgedrückt: nur mit Hilfe der Inzidenz- und Anordnungsaxiome sowie der Schließungssätze. Zudem folgt übrigens der Satz von Desargues aus dem von Pappos, wie G. Hessenberg 1905 bewiesen hat.[42] Damit war die Situation geklärt (Hessenberg 1905, 162):

> Der Pascalsche Satz in Herrn Hilberts spezieller Formulierung ist also mit dem projektiven Fundamentalsatz inhaltlich gleichwertig und genügt zum Beweise aller ebenen Schnittpunktsätze

Allerdings folgt umgekehrt der Satz von Pappos nicht aus dem von Desargues, wie Hilbert durch Angabe eines Modells in der Festschrift zeigte. Dahinter steht die Tatsache, dass es Schiefkörper gibt, die keine Körper sind, z. B. die Quaternionen. Insofern ist Wieners obige Behauptung zu korrigieren, nur Pappos und der Fundamentalsatz sind äquivalent.

Der Fundamentalsatz und die Frage der Stetigkeit, insbesondere des Archimedischen Axioms

In den Diskussionen um den Beweis des Fundamentalsatzes der projektiven Geometrie spielte die Frage der Stetigkeit nach Kleins Kritik (1872) an von Staudts Beweis eine wichtige Rolle (vgl. Voelke 2008).

Klein hatte festgestellt:

> Es wäre denkbar, dass der fortgesetzte Process der Aufsuchung des vierten harmonischen Punktes über eine bestimmte Grenze nicht hinausführte, ohne doch eine letzte Lage für den Punkt zu erreichen. Ueber diese Möglichkeit hilft, soviel ich sehe, nur das Axiom hinweg, *dass es gestattet sein soll, den Grenzpunkt, auch wenn er in dieser Weise durch einen unendlichen Process definirt ist, als fertig vorhanden aufzufassen.* Bei dieser Annahme tritt der Staudt'sche Beweis wieder in Kraft und zeigt die Unmöglichkeit der Existenz von Grenzpunkten.
>
> (Klein 1873, p. 140)

Klein schlug also ein Stetigkeitsaxiom vor, das die Existenz des Grenzpunktes garantiert; die oben von Hilbert verwandte Formulierung nach Pasch läuft auf die Existenz des Supremums hinaus.

Der Brief von Hilbert an Hurwitz vom 16. März 1898 HiHu 58, aus dem bereits zitiert wurde, ist wohl die erste Stelle in seiner Korrespondenz, an der Hilbert das Archimedische Axiom ausdrücklich nennt. Im Bereich der Geometrie hatte, wie bereits erwähnt, vor allem G. Veronese, ehemaliger Schüler von W. Fiedler am Züricher Polytechnikum, die Aufmerksamkeit auf das Archimedische Axiom gelenkt, indem er nicht-Archimedische Geometrien betrachtete (vgl. Veronese

[42] Vgl. auch Reich 2008.

1891 und 1894); Hilbert zitiert ihn auch in seiner Festschrift zu Beginn des § 12. „Die Unabhängigkeit des Stetigkeitsaxioms V (Nicht-Archimedische Geometrie)" erstaunlich positiv:

> F. Veronese hat in seinem tiefsinnigen Werke, Grundzüge der Geometrie, deutsch von A. Schepp, Leipzig 1894, ebenfalls den Versuch gemacht, eine Geometrie aufzubauen, die von dem Archimedischen Axiom unabhängig ist.
>
> (Volkert 2015, 100)

Adjektive wie „tiefsinnig" findet man bei Hilber selten, insbesondere in seinen Referaten für das Jahrbuch über die Fortschritte der Mathematik – diese sind eigentlich immer sehr nüchtern und referieren nur Inhalte ohne Wertungen. Das war im Jahrbuch die Regel, aber diese kannte durchaus Ausnahmen. Erstaunlich ist auch Hilberts Wertung insofern, als Veronese's Buch alles andere als klar und konzis geschrieben war – und insofern kaum Hilbertschen Maßstäben genügen konnte.

Veronese erregte mit seiner Verteidigung der Verwendung unendlich-kleiner und -großer Größen einiges Aufsehen und provozierte damit recht heftige Kritik z. B. seines Landsmann G. Peano aber auch von A. M. Schönflies und, vielleicht überraschend, von G. Cantor – hatte man doch gerade in der Analysis diese Größen glücklich verabschiedet. Das Jahrbuch brachte 1894 eine Art Sammelbesprechung von Publikationen Veronese's und der Kritik von Peano, verfasst von Victor Schlegel (pp. 483-495). Darin heißt es (p. 484):

> Freilich ist wohl die Zahl der Mathematiker eine sehr geringe, welche die Existenz des Unendlichgroßen und – kleinen anerkennen, und genau in der ausgiebigen Benutzung eines derartigen Hilfsmittels besteht die Besonderheit der von Herrn Veronese befolgten Methode.

Schoenflies, der Göttinger Gesprächspartner von Hilbert in Sachen Geometrie, gehörte zu den Kritikern Veronese's. In einem Vortrag über „Transfinite Zahlen, das Axiom des Archimedes und die projective Geometrie" bei der Naturforscher-Versammlung 1896 in Frankfurt a. M. erklärte er fälschlicherweise (Schoenflies 1896, 76):

> Das Archimedische Axiom und das [Dedekindsche; K. V.] Schnittprincip sind vollständig gleichwertig.

Das zeigt, dass die Problemlage um die Stetigkeitsaxiome durchaus unklar war in den 1890er Jahren.

Ausführungen zu den Sätzen von Pascal und Desargues, dem Fundamentalsatz sowie zu den Schnittpunktsätzen sind uns bereits begegnet, diese Fragen bildeten einen Ausgangspunkt für Hilberts Bemühungen um die Grundlagen der Geometrie. Daneben wird im Brief von Hilbert an Hurwitz vom 16. März 1898 (vgl. oben) mit dem Hinweis auf die Frage des Flächeninhalts ein weiteres Thema angesprochen, dem dann in der Festschrift ein ganzes Kapitel gewidmet werden wird. Dieses wurde in späteren Auflagen der Festschrift mit den Bezeichnungen „zerlegungsgleich“ und „ergänzungsgleich“ charakterisiert; es spielte bei den damals zeitgenössischen Untersuchungen von O. Stolz, O. Hölder u.a. zur Konstitution abstrakter Größenbereiche eine wichtige Rolle (vgl. Volkert 1999).

Festzuhalten ist, dass Hilbert sich mehr und mehr der Euklidischen Geometrie zuwandte; die projektive, die ja sein Ausgangspunkt gewesen war, trat allmählich in den Hintergrund. Schon in einer nicht exakt datierbaren Nachbemerkung zu seiner Vorlesung von 1894 hatte Hilbert notiert (Hallett/Majer 2004, 124):

> Wenn ich wieder lese, so erst Euklidische Geometrie.

Diesen Plan hat Hilbert 1898/99 ausgeführt.

Noch während der Vorlesungszeit kommentierte Hilbert seine Vorlesung in einem Brief an Hurwitz vom 31. Dezember 1898 HiHu 59:

> Meine Vorlesung über Euklidische Geometrie hat mich noch auf eine Reihe ziemlich merkwürdiger Dinge geführt. Am wichtigsten kommt mir das Resultat vor, dass ich jüngst gefunden habe und welches darin besteht, dass es thatsächlich möglich ist, ausschließlich auf Grund der Congruenzsätze in der Ebene und Parallelenaxiom (also der sogenannten Schulgeometrie) die Euklidische Geometrie aufzubauen, so dass also ohne Stetigkeit (d.h. ohne Archimedisches Axiom) alle Sätze über Schneiden von Höhen im Dreieck, alle Aehnlichkeitssätze etc. wirklich beweisbar sind. Dass dieser Beweis nicht auf der Hand liegt, sondern sehr tief verborgen ist, werden Sie finden, wenn Sie versuchen, z.B. den Desargues: [...] mit Hilfe der Congruenzsätze und des Parallelenaxioms zu beweisen.

Die Frage „Was kann man mit welchen Mitteln auf der Basis welcher Axiome beweisen?“ erweist sich einmal mehr als treibende Kraft der Hilbertschen Beschäftigung mit der Axiomatik. Zu beachten ist, dass Hilbert hier Stetigkeit mit Archimedizität gleichsetzt und dass es ihm um die von Stetigkeitsbetrachtungen unabhängige Schulgeometrie geht; in Hinblick auf die Festschrift könnte man die Schulgeometrie identifizieren mit derjenigen Geometrie, die nur die Inzidenz-, Anordnungs- und Kongruenzaxiome sowie eventuell das Parallelenaxiom verwendet (vgl. Hartshorne 2000, 140-148).

Spätestens im Anschluss an die Vorlesung des Wintersemesters machte sich Hilbert an die Ausarbeitung der Festschrift[43], genauer gesagt, seines Teils der Festschrift – den anderen zu den Grundlagen der Elektrodynamik verfasste ja Freund Wiechert. Parallel zur Vorlesung wurde vermutlich der Steindruck der

[43] Am 20.3.1899 vermerkte Fr. Schur in einem Brief an Fr. Engel: „Er [Hilbert] will ja eine Festschrift darüber [Grundlagen der Geometrie] veröffentlichen zur Enthüllung des Gauss-Weber-Denkmals; ich bin sehr neugierig darauf. Hilbert will jetzt auch nach Italien wie Klein.“ (Universitätsarchiv Gießen NE 110369).

Schaperschen Ausarbeitung produziert und verteilt, von dem schon die Rede war. Engel erwähnte in einem Brief an Hilbert vom 17. Februar 1899, dass er die Autographie durch Vermittlung von H. Liebmann erhalten habe (vgl. Ullrich 2021, 134). Zu seiner Ausarbeitung bemerkte Hilbert dann in seinem Antwortbrief an Fr. Engel vom 20.2.1899 (Universitätsarchiv Gießen, NE 180615):

> Dass du meine autographirte Vorlesung über Axiome der Geometrie studiren willst, ist mir natürlich sehr schmeichelhaft und angenehm; ich bitte dabei nicht zu vergessen, dass diese Autographie nur für den Kreis meiner Zuhörer bestimmt war; ich wollte die Autographie eigentlich erst bei einer zukünftigen Wiederholung derselben gestatten. Wenn sie daher auch im grossen Ganzen meine Ansichten über die Grundlagen der Geometrie wiedergiebt, so wirst Du doch viele Unebenheiten im Einzelnen bemerken. Eine gelegentliche Mittheilung Deiner Bemerkungen wird mir natürlich sehr erwünscht sein.

Hilbert äußerte sich auch zum Inhalt der Autographie (und damit indirekt der Festschrift), indem er zwei Errungenschaften derselben hervorhob:

> Vor allem glaube ich, die euklidische Lehre von den Proportionen sowie die Theorie der Flächenmessung ebener Polygone völlig in Ordnung gebracht zu haben und zwar ohne Benutzung des archimedischen Axioms.

Bemerkenswert ist, dass Hilbert hier die Theorie des Flächeninhalts von Polygonen betont, einen Aspekt seiner Festschrift, der eher wenig Beachtung fand, und natürlich das archimedische Axiom. Die Streckenrechnung hingegen, die sich hinter Euklids Proportionenlehre verbirgt, gilt allgemein als wichtige Errungenschaft von Hilbert.

Die Zeit drängte, denn die Enthüllung des Gauß-Weber-Denkmals sollte am 17. Juni 1899 unter internationaler und Beteiligung höchster Kreise stattfinden. Spuren der Arbeit an der Festschrift finden wir auch im Briefwechsel, Minkowski übernahm wieder – wie beim Zahlbericht - die Aufgabe des Korrekturlesers. Ein weiterer Korrekturleser war Julius Sommer, ein junger Mathematiker, der sich von Tübingen kommend 1899 in Göttingen habilitierte, um 1904 Professor an der neu gegründeten TH Danzig zu werden.

Minkowski schrieb an Hilbert am 5. Juni 1899 MiHi 65:

> Ich komme nun, wenn nichts Unvorhergesehenes dazwischen kommt, bestimmt [zur Gauß-Weber-Feier; K.V.], bin auch sogar vom Schulratspräsident als Vertreter der Lehrerschaft des Polytechnikums bei der Feier bezeichnet. . . .
>
> Soeben habe ich den letzten Bogen der Correctur Deiner Festschrift Dir zugesandt. Dein Aufsatz hat mir wirklich sehr gefallen und wird gewiss auch bei den Mathematikern Anklang finden. Man merkt ihm

> auch in keiner Weise an, daß Du daran zuletzt so schnell arbeiten mußtest, und nach mehrjährigem Durcharbeiten wäre er gewiß nicht so frisch herausgekommen. Daß das Euklidische Axiom über den rechten Winkel beseitigt ist, wird besonders auffallen, doch glaube ich noch, daß dies im Grunde mit einer etwas anderen Einführung der Winkel zusammenhängen wird.

Man beachte, dass Minkowski hier nur von Zeitdruck gegen Ende der Festschrift spricht, es könnte somit gut sein, dass Hilbert damit schon frühzeitig angefangen hatte, aber dann in Bedrängnis kam. Ein Phänomen, das der zögerliche Minkowski gut kannte.

Minkowskis Prognose bzgl. des Euklidischen Axioms „Alle rechten Winkel sind gleich" (in den Euklid-Ausgaben oft als viertes Postulat aufgeführt), dem Legendre mit seinem weit verbreiteten Geometrielehrbuch (1794) eine gewisse Aufmerksamkeit verschaffte, indem er es ausdrücklich als Satz bewies, scheint sich nicht bewahrheitet zu haben, die günstige Aufnahme in der Fachwelt hingegen schon. Noch deutlicher fiel Minkowski's Lob in einem Brief vom 12. Mai 1899 an Hilbert MiHi 64 aus:

> Deine „Grundlagen der Euklid. Geometrie" haben mir äußerst gut namentlich auch durch die leichte Darstellung gefallen und werden sicher allgemein viel Anklang finden.

In diesem Brief von Minkowski geht es übrigens hauptsächlich um Léonce Laugel, der dann die Festschrift ins Französische übersetzen sollte; allerdings wird noch kein direkter Bezug von Laugel zur Festschrift hergestellt, wohl aber erwähnt, dass Laugel, der u.a. Diplomat (vgl. Minkowski an Hilbert 11. Mai 1899 MiHi 63), aber auch sprachbegabt war und in der Zahlentheorie forschte, sich demnächst einer Übersetzung widmen wolle. Vielleicht ging es Minkowski darum, Hilbert die Idee einer Übersetzung ins Französische nahezubringen, indem er klar machte, dass dies ohne großen Aufwand, aber dennoch kompetent geschehen könne. Laugel war anlässlich des internationalen Kongresses 1897 in Zürich gewesen und daher mit Minkowski und Hurwitz bekannt. Dort war ihm das Unglück widerfahren, dass sein Hotel abbrannte, wobei die Habe der Familie, Laugel war mit Frau und Tochter angereist, zu einem erheblichen Teil verloren ging; die Familien Minkowski und Hurwitz halfen der Familie Laugel danach.

Im Jahrbuch für die Fortschritte der Mathematik referierte Hilberts Freund Fr. Engel die Festschrift; sein Referat beginnt mit der Feststellung – ganz im Sinne Minkowskis:

> Diese Arbeit sollte jeder lesen, der sich für die Grundlagen der Geometrie interessirt, denn auf viele der hierher gehörigen Fragen giebt sie zum ersten Mal eine befriedigende Antwort.
>
> (Engel 1899, 424)

Minkowski nahm dann, wie brieflich angekündigt, an der Göttinger Feier als Delegierter des Züricher Polytechnikums teil und nutzte natürlich die

Gelegenheit, seinen alten Freund Hilbert und dessen Familie zu besuchen. Zurückgekehrt nach Zürich schrieb er am 24. Juni 1899 MiHi 66:

> Die schönen Tage in Göttingen kommen mir, nachdem ich in die Züricher Wirklichkeit zurückgekehrt bin, heute wie ein Traum vor, doch ist an ihrer Existenz wohl ebenso wenig zu zweifeln wie an der Deiner 18 = 17 + 1 Axiome der Arithmetik.

Die Axiome der Arithmetik, die Minkowski hier anspricht, sind nichts anderes als die axiomatische Kennzeichnung der reellen Zahlen. Diese stellte Hilbert bei der Versammlung Deutscher Naturforscher und Ärzte, in deren Rahmen, genauer gesagt: im Rahmen der Sektion für Mathematik und Astronomie, die DMV vom 17. bis zum 23.9. tagte, in München der Öffentlichkeit vor.[44] Es gibt einen direkten Zusammenhang zu den Fragen der Streckenrechnung, wie sie in der Festschrift diskutiert werden. Insofern kann man Hilberts Axiomatik der reellen Zahlen auch als eine Weiterführung der Festschrift sehen (vgl. Sommer 1900). Bemerkenswert ist, dass Minkowski in seinem Brief ausdrücklich von 17 + 1 Axiomen spricht. Die 17 Axiome sind ganz analog zur Geometrie konzipiert, das eine noch hinzukommende Axiom betrifft die Vollständigkeit. Aufgrund der Datierung von Minkowskis Brief ist klar, dass Hilbert schon zum Zeitpunkt der Gauß-Weber-Feier um dieses zusätzliche Axiom wusste. Wäre es ihm wichtig gewesen, so hätte er vermutlich der Festschrift am Ende eine entsprechende Note bei der Korrektur mitgeben können.

In der Festschrift lautet das Archimedische Axiom, das Stetigkeitsaxiom, welches allein die fünfte Gruppe bildet, so (Volkert 2015, 95):

> Es sei A_1 ein beliebiger Punkt auf einer Geraden zwischen den beliebig gegebenen Punkten A und B; man construire dann die Punkte A_2, A_3, A_4, ..., so dass A_1 zwischen A und A_2, ferner A_2 zwischen A_1 und A_3 liegt, ferner A_3 zwischen A_2 und A_4 u.s.w. liegt, und überdies die Strecken
>
> $AA_1, A_1A_2, A_2A_3, A_3A_4, \ldots$
>
> einander gleich sind. Dann giebt es in der Reihe der Punkte A_2, A_3, A_4, ..., stets einen solchen Punkt A_n, dass B zwischen A und A liegt.
>
> Das Archimedische Axiom ist ein lineares Axiom.

Die letzte Zeile des Axioms enthält (schon im Original) einen offenkundigen Druckfehler: B muss zwischen $A_{n\text{-}1}$ und A_n liegen.

[44] Über den Zahlbegriff (Jahresbericht 8 (1900), 181-183). Die Münchner DMV-Tagung 1893 fand nicht im Rahmen der Versammlung deutscher Naturforscher und Ärzte statt, die ihre Tagung in Nürnberg nachholte. Grund hierfür war die Ausstellung, die Dyck nun in München organisiert hatte. Diese Tagung blieb auf lange Zeit die Ausnahme, die Mathematiker schätzten die Möglichkeit, auch nicht-mathematische Vorträge besuchen zu können.

Hurwitz notierte am 25.1.1902 in sein Tagebuch:

29. Zürich 25/I 1902.

Hilberts axiomatische Größenlehre
(Über den Zahlbegriff; Jahresbericht der Mathem. Ver. Bd 8. S. 180. Münchener Vers. 1899)

I. Axiome der Verknüpfung

1. $a+b=c$; $c=a+b$
2. $a+x=b$; $y+a=b$ eindeutig lösbar
3. $a+x=a$; $y+a=a$ haben eine einzige Lösung $x=y=0$ unabhängig von a.
4. $ab=c$; $c=ab$
5. $ax=b$, $ya=b$ eindeutig lösbar, wenn a verschieden von 0.
6. $ax=a$; $ya=a$ durch eine Zahl unabh. von a lösbar $x=y=1$.

II Axiome der Rechnung

1. $a+(b+c) = (a+b)+c$
2. $a+b = b+a$
3. $a(bc) = (ab)c$
4. $a(b+c) = ab+ac$
5. $(a+b)c = ab+bc$
6. $ab = ba$

III Axiome der Anordnung

1.–I Zwischen 2 verschiedenen Zahlen a, b besteht $a>b$ (od. $b<a$)
2. Aus $a>b$, $b>c$ folgt $a>c$.
3. Aus $a>b$ folgt $a+c>b+c$ und $c+a>c+b$
4. Aus $a>b$ folgt, wenn $c>0$, $ac>bc$, $ca>cb$.

IV. Axiome der Stetigkeit

1. (Archimedisches Axiom) Wenn $a>0$ und $b>0$, so ist es möglich $a+a+a+\dots+a>b$ zu befriedigen
2. (Axiom der Vollständigkeit. Es ist nicht möglich neue Dinge zu den Zahlen hinzuzunehmen, so daß alle vorhergehenden Axiome im erweiterten Bereiche gültig bleiben.

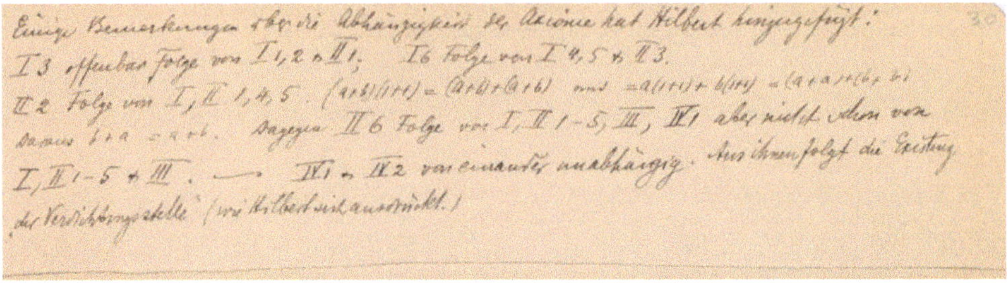
Einige Bemerkungen über die Abhängigkeit der Axiome hat Hilbert hinzugefügt:
I 3 offenbar Folge von I 1, 2 u. II 1. I 6 Folge von I 4, 5 u. II 3.
II 2 Folge von I, II 1, 4, 5. $(a+b)(1+1) = (a+b)+(a+b)$ und $= a(1+1)+b(1+1) = (a+a)+(b+b)$
daraus $b+a = a+b$. Dagegen II 6 Folge von I, II 1–5, III, IV 1 aber nicht etwa von
I, II 1–5 u. III. ⟶ IV 1 u. IV 2 von einander unabhängig. Aus ihnen folgt die Existenz
der Verdichtungsstelle (wie Hilbert sich ausdrückt.)

Abbildung 2.9. Notizen von Hurwitz zu Hilberts Axiomatik der reellen Zahlen (A. Hurwitz: Mathematisches Tagebuch 19 (1901–1904) (Bibliothek ETH-Hochschularchiv Hs 582 : 19), 29-30).

Das in der Festschrift noch fehlende Vollständigkeitsaxiom ist in Hurwitz Aufstellung, die weitgehend Hilberts Numerierung in seinem Münchner Vortrag folgt, das zweite Axiom der Stetigkeit. In seiner bereits erwähnten Vorlesungsausarbeitung über Axiomatik (Bibliothek ETH-Hochschularchiv Hs 582 : 111) von 1905 spricht Hurwitz dann treffend von „Erweiterbarkeit": Das Axiom stellt sicher, dass man den zuvor axiomatisch charakterisierten Bereich nicht unter Erhaltung aller Eigenschaften vergrößern kann, er ist maximal. Da es Hilbert in seinem Vortrag zum Zahlbegriff um die reellen Zahlen ging, war dieses Axiom (oder ein äquivalentes) unverzichtbar, u.a. um abzählbare Modelle auszuschließen; alle anderen Axiome werden ja beispielsweise auch von den rationalen Zahlen erfüllt. So gesehen war es vermutlich die axiomatische Behandlung der reellen Zahlen, nicht die Geometrie, die Hilbert auf das Vollständigkeitsaxiom führte.

Die bereits erwähnte Vorlesung über Axiomatik eröffnete Hurwitz mit folgenden Worten – wenn er denn seiner wörtlichen Ausarbeitung (Hs 582 : 111) gefolgt ist:

> Einleitung
>
> In neuerer Zeit hat sich das Interesse der Mathematiker namenthlich infolge der Arbeiten Hilberts, die ich weiterhin noch häufiger zu citiren habe, Untersuchungen über die Grundlagen der mathematischen Wissenschaften zugewandt. Solche Untersuchungen werden den Gegenstand dieser Vorlesungen bilden. Dabei muss ich mich wegen der Vielschichtigkeit des Gegenstandes, die in einem grossen Missverhältniss zu der verfügbaren Zeit steht, darauf beschränken, Sie zum Nachdenken über die hier vorliegenden Fragen und zum Studium der in Betracht kommenden Litteratur anzuregen.

Am Anfang der Ausarbeitung heißt es dann:

> Zur Veranschaulichung unserer Betrachtungen bedienen wir uns gezeichneter Figuren. Das, was wir an den Figuren sehen oder zu sehen glauben, dürfen wir aber niemals als Beweisgrund gelten lassen. Ein Beweis darf stets nur auf rein logische Schlüsse gegründet sein.

Auf einem Einlageblatt notierte Hurwitz einen weiteren Kommentar:

> Die Geometrie entnimmt die Objekte ihrer Betrachtungen der uns umgebenden Sinneswelt. In dieser Hinsicht ist sie daher eine Erfahrungs-Wissenschaft und ihre Wahrheiten lassen sich dementsprechend experimentell durch Zeichnung, Messung oder durch Modelle[45] prüfen.

Festzuhalten ist, dass Hilbert in den Vorlesungen und Ausarbeitungen von 1898/99 mehrere Varianten des Stetigkeitsaxioms einführte, die er, wie bereits erwähnt, für den modernen Leser verwirrend alle als „Archimedischen Axiom" bezeichnete – in der Hauptsache, das übliche Archimedische Axiom (man kann die kleinere Strecke so oft vervielfältigen, dass sie schließlich die größere übertrifft[46]), eine projektive Fassung mit Hilfe von harmonischen Punkten (ähnlich wie bei Schur oben), wie sie im Beweis des Fundamentalsatzes der projektiven Geometrie verwendet wurde, und das bereits erwähnte Axiom zur Existenz des Grenzpunktes oder des Supremums – „in der Ausdrucksweise der Mengenlehre", wie Hilbert hervorhebt (Hallett/Majer 2004, 378). In einer kurzen Bemerkung stellte Hilbert aber im Unterschied zu Schoenflies fest (Hallett/Majer 2004, 378):

> Die drei gegebenen Fassungen des Axioms sind nicht völlig gleichwertig.

Das Stetigkeitsaxiom in projektiver Fassung ist der Koordinatisierung mit Hilfe harmonischer Punkte angepasst; es lautet bei Hilbert in der Vorlesung von 1898/99 so (Hallett/Majer 2004, 377):

> Es liege auf einer Geraden B zwischen A und D, und C zwischen B und D; man konstruiere die Punkte B', B'', ... derart, dass die Reihenfolge ABB'B'' ... gilt, und daß ABB'D, BB'B''D, B'B''B'''D, ... je vier harmonische Punkte sind. Dann giebt es in der Reihe der Punkte B einen Punkt $B^{(n)}$, welcher zwischen C und D liegt.

Diese Formulierung vermeidet die Verwendung kongruenter Strecken, ist also der projektiven Geometrie angemessen. Allerdings wird noch die Anordnung verwendet, wie es seinerzeit durchaus üblich war.

In der Festschrift selbst ersetzt Hilbert die klassische Vorgehensweise bei der Koordinatisierung mit harmonischen Punkten, also die von Staudtsche Wurfrechnung, durch seine Streckenrechnung, die man (mit modernen Augen) als eine affine Spezialisierung der ersteren sehen kann. Deshalb ist das zitierte Axiom nicht mehr in seiner projektiven Form notwendig. Da Hilbert hier die Anordnungs- und Kongruenzaxiome voraussetzt, es geht ihm ja um die euklidische Geometrie, kann er ganz einfach die traditionelle Variante des

[45]Man beachte: Hier sind materielle Modelle gemeint.

[46]Schon inklusive der Bezeichnung zu finden bei Pasch (vgl. Pasch 1882, 97).

Archimedischen Axioms verwenden. Der Streckenrechnung war übrigens die Dissertation (1899) von Anne Bosworth Fock, Hilberts erster Doktorandin, gewidmet; auch Fr. Schur beschäftigte sich, wie bereits erwähnt, mit dieser Frage.

Die von allen Axiomen mit Ausnahme des Stetigkeitsaxioms festgelegte Geometrie nennt Hilbert „Euklidische Geometrie", die Geometrie einschließlich der Stetigkeit „analytische Geometrie" (Hallett/Majer 2004, 343). Die wichtigste Leistung der Stetigkeit ist es, die Einführung der Zahl zu ermöglichen (Hallett/Majer 2004, 390):

> Auf Grund des Archimedischen Axioms kann die Einführung der Zahl in die Geometrie erfolgen.

Welche Zahl gemeint ist, wird übrigens nicht gesagt. Das traditionelle Archimedische Axiom reicht nicht hin, um eine Entsprechung zwischen den Punkten einer Geraden und den reellen Zahlen im Sinne von Cantor-Dedekind herzustellen. Darauf hatte schon O. Stolz in seiner Abhandlung „Ueber die Geometrie der Alten" hingewiesen (Stolz 1883, 508-510), mit der er das Archimedische Axiom bekannt gemacht hatte. Allerdings benötigt Hilbert auch diese Entsprechung nicht in der Festschrift.

Dagegen erlaubt die explizite Einführung gerade dieses Archimedischen Axioms zahlreiche interessante Untersuchungen, wovon die Festschrift mehrere Beispiele enthält - etwa, wenn es um das Verhältnis der bereits erwähnten Relationen zerlegungsgleich und ergänzungsgleich geht; dabei wird die Existenz von unendlich kleinen Größen, welche aus der Negation des Archimedischen Axioms folgt, genutzt. Veronese wurde so gewissermaßen rehabilitiert. Eine wichtige Rolle spielt das fragliche Axiom auch bei den Legendreschen Sätzen, die M. Dehn in seiner Dissertation (1899) auf Hilberts Anregung hin untersuchte. Auch hier zeigt sich wieder, dass Hilbert die klassische Geometrie gut kannte, denn zu deren Bestand gehörten die Legendreschen Sätze angesiedelt im Umkreis des Parallelenproblems. Algebraisch gesehen ist interessant, dass ein angeordneter Schiefkörper, der das Archimedische Axiom erfüllt, automatisch ein Körper ist (vgl. Hartshorne 2000, 140).

Offenkundig macht es unter systematischen Gesichtspunkten Sinn, das Archimedische Axiom in der Festschrift anders als in den Vorgängerversionen der Hilbertschen Axiomatik an den Schluss der Axiome zu stellen, es geht nämlich jetzt darum, Geometrien zu untersuchen, in denen das Archimedische Axiom gilt oder nicht – unter Beibehaltung aller anderen Axiome, ganz so, wie H. Wiener das angeregt hatte. Es geht um die Isolation der Schwierigkeiten, wie man das in der Didaktik nannte. Mit einem stärkeren Stetigkeitsaxiom wie dem von der Existenz des Grenzpunktes oder dem Dedekindschen Schnittprinzip wären diese Untersuchungen so nicht möglich gewesen. Es liegt also der Schluss nahe, dass Hilbert ursprünglich keinen unmittelbaren Anlass hatte, in seine Festschrift neben dem Axiom des Archimedes ein weiteres Stetigkeitsaxiom aufzunehmen. Im Unterschied zum Axiom über die Existenz des Grenzpunktes oder dem Schnittprinzip bewahrte das Erweiterungsaxiom, das er dann in späteren Auflagen der Grundlagen hinzunahm, den geometrischen Charakter der anderen Axiome: Es ist ausgezeichnet, insofern es ein Axiom der Metaebene ist. Seine Hinzunahme rundet die Untersuchung ab – wenn man von einer entsprechenden Sichtweise ausgeht. Man kann hier einen Ausgangspunkt der späteren Metamathematik Hilberts sehen. In seinem Kolleg von 1905 führte Hurwitz übrigens explizit vor, wie man mit Hilfe des Erweiterungsaxioms zeigen kann, dass die Entsprechung zwischen den Punkten einer Geraden und den reellen Zahlen bijektiv ist, dass also Cantor-Dedekind gilt.

Der bereits erwähnte Julius Sommer stellte im Oktober 1899 eine ausführliche Besprechung von Hilberts Festschrift fertig, die im nachfolgenden Jahr im Bulletin der American Mathematical Society veröffentlicht wurde. Nachdem er das Archimedische Axiom in der Form der Festschrift zitiert hat, stellte Sommer fest (Übersetzung K. V.):

> Obwohl diese Formulierung des Axioms es erlaubt, die Gleichheit von Strecken im Sinne der allgemeinen projektiven Maßbestimmung zu definieren, beinhaltet sie nicht die Stetigkeit der Geraden im üblichen Sinne; es liefert lediglich eine notwendige Voraussetzung für eine Algebra der Strecken. Es wäre besser, in diesem Zusammenhang die Verwendung des Begriffes Stetigkeit ganz zu vermeiden. In der Tat befreit uns das Archimedische Axiom nicht von der Notwendigkeit, explizit ein Axiom der Stetigkeit einzuführen, es ermöglicht lediglich die Einführung eines solchen Axioms. Folglich ist Professor Hilberts Axiomensystem nicht hinreichend, um den ganzen Bereich der Geometrie zu erhalten.
>
> (Sommer 1900, 291)

Als Beispiele für die Unvollständigkeit des Hilbertschen Systems einer Geometrie über Ω (das ist der kleinste pythagoreische Körper; in seinem Falle werden zu den rationalen Zahlen alle Ausdrücke der Form $\sqrt{1+a^2}$ hinzugenommen, vgl. Hartshorne 2000, 142) erwähnt Sommer folgende Aussage, die in ihm nicht beweisbar sei: Eine Gerade, die Punkte im Innern und im Äußern eines Kreises besitzt, schneidet den Kreis. Weiter sei es nicht immer möglich, ein rechtwinkliges Dreieck aus Hypotenuse und einer Kathete zu konstruieren (vgl. Hartshorne 2000, 140-148). Leider diskutiert Sommer nicht die Frage, ob denn Hilbert diese Sachverhalte gesehen habe und welche Bedeutung er ihnen zuschrieb.

Das Erweiterbarkeitsaxiom wurde schon der 1900 erschienenen, von L. Laugel angefertigten französischen Übersetzung der Grundlagen beigegeben. Allerdings wird es hier noch nicht als zweites Stetigkeitsaxioms aufgeführt, wie das in den späteren Auflagen der Festschrift geschah, sondern als eigenständige Ergänzung des Gesamtsystems in einem Nachtrag zum § 8.

In der Besprechung der französischen Übersetzung für das Jahrbuch (Bd. 31 (1900), p. 468) bemerkte Engel:

> In §8 wird in einer Anmerkung gesagt, dass man zu den angegebenen fünf Gruppen von Axiomen noch ein „Axiom der Vollständigkeit" hinzufügen kann, des Inhalts, dass es unmöglich ist, den Inbegriff der Punkte, Geraden und Ebenen durch Hinzunahme anderer Gebilde so zu erweitern, dass eine neue Geometrie entsteht, die alle Axiome jener fünf Gruppen erfüllt. Dieses nicht rein geometrische Axiom ist deshalb von Wichtigkeit, weil mit seiner Hilfe der Bolzano'sche Satz bewiesen werden kann, dass auf einer Geraden jede Menge von Punkten, die zwischen zwei Punkten der Geraden enthalten ist, eine Häufungsstelle besitzt.

Offensichtlich war in Engels Augen diese Ergänzung interessant aber nicht von prinzipieller Wichtigkeit.

Die Dissertation von Max Dehn wird von Hilbert in einem Brief an Hurwitz vom 5. November 1899 HiHu 61, fortgeführt am 12. November 1899 HiHu 61, sehr ausführlich gewürdigt, wobei der sonst nüchterne Hilbert sogar von „entzückt" spricht:

> Da Sie sich auch etwas für meine Grundlagen der Geometrie interessiren, so möchte ich Sie auf eine wohl noch in diesem Semester erscheinende Dissertation eines meiner besten Schüler Herrn Dehn aufmerksam machen, über deren Resultate ich ganz entzückt bin. Das Thema, das ich ihm stellte, war zu prüfen, wie weit die Legendre'schen Sätze über die Winkelsumme im Dreieck halten, wenn man außer dem Euklidischen Parallelenaxiom auch das Archimedische Axiom wegläßt. Die Resultate sind so merkwürdig wie nur möglich:
>
> Die 3 Sätze: wenn in einem Dreieck die Winkelsumme < (bez. =;>) ist als 2 Rechte, so ist sie es in allen Dreiecken, lassen sich thatsächlich ohne Archimedisches Axiom beweisen (Legendre benutzt dasselbe wesentlich unbewusst). Der Beweis, dessen Gang ich Dehn vorschlug und den er vollständig durchgeführt hat, ist allerdings noch ausserordentlich mühsam und complizirt. Dagegen ist es ohne Archimedisches Axiom unmöglich zu beweisen, dass wenn es viele Parallelen giebt, die Winkelsumme im Dreieck < 2R sein muss. Vielmehr leitet Dehn aus meiner Nicht-Archimedischen Geometrie in der Festschrift eine Geometrie ab, in der es zu jeder Geraden durch jeden Punkt viele Parallelen giebt und doch die Winkelsumme im Dreieck > 2R (oder auch = 2R) ist und in der selbstverständlich alle Verknüpfungs-, Anordnungs- und Congruenz-Axiome gelten. Diese Geometrie haben wir Nicht-Legendresche Geometrie genannt. Wenn dagegen keine Parallelen da sind, so muß die Winkelsumme stets > 2R sein, auch wenn Archimedes nicht gilt, so, dass die Geometrie ohne eine und die mit Parallelen, d.h. die elliptische und

> hyperbolische, gegen den Satz von der Winkelsumme ein völlig entgegengesetztes Verhalten zeigen. Ist das nicht sehr merkwürdig? Der ganze Gedankenprozess, den Gauss mit dem Parallelenaxiom vorgenommen hat, wird hier mit dem Archimedischen Axiom durchgeführt.
>
> Ausser Herrn Dehn, der letzte Woche sein Examen mit Note 1, was hier selten ist, bestanden hat, habe ich in diesem Wintersemester noch 3 Doktoranden (2 über Zahlentheorie und 1 über den Limesbegriff) durchzubringen. Es macht das Alles viel Arbeit und ich weiss nicht, ob ich recht thue, mir in Zukunft wieder soviele auf den Hals zu laden.

Interessant ist Hilberts Bemerkung zu Gauß. Man könnte sie so deuten, dass Gauß die Geometrie untersucht habe, die sich aus den verschiedenen Negationen des Parallelenaxioms ergeben - ganz so, wie das Dehn mit dem Archimedischen zusammen mit dem Parallelenaxiom tat. Leider sagt Hilbert nicht, worauf er sich bei seiner Bemerkung stützt. Klar ist, dass die Gauß-Werke ein ständiges Thema in der Göttinger Akademie waren, über deren Fortschritte Klein wiederholt in der Gegenwart von Hilbert vortrug. Der von Paul Stäckel herausgegebene achte Band, der Materialien zur nichteuklidischen Geometrie aus Gaußens Nachlass enthält, erschien 1900.

Offenkundig war Hilbert sehr angetan von der Leistung seines Doktoranden, er besprach dessen Ergebnisse auch ausführlich in den Ergänzungen zu seiner Festschrift in der französischen Ausgabe. Dehn war im nachfolgenden Jahr der erste, der ein Hilbert-Problem (das dritte, die Lehre vom Volumen betreffende; vgl. Brief an Hurwitz vom 21. November 1900 HiHu 63) lösen sollte.

Ob ein stärkeres Stetigkeitsaxiom in der Geometrie benötigt wird und sich somit in Hilberts Festschrift eine Lücke auftut, ist eine in der Historiographie der Geometrie bekannte Frage (vgl. Rowe 2017, 183-184). Fest steht jedenfalls, dass ein derartiges Axiom im Korpus der Festschrift nicht gebraucht wird, es gibt keinen Beweis und keine Definition, der oder die es stillschweigend verwenden würden. Zudem taucht der Gedanke der Kategorizität bei Hilbert in dieser frühen Zeit höchstens andeutungsweise auf.

In der Festschrift war es vermutlich gar nicht Hilberts Ziel, bis zu der von ihm so genannten analytischen Geometrie, also zur Geometrie über dem Körper der reellen Zahlen, vorzudringen. Es ging ihm in erster Linie um die Euklidische Geometrie im obigen Sinne, die Schulgeometrie, wobei offenbleibt, welcher Körper nun zugrunde liegt – er muss nur umfassend genug sein, um alle Konstruktionen der Schulgeometrie zu ermöglichen (insofern sind die Aussagen in Volkert 2015 zu korrigieren). Der Körper der konstruierbaren Zahlen (also der kleinste Erweiterungskörper K von **Q**, der unter Quadratwurzeln abgeschlossen ist) würde z. B. genügen. Hierfür spricht zudem das große Interesse, das Hilbert an Fragen der Konstruierbarkeit hatte und das an vielen Stellen seiner Festschrift zum Ausdruck kommt (vgl. Rowe 2019). Zahlkörper wie K oder Ω spielen auch bei der Konstruktion von Modellen (im modernen Sinne) in der Festschrift eine wichtige Rolle. Hilbert stellte sogar Überlegungen zu den

Konstruktionsmöglichkeiten an, welche alternative (fiktive) Instrumente wie der Streckenübertrager (Transporteur) bieten, ganz so wie früher schon Mohr, Mascheroni und Steiner über Konstruktionen mit dem Zirkel alleine und die projektiven Geometer über solche mit dem Lineal alleine nachgedacht hatten. Der Körper Ω entspricht genau den Konstruktionsmöglichkeiten, welche Lineal und Streckenübertrager bieten.[47]

Den Zusammenhang zwischen geometrischen Konstruktionen und Algebra stellte Hilbert auch in seinem Pariser Vortrag her; im Kontext von Problem 17 über die Darstellung von definiten Formen durch Quadrate wird dort auf die Festschrift verwiesen (Hilbert 1935, 318):

> Zugleich ist es für gewisse Fragen hinsichtlich der Möglichkeit gewisser geometrischer Konstruktionen wünschenswert zu wissen, ob die Koeffizienten der bei der Darstellung zu verwendenden Formen stets in demjenigen Rationalitätsbereich angenommen werden dürfen, der durch die Koeffizienten der dargestellten Form gegeben ist.

Konkret verweist er in einer Fußnote auf Kapitel VII insbesondere § 38 „Die Darstellung algebraischer Zahlen und ganzer rationaler Funktionen als Summe von Quadraten" seiner Festschrift, in dem es um zahlentheoretische Hilfssätze geht, die für die Ausführbarkeit geometrischer Konstruktionen eine Rolle spielen (vgl. Volkert 2015, 158). Der Körper Ω steht in interessanten Beziehungen zu Fragen der Darstellbarkeit von positiv definiten Formen als Summe von Quadraten, welche wiederum ganz analog zu entsprechenden Fragen der Zahlentheorie (z. B. Darstellbarkeit von natürlichen Zahlen als Summe von vier Quadraten [Lagrange]) sind. Diese hatte Hilbert, angeregt durch eine von Minkowski anlässlich seiner Disputation aufgestellten These (1. „Es ist nicht wahrscheinlich, dass jede positive Form sich als Summe von Formenquadraten darstellen lässt.") , schon Ende der 1880er Jahre untersucht (vgl. Hilbert 1888 und Hilbert 1888a). In seinem Nachruf auf Minkowski hob Hilbert diese Anregung durch Minkowski nochmals hervor – als Indiz für dessen Weitblick.

Es ist charakteristisch für Hilbert Festschrift, dass er immer wieder Brücken zwischen Geometrie und Algebra oder Analysis schlägt, nicht zuletzt durch die Konstruktion von Modellen. Gerade dieses Zusammenspiel sollte sich ja als sehr fruchtbares Forschungsprogramm erweisen (vgl. etwa Karzel/Kroll 1988) und unterscheidet Hilbert von Geometern wie Schur und Wiener.

Ein Doktorand Hilberts, Michal Feldblum, legte im Frühsommer 1899 in Göttingen seine Dissertation „Ueber elementar-geometrische Konstruktionen" vor (gedruckt wurde sie in Warschau, Feldblum war Pole); die mündliche Prüfung fand am 12. Juli 1899 statt. In seiner Dissertation untersuchte Feldblum ganz klassisch Konstruktionen mit Lineal und Streckenabtrager (oder, äquivalent

[47] Dehn 1926, 215-216 erläutert weitere Zugänge (Bewegungen, die ein Netz in sich überführen; Tangenten an algebraische Kurven) zu diesem Körper.

hierzu: Winkelhalbierer) sowie Konstruktionen mit dem Winkeldreiteiler. Er hat diese parallel zu Hilberts Beschäftigung mit der Festschrift ausgearbeitet und es ist anzunehmen, dass der Doktorvater von seinem Doktoranden profitierte (und hoffentlich auch umgekehrt); das belegen auch textliche Übereinstimmungen von Festschrift und Dissertation. Bei Feldblum gibt es eine ausführliche historische Einleitung, in der er u.a. darauf hinweist, dass schon J. H. Lambert den Zirkel als Streckenabtrager gesehen habe (Feldblum 1899, 4). In einem Anhang spekuliert Feldblum über einen Apparat, mit dem die fraglichen Konstruktionen durchgeführt werden könnten.[48] Er erläutert auch, dass das klassische Problem von Malfatti mit dem Streckenabtrager gelöst werden kann (heißt, man kann die Mittelpunkte der drei gesuchten Kreise konstruieren), nicht aber dasjenige von Apollonios. Also wird auch hier wieder der Bezug zu traditionellen Problemen hervorgehoben. Diesen Hinweis ließ sich Hilbert in seiner Festschrift nicht entgehen.

Allerdings gibt es bei Feldblum keinen Bezug zur Axiomatik, anscheinend war er über diesen Aspekt nicht informiert (oder nicht daran interessiert). Dieser liegt darin, dass der Streckenabtrager die Geltung des ersten Kongruenzaxioms - also des Satzes I,3 bei Euklid - garantiert und umgekehrt; in der Koordinatenebene über Ω gelten die Inzidenz-, die Anordnungsaxiome und die Kongruenzaxiome mit Ausnahme des sechsten (das ist i.w. der Kongruenzsatz SWS). József Kürschák zeigte wenig später 1902, dass man den Streckenabtrager durch das Eichmaß ersetzen kann, das ist ein schwächeres Instrument, das nur genau eine Strecke, die Einheitsstrecke, zu übertragen erlaubt.[49]

Feldblum ist ein Beispiel unter vielen, wie Hilbert es verstand, seine Doktoranden in seine eigenen Forschungen einzubinden. An Hurwitz schrieb er (undatierter Brief aus Rauschen 1901 HiHu 66):

> Ich betrachte diese Dissertationen[50] eigentlich als Vorarbeiten für meine eigenen Studien und hoffe einmal auf die Gegenstände zurückzukommen.

In dem fraglichen Brief ging es darum, dass Hilbert Hurwitz seine Absicht erläuterte, bei der Jahresversammlung der DMV in Hamburg (22. Bis 28. September 1901) über „einige neuere mathematische Dissertationen" vorzutragen – ein sehr ungewöhnliches Vorhaben. Auch hier zeigt sich, dass Hilbert in hohem Maße befähigt war, einen mathematischen Betrieb aufrechtzuerhalten und zu fördern – ein Merkmal, das ihn von seinen beiden Freunden unterschied.

Eine Vorlesung über „Zahlbegriff und Quadratur des Kreises" gehörte zu Hilberts Standardprogramm; erstmals gehalten im Wintersemester 1894/95 in Königsberg (dort noch ohne „Zahlbegriff"). Dies alles zeigt, wie tief Hilbert in der geometrischen Tradition verankert war, andererseits aber auch sein Interesse für

[48] Dank an J.-D. Voelke (Lausanne) für die Beschaffung einer Kopie von Feldblums Dissertation.

[49] Eine Übersicht zu den Möglichkeiten, die das Konstruieren mit Lineal und Eichmaß bietet, findet sich bei Adler 1906, 138-143.

[50] Konkret ging es hier um die Dissertationen von Beer (1899), Hedrick (1901) und Noble (1901) – alle mit nicht-geometrischen Themen.

die Wechselbeziehungen zwischen Algebra und Geometrie – also für Systematik. Diese Entsprechungen herauszuarbeiten erlaubte ihm seine Streckenrechnung, sie ist weit mehr als nur ein Hilfsmittel zur Einführung von Koordinaten. Insbesondere muss es Hilbert gefallen haben, dass die Geltung gewisser Sätze algebraische Konsequenzen hatte – z.B. dass Pappos die Kommutativität der Multiplikation sicherstellt. Auch im Briefwechsel der drei Freunde kommen Konstruktionsprobleme zur Sprache, so in einem bereits zitierten Brief an Hurwitz vom 31. Dezember 1898 HiHu 59, wo Hilbert auf die Konstruierbarkeit regelmäßiger n-Ecke eingeht, für die er ein algebraisches Kriterium vorschlägt; diese Frage wird zudem in einem Brief von Minkowski an Hilbert vom 17. Mai 1895 MiHi 25 angesprochen. Man bemerkt auch hier, dass die klassischen Probleme stets im Hintergrund präsent sind.

Die Kunde von Hilberts Festschrift gelangte mit Minkowski nach Zürich. Am 5. Juli 1899 berichtete Hurwitz an Hilbert HuHi 45:

> Im letzten Colloquium hat uns Minkowski auch über Ihre wunderschöne Festschrift vorgetragen; wir sind alle auf die Fortsetzung des Vortrages am nächsten Mittwoch gespannt. Dass ich bisher noch kein Exemplar der Festschrift erhalten habe, beruht wohl auf einem Versehen. Ich würde Ihnen sehr dankbar sein, wenn Sie mir möglichst bald ein Exemplar zuschicken wollten, da ich mich sehr gern in die Lecture Ihrer Arbeit vertiefen möchte.

Laugel, der Übersetzer der Festschrift ins Französische, hatte sich schon am 29. Juni 1899 bei Hilbert für den Erhalt der Festschrift bedankt, Hölder bestätigte ebenfalls am 29.Juni 1899 den Empfang eines Exemplars; die Festschrift fand also rasch Verbreitung (vgl. auch Hallett / Majer 2004, 408-410). Vermutlich hatten auch einige Teilnehmer des Göttinger Festaktes sie in ihrem Gepäck.

Am 10. Juli 1900 MiHi 75 ergänzte Minkowski:

> Zu Deinen Resultaten über die Axiome der Geometrie habe ich Dich ja längst beglückwünscht. Daß so zurückhaltende Leute wie die Berliner in das allgemeine Urteil miteinstimmen, ist eine ebenso angenehme wie verheißungsvolle Erscheinung.

Worauf sich seine Bemerkung bzgl. der „Berliner" bezieht, ist unbekannt.

In einem undatierten Brief vermutlich aus dem Jahr 1903 an Hurwitz HiHu 72 kündigte Hilbert dann einen Wechsel seiner Interessen an:

> Ich habe die letzte Zeit an der Herstellung einer 2ten Auflage meiner Grundlagen der Geometrie gearbeitet. Damit aber und mit der sehr bald in den Annalen erscheinenden Arbeit über Lobatschewskysche Geometrien will ich meinerseits dann das Thema „Geometrie" sein lassen.

Die zweite Auflage, von der Hilbert spricht, ist die deutsche Ausgabe der Festschrift von 1903, sie wird oft auch als dritte Auflage gezählt, weil die französische Übersetzung der Festschrift als zweite Auflage betrachtet wird.[51] Die Arbeit über die hyperbolische Geometrie, Hilbert nennt sie Lobatschewskysche, erschien 1903 in den Mathematischen Annalen unter dem historisch korrekteren Titel „Neue Begründung der Bolyai-Lobatschewskyschen Geometrie". Es klingt auch hier wieder das Thema der Stetigkeit an:

> In meiner Festschrift „Grundlagen der Geometrie" habe ich ein System von Axiomen für die Euklidische Geometrie aufgestellt und dann gezeigt, daß lediglich auf Grund der die Ebene betreffenden Bestandteile dieser Axiome der Aufbau der ebenen Euklidischen Geometrie möglich ist, selbst wenn man die Anwendung der Stetigkeitsaxiome vermeidet. In der folgenden Untersuchung ersetze ich das Parallelenaxiom durch eine der Bolyai-Lobatschewskyschen Geometrie entsprechenden Forderung und zeige dann ebenfalls, *daß ausschließlich auf Grund der Axiome ohne Anwendung von Stetigkeitsaxiomen die Begründung der Bolyai-Lobatschewskyschen Geometrie in der Ebene möglich ist.*
>
> (Hilbert 1903, 137)

Man beachte, dass jetzt von Stetigkeitsaxiomen im Plural die Rede ist; das Vollständigkeitsaxiom, Hurwitz' Erweiterungsaxiom, hatte Hilbert ja schon in der französischen Auflage ergänzt. Die zweite Auflage von 1903 wurde von M. Dehn für das Jahrbuch besprochen. Er bemerkte bezüglich des Erweiterungsaxioms (Bd. 34 (1903), p. 523):

> Hinzugekommen ist das „Vollständigkeitsaxiom" als zweites Stetigkeitsaxiom und als Schlußstein des ganzen Axiomensystems. Es ist in seinen Anwendungen etwa dem Dedekindschen Axiom von der Existenz der Grenze äquivalent.

Also auch für Dehn eine wenig spektakuläre Neuerung.

Die Arbeit über die hyperbolische Geometrie, in der Hilbert seine bekannte Endenrechnung einführte, sowie einige andere von Hilberts geometrischen Arbeiten, insbesondere auch der Brief an Klein, wurden ab der zweiten (deutschen) Auflage den „Grundlagen" als Anhänge beigegeben. Unmittelbar auf die zitierte Arbeit Hilberts zur Lobatschewskischen Geometrie folgte in den „Annalen" ein Aufsatz seines Schülers Werner Boy über die Topologie geschlossener Flächen, der auf dessen Göttinger Dissertation (1901) beruhte. Diese enthält das von Boy konstruierte Beispiel, das man heute Boysche Fläche nennt; topologisch gesehen handelt es sich um eine projektive Ebene. Daran fand Hurwitz, der offensichtlich schon die gedruckte Dissertation erhalten hatte, großen Gefallen. Am 9. Mai 1901 schrieb er an Hilbert HuHi 52:

---

[51] Die dritte deutschsprachige Auflage der „Grundlagen" erschien 1909. Hurwitz kommentierte in einem Brief an Hilbert vom 17.5.1908 HuHi 73: „Dass Sie schon die 3te Auflage ihrer Grundlagen vorbereiten müssen, ist infurirend." Er ergänzte dann noch einen Hinweis zum Beweis der Existenz rechter Winkel.

> Mein besonderes Interesse hat die Arbeit von Boy über die projective Ebene erregt. Haben Sie Modelle seiner Fläche dem Schilling'schen Modell-Verlag übergeben oder event. wollen Sie solches nicht veranlassen? Im vorgestrigen Colloquium habe ich die Arbeit eingehender besprochen. Ich bemerkte dabei, wie Sie es wohl auch schon getan haben, daß es leicht ist, im Raum von 4 Dimensionen ein völlig singularitätenfreies zwei-dimensionales Gebilde, welches die proj. Ebene im Sinne der Analysis situs darstellt, anzugeben.

In Hurwitz Tagebuch No. 18, das den Zeitraum Dezember 1900 bis Oktober 1901 abdeckt, findet sich ein langer Eintrag mit dem Titel „Die projective Ebene als singularitätenfreie geschlossene Fläche dargestellt", welcher zeigt, dass sich Hurwitz von der analytischen Seite her intensiv mit dem Boyschen Thema beschätigte.[52] Bemerkenswert ist, wie selbstverständlich Hurwitz an ein materiales Modell von Boys Beispiel dachte.[53] Solche Modelle waren allerdings gerade an den Polytechnika weit verbreitet (vgl. Volkert 2018), Zürich war ein Zentrum der Konstruktion von Modellen, wofür vor allem Hurwitz' ungeliebter Kollege Fiedler verantwortlich war. Der Verlag von Schilling, früher gehörte er dem Bruder Ludwig von A. Brill, vertrieb ein breites Angebot von Modellen in alle Welt.

Auch Hilbert interessierte sich für Modelle, das belegen zum einen die vielen Fotografien in seiner „Anschaulichen Geometrie", zum andern aber auch eine Bemerkung in einem undatierten Brief an Hurwitz HiHu 33, der kurz nach seiner Ernennung zu Lindemanns Nachfolger (also 1894) anlässlich des Umzugs der Königsberger Mathematik in neue Räume verfasst wurde:

> Ich habe sowohl Bibliothek als auch Modellsammlung gereinigt, sachlich geordnet und neu catalogisiert.

Am 15. September 1893 HiHu 32 berichtet er an Hurwitz aus München von der Jahresversammlung der DMV: „Vor allem war die Ausstellung der Mittelpunkt und man konnte in kurzer Zeit einen Einblick in die vorgeführten Modelle und Apparate gewinnen." Das umso mehr als es sachkundige Erläuterungen von Brunn, Wiener und Mehmke gab. Für eine Erhöhung des Etats und eine Einmalzahlung, die Althoff Hilbert gewährt hatte, merkte sich Hilbert in München „allerlei Gegenstände auf der Ausstellung zum Ankauf" vor.

Nach 1902 verschwand die Geometrie aus dem Briefwechsel der drei Freunde, der auch insgesamt mit Minkowski Übersiedlung nach Göttingen abnahm. Auffällig ist, dass die Geometrie aufgrund ihres synthetischen Charakters im Briefwechsel aber auch in Hilberts Ausarbeitungen meist als eigenständiges

[52] Pp. 194-199. Die Eintragung ist nicht datiert, die letzte vorangehende Datierung ist 14. Februar 1901, die erste nachfolgende 14. September 1901. Hurwitz diskutiert in seinem Eintrag auch, wie im Brief an Hilbert erwähnt, die Einbettung der projektiven Ebene in den vierdimensionalen Raum.

[53] Schon im Tagebuch No. 5, das am 23. April 1888 begonnen wurde, stellte Hurwitz „Überlegungen zu einem Modell, welches Raumkurven 3. Ordn. durch Kenntlichmachung je eines Punktes auf den Geraden eines Revolutionshyperboloides darstellt" (pp. 14-16) an. Materiale Modelle waren ihm offensichtlich vertraut.

Gebiet erscheint, Beziehungen zu anderen Gebieten der Mathematik werden eher selten hergestellt – Ausnahmen sind die Axiomatik der reellen Zahlen, wie oben dargelegt, und algebraische Fragen der Konstruierbarkeit. Allerdings war dies in Hilberts eigenem Schaffen anders: Die Festschrift inspirierte ihn ja dazu, die „axiomatische Methode" breit anzuwenden, bis hin zu Physik (vgl. Corry 2004), Ökonomie und Genetik (vgl. Janssen 2019).

Hilberts Enthusiasmus für seine „Axiomatische Methode", wie übrigens auch der bereits erwähnte Vortrag von ihm in Zürich (gehalten am 11. September 1917 in der mathematischen Sektion der Jahrestagung der Schweizerischen Naturforschenden Gesellschaft) hieß, kam schon in einem Brief an Hurwitz vom 18. Juni 1905 HiHu 84 deutlich zum Ausdruck. Darin schrieb Hilbert:

> Was nämlich meine „Axiome des Denkens" anbelangt, so komme ich jetzt an die Mechanik, Physik, Thermodynamik und Wahrscheinlichkeitsrechnung. ... Freilich liegt alles noch in wüstem Chaos durcheinander wegen der Verschiedenheit der Standpunkte der Verfasser. Auch die Axiome des Versicherungswesens hat bereits Bohlmann aufgestellt. Dann erst zum Schluß meiner Vorlesung komme ich zu den Axiomen der Logik selbst. Dies ist der schwierigste Theil, weil sich hier die Grenzen zwischen Math. und Philosophie ganz vermischen. Während nämlich z. B. in meinen Grundlagen der Geometrie das Ding, das ich „Gerade" nenne, immer nur eine logische Einheit bildet und als solches garnichts mit dem wirklichen Punkte*) zu thun hat, so kommen jetzt gewisse Dinge „oder", „und", „nicht" ins Spiel, die ebenfalls durch Axiome mit einander verbunden sind und logische Einheiten bedeuten, die aber plötzlich einmal auch die wirklichen „oder", „und" und das wirkliche „nicht" zu bedeuten anfangen, sodass es hier scheint, als ob die Fähigkeit des Experimentators und die des reinen Denkens ineinander fließen.
>
> *) mit denen hat nur der Experimentator zu thun

Bekanntlich wahrte Hilbert, trotz einiger Rückschläge diesen Optimismus. 1917 mitten im Krieg und nach dem berüchtigten (Steck-)Rübenwinter führte Hilbert in Zürich aus:

> **8.** D. Hilbert (Göttingen). — *Axiomatisches Denken.*
> **Wenn wir die Tatsachen eines bestimmten Wissensgebietes zusammenstellen, so bemerken wir, dass dieselben einer Ordnung fähig sind. Diese Ordnung erfolgt mit Hilfe eines gewissen Fachwerkes von Begriffen in der Weise, dass dem einzelnen Gegenstande des Wissensgebietes ein Begriff dieses Fachwerkes und jeder Tatsache innerhalb des Wissensgebietes eine logische Beziehung zwischen den Begriffen entspricht. Das Fachwerk der Begriffe heisst die Theorie des Wissensgebietes. Weiter erkennen wir, dass**

der Konstruktion des Fachwerkes einige wenige ausgezeichnete Sätze des Wissensgebietes zu Grunde liegen und diese dann allein ausreichen, um aus ihnen nach logischen Prinzipien das ganze Fachwerk aufzubauen. Diese grundlegenden Sätze können von einem ersten Standpunkt aus als die Axiome der einzelnen Wissensgebiete angesehen werden. Das Bestreben, diese Axiome ihrerseits zu erklären, führt meist zu einem neuen System von Axiomen, d. h. zu einer tiefer liegenden Axiomsschicht. Das Verfahren der axiomatischen Methode kommt also einer Tieferlegung der Fundamente der einzelnen Wissensgebiete gleich.

Soll nun die Theorie eines Wissensgebietes durch das sie darstellende Fachwerk der Begriffe dem Zweck, nämlich der Orientierung und Ordnung dienen, so muss es vornehmlich zwei Anforderungen genügen: erstens soll es einen Überblick über die Abhängigkeit, bzw. Unabhängigkeit und zweitens eine Gewähr für die Widerspruchslosigkeit der Axiome der Theorie bieten. Von besonderer Wichtigkeit ist es, die Widerspruchslosigkeit za prüfen, weil das Vorhandensein eines Widerspruchs offenbar den Bestand der ganzen Theorie gefährdet. Der Nachweis der Widerspruchslosigkeit gelingt im allgemeinen in den geometrischen und physikalischen Theorien durch Zurückführen auf das Problem der Widerspruchslosigkeit der arithmetischen Axiome. Im Falle der Axiome der Arithmetik ist dieser Weg der Zurückführung auf ein anderes spezielleres Wissensgebiet offenbar nicht gangbar, weil es ausser der Logik überhaupt keine Disziplin mehr gibt, auf die alsdann eine Berufung möglich wäre. Es scheint somit nötig, die Logik selbst zu axiomatisieren und zu zeigen, dass die Arithmetik nur ein Teil der Logik ist. Dieser Weg ist seit langem vorbereitet und am erfolgreichsten durch den scharfsinnigen mathematischen Logiker Russell eingeschlagen worden. Die Axiomatisierung der Logik ist ein grosszügiges Unternehmen, das mit einer Reihe prinzipieller spezifisch mathematischer Fragen zusammenhängt. Sie bildet das wichtigste und schwierigste Problem der logisch mathematischen Erkenntnistheorie.

Abbildung 2.10. Text von Hilberts Vortrag in Zürich 1917 (siehe [23]).

Dies war die Kurzfassung von Hilberts Vortrag, die die Schweizer Naturforschende Gesellschaft in ihren Verhandlungen veröffentlichte. Eine wesentlich längere Fassung wurde dann in den Mathematischen Annalen Bd. 78 (1917) publiziert. Man beachte Hilberts geliebte Metapher „Fachwerk"; „Struktur" benutzte er nicht. Auch Hurwitz leistete trotz schwerer Krankheit einen Beitrag zu der Versammlung in Zürich 1917, nämlich die bereits erwähnte Note (Brief an Kolross) zum Satz von Pohlke, also zu einem zentralen Theorem der darstellenden Geometrie. Mit diesem Fragenkomplex hat er sich offensichtlich mehrfach beschäftigt, wie verschiedene Eintragungen aus den Jahren 1915 und

1916 in seinem mathematischen Tagebuch belegen (TB 28, 16.2.1915–22.3.1917; pp. 46-52, 63-64, 71).

6. A. Hurwitz (Zürich). — *Verallgemeinerung des Pohlkeschen Satzes* (aus einem Brief an Herrn Kollros).

Sind 2 Tetraeder gegeben, so kann man sie immer — indem man eines derselben ähnlich verändert — in eine solche Lage bringen, dass die Verbindungsgeraden entsprechender Spitzen untereinander parallel sind.

Sind nämlich $A\ B\ C\ D$ und $A'\ B'\ C'\ D'$ die gegebenen Tetraeder, so betrachte man die Affinität $\begin{pmatrix} A & B & C & D \\ A' & B' & C' & D' \end{pmatrix}$. Vermöge derselben geht die Kugel K, welche $A\ B\ C\ D$ umschrieben ist, in ein Ellipsoïd K' über, welches $A'\ B'\ C'\ D'$ umschrieben ist. Jetzt bestimme man einen Kreisschnitt c' des Ellipsoides K'. Dem Kreise c' entspricht in der Affinität ein Kreis c auf der Kugel K. Das Tetraeder $A\ B\ C\ D$ mit der Kugel K und dem daraufliegenden Kreis c dilatiere man in solchem Maßstabe, dass der Kreis c in einen dem Kreise c' gleichen Kreis c_1 übergeht.

Nun bringe man das zu $A\ B\ C\ D$ ähnliche Tetraeder $A_1\ B_1\ C_1\ D_1$ in eine solche Lage, dass der Kreis c_1 mit dem Kreis c' Punkt für Punkt zur Deckung kommt. Dann sind die beiden affinen Räume in perspektive Lage gebracht und die 4 Geraden $A_1\ A'$, $B_1\ B'$, $C_1\ C'$, $D_1\ D'$ sind untereinander parallel.

Entsprechend den zwei Scharen von Kreisschnitten des Elipsoids K' gibt es zwei wesentlich verschiedene Lösungen des Problems.

Wenn die 4 Punkte $A\ B\ C\ D$ in derselben Ebene liegen und $A'\ B'\ C'\ D'$ von drei durch eine Ecke gehenden Würfelkanten gebildet ist, so findet man den Pohlkeschen Satz als Spezialfall.

Abbildung 2.11. Text von Hurwitz' Beitrag in Zürich 1917.

Man sieht, dass alle drei Freunde über breites Wissen und über breite Kenntnisse in den Gebieten der Geometrie verfügten. Übrigens hat Hilbert selbst in seiner Königsberger Privatdozentenzeit im Sommersemester 1888 eine Vorlesung über darstellende Geometrie gehalten, Max Dehn wurde von ihm im Rigorosum über darstellende Geometrie befragt.

Natürlich waren Hurwitz und Minkowski nicht überrascht von Hilberts Überlegungen zu den Grundlagen der Geometrie, war dieses Thema doch stets präsent in ihrem Austausch. Nach außen sah die Situation wohl anders aus, Hilbert war ja vor 1899 hauptsächlich durch Arbeiten zur Zahlentheorie (Stichwort: Zahlbericht) und zur Invariantentheorie (Stichwort: Basissatz) hervorgetreten. Deutlich wird diese Einschätzung Hilberts als „Nicht-Geometer" in dem bereits erwähnten Brief von Fr. Schur an Fr. Engel vom 20. Februar 1899 (Universitätsarchiv Gießen NE 110371), in dem es u.a. um Hilberts fehlendes Verständnis von Lie ging.

> Für ihn [Hilbert; K. V.] hat nur die Zahlentheorie Berechtigung. Er hält z. B., wie er zu Schilling äußerte, für die Schulen kubische Gleichung für viel wichtiger als Plani- und Stereometrie. Einen solchen Mann kann ich allerdings trotz eines so grossen in Einzelfragen bestätigten Scharfsinne nicht für gross halten. Er sitzt eben hinter einer Mauer, die ihm alles, was nicht mit Zahlentheorie zusammenhängt, fern hält, und wer es hinter einer solchen Mauer aushalten kann, der hat es natürlich leichter in einem beschränkten Gebiete Bedeutendes zu leisten, einmal über diese Mauer hinauszuschauen. Da war Weierstrass doch ein anderer Mann.

Allerdings sprach Schur dann nach Erscheinen der Hilbertschen Arbeit von der „ganz hervorragenden Festschrift" (Brief an Engel vom 14. Juli 1899 Universitätsarchiv Gießen NE 110 373), was ihn nicht hinderte, auch später immer wieder Detailkritik am Geometer Hilbert zu üben[54], wie weitere Brief an Engel zeigen, insbesondere auch an dessen Vernachlässigung der Italiener.

Insgesamt erweist sich der Briefwechsel der drei Freunde als eine wichtige und authentische Quelle, welche vor allem Hilberts Weg zur Festschrift besser zu verstehen erlaubt.

Literaturverzeichnis

[1] Adler, A.: Theorie der geometrischen Konstruktionen (Leipzig: Göschen, 1906).

[2] Boy, W.: Ueber die Curvatura integra und die Topologie der geschlossenen Flächen (Mathematische Annalen 57 (1903), 151-184).

[3] Corry, L.: David Hilbert and the Axiomatization of Physics (1898–1918): From „Grundlagen der Geometrie" to „Grundlagen der Physik" (Dordrecht: Kluver, 2004).

[4] Dehn; M.: Die Grundlegung der Geometrie in historischer Entwicklung. In: Pasch, M.: Vorlesungen über neuere Geometrie (Berlin: Springer, 1926), 185-271).

[5] Engel, Fr.: Referat von D. Hilbert „Grundlagen der Geometrie" (Jahrbuch über die Fortschritte der Mathematik 31 (1899), 424-426)

[54] Zu seiner Note über die Grundlagen der Geometrie schrieb Schur am 28. Februar 1902 an Engel: „Ich habe in ihr den Muth, Hilbert in Bezug auf seine Abhandlung „Neue Begründung der Bolyai-Lobatscheffskyschen Geometrie" etwas in den Kuchen zu spucken." (Universitätsarchiv Gießen NE 110 404).

[6] Erdmann, B.: Die Axiome der Geometrie. Eine philosophische Untersuchung der Riemann-Helmholtzschen Raumtheorie (Leipzig: Barth, 1877).

[7] Frei, G. (Hg.): Der Briefwechsel David Hilbert–Felix Klein (Göttingen: Vandenhoeck & Ruprecht, 1985).

[8] Frischauf, Joh.: Absolute Geometrie nach Johann Bolyai (Leipzig: Teubner, 1872).

[9] Hallett, M./Majer, (Hg.): David Hilbert. Lectures on the Foundations of Geometry 1891–1902 (Berlin-Heidelberg-New York: Springer, 2004).

[10] Hamel, G.: Ueber die Geometrien, in denen die geraden die kürzesten sind (Mathematische Annalen 57 (1903), 231-264).

[11] Hartshorne, R.: Geometry. Euclid and Beyond (New York: Springer, 2000).

[12] Henke, J.: Der Bewegungsbegriff in der neueren Geometrie und seine Adaoption im elementaren Geometrieunterricht (Hamburg: Kovač, 2009).

[13] Hessenberg, G.: Beweis des Desarguesschen Satzes aus dem Pascalschen (Mathematische Annalen 61 (1905), 161-172).

[14] Hilbert, D.: Ueber die Darstellbarkeit definiter Formen als Summe von Formenquadraten (Mathematische Annalen 32 (1888), 342-350).

[15] Hilbert, D.: Lettre adressée à M. Hermite (Journal de mathématique pures et appliquées (4) 4 (1888),249-256).

[16] Hilbert, D.: Ueber ternäre definite Formen (Acta mathematica 17 (1893), 169-197).

[17] Hilbert, D.: Ueber die gerade Linie als kürzeste Verbindung zweier Punkte (Mathematische Annalen 46 (1895), 91-96).

[18] Hilbert, D.: Die Theorie der algebraischen Zahlkörper (Jahresbericht der Deutschen Mathematiker-Vereinigung 4 (1897), 175-546).

[19] Hilbert, D.: Über den Zahlbegriff (Jahresbericht der Deutschen Mathematiker-Vereinigung 8 (1900), 180-183).

[20] Hilbert, D.: Mathematische Probleme (Nachrichten von der wissenschaftlichen Gesellschaft Göttingen. Mathematisch-naturwissenschaftliche Klasse 1900, 253-297).

[21] Hilbert, D.: Neue Begründung der Bolyai-Lobatschewskyschen Geometrie (Mathematische Annalen 57 (1903), 137-149).

[22] Hilbert, D.: Ueber die Grundlagen der Geometrie (Mathematische Annalen 56 (1903), 381-420).

[23] Hilbert, D.: Axiomatisches Denken (Verhandlungen der Schweizerische Naturforschende Gesellschaft 99 (1917), 129-130)

[24] Hilbert, D.: Axiomatisches Denken (Mathematische Annalen 78 (1917), 405-415).

[25] Hilbert, D.: Gesammelte Abhandlungen. Band 3 (Berlin: Springer, 1935).

[26] Hurwitz, A./ Schubert, H. C. H.: Über den Chaslesschen Satz $\alpha\mu + \beta\nu$ (Nachrichten von der Kgl. Gesellschaft der Wissenschaften und von der Georg-Augusts-Universität 1876, 503-517).

[27] Hurwitz, A.: Ueber unendlich vieldeutige geometrische Aufgaben, insbesondere über die Schließungsprobleme (Mathematische Annalen 15 (1879), 8-15).

[28] Hurwitz, A.: Ueber die Anwendung der elliptischen Functionen auf Probleme der Geometrie (Mathematische Annalen 19 (1882), S. 56-66).

[29] Hurwitz, A.: Verallgemeinerung des Pohlkeschen Satzes (Verhandlungen Schweizerische Naturforschende Gesellschaft 99 (1917), 127).

[30] Janßen, M.: Hilbert und Drosophila (Dissertation Essen 2019) Vgl. `https://duepublico2.uni-due.de/servlets/MCRFileNodeServlet/duepublico_derivate_00072041/Diss_MJanssen.pdf`

[31] Karzel, H./Kroll, H.-J.: Geschichte der Geometrie seit Hilbert (Darmstadt: wissenschaftliche Buchgesellschaft, 1988).

[32] Kitz, S.: „Neuere Geometrie“ als Unterrichtsgegenstand der höheren Lehranstalten. Ein Reformvorschlag und seine Umsetzung zwischen 1870 und 1920 Dissertation Wuppertal). Vgl. `http://elpub.bib.uni-wuppertal.de/edocs/dokumente/fbc/mathematik/diss2015/kitz/dc1509.pdf`

[33] Klein, F.: Ueber die sogenannte Nicht-Euklidische Geometrie (Mathematischen Annalen 6 (1873), 112-145).

[34] Klein, F.: Einleitung in die höhere Geometrie. I. Vorlesung. Gehalten im Wintersemester 1892–93. Ausgearbeitet von Friedrich Schilling. Autographie Göttingen 1893.

[35] Klein, F.: Einleitung in die höhere Geometrie. II. Vorlesung. Gehalten im Sommersemester 1893. Ausgearbeitet von Friedrich Schilling. Autographie Cassel: Baumann & Cie, 1893.

[36] Klein, F.: Autographierte Vorlesungshefte I und II (Mathematische Annalen 45 (1894), 140 – 151 und Mathematische Annalen 46 (1895), 71-80).

[37] Klein, F.: Ueber Arithmetisierung der Mathematik (Nachrichten von der Königlichen Gesellschaft der Wissenschaften zu Göttingen 2 (1895), 82-91).

[38] Klein, F.: Vorlesungen über die Entwicklung der Mathematik im 19. Jahrhundert (Berlin: Springer, 1926).

[39] Kürschàk, J.: Das Streckenabtragen (Mathematische Annalen 55 (1902), 597-598).

[40] Lectures on Mathematics, reported by A. Ziwet (The Evanston Colloquium) [New York/London: MacMillan, 1894].

[41] Lindemann, F.: Vorlesungen über Geometrie unter besonderer Berücksichtigung der Vorträge von Alfred Clebsch. Zweiter Band erster Theil. Die Flächen erster und zweiter Ordnung oder Klasse und der lineare Complex (Leipzig: Teubner, 1891).

[42] Lobatschefsky, N.: Zwei geometrische Abhandlungen aus dem Russischen übersetzt, mit Anmerkungen und mit einer Biographie des Verfassers, von Friedrich Engel (Leipzig: Teubner, 1898).

[43] Minkowski, H.: Ueber die Bedingungen, unter welche zwei quadratische Formen mit rationalen Coefficienten in einander rational transformirt werden können (Journal für die reine und angewandte Mathematik 106 (1890), 5-26).

[44] Oswald, Nicola: Adolf Hurwitz faltet Papier (Mathematische Semesterberichte 62 (2015), 123-130).

[45] Oswald, N.: The Unknown Hurwitz (The Mathematical Intelligenzer 39 (2017), 44-49).

[46] Pasch, M.: Vorlesungen über neuere Geometrie (Berlin: Springer, 1882).

[47] Reich, K.: Der Desarguesche und der Pascalsche Satz In: Kosmos und Zahl, hg. von H. Hecht u.a. (Stuttgart : Steiner, 2008), 377-393.

[48] Rowe, D.: Besprechung von Volkert 2015 (Jahresbericht der deutschen Mathematiker-Vereinigung 119 (2017), 169-186).

[49] Rüdenberg, L./Zassenhaus, H. (Hg.): Hermann Minkowski. Briefe an David Hilbert (Berlin/heidelberg/New York: Springer, 1973).

[50] Schoenflies, A. M.: Transfinite Zahlen, das Axiom des Archimedes und die projective Geometrie (Jahresbericht der deutschen Mathematiker-Vereinigung 5 (1896), 75-81).

[51] Schur, Fr.: Ueber den Fundamentalsatz der projectiven Geometrie (Mathematische Annalen 51 (1899), 401-409).

[52] Schur, Fr.: Ueber die Grundlagen der Geometrie (Mathematische Annalen 55 (1902), 265-292).

[53] Sommer, J.: Besprechung von David Hilbert „Grundlagen der Geometrie" (Bulletin der American Mathematical Society 6 (1900), 287-299).

[54] Steuding, J./Oswald, N.: Complex Continued Fractions – Early Work of the Brothers Adolf and Julius Hurwitz (Archive for History of Exact Sciences. 68 (2014), 499-528).

[55] Stolz, O.: Zur Geometrie der Alten, insbesondere über ein Axiom des Archimedes (Mathematische Annalen 522 (1883), 504-519).

[56] Tobies, R.: Felix Klein. Visionen für Mathematik, Anwendungen und Unterricht (Berlin: Springer Spektrum, 2019).

[57] Toepell, M.: Zur Schlüsselrolle Friedrich Schurs bei der Entstehung von David Hilberts „Grundlagen der Geometrie". In: Mathemata, hg. von M. Folkerts und U. Lindgren (Stuttgart: Steiner, 1985), 637-649.

[58] Toepell, M.: Über die Entstehung von David Hilberts „Grundlagen der Geometrie" (Göttingen: Vandenhoek & Ruprecht, 1986).

[59] Ullrich, P.: „I have Learned Non-Euclidean Geometry Just from this Book" – some facets of the correspondence between Friedrich Engel and David Hilbert (Results in mathematics 76 (2021), 128-141).

[60] Veronese, G.: Fondamenti di geometria a più dimensioni e a più specie di unità rettilinee esposti in forma elementare. Lezioni per la Scuola di magistero in Matematica (Padova: Tipografia del Seminario, 1891) – deutsche Übersetzung von A. Schepp: Grundzüge der Geometrie von mehreren Dimensionen und mehreren Arten gradliniger Einheiten in elementarer Form entwickelt (Leipzig: Teubner, 1894).

[61] Voelke, J.-D.: Le théorème fondamental de la géométrie projective: évolution de sa preuve entre 1847 et 1900 (Archive for History of Exact Sciences 62 (2008), 242-296).

[62] Volkert, K.: Die Lehre vom Flächeninhalt ebener Polygone - einige Etappen in der Mathematisierung eines anschaulichen Konzeptes (Mathematische Semesterberichte 46 (1999), 1-28).

[63] Volkert, K. (Hg.): David Hilbert „Grundlagen der Geometrie" (Berlin/Heidelberg: Springer Spektrum, 2015).

[64] Volkert, K.: Mathematische Modelle und die polytechnische Tradition (Siegener Beiträge zur Geschichte und Philosophie der Mathematik 10 (2018), 153-194).

[65] Volkert, K.: Hurwitz, Geometer (Mathematische Semesterberichte 68 (2021), 1-15).

[66] Volkert, K.: Qu'est-ce que la géométrie projective? Fiedler versus Von Staudt. In: Sciences, circulations, révolutions - Festschrift pour Philippe Nabonnand, ed. par Pierre Edouard Bour, Manuel Rebuschi & Laurent Rollet (London: College Publications, 2023), 713-727.

[67] Wiener, H.: Ueber Grundlagen und Aufbau der Geometrie. In: Verhandlungen der 64. Versammlung deutscher Naturforscher und Ärzte in Halle 1891 (Halle, 1891), 8-9.

[68] Wiener, H.: Über Grundlagen und Aufbau der Geometrie (Jahresbericht der Deutschen Mathematiker-Vereinigung 1 (1890–1892), 45-48).

[69] Wiener, H.: Weiteres über Grundlagen und Aufbau der Geometrie (Jahresbericht der Deutschen Mathematiker-Vereinigung 2 (1892–1893), 70-80).

[70] Zassenhaus, H.: Die Vorgeschichte der Zahlberichts. In. Rüdenberg/Zassenhaus 1973, 17-21.

2.3 Geometrie der Zahlen

„Geometrie der Zahlen habe ich diese Schrift betitelt, weil ich zu den Methoden, die in ihr arithmetische Sätze liefern, durch räumliche Anschauung geführt bin.“

Hermann Minkowski, 1896

In den Briefwechseln wird seit den 1890er Jahren wiederholt auf Hermann Minkowskis „Geometrie der Zahlen“ eingegangen. Dieser Essay[55]liefert einen Exkurs in die mathematischen Hintergründe seiner Theorie und beleuchtet deren Einfluss auf die weitere Mathematik.

Figurierte Zahlen

Gewisse Verbindungen zwischen Geometrie und Zahlentheorie liegen auf der Hand und treten etliche Male in der ein oder anderen Form in der Geschichte auf. So lässt sich einer jeden zusammengesetzten Zahl $n = ab$ mit also natürlichen Zahlen $1 < a, b < n$ ein Rechteck mit den Kantenlängen a und b zuordnen; im Falle von Primzahlen ist hingegen keine solche Rechteckzerlegung möglich:

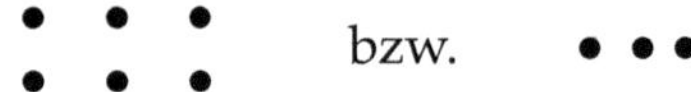

Ein etwas anspruchsvolleres Beispiel figurierter Zahlen bilden die *Dreieckszahlen*, welche sich als Partialsumme der Reihe über die natürlichen Zahlen ergeben:

$$m = 1 + 2 + \ldots + n = \tfrac{1}{2}n(n+1).$$

Der prägnante Ausdruck rechts ergibt sich leicht per Induktion nach m bzw. durch Addition desselben Ausdrucks als Summe mit umgekehrter Summandenfolge:

$$\begin{array}{ccccccc} m & = & 1 + & 2 & + \ldots + & n-1 & + \; n \\ m & = & n + & n-1 & + \ldots + & 2 & + \; 1 \end{array}$$

Auf der rechten Seite bilden wir die Summen untereinanderstehender Zahlen, welche jeweils den Wert $1 + n = 2 + n - 1 = \ldots n - 1 + 2 = n + 1$ besitzen; hiervon gibt es n Stück, womit im Vergleich der Summe der linken Seiten also $2m = n(n+1)$ bewiesen ist. Diese Beweisidee hatte bereits der Volksschüler Carl Friedrich Gauß [124], S. 13. Der Bezug dieser Dreieckszahlen zur Geometrie ergibt sich durch Visualisieren derselben durch übereinandergelagerte Kreise “•”, die

[55]siehe auch den Preprint „Geometrie der Zahlen. Ein Überblick“, veröffentlich 2016, `https://arxiv.org/abs/1605.04146` (aufgerufen am 02.06.2025)

insgesamt ein Dreieck bilden; beispielsweise ist $6 = 1 + 2 + 3 = \frac{1}{2} \cdot 3 \cdot 4$ eine Dreieckszahl:[56]

Tatsächlich hat Gauß aber etwas viel tiefliegenderes zu Dreieckszahlen bewiesen: In seinem Tagebuch [46] findet man als insgesamt 18. Eintrag

$$\text{EYPHKA! num} = \Delta + \Delta + \Delta$$

versehen mit dem Datum 10. Juli 1796. Diese Hieroglyphen sind zu übersetzen als *Heureka* (griechisch für 'ich hab's gefunden', ganz in Anlehnung an Archimedes, der diesen Satz nackt einer Badewanne entspringend bei einer ähnlichen Entdeckung geprägt haben soll), *jede natürliche Zahl lässt sich darstellen als Summe von höchstens drei Dreieckszahlen.* Das Resultat wurde bereits von Pierre de Fermat ohne Beweis geäußert; in Gauß' *Disquisitiones* [43] findet sich in §293 ein erster Beweis.[57] Beispielsweise gilt

$$2016 = \frac{1}{2} \cdot 63 \cdot 64 + 0 + 0 = 66 + 465 + 1485 = 15 + 231 + 1770$$

(um nur einige der zahlreichen derartigen Darstellungen anzugeben). Die weiteren von Fermat geäußerten Aussagen über figurierte Zahlen, dass nämlich *jede natürliche Zahl als Summe von höchstens n so genannten n-Eckszahlen dargestellt werden kann,* waren zu Gauß' Tagebuchzeit für $n \geq 3$ noch unbewiesen, wurden aber 1813 von Augustin Cauchy [16] hergeleitet. Den Spezialfall der Quadratzahlen, wonach jede natürliche Zahl eine Darstellung als Summe von vier Quadraten ganzer Zahlen besitzt, hatte Joseph Louis Lagrange bereits 1770 bewiesen.

Dreieckszahlen treten übrigens auch bei der so genannten Pellschen Gleichung bzw. dem klassischen Rinderproblem auf. Hierbei handelt es sich um eine von Archimedes an Eratosthenes adressierte Textaufgabe um die Größe der Herde des Sonnengottes. Die auftretenden acht Teilherden (braune Rinder und dergleichen) unbekannter Größe sollen sich als ein Dreieck aufstellen lassen.[58]

Die nachstehende Grafik veranschaulicht mit $1 + 3 + \ldots + (2m - 1) = m^2$ eine weitere Identität, welche die Summe der ungeraden Zahlen mit den Quadraten in Verbindung setzt:

$$\begin{array}{c} \bullet \end{array} \qquad \begin{array}{cc} \bullet & \triangle \\ \triangle & \triangle \end{array} \qquad \begin{array}{ccc} \bullet & \triangle & \star \\ \triangle & \triangle & \star \\ \star & \star & \star \end{array} \qquad \ldots$$

[56] Die Leser:in mag zur Übung einen bildlichen Beweis des folgenden Satzes von Theon von Smyrna aus dem zweiten Jahrhundert vor Beginn unserer Zeitrechnung führen: *Die Summe zweier aufeinanderfolgender Dreieckszahlen ist eine Quadratzahl* (cf. [27]).

[57] Den vielleicht elegantesten Zugang zu diesem wirklich tiefen Satz von Gauß liefern die p-adischen Zahlen.

[58] Siehe Fowler [39], §2.4., für eine alternative Deutung der zu Eratosthenes' Zeiten wohl unlösbaren Aufgabe.

Eine Vielzahl von weiteren Beispielen solcher *figurierten Zahlen* finden sich in [27, 110]. Tatsächlich sind figurierte Zahlen jedoch nur am Rande Gegenstand der Geometrie der Zahlen.

Das Kreisproblem und seine Verwandten

> Die Grundlage des ganzen Gegenstandes bildet eine eigentümliche Untersuchung über die Anzahl aller Combinationen der ganzzahligen Werte, welche zwei unbestimmte ganze Zahlen innerhalb eines vorgeschriebenen Gebietes annehmen. Offenbar kann diese Aufgabe auch unter geometrischer Fassung dargestellt werden, nämlich die Anzahl der C o m p l e x e n Z a h l e n zu ermitteln, deren Darstellung innerhalb einer vorgeschreibenen Figur fällt.

schrieb Gauß in seinen Untersuchungen *über den Zusammenhang zwischen der Anzahl der Klassen, in welche die binären Formen zweiten Grades zerfallen, und ihrer Determinante* aus dem handschriftlichen Nachlass, niedergeschrieben in der Zeit um 1833[59]. Der Übergang von zwei (unbestimmten) ganzen Zahlen a, b zu einer komplexen Zahl ist der Darstellung derselben in der komplexen (Gaußschen) Zahlenebene geschuldet; heutzutage spricht man bei den $a + ib$ mit $a, b \in \mathbb{Z}$ von den *ganzen Gaußschen Zahlen*.

Wir nähern uns dem eigentlichen Themenkreis mit einer einfachen geometrischen Frage: *Wie viele Punkte mit ganzzahligen Koordinaten liegen in einem Kreis?* Hier und im Folgenden sprechen wir auch von ganzzahligen Punkten bzw. Gitterpunkten und nennen die Menge $\mathbb{Z}^2$ bestehend aus eben diesen Punkten (a, b) mit ganzzahligen Koordinaten in der euklidischen Ebene ein *Gitter*. Später werden wir diesen Begriff noch etwas verallgemeinern und präzisieren (im Sinne einer diskreten additiven Untergruppe des $\mathbb{R}^2$ und nicht mit Bezug auf schwedische Gardinen). Zurück zu unserer Frage. Es zählt

$$r(n) := \sharp\{(a,b) \in \mathbb{Z}^2 \, : \, a^2 + b^2 = n\}$$

für $n \in \mathbb{N}_0$ einerseits eben die Gitterpunkte $(a, b) \in \mathbb{Z}^2$, welche einen Abstand $\sqrt{n}$ vom Ursprung $(0, 0)$ haben, andererseits auch die Anzahl der Darstellungen von n als Summe zweier Quadrate ganzer Zahlen; dies schlägt eine Brücke zwischen Geometrie und Zahlentheorie. Nach dem Zweiquadratesatz von Fermat lassen sich alle Primzahlen $p \equiv 1 \bmod 4$ als Summe zweier Quadratzahlen darstellen, so dass also $r(p) > 0$ für ebensolche p gilt; z.B. ist $13 = 3^2 + 2^2$. Im Wesentlichen ist jede solche Darstellung (bis auf die aufgrund der Symmetrien möglichen Vorzeichenwechsel und Vertauschung der Summanden) eindeutig, was auf $r(p) = 8$ für diese Primzahlen führt. Hingegen ist $r(p) = 0$ für alle Primzahlen $p \equiv 3 \bmod 4$ (weil Quadrate bei Division durch 4 den Rest 0 oder 1 lassen). Dieses recht unterschiedliche Werteverhalten lässt sich durch eine Mittelwertbildung

[59] jedoch basierend auf Ideen um die Jahrhunderwende 1801; zu finden ist diese Schrift im Anhang der *Disquisitiones* [43], Ausgabe von 1889, 655-661.

besser verstehen: Für $x \geq 0$ ist die Anzahl der ganzzahligen Gitterpunkte in einem Kreis vom Radius $\sqrt{x}$ um den Ursprung

$$R(x) := \sharp\{(a,b) \in \mathbb{Z}^2 : a^2 + b^2 \leq x\} = \sum_{0 \leq n \leq x} r(n).$$

Diese Anzahl von Gitterpunkten lässt sich durch die Fläche des Kreises approximieren (vermöge eindeutiger Zuordnung eines achsenparallelen Quadrates der Kantenlänge eins mit Mittelpunkt in einem jeden solchen Gitterpunkt); also mit Hilfe der Flächenformel $R(x) \sim \pi x$. Mit ein wenig elementarer Geometrie lässt sich diese Idee präzisieren: Hierzu fand Gauß, dass *die Anzahl der ganzzahligen Punkte im Inneren eines Kreises vom Radius* $\sqrt{x}$ *asymptotisch gleich der Kreisfläche ist*, bzw. genauer

$$\pi\left(\sqrt{x} - \tfrac{1}{2}\sqrt{2}\right)^2 < R(x) < \pi\left(\sqrt{x} + \tfrac{1}{2}\sqrt{2}\right)^2$$

gilt. Diese Ungleichungen lassen sich auch kurz so formulieren[60]

$$R(x) = \pi x + O(x^{\frac{1}{2}}),$$

was unsere Eingangsfrage beantwortet. Insbesondere erweist sich also der Mittelwert von $r(n)$ bei $n \to \infty$ als der Irrationalzahl π gleich (womit tatsächlich auch ein verschwindender Fehlerterm unmöglich ist). Das *Kreisproblem* fragt nun nach dem bestmöglichen Fehlerterm. Die zur Zeit beste obere Schranke ist $R(x) - \pi x \ll x^{\frac{131}{416}} (\log x)^{\frac{18\,637}{8\,320}}$ mit $\frac{131}{416} = 0,31490\ldots$ und wurde von Martin Huxley [73] erzielt, während andererseits ein Fehlerterm $x^{\frac{1}{4}} (\log x)^{\frac{1}{4}} (\log\log x)^{\frac{1}{8}}$ unmöglich ist, wie Kannan Soundararajan [134] zeigte. Vermutlich ist der Fehlerterm in Wahrheit von der Größe $x^{\frac{1}{4}+\epsilon}$.[61]

Bemerkenswerterweise sind höherdimensionale Analoga leichter zu handhaben: Bezeichnet $r_k(n)$ die Anzahl der Darstellungen von n als Summe von k Quadraten, so gilt

$$\lim_{x\to\infty} x^{-\frac{d}{2}} \sum_{n \leq x} r_d(n) = \frac{\pi^{\frac{d}{2}}}{\Gamma(\frac{d}{2} + 1)},$$

wobei die rechte Seite das Volumen der d-dimensionalen Einheitskugel des $\mathbb{R}^d$ ist,[62] wobei $\Gamma(z)$ die durch $\int_0^\infty t^{z-1} \exp(-t)\,\mathrm{d}t$ definierte Gamma-Funktion ist.

[60] wobei die Schreibweise $f(x) = O(g(x)$ bedeutet, dass $|f(x)| \leq Cg(x)$ mit einer absoluten Konstanten C bei $x \to \infty$ gilt.

[61] Interessant mag in diesem Zusammenhang sein, welche Exponentenjagd sich im Laufe der Forschungstätigkeit des letzten Jahrhunderts hierzu stattgefunden hat: So stammen die besten Resultate vor genau einhundert Jahren aus den Federn von Georgi Voronoi [143] und Godfrey Harold Hardy [26], welche bereits $R(x) - \pi x \ll x^{\frac{1}{3}}$ bzw. die Unmöglichkeit eines Fehlers $O(x^{\frac{1}{4}})$ zeigten, wobei wir hier auf die Angabe von Logarithmuspotenzen der Einfachheit halber verzichten. Hier wurden von bekannten Mathematikern minimale Verbesserungen mit neuen, mitunter recht technischen Abschätzungen von Exponentialsummen erzielt; insofern misst der langsame Fortschritt beim Kreisproblem die Schlagfertigkeit der bestehenden Methoden zur Behandlung solcher Aufgaben.

[62] welche übrigens im Gegensatz zum d-dimensionalen Einheitswürfel ein mit $d \to \infty$ gegen null konvergierendes Volumen besitzen(!), wie sich mit Hilfe der Stirlingschen Formel zeigt.

Tatsächlich ist für $d \geq 4$ der bestmögliche Fehlerterm bekannt; im Falle $d \geq 5$ ist dieser gegeben durch $O(x^{\frac{d}{2}-1})$, wie Arnold Walfisz [146] zeigte; die Dimensionen $d = 3$ ist hingegen noch nicht vollständig verstanden (siehe auch Fricker [42]).[63]

Ein verwandtes zweidimensionales Problem beschäftigt sich mit Gitterpunkten unterhalb einer Hyperbel. Die Teilerfunktion $n \mapsto d(n) := \sum_{d|n} 1$ zählt die positiven Teiler von $n \in \mathbb{N}$. Auch hier oszillieren die Werte von $d(n)$ stark: $d(p) = 2$ besteht genau für prime p, während $d(m!)$ mit wachsendem m beliebig groß wird. Hier ergibt sich mit der 'Hyperbel-Methode' von Peter Gustav Lejeune Dirichlet [30] ein Wachstum ähnlich der divergenten harmonischen Reihe, nämlich

$$\sum_{n \leq x} d(n) = x \log x + (2\gamma - 1)x + O(x^{\frac{1}{2}}).$$

Insofern ist der Mittelwert der Anzahl der verschiedenen Teiler einer natürlichen Zahl n also $\log n$. Das *Teilerproblem* fragt nach dem bestmöglichen Fehlerterm in dieser Situation. Ersetzt man hier oder beim Kreisproblem Hyperbel oder Kreis durch eine einfach geschlossene *glatte* Kurve, so gilt nach einem Resultat von Vojtěch Jarník[64] (siehe Steinhaus [135]) übrigens $|a - r| < \ell$ für die Anzahl r der von einer beliebigen rektifizierbaren, einfach geschlossenen Kurve der Länge ℓ umschlossenen Gitterpunkte, deren Inneres Fläche a besitzt.[65] Jarník lieferte darüber hinaus auch Abschätzungen für die Anzahl von Gitterpunkten auf Kurven [74]; wichtige Verschärfungen für algebraische Kurven und Anwendungen in der algebraischen arithmetischen Geometrie ergeben sich mit der Arbeit von Bombieri & Pila [7].

George Pólya [116] stellte sich in seiner nahezu poetisch betitelten Arbeit *Zahlentheoretisches und Wahrscheinlichkeitstheoretisches über die Sichtweite im Walde* [116] die Frage, wenn um jeden Gitterpunkt $(a, b) \neq (0, 0)$ in einem Kreis vom Radius $R > 0$ um den Ursprung weitere Kreise (Bäume) vom Radius r geschlagen seien und man selbst im Ursprung $(0, 0)$ stünde, wie groß der kleinste Radius r wäre, so dass der Blick komplett eingeschränkt wäre (man also aus dem Wald nicht mehr hinausschauen könnte).[66] Sind die Radien $r = 0$ und $R = \infty$, so ist zwar nicht jeder Gitterpunkt sichtbar, tatsächlich sind dann nur die

---

[63] Warum dieses Gitterpunktproblem im Höherdimensionalen einfacher ist, verrät die Arithmetik: Die Anzahl $r_k(n)$ der Darstellungen von n als Summe von k Quadraten verhält sich für $k = 2, 3$ recht seltsam, mit wachsendem k hingegen wesentlich gleichmäßiger; siehe hierzu die Anwendungen der nachstehenden Geometrie der Zahlen auf Quadratsummen sowie Fricker [41].

[64] Jarník wurde 1897 in Prag geboren, studierte und promovierte dort, wurde in Prag darüber hinaus auch Professor und verstarb 1970 ebendort. Wichtig für seine Entwicklung war sicherlich der Aufenthalt beim einflussreichen Edmund Landau in Göttingen, der sich ab 1912 selbst eingehend mit dieser Thematik beschäftigte. Jarník ist bekannt für seine Arbeiten zu Gitterpunkten in konvexen Körpern; in den 1940ern kamen auch Studien zur Geometrie der Zahlen hinzu.

[65] Ohne Fehlerterm kommt hingegen folgender erstaunlicher Satz von Georg Alexander Pick [115] aus: *Ist* $\Pi \subset \mathbb{R}^2$ *ein konvexes Polygon mit Eckpunkten in* $\mathbb{Z}^2$ *und nicht-leerem Inneren, dann gilt* $\sharp(\Pi \cap \mathbb{Z}^2) = \mathrm{vol}(\Pi) + \frac{1}{2}\sharp(\partial\Pi \cap \mathbb{Z}^2) + 1$, *wobei* $\partial\Pi$ *für den Rand von* Π *steht.*

[66] Wie Pólya selbst schrieb, geht diese Fragestellung auf seinen Zürcher Kollegen und bekannten Gruppentheoretiker Andreas Speiser zurück.

$(a, b) \in \mathbb{Z}^2$ sichtbar, für die a und b teilerfremd sind[67], aber sicherlich trifft keine Ursprungsgerade mit irrationaler Steigung einen ganzzahligen Punkt außer den Ursprung. Dieses Problem der Försterei überlassen wir der neugierigen Leser_in mit dem Hinweis, dass sich Pólya zur Lösung der Mathematik des folgenden Paragraphen bedient hat.

Minkowskis Gitterpunktsatz

> Sehr viele Sätze der angewandten Zahlentheorie können durch geometr. Anschauung gewonnen werden. Gauß, Dirichlet, Hermite + Eisenstein betätigten sich zuerst auf diese Weis. Prof. M. gab dem Gebiet den Namen Geometrie der Zahlen.

Marcel Grossmann,
in seinen Aufzeichnungen als Student
zu Minkowskis Vorlesung Geometrie der Zahlen I,
gehalten am Eid. Polytechnikum, 1897/98.[68]

Gauß' Behandlung der Frage nach der Anzahl der Punkte mit ganzzahligen Koordinaten in einem gegebenen Kreis entnehmen wir unmittelbar folgende Verallgemeinerung auf beliebige Gitter: *Die Anzahl der Gitterpunkte* $\mathbf{z} \in \mathbb{Z}^2$ *in einem Kreis ist asymptotisch gleich dem Volumen des Kreises.* Hermann Minkowski fragte, unter welchen Umständen eine Menge einen Gitterpunkt notwendig enthalten *muss*. Dass dies eine für zahlentheoretische Fragestellungen relevante Beobachtung ist, entnehmen wir bereits dem nachstehenden Zitat

> Wir verdanken Minkowski die fruchtbare Beobachtung, dass gewisse Resultate, welche sich nahezu intutitiv durch Betrachtung von Figuren im n-dimensionalen euklidischen Raum ergeben, weitreichende Konsequenzen in verschiedenen Zweigen der Zahlentheorie besitzen.[69]

von John William Scott Cassels in seinem Klassiker [14], S. 1. Ein Beispiel illustriert diese geometrische Herangehensweise an gewisse zahlentheoretischen Fragestellungen: Zu einer gegebenen reellen Zahl α soll die Existenz einer möglichst guten rationalen Approximation nachgewiesen werden. Das Maß der

---

[67] und erste quantitative Abschätzungen in dieser Richtung finden sich bereits in der Arbeit [30] von einmal mehr Dirichlet. Eine nette Variante hiervon wird von Herzog & Steward [61] behandelt: Welche Gitterpunkte sind von einem oder mehreren Gitterpunkten aus sichtbar? Durch Hinzuziehen weiterer Standpunkte erweitert sich natürlich die insgesamt sichtbare Menge der Gitterpunkte; Laison & Schick [83] zeigten, dass eine Teilmenge $U \subset \mathbb{Z}^2$ genau dann unter Zuhilfenahme endlich vieler Standpunkte gesehen werden kann, wenn U für keine Primzahl p ein perfektes Quadrat modulo p enthält.

[68] Die Mitschrift befindet sich im Hochschularchiv der ETH Bibliothek, Signatur: HS 421:27.

[69] Unsere Übersetzung aus dem englischen Original: ',,We owe to Minkowski the fertile observation that certain results which can be made almost intuitive by the consideration of figures in n-dimensional euclidean space have far-reaching consequences in diverse branchses in number theory."

Güte einer rationalen Näherung $\frac{x}{y}$ ist dabei die Größe des Nenners. Insofern ist es naheliegend, zu gegebenem ganzzahligen $Q > 1$ die beiden Ungleichungen

$$|y| \leq Q \qquad \text{und} \qquad |y\alpha - x| < \frac{1}{Q} \tag{2.1}$$

in ganzen Zahlen x und y erfüllen zu wollen; wenn wir vom trivialen Fall $x = y = 0$ absehen und also $y \geq 1$ fordern, folgt nämlich aus einer solchen Lösung

$$\left|\alpha - \frac{x}{y}\right| < \frac{1}{yQ} \leq \frac{1}{y^2}. \tag{2.2}$$

Der klassische Approximationssatz von Dirichlet [30] besagt, dass zu jedem reellen α und jeder natürlichen Zahl Q es ganze Zahlen x und y gibt, so dass (2.2) erfüllt ist; wenn darüber hinaus α irrational ist, so gibt es sogar unendlich viele x und y mit dieser Eigenschaft, während es im Falle rationaler α nur endlich viele solcher Paare gibt.[70] Für einen geometrischen Beweis ist also zunächst ein Punkt (x, y) mit ganzzahligen Koordinaten verschieden vom Ursprung $(0, 0)$ gesucht, der im Inneren des durch die Ungleichungen (2.1) beschriebenen achsensymmetrischen Quaders beschrieben ist. Wenn dieser Quader genügend groß ist, dann wird er sicherlich einen solchen Gitterpunkt im Inneren besitzen, und die gewünschte Approximation ist gefunden!

Nun gilt es, diesen intuitiv einsichtigen Sachverhalt tatsächlich zu beweisen. Im Folgenden betrachten wir euklidische Vektorräume $\mathbb{R}^n$ mit stets $n \geq 2$ und dem üblichen euklidischen Abstand. Wir denken uns den $\mathbb{R}^n$ gegeben als Menge von Vektoren $\mathbf{x} = (x_1, \ldots, x_n)$ mit reellen Koordinaten $x_1, \ldots, x_n \in \mathbb{R}$ versehen mit der komponentenweise Addition

$$\mathbf{x} + \mathbf{y} = (x_1, \ldots, x_n) + (y_1, \ldots, y_n) = (x_1 + y_1, \ldots, x_n + y_n)$$

und der skalaren Multiplikation

$$\lambda\mathbf{x} = \lambda(x_1, \ldots, x_n) = (\lambda x_1, \ldots, \lambda x_n)$$

für reelle λ. Der Abstand zwischen zwei Punkten ist dann über den Satz des Pythagoras gegeben durch

$$d(\mathbf{x}, \mathbf{y}) = \sqrt{(x_1 - y_1)^2 + \ldots + (x_n - y_n)^2}.$$

Unserem räumlichen Vorstellungsvermögens geschuldet mag man für die folgenden Ausführungen zunächst an den zweidimensionalen Fall denken; sämtliche Ideen lassen sich unschwer auf den allgemeinen Fall übertragen.

Minkowskis grundlegende Erkenntnis ist die intuitiv sofort einsichtige wenngleich unpräzise Beobachtung, dass eine hinreichend große Menge nur

[70] Dirichlet [29] selbst bewies dies und mehrdimensionale Analoga mit einem Schubfachschluss, der ihm oft fälschlicherweise als Urheber zugesprochen wird, obwohl diese Schlussweise bereits bei Jean Leurechon im 17 Jahrhundert vorkommt (cf. Heeffer & Rittaud [59]). Tatsächlich gibt es neben seinem und dem Minkowskischen Beweis noch weitere Beweise (etwa mittels Kettenbrüchen).

dann keinen vom Ursprung $\mathbf{0} = (0, \ldots, 0)$ verschiedenen Gitterpunkt (mit also ganzzahligen Koordinaten) besitzen kann, wenn sie nicht von spezieller Form ist. Die notwendige Präzisierung erlaubt der Begriff der Konvexität (lat. *convexus* für 'gewölbt'). Dieser spielt tatsächlich eine zentrale Rolle. In der Optik finden sich erste Ideen zur Verwendung gewölbter Oberflächen zur Vergrößerung bereits in den Schriften des arabischen Universalgelehrten Abu Ali al-Hasan ibn al-Haitham (ca. 965–1040); ab dem zwölften Jahrhundert fertigten zunächst Mönche aus Beryll erste Linsen (deshalb 'Brille'); die ersten Mikrospkope und Fernrohre wurden gegen Ende des 16. Jahrhunderts von wohl Hans Lippershey und Zacharias Janssen in Holland entwickelt (und kopiert und in eindrucksvoller Weise eingesetzt durch Galileo Galilei).

Minkowski folgend heißt eine Menge $\mathcal{C} \subset \mathbb{R}^n$ *konvex*, falls für je zwei beliebige $\mathbf{x}, \mathbf{y} \in \mathcal{C}$ das verbindende Liniensegment $[\mathbf{x}, \mathbf{y}] := \{\ell\mathbf{x} + (1 - \ell)\mathbf{y} : 0 \leq \ell \leq 1\}$ ganz in der Menge $\mathcal{C}$ enthalten ist.[71] Ferner heißt eine Menge $\mathcal{C}$ *symmetrisch*, wenn mit $\mathbf{x} \in \mathcal{C}$ stets auch $-\mathbf{x} \in \mathcal{C}$ gilt (oder kurz $\mathcal{C} = -\mathcal{C}$). Nennen wir nun noch eine konvexe Menge $\mathcal{C}$, die nicht in einer Hyperebene enthalten ist, einen *konvexer Körper*, so können wir den ersten Satz von Minkowski formulieren:

Minkowskis Gitterpunktsatz (1891). *Sei $\mathcal{C} \subset \mathbb{R}^n$ ein symmetrischer konvexer Körper mit einem Volumen $\mathrm{vol}(\mathcal{C}) > 2^n$. Dann enthält $\mathcal{C}$ mindestens einen von $\mathbf{0}$ verschiedenen Gitterpunkt $\mathbf{z}$.*

Eine beschränkte konvexe Menge besitzt stets ein wohldefiniertes endliches Volumen $\mathrm{vol}(\mathcal{C})$, wie eine approximierende Ausschöpfung von $\mathcal{C}$ durch Quader zeigt; auch im Falle $n = 2$ verwenden wir die Notation vol für die Fläche. Besitzt $\mathcal{C}$ unendliches Volumen, so ist die notwendige Ungleichung insbesondere erfüllt.

Ein einfacher Beweis hiervon nach Louis J. Mordell [105] basiert auf der Ausschöpfung des konvexen Körpers durch immer kleinere Quader ähnlich der Approximation von Integralen durch immer feinere Riemann-Summen. Wir argumentieren im Folgenden nur für die Ebene (also $n = 2$); der allgemeine Fall geht ganz analog. Sei t eine natürliche Zahl. Dann definieren die Gleichungen

$$x_j = \frac{2}{t} z_j \qquad \text{für} \quad j = 1, 2 \quad \text{mit} \quad z_j \in \mathbb{Z}$$

achsenparallele Geraden, welche die Ebene in Quadrate der Fläche $(\frac{2}{t})^2$ zerlegen. Bezeichnet nun $N(t)$ die Anzahl der Ecken dieser Quadrate in $\mathcal{C}$, so gilt

$$\lim_{t \to \infty} \left(\frac{2}{t}\right)^2 N(t) = \mathrm{vol}(\mathcal{C}).$$

Wegen $\mathrm{vol}(\mathcal{C}) > 2^2$ ist $N(t) > t^2$ für hinreichend große t. Andererseits liefern die Pärchen (z_1, z_2) ganzer Zahlen höchstens t^2 verschiedene Paare von Resten

[71] Bereits bei Archimedes [2] findet sich eine verwandte Definition konvexer Kurven und Flächen. Tatsächlich vermeidet Minkowski diesen Begriff zunächst und spricht von *nirgends konkaven* Mengen; später heißt es dann „Eine nirgends concave Fläche soll als überall convex bezeichnet werden, wenn jede Stützebene an die Fläche mit derselben nur einen Punkt gemein hat." [98], S. 38. In moderner Terminologie werden die Ergebnisse durchweg für konvexe Mengen formuliert. Übrigens heißt 'konkav' 'einwärts gewölbt' und stammt ab von dem Lateinischen 'concavus'.

bei Division der z_j durch t. Demzufolge enthält $\mathcal{C}$ sicherlich zwei verschiedene Punkte

$$\mathsf{P}_1 := \left(\frac{2z_1^{(1)}}{t}, \frac{2z_2^{(1)}}{t}\right), \quad \mathsf{P}_2 := \left(\frac{2z_1^{(2)}}{t}, \frac{2z_2^{(2)}}{t}\right),$$

so dass sämtliche $z_j^{(1)} - z_j^{(2)}$ durch t teilbar sind. Aufgrund der Symmetrie von $\mathcal{C}$ ist $-\mathsf{P}_2 \in \mathcal{C}$. Damit besitzt der Mittelpunkt

$$\mathsf{M} = \left(\frac{z_1^{(1)} - z_1^{(2)}}{t}, \frac{z_2^{(1)} - z_2^{(2)}}{t}\right)$$

von P_1 und $-\mathsf{P}_2$ ganzzahlige Koordinaten, und mit der Konvexität ist $\mathsf{M} \in \mathcal{C}$. Wegen $\mathsf{P}_1 \neq \mathsf{P}_2$ ist $\mathsf{M} \neq \mathbf{0}$. Somit ist der Satz (zumindest für die Ebene) bewiesen.

Bislang haben wir den Begriff des Gitters synonym für die Menge $\mathbb{Z}^n$ verwendet. Allgemein verstehen wir unter einem *Gitter* Λ in einem euklidischen Raum V eine diskrete additive Untergruppe von V, deren Erzeugnis ganz V ist. Im $\mathbb{R}^n$ lässt sich mit ein wenig linearer Algebra ein solches Gitter stets darstellen als

$$\Lambda = \{m_1\mathbf{z}_1 + \ldots + m_n\mathbf{z}_n \,:\, m_j \in \mathbb{Z}\} =: \mathbf{z}_1\mathbb{Z} + \ldots + \mathbf{z}_n\mathbb{Z}$$

mit gewissen in $\mathbb{R}^n$ linear unabhängigen $\mathbf{z}_1, \ldots, \mathbf{z}_n$; diese Vektoren $\mathbf{z}_j$ bilden eine so genannte *Basis* des Gitters.[72] Der *Fundamentalbereich* von Λ ist definiert durch

$$\mathcal{F} = \{\lambda_1\mathbf{z}_1 + \ldots + \lambda_n\mathbf{z}_n \,:\, 0 \leq \lambda_j < 1\}\};$$

die *Determinante* des Gitters ist gegeben durch die $n \times n$-Determinante

$$\det(\Lambda) = |\det(\mathbf{z}_1, \ldots, \mathbf{z}_n)|$$

und entspricht dem Volumen von $\mathcal{F}$ (welches $\neq 0$ ist auf Grund der linearen Unabhängigkeit der Spaltenvektoren $\mathbf{z}_j$). Obwohl die Basis eines Gitters keinesfalls eindeutig bestimmt ist, hängt der Wert der Determinante nicht von der Wahl der Basis ab (wie ein wenig lineare Algebra zeigt).

Die bijektive lineare Abbildung

$$\begin{pmatrix} x_1 \\ \vdots \\ x_n \end{pmatrix} \mapsto \begin{pmatrix} z_{11} & \cdots & z_{1n} \\ \vdots & & \vdots \\ z_{n1} & \cdots & z_{nn} \end{pmatrix} \begin{pmatrix} x_1 \\ \vdots \\ x_n \end{pmatrix} =: \begin{pmatrix} y_1 \\ \vdots \\ y_n \end{pmatrix} \quad \text{mit} \quad \mathbf{z}_j = \begin{pmatrix} z_{1j} \\ \vdots \\ z_{jn} \end{pmatrix}$$

bildet das Standardgitter $\mathbb{Z}^n$ auf Λ ab. Dabei werden (symmetrische) konvexe Körper des x-Raumes in ebensolche im y-Raum abgebildet, wobei sich die entsprechenden Volumina proportional um das Verhältnis der Volumina der

[72] In diesem Zusammenhang sei erwähnt, dass ganzzahlige Linearkombinationen von über $\mathbb{R}$ linear abhängigen Vektoren keine diskrete Menge bilden.

Fundamentalbereiche, also den Faktor $\det(\Lambda)$ verändern.[73] Wäre beispielsweise $n = 2$ und Λ erzeugt durch die Vektoren $\binom{2}{0}$ und $\binom{1}{1}$, so ergäbe sich das von diesen beiden Vektoren aufgespannte Parallelogramm als Fundamentalbereich und Λ bestünde aus allen Gitterpunkten von $\mathbb{Z}^2$ mit gerader Koordinatensumme:

$$\Lambda = \begin{pmatrix} 2 \\ 0 \end{pmatrix} \mathbb{Z} + \begin{pmatrix} 1 \\ 1 \end{pmatrix} \mathbb{Z} = \{\binom{a}{b} \in \mathbb{Z}^2 \, : \, a \equiv b \bmod 2\}.$$

Ganz allgemein ergibt sich so

Minkowskis Gitterpunktsatz (allgemeine Version). *Es sei $\Lambda \subset \mathbb{R}^n$ ein Gitter und $C \subset \mathbb{R}^n$ ein symmetrischer konvexer Körper mit einem Volumen $\mathrm{vol}(C) > 2^n \det(\Lambda)$. Dann enthält C mindestens einen vom Ursprung $\mathbf{0}$ verschiedenen Gitterpunkt $\mathbf{z} \in \Lambda$.*

Gilt hingegen $\mathrm{vol}(C) \geq 2^n \det(\Lambda)$, so folgt mit einem Stetigkeitsargument die Existenz eines von $\mathbf{0}$ verschiedenen Gitterpunktes in C oder auf seinem Rand.

Mit dem Minkowskischen Gitterpunktsatz wird in der Tat das geometrische Konzept der Konvexität für arithmetische Fragestellungen nutzbar gemacht. Wir illustrieren dies mit folgendem weiteren, auf Harold Davenport [24] zurückgehenden Beispiel aus der klassischen Zahlentheorie, nämlich einem Beweis des Zweiquadratesatzes von Fermat[74]:

Es gilt zu zeigen, dass jede Primzahl $p \equiv 1 \bmod 4$ als Summe zweier Quadrate ganzer Zahlen geschrieben werden kann, wie z.B. $30\,449 = 100^2 + 143^2$. Für den Beweis betrachten wir das Gitter

$$\Lambda = \begin{pmatrix} q \\ 1 \end{pmatrix} \mathbb{Z} + \begin{pmatrix} p \\ 0 \end{pmatrix} \mathbb{Z} \subset \mathbb{R}^2 \qquad \text{mit} \quad q^2 \equiv -1 \bmod p.$$

Dass solch ein q tatsächlich existiert, überlegen wir uns wie folgt: Zu jedem mit p teilerfremden a existiert ein multiplikativ Inverses a^{-1} modulo p, welches genau dann von a verschieden ist, wenn $a \not\equiv \pm 1 \bmod p$ gilt. Entsprechende Pärchenbildung in dem nachstehenden Produkt zeigt

$$-1 \equiv p! \equiv (-1)^{\frac{p-1}{2}} \left((\tfrac{p-1}{2})! \right)^2 \bmod p,$$

womit also explizit $q = (\frac{p-1}{2})!$ Gewünschtes leistet.[75] Die Fläche des Kreises $C = \{(x,y) \in \mathbb{R}^2 \, : \, x^2 + y^2 < 2p\}$ beträgt $2\pi p > 4p = 2^2 \det \Lambda$, womit nach dem Minkowskischen Gitterpunktsatz ein $(a,b) \in C \cap \Lambda$ verschieden vom Ursprung existiert. Aus der Darstellung

$$\begin{pmatrix} a \\ b \end{pmatrix} = j \begin{pmatrix} q \\ 1 \end{pmatrix} + k \begin{pmatrix} p \\ 0 \end{pmatrix}$$

[73] Beim strengen mathematischen Beweis geht hier die Transformationsformel der Analysis ein.

[74] Fermats Beweis von ca. 1640 ist nicht überliefert, wahrscheinlich argumentierte Fermat mit seiner Abstiegsmethode; siehe hierzu Scharlau & Opolka [112], S. 8. Den ersten bekannten Beweis erbrachte Leonhard Euler 1749.

[75] Dies ist eine Variante des klassischen Satzes von Wilson. Das erste Ergänzungsgesetz aus der Theorie der quadratischen Reste liefert unmittelbar die Existenz eines solchen q.

mit gewissen $k, j \in \mathbb{Z}$ folgt durch Einsetzen

$$a^2 + b^2 \equiv j^2(q^2 + 1) \equiv 0 \bmod p$$

nach Wahl von q. Also ist $a^2 + b^2$ ein Vielfaches von p, sicherlich kleiner $2p$, aber nicht 0. Dies beweist den Zweiquadratesatz.

Ganz ähnlich zeigt man den Vierquadratesatz von Lagrange, dass jede natürliche Zahl sich als eine Summe von vier Quadraten darstellen lässt. Und tatsächlich hat Davenport [24] diesen Satz geometrisch bewiesen. Hier wird zunächst die Normengleichung für Quaternionen zum Anlass genommen, dass die Menge der als Summe von vier Quadraten darstellbaren ganzen Zahlen multiplikativ abgeschlossen ist, und man sich beim Nachweis der Aussage des Satzes auf Primzahlen $p \equiv 3 \bmod 4$ zurückziehen kann.[76] Sogar die noch tiefere Charakterisierung der Zahlen, die sich als Summe von drei Quadraten darstellen lassen, welche zuerst Gauß fand (und welche seinen Satz über Dreieckszahlen aus dem ersten Paragraphen zur Folge hat), gelang Nesmith Ankeny [1] mit dem Minkowskischen Gitterpunktsatz; Vereinfachungen zu seinem Beweis gaben Louis Mordell [109] und Jan Wójcik [147].

Der junge Hermann Minkowski

Nur selten wurde eine Theorie dermaßen von einer einzelnen Person in die Welt gesetzt und ihre Fundamente in eine ansprechende Form gebracht, wie es Minkowski mit seiner Geometrie der Zahlen gelang. Tatsächlich waren die Randbedingungen für die Schöpfung dieser Zahlengeometrie hervorragend. Die Biographie von Hermann Minkowski wurde in Kürze zu Beginn dieses Buches bereits dargestellt. Im Folgenden widmen wir uns den näheren Lebensumständen des Mathematikers und stellen die Sichtweise auf Geometrie und Zahlentheorie in seiner Zeit dar.

Hermann Minkowski wurde am 22. Juni 1864 im russischen Dörfchen Aleksotas (heute ein Stadtteil von Kaunas in Litauen) geboren und ging dort kurze Zeit zur Schule, bevor die Familie wegen judenfeindlichen Repressalien[77] ins nahe preussische Königsberg (heute Kaliningrad in Russland) umzog (siehe auch die Kurz-Biographie zu Beginn dieses Buches). Hermann starb unerwartet früh am 12. Januar 1909 an einer Blinddarmentzündung in Göttingen. Sein älterer Bruder Oskar war ein bedeutender Mediziner, der den Zusammenhang zwischen Blutzucker und der Aktivität der Bauchspeicheldrüse, was letztlich zur

[76] Der Vierquadratesatz gilt auch in einigen Ganzheitsringen quadratischer Zahlkörper; so bewies Fritz Götzky [49] dessen Gültigkeit in $\mathbb{Q}(\sqrt{5})$. In der Arbeit von Jesse Ira Deutsch [26] wird ein Beweis mit Minkowskis Geometrie der Zahlen gegeben.

[77] beispielsweise Studienbeschränkung für Juden; der älteste Bruder Max ging beispielsweise ins benachbarte preussische Insterburg (heute Tschernjachowsk in der russischen Exklave um Kaliningrad) aufs Gymnasium; Bruder Oskar war der erste Jude am Gymnasium in Kaunas). Die begabte jüngere Tochter Fanny hingegen besuchte nicht das Gymnasium und „war Zeit ihres Lebens gegen das Frauenstudium eingestellt", wie Lily Rüdenberg, die älteste Tochter Hermann Minkowskis zu berichten weiß ([104], S. 13). Frauen hatten zu der Zeit nur an wenigen europäischen Universitäten Zugang.

Entwicklung von Insulin führte und Oskar den Spitznamen *Großvater des Insulins* einbrachte. Ferner war er Vater des Astrophysikers Rudolph Minkowski und während des ersten Weltkrieges 'Giftgasexperte' auf deutscher Seite. Die Brüder Hermann und Oskar liegen in Berlin begraben.

Bereits als Siebzehnjähriger sorgte Hermann Minkowski mit seiner Arbeit [93] zu Darstellungen von natürlichen Zahlen als Summe von fünf Quadraten für Aufsehen und erhielt gemeinsam mit Henry J.S. Smith 1883 den Preis der Pariser Akademie.[78] Kurioserweise war das von der Akademie gestellte Problem bereits 1868 von Smith gelöst worden, die Lösung aber weitgehend unbemerkt geblieben. Minkowski eröffnete mit seinem Ansatz jedoch das Studium der Formen beliebig vieler Variablen.[79] Zu dieser Zeit nimmt er sein Studium an der hiesigen Königsberger Universität auf. Unter seinen akademischen Lehrern hat wohl Adolf Hurwitz den größten Einfluss auf ihn ausgeübt. Unter seinen wenigen Kommilitonen befindet sich ein weiterer begnadeter Mathematiker: David Hilbert. Schon bald verbindet die beiden eine enge Freundschaft, die sehr schön in den gesammelten Briefen von Minkowski an Hilbert [104] und an Hurwitz dokumentiert ist.[80] Gemeinsam unternehmen die Drei regelmäßige Spaziergänge; „Anregungen vermittelten das Mathematische Kolloquium [...], vor allem aber die Spaziergänge mit Hurwitz 'nachmittags präzise 5 Uhr nach dem Apfelbaum' " liest man bei Otto Blumenthal [6], dem ersten Doktoranden Hilberts, zu dieser für das Dreigespann prägenden Zeit. Minkowski studierte zu dieser Zeit auch drei Semester im fernen Berlin und widmete seine Forschungen in dieser Phase seines Schaffens weiterhin den quadratischen Formen; er promovierte 1885 bei Lindemann zu eben diesem Thema. Ferdinand Lindemann (1852–1939) hatte 1882 die Transzendenz von π bewiesen und war im darauffolgenden Jahr auf eine Professur in Königsberg berufen worden.[81]

1887 wechselte Minkowski an die Friedrich-Wilhelms-Universität in Bonn. Dort habilitierte sich Minkowski. Am 15. März 1887 hielt er in diesem Rahmen seine Probevorlesung *Über einige Anwendungen der Arithmetik in der Analysis*, welche erst mehr als einhundert Jahre später 1991 postum [128] publiziert wurde. In dieser äußerte Minkowski erste Gedanken zur Geometrie der Zahlen.

Prominente Vorläufer im Geiste hat Minkowski mit seiner geometrischen Herangehensweise an quadratische Formen in den Größen Gauß und Dirichlet. Zunächst hatte der Physiker Ludwig August Seeber [130] 1831 im Rahmen der Reduktionstheorie quadratischer Formen mit einer monumentalen und undurchsichtigen Arbeit gezeigt, dass die Determinante einer reduzierten positiv definiten ternären quadratischen Form mindestens halb so groß wie das Produkt

[78] Der berühmte Physiker Max Born [10], S. 501, berichtet hierzu: „So erzählt Hilbert, daß Minkowski schon als Student im ersten Semester für die Lösung einer mathematischen Aufgabe eine Geldprämie erhielt; er verzichtete aber darauf zugunsten eines armen Mitschülers und verheimlichte die ganze Sache seiner Familie. Sie ist nur ein Beispiel seiner Güte und Bescheidenheit, die alle Menschen erfuhren, welche mit ihm in Berührung kamen."

[79] Siehe auch Band 1; zu den frühen Jahren verweisen wir auf Strobl [136].

[80] Die Briefe von Hilbert an Minkowski sind leider nicht erhalten.

[81] In Minkowskis Briefen [104] an Hilbert finden sich mehrere Stellen, in denen Lindemanns Mathematik deutlich kritisiert wird, so etwa „Lindemanns Arbeit ist bei näherem Zusehen unter aller Kanone." in dem Brief vom 20. September 1901 MiHi 87, [104], S. 144.

der Diagonaleinträge ist. In seiner umfangreichen Rezension der Seeberschen Arbeit [44] lieferte Gauß hierfür mit einem geometrischen Ansatz einen ersten vollständigen Beweis; schließlich gelang Dirichlet 1848 (publiziert jedoch erst 1850 als [31]) eine kurze und einfache Darstellung. Er beginnt seine Ausführungen gegenüber der physikalisch-mathematischen Klasse der Königlich-Preussischen Akademie der Wissenschaften am 31. Juli 1848 in Berlin mit den Worten:[82]

> Indem ich jetzt der Classe das Resultat meiner dahin gerichteten Bemühungen mitzutheilen mir erlaube, glaube ich im Interesse der Kürze, und wenn ich sagen darf, der Durchsichtigkeit der Darstellung, die geometrische Form beibehalten zu müssen, worin ich die Untersuchung geführt habe, der ich die merkwürdigen Beziehungen zu Grunde gelegt habe, welche zwischen den quadratischen Formen mit zwei oder drei Elementen und gewissen räumlichen Gebilden Statt finden.

Hauptergebnis der Minkowskischen Habilitationsschrift ist denn auch die Abschätzung des Minimums einer positiv definiten quadratischen Form im Sinne der Vorarbeiten von Gauß und Dirichlet, diese aber noch weit übertreffend. Joachim Schwermer [128],S. 54, schreibt hierzu: "Die Frage nach dem Minimum einer positiv definiten quadratischen Form liegt damit an der Quelle des Entstehens der 'Geometrie der Zahlen'. Die Probevorlesung gibt ein frühes Zeugnis hierfür belegt zugleich, Minkowskis geometrische Ideen zu dieser Zeit und zeigt, daß er sich der arithmetischen Tragweite seiner Überlegungen schon bewußt war." Allerdings berichtet Minkowski erst in einem Brief an Hilbert, datiert 6. November 1889 MiHi 6, von ersten Konsequenzen:[83]

> Vielleicht interessirt Sie oder Hurwitz der folgende Satz (den ich auf einer halben Seite beweisen kann): In einer positiven quadratischen Form von der Determinante D mit n (≥ 2) Variabeln kann man stets den Variabeln solche ganzzahligen Werthe geben, daß die Form $< nD^{\frac{1}{n}}$ ausfällt. Hermite hat hier für den Coefficienten n nur $(\frac{4}{3})^{\frac{1}{2}(n-1)}$, was offenbar im Allgemeinen eine sehr viel höhere Grenze ist.

Der angesprochene bedeutende Mathematiker Charles Hermite (1822–1901) hatte in Briefen mit Carl Gustav Jacobi neue Wege in der arithmetischen Analyse quadratischer Formen beschritten. In einem Brief [60] vom 6. August 1845 war ihm die besagte Abschätzung mittels eines ausgeklügelten Induktionsbeweises gelungen. Seine Schranke für dieses erste positive Minimum einer positiv definiten quadratischen Form erlaubt etliche Anwendungen und sie ist für Minkowski der wesentliche Antrieb, seine Studien zu quadratischen Formen aufzunehmen und letztlich die Geometrie der Zahlen zu entwickeln (siehe hierzu auch Schwermer [128], S. 51/52).[84] Angesichts der Minkowskischen Ergebnisse

[82] [31], S. 29.

[83] cf. [104], S. 38.

[84] Eine Form heißt positiv definit, wenn sie ausser für die Null nur positive Werte annimmt. Indefinite Formen sind wesentlich schwieriger zu behandeln. Beispielsweise korrespondieren die Darstellungen der Null durch die Form $X^2 + Y^2 - Z^2$ mit den pythagoräischen Tripeln.

äußerte Hermite später „Je crois voir la terre promise" (cf. Hilbert [65], S. 206, bzw. [104], S. 62). Etwas später verbesserte Minkowski [95] sein Resultat noch leicht:

Minkowskis Satz über das erste Minimum einer quadratischen Form (1891). *Sei Q eine positiv definite quadratische Form in den Unbekannten $X_1, \ldots, X_n$ mit Determinante D, dann existieren ganze Zahlen $x_1, \ldots, x_n$, nicht alle null, so dass*

$$Q(x_1, \ldots, x_n) \leq \tfrac{4}{\pi}\Gamma(\tfrac{n}{2}+1)^{\frac{2}{n}} D^{\frac{1}{n}}.$$

Die Gamma-Funktion tritt (wie auch schon beim Kreisproblem) als Maßzahl für das Volumen der n-dimensionalen Kugel auf. Für $n \geq 4$ sticht Minkwoskis Schranke Hermites Abschätzung aus. Die *Hermite-Konstante* γ_n ist definiert als das Infimum[85], für die $\mathbf{x} \in \mathbb{Z}^n \setminus \{\mathbf{0}\}$ mit $Q(\mathbf{x}) \leq \gamma_n D^{\frac{1}{n}}$ existiert. Mit der Stirlingschen Formel[86] erweist sich Minkowskis Schranke $\gamma_n \leq (1+o(1))\frac{2n}{\pi e}$ insbesondere für große n als wesentlich kleiner. Später erzielte Blichfeldt [5] eine noch bessere Schranke für die Hermite-Konstante, nämlich

$$\gamma_n \leq \frac{2}{\pi}\Gamma(2+\tfrac{n}{2})^{\frac{2}{n}} = (1+o(1))\frac{n}{\pi e}.$$

Übrigens sind nur wenige Werte der Hermite-Konstanten γ_n explizit bekannt: $\gamma_2 = \frac{2}{\sqrt{3}}$ folgt leicht aus der Theorie der binären quadratischen Formen. Der Wert $\gamma_3 = \sqrt[8]{2}$ gebührt Gauß [44] in seiner oben zitierten Rezension der Seeberschen Arbeit. Aleksandr Nikolaevich Korkin und Egor Ivanovich Zolotarev [80, 81] zeigten $\gamma_4 = \sqrt{2}$ sowie $\gamma_5 = \sqrt[5]{8}$ noch vor Minkowskis Arbeiten. Mit weiterentwickelten Methoden der Geometrie der Zahlen findet Hans Frederik Blichfeldt in den 1920ern weitere Werte bis einschließlich $n = 8$ (siehe Cassels [14]). Darüberhinaus ist noch $\gamma_{24} = 4$ bekannt (wofür das Leech-Gitter verantwortlich; siehe §11).

Hilbert schreibt zu Minkowskis Verbesserung der Hermiteschen Schranke für quadratische Formen in seiner Gedächtnisrede auf seinen Freund Minkowski:[87]

> Dieser Beweis eines tiefliegenden zahlentheoretischen Satzes ohne rechnerische Hilfsmittel wesentlich auf Grund einer geometrisch anschaulöichen Betrachtung ist eine Perle Minkowskischer Erfindungskunst. Bei der Verallgemeinerung auf Formen mit n Variablen führt der Minkowskische Beweis auf eine natürliche und weit kleinere obere Schranke für jedes Minimum M, als sie bis dahin Hermite gefunden hatte. Noch wichtiger aber als dies war es, daß der wesentliche Gedanke des Minkowskischen Schlußverfahrens nur die Eigenschaft des Ellipsoides, daß dasselbe eine konvexe Figur ist und

[85] Leser:innen, die den Begriff *Infimum* nicht kennen, sei mitgeteilt, dass dies die größte untere Schranke ist; das Minimum einer Menge existiert nämlich i.A. nicht. Analog erklärt man auch das *Supremum* als die kleinste obere Schranke.

[86] $\Gamma(x+1) = x! \sim \sqrt{2\pi x}(x/e)^x$ bei $x \to \infty$.

[87] [65], S. 202/3.

einen Mittelpunkt besitzt, benutzte und daher auf beliebige konvexe Figuren mit Mittelpunkt übertragen werden konnte. Dieser Umstand führte Minkowski zum ersten Male zu der Erkenntnis, daß überhaupt der *Begriff des konvexen Körpers* ein fundamentaler Begriff in unserer Wissenschaft ist und zu den fruchtbarsten Forschungsmitteln gehört.

Die Geometrie der Zahlen entwickelt sich

Die Geometrie fesselte den jungen Minkowski. Bereits 1887 schrieb Minkowski an Hilbert „Ich bin auch ganz Geometer geworden, und bedaure aus diesem Grunde doppelt, nicht in Ihrem Kreise weilen zu können." Das förmliche 'Sie' weicht erst zwei Jahre später dem vertrauten 'Du'. Minkowskis Zeit in Bonn hat jedoch auch ihre schlechten Seiten. Hierzu äußerte Minkowski, wiederum gegenüber seinem Freund Hilbert, „man ist hier ein reiner mathematischer Eskimo" über seine Zeit in Bonn in einem Brief datiert vom 23. Februar 1893 (siehe [104], S. 51).[88] Andererseits gelingen Minkowski viele bemerkenswerte Resultate; die Ideen seiner Habilitationsschrift sind sehr fruchtbar.[89]

In dieser Zeit findet Minkowski vielfältige Anwendungen seiner geometrischen Methode, etwa in der diophantischen Approximationstheorie und auch in der algebraischen Zahlentheorie [94]; den Beweis seines Gitterpunktsatzes (aus §3) mit diversen Anwendungen legt Minkowski mit der wichtigen Arbeit [95] vor.[90] Die Vielseitigkeit ist in seiner geometrischen Herangehensweise selbst begründet: Behandelte Minkowski in seinen geometrischen Untersuchungen zunächst quadratische Formen, kristallisieren sich nunmehr die Linearformen als zentrales Thema heraus. Eine *homogene Linearform* Y_j in den Variablen $X_1, \ldots, X_n$ mit reellen Koeffizienten α_{ij} ist gegeben durch

$$Y_j(\mathbf{X}) = Y_j(X_1, \ldots, X_n) = \alpha_{j1}X_1 + \ldots + \alpha_{jn}X_n.$$

Unter der Annahme, dass die den Linearformen zugeordnete Determinante $\det(\alpha_{jk})$ nicht verschwindet, bilden die von ganzen Zahlen $x_1, \ldots, x_n$ herrührenden Tupel $(Y_1(x_1, \ldots, x_n), \ldots, Y_n(x_1, \ldots, x_n))$ ein Gitter $\Lambda \subset \mathbb{R}^n$ mit $\det(\Lambda) = |\det(\alpha_{jk})|$. Anwenden des Minkowskischen Gitterpunktsatzes auf den durch die Ungleichungen $|Y_1(\mathbf{X})| \leq \lambda_1 \ldots, |Y_n(\mathbf{X})| \leq \lambda_n$ definierten symmetrisch konvexen Körper $\mathcal{C}$ und der Gitterpunktsatz liefert die Existenz

[88] Die Mathematik an der Universität Bonn war seinerzeit dominiert durch den bekannten Analytiker Rudolf Lipschitz, der allerdings zu Minkowskis Zeit gesundheitliche Probleme hatte; Heutzutage erfreut sich Bonn einer Vielzahl hervorragender Mathematik.

[89] Hilbert schreibt in besagter Gedächtnisrede auf Minkowski: „Nunmehr beginnt für Minkowskis mathematische Produktion die reichste und bedeutendste Epoche; seine bisher auf das spezielle Gebiet der quadratischen Formen gerichteten Untersuchungen erhalten mehr und mehr den großen Zug ins Allgemeine und gipfeln schließlich in der Schaffung und dem Ausbau der Lehre, für die er selbst den treffenden Namen *„Geometrie der Zahlen"* geprägt hat und die er in dem großartig angelegten Werk gleichen Titels dargestellt hat." [65], S. 201.

[90] Hier findet sich auch die erste Definition von Gittern im $\mathbb{R}^n$; Hlawka würdigte dies mit der Anmerkung: „Damals hatte der $\mathbb{R}^n$ für $n > 3$ noch lange nicht sein Bürgerrecht in der Mathematik erworben." [70], S. 10.

ganzer Zahlen $x_1, \ldots, x_n$, nicht alle null, für die sämtliche Linearformen *klein* werden. Im Falle verschwindender Determinante ist C unbeschränkt und eine entsprechende Abschätzung gilt trivialerweise:

Minkowskis Linearformensatz (1891). *Seien Linearformen* $Y_1, \ldots, Y_n$ *gegeben. Für* $\lambda_1 \cdot \ldots \cdot \lambda_n \geq |\det(\alpha_{jk})|$ *existiert* $\mathbf{x} \in \mathbb{Z}^n \setminus \{\mathbf{0}\}$, *so dass*

$$|Y_j(\mathbf{x})| \leq \lambda_j \qquad \text{für} \quad j = 1, \ldots, n.$$

Dies lässt sich auf Linearformen mit *komplexen* Koeffizienten α_{jk} ausdehnen. Hierfür bildet man Paare konjugiert komplexer Linearformen Y_k, Y_{k+1} und ordnet diesen folgendermaßen reelle Paare zu:

$$\mathcal{Y}_k = \tfrac{1}{\sqrt{2}}(Y_k + Y_{k+1}) \quad \text{und} \quad \mathcal{Y}_{k+1} = \tfrac{1}{\sqrt{2}i}(Y_k - Y_{k+1})$$

(ähnlich den Darstellungen von cos und sin durch die Exponentialfunktion).

Minkowskis Linearformensatz, komplexe Version (1891). *Gegeben* s *Paare von Linearformen* $Y_1, Y_2, \ldots, Y_{2s-1}, Y_{2s}$ *mit jeweils komplex konjugierten Koeffizienten* α_{ij} *und weitere* $r = n - 2s$ *Linearformen* $Y_{2s+1}, \ldots, Y_n$ *mit reellen Koeffizienten. Dann existieren ganze Zahlen* $x_1, \ldots, x_n$, *nicht alle null, so dass*

$$|Y_j(x_1, \ldots, x_n)| \leq \left(\tfrac{2}{\pi}\right)^{\frac{s}{n}} |\det(\alpha_{jk})|^{\frac{1}{n}} \qquad \text{für} \quad j = 1, \ldots, n.$$

Mit einem Stetigkeitsargument kann man hier alle bis auf ein Relationszeichen '$\leq$' durch strikte '$<$' austauschen.

Mit den Sätzen zu Linearformen ergibt sich beispielsweise folgende Verschärfung des Dirichletschen Approximationssatzes: *Gegeben reelle Zahlen* $\alpha_1, \ldots, \alpha_n$, *existieren ganze Zahlen* $p_1, \ldots, p_n$ *und* $q \geq 1$ *mit*

$$\left|\alpha_j - \frac{p_j}{q}\right| < \frac{n}{n+1} \frac{1}{q^{1+\frac{1}{n}}} \qquad \text{für} \quad j = 1, \ldots, n.$$

Dirichlet hatte hier nur den Faktor 1 statt $\frac{n}{n+1}$.

„Alle Theoreme hier wiesen *einen* Ursprung auf, wir schöpften sie aus einer gemeinsamen, sehr durchsichtigen Quelle, die ich als das *Prinzip der zentrierten konvexen Körper im Zahlengitter* bezeichnen möchte." schreibt Minkowski [103], S. 234/235, in ähnlichem Zusammenhang; er fährt fort mit den Worten „Nun sind wir in der Tat eine Strecke Wegs in das Reich der heutigen Zahlentheorie eingedrungen. Wir können daran denken, uns auf diesem Boden zu akklimatisieren." Und tasächlich ergeben sich unmittelbar weitere Anwendungen. Eine solche stellt die algebraische Zahlentheorie bereit: Mit dem komplexen Linearformensatz lässt sich die Diskriminante eines Zahlkörpers (endliche algebraische Erweiterung von $\mathbb{Q}$) abschätzen. Genauer gesagt erzielte Minkowski [94] die Ungleichung

$$\left(\frac{4}{\pi}\right)^{r_2} \frac{n!}{n^n} \sqrt{|\Delta_K|} \geq \mathrm{N}(\mathfrak{a})$$

für die Norm eines ganzen Ideals $\mathfrak{a} \neq 0$ im Ganzheistring eines Zahlkörpers K vom Grad n über $\mathbb{Q}$ mit r_2 Paaren komplexer Einbettungen. Als Konsequenz dieser so genannten Minkowski-Schranke ergibt sich ein einfacher Beweis eines Satzes von Hermite, dass es nämlich nur endlich viele Zahlkörper mit vorgegebener Diskriminante gibt.[91] Darüberhinaus zeigt sich, dass es keinen von $\mathbb{Q}$ verschiedenen Zahlkörper mit Diskriminante eins gibt [97]; konsequenterweise existieren, wie von Kronecker zuvor vermutuet, stets verzweigte Primzahlen [95][92]. Schließlich gelang Minkowski in diesem Zuge auch noch ein einfacher Beweis des Dirichletschen Einheitensatzes. Für Details verweisen wir auf Neukirch [84].

Angesichts der weitreichenden Anwendungen seiner geometrischen Methode kommt Minkowski schließlich zu dem Schluß, seine Theorie durch das, im Briefwechsel mit Hurwitz und Hilbert vielfach besprochene, Lehrbuch zu manifestieren. Das Schreiben erweist sich jedoch als schwierig und langwierig: Minkowski ringt um die Form der Darstellung. So entnehmen wir etwa seinem Brief an Hilbert vom 23. Februar 1893:[93]

> Dass ich auch Weihnachten nicht nach Königsberg kam, daran war noch immer mein Buch schuld und die ungemütliche Stimmung, in welche ich dadurch versetzt wurde, dass es so langsam fertig wurde. (...) Jetzt steht es mit dem Buche so weit, dass die Hälfte seit vier Wochen fertig gedruckt ist, und ich das Manuscript der zweiten Hälfte demnächst abgehen lassen will. (...) Überhaupt wollte ich Dich fragen, ob Du vielleicht nicht abgeneigt wärest, das Buch nach seinem Erscheinen in den Göttinger Anzeigen zu besprechen. Solchen Zwang wie z.B. bei Study würdest Du Dir dabei nicht anzulegen brauchen. Hermite übrigens war von den ihm mitgetheilten Resultaten sehr enthusiasmirt und hat mir bereits den dritten entzückten Brief geschrieben.

Wir sehen hier Minkowski als selbstbewussten und weitdenkenden Manager seiner Theorie.[94] Trotzdem erscheint sein Buch [98] erst 1896; der von Minkowski gewählte Titel ist natürlich *Geometrie der Zahlen* und seine Begründung aus dem Vorwort steht zu Beginn dieses Artikels.

Die Entdeckungen im Zuge seiner Forschungen machen Minkowski zu einem bekannten Zahlentheoretiker; ganz ähnlich ergeht es seinem Freund Hilbert. Hilfreich sind die jährlichen Tagungen der Naturforscher, aber seit der Begründung der Deutschen Mathematiker Vereinigung (DMV) 1890 kommen

[91] Auch folgt hieraus die Existenz ganzer Idealen mit kleiner Norm in jeder beliebigen Idealklasse und damit die Endlichkeit der Klassenzahl.

[92] Das Analogon für Funktionen gilt ebenso: eine algebraische Funktion besitzt stets Verzweigungspunkte.

[93] MiHi 13, [104], S. 50.

[94] Eine interessante Parallele: Fast zeitgleich zu Minkowskis Niederschrift der Geometrie der Zahlen schrieb Hilbert auf Anfrage der DMV an seinem berühmten *Zahlbericht* zur Darstellung der algebraischen Zahlentheorie inklusive der vielen Erfolge im Zuge der Arbeiten Kroneckers und Dedekinds, zu anfangs übrigens noch gemeinsam mit Minkowski.

auch noch deren Jahrestagungen hinzu – die mathematische Welt ist plötzlich besser vernetzt![95]

Minkowskis Geometrie im Kontext der Zeit

Geometrie ist eine der mathematischen Disziplinen, welche sich am weitesten in der Geschichte der Menschheit zurück verfolgen lässt.[96] Das Verständnis, was denn unter Geometrie – buchstäblich also der *Vermessung der Erde* – zu verstehen sei, hat sich gerade im 19. Jahrhundert einem großen Wandel unterzogen. Beginnend mit Thales von Milet im sechsten Jahrhundert vor unserer Zeitrechnung entwickelt sich die Geometrie zunächst als die zentrale mathematische Disziplin. Der Bezug zur Zahlentheorie ist indirekt. Zahlen werden meist als Längen, Flächen oder Volumina interpretiert, wie beispielsweie in der Proportionenlehre des Eudoxos mit der geometrischen Wechselwegnahme als Vorläufer des euklidischen Algorithmus. Im dritten Jahrhundert vor unserer Zeitrechnung entwirft Euklid im Rahmen seiner *Elemente* eine erste axiomatisch aufgebaute Wissenschaft. Diese euklidische Geometrie wird zweitausend Jahre das Bild von Geometrie prägen. In einem für seine Zeit spektakulären Experiment nutzt Eratosthenes etwa zeitgleich geometrische Winkel zur Abschätzung des Erdumfangs. Die Aufgaben des Diophant in seiner 'Arithmetica' sind größtenteils geometrischer Natur.

Im Anschluss an die klassischen Errungenschaften der griechischen Mathematik ist aus Sicht des europäischen Kulturkreises zunächst die analytische Geometrie zu nennen. Diese wurde in der ersten Hälfte des 17. Jahrhunderts durch Pierre de Fermat und René Descartes begründet, Vorabeiten in Form von ersten Koordinaten findet man bereits bei Nioclas Oresme und François Viète. Bereits bei Fermat werden Tangenten mit Infinitesimalkalkül gebildet; dies wird durch Isaac Newton fortgesetzt und führt auf eine Klassifikation der kubischen Kurven. Zeitgleich entwickelt Gérard Desargues die Anfänge der projektiven Geometrie auf der Kunst der Renaissance aufbauend.[97] Diese Entwicklungen werden Anfang des 19. Jahrhunderts wieder aufgegriffen, zunächst durch Gaspard Monge und Jean-Victor Poncelet, später August Möbius und Julius Plücker; die Erstgenannten untersuchten lineare Transformationen, die Letztgenannten führten homogene Koordinaten ein. Daraus entsteht die Invariantentheorie, ein Vorläufer der linearen Algebra, mit Arthur Cayley, James J. Sylvester, Paul Gordan u.a.. Parallel feiert die enumerative

[95] Darüber hinaus finden zu dieser Zeit die ersten internationalen Mathematiker Kongresse statt, 1893 ein inoffizieller in Chicago, zu dem Minkowski und auch Hilbert kürzere Artikel verfassen und im zugehörigen Konferenzband [96] veröffentlichen, jedoch ohne selbst nach Amerika zu reisen. 1900 findet in Paris die Weltausstellung und der Internationale Mathematiker Kongress statt, wo Hilbert seine berühmte Rede hielt, in der er auf Anraten Minkowskis die wesentlichen Probleme seiner Zeit vorstellte, welche schließlich (gelöst oder ungelöst) als die *23 Hilbertschen Probleme* in die Geschichte eingingen (siehe [104], S. 119/120) bzw. [64]. Ähnlich der Geometrie der Zahlen erblickte der Eiffelturm Ende 1887 das Licht der Welt.

[96] Siehe etwa Scriba & Schreiber [129].

[97] Und in Franken nennt man hier noch den seinerzeit in Würzburg und Erlangen ansässigen Lehrer Karl Georg Christian von Staudt als weiteren Schöpfer der projektiven Geometrie.

Geometrie mit Hermann Hannibal Schubert ihre Hochzeit. Die Entdeckung der nicht-euklidischen Geometrien durch (in alphabetischer Reihenfolge um jeglichen Prioritätengejammer aus dem Wege zu gehen) János Bolyai, Carl Friedrich Gauß und Nikolai Lobatschewski und letztlich Ferdinand Karl Schweikart liefert ein weiteres großes Thema der Geometrie des 19. Jahrhundert.

In Retrospektive florierten zu Lebzeiten Minkowskis insbesondere Analysis und Geometrie. Erste Anwendungen von Methoden dieser Gebiete finden sich in der Zahlentheorie nieder: Beispielsweise in Eulers analytischem Beweis der Unendlichkeit der Menge der Primzahlen oder noch prominenter in Riemanns Programm zur Klärung zentraler Fragen zur Primzahlverteilung von 1859, aber auch die geometrischen Gedanken von Gauß und Dirichlet im Zusammenhang mit quadratischen Formen (wie oben bereits erläutert).

In diesem Rahmen entwickelt Minkowski seine Ideen. Es ist zu bemerken, dass insbesondere die Entwicklung des passenden Begriffsapparates eine ungemein schwierige Arbeit gewesen sein muss, die ein erhebliches Maß an Kreativität erforderte. Minkowski verschmelzt in seiner Geometrie der Zahlen zwei mathematische Begriffe, welche sich zu seiner Zeit gerade verselbstständigen. Da ist zum einen der Begriff des Gitters, welcher sich bereits in den Gaußschen Untersuchungen zu quadratischen Formen herauskristallisiert und im Laufe des neunzehnten Jahrhunderts zunehmend an Bedeutung gewinnt. Diesem letztlich algebraischen Begriff steht die geometrische Eigenschaft der Konvexität gegenüber. Minkowskis Motivation für diesen Begriff ergab sich aus dem Problem der Bestimmung des ersten (von null verschiedenen) Minimums einer positiv definiten quadratischen Form. Hier offenbart sich auch die Brücke zwischen Arithmetik und Geometrie, welche Minkowski baut: Die Determinante (bzw. Diskriminante) einer quadratischen Form ist eine geometrische Invariante der hierzu äquivalenten Formen. Und beispielsweise im Falle von positiv definiten binären quadratischen Formen ist die Konvexität der zugeordneten Kegelschnitte die wesentliche Eigenschaft, welche die Existenz eines nicht-trivialen Gitterpunktes bei hinreichender Fläche sicherstellt.

Karl Hermann Brunn war wohl der Erste, der den Begriff der Konvexität systematisch studierte. Mit seiner Dissertation [11] und seiner Habilitationsschrift [12] aus den Jahren 1887 und 1889 leistete er Grundlegendes zur heutigen Konvexgeometrie (für einen kurzen Abriss derselben siehe Gruber [52]). Insbesondere die bekannte, oftmals als *Ungleichung von Brunn-Minkowski* bezeichnete Abschätzung

$$\mathrm{vol}(\lambda\mathcal{C}_1 + (1-\lambda)\mathcal{C}_2)^{\frac{1}{3}} \geq \lambda\mathrm{vol}(\mathcal{C}_1)^{\frac{1}{3}} + (1-\lambda)\mathrm{vol}(\mathcal{C}_2)^{\frac{1}{3}}$$

für zwei konvexe Körper $\mathcal{C}_1, \mathcal{C}_2$ des $\mathbb{R}^3$ und beliebiges reelle $\lambda \in [0,1]$ ist hier zu nennen; dabei ist $\lambda\mathcal{C}_1 + (1-\lambda)\mathcal{C}_2$ ebenfalls ein konvexer Körper. *Gilt für irgendein λ Gleichheit, so gilt bereits $\mathcal{C}_2 = \kappa\mathcal{C}_1 + \mathbf{x}$ für ein positives reelles κ und ein $\mathbf{x} \in \mathbb{R}^3$.* Analoga für höhere Dimensionen bestehen ebenso. Die Brunnsche Beweisführung des Gleichheitsfalls wurde von Minkowski, der erst recht spät Brunns Ergebnisse kennen lernte (cf. Kjeldsen [76], S. 59), kritisiert; beide gaben später korrekte Beweise. Minkowski [99] fand mit Hilfe der Brunn-Minkowskischen Ungleichung eine neue Lösung des isoperimetrischen Problems[98] entgegen einer von Brunn geäußerten Erwartung. Eine detaillierte Analyse, wie sich in Minkowskis Studien (weitestgehend zu quadratischen Formen) aus der geometrischen Intuition über die Konstruktion von so genannten *Eichkörpern* schließlich das Konzept der Konvexität herauskristallisiert, liefert Tinne Hoff Kjeldsen [76].[99] Sie betont, dass Minkowski in seiner Mathematik dem Trend der Zeit nach Abstraktion und Axiomatisierung gerecht wird[100] und ordnet die abstrakten Eichkörper als Objekte jenseits unserer reellen Welt ein. In diesem Sinne ist Minkowski in der Tat einer der ersten Vertreter der modernen Mathematik im Sinne der von Jeremy Gray [23] postulierten mathematischen Revolution zur Jahrhundertwende. Sein Freund David Hilbert mit seinen *Grundlagen der Geometrie* [63] von 1899 ist ihm ein Verwandter in diesem Geiste.

Der weitere wesentliche Begriff in Minkowskis Geometrie neben der Konvexität ist der des Gitters. Tatsächlich tritt es implizit bereits prominent in Gauß [44] mit seinen essentiellen Eigenschaften in Erscheinung, allerdings benutzt erst Minkowski die vielseitigen Möglichkeiten, die dieser Begriff erlaubt. Strukturmathematisch ist ein Gitter eine diskrete additive Untergruppe eines euklidischen Vektorraums. Diese Definition basiert also auf Konzepten, wie sie gerade zu Minkowskis Zeit ihren Einzug in die Mathematik nahmen. In der Physik, genauer in der Kristallographie beginnend mit Johannes Kepler (auf den wir später noch genauer eingehen werden), treten Gitter schon frühzeitig auf. In der zweiten Hälfte des 19. Jahrhunderts wurden zunehmend Methoden der jungen Gruppentheorie verwendet. Beispielsweise gelang Arthur Moritz Schoenflies und Jewgraf Stepanowitsch Fjodorow 1890/91 die Beschreibung sämtlicher 230 kristallographischen Raumgruppen (cf. Burckhardt [13]). Auch treten Gruppen im Zuge der Dedekindschen Idealtheorie und nicht zuletzt (wenngleich etwas später) des Hilbertschen Zahlberichts in dieser Zeit in den Vordergrund zahlentheoretischer Untersuchungen. Insofern ist Minkowski der rasanten Entwicklung in verschiedensten Gebieten aufgeschlossen, adaptiert gewisse Sichtweisen und kombiniert sie in genialer Weise zu einem homogenen Ganzen.

Minkowskis Monographie [98] kommt sehr gut an. Nach dem kurzen Gastspiel in Bonn kehrt Minkowski 1894 an die Königsberger Universität zurück und beerbt seinen früheren Lehrer Adolf Hurwitz. Ein Blick auf die Landkarte (im Anhang) zeigt, wie entfernt Minkowski in Königsberg von seinen

[98] Unter allen geschlossenen Kruven gegebener Länge besitzt der Kreis die größte Fläche. Diese Frage der klassischen griechichschen Mathematik, auch als Didos Problem bekannt, wurde tatsächlich erst durch die Arbeiten von Jakob Steiner und Friedrich Edler im neunzehnten Jahrhundert gelöst. Dank seiner Beliebtheit findet es sich sogar in Leo Tolstois Volkserzählungen; cf. [67], S. 163.

[99] In ihrer umfangreichen und sehr lesenswerten Arbeit diskutiert sie auch Minkowskis Arbeiten zu konvexen Körpern jenseits der Geometrie der Zahlen.

[100] „This phase also shows Minkowski as a mathematician of the new trend of abstraction and axiomatization that became the hallmark of twentieth century mathematics." [76], S. 86.

bisherigen Kontakten war. 1897 erreicht Minkowski ein Ruf an die Polytechnische Hochschule[101].

Auf dem Internationalen Kongress der Mathematiker 1900 in Paris (siehe auch entsprechende Briefauszüge im Essay 2.1) verlautet Hilbert in seiner berühmten Rede:[102]

> Die Anwendung der geometrischen Zeichen als strenges Beweismittel setzt die genaue Kenntnis und völlige Beherrschung der Axiome voraus, die jenen Figuren zugrunde liegen, und damit diese geometrischen Figuren dem allgemeinen Schatze mathematischer Zeichen einverleibt werden dürfen, ist daher eine strenge axiomatische Untersuchung ihres anschauungsmäßigen Inhaltes notwendig. Wie man beim Addieren zweier Zahlen nicht unrichtig untereinandersetzen darf, sondern vielmehr erst die Rechnungsregeln, d.h. die Axiome der Arithmetik, das richtige Operieren mit den Ziffern bestimmen, so wird das Operieren mit den geometrischen Zeichen durch die Axiome der geometrischen Begriffe und deren Verknüpfung bestimmt.
>
> Die Übereinstimmung zwischen geometrischem und arithmetischem Denken zeigt sich auch darin, daß wir bei arithmetischen Forschungen ebensowenig wie bei geometrischen Betrachtungen in jedem Augenblicke die Kette der Denkoperationen bis auf die Axiome hin verfolgen; vielmehr wenden wir, zumal bei der ersten Inangriffnahme eines Problems, in der Arithmetik genau wie in der Geometrie zunächst ein rasches, unbewußtes, nicht definitiv sicheres Kombinieren an, im Vertrauen auf ein gewisses arithmetisches Gefühl für die Wirkungsweise der arithmetischen Zeichen, ohne welches wir in der Arithmetik ebensowenig vorwärts kommen würden, wie in der Geometrie ohne die geometrischen Einbildungskraft. Als Muster einer mit geometrischen Begriffen und Zeichen in strenger Weise operierenden arithmetischen Theorie nenne ich das Werk von MINKOWSKI "Geometrie der Zahlen" (Leipzig 1896).

Zuvor hatte Hilbert in seiner Abhandlung [62] sogar gewisse Aspekte von Minkowskis Geometrie der Zahlen als ein Beispiel einer Geometrie nennen, in der das Parallelenaxiom ausgelassen wird.[103]

---

[101] Das ist die heutige Eidgenössische Hochschule Zürich (ETH), an welcher Minkowskis Lehrer Hurwitz seit 1892 tätig war; dieser hatte jedoch nicht direkt etwas mit Minkowskis Berufung zu tun (siehe [104], S. 86). Tatsächlich stand eine Zeit lang auch eine Anstellung an der Universität Zürich zur Debatte; Strukturmaßnahmen standen dem jedoch im Wege, wie man bei Frei & Stammbach [40], S. 46, nachlesen kann.

[102] [64], S. 259/260.

[103] Siehe hierzu die kürzlich von Volkert neu herausgegebene und kommentierte Hilbertsche Festschrift zu den Grundlagen der Geometrie von 1899 [66], S. 49,76. Umgekehrt war der Enthusiasmus am Hilbertschen Programm der Axiomatisierung der Geometrie nicht zu groß. Zassenhaus schrieb „The arithmetization of geometry which Hilbert tried to establish did not overly excite Minkowski as Minkowski's intuitive geometric ideas stirred up Hilbert's desire to get at the truth without geometric intuition." [149], S. 452/453.

Schließlich wird Minkowski 1902 nach Göttingen berufen, er ist mittlerweile äußerst anerkannt. In Retrospektive äußerte Edmund Hlawka:[104]

> C. H. Hermite (1822–1901) hat sich über die 1. Lieferung enthusiastisch geäußert. Von R. Fricke (1861–1930) liegt in den Fortschritten der Mathematik eine ausführliche Besprechung vor. Ich möchte aber auch die Überlieferung bemühen. Der Physiker Sommerfeld (1868–1951) sagte einmal zu mir, daß viele Mathematiker nach dem Erscheinen dieses Buches Minkowski über Hilbert (1862–1944) gestellt haben. Er sagte ungefähr, Minkowski habe mehr Ideen gehabt, aber Hilbert wäre fleißiger gewesen. Wenn man die Biographie von Blumenthal (1876–1944) über Hilbert in den gesammelten Werken von Hilbert liest, so findet man ungefähr das gleiche Urteil und das kann nicht ohne Zustimmung von Hilbert erfolgt sein. Heute würde man allerdings dieses Urteil nicht so formulieren.

In den Jahresberichten der Deutschen Mathematiker Vereinigung veröffentlicht Minkowski anlässlich des einhundertsten Geburtstages von Dirichlet eine wahre Lobeshymne auf dessen mathematisches Werk [102]; dabei offenbart sich einmal mehr, wie geometrische Ideen in Dirichlets Werk Minkowski selbst inspiriert haben: Im Zusammenhang mit einem Fragment in Gauß' Nachlass zur Klassenzahlformel, welche Dirichlet 1837–39 im Zuge seines Beweises für die Existenz unendlich vieler Primzahlen in einer primen Restklasse entwickelte, erläutert Minkowski zunächst, dass Gauß tatsächlich schon diese Klassenzahlformel kannte, jedoch Schwierigkeiten beim Nachweis einer Konvergenz hatte, und schreibt ferner:[105]

> Daß Dirichlet die fragliche Schwierigkeit überhaupt nicht antrat, liegt daran, daß er von einem gänzlich neuen Ausdruck für den Flächeninhalt einer Figur ausgehen konnte. Die gewöhnliche, ich möchte sagen, *mikroskopische* Bestimmung eines Flächeninhalts, welche auch Gauß auseinandersetzt, besteht darin, auf die zu untersuchende Figur Quadratnetze mit immer engeren und engeren Maschen zu legen und die in die Figur fallenden Maschen zu zählen. Dirichlet denkt sich ein für allemal ein bestimmtes, unendliches Quadratnetz fest über die Ebene gebreitet. Die zu untersuchende Figur wird nun von einem festen Anfangspunkt aus kontinuierlich in allen Dimensionen gleichmäßig vergrößert, und für jeden Kreuzungspunkt des Netzes wird angemerkt, bei welchem Vergrößerungsverhältnis er gerade auf dem Rand der Figur treten würde. Die Summe der reziproken Werte aller so bestimmten Vergrößerungszahlen für alle vorhandenen Netzpunkte würde noch unendlich sein; man summiere nun aber bestimmte gleich hohe, etwa $2s^{\text{te}}$ Potenzen aller dieser reziproken Werte, so kommt man auf eine durch die ursprüngliche

[104] [70], S. 406.
[105] In [102], S. 456.

> Figur völlig charakterisierte Funktion $\zeta(s)$; diese gestattet eine analytische Fortsetzung für alle komplexen s und weist dann insbesondere für $s = 1$ einen einfachen Pol auf, dessen Cauchysches Residuum genau der Flächeninhalt der Figur wird. Ich möchte vorschlagen, zur leichteren Einbürgerung dieser fundamentalen Überlegung in der Analysis die eben beschriebene Formel den Dirichletschen *makroskopischen* Ausdruck eines Flächeninhaltes zu nennen.

Diese Sprechweise hat sich jedenfalls bis heute nicht durchgesetzt, allerdings greift der Dirichletsche Beweis der analytischen Klassenzahlformel genau diese Idee wunderbar auf. Zudem finden wir Versatzstücke dieses Gedankens auch in Minkowskis Geometrie der Zahlen wieder, welche wir weiter unten genauer erörtern wollen.[106]

Sukzessive Minima

Es lohnt sich, Minkowskis originalen und extrem eleganten Beweis seines Gitterpunktsatzes anzuschauen: Der Einfachheit halber gehen wir vom Gitter $\Lambda = \mathbb{Z}^n$ aus (die Verallgemeinerung auf allgemeine Gitter ist eine schöne Übungsaufgabe). Es sei $\mathcal{C}$ eine abgeschlossene Menge $\mathcal{C} \subset \mathbb{R}^n$, die eine Umgebung des Ursprungs enthalte. Selbiges gilt dann auch für die Menge

$$\lambda\mathcal{C} := \{\lambda\mathbf{x} : \mathbf{x} \in \mathcal{C}\},$$

wobei λ eine positive reelle Zahl sei. Ist λ sehr klein, so enthält $\lambda\mathcal{C}$ keinen vom Ursprung verschiedenen Gitterpunkt. In jedem Fall ist die Menge $\lambda\mathcal{C} \cap \mathbb{Z}^n$ endlich. Um nun tatsächlich einen weiteren Gitterpunkt neben dem Ursprung in einer Menge $\lambda\mathcal{C}$ sicherstellen zu können, müssen geometrische Anforderungen an $\mathcal{C}$ selbst gestellt werden. Es ist naheliegend zu fordern, dass keine 'Löcher' vorhanden sind (in denen die Gitterpunkte zu liegen kommen könnten). Hier hilft Konvexität. In diesem Fall enthält $\lambda\mathcal{C}$ für große λ sicherlich einen von $\mathbf{0}$ verschiedenen Gitterpunkt. Wegen der Monotonie

$$\lambda\mathcal{C} \subset \lambda'\mathcal{C} \qquad \text{für} \quad \lambda < \lambda'$$

existiert ein kleinstes λ_1, so dass $\lambda\mathcal{C}$ einen Gitterpunkt ungleich $\mathbf{0}$ enthält (und kein $\lambda\mathcal{C}$ für ein $\lambda < \lambda_1$). Nun betrachten wir die Menge der Translate

$$\mathbf{z} + \lambda\mathcal{C} := \{\mathbf{z} + \lambda\mathbf{x} : \mathbf{x} \in \mathcal{C}\}$$

[106] Dies bemerkt tatsächlich bereits der Zeitgenosse Felix Klein [61], S. 328, ausdrücklich, wenn er schreibt „Es findet sich bei ihm eine innere Verwandtschaft mit Dirichletscher Denkweise." Und kurz danach gesteht er: „Ich selbst habe mich seinerzeit darauf beschränkt, gewisse schon bekannte Grundlagen geometrisch klarzustellen, während Minkowski Neues zu finden unternahm. Diese Untersuchungen zeigen deutlich, daß Geometrie und Zahlentheorie keineswegs einander ausschließen, sofern man sich in der Geometrie nur entschließt, diskontinuierliche Objekte zu betrachten."

um Gitterpunkte $\mathbf{z} \in \mathbb{Z}^n$. Ganz ähnlich wie oben zeigt sich, dass für sehr kleine λ diese Translate disjunkt sind, nicht aber für sehr große λ; insbesondere existiert ein minimales $\lambda_0 > 0$, so dass

$$\lambda_0\mathcal{C} \cap (\mathbf{z} + \lambda_0\mathcal{C}) \neq \emptyset \qquad \text{für ein} \quad \mathbf{z} \neq \mathbf{0}.$$

Wollen wir aus diesem Überschneiden einen Gitterpunkt verschieden vom Ursprung gewinnen, so müssen wir eine weitere geometrische Forderung an unsere Ausgangsmenge stellen: Mit der zusätzlichen Vorraussetzung, dass $\mathcal{C}$ symmetrisch ist, folgt für ein Element $\mathbf{x}$ beider Mengen, also $\mathbf{x} \in \lambda_0\mathcal{C}$ und $\mathbf{x} - \mathbf{z} \in \lambda_0\mathcal{C}$, dass ebenso $\mathbf{z} - \mathbf{x}$ und $-\mathbf{x}$ in $\lambda_0\mathcal{C}$ enthalten sind. Letzteres zeigt nach Addition von $\mathbf{z}$, dass zudem $\mathbf{z} - \mathbf{x} \in \mathbf{z} + \lambda_0\mathcal{C}$, womit sowohl $\mathbf{x}$ als auch $\mathbf{z} - \mathbf{x}$ in sowohl $\lambda_0\mathcal{C}$ und $\mathbf{z} + \lambda_0\mathcal{C}$ liegen. Aufgrund der Konvexität von $\mathcal{C}$ (und selbigem für $\lambda_0\mathcal{C}$ bzw. dessen Translate) liegt dann auch deren Mittelpunkt

$$\tfrac{1}{2}(\mathbf{x} + \mathbf{z} - \mathbf{x}) = \tfrac{1}{2}\mathbf{z}$$

in $\lambda_0\mathcal{C} \cap (\mathbf{z} + \lambda_0\mathcal{C})$. Wir lesen hieraus $\frac{1}{2}\mathbf{z} \in \lambda_0\mathcal{C}$ bzw. $\mathbf{z} \in \lambda_0\mathcal{C}$ und erhalten $2\lambda_0 \geq \lambda_1$. Tatsächlich besteht hier sogar Gleichheit: Enthält nämlich $\lambda\mathcal{C}$ einen Gitterpunkt $\mathbf{z} \neq \mathbf{0}$, so ist $\frac{1}{2}\mathbf{z} \in \frac{1}{2}\lambda\mathcal{C} \cap (\mathbf{z} + \frac{1}{2}\lambda\mathcal{C})$ und speziell für $\lambda = \lambda_1$ folgt so $\frac{1}{2}\lambda_1 \geq \lambda_0$.

Weil nun die Translate $\mathbf{z} + \lambda_0\mathcal{C}$ für $\mathbf{z} \in \mathbb{Z}^n$ höchstens Randpunkte gemein haben können, muss folglich das Volumen von $\lambda_0\mathcal{C}$ gegenüber dem Volumen zwischen den Gitterpunkten beschränkt sein:

$$\mathrm{vol}(\lambda_0\mathcal{C}) \leq 1 \qquad \text{bzw.} \qquad \mathrm{vol}(\lambda_1\mathcal{C}) \leq 2^n.$$

Wenn also kein vom Ursprung verschiedener Gitterpunkt in $\mathcal{C}$ enthalten sein soll, muss $\lambda_1 > 1$ und damit $\mathrm{vol}(\mathcal{C}) < 2^n$ gelten. Damit ist der Minkowskische Gitterpunktsatz ein zweites Mal bewiesen (und diesmal liefert die leichte Verallgemeinerung auf den Fall allgemeiner Gitter einen Zugang, der weitgehend analytische Hilfsmittel vermeidet).

Dieser geometrische Zugang Minkowskis suggeriert unmittelbar weitere Fragestellungen. Mit Hilfe der Geometrie der Zahlen lassen sich Gitterpunkte in hinreichen großen konvexen Körpern finden. Dies lieferte beispielsweise eine obere Schranke für das erste Minimum einer positiv definiten quadratischen Form (s.o.). Es erscheint naheliegend, nach weiteren Gitterpunkten bzw. Minima zu fragen. Entsprechend definiert man zu einem symmetrischen konvexen Körper $\mathcal{C}$ und einem gegebenen Gitter $\Lambda \subset \mathbb{R}^n$ die *sukzessiven Minima* als

$$\lambda_j = \inf\{\lambda > 0 \,:\, \dim(\lambda\mathcal{C} \cap \Lambda) \geq j\}$$

für $j = 1, \ldots, n$, so ist λ_j eine untere Schranke für alle positiven λ, so dass $\lambda\mathcal{C}$ mindestens j linear unabhängige Gitterpunkte enthält (womit also λ_1 im Spezialfall der positiv definiten quadratischen Formen mit besagtem Minimum zusammenfällt). Die obige Argumentation zeigt bereits

$$\lambda_1^n \cdot \frac{\mathrm{vol}(\mathcal{C})}{\det(\Lambda)} \le 2^n$$

Darüberhinaus gelten aber folgende Ungleichungen:

Minkowskis Satz über sukzessive Minima (1896).

$$\frac{2^n}{n!} \le \lambda_1 \cdot \ldots \cdot \lambda_n \cdot \frac{\mathrm{vol}(\mathcal{C})}{\det(\Lambda)} \le 2^n.$$

Der Beweis der oberen Schranke ist recht schwierig (und wir verweisen hier etwa auf Cassels [14]). Die Beispiele $\mathcal{C} = \{\mathbf{x} \in \mathbb{R}^n : |x_1 + \ldots + x_n| \le 1\}$ für die untere Schranke und der Würfel $\mathcal{C} = [-1,1]^n$ für die obere Schranke mit $\Lambda = \mathbb{Z}^n$ zeigen, dass diese Ungleichungen bestmöglich sind. Wichtige Verallgemeinerungen für nicht notwendig symmetrische konvexe Körper bewiesen Claude Ambrose Rogers [119] und (unabhängig) Claude Chabauty [17]. Die spektakulärste Anwendung in der diophantischen Analysis fand Minkowskis Satz über sukzessive Minima wohl in der scharfen Form des Siegelschen Lemmas, welche Enrico Bombieri & Jeffrey Vaaler [8] bewiesen.

Die sukzessiven Minima sind jedoch kein vollständig geklärtes Terrain. Zu einem symmetrischen konvexen Körper $\mathcal{C}$ wird die zugehörige *kritische Determinante* $\Delta(\mathcal{C})$ als das Infimum aller Gitterdeterminanten $\det(\Lambda)$ zu Gittern Λ erklärt, welche keinen von $\mathbf{0}$ verschiedenen Gitterpunkt in $\mathcal{C}$ besitzen. Minkowski gelang der Nachweis der Ungleichung

$$\lambda_1 \cdot \ldots \cdot \lambda_n \cdot \Delta(\mathcal{C}) \le \det(\Lambda)$$

für den Fall $n = 2$ und n-dimensionaler Ellipsoide; Alan C. Woods [148] zeigte selbiges für $n = 3$, der allgemeine Fall ist aber bis heute offen.

Ein verwandter weiterer Aspekt, den Minkowskis originaler Beweis des Gitterpunktsatzes anregt, betrifft die Frage, wie dicht sich gegebene konvexe Körper im Raum packen lassen. Beispielsweise kann man mit den Translationen $\mathcal{F} + \mathbf{z}$ des Fundamentalbereichs des Gitters um Gitterpunkte den gesamten Raum lückenlos und ohne Überdeckung pflastern. Hieran anknüpfende Untersuchungen werden wir im Rahmen unserer Analyse der Rezeption der Minkowskischen Arbeiten vorstellen.

Minkowskis Raum-Zeit

In seinem Vortrag anlässlich des Internationalen Mathematiker Kongresses 1904 in Heidelberg stellt Minkowski [101] sein Gebiet der *Geometrie der Zahlen* als „introduction des variables continues dans la théorie des nombres“ mit Worten von Charles Hermite vor; er präzisiert dies mit „Einige hervorstechende Probleme darin betreffen die Abschätzung der kleinsten Beträge kontinuierlich veränderlicher Ausdrücke für ganzzahlige Werte der Variablen.“ [101], S. 164. Seinen Gitterpunktsatz bezeichnet er dabei selbstbewusst als „das Fundamentaltheorem der Geometrie der Zahlen (...) weil es fast in jede Untersuchung auf diesem Gebiete hineinspielt.“ [101], S. 164. In seinem

Vortrag und dem zugehörigen Artikel stellt Minkowski das gesamte Spektrum von Anwendungen seiner Geometrie der Zahlen in eindrucksvoller Weise dar. So stellt er heraus, dass dieser geometrische Ansatz „zu einfachen Beweisen der Dirichletschen Sätze über die Einheiten in den algebraischen Zahlkörpern"[107] führt, und tatsächlich findet sich in der modernen Literatur zur algebraischen Zahlentheorie nahezu ausnahmslos der Minkowskische Beweis des Dirichletschen Einheitensatzes[108]. Ferner spricht Minkowski auch mehrdimensionale Kettenbrüche an[109] und liefert hierfür eine geometrische Herangehensweise. Und seine Fragezeichen-Funktion $?(x)$ mit ihren seltsamen analytischen Eigenschaften wird erwähnt; sie ist bis heute Gegenstand tiefsinniger Untersuchungen im Kontext der Arithmetik von Kettenbrüchen. Resümierend kann man sagen, dass Minkowskis Geometrie der Zahlen in kürzester Zeit ein weitreichendes Spektrum an Anwendungen gefunden hat.

Drei Jahre später verfasst Minkowski mit seinem Lehrbuch *Diophantische Approximationen* [103] eine leichter lesbare Einführung in das von ihm durch seine Geometrie der Zahlen bereicherte Gebiet; bis zu Jurjen Koksmas Lehrbuch gleichen Namens [79] aus dem Jahr 1936 fällt ihm die Rolle der Standardreferenz zu diophantischen Fragestellungen zu. Innovativ in Minkowskis Lehrbuch ist auch die zentrale Rolle, welche er der Arithmetik von Zahlkörpern zuweist, ein Thema, welches zu dieser Zeit besonders aktuell war (nicht zuletzt dank des *Zahlberichts* seines Freundes Hilbert).

Grob betrachtet mag man Minkowskis Schaffen in drei Phasen einteilen: die zahlentheoretische Frühphase zu quadratischen Formen, die Schaffenszeit der 1890er beginnend mit der Berufung nach Bonn und dem Verfassen der Geometrie der Zahlen, und schließlich seine Physikphase ab 1900. Tatsächlich ist die Physik dieser Epoche durchdrungen von Geometrie.[110] Sein zunehmendes Interesse an physikalischen Fragestellungen fand 1907 einen Höhepunkt, als Minkowski realisierte, wie sich die Theorien von Lorentz und Einstein mathematisch in einem

[107] [101], S. 168.

[108] der da besagt, dass die Einheitengruppe des Ganzheitsringes eines Zahlkörpers mit R_1 reellen und r_2 Paaren komplex konjugierter Einbettungen in $\mathbb{C}$ eine abelsche Gruppe vom Rang $r_1 + r_2 - 1$ ist. Im Falle reell-quadratischer Erweiterungen $\mathbb{Q}(\sqrt{d})$ von $\mathbb{Q}$ liefert die Minimallösung der Pellschen Gleichung $X^2 - dY^2 = 1$ ein erzeugendes Element.

[109] wofür wir auf Erdős et al. [36] verweisen; hierzu sei angemerkt, dass etwa zeitgleich Klein [77] geometrisch verwandte Studien durchführte.

[110] In diesem Kontext ein weiteres Zitat von Born: „Der größte Teil von Minkowskis Arbeiten liegt auf dem Felde der Zahlentheorie, und davon zu berichten, bin ich nicht befugt. Ich habe nur in einem seiner arithmetischen Werke gelesen, das den Titel 'Diophantische Approximationen' trägt und aus seinen Vorlesungen im Winter 1903/04 hervorgegangen war, gerade ehe ich nach Göttingen kam. Darin werden wie in Minkowskis größerem Werk 'Geometrie der Zahlen' arithmetische Sätze aus geometrischen Betrachtungen gewonnen, und zwar hier insbesondere mit Hilfe des Netzes von Punkten mit ganzzahligen Koordinaten in der Ebene. Diese Einführung in das Zahlengitter war mir später bei der dynamischen Theorie der Kristallgitter von gewissem Nutzen." [10], S. 41. Tatsächlich veröffentlich Born [9] (gewidmet seinem Freunde David Hilbert) 1915 seine vielbeachtete Monographie *Dynamik der Kristallgitter*, welche zusammen mit seinem Artikel zur Atomtheorie des festen Zustandes von 1923, die Gitterdynamik in einheitlicher Form darstellt, was heutzutage als ein wichtiger Schritt zur Begründung der Festkörperphysik angesehen wird. Den Physik-Nobelpreis erhielt Born 1954 jedoch für seine Arbeiten zur statistischen Deutung der Quantenmechanik.

nicht-euklidischen Raum erklären lassen. Nach Einstein sind Messwerte für Zeit und Raum relativ zum Beobachtenden, Minkowski erkannte, dass eine bestimmte Kombination derselben unabhängig vom Beobachtenden ist. Die Konsequenz ist sein Raum-Zeit-Kontinuum, welches später Einstein bei der Entwicklung dessen allgemeiner Relativitätstheorie hilfreich war. Auch hier finden sich quadratische Formen (in Gestalt der so genannten Minkowski-Metrik) und geometrische Gedanken (die Verbindung von Raum und Zeit zu einer Raumzeit). Max Born würdigt die Beiträge der Beteiligten wie folgt:[111]

> Im ganzen kann man sagen, daß die spezielle Relativitätstheorie nicht das Werk eines Mannes, sondern durch Zusammenwirken einer Gruppe großer Forscher, LORENTZ, POINCARE, EINSTEIN, MINKOWSKI, entstanden ist. Daß gewöhnlich EINSTEINs Name allein genannt wird, hat gleichwohl eine gewisse Berechtigung, weil ja die spezielle Theorie nur der erste Schritt war zu der allgemeinen, welche die Gravitation mit umfaßte und dadurch das gesamte Werk NEWTONs revolutionierte. Die allgemeine Relativitätstheorie aber ist EINSTEINs ausschließliche Leistung. Sie beruht auf der Verbindung der Minkowskischen Weltgeometrie und den tiefen Gedanken über gekrümmte Räume, die lange vorher von BERNHARD RIEMANN entwickelt und von CHRISTOFFEL, RICCI und LEVI-CIVITÁ weiter geführt worden waren. Auch die allgemeine Relativitätstheorie ist somit ohne Minkowskis Arbeit undenkbar, und darum ist es nicht ohne Reiz zu fragen, was EINSTEIN von MINKOWSKI gehalten hat. In der ersten Zeit, um 1909, da ich EINSTEIN kennenlernte, war er ziemlich ablehnend und sah in MINKOWSKIs Arbeit nicht viel mehr als überflüssiges mathematisches Beiwerk. Aber das änderte sich schnell, als er tiefer in das Problem der allgemeinen Relativität eindrang, wo gerade MINKOWSKIs mathemathische Methoden wesentlich wurden.

Interessant ist, dass Einstein Minkowski aus dessen Züricher Zeit sehr wohl bekannt war; hierzu schreibt Born über Minkowski:[112]

> Unter seinen Schülern war einer, dessen Name kurze Zeit später mit dem seinen viel genannt werden sollte, als die spezielle Relativitättstheorie die Gemüter bewegte, ALBERT EINSTEIN. Aber er ist Minkowski keineswegs besonders aufgefallen. Als ich später, 1909, Minkowskis Mitarbeiter an Problemen der Relativitätstheorie geworden war, hat er mir einmal gesagt: „Ach, der Einstein, der schwänzte immer die Vorlesungen – dem hätte ich das gar nicht zugetraut."

Minkowskis *Raum* erstreckt sich mit seinen Wirkungsstätten Königsberg, Bonn, Zürich und Göttingen über weite Teile Europas und seine Leistungen in

[111] [10], S. 504.
[112] [10], S. 502.

Mathematik und Physik waren bahnbrechend; seine *Zeit* hingegen war kurz: Hermann Minkowski verstirbt völlig unerwartet an einem Blinddarmdurchbruch am 12. Januar 1909 in Göttingen.

Voronoï und Blichfeldt

Minkowskis Geometrie der Zahlen lieferte in relativ kurzer Zeit eine Vielzahl von neuen Resultaten. Es fällt auf, dass die nennenswerten hierunter während der Lebenszeit Minkowskis im Wesentlichen von ihm selbst stammen. Insofern mag man sich fragen, ob dies einzig auf seine Genialität und Vertrautheit mit der neuen geometrischen Herangehensweise zurückzuführen ist, oder seine Theorie zunächst nicht ordentlich rezipiert wurde.

> Die Puristen unter den Zahlentheoretikern, haben die Geometrie der Zahlen als der Analysis angehörig gefunden und sich bemüht, dieses Werkzeug möglichst zu eliminieren. So wurden für den Minkowski'schen Linearformensatz verschiedene, elementare Beweise gegeben. Am bekanntesten ist der Beweis von A. Hurwitz (1859–1919), der ihn zunächst für ganzzahlige Koeffizienten mit Hilfe des Schubfachprinzipes beweist. Daraus folgt unmittelbar der Fall der rationalen Koeffizienten und durch Grenzübergang kann der allgemeine Fall erledigt werden.

schrieb Edmund Hlawka [70], S. 406, selbst ein Forscher auf dem Gebiet der Geometrie der Zahlen. Explizit angesprochen wird hier der elementare Beweis [72], den Adolf Hurwitz, einer der prägendsten Lehrer Minkowskis, aber auch dessen Freund und Kollege während seiner Züricher Zeit, für dessen Linearformensatzes geliefert hatte. Natürlich beleben verschiedene Ansätze und Beweise die Materie. Auch kann man den vielseitigen Hurwitz kaum als Puristen bezeichnen, der nicht aufgeschlossen für neue Methoden und Entwicklungen wäre. Nicht zuletzt ist es aber die geometrische Intuition, welche die Minkowskische Geometrie der Zahlen so elegant erscheinen lässt und nebenbei derart tiefe arithmetische Resultate erlaubt. Tatsächlich ist diese neue Denkweise nicht nur Minkowski eigen.

Georgy Voronoï hatte vieles mit Minkowski gemein (nicht nur sein Aussehen). Seine Lebensspanne deckt sich ziemlich mit der Minkowskis. Voronoï wurde am 28. April 1868 in Zhuravka (damals Russland, heute Ukraine) geboren und verstarb jung und unerwartet am 20. November 1908 in Warschau an entzündeten Gallensteinen. Die beiden trafen sich ein einziges Mal und zwar auf dem Internationalen Mathematiker Kongress 1904 in Heidelberg, wo Voronoï zum Kreisproblem vortrug [144], während Minkowski seine Geometrie der Zahlen vorstellte [101]. Und Voronoï gilt als Mitbegründer der Geometrie der Zahlen.[113]

[113] Je nach geographischem und kulturellem Hintergrund wird die Geometrie der Zahlen dem einen oder anderen zugeschrieben. Vielleicht ist die Geometrie der Zahlen ein weiteres Beispiel für das Phänomen zeitgleicher unabhängiger Erkenntnisse wie etwa der Beweis des Primzahlsatzes.

Bereits 1895 bestand ein Kontakt zwischen den beiden; so berichtet Minkowski in einem Brief vom 4. Dezember an seinen Freund Hilbert MiHi 29, [104], S. 72, von einem

> Woronoj (Petersb.) [der] auf 188 Seiten eine Theorie der kubischen Körper entwickelt, von der ich nach dem mangelhaften Referat in den Fortschritten jedenfalls nicht behaupten kann, daß sie die Hauptsachen außer Acht ließe. Du wirst in Göttingen vielleicht in der glücklichen Lage sein, einen das Russische verstehenden Mathematiker zur Verfügung zu haben; dann versäume es nicht, Dich über jene Arbeiten zu informiren; sie könnte doch mehr Gutes enthalten, als unsereiner von Russen erwartet.

Wir erinnern, dass Minkowskis Familie aufgrund von Antisemitismus aus dem russischen Aleksotas bzw. Kaunas ins preussische Königsberg umsiedelte. Angesichts dessen zeugt dieses Zitat von einer verhältnismäßig zurückhaltenden Sicht, die keineswegs selbstverständlich um die Jahrhundertwende war. Wie sich einem weiteren Brief vom 17. November 1896 MiHi 39 entnehmen lässt, ergab sich im Weiteren sogar eine private Korrespondenz, die allerdings nicht erhalten geblieben ist.

Zu Beginn seiner Karriere beschäftigte sich Voronoï mit Kettenbrüchen und deren Verwendung zur Konstruktion von Einheiten in Ganzheitsringen zu kubischen Zählkörpern; seine Doktorarbeit [142] erscheint 1896 nahezu zeitgleich mit Minkowskis verwandten Überlegungen [97] zu einer geometrischen Verallgemeinerung von Kettenbrüchen durch lokale Minima. Später setzte Voronoï sich zunehmend mit analytischen Themen zu divergenten Reihen und Mittelwerten zahlentheoretischer Funktionen auseinander.

Voronoïs vielleicht wichtigster Beitrag zur Mathematik sind jedoch seine geometrischen Überlegungen im Zusammenhang seiner Studien [145] zu quadratischen Formen. In der euklidischen Ebene sei eine Menge $\mathcal{M}$ von Punkten gegeben; dann heißt die Menge all der Punkte, welche von einem Punkt $P \in \mathcal{M}$ eine kürzere Distanz entfernt ist als von allen weiteren Punkten von $\mathcal{M}$, die *Voronoï-Zelle* von P. Im Falle einer diskreten Menge $\mathcal{M}$ sind diese Zellen konvexe Polygone, welche überschneidungsfrei den Raum pflastern. Dieses Konzept lässt sich leicht verallgemeinern (etwa auf andere Räume und andere Distanzmaße) und besitzt vielerlei Anwendungen, beispielsweise in der Meteorologie und Kristallographie[114], wo man auch gerne von Thiessen-Polygone sowie Wigner-Seitz-Zellen nach Alfred H. Thiessen (1911) bzw. Eugene Paul Wigner und Frederick Seitz (1933) spricht; tatsächlich findet sich diese Idee bereits in einer Arbeit von Dirichlet [31] und noch früher in den *Le Monde, ou Traite de la lumiere* [25], von René Descartes in der Zeit um 1630 verfasst. Diese wichtige Serie von Arbeiten zu quadratischen Formen verfasste Voronoï im Exil (ähnlich der Minkowskischen Isolation als mathematischer Pinguin in Bonn). Im Zuge der russischen Revolution 1905 und ihrer geographischen und zeitlichen

[114] Tatsächlich bemerkte bereits Seeber [130] 1831, dass positiv definite quadratische Formen nützlich für die Kristallographie sind.

Ausläufer musste Voronoï wie auch seine Kollegen bis ins Jahr 1908 (kurz vor seinem Tod) die geschlossene Universität in Warschau, wo er seit 1894 tätig war, verlassen und lebte in dieser Zeit im fernen Novocherkassk in Russland. Dies erinnert an Newtons fruchtbaren Rückzug aus Cambridge angesichts der wütenden Pest 1665 und seine bahnbrechenden Gedanken in ländlicher Abgeschiedenheit. Mehr Informationen über Voronoïs kurzes Leben liefert Syta [137].

Einer der frühen Rezipienten und weiteren Ausgestalter der Minkowskischen Geometrie der Zahlen ist Hans Frederik Blichfeldt (1873–1945). Den gebürtigen Dänen verschlug es als Fünfzehnjährigen in die U.S.A., wo er zunächst mit harter Arbeit seinen Lebensunterhalt und das spätere Studium finanzierte.[115] Blichfeldts amerikanischer Traum wurde wahr – er studierte erfolgreich in Stanford, erhielt dort eine Anstellung und promovierte dann 1898 bei Sophus Lie in Leipzig; später wurde er Professor in Stanford. Seine Dissertation und auch seine frühen Arbeiten beschäftigen sich mit linearen Gruppen und deren Darstellungen, erst 1914 mit dem Artikel [4] wendet er sich der Minkowskischen Ideenwelt zu und beweist den

Satz von Blichfeldt (1914). *Sei Λ ein Gitter mit Determinate* $\det(\Lambda)$ *und* Ω *eine Punktemenge von einem Volumen* $\mathrm{vol}(\Omega) > m\det(\Lambda)$ *für eine natürliche Zahl m. Dann existieren* $m+1$ *verschiedene Punkte* $\mathbf{x}_0, \ldots, \mathbf{x}_m$ *in* Ω*, so dass die Differenzen* $\mathbf{x}_j - \mathbf{x}_i$ *allesamt in* Λ *liegen.*

Bemerkenswert ist hier die Loslösung von symmetrischen konvexen Mengen.[116] Nennen wir eine Menge $\Omega \subset \mathbb{R}^n$ *packbar*, wenn $(\mathbf{x}+\Omega) \cap (\mathbf{y}+\Omega) = \emptyset$ für verschiedene $\mathbf{x}, \mathbf{y} \in \mathbb{Z}^n$ gilt. Dann besagt der Blichfeldtsche Satz somit: *Ist* Ω *Lebesgue-meßbar und packbar, dann gilt* $\mathrm{vol}(\Omega) \leq 1$. Dies liefert sofort einen alternativen Beweis des Minkowskischen Gitterpunktsatzes und sein Ansatz erlaubt darüberhinaus noch weitere Anwendungen und Verallgemeinerungen. Einen interessanten alternativen Beweis des Blichfeldtschen Satzes mit Hilfe des Schubfachprinzips fand Willy Scherrer [125].[117]

Eine weitere wesentliche Vereinfachung lieferte Robert Remak [117]. Der Berliner Remak promovierte 1911 bei Frobenius zu gruppentheoretischen Fragestellungen; seiner Habilitation wurde ihm jedoch unmöglich gemacht. Zwar hatte er bei seinem ersten Versuch 1919 u.a. den Frobenius' Nachfolger und Minkowski-Schüler Constantin Carathéodory auf seiner Seite, aber seine schwierige Persönlichkeit und offene Kritik am Lehrbetrieb standen seinen mathematischen Leistungen im Weg. Darüberhinaus passten seine politischen Ansichten links der Mitte und auch seine Versuche, ökonomische und soziale Theorien wissenschaftlicher zu fassen, nicht in das etablierte System der Berliner Universität. Ein weiterer Versuch der Habilitation scheiterte 1923. Anschließend verbrachte Remak viel Zeit in Göttingen, gefördert von Edmund Landau und Issai Schur, angeregt von Emmy Noether und – erstaunlicherweise auch von dem

[115] „I worked with my hands doing everything, East and West the country across.“ (cf. [28], S. 882.)

[116] Ehrhart [33, 34] entfernte für die Ebene die Symmetriebedingung durch Annahme des Schwerpunktes im Ursprung; im Allgemeinen ist die Frage jedoch offen.

[117] Auch findet sich hier die Approximationsidee aus Mordells Beweis des Gitterpunktsatzes wieder.

Antisemiten Ludwig Bieberbach. In dieser Zeit forschte Remak zu Themen der Geometrie der Zahlen, fand Verallgemeinerungen der Minkowskischen Sätze und etablierte sich damit schließlich derart, dass eine Habilitation in Berlin 1929 nicht mehr abgewiesen werden konnte. Während der Nazizeit wurde Remak als Jude verfolgt und in Auschwitz ermordet.[118]

[100] hatte sich auch mit einer inhomogenen Version seines Linearformensatzes auseinandergesetzt und im Falle des Produktes von $n = 2$ solcher Linearformen eine bestmögliche Abschätzung einer minimalen nicht-trivialen Lösung erzielt und eine Vermutung für allgemeines n aufgestellt. Remak [118] gelang mit erheblichem Aufwand unter Verwendung einer neuen Methode der Beweis einer solchen Abschätzung für den Fall $n = 3$. Später lieferten Freeman Dyson [32] (auf Anregung von Davenport, von dem sogleich die Rede sein wird) und Curtis McMullen [91] Beweise für $n \leq 6$; weitere Fälle wurden erfolgreich behandelt, worauf wir hier aber nicht weiter eingehen wollen.

Die Schulen in Manchester und Wien

Die nachfolgende zahlentheoretische Community der 1920er Jahre begegnete der Geometrie der Zahlen mit einer gewissen Zurückhaltung, wie es ein weiteres Zitat von Hlawka belegt:[119]

> Viele prominente Zahlentheoretiker (so z.B. H. Hasse (1898 geb.) waren der Ansicht, daß die Geometrie der Zahlen doch ein schwaches Werkzeug für die Zahlentheorie ist (...).

Erst eine weitere Generation von damals jungen und heute namhaften Vertretern der Zahlentheorie führte zu einer angemessenen Rezeption. Hlawka spricht von der Manchester Schule um Mordell und der Wiener Schule.

Behandeln wir zunächst die englische Schule. Sie wurde begründet durch Louis Joel Mordell (1888–1972), Sohn jüdischer Einwanderer aus Litauen (also eine gewisse geographische Verwandtschaft zu Minkowski); seit 1920 war er in Manchester tätig und baute dort eine bemerkenswerte Arbeitsgruppe auf.[120] Im Rahmen der Geometrie der Zahlen, welche Mordell in den 1930ern zunehmend beschäftigte, besteht sein Verdienst u.a. darin, erstmalig nicht-konvexe Probleme behandelt zu haben [106]. Der Austausch innerhalb der Manchester-Gruppe war sehr fruchtbar. Beispielsweise erzielte Mordells Schüler Harold Davenport (wenngleich dieser bei John E. Littlewood promovierte) die exakten Minima für das Produkt dreier ternärer Linearformen [23] und Mordell stellte dessen komplizierten Beweis einen eleganten Zugang zur Seite [107]. Kurze Zeit später

---

[118] Mehr Details zu Remaks Leben und Werk liefert Merzbach [92]. Beispielsweise lernt man dort, dass Remaks Großvater, ein bedeutender Mediziner gleichen Namens, als einer der Ersten seines Faches die außerordentliche Erlaubnis erhielt, sich als Jude an der Berliner Universität habilitieren zu dürfen, wurde aber trotz seiner Erfolge in Physiologie und Embryologie diskriminiert und blieb zeitlebens ohne eine ordentliche Professur.

[119] [70], S. 404.

[120] Mordell schreibt „I was self-taught mathematicially“ (cf. [15], S. 70) und tatsächlich sagt man seinen Artikeln und Büchern einen eigentümlichen Stil nach.

entdeckte Mordell [108] folgende schöne Abhängigkeit für aufeinanderfolgende Hermite-Konstanten:

$$\gamma_n \leq \gamma_{n-1}^{(n-1)(n-2)}.$$

Mordells Arbeitsgruppe wurde bereits in den frühen 1930ern Anlaufstelle für etliche aus Nazideutschland emigrierte Mathematiker, wie etwa Kurt Mahler, ein Schüler Carl Ludwig Siegels jüdischer Herkunft. Mahler initiierte u.a. die Behandlung von Sterngebieten[121] mit Methoden der Geometrie der Zahlen. Sein Kompaktheitssatz [89] ist von konzeptioneller Bedeutung und ein wichtiges Werkzeug in Gregori Aleksandrovich Margulis' Beweis [90], dass jede nicht-degenerierte quadratische Form Q in $n \geq 3$ Veränderlichen, welche nicht ein Vielfaches einer rationalen Form ist, ein dichtes Bild $Q(\mathbb{Z}^n)$ in $\mathbb{R}$ besitzt. Dies verifiziert eine alte Vermutung von Alexander Oppenheim [113] bzw. einer verschärften Formulierung von Davenport.

Es sind weitere Charaktere an dieser Stelle zu nennen. Zum einen Claude Ambrose Rogers, welcher bereits während seiner Promotion mit etlichen Veröffentlichungen zur Geometrie der Zahlen auffiel und in dieser Zeit viel mit Davenport kooperierte. Zum anderen Johannes van der Corput [21], der nicht direkt der Manchester Schule zugeordnet werden kann, sich dafür aber als Doktorvater von Jurjen Koksma auszeichnete. Gemeinsam mit Davenport [22] gelang eine Verallgemeinerung des Minkowskischen Gitterpunktsatzes in der Ebene, indem die Krümmung der Randkurve Berücksichtigung findet. Ferner entwickelte van der Corput eine Methode Mordells [105] (welche auch den Beweis des Minkowskischen Gitterpunktsatzes aus §3 liefert) fort, welche u.a. eine untere Abschätzung für die Anzahl der Gitterpunkte in einem symmetrischen konvexen Körper in Abhängigkeit von dessen Volumen erlaubt. Eine verwandte Verallgemeinerung von Siegel [131] mittels Fourier-Analysis brachte nicht nur neue analytische Werkzeuge ins Spiel, sondern lieferte sogar eine explizite (gewichtete) Gleichung.

Die Wiener Schule wurde von Philipp Furtwängler[122] gegründet und später von Nikolaus Hofreiter und nicht zuletzt Edmund Hlawka fortgeführt. Furtwängler veröffentlichte recht wenig zur Geometrie der Zahlen, gab allerdings viele Anstöße, insbesondere für die Forschung seines Schülers Hofreiter, welcher sich intensiv mit Produkten von inhomogenen Linearformen, quadratischen Zahlkörpern ohne euklidischen Algorithmus und Fragen der diophantischen Approximation auseinandersetzte [71]. In der Regel sind die Ganzheitsringe von Zahlkörpern nicht-euklidisch, womit zunächst kein euklidischer Algorithmus zur Verfügung steht mit Hilfe dessen ein praktikabler Kettenbruchalgorithmus implementiert werden könnte. Hier liefert der Minkowskische Linearformensatz einen alternativen Zugang.[123] Die relevanten Beiträge der Wiener Schule zur

[121] die sich dadurch auszeichnen, dass sie einen ausgezeichneten Punkt enthalten, so dass jede geradlinige Verbindungsstrecke zu einem weiteren Punkt komplett innerhalb dieser Menge liegt

[122] der an demselben Gymnasium Andreanum in Hidlesheim wie Adolf Hurwitz zur Schule ging

[123] Ein typisches Beispiel findet sich in der Dissertation von Hilde Gintner [48] aus dem Jahr 1936: *Zu $m \in \mathbb{N}$ und beliebigem $\alpha \in \mathbb{C} \setminus \mathbb{Q}(i\sqrt{m})$ existieren unendlich viele $p, q \in \mathbb{Z}[i\sqrt{m}]$ mit $|\alpha - \frac{p}{q}| < \frac{\sqrt{6m}}{\pi} \frac{1}{|q|^2}$.*

Geometrie der Zahlen sind aber Edmund Hlawka zuzuschreiben. In seiner Promotion über die Approximationen von zwei komplexen inhomogenen Linearformen [68] bei Hofreiter führte er dessen Steckenpferd fort; im Rahmen seiner Habilitation gelang ihm dann ein großer Wurf, für dessen Erklärung wir allerdings etwas ausholen müssen.

Für eine kompakte Menge $\mathcal{C} \subset \mathbb{R}^n$ ist die zugehörige *Gitterkonstante* definiert als

$$\Delta(\mathcal{C}) = \min\{\det(\Lambda) \,:\, \Lambda \cap \mathcal{C} \neq \{\mathbf{0}\}\},$$

wobei das Minimum über alle Gitter des $\mathbb{R}^n$ erhoben wird (und stets existiert wie Mahler zeigte). Dann ist

$$2^{-n}\frac{\operatorname{vol}(\mathcal{C})}{\Delta(\mathcal{C})}$$

gleich dem Maximum der *Gitterpackungsdichte*, also dem Anteil des $\mathbb{R}^n$, welcher durch $\mathcal{C} + \Lambda$ ohne Überlappung überdeckt wird. Im speziellen Fall von Kugeln notieren wir diese Dichte als δ_n. Den Zusammenhang zur Hermite-Konstanten γ_n hatte bereits Gauß [44] mit der Formel

$$\delta_n = \frac{1}{\Gamma(1+\frac{n}{2})}\left(\frac{\pi\gamma_n}{4}\right)^{\frac{n}{2}}$$

festgestellt. Eine untere Abschätzung für diese wichtige Größe und damit auch für die Hermite-Konstante liefert der

Satz von Hlawka-Minkowski (1911, 1943). *Für einen Sternkörper $\mathcal{S} \subset \mathbb{R}^n$ gilt*

$$\Delta(\mathcal{S}) \leq \frac{\operatorname{vol}(\mathcal{S})}{2\zeta(n)}.$$

Hierbei ist $\zeta(n) = 1 + 2^{-n} + 3^{-n} + \ldots$ der Wert der Riemannschen Zetafunktion $\zeta(s)$ an der Stelle $s = n$. Dieses Resultat findet sich ohne Beweis in den gesammelten Abhandlungen von Minkowski (posthum publiziert 1911); den ersten Beweis lieferte Hlawka [69] in seiner Habilitationsschrift 1943. Kurze Zeit später veröffentliche Siegel [132] einen weiteren, vielleicht noch zugänglicheren Beweis. Hlawka betreute Zeit seines langen Lebens 130 Promotionen und etliche seiner Schüler haben Professuren inne, etliche von ihnen mit einem Forschungsgebiet nahe der Geometrie der Zahlen. "Die stürmische Entwicklung dieses Gebietes in den 40- und 50-ziger Jahren endet ungefähr um 1960. Das Lehrbuch von Lekkerkerker: 'Geometry of Numbers' (1969) stellt das Erzielte zusammen. Die Entwicklung ging aber in stilleren Bahnen weiter." schreibt Hlawka [70], S. 9. Die bahnbrechende Arbeit [126] des Hlawka-Schülers Wolfgang Schmidt fällt in die Schlussphase der stürmischen Entwicklung.

Im Falle $m \not\equiv 3 \bmod 4$ ist $\mathbb{Z}[i\sqrt{m}]$ der Ganzheitsring des Zahlkörpers $\mathbb{Q}(i\sqrt{m})$; andernfalls liefert eine Beweisvariante eine analoge Ungleichung für den entsprechenden Ganzheitsring als rechte Seite sogar $\frac{\sqrt{6m}}{2\pi}\frac{1}{|q|^2}$.

Der Schmidtsche *Teilraum-Satz*[124] besagt, dass *zu gegebenen linear unabhängigen Linearformen $Y_1, \ldots, Y_n$ in n Unbekannten $X_1, \ldots, X_n$ mit algebraischen Koeffizienten sowie einem beliebigen $\epsilon > 0$ ganze Zahlen $x_1, \ldots, x_n$ gibt, nicht alle null, so dass*

$$|Y_1(\mathbf{x}) \cdot \ldots \cdot Y_n(\mathbf{x})| < |\mathbf{x}|^{-\epsilon} \qquad \textit{mit} \quad \mathbf{x} = (x_1, \ldots, x_n)$$

in endlich vielen echten Unterräumen des $\mathbb{Q}^n$ liegen.

Packungsprobleme

Nicht unerwähnt bleiben dürfen die so genannten Packungsprobleme. Hierbei geht es weniger um Fragen der Optimierung wie sie Paketzustelldienste oder moderne Bücherverkaufskonzerne zu lösen haben, als um eine naheliegende Frage, die sich bereits zu Beginn dieses Artikels angesichts des Zusammenhangs von Dreieckszahlen und Kugelpyramiden oder aber beim Besuch eines Wochenmarktes stellen mag: Wie lassen sich möglichst viele Orangen auf engem Raum stapeln?

Diese Fragestellung ist tatsächlich recht alt. Der englische Astronom Thomas Harriot war nicht nur 1609 der Erste (vor Galilei!), der sein Fernrohr gen Himmel neigte und dort u.a. die Jupitermonde entdeckte, was er jedoch mitzuteilen unterließ, sondern er machte sich auch Gedanken über das raumsparendste Stapeln von Kanonenkugeln (auf Anregung des auf den Weltmeeren herumsegelnden Sir Walter Rayleigh).[125] Harriot äußerte die Vermutung, dass ein Stapeln derselben, wie man es von etwa Orangen auf einem Wochenmarkt kennt, optimal seien. Er war hierbei sicherlich nicht der Erste, denn die Orangenstapel entstehen ja nicht von ungefähr. Ferner gab seine Korrespondenz mit dem noch bekannteren Astronomen und Mathematiker Johannes Kepler Anlass zu dessen Äußerung, dass *die dichteste Kugelpackung im dreidimensionalen euklidischen Raum durch eine kubisch-flächenzentrierte Packung bzw. die hexagonale Packung gegeben ist.* Bemerkenswert ist hier die Loslösung von einem endlichen zu einem unendlichen Orangenstapel. Diese so genannte Keplersche Vermutung findet sich in dessen Arbeit *vom sechseckigen Schnee* [75] von 1610. Aus den romantischen Eingangsworten Keplers mit der Widmung für seinen Freund Johannes Wackher von Wackersfeld mag man den Zusammenhang mit der Kugelpackung heraus erahnen:[126]

> Als ich so nachdenklich und sorgenvoll über die Brücke ging und mich über meine eigene Armseligkeit ärgerte, nämlich zu dir ohne Neujahrsgeschenk zu kommen, und immer denselben Gedanken nachging, dieses Nichts anzugeben oder etwas zu finden, was ihm am nächsten kommt, und ich daran die Schärfe meines Denkens übte, da fügte es der Zufall, dass sich der Wasserdampf durch die Kälte zu

[124] In der mittlerweile englischsprachigen Literatur 'subspace theorem'.

[125] Wesentlich älter sind Untersuchungen von Arybhatlya und Bhaskhara aus dem fünften bzw. sechsten Jahrhundert in Sanskrittexten; cf. Hales [55], S. 2.

[126] Siehe auch http://www.mathematik.de/ger/information/kalenderblatt/keplers_strena/keplers_strena.html.

> Schnee verdichtete und vereinzelte kleine Flocken auf meinen Rock fielen, alle waren sechseckig mit gefiederten Strahlen. [...] Ei, das ist ein erwünschtes Neujahrsgeschenk für einen Freund des Nichts! So wie der Schnee da vom Himmel herabkommt und den Sternen ähnlich ist, ist er auch passend als Geschenk eines Mathematikers, der nichts hat und nichts erhält.

Obwohl zu Keplers Zeiten die atomare bzw. molekulare Struktur unbekannt ist, bemerkt dieser eine hexagonale Anordnung (welche die Wassermoleküle bilden). Diesen Gedanken wird Auguste Bravais 1849 mit der Idee seiner Kristallgitter theoretisch genauer fassen und Max von der Laue wird diese 1912 experimentell nachweisen.[127] Diese augenscheinliche Struktur der Schneeflocken erinnerte Kepler an seine Konversation mit Harriot und führte ihn zu seiner Vermutung zur raumsparenden Lagerung unendlich vieler Kugeln gleicher Größe.

Die analoge Frage für Kreise ist deutlich einfacher, auch liefert sie ein wenig Überzeugung für die Richtigkeit der Keplerschen Vermutung. Ein wenig ebene Geometrie bzw. Herumexperimentieren mit einem Zirkel legt nahe, dass man um einen Kreis sechs weitere gleich große Kreise finden kann, die diesen berühren und sich dabei nicht überlappen. Entsprechend ist 6 die *Kusszahl*[128] in der Ebene. Für den dreidimensionalen Raum ist die Situation verzwickter: Hier stritten Isaac Newton und David Gregory Ende des 17. Jahrunderts, ob es 12 oder gar 13 Kugeln sind, welche eine gegebene Kugel gleicher Größe ohne Überlappung berühren können. Tatsächlich hatte Newton mit seiner 12 recht, wenngleich Platz für eine dreizehnte Kugel bestünde, nicht jedoch als Ganzes, sondern lediglich zerchnitten. Der erste rigorose Beweis hierfür stammt von Kurt Schütte & Bartel Leendert van der Waerden [127] aus dem zwanzigsten Jahrhundert.[129]

Für das Folgende ist es sinnvoll, einige Definitionen zu treffen. Unter einer *Kugelpackung* κ sei ein Arrangement von unendlich vielen gleichgroßen Kugeln verstanden, die sich nur berühren, aber nicht in mehr als einem Punkt überlappen dürfen. Die *Dichte* $\delta(\kappa)$ einer solchen Kugelpackung definieren wir als

$$\delta(\kappa) = \lim_{r\to\infty} \frac{\mathrm{vol}(\kappa \cap \mathcal{B}_r)}{\mathrm{vol}(\mathcal{B}_r)},$$

wobei $\mathcal{B}_r$ eine Kugel vom Radius r im $\mathbb{R}^n$ bezeichne. Damit ist $\delta(\kappa)$ der *Anteil* von κ, der in $\mathcal{B}_r$ im Grenzwert $r \to \infty$ enthalten ist. Wir sprechen von einer *Kugelgitterpackung*, wenn die Mittelpunkte der Kugeln ein Gitter bilden; ferner sprechen wir in der Ebene von Kreisen anstelle von Kugeln.

[127] Der Nachweis der Atomstruktur schloss sich an die 1905 von Einstein untersuchten Brownschen Bewegung an, welche auch in der Mathematik eine wichtige Rolle in der Theorie der stochastischen Prozesse spielt. Die Idee der *unteilbaren* Materie findet sich bereits bei Demokrit, und die Primzahlen sind deren mathematische Entsprechung.

[128] im Englischen 'kissing number'

[129] László Fejes Tóth [37] hat weitere Fragen zu endlichen Packungen aufgeworfen; diese stellen insbesondere mit Blick auf außermathematische Anwendungen eine Herausforderung dar. Leppmeier [87] behandelt u.a diese für eine Vielzahl von Optimierungsproblemen interessanten Fragestellungen (wie etwa platzsparende Packungen von Tennisbällen) und auftretende Überraschungen, wofür an dieser Stelle lediglich das Stichwort *Wurstkatastrophe* genannt sei.

Die dichteste Kreisgitterpackung ist, wie Lagrange [66] 1773 zeigte, hexagonal und bedeckt $\frac{\pi}{2\sqrt{3}} = 90,69\ldots$ Prozent der Ebene; es gilt also

$$\frac{\pi}{2\sqrt{3}} = \max_{\kappa} \delta(\kappa)$$

und die Dichte ist maximal unter aller Kreisgitterpackungen κ für ein hexagonales Gitter; in diesem Zusammenhang liefert die binäre quadratische Form $X^2 + XY + Y^2$ das zugehörige Minimum[130]. Diese Extremaleigenschaft suggeriert bereits die Kusszahl im Zweidimensionalen, aber dies ist natürlich kein Beweis. Die dichteste Kugelgitterpackung im dreidimensionalen Raum ist, wie Gauß [44] 1831 herleitete, flächenzentriert-kubisch mit einem Bedeckungsanteil von $\frac{\pi}{3\sqrt{2}} = 74,04\ldots$ Prozent; die zugehörige ternäre quadratische Form ist $X^2 + Y^2 + Z^2 + XY + YZ + XZ$. Tatsächlich sind beide Packungen sogar unter allen Kreis- bzw. Kugelpackungen *optimal*, wie Orangenverkäufer und sogar mathematisch ungebildete Bienenvölker wissen. Aber hierfür einen rigorosen mathematischen Beweis zu geben, erwies sich klange Jahre als extrem schwierig. Die Abwesenheit von Struktur ist hierfür der Grund: Liegt eine Gitterstruktur vor, so lässt sich die damit verbundene Regelmäßigkeit in der Anordnung relativ einfach nutzen; hingegen ist eine aperiodische Packung wesentlich unangenehmer zu untersuchen. Das zweidimensionale Analogon der Keplerschen Vermutung behandelte Axel Thue [139, 140] erfolgreich. Seine Idee benutzt implizit das Konzept der Voronoï-Zellen. Diese erweisen sich im Falle der dichtesten Kreispackung der Ebene als reguläre Sechsecke, womit folglich das hexagonale Gitte auf die dichteste Kreispackung führt – ein Grund mehr, auch für den dreidimensionalen Fall zu erwarten, dass die dichteste Kugelpackung von einem Gitter herrührt.

Die Keplersche Vermutung wurde von Hilbert in seine Liste der mathematischen Probleme für das zwanzigste Jahrhundert (als Teil des allgemeiner formulierten 18. Problems) aufgenommen (siehe [64]). Aber erst vor kurzem gelang es Thomas Callister Hales diese Nuss mit massiven Computereinsatz zu knacken.[131] Nach mehrjähriger Arbeit reichte er 1998 seine Arbeit in den renommierten *Annals of Mathematics* ein. Sein Ansatz basierte auf der oben angesprochenen alten Idee von László Fejes Tóth[132] [37] aus dem Jahre 1953, welche an Thues Ansatz anknüpfte und es erlaubt, die potentiell unendlich vielen Kugelanordnungen auf eine endliche Anzahl von Fällen zu reduzieren; wesentliches Werkzeug dabei sind die Voronoï-Zellen. Schließlich war Hales nach jahrelanger Vorarbeit soweit, dass lediglich einhundert Fälle übrigbleiben,

[130] und die Eisensteinschen Zahlen $m + \frac{1}{2}(-1 + \sqrt{-3})n$ mit ganzzahligen m, n bilden dieses Gitter in der komplexen Ebene mittels der dritten Einheitswurzel $\frac{1}{2}(-1 + \sqrt{-3}) = \exp(\frac{2\pi i}{3})$.

[131] Sein älterer Namensvetter, der Physiologe Stephen Hales (1677–1761) stellte im Rahmen seiner Untersuchungen zur Pflanzenphysiologie [53] randomisierte Experimente mit Erbsen an, welche für die Keplersche Vermutung sprachen.

[132] Hales listet aber noch weitere Unterstützer auf; insbesondere die Arbeit von Samuel P. Ferguson ist hier zu nennen.

die er dann einzeln mit den schnellsten verfügbaren Rechnern behandelt.[133] Aber gerade dieser Einsatz von Computern gibt letztlich Anlass zur Skepsis. Hales' umfassender Beweis von ca. 250 Seiten und 40 000 Zeilen Computercode wurde von Dutzenden Gutachtern über Jahre hinweg analysiert. Schließlich wird Hales Arbeit [54] 2005 veröffentlicht, allerdings mit dem Zusatz, dass die Gutachter zu 99 Prozent von der Richtigkeit überzeugt seien. Hier schwingt auch Unmut mit: Ein Beweis soll einen mathematischen Sachverhalt erleuchten; gewissermaßen ist der Beweis wichtiger als die Aussage selbst! Und dies geht Hales' Computerbewies ab. Nun haben sich Mathematik und Informatik seitdem rasant weiter entwickelt. Mittlerweile existieren so genannte *Beweisassistenten*, die im Gegensatz zu herkömmlichen Computerprogrammen komplexe Rechnungen gemäß den Reglen der Logik verifizieren. Hales möchte den Makel, der seinem Beweis anhaftete, mit einem solchen Beweisassistenten beseitigen. Er initiiert ein Projekt mit Namen *Formal Proof of Kepler*, kurz *flyspeck*[134], welches mit staatlicher Unterstützung und Einsatz des Informatikers Georges Gonthier von Microsoft tatsächlich in erstaunlicher Geschwindigkeit innerhalb eines Monats 2014 ein zweites Mal die Keplersche Vermutung verifiziert.

In fast allen höheren Dimensionen ist die Frage nach der dichtesten Kugelpackung, ja sogar nach der dichtesten Kugelgitterpackung bislang ungelöst. Lediglich für Spezialfälle sind Antworten bekannt. Eine besondere Rolle spielt hier das Leech-Gitter, entdeckt 1967 von John Leech [84], welches im 24-dimensionalen Raum die dichteste Kugelpackung bereitstellt und auf die beeindruckende Kusszahl 196 560 führt, wie Henry Cohn et al. [19] kürzlich zeigten; zuvor hatte Maryna Viazovska [141] den verwandten Fall der Dimension 8 gelöst mittels eines Zusammenhangs mit Quasimodulformen. Für ihre bahnbrechende Arbeit wurde Viazovska 2022 eine Fields-Medaille verliehen. Die speziellen Eigenschaften des Leech-Gitters machen es in vielerlei Weise interessant für Algebra und Zahlentheorie (z.B. hinsichtlich der sporadischen Gruppen und Modulformen), aber auch in der Codierungstheorie finden sich Anwendungen, worauf wir hier aber nicht weiter eingehen wollen (sondern stattdessen auf das Standardwerk von Conway & Sloane [20] verweisen). Erstaunlicherweise wird in allgemeinen höheren Dimensionen erwartet, dass die dichtesten Kugelpackungen nicht von Gittern herrühren, da die Struktur von Gittern zu einschränkend ist (cf. Cohn & Elkies [18], S. 690).

Minkowski selbst sah seine Geometrie der Zahlen als Wegbereiter:[135]

> Alle Theoreme hier wiesen *einen* Ursprung auf, wir schöpften sie aus einer gemeinsamen, sehr durchsichtigen Quelle, die ich als das *Prinzip der zentrierten konvexen Körper im Zahlengitter* bezeichnen möchte. Nun sind wir in der Tat eine Strecke Wegs in das Reich der heutigen Zahlentheorie eingedrungen. Wir können daran denken, uns auf diesem Boden zu akklimatisieren.

[133] Dies erinnert an den Computerbeweis des Vierfarbensatzes durch Kenneth Apel & Wolfgang Haken 1976.

[134] also „Fliegendreck"

[135] [103], S. 234/235.

Anschließend formulierte Minkowski, dass das Studium der Primideale wunderbare Zusammenhänge zwischen der Zahlentheorie und der Theorie der Funktionen offenbaren würde. Tatsächlich sind auf den Gebieten der algebraischen Zahlentheorie und in der Primzahlverteilung in den frühen Jahren des zwanzigsten Jahrhunderts erhebliche Fortschritte erzielt worden.

Einige Aspekte der Geometrie der Zahlen konnten nicht in ihrer vollständigen Tiefe untersucht werden. Beispielsweise sei die additive Kombinatorik von Imre Ruzsa [123] erwähnt, in der Fragen nach dem Pendant von Maßen und Dimension bei diskreten Mengen nachgegangen wird. Für die von Eugène Ehrhart [35] angestossenen umfangreichen Untersuchungen und Verallgemeinerungen des Pickschen Satzes, welche Geometrie, Kombinatorik und Zahlentheorie auf sehr schöne Weise miteinander verknüpfen, sei hier auf das schöne Buch von Beck & Robins [3] verwiesen; Hugo Hadwigers Arbeiten zur Zerlegungen von Polytopen, stimuliert durch Max Dehns Lösung des dritten Hilbertschen Problems, besprechen Erdős et al. [36]. Verallgemeinerungen der Minkowskischen Theorie für Zahlkörper werden von K. Rogers & P. Swinnerton-Dyer [122] behandelt. Interessant sind auch Anwendungen der Geometrie der Zahlen und der Theorie der Gitter auf Fragestellungen der Kodierungstheorie und der Kryptographie (wie etwa das Auffinden eines kürzesten Gittervektors). Hier lieferten Lenstra, Lenstra & Lovász [86] mit ihrem LLL-Algorithmus zur Bestimmung kurzer Gittervektoren in Polynomialzeit einen äußerst wichtigen Beitrag (und eine Verbesserung und Erweiterung eines klassischen Verfahrens von Gauß). Für Anwendungen der Geometrie der Zahlen außerhalb der Zahlentheorie und sogar der Mathematik verweisen wir auf Lovász [88]. Für ein tieferes Eindringen in die Geometrie der Zahlen empfehlen wir die Bücher von Gruber & Lekkerkerker [51] sowie die Klassiker von Cassels [14] und Siegel [107]; geschichtliche Aspekte insbesondere in einem größeren geometrischen Kontext findet man bei Gruber [52] und Opolka & Scharlau [112]. Für die Gitterpunktprobleme bietet das Buch von Fricker [42] einen sehr guten Einstieg. Packungsprobleme werden sehr schön bei Rogers [121] dargestellt. Eine detaillierte Geschichte der Geometrie der Zahlen liefert die Dissertation von Sébastien Gauthier [47].

Literaturverzeichnis

[1] N.C. ANKENY, Sums of three squares, *Proc. Am. Math. Soc.* **8** (1957), 316-319.

[2] ARCHIMEDES, *Kugel und Zylinder*, Ostwalds Klassiker der exakten Wiss., Akad. Verlagsgesellschaft, Leipzig 1922.

[3] M. BECK, S. ROBINS *Computing the Continuous Discretely*, Springer 2007.

[4] H.F. BLICHFELDT, A new principle in the geometry of numbers, with some applications, *Trans. Amer. Math. Soc. Trans.* **15** (1914), 227-235.

[5] H.F. BLICHFELDT, The minimum value of quadratic forms, and the closest packing of spheres, *Math. Ann.* **101** (1929), 605-608.

[6] O. BLUMENTHAL, Lebensgeschichte, in: DAVID HILBERT, *Gesammelte Abhandlungen*, Dritter Band, Berlin 1935, 388-429.

[7] E. BOMBIERI, J. PILA, The number of integral points on arcs and ovals, *Duke Math. J.* **59** (1989), 337-357.

[8] E. BOMBIERI, J. VAALER, On Siegel's lemma, *Invent. Math.* **73** (1983), 11-32.

[9] M. BORN, *Dynamik der Kristallgitter*, Teubner, Leipzig 1915.

[10] M. BORN, Erinnerungen an Hermann Minkowski zur 50. Wiederkehr seines Todestages, *Naturwissenschaften* **46** (1959), 501-505.

[11] H. BRUNN, *Ueber Ovale und Eiflächen*, Diss. München, 1887.

[12] H. BRUNN, *Ueber Curven ohne Wendepunkte*, Th. Ackermann., München 1889.

[13] J.J. BURCKHARDT, Zur Geschichte der Entdeckung der 230 Raumgruppen, *Arch. Hist. Exact Sci.* **4** (1967), 235-246.

[14] J.W.S. CASSELS, *An introduction to the geometry of numbers*, Springer 1959.

[15] J.W.S. CASSELS, L.J. Mordell, *Bull. Lond. Math. Soc.* **6** (1974), 69-96.

[16] A. CAUCHY, Démonstration du théorème général de Fermat sur les nombres polygones, in: '*Oeuvres complètes d'Augustin Cauchy, Vol. VI*, Gauthier-Villars, Paris 1905, 320-353.

[17] C. CHABAUTY, Sur le minimum du produit de formes linéaires réelles, *C. R. Acad. Sci., Paris* **228** (1949), 1361-1363.

[18] H. COHN, N. ELKIES, New upper bounds on sphere packings. I. *Ann. Math.* **157** (2003), 689-714

[19] H. COHN, A. KUMAR, S.D. MILLER, D. RADCHENKO, M.S. VIAZOVSKA, The sphere packing problem in dimension 24, *Ann. Math.* 185, No. 3 (2017), 1017-1033.

[20] J.H. CONWAY, N.J.A. SLOANE, *Sphere Packings, Lattices and Groups*, Springer 1993.

[21] J.G. VAN DER CORPUT, Verallgemeinerung einer Mordellschen Beweismethode in der Geometrie der Zahlen, *Acta Arith.* **1** (1935), 62-66.

[22] J.G. VAN DER CORPUT, H. DAVENPORT, On Minkowski's fundamental theorem in the geometry of numbers, *Nederl. Akad. Wet., Proc.* **49** (1946), 701-707.

[23] H. DAVENPORT, On the product of three homogeneous linear forms. II. *Proc. Lond. Math. Soc.*, II. Ser. **44** (1938), 412-431.

[24] H. DAVENPORT, The Geometry of Numbers, *Math. Gazette*, **31** (1947), 206-210.

[25] R. DESCARTES, *Le Monde, ou Traite de la lumiere*, Abaris Books, New York 1979; übersetzt und kommentiert von M.S. Mahoney.

[26] J.I. DEUTSCH, Geometry of numbers proof of Götzky's four square theorem, *J. Number Theory* **96** (2002), 417-431.

[27] E. DEZA, M.M. DEZA, *Figurate Numbers*, World Scientific 2012.

[28] L.E. DICKSON, Obituary: Hans Frederik Blichfeldt. 1873-1945. *Bull. Amer. Math. Soc.* **53** (1947), 882-883.

[29] P.G.L. DIRICHLET, Verallgemeinerung eines Satzes aus der Lehre von den Kettenbrüchen nebst einigen Anwendungen auf die Theorie der Zahlen, *Ber. Verh. Königl. Preuss. Akad. Wiss.* (1842), 93-95; *Werke I*, 635-638.

[30] P.G.L. DIRICHLET, Ueber die Bestimmung der mittleren Werthe in der Zahlentheorie, *Abhandl. Königl. Preuss. Akad.* (1849), 69-83.

[31] P.G.L. DIRICHLET, Über die Reduction der positiven quadratischen Formen mit drei unbestimmten ganzen Zahlen, *J. reine angew. Math.* **40** (1850), 209-227.

[32] F.J. DYSON, On the product of four non-homogeneous linear forms, *Ann. Math.* **49** (1948), 82-109.

[33] E. EHRHART, Une généralisation du théorème de Minkowski, *C. R. Acad. Sci., Paris* **240** (1955), 483-485.

[34] E. EHRHART, Sur les ovales et les ovoïdes, *C. R. Acad. Sci., Paris* **240** (1955), 583-585.

[35] E. EHRHART, Sur les polyèdres rationnels homothétiques à n dimensions, *C. R. Acad. Sci. Paris* **254** (1962), 616-618.

[36] P. ERDŐS, P.M. GRUBER, J. HAMMER, *Lattice Points*, Pitman Monographs, Longman Scientific & Technical, New York 1989

[37] L. FEJES TÓTH, *Lagerungen in der Ebene, auf der Kugel und im Raum*, Springer 1953.

[38] E.P. FISCHER, *Einstein trifft Picasso und geht mit ihm ins Kino*, Piper, 2005.

[39] D. FOWLER, *The Mathematics of Plato's Academy*, Clarendon Press Oxford, 1999.

[40] G. FREI, U. STAMMBACH, *Die Mathematiker an den Zürcher Hochschulen*, Birkhäuser, Basel 1994.

[41] F. FRICKER, Die Geschichte des Kreisproblems, *Mitteilungen Math. Sem. Gießen* **111** (1974), 1-34.

[42] F. FRICKER, *Einführung in die Gitterpunktlehre*, Birkhäuser 1982.

[43] C.F. GAUSS, *Disquisitiones Arithmeticae*, Gerhard Fleischer, Leipzig 1801; deutsche Übersetzung herausgegeben von H. Maser, Springer, 1889.

[44] C.F. GAUSS, Recension der "Untersuchungen über die Eigenschaften der positiven ternären quadratischen Formen von Ludwig Seeber", *Göttingische Gelehrte Anzeigen*, 9. Juli 1831; nachgedruckt in *J. reine angew. Math.* **20** (1840), 312-320.

[45] C.F. GAUSS, De nexu inter multitudinem classinum, in ques formae binariae secundi gradus distribuuntur, earumque determinantem, (1834/37); in: *Werke, II*, 269-291; nachgedruckt in [43].

[46] C.F. GAUSS, *Mathematisches Tagebuch 1796-1814*, Akademische Verlagsgesellschaft Geest & Portig, Leipzig 1976.

[47] S. GAUTHIER, *La géométrie des nombres comme discipline (1890-1945)*, Dissertation, Paris 2007.

[48] H. GINTNER, *Ueber Kettenbruchentwicklung und über die Approximation von komplexen Zahlen*, Dissertation, Wien 1936.

[49] F. GÖTZKY, Über eine zahlentheoretische Anwendung von Modulfunktionen zweier Veränderlicher, *Math. Ann.* **100** (1928), 411-437.

[50] J. GRAY, *Plato's Ghost*, Princeton University Press 2008.

[51] P.M. GRUBER, C.G. LEKKERKERKER, *Geometry of Numbers*, North-Holland, Elsevier 1987, 2nd ed.

[52] P.M. GRUBER, Zur Geschichte der Konvexgeometrie und der Geometrie der Zahlen, in: *Ein Jahrhundert Mathematik 1890-1990, Festschrift zum Jubiläum der DMV*, herausgegeben von G. Fischer et al., Dokumente zur Geschichte der Mathematik **6**, Vieweg, Braunschweig/Wiesbaden 1990, 421-455.

[53] S. HALES, *Vegetable staticks, or an account of some statical experiments on the sap of vegetables*, London 1727.

[54] T.C. HALES, A proof of the Kepler Conjecture, *Annals of Math.* **162** (2005), 1063-1183.

[55] T.C. HALES, Historical overview of the Kepler conjecture, *Discrete Comput. Geom.* **36** (2006), 5-20.

[56] H. HANCOCK, *Development of the Minkowski Geometry of Numbers, Vol. I & II*, Macmillan, New York 1939, Nachdruck bei Dover 1964.

[57] G.H. HARDY, On the expression of a number as the sum of two squares, *Quart. J.* **46** (1915), 263-283.

[58] D.B. HAUNSPERGER, S.F. KENNEDY, Sums of triangular numbers, *Math. Mag.* **70** (1997), 46.

[59] A. HEEFFER, B. RITTAUD, The pigeonhole principle, two centuries before Dirichlet, *Math. Intelligencer* **36** (2014), 27-29.

[60] C. HERMITE, Extraits de lettre de M. Ch. Hermite à M. Jacobi sur différents objets de la théorie des nombres, Première lettre à M. Jacobi, *J. reine angew. Math.* **40** (1850), 261-278.

[61] F. HERZOG, B.M. STEWART, Patterns of visible and nonvisible lattice points, *Amer. Math. Monthly* **78** (1971), 487-496.

[62] D. HILBERT, Ueber die gerade Linie als kürzeste Verbindung zweier Punkte, *Math. Ann.* **XLVI** (1895), 91-96.

[63] D. HILBERT, *Grundlagen der Geometrie*, Göttingen 1899.

[64] D. HILBERT, Mathematische Probleme. Vortrag, gehalten auf dem internationalen Mathematiker-Congress zu Paris 1900, *Gött. Nachr.* (1900), 253-297.

[65] D. HILBERT, Hermann Minkowski, Gedächtnisrede, *Gött. Nachr., Gesch. Mitt.* (1909), 72-101; *Math. Ann.* **68** (1910), 445-471.

[66] D. HILBERT, *Grundlagen der Geometrie (Festschrift 1899)*, kommentiert von K. Volkert, Springer 2015.

[67] S. HILDEBRANDT, Didos Problem, *Math. Semesterber.* **57** (2010), 163-168.

[68] E. HLAWKA, Über die Approximation von zwei komplexen inhomogenen Linearformen, *Monatsh. Math. Phys.* **46** (1938), 324-334.

[69] E. HLAWKA, Zur Geometrie der Zahlen, *Math. Z.* 49 (1943), 285-312.

[70] E. HLAWKA, 90 Jahre Geometrie der Zahlen, *Jahrbuch Überblicke Mathematik* 1980, Bibliographisches Institut, Mannheim, 9-41.

[71] N. HOFREITER, Diophantische Approximationen in imaginär quadratischen Zahlkörpern, *Monatsh. Math. Phys.* **45** (1937), 175-190.

[72] A. HURWITZ, Ueber lineare Formen mit ganzzahligen Variabeln, *Gött. Nachr.* (1897), 139-145.

[73] M.N. HUXLEY, Exponential Sums and Lattice Points III. *Proc. London Math. Soc.* **87** (2003), 591-609.

[74] V. JARNÍK, Über die Gitterpunkte auf konvexen Kurven, *Math. Z.* **24** (1925), 500-518.

[75] J. KEPLER, *Vom sechseckigen Schnee* (Strena seu de Nive sexangula), ins Deutsche übersetzt und kommentiert von D. GOETZ, Akad. Verlagsgesellsch. Geest & Portig, Leipzig 1987.

[76] T.H. KJELDSEN, From measuring tool to geometrical object: Minkowski's development of the concept of convex bodies, *Arch. Hist. Exact Sci.* **62** (2008), 59-89.

[77] F. KLEIN, Ueber eine geometrische Auffassung der gewöhnlichen Kettenbruchentwickelung, *Gött. Nachr.* (1895), 357-359.

[78] F. KLEIN, *Vorlesungen über die Entwicklung der Mathematik im 19. Jahrhundert*, Springer 1926.

[79] J.F. KOKSMA, *Diophantische Approximationen*, Springer 1936.

[80] A. KORKINE, G. ZOLOTAREV, Sur les formes quadratiques, *Clebsch Ann.* **6** (1873), 366-389.

[81] A. KORKINE, G. ZOLOTAREV, Sur les formes quadratiques positives, *Clebsch Ann.* **11** (1877), 242-292.

[82] J.L. LAGRANGE, Recherches d'arithmetique, *Nouv. Mem. Acad. Roy. Sc. Belle Lettres* (1773), 265-312 .

[83] J.D. LAISON, M. SCHICK, Seeing dots: visibility of lattice points, *Math. Mag.* **80** (2007), 274-282.

[84] J. LEECH, Notes on Sphere Packings, *Canad. J. Math.* **19** (1967), 251-267.

[85] C.G. LEKKERKERKER, *Geometry of Numbers*, North-Holland, Groningen 1969; Vorgänger von [51].

[86] A.K. LENSTRA, H.W. LENSTRA, L. LOVÁSZ, Factoring polynomials with rational coefficients, *Math. Ann.* **261** (1986), 515-534.

[87] M. LEPPMEIER, *Kugelpackungen von Kepler bis heute*, Vieweg, 1997.

[88] L. LOVÁSZ, Geometry of numbers and integer programming, in: Mathematical programming, Proc. 13th Int. Symp., Tokyo/Jap. 1988, *Math. Appl., Jap. Ser.* **6** (1989), 177-201.

[89] K. MAHLER, A theorem of B. Segre, *Duke Math. J.* **12** (1945), 367-371.

[90] G.A. MARGULIS, Formes quadratiques indéfinies et flots unipotents sur les espaces homogènes, *C. R. Acad. Sci., Paris, Sér. I* **304** (1987), 249-253.

[91] C.T. MCMULLEN, Minkowski's conjecture, well-rounded lattices and topolgical dimension, *J. Amer. Math. Soc.* **18** (2005), 711-734.

[92] U.C. MERZBACH, Robert Remak and the estimation of units and regulators, in: *Festschrift für Hans Wußing zu seinem 65. Geburtstag*, S.S. Demidov, (ed.) et al., Birkhäuser 1992, 481-522.

[93] H. MINKOWSKI, Mémoire sur la théorie des formes quadratiques à coëfficients entiers, *Paris. Impr. nationale. Extrait des Mém. présentés par divers savants à l'Ac. des sc. de l'Inst. de France* **XXIX** (1884).

[94] H. MINKOWSKI, Beweis, dass jede Discriminante eine von Eins verschiedene Zahl ist, *Naturf. Ges. Bremen.* **13** (1890).

[95] H. MINKOWSKI, Ueber die positiven quadratischen Formen und über kettenbruchähnliche Algorithmen, *J. reine angew. Mathe.* **CVII** (1891), 278-297 (1891).

[96] H. MINKOWSKI, Ueber Eigenschaften von ganzen Zahlen, die durch räumliche Anschauung erschlossen sind, in: *Mathematical Papers read at the International Mathematical Congress held in conncetion with the World's Columbian Exposition Chicao 1893*, E. Hastings Moore et al. (eds.), Macmillan, New York 1896, 201-207.

[97] H. MINKOWSKI, Généralisation de la théorie des fractions continues, *Ann. de l'Éc. Norm.* **13** (1896), 41-60.

[98] H. MINKOWSKI, *Geometrie der Zahlen*, Teubner, Leipzig, 1896; zweite Auslieferung 1910.[136]

[99] H. MINKOWSKI, Über die Begriffe Länge, Oberfläche und Volumen, *Deutsche Math.-Ver.* **9** (1901), 115-121.

[100] H. MINKOWSKI, Ueber die Annäherung an eine reelle Grösse durch rationale Zahlen, *Math. Ann.* **54** (1901), 91-124.

[101] H. MINKOWSKI, Zur Geometrie der Zahlen, *Verh. d. 3. intern. Math.-Kongr. Heidelb.* (1905), 164-173.

[102] H. MINKOWSKI, Peter Gustav Lejeune Dirichlet und seine Bedeutung für die heutige Mathematik, *Jber. DMV* **14** (1905), 149-163.

[103] H. MINKOWSKI, *Diophantische Approximationen*, Teubner, Leipzig 1907.

[104] H. MINKOWSKI, *Briefe an David Hilbert*, mit Beiträgen und herausgegeben von L. Rüdenberg und H. Zassenhaus, Springer 1973.

[105] L.J. MORDELL, On some arithmetical results in the geometry of numbers, *Compositio Math.* **1** (1934), 248-253.

[136] Die zweite Auflage erschien im Jahr nach Minkowskis unerwartetem Ableben. Die Herausgeber David Hilbert und Andreas Speiser schreiben im Vorwort: "Der Bogen, den wir als zweite Lieferung veröffentlichen, fand sich als vollständig abgeschlossenes Manuskript im Nachlasse, und wir handeln nach dem Wunsche des Verfassers, wenn wir ihn für sich herausgeben und so dem Werke einen gewissen Abschluß verleihen." Sowohl Hlawka [70] als auch Hancock [56] monieren, dass diese zweite Auflage nicht der von Minkowski angedachten Form entspricht; vielleicht wird dem Hancocks zweibändiges Werk [56] gerecht.

[106] L.J. MORDELL, Some results in the geometry of numbers for non-convex regions, *J. London math. Soc.* **16** (1941), 149-151.

[107] L.J. MORDELL, The product of three homogeneous linear ternary forms, *J. Lond. Math. Soc.* **17** (1942), 107-115.

[108] L.J. MORDELL, Observation on the minimum of a positive quadratic form in eight variables, *J. Lond. Math. Soc.* **19** (1944), 3-6

[109] L.J. MORDELL, On the representation of a number as a sum of three squares, *Rev. Math. Pures Appl.* **3** (1958), 25-27.

[110] R.B. NELSEN, *Proofs Without Words II. More Exercises in Visual Thinking,* Mathematical Association of America, 2000.

[111] J. NEUKIRCH, *Algebraische Zahlentheorie,* Springer 1992.

[112] H. OPOLKA, W. SCHARLAU, *Von Fermat bis Minkowski. Eine Vorlesung über Zahlentheorie und ihre Entwicklung,* Springer 1980.

[113] A. OPPENHEIM, The minima of indefinite quaternary quadratic forms, *Proc. Nat. Acad. Sci. U.S.A.* **15** (1929), 724-727.

[114] E.P. OZHIGOVA, A.P. YUSHKEVICH, Problems in the theory of numbers, in: *Mathematics of the 19th Century,* A.N. Kolmogorov, A.P. Yushkevich (eds.), Birkhäuser 2001.

[115] G.A. PICK, Geometrisches zur Zahlenlehre. (Bearbeitung eines in der deutschen mathematischen Gesellschaft zu Prag gehaltenen Vortrags), *Sonderabdr. Naturw.-medizin. Verein f. Böhmen 'Lotos',* **8** (1899).

[116] G. PÓLYA, Zahlentheoretisches und Wahrscheinlichkeitstheoretisches über die Sichtweite im Walde, *Archiv Math. Phys.* **27** (1918), 135-142.

[117] R. REMAK, Vereinfachung eines Blichfeldtschen Beweises aus der Geometrie der Zahlen, *Trans. Amer. Math. Soc.* **15** (1914), 227-235.

[118] R. REMAK, Verallgemeinerung eines Minkowskischen Satzes. I, II. *Math. Z.* **17; 18** (1923), 1-34; 173-200.

[119] C.A. ROGERS, The product of the minima and the determinant of a set, *Proc. Akad. Wet. Amsterdam* **52** (1949), 256-263.

[120] C.A. ROGERS, Existence theorems in the geometry of numbers, *Ann. Math.* **48** (1947), 994-1002.

[121] C.A. ROGERS, *Packing and Covering,* Cambridge Tracts **54**, 1964.

[122] K. ROGERS, H.P.F. SWINNERTON-DYER, The geometry of numbers over algebraic number fields, *Trans. Am. Math. Soc.* **88** (1958), 227-242.

[123] I.Z. RUZSA, Additive combinatorics and geometry of numbers, in: *Proceedings of the international congress of mathematicians (ICM), Madrid, Spain, August 22–30, 2006. Volume III: Invited lectures*, M. SANZ-SOLÉ et al. (eds.), European Mathematical Society, Zurich 2006, 911-930.

[124] W. SARTORIUS VON WALTERSHAUSEN, *Gauss zum Gedächtnis*, Hirzel, Leipzig 1856.

[125] W. SCHERRER, Ein Satz über Gitter und Volumen, *Math. Ann.* **86** (1922), 99-107.

[126] W.M. SCHMIDT, Norm form equations, *Ann. Math.* **96** (1972), 526-551.

[127] K. SCHÜTTE, B.L. VAN DER WAERDEN, Das Problem der dreizehn Kugeln, *Math. Ann.* **125** (1953), 325-334.

[128] J. SCHWERMER, Räumliche Anschauung und Minima positiv definiter quadratischer Formen. Zur Habilitation von Hermann Minkowski 1887 in Bonn. *Jahresber. Dtsch. Math.-Ver.* **93** (1991), 49-105.

[129] C.J. SCRIBA, P. SCHREIBER, *5000 Jahre Geometrie*, Springer 2010.

[130] L.A. SEEBER, *Untersuchungen über die Eigenschaften der positiven ternären quadratischen Formen*, Freiburg 1831.

[131] C.L. SIEGEL, Über Gitterpunkte in konvexen Körpern und ein damit zusammenhängendes Extremalproblem, *Acta Math.* **65** (1935), 307-323.

[132] C.L. SIEGEL, A mean value theorem in geometry of numbers, *Ann. Math.* **46** (1945), 340-347.

[133] C.L. SIEGEL, *Lectures on the Geometry of Numbers*, bearbeitete Vorlesungsmitschrift von B. FRIEDMAN, K. CHANDRASEKHARAN, Springer, 1989.

[134] K. SOUNDARARAJAN, Omega results for the divisor and the circle problem, *Int. Math. Res. Not.* **36** (2003), 1987-1998.

[135] H. STEINHAUS, Sur un theorem de M. V. Jarnik, *Colloq. Math.* **1** (1947), 1-5.

[136] W. STROBL, Aus den wissenschaftlichen Anfängen Hermann Minkowskis, *Hist. Math.* **12** (1985), 142-156.

[137] H.M. SYTA, Short biography of G. Voronoï, in: "*Voronoï's impact on modern science. Book I*", Engel, P. (ed.) et al., (Transl. from the Ukrainian) Kyiv: Institute of Mathematics; *Proc. Inst. Math. Natl. Acad. Sci. Ukr., Math. Appl.* **21** (1998), 11-24.

[138] G.G. SZPIRO, *Die Keplersche Vermutung*, Springer 2011.

[139] A. THUE, Om nogle geometrisk taltheoretiske Theoremer, *Naturforskermöde* (1892). 352-353.

[140] A. THUE, Über die dichteste Zusammenstellung von kongruenten Kreisen in einer Ebene, *Christiania Vid.-Selsk. Skr.* **1** (1910), 9 S.

[141] M.S. VIAZOVSKA, The sphere packing problem in dimension 8, *Ann. Math.* 185, No. 3 (2017), 991-1015.

[142] G.F. VORONOÏ, *Ueber eine Verallgemeinerung des Kettenbruch-Algorithmus* (Russisch), Doktorarbeit, Warschau 1896; siehe auch G.F. VORONOÏ, *Collected works*, Verlag der Akademie der Wissenschaften der Ukrainischen SSR, Kiew 1952.

[143] G.F. VORONOÏ, Sur un problème du calcul des fonctions asymptotiques, *J. für Math.* **126** (1903), 241-282.

[144] G.F. VORONOÏ, Sur le développement, à l'aide des fonctions cylindriques, des sommes doubles $\sum f(pm^2 + 2qmn + rn^2)$, où $pm^2 + 2qmn + rn^2$ est une forme positive à coefficients entiers, *Verh. d. 3. intern. Math.-Kongr. Heidelb.* (1905), 214-245.

[145] G.F. VORONOÏ, Nouvelles applications des paramètres continus à la théorie des formes quadratiques. Deuxième mémoire: recherches sur les parallélloèdres primitifs, *J. reine angew. Math.* **134** (1908), 198-287; **136** (1909), 67-178.

[146] A. WALFISZ, Über Gitterpunkte in mehrdimensionalen Ellipsoiden, *Math. Z.* **19** (1924), 300-307.

[147] J. WÓJCIK, On sums of three squares, *Colloq. Math.* **24** (1971/72), 117-119.

[148] A.C. WOODS, The anomaly of convex bodies, *Proc. Camb. Philos. Soc.* **52** (1956), 406-423.

[149] H.J. ZASSENHAUS, On the Minkowski-Hilbert Dialogue on Mathematization, *Canad. Math. Bull.* **18** (1975), 443-461.

2.4 Die Zahlentheorie im Briefwechsel

Zahlentheorie spielte eine zentrale Rolle in der Forschung der Drei, insbesondere in den 1890ern, als sie nicht mehr die täglichen gemeinsamen Spaziergänge hatten, sondern räumlich getrennt waren und sich mathematisch orientierten und etablierten. Dies spiegelt sich natürlich auch in deren Briefwechsel wider.

Die genaue Abgrenzung zwischen Zahlentheorie und angrenzenden Gebieten (wie z.B. Algebra und Funktionentheorie oder (komplexe) Analysis) fiel damals schwer und ist es heute umso mehr.

Wir behandeln hier nicht alle Themen, die inhaltlich der Zahlentheorie zugewiesen werden könnten. Beispielsweise die sogenannte *Riemann-Hurwitz-Formel* ließe sich thematisch – zumindest aus heutiger Sicht – auch anders einordnen. Sie steht im Zusammenhang mit der Größe der Automorphismengruppe. Heutzutage sind viele Ergebnisse weit verzweigt; so sind etwa Funktionenkörper ein interessanter *Aspekt* der Zahlentheorie. [137] Wir beziehen unsere Aufteilung auf Zuordnungen, wie sie damals üblich war.

Mit Blick auf den vorigen Essay verzichten wir im Folgenden auf tiefergehende Aspekte der *Geometrie der Zahlen*. Trotzdem beginnen wir mit einem verwandten Thema.

§ 1 Quadratische Formen — 1890

Adolf Hurwitz war ein junger Hochschullehrer mit vielen, weit gestreuten Interessen. David Hilbert kann als der Spätentwickler der Drei betrachtet werden, der sich letztlich als Universalgenie einen großen Namen machte. Hermann Minkowski ist vielleicht am einfachsten zu charakterisieren als ein junges Talent mit neuen Ideen in einem klassischen Gebiet, den quadratischen Formen.

Verschiedene Standorte bedingten Briefwechsel. Zunächst waren dies Minkowski in Bonn einerseits sowie Hurwitz und Hilbert in Königsberg andererseits. Das erste Resultat, das wir genauer betrachten wollen, ist von bemerkenswerter Tiefe:

> Bei der Untersuchung der ternären diophantischen Gleichungen vom Geschlechte Null wurden Herr Hilbert und ich auf diese Frage geführt. Wenn zwei diophantische Gleichungen durch rationale eindeutig umkehrbare Transformationen ineinander überführt werden können, so lassen sich offenbar die Lösungen einer jeden dieser Gleichungen aus der anderen ableiten; beide

[137] Mehr zur Zahlentheorie in Funktionenkörper findet sich im Buch [100]. Der Satz von Hurwitz liefert Informationen über die Mindestgröße der Automorphismengruppe einer kompakten hyperbolischen Riemannschen Fläche, nämlich mindestens $84(g-1)$ Elemente, wobei g das Geschlecht bezeichnet; siehe [50].

> Gleichungen repräsentiren im Wesentlichen dieselbe Aufgabe. Wir rechnen deshalb alle diophantischen Gleichungen, welche aus einer durch die genannten Transformationen hervorgehen, in eine Klasse. Unsere Untersuchung, welche demnächst in den Acta mathematica erscheinen wird, ergab nun, dass in jeder Klasse ternärer diophantischer Gleichungen vom Geschlechte Null auch quadratische Gleichungen enthalten sind. Die sich hier anknüpfende Frage nach den Invarianten einer solchen Klasse findet daher durch die allgemeinen Sätze, welche Herr Minkowski aufstellt und beweist, ihre Erledigung.

Mit diesen Worten seines Freundes Hurwitz startete Minkowski seinen Artikel [81]; der Brief im Hintergrund scheint verloren gegangen zu sein. Bei der erwähnten Arbeit von Hilbert und Hurwitz handelt es sich um [42], also Untersuchungen gewisser diophantischer Gleichungen bzgl. ihrer Invarianten.[138]

In [81] bewies Minkowski notwendige und hinreichende Bedingungen, dass zwei n-dimensionale quadratische Formen mit ganzen Koeffizienten *rational* ineinander transformierbar sind. Und er gab ein System von endlich vielen Kongruenzen an, dass eine n-dimensionale quadratische Form die Null *nicht-trivial* darstellt.

Später entwickelte Helmut Hasse (1898–1979) – auf Ideen von Kurt Hensel (1861–1941) aufbauend – eine moderne Einbettung dieser Ergebnisse in ein sogenanntes p-adisches *setting*, siehe [27, 28].

Inwiefern lassen sich die Resultate von Minkowski bzw. (später) von Hasse weiterentwickeln? Erstaunlich weit! Mithilfe der p-Adik konnte Hasse auch diese Erweiterungen auf algebraische Zahlkörper beweisen [29, 30]. In diesem Sinne etablierte sich der *Satz von Hasse-Minkowski* und löste das elfte Hilbertsche Problem, berühmt geworden durch Hilberts Rede auf dem *Internationalen Kongress der Mathematik* (ICM) in Paris 1900 (siehe § 6). Diese Ergebnisse ermöglichten in den 1920ern zunächst Hasses Promotion und Habilitation in Marburg und anschließend den Beginn einer glänzenden Karriere (cf. [21, 92, 109]).

§ 2 Die Transzendenzbeweise von e und π — 1892/93

Eine jede Nullstelle eines nicht identisch verschwindenden Polynoms mit rationalen Koeffizienten heißt *algebraisch*; deren Komplement in der Menge aller komplexen Zahlen bilden die *transzendenten* Zahlen. Der Begriff *Transzendenz* findet sich zuerst in einer Arbeit von Gottfried Leibniz im Zusammenhang mit seiner analytischen Quadratur des Kreises (cf. [62]). Die ersten Beispiele transzendenter Zahlen gab jedoch erst Joseph Liouville [75, 76] im Jahr 1844 in Form von Kettenbrüchen mit schnell wachsenden Teilnennern, welche damit zu gut rational approximierbar sind, um algebraisch zu sein, wie z.B.

[138] Invariantentheorie war ein angesagtes Gebiet im 19. Jahrhundert. Beispielsweise ist die Diskriminante $b^2 - 4ac$ eine Invariante der quadratischen Form $(X,Y) \mapsto aX^2 - bXY + cY^2$; diese Größe ist *invariant* unter allen Transformationen in *äquivalente* Formen.

$[1, 10^{1!}, 10^{2!}, 10^{3!}, \ldots]$ in der üblichen Notation von Kettenbrüchen; ein verwandtes Beispiel ist die ebenfalls transzendente Zahl

$$\sum_{n \geq 1} 10^{-n!}.$$

Der vielleicht einfachste Existenznachweis transzendenter Zahlen hingegen erfolgt mit der Abzählbarkeit der algebraischen Zahlen (über deren annullierenden Polynome), wie bereits Georg Cantor [5] 1873 bemerkte. Wesentlich schwieriger ist es im Allgemeinen jedoch, eine vorgegebene Zahl auf Transzendenz zu überprüfen.

Der erste Transzendenzbeweis einer *relevanten* Größe ist denn auch derjenige der Eulerschen Zahl $e = \exp(1) = 2,718\ldots$ durch Charles Hermite [34] im selben Jahr 1873 wie Cantor. Charles Hermite (1822–1901) war nicht nur einer der führenden Mathematiker seiner Zeit; seine Herangehensweise für den Nachweis von $e \notin \overline{\mathbb{Q}}$ ist von besonderem Interesse und Raffinesse. Auf der Analogie zwischen diophantischer Approximation reeller Zahlen einerseits und der Annäherung komplexer Funktionen durch rationale aufbauend, entwickelte Hermite das, was heute unter dem Begriff der Padé-Approximation bekannt ist, benannt nach seinem späteren Doktoranden Henri Padé (1863–1953). Dessen gründliche Ausarbeitung in seiner Dissertation [93] von 1892 wurde übrigens von Hurwitz im Jahrbuch besprochen und als „wesentliche[r] Beitrag“ gewürdigt. Trotzdem ist der allgemeine Hermitesche Ansatz relativ kompliziert und umfangreich, so dass es nicht verwundert, dass für den speziellen Fall der Eulerschen Zahl sich etliche Mathematiker dieser Zeit Gedanken über Vereinfachungen der Argumentation machten. Den Einstieg liefert die sogenannte *hermitesche Formel*, der Startpunkt für alle folgenden indirekten Transzendenzbeweise. Hier ist speziell eine Arbeit [111] von Thomas Stieltjes (1856–1894) zu nennen; das Referat für seine Besprechung in den Jahresberichten eröffnete Hurwitz mit den Worten „[e]in sehr einfacher Beweis der Transzendenz von e“ und in seinem Brief vom 6. September 1892 wies er Hilbert auf diese Arbeit hin (siehe HuHi 7). Hurwitz befand sich zu dieser Zeit bereits in Zürich, Hilbert nach wie vor in Königsberg, wie auch Minkowski vor dessen späterem Gastspiel in Zürich.

Hilbert gewann Interesse an der Thematik. Am 24. Oktober und – etwas später – am 31. Dezember 1892 teilte er Hurwitz seine Beweisvariante mit (siehe HiHu 23). Diese ist wesentlich kürzer als die Stieltjessche und basiert auf einer geschickten Integration unter Berücksichtigung der fundamentalen Eigenschaft $\int \exp = \exp$ der Exponentialfunktion. Am 10. Januar 1892 entgegenete Hurwitz mit einer „weitere[n] Vereinfachung“ (siehe HuHi 9). Anstelle der Integration bemühte Hurwitz in seinem Beweis die Differentiation (wobei natürlich ebenfalls die Differentialgleichung für exp zum Zuge kommt: $\exp' = \exp$). Dies mochte Hilbert so nicht stehen lassen und antwortete am 13. Januar – die Post war erstaunlich schnell damals –, dass ihm unklar sei „ob aber die Darstellung des Beweises [á la Hurwitz] kürzer und übersichtlicher wird“ (HiHu 24). Auch äußerte er, dass „der Beweis mit Hilfe des Integrals immer der übersichtlichste und entwicklungsfähigste bleiben wird", eine Sichtweise die später hinsichtlich der Methodik auch Kurt Mahler [77] so bestätigen wird, während Carl Ludwig Siegel [107] hingegen Hermites und Karl Weierstraß' Arbeiten bevorzugten.

Letztlich lässt sich die Diskussion darüber, welcher der beiden neuen Beweise denn der *einfachere* ist, darauf reduzieren, ob die Integral- oder die Differentialrechnung als grundlegender oder *elementarer* gewertet wird. Tatsächlich wurden diese Theorien zur damaligen Zeit oft in verschiedenen Lehrveranstaltungen behandelt und in diesem Kontext läuft die mitunter pointierte Diskussion der beiden Transzendenzbeweiser auch auf deren potentiellen Einsatz in Vorlesungen hinaus.

Interessant ist in diesen Briefen aber auch die Kontroverse. Jenseits der vermeintlichen Schwierigkeitsgrade und Seitenlängen wird es gar literarisch. Hurwitz beurteilte Hilberts Beweis in seinem Brief vom 13. Februar 1893 (HuHi 10) mit den Worten

> Heute trifft nun als lehrsamer Anstoß Ihre Transzendenz-Note ein, die ich sogleich in einen Café gestippt habe. Die Note haben Sie mit Gaußscher Classizität abgefasst.

Bei heutiger Lektüre ist man sich hier unsicher, ob in diesem Urteil Lob (Gauß) oder Tadel (Café) überwiegt. Der erwähnte Anstoß bestand nun für Hurwitz darin, seine Beweisvariante aufzuschreiben und ebenfalls zur Publikation einzureichen. Anschließend teilten sich die Beiden positive Rückmeldungen ihrer Beweise mit — der Erlanger Paul Gordan beglückwunschte Hilbert und der in diesen Dingen exponierte Hermite hingegen Hurwitz.

Eine Idee, die im Briefwechsel von Hilbert angeregt wurde (in seinem Brief vom 13. Januar HiHu 24), setzte dann noch ein Außenstehender um. Gordan (1837–1912) lieferte einen *elementaren* Beweis, der weder Integration noch Differentiation bedarf und lediglich die Konvergenz der Exponentialreihe benutzt, dabei allerdings mit einer besonderen Symbolik hinsichtlich Lesbarkeit an *Einfachheit* verliert. Hierzu schrieb Gerhard Hessenberg (1874–1925) polemisch: „so nimmt es kein Wunder, daß die Gordansche Symbolik gemeinhin ein gelindes Gruseln zu erwecken pflegt" in seinem Büchlein [35]. Was denn letztlich ein *einfacher* Beweis sein soll, ist also in Ermangelung einer passenden Definition schließlich Geschmack und Perspektive geschuldet. Hermite hat aber letztlich den Gordanschen Beweis als den einfachsten gekürt (in einem Brief an Gordan vom 6. Mai 1894; cf. [87]).

Hilbert und Hurwitz veröffentlichten ihre Beweisvariationen unmittelbar und nahezu zeitgleich 1893 in den *Göttinger Nachrichten*; auf Wunsch Felix Kleins wurden diese zuzüglich Gordans Beweis noch im selben Jahr öffentlichkeitswirksam hintereinander in einem Band der *Mathematischen Annalen* publiziert [22, 37, 49].[139] Auch erwähnte Klein diese leicht vermittelbaren Ergebnisse in seinen *'Evanston Lectures'* [61] im Rahmen der 1893er Weltausstellung in Chicago und legte Hilberts Beweis im Detail dar.

[139] oft wurden Ergebnisse zuerst in den *Göttinger Nachrichten* und anschließend (mit wenig Änderungen) in den *Mathematischen Annalen* publiziert

Auch die Kreiszahl π wurde behandelt, auf Anregung von Hurwitz in dessen Brief vom 4. Dezember (HuHi 8). Sowohl Hilbert als auch Gordan fügten diese Erweiterung ihren Beweisvarianten hinzu. Den ursprünglichen Transzendenznachweis für π hatte Ferdinand Lindemann [74] 1882 geliefert, und zwar mit der Hermiteschen Beweismethode in Kombination mit einigen einfachen algebraischen Aspekten und der Gleichung

$$\exp(\pi i) + 1 = 0.$$

Daraus resultiert insbesondere die Unmöglichkeit der Kreisquadratur unter Verwendung von ausschließlich Zirkel und Lineal – ein bis dahin offenes Konstruktionsproblem der klassischen griechischen Mathematik –, regte aber zudem auch weitere Untersuchungen an, was insbesondere Weierstraß zum *Satz von Lindemann–Weierstraß* führte [115]. Es war genau dieser Kontext, in dem Hurwitz als junger Postdoktorand Interesse an diesem Gebiet gewann und erste Veröffentlichungen publizierte [45], die ihn auf Wirken des beeindruckten Lindemann nach Königsberg brachten.

Hilbert räumte Transzendenzfragen einen hohen Stellenwert ein. In der Liste seiner berühmten Rede mit den 23 Probleme für das zwanzigste Jahrhundert, vorgestellt auf dem ICM 1900 in Paris, fragte er nach einem Transzendenzbeweis für

$$\alpha^\beta \quad \text{mit algebraischem } \alpha \neq 0,1 \text{ und algebraisch irrationalem } \beta\,,$$

z.B. $2^{\sqrt{2}}$ (siehe § 6). Dieses siebte Hilbertsche Problem wurde 1934 von Aleksandar Gelfond und unabhängig Theodor Schneider gelöst. Für dies, weitere mathematischen Details und eine tiefergehende Analyse der Beweisvarianten und des Briefwechsels verweisen wir auf [87].

§ 3 Hilberts Zahlbericht — 1893–1897

> *Ich habe versucht, den grossen rechnerischen Apparat von* Kummer *zu vermeiden, damit auch hier der Grundsatz von* Riemann *verwirklicht würde, demzufolge man die Beweise nicht durch Rechnung, sondern lediglich durch Gedanken zwingen soll.* (David Hilbert)

In dem Vorwort zu seinem *Zahlbericht* erläuterte Hilbert eindrucksvoll seine Sichtweise [38]; der obige Satz behandelt Bernhard Riemanns und Leopold Kroneckers Positionen und weckt nach wie vor Interesse an der Lektüre dieses Monumentalwerks. Wir werden wiederum dem Ganzen nicht gerecht, sondern können nur einige wenige Aspekte aufzeigen.

Die Entwicklung der Zahlentheorie im 19. Jahrhundert hat ungeahnte Schritte vollzogen. Mit seinen berühmten *Disquisitiones Arithmeticae* schuf Carl Friedrich Gauß (1777–1855) die Fundamente der Zahlentheorie für die Nachfolgenden. Weiterführende Themen behandelte u.a. Peter Gustav Lejeune Dirichlet (1805–1859) in seinen *Vorlesungen über Zahlentheorie*. Dessen Werk bereicherte Richard Dedekind (1831–1916) mehrfach (vgl. [12], insbesondere die *Supplemente* von 1871).

Bereits bei Gauß lernte man zahlentheoretische Aspekte der sogenannten ganzen Gaußschen Zahlen $a + ib$ (mit der imaginären Einheit $i = \sqrt{-1}$) kennen. Und Ferdinand Gotthold Eisenstein (1823–1852) dehnte dies auf den Ring $\mathbb{Z}[(1+\sqrt{-3})/2]$ aus (um *Euklidizität* vorliegen zu haben). Die ersten wirklich weiterführenden Ideen waren die *idealen Zahlen* von Kummer, aus denen sich schließlich die *Ideale* ergaben. Ernst Eduard Kummer (1810–1893) wurde gefördert von Carl Gustav Jacobi und Dirichlet, und bekam eine Professur in Breslau, dann in Berlin und förderte selbst insbesondere Karl Weierstraß und nicht zuletzt Leopold Kronecker (1823–1891). Damit erblühte die Universität in Berlin.

Kummer fand eine Lösung eines bemerkenswerten Teils eines bekannten Problems der Mathematik. Pierre de Fermat (1607–1665) war Jurist und darüberhinaus *Hobbymathematiker* mit großem Renomme bei seinen Zeitgenossen in der wissenschaftlichen Branche. Er hatte wesentliche Ideen zur Physik, Geometrie und Zahlentheorie. Seine sogenannte Vermutung ging zunächst ungeachtet eines fehlenden Beweises als sogenannter *Fermats großer Satz* in die Literatur ein. Diese *Fermatsche Vermutung* motivierte insbesondere Kummer und mag daher als einen entscheidenden Antrieb für die Begründung der *algebraischen Zahlentheorie* (oder besser *Theorie der algebraischen Zahlen*) gelten und führte letztlich zu Hilberts Zahlbericht [38].

Die *Fermatsche Vermutung* besagt, dass die Gleichung

$$x^n + y^n = z^n$$

nur triviale Lösungen $x, y, z \in \mathbb{Z}$ besitzt (d.h. nur ganzzahlige mit $xyz = 0$). Durch Betrachten

$$(x^m)^p + (y^m)^p = (z^m)^p$$

kann man sich auf den Fall ungerader Primzahlen zurückziehen; der Fall $n = 4$ wurde wohl schon von Fermat gelöst und ist eigentlich nur eine Konsequenz der Behandlung *pythagoräischer Tripel.*

Offensichtlich gilt die Produktdarstellung

$$z^p = x^p + y^p = \prod_{0 \le j < p} (x + \zeta^j y) \qquad \text{mit} \quad \zeta := \zeta_p := \exp(2\pi i/p)$$

in $\mathbb{Z}[\zeta_p]$, dem Ganzheitsring des Kreisteilungskörpers $\mathbb{Q}(\zeta_p)$. Kummer bewies 1847, dass für reguläre Primzahlen $p \ge 3$ keine Lösung in natürlichen Zahlen existiert (siehe [65]). Dabei wird eine Primzahl $p > 2$ *regulär* genannt, wenn sie keinen der Zähler (in vollständig gekürzter Darstellung) der Bernoulli-Zahlen $B_2, B_4, \ldots, B_{p-3}$ teilt. Beispielsweise behandelt dies die Fälle $p = 3, 5, 7$, nicht aber etwa 37, und es ist – nach wie vor – unbekannt, ob es ihrer unendlich viele reguläre Primzahlen gibt. Ein verwandtes Kriterium gibt eine Abhängigkeit von der Klassenzahl (cf. [14], S. 243 bzw. [96], S. 103).

Weitere Ergebnisse in diesem Kontext wurden von Kronecker geliefert; diese sind letztlich in einem losen Kontakt zu Kummers Arbeiten zur Fermatschen Vermutung zu sehen. Mit der Zeit wurden zunehmend neue Methoden der Algebra (Galois-Theorie) und Zahlentheorie (Kreisteilung) entwickelt; dabei sind

Arbeiten von Kronecker (nach wie vor) nicht einfach zu lesen [21], p. 249. Zu einigen speziellen Themen kommen wir weiter unten.

Zuerst verschied Kronecker 1891 und zwei Jahre darauf Kummer. Das mag dazu geführt haben, die bemerkenswerten Resultate der beiden zu würdigen. Überdies waren bemerkenswerte Ergebnisse aus dem Umfeld Dirichlets und Erweiterungen Dedekinds zu berücksichtigen. Dabei sollten die relevanten Arbeiten gesichtet werden, wobei insbesondere schwierig lesbare Artikel einem größeren Publikum näher gebracht werden sollte.

Die *Deutsche Mathematiker Vereinigung* (DMV) wurde 1890 gegründet. Hilbert und Minkowski waren engagierte Gründungsmitglieder und wurden 1893 um ein Referat gebeten, die vielen *neuen* zahlentheoretischen Themen betreffend und die Todesfälle von Kummer und Kronecker ehrend, zum einen die zahlreichen Resultate, die *Theorie der algebraischen Zahlen* (Hilbert) systematisierend und zum anderen all das, was als grundständige, elementare Zahlentheorie und die neue *Geometrie der Zahlen* bezeichnet werden kann (Minkowski); siehe MiHi 16 und MiHi 17. Hurwitz wurde involviert in das Bestreben der beiden (siehe HuHi 16). Eine Zeitlang wurde wenig darüber korrespondiert (oder gearbeitet), eine Beschleunigung wurde erwünscht (siehe HiHu 42). Der Fortschritt vollzog sich langsam; so äußerte Hilbert gegenüber Hurwitz am 25. Juni 1895 (in HiHu 46):

> Mein Studium der Kummerschen Abhandlungen war Ostern ein ganz erfolgreiches, doch musste ich dasselbe mit Anfang des Semesters unterbrechen. Zur Darstellung des allgemeinen Reciprocitätssatzes ist jedenfalls eine vollständige Umarbeitung der Kummerschen Methode nöthig. Ich habe jetzt eine erste Darstellung der Elemente der Körpertheorie für den Bericht fertig gemacht. Der Zerlegungssatz erscheint mir immer noch am einfachsten dadurch bewiesen zu werden, dass man auf den Galoischen Körper zurückgeht; meine Darstellung in den mathematischen Annalen ist freilich noch sehr der Vereinfachung fähig. Die beiden letzten Publicationen von Dedekind erscheinen mir lächerlich und nur von dem Gesichtspunkte seiner Prioritätsansprüche verständlich. Schade dass Dedekind nicht mittelst Chronometermechanismus gleich die Sekunde des 15ten Februars 1887 fixiert hat, in welcher er bei angestrengtem Nachdenken jenen von Kronecker 4 Jahre früher publicierten Satz fand.

Das Zitat belegt insbesondere, wie aufwendig sich Hilberts Arbeit am *Zahlbericht* gestalten sollte. In der darauffolgenden Zeit war Hilbert mit diesem Thema beschäftigt; seine Aktivitäten waren seinem Refererat und somit der Ausarbeitung der entstehenden *Theorie der algebraischen Zahlen* gewidmet. Er verfaßte insgesamt fünf Arbeiten, Hurwitz vier und Minkowski weitere zwei Artikel, die im Zuge des *Zahlbericht*s entstanden oder wenigstens demselben zuzuordnen waren.

Schließlich kam Ende des Jahres 1896 die freudige Meldung zum Abschluss des Hilbertschen *Zahlbericht*s (siehe MiHi 40), der dann 1897 erschien und extrem positiv angenommen wurde. Es war ein umfangreiches Werk entstanden, das weit über den angedachten Inhalt hinausging (Kummer und Kronecker); wesentliche Aspekte Dedekinds und viele eigene Ideen hatten ein eigenes aktuelles Bild dieser *neuen* Zahlentheorie geformt. Minkowski hingegen war bereits von seinem angedachten Teil ausgestiegen; es verblieb also nur der *Zahlbericht* aus der Initiative der DMV. In der endgültigen Fassung dankte Hilbert seinem Freund Minkowski für dessen inhaltliche Beratung.

Ein großes Thema waren die teilweise schwierig lesbaren Ausführungen Kroneckers. In diesem Zusammenhang ist ein weiterer Name unbedingt zu nennen: Heinrich Weber (1842–1913) war eine Zeitlang Kollege von Hurwitz und Lehrer von Hilbert und Minkowski gewesen. Er war sehr einflussreich in Studium und Lehre. Von großer Bedeutung ist der *Satz von Kronecker-Weber* — oder besser noch der *Satz von Kronecker-Weber-Hilbert*. Tatsächlich war Hilbert in seinem Zahlbericht der Erste, der einen vollständigen Beweis für die Aussage des Satzes von Kronecker und – im Nachgang – Weber gab. Dieser schrieb eines der ersten Bücher zur Algebra [114], allerdings war Webers Beweis des Kroneckerschen Satzes *unvollständig* und Hilberts *Zahlbericht* sollte erst Abhilfe schaffen. Der Satz besagt, dass jeder algebraische Zahlkörper K mit *abelscher Galois-Gruppe* $\mathsf{Gal}(K/\mathbb{Q})$ in einem Kreisteilungskörper $\mathbb{Q}(\zeta)$ enthalten ist: jede abelsche Erweiterung der rationalen Zahlen also *zyklotomisch* ist. Die Einheitswurzeln liefern also die maximalen abelschen Erweiterungen von $\mathbb{Q}$ (cf. [84]). Der einfache quadratische Fall folgt mithilfe der Gaußschen Summen (aus dem quadratischen Reziprozitätsgesetz).

Hilbert benutzte für seinen Beweis des Satzes von Kronecker-Weber insbesondere Minkowskis Diskriminantensatz – eine wichtige Anleihe aus dessen *Geometrie der Zahlen*. Dies zeigte insbesondere, dass $K = \mathbb{Q}$ der einzige Körper mit dem Diskriminantenbetrag $= 1$ ist; in jeder echten Zahlkörpererweiterung K von $\mathbb{Q}$ hingegen mindestens eine verzweigte Primzahl existiert. Weil jeder *abelsche* Körper K eine kommutative Galois-Gruppe besitzt, haben alle über derselben Primzahl p liegenden Primideale in der Maximalordnung von K dieselbe Untergruppenkette; diese ist also lediglich von p abhängig. Dies ist der erste Schritt des Hilbertschen Beweises des Satzes von Kronecker-Weber (siehe [39] und [72], S. 253 ff.). Mittlerweile kennt man verschiedene, vom Hilbertschen Beweis abweichende Herleitungen des Satzes von Kronecker-Weber (siehe etwa [84] für die lokale Formulierung über den p-adischen Körpern $\mathbb{Q}_p$ bzw. den daraus resultierenden *klassischen* globalen Satz – eine Hasse entnommene Sichtweise vermöge der Bewertungstheorie gemäß § 1).

Man kann den *Zahlbericht* auch als Wunsch verstehen, die schwierige Hinterlassenschaft Kroneckers (und Kummers) zu verstehen und diverse Aspekte *lückenlos* zu beweisen. Der Satz von Kronecker-Weber ist dabei eines der zentralen Ergebnisse.

Darüber hinausgehend besagt *Kroneckers Jugendtraum*, dass abelsche Körpererweiterungen beliebiger Zahlkörper (den Fall von $\mathbb{Q}$ verallgemeinernd) von der sogenannten *j-Invariante*

$$j(\tau) = \frac{1}{q} + 744 + 196\,884\, q + 21\,493\,760\, q^2 + \ldots$$

mit $q = \exp(2\pi i \tau)$ erzeugt wird. So schrieb Kronecker 1880 in einem Brief an Dedekind (cf. [64]):

> Es handelt sich um meinen liebsten Jugendtraum, nämlich um den Nachweis, dass die Abel'schen Gleichungen mit Quadratwurzeln rationaler Zahlen durch die Transformations-Gleichungen elliptischer Functionen mit singularen Moduln grade so erschöpft werden, wie die ganzzahligen Abel'schen Gleichungen durch die Kreisteilungsgleichungen.

Die Frage ist also, welche algebraischen Zahlen notwendig sind, sämtliche abelschen Erweiterungen eines Zahlkörpers K zu beschreiben? Über die Einheitswurzeln hinaus sollten dies lediglich algebraische Werte der j-Invariante sein. Für imaginär-quadratischer Körper und auch gewißer Verallgemeinerungen derselben (sogenannte CM-Körper)[140] wurde dies verifiziert; weiterführende Literatur zu diesem Thema ist [103], siehe auch [2]. Der *Jugendtraum* in seiner Allgemeinheit ist jedoch nach wie vor ein *Traum*, eine offene Vermutung...

Spezielle Themen im *Zahlbericht* sind u.a. quadratische und biquadratische Zahlkörper, deren Diskriminante (und ihre Abschätzungen Minkowski und Hermite folgend), Relativerweiterungen, Einheiten und Erweiterungen des Dirichletschen Einheitensatzes, Ideale und ihre Zerlegungen (insbesondere in Primideale), Aspekte der Klassenzahl, Dedekindsche Zetafunktion (als Verallgemeinerung von Riemanns ζ), *Hilberts Basissatz*, *Hilberts Satz 90* (als Beginn der Galois-Kohomologie), Kreisteilungskörper und ℓ-te Einheitswurzeln, verallgemeinerte höhere Reziprozitätsgesetze, Kummersche Körper und Klassenzahlformeln, das Normrestsymbol, reguläre Primzahlen und die Fermat-Gleichung.[141]

Beispielsweise besagt das klassische quadratische Reziproitätsgesetz

$$\left(\frac{p}{q}\right)\left(\frac{q}{p}\right) = (-1)^{\frac{p-1}{2}\cdot\frac{q-1}{2}}$$

für verschiedene ungerade Primzahlen p, q mit dem Legendre-Symbol $(\frac{a}{p}) = \pm 1$ je nachdem, ob a ein quadratischer Rest oder Nichtrest modulo p ist. Dies war zuerst von Euler vermutet worden; die ersten Beweise lieferte Gauß, inkl. für die zwei Ergänzungsgesetzen:

$$\left(\frac{-1}{p}\right) = (-1)^{\frac{p-1}{2}} \quad \text{und} \quad \left(\frac{2}{p}\right) = (-1)^{\frac{p^2-1}{8}}.$$

Ausdehnungen des quadratisches Reziprozitätsgesetztes (von zunächst Gauß für $\mathbb{Z}[i]$ und Eisenstein für $\mathbb{Z}[(1+\sqrt{-3})/2]$ und später Variationen von Jacobi und Kronecker) wurden früh realisiert, auch höhere Reziprozitätsgesetze zu höheren

[140] CM steht für *complex multiplication*, ist aber nicht so einfach zu erklären, wie man denken könnte.

[141] Der *Hilbertsche Nullstellensatz* ist ein wichtiges Ergebnis der Invariantentheorie und *kein* Satz des Zahlberichts; siehe [36]. Der Nullstellensatz (von 1893) gehört zur klassischen algebraischen Geometrie und verbindet Ideale mit affinen algebraischen Varietäten.

Potenzresten beschäftigten die großen Geister. *Höhere* Reziprozitätsgesetze zu kubischen und höheren Potenzresten bildeten den Kern der sogenannten *Klassenkörpertheorie*, die von Hilbert in seiner Tiefe (mit dem *Zahlbericht*) begonnen worden war. Diese fand als *neuntes Problem* in Hilberts Rede von 1900 große Beachtung und machte schließlich mit Arbeiten in den 1920ern große Fortschritte. Hier ist insbesondere das *Artinsche Reziprozitätsgesetz* zu nennen, dank den Erkenntnissen von Emil Artin (1898–1962); siehe [13], p. 4, 11.

Für das mehrere hunderte Seiten umfassende Werk kann man hier keine sinnvolle Inhaltsangabe machen. Hilberts *Zahlbericht* ist in nahezu jedem Lehrbuch zu Algebra und Zahlentheorie enthalten. Aus heutiger Sicht mag man eine ausgearbeitete Ringtheorie bzw. allgemeine Aspekte von Körpern vermissen, aber etwa diese Punkte griffen den Arbeiten von Ernst Steinitz (1871–1928) und Emmy Noether (1882–1935) zehn bzw. zwanzig Jahre vor; man denke an die *(Moderne) Algebra* von Bartel Leendert van der Waerden (siehe [23]). Der *Zahlbericht* war seinerzeit ein eindrucksvoller Meilenstein in der Entwicklung von Zahlentheorie und Algebra (siehe u.a. [71]).

Von besonderem Interesse ist aus unserer Sicht die Idealtheorie. Diese Objekte traten in Form der Primideale bereits auf, bislang ohne Erklärung. Wir führen also neue Strukturen ein durch eine verallgemeinerte Addition und Multiplikation; und wir gewinnen dabei durch das Bündeln unendlich vieler Zahlen in einem Ideal (man denke an die *modulare Arithmetik*).[142] Tatsächlich gibt es beispielsweise in dem Ring $\mathbb{Z}[\sqrt{-5}]$ verschiedene Produkte in nicht eindeutig zerlegbare Elemente, etwa

$$2 \cdot 3 = (1+\sqrt{-5}) \cdot (1-\sqrt{-5}).$$

Um die Eindeutigkeit in irreduzible Elemente zu retten, geht man zu sogenannten Idealen über. Z.B. ist

$$\mathfrak{p}_1 := [2, 1+\sqrt{-5}]$$

ein Primideal, also das Pendant von Primzahlen, d.h. insbesondere nicht weiter zerlegbar. Dabei ist $\mathfrak{p}_1 = [2, 1+\sqrt{-5}] = [2, 1-\sqrt{5}]$ eine Menge von Linearkombinationen von 2 und $1-\sqrt{-5}$. Zusammen mit den weiteren Primidealen $\mathfrak{p}_2 := [3, 1-\sqrt{-5}]$ und $\mathfrak{p}_3 := [3, 1+\sqrt{-5}] \neq [3, 1-\sqrt{-5}] = \mathfrak{p}_2$ ergibt sich so eine eindeutige Faktorisierung in nicht weiter zerlegbare Ideale:

$$\mathfrak{p}_1^2 \cdot \mathfrak{p}_2 \cdot \mathfrak{p}_3 = [2] \cdot [3]$$

mit $\mathfrak{p}_1^2 = [2]$ und $\mathfrak{p}_2\mathfrak{p}_3 = [3]$ (nach ein wenig Rechnerei). Dies rettet die eindeutige *Prim*zerlegung in den Zahlkörpern über $\mathbb{Q}$.

Zwischen Hurwitz und Dedekind entwickelte sich ein Disput, wie denn die Idealtheorie aufzubauen sei (cf. [7, 53]).[143] Im Nachhinein stellte sich heraus, dass die Arbeit Kroneckers [63] am ältesten ist und dies wurde auch bei Hilberts Konzeption des *Zahlberichts* berücksichtigt. Dieser schrieb entsprechend in HiHu 43:

---

[142] Eine Untergruppe I der additiven Gruppe $(R, +)$ eines Ringes R mit $IR \subset I$ wird *Ideal* genannt.

[143] Als Stichwort für mehr Details benutze man das „*Prager Theorem*" für Dedekinds Standpunkt in der Idealfrage, siehe [16].

> Die neue Begründung der Idealtheorie, die sowohl die Dedekind'sche wie die Kronecker'sche Fassung desselben liefert, ist das Wesentliche meiner Arbeit, wenn ich auch jenen Hilfssatz unabhängig von Dedekind und Kronecker gefunden habe.

Kronecker entwarf noch eine alternative Theorie, die der *Divisoren* (siehe [15]), die sich in der Zahlentheorie jedoch nicht durchsetzen konnte, wohl aber in der *algebraischen (arithmetischen) Geometrie*.

Ein Blick in die zeitgenössische Literatur ist äußerst interessant: Betrachten wir speziell die Bücher *Synthetische Zahlentheorie* [20] von Fueter 1916 sowie *Vorlesungen über die Theorie der algebraischen Zahlen* [33] von Hecke 1923, so offenbart sich der fundamentale Einfluß des *Zahlberichts*. Zu den Autoren: Sowohl Rudolf Fueter (1880–1950) als auch Erich Hecke (1887–1947) standen kurz nach ihrer Promotion, beide bei Hilbert (Fueter 1903, bzw, Hecke 1910). Sie schrieben darauf aktuelle Bücher mit neuen Schwerpunkten der Zahlentheorie, nämlich der *algebraischen* bzw. der *synthetischen* Zahlentheorie (nach Wortschöpfung Fueter). Motiv ist stets Kroneckers Werk. Beide Büchern sind inhaltlich ähnlich; bei Fueter sind mehr explizite Rechnungen und Beispiele im Sinne eines Lehrbuches zu finden, bei Hecke treten hingegen auch tiefer liegende *neuere* Ergebnisse auf. Hilberts *Zahlbericht* spielte jeweils eine zentrale Rolle dabei; siehe die Originalarbeit [38] bzw. dessen Übersetzung [39] mit umfangreichen Erläuterungen.

In aktuellen Büchern werden andere Schwerpunkte und Herangehensweisen gesetzt, die Einflußnahme des *Zahlberichts* ist trotzdem präsent. Natürlich ist die Forschung nicht stehen geblieben und Konzepte bzw. Sichtweisen haben sich gewandelt. So spielen gewisse Aspekte aus der Bewertungstheorie heute oftmals eine wichtige Rolle. Und die Klassenkörpertheorie – lokal und global – bildet heutzutage den Kern einer modernen *algebraischen Zahlentheorie* (siehe etwa [72, 84, 116]). Diese Theorie basiert auf den absoluten Galois-Gruppen und wurde angedacht zunächst von Hilbert und Philipp Furtwängler (1869–1940); ihre Umsetzung wurde erstmalig realisiert in den 1920ern durch Teiji Takagi (1875–1960) realisiert[144] und eine zunächst endgültige Form erzielte schließlich Artin. Trotzdem blieben nahliegende Fragen offen (siehe § 6). In diesem Sinne ist die Entwicklung von Mathematik stets eine *unendliche* Geschichte: Wenn *Kroneckers Jugendtraum* bewiesen werden sollte, dann ergeben sich bestimmt *neue* Fragen...

§ 4 Primzahlverteilung — 1893–1914

Die klassischen Arbeiten von Leonhard Euler (1707–1783), etwa [17], und Dirichlet [10, 11] legten den Grundstein, Fragen hinsichtlich der Verteilung der Primzahlen mit den Methoden der sich gerade entwickelnden komplexen

[144] Takagi hatte für die damalige Zeit eine außergewöhnliche Karriere vor sich: 1903 promovierte Takagi bei Hilbert zu einer Fragestellung des Satzes von Kronecker-Weber und seine wichtige Arbeit (mit dem sogenannten Existenz-Satz) erfolgte zu einem nicht unverwandten Thema während des ersten Weltkrieges.

Analysis zu behandeln. Gauß hatte anhand von Primzahltabellen für die Anzahl der Primzahlen $p \leq x$ den Integrallogarithmus als Asymptotik vermutet, also

$$\pi(x) := \sum_{\substack{p \leq x \\ p \text{ prim}}} 1 \sim \int_2^x \frac{du}{\log u},$$

und eine vergleichbare, aber weniger akurate Vorhersage findet sich vorher bei Adrien-Marie Legendre (1752–1833); Pafnuty Tschebyscheff konnte 1850 mit elementaren Methoden immerhin die entsprechende Größenordnung nachweisen: $\pi(x) \approx x/\log x$. Für Details und weitere Informationen zur Primzahlverteilung verweisen wir auf [83]; jedoch an Bernhard Riemann (1826–1866) kommt man bei derartigen Fragestellungen definitiv nicht vorbei.

Riemanns einziger Beitrag [99] zur Zahlentheorie, eine nur neunseitige Abhandlung, welche dieser 1859 — als Dank für die Aufnahme in die preußische Akademie der Wissenschaften — vorlegte, versprach hingegen, durch ein besseres Verständnis der Riemannschen Zetafunktion ζ die Gaußsche Vermutung beweisen zu können. Diese ist definiert durch

$$\zeta(s) = \sum_{n \in \mathbb{N}} n^{-s} = \prod_p (1 - p^{-s})^{-1} \qquad (\mathrm{Re}\, s > 1);$$

die Identität zwischen der Dirichlet-Reihe und dem Euler-Produkt (über alle Primzahlen p) kann als eine analytische Version der *eindeutigen Primfaktorzerlegung* interpretiert werden.

Riemann war seiner Zeit weit voraus, hier speziell der sich im 19. Jahrhundert entwickelnden Funktionentheorie, und seine Ausführungen waren gespickt mit Formeln und Behauptungen, für die er keine rigorosen Argumente vorlegte (bzw. vorlegen konnte); lediglich für die meromorphe Fortsetzung von $\zeta(s)$ und deren Funktionalgleichung gab er Beweise an. Zu den verwandten, bereits bei Dirichlet auftretenden L-Funktionen hatte Hurwitz 1881/82, kurz nach der Promotion, gearbeitet [44]. Seine in diesem Zusammenhang eingeführte, später nach ihm benannte *Hurwitzsche Zetafunktion* erlaubt tatsächlich einen (wenigstens zu dieser Zeit) einfacheren Zugang zu den wesentlichen analytischen Eigenschaften der Dirichlet-Reihen zu Primzahlen in arithmetischen Progressionen. Durch seine umfangreichen Tagebücher ist belegt, dass er zeitlebens ein großes Interesse an Fragestellungen der analytischen Zahlentheorie und insbesondere Zeta- und L-Funktionen hatte (siehe [89]).

Im Briefwechsel der Drei findet sich tatsächlich recht wenig zu Primzahlen. Die erwähnte Arbeit von Hurwitz ist zu früh, und die Forschungen der Drei nahmen später fast ausschließlich andere Wege. Minkowski verweilte zunächst in Zürich (bei Hurwitz), dann später in Göttingen (bei Hilbert). Im Briefwechsel wird recht viel über Resultate anderer Mathematiker kommuniziert.

Interessant ist etwa der Austausch zwischen Hurwitz und Hilbert bezüglich der Arbeiten eines jungen Talents, Jacques Hadamard, der gerade seine Dissertation bei Émile Picard (1856–1941) beendet hatte und mit einer Anwendung auf den Riemannschen Ansatz zum Primzahlproblem den

Grand Prix des Sciences Mathématiques 1892 der französischen Akademie der Wissenschaften gewonnen hatte. Auf Anfrage von Hurwitz vom 13. Februar 1893 antwortete schließlich am 14. August 1893 Hilbert (HiHu 31):

> Die Hadamardsche Arbeit habe ich inzwischen gründlich studiert: es ist genau, wie ich vorausgesagt habe: ein schöner Fortschritt in der allgemeinen Theorie der analytischen ganzen transzendenten Funktionen, wodurch zwar die Zerlegung der $\zeta(r)$ Funktion in lineare Faktoren möglich wird; aber für die Primzahlen folgt nicht das geringste. Dazu ist vielmehr der Nachweis nöthig, dass die reellen Bestandteile der Wurzel $= \frac{1}{2}$ sind. Was Hadamard behauptet ist durchweg richtig.

Der gewünschte Nachweis ist die sogenannte *Riemannsche Vermutung*, die bis heute unbewiesen und eines der sieben Millenniumsprobleme ist. Hadamard hatte immerhin eine offene Behauptung Riemanns bewiesen, dass nämlich die Zetafunktion im Wesentlichen als ein Produkt über ihre Nullstellen dargestellt werden kann (wie ein Polynom). Etwas später, am 10. Oktober, kritisierte Hurwitz den Aufschrieb Hadamards, nicht aber dessen Resultat. Diese Kritik fügte Hurwitz denn auch seiner Besprechung der Hadamardschen Arbeit in den Jahresberichten hinzu:

> Die vorliegende Abhandlung ist die weitere Ausführung einer Arbeit, die von der Akademie der Wissenschaften zu Paris mit dem grossen mathematischen Preise gekrönt worden ist. Dem Umstande, dass der Verfasser nur eine beschränkte Zeit zur Verfügung hatte, ist es wohl zuzuschreiben, dass die Abfassung der Abhandlung dem Verständnisse manche Schwierigkeiten bereitet. So muss beispielsweise der Beweis des Hauptsatzes im ersten Teile der Arbeit anders angeordnet werden, um bindende Kraft zu erhalten. Diese Ausstellung betrifft indessen nur die äussere Form der Arbeit; inhaltlich darf dieselbe wohl als eine der bedeutendsten functionentheoretischen Arbeiten der letzten Jahre bezeichnet werden.

Tatsächlich legte Hadamard mit seiner Arbeit die Grundlagen der Theorie der ganzen Funktionen endlicher Wachstumsordung (wie sie heute im Rahmen der Funktionentheorie benannt wird), und Hurwitz erwähnte ihn nicht ohne Grund mehrmals in seinem Plenarvortrag des ersten ICM 1897 in Zürich [55].

Hilberts Antwort lässt sich nicht genau zeitlich zuordnen; er schrieb in HiHu 33:

> Über Hadamard glaubte ich Ihnen mein Urtheil schon geschrieben zu haben. Ich stürtzte mich gleich, nachdem ich sie bekommen konnte, auf das Studium seiner Arbeit, doch fand ich leider, was ich damals voraussah, voll bestättigt. So interessant an sich einzelne Resultate der Arbeit sind und so sehr sie einen Fortschritt in der Theorie der ganzen Functionen bedeutet, so ergiebt sich nicht der geringste Fortschritt

> daraus für die Theorie der Primzahlen. Ein solcher Fortschritt ist vielmehr abhängig von dem Beweise des Riemannschen Satzes dass alle Wurzeln der Gleichung $\xi(t) = 0$ reell sind, und der Nachweis dieses Satzes ist nicht erbracht.

Hier ist zu bemerken, dass die reellen Nullstellen besagter Funktion ξ den Nullstellen von $\zeta(s)$ auf der kritischen Geraden $\frac{1}{2} + i\mathbb{R}$ entsprechen und also auch Hilbert hinsichtlich der Primzahlen die einzige Lösung nur in der Beantwortung der sogenannten Riemannschen Vermutung sah. Diese Erkenntnis wäre sicherlich wichtig, und sie gäbe noch wesentlich mehr Aufschluss über die Primzahlverteilung, als das was bis heute bekannt ist, allerdings sollten weitere interessante Arbeiten aus dem Hadamardschen Kontext die Beiden ein Besseres lehren. Die Sichtweisen von Hilbert und Hurwitz erscheinen — zumindest aus heutiger Sicht — etwas naiv.

Im folgenden Jahr steuerte Hans von Mangoldt (1854–1925) weitere wesentliche Resultate bei [78]. Durch Anwendung des Hadamardschen Produktsatzes gelang es ihm, zwei von Riemann angedeutete Sachverhalte rigoros zu beweisen. Zum einen ist dies die sogenannte *Riemann-von Mangoldt-Formel* über die Anzahl der nicht-reellen Nullstellen der Zetafunktion in Rechtecken variabler Größe in der komplexen Ebene (mit Fehlerterm). Und zum anderen ist es der Nachweis der sogenannten *expliziten Formel*, die Primzahlen dem Pol und den Nullstellen der Zetafunktion gegenüberstellt; ein Nachweis der Hauptterme der jeweiligen Seiten würde die von Gauß (und Legendre) geäußerte Asymptotik — den Primzahlsatz — nachsichziehen. Dies würde die Riemannsche Vermutung sicherlich leisten — und vielleicht hatte auch Hilbert dies mit seinem oben aufgeführten Kommentar im Sinn —, allerdings genügt tatsächlich deutlich weniger Wissen um die Lage der Nullstellen. Dies gelang denn auch bereits im folgenden Jahr: Hadamard [25] und Charles Jean de la Vallée-Poussin [112] bewiesen 1896 unabhängig voneinander den *Primzahlsatz*, nämlich die von Gauß vermutete Asymptotik: Es wurde $\sum_{p\le x}\log p \sim x$ gezeigt, also eine *logarithmische* Gewichtung der Primzahlen (nicht genau die Gaußsche Vermutung). Technisch ist diese asymptotische Formel jedoch gleichbedeutend mit $\pi(x) \sim x/\log x$ (d.h. $\pi(x) = (1+\epsilon(x))\frac{x}{\log x}$ mit $\lim_{x\to\infty}\epsilon(x) = 0$). Gleichbedeutend ist dies mit dem Nichtverschwinden der Riemannschen Zetafunktion auf der Konvergenzabszisse

$$\zeta(1+it) \neq 0 \qquad \text{für} \quad 0 \neq t \in \mathbb{R};$$

dies beinhaltete insbesondere die Nichtexistenz von ζ-Nullstellen in einem immer engeren (in den kritischen Streifen ragenden) Bereich um $1 + i\mathbb{R}$ bei wachsendem Imaginärteil $|t| \to \infty$ in einem späteren Artikel von de la Vallée-Poussin. Letztlich ist also Hadamards Preisarbeit gar nicht nötig, sondern vielmehr der Nachweis einer gewissen Lage der Zetanullstellen. Wohl aber hatte Hadamards Vorarbeit, und ebenso von Mangoldts, einen stimulierenden Effekt; letztere enthält mit einem Spezialfall der Perronschen Formel noch ein wichtiges Hilfsmittel. Die genannte explizite Formel ist letztlich eine Konsequenz der zwei Produktdarstellungen für die Zetafunktion, nämlich das definierende

Euler-Produkt über die Primzahlen sowie das Hadamardsche Produkt über die Nullstellen. Beiden Beweisern des Primzahlsatzes war fast ein Jahrhundert Lebenszeit beschert: Hadamard (1865–1963) bzw. de la Vallée Poussin (1866–1962).

Die Zetafunktion sollte Hurwitz und Hilbert noch weiter beschäftigen. Letztgenannter, wahrscheinlich motiviert durch den gerade veröffentlichen *Zahlbericht*, fragte Hilbert in einem Brief vom 9. November 1897 nach einer analogen Theorie der Riemannschen Zetafunktion für Zahlkörper (also endliche algebraische Erweiterungen von $\mathbb{Q}$; siehe HiHu 57. Für diese sogenannte *Dedekindschen Zetafunktion* wären ähnliche Formeln für die Werte der Zetafunktion auf den ganzen Zahlen in Abhängigkeit von Bernoulli-Zahlen zu erwarten (wie sie Euler entdeckte); siehe hierzu auch Hurwitz' Arbeit zu elliptischen Funktionen [56]. Im Hintergrund schwebt hier die Frage nach der Existenz einer Funktionalgleichung für Dedekindsche Zetafunktion (und insbesondere deren meromorphe Fortsetzbarkeit). Am 17. November äußerte Hurwitz entsprechend (HuHi 38):[145]

> Die Auffindung der Relation zwischen $\zeta_K(s)$ und $\zeta_K(1-s)$ ist ein grosses Problem der Zukunft. Die Zahlen E_n stehen indessen mit der ζ-Function für $K(\sqrt{-1})$, wenn ich nicht irre, nicht in derselben Beziehung wie B_n zu Riemann's $\zeta(s)$. Aber ich habe auch schon an die Summen $\sum_s \sum_r' \frac{1}{(r^2+s^2)^n}$ gedacht, die eine solche Beziehung darbieten würden. Ob ihnen ähnliche Eigenschaften wie den Summen $\sum\sum \frac{1}{(r+is)^n}$, welch' letztere zu den E_n führen, zukommen vermag, ist aber nicht zu sagen. Ernstlich bin ich der Sache nicht näher getreten.

Hier griff Hurwitz ältere Gedanken auf, die die Definition der Epsteinschen Zetafunktion vorwegnehmen, die er aber Zeit seines Lebens nicht publizieren wird; mehr hierzu in [86, 89, 90]. Und am 30. Dezember 1900 (siehe HuHi 51) schrieb Hurwitz erneut:

> Wie die Bernoulli'schen Zahlen in einem beliebigen Zahlenkörper zu definieren sind, das ist eine schwierige Frage. Meine Vermuthung ist die, dass man die Werthe von $\zeta(s) = \sum \frac{1}{n(j)^s}$ für negative ganzzahlige Wethe von s zu discutiren hat. Aber wie weit ist man noch von tieferer Erkenntnis der Function $\zeta(s)$ entfernt! Können Sie beweisen, dass die Fortsetzung von $\zeta(s)$ stets eine in der ganzen s-Ebene eindeutige Function liefert?

Hier ist mit ζ die Dedekindsche Zetafunktion eines Zahlkörpers gemeint. Und tatsächlich wird Hilbert diese Frage nebst der Frage um die Verteilung der Primideale in Zahlkördern und der Riemannschen Vermutung in sein achtes Problem für das zwanzigste Jahrhundert aufnehmen (siehe § 6). Den in diesem Zusammenhang angesprochenen *Primidealsatz* bewies bereits 1903 der junge Edmund Landau [67], aber erst 1916/17 zeigte Hecke [32] die Funktionalgleichung für Dedekindsche Zetafunktionen. Hinsichtlich Hurwitz's

[145] Die E_n bezeichnen die heutzutage nach *Hurwitz* benannten Zahlen; weiter unten mehr.

Äußerung zu den Bernoullischen Zahlen sei bemerkt, dass Bernoulli-Polynome in der Tat das Gewünschte leisten (siehe [84], wo auch ein moderner Beweis der Heckeschen Theorie und insbesondere der Funktionalgleichung nachzulesen ist).

Hurwitz hatte bereits in einer vorangegangenen Arbeit etwas Verwandtes auf den Weg gebracht [56] (siehe hierzu auch [1]). Die sogenannten *Hurwitz-Zahlen* E_m verhalten sich analog zu den Bernoulli-Zahlen im *Satz von von Staudt-Clausen.* Dieser Satz (von 1840) besagt, dass

$$B_{2k} + \sum_{\substack{p \text{ prim} \\ (p-1)|2k}} \frac{1}{p} \in \mathbb{Z}$$

für natürliche $k \geq 1$ ist. Diese Aussage ist nicht unabhängig von den bereits Euler bekannten Formeln $\zeta(2) = \frac{\pi^2}{6}$, $\zeta(4) = \frac{\pi^4}{90}$, bzw. allgemeiner

$$\zeta(2k) = \frac{(2\pi)^{2k}}{2(2k)!} |B_{2k}|$$

für $k \in \mathbb{N}$.[146] Allgemein sind die Bernoulli-Zahlen B_m definiert durch

$$\frac{z}{\exp(z) - 1} = 1 + \sum_{m \in \mathbb{N}} B_m \frac{z^m}{m!}.$$

Daraus folgert man unschwer $B_m \in \mathbb{Q}$.

Der Satz von von Staudt-Clausen war Kummer bekannt bei seinen Untersuchungen zur Fermatschen Vermutung (um 1850); jedoch lieferte dieser Zusammenhang mit den Bernoulli-Zahlen lediglich eine Umformulierung seiner Erkenntnis (nämlich den Schritt von der Klassenzahl zu Teilbarkeitseigenschaften bzgl. Primzahlen p; siehe § 3).

Für jedes $n \geq 1$ gilt gemäß Hurwitz nämlich

$$E_{4n} = \frac{1}{2} + \sum_{\substack{p \equiv 1 \bmod 4 \\ p-1|4n}} \frac{(2a_p)^{\frac{4n}{p-1}}}{p} + G_n$$

mit einer ganzen Zahl G_n und die a_p erklären sich aus den Lösungen der Kongruenzen $a \equiv b + 1 \bmod 4$ mit ungeraden $a \equiv a_p$ und geraden b; die Summe geht ausschließlich über Primzahlen p. Zum Beispiel gilt

$$E_{16} = \frac{43659}{170} = \frac{1}{2} + \frac{(-2)^4}{5} + \frac{2}{17} + 253.$$

Die E_m erklären sich aus der Laurent-Entwicklung

$$\wp(z) = \frac{1}{z^2} + \sum_{m \geq 2} \frac{2^m E_m}{m} \frac{z^{m-2}}{(m-2)!}$$

[146] Über die ζ-Werte auf den positiven ungeraden Zahlen weiß man bis auf $\zeta(3) \notin \mathbb{Q}$ (Roger Apéry, 1978) so gut wie gar nichts :-(

der Weierstraß $\wp$-Funktion zu $z = 0$, und $\wp$ ist gegeben durch die Differentialgleichung

$$\wp'(z)^2 = 4\wp(z)^3 - 4\wp(z).$$

Dieser Spezialfall ist die Weierstraßsche $\wp$-Funktion zu dem Gitter assoziiert mit $\mathbb{Z}[\sqrt{-1}]$. Die zugehörige Dedekindsche Zetafunktion ist in diesem Fall die zu $K = \mathbb{Q}(i)$ assoziierte Dirichlet-Reihe

$$\zeta_{\mathbb{Q}(i)}(s) = \zeta(s)L(s;\chi_{-4}),$$

also das Produkt der Riemannschen Zetafunktion mit der Dirichletschen L-Funktion zu dem nicht-trivialen Charakter χ_{-4} modulo 4; die Diskriminante des Gaußschen Zahlkörpers ist -4. Das von Hurwitz aufgedeckte *Analogon* der Bernoullischen Zahlen (mit dem Satz von von Staudt–Clausen) ergibt sich für die E_m in Kombination der ganzen Gaußschen Zahlen; im Hintergrund dieses zahlentheoretischen Resultates steht mit der *Lemniskate* eine Kurve der Form "∞", also letztlich ein *geometrisches Objekt*; siehe [56]. Eine von Hurwitz betreute Promotion behandelte den Fall der ganzen Eisensteinschen Zahlen [79] (siehe auch HiHu 63).

Am 11. Februar 1899 (in MiHi 60) schrieb Minkowski an Hilbert:

> Hurwitz ist wieder ganz auf Deck. Durch die Dissertation von Schaper angeregt, hat er ausserordentliche Vereinfachungen in den Beweisen der Hadamardschen Sätze und mancherlei Verallgemeinerungen erzielt. Das gute Wetter und diese Funde machen ihn jetzt viel aufgeräumter.

Eben jener Hans von Schaper promovierte 1898 bei Hilbert zu Hadamards Theorie ganzer Funktionen und Anwendungen auf die Primzahlverteilung [102]; auch ist er derjenige, der den Begriff *Primzahlsatz* für die von Gauß vermutete und zwischenzeitlich bewiesene Asymptotik prägte (cf. [67]). Hurwitz publizierte mit [57] auch eine kurze Arbeit zu Hadamards funktionentheoretischen Untersuchungen. Was hier ebenfalls anklingt, sind die zunehmenden gesundheitlichen Probleme, mit denen sich Hurwitz in seiner Züricher Zeit auseinandersetzen musste.

Zwei weitere Auftritte verzeichnen die Primzahlen im Briefwechsel. Der erste ist früh und banal. Am 5. August 1893 berichtete Minkowski von einem Artikel [117] von Italo Zignago; jedoch ist dessen Beweis leider nicht zu retten. Minkowski berichtete (siehe MiHi 15):

> Die Sache grenzt an's Fabelhafte. Zignago beweist, dass in jeder arithmetischen Progression (welche relativ prime Zahlen darstellen kann) unendlich viel Primzahlen da sind, auf so einfachem Wege, dass der Beweis wirklich nicht complicirter ist als der Euclidische Beweis, dass es überhaupt unendlich viele Primzahlen giebt.

Diese Aussage hatte ursprünglich Dirichlet [10, 11] mit aufwendigen analytischen Methoden bewiesen. Tatsächlich ist aber Zignago's Beweis nur für einige arithmetische Progressionen richtig (wie auch Paul Simon in den Jahresberichten schrieb). Bis heute gibt es lediglich für spezielle Progressionen (oder Restklassen) einen *einfachen* Nachweis. Für den darüber hinausgehenden Primzahlsatz für arithmetische Progressionen (also mit asymptotischer Formel für die Anzahl der entsprechenden Primzahlen) existiert mit der Arbeit von Atle Selberg [105] ein *elementarer*, wenngleich auch umfangreicher Beweis, entstanden im Kontext von Selbergs und Paul Erdős' seinerzeit unerwarteten, elementaren Beweis des Primzahlsatzes (ohne Restriktion auf eine arithmetische Progression).

Die letzte Nennung von Primzahlen im Briefwechsel ist wesentlich interessanter und zukunftsweisender. Am 13. Juli 1914 gedachte Hurwitz der „lebhaften Diskussionen" dem Primzahlsatz auf den Spaziergängen nach Luisenwahl (wohl vor 1892) und erwähnt eine Besprechung mit George (György) Pólya (1887–1985) über die „schönen Fortschritte [...], die kürzlich auf den Gebiete der ζ-Funktion erzielt worden sind." Dabei ist wahrscheinlich der Nachweis von unendlich vielen Nullstellen der Zetafunktion auf der kritischen Geraden durch Godfrey Hardy [26] gemeint; gemäß der nachwievor unentschiedenen Riemannschen Vermutung liegen sämtliche nicht-reellen Nullstellen auf dieser vertikalen Geraden. Die Nennung Pólyas ist interessant in zweierlei Hinsicht. Zum einen übernahm der junge Pólya (gerade frisch in Zürich nach einem zweijährigen Zwischenstopp in Göttingen angekommen) die Rolle von Hilbert und Minkowski bei Hurwitz' Spaziergängen am Zürichberg. So schrieb Pólya (siehe [95], S. 25):

> It was Hurwitz who arranged for me my first appointment at the ETH [...] We had a special way we worked. I would visit him and we would sit in his study and talk mathematics — seldom anything else — until he finished his cigar. Then we would go for a walk, continuing the mathematical discussion. His health was not too good so when we walked it had to be on level ground, not always easy in the hilly part of Zürich, and if we went uphill, we walked very slowly. I wrote a joint paper with Hurwitz. In fact, it is a paper of mine and a paper of his, linked in a poetic form of correspondence. My connection with Hurwitz was deeper and my debt to him greater than to any other colleague.

Später wird Pólya auch Hurwitz' *Mathematische Werke* herausgeben. Aber auch die Nullstellen der Zetafunktion sind hier nennenswert. Beide verfolgen nämlich das Thema weiter. So findet sich in Hurwitz' Tagebuch (26, Seite 181) eine detaillierte Auseinandersetzung mit Hardys Beweis, und Pólya veröffentlichte [94] später eine fourieranalytische Variante. Weitere Untersuchungen Pólyas in dieser Zeit (nach 1914, aber auch frühere) beschäftigen sich mit der Riemannschen Vermutung. Hierfür (und weitere verwandte Einträge in Hurwitz' Tagebücher) verweisen wir auf [89].

§ 5 Diophantische Analysis — 1891–1904

Diophantische Approximationen und Gleichungen kommen oft in dem Briefwechsel vor. Zu diesem Thema ließe sich viel aufführen.

Die *Farey-Folge* (oder damals *Farey-Netz*) [147] ist gegeben durch

$$\mathcal{F}_n = \left\{ \frac{a}{b} \; : \; 0 \leq a \leq b \leq n \quad \text{mit ggT(a, b)} = 1 \right\}$$

für $n \in \mathbb{N}$ und liefert eine Abzählung der rationalen Zahlen. Die rationalen Zahlen bekommt man modulo 1 aus $\mathcal{F}_n$ bei $n \to \infty$. Aus etwas ganz einfachem ergibt sich so etwas Bemerkenswertes: Mit wachsendem n sind die $\mathcal{F}_n$ ineinander geschachtelt: Beispielsweise ist $\mathcal{F}_3$ enthalten in

$$\mathcal{F}_4 \qquad : \qquad \frac{0}{1} < \mathbf{\frac{1}{4}} < \frac{1}{3} < \frac{1}{2} < \frac{2}{3} < \mathbf{\frac{3}{4}} < \frac{1}{1};$$

die neuen Elemente in $\mathcal{F}_4$ zur Illustration **fettgedruckt**. Es ist klar, wie mit zunehmendem n alle rationalen Zahlen im Einheitsintervall kommen. Dass diese einfache Konstruktion zu etwas Tiefem führt, ist erstaunlicher; ein besonderes Ergebnis ist der *Satz von Hurwitz*: *Es sei $\alpha \in \mathbb{R}$ irrational. Dann gibt es unendlich viele rationale Zahlen $\frac{p}{q}$ mit*

$$\left| \alpha - \frac{p}{q} \right| < \frac{1}{\sqrt{5}q^2}.$$

Die Konstante $\sqrt{5}$ ist hierbei bestmöglich (kann also nicht durch eine größere ersetzt werden). Der Beweis hängt an der Kettenbruchentwicklung und durch *Mediantenbildung*

$$\frac{a}{b} < \frac{a+c}{b+d} < \frac{c}{d}$$

für $\frac{a}{b}, \frac{c}{d} \in \mathcal{F}_n$. Das Hurwitzsche Resultat [48] verbessert den klassischen *Dirichletschen Approximationssatz*; im Briefwechsel findet sich eine entsprechende Notiz (siehe HuHi 17). Tatsächlich arbeitete Hurwitz viel zu Kettenbrüchen und der Farey-Folge [51, 52] (siehe auch [88, 98, 109]).

Diese Themen sind zudem nahe an Minkowskis *Geometrie der Zahlen*. Ausgehend von der Kettenbruchentwicklung

$$x = a_0 + \frac{1}{a_1 + \frac{1}{a_2 + \dots}} = [a_0, a_1, a_2, \dots]$$

ist die *Fragezeichen-Funktion* ?, definiert durch

$$?(x) = a_0 + 2 \sum_{n \geq 2} \frac{(-1)^{n+1}}{2^{a_1 + \dots + a_n}}$$

[147] John Farey (1766–1826) war eigentlich Mineraloge; er schrieb 1816 einen kurzen Artikel zu einigen Beobachtungen dieser Folge von Brüchen. Die Namensgebung *Farey-Folge* scheint etwas willkürlich zu sein; es gab mathematisch tieferliegendere Resultate, die eine Bezeichnung verdient hätten.

mit $?(1-x) = 1-?(x)$. Die Fragezeichen-Funktion ist ein Konstrukt Minkowskis. Nicht nur seine Post ist amüsant; mitunter ist es auch seine Notation :-)

Minkowski erkannte, dass die ?-Funktion quadratische Irrationalzahlen auf rationale Zahlen abbildet [82]; siehe hierzu MiHu 22 im Nachhinein des Heidelberger internationalen Mathematik Kongreß (ICM) 1903. Arnaud Denjoy (1884–1974) untersuchte später u.a. Binärdarstellungen in diesem Zusammenhang [8].

Es gäbe viel zu Kettenbrüchen und dergleichen im Briefwechsel zu berichten. Ab und an wird auch Julius Hurwitz (1857–1919), der Bruder Adolfs, erwähnt, der auf dem zweiten Bildungsweg offiziell bei Albrecht Wangerin (1844–1933) in Halle zu einem Thema seines Bruders 1895 promovierte und im Anschluss einige Artikel publizierte (siehe [46, 60] bzw. für eine genauere Analyse [88]). Von Interesse sind in diesem Zusammenhang HuHi 20 und HiHu 43.

§ 6 Die Hilbertschen Probleme und mehr — 1900-∞

> Wer von uns würde nicht gern den Schleier lüften, unter dem die Zukunft verborgen liegt, um einen Blick zu werfen auf die bevorstehenden Fortschritte unsrer Wissenschaft und in die Geheimnisse ihrer Entwickelung während der künftigen Jahrhunderte! Welche besonderen Ziele werden es sein, denen die führenden mathematischen Geister der kommenden Geschlechter nachstreben? Welche neuen Methoden und neuen Thatsachen werden die neuen Jahrhunderte entdecken – auf dem weiten und reichen Felde mathematischen Denkens? [...]

Mit diesen Worten beginnt wahrscheinlich der berühmteste Vortrag Hilberts (wenn nicht gar der Mathematik überhaupt). Zur Vorgeschichte:

Der anstehende *Internationale Mathematiker Kongreß* (ICM) 1900 in Paris war ein großes Thema, insbesondere bei den Dreien, weil sie Hilbert bei der Ausarbeitung seines Vortrags mit Rat und Tat unterstützten. Kurz vor Beginn des großen Ereignisses äußerte Minkowski in einem Brief an Hilbert am 28. Juli 1900 (in MiHi 77):

> Deinen Vortrag habe ich nun mit grossem Genusse zu Ende gelesen. Da ich das Ende abwartete, um mir ein richtiges Bild zu machen, hat sich die Lectüre etwas verzögert. Ich kann Dir nur zu der Rede Glück wünschen, sie wird sicher das Ereignis des Congresses bilden und der Erfolg wird ein sehr nachhaltiger sein. Namentlich glaube ich, dass Deine Anziehungskraft auf junge Mathematiker, durch diese Rede, die wohl jeder Mathematiker ohne Ausnahme lesen wird, wenn überhaupt möglich noch wachsen wird. Durch Ausmerzung von Kleinigkeiten hat die Einleitung an Vollendung gewonnen. Hurwitz und ich hatten uns zunächst ein ganzes falsches Bild gemacht, indem wir dachten, mit dem Ignorabimus sollte Schluss gemacht werden, namentlich da die Variationsrechnung schon so

> genau abgehandelt war. Nunmehr hast Du wirklich die Mathematik für das 20te Jahrhundert in Generalpacht genommen und wird man Dich allgemein gern als Generaldirector anerkennen.

Hilberts Pariser Vortrag war nicht sonderlich gut besucht. Seine Liste von Problemen für das zwanzigste Jahrhundert hingegen traf den *Zahn der Zeit*. Die angesprochenen Probleme beinhalteten berühmte Fragen, wie etwa die Kontinuumshypothese (zurückzuführen auf Georg Cantor), aber auch weniger wohlbekannte bzw. gar neue Frage- und Problemstellungen.

Insbesondere die Fragen, die die Forschungsthemen der Drei in der vergangenen Zeit berührt hatten, spielten eine besondere Rolle. Wir erwähnen an dieser Stelle einige von diesen, nämlich die mit Bezug zur Zahlentheorie:

• Das siebte Hilbertsche Problem behandelt Transzendenzfragen in Anschluß an Hermite, Lindemann und Weierstraß, gelöst von Gelfond und (unabhängig) Schneider (für Details verweisen wir auf § 2).

• Das achte Problem thematisiert Primzahlprobleme, insbesondere die *Riemannsche Vermutung*, die *Goldbachsche Vermutung* (jede gerade natürliche Zahl $\geq$ 4 ist darstellbar als Summe von zwei Primzahlen) und das *Primzahlzwillingsproblem* (es gibt unendlich viele Primzahlen mit Differenz 2). Die im achten Problem gestellten Fragen zu Primzahlen sind nach wie vor hoffnungslos offen (siehe § 4).

• Das neunte Problem behandelt *allgemeine* Reziprozitätsgesetze (siehe [40]):

> Für einen beliebigen Zahlkörper soll das Reziprozitätsgesetz der ℓ-ten Potenzreste bewiesen werden, wenn ℓ eine ungerade Primzahl bedeutet, und ferner wenn ℓ eine Potenz von 2 oder eine Potenz einer ungeraden Primzahl ist.

Hierin fragte Hilbert u.a. nach der Verallgemeinerung des Kummerschen Reziprozitätsgesetzes für Kreisteilungskörper $\mathbb{Q}(\zeta_\ell)$ für irreguläre prime ℓ. Furtwängler und Takagi erzielten erste Erfolge (siehe § 3). In seiner Allgemeinheit ist der Wunsch für einen Beweis eines allgemeinen Reziprozitätsgesetzes auch heute noch nicht zufriedenstellend gelöst. Die Frage erwies sich als eng an die Existenz von *Klassenkörper* gebunden und ist im *Langlands-Programm* enthalten. Beispielsweise ist das Artinsche Reziprozitätsgesetz wesentlich allgemeiner als seine Vorgänger und damit verwandte Objekte entstehen aus klassischen: Die Dedekindsche Zetafunktion verallgemeinert in natürlicher Art und Weise die Riemannsche Zetafunktion (nämlich dank des Übergangs $\mathbb{Q} \to K$ für jeden algebraischen Zahlkörper) und schließlich den noch allgemeineren, sogenannten Artinschen L-Funktionen; viele Strukturen waren 1900 noch undenkbar und Zusammenhänge werden heute erst in ihrer Tragweite vermutet; siehe [13, 70, 110].

• Das zehnte Hilbertsche Problem wurde (überraschenderweise) *negativ* beantwortet (von Martin Davis, Hilary Putnam, Julia Robinson und schließlich Yuri Matjyasevitch): Es gibt kein Verfahren (Algorithmus), das entscheidet, ob eine beliebige, gegebene diophantische Gleichung mit ganzen Koeffizienten in ganzen Zahlen lösbar ist.[148] Davis et al. übersetzten das Problem in eine Form des *Halteproblems* (ursprünglich formuliert von Alan Turing) in die Sprache diophantischer Gleichungen und Matyasevitch gelang 1971 letztlich der Nachweis spezieller, sogenannter *diophantischer* Mengen. In diesem Sinne war Hilberts Anstoß zum Aufbau der mathematischen Beweistheorie (insbesondere über Kurt Gödel) letztlich weiterführend; siehe [85, 109]. Die naheliegende erweiterte Frage zum zehnten Problem, wenn $\mathbb{Z}$ gegen $\mathbb{Q}$ ausgetauscht wird, ist ungeklärt.

• Das elfte Hilbertsche Problem wurde durch Hasses Resultate (nach Minkowskis eindrucksvoller Vorarbeit) gelöst (siehe § 1).

• Das zwölfte Hilbertsche Problem beinhaltet die Frage, inwiefern sich der Satz von Kronecker-Weber ausdehnen lässt. Kroneckers Jugendtraum ist nach wie vor offen (siehe § 3).

Die von Hilbert angesprochenen Fragen hatten gewaltigen Einfluß. Zum Millennium 2000 wurden ähnliche Probleme von verschiedenen namhaften MathematikerInnen formuliert, was einerseits den Fortschritt im zwanzigsten Jahrhundert darstellt, und andererseits den aktuellen Forschungsstand populär beschreibt. Das von der IMU (*International Mathematical Union*) ausgerufene Jahr der Mathematik 2000 lieferte derartige Berichte. Der Artikel [2] von Alan Baker und Gisbert Wüstholz nimmt klar Bezug zu Hilberts Pariser Rede 1900:

> To begin with, we shall discuss how three of Hilbert's problems, seemingly very distant from each other initially, have now come together and have provided the catalyst for a vast interplay between number theory and geometry.

Tatsächlich sehen die renommierten Autoren die Hilbertschen Probleme 7 (Transzendenzfragen), 10 (nicht-existenter Algorithmus zur Entscheidbarkeit einer beliebigen diophantischen Gleichung) und 12 (*Kroneckers Jugendtraum*) als miteinander durch sogenannte *Hodge-Theorie* verbunden und zählen mit der *abc*-Vermutung, explizite Abschätzungen von Logarithmen algebraischer Zahlen ($\neq 0$) und Konsequenzen der Sätze von Schneider und Gelfond für elliptische und abelsche Funktionen aktuelle Fragestellungen für die Zukunft auf. Auch Hurwitz und seine Hurwitz-Zahlen könnte man dieser *diophantischen Geometrie* zuordnen (siehe § 4). Diese *neue* Disziplin hat sich im Laufe des zwanzigsten Jahrhundert aus der Kombination von Zahlentheorie und Geometrie ergeben. Der Artikel [42] von Hilbert und Hurwitz kann als erster Beitrag gesehen werden.

Unserer Liste von *Hilbert Problemen* mit Bezug zur Zahlentheorie lassen sich noch hinzufügen:

∗ Das siebzehnte Problem behandelt Darstellungen als Summe von Quadraten; über klassische Summen von Quadrate von Zahlen hinausgehend geht es bei Hilbert um Darstellungen von Funktionen durch Funktionen. Das nicht leicht klassifizierbare Problem wurde gelöst von (wiederum) Artin 1927; hier sind weiterführende Antworten zu erwähnen (von Albrecht Pfister u.a., siehe [18]).

---

[148] trotz der entscheidbaren Fälle der Pellschen Gleichungen oder der elliptischen Kurven: siehe [109].

$*$ Das neunzehnte Hilbertsche Problem stellt Fragen zu partiellen Differentialgleichungen und Lösungen durch analytische Funktionen. Im Kontext äußerte Hilbert, dass die Zetafunktion ζ keiner algebraischen Differentialgleichung genüge; hierfür führte er einen Satz von Otto Hölder an (dass die Gammafunktion Γ keine algebraische Differenzialgleichung erfüllt, [43]) und die seit Riemann bekannte Funktionalgleichung

$$\zeta(1-s) = 2^{1-s}\pi^{-s}\cos(\pi s/2)\Gamma(s)\zeta(s)$$

(als „Brücke" zu ζ). Der Höldersche Satz beschäftige auch Hurwitz (siehe [47]) und wahrscheinlich auch die Drei bei ihren Spaziergängen zum Apfelbaum; der Briefwechsel enthält leider keinen Nachweis dieses Gesprächsthemas. Die in diesem Zusammenhang gestellten Fragen zur sogenanntem *Hypertranszendenz* der Zetafunktion und verwandter Probleme[149] (dies wurden u.a. von V. Stadigh und Alexander Ostrowski behandelt und führte zu Untersuchungen von Harald Bohr und letztlich sogenannter *Universalität* von Sergei Voronin; cf. [110]).

Die letztgenannten Fragen sind nicht wirklich der Zahlentheorie zuzuordnen bzw. der Bezug zu dem angeführten Problem im Hintergrund ist anfechtbar; zur Unterscheidung notierten wir deshalb jeweils ein $*$ anstelle von $\bullet$. Auch die im 18. Problem genannte *Keplersche Vermutung* kann nur bedingt der Zahlentheorie zugeteilt werden (siehe den vorangegangenen Essay zur *Geometrie der Zahlen*); sie wird oft als eine Frage in der *diskreten Geometrie* geführt und wurde schließlich durch Thomas Hales mit Hilfe eines aufwendigen Computerbeweises gelöst.

An dieser Stelle gehen wir auf einen Aspekt ein, der in Hilberts Rede auftritt, nicht aber in dieser Form und auch im gesamten Briefwechsel nicht:

Die sogenannte *Vermutung von Hilbert-Pólya* besagt, dass die nichttrivialen Nullstellen der Zetafunktion von einem selbstadjungierten hermiteschen Operator herrühren, und deshalb allesamt auf der Geraden $\frac{1}{2} + i\mathbb{R}$ liegen, die *Riemannsche Vermutung* also wahr ist (ein Teil des achten Problems). Diese Interpretation äußerte wohl zunächst Hilbert; unabhängig wird dies aber auch Pólya während eines kurzem Aufenthaltes in Göttingen zugeschrieben. Der Briefwechsel liefert hinsichtlich der Urheberschaft jedoch leider nichts.

Ein immer wiederkehrendes Thema der Drei ist die *Fermatsche Vermutung* bzw. *Fermats großer Satz* (und insbesondere Lindemanns Bemühungen).[150] Diese berühmte Frage wurde von Hilbert in dessen Liste von Problemen in Paris nicht als eines seiner Probleme explizit geführt (wenn gleich das zehnte Problem allgemeiner nach der Entscheidbarkeit einer ganzzahligen Lösung einer jeden diophantischen Gleichung über $\mathbb{Z}$ fragt). Tatsächlich benutzte Hilbert die damals offene Fermatsche Vermutung, um in seiner Rede folgendermaßen auf den Sinn von Fragen und Problemen aufmerksam zu machen (siehe [40]):

> [D]iese Unmöglichkeit nachzuweisen, bietet ein schlagendes Beispiel dafür, wie fördernd ein sehr specielles und scheinbar unbedeutendes

[149] den Begriff der *Transzendenz* bei Zahlen als Vorbild

[150] also die Nicht-Existenz von natürlichen Zahlen x, y, z mit der Eigenschaft $x^p + y^p = z^p$ mit einer ungeraden Primzahl p; siehe § 3

> Problem auf die Wissenschaft einwirken kann. Denn durch die Fermatsche Aufgabe angeregt, gelangte Kummer zu der Einführung der idealen Zahlen und zur Entdeckung des Satzes von der eindeutigen Zerlegung der Zahlen eines Kreiskörpers in ideale Primfaktoren – eines Satzes, der heute in der ihm durch Dedekind und Kronecker erteilten Verallgemeinerung auf beliebige algebraische Zahlbereiche im Mittelpunkte der modernen Zahlentheorie steht, und dessen Bedeutung weit über die Grenzen der Zahlentheorie hinaus in das Gebiet der Algebra und der Funktionentheorie reicht.

Damit wiederholte Hilbert Aspekte des *Zahlberichts*. Nach dieser Werbung in eigener Sache ging es weiter in der Pariser Rede mit dem *Dreikörperproblem* (bevor die 23 Probleme formuliert wurden). Der deutschen Veröffentlichung folgte die englischsprachige Publikation nur zwei Jahre später (siehe [40]). Dies erläutert ein wenig, wie sehr die von Hilbert aufgeworfenen Fragen breites Interesse fanden und etliche Forschungsfragen einläuteten.[151] Sicherlich wurde zu diesem Zeitpunkt offensichtlich, welch begnadeter Redner er war und welche Themen (insbesondere die *Grundlagenkrise*) er noch behandeln wollte, jedoch verließen wir damit die *Zahlentheorie* (und verweisen stattdessen auf das lesenswerte Buch [80] von Herbert Mehrtens).

Zurück zu Fermat: Das Aussetzen von Preisen hilft bekanntlich dem Bekanntheitsgrad und führt mitunter die Forschung weiter. 1908 wurde der *Wolfskehl-Preis* für die Lösung der Fermatschen Vermutung ausgelobt und dann schließlich 1997 Andrew Wiles verliehen. Paul Wolfskehl (1856–1906) war ein promovierter Mediziner, der nach seiner Erkrankung an Multipler Sklerose eine zweite Karriere als Mathematiker startete. Wolfskehl wird einige Male im Briefwechsel erwähnt; beispielsweise im Zusammenhang der Bekanntmachung des Wolfskehl-Preises in MiHi 97 sowie in HuHi 72 hinsichtlich Lindemanns Bemühungen um das damalige Preisgeld von 100.000 Reichsmark.

Der Mathematiker und Schriftsteller Marcus du Sautoy vermerkte zur Riemannschen Vermutung (in [101], S. 147):

> In einem Vortrag im Jahr 1919 zeigte er [Hilbert] sich optimistisch, dass er die Lösung dieses Problems noch erleben werde, und vielleicht würde das jüngste Mitglied im Auditorium sogar noch den Beweis für Fermats letzten Satz sehen. Ebenso kühn sagte er voraus, dass niemand der Anwesenden die Lösung seines siebenten Problems erleben werde.

Die Lösung des siebten Problems erfolgte bekanntlich während Hilberts Lebenszeit (siehe § 2). Der Beweis der Fermatschen Vermutung stellte sich erst

[151] War der *Zahlbericht* hinsichtlich seiner Konzeption (über die DMV) eher als lokal einzuschätzen (wenngleich er letztlich internationalen Einfluß nahm), so kann Hilberts Pariser Rede auf dem Pariser ICM 1900 als ein Jahrhundertereignis angesehen werden. Aufschluß über die Relevanz der Hilbertschen Worte liefert indirekt Henri Poincarés Vortrag auf dem ICM 1908 in Rom (wegen Krankheit in dessen Abwesenheit, aber vorgelesen von seinem Kollegen Gaston Darboux): Die Idee eines breiten Publikums wurde äußerst positiv gesehen, was die Zukunft der Mathematik sei, jedoch kontrovers.

1995 durch Andrew Wiles (und Dank der Vorarbeiten vieler Zahlentheoretiker)[152] ein (siehe [108]). Es wurde des öfteren suggeriert, dass Hilbert seine "Rangliste"der schwierigsten Probleme mit zunehmendem Alter variierte. Hierzu gibt es keine Belege im Briefwechsel. Womöglich sind diese Einschätzungen also nur Überlieferungen.

Gerade die ungelöste Riemannsche Vermutung – eines der sechs offenen Millenniumsprobleme (siehe [6]) – offenbart, wie eine Äquivalenz zu weiteren Ergebnissen von Beteiligten geführt hat, wie sich also Mathematik über Kontakte immer weiter entwickelt. Jerome Franel (1859–1939) war ein Kollege von Hurwitz an der ETH mit zunehmendem Alter wachsendem Interesse an Forschungsfragen. Er wurde mehrmals im Kontext des Briefwechsels erwähnt und war tätig bei der Organisation des Zürchers ICM 1897. Er fand viel später eine Konsequenz der Lage der Nullstellen der Zetafunktion in Abhängigkeit von der Farey-Folge [19] (siehe § 5). Der Zusammenhang zu Hurwitz' geschätzten Fragen geht weiter mit dem in Göttingen tätigen, und uns aus dem Briefwechsel bekannten Edmund Landau. Dessen Nachfolgeartikel [68] erschien im selben Göttinger Journal und im selben Jahr; es folgte später noch ein Nachfolgeartikel [69]. Tatsächlich geht die vorliegende Verbindung der *Farey-Folge* mit der *Riemannschen Vermutung* zurück auf John Littlewood [73] und wird wohl letztlich das Problem nicht lösen. Dieses Beispiel zeigt jedoch auf, wie verzweigt Mathematik sein kann.

§ 7 Das Waringsche Problem — 1908/09

Am 12. Januar 1909 verstarb Hermann Minkowski. Noch am selben Tag schrieb Hilbert an Hurwitz folgende traurigen und überraschenden Worte (HiHu 94):

> Mein lieber alter Freund. Sie sind's jetzt nur noch allein, seitdem unser lieber Minkowski heute mittag $\frac{1}{2}1$ Uhr an Blinddarmentzündung in der Braunschen Privatklinik bis zuletzt im vollsten Bewusstsein sanft entschlafen ist. Sonntag Abend wurde die Diagnose gestellt, in der Nacht zu Montag die sehr schwierige Operation ausgeführt. Gestern lies uns der fieberfreie Zustand hoffen; auch heut morgen noch, bis ich plötzlich Mittags an sein Krankenlager gerufen wurde. Als ich eintrat, war er gerade tot; er hatte noch nach mir verlangt.

Und ein paar Zeilen weiter:

> Für Ihre herzliche Neujahrskarte, über die ich mich sehr gefreut hatte, wollte ich mich in einem ausführlichen Brief bedanken; da ich Ihnen auch über allerlei Mathematisches erzählen wollte – aus Ihrer schönen invariantentheoretischen Arbeit in den Gött. Nachr. habe ich eine wie mir scheint gute Idee genommen zur Behandlung des Waringschen Problems – so verzögerte sich mein Schreiben und

[152]der beeindruckende Umweg über die Shimura-Taniyama-Vermutung von Goro Shimura und Yutaka Taniyama und Andre Weil sowie die Mathematiker Yves Hellegouarch, Gerhard Frey, etliche mehr und natürlich Richard Taylor sind hier zu nennen

> statt dessen erhalten Sie nun diesen Trauerbrief. Alles hier steht unter diesem erschütternden Ereigniss. Die Ärzte selbst standen tränender Augen um sein Bett. In den Osterferien komme ich Sie jedenfalls einige Tage besuchen; bis dahin in alter Treue. Ihr Hilbert.

Hierauf antwortete Hurwitz am 5. März (in HuHi 74) mit den Worten:

> Lieber Freund, Herzlichen Dank für Ihre geniale Arbeit über das Waring'sche Problem. Sie wird das allergrösste Aufsehen erregen und Ihren vielen Ruhmestiteln einen neuen hinzufügen. Wie Sie von der transcendenten Darstellung der Form $(x_1^2 + \ldots + x_5^2)^m$ zu den rationalen übergehen und hieraus alles weitere ableiten, ist geradezu verblüffend und hat mich ordentlich aufgeregt. Wie schön, dass dies alte Problem nun endlich erledigt ist! Schade, dass Minkowski, dem Sie Ihre Arbeit gewidmet haben, das nicht mehr erlebt hat. Wir sprechen so oft von dem betrübenden Ende Minkowski's und bedauern auch Sie, der Sie, gewohnt täglich mit dem alten Freunde zu verkehren, die Lücke doppelt schmerzlich empfinden werden. In wissenschaftlicher Hinsicht werden Sie ja in Landau, den Sie als Nachfolger wohl schon zu Ostern nach Göttingen bekommen, Ersatz finden. Ihre Wahl scheint mir eine vortreffliche zu sein, denn ich schätze Landau ausserordentlich hoch.

Am 13. März entgegenete Hilbert (siehe HiHu 95)

> Lieber Freund. Sie beschämen mich förmlich durch Ihre herzlichen Briefe und Karte. Vor Allem Ihre teilnehmenden Worte zu Minkowski's Tode haben mir sehr wohlgetan. Die ersten Wochen waren wir täglich bei Frau Minkowski; auch jetzt sind wir sehr viel dort und sie und Fanny Minkowski bei uns. Wir lesen dann seine Briefe, die ich von ihm erhalten und lassen dann unsere ganze Jugend, unser ganzes Leben an uns vorüberziehen. Und eine wie grosse Rolle spielen auch Sie darin! Wir müssen uns gründlich über alles aussprechen. [...] Ich beschäftige mich sehr viel mit Minkowski's Abhandlungen teils, weil ich eine Gedächtnisrede vorbereite, teils weil ich seine gesammelten Abhandlungen herauszugeben gedenke. Doch darüber können wir uns besser mündlich unterhalten. Ihre freundschaftliche Anerkennung meiner Waring-Arbeit ist mir ein Lichtstrahl in düsterer Zeit; ich danke Ihnen herzlich.

Auch erste Kommentare (von Hausdorff und Kürschak) werden geäußert und deren Anmerkungen werden auch von Hilbert in der späteren Publikation [41] honoriert.[153]

[153] Die wesentliche Veröffentlichung erschien in den *Mathematischen Annalen*, die etwas früher erschienene Publikation in den *Göttinger Nachrichten* ist ohne Nennung von Hausdorff und Kürschak; Hilberts Argumentation wurde ein wenig durch deren Kommentare vereinfacht. Hilbert konnte ein 25-faches Integral durch ein 5-faches ersetzen.

Seinen Ursprung hatte das *Waringsche Problem* 1770. Sein Ausgangspunkt war der *Vierquadratesatz* von Lagrange [66] (vgl. Hurwitz' Arbeit zu Quaternionen im nächsten Paragraphen). Noch im selben Jahr behauptete Edward Waring [113], dass nicht nur jede natürliche Zahl als Summe von höchstens vier Quadratzahlen dargestellt werden kann (also Lagranges *Vierquadratesatz*), sondern auch als Summe von höchstens neun dritten Kuben, von höchstens 19 vierten Potenzen usw. Bloß blieb Waring einen Beweis schuldig. Zu jedem k sollte also eine natürliche Zahl $g(k)$ existieren, sodass *jedes* natürliche m als eine Summe von höchstens $g(k)$ vielen k-ten Potenzen natürlichen Zahlen geschrieben werden kann. Dies ist die genaue Formulierung des *Waringschen Problems*. Vermutlich gilt

$$g(k) = \left\lfloor \left(\frac{3}{2}\right)^k \right\rfloor + 2^k - 2$$

für die wahre Anzahl der benötigten Summanden (für alle m). Für alle hinreichend großen k wurde dies bewiesen mit einer Schranke für k je nach dem aktuellen Stand. Liouville fand einen neuen Aspekt des Falles der Darstellung durch Biquadrate $k = 4$ (cf. [58]). Anfang des zwanzigsten Jahrhunderts wuchs das Interesse. Und Hurwitz mutmaßte eine Formel

$$p(a^2+b^2+c^2+d^2)^n = \sum_{i=1}^{r} p_i(\alpha_i a + \beta_i b + \gamma_i c + \delta_i d)^{2n}$$

mit abhängigen rationalen p, p_i und ganzen $r, \alpha_i, ..., \delta_i$, abhängig von n. Er bewies den Spezialfall $k = 8$ (also $n = 4$) in seiner kleinen Abhandlung [58], bereits Ende 1907, und zwar mit Hilfe der expliziten Identität[154]

$$\begin{aligned} 5040(a^2+b^2+c^2+d^2)^4 &= 6\sum_{a...d}^{(4)}(2a)^8 + 60\sum_{a...d}^{(12)}(a\pm b)^8 + \\ &+ \sum_{a...d}^{(48)}(2a\pm b\pm c)^8 + 6\sum_{a...d}^{(8)}(a\pm b\pm c\pm d)^8, \end{aligned}$$

und gewann daraus, dass *jede positive ganze Zahl sich als Summe von höchstens* 36 959 *achten Potenzen ganzer Zahlen darstellen lässt* und es ließe sich diese Anzahl durch einfache Kombinatorik auf einen kleineren Wert reduzieren.

Durch Hurwitz' Publikation angestoßen, fand Hilbert seine geniale Idee: die Lösung des *Waringschen Problems* (interessanterweise aber auf einer alten Veröffentlichung [54] von Hurwitz zur Invariantentheorie basierend), und publizierte seine Lösung des *Waringschen Problem*s anschließend [41], dem Gedenken an seinen Freund Minkowski gewidmet. All diese Ergebnisse geben jedoch keine expliziten Werte für die $g(k)$.

Arthur Wieferich behandelte 1908/09 den Fall $k = 3$ und Aubrey J. Kempner schloss 1912 eine Lücke, was $g(3)$ anbelangt. Lesenswert ist insbesondere die

[154] wie Hurwitz überlassen wir dem Leser / der Leserin die leichte Aufgabe, dieser Notation einen Sinn zur geben

Arbeit von Felix Hausdorff [31] (auf den Seiten direkt auf Hilberts Artikel in den *Mathematischen Annalen* folgend). Was die klassischen Methoden anbelangt, so gab Georg Johann Rieger [97] einen Abschluss. Er analysierte Hilberts Beweis und leitete explizite Abschätzungen ab (siehe zudem [98]).

Von großer Bedeutung ist allerdings eine andere Herangehensweise an das *Waringsche Problem*: In den 1920ern entwickelten Hardy & Littlewood – nicht zu unterschätzen sind hierbei die Vorarbeiten Srinivasa Ramanujans – mit ihrer sogenannten *Kreismethode* einen ganz anderen Ansatz. Diese arbeitet mit komplex-analytischen Hilfsmittel und ist für eine große Klasse additiver Fragestellungen einsetzbar. So wurden weiterführende explizite Ergebnisse für das Waringsche Problem gefunden, beispielsweise wurde $g(4) = 19$ (erst 1986) von Balasubramanian et al. [3] gezeigt. Die Kreismethode hat zudem auch Resultate zur *Goldbach-Vermutung* vorzuweisen.

§ 8 Hurwitz' Zahlentheorie der Quaternionen — 1896–1919

Eigentlich müsste von *hyperkomplexen Zahlen* die Rede sein, denn die Quaternionen spielen nur eine gewisse, untergeordnete Rolle. So bilden die Quaternionen zwar den Hauptgegenstand des 1919 erschienen und einzigen Buches *Vorlesungen über die Zahlentheorie der Quaternionen* von Hurwitz (siehe [59] bzw. übersetzt in [91]). Allerdings handelt es sich bei dem bekannten *1-2-4-8 Satz* um ein bekanntes und von Hurwitz bewiesenes Theorem von 1898 – und Dank Hilberts Engagement – ein leichterer und 1923 posthum veröffentlichter Beweis.

Dieser sogenannte *1-2-4-8 Satz* besagt, dass es genau vier reelle Divisionsalgebren gibt, nämlich die reellen Zahlen (1), die komplexen Zahlen (2), die Quaternionen (4) und die Oktaven (8). Fehlerhafte oder unvollständige Beweise gab es schon vor Hurwitz. Tatsächlich waren Fragen um hyperkomplexe Strukturen ein angesagtes Thema bei vielen, ein damals aktuelles Gebiet – basierend auf William Rowan Hamilton (1805–1865). Dessen überraschende Entdeckung von 1843, lieferte mit den Quaternionen, die erste nicht-kommutative Struktur. Bekannt war immerhin der Satz über assoziative Divisionsalgebren von Ferdinand Georg Frobenius (1849–1917).[155] Dieses Ergebnis wurde 1877 gefunden und zwar von Hurwitz' Vorgänger in Zürich. Erstaunlicherweise war der 1-2-4-8 Satz aber nicht wirklich ein Thema des Briefwechsels. Hingegen wurden Quaternionen öfter erwähnt.

Rudolf Lipschitz (1832–1903) war ein Dirichlet-Schüler und mehr ein Analytiker als ein Zahlentheoretiker oder Algebraiker; während Minkowskis Zeit in Bonn hatten die beiden lose Kontakt. Aus unserer Sicht ist die Zahlentheorie der Quaternionen sehr interessant. Lipschitz' Arbeit ist nicht einfach zu lesen, und enthält immerhin einen ersten quaternionischen Beweis des *Vierquadratesatzes* (vgl. § 7).

Hurwitz war sich gewisser Schwierigkeiten bewusst, wesentliche Aspekte der gerade entstandenen algebraischen Zahlentheorie für Schiefkörper umzusetzen. Gegeben unabhängige Größen i, j, k mit nicht-kommutativen Gleichungen

[155] Die Oktaven sind nicht-assoziativ.

$$i^2 = j^2 = k^2 = -1 \qquad \text{und} \qquad ij = k \neq -k = ji,$$

werden die Quaternionen $a_1 + a_2 i + a_3 j + a_4 k$ definiert, zunächst mit rationalen oder reellen Koeffizienten $a_1, ..., a_4$. Für zahlentheoretische Zwecke ist es sinnvoll, die a_ℓ ganz oder rational zu wählen. Während Lipschitz mit dem naiven Ring $\mathbb{Z}[i, j, k]$ arbeitete, legte Hurwitz den Ring

$$\mathbb{Z}[i, j, k, \rho] \qquad \text{mit} \quad \rho := \frac{1 + i + j + k}{2}$$

zugrunde; sein Vorteil ist, dass der größere und dichter liegende Ring *euklidisch* ist. Tatsächlich ist ρ dabei eine zusätzliche Einheit und ein *euklidischer Algorithmus* ist in dem größeren Ring realisierbar.[156], was diverse Vorteile mit sich bringt (wie insbesondere eine *Primzahlzerlegung*).

Dass der tiefere Ansatz mehr liefert als Lipschitz, lässt sich bereits den Errungenschaften von Hurwitz ablesen, zum Beispiel Jacobis Formel für die Anzahl der Darstellungen einer *natürlichen Zahl* als Summe von vier Quadraten. Auch wird der von Kronecker bzw. Dedekind entwickelten und von Hurwitz variierten Idealtheorie folgend (siehe § 3) ein Konzept für *Rechts-Idealklassen* bei den Schiefkörpern entworfen, ein absolutes Novum in dieser Zeit. Und Hurwitz löst das bemerkenswerte *problema curiosum* von Euler.

Hilbert und Hurwitz dachten die Erwähnung des Quaternionen-Ergebnisses für Hilberts Veröffentlichung seines Pariser ICM-Vortrags an. Wir zitieren aus HuHi 51:

> Wieder bin ich stark in Ihrer Schuld: vor mir liegt Ihr liebenswürdiger Brief vom 21 November, sowie Ihre Karte von vorgestern nebst den Correcturbogen Ihres Pariser Vortrages. Um mit letzterem zu beginnen, so habe ich mir erlaubt, auf pag 23 an den Rand eine Anfrage anzumerken, welche Sie sich vielleicht ansehen. Ein Citat auf meine Zahlentheorie der Quaternionen wäre in der That nur möglich, durch Aufnahme eines neuen Problems zwischen dem 11ten + 12ten, nämlich: <u>Man soll die Zahlentheorie der Systeme höherer complexer Zahlen entwickeln.</u> In jedem Systeme höherer complexer Zahlen können gerade so, wie im System der gewöhnlichen Zahlen, „Zahlkörper" gebildet werden, die in allen wesentlichen Eigenschaften den „Euclidischen (algebraischen) Zahlkörpern" gleichen. Es erwächst nun die Aufgabe, die Sätze aus der Theorie der gewöhnlichen endlichen Zahlkörper auf jene allgemeinere Körper zu übertragen, insbesondere die Theilbarkeitsgesetze in letzteren festzustellen. Bisher ist diese Aufgabe nur für den Fall des Körpers der rationalen Quaternionen (meine Arbeit in den Göttinger Nachrichten vom December 1896) erledigt sowie (im Wesentlichen) im Falle desjenigen Körpers, dessen Elemente die linearen Substitutionen

[156] Den gleichen Fehler hatte seinerzeit Euler gemacht, nämlich $\mathbb{Z}[\sqrt{-3}]$ statt $\mathbb{Z}[(-1+\sqrt{-3})/2]$ zu betrachten. Ganz ähnlich sind die Quaternionen von Grad 1 und 2, was deren Analogie zu quadratischen Zahlkörpern nahelegt.

$$S = (a_{ik})(i, k = 1, 2, \ldots n)$$

> mit rationalen Coefficienten a_{ik} sind. Bekanntlich kann man die Substitutionen S als complexe Zahlen mit n^2 Einheiten ansehen, für welche die Multiplication mit der Zusammensetzung der Substitutionen identisch ist [...]

Und anschließend geht es recht technisch weiter:

> In dem von den Substitutionen S gebildeten Körper sind diejenigen, deren Coefficienten a_{ik} ganzzahlig sind, die „ganzen" Zahlen und unter diesen wieder diejenigen, deren Determinante $|a_{ik}| = \pm 1$ ist, die „Einheiten". Die Theilbarkeitsgesetze in diesem Körper werden im Wesentlichen durch die bekannten Sätze über die Zusammensetzung der ganzzahligen Substitutionen S aus solchen, deren Determinante eine Primzahl ist, gegeben. Diese Sätze erscheinen so unter einem interessanten neuen Gesichtspunkte. –
>
> Ich glaube aber, lieber Hilbert, Sie thuen besser, diese ganze Sache Ihrem Vortrage nicht einzuverleiben, da sonst die Probleme von No12 ab umnummeriert werden müssten, was doch eine zu grosse Umwälzung verursacht.

Hurwitz war sich wohl einiger technischer Problemer bewußt und Hilbert ließ sich nicht darauf ein. Die Ideen hat Hurwitz tatsächlich später noch weiter verfolgt; einige seiner späteren Ergebnisse sind im letzten Tagbuch ausgeführt. Weitere Resultate veröffentlichte Leonard Eugene Dickson (1874–1954); cf. [91].

Gegen Ende seines Lebens widmete sich Hurwitz seinen Ausarbeitungen (inkl. den Vorlesungsmitschriften) und arbeitete fast ausschließlich an einem Lehrbuch zur Zahlentheorie der Quaternionen, das er 1919 publizierte. In einem der letzten Briefe schrieb Hurwitz in HuHi 81 (vom 2. Dezember 1918)[157]:

> Ihr Karte vom 16 Oktober, die Sie so freundlich waren, mir nach Ihrer Heimkunft zu schreiben, erhielt ich damals am 23. Oktober. Was ist seitdem alles in der Welt vorgegangen! Darüber würden wir alle gern mit Ihnen plaudern. Vielleicht bringt uns nun wirklich der Frühling wieder Ihren – und Ihrer Frau – Besuch! Und dann wird auch Ihre Reise sich wieder bequemer als die letzte Heimreise gestalten. Heute schreibe ich Ihnen im Interesse Pólya's. Sie wissen wohl, dass durch Graf's Tod in Bern eine Professur für höhere Mathematik frei geworden ist, die kürzlich ausgeschrieben wurde. Um diese will sich Polya bewerben und da würde es natürlich für ihn von grösstem Nutzen sein, wenn Sie Ihr gewichtiges Wort für ihn in empfehlendem Sinne bei der Erziehungsdirektion des Kantons Bern in Bern einlegen würden. Wenn Sie also, woran ich nicht zweifle,

[157] Der Waffenstillstand von Compiègne wurde am 11. November 1918 zwischen dem Deutschen Reich und den beiden Westmächten Frankreich und Großbritannien geschlossen; dies beendete die Kampfhandlungen des Ersten Weltkrieges.

> Polya seinen Qualitäten nach hierfür als würdig erachten, so würden Sie durch eine Empfehlung ein gutes Werk für ihn tun. Ich selbst habe soeben ohne sein Wissen dergleichen getan. Wir sind jetzt hier endlich seit 14 Tagen wirklich in den Vorlesungen; deren Beginn wurde immer wieder hinausgeschoben wegen der Grippe, die unter der Jugend entsetzlich viele Opfer gefordert hat. Das fehlte der Welt gerade noch bei all der sonstigen Misère. Die verlängerten Ferien habe ich benutzt, um ein kleines Werk „Vorlesungen über die Zahlentheorie der Quaternionen" zu schreiben. Es ist bis auf Kleinigkeiten fertig; ich halte es aber noch zurück, um noch etwas zu feilen und dann, weil gegenwärtig ein sehr ungünstiger Zeitpunkt für solche Dinge ist. Ich habe auch gar keine Eile. Wohin ist der frühere jugendliche Impetus verschwunden, als wir noch unsere „Klapp-Bummel" auf die Hufen nach Vollendung einer Arbeit machten!

Neben dem ersten Weltkrieg (die Schweiz war neutral) wird hier die sogenannte spanische Grippe erwänht.

Hurwitz verstarb am 18. November 1919 (an seinem Nierenleiden). Briefe von Hilbert an Ida zu technischen Details des Nachlasses sind erhalten. In seinem Brief von 15. Dezember (HiHu 109) lesen wir schließlich:

> Tief erschüttert hat mich der Tod Ihres Mannes, bin ich ihm doch so lange Jahrzehnte hindurch mit treuer und nie getrübter Freundschaft verbunden gewesen, ist er doch mein ältester mathematischer Freund – Minkowski trat erst etwas später hinzu. Er ist sehr traurig, dass Hurwitz nun nicht mehr unter uns ist, dass sein gewohnter, alt bewährter mathematischer Blick nicht mehr auf unserem mathematischen Tun ruht. Ich habe alle seine Briefe an mich vorgesucht; der älteste ist vom Jahre 1886 aus Königsberg. In seinem letzten Brief, den ich im Herbst nach meiner Rückkehr aus Bern erhielt, spricht er mir noch seine Befriedigung aus, dass ich in Deutschland geblieben bin. Freilich erschreckt mich seine Mitteilung, dass er sich nur immer einen Tag um den anderen einigermassen wohlbefinde, je nachdem er Morphium erhielte oder nicht; doch sprach er mir so seine freudige Erwartung auf ein Wiedersehen im Frühling aus, dass ich sicher war, Ihrer sorgfältigen, liebevollen und klugen Pflege, die allein ihm solange das Leben verlängert hatte, würde es auch noch weiter gelingen. Nun müssen und können wir dem Geschick dankbar sein, dass ihm lange Qualen, von denen so oft die Menschen, die in Hurwitz's Alter sterben, heimgesucht werden, erspart geblieben sind. Wir Zurückgebliebenen bewahren uns das Andenken an einen Freund – ebensosehr von freundlichem heiteren Sinn wie von seltener Geradheit und Zuverlässigkeit des Charakters.

Es folgen noch einige technische Details, wie der Nachlass zu regeln sei. Damit endet der Briefwechsel.

Hilbert verstarb am 14. Februar 1943 als Letzter der Drei.

Der Autobiographie [4] der Zahlentheoretikerin Hel Braun kann man entnehmen (siehe S. 55/56):

> Bei Hilberts Tod war alles schwieriger, es war ja Krieg und Nazizeit. [...] Also stand der Sarg so einsam da, es formierte sich ein kleiner Zug. Mit Klärchen und Franz Hilbert an der Spitze – Frau Hilbert musste das Bett hüten, sie war überanstrengt. Die Fakultät war vollzählig vorhanden, so weit sie überhaupt während des Krieges in Göttingen war. [...] Sehr viele auswärtige Kollegen waren nicht anwesend, dazu war das Reisen zu schwierig geworden. Aber jedenfalls waren Carathéodory, Hecke und Hilberts letzter Assistent Arnold Schmidt da. Nachdem wir am offenen Grab angelangt waren, sprachen Hecke und Schmidt ein paar Worte, der Sarg kam unter die Erde, das wars.

Literaturverzeichnis

[1] T. ARAKAWA, T. IBUKIYAMA, M. KANEKO, *Bernoulli Numbers and Zeta Functions*, Springer 2014.

[2] A. BAKER, G. WÜSTHOLZ, Number Theory, Transcendence and Diophantine Geometry in the Next Millennium, in: *Mathematical Frontiers and Perspectives*, V. Arnold, M. Atiyah, P. Lax and B. Mazur (eds.), AMS and International Mathematical Union, 2000; 1-12.

[3] R. BALASUBRAMANIAN, J.-M. DESHOUILLERS, F. DRESS. Problème de Waring pour les bicarrés. I. Schéma de la solution (Waring's problem for biquadrates. I. Sketch of the solution). Comptes Rendus de l'Académie des Sciences, Série I, **303**.4 (1986): 85-88. II. Résultats auxiliaires pour le théorème asymptotique (Waring's problem for biquadrates. II. Auxiliary results for the asymptotic theorem). Comptes Rendus de l'Académie des Sciences, Série I, **303**. (5) (1986): 161-163.

[4] H. BRAUN, *Eine Frau und die Mathematik 1933–1940. Der Beginn einer wissenschaftlichen Karriere*, Springer 1990.

[5] G. CANTOR, Ueber eine Eigenschaft des Inbegriffs aller reellen algebraischen Zahlen, *J. reine angew. Math.* **LXXVII** (1873), 258-263.

[6] J. CARLSON, A. JAFFE, A. WILES; EDS., *The Millennium Prize Problems*. Providence, RI: American Mathematical Society and Clay Mathematics Institute, 2006.

[7] R. DEDEKIND, Ueber die Begründung der Idealtheorie, *Nachr. K. Ges. Wiss. Göttingen*, **1895**, 106-113.

[8] A. DENJOY, Sur une fonction réelle de Minkowski, *J. Math. Pures Appl.*, Série IX 17 (1938), 105-151.

[9] L. DICKSON, *Algebras and their Arithmetics*, University of Chicago Press, 1923.

[10] P.G.L. DIRICHLET, Beweis des Satzes, dass jede unbegrenzte arithmetische Progression, deren erstes Glied und Differenz ganze Zahlen ohne gemeinschaftlichen Factor sind, unendlich viele Primzahlen enthält, *Abhandlungen Kgl. Preuß. Akad. Wiss.* (1837), 45-81; Werke I, Reimer, Berlin 1889, 313-342.

[11] P.G.L. DIRICHLET, Recherches sur diverses applications de l'analyse infinitésimale a la théorie des nombres, *J. reine angew. Math.* **19** (1839), 324-369; **21** (1840), 1-12, 134-155; Werke I, Reimer, Berlin 1889, 411-496.

[12] P.G.L. DIRICHLET, *Vorlesungen über Zahlentheorie*, mit Supplementen von R. DEDEKIND, Vieweg, 1871.

[13] D. DUMBAUGH, J. SCHWERMER, *Emil Artin and Beyond – Class Field Theory and L-Functions* with contributions by J.W. Cogdell and R.P. Langlands, EMS, 2015.

[14] H.M. EDWARDS, *Fermat's Last Theorem*. Springer, 1977.

[15] H.M. EDWARDS, *Divisor Theory*, Birkhäuser, 1990.

[16] H.M. EDWARDS, The Genesis of Ideal Theory, *Arch. Hist. Exact Sciences* **1980**, 321-378.

[17] L. EULER, Variae observationes circa series infinitas, *Comment. Acad. Sci. Petropol* **9** (1737), 160-188

[18] G. FISCHER, F. HIRZEBRUCH, W. SCHARLAU, W. TÖRNIG (Herausgeber), *Ein Jahrhundert Mathematik 1890-1990. Festschrift zum Jubiläum der DMV*, Friedr. Vieweg & Sohn, 657-671.

[19] J. FRANEL, Les suites des Farey et les problèmes des nombres premiers, *Göttinger Nachrichten* **1924**, 198-201

[20] R. FUETER, *Synthetische Zahlentheorie*, Göschens Lehrbücherei, 1916.

[21] J.R. GOLDMAN, *The Queen of Mathematics. A Historically Motivated Guide to Number Theory*, AK Peters, 1998.

[22] P. GORDAN, Transzendenz von e und π, *Math. Ann.* **43** (1893), 222-224.

[23] J. GRAY, *A History of Abstract Algebra, From Algebraic Equations to Modern Algebra*. Springer, 2018.

[24] J. HADAMARD, Étude sur les propriétés des fonctions entières et en particulier d'une fonction considérée par Riemann, *Journ. de Math.* (4) **IX** (1893), 171-215.

[25] J. HADAMARD, Sur les zéros de la fonction $\zeta(s)$ de Riemann et ses conséquences arithmétiques, *Bull. Soc. Math. France* **24** (1896), 199-220

[26] G.H. HARDY, Sur les zéros de la fonction $\zeta(s)$ de Riemann, *Comptes Rendus Acad. Sci. Paris* **158** (1914), 1012-1014

[27] H. HASSE, Über die Darstellbarkeit von Zahlen durch quadratische Formen im Körper der rationalen Zahlen. *J. Reine Angew. Math.* 152 (1923), 129-148.

[28] H. HASSE, Über die Äquivalenz quadratischer Formen im Körper der rationalen Zahlen. *J. Reine Anger. Math.* 152 (1923), 205-244.

[29] H. HASSE, Die Darstellbarkeit von Zahlen durch quadratische Formen in einem beliebigen algebraischen Zahlkörper. *J. Reine Angew. Math.* 153 (1924), 113-130.

[30] H. HASSE, Äquivalenz quadratischer Formen in einem beliebigen algebraischen Zahlkörper der rationalen Zahlen. *J. Reine Anger. Math.* 153 (1924), 184-191.

[31] F. HAUSDORFF, Zur Hilbertschen Lösung des Waringschen Problems, *Math. Annalen* 67 (1909), 301-305.

[32] E. HECKE, Über die Zetafunktionen beliebiger algebraischer Zahlkörper, *Nachr. Ges. Wiss. Göttingen* (1917), 77-89

[33] E. HECKE, *Vorlesungen über die Theorie der algebraischen Zahlen*, Akademische Verlagsgesellschaft, Leipzig, 1923

[34] C. HERMITE, Sur la fonction exponentielle, *C. R. Acad. Sci. Paris* **77** (1873), 18-24, 74-79, 226-233, 285-293

[35] G. HESSENBERG, *Transzendenz von e und π*, Teubner, Leipzig, 1912.

[36] D. HILBERT, Über die vollen Invariantensysteme, *Math. Ann.*, **42**, 313-337.

[37] D. HILBERT Über die Transcendenz der Zahlen e und π, *Nachr. Ges. Wiss. Göttingen* 1893, 113-116; wiederholt veröffentlicht in *Math. Ann.* **43** (1893), 216-219.

[38] D. HILBERT, Die Theorie der algebraischen Zahlkörper, *Jahresbericht der Deutschen Mathematiker-Vereinigung* 4 (1897), 175-546.

[39] D. HILBERT, *The Theory of Algebraic Number Fields*, With an introduction by Franz Lemmermeyer and Norbert Schappacher, Springer 1997.

[40] D. HILBERT, Mathematische Probleme, *Nachr. Ges. Wiss. Göttingen*, **3** (1900), 253-297; wiederholt veröffentlicht als: Mathematical Problems, *Bull. Amer. Math. Soc.* **8** (1902), 437-479.

[41] D. HILBERT, Beweis für die Darstellbarkeit der ganzen Zahlen durch eine feste Anzahl n-ter Potenzen (Waringsches Problem). Dem Andenken an Hermann Minkowski gewidmet, *Gött. Nachr.* (1909), 17-36; wiederholt veröffentlicht in *Math. Ann.* **67** (1909), 281-300.

[42] D. HILBERT, A. HURWITZ, Ueber die diophantischen Gleichungen vom Geschlecht Null, *Acta Math.* XIV (1891), 217-224.

[43] O. HÖLDER, Ueber die Eigenschaft der Γ-Funktion, keiner algebraischen Differentialgleichung zu genügen, *Math. Annalen* **28** (1887), 1-13.

[44] A. HURWITZ, Einige Eigenschaften der Dirichlet'schen Functionen $F(s) = \sum(\frac{D}{n}) \cdot \frac{1}{n^s}$, die bei der Bestimmung der Classenanzahlen binärer quadratischer Formen auftreten, *Zeitschrift Math. u. Physik* **27** (1882), 86-101.

[45] A. HURWITZ, Ueber arithmetische Eigenschaften gewisser transcendenter Functionen, *Math. Ann.* **22** (1883), 211-229.

[46] A. HURWITZ, Ueber die Entwickelung complexer Grössen in Kettenbrüche, *Acta Mathematica* XI: (1888),187-200.

[47] A. HURWITZ, Sur le développement des fonctions satisfaisant à une équation différentielle algébrique, *Ann. de l'Éc. Norm* (3) VI (1889), 327-332.

[48] A. HURWITZ, Ueber die angenäherte Darstellung der Irrationalzahlen durch rationale Brüche, *Math. Ann.* 39 (1891), 279-284.

[49] A. HURWITZ, Beweis der Transzendenz der Zahl e, *Nachr. Ges. Wiss. Göttingen* 1893, 153-155; wiederholt veröffentlicht in *Math. Ann.* **43** (1893), 220-221.

[50] A. HURWITZ, Ueber die algebraischen Gebilde mit Transformationen in sich selbst, *Math. Ann.* **41** (1893), 403-442.

[51] A. HURWITZ, Über die angenährte Darstellung der Zahlen durch rationale Brüche, *Math. Ann.* **44** (1894), 417-436.

[52] A. HURWITZ, Über die Reduktion der binären quadratischen Formen, *Math. Ann.* **45** (1894), 85-117.

[53] A. HURWITZ, Ueber die Theorie der Ideale, *Nachr. K. Ges. Wiss. Göttingen*, **1894**, 291-298.

[54] A. HURWITZ, Zur Invariantentheorie, *Math. Ann.* **45** (1894), 381-404.

[55] A. HURWITZ, Ueber die Entwickelung der allgemeinen Theorie der analytischen Functionen in neuerer Zeit, *Verh. des intern. Math.-Congr.* **1** (1897), 91-112.

[56] A. HURWITZ, Ueber die Entwickelungscoefficienten der lemniskatischen Functionen, *Math. Ann.* **51** (1899), 196-226.

[57] A. HURWITZ, Sur une théorème de M. Hadamard, *Comptes rendus* **128** (1899), 350-353.

[58] A. HURWITZ, Über die Darstellung der ganzen Zahlen als Summen von *n*ten Potenzen ganzer Zahlen, *Math. Ann.* **65** (1908), 424-427.

[59] A. HURWITZ, *Vorlesungen über die Zahlentheorie der Quaternionen*, Springer, 1919.

[60] J. HURWITZ, *Ueber eine besondere Art der Kettenbruch-Entwickelung complexer Grössen*, Dissertation an der Universität Halle, 1895.

[61] F. KLEIN, *The Evanston Colloquium*, Macmillan, New York, 1894.

[62] E. KNOBLOCH, Beyond Cartesian limits: Leibniz's passage from algebraic to 'transcendental' mathematics, *Hist. Math.* **33** (2006), 113-131.

[63] L. KRONECKER, Zur Theorie der Formen höherer Stufen, *Monatsberichte Akad. Sci. Berlin*, **1883**, 957-960.

[64] L. KRONECKER, *Leopold Kronecker's Werke I-V*, herausgegeben von K. Hensel, 1895.

[65] E.E. KUMMER, Zur Theorie der complexen Zahlen, *J. Math.* **35**, 1847, 319-326.

[66] J.L. LAGRANGE, Démonstration d'un theorème d'arithmétique, *Nouveaux Memoires de L'Académie Royale des Sciences et Belles-Lettres de Berlin* (1770), 123-133.

[67] E. LANDAU, Neuer Beweis des Primzahlsatzes und Beweis des Primidealsatzes, *Math. Ann.* **56** (1903), 645-670.

[68] E. LANDAU, Bemerkungen zu der vorstehenden Abhandlung des Herrn Franel, *Göttinger Nachrichten*, **1924**, 202-206

[69] E. LANDAU, Über die Fareyreihe und die Riemannsche Vermutung, *Göttinger Nachrichten* **1932**, 347-352.

[70] F. LEMMERMEYER, *Reciprocity Laws. From Euler to Eisenstein*, Springer, 2000.

[71] F. LEMMERMEYER, *120 Jahre Hilberts Zahlbericht.*

[72] A. LEUTBECHER, *Zahlentheorie. Eine Einführung in die Algebra*, Springer, 1996.

[73] J.E. LITTLEWOOD, Quelques consequences de l'hypothese que la fonction $zeta(s)$ de Riemann n'a pas des zeros dans le demi-plans $R(s) > 1/2$, *Comptes Rendus* **1912**, 263-266.

[74] F. LINDEMANN, Über die Zahl π, *Math. Ann.* **20** (1882), 213-225.

[75] J. LIOUVILLE, Remarques relatives 1° à des classes très-étendues de quantités dont la valeur n'est ni rationelle ni même réductible à des irrationnelles algébriques; 2° à un passage du livre des Principes où Newton calcule l'action exercée par une sphére sur un point extérieur, *C.R. Acad. Sci. Paris* **18** (1844), 883-885.

[76] J. LIOUVILLE, Nouvelle démonstration d'un théorème sur les irrationnelles algébriques, *C.R. Acad. Sci. Paris* **18** (1844), 910-911.

[77] K. MAHLER, *Lectures on Transcendental Numbers,* Lecture Notes in Mathematics 546, Springer, 1976.

[78] H. VON MANGOLDT, Zu Riemann's Abhandlung „Ueber die Anzahl der Primzahlen unter einer gegebenen Grösse“, *Berl. Ber.* 1894, 883-896; wiederabgedruckt als: *J. reine angew. Math.* **114** (1895), 255-305.

[79] K. MATTER, *Die den Bernoulli'schen Zahlen analogen Zahlen im Körper der dritten Einheitswurzeln,* Dissertaion Zürich 1900, *Zürich Naturf. Ges.* **45** (1900), 238-269.

[80] H. MEHRTENS, *Moderne – Sprache – Mathematik,* Suhrkamp, 1990.

[81] H. MINKOWSKI, Ueber die Bedingungen, unter welchen zwei quadratischen Formen mit rationalen Koeffizienten ineinander rational transformiert werden können (Auszug aus einem von Herrn H. Minkowski an Herrn Adolf Hurwitz gerichteten Brief). *J. Reine Angew. Math.* 106, 5-26 (1890).

[82] H. MINKOWSKI, Zur Geometrie der Zahlen, *Verhandlungen des III. internationalen Mathematiker-Kongresses in Heidelberg,* 1904, Berlin, 164-173.

[83] W. NARKIEWICZ, *The Development of Prime Number Theory,* Springer 2000.

[84] J. NEUKIRCH, *Algebraische Zahlentheorie,* Springer, 1992.

[85] P. ODIFREDDI, *The Mathematical Century. The 30 Greatest Problems of the last 100 Years, with a Foreword by Freeman Dyson,* Princeton University Press, 2004.

[86] N.M.R. OSWALD, An unpublished paper 'Über einige durch unendliche Reihen definierte Funktionen eines complexen Argumentes' by Adolf Hurwitz, *Hist. Math.* **44** (2017), 252-279.

[87] N.M.R. OSWALD, *Simplifying a proof of transcendence for e: a letter exchange between Adolf Hurwitz, David Hilbert and Paul Gordan,* in: *The richness of the history of mathematics. A tribute to Jeremy Gray,* edited by K. Chemla et al., Springer. Archimedes **66** (2023), 227-254.

[88] N.M.R. OSWALD, J. STEUDING, Complex continued fractions: early work of the brothers Adolf and Julius Hurwitz, *Arch. Hist. Exact Sci.* 68 (2014), 499-528.

[89] N.M.R. OSWALD, J. STEUDING, Aspects of Zeta-Function Theory in the Mathematical Works of Adolf Hurwitz, in: *From Arithmetic to Zeta-Functions. Number Theory in Memory of Wolfgang Schwarz*, J. SANDER et al. (eds.), Springer, 2016, 309-3351.

[90] N.M.R. OSWALD, J. STEUDING, About the cover: Zeta-functions associated with quadratic forms in Adolf Hurwitz's estate, *Bull. Am. Math. Soc.* **53** (2016), 477-481.

[91] N.M.R. OSWALD, J. STEUDING, *Hurwitz's Lectures on the Number Theory of Quaternions*, EMS Press, 2023.

[92] N.M.R. OSWALD, J. STEUDING, K. VOLKERT, Zum Einhundertsten Geburtstag des Lokal-Global–Prinzips in der Zahlentheorie, *Jahresbericht DMV* **124** (2022), 239-257.

[93] H. PADÉ, Sur la représentation approchée d'une fonction par des fractions rationnelles, *Ann. de l'Éc. Norm.* (3) IX, Suppl. (1892), 3-93; Thèse, Paris. Gauthier-Villars et Fils.

[94] G. PÓLYA, Über die algebraisch-funktionentheoretischen Untersuchungen von J. L. W.Jensen, *Meddelelser København* 7, Nr. 17 (1927), 3-33.

[95] G. PÓLYA, *The Pólya Picture Album. Encounters of a Mathematician*, Birkhäuser 1987, ed. by G.L. ALEXANDERSON.

[96] P. RIBENBOIM, *13 Lectures on Fermat's Last Theorem*, Springer, 1979.

[97] G.J. RIEGER, Zur Hilbertschen Lösung des Waringschen Problems: Abschätzung von $g(n)$, *Arch. Math.* **4** (1953), 275-281.

[98] G.J. RIEGER, *Zahlentheorie*, Vandenhoeck und Ruprecht, 1976.

[99] B. RIEMANN, Über die Anzahl der Primzahlen unterhalb einer gegebenen Grösse, *Monatsber. Preuss. Akad. Wiss. Berlin* (1859), 671-680

[100] M. ROSEN, *Number Theory in Function Fields*, Springer 2002.

[101] M. DU SAUTOY, *Die Musik der Primzahlen*, dtv, 2003.

[102] H. VON SCHAPER, *Ueber die Theorie der Hadamard'schen Functionen und ihre Anwendung auf das Problem der Primzahlen*, Dissertation, Göttingen, 1898.

[103] N. SCHAPPACHER, On the history of Hilbert's twelfth problem: a comedy of errors, *Sémin. Congr. Vol. 3. Paris: Société Mathématique de France* 1998, 243-273.

[104] E. SCHMIDT, Zum Hilbertschen Beweise des Waringschen Theorems, *Math. Ann.* **74** (1913), 271-274.

[105] A. SELBERG, An elementary proof of the prime number theorem for arithmetic progressions, *Canad. J. Math.* **2** (1950), 66-78.

[106] C.L. SIEGEL, Über Riemanns Nachlaß zur analytischen Zahlentheorie, *Quell. Stud. Gesch. Mat. Astr. Physik* **2** (1932), 45-80.

[107] C.L. SIEGEL, *Transcendental Numbers*, Princeton University Press, 1949.

[108] S. SINGH, *Fermat's Last Theorem*, Fourth Estate, 1997.

[109] J. STEUDING, *Diophantine Analysis*, Chapman-Hall / CRC Press, 2005.

[110] J. STEUDING, *Value Distribution Theory of L-Functions*, Springer Lecture Notes in Mathematics 1877, 2007.

[111] T.J. STIELTJES, Sur la fonction exponentielle, *Compt. rendus Acad. Sci.* **110** (1890), 267-270.

[112] C.J. DE LA VALLÉE POUSSIN, Recherches analytique sur la théorie des nombres premiers, I-III, *Ann. Soc. Sci. Bruxelles* **20** (1896), 183-256, 281-362, 363-397

[113] E. WARING, *Meditationes Algebraicae*, 1770, D. Weeks ed., English translation., AMS, 1991.

[114] H. WEBER, *Lehrbuch der Algebra*, Band 2. Vieweg, 1896.

[115] K. WEIERSTRASS, Zu Lindemann's Abhandlung. „Über die Ludolph'sche Zahl", *Sitzungsberichte der Königlich Preussischen Akademie der Wissenschaften*, Berlin 1885, 1067-1085.

[116] J. WOLFART, *Einführung in die Algebra und Zahlentheorie*, Vieweg + Teubner, 2. Auflage, 2011.

[117] I. ZIGNAGO, Intorno ad un teorema di aritmetica, *Annali di Mat.* (2) **XXI** (1893), 47-55.

3 Briefwechsel

Im Folgenden wird der Briefwechsel zwischen David Hilbert, Adolf Hurwitz und Hermann Minkowski chronologisch aufgeführt. Zur Übersichtlichkeit sind den jeweiligen Briefen und Postkarten Kurzbenennungen zugeordnet. Die Korrespondenz wird ergänzt durch einige Kommentare in den Fußnoten zu Personen, Orten und Ereignissen, wobei kein Anspruch auf Vollständigkeit besteht.

Hilbert an **Hurwitz** HiHu1
12.08.1884, Rauschen (Brief)

Lieber Herr Professor![1]

[nicht lesbar] – David Hilbert.

Heute in der See fand der grosse Moment der Aufklaerung statt; von jetzt ab kann ich hoffen von allen Bekannten richtig benannt zu werden. Ernst Meyer.

Minkowski an **Hilbert** MiHi1
14.02.1885, Wiesbaden (Brief)

Lieber Hilbert!

Die Depesche vom vorigen Sonntag hat mir eine rechte Freude gemacht, und mich ein klein wenig dafür entschädigt, daß ich nicht mit Ihnen mitfeiern konnte[2]. Es war zwar nicht ganz deutlich, ob die imposante Namenreihe mir

[1] Das damalige ostpreussische *Rauschen* heißt heute *Swetlogorsk* und liegt in der russischen Exklave zwischen Polen und Litauen. Der beliebte samländische Badeort liegt ca. dreißig Kilometer von Kaliningrad (dem damaligen Königsberg) entfernt.

[2] Vermutlich wurde Hilberts Promotion gefeiert. Die mündliche Prüfung fand am 11. Dezember 1884 statt, die öffentliche Verteidigung am 7. Februar 1885. Hilbert verteidigte folgende Thesen: „1. Die Einwendungen gegen die Kant'sche Lehre von der Synthesis a priori der arithmetischen Urtheile sind unbegründet. 2. Die Dorn-Wild'sche Modification der dritten Weber'schen Methode der experimentellen Bestimmung der absoluten electromagnetischen Widerstandseinheit verdient vor den übrigen von W. Weber in Vorschlag gebrachten Methoden den Vorrang." Opponenten waren Robert Wittrien, stud. math., und Emil Wiechert, stud. math.

J. M. Hänel et al., *Drei mathematische Freunde*, Mathematik im Kontext,
https://doi.org/10.1007/978-3-662-71861-2_3

salve oder memento examinis zurief. Ich war aber durchaus geneigt, das erstere anzunehmen. Ich bitte Sie, Allen welche an der Ausführung der brillanten Idee theilgenommen, meinen besten Gruß und Dank zu vermelden.

Ihre Arbeit[3] studire ich mit großem Interesse, und freue mich über all die Processe, welche die armen Covarianten durchmachen müssen, ehe sie es zum Verschwinden bringen. Übrigens hätte ich garnicht vermuthet, daß in Königsberg solch guter mathematischer Satz zu beschaffen wäre. Bis auf manche etwas große Indices ist ja die Ausstattung eine vortreffliche. Haben Sie die Absicht, die Abhandlung in den Annalen zu wiederholen, vielleicht mit Zusätzen?[4]

Meine Arbeit (endlich fertig!)[5] ist wieder furchtbar angewachsen. Zur Promotion soll daher nur ein Theil dienen.

Ich habe mich entschlossen, einige Resultate schon jetzt zu veröffentlichen. Dieselben erscheinen im dritten Hefte des laufenden Crelle-Bandes.[6] Es wurde mir nämlich plötzlich Angst und Bange, ich könnte wieder um die Freude kommen. Poincaré, von dessen vielseitiger und rascher Arbeitskraft Sie ja gehört haben werden, hat vor nicht langer Zeit Untersuchungen begonnen, welche durch eben meine Sätze eines famosen Abschlusses sicher wären. Es könnte nun leicht sein, daß er jetzt nach Publication meiner Preis-Arbeit[7] diesen Abschluß fände.

Ich bitte Sie, mir recht bald ausführlich zu schreiben, wie es Ihnen geht, und was Sie alles seit unserer Trennung erlebt haben. Wollen Sie mich sehr den Herren Professoren, Volkmann und dem gesammten Colloquium empfehlen.

Mit bestem Gruß
Ihr
H. Minkoswski

Grünweg 4.

---

[3]Hilberts Dissertation: Über invariante Eigenschaften spezieller binärer Formen, insbesondere der Kugelfunctionen (Königsberg, 1885).

[4]Hilberts Arbeiten „Ueber die nothwendigen und hinreichenden covarianten Bedingungen..." (Mathematische Annalen 27 (1886), 158-161) und „Ueber eine Darstellungsweise der invarianten Gebilde im binären Formengebiet" (Mathematische Annalen 30 (1887), 15-29) greifen Ergebnisse aus der Dissertation auf.

[5]Minkowskis Dissertation: Untersuchungen über quadratische Formen. Bestimmung der Anzahl verschiedener Formen, welche ein Genus enthält (Königsberg, 1885). Publiziert auch in Acta mathematica 7 (1885), 201-258. Minkowski verteidigte am 30. Juli 1885 folgende Thesen: „1. Es ist nicht wahrscheinlich, dass eine jede positive Form sich als eine Summe von Formenquadraten darstellen lässt. 2. Es hat seine Bedenken, in mathematischen Untersuchungen sich auf räumliche Anschauungen zu berufen." Opponenten waren Herr Dr. David Hilbert und Herr Emil Wiechert, stud. math. Hilbert bezieht sich in seiner Arbeit „Ueber die Darstellung definiter Formen als Summen von Formenquadraten" (Mathematische Annalen 32 (1888), 342-350) auf eine dieser Thesen, die Existenz von bestimmten Formen betreffend (p. 344).

[6]H. Minkowski: Ueber positive quadratische Formen (Journal für die reine und angewandte Mathematik 99 (1866), 1-9). Das Journal wurde in jener Zeit meist nach seinem Gründer Crelle-Journal genannt.

[7]H. Minkowski: Sur la théorie des forms quadratiques à coéfficients entiers (Mémoires présentés à l'Académie des Sciences 29 No. 2). Minkowskis Beitrag zum Preisausschreiben der Pariser Akademie von 1881.

Minkowski an **Hilbert** MiHi2
31.12.1885, Königsberg i. Pr. (Postkarte)

Lieber Hilbert!

Viel Angenehmes und Erfreuliches, viel Glück im neuen Jahre wünscht Ihnen ein armer Soldat.[8] Ach, wo sind die Zeiten, wo sich derselbe um die liebe Mathematik hat kümmern können. Ich hoffe, Ihnen morgen meine kriegerischen Friedenserlebnisse ausführlicher zu schildern. Einstweilen besten Gruß und besten Dank für die übersandte grundlegende Arbeit[9]. Ich habe halt immer gedacht, zu einer rationellen Invariantentheorie gehören auch die irrationalen Invarianten. Am Ende des nächsten Jahres mögen aus der einen allgemeinen Gattung rund 365 geworden sein. Ihr H. Minkowski

Hilbert an **Hurwitz** HiHu2
02.01.1886, Leipzig (Brief)

Brüderstraße 63/III
Lieber Herr Professor,

vor allem wünsche ich Ihnen ein Neujahr, welches nicht blos die jedem Zeitenlauf angemessene Kraft der Schmerzenslinderung noch so tief empfundener Trauerfälle besitzt sondern welches darüberhinaus Ihrem ruheverlangendem Gemüthe den vollen gewohnten und bei Ihnen so natürlichen Frohsinn wiedergiebt.

Was hiesige Verhältnisse und Leipziger Neuigkeiten betrifft, so ist vor allem zu erzählen, was Sie wohl auch schon vermutet oder gar gewußt haben, daß Lie von der Fakultät an erster Stelle (Prof. Lindemann war an zweiter Stelle vorgeschlagen) für die durch den Weggang von H. Prof. Klein entstandene Vakanz in Aussicht genommen war. H. Prof. Klein teilte mir auch neulich mit, daß Lie den Ruf an die hiesige Universität in der That erhalten hat. Die ganze Angelegenheit wird natürlich hier mit großem Interesse verfolgt.

Sylvester war ich zu H. Prof. Klein geladen und befand mich da nur in einer ganz kleinen aber auserlesenen Gesellschaft, welche aus H. Prof. Klein, seiner Frau Gemahlin, dem Prager Privatdozenten Dr. Georg Pick und mir bestand. Wir tranken höchst vergnügt eine Sylvesterbowle und plauderten über alle möglichen und unmöglichen Dinge, und vortrefflich amüsant. H. Prof. Klein redet mir sehr zu, das nächste Semester in Paris zu studiren. Dort sei die größte wissenschaftliche Neuigkeit, besonders auch unter den jungen Mathematikern und das Studium sei

[8] H. Minkowski hat von Oktober 1885 bis 1886 als Einjährig-Freiwilliger im Preußischen Heer Wehrdienst geleistet.
[9] Vermutlich ist die Druckfassung von Hilberts Dissertation gemeint.

dort in Folge dessen am anregensten und ersprießlichsten. Ich solle dort, meint H. Prof. Klein, mit Poincaré [unlesbar] zu trinken versuchen.

Ich habe hier natürlich die Bekanntschaft hauptsächlich aller jungen Mathematiker gemacht. In letzter Zeit habe ich viel Gelegenheit gehabt, Dr. Pick, welcher sich hier der Befruchtung halber aufhält, näher kennen zu lernen. Sie werden ihn wahrscheinlich auch kennen, da derselbe sich auch besonders mit Modulfunktionen beschäftigt und auch seinerseits Ihre Arbeiten mit Vorliebe studirt. Von den beiden hiesigen Privatdozenten ist Dr. Study ein sehr merkwürdiger Mensch, ein ziemlich direkter Gegenpol meiner und wie ich zu beurtheilen vermag auch Ihrer Statur.

Dr. Study anerkennt (oder vielmehr kennt) nur eine Disciplin in der Mathematik und das ist Invariantentheorie aber ganz ausschließlich symbolische „Invariantentheorie". Alles andere ist unmathematisch, „Spielerei" oder undurchsichtige Formelmusik. Er verurtheilt auch aus diesen Gründen alle übrige Mathematik, erkennt aber auch in der „symbolischen Invariantentheorie" eigentlich nur sich als einzige Autorität an, indem er gegen andere symbolisch verfahrende Invariantentheoretiker zuweilen in der schroffsten Form polemisirt. Er ist einer, welcher alles verdammt, was er nicht kennt, während z. B. in meiner Natur genau das Gegenteil liegt, indem ich gerade von demjenigen mir am meisten imponiren lasse, welches ich noch nicht kenne.

Schließlich sage ich Ihnen ein herzliches Lebewohl und bitte Sie, mich auch H. Prof. Lindemann bestens zu empfehlen, ferner alle Colloquiumsmitglieder von mir zu grüßen.

Ihr Freund und Schüler D. H.

P.S. Ist mein Brief an das Colloquium angekommen?

Hurwitz an **Hilbert** HuHi1
12.01.1886, Königsberg (Brief)

Lieber Herr Doctor!

Die heutige Morgenpost brachte mir drei Mathematiker-Sendungen, die Verlobungsanzeige von Prof. Franz Meyer (Apolaritäts-Meyer), eine ν-Arbeit von Wiltheiss und Ihren lieben Brief. Sie haben mir durch letzteren, sowie durch Ihre Note in den Sächs. Berichten, eine große Freude bereitet und ich revangiere mich, indem ich Ihren Brief sogleich beantworte. Was Ihre nächste Zukunft betrifft, so scheint mir Prof. Klein's Rath – es ist übrigens eine Idee, welche Herr Pr. Klein schon häufig auch auf andere angewandt hat – für Sie sehr geeignet. Mit den französ. Mathemat. müssen wir durchaus Fühlung haben; ich fürchte die mathem. jungen Talente der Franzosen sind intensiver als die unsrigen; jedenfalls haben wir die Aufgabe alle Leistungen von Poincaré Picard Appell uns zu eigen zu machen, um über sie hinausgehen zu können.

Ich bin sehr gespannt, ob Sie sich entschließen werden nach Paris zu gehen. In allen Fällen werde ich Sie doch vorher noch hier sprechen?

Die Schilderung, welche Sie von Study entwerfen ist mir sehr interessant; Prof. Klein hatte mir in Borkum schon Ähnliches erzählt. Diese Art ist mir widerwärtiger als ich Ihnen sagen kann; doch hoffe ich im Interesse des jungen Mannes, dass Sie etwas zu schwarz sehen.
Dass Lie auf der Liste stand, wusste ich; nun ist die Frage, ob er annimmt. Ist Letztes nicht der Fall, so kommt Lindemann an die Reihe. In meinem Wunsch liegt es natürlich, dass Prof. Lindemann hierbleibt, da ich mir einen angenehmeren Fachgenossen kaum denken kann.
Dr. Pick grüßen Sie doch bitte von mir unbekannterweise; persönlich bin ich nie mit ihm zusammengetroffen, doch schätze ich ihn als einen Mitstreitenden.
Ihr Colloquiumsbrief ist angekommen und von Prof. Lindemann vorgetragen worden unter allseitigem Beifall. Man muss sich aber in die Sache vertiefen, um sie ganz zu durchschauen und so muss ich Ihnen sagen, dass ich an einer Stelle (ich weiß aber nicht einmal an welcher) nicht überzeugt wurde oder doch Bedenken hatte, was aber eher an einer oberflächlichen Anschauung der Sache liegen kann. In Ihrem Briefe (von vorgestern) vermisse ich jede Andeutung über Ihre augenblickliche mathematische Thätigkeit. Was mich betrifft, so schreibe ich an den letzten Seiten einer Note[10] über das Problem, alle auf algebraischen Curven möglichen algebraischen Correspondenzen auszustatten und die Zahl ihrer Coinzidenzen zu bestimmen.
Zur Zeit erhalten Sie einen Separationsabdruck.
Mit herzlichen Grüßen,
Ihr freundschaftlichst ergebener
A. Hurwitz

Hilbert an Hurwitz HiHu3
28.02.1886, Leipzig (Brief)

Lieber Herr Professor,
Zunächst meinen besten Dank für Ihren freundlichen Brief und nicht minder für die Uebersendung ihrer Arbeit[11], auf deren Bedeutsamkeit Professor Klein schon bei früherer Gelegenheit und neulich auch im Seminar hingewiesen hat. Ein eingehendes Studium derselben muss ich mir jedoch für später vorbehalten (Sie begleiten mich, verehrter Herr Professor, in derselben geistig nach Paris), da ich augenblicklich, wie es wohl natürlich ist, einerseits mit

[10]Vgl. A. Hurwitz: Ueber algebraische Correspondenzen und das verallgemeienrte Correspondezprinzip (Leipziger Berichte 1886, 10-38) und A. Hurwitz: Ueber algebraische Correspondenzen und das verallgemeinerte Correspondeznprinzip (Mathematische Annalen 28 (1886), 561-585).

[11]Vermutlich geht es um A. Hurwitz: Ueber algebraische Correspondenzen und das verallgemeinerte Correspondenzprinzip (Mathematische Annalen 28 (1886), 561-585).

meiner Habilitationsschrift[12], andererseits mit den Vorbereitungen auf meinen nun definitiv beschlossenen Aufenthalt in Paris vollauf beschäftigt bin. Mein nächstliegender Wunsch ist nun der, meine invariantentheoretische Arbeit in der nächsten Woche womöglich soweit zu fördern, dass mir in Paris nur noch ihre Redaktion übrig bleibt. Doch habe ich mich dazu sehr eifrig dran zu halten. Dann aber nach Beendigung dieser Arbeit ev. einer sich anschliessenden Fortsetzung, hoffe ich, der hier erhaltenen und in Paris fortzusetzenden Anregung entsprechend und, wie ich glaube, auch in meiner Individualität am meisten zusagend, zur funktionentheoretischen Untersuchungsmethode überzugehen. Damit hoffe ich denn auch, Ihren eigenen wissenschaftlichen Interessen und speziell Ihrer letzten Arbeit, verehrter Herr Professor, näher zu kommen.
Nach Königsberg komme ich nun, der langen, ermüdenden und unnützer Weise Zeit und Geld raubenden Reise wegen nicht vor Ende Juli. Ich muss also auf das Vergnügen des Wiedersehens mit Ihnen und anderen mir freundlich gesinnten Herrn für ein weiteres Semester verzichten. Umso lieber wäre es mir, gelegentlich Ihre Meinung betreffend meiner projektierten Habilitation in Königsberg zu erfahren; betreffs dessen, was dort in Königsberg zu lesen mir zufiele (vielleicht etwas funktionentheoretisches?), etc.
Ueber alles Nähere, was ich hier von Anregungen erhalten, von Erfahrungen gemacht und von Pläne geschmiedet habe, lässt sich wohl besser mündlich als schriftliche plaudern, da ich hier im Briefe kaum ein kleinen Theil von Allem, was mir auf dem Herzen liegt, erschöpfen könnte.
Prof. Lie habe ich jetzt auch persöhnlich kennengelernt, besonders neulich auf einer Gesellschaft bei Prof. Adbayer, wo es sehr gemütlich herging. Dr. Engel, also Lie's Schüler und Jakobi's gründlichster Verächter, – doch ich wollte mir ja all' diese Plaudereien auf später, auf persöhnliches Wiedersehen versparen und möchte daher hier abbrechen mit der Mitteilung, dass heute Abend der Abschiedscommers für Prof. Klein stattfindet und dass es am 8 oder 9ten März mit mir direkt ab nach Paris geht, von wo ich mir wiederum einmal erlauben werden, an Sie zu schreiben. So lange also mit dem besten Gruss und Empfehlung and Herrn Prof. Lindemann.
Ihr David Hilbert

Minkowski an **Hilbert** MiHi3
26.04.1886, Königsberg i. Pr. (Brief)

Lieber Hilbert, Mich quälen die furchtbarsten Gewissensbisse, wie ich Sie derart vernachlässigen konnte. Und bin ich doch selber dabei am schlimmsten gefahren. Muß ich mich doch seit langem mit den dürftigsten Nachrichten über Ihr Befinden begnügen, zu einer Zeit, wo Sie so viel des Interessanten erleben müssen. Aber das letzte Halbjahr ist mir in der Erinnerung wie ein Tag; bitte

[12] D. Hilbert: Ueber einen allgemeinen Gesichtspunkt für invariantentheoretische Untersuchungen im binären Feld (Mathematische Annalen 28 (1886), 381-446).

denken Sie auch, wir hätten uns vorgestern gesehen und nehmen es mir nicht weiter übel, daß ich so wenig geschrieben.

Ihre liebenswürdigen Sendungen, den Brief und die Karten habe ich alle zu großer Freude erhalten. Die letzte Pariser Karte[13] hatte eine lange Verspätung erlitten, und nicht blos, weil sie mit demselben Zug reiste, in welchem Professor Voigt eingeschneit lag, und sich sammt Familie drei Tage von einer vertrockneten Semmel nährte, sondern auch wegen der Ihnen als E. R. I. Kl. eigenen militärischen Kenntnisse, die Sie davor sicherstellen, in dem jetzigen Aufenthaltsort als Spion Preußens angesehen zu werden. (Nämlich: Sunt 13 Grenadierregimenter, 1–13, das 33te sind Füsiliere, und ich bin leider Musketier im 41te.)

Ja leider, wenn auch Gefreiter. Die größere Hälfte der gedankenlosen Zeit ist glücklich überwunden. Neue Schrecken drohen mir kaum. Ich bin Posten gestanden bei –20° C., bin abzulösen vergessen worden, am Vorabend zu Weihnachten, habe exerzirt von Sonnenaufgang bis Untergang, und transpirirt wie im Hochsommer. Alles schon dagewesen. Gebräunt wie ein Kameruner, und munter wie ein Fisch in seinem Element, hoffe ich, daß der Rest meiner Dienstzeit nur leichte vergnügte Stunden bringen wird. Vielleicht bietet sich dann auch Gelegenheit, eine alte Bekanntschaft mit Frau Mathematika zu erneuern.

Bitte, theilen Sie mir doch in's kleinste Detail mit, was Ihnen seit October begegnet, und namentlich, was Ihnen in Feindes Land zugestoßen. Wenn einer der großen Herren, Jordan oder Hermite, sich vielleicht einmal meiner erinnern sollte, so bitte empfehlen Sie mich bestens, und machen Sie es klar, daß ich weniger von Natur, als durch die Umstände ein Faullenzer bin. Des Kriegers Rechte, die so lange nur den Schaft des Mordgewehres gefaßt hielt, ist schon ganz entwöhnt, den leichten Federkiel zu führen, und des Kriegers Magen sehnt sich nach Dritt-Frühstück. So leben Sie recht wohl und geben mir bald einen Abdruck Ihrer Eindrücke.

Ihr
Hermann Minkowski

Mittel-Tragheim

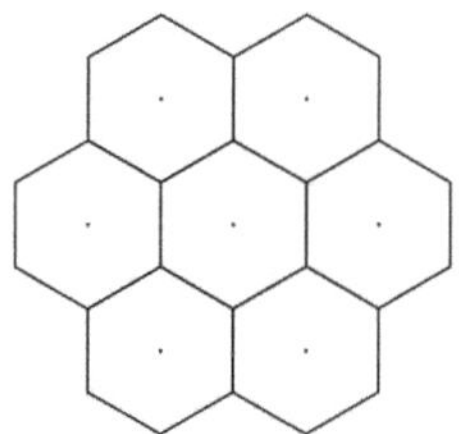

$$\underline{6} = 1.2.3. = 3!$$
$$= 1 + 2 + 3,$$

$$y = 1 + 2 + \ldots + x = 1.2.\ldots x, \quad y = ?$$

Das Colloquium schwelgt im Genusse des Titi-Coco Liedes. Zu Ihrer Ankunft studiren wir es vierstimmig ein.

[13]Hilbert unternahm nach der Promotion eine Bildungsreise, die ihn auf Anraten Kleins auch nach Paris führte. Vgl. Hurwitz an Hilbert 12. Januar 1886 HuHi 1, Hilbert an Hurwitz 28. Februar 1886 HiHu 3.

Hilbert an **Hurwitz** HiHu4
25.08.1887, Kirtigehnen (Brief)

Lieber Herr Professor.[14]
An Ihrer freundlichen Karte ersehe ich, dass es Ihnen in Ihrem Kurorte zwischen den ragenden Gipfeln und schimmernden Gletschern gut behagt. Es ist das jedenfalls beste Zeichen, dass der Aufenthalt auch für Ihre vollständige körperliche Kräftigung den gewünschten Erfolg haben wird. Auch ich befinde mich in meinem alten Rauschen sehr wohl. Wir haben augenblicklich wieder volle Bäder, welche ihre kräftigende Wirkung auf Körper und Gemüth nicht verfehlen. Vor einigen Tagen hatten wir so starken Wellenschlag, dass das tobende Meer sämtliche Pfähle mit den Badeleinen ausriss und der badenden Menschheit zum Spott vor die Füsse warf. Die trotzenden Kühnen wurden jedoch durch prächtige Bäder entschädigt. Auch im Uebrigen ist hier Alles nach Wunsch, das Wetter herrlich und die jungen Damen teilweise sehr reizend. Haben Sie dort an dem letzteren Artikel auch einen solchen Ueberfluss? Uebrigens hat sich meine Schwester vor einigen Tagen hier mit dem Referendar Frenzel, einem sehr tüchtigen und angenehmen und beinahe zu soliden Menschen verlobt. Er verehrte sie schon seit Jahren sehr stark. Ich fange an zu glauben, dass die Verlobung aus seiner *) Die Ausnahme „Lindemann" bestätigt die Regel! (* Neigung ziemlich ausschliesslich bei so jungen Menschen vorkommt. Wird sich älter, wird sich überlegsamer besonders in diesem Punkte. Es gehört doch wirklich ein jugendlicher Muth dazu, sich noch zwei Jahre vor dem letzten Examen fürs Leben an ein ganz junges Frauenzimmer zu binden?
Zur Sonnenfinsternis[15] waren Tausende von Menschen nach Bartenheim herausgefahren und vom Wetter genarrt worden. Wir sahen garnichts, ausser dem, dass wir während der totalen Finsternis nichts sahen. Die Sonne hüllte sich während des ganzen Vorganges in Wolken, die Beschreibung der letzteren daher in Schweigen. Auch Minkowski und einen grossen Theil der Königsbergen Damenwelt sah ich in Bartenheim.
Wissenschaftlich bin ich augenblicklich in einer verzweifelten Lage. Ich will die Gleichung von $\frac{[2(n-1)]!}{(n-1)!n!}$ten Grade aufstellen, von welchen die Büschel mit derselben vorgeschriebenen Jakobischen abhängen und kann den letzten Schritt nicht streng beweisen. Wenn er mir gelänge, so wäre das die Lösung einer als recht schwer geltenden Aufgabe.[16] Ich wälze die Sache schon seit mehr als 8 Tagen herum, ohne vom Fleck zu kommen. Ich schreibe bald mehr. Für die Fortschritte

[14] Kirtigehnen ist das heutige Salskoje in der Oblast Kaliningrad in der heutigen russischen Exklave, nur wenige Kilometer von Rauschen entfernt.

[15] Die erwähnte, verwölkte Sonnenfinsternis fand am 19. August statt; sie war über Mittel- und Osteuropa total, in Berlin war die Sicht jedoch wegen dichter Bewölkung sehr eingeschränkt; in Bartenheim bzw. Bartenhof (heute Jablonowka) war es nicht besser, wohl aber weiter im Osten.

[16] Vgl. D. Hilbert: Ueber die Büschel von binären Formen mit der nämlichen Functionaldeterminante (Leipziger Berichte 39 (1887), 112-122) und D. Hilbert: Ueber die Büschel von binären Formen mit der nämlichen Functionaldeterminante, Mathematische Annalen 33 (1889), 227-238 sowie D.

Referate habe ich in grosser Menge erhalten. Doch nun Adieu! und seien Sie bis auf weiteres bestens gegrüsst von Ihrem
David Hilbert
Kirtigehnen per St. Lorenz bei Königsberg

Hilbert an **Hurwitz** HiHu5
17.09.1887, Kirtigehnen (Brief)

Lieber Herr Professor,
Ich schreibe noch in aller Eile von hier aus, um Ihnen für Ihren Brief zu danken. Ich freue mich von Herzen, dass Ihnen das Gebirge so gefällt und so bekommt, bin aber überzeugt, dass nicht minder das Meer mit seinen Bädern und seiner reinen Luft auf Ihre bereits gekräftiges Nervensystem den wohlthätigsten Einfluss üben würde. Ich bin sehr elegisch gestimmt, diesen Ort jetzt verlassen zu müssen. Hoffentlichen kommen Sie auch recht bald nach Königsberg, allwo ich dann in der wissenschaftlich anregenden Unterhaltung mit Ihnen die Sehnsucht nach meinem lieben Rauschen zu überwinden hätte. Von jungen Damen sind hier nur noch sehr wenige vorhanden. Neulich fuhr auch Fr. Hoffmann nach Königsberg. Ich habe ihr einen elegischen Nachruf gedichter, welcher mit den Worten beginnt:
Grete! Du bist weg!
Fort von diesem Fleck,
Ohne Dich, ein Dr –
Welch'ein Schreck!
Noch vor wenigen Tagen
Kaum ist's zu ertragen
War Sie hier und ging
Mit und spazieren flink.
Doch jetzt ist zu finden
Sie nicht mehr unter den Linden
Noch in den Katzengründen
Noch wo die Räche wünden
Noch in der Gaurup Schlünden
Es ist nicht zu überwinden...
w.r.f. mit Grazie in infinitum. Mit dem Problem von dem Büschel mit vorhergeschriebener Jakobiana[17] bin ich insofern weiter gekommen, als es mir gelungen ist, allgemein anzugeben, wie man die Gleichung von dem bewussten Grade aufstellen kann. Ich habe inzwischen etwas Englisch getrieben,

---

Hilbert: Ueber binäre Formen mit vorgeschriebener Determinante (Mathematische Annalen 31 (1888), 122-132).

[17]D. Hilbert: Ueber die Büschel von binären Formen mit der nämlichen Functionaldeterminante (Leipziger Berichte 39 (1887), 112-122) und D. Hilbert: Ueber die Büschel von binären Formen mit der nämlichen Functionaldeterminante (Mathematische Annalen 33 (1889), 227-238) sowie D. Hilbert: Ueber binäre Formen mit vorgeschriebener Determinante (Mathematische Annalen 31 (1888), 122-132).

um die mir zugedachten Referate für die Fortschritte besorgen zu können. Ich bitte Sie noch, die schlechte Schrift verzeihen und mit dem schlechten Material entschuldigen zu wollen; Mit den besten Grüßen und dem Wunsche eines baldigen frohen Widersehens zu erneuter und geregelter Arbeit

Ihr D. Hilbert.

Hilbert an **Hurwitz** HiHu6
26.09.1887, Königsberg (Brief)

Lieber Herr Professor.

Ich habe mich sehr über Ihren Brief gefreut, welcher mir so umgehend und ausführlich über Ihre Reiseerlebnisse und Ihre glückliche Ankunft in Hildesheim Bericht erstattete. Desto unglücklicher bin ich darüber, dass ich, ein Neuling hierin, in den wenigen Tagen bis zum ersten Oktober ausser Stande bin, das mir von Ihnen zugedachte und unter anderen Umständen recht erwünschte Referat[18] über das Prymsche Buch[19] verantworten zu können. Es war mir nämlich in Folge der Bibliotheksreinigung trotz aller Bemühungen erst heute möglich, den ursprünglichen Abdruck der Prymschen Arbeit zu bekommen. Derselbe ist in den Wiener Denkschriften vom Jahre 1864 und daher noch nicht in den Fortschritten berücksichtigt. Die neue Ausgabe habe ich von Professor Lindemann entliehen, dem ich den ganzen Fall vortrug. Ich schicke Ihnen beiliegend beides zu. Die Zusätze und Aenderungen der zweiten Ausgabe finden sich in dem Vorworte zu der letzteren angegeben. Ich bitte Sie freundschaftlichst, meine Ablehnung und das nun eigenmächtig von mir getroffene Arrangement nicht übel nehmen zu wollen.
Ihre Grüsse an Lindemann, Volkmann und Samuel habe ich bestellt und allseitig, besonders von Professor Samuel Gegengrüsse zu übermitteln.
Neulich habe ich Ihrem Lehrer Schubert geschrieben, um mir Auskunft über eine von ihm sehr unvollständig und ohne Titelangabe zitierte Arbeit von Stephanos zu erbitten. Diesebe macht mir einiges Kopfzerbrechen. Hoffentlich erhalte ich Antwort.
Von Klein habe ich 2 sehr liebenswürdige Postkarten[20] erhalten.
Im Uebrigen wissen hier alle Menschen, die man trifft, sehr viel von den Erlebnissen ihres Sommeraufenthaltes zu erzählen, so besonders Volkmann, welcher die ganze Mathematik, Physik und Astronomie von Schweden und

[18] Mit Referat ist eine Besprechung gemeint, die im Jahrbuch über die Fortschritte der Mathematik veröffentlicht wurde. Hilbert, Hurwitz und Minkowski haben über mehrere Jahre hinweg solche Besprechungen verfasst.

[19] Prym, Fr.: Neue Theorie der ultraelliptischen Functionen. Zweite Auflage mit nachträglichen Bemerkungen und neuen Tafeln (Berlin, 1885).

[20] Vgl. Der Briefwechsel David Hilbert – Felix Klein (1886–1918), hg. von G. Frei (Göttingen: Vandenhoeck & Ruprecht, 1988).

Norwegen mitgebracht hat. Ich freue mich schon sehr auf Ihre Schätze und – Sie sind nicht böse des Obigen wegen? Mit den besten Grüssen,
Ihr David Hilbert.

Hilbert an **Hurwitz** HiHu7
30.09.1887, Königsberg (Postkarte)

Lieber Herr Professor. Ich freue mich sehr, dass Sie nicht böse sind und nicht weniger darüber, dass Sie sich so wohl und gesund fühlen, wie sich bei Ihrem gänzlichen Stillschweigen über Ihr körperliches Befinden vermuthen lässt. Ich bin sehr vergnügt darüber, dass es mir endlich doch gelungen ist, jenes Problem von den gesuchten $\frac{(2(n-1))!}{(n-1)!n!}$ Involutionen n-ter Ordnung mit gegebenen $2n-2$ Doppelelementen algebraisch-invariantentheoretisch durchzuführen, zumal der von mir in der Habilitationsschrift[21] entwickelte Gesichtspunkt sich auch hier als Leitmotiv erweist. In letzter Zeit habe ich auch sonst noch allerlei widerlegt, worüber mit Ihnen zu sprechen ich schon sehr begierig bin. Meine Note über das obige in vorläufiger Darstellung werde ich an A. Mayer in die Sächs. Ber. schicken. Falls Prof. Klein noch da ist, bitte meine besten Empfehlungen zu bestellen. Meinen Dank für die von ihm erhalten Postkarten werden ich später selbst übermitteln.
Besten Gruss von David Hilbert

Minkowski an **Hilbert** MiHi4
29.12.1887, Bonn (Brief)

Lieber Hilbert

Die große discontinuirliche Änderung im Datum ruft mir meine ganze Schuld Ihnen gegenüber in's Gedächtniß zurück und erweckt in mir naturgemäß den Wunsch, noch vor der Unstetigkeitsstelle mich als ein artigerer Mensch auszuweisen, als ich nun leider anno 1887 war. Über die liebenswürdige Dedication Ihres Bildes habe ich mich sehr gefreut; ich hätte sonst, wenn ich Sie nicht auf demselben so stattlich und würdevoll sähe, immer an den fremdländischen Eindruck denken müssen, den Sie in Ihrer Rauschener[22] Tracht und Frisur bei dem flüchtigen Wiedersehen im Sommer auf mich machten. Daß wir, obschon so nahe, uns gar nicht miteinander aussprechen konnten, kam für mich nicht wenig überraschend. – Ich war deshalb so früh von Königsberg

[21] D. Hilbert: Ueber einen allgemeinen Gesichtspunkt für invariantentheoretische Untersuchungen im binären Feld (Mathematische Annalen 28 (1886), 381-446).
[22] Seebad Rauschen bei Königsberg.

fortgegangen, weil ich in meinem Bruder[23], der die Naturforscherversammlung in Wiesbaden[24] besuchen wollte, einen Reisebegleiter gefunden hatte. Auf vieles Zureden gab ich mir auch eine Woche lang den Anschein eines Naturforschers. Ober all den Bällen etc. versäumte ich indeß fast sämmtliche Sitzungen der mathematischen Section, in welchen die Mathematik der Gymnasiallehrer von Frankfurt a. M. und Umgegend auf das Eingehendste behandelt wurde.[25] – Bei meiner Rückkehr nach Bonn erfuhr ich, daß Lipschitz plötzlich erkrankt und verreist war. Er ist seitdem nicht zurückgekehrt, und sind die von seinen Angehörigen über sein Befinden gegebenen Auskünfte beständig sehr undeutlich. Auf seinen Wunsch habe ich die von ihm angekündigte Vorlesung über Zahlentheorie übernommen. Für das nächste Semester hat er zwei große Vorlesungen angekündigt; wer weiß aber, ob er bis dahin die volle Arbeitskraft wiedererlangt hat. Ich empfinde seine Abwesenheit besonders schmerzlich. Er war der Einzige, dem ich eine mathematische Frage stellen oder mit dem ich überhaupt ein wissenschaftliches Thema besprechen konnte. Mein College v. Lilienthal ist ein sehr liebenswürdiger Mensch; aber ich rede mit ihm von allem andern lieber als von Mathematik. Er wird mir bald zu tief und geht beständig auf die Begriffe und Grundlagen ein, wo ich bestimmte Facta haben möchte, und mein anderer College[26] liest Voltaire und streicht die unbekannten Vokabeln an, lieber als daß er einen mathematischen Gedanken prüft. Es ist aber auch fast das Einzige, was mir hier zu meinem Glücke fehlt.

Für die übersandten Abhandlungen sage ich Ihnen meinen besten Dank. Ich werde wohl in allernächster Zeit nichts veröffentlichen, da ich augenblicklich mit einer größeren Frage aus der Mechanik beschäftigt bin, und hoffe, daß zu den Resultaten, die ich bereits erlangt habe, sich noch manche weiteren ergeben werden. Ich bin auch ganz Geometer geworden, und bedauere aus diesem Grunde doppelt, nicht in Ihrem Kreise weilen zu können. Ich habe eine Reihe ziemlich genau präcisirter Fragen für Sie, die ich Ihnen indeß lieber mündlich als brieflich vorlegen möchte. Bitte, unterrichten Sie mich daher über Ihre Absichten für die Osterferien, sobald Sie darüber selbst im Klaren sind.

Für das neue Jahr sende ich Ihnen die besten Glückwünsche. Hoffen wir, daß weder die Franzosen noch die Russen unsere Circel stören. Ich bitte Sie auch, meine besten Neujahrswünsche Prof. Lindemann und Hurwitz und allen unseren gemeinsamen Bekannten zu übermitteln.

Mit den besten Grüßen

Ihr H. Minkowski

---

[23] Oskar Minkowski war Mediziner.

[24] Die 60. Versammlung deutscher Naturforscher und Ärzte tagte vom 18. bis 24. September 1887 in Wiesbaden.

[25] In der 1. Section für Mathematik und Astronomie sprachen u.a. Dr. Schumacher aus Schweinfurt und Direktor Dr. Kaiser aus Wiesbaden, zwei Schulmänner.

[26] Hiermit dürfte Hermann Kortum gemeint sein.

Hurwitz an **Hilbert** HuHi2
07.08.1888, Hildesheim (Postkarte)

Lieber Freund! Ich schreibe Ihnen heute nur eine Karte statt des beabsichtigten Briefes, da ich bisland wenig erlebt und noch weniger gedacht habe. Meine Feriendispositionen sind noch immer nicht vollständig festgestellt. Solange das Wetter sich nicht erheblich bessert, bleibe ich hier. In den nächsten Tagen denke ich Mittag-Leffler in Wernigerode zu besuchen. Klein freut sich über die Differentialgl. der Formen mit linearen Transformationen in sich, weil damit die Jacobischen Differentialgl. in seinen Ideenkreis sich einordnen. Er möchte mich im September sehen, da er gegenwärtig Erholung und Ruhe nöthig hat. Dass ich hier die traurige Nachricht von dem Tod der Frau Crohn erhielt, werden Sie wissen. Ich werde infolge der erforderlichen Umzuges wohl früher zurückreisen müssen, als ich beabsichtigte. Die Meinigen habe ich Gottlob alle wohl angetroffen. Lassen Sie bald von sich hören und richten Sie vorläufig Ihre hoffentlich recht ausführlichen Nachrichten an die Adresse: Hildesheim, Goslarsche Straße. Mit herzlichen Grüssen auch für die lieben Ihrigen Ihr treuer

A. Hurwitz.

Hilbert an **Hurwitz** HiHu8
09.08.1888, Kirtigehnen (Brief)

Lieber Professor,
Schon gestern beabsichtigte ich, einen Brief an Sie zu beginnen, weniger um selbst etwas zu erzählen, als um mich zu erkundigen, wie Sie Berlin überstanden und was Sie dort etwa von Mathematikern gesehen und gehört haben. Heute morgen empfing ich Ihre Karte, welche mir bereits zuvorkommt und Ihre glückliche Anwesenheit in Hildesheim meldet.
Von Rauschen selbst ist nicht viel zu berichten, ausser, was nicht mehr berichtet zu werden braucht, nämlich, dass es hier im Anblick des Meeres und des bewaldeten, schluchtenreichen Strandes herrlich sich lebt – trotz des schlechten, fast bei der Hartnäckigkeit bösartig zu nennenden Wetters, welches erst in den letzten Tagen Vernunft anzunehmen scheint. Es wird übrigens hier viel gebaut. Die forscheste im Entstehen begriffene Villa ist diejenige, welche oben am Anfang der Heide liegt und von dem Vater des Fr. Hoffmann genutzt wird.
Vor einigen Tagen, freilich um auf

[Hier fehlt im Original ein Textstück.]

enthalten, wo $\varphi_1, \varphi_2, \ldots, \varphi_6$ beliebige Funktionen von $x_1, x_2, \ldots, x_5$ bedeuten und

$$\begin{aligned}A_1 &= x_1x_3 - x_2^2,\\ A_2 &= x_1x_4 - x_2x_3,\\ A_3 &= x_1x_5 - x_2x_4,\\ A_4 &= x_1x_5 - x_3^2,\\ A_5 &= x_2x_5 - x_3x_4,\\ A_6 &= x_3x_5 - x_4^2\end{aligned}$$

ist. Zwischen den $A_1, \ldots$ bestehen 8 Identitäten von der Gestalt:

$$B_1 \equiv x_3A_1 - x_2A_2 - x_1A_3 + x_1A_4 = 0,$$
$$\ldots\ldots\ldots\ldots$$
$$B_8 \equiv x_5A_3 - x_5A_4 + x_4A_5 - x_3A_6 = 0.$$

Jede andere Identität ist in der Formel:

$$B \equiv \psi_1B_1 + \ldots + \psi_8B_8 = 0$$

enthalten.
Zwischen den $B_1, \ldots$ bestehen 3 Identitäten, aus welchen alle anderen durch lineare Combination hervorgehen, nämlich

$$C_1 \equiv x_4B_1 - x_3B_2 - x_3B_4 + x_2B_5 + x_1B_7 = 0$$
$$C_2 \equiv \ldots\ldots\ldots$$
$$C_3 \equiv \ldots\ldots.$$

Zwischen diesen C besteht keine lineare Identität mehr. Die Zahl der Flächen $n$ter Ordnung, welche jene Normcurve enthalten, ist nach dem Obigen:

$$g \cdot \frac{n-1nn+1n+2}{24} - 8\frac{n-2n-1nn+1}{24} + 3\frac{n-2n-1nn+1}{24}.$$

Diese Zahl stimmt in der That mit den Constanten der Fläche:

$$\frac{n+1n+2n+3n+4}{24}$$

weniger der Zahl der Bedingungen

$$4n+1$$

überein – ein arithmetischer Beweis für die Geschlechtszahl-Null jener Curve.
Ich habe mich bisher vergeblich bemüht zu beweisen, dass man bei Fortsetzung des obigen Verfahrens stets, wie oben, ein Ende erreicht, d.h. zu Identitäten gelangt, zwischen denen keine Identitäten mehr bestehen. Leicht ist nur das einzusehen, dass überhaupt jedes mal die Anzahl der Identitäten eine endliche ist.

Ein spezieller Fall meines Endlichkeitssatzes ist auch der folgende Satz:
Nimm in der Ebene irgend m Punkte, so gibt es eine endliche Zahl von Curven

$$\varphi = 0, \psi = 0, \ldots$$

welche durch jenen Punkte gehen und von der Art sind, dass jede durch jene m Punkte gehende Curve von der Gestalt:

$$a\varphi + b\psi + \ldots = 0$$

ist, wo $a, b, \ldots$ ganze Funktionen der drei homogenen Coordinaten bedeuten.
Wie kann man diesen Satz am einfachsten direkt und womöglich ohne Benutzung des Nötherschen Satzes beweisen?
Im übrigen habe ich allerlei in der mir für die Referate in den Fortschritten übersandten Literatur geschmökert, ohne wesentlich Interessantes und Neues zu finden. Es giebt wieder sehr viel Arbeiten über Syzigien, ohne dass ein Mensch auch nur die Frage nach ihrer Endlichkeit stellt, was doch für alle solche Untersuchungen Grundlage sein muss.
Haben Sie den besten Gruss von Ihrem David Hilbert.
Meine Adresse ist nicht Rauschen sondern:

Kirtigehnen bei St. Lorenz in Ostpreussen.
Noch eins: Als ich neulich in Warnicken war, traf ich einen unserer Math.

Studierenden. Er erzählte, dass er sich in Schönwalde zu seiner Erholung einquartiert habe. Er ist mittelgross und blond und weder Steinbreite noch Milan, noch Liedle, noch Mey. Wer mag es gewesen sein? Nochmals herzlichen Gruss.

Hurwitz an **Hilbert** HuHi3

19.08.1888, Regensburg (Postkarte)

Lieber Freund!

Ich sitze hier im goldenen Kranz in Regensburg und will Ihnen nur vorläufig meinen Dank für Ihren Brief und die Ankündigung eines ausf. Briefes meinerseits schreiben. Ich habe 3 sehr interessante Tage in Wernigerode mit Weierstrass, Mittag-Leffler, Cantor, Sophie von Kovalevsky (Heffter besuchte uns auch) verlebt. Darüber ausführlich brieflich. Für Ihre definiten Untersuch. habe ich Propaganda gemacht. Sie müssen nun mehr zur Functionentheorie, die gegenwärtig Riesenfortschritt macht.

Ihr

A.H.

Ich reise nach Kohlormle

Hurwitz an **Hilbert** HuHi4
24.08.1888, Zur Kohlgrub (Brief)

Lieber Freund, endlich muss ich Ihnen meinen Dank für Ihren ausführlichen Brief und meine seitherigen Erlebnisse, die allerdings wenig bewegter Natur sind, schreiben. Auf meiner Karte aus Regensburg erzählte ich Ihnen schon, dass ich im Harz sehr angenehme Tage mit Weierstraß, Mittag-Leffler, Cantor und Sophie von Kovalevsky verlebt habe. Es sind viele Personalien, oder vielmehr die persönlichen Einzelheiten interessanter und uninteressanter Mathematiker besprochen und erzählt worden. Hübsch war die Erzählung von Frau v. Kovalevsky aus Hermite's Colleg: Bei der Theorie der M-Functionen sagt er, dass wer am Gottesglauben verzweifle, die Theorie wie die Abel, Jacobi geschaffen studiren solle und nun führt er den Vergleich weiter wie das Licht von den jungen und niedrigen mathem. Volkes angegangen, während die alten Hohen – Euler, Legendre – wie mit Blindheit geschlagen waren. Weniger erfreulich waren die vereinzelten Mittheilungen über den neuen Riss, welcher durch Kronecker's Betonung der ganzen Zahlen[27] und sonstiges Verhalten in die mathem. Welt einzugreifen scheint. Cantor ist ausser sich über Kronecker's Verhalten – ich glaube mit Recht. Die Streitigkeiten machen sich zunächst darin bemerklich, dass von jetzt ab Kronecker allein die Redaktion des Journals übernimmt – Weierstrass scheidet aus. Ich weiss allerdings nicht, ob die Begründung nicht doch in Weierstrass' Bedürfniss sich für Herausgabe seiner Vorlesungen freier zu machen, zu suchen ist. Kronecker schreibt ein Buch über seine Ansichten. Was Weierstrass' Vorlesungen angeht, so war nur interessant, dass das Buch von Biermann[28] von W. selber als „falsum" bezeichnet wird. W. hat nämlich festgestellt, dass Biermann nie analyt. Funct. bei Lie gehört hat.

Mittag-Leffler macht einen jugendlichen frischen aber keinen besonders geistessprühenden Eindruck, wie ich es aus der Parallele, die ich zu Klein stets stellte, erwartet hatte. Er liest sehr viel und hat sehr Vieles von den jungen Functionentheoretikern verarbeitet. Ich glaube, dass er als Redacteur sehr geeignet ist. Mitt.-L. war sehr erbaut von einer neuen Arbeit von Volterra, in welcher Functionen von geschlossenen Linien studirt werden. Die Arbeit knüpft an Poincars's Doppel-Integrale an.

Sonst ist von Interesse 1) die große Zahl von Preisbeisendungen, die auf die schwedische Preisfrage[29] angelaufen sind. Die Lectüre der eingegangenen Arbeiten beschäftigt jetzt Weierstrass u. Mittag-Leffler. Sie sagen, dass einige sehr bedeutende Arbeiten darunter seien; 2) das öffentliche Geheimnis dass Picard, die

[27] Kronecker wird der Ausspruch zugeschrieben „Die ganzen Zahlen hat Gott geschaffen, alles andere ist Menschenwerk".

[28] Biermann, Otto: Theorie der analytischen Funktionen (Leipzig, 1887).

[29] Anlässlich des 60. Geburtstages von König Oskar hatte dieser einen Preis ausgelobt für eine mathematische Arbeit aus einem von drei vorgegebenen Themenkreisen. Es gewann H. Poincaré, das Preiskommittee bestand aus Hermite, Mittag-Leffler und Weierstrass. Letzteres verärgerte Kronecker erheblich. Vgl. Minkowski an Hilbert 22. Dezember 1890 MiHi 7

Preisaufgabe der Pariser Akademie betreffens algebr. Functionen 2er Variablen bearbeitet hat. – Ihr Satz über die definiten Formen hat Anklang gefunden. Mittag-Leffler hat mich gebeten, Sie zu ersuchen, auch einmal in den Acta[30] zu publiciren. Frau v. Kovalevsky hat ihre Bitte mit M. Leffler's verbunden, dass wir Sie im nächsten Jahre in Stockholm besuchen möchten.

Hier bin ich mit meinen Berliner Verwandten, Neumann, Frau von Torklas – zusammen; befinde mich hier in der frischen würzigen Luft ausgezeichnet. Wahrscheinlich bleiben wir noch über eine Woche hier; ein Brief von Ihnen trifft mich hier daher noch. Wie weit sind Sie mit Ihren algebraischen Fragen? Ich selber thue so gut wie nichts. Nur die Referate muss ich noch diese Woche fertig stellen. Jetzt beschäftigt mich gerade eine sehr böse Arbeit von Papperitz; die ist in den Grundgedanken gut; aber scheusslich redigirt. Nach Abschliessen der Referate, habe ich Mittag-Leffler versprochen die Darstellung der ganzen Functionen einer Variablen, welche nicht für reelle Werthe als Variable verschwinden, als Quotienten positiv-coefficientiger Functionen für die Acta[31] zuzustutzen. Dies kommt aber wahrscheinlich erst in Gastein zur Ausführung, wohin wir von hier vielleicht noch reisen; vielleicht muss ich auch früher zurück, um meine Besuche in Hannover und Hamburg ausführen zu können. Nun schreiben Sie mir bald von Ihrem göttlichen Rauschen aus; seien Sie und die Ihrigen vielmals gegrüsst von Ihrem

A. Hurwitz.

Den Studierenden konnte ich nach den negativen Merkmalen, die Sie angaben, nicht bestimmen.

Hilbert an Hurwitz HiHu9

27.08.1888, Kirtigehnen (Brief)

Lieber Professor.

Hoffentlich trifft Sie dieser Brief noch in Kohlgrub an; der Ihrige hat freilich drei Tage bis hierhin gebraucht.

Es geht hier Alles gut und auch das Wetter ist jetzt warm und freundlich. Ernst Meyer hält sich augenblicklich hier bei Bosin auf. Auch Lindemann hat geschrieben, um sich nach Güte und Preis für Unterkunft in Rauschen zu erkundigen. E. Meyer hält an seinem Plane fest, Oktober nach Leipzig zu gehen und dort bei Bruns in die Tiefen der Astronomie zu tauchen. Heute vormittag aber tauchten wir nur in der Ostsee unter und schwammen darauf in einem Kahne mit 4 jungen Damen (darunter die auch Ihnen bekannte Fräulein Jerosch und Hoffmann) auf dem Rauscher Teiche umher.

Trotzdem schlafen meine algebraisch-arithmetischen Fragen nicht. Ich war schon mitten in der Redaktion einer vorläufigen Mitteilung begriffen, als

[30]Die von G. Mittag-Leffler 1882 gegründete und hg. mathematische Fachzeitschrift „Acta mathematica".

[31]Vgl. A. Hurwitz: Ueber beständig convergirende Potenzreihen mit rationalen Zahlencoefficienten als Nullstellen (Acta mathematica 14 (1890-91), 211-215).

ich entdeckte, dass dem Gegenstande noch wesentlich neue Gesichtspunkte abzugewinnen sind. Im Geiste meiner jetzigen Entwicklungen erhalten auch die Fragen über die Endlichkeit der ganzen Invariante erhöhte Bedeutung[32] und ich habe Meyer die Ideen zu einem neuen Beweise jenes Jordanschen Satzes vorgetragen, welcher vor den übrigen Beweisen den Vorzug hat, verallgemeinerungsfähig zu sein und zugleich unter Vermeidung aller speziell invariantentheoretischer Hilfsmittel dies Problem in seinem wahren algebraischen Kern zu erfassen

Doch genug von diesen allgemeinen Reflectionen, die noch von keinem greifbaren Inhalte sind.

Ich freue mich sehr, dass Sie sich so wohl befinden und ich kann dasselbe auch von mir behaupten.

Ernst Meyer lässt sie bestens grüssen.

Ihr Brief war mir natürlich in allen Einzelheiten sehr interessant. Anbei folgt ein Separatabzug meiner Briefe an Hermite[33]. Von meiner an Kronecker vor $1\frac{1}{2}$ Jahren geschickten Arbeit[34] habe ich noch immer keinen Korrekturbogen – entgegen dem Versprechen, das mir derselbe gegeben hat.

Den herzlichsten Gruss
sendet
David Hilbert
z.Z. in Kirtigehnen bei St. Lorenz in Ostpreussen.

Hilbert an **Hurwitz** HiHu10
24.09.1888, Rauschen (Postkarte)

Zum 1. Okt. bin ich in der Stadt. Bitte mich auch Schubert in Hamburg zu empfehlen.

Lieber Professor. Mir ahnte schon etwas nicht Gutes und ich war, wie erlöst, durch Ihre Nachricht, dass Sie nur einen Magenkatarrh hatten, der jetzt schon überwunden ist. Ich selbst bin hier durch den voll 2 monatlichen Aufenthalt und die 60 Bücher, wie neu geboren und bin so kräftig und wohl, wie nicht seit meiner Kindheit. Ich habe Ihnen sehr viel zu erzählen von den hiesigen Erlebnissen, der Badegesellschaft, der Strandstimmung und tagelanger Faulenzerei meinerseits. Trotz der letzteren bin ich mit meinen Arbeiten ausserordentlich zufrieden. Ich habe vor zirca 3 Wochen eine Arbeit „Zur Theorie der algebraischen Gebilde“ an Klein für die Göttinger Nachrichten geschickt[35], allerdings auffallender Weise

[32] Hier deutet sich Hilberts Basissatz an.

[33] D. Hilbert: Lettre adressée à M. Hermite (Journal de mathématiques pures et appliquées 4. série 4 (1888), 249-256).

[34] D. Hilbert. Ueber die Discriminante der im Endlichen abrechenden hypergeometrischen Reihe (Journal für die reine und angewandte Mathematik 103 (1888), 337-345). Diese Arbeit ist datiert Königsberg i. Pr., den 10. Juni 1887.

[35] D. Hilbert: Zur Theorie der algebraischen Gebilde I (Göttinger Nachrichten 1888, 450-457). No. II (Göttinger Nachrichten 1889, 23-34), No. III Göttinger Nachrichten 1889, 423-430).

noch keine Nachricht von Klein zurückerhalten. Da ich nicht besonders schreiben möchte, so fragen Sie vielleicht bei Ihrem Zusammentreffen mit Klein gelegentlich an, wie es mit der Sache steht und was er überhaupt zu den Methoden und Resultaten sagt. Ich selbst war überglücklich über diese Arbeit und daher zu einer objektiven Beurtheilung zu befangen.

Mit bestem Gruss, Ihr D.H.

Hurwitz an **Hilbert** HuHi5
30.09.1888, Hildesheim (Postkarte)

Lieber Freund! Ich gratuliere zum Abschluss einer neuen Arbeit, auf deren Inhalt ich sehr gespannt bin, da sie Ihrem Schreiben nach weltbewegend sein muss. Am Dienstag Nachmittag komme ich mit Klein in Northeim zusammen *) Wegen Ihrer Arbeit werde ich mit Kl. sprechen, (* wenn nicht mein Magen mir einen Strich durch die Rechnung macht. In den letzten Tagen habe ich angefangen etwas receptiv zu arbeiten; ich habe Riemann's Abhandl. über $p = 3$ durchgearbeitet, was ich mir lange schon vorgenommen hatte. Bei jedem Male bin ich entzückter über die Tiefe der Riem. Ideen. Von den Münchener mathem. Erlebnissen erzählte ich Ihnen wohl schon; Franz Meyer hat einen Ruf an die Berg Akademie in Clausthal angenommen. Dadurch entsteht, wie Brill sagt, voraussichtilich keine Vacanz wegen der eigenthümlichen Verhältnisse in Tübingen, welche zu weitläufig, hier auseinanderzusetzen sind. Hält sich mein Befinden im jetzigen Zustand, so reise ich Sonnabend von hier fort und bin den folgenden Sonnabend, 13ten Abends 8h20 in Königsberg. Kommen Sie doch, wenn möglich, an die Bahn. Vermuthlich schreibe ich Ihnen aber inzwischen noch ein Mal. Adressiren Sie bitte event. noch immer nach Hildesheim, Gosl. Str

Mit herzlichen Grüssen Ihr
A. H.

Minkowski an **Hilbert** MiHi5
19.06.1889, Bonn (Brief)

Lieber Hilbert,

Freitag vor Pfingsten hatte ich mich gerade zurechtgesetzt, um Ihnen fröhliche Ferien zuzurufen, als meine Absicht durch ein Telegramm meines Bruders[36] in Straßburg durchkreuzt wurde, welches mich dorthin citirte zu einer schleunigst anzutretenden Tour in den Schwarzwald und die Vogesen. Da ich mein Colleg eben mit dem Nachweis der Unmöglichkeit eines lenkbaren Luftballons glänzend

[36]Oskar Minkowski lebte von 1888 bis 1900 in Straßburg.

beschlossen hatte, so versäumte ich auch keinen Augenblick, und ich habe mich von Sonnabend an acht Tage lang in den Wäldern umhergetrieben und bin erst vorgestern Abend gänzlich sonnengebräunt wieder zurückgekehrt. Ich habe an die zwei Dutzend Burgen bestiegen, auf deren Gipfel ich mitunter dachte, wie schön es wäre, wenn auch Sie und Hurwitz dabei sein könnten. An einem regnerischen Tage bin ich auch nach Straßburg hineingekommen und habe sämmtliche dortigen Mathematiker besucht. Ich habe dabei wieder einmal die Bemerkung gemacht, wie verschieden die verschiedenen Gebiete der Mathematik auf den Charakter einwirken, daß je weiter sich einer von den Wegen entfernt, auf welchen das Gros wandelt, er um so eher zur Selbstüberschätzung und Verkleinerung anderer Verdienste verleitet wird. Auf Christoffel war ich besonders gespannt, da ich kurz vorher einen ganz hervorragenden Aufsatz von ihm „über die Bewegung eines periodisch eingerichteten Systems" (im Crelleschen Journal)[37] mit großem Interesse studirt hatte. Er behauptete auch vieles besser und gründlicher gemacht zu haben als andere, veröffentlichen wollte er es aber, wie er sagte, erst dann, wenn er in seinen ganz alten Tagen einmal ein Lehrbuch schreiben würde. Von Weierstrass sagte er, daß er Madame Kowalewsky benutzt, um alte Waare abzulagern und von Kronecker, daß er anfängt aufzuarbeiten. Übrigens hörte ich nicht viel freundlichere Reden, als ich in Berlin bei Kronecker war. – Ich traf dort Wiltheiss, von dessen Aussehen ich mir übrigens eine ganz andere Vorstellung gemacht hatte, und Cantor. Letzterer behandelte mit Kronecker, und gerade nicht besonders wohlwollend das Thema von Poincaré, dem größten Mathematiker dieses Jahrhunderts, wie zuerst Weierstrass durch Mad. Kowalewsky zu einem günstigen Urtheil über Poincaré verleitet sein sollte, letztere dieses dann schwarz auf weiß nach Paris geschickt habe und dadurch Poincaré ein gemachter Mann gewesen wäre. Der Mathematikercongreß in Paris[38] soll nach Christoffel's Ansicht nur zu dem Zwecke dienen, die Führung in der Mathematik den Deutschen, welchen sie nach dem Gutachten von Casorati und einem anderen Italiener zukäme, zu entreißen und sie „in autoritativer Weise" den Franzosen zu übergeben. Geht von den Königsberger Mathematikern jemand nach Paris? –

Cantor hatte offenbar etwas unter vier Augen mitzutheilen, es schien mir fast, als ob er auf die Nachfolgerschaft von Dubois-Reymond reflectirte[39]; da ich aber zu Mittag geladen war, so konnte ich ihm beim besten Willen nicht das Feld räumen. Haben Sie vielleicht gehört, wer nun an das Polytechnikum[40] kommt?

---

[37] Christoffel, B. E.: Ueber die kleinen Schwingungen eines periodisch eingerichteten Systems materieller Punkte (Journal für die reine und angewandte Mathematik 63 (1864), 279-288).

[38] Es handelt sich um den „Congrès international de bibliographie des sciences mathématiques tenu à Paris du 16 au 19 juillet 1889". Dort wurde das international angelegte Projekt, ein „Répertoire" der Mathematik vorgestellt, also eine thematisch geordnete Gesamtbibliographie der Mathematik zu veröffentllichen. Präsident war H. Poincaré. Trotz gewisser Vorarbeiten scheiterte das Projekt.

[39] Paul Du Bois-Reymond starb 1889, wodurch seine Professur an der Technischen Hochschule Berlin vakant wurde.

[40] Ältere Bezeichnung für die Technische Hochschule Berlin (oft auch nach ihrem Standort Charlottenburg benannt). Nachfolger von P. Du Bois-Reymond wurde der Berliner Oberlehrer Emil Lampe (1840–1918).

In Straßburg sollen sich noch immer ca. 45 Mathematiker vorfinden. Die dortigen mathematischen Collegienzimmer sind wahrhaft opulent eingerichtet. Reye legte wieder einmal Zeugniß ab von dem eigenthümlichen Reize, den die Zahlentheorie auf fast Jeden ausübt, der sich mit ihr beschäftigt. Vor Jahren hatte er einmal durch Induction eine ganz specielle Zahleneigenschaft gefunden, welche ihm noch immer durch den Kopf geht, ohne daß er sie bisher beweisen konnte. Mit Krazer behandelte ich nur das allgemeine Thema, daß zu viel Studiren verdummend wirkt.

Ich stecke noch immer ganz in der mathematischen Physik. Momentan beschäftige ich mich mit Elasticitätsfragen. Ich habe bei dieser Gelegenheit einen 100seitigen Aufsatz von Voigt[41] studiert, eine Festschrift zum Göttinger Universitätsjubiläum, die mir einen wahren horror eingejagt hat. Es ist mir ganz unbegreiflich, wie jemand wüste Rechnungen ansetzen kann in der Hoffnung, daß sich später vielleicht jemand findet, der Nutzen daraus zu ziehen im Stande ist. – Ich bin mehrfach auf Flächen gestoßen, die gleiche Ordnung und Klasse haben. Können Sie mir vielleicht sagen, wo ich mich am besten über solche Flächen orientire; sie müssen sehr einfache Eigenschaften besitzen.

Ende voriger Woche wurde ich durch einen Brief von Hurwitz sehr erfreut. Die Nachricht vom Eintreffen eines Lindemännchens hat mich sehr überrascht. Ich bitte Sie, meine Glückwünsche zu diesem Zuwachs Ihrer Facultät freundlichst entgegenzunehmen und dieselben auch weiter an die Veranlasser dieses Zuwachses zu übermitteln.[42] – Hurwitz bitte ich sehr zu grüßen.

Zu meinem Bilde werde ich mir erlauben, bei unserem nächsten Wiedersehen eine Widmung nachzuliefern. Dieses Wiedersehen wird wohl jedenfalls in Rauschen stattfinden, ich verlange aber nicht, daß Sie sich durch Mitnahme des Bildes den Genuß Ihrer Sommerfrische verkümmern. Mit bestem Gruß

Ihr
Hermann Minkowski

Minkowski an **Hurwitz** MiHu1

25.07.1889, Bonn, Thomastraße 22 (Brief)

Lieber Herr Professor!

Meine Gedanken weilen bereits ganz an der Ostsee, und thatsächlich treffe ich schon alle Vorbereitungen zur Hinreise. Unmittelbar auf meine letzte Vorles. am 2ten will ich abreisen und nach einem kurzen Aufenthalt in Berlin Sonntag Abend oder Montag in Königsberg sein. Wenn bei Ihnen der Wunsch nach

[41] Vermutlich Voigt, W.: Bestimmung der Constanten der Elasticität (Göttinger Abhandlungen 38 (1892)).

[42] Dieser Sohn starb sehr jung.

einer Luftveränderung ebenso fertig ist wie bei mir, so dürften sich unsere Wege vielleicht schon in Berlin schneiden. Ich würde Sie dann bitten, mir die Möglichkeit zu einem Wiedersehen zu verschaffen.

Für Ihren freundlichen Brief sage ich Ihnen schönsten Dank. Das Mathematische darin habe ich sogleich Lipschitz mitgetheilt. Den es ernst interessirt. Im Allgemeinen war er in der letzten Zeit zu mathematischen Arbeiten wenig zu brauchen; so nahmen ihn die Vorbereitungen zur Hochzeit seiner Tochter in Anspruch. Jüngstens traf ich ihn einmal mitgiftzählenderweise, für beide ein ziemlich peinlicher Moment, für ihn doppelt peinlich, weil er sich gerade verzählt hatte. Das nächste Crelle-Heft soll einen Aufsatz von ihm über Verallgemeinerungen der Riemann'schen ζ-Reihen bringen; doch habe ich Grund zu befürchten, es werden darin nur Dinge angekündigt sein, hinter denen vielleicht etwas sitzen könnte, vielleicht aber eben auf Hintersitzen.

Wie mir Kronecker sagte, soll mein Aufsatz unmittelbar hinter dem von Lipschitz kommen, ich erwarte daher die Correcturen sehr bald.[43] An meiner eigenen Haut habe ich danach noch nichts Schlimmes von der so berüchtigten Redaction[44] erfahren, aber allerdings an der von Lilienthal, ich hatte versprochen, für ihn einen Aufsatz zu corrigiren, die Redaction scheint das aber völlig ignorirt zu haben.

Die Briefe, die Lilienthal[45] schreibt, sind sehr munter gehalten. Er wird erst im März zu unterrichten beginnen. Einstweilen liest er Don Quichotte und macht große Fortschritte im Spanischen.

Ich bitte Sie, Hilbert zu grüßen und ihm zu sagen, dass er seine Freude daran haben soll, welches Interesse ich für Plücker'sche Formeln[46] mitbringe. Ich habe sie in der letzten Zeit selbst öfter gebraucht. Ich habe im Semester fast nur studirt und will nun zusehen, was ich mit dem machen kann, was ich gelernt habe.

Mit den besten Grüßen und auf fröhliches Wiedersehen

Ihr
H. Minkowski

---

[43] Minkowski, H.: Ueber die Bedingungen, unter welchen zwei quadratische Formen mit rationalen Coefficienten rational ineinder transformirt werden können (Auszug aus einem von Herrn Minkowski in Bonn an Herrn Hurwitz in Königsberg gerichteten Brief) (Journal für reine und angewandte Mathematik 106 (1890), 5-26). Auf Minkowskis Aufsatz folgte eine kurze Note von Lipschitz. Diese bezog sich auf die größere Arbeit „Untersuchung der Eigenschaften einer Gattung von unendlichen Reihen", die Lipschitz im Band 105 des Crelle-Journals veröffentlicht hatte (pp. 127-156). In ihr ging es (auch) um Riemanns Zetafunktion.

[44] 1889 wurde das Journal für reine und angewandte Mathematik, meist nach seinem Begründer kurz Crelle-Journal genannt, herausgegeben von L. Kronecker unter Mitwirkung der Herren Weierstrass, von Helmholtz, Schröter, Fuchs.

[45] Franz Reinhold Lilienthal, seit 1883 Privatdozent in Bonn, ging 1889 nach Santiago de Chile, um dort am Pädagogischen Institut zu unterrichten.

[46] Die Plückerschen Formeln verknüpfen verschiedene Kennzahlen von Kurven wie Ordnung, Klasse und Anzahlen verschiedener Arten von Singularitäten miteinander. Sie sind von großer Wichtigkeit in der Kurventheorie.

Minkowski an **Hilbert** MiHi6
06.11.1889, Bonn (Brief)

Lieber Hilbert!

Sie könnten mich schon bald unter die Leute zählen wollen, für die es heißt, aus den Augen, aus dem Sinn, wenn ich nicht endlich berichte, wie es mir seit unserem Abschied ergangen.

Gleich nach meiner Ankunft in Berlin eilte ich, nachdem ich mich nur ein wenig restaurirt hatte, in freudig erregter Stimmung nach dem Centralhotel, im Geiste mir schon die Überraschung Hurwitz' bei unserem Wiedersehen ausmalend. Dort wurde ich nach einem Zimmer gewiesen, von welchem ich mich nur noch dunkel zu erinnern glaube, daß seine Nummer eine von den Primzahlen war, für die der Fermat'sche Satz gleich beim ersten Anhieb bewiesen wurde. Ich klopfte an; ein brummige, schlaftrunkene Stimme murmelte einige unverständliche Laute. Herr Professor, flötete ich mit der süßesten mir gegebenen Stimme. Is kein Professor, antwortete es unbarmherzig, mit einem schon etwas bedrohlichem Anklange, worauf ich mich dann schleunigst drückte. Nach langen Verhandlungen stellte ich dann unten definitiv fest, daß Hurwitzz bereits am Tage vorher abgereist war. So gänzlich niedergeschmettert, schlich ich nun im dichtesten Nebels von 7–11 herum; dann ging ich zu Kronecker, der mich zwar empfing, aber von einer Erkältung, die er durchgemacht hatte, noch so matt war, daß er kaum sprechen konnte. Ich empfahl mich daher nach wenigen Minuten, ohne über $\zeta(s)$ auch nur ein ι erfahren zu haben; er sagte mir nur, daß mein Brief[47], (bei welchem ich das Porto allerdings gespart habe), bereits im Druck sei und in der That habe ich jetzt schon den größten Theil der Korrektur. Gleichzeitig mit mir trat Fuchs ein, der auf Kroneckers Worte, die Herren kennen sich wohl, merkwürdigerweise sagte, ja, wir haben uns verfehlt, obwohl ich niemals bei ihm gewesen bin. – Meine Vorlesungen wollte ich Dienstag voriger Woche anfangen, schob aber den Anfang der einen Vorlesung wieder auf, weil sich nur zwei eingefunden hatten; in der anderen, von 5–6 Nachmittags war der größte Theil der Erschienenen wieder ausgerückt, weil kein Licht im Auditorium war, in der Meinung, sie müßten sich geirrt haben. Freitag war natürlich wieder einmal katholischer Feiertag, und gestern hatte ich mir vor meinem Eintritt bereits eine schöne Rede zurechtgelegt: „Meine Herren, ich danke Ihnen zwar sehr für Ihr Vertrauen, sehe mich aber doch unter solchen Umständen genöthigt etc", als ich zu meiner Verwunderung fünf Leute vorfand und nun meinen Redefluß ganz anders leiten mußte, darunter sogar einen katholischen Geistlichen, der bereits ein Thalerstück auf seinem Haupte ausrasirt. Die Leute kürzen eben hier

[47] H. Minkowski: Ueber die Bedingungen, unter welche zwei quadratische Formen mit rationalen Coefficienten in einander rational transformirt werden können (Auszug aus einem von Herrn H. Minkowski in Bonn an Herrn Adolf Hurwitz gerichteten Brief) (Journal für die reine und angewandte Mathematik 106 (1890), 5-26).

das Semester nach Möglichkeit an seinen beiden Enden. Ich habe nun auch die Tchebischeff'schen Arbeiten, natürlich mit lebhaftem Interesse gelesen. Ich habe nicht den Eindruck gewonnen, daß aus

$$T(x) = \Psi(x) + \Psi\left(\frac{x}{2}\right) + \Psi\left(\frac{x}{3}\right) + \Psi\left(\frac{x}{4}\right) + \dots$$

unendlich viele alternirende Reihen abzuleiten sind; ich möchte sogar fast glauben, daß

$$\begin{aligned}
&T(x) - 2T\left(\frac{x}{2}\right),\\
&T(x) - T\left(\frac{x}{2}\right) - 2T\left(\frac{x}{3}\right) + T\left(\frac{x}{6}\right),\\
&T(x) - T\left(\frac{x}{2}\right) - T\left(\frac{x}{3}\right) - T\left(\frac{x}{4}\right) + T\left(\frac{x}{12}\right),\\
&T(x) - T\left(\frac{x}{2}\right) - T\left(\frac{x}{3}\right) - T\left(\frac{x}{5}\right) + T\left(\frac{x}{30}\right)
\end{aligned}$$

die einzigen solchen sind; vielleicht aber giebt es unendlich viele andere Reihen

$$\begin{aligned}
&(\text{wie } T(x) - T\left(\frac{x}{2}\right) - T\left(\frac{x}{3}\right) - T\left(\frac{x}{6}\right) =\\
&\quad \Psi(x) + \Psi\left(\frac{x}{5}\right) - 2\Psi\left(\frac{x}{6}\right) + \Psi\left(\frac{x}{7}\right) + \Psi\left(\frac{x}{11}\right) - 2\Psi\left(\frac{x}{12}\right) + \dots)
\end{aligned}$$

mit denen man ja dasselbe erreichen könnte.

Ich bin jetzt in der Theorie der positiven quadratischen Formen sehr viel weiter gekommen, es wird in der That bei Formen mit größerer Variabelnzahl sehr vieles anders. Vielleicht interessirt Sie oder Hurwitz der folgende Satz (den ich auf einer halben Seite beweisen kann): In einer positiven quadratischen Form von der Determinante D mit $n(\geq 2)$ Variabeln kann man stets den Variabeln solche ganzzahligen Werthe geben, daß die Form $< nD^{\frac{1}{n}}$ ausfällt. Hermite hat hier für den Coefficienten n nur $\left(\frac{4}{3}\right)^{\frac{1}{2}(n-1)}$, was offenbar im Allgemeinen eine sehr viel höhere Grenze ist.

Ich bitte Sie, Hurwitz sehr zu grüßen, und mich auch den anderen Kollegen bestens zu empfehlen, und ich bitte Sie selbst, öfters zu denken und mitunter zu schreiben an

Ihren getreuen
H Minkowski

Minkowski an **Hurwitz** MiHu2
25.01.1890, Bonn (Postkarte)

Lieber Freund!

Zum Dank für Ihren liebenswürdige Neujahrsbotschaft gestatte ich mir Ihnen meinen Artikel in heiliger Dreizahl zu übersenden. Sie sind aber nicht verpflichtet, alle drei Exemplare zu lesen; im Gegentheil, ich werde es Ihnen hoch anerkennen, wenn Sie auch nur in eines hineinblicken wollen. Ich habe jetzt Ihre Untersuchungen über Lösungen mit gemeinsamen Nenner aufgenommen, weil ich davon für die Reduction der quadr. Formen Nutzen zu ziehen hoffe. Ich bin auch bereits etwas über das Zeichnen der schönen Figuren hinausgekommen, dadurch, dass ich auf die Zerlegung der Determinanten in Faktoren $\begin{vmatrix} 1 & 0 \\ 1 & 1 \end{vmatrix}$ eingegangen bin. Ich werde mir erlauben, Ihnen nächstens einen Fragebogen zuzuschicken, einiges erscheint mir nämlich nicht ganz so, wie es mir aus unseren Gesprächen in Erinnerung geblieben ist. Herzliche Grüße Ihnen und Hilbert

Von Ihrem

Hermann Minkowski

Minkowski an **Hurwitz** MiHu3
24.02.1890, Bonn (Brief)

Lieber Freund!

Seit meiner Reise, seit Carneval, ist das Semester hier in praxi zu Ende. Theoretisch bin ich mit Rücksicht auf vereinzelte Wunderthiere von Fleiß, die sich doch noch in 4 Collegs verlaufen könnten, noch bis zum 4. März hier gebunden. Dann werde ich in gewohnter Weise meine Koffer und meine Fünfzig-Pfennig Packet Schachteln füllen und mein Rückreisebillet unterschreiben, und deshalb bitte ich Sie nun, mir mitzutheilen, wo wir uns, ob in Königsberg oder in Berlin oder an welchem Ort es auch immer sei, treffen können.

Für Ihren freundlichen Brief vom 27. Januar danke ich Ihnen herzlich. Separatabzüge von meiner Arbeit[48] habe ich noch für kommende Generationen in Hülle und Fülle.

Ich kann nicht gut behaupten, dass ich mit der Untersuchung der Farey'schen Netze bisher viel Glück gehabt habe. Ich habe ganz deutlich einen Rang, auf

[48] H. Minkowski: Ueber die Bedingungen, unter welche zwei quadratische Formen mit rationalen Coefficienten in einander rational transformirt werden können (Auszug aus einem von Herrn H. Minkowski in Bonn an Herrn Adolf Hurwitz gerichteten Brief) (Journal für die reine und angewandte Mathematik 106 (1890), 5-26).

welchen man das Vorhandensein der von Ihnen erwähnten Annäherungen mit Sicherheit constatiren können muss; doch sind dabei leider einige Kleinigkeiten noch recht schwer zu beweisen. Mündlich hoffe ich Ihnen, dieses noch etwas bequemer expliciren zu können, als es hier zu machen ginge. Dagegen habe ich mich keineswegs in meinen Bemerkungen in Betreff der Anwendbarkeit dieser Netze in der Theorie der ganzrationalen Formen getäuscht, und alles, was ich in dieser Hinsicht bisher gefunden habe, ist darzuthun geeignet, dass man es hier mit Fragen von ganz fundamentaler Bedeutung für die Zahlentheorie zu thun hat. Diese Netze, natürlich in gehöriger Weise verallgemeinert, spielen eine äußerst naturgemäße Rolle bei dem Beweise, dass man aus einer Classe von positiven quadratischen Formen mit n Variabeln durch eine beschränkte Anzahl von Ungleichungen eine einzelne Form aussondern kann, und das hängt so zusammen: durch jene Netze werden zu jedem System von n Zahlen $c_1, c_2, \ldots, c_n$, die nicht negativ und nicht alle Null sind, ganz bestimmte andere Systeme $a_1, a_2, \ldots, a_n$ und $b_1, b_2, \ldots, b_n$ zugeordnet, aus denen jenes durch Addition entsteht. Hat man nun den Begriff der natürlichen Formen vernünftig gefasst und ist $f(x_1, x_2, \ldots, x_n)$ eine solche Form, so zeigt es sich, dass das Dreieck aus $(f(a_1, a_2, \ldots, a_n))^{1/2}$, $(f(b_1, b_2, \ldots, b_n))^{1/2}$, $(f(c_1, c_2, \ldots, c_n))^{1/2}$ der letzten Seite gegenüber einen stumpfen Winkel hat, eine beschränkte Anzahl von Systemen $c_1, c_2, \ldots, c_n$ ausgenommen, und daraus können dann alle möglichen weiteren Folgerungen gezogen werden. Ich bitte Sie, Hilbert und Eberhard bestens zu grüßen und erwarte Ihre Mittheilungen in athemloser Spannung. Valete

Ihr getreuer

H. Minkowski

Hurwitz an **Hilbert** HuHi6

14.03.1890, Hildesheim (Brief)

Lieber Freund!

Seit gestern bin ich hier in der Heimats-Stadt, nach kurzem Aufenthalt in Berlin. Von meinen Berlinen Erlebnissen will ich Ihnen Einiges erzählen. Ich habe nur Weierstrass und Kronecker aufgesucht. Ersterer machte gerade ein Mittags-Schläfchen und da ich nicht wollte, dass man den alten Herrn störe, so habe ich nur seine Schwester und sein Söhnchen[49] gesehen und nicht ihn selber. Besser traf ich es bei Kronecker. Dieser war allein zu Hause – seine Angehörigen sämmtlich fortgegangen – so dass wir zunächst in seinem Studirzimmer ungestört plauschten. Er interessirte sich für die Aufgabe: die Gattungen zu den wesenthlichen Theiler zu bestimmen, meinte nur ich müsse die Betrachtungen so stellen, dass sie einerseits auf Zahlengleichungen (0 Parameter) andererseits auf Gleichungen mit beliebig vielen Parametern auszudehnen seien. Was nun vor allem Ihre Angelegenheit wegen der Separata angeht, so kam Kr. von

[49] Weierstrass war nie verheiratet, von einem Sohn ist auch sonst nichts bekannt.

selber darauf zu sprechen und sagte mir, dass sich sein Secretair offenbar geirrt habe – die Sache beruht also richtig, wie ich sofort annahm, auf einem Irrthum. Haben Sie von Kronecker selbst eine Antwort auf Ihren Brief erhalten?

Kronecker bat mich dann, ihn zu seinem Schneider zu begleiten, wo er sich einen Anzug anmessen lassen wollte. Auf dem Wege dorthin hat er mir auch von seinen Arbeiten über ellipt. Functionen erzählt, deren allgemeine Bedeutung darin liegt, dass er consequent Functionen von zwei reellen Variablen, statt Functionen einer complexen Variablen betrachtet.

Er richtet sich gegen die analyt. Functionen nur insofern, als er es als schädlich ansieht die Variablen x, y in der Verbindung $x + iy$ untrennbar anzuordnen.

Sagen Sie doch Minkowski ausser herzlichen Grüssen, dass Kr. sein Interesse für die Untersuchungen über Farey'sche Netze[50] auch mir gegenüber ausgesprochen hat.

Schliesslich bat mich Kr. noch für das Cr. Journal einmal einen Beitrag zu senden.

Nun leben Sie wohl und lassen Sie von sich einmal etwas hören. Grüssen Sie Eberhard und Wiechert bei Gelegenheit, auch Lindemann.

Ihr

A. Hurwitz.

Briefe erreichen mich am sichersten unter meiner hiesigen Adresse

Hilbert an **Hurwitz** HiHu11

02.04.1890, Königsberg (Brief)

Lieber Professor.

Ueber Ihren Brief habe ich mich sehr gefreut; antworten freilich kann ich Ihnen zwar mit Wenig, da ich in der Zeit seit Ihrer Abreise so gut, wie gar nichts erlebt habe. Ich habe meine 43 Referate[51] erledigt und gestern an Henoch abgeschickt. Diese Arbeit hat mir sehr wenig Freude bereitet, da – abgesehen vielleicht von einer Arbeit von Maurer über allgemeine Invariantensysteme – nichts darunter war, was für mich etwas neues oder bedeutenderes enthielt. Die Wissenschaft fährt sich auf dieser Seite zweifellos fest.

Mitgemacht habe ich die Hochzeit meiner Cousine Helene Schmall und die Fleischmännische Hochzeit steht mir zum 10 April bevor.

Eberhard ist nach Hause über Berlin abgereist. Minkowski hat Ihren Brief erhalten und auch mir mitgeteilt. Spazieren gehe ich jedoch meist allein, da Minkowski selbst bei Aufwendung aller Ueberredungskunst nur bis auf die Höhe zu bringen ist, von der aus man den Apfelbaum in der Ferne schimmern sieht.

Was die wissenschaftliche Beschäftigung anbetrifft, so habe ich für die nächste Zeit noch gar keinen Plan gemacht. In meinen Realitätsfragen bin ich

[50] Farey'sche Netze bezieht sich wohl auf die Farey-Folge.

[51] Es geht um Referate für das Jahrbuch über die Fortschritte der Mathematik. Henoch war Sekretär des Jahrbuchs.

nichts weniger als vorwärts gekommen, in dem ich vielmehr eingesehen habe, dass selbst die Curven 6ter Ordnung sich nicht in der von mir vermutheten Weise erledigen lassen. Die Abfassung von Referaten hat bei mir diesmal eine wissenschaftliche Oede erzeugt, was nicht zu vermeiden ist bei all' den Cyklikanten, Co- und Semi-cyklico-genitiven und -generatricen Funktionen, die man England[52] neu entdeckt hat. Es ist mir überhaupt schwer geworden, nicht satyrisch zu sein. Denn auch in Deutschland „schiebt" man „über" um die Wette und zwar jeder noch immer auf seine ganz besondere Weise, die er einmal eingeschlagen hat und von welcher er nicht loskommen kann. Doch ich bin heute etwas pessimistisch gestimmt und da Pessimismus ansteckt, will ich lieber aufhören.

Der Universitätsball verlief sehr schön, obgleich ich nur noch den jungen Prutz und Wiechert als tanzordnende Hülfe hatte.

Der Besuch bei Klein ist angenehm verlaufen und Ihnen auch körperlich gut bekommen!

Sonst giebt es hier gar nichts zu berichten. Leben Sie daher wohl und seien Sie bestens gegrüsst von

Ihrem David Hilbert

Hilbert an **Hurwitz** HiHu12
Datum fehlt, Kirtigehnen (Brief)

Lieber Herr Professor.

Seit Lange kämpfe ich mit dem Entschlusse, zur Feder zu greifen und an Sie zu schreiben. Ich bin hier so sehr der Feder und des Nachdenkens entwöhnt. Denn meine Zeit ist hier völlig ausgefüllt mit ländlichen Vergnügungen als da sind: Graben und Wassertreten, Feuer antun, den Sandrutschen, Dauerlaufen, Wettklettern etc, und jeder Tag bringt die Erfündung neuer solcher edler Sporte, an denen sich selbstverständlich auch unsere Damen beteiligen. Der Kreis unserer Familie ist nun noch dadurch stark vermehrt, dass sich mein Cousin Paul H. mit Fräulein Grete Hoffmann verlobt hat und unsere Vergnügtheit wird ausserdem durch das ganz wunderbar und unverwüstlich schöne Wetter, wie ich es jedenfalls noch in keinem Jahre erlebt habe, noch erhöht.

Desto mehr hat es mir leid gethan, dass Sie sich in Königsberg so schlecht gefühlt haben. Doch sind Sie hoffentlich jetzt wieder ganz vergnügt und ausserhalb Königsbergs. Warum aber haben Sie sich gerade das steife und langweilige Neuhausen, das über dies bei östlichen Winden von Hassluft erfüllte Aristrokratenbad ausgesucht? Ich bin jedenfalls begierig, wie sie sich da gefallen werden.

[52]Hilbert spielt hier auf eine charakteristische Eigenart der englischen Schule der Invariantentheorie mit ihren Hauptvertretern Caylex, Salmon und Sylvester an. Diese bestand darin, dass sie viele eigenwillige neue Bezeichnungen einführte, z. B. die heute noch üblichen Sezygien.

Mathematisches kann ich Ihnen absolut garnichts schreiben und da sich Alles Uebrige, was ich noch weiss, besser erzählen als schreiben lässt, so schliesse ich mit den besten Grüssen

von Ihrem David Hilbert.

Minkowski an **Hurwitz** MiHu4
10.04.1890, Königsberg in Pr. (Brief)

Lieber Freund!

Vielen Dank für Ihren lieben Brief wie dafür, dass Sie mich in Göttingen angemeldet haben.[53] Ich denke bis Freitag nächster Woche hier zu bleiben und hoffe, Sie also noch hier wieder begrüßen zu können. Bis Sie mir zu Hilfe eilen, muss ich einstweilen allein gegen Hilberts furchtbar pessimistische Auffassungen über den gegenwärtigen Stand der Mathematik kämpfen, was keine leichte Sache ist. Gestern hallte sogar der stille Wald bei Judsten von den Reden der Streitenden wider. Doch hoffe ich auf ein allmähliches Ende dieser Schatten, je mehr bei Hilbert die Erinnerung an seine letzten Referate[54] sich verwischen wird.

Von den Farey'schen Netzen entferne ich mich jetzt ungefähr wie eine logarithmische Spirale von ihrem Pol. Da ich bereits in einer endlichen Entfernung bin, so glaube ich, daß mir wohl nächstens der Pol ganz aus dem Gesichtskreis entschwinden wird. Ich glaube, mir Schranken einmal von der Beziehung, welche zwischen den zwei bis vier Dreiecken besteht, die immer gleichzeitig an den neu hinzutretenden Punkten entstehen. Diese führt auf gewöhnliche Kettenbrüche und lässt sich in folgender Weise darstellen:

Es möge für Systeme von drei ganzen Zahlen die Ableitungsregel gelten:

$$p, \quad q, \quad r + p', \quad q', r' = p + p', \quad q + q', \quad r + r'.$$

Ich setze nun $1, 1, 1, = [1]; 0, 1, 1 = [2]; 0, 0, 1 = [3]$ und definiere ein Symbol

$$(A) \qquad (\alpha\beta\gamma\ldots\omega)$$

in folgender Weise.

Jedes der Elemente $\alpha, \beta, \gamma, \ldots \omega$ [letzteres ist durchgestrichen] soll die Ziffer 1, 2 oder 3 enthalten. Das letzte Element ω soll nur 1 oder 3 sein; zwei nebeneinander stehende Elemente sollen stets verschieden sein; ferner soll sein $(1) = (3) = [1] +$

[53]Vermutlich besuchte Minkowski auf seiner Reise von Königsberg nach Bonn Göttingen. Wahrscheinlich hat Hurwitz Klein den Besuch von Minkowski angekündigt.

[54]Hilbert – wie auch Hurwitz und Minkowski – verfassten zahlreiche Referate für das „Jahrbuch über die Fortschritte der Mathematik", hauptsächlich im Bereich der Invariantentheorie. Er war von den Arbeiten, die er referierte, oft wenig angetan. Vgl. Brief von Hilbert an Hurwitz 2. April 1890 HiHu 11

$[3]$, $(21) = (31) = [2] + [3]$, $(13) = (23) = [1] + [2]$ und bei mehr als zwei Ziffern in der runden Klammer sei

$$(\alpha\beta\gamma\ldots\delta\ldots) = (\gamma\ldots\delta\ldots) + (\delta\ldots)$$

dabei bedeute δ die erste von β und γ verschiedene Ziffer nach γ und die Symbole rechts sollen aus denen links durch Fortlassung der ersten beiden Ziffern beziehungsweise der Ziffern vor δ entstehen; endlich soll, wenn die Ziffer δ nach γ nicht mehr vorkommt, für das zweite Symbol selbst $[\delta]$ eintreten.

Bei diesen Festsetzungen ist durch das Symbol (A) jedes System von drei ganzen Zahlen p, q, r ohne gemeinsamen Theiler darstellbar, für welches $0 \leq p \leq q \leq r$ und $r > 1$ ist, und zwar auf zwei Arten, wenn $0 = p$ oder $p = q$ oder $q = r$ ist, sonst auf vier Arten, dieselben entsprechen den im Farey'schen Netz beim Punkte $\frac{p}{r}, \frac{q}{r}$ entstanden Determinanten?. Ist $(\alpha\beta\ldots\gamma\ldots)$ irgend ein solches System und bedeutet γ die erste von α und β verschiedene Ziffer nach β, so giebt dieses System mit den zwei aus ihm ähnlich wie oben abgeleiteten Systemen $(\beta\ldots\gamma\ldots)$ und $(\gamma\ldots)$ eine Determinante 1, wenn die Systeme beziehungsweise als α-te, β-te, γ-te Horizontalreihe geschrieben wurden; das n-te System ist dabei eventuell durch $[\gamma]$ (in den ersten Fällen das zweite und dritte Symbol durch $[\beta]$ und $[\gamma]$) zu ersetzen. Diese Determinante, ich bezeichne sie mit $\Delta(\alpha\beta\ldots\gamma)$, entspricht einem Dreieck des Netzes und man hat folgende Zerlegung in elementare Determinanten

$$\Delta(\alpha\beta\ldots\gamma) = S_{\alpha\alpha'} S_{\beta\beta'} S_{\omega\omega'} \begin{vmatrix} 1 & 1 & 1 \\ 0 & 1 & 1 \\ 0 & 0 & 1 \end{vmatrix};$$

die S bedeuten dabei die elementaren Determinanten; beziehungsweise soll $S_{12} = \begin{vmatrix} 1 & 1 & 0 \\ 0 & 1 & 0 \\ 0 & 0 & 1 \end{vmatrix}$ sein, und es ist α' die von α und β, β' die von β und γ, usw. verschiedene Ziffer, endlich $\omega\omega' = 13$ oder 31. Die Beziehung zwischen den verschiedenen, dasselbe System ausdrückenden Symbolen oder den zugehörigen Determinanten ist nun in den Grenzfällen den folgenden Gleichungen zu entnehmen: $0qr = (\frac{2}{3}1\gamma1\delta\ldots1\kappa1)$, $ppr = (\frac{1}{3}2\gamma2\delta\ldots2\kappa1)$, $pqq = (\frac{1}{3}3\gamma3\delta\ldots3\kappa1)$; sind also vier Symbole für das System möglich, so kann man ein beliebiges derselben entweder so schreiben:

$$(\alpha\beta\gamma\beta\delta\ldots\beta\kappa\lambda\ldots),$$

wobei λ von β verschieden ist, oder dasselbe lautet, wenn $p + q = r$ ist, $(\alpha\beta\gamma\beta\delta\ldots\beta\kappa)$ und es ist $\beta = 1$ oder 3, aus diesen geht dann ein zweites hervor, in dem man α durch die von β und α verschiedenen Ziffern ersetzt, das dritte und vierte, indem man in diesen zwei Symbole vor der Ziffer λ (bzw. vorm ganzen Symbol) alle Ziffern β und κ ersetzt und für alle Ziffern $= \kappa\beta$ schreibt.

Nun habe ich mich doch wieder dem Pol der logarithmischen Spirale genähert.

Herzliche Grüße von Hilbert und Ihrem

H. Minkowski

Hilbert an **Hurwitz** HiHu13
Mittwoch 1890 (vermutlich Ende August), Kirtigehnen (Brief)

Lieber Professor.

Ihre Karte und Ihren Brief habe ich erhalten und daraus ersehen, dass es Ihnen gut geht und sich schnell erholt haben.

Meyer schrieb neulich; er hat leider seine Absicht mich hier zu besuchen, nicht ausgeführt aus Mangel an Zeit.

Wir haben heute einen grösseren Spaziergang am Strande verabredet; aber ich schreibe doch noch zuvor diese Zeilen, um im Briefschreiben Ihnen gegenüber nicht zurückzustehen.

Gestern und heute hatten wir Sturm und ein kräftiges Wellenbad.

Ihre Gratulation an Paul H und Grete H habe ich ausgerichtet. Beide bedankten sich sehr.

Heute erhielt ich den Prospekt für das Stadttheater und ich habe, da die Abbonnementsbedingungen sehr günstige sind und ich den Winter mich von Gesellschaften mehr zurückziehen will, die Absicht $\frac{1}{6}$ Abbonement d.h. 25 Vorstellungen Parquet zu $31,25$ M. zu nehmen, falls ich Gesellschaft finde. Wenn Sie also die gleiche oder eine ähnliche Absicht haben, so lassen Sie es mich, bitte, recht bald wissen. Wir könnten uns dann 2 Parquetplätze nebeneinander abbonnieren. Es wird gut sein, dies möglichst früh – wenn nötig – schriftlich zu thun.

Ich werde wahrscheinlich am 6ten September nach Königsberg zurückkehren und dann direkt nach Sylt oder sonst wo an die Nordsee reisen, um dort noch einige Seebäder geniessen zu können

Nun bitte, entschuldigen Sie meine schlechte Schrift – auch ich schreibe nämlich auf den Knieen – und seien Sie $1 + \frac{1}{2} + \frac{1}{3} + \frac{1}{4} + \ldots$ mal gegrüsst von Ihrem

Hilbert

P.S. Viel Glück und guten Fortgang zu den Referaten. Ich erhielt gestern eine Correktur, welche diesmal an F Müller[55] zurückzusenden war.

Hilbert an **Hurwitz** HiHu14
12.09.1890, Norderney (Postkarte)

Lieber Professor.

Seit 4 Tagen bin ich hier an der Nordsee und studiere das Badeleben, welches als Kur jedenfalls allgemein hier viel ernster genommen wird als bei mir an der

[55]Felix Müller, einer der Hg. des Jahrbuchs.

Ostsee. Die Badeeinrichtungen und der Luxus sind enorm, aber entsprechend auch die Preise. Morgen gedenke ich nach Bremen[56] abzureisen. Viele Grüße
von Ihrem David Hilbert
P.S. Gratuliere zum bestandenen Examen Ihres Bruders.[57]

Hilbert an **Hurwitz** HiHu15
19.09.1890, Bremen (Postkarte)

Lieber Professor:

Ich werde jetzwohl in einigen Tagen in Königsberg sein und dann genauer über Alles berichten können. Es war sehr interessant. Auch ich und Minkowski haben Vorträge[58] gehalten. Schubert, Fr. Meyer, Study, Klein, Weber etc. lassen Sie bestens grüssen. Auch Minkowski lässt bestens grüssen. Klein ist sehr wohl und frisch. Morgen reise ich nach Berlin ab. Cantor spricht gerade über Bernoullische Zahlen[59], nachdem Minkowski vorgeschlagen hat, warum die Diskriminante einer algebraischen Zahl stets > 1 sein muss, also Primzahlen wirklich enthält.[60]
Besten Gruss
von Ihrem Hilbert

Hilbert an **Hurwitz** HiHu16
03.10.1890, Königsberg (Brief)

Lieber Herr Professor.

Ihre Karte sowie Ihren Brief habe ich erhalten. Erstere konnte mir nicht nachgeschickt werden, sodass ich erst nach meiner Rückkehr hierher zu meinem Erstauen erfuhr, dass Sie ausgeflogen sind. Mein erster Gedanke war natürlich ein Bedauern, dass Sie die kurze Reise nach Bremen gescheut haben. Denn es war in der That dort sehr amüsant. Ich habe Ihnen allerseits Grüsse zu bestellen, insbesondere aber von F. Meyer, Schubert, Cantor, Lampe.

Alles nähere erzähle ich ihnen mündlich.

Ich freue mich sehr, dass in Ihrem Bruder der Wissenschaft und noch dazu unserer Universität eine neue Kraft erwächst.[61] Hoffentlich findet Ihr Bruder

[56] Dort fand vom 15. bis zum 20. September 1890 die Versammlung Deutscher Naturforscher und Ärzte statt. In der Sektion für Mathematik wurde der Gründungsaufruf für die deutsche Mathematiker-Vereinigung beschlossen. Hilbert und Minkowski gehörten zu den Gründungsmitgliedern.

[57] Julius Hurwitz legte 1890 das Abitur am Realgymnasium Quakenbrück ab.

[58] Hilbert sprach in Bremen „Ueber die stetige Abbildung einer Linie auf ein Flächenstück", Minkowski über den „Beweis, dass jede Discriminante eine von Eins verschieden Zahl ist".

[59] Cantor sprach „Ueber gewisse Gesichtspunkte, welche sich für die arithmetische Untersuchung der Bernoulli'schen Zahlen aus der Theorie der endlichen Ordnungstypen ergeben".

[60] Es geht um den Minkowskischen Diskriminantensatz.

[61] Julius Hurwitz studierte von 1890 bis 1892 in Königsberg Mathematik, danach ging er mit seinem Bruder nach Zürich.

Freude und Befriedigung in unserer Mathematik – wie wir. Uebrigens ist der späteste Immatrikulationstermin der 17 Okt.

Von der Einrichtung des Schlafwagens habe auch ich diesmal auf der Rückreise Gebrauch gemacht und derselbe für mich ganz entzückend gefunden. Die ganze Geschichte kostet mich rund 300 Mark – ein ganz gehöriges Stück Geld für 16 Tage.

Nun Adieu und auf baldiges Wiedersehen grüsst Sie bestens

Ihr D. Hilbert

Minkowski an **Hilbert** MiHi7

22.12.1890, Bonn (Brief)

Lieber Hilbert.

Vielen Dank für Ihren liebenswürdigen, ausführlichen Brief. Auch ich bin in diesen Monaten schon zu öfteren Malen von dem Gedanken, an Sie zu schreiben, erfüllt gewesen, dann aber bald durch diesen, bald durch jenen Umstand von der Ausführung abgehalten worden. Daß ich zu Weihnachten diesesmal nicht nach Königsberg komme, dürften Sie wohl bereits aus dem Umstande geschlossen haben, daß ich bis jetzt weder in Ihrem Studirzimmer, noch an der bewußten Nachtigallensteigecke[62], noch sonst irgendwo am Horizonte sichtbar geworden bin. Ich weiß nicht, ob ich Sie deshalb trösten muß, noch auch, ob ich solches thue, indem ich meine Meinung dahin äußere, daß Sie diesesmal an mir, als einem gänzlich physikalisch Durchseuchten, wenig Freude erlebt hätten. Vielleicht auch hätte ich sogar eine zehntägige Quarantaine durchmachen müssen, ehe Sie mich wieder als mathematisch rein und unangewandt zu Ihren gemeinsamen Spaziergängen zugelassen hätten.

Daß ich jetzt fast ganz in physikalischem Fahrwasser schwimme, mag zum großen Theile darin seinen Grund haben, daß ich als reiner Mathematiker augenblicklich hier unter Larven die einzig fühlende Brust sein würde. Kortum kommt für ein wissenschaftliches Gespräch nicht in Betracht, und Lipschitz habe ich seit meiner Ankunft noch nicht gesehen. Er ist wieder krank, er soll namentlich durch Schlaflosigkeit sehr heruntergekommen sein; er hält sich seit Mitte Oktober in Begleitung seiner Frau in Andernach (unweit Coblenz) auf. Mein Anerbieten, ihn zu besuchen, ist von Frau Lipschitz, die jegliche Aufregung von ihm fernhalten will, abschlägig beschieden worden, trotzdem ich mich erboten hatte, mit keiner Silbe mathematische Dinge zu berühren. Es heißt, daß er zu Weihnachten hierher zurückkommen soll und nach den Ferien noch ein Seminar abhalten soll. Doch verlautete Ähnliches schon drei oder vier Mal während des Semesters und bewahrheitete sich zuletzt doch nicht.

Um nun noch mit anderen Sterblichen gemeinsame Punkte zu haben, habe ich mich also vorderhand ganz der Magie, wollte sagen der Physik, ergeben. Ich

[62]Treffpunkt für die Spaziergänge der drei Freunde in Königsberg.

habe meine praktischen Übungen im physikalischen Institut, zu Hause studire ich Thomson, Helmholtz und Konsorten[63]; ja von Ende nächster Woche an arbeite ich sogar an einigen Tagen der Woche in blauem Kittel in einem Institut zur Herstellung physikalischer Instrumente, also ein Praktikus, wie Sie ihn sich schändlicher gar nicht vorstellen können.

Bei dem hier augenblicklich herrschenden Mangel an halbwegs normalen Mathematikern – auch der Direktor der Sternwarte[64], der noch Professor für Mathematik heißt, ist krank, – ist mir in vergangener Woche die Ehre von etwas zweifelhafter Annehmlichkeit zu Theil geworden, fünf Bergbaubeflissene in ihrem Referendarexamen zu prüfen. Ich erzielte trotz grenzenloser Unwissenheit der Kandidaten ein glänzendes Resultat, denn die Mehrzahl der Fragen hatte ich so ziemlich auf ja und nein gestellt, und aus dem Tonfall der Frage konnten die Kandidaten einigermaßen entnehmen, ob es angemessener war, ja oder nein zu sagen. Das ganze Collegium von Geheimen Räthen konnte sich nicht vor Staunen fassen, solch bedeutende Kenntniße waren bei den Kandidaten noch niemals zu Tage getreten.

Die Poincaré'sche Preisarbeit[65] habe ich bis zu ungefähr einem Drittel studirt. Nach den recht langweiligen ersten Kapiteln finden sich einzelne interessante Betrachtungen, die in manchen Stücken an Dirichlet erinnern. Indessen von dem Problem der drei Körper habe ich bis jetzt noch nicht viel wahrgenommen. Ferner bin ich momentan ein eifriger Leser Ihrer bis dato publicirten sämmtlichen Werke; doch ist das ein Gegenstand, den man nicht mit sovielem Unbedeutenden zusammen in einen Topf werfen kann, und so reservire ich mir daher dieses Thema für einen nächsten Brief.

Daß zum Beweise des Satzes über die Rationalitätsbereiche von fester Discriminante noch gewisse andere Dinge zu Hülfe genommen werden müssen, als bloß die Ungleichungen zwischen der Ordnung und den absoluten Werthen der Discriminanten, habe ich immer stillschweigend vorausgesetzt. Man braucht eben genau die Endlichkeit der Classenzahlen bei ganzzahligen Coefficienten und fester Determinante, oder auch das im wesentlichen damit übereinstimmende von Ihnen postulirte Theorem. Genau in der von Ihnen ausgesprochenen Fassung findet sich dasselbe in einem Aufsatze von Jordan im polytechnischen Journal bewiesen. Von meinem Aufsatze im Crelle'schen Journal[66] habe ich bereits die Korrekturen erledigt; der Aufsatz wird vielleicht in vierzehn Tagen herauskommen, er enthält aber nichts, was Sie nicht bereits kennen. Dagegen habe ich den von mir gegebenen Beweis für den Satz vom Minimum einer positiven quadratischen Form außerordentlich verallgemeinert, und bin dazu

[63] Helmholtz hat zusammen mit G. Wertheim das Werk „Handbuch der theoretischen Physik" von W. Thomson und P. G. Tait ins Deutsche übersetzt (Braunschweig: Vieweg, 1871–1874).

[64] Schönfeldt.

[65] Es geht um H. Poincaré „Sur le problème des trois corps" (Acta mathematica 13 (1890), 1-270), für die Poincaré einen von König Oskar von Schweden gestifteten Preis gewann. Minkowski hat diese im Jahrbuch über die Fortschritte der Mathematik 22 (1890), 907-914 referiert. Vgl. auch Minkowski an Hilbert 2. Juni 1893 MiHi 14.

[66] Minkowski, H.: Ueber die positiven quadratischen Formen und und über kettenbruchähnliche Algorithmen (Journal für die reine und angewandte Mathematik 107 (1891), 278-297).

gekommen, daß der Vortheil speciell der quadratischen Formen ein sehr illusorischer ist, indem andere definite Formen (allerdings nicht gerade rationale) viel weitergehendere Folgerungen gestatten. So habe ich folgendes Resultat gefunden, welches durch Benutzung quadratischer Formen nicht gewonnen werden kann: Die Discriminante irgend eines Zahlkörpers, welcher aus einer ganzzahligen Gleichung mit $n - 2\beta$ reellen und 2β complexen Wurzeln entspringt, ist dem absoluten Werthe nach immer größer als

$$\left(\frac{\pi}{4}\right)^{2\beta} \frac{n^{2n}}{(n!)^2}$$

Ich will diese Verallgemeinerung, durch welche der Gegenstand nur noch durchsichtiger wird, in einem Briefe an Hermite auseinandersetzen.

Jüngstens habe ich einmal über Ihren Vortrag auf der Naturforscherversammlung nachgedacht.[67] Sind Sie sicher, daß bei der von Ihnen angegebenen Bewegung eines Punktes in einem Quadrat der Punkt manche Stellen zu drei verschiedenen Zeiten passirt. Mir will es scheinen, als ob er nirgends mehr als zweimal hinkommt. Was haben Sie eigentlich gegen das doch principiell einfachere Beispiel, daß man die von 0 bis 1 gehende Zeit fortwährend als Decimalbruch darstellt und aus den geraden und ungeraden Stellen allein zwei andere Decimalbrüche bildet, die nun die rechtwinkligen Coordinaten des Punktes zur betreffenden Zeit ausdrücken sollen. Die Stetigkeit der Bewegung ist doch hier in genau demselben Sinne gewahrt.

Grüßen Sie herzlich Hurwitz den älteren und Hurwitz den jüngeren[68], desgleichen Eberhard und empfehlen Sie mich Lindemann. Ein fröhliches und erfolgreiches neues Jahr und erinnern Sie sich bald wieder Ihres

Hermann Minkowski

Minkowski an **Hurwitz** MiHu5
24.02.1891, Bonn (Postkarte)

Lieber Freund!

Ich kann Ihnen nicht gut noch ausführlich schreiben, denn sonst stehe ich am Donnerstag oder Freitag der nächsten Woche in lebender Größe am Nachtigallensteig[69], bin ein halbes Jahr in der Fremde gewesen und weiß doch Nichts zu erzählen! Die Mehrzahl der Neuigkeiten erhoffe ich mir schon sowieso aus der Zahlentheorie.

[67] Es geht um die Versammlung der deutschen Naturforscher und Ärzte, die 1890 in Bremen stattgefunden hat. Hilbert hielt dort einen Vortrag „Ueber die stetige Abbildung einer Linie auf ein Flächenstück". Darin gab er eine geometrische Deutung der Peano-Kurve.

[68] Gemeint sind Julius (*1857) und Adolf Hurwitz (*1859).

[69] Hurwitz wohnte in Königsberg im Nachtigallensteig.

In dem Augenblick aber, wo ich mich Ihnen auf eine andere Weise ins Gedächtnis zurückrufe, muss ich mich dreifach für Ihren letzten freundlichen Brief wenigstens bedanken. Als Ferienaufgabe habe ich Bizle (?) und eine bitterböse partielle Differentialgleichung vor, und aus beiden Anlässen werde ich den Göttern Dank wissen, wenn sie Sie zu bestimmen gewusst haben, die ganzen Ferien in Königsberg zu bleiben. Ganz herzliche Grüße an Sie, Ihren Herrn Bruder[70] und Hilbert.

Ihr

H. Minkowski

Minkowski an **Hilbert** MiHi8

11.06.1891, Bonn (Brief)

Lieber Freund!

Es ist mir nun schon so oft vorgekommen, daß ich mein Versprechen, bald Nachricht zu geben, schlecht erfüllt habe, daß ich in diesem Punkte schon fast selber alles Vertrauen zu mir verloren habe. Ich zögerte hauptsächlich aus dem Grunde so lange mit dem Schreiben, weil ich Dir das Resultat über den asymptotischen Werth der genauen Grenze für das Minimum der positiven quadratischen Formen mittheilen wollte, von welchem ich schon auf unseren Spaziergängen gesprochen habe. Den Inhalt des reducirten Raumes für die quadratischen Formen aus den Formeln für die Classenanzahlen eines Geschlechts herzuleiten, war eine Aufgabe, die mich mehrere Wochen Zeit kostete, da ich mit meinen früheren Rechnungen in dieser Richtung nicht viel mehr anzufangen wußte. Es hat sich dabei folgendes Resultat ergeben: Definirt man Formen als äquivalent, wenn sie durch lineare ganzzahlige Substitutionen mit einer Determinante $+1$ oder -1 in einander übergehen, und setzt man für die positiven quadratischen Formen mit n Variabeln den Begriff der reducirten Form irgendwie so fest, daß der reducirte Raum in der Mannigfaltigkeit aller Formen aus einer begrenzten Anzahl von Continua besteht, und im Innern dieser Continua keine zwei äquivalenten Formen entsprechende Punkte vorkommen, so ist der Inhalt des reducirten Raumes gleich

$$\frac{2}{n+1}\prod_{h}^{2,n}\frac{\Gamma\left(\frac{h}{2}\right)}{\pi^{b/2}}S_h, \text{ wobei } S_h \text{ die Summe } 1+\frac{1}{2^h}+\frac{1}{3^h}+\frac{1}{4^h}+\dots$$

bedeutet.

Nachträglich habe ich dann dieses Resultat fast ohne alle Rechnung bewiesen und bin dabei zugleich zu folgendem interessanten Satze gelangt:

[70] Es geht um Julius Hurwitz, er hatte im Wintersemester 1890/91 das Studium der Mathematik in Königsberg aufgenommen und folgte seinem Bruder 1892 nach Zürich.

Ist in einer Mannigfaltigkeit von n reellen Größen $x_1, x_2, \ldots x_n$ irgend ein n dimensionaler Körper vorhanden, bestehend aus lauter linearen (geradlinigen) Strahlen vom Nullpunkte aus, d. h. also von solcher Art, daß der Körper den Nullpunkt enthält, und jeder Strahl vom Nullpunkte aus, nachdem er den Körper verlassen hat, den Körper nicht wieder trifft, und besitzt dieser Körper ein bestimmtes (durch das n-fache Integral $\int\limits_{(n)} dx_1 dx_2 \ldots dx_n$ gemessenes) Volumen

$$\leqq 1 + \frac{1}{2^n} + \frac{1}{3^n} + \frac{1}{4^n} + \ldots,$$

so giebt es immer lineare Substitutionen

$$X_h = \sum \alpha_{hk} x'_k$$

mit der Determinante 1 von solcher Art, daß wenn der Körper diesen Transformationen gemäß deformirt wird, er weder in seinem Innern noch an seiner Begrenzung Punkte mit ganzzahligen $x_1, x_2, \ldots x_n$ ausser dem Nullpunkt enthält.

Auf eine n-dimensionale Halbkugel mit dem Nullpunkt als Mittelpunkt angewandt, kann dieser Satz folgendermaßen ausgelegt werden: Ist $\mathcal{K}_n \sqrt[n]{\Delta}$ das größte Minimum, das bei positiven quadratischen Formen mit n Variabeln und der Determinante Δ vorkommt, so ist

$$\mathcal{K}_n^{\frac{n}{2}} > 2\left(1 + \frac{1}{2^n} + \frac{1}{3^n} + \ldots\right) \frac{\Gamma\left(1 + \frac{n}{2}\right)}{\pi^{\frac{n}{2}}}$$

Das Gegenstück zu dem erwähnten Satze, das ich schon früher gefunden hatte, lautete nun:

In der Mannigfaltigkeit der $x_1, x_2, \ldots x_n$, schließt jeder an seiner Begrenzung überall convexe Körper, welcher in dem Nullpunkte einen Mittelpunkt hat und einen Inhalt $\geq 2^n$ besitzt, nothwendig in seinem Innern oder an seiner Grenze noch ganzzahlige Punkte außer dem Nullpunkte ein; und zwar enthält er solche Punkte stets auch in seinem Innern, wofern seine Begrenzung nicht gerade aus einer endlichen Anzahl von Ebenen besteht.[71] Dieser Satz ergab für die Zahlen $\mathcal{K}_n$:

$$\mathcal{K}_n^{\frac{n}{2}} < 2^n \frac{\Gamma\left(1 + \frac{n}{2}\right)}{\pi^{\frac{n}{2}}}$$

Aus beiden Resultaten zusammengenommen ergiebt sich:

Der Quotient $\frac{\log \mathcal{K}_n}{\log n}$ nähert sich mit wachsendem n der Grenze 1.

In Anbetracht des Umstandes, daß bei den von Korkine und Zolotareff angegebenen Grenzformen das Minimum höchstens $2\sqrt[n]{\Delta}$ beträgt, ist dieses Resultat schon immerhin ein Fortschritt. –

[71] Dieser Satz ist als Gitterpunktsatz von Minkowski bekannt.

In der Pfingstwoche habe ich meinen Bruder[72] in Straßburg besucht. Von den dortigen Mathematikern habe ich nur Krazer und Maurer getroffen. Dann habe ich auf der Rückreise Königsberger kennen gelernt, der einen viel angenehmeren Eindruckt macht, als man nach seinen Schriften erwartet, und schließlich habe ich in Darmstadt Henneberg und Wolfskehl besucht. Gundelfinger war verreist; die beiden anderen beeilten sich aber mir zu berichten, daß er zu wiederholten Malen geäußert habe, wenn er sich zur Ruhe setzen würde, würde er nur mich zu seinem Nachfolger vorschlagen. Dieser einzige Hoffnungsstrahl könnte aber leicht so lange leuchten, bis er lauter graue Haare bescheint.

Grüße bestens die Gebrüder Hurwitz und die anderen Königsberger Mathematiker und lasse bald etwas von Dir hören.

Mit herzlichen Grüßen Dein H. Minkowski

Hilbert an **Hurwitz** HiHu17
19.08.1891, Rauschen (Brief)

Lieber Hurwitz.

Ihren Brief aus Kloster habe ich gestern erhalten; ich freue mich, dass Ihnen der Aufenthalt im Freien so gut bekommt. Hier in Rauschen haben wir in diesem Jahr so ausgezeichneten Wellenschlag fast jeden Tag gehabt, wie noch in keinem Jahre. Auch Eberhard, an welchen ich Ihren Gruss bestellt habe und welcher denselben erwiedern lässt, ist sehr mit seinem hiesigen Aufenthalt zufrieden. Er hat bei Bosin eine sehr vergnügte Gesellschaft gefunden, Partieen zu Fuss und zu Wagen gemacht, Skat gespielt und dabei abwechselnd Bier und Fichtenluft gekneipt.[73] Er behauptete trotz seiner grossen Fusswanderungen und Kletterpartien 5 Pfund zugenommen zu haben. Ernst Meyer lässt Sie sehr grüssen und bedauert lebhaft Sie nicht mehr persönlich gesprochen zu haben. Er erzählte mir allerlei von dem Kroneckerschen Colleg über den Zahlenbegriff, welches er in Berlin gehört hat. Gestern waren wir zu 5 Paaren, jeder mit seiner Frau bezüglich Braut und lauter Verwandte in gleichem Alter ziemlich nach Brüsker Ort und Groß Kuhren gefahren, wo wir natürlich sehr vergnügt waren und erst sehr spät bei klarstem Vollmond zurückkamen. Uebrigens auch Professor Samuels[74] waren auf 8 Tage hier bei Bosin: die Töchter haben meiner Braut[75] von der Ungunst der Carière mathematischer Privatdozenten und die Alten haben, wie ich auf Umwegen erführ, davon erzählt, wie mir meine Verlobung in Professorenkreisen verdacht wird. – Von Minkowski habe ich bisher kein Lebenszeichen erhalten. – Ihren Bruder bitte ich bestens von mir zu grüssen. Auf

[72] Oskar Minkowski lebte von 1888–1904 in Straßburg.

[73] Dies schildert Hilbert wohl so ausführlich, weil Eberhard blind war, seine Betätigungen also recht erstaunlich waren.

[74] Später Schwiegervater von Hurwitz.

[75] Käthe Jerosch.

Halle[76] bin ich eigentlich schon sehr gespannt, da die angekündigkten Vorträge sowohl der Zahl wie der Personen wie des Inhalts wegen ganz vielversprechend sind. Ich habe den Correkturbogen aus den Göttinger Nachrichten bereits erhalten und auch die Rechnung, welche noch zu meinem Vortrage[77] für Halle wichtig war, zur Zufriedenheit für eine ungerade n durchgeführt. Die gefundene Zahl stimmte auf das beste mit dem symbolisch für die binäre Form 5ter Ordnung berechneten Zahlen überein. So habe ich denn inhaltlich meinen Vortrag für Halle fertig. Ausserdem habe ich mich damit beschäftigt, dasjenige algebraische Gebilde anzugehen, welches entsteht, wenn man alle Invarianten einer ternären Form gleich Null setzt. Ich habe auch verschiedene allgemeine Wege versucht und mittels derselben einige besondere Resultate abgeleitet z. B. dass für eine ternäre Form 4ter Ordnung nothwendig und hinreichend ist, dass die durch Nullsetzen dargestellte Curve einen dreifachen Punkt besitzt. Dass dann nothwendig alle Invarianten Null sind, ist sofort klar; es scheint aber schwierig, so direkt durch Rechnung zu zeigen, dass doch umgekehrt die Existenz eines dreifachen Punktes nothwendig ist. Im übrigen studire ich die Kummersche Arbeit über das allgemeine Reciprocitätsgesetz und fange an es bereits an die einzelnen Schritte zu verstehen. Es interessieren übrigens die einzelnen Zwischenresultate ausserordentlich, wenn ich auch den Eindruck habe, als seien dieselben noch eines näheren Studiums bedürftig. Kummer leitet nämlich nur ziemlich genau soviel ab, als nachher zum Beweise des Reciprocitätssatzes notwendig wird; so engherzig dürfen wir nun aber nicht sein. Ich schreibe ihnen das nächste mal noch genauer über diese Dinge. Heute drängt die Zeit, es ist heute der erste völlig von Morgens an tadellose Tag und wir dürfen denselben nicht unbenutzt vorübergehen lassen. Leben Sie also wohl und erholen Sie sich tüchtig zum Wintersemester. Es grüsst Sie bestens Ihr

David Hilbert

Hilbert an **Hurwitz** HiHu18

18.09.1891, Königsberg (Brief)

Lieber Hurwitz.

Da Sie seit dem 13 August garnichts mehr von sich haben hören lassen, so möchte ich Ihnen doch noch vor meiner Abreise nach Halle einige Worte schreiben. Meine Antwort aus Rauschen haben Sie hoffentlich erhalten.

Also seit Dienstag sind wir alle wieder hier in Königsberg. Wir haben in Rauschen wunderschönes Wetter und noch schönere Bäder gehabt. Wir haben in alter Weise uns amüsiert im Beobachten der Natur und der in ihr lebenden Thiere, als da sind: Katzen, Hunde, Ferkel, Spinnen, Kröten, Blindschleichen,

---

[76] Dort fand 1891 die Versammlung deutscher Naturforscher und Ärzte statt. Die erste Abteilung „Mathematik und Astronomie" hatte laut Präsenzliste 70 Teilnehmer. Am 24. September wurde in dieser Abteilung die Satzung der Deutschen Mathematiker-Vereinigung beschlossen und deren erste Versammlung in Nürnberg 1892 geplant.

[77] Hilbert sprach „Ueber volle Invariantensysteme", Minkowski „Ueber Geometrie der Zahlen".

Bienen, Maulwürfe, Mäuse, Ameisen, Fohlen etc. – ein echtes Landleben, wie es der städtische Gelehrte nöthig hat. Ich habe mich ausserdem mit dem Studieren von Webers Buch[78] von Kummers Abhandlung über das Reciprocitätsgesetz und ausserdem mit Untersuchungen über definite ternäre Formen beschäftigt. In letzterer Theorie bin ich auch etwas vorwärts gekommen, ich kann nämlich jetzt in der That def. ternäre Formen 6ter Ordnung angeben, welche sich als Quotient von Quadratsummen darstellen lassen, ohne selber gleich eine Summe von Formenquadraten zu sein. Ich freue mich schon recht auf unser gemeinsames Arbeiten im Winter.

Morgen Abend reise ich nach Halle. Minkowski, welcher mich auch in Rauschen besucht hatte, fährt schon heute nach Berlin vor; von da machen wir die Reise nach Halle zusammen.

Weber habe ich heute auf seine Bitte alle von mir zusammengesuchte Litteratur über die Riemannsche Funktion $\zeta(r)$ geschrieben – er will eine neue Ausgabe der Riemannschen Werke vorbereiten.[79]

Dass der junge Heffter schon Professor geworden ist[80], hat Eberhardt und mich sehr wenig erbaut. Eberhardt war sehr erregt, weil er von Heffter behauptet, dass er der untüchtigeste von Allen sei, die er kennengelernt habe.

Das ist in aller Eile, was mir noch einfällt. Leben Sie wohl und schreiben Sie mir, falls Sie von sich Nachricht geben wollen, nach Halle a. S. Hotel „Zur Tulpe" Alte Promenade 3.

Es grüsst Sie herzlich Ihr alter Freund
David Hilbert
Grüssen Sie doch bitte Ihren Bruder Studiosus.

Hilbert an **Hurwitz** HiHu19
19.09.1891, Halle (Postkarte)

Lieber H. Schon der heutige Vortag hat eine grosse Schaar von Mathematiker zusammengeführt. Minkowski und ich trafen heut vormittag ein. Franz Meyer empfing uns auf dem Bahnhof. Cantor lässt Ihnen sehr zureden, dass sie doch ja noch jetzt hierher kommen. Sie können in Wittenberg einem wunderschönen Bade (10 Min. mit Pferdebahn von Halle entfernt) prächtig für wenige Mark die ganze Woche wohnen zusammen mit Mittag-Leffler, Petersen etc. und brauchen sich nur, wenn Sie Lust haben in den Trubel zu stürzen, ab und zu mit uns spazieren

[78] Vermutlich Weber, Heinrich: Elliptische Functionen und algebraische Zahlen (Braunschweig: Vieweg, 1891). Vielleicht erhielt Hilbert Bögen dieses Buches, bevor dieses komplett erschienen war.

[79] Bernhard Riemann's Gesammelte Mathematische Werke und wissenschaftlicher Nachlass. herausgegeben von Heinrich Weber unter Mitwirkung von Richard Dedekind (Leipzig: Teubner 1876, 2. Auflage 1892). Die Arbeit von Riemann, in der die Zeta-Funktion betrachtete, war: Ueber die Anzahl der Primzahlen unter einer gegebenen Größe (Monatsberichte der Berliner Akademie 1859).

[80] Lothar Heffter wurde 1891 a. o. Professor in Gießen.

gehen etc. Also kommen Sie nach. Es ist schönes Wetter und alle sehr vergnügt. Es lassen grüssen: F. Meyer, Eberhardt, Minkowski etc.
Ihr D. Hilbert.

Minkowski an **Hurwitz** MiHu6
05.01./07.02.1892, Bonn (Brief)

Lieber Freund!

Seit den Tagen in Halle[81] komme ich mir hier so gott- und menschenverlassen vor, dass ich an niemand einen Glückwunsch zum neuen Jahr geschickt habe, um die Probe zu machen, ob sich noch Jemand meiner erinnert. Und da Sie nun der Einzige gewesen sind, der an mich gedacht hat, so hat mich Ihre Aufmerksamkeit doppelt gefreut und ich wünsche Sie in diesem Jahre als Ordinarius, als Ehemann, als Zerhauer Gordischer Knoten (doch nicht solche, die der Mathematiker Gordan geknüpft hat), als Orthopäd sämmtlicher Kettenbrüche, und in ähnlichen, dem Wohle der Allgemeinheit dienenden Verrichtungen allezeit heiter und zufrieden zu sehen. An Ihren Zusendungen habe ich bewundert, wie Alles bei Ihnen so scharfe und interessante Pointen bekommt; es würde Sie Saphir beneiden, wenn er lebte und von Mathematik etwas verstünde. Wie schal und unerspriesslich komme ich mir dagegen mit meinem langathmigen Opus vor, welches noch immer nicht das Licht der Welt erblickt. Da es mir allmählich doch zu lange damit dauert, werde ich den ersten Abschnitt, der recht durchgearbeitet ist, zunächst in einem Journal veröffentlichen. Das Ganze, das das Thema „Geometrie der Zahlen" in verschiedenen Variationen behandelt, soll dann als Monographie im Umfang von 120 Annalen Seiten erscheinen.[82] Eigenthlich sind Sie mir noch eine Revanche für den grossen Schreibebrief schuldig, den ich Ihnen eines Tages in die Hand drückte. Wie wäre es, wenn Sie mir einen freundlichen Beitrag zu meinem Opus lieferten, um dessen Glanz so gewaltig zu erhöhen? Sie werden sicher Manches zur Verfügung haben, was sich meinem Titel anpasst, und das Sie sonst noch, vielleicht in infinitum, liegen lassen würden.

Unter den Arbeiten, über die ich für die Fortschritte zu referieren habe, befindet sich auch die Poincaré'sche Preisarbeit.[83] Es ist mir das recht lieb. Denn da ich natürlich einen gewissen Ehrgeiz darein setzen würde, meine Sache gut zu machen, habe ich die beste Gelegenheit mich mit Fragen vertraut zu machen, um die ich mich bisher nicht allzu viel bekümmert habe.

[81] Die Versammlung Deutscher Naturforscher und Ärzte hielt ihre Jahresversammlung im September 1891 in Halle ab, in deren Rahmen die neugegründete Deutsche Mathematiker-Vereinigung die mathematische Sektion organisierte. Hilbert hielt einen Vortrag „Ueber volle Invariantensysteme", Minkowski einen „Ueber Geometrie der Zahlen". Aus Königsberg war zudem Eberhardt anwesend, der über „Grundzüge einer Gestaltlehre der Polyeder" sprach.

[82] Die Publikation erfolgte 1896, allerdings als Buch, nicht als Artikel.

[83] Gemeint ist Poincarés Arbeit zum Drei-Körper-Problem, die ihm den Preis von König Gustav von Schweden einbrachte und die im 13. Band der Acta mathematica 1890 veröffentlicht wurde. Das Referat von Minkowski erschien im Band 22 des Jahrbuchs.

Eberhard ist jetzt wohl stark am Plänemachen und Lehrstühle besetzen. – Hilbert ist so still, als wenn er nächstens mit mathematischem Donner und Blitz hervorbrechen wird. – Ihr Bruder macht wohl auch demnächst Tourenfahrten im Gebiet der reinen Mathematik. – Viele Grüsse an Sie und die eben Genannten

von Ihrem

Hermann Minkowski

Minkowski an **Hilbert** MiHi9
09.02.1892, Bonn (Brief)

Lieber Hilbert.

Zunächst mutatis mutandis eine repetitio Deiner eigenen Vertheidigung. Einige neu hinzukommende Milderungsgründe unterdrücke ich, da von einer Anklage mit Sicherheit nichts verlautet hat. Gänzlich unberührt von allen Mathematiker-Bewegungen, und gänzlich arm an Mathematiker-bewegenden Fortschritten, hätte ich, von Tag zu Tag trübsinniger und unerfreulicher werdend, vielleicht noch einige Heilige in meinem Kalender mit zwei Tintenstrichen gekreuzigt, ohne mich Dir in Erinnerung zu rufen, wenn nicht der Brief von Hurwitz heute wieder etwas Leben in meine Bude gebracht hätte.

Dass es nur eine Frage der Zeit sein konnte, wann Du die alten Invariantenfragen soweit erledigt haben würdest, dass kaum noch das Tüpfelchem auf dem i fehlt, war mir eigentlich schon seit lange nicht zweifelhaft. Dass es aber damit so schnell geht, und alles so überraschend einfach gelingt, hat mich aufrichtig gefreut, und beglückwünsche ich Dich dazu. Jetzt, wo Du in Deinem letzten Satze sogar das rauchlose Pulver gefunden hast, nachdem schon Theorem I[84] nur noch vor Gordans Augen Dampf gab, ist es wirklich an der Zeit, dass die Burgen der Raubritter Stroh, Gordan, Stephanos und wie sie alle heissen mögen, welche die einzelreisenden Invarianten überfielen und in's Burgverliess sperrten, dem Erdboden gleich gemacht werden, auf die Gefahr hin, dass aus diesen Ruinen niemals wieder neues Leben spriesst. Wärst Du nicht so sehr radical, und könntest Du Deine Arbeitskraft nicht noch viel ergiebiger verwenden, so würdest Du eine Wohlthat den Mathematikern erweisen, wenn Du einmal eine Zusammenstellung desjenigen Materials auf diesen Gebieten machtest, auf welches man bauen kann. So aber wirst Du wahrscheinlich auf Deinen Kerschensteiner[85] warten, und bei dem werden wohl noch viele Kerschensteine übrig bleiben.

[84] Vgl. D. Hilbert, Ueber die Theorie der algebraischen Formen (Mathematische Annalen 36 (1890), 473-534). Theorem I findet sich p. 474. Es handelt sich um eine Formulierung des Hilbertschen Basissatzes.

[85] Georg Kerschensteiner (1852–1932), Stadtschulrat in München und bekannter Schulreformer (Arbeitsschulbewegung), hatte 1887 P. Gordans Vorlesungen über Invariantentheorie (2 Bände) herausgegeben.

Wenn man in Hurwitz' Brief die Lobrede auf mich als Mathematiker liest, „möcht's leidlich scheinen, steht aber doch schief darum"[86]. Ihr könnt's nur glauben, ich fühle es am besten.

Zu den mathematischen Gesprächen, die ich mit Lipschitz in seinem Hause habe, erscheint in der Regel seine Frau, die schon dem grossen Einmaleins kein rechtes Interesse mehr abgewinnen kann. Doch hat Lipschitz mich mehrmals besucht, und machte dann einen ganz frischen Eindruck. Er meint, jetzt über die Anzahl der Primzahlen etwas herauszubekommen, ausgehend von der Frage, auf wie viel Arten kann man n Individuen zu a Haufen gruppiren. Ich habe auf seinen Wunsch nachgesehen, ob diese Frage an irgend einer Stelle vorkommt, aber nichts darüber in der Litteratur auftreiben können. Weisst Du oder Hurwitz zufällig einen darauf bezüglichen Aufsatz, so bitte ich Dich, es mir auf einer Postkarte mitzutheilen. Lipschitz hat in meiner Arbeit für mich eine heillose Verwirrung angerichtet. Er meinte, man dürfe nicht für neue Begriffe Worte gebrauchen, mit welchen man gewohnt ist, Vorstellungen zu verbinden, die bei der neuen Anwendung nicht vollkommen zutreffen; da er ja nun recht hat, so habe ich manche Bezeichnungen sehr kühn geändert, und infolgedessen klingt mir meine Arbeit stellenweise wie die reine Bierzeitung.

Anfang März werde ich jedenfalls wieder nach Königsberg reisen.

Herzlichen Gruss an Dich und Hurwitz major und minor natu[87]

Dein H. Minkowski

Minkowski an **Hilbert** MiHi10
20.04.1892, Berlin (Postkarte)

Lieber Hilbert! A.[88] sagt, in den nächsten Wochen kommt ein großer Mathematikerschub. Es sollen besoldete Extraordinariate erhalten: *) Du, ich, Eberhard[89] und Study. Ich habe nicht unterlassen, Dich als den kommenden Mann der Mathematik (Dein Frl. Braut ist hoffentlich nicht böse) hinzustellen. Bei Study konnte ich mit gutem Gewissen nur seinen guten Willen und Fleiß rühmen. Dir und Eberhard ist A. sehr zugethan. Herzlichen Gruß Dein Minkowski

*) in den nächsten Wochen [Anmerkung von Minkowski]

86 Zitat aus Faust, Gretchens Stube. Gretchen wirft Faust vor, er habe kein Christentum.
87 Julius (*1857) und Adolf Hurwitz (*1859).
88 Althoff
89 Eberhard erhielt 1895 ein bezahltes Extraordinariat in Halle, nachdem er 1894 in Königsberg zum (unbezahlten) Extraordinarius befördert wurde – wie üblich nach etwa fünf Jahren als Privatdozent (Habilitation 1888). Study erhielt 1893 in Bonn ein bezahltes Extraordinariat.

Minkowski an **Hilbert** MiHi11
11.06.1892, Bonn (Brief)

Lieber Hilbert!

Soeben lese ich ein Telegramm der Kölnischen Zeitung, dass Hurwitz nach Zürich geht, und durch diesen Umstand wird Dein schrecklicher Pessimismus sich wohl soweit gelegt haben, dass man wieder wagen darf, ein freundliches Wort an Dich zu richten. In einigen Wochen ist nun hoffentlich die Privatdocentenkrankheit[90] für dich definitiv vorüber, und dann hat sie am Ende gar nicht so lange angehalten. Du siehst, zu guter letzt kommt doch einmal Frühling und Sommer. – Diese Woche war ich in Strassburg[91]. Von den Mathematicis habe ich nur Christoffel getroffen, der viel von der Stellung eines Mathematikers in Zürich schwärmte, im Übrigen seiner bösen Zunge freien Lauf liess. Er wollte wissen, wer nach Marburg kommt. Ich konnte es ihm aber beim besten Willen nicht verrathen. – Braunsberg[92] ist nun für die Mathematiker auf absehbare Zeiten verloren. Ich dachte, Eberhard würde es beschert sein, in das Amt von Killing einzutreten, jedes Semester einmal das Dasein Gottes mathematisch zu beweisen[93]. – Seinerzeit sagte mir Althoff, Weber[94] hätte ihm empfohlen, mich in Marburg zum Extraordinarius zu machen. Aber Sie bleiben lieber in Bonn, fügte er trotz meiner Einwendungen hinzu. – Ich bin jüngstens in einen Briefwechsel mit Schoenflies eingetreten, der an mich eine Anfrage über reguläre Raumeintheilungen richtete.[95] Doch scheint dabei Nichts herauszukommen, indem Schoenflies alle Vermuthungen, die ich ausspreche, beweisen will, ich aber die Beweise anzweifle. Er hat eine verteufelt geometrische Manier, so dass ich an meine einstige Doctorthese[96] erinnert werde. – Heute habe ich einen Prachtband „gesammelte Abhandlungen von Kronecker“ mit einer Photographie Kroneckers

[90] Privatdozenten hatten aus ihrer Tätigkeit, abgesehen von eventuellen Hörergeldern, keine Einnahmen.

[91] Oskar Minkowski lebte von 1888 bis 1900 in Straßburg.

[92] In Braunsberg (Ermland, heute Braniewo [Polen]) gab es das Lyceum Hosianum, neben Königsberg die zweite Akademie in Ostpreußen. Hier war neben einem humanistischen Gymnasium ein Vollstudium in Theologie möglich (ähnlich wie in Münster). Weierstraß und Killing waren Mathematiklehrer am Hosianum.

[93] W. Killing war bekennender Katholik (Mitglied des dritten Ordens der Franziskaner) und im Sinne der katholischen Soziallehre engagiert. Von 1882 bis 1892 war er am Hosianum tätig, zuletzt als Rektor. Von hier wechselte er an die Akademie in Münster, die 1902 Universität wurde.

[94] Heinrich Weber war von 1875 bis 1883 Professor in Königsberg und kannte von daher Hilbert und Minkowski. Weber war von 1884 bis 1892 Professor an der Universität Marburg, von dort wechselte er nach Göttingen.

[95] Schoenflies hatte 1891 bewiesen, dass es 230 kristallographische Gruppen gibt (unabhängig von J. S. Fedorov). Raumteilungen sind (im einfachsten Falle) lückenlose und überschneidungsfreie Überdeckungen des Raumes mit kongruenten Polyedern einer Sorte.

[96] Die fragliche These – es war die zweite – lautete: Es hat seine Bedenken, in mathematischen Untersuchungen sich auf räumliche Anschauungen zu berufen.

im Auftrage der Angehörigen durch Hensel[97] zugeschickt erhalten. Meine grosse Freude wurde etwas durch den Umstand gemildert, dass ich fast alle in der Sammlung enthaltenen Arbeiten bereits besass. – Für den Fall, dass die Hochzeit von Hurwitz auf einen anderen Tag als den 23ten Juni[98] angesetzt ist, bitte ich Dich, mich davon zu benachrichtigen.

Ich wünsche Dir, dass Du nun so schnell und so günstig wie möglich die Nachfolgerschaft von Hurwitz antreten mögest.

Mit den besten Grüssen und der Bitte, mich Deinem Frl. Braut zu empfehlen

Dein H. Minkowski

Minkowski an **Hurwitz** MiHu7
11.06.1892, Bonn (Brief)

Lieber Freund!

Mit großer Freude lese ich soeben in der Zeitung, dass Sie nach Zürich berufen sind[99], und ich komme mir mit meinen Neujahrswünschen[100], die Schlag um Schlag eintreffen, als ein wahrer Prophet vor. Vor einigen Tagen schwärmte mir Christoffel in Strassburg von seiner früheren Thätigkeit[101] in Zürich vor. Er geriet in wahre Begeisterung, als er mir das Material schilderte, das dort ein Mathematiker zu bearbeiten findet und das sich in so guter Vorbildung und so bildsam an keiner deutschen Universität fände, und mit besonderem Stolz äusserte er, dass er seine Stelle so gut vertreten habe wie Niemand vor ihm[102], ja sie eigentlich zu ihrer Bedeutung erst erhoben habe.

Bei diesen Reden dachte ich mir, dass Niemand dort wohl so am Platze wäre wie Sie, und andererseits, dass Sie sich dort ausserordentlich wohl fühlen würden. Und so spreche ich Ihnen meinen herzlichen Glückwunsch aus und bitte Sie, auch Ihr Fräulein Braut[103] an desselben theilnehmen zu lassen.

Mit besten Grüssen an Sie und Ihren Herrn Bruder

Ihr

H. Minkowski

---

[97] Die Werke von Kronecker wurden von Kurt Hensel im Auftrag der Berliner Akademie in fünf Bänden zwischen 1895 und 1931 herausgegeben.

[98] Hurwitz heiratete 1892 Ida Samuel in Königsberg.

[99] Hurwitz wurde zum Wintersemeter 1892/93 an das Eidgenössische Polytechnikum in Zürich berufen.

[100] Vgl. Brief von Minkowski an Hurwitz 5. Januar/7. Februar 1892 MiHu 6.

[101] Christoffel war von 1862 bis 1869 Professor am Polytechnikum in Zürich gewesen.

[102] Die fragliche Stelle hatten vor Christoffel nur J. L. Raabe und R. Dedekind inne.

[103] Hurwitz heiratete 1892 in Königsberg Ida Samuel.

Minkowski an **Hurwitz** MiHu8
18.08.1892, Bonn (Brief)

Lieber Freund!

Zuletzt trifft das Schicksal einen Jeden, und so habe denn auch ich mein Privatdocentendasein endgültig beschlossen.[104] Kortums Ernennung[105], die übrigens eine rein platonische Geschichte und mit dem sonst an allen Ecken Überhand nehmenden Materialismus Nichts zu thun hat, war das Zeichen dieses beginnenden Verfalls. Das Gehalt ist so, wie man erwarten konnte, zu wenig für Zimmer, zu viel für einen Halben. Einstweilen wird sich also wohl die bessere Hälfte vertrösten müssen.[106] Bis zur Woche in Nürnberg[107] bleibe ich hier, was ich später beginne, weiss ich noch nicht recht. Ich erinnere Sie an Ihr Versprechen, so wie Sie Muse haben, etwas genauer von den vielen angenehmen Veränderungen, die mit Ihnen vorgegangen sind, zu berichten.

Mit herzlichem Gruss und der Bitte, mich Ihrer jungen Frau bestens zu empfehlen

Ihr

H. Minkowski

Hilbert an **Hurwitz** HiHu20
25.08.1892, Kirtigehnen bei St. Lorenz (Brief)

Lieber Hurwitz.

) Haben Sie die Wippchen von Ernst Meyer noch oder vielleicht in Königsberg deponiert? (Soeben erhalte ich Ihre Karte; ich hätte Ihnen schon längst Nachricht gegeben, wenn ich Ihre Adresse gewusst hätte. Hoffentlich erreicht Sie dieser Brief noch in Triberg.

Ich bin nun in der That mit 800 Thalern und 220 Th. Wohnungszuschuss und der Verpflichtung 1 öffentliches und ein privates Colleg zu lesen angestellt. Ich bin natürlich ausserordentlich darüber erfreut ebenso wie meine Braut und

---

[104]Minkowski wurde zum bezahlten Extraordinarius in Bonn ernannt.

[105]Hermann Kortum wurde 1892 zum ordentlichen Professor in Bonn ernannt, zuvor war er bezahlter Extraordinarius (seit 1869).

[106]Minkowski heiratete erst 1897 Auguste Adler (1875–1944) aus Straßburg.

[107]Die Deutsche Mathematiker-Vereinigung plante, ihre Jahresversammlung im September 1892 in Nürnberg im Rahmen der Versammlung Deutscher Naturforscher und Ärzte abzuhalten und mit einer großen Ausstellung mathematischer Modelle zu verbinden. Wegen einer Epidemie musste die Veranstaltung abgesagt werden, die Tagung der Deutschen Naturforscher und Ärzte fand dann im September 1893 in Nürnberg statt. In der vorangehenden Woche tagte vom 5. bis 9. September die Deutsche Mathematiker-Vereinigung in München, in Verbindung hiermit wurde auch die Ausstellung nachgeholt.

meine Eltern. Althoff hat genau Wort gehalten. *) Gutzmer geht mit 2500 Th. nach Chicago als ausserordentlicher Profs. (* Er schrieb mir, dass es ihn freue, sein Votum in demselben Sinne abzugeben, wie die Fakultät, welche mich einstimmig vorgeschlagen hätte. Lindemann schrieb mir noch nachträglich, dass ich allein vorgeschlagen wäre, um zu vermeiden, dass vielleicht doch durch Berliner Einfluss[108] ein anderer hergesetzt würde. Althoff verlangte noch, dass ich mich verpflichte eventuell Examina abzuhalten und nicht ohne Einwilligung des Ministers vor 3 Jahren in eine andere Stellung zu gehen. Ich unterschrieb auch letzteres, obwohl Althoff ausdrücklich erklärte, auf letzteres auch verzichten zu wollen, falls ich irgendwelche Bedenken hätte – es ist das aber eine blosse Formsache. Ist es übrigens üblich, sich bei Althoff noch zu bedanken? Das Gehalt war höher als ich erwartet hatte, da sonst die erste Anstellung wie auch bei Minkoswki nur 600 Th. zu sein pflegt.

Lindemann glaubt sehr schöne Sachen über conforme Abbildung herausbekommen zu haben, worüber ich Ihnen später noch ausführlicher schreibe. Auch über meine Arbeiten schreibe ich später, da ich lieber die noch übrige Zeit bis zum Abgang der Post benutzen will, um Ihnen unsere Hochzeitspläne zu erzählen. Wir waren d.h. meine Braut, Schwiegermutter und ich jetzt $2\frac{1}{2}$ Tage nach Königsberg gereist, um Wohnung und Möbel zu besorgen. Nachdem wir vor- und nachmittag im Schweisse unserer Angesichter Wohnungen besehen und uns endlich zu Augustastr. 4 3 Treppen hoch für 800 M. entschlossen, welche freilich nun allen unseren Ansprüchen zu genügen scheint. Es sind 4 sehr geräumige fast quadratische und eine 1 fenstrige Stuben ohne fensterloses Zimmer. Das grösste nach hinten frei auf Gärten hinaussehende Zimmer ist nur durch eine Thüre mit dem Entrée verbunden und wird mir hoffentlich und voraussichtlich zu einem idealen Arbeitsorte dienen. Es wird möbliert werden mit einem grossen 1 Meter breiten 1,80 Meter langen Schreibtisch in der Art wie Sie ihn haben. Schreibtischstuhl, Chaiselongue, etc. Auch alle übrigen Möbel für Ess-, Schlaf- und Wohnzimmer sind bereits besorgt. Nach langem Schwanken zwischen Nussbaum und Eichen haben wir nun entschlossen, Alles ausnahmslos Nussbaum zu nehmen. Besonders stolz sind wir (insbesondere ich) darauf, es durchgesetzt zu haben, dass wir keinen Salon bekommen. Unser Wohnzimmer ist vielmehr mit einem grossen hohen, breiten und langen Satteltaschensopha und 2 Ritterstühlen (ich denke die Namen werden richtig sein – jedenfalls wissen Sie, was ich meine), einem Eckspiegel und kleineren Schrank etc. möblirt und es giebt bei uns keine Nippsophas und keine Nippsessel. Haben Sie etwa sogenannte Patentmatratzen und bewähren sich dieselben?

Doch muss ich Ihnen vorläufig adieu sagen, damit dieser Brief noch zur Zeit kommt. Wenn ich Ihre Adresse in Zürich weiss, schreibe ich sehr bald wieder.

Meine Braut und ich grüssen Sie und Ihre Frau Gemahlin herzlichst.

Ihr D. Hilbert.

---

[108] Der Einfluss der Mathematiker der Berliner Universität auf die Stellenbesetzungen in Preußen galt als hoch. Hilbert deutet hier an, dass diese versuchen könnten, einen Mathematiker aus der Berliner Schule auf die Königsberger Stelle zu bringen.

Minkowski an **Hilbert** MiHi12
30.08.1892, Bonn (Brief)

Lieber Hilbert,

Deine Karte und Deinen Brief habe ich mit Vergnügen gelesen. Ich danke Dir herzlich für Deine Gratulation und mache meine, die eigentlich noch keine regelrechte gewesen ist, hiermit zu einer solchen. Du wirst Dich wohl nun endgültig zu dem Glauben bekehrt haben, daß die maßgebenden Stellen Dir aufrichtig wohlgesinnt sind und damit auch Deine Aussichten für die Zukunft vortreffliche sind. Daß die besondere Verpflichtung, die Du für 3 Jahre eingegangen bist[109], Dich drücken wird, glaube ich nicht, aber wohl, daß sich Dir dadurch noch Gelegenheit zu ähnlichen, energischen Telegrammen nach Berlin bieten wird, wie sie Lindemann kürzlich gerichtet hat. Ich dachte, ob nicht Hurwitz Dich als Nachfolger für Schottky in Vorschlag bringen wird.[110] Daß übrigens ich schon allein durch die Gleichheit der Konfession mit Hurwitz dort ausgeschlossen bin, leuchtet mir vielleicht noch besser als Anderen ein.[111]

In den letzten Tagen habe ich meinen ältesten Bruder[112] hier gehabt, und nach seinen Mittheilungen erscheint es fast unmöglich, daß ich in diesen Ferien nach Königsberg komme. Meine Mutter gedenkt in der nächsten Woche nach Ems zu gehen, also in meiner unmittelbaren Nähe zu verweilen; meine Geschwister habe ich sämmtlich in den letzten Monaten zu sehn Gelegenheit gehabt. Als einziger Grund für eine Reise nach Königsberg und durch den ich mich auch mit Vergnügen zu einer solchen bestimmen lassen würde, bliebe so die Theilnahme an Deiner Hochzeit.[113] Da aber meine Mutter jedenfalls längere Zeit in dieser Gegend bleiben wird und außer mir keinen Angehörigen in der Nähe hat, so wird es kaum angehen, daß ich verreise. Freilich sind jetzt mehr als je alle noch nicht ausgeführten Pläne unsicher, wie man an der armen Nürnberger Naturforscherversammlung[114] sieht, zu der ich schon seit vier Wochen eine Wohnung bei einem der ersten Patricier dort hatte. Wenn ich nun auch wahrscheinlich an Deiner Hochzeit nicht werde theilnehmen können, so bitte ich Dich doch, mir den Tag derselben, wenn er festgesetzt sein wird, mitzutheilen.

---

[109] Hilbert hatte sich verpflichtet, drei Jahre in Königsberg zu bleiben; vgl. Brief von Hilbert an Hurwitz vom 25. August 1892 HiHu 20 und von Hurwitz an Hilbert vom 4./6. September 1892 HuHi 7.

[110] Die durch Schottkys Weggang am Züricher Polytechnikum frei gewordene Stelle blieb bis 1896 unbesetzt; Minkowski übernahm sie. Vgl. auch Minkowski an Hilbert 5. September 1896.

[111] Eine der ganz wenigen Stellen im Briefwechsel der Freunde, an denen der in Deutschland herrschende versteckte Antisemitismus anklingt.

[112] Max Minkowski (1844–1930), Kaufmann und Kunstsammler.

[113] Am 12. Oktober 1892 heiratete D. Hilbert in Königsberg Käthe Jerosch.

[114] Die Versammlung Deutscher Naturforscher und Ärzte sollte im September 1892 in Nürnberg stattfinden, musste aber wegen einer dort ausgebrochenen Cholera-Epidemie abgesagt werden.

Mit meinem Buche[115] bin ich soweit, daß ich mich in diesen Tagen an einen Verleger wenden werde. Ich mochte es nicht thun, bevor Alles klipp und klar war. Ich habe alles Principielle, was ich benutze, also beispielsweise die Hülfssätze aus der Functionentheorie, auseinandergesetzt; wer das Buch lesen sollte, wird auf Treu und Glauben nur Formeln über Gammafunctionen und dergl. hinzunehmen brauchen. Ein Kapitel über den Integralbegriff habe ich jetzt kürzer gefaßt, als ich ursprünglich beabsichtigte, um nicht zuviel Wiederholungen mit der Arbeit von Jordan zu haben, die jüngstens im Liouville'schen Journal[116] erschienen ist. Es ist das eine fundamentale und sehr interessante Arbeit, deren Lectüre Dir jedenfalls auch Freude machen wird.

Als drohendes Gespenst für den Rest der Ferien lauern auf mich im Träumen und Wachen die Referate für die Fortschritte. Ich wollte, daß wenn schon etwas der Choleragefahr wegen ausfallen muß, es lieber diese Referate als die Naturforscherversammlung wären.

Wie steht es mit Deiner Arbeit in den Acta[117], auf die ich schon sehr gespannt bin? Daß Du etwas wissenschaftliches zu schreiben versprichst, läßt mich wieder einmal einen großen Fund vermuthen. Die angenehme Stimmung, in der Du Dich auch augenblicklich jedenfalls befindest, kann ja ihre Rückwirkung auch auf Deine wissenschaftliche Thätigkeit nicht verfehlen.

Mit besten Grüßen an Dich und Dein Frl. Braut

Dein Minkowski

Hurwitz an **Hilbert** HuHi7

04./06.09.1892, Zürich (Brief)

Lieber Hilbert!

Ihren Brief erhielt ich rechtzeitig in Triberg. Seit mehreren Tagen sind wir hier in Zürich, um uns in den hiesigen Verhältnissen zu orientieren und namentlich eine uns passende Wohnung zu suchen. Die letzten Angelegenheit hat ihre grossen Schwierigkeiten, da die Wohnungsofferten so ungleichmässig abgefasst sind, dass man immer mehrere Wege machen muss, um bis zur Wohnungsbesichtigung vorzudringen. Wir haben jetzt selber inserirt und erhoffen den besten Erfolg von unserem Inserat.

Mit Schottky und Frobenius[118] bin ich mehrfach zusammengewesen; Beide sind sehr liebenswürdige Herzen[119]. Frobenius hat mich sehr eingehend

---

[115] Gemeint ist die „Geometrie der Zahlen", deren erste Lieferung allerdings erst 1896 bei Teubner erschien, die zweite Lieferung wurde postum 1910 von Andreas Speiser und D. Hilbert herausgegeben.

[116] C. Jordan: Sur les transformations des formes en elles-même (Journal de mathématiques pures et appliquées sér. 4, 4 (1888), 349-368).

[117] D. Hilbert: Ueber ternäre definite Formen (Acta mathematica 17 (1893), 169-197).

[118] Frobenius und Schottky hatten die beiden Mathematiklehrstühle am Züricher Polytechnikum inne. Sie verließen beide 1892 Zürich.

[119] Diese Äußerung von Hurwitz steht in bemerkenswertem Widerspruch zu dem gängigen Bild von Frobenius. Über diesen urteilt z. B. K.-R. Biermann: „Er zeigt sich uns als ein außerordentlich

über meine Lehrtätigkeit und die übrigen Pflichten, die mit meiner Professur verbunden sind, informirt. Gestern waren wir zusammen im Polytechnikum; mein Cursforum ist wundervoll, fasst etwa 200 Zuhörer, die Bänke steigen amphitheatralisch auf, es sind 2 verschiebbare Schiefertafeln vorhanden. Ein Colloqium existiert nicht; vielleicht richte ich später ein solches ein. Zunächst habe ich mit den Aufnahms-Examen, Vorlesungen (die höhere Vorlesung, die ich halte, bezieht sich auf die Theorie der analyt. Functionen) und mit der Wiederbesetzung der zweiten Lehr-Stelle ausreichend zu thun. Die Zahl der Stunden, die ich wöchentlich mit Lehrthätigkeit besetzt habe, beträgt 13. Doch nun zu Ihnen! Ich gratulire Ihnen, dass Sie sogleich mit 2400 Mark Gehalt beginnen. Mein Anfangsgehalt betrug 2000 Mark, stieg schliesslich bis auf 2600. Die Verpflichtung, 3 Jahre in Kgbg. zu bleiben, hätte ich in Ihrer Stelle nicht übernommen, da es Ihnen ja freigestellt wurde, ob Sie unterschreiben wollen oder nicht. Ich hoffe indessen, dass Ihnen keine Unanehmlichkeiten durch die Abgabe Ihrer Unterschrift erwachsen. – Schön ist es, dass Sie so bald eine für Sie angenehme Wohnung gefunden haben und dass Sie schon mit der Auswahl Ihrer Möbel fertig sind. Wo haben Sie denn die letzteren gekauft? Ob unsere Matratzen patentirt sind oder nicht, weiss ich nicht. Ich glaube aber, dass wir ganz gewöhnliche Sprungfeder-Matratzen haben. Mit unseren Betten sind wir übrigens sehr zufrieden. Aber nun vor Allem die Hauptfragen, die Sie in Ihrem Briefe gar nicht berühren und die mich natürlich besonders interessirt: Wann gedenken Sie Hochzeit zu machen?

6. September

Bis heute ist dieser Brief liegen geblieben, da wir viel Zeit für die Wohnungssuche inzwischen gebraucht haben – leider bis heute ohne eine Wohnung zu finden, die uns nach jeder Richtung gefällt. Dabei sehr ungünstiges Wetter. Die Mathematiker Versammlung in Nürnberg ist der Cholera halber verschoben, wie auch Ihnen gewiss mitgetheilt ist. Dyck thut mir Leid, da all seine Arbeit für die Ausstellung zunächst vergeblich geleistet ist. Auf Ihre wissensch. Mittheilungen bin ich gespannt. Ich mache Sie auf einen sehr schönen Beweis für die Transzendenz von *e* von Stieltjes (Comptes R. 1890) aufmerksam.[120]

Haben Sie irgend Etwas von folgenden ges. Werken: Jacobi, Dirichlet, Borchardt, Möbius, Abel? Und welche erscheinen Ihnen für den Mathematiker wichtig zu besitzen? Beantworten Sie meine Fragen bitte bald und seien Sie und Ihre Braut von meiner Frau und mir herzlich gegrüsst. Ihr

A. Hurwitz

---

streitbarer, aggressiver, zu Ausfällen neigender und in seiner Abneigung gegen Personen wie Dinge bisweilen maßloser Mensch." (Biermann, K.-R.: Die Berliner Mathematik und ihre Dozenten (Berlin: Akademie-Verlag, 1988), 155).

[120]Stieltjes, Th.: Sur la fonction exponentielle (Comptes rendus hebdomadaires des séances de l'Académie des Sciences 110 (1890), 267-270).

Hilbert an **Hurwitz** HiHu21

18.09.1892, Ort fehlt (Brief)

Lieber Hurwitz.

Doch sehe ich soeben, dass Sie die von Alters her geübte Briefanrede an mich geändert haben in Ihrem letzten Briefe. Ich thue daher das Gleiche – wenn auch in entgegengesetztem Sinne – und fange noch einmal an:

Lieber Freund.

Den genauen Termin meiner Hochzeit kann ich Ihnen noch immer nicht angeben: es wird entweder der 12te oder der 14te Oktober sein. Sobald die Lokalfrage gelöst ist, schicken wir die Einladungen. Ich werde Ihnen und Ihrer Frau natürlich dann auch eine Einladung zuschicken, obwohl ich nicht hoffen kann, dass Sie von derselben Gebrauch machen.

Klein hat mir sehr freundlich in einem Briefe gratuliert. Er schreibt – doch wünscht er dies streng vertraulich zu nehmen – dass ihm Lindemann sein Verhalten in der Göttinger Berufungsangelegenheit[121] ernstlich übel genommen habe. Auch den 2ten Band seiner Modulfunktionen[122] hat mir Klein geschickt. Es ist das doch ein kollossales Werk. Ob es passend ist, wenn ich Klein eine Hochzeitseinladung schicke oder nicht? Bitte schreiben Sie mir doch bald Ihre Meinung.

Eine Wohnung haben Sie hoffentlich schon lange gefunden. Ich wünsche, dass Sie ebenso zufrieden mit derselben sind, wie wir mit der unsrigen, die uns mit jedem Male besser wohl gefällt und welche auch im Gegensatze zu den übrigen Königsberger Wohnungen so sehr geräumig ist. Unser Entrée ist ein förmlichen Reitsaal und meine Braut findet es fast unheimlich gross.

Meine 3te Göttinger Note und meine Arbeit zu Crelle erhalten Sie mit der nämlichen Post. Auch meine Arbeit über definite Formen in den Acta wird schon gedruckt. In der Crelle-Arbeit ist überall, wo ich Sie zitiere ein „Herr" vor Ihrem Namen eingefügt worden.

Meine Invariantenarbeit[123] hoffe ich noch vor der Hochzeit fertig zu stellen, sodass ich dann auch wissenschaftlich in gewisser Weise einen Abschnitt machen.

Lampe, Engel, Study haben mir noch gratuliert. Study ist doch noch nicht befördert?

Von den aufgezählten Werken besitze ich nur Dirichlets gesammelte Werke und von Abel die Gleichungstheorie.

Doch nun adieu. Wenn wir beiderseitig wieder in geordnete Verhältnisse gekommen sein werden, schreiben wir uns hoffentlich mehr Wissenschaftliches.

---

[121] Es geht um die Nachfolge von H. A. Schwarz, der 1892 als Nachfolger von Weierstrass nach Berlin ging. Die Göttinger Stelle erhielt Heinrich Weber.

[122] Klein, F./Fricke, R.: Vorlesungen über die Theorie der elliptischen Modulfunctionen. Zweiter Band (Leipzig: Teubner, 1892).

[123] D. Hilbert: Zur Theorie der algebraischen Gebilde III (Göttinger Nachrichten 1889, 423-430); D. Hilbert: Ueber die vollen Invariantensysteme (Mathematische Annalen 42 (1893), 313-343); Hilbert, D.: Ueber ternäre definite Formen (Acta mathematica 17 (1893), 169-197).

Grüssen Sie bitte auch Ihre Frau von mir und seien Sie selbst sehr herzlich gegrüsst auch von meiner Braut.

Ihr David Hilbert.

Hilbert an **Hurwitz** HiHu22

24.10.1892, Königsberg (Brief)

Lieber Freund,

Vor Allem meinen herzlichsten Dank für das grossartige Geschenk[124], welches bereits in schönem Einbande auf dem Bücherbrette meines neuen Arbeitszimmers prangt. Es war lange mein erster Wunsch, gerade dieses Werk zu besitzen und Sie können sich denken, eine wie grosse Freude mir und damit auch meiner Frau gerade und an erster Stelle dieses und Ihres Bruders Geschenk gemacht hat. Hoffentlich wird es mir zu Teil, das Werk bis in alle Falten so gründlich zu studieren, wie ich es mir jetzt vornehme.

Auch für Ihren so freundschaftlichen Brief und für das Telegramm sage ich meinen besten Dank, sowie ich auch bitte, Ihrer Frau für das so hübsche, brauchbare und uns in unserem Haushalt noch fehlende Geschenk meinen aufrichtigen Dank zu sagen. Wir sind überhaupt von unseren Verwandten und Freunden sehr reich mit Geschenken bedacht. So haben wir von Wiechert und Chittenden eine kollossale mit besonders eigens dazu angefertigtem Schirm versehene, auf der Erde stehende Lampe geschenkt bekommen, von Volkmann eine gusseiserne Etagère, von Minkowski ein grosses Odysseus bei Polyphem darstellendes Bild bekommen, von Eberhard ein Kaffeservice, von Pape ein grosses Bild der Königin Louise, welches über meiner [unlesbar] aufgehängt ist. Lindemann hat uns einen viereckigen, ziemlich grossen, leeren Kasten geschenkt, auf dessen schräg abfallendem, nicht verschließbaren Deckel sich eine Tänzerin mit übergeschlagenen Beinen befindet. Unsere Hochzeit war ziemlich gross: von 120 geladenen – dabei nur der Verwandtschaft und dem nächsten Freundeskreise angehörigen Personen kamen gegen 70. Sie verlief, wie alle versichern, sehr vergnügt und an Reden und Telegrammen – auch humoristischen wie das Ihre[125] – und an Liedern fehlte es nicht. Wir fuhren gegen 11 nach Hause und am anderen Tage nach Louisenthal und von da nach Neuhausen, wo wir noch mehrere sehr schöne Tage trafen. Nach unserer Rückkehr hierher fanden wir natürlich noch vierlerlei zu besorgen und einzurichten vor, bis wir jetzt endlich ganz zur Ruhe gekommen sind. Besonders glücklich bin ich über mein grosses schönes, sehr ruhiges nach hinten hinaus auf eine Gärtnerei gelegenes Arbeitszimmer, welches mit allen Mitteln zur Bequemlichkeit und Behaglichkeit ausgestattet ist und ausserdem darüber, dass man sobald von unserer Wohnung aus im Freien ist.

[124] Käthe Jerosch und David Hilbert heirateten am 12. Oktober 1892 in Königsberg. Hurwitz' Anfrage im Brief vom 4./6. September HuHi 7, welche gesammelten Werke Hilbert besäße, diente wohl dazu, ein passendes Geschenk auszuwählen.

[125] Dieses Telegramm ist nicht erhalten.

Meine Vorlesung habe ich heute begonnen und in der Integralrechnung und den partiellen Differentialgleichungen, die ich nach Lie zu lesen gedenke, je 2 Zuhörer. Von den anderen Vorlesungen scheinen viele garnicht zu Stande zu kommen, da in der That ausser May und Chittenden keine Studenten in höheren Semestern vorhanden sind. Vom Colloquium ist hier noch gar nicht die Rede. Die Existenz desselben scheint ernstlich gefährdet, da nun auch Hirsch uns verlassen hat. Lindemann's waren nicht auf unserer Hochzeit, da er in Meklenburg und, wie es heisst, auch in München war, doch höre ich noch nichts über seine Berufung dahin.

Ausser der Vorbereitung auf meine Vorlesungen habe ich wissenschaftlich noch nicht viel gethan: Den Stieltjes'schen Beweis für die Transzendenz von e lässt sich so darstellen[126], wobei man die Hermiteschen Integralformeln vermeidet:

Die Gleichung für e sei (1)

$$M_0 + M_1 e + \ldots + M_n e^n = 0$$

Ferner sei

$$\begin{aligned} K_i &= M_i e^i + M_{i+1} e^{i+1} + \ldots + M_n e^n \\ f(z) &= (z-1)^{k_1}(z-2)^{k_2}\ldots(z-n)^{k_n} \\ F(z) &= \{(z-1)(z-2)\ldots(z-n)\}^{\mu} f(z) \end{aligned}$$

wo $k_1, \ldots, k_n = 0, 1$ wie bei Stieltjes zu bestimmen sind *) d.h. sodass das Vorzeichen von $f(z)$ zwischen $z = 0$ und $z = 1$ mit dem Vorzeichen von k_1; zwischen $z = 1$ und $z = 2$ mit dem Vorzeichen von $k_2, \ldots$ übereinstimmt. (*

Nun multipliziere man die linke Seite von (1) mit $\int_0^\infty F(z) e^{-z} dz$, dann wird

$$\underbrace{M_0 \int_0^\infty F(z) e^{-z} dz + M_1 e \int_1^\infty F(z) e^{-z} dz + M_2 e^2 \int_2^\infty F(z) e^{-z} dz + \ldots}_{I}$$

$$+ \underbrace{M_1 e \int_0^1 F(z) e^{-z} dz + M_2 e^2 \int_0^2 F(z) e^{-z} dz}_{II} + \ldots + \ldots = 0$$

Nun ist $\frac{I}{\mu!}$ = einer ganzen Zahl, wie man erkennt, wenn man bezüglich in den einzenen Integralen von I die Substitutionen $z = z' + 1, z = z' + 2, \ldots$ macht und die Formel $\int_0^\infty z^\mu e^{-z} dz = \mu!$ anwendet.

Ferner ist

$$II = \int_0^1 F(z) K_1 e^{-z} dz + \int_1^2 F(z) K_2 e^{-z} dz + \ldots < 0$$

und $\frac{II}{\mu!}$ kann durch Wahl eines genügend grossen $\mu < 1$ gemacht werden. Damit ist der Beweis erbracht.

[126] Stieltjes, Th.: Sur la fonction exponentielle (Comptes rendus hebdomadaires des séances de L'Académie des Sciences 110 (1890), 267-270).

Ich werde diesen Beweis sehr schön in der Integralrechnung vortragen können.

Nun füge ich noch meinen besten Gruss hinzu und bitte den gleichen auch an Ihre Frau zu übermitteln. Meine Frau wird selber einige Worte des Dankes dazu schreiben. In alter Freundschaft

Ihr David Hilbert

Augustastr. 4 III Treppen

Liebe Ida!

Ich möchte Dir doch selbst meiner allerherzlichsten Dank für Dein ebenso hübsches wie nützliches Hochzeitsgeschenk sagen, das mich sehr überrascht und erfreut hat. Ich habe die Kuchenplatte auf mein Buffet gestellt und macht sie sich da sehr hübsch. Wir haben es sehr bedauert, daß Ihr an unserer Hochzeit nicht theilnehmen konntet, da wir die Deinige so vergnügt mitgefeiert! Mit den besten Wünschen für Euer Wohlergehen in der neuen Heimath und herzlichen Gruß an Liesl

Deine

Käthe Hilbert

Bitte auch Deinen Mann besonders von mir zu grüßen. –

Hurwitz an **Hilbert** HuHi8

04.12.1892, Zürich (Brief)

Lieber Freund!

Ihr und Ihrer lieben Frau Brief hat uns sehr erfreut. Ich will heute ein freies Stündchen am Sonntag Vormittag dazu verwenden, Ihnen einmal wieder ein Lebenszeichen von mir zu geben. Dass die Lehrthätigkeit mich hier mehr Zeit kostet und ich daher meinen mathem. Neigungen weniger nachgehen kann, als in Königsberg können Sie sich denken. Eine 4stündige, zwei 2stündige Vorlesungen und zwei Übungsstunden sind keine Kleinigkeit. Die ausführliche Darlegung der Sätze, die ich in der Note über e mitgetheilt habe, habe ich in erster Redaktion ganz in zweiter und letzter Redaktion fast fertig. Nebenher habe ich mich etwas in die Idealtheorie vertieft. Ich habe da folgenden Satz bewiesen, der mit einer von uns früher besprochenen Frage zusammenhängt: Nimmt man in einen endlichen Körper alle Idealzahlen auf, so erhält man wieder einen endlichen Körper. Ist also Ω ein Körper, so kann man immer einen Ω enthaltenden Körper Ω' bilden, in welchem alle Ideale des Körper's Ω wirkliche Zahlen sind. Dieser Satz beruht auf dem wie mir scheint sehr merkwürdigem Umstande, dass in jeder Classe von Idealen n Ideale (unter n den Grad des Körpers' verstanden) $r_1, r_2, \ldots, r_n$ so ausgewählt werden können, dass jedes Ideal in der Classe und jedes nur einmal erhalten wird, wenn man

$$r = k_1 r_1 + k_2 r_2 + \ldots + k_n r_n \ldots \quad (1)$$

setzt und $k_1, k_2, \ldots, k_n$ alle gewöhnlichen Zahlen durchlaufen lässt. Dabei bedeutet die Gleichung (1) nichts Anderes, als dass die $k$ten Potenzen der beiden Seiten (welche Zahlen des Körper sind) einander gleich sind. Es knüpfen sich hieran weitere Betrachtungen, die aber noch zu unentwickelt sind, als dass ich sie mittheilen könnte.– Ihre Vereinfachung des Stieltjes'schen Beweises ist sehr schön; ich habe sie mir gleich in mein „Zahlenbuch“[127] eingetragen. Man sollte doch versuchen auch den Beweis der Transzendenz von π ähnlich zu vereinfachen. – Von Dedekind hatte ich vor einigen Tagen einen sehr liebenswürdigen Brief. Ich hatte ihm meine Abhandlung aus den Acta[128] über Potenzreihen mit rationalen Coeff. geschickt, da er die dort gegebenen Sätze in dem Bericht über die Hallenser Versammlung[129] publicirt hat, ohne mein Abhandlung zu kennen. Der Kronecker'sche Brief in dem Bericht[130] ist sehr amüsant; er ist ausserordentlich charakteristisch für Kronecker. – Nun möchte ich gern einmal von Ihnen Näheres über die Gestaltung der Mathematik a. d. Universität Königsberg erfahren: Kommt Lindemann nach München[131] oder ist ein anderer an seiner Statt in Aussicht genommen? Hat sich Landsberg in Königsberg habilitirt? Ist Eberhard noch in Königsberg? Alles das möchte ich gern wissen. Dann würde mich auch interessiren zu hören, was Sie jetzt arbeiten.

Einen Bericht über Ihr ganzes glückliches Eheleben fügen Sie doch Ihrem Briefe auch bei. Nehmen Sie und Ihre liebe Frau die herzlichsten Grüsse von meiner Frau und mir Ihrem alten Freund

A. Hurwitz

Mein Bruder, der gerade bei uns ist, sendet Ihnen herzliche Grüsse.

Hilbert an **Hurwitz** HiHu23

31.12.1892, Königsberg i.Pr. (Brief)

Lieber Freund.

Ich möchte Ihnen doch noch gerne im alten Jahr auf Ihren letzten Brief antworten und Ihnen dann zugleich sowie Ihrer Frau meine und meiner Frau herzlichsten Glückwünsche zum neuen Jahre übersenden. Es geht Ihnen ja jetzt auch gesundheitlich so gut, dass mir – wenigstens vorläufig – garnichts mehr übrig bleibt an besonderen Wünschen für Sie und dasselbe gilt ja auch für Ihre Frau. Was die grössere Zahl von Vorlesungen betrifft, die Sie jetzt lesen, so haben

[127] Vermutlich ist damit Hurwitz' mathematisches Tagebuch gemeint. Im Tagebuch No. 8 (1891–1894), pp. 120-134 findet sich ein langer Eintrag zur Kettenbruchentwicklung von e.

[128] A. Hurwitz: Über beständig convergirende Potenzreihen mit rationalen Zahlencoefficienten und vorgeschriebenen Nullstellen (Acta mathematica 14 (1891), 211-215).

[129] Die Versammlung Deutscher Naturforscher und Ärzte fand im September 1891 in Halle a.d.S. statt. Hilbert hielt einen Vortrag über volle Invariantensysteme, Minkowski sprach über Geometrie der Zahlen.

[130] G. Cantor berichtete bei dieser Versammlung über „einen Brief des Herrn Kronecker-Berlin“ (Verhandlungen p. 17).

[131] An der Universität München war die Nachfolge von Philipp Seidel, der 1893 emeritierte, zu klären. Die Stelle erhielt schließlich Lindemann.

Sie sich gewiss schon gern hineingefunden und erkannt, dass dies – zumal vor einem so grossen Auditorium – auch seine grossen Reize hat. Uebrigens bin ich jetzt mit meinen Vorlesungen auch sehr beschäftigt, sodass ich zu anderen Dingen garnicht komme. Besonders das Studium des Lieschen Werkes macht mir viel Kopfzerbrechen, zumal ich mich immerfort genöthigt sehe, die Sätze umzuwenden und zu vereinfachen, damit ich sie meinen Zuhörern verständlich mache. Mein Hauptkunstgriff besteht darin, dass ich die Sätze immer mehr spezialisiere, n, k etc. $=$ 1 oder höchstens $=$ 2 setze. Auch die Schurschen „Vereinfachungen" zu lesen, ist eine harte Arbeit; auch bin ich gegen seine Verbesserungen etwas skeptisch geworden. Vor allem kann ich noch immer nicht einsehen, inwiefern allgemein die Konstruktion einer Gruppe, welche eine Differentialgleichung gestattet, die Integration derselben erleichtern soll!

Betreffs meines Beweises für die Transzendenz von e habe ich sehr bald nachdem ich Ihnen schrieb, erkannt, dass man denselben noch erheblich abkürzen kann, indem man die ganze Stieltjes'sche Pointe weglässt. Setzt man nämlich

$$F(z) = z^\rho\{(z-1)(z-2)\dots(z-n)\}^{\rho+1}$$

und wählt ρ genügend gross und zugleich teilbar durch M (den ersten Coeffizienten der Gleichung für e) und durch $n!$, so ist, da bezüglich des Moduls $\rho+1$ die Congruenz

$$\frac{I}{\rho!} \equiv \pm M(n!)^{\rho+1}(\rho+1)$$

besteht, I eine von Null verschieden Zahl und damit die weitere Schlussfolgerung möglich. Sie sehen, dass hiermit der Beweis auch überhaupt eine andere Schlusspointe erhält, in dem nicht von der Integralsumme II sondern von der ganzen Zahl I das Verschiedensein von 0 gezeigt wird. Die Bemerkung dieses Schlusses giebt auch dem Beweise für die Transzendenz von π eine Vereinfachung, welche mir nicht unerheblich erscheint.

Entschuldigen Sie bitte noch meine etwas hastige Schrift aber wir sind heute am Sylvester zu Verwandten gebeten und es ist schon sehr spät. Auch ist von Königsberg sonst nicht viel neues zu erzählen. Von der Besetzung Münchens[132] hört man garnichts. Lindemann ist durch Gesellschaften sehr absorbiert, sodass er mehrmals das Colloquium – bald aus Vergesslichkeit und bald aus Unwohlsein – versäumt hat. Auf einem Weihnachtsbasar, wo Frau Lindemann die erste Rolle spielte und auch Lindemann selbst als Knecht Ruprecht figurierte, hat er sich so erkältet, dass er während der Weihnachten zu Bett liegen musste. Mit den herzlichsten Grüssen auch von meiner Frau

Ihr D. Hilbert.

[132] Es geht um die Nachfolge Seidels an der Münchner Universität, von der schon im Brief Hurwitz an Hilbert vom 4. Dezember 1892 HuHi 8 die Rede war.

Hurwitz an **Hilbert** HuHi9
10.01.1892, Ort fehlt (Brief)

Lieber Freund!

Herzlichen Dank für Ihren lieben Neujahrsbrief, dessen Wünsche meine Frau und ich auf's herzlichste erwidern. Möge Ihnen und Ihrer lieben Frau das neue Jahr die glücklichsten Tage bringen, dass das neue sich dem alten Jahre würdig anschliesst. – Ihr wissenschaftliche Mittheilung die Zahl e betreffend hat mich, wie Sie sich denken können, sehr interessirt. Das ist in der That eine sehr hübsche Vereinfachung des Beweises, die Sie da gefunden haben. Mich hat die Sache nicht ruhen lassen und ich habe eine weitere Vereinfachung entdeckt, die darin besteht, dass das I^e-Integral herausgeworfen wird, derart, dass man jetzt den Beweis in den ersten Stunden einer Vorlesung über Differentialrechnung bringen kann. Hier der Beweis:

Wendet man den Satz

$$(1) \quad \ldots \quad \varphi(x) - \varphi(0) = x\varphi'(\nu x) \quad (0 < \nu < 1)$$

auf die Function

$$\varphi(x) = e^{-x}[f(x) + f'(x) + \ldots + f^{(r)}(x)]$$

an, wo $f(x)$ eine ganze rationale Function $r$ten Grades, so kommt

$$e^{-x}[f(x) + \ldots + f^{(r)}(x)] - [f(0) + \ldots + f^{(r)}(0)] = -xe^{-\nu x}f(\nu x)$$

oder

$$e^{x}[f(0) + \ldots + f^{(r)}(0)] - [f(x) + \ldots + f^{(r)}(x)] = xe^{(1-\nu)x}f(\nu x)$$

In dieser Gleichung wähle man

$$f(x) = x^{p+1}(x-1)^p(x-2)^p \ldots (x-n)^p$$

und setze nach und nach $x = 1, x = 2, \ldots x = n$. Man erhält auf diese Weise, nachdem man noch durch $(p-1)!$ dividiert

$$\begin{aligned} eA - A_1 &= \epsilon_1 \\ e^2A - A_2 &= \epsilon_2 \\ &\ldots \\ e^nA - A_n &= \epsilon_n \end{aligned}$$

wo $\epsilon_1, \epsilon_2, \ldots \epsilon_n$ mit wachsendem p verschwinden und $A_1, A_2, \ldots, A_n$ ganze Zahlen sind.
Hieraus wenn $C_0 + C_1e + C_2e^2 + \ldots + C_ne^n = 0$:

$$C_0 A + C_1 A_1 + \ldots + C_n A_n = -(C_1 \epsilon_1 + \ldots) = 0,$$

wenn p genügend groß. Das weitere wie bei Ihnen (nach einer kleinen Modification): man wähle p als Primzahl und so dass $C_0 A$ nicht durch p theilbar ist. Dann hat man Widerspruch, da $A_1, \ldots A_n$ durch p theilbare Zahlen sind.

Wenn man den Satz (1) elementar darstellt, so würde man diesen Beweis, wie ich glaube, schon in der Prima vortragen können. – Haben Sie Ihren Beweis schon redigirt? Wenn ja so schreiben Sie mir bitte, ob Sie ihn schon an Klein geschickt haben. Ich würde dann die vorstehende weitere Vereinfachung in einer kurzen Mittheilung hinter Ihrer Arbeit abdrucken lassen.[133] Am liebsten wäre es mir, wenn wir die Göttinger Nachrichten wählten. Man hat mich neulich zu Weihnachten mit der Ernennung zum Correspondenten der Gött. Gesellschaft überrascht und hier wäre eine passende Gelegenheit, sich erkenntlich zu zeigen. Also antworten Sie mir bitte rasch, wenn auch nur per Karte. Dass sich Ihre Pointe auch auf π anwenden lässt, ist klar; ich habe das aber noch nicht ganz durchgedacht.

Die Berichte über Königsberg (Lindemann) haben mich interessirt. Was macht denn Eberhard? Grüssen Sie ihn bitte herzlich von mir. Von hier ist Nichts von Bedeutung zu melden. Zum Einrichten des Colloquiums bin ich noch nicht gekommen; es fehlt mir vorläufig die Handhabe: genügend Kenntnis der Studierenden. Mit den herzlichsten Grüssen für Sie und Ihre Frau von meiner Frau u. mir

Ihr alter Freund
A. Hurwitz

Hilbert an **Hurwitz** HiHu24
13.01.1893, Königsberg (Brief)

Lieber Freund.

Ohnehin wollte ich, um unserer Correspondenz ein etwas lebhafteres Tempo zu geben, in diesen Tagen wieder an Sie schreiben; um so mehr freute mich Ihr Brief, den ich zunächst beantworte.

Zu Ihrer Ernennung zum Correspondenten der Göttinger Gesellschaft[134] gratuliere ich Ihnen bestens und verbinde damit den Wunsch, dass die übrigen gelehrten Gesellschaften, Akademien etc. Europas dem Beispiele der Göttinger Gesellschaft recht rasch folgen mögen.

Meinen Beweis für e und π habe ich in der That bereits in den Weihnachtsferien ausgearbeitet, es hat sich dabei – zumal bei dem über π

[133] D. Hilbert: Ueber die Transzendenz der Zahlen e und π (Nachrichten von der kgl. Gesellschaft der Wissenschaften zu Göttingen, Mathematisch-physikalische Klasse aus dem Jahre 1893, 216-219); auch Mathematische Annalen 43 (1893), 216-219.

[134] Hilbert wurde 1893 als korrespondierendes, heißt: auswärtiges Mitglied in die Göttinger Akademie, die Gesellschaft der Wissenschaften, aufgenommen. Nach seinem Umzug nach Göttingen wurde er dann ständiges Mitglied.

handelnde Teile – noch mancherlei Vorteilhaftes und Vereinfachendes ergeben, sodass die ganze Sache jetzt auf 4–5 Druckseiten herausgegeben wird und dabei ist meine Darstellung durchaus nicht knapp.

Bei Ihrem Beweise wird freilich das Integral vermieden; ob aber die Darstellung des Beweises kürzer und übersichtlicher wird, ist mir doch noch nicht ganz einleuchtend. Auch ich habe im Colloquium – als ich meinen Beweis vortrug – angedeutet, wie man das Integral beim Beweise vermeiden kann und zugleich auch das Differentieren, so dass es möglich ist, den Beweise etwa in einem Colleg über algebraische Analysis vorzutragen. Es geht dies in der That, wenn man das Integral durch den Grenzwert ersetzt, wie folgt[135]:

$$\int_0^\infty e^{tx}dx = \underset{\delta=0}{L}\delta(1+e^{-t\delta}+e^{-2t\delta}+e^{-3t\delta}+\dots) = \underset{\delta=0}{L}\frac{\delta}{1-e^{-t\delta}}$$

Damit ist die Möglichkeit gegeben alles auf einfache Grenzbetrachtungen und die Summation geometrischer Reihen zurückzuführen. Die Sache müsste natürlich noch genau durchdacht werden, bis alle überflüssigen Schritte herausgefallen sind. Doch ist es allgemein gelöst.

Es ist meine Ueberzeugung, dass der Beweis mit Hülfe des Integral immer der übersichtlichste und entwicklungsfähigste bleiben wird – Für p oder in meiner Bezeichnung für $\rho+1$ habe ich absichtlich nicht eine Primzahl gewählt, weil es doch einfacher ist, eine durch C teilbare Zahl als eine Primzahl von der noethigen Grösse zu bestimmen. Auch habe ich angegeben wie gross ρ zu wählen ist und auch auf die Redaktion recht viel Sorgfalt verwandt.

Ich bitte nachher sehr um Ihr Urteil auch im Nebensächlichen. Kurios ist es, dass auch ich gerade die Göttinger Nachrichten gewählt habe; Klein schrieb mir umgehend, dass er die Note in dieser Woche bereits vorlegen würde. Aber dies schadet ja durchaus nichts Ihrer Absicht, Ihren Beweis in der folgenden Sitzung vorzulegen. Vielleicht gelingt es Ihnen bis dahin, die Pointe auch auf Ihre in den Math. Ann. behandelten (Besselschen) Funktionen auszudehnen[136], was mich sehr interessieren würde, da alle meine Bemühungen, über die bisher bekannten Resultate hinauszukommen, vergeblich gewesen sind.

Klein schreibt mir, dass Gordan neuerdings mit meiner Entwicklung der Invariantentheorie Frieden geschlossen hätte und diesen in einer demnächst erscheinenden Arbeit besiegeln wolle; es sei ihm dies aber sehr schwer geworden und müsse ihm daher um so höher angerechnet werden. Auch über Eberhard schreibt Klein das bekannte, dass die Göttinger Fakultät ihn gern übernehmen wolle, aber ohne Garantien: die Sache bleibt beim Alten und Eberhard wird vermuthlich nach wie vor hier seine Stipendien[137] beziehen, da ihm jedenfalls Althoff sehr wohl will. Eberhard ist übrigens sehr fleissig bei

[135] Dabei steht $\underset{\delta=0}{L}$ für den Limes $\lim\limits_{\delta\to 0}$.

[136] A. Hurwitz: Ueber die Nullstelen der Bessel'schen Function (Mathematische Annalen 33 (1889), 246-266).

[137] Eberhard war Privatdozent in Königsberg, also praktisch ohne Einkommen. Er bezog ein sogenanntes Privatdozentenstipendium vom Preußischen Staat. Erst 1895 bekam er eine bezahlte Professur in Halle.

seinem neuen Buche[138], das die gradlinigen Netze in der Ebene behandelt, die nothwendigen und hinreichenden Bestimmungsstücke aller aus einem durch Variation hervorgehenden Punktsysteme etc.

Was sagen Sie zu Saalschütz Buch[139], welches er auch mir dediziert hat. Es ist echt Saalschützisch, aber sehr fleissig und ordentlich zusammengestellt!

Ich habe mich jetzt ganz in die partiellen Differentialgl. vertieft und wechsele immer ab mit dem Studium von Lie, Schur, A. Mayer.

Aber immer, wenn ich mit dem Einen fertig bin, finde ich, dass die Sache so unmöglich vorgetragen werden kann, und greife dann in meiner Verzweilfung zum Anderen.

Unser Colloquium fiel letztens wieder aus, weil Lindemanns Kinder den Scharlach haben.

Wie geht es nun aber Ihnen, Ihrer Gesundheit und Ihrer Frau? Gehen Sie viel spazieren. Auch bitte ich Sie sehr, mir doch kurz die Beweise Ihrer beiden zahlentheoretischen Sätze zu schreiben, die mich natürlich sehr interessieren. Die Richtigkeit des ersteren war ja vorauszusehen, den zweiten finde ich ganz verblüffend elegant.

Endlich muss ich Ihnen noch kurz eine köstliche Geschichte von Lindemann erzählen. Sie wissen, wie lange er sich schon mit conformer Abbildung eines von algebr. Curven begrenzten Flächenstückes beschäftigt und, wie er mir schon im Sommer wiederholt – auch schriftlich – die Erledigung dieses Problems ankündigte. Vor Weihnachten im Colloquium trug er darüber vor – erst den besonderen Fall, wo man nur eine algebraische Curve hat – das Problem wurde hoch elegant durch Gleichsetzen 2er Abelscher Integrale und die geometrische Theorie der imaginären Kreispunkte.

Darauf folgte der Fall der Begrenzung durch mehrere Curvenstücke durch kühne Grenzübergänge. Kein Mensch verstand aber etwas und ich konnte nur durch Zwischenfrage mit Mühe mit den ersten Grund legenden Behauptungen orientieren, die ich mir dann zu Hause überlegte und als völlig verfehlt erkannte: (Lindemann hatte von einer unendlichvieldeutigen Funktion so geschlossen als ob sie eindeutig war). Auf meine Intervention hin, widerrief dann auch Lindemann im Colloquium alles. Mittlerweile aber war – (wahrscheinlich durch Franz) – in der Königsberger Allgemeinen ein schwunghafter Artikel erschienen, welcher die Lösung eines grossen alten Problems feierte und ausführte, wie die Lösung, die allen bisher missglückt sei, nun endlich demselben Manne gelungen sei, der dezent die Quadratur des Kreises endgültig wiederlegt hätte – nämlich dem Retter unserer Albertina!!!!!!

Bitte aber behandeln Sie diese Schilderung doch diskret. Es ist darin nichts übertrieben und Sie können sich denken, was Volkmann, Eberhard und Wiechert für Gesichter machten.

---

[138]Eberhard, V.: Die Grundgebilde der Ebenen Geometrie (Leipzig: Teubner, 1895).
[139]L. Saalschütz: Vorlesungen über Bernoulli'sche Zahlen (Berlin: Springer, 1893).

Grüßen Sie endlich, bitte, Ihre Frau und auch Ihren Bruder Julius, für den ich leider in meinem letzten Briefe trotz meiner Absicht einen Neujahrsgruss hinzuzufügen vergessen hatte. Und meine Frau lässt allerseits grüssen.

Ihr Freund Hilbert.

Hurwitz an **Hilbert** HuHi10

13.02.1893, Ort fehlt (Brief)

Lieber Freund!

Lange schon wollte ich Ihren lieben Brief vom 13/I beantworten, aber – wie das so geht – die Antwort wurde von Tag zu Tag verschoben. Heute trifft nun als lehrsamer Anstoss Ihre Transcendenz-Note[140] ein, die ich sogleich in den Café gestippt habe. Die Note haben Sie mit Gaussischer Classicität abgefasst. Ich hoffe, dass Sie mit der kurzen Note (2 Duckseiten voraussichtlich)[141] in der ich eine Modification Ihres Beweises, von der ich Ihnen schrieb, mittheile, einverstanden sein werden. Felix Klein hat sie am 4/II der Göttingen Societät vorgelegt. Als Vorzug meiner Modification sehe ich an, dass klar bei dem Beweise *) Lindemann, Saalschütz, Eberhard, Wiechert, Volkmann bitte ich Sie bei Gelegenheit zu grüssen (* zu Tage tritt, dass nur das Additionstheorem und die Differentialgl. für e^x (also in letzter Instanz nur diese) die Transzendenz von e nach sich ziehen, und dass der ganze Beweis auf einer angenäherten Darstellung der Potenzen $e, e^2, \dots e^n$ durch rationale Zahlen mit demselben Nenner beruht. Über die Verwendung Ihres Gedankens für die Bessel'schen Functionen habe ich ebenfalls viel aber vergeblich nachgedacht.[142] Man scheint hier mit den bisherigen Methoden nur so weit gelangen zu können, wie ich in meinen beiden Arbeiten[143] gekommen bin. Der Gedanke, Ihren Beweis dadurch abzuändern, dass man die Integrale durch Grenzwerthe ersetzt, war mir auch gekommen. Es scheinen da aber doch noch Schwierigkeiten vorzuliegen (falls man nicht alle Entwicklungen der Theorie der bestimmten Integrale unter Fortlassung des Integralzeichens benutzen will.)

Es wäre aber doch gut, das weiter zu verfolgen. *) Mein Bruder bittet mich, Sie zu grüssen (*

Vielleicht wird man auf einen Beweis geführt, der nur die Definition $e^z = (1 + \frac{z}{n})^n$ $(n = \infty)$ benutzt. –

Ihre Mittheilung über Gordan hat mich natürlich sehr interessirt. Ich freue mich, dass Gordan die Streitaxt (die allerdings sehr stumpf war) begraben hat.

---

[140] D. Hilbert: Ueber die Transzendenz der Zahlen e und π (Nachrichten von der kgl. Gesellschaft der Wissenschaften zu Göttingen, Mathematisch-physikalische Klasse aus dem Jahre 1893, 216-219); auch Mathematische Annalen 43 (1893), 216-219.

[141] A. Hurwitz: Beweis der Transzendenz der Zahl e (Nachrichten von der kgl. Gesellschaft der Wissenschaften zu Göttingen, Mathematisch-physikalische Klasse aus dem Jahre 1893, 153-155), auch Mathematische Annalen 43 (1893), 220-221.

[142] Im Tagebuch No. 8 (1891–1894) von Hurwitz findet sich eine Notiz zu Besselschen Funktionen (pp. 176-178).

[143] A. Hurwitz: Ueber die Nullstelen der Bessel'schen Function (Mathematische Annalen 33 (1889), 246-266).

Es hätte Ihnen gelegentlich schaden können, wenn Gordan seinen alten Groll behalten oder gar noch verschärft hätte.

Saalschützen's Buch[144] ist wohl ganz brauchbar. Aber es enthält doch, abgesehen von dem veralteten Standpunkt, den es einnimmt, recht viele Lücken. Es gibt eine Unmenge von Arbeiten, über Bernoullische Zahlen, die nicht berücksichtigt sind. – Das behauptet wenigstens der alte Stern, dem Saalschütz auf meine Veranlassung ein Exemplar des Buches geschickt hat.

Auf Ihren Fleiss in Lie-, Schur-, Mayer'schen Studien bin ich ordentlich neidisch. Ich komme jetzt effektiv gar nicht dazu, etwas Wesentliches, Neues zu lernen; Vorlesungen und Ausdenken von Übungsbeispielen absorbiren mich fast vollständig. – Ihr Bericht über Lindemann's angebliche Entdeckung und den dieselbe feiernden Zeitungs-Artikel hat mir unbändigen Spass gemacht. Ich kann mir Nichts Charakteristischeres für Lindemann denken, als dieses Vorkommen. –

Sie fragen, ob ich viel spazieren gehe. Rechne ich den ziemlich weiten Weg zum Polytechnikum mit, so komme ich täglich 2–3 Stunden heraus. Mathem. Spaziergänge, wie wir sie so schön in Königsberg hatten, kann ich hier nicht machen. Unter den Collegen ist keiner, mit dem ich mich eingehender über mathem. Dinge aussprechen könnte. Rudio, mit dem ich sehr befreundet bin, ist wenig produktiv veranlagt. Vor Fiedler's Charakter bin ich von allen Seiten gewarnt worden; mit dem ist's also auch Nichts. Geiser geht ganz in den Directorial-Geschäften auf, und Franel, mein französ. College, ist freihin sehr unterrichtet, auch interessirt, aber ganz unproduktiv bisher. Was sagen Sie übrigens zu der Pariser Preisertheilung für die Primzahl-Arbeit von Hadamard?[145] – Die Sätze über Ideale setze ich Ihnen das nächste Mal auseinander. Meine Frau wartet auf mich zum Ausgang. Nehmen Sie und Ihre liebe Frau von meiner Frau und mir die herzlichsten Grüsse. Ihr alter Freund

A. Hurwitz

Minkowski an **Hilbert** MiHi13
23.02.1893, Bonn (Brief)

Lieber Freund!

Als ein Unrecht ohne Gleichen muss ich es selbst bezeichnen, dass ich auf Deinen letzten Brief noch nicht geantwortet habe; namentlich befürchte ich auch, ich könnte mir durch die so an den Tag gelegte Schlechtigkeit den Unwillen Deiner jungen Frau zugezogen haben. Nachdem ich aber vor einer Stunde Deine Note[146] über e und π erhalten habe, auf die ich schon sehr gespannt war, kann ich

---

[144] L. Saalschütz: Vorlesungen über Bernoulli'sche Zahlen (Berlin: Springer, 1893).

[145] J. Hadamard: Sur la distribution des zéros de la fonction $\zeta(z)$ et ses conséquences arithmétiques (Bulletin de la Société mathématique de France 24 (1896), 199-220).

[146] D. Hilbert: Ueber die Transzendenz von e und π (Nachrichten der k. Gesellschaft der Wissenschaften zu Göttingen, Mathematisch-physikalische Klasse aus dem Jahre 1893, 113-116) auch: Mathematische Annalen 43 (1893), 216-219).

doch nicht anders, als Dir unverzüglich meine aufrichtige herzliche Bewunderung aussprechen. Manch einer dürfte wohl, wie einst Euler bei einer Entdeckung von Lagrange ausrufen: Penitus obstupui, quum hoc mihi nunciaretur[147], und die Zahl der Leser, die diese Notiz Deinen übrigen Arbeiten zuführen wird, dürfte ausserordentlich sein. Ich kann mir auch die Gemüthserschütterung von Hermite beim Lesen Deines Aufsatzes ausmalen, und wie ich den alten Herrn kenne, wird es mich nicht wundern, wenn er Dir demnächst seine Freude darüber berichten sollte, dass er Dieses noch erleben durfte. –

Dass ich auch Weihnachten nicht nach Königsberg kam, daran war noch immer mein Buch[148] schuld und die ungemüthliche Stimmung, in welche ich dadurch versetzt wurde, dass es so langsam fertig wurde. Es ist wirklich ärgerlich, dass ich so viel Zeit mit lauter Kleinigkeiten verloren habe, für die mir doch kaum einer Dank wissen wird. Jetzt steht es mit dem Buche so weit, dass die Hälfte seit vier Wochen[149] fertig gedruckt ist, und ich das Manuscript der zweiten Hälfte demnächst abgehen lassen will. Den Grenzfall des Satzes über n lineare Formen mit n Variabeln, von dem ich Dir mehrmals sprach, habe ich trotz mancher Versuche nicht zur Zufriedenheit erledigen können, und ich habe dabei ganz den Eindruck, dass jemand, der nicht gerade in den Vorurtheilen, die ich mir allmählich angelegt habe, befangen ist, die betreffenden Schwierigkeiten auf den ersten Anhieb überwinden könnte. Wenn Du augenblicklich Musse genug dazu hast und Dich dafür interessirst, möchte ich Dir die in Betracht kommende Partie im Reindruck zusenden, damit Du Dein Heil damit versuchest. Ich würde grossen Werth darauf legen, eventuell noch in einem Anhang einen Beweis für die von mir ausgesprochene Vermuthung mittheilen zu können. Ueberhaupt wollte ich Dich fragen, ob Du vielleicht nicht abgeneigt wärest, das Buch nach seinem Erscheinen in den Göttinger Anzeigen zu besprechen. Solchen Zwang wie z. B. bei Study[150] würdest Du Dir dabei nicht anzulegen brauchen. Hermite übrigens war von den ihm mitgetheilten Resultaten sehr enthusiasmirt und hat mir bereits den dritten entzückten Brief geschrieben. Wenn Du übrigens aus irgend einem Grunde eine Besprechung nicht übernehmen möchtest, würde ich es Dir auch nicht verdenken.[151] –

Nach Königsberg werde ich wohl erst Ende März kommen, da meine Mutter noch so lange in Wiesbaden bleibt und dann wahrscheinlich ebenfalls nach Königsberg reist. –

---

[147] Ich war bis ins Innerste erstarrt, als mir dies mitgeteilt wurde. Dank an R. Krömer (Wuppertal) für diese Übersetzung.

[148] Gemeint ist die „Geometrie der Zahlen“, deren erste Lieferung allerdings erst 1896 bei Teubner erschien, die zweite Lieferung wurde postum 1910 von Andreas Speiser und D. Hilbert herausgegeben.

[149] Bücher wurden damals oft bogenweise gedruckt und ausgeliefert, so dass sich die Auslieferung eines Buches über einen längeren Zeitraum hinziehen konnte.

[150] Zu Hilberts Urteil über Study vgl. Hilbert an Hurwitz 2. Januar 1886 HiHu 2.

[151] Hilbert hat Minkowskis Buch nicht in den Göttingischen Gelehrten Anzeigen (Bände 58 und 159 für 1896 und 1897) vorgestellt. Hingegen wurde Minkowskis Buch im Jahrbuch über die Fortschritte der Mathematik im Band 22 Jahrgang 1896 von Fricke referiert (pp. 127-133). Der Band ist 1898 erschienen und enthält überhaupt keine Referate von Hilbert, wohl aber solche von Hurwitz und Minkowski.

Umsomehr bitte ich Dich, nicht meine Schlechtigkeit zu vergelten, sondern mir Nachrichten über Dich und Deine Erlebnisse zukommen zu lassen, bin ich hier doch in einer viel unglücklicheren Lage als Du; ebenso abgeschlossen wie Königsberg von der übrigen Welt ist, ebenso abgeschlossen ist Bonn von den Mathematikern; man ist hier ein reiner mathematischer Eskimo und freut sich über jede Post, die im Laufe der Zeit sich einmal hierher verirrt.

Mit herzlichen Grüssen an Dich und Deine Frau
Dein H Minkowski.

Hilbert an **Hurwitz** HiHu25
08.03.1893, Königsberg (Brief)

Lieber Freund.

Eben sehe ich, dass Ihr letzter Brief schon einen Monat alt ist und ich hatte doch die Absicht ihn sehr bald zu beantworten. Zunächst wollte ich Ihnen eine Bemerkung mittheilen, bezüglich Ihres Satzes über die Minimalzahl der getrennten Wendepunkte bei einer Curve vierter Ordnung. Ihr Resultat lässt sich nämlich anders begründen und, wie folgt, verallgemeinern: Die Curve $n$ter Ordnung $f(x,y) = 0$ gehe durch den Nullpunkt und dieser sei ein gewöhnlicher Punkt derselben; so dass die Entwicklung $x = \alpha_K y^K + \alpha_{K+1} y^{K+1} + \dots$ existiert, wo K ganz und positiv und grösser gleich 2 ist. Die Rechnung ergiebt für die Hessesche von f die Entwicklung

$$\mathcal{H} = K(K-1)\alpha_K y^{K-2} + \dots$$

Die Resultante von f und $\mathcal{H}$ enthält folglich den Factor y^{K-2} d.h. in den Nullpunkt fallen genau $K-2$ Schnittpunkte von $f = 0$ und $\mathcal{H} = 0$ hinein. Zugleich sieht man auch das Umgekehrte gilt, vorausgesetzt, dass der Nullpunkt kein singulärer Punkt ist. Hieraus folgt, dass eine Curve n-ter Ordnung höchstens $n-2$fache Wendepunkte haben darf; und folglich mindestens $3n$ getrennt liegende Wendepunkte haben muss

Bei Gelegenheit meines Collegs über Integralrechnung habe ich mich – was bei unsern Gesprächen über die Saalschützsche Arbeit, die Entwicklung von $l^{-\frac{1}{1-x}}$ betreffend, unentschieden blieb, davon überzeugt, dass $sin\frac{1}{x}$ sehr wohl die Entwicklung in eine Sinus- oder Cosinusreihe gestattet, und zwar ergiebt die Reihe für $x = 0$ den Werth 0. Überhaupt gilt der allgemeinere Satz: Liegen auf der Peripherie des Convergenzkreises einer Potenzreihe nur eine endliche Anzahl von singulären Stellen, und ist jede solche von der Beschaffenheit, dass beim Hineingehen längs der Peripherie in dieselbe die Function von niederer Ordnung als der ersten unendlich wird, so convergiert die Potenzreihe auch noch für jede nicht singuläre Stelle der Peripherie.

Gordans Arbeit[152] über meinen Satz habe ich bereits gelesen und finde den Beweis sehr weitschweifig. Im Übrigen aber auf das Nämliche hinauslaufend.

Schur hat mir zugegeben, dass sein Beweis für die Existenz der identischen Transformation in jeder Transformationsgruppe nicht richtig sei.[153] Ausserdem ergiebt sich beim Studium seiner Arbeit, dass die Functionen von denen er nachweist, das sie die Quotienten zweier beständtig convergenter Potenzreihen sind, einfach rationale Functionen von Exponentialgrössen sind, wodurch die genannte Eigenschaft in Evidenz tritt.

Minkowskis Buch ist jetzt zur Hälfte fertig gedruckt.[154] Er will Ostern hierherkommen.

Gordan hat mir extra eine Anerkennung für meinen Transcendenzbeweis geschrieben.

An Hadamard glaube ich nicht eher, als bis ich die Arbeit sehe. Was Cahen neulich in den Compt. Rend. gemacht hat, ist selbstverständlich. Vergessen Sie das nächste Mal nicht mir etwas Näheres über Ihre Idealsätze zu schreiben.

Lindemann ist seit Weihnachten nicht mehr im Colloquium gewesen. Er hatte zu viel mit Geselligkeiten und den Vorbereitungen zu einem grossartigen orientalischen Fest zu thun, das wir gestern besucht haben, und dessen Einzelheiten Sie sicherlich von Ihren Schwiegereltern[155] erfahren werden. Auch Reden wurden viele gehalten, darunter eine von Chittenden, welcher die Berechtigung dazu aus seiner bräutlichen Beziehung zur Tochter Lindemanns herleitete.

Von der mathematischen Ausstellung[156] im Herbst, verspreche ich mir, dem Catalog nach, ausserordentlich viel. Vielleicht entschliessen Sie sich auch hinzukommen.

Meine Frau und ich grüssen Sie und Ihre Frau herzlichst, und bitte ich auch Ihrem Bruder meinen Gruss zu bestellen.

Ihr alter Freund
David Hilbert.

---

[152] P. Gordan: Ueber einen Satz von Hilbert (Mathematische Annalen 42 (1893), 132-142).

[153] Fr. Schur: Neue Begründung der Theorie der endlichen Transformationsgruppen (Leipzig: Teubner, 1889); Fr. Schur: Zur Theorie der endlichen Transformationsgruppen (Mathematische Annalen 38 (1891), 263-286).

[154] Bücher wurden damals oft bogenweise gedruckt und ausgeliefert. Die Auslieferung eines kompletten Buches konnte sich lange hinziehen, in Minkowskis Fall bis 1896.

[155] Der Schwiegervater von Hurwitz Simon Samuel (1833–1899) war Professor für Pathologie an der Universität Königsberg.

[156] Die für Nürnberg 1892 geplante Ausstellung von mathematischen Modellen fand 1893 in München im Rahmen der Jahrestagung der Deutschen Mathematiker-Vereinigung statt. W. Dyck hatte hierfür einen umfangreichen Katalog erstellt.

Hurwitz an **Hilbert** HuHi11
05.04.1893, Zürich (Brief)

Lieber Freund!

Endlich muss ich doch Ihren lieben März-Brief beantworten; der Wiederbeginn der Vorlesungen steht am 11ten bevor, zuvor haben wir noch am 7ten den Umzug in die untere Etage zu bewerkstelligen und so muss ich auch den heutigen letzten freien Tag noch zur Correspondenz benutzen. Zunächst hier kurz die Beweise aus der Idealtheorie: ist k die Classenzahl, r ein Ideal, $r^h = r\alpha_1$, e nenne ich $\sqrt[h]{\alpha_1} = \alpha$ eine dem Ideal r entsprechende Idealzahl. Inwieweit α durch r bestimmt ist, ist klar: nämlich bis auf $r$te Wurzeln von Einheiten des Körpers Ω, der zu Grunde liegt. Ist jetzt r ein Ideal aus einer bestimmten Classe, b ein beliebiges Ideal derselben Classe, so kann man die ganzen Zahlen ω und k (von denen die letztere rational) so bestimmen, dass $\beta = \frac{\omega\alpha}{k}$ eine dem Ideal b entsprechende Idealzahl ist.

D. 08. April Den Brief habe ich nun doch bis nach dem Umzuge, der gestern glücklich von Statten gegangen ist, liegen lassen, da ich fortwährend durch vorbereitende Anordnungen gestört wurde. – Ihr Satz, dass eine Curve $n$ter Ordnung ohne singuläre Punkte mindestens $3n$ Wendepunkte haben muss, hat mich sehr interessirt. Ebenso Ihre an Saalschütz anknüpfende Untersuchung über die Convergenz der Potenzreihen auf dem Convergenzkreise. Es scheint, dass Ihr auf die letztere Frage bezüglicher Satz im Wesentlichen mit dem von Thomé (Crelle Bd. 100 pag 167ff.) übereinstimmt.[157] Oder irre ich mich und ist der Satz von Thomé Natur? Sie werden das sofort entscheiden können. Hermite hat mir in seiner liebenswürdigen Weise einen Brief über meinen e-Beweis geschrieben, der ihm offenbar viel bequemer liegt als der Ihrige. Er hat mich gebeten, denselben der Akademie vorlegen zu dürfen und so wird er voraussichtlich als Auszug eines an Hermite gerichteten Briefes in den nächsten Comptes Rendus abgedruckt.

Ihre weiter Vereinfachung der Schur'schen Darstellung der Lie'schen Transformationstheorie ist ja ausserordentlich merkwürdig.[158] Ich verstehe die Sache vorläufig gar nicht; wunderbar erscheint mir, dass rationale Functionen von Exponentialfunctionen, also furchtbar spezielle Functionen, die allgemeinsten Transformationsgruppen liefern sollen. Oder ist der Zusammenhang ein anderer?

Auf Minkowski's Buch[159] bin ich gespannt. Kürzlich hat Minkowski mir einen französ. geschriebenen Auszug (Darboux's Bulletin[160]) geschickt, den Sie auch erhalten haben werden. Ist M. noch in Königsberg, so grüssen Sie ihn, bitte, herzlich von mir.

---

[157]Thomé, L. W.: Ueber Convergenz und Divergenz der Potenzreihe auf dem Convergenzkreise (Journal für die reine und angewandte Mathematik 100 (1887), 167-178).

[158]Vgl. Hilbert an Hurwitz 8. März 1893 HiHu 25.

[159]Es geht um die „Geometrie der Zahlen" (Erster Teil, 1896 komplett erschienen).

[160]Minkowski, H.: Extrait d'une lettre adressée à M. Hermite (Bulletin des sciences mathématiques et astronomiques 2. série 23 (1893), 24-29) enthält eine Zusammenfassung der „Geometrie der Zahlen".

Über Lindemann's Fest haben wir natürlich einen ganz ausführlichen Bericht von den Schwestern erhalten; auch den Zeitungsbericht haben wir gelesen. Vermutlich wird doch nun Lindemann, nachdem er das Rectorat hinter sich hat, wieder mehr Zeit für die Wissenschaft übrig haben. Was die mathem. Ausstellung angeht, so glaube ich kaum, dass ich dieselbe besuchen werde. Im Plänemachen muss man ja auch als junger Ehemann nicht der Zeit zu weit vorauseilen. Wir denken zu Pfingsten auf 6 Tage an den Vierwaldstättersee zu gehen; Ferien giebt es zu Pfingsten freilich nicht, es fällt nur der Pfingstmontag und gewöhnlich, aber schon per nefas[161], der Pfingst-Dienstag aus. Da ich aber nur Dienstag, Freitag und Sonnabend Colleg habe, so kommen für mich dort 6 freie Tage heraus.

Nun leben Sie wohl; empfangen Sie und Ihre liebe Frau die herzlichsten Grüsse von meiner Frau und mir, Ihrem alten Freund

Adolf Hurwitz

Lindem., Saalschütz, Wiechert, Franz, Volkmann bitte ich vielmals zu grüssen. Mein Bruder, der vorgestern aus den Ferien zurückgekehrt ist, erwidert Ihre Grüsse herzlich.

Hilbert an **Hurwitz** HiHu26

19.04.1893, Königsberg (Brief)

Lieber Freund.

Zunächst meinen besten Dank für Ihren Beweis, dessen Einfachheit mich sehr überrascht hat. Auch ich habe in den Osterferien Idealtheorie getrieben, und insbesondere die Dedekindsche Arbeit Ueber die Discriminante endlicher Körper[162] studirt. Besonders war es mir interessant zu erkennen, dass er gerade die Frage, die Kronecker eingestandenermassen nicht hat lösen können, nämlich die Frage, ob die Discriminante der Fundamentalgleichung der Gattung ausser der Discriminante des Körpers noch andere Theiler besitzt, mit nein beantwortet hat. Diese Antwort zu geben ist gerade der Hauptinhalt der Dedekindschen Arbeit. Nämlich der Satz ist identisch mit dem Satze, dass die Führer aller Ordnungen keinen gemeinsamen Theiler haben.

Was den Satz Ueber die eindeutige Zerlegung in Primideale betrifft, so habe ich jetzt dafür einen ganz neuen nur auf der Theorie der höheren Congruenzen beruhenden Beweis gefunden, welcher warscheinlich auch noch weiterhin genauere Kentniss der Structur eines Ideals ergeben wird. Doch ist die Sache noch zu unfertig und für eine schriftliche Mittheilung auch zu weitläufig. Der Beweis läuft auf eine geeignete Darstellung der ganzen Zahlen des Körpers in Bezug auf irgend einen Primzahlmodul hinaus.

Ich bin auch sonst in den Ferien recht fleissig gewesen und habe mich in die Nicht-Euklidische Geometrie hineingearbeitet, da ich in diesem Semester

[161] Auf widerrechtliche Weise.

[162] Dedekind, R.: Ueber die Discriminante endlicher Körper (Abhandlungen der Kgl. Gesellschaft der Wissenschaften in Göttingen 29 (1828), 1-56).

darüber zu lesen gedenke. Man findet die Sätze in keinem Buche ordentlich und vollständig. Doch nimmt das Paschsche Buch[163] wegen seiner scharfsinnigen Deduction den ersten Rang ein. Erst durch Pasch ist mir die Fragestellung vollständig klar geworden: es kommt nämlich darauf an, die nothwenidgen, hinreichenden, und unter sich unabhängigen Postulate aufzustellen, die ich an ein System von Dingen stellen muss, damit dasselbe fähig ist alle geometrischen Thatsachen zu beschreiben. Wie ich glaube ist diese Frage trotz der unermesslichen Litteratur noch nicht vollständig gelöst. Insbesondere scheinen mir einige der Paschschen Postulate eine Folge früherer zu sein. Doch ist sein Weg, den er nach Euklids Muster wählt der einzig befriedigende, während Riemann, Helmholtz, Lie allesamt die mathematische Darstellbarkeit jenes Systems von Dingen bereits voraussetzen, und mithin da anfangen, wo die eigentliche Schwierigkeit aufhört.

Ausserdem will ich lesen: Bestimmte Integrale und zwar so, dass ich gleich die complexen Veränderlichen benutze und dann Alles auf den Cauchyschen Satz zurückführe.

Ubrigens habe ich noch gar keine neuen Fortschrittsreferate bekommen; wie steht es mit Ihren Referaten?

Meine Bemerkung betreffend der Schurschen Darstellung der Lieschen Transformationstheorie[164] ist vollkommen in Ordnung. Doch ist es möglich, dass Lie selbst diese Bemerkung schon gemacht hat, wie aus einer Note in den sächsischen Berichten hervor zu gehn scheint.

Minkowski ist leider garnicht hier gewesen. Lindemann's mathematische Interessen scheinen nun wieder zu erwachen. Er beschäftigt sich augenblicklich mit der Auflösung algebraischer Gleichungen durch transcendente Functionen – seiner alten Liebe. Wiechert ist nach wie vor fleissig ohne jedoch zu einer Publikation zu kommen, was, wie ich glaube sehr zu seinen Schaden ist. –

Eberhard hat ebenfalls ein neues Buch beim Wickel[165], die ersten Bogen sind bereits gedruckt. Es behandelt die Theorie der Punktnetze in Eberhardscher Allgemeinheit, und zwar die Frage, durch welche Zahlen ein System von Punkten charakterisirt werden kann, wenn man alle diejenigen Punktsysteme als nicht voneinander verschieden ansieht, welche continuirlich ineinander überführt werden können, ohne dass dabei 4 Punkte in eine Ebene zu liegen kommen.

Chittenden hat zum Herbst einen Ruf an eine amerikanische Universität erhalten, bis wohin er den Doctor gemacht zu haben hofft.

Eben erhalte ich von Krause wieder 3 Arbeiten Ueber doppelperiodische Functionen; die Ödigkeit desselben ist doch nur mit der seines Lehrer Königsberger zu vergleichen!

---

[163] M. Pasch: Vorlesungen über neuere Geometrie (Leipzig: Teubner, 1882).

[164] Fr. Schur: Neue Begründung der Theorie der endlichen Transformationsgruppen (Leipzig: Teubner, 1889); Fr. Schur: Zur Theorie der endlichen Transformationsgruppen (Mathematische Annalen 38 (1891), 263-286).

[165] Eberhard, V.: Die Grundgebilde der ebenen Geometrie (Leipzig: Teubner, 1895).

Dass Sie nicht zur Versammlung[166] kommen werden, thut mir sehr leid; ich hoffe Sie besuchen zu können, nachdem wir, wie es unser Plan ist, den Sommer in Cranz verbracht haben.[167] Nun leben Sie wohl, und seien Sie und Ihre Frau herzlich gegrüsst von einer Frau und mir.

Ihr alter Freund.

Hurwitz an **Hilbert** HuHi12
01.05.1893, Zürich (Brief)

Lieber Freund!

Herzlichsten Dank für Ihren letzten Brief, aus dem ich zu meiner Freude ersehe, dass Sie ausserordentlich rührig in der Wissenschaft sind. Was wird diese nicht Alles nach Ihrem [unlesbar] und erfolgreichen Arbeiten zu denken haben! Ich bedaure sehr, dass wir nicht mehr beieinander sind und unsere schönen mathemat. Spaziergänge fortsetzen können. Der briefliche Verkehr ist ja, wegen der grossen Lehrverfälligkeit die ihnen unvermeidlich anhaftet, nur ein sehr mangelhafter Ersatz, für den mündlichen Gedankenaustausch. Interessant war mir insbesondere, dass Sie aus der Nicht-Eucl. Geometrie jetzt eine klare Fragestellung herausgestellt haben und angenehm, dass man wenigstens einen Anhalt in dem Buche von Pasch auf diesen Gebieten hat. Sie meinen doch die Vorlesungen über neuere Geometrie von Pasch? Ihre Vorlesungsabsichten sind hoffentlich durch die Ebbe im Studium der Mathematik nicht verstellt worden[168] oder ist die Nachricht, die ich neulich erhielt, die mir aber nicht ganz glaubwürdig erscheint, begründet, dass in Königsberg kein mathem. Colleg zu Stande gekommen sei? Der alte Stern erzählte mir kürzlich, dass in Halle Cantor seit mehreren Semestern gar keine Zuhörer habe und dass Wangerin mit 2 oder 3 Zuhörern lese. Hier liegen vorläufig die Verhältnisse in dieser Beziehung noch weit günstiger. In der Functionentheorie habe ich 16 Zuhörer, zum Theil allerdings Collegen und Assistenten. Das Colloquium, welches ich morgen, Dienstag, beginne zählt 10–12 Teilnehmer, ausser Hirsch und mir nur Studirende. À propos Hirsch: Senden Sie doch letzterem, bitte, ein Exemplar Ihrer neuen Annalen-Arbeit[169]. Seine Adresse ist: Zürich-Oberstrass, UniversitätsStr. 10 II. Das Exemplar, welches Sie ihm schicken, ist gut angelegt. – In Chicago findet anlässlich der Weltausstellung im August ein Mathematiker-Congress statt, zu welchem ich eine Einladung erhalten habe.[170] Ich habe für diesen Congress, der in der Einladung enthaltenen Aufforderung nachkommend, eine

[166] Es geht um die Jahrestagung der Deutschen Mathematiker-Vereinigung im September 1893 in München.

[167] Das Seebad Cranz ist das heutige Selenogradsk in der russischen Exklave um Kaliningrad.

[168] Hilberts Vorlesung kam in der Tat mangels Zuhörer nicht zustande, vgl. Hilbert an Hurwitz 15. Mai 1893 HiHu 27. Erst ein Jahr später konnte Hilbert dann die geplante Vorlesung halten.

[169] Vermutlich ist gemeint D. Hilbert: Ueber die vollen Invariantensysteme (Mathematische Annalen 42 (1893), 313-373).

[170] 1893 wurde im Rahmen der Weltausstellung in Chicago („World's Columbian Expostion") ein Internationaler Mathematiker-Kongress organisiert, anschließend fand in Evangston eine

kleine Abhandlung über die Reduktion der quadrat. Formen geschrieben,[171] die ich von einer meiner Schülerinnen, einer Amerikanerin Miss Lipafford, in's Englische übersetzen lasse. Interessiren würde es Sie, dass mir Gordan kürzlich über e geschrieben hat. Er hat eine andere nur die Reihenentwicklung von e^x benutzende Methode gefunden, um das Verschwinden von $F(k) - F(0)e^k$ für $p = \infty$ nachzuweisen. Der Brief war recht Gordan'sch abgefasst. Er schloss: „Ich bitte Sie mir zu schreiben, ob ich Recht habe!" Gelungen ist es, dass seine Methode „symbolisch" verführt! Die Katze lässt eben das Miauen nicht! Was die Referate für die Fortschritte angeht, so habe auch ich bislang keine Litteratur erhalten. Ich glaube, Lampe[172] ist stark im Rückstande mit dem Druck des laufenden Jahrgangs.

Ihre Nachrichten über Minkowski, Lindemann, Wiechert, Eberhard, sind mir natürlich interessant gewesen. Dass Chittenden einen Ruf erhalten hat, ist ja geradezu unglaublich, oder hat sich inzwischen doch herausgestellt, dass er wissenschaftlich besser veranlagt ist, als es mir schien? *) Ist denn Chittenden als Professor berufen und an welche Universität?(* Ihr Urtheil über Krause's Arbeiten theile ich vollständig. Eine derartig breiig verschommene Mathematik verdient nicht den Namen Mathematik. Ihre Annalenarbeit[173] ist mir sehr angenehm. Für Leser, die weniger in dem Gegenstande bewandert sind, hätten Sie doch etwas ausführlicher sein sollen. Ich habe hier eine Frage: Sie sagen auf pag. 338 „Aus einem bekanten Satz von Abel etc." Nun sehe ich nicht, wie man Ihre Behauptung aus dem Satze von Abel ableiten kann, obgleich es mir keine Schwierigkeit macht, ihre Behauptung direkt zu beweisen (Ich setze die Grenze gleich l und $\frac{a_0+.+a_p}{p^x} = l + \epsilon_p$. Dann ist $\frac{f(t)}{1-t} = a_0 + l(t + 2^x t^2 + \ldots) + (\epsilon_1 t + \epsilon_2 2^x t^2 + \ldots)$ etc.)

Auf Ihre neuen Untersuchungen in der Idealtheorie bin ich gespannt. Die Arbeit von Killing habe ich seit langem zu Hause. Ich kann mich aber nicht entschliessen, dieses Monstrum von einer Arbeit zu studiren. Es hat beinahe den Anschein, als ob Killing sich genau überlegt hätte, wie man die Sache möglichst langweilig und unverständlich darstellen könne. –

Uns geht es gesundheitlich vortrefflich und ich hoffe, dass es bei Ihnen auch so steht. Im Sommer werden wir sicher mit Ida's Eltern hier in der Schweiz einen schönen Ort aufsuchen, wo wir uns niederlassen. Sehr erstaunt hat uns Ihre Nachricht, dass Sie nach Cranz gehen! Sind Sie dem geliebten Rauschen untreu geworden? Kommen Sie wirklich nach München[174], so haben Sie es doch nicht mehr weit bis zu uns. Das wäre schön von Ihnen, wenn Sie dann einen Abstecher nach der Schweiz machen würden. Die herzlichsten Grüsse von meiner Frau

---

Folgekonferenz statt. Vgl. Mathematical Papers read at the International Mathematical Congress, hg. von O. Bolza, H. Maschke und H. S. White (New York: MacMillan, 1896).

[171] A. Hurwitz: Ueber die Reduction der binären quadratischen Formen (Mathematical Papers Read at the International Mathematical Congress (New York: MacMillan, 1898), 116-124, in erweiterter Form auch in Mathematische Annalen 45 (1894), 85-117.

[172] Emil Lampe war einer der Herausgeber des Jahrbuchs über die Fortschritte der Mathematik; Mitarbeiter waren Felix Müller und A. Wangerin.

[173] D. Hilbert: Ueber die vollen Invariantensysteme: (Mathematische Annalen 42 (1893), 313-373).

[174] Im September 1893 tagte die Deutsche Mathematiker-Vereinigung in München.

und mir für Sie und Ihre liebe Frau, die dem Anschein nach zu urtheilen in der liebenswürdigsten Weise sich an unserer Correspondenz thätig betheiligt.[175]

Ihr alter Freund

A. Hurwitz.

Hilbert an **Hurwitz** HiHu27

15.05.1893, Königsberg (Brief)

Lieber Freund.

Obwohl ich noch nicht viel Stoff habe, um auf Ihren Brief, über den ich mich wieder sehr gefreut habe, zu antworten, so schreibe ich doch, um Ihnen eine grosse Neuigkeit mitzutheilen, die noch vertraulich zu behandeln ist. Lindemann hat mir nämlich mitgetheilt, dass er einen Ruf nach München erhalten hat und denselben auch annehmen will, falls man auf seine Bedingungen eingeht. Soeben schreibt er mir noch, dass er zum Zweck der Verhandlungen selber nach München reist. Lindemann selbst schien es sehr wahrscheinlich zu halten, dass er nach München geht. Somit entsteht dann die Frage seiner Nachfolgerschaft hier, und ich meine dann, dass der Gedanken an Sie sehr nahe liegt, falls Sie überhaupt geneigt sind, das schöne Zürich mit dem abgelegenen, kahlen Königsberg zu vertauschen? Doch ist Alles – und unsere dann fortzusetzenden mathematischen Spaziergänge – sind Zukunftsphantasien. – Von unserem in Cranz geplaneten Sommeraufenthalt schrieb ich Ihnen schon. Ich bin bereits nun um die Erlaubniss eingekommen, vom 1 Juni ab meinen Wohnsitz in Cranz nehmen zu dürfen *) wir sehen nämlich dort einem Ereigniss[176] entgegen vielleicht Mitte August. (* und wir freuen uns schon Beide sehr darauf. Ich komme dann nur zu meinen Vorlesungen herein, von denen ich übrigens die Geometrievorlesung garnicht, die beiden andern nur mit je einem Zuhörer zu Stande gebracht habe.

Meine Fortschrittsreferate habe ich jetzt erhalten und bereits in Angriff genommen. Ich bin diesmal mit der zugewiesenen Litteratur sehr zufrieden. Es ist hauptsächlich Zahlentheorie und Algebra, auch von Ihnen die Arbeit „Über angenäherte Darstellung der Irrationalzahlen“[177] u.s.f. Die beiden Scheffersschen Bücher[178] sind freilich wenig erquicklich. Meine Arbeit über Invarianten an Hirsch habe ich bereits abgeschickt.[179]

Unser Colloquium droht auseinanderzufallen, da auch Volkmann keine rechte Lust mehr zu haben scheint.

---

[175]Käthe Hilbert schrieb meist die Briefe (wie auch seine Manuskripte) ihres Mannes ins Reine.

[176]Geburt von Sohn Franz. Vgl. Hilbert an Hurwitz 14. August 1893 HiHu 31.

[177]Mathematische Annalen 39 (1891), 279-284.

[178]Georg Scheffers hat mehrere Werke von S. Lie, seinem Lehrer, herausgegeben, u.a. Vorlesungen über continuierliche Gruppen mit geometrischen und anderen Anwendungen (Leipzig: Teubner, 1893).

[179]Vgl. Hurwitz an Hilbert 1. Mai 1893 HuHi 12.

Heute war grade der Tag im vorigen Jahr, wo Bleuler[180] zu Ihnen kam; meine Frau hat die Daten dieser ereignisreichen Zeit nämlich noch alle im Kopf.

Ich beschäftige mich augenblicklich damit mir die Theorie der binären quadratischen Formen, vom Standpunkt der Idealtheorie aus, zurecht zu legen. und finde dass das sehr gut geht, insbesondere auch mit dem Begriff des Geschlechts.

Die Killingsche Arbeit ist in der That furchtbar confus, auch glaube ich nicht, dass man mit seiner Idee allein durchkommt. Ich wenigstens habe zu meinem Beweise noch andere Hilfsmittel nöthig gehabt.

Dass es Ihnen mit Ihrer Gesundheit so gut geht, hat uns sehr gefreut, auch wir befinden uns sehr wohl und vergnügt; obwohl wir mit unsrer Vegetation wahrscheinlich sehr weit hinter Ihnen zurück stehen. Bei uns sind erst seit wenigen Tagen an wenigen Bäumen wenige Blätteranfänge wahrnehmbar.

Chittendens Ruf ist erfolgt nach Princeton, wenige Stunden von Neu-York. Doch hat er wie es scheint Bedingungen wegen Wohnungszuschuss gestellt, und darauf noch keine Antwort. Wir waren neulich zu seiner Mutter Geburtstag zu einem kleinen Dinier im Theaterestaurant mit Eberhard zusammen.

Weiter weiss ich Ihnen heute nichts zu erzählen, und sagen Ihnen daher Adieu. Seien Sie und Ihre Frau herzlich gegrüsst von mir und meiner Frau.

Ihr Freund

Hilbert.

Bitte auch Ihren Bruder von uns zu grüssen.

Hilbert an **Hurwitz** HiHu28

31.05.1893, Königsberg (Postkarte)

Lieber Freund. L. hat thatsächlich nach München angenommen. Wir siedeln heute nach Cranz über, meine Adresse daselbst ist: Thirchenhinterstr. 5. Ich werde nur an 2 Tagen in der Woche herüber kommen. – Was die Anwendung des Abelschen Satzes in meiner Arbeit anbetrifft[181], so geht doch der dort von mir angegebene Satz für $K = 0$ direct in den bekannten Abelschen Satz über und hieraus kann man meinen Satz für $K > 0$ ableiten. Chittendens Bedingungen betreffts seiner Wohnung sind angenommen und er geht im Herbst hnüber. (Zunächst nur als Instructor mit der Anwartschaft übers Jahr Professor zu werden.) Er verdankt die Anstellung der Empfehlung von Franklin.[182] – Für die Chicagoer Ausstellung werde ich Kleins Aufforderung entsprechend ein kleines Referat über Invariantentheorie schicken. Herzlichste Grüsse von meiner Frau und mir an Sie und Ihre Frau. Ihr Freund Hilbert.

[180] Es geht um Oberst H. Bleuler, Präsident des schweizerischen Schulrates, des Leitungsgremiums des Züricher Polytechnikums (1888–1906). Er verhandelte mit Hurwitz in Sachen Berufung nach Zürich. Vgl. auch Hurwitz an Hilbert Brief vom 22. Juli 1893 HuHi 13.

[181] D. Hilbert: Ueber die vollen Invariantensysteme (Mathematische Annalen 42 (1893), 313-373).

[182] Fabian Franklin (1853–1933) war Mathematiker an der John Hopkins Universität in Baltimore.

Minkowski an **Hilbert** MiHi14
02.06.1893, Bonn (Brief)

Lieber Hilbert.

Soeben erhielt ich Deine Karte. Dass ich nach Deinem letzten Briefe noch nichts von mir habe hören lassen, hat seinen wahren Grund eigentlich darin, dass ich mich etwas schäme, und vor Dir am meisten, meiner Arbeitsmethode wegen; näher brauche ich mich kaum auszulassen. Ich habe auch entschieden vor, mich zu ändern, denn auf die Dauer dürfte ich es so nicht weit bringen. Wenn erst mein Buch[183] demnächst heraus sein wird, mit dem ich dann hoffe zugleich meine didaktische Befähigung etwas bewiesen zu haben, will ich mich aus den schon arg von der Cultur beleckten mathematischen Stammtischen, an denen ich jetzt sitze, wieder etwas in die freie Welt begeben, wo man noch unzerlegte Primideale und Gattungsdiscriminanten wild wachsend trifft, mit denen man dann bloss einen Pact zu schliessen braucht, um ihr König zu sein. Aber da ich es nun einmal freiwillig übernommen habe, eine Zeit lang Thüren zu streichen und Fenster zu lackiren, so muss ich dies schon zu Ende führen. Hoffentlich dauert es nicht mehr lange. Das letzte, was ich in mein Opus eingefügt habe, war ein Beweis für die periodische Entwicklung von quadratischen Irrationalzahlen in Kettenbrüche. Es ist wirklich merkwürdig, dass diese alte Frage sich noch in so schlechtem Zustande befand und man alles darin auf ein paar Formeln basirte, die durch Zufall hineingeschneit kamen. Ueberhaupt glaube ich, dass jeder gesittete Mathematiker einen Horror vor den Abschnitten über Kettenbrüche in den Lehrbüchern haben muss. In meiner Darstellung ist von Rechnung kaum eine Spur und glaube ich durch dieselbe auch das bisherige, immer sehr unbestimmt auftretende Verlangen nach Verallgemeinerungen der Lehre von den Kettenbrüchen verständig präcisirt zu haben. Nachdem das betreffende Kapitel und mein Beweis der Dirichlet'schen Sätze über die complexen Einheiten gedruckt sein wird, sende ich Dir den grösseren Theil meines Buches zu.

Dass Lindemann den Ruf nach München[184] bekommen hat, machte mich eigentlich über die Art, wie das Schicksal seine Gaben vertheilt, lachen. Die Münchener werden wohl auch Wind von den feenhaften italienischen Nächten, die er als Rector[185] veranstaltet haben soll, bekommen haben; oder sollten sie sich noch immer durch die Quadratur des Cirkels[186] gruselig machen lassen. Ich

[183] Gemeint ist die „Geometrie der Zahlen", deren erste Lieferung allerdings erst 1896 bei Teubner erschien, die zweite Lieferung wurde postum 1910 von Andreas Speiser und D. Hilbert herausgegeben.

[184] F. Lindemann wurde 1893 an die Münchner Universität berufen, sein Nachfolger auf dem Königsberger Ordinariat wurde Hilbert; vgl. Hilbert an Hurwitz, 31. Mai 1893 HiHu 28.

[185] Lindemann war 1892–1893 Rektor der Königsberger Universität gewesen und hatte wohl einen ausgeprägten Sinn für gesellschaftliche Ereignisse.

[186] Lindemanns berühmteste Leistung war der Transzendenzbeweis (1882) für die Kreiszahl π, der zugleich zeigte, dass die Quadratur des Kreises mit Zirkel und Lineal in der euklidischen Geometrie unmöglich ist.

sehe es als gegeben an, und bei einigem Gerechtigkeitsgefühl wird wohl auch Lindemann nicht anders denken können, dass Du sein Nachfolger wirst; wenn er es durchsetzte, würde er wenigstens mit Ehren von dem 10 Jahre innegehabten Platze abtreten.

Für Klein soll ich auch ein Referat machen; das wäre schon der vierte Bericht über die Arbeit; ich wollte, sie wäre schon endlich heraus. Ueber die Art, wie mich jüngstens einmal Klein in den Göttinger Nachrichten citirt hat, habe ich mich nicht wenig amüsirt; ich dachte aber, seine Absicht war gut. Was er dort auseinandersetzte, steht übrigens schon in einem Aufsatze von Poincaré aus dem Jahre 1880.

Jüngstens war Study hier zu einem Musikfeste. Wir haben einen Ausflug zusammen gemacht. Er meinte, Du und er, Ihr hättet eure Rollen vertauscht[187]; Du wärest der Kritiker und er der in seinen Urtheilen bescheidene geworden; seine Urtheile über Dich und Deine Arbeiten waren gelungen, ich erzähle davon einmal in Cranz; er scheint etwas mit dem Schicksal zu grollen.

Lipschitz, den ich bewogen habe, Deine Note über *e* zu lesen, sagte „meisterhaft".

Meine Referate[188] habe ich, nachdem ich sie bis zum äussersten Termin herausgeschoben hatte, ziemlich rasch, und ich glaube noch gut genug erledigt. Ich hatte aber mehr Freude davon erwartet. Die Poincaré'sche Preisarbeit[189] hat mir nicht so mächtig imponirt wie Nöther, obwohl ich glaube, sie nicht weniger gut verstanden zu haben. Ich hatte noch über einen zweiten grösseren und ganz interessanten Aufsatz von Poincaré aus der Potentialtheorie[190] zu referiren; ich muss aber sagen, ich würde es niemals über mich bringen können, Arbeiten in solchem Zustande wie Poincaré zu publiciren.

Meine Collegia über Analytische Geometrie des Raumes und Anwendungen der elliptischen Functionen sind auch nicht allzustark besucht. Ich habe aber recht verständige Zuhörer, ich glaube, zwei oder sogar drei von ihnen denken eines Tages Concurrenten zu werden.

Nach Cranz werde ich mit Anfang August kommen. Es ist nur schade, dass ich so bald wieder zurück müsste, wenn ich nach München[191] wollte.

Mit den besten Grüssen an Dich und Deine Frau

Dein
H. Minkowski

---

[187] Hilbert und Study waren 1886 zusammen in Paris. Hilbert stand Study eher kritisch gegenüber. Vgl. Brief Hilbert an Hurwitz, 2. Januar 1886 HiHu 2.

[188] Das Jahrbuch erschien in der Regel etwa zwei Jahre nach dem Jahr, dessen Publikationen in ihm referiert wurden und das dann jeweils als Jahrgang angegeben wurde und wird. Im Band 1891 (erschienen 1893) hat Minkowski zehn Referate verfasst, hauptsächlich zu Arbeiten aus der mathematischen Physik, im Band 1890 waren es elf.

[189] H. Poincaré: Sur le problème des trois corps (Acta mathematica 13 (1890), 1-270); Referat von Minkowski Jahrbuch über die Fortschritte der Mathematik 22 (1890), 907-912.

[190] H. Poincaré: Sur les équations aux dérivées partielles de la physique mathématique (American Journal of Mathematics 12 (1890), 211-294; Referat von Minkowski Jahrbuch über die Fortschritte der Mathematik 22 (1890), 977-980.

[191] Zur Jahrestagung der Deutschen Mathematiker-Vereinigung, die im September in München stattfand.

Hilbert an **Hurwitz** HiHu29
21.06.1893, Cranz (Postkarte)

Lieber Freund.

Zur Wiederkehr Ihres Hochzeitstages senden meine Frau und ich Ihnen sowie Ihrer Frau die herzlichsten Grüsse und Glückwünsche aus Cranz. Es gefällt uns vorläufig hier sehr gut, zumal wir eine sehr ländlich und einsam gelegne Wohnung haben, und ich nur zwei Vormittage nach der Stadt muss. – Lindemann ist schon sehr mit Bauplänen des neuen math. Seminars in München beschäftigt. – Ich habe ein kl. Referat „Über Invariantentheorie" an Klein für Chicago abgeschickt.[192] – Zu einem endl. Zahlenkörper kann man stets 2 ganze Zahlen so bestimmen, dass alle übrigem ganze ganzzahl. Functionen ders. sind; dies ist eine leichte Folge der Dedekindschen Theorie.

Ihr Freund Hilbert.

Hilbert an **Hurwitz** HiHu30
21.07.[1893 (ergänzt)], Cranz (Brief)

Lieber Freund!

Warum höre ich denn garnichts mehr von Ihnen? Meinen Brief, welchen ich schon Anfang Mai an Sie schrieb und meine beiden Postkarten haben Sie doch erhalten? Hier giebt es übrigens Nichts Neues. Ueber die Nuebesetzung von Lindemanns Stelle sind Sie vielleicht besser orientirt als ich. Man spricht hier davon, daß Brill und Schottky von der Fakultät vorgeschlagen.[193] Lindemann ist seit langem für uns verloren! Er behauptet, stets bis über die Ohren beschäftigt zu sein; womit, weiss man eigentlich nicht. Für das Colloquium hat er nicht einmal mehr soviel Interesse, um der nächsten definitiv letzten Sitzung beizuwohnen. Nächsten Dienstag findet das Abschiedsessen statt, zu dem ich natürlich in die Stadt fahre. – Hier in Crantz geht es uns sehr gut. Ich bade täglich im Freien, außerhalb der Badeanstalt, mit großem Vergnügen. Wir haben hier, wie ich Ihnen wohl schon schrieb, eine sehr stille, ländliche Wohnung, an der Peripherie von Crantz gelegen, und vermeiden bei unseren Ausgängen das Innere, da Crantz eine [eingefügt: die] Stadt ist, die es übrigens in folge seiner mannigfaltigen Gewächse auch ist. Wir wohnen schon seit dem 31ten Mai draußen und gedenken auch tief in den Herbst hinein zu bleiben. Es ist in diesen Tagen so heiß, daß man nur abends ausgehen kann. Wir nehmen uns dann unser Abendbrot mit, wandern an eine einsame Stelle des Strandes nach Rosehnen zu, und verzehren dasselbe dort mit großem Vergnügen angesichts des Sonnenunterganges. Wann begeben Sie sich auf die Sommerfrische?

[192] D. Hilbert: Ueber die Theorie der algebraischen Invarianten. In: Mathematical Papers read at the International Mathematical Congress, hg. von O. Bolza, H. Maschke und H. S. White (New York: Macmillan, 1896), 116-124.

[193] Hilbert wurde Lindemanns Nachfolger auf dem Königsberger Ordinariat.

Wie gefällt Ihnen der folgende Beweis für die Zerlegung der Zahlen eines Galois'schen Körpers in Primideale? Man definire ein Primideal K gleich einem Ideal, welches nach keinem anderen $\equiv 0$ ist, und beweise dann in bekannter Weise, daß wenn das Produkt der Ideale $\equiv 0$ nach K ist, notwendig einer der Faktoren $\equiv 0$ ist. Dann definire als ein singuläres Ideal ein solches, welches mit seinen sämmtlichen conjugirten übereinstimmt. Es gilt dann der Satz: Wenn ein singuläres Ideal $\equiv 0$ nach K ist, so sind sämtliche Zahlen desselben mindestens durch $p^{1/n}$ theilbar, wo n der Grad des Körpers und p die Primzahl bedeutet, welche nach $K \equiv 0$ ist. Den Beweis sehen Sie leicht. Ebenso leicht erkennt man den Satz: zu einem vorgelegten, singulären Ideal I läßt sich stets eine rationale Zahl $r = \frac{k}{l}$ bestimmen, so daß alle Zahlen von I durch p^r, aber nicht durch eine noch höhere Potenz von p theilbar sind. Nun nehme man ein Primideal P, bilde das Produkt aller seiner Conjugirten J, welches folglich ein singuläres Ideal ist. Dann ist offenbar $\frac{J^l}{p^k}$ ebenfalls ein singuläres Ideal und da dasselbe, wie durch Anwendung der obigen Sätze geschlossen wird, nach keinem Ideal $\equiv 0$ mehr sein kann, so ist dasselbe $= 1$; und hieraus folgt: zu dem ursprünglich vorgelegten Primideal P kann stets ein Ideal G construirt werden, derart, daß PG ein Hauptideal wird. Daraus folgt dann leicht das Weitere. Der Vorzug dieses Beweises scheint mir in der größeren Einfachheit und Durchsichtigkeit zu liegen, so wie darin, daß auf dem eingeschlagenen Wege wenigstens für Galois'sche Körper der Dedekind'sche Satz über die Discriminante eingesehen werden kann. Übrigens läßt sich der Beweis auch für beliebige Zahlkörper ähnlich führen, was aber erheblich ist.

Ich habe die Absicht, hierüber in München vorzutragen.[194]

Mit besten Grüßen von mir und meiner Frau an Sie und Ihre Frau sowie an Ihren Bruder

Ihr alter Freund
David Hilbert

Hurwitz an **Hilbert** HuHi13
22.07.1893, Zürich (Brief)

Lieber Freund!

Hoffentlich sind Sie mir nicht böse, dass ich Ihren lieben Brief und Ihre freundliche Gratulation zu unserem Hochzeitstage bis heute ohne Antwort gelassen habe. Ich bin in der That, zumal in den letzten Wochen, durch die berufliche Thätigkeit am Polytechnikum so in Anspruch genommen, dass ich wenig zu mir selber gekommen bin – und ich wollte Ihnen doch, wenn überhaupt, einen gehörigen Brief schreiben. Also entschuldigen Sie bitte mein Säumen und

[194] Hilbert trug bei der Jahrestagung der deutschen Mathematiker-Vereinigung in München vom 3. bis 9. September 1893 vor über: Zwei neue Beweise für die Zerlegbarkeit eines Körpers in Primideale. Anlässlich dieser Versammlung wurden die Herren Hilbert und Minkowski ersucht, in zwei Jahren ein Referat über Zahlentheorie zu erstatten.

nehmen Sie meine verspätete Antwort und unseren herzlichen Dank für Ihren und Ihrer lieben Frau Glückwunsch auch heute noch freundlich entgegen. Dem Dank können wir unsererseits herzlichsten Wünsche für das Ereignis, dem Sie ja nun wohl in nächster Zeit entgegensehen, hinzufügen. Auf Ihre Zuschriften (ich finde eben noch eine weitere Karte von Ihnen) muss ich nun doch näher eingehen, wenn Sie auch vielleicht manches, was Sie mir geschrieben, kaum noch in der Erinnerung behalten haben werden. Ida und ich sind sehr erstaunt, oder bewundern vielmehr sehr das Gedächtnis Ihrer Frau. Der Schulrathspräsident heisst indessen nicht Bläule sondern Bleuler.[195] Dass Sie diesmal so gut mit den Referaten gefahren sind, ist ja sehr erfreulich. Ich kann das von mir nicht behaupten; es ist viel gleichgültiges oder gar unangenehmes Zeug unter den Referaten, die mir übertragen sind. Wie ist es jetzt mit dem Colloquium bei Ihnen? Meines hier blüht. Es steht bedeutend unter dem Zeichen „Hilbert", insofern ich vielfach Ihre Arbeiten besprochen habe. Ein gewisser Besso hat sich mit Wuth in Ihre grosse Arbeit über algebr. Formen hineingebissen.[196] Er will durchaus eine obere Grenze für die Zahl der Formen einer Reihe, durch die sich alle anderen linear darstellen lassen, auffinden. Er ist aber zu keinem allgemeinen einfachen Resultate gelangt. Im binäre Falle ist $n + 1$ eine obere Grenze wo n irgend eine vorkommende Ordnung ist. Im ternären Falle ist sein Resultat schon furcthbar complicirt und meiner Meinung nach werthlos.

Wird Chittenden ein richtiger Professor in Princeton oder nur Schulmeister? *) Ich sehe eben, dass Sie die Frage schon auf Ihrer Karte von 31. Mai beantwortet habe. (* Was machen nun Ihre zahlentheoret. Studien? Ich komme fast gar nicht zu eigenem Arbeiten und für den Winter ist auch wenig Aussicht dazu vorhanden, da ich im Winter wöchentlich 8 Vorlesungsst., 2 Übungsst. und 2 Colloquiums-Stunden habe. Was Ihre Verallgemeinerung des Abel'schen Satzes angeht, so hat einer meiner Schüler, Herr Jaccottet, in seiner Diplomarbeit (ich hatte ihm als Thema gegeben: Anwendung bestimmter Integrale in der Lehre von der Convergenz und Div. der Reihen) eine weitere Verallgemeinerung bewiesen. Nämlich:

Ist $f(x) = a_0 + a_1 x + a_2 x^2 + \ldots + a_n x^n + \ldots$ und $\lim\limits_{n=\infty} \frac{a_n}{n^p} = l$, so ist

$$\mathop{Lim}_{x=1}[(1-x)^{1+p} f(x)] = l\Gamma(1+p)$$

) Grüssen Sie bitte Eberhard, Wiechert, Lindemann, Volkmann. (Die einzige Bedingung ist, dass p eine reelle Zahl > -1 ist. Der Satz lässt sich leicht anders aussprechen, wenn man die Gleichung $\frac{f(x)}{1-x} = a_0 + (a_0 + a_1)x + (a_0 + a_1 + a_2)x^2 + \ldots$ benutzt. – Haben Sie die Preisarbeit von Hadamard, die inzwischen im Journal de mathém. erschienen ist, schon gesehen?[197] Sie ist sehr bemerkenswerth und ich

[195] Der Präsident des Schulrates spielte eine zentrale Rolle am Züricher Polytechnikum. Er entschied z. B. über Berufungen.

[196] Es geht hier nicht um Michele Besso (1873-1955), Maschinenbauer, Studienkollege und Freund Einsteins.

[197] Vgl. Bernhard Riemann's Gesammelte Mathematische Werke und wissenschaftlicher Nachlass, herausgegeben von Heinrich Weber unter Mitwirkung von Richard Dedekind (Leipzig, Teubner 1876, 2. Auflage 1892).

habe mir vorgenommen dieselbe näher zu studiren. Die in der neuen Auflage von Riem. Werken der Primzahlarbeit zugefügte Bemerkung aus einem Riem. Briefe haben Sie wohl gelesen. Ich glaube doch, dass Riemann mehr gewusst hat über $\zeta(s)$, als man (d.h. Sie) geneigt ist anzunehmen.

Wie steht es denn nun mit der Wiederbesetzung von Lindemann's Lehrstuhl? Das ist doch eine Frage, die Sie naturgemäss im hohen Grade interessiren wird. – Nach Chicago habe auch ich eine kleine Abh. geschickt; ich glaube, ich schrieb Ihnen schon früher davon.[198] Die Gesundheitsverhältnisse in Chicago sollen sehr schlecht sein, so dass ich wünschte, Klein gäbe seinen Plan, nach Chicago zu reisen, auf. – Mein Bruder, der Sie herzlich grüsst, verlässt jetzt Zürich, um nach Halle zu gehen und dort allmählich den Doctor vorzubereiten.[199]

Ihnen und Ihrer lieben Frau von Ida und mir die herzlichsten Grüsse. Ihr

Hurwitz

Hurwitz an **Hilbert** HuHi14

24.07.1893, Zürich (Postkarte)

Lieber Freund! Meinem gestrigen Briefe lasse ich heute gleich diese Karte folgen, da eben Ihr ausführlicher Brief in meine Hände gelangt ist und ich Ihnen meine Freude über den Fortschritt in der Idealtheorie aussprechen möchte. Die Sache ist so einfach, dass ich keine Schwierigkeit gehabt habe, mir den Beweis nach Ihren Angaben sofort vollständig zu construiren. Ihr Bericht über Ihr ländliches Leben hat uns amusirt; das ist ja ganz idyllisch. Nach München[200] reisen Sie also nun jedenfalls? Wir erwarten am 1 August Eltern und Schwestern aus Königsberg und suchen mit diesen einen noch zu bestimmenden schönen Ort in der Schweiz auf. Am Sonnabend bin ich vollständig frei, diese letzte Woche ist aber noch anstrengend. Hat Ihnen denn L. gar nichts über die gemachten Vorschläge mitgetheilt?[201] Die von Ihnen citirten Namen klingen ja nicht unwahrscheinlich. – Wo bleibt eigentlich Minkowski's Buch?[202] wird M. die Sommerferien in Königsberg verbringen? Wenn ja grüssen Sie ihn herzlich von mir. Nehmen Sie und Ihre liebe Frau herzliche Grüsse von meiner Frau und mir Ihrem Hurwitz.

[198] A. Hurwitz: Ueber die Reduction der binären quadratischen Formen (Mathematical Papers Read at the International Mathematical Congress (New York: MacMillan, 1898), 116-124), in erweiterter Form auch in Mathematische Annalen 45 (1894), 85-117.

[199] Julius Hurwitz promovierte 1895 in Halle bei A. Wangerin mit der Dissertation „Über eine besondere Art der Kettenbruch-Entwicklung complexer Größen".

[200] Zur Jahrestagung der deutschen Mathematiker-Vereinigung, die im September 1893 in München stattfand.

[201] Wegen der Nennung Münchens scheint ein Brief/eine Postkarte von Hilbert zu fehlen (mit Kandidatennamen für Lindemanns Nachfolge).

[202] Minkowskis Buch „Geometrie der Zahlen" erschien erst 1896.

Minkowski an **Hilbert** MiHi15
05.08.1893, Bonn (Brief)

Lieber Hilbert.

Herzlich freue ich mich, dass es so gekommen ist, wie ich eigentlich mit grosser Zuversicht vorausgesehen habe, und ich wünsche Dir und Deiner Frau herzlich Glück zu Deinem Erfolge. Althoff ist mir eigentlich immer, trotz seiner Absonderlichkeiten, als ein Mann von richtigem Urtheil und gerechtem Handeln erschienen; zu den Ungerechtigkeiten, die man mitunter bei ihm erlebt, mag er vielfach gezwungen werden. – Gleichzeitig mit Deinem so erfreulichen Briefe wurde mir ein Gestellungsbefehl zu einer vierzehntägigen Übung vom 28. August an überreicht. Nun ist wirklich guter Rath theuer, ich werde alle Hebel in Bewegung setzen, um von der Übung loszukommen. In der Regel aber wird die Antwort erst am Morgen des Einberufungstages an Ort und Stelle ertheilt; ausserdem werden die Leute, weil jetzt das Kaisermanöver hier sein soll, ganz besondere Schwierigkeiten machen. Wenn ich diesen Schicksalsschlag noch hätte ahnen können, wäre ich sicherlich schon seit einer Woche in Königsberg; so könnte ich jetzt gerade nur für 14 Tage dorthin.

Wenn ich in Deine Stelle in Königsberg würde einrücken können, würde ich es, glaube ich, aus vielen Gründen als ein besonderes Glück zu betrachten haben.[203] Der Umgang hier mit meinen mathematischen Kollegen ist wirklich bejammernswerth; der eine klagt über Migräne, so wie man a oder x sagt; bei dem anderen tritt innerhalb fünf Minuten die Frau dazwischen, um dem Gespräch eine andere Wendung zu geben. Für meine wissenschaftliche Entwicklung wäre es deshalb ein Unterschied wie Tag und Nacht, wenn ich diesen Umgang mit dem Deinigen vertauschen könnte. Und mit meinem Gehalt würde ich jedenfalls in Königsberg, auch wenn es nicht wesentlich grösser würde, besser reichen als hier.

Nach Deinen mathematischen Bemerkungen in Deinem Briefe scheinst Du den Aufsatz „Intorno ad un teorema di aritmetica" von Italo Zignago, studente della matematica all'Universitâ di Genova im letzten Heft der Annali di Matematica noch nicht gelesen zu haben. Die Sache grenzt an's Fabelhafte. Zignago beweist, dass in jeder arithmetischen Progression (welche relativ prime Zahlen darstellen kann) unendlich viel Primzahlen da sind, auf so einfachem Wege, dass der Beweis wirklich nicht complicirter ist als der Euclidische Beweis, dass es überhaupt unendlich viele Primzahlen giebt.[204] Ich würde Dir seinen Beweis hier excerpiren, wenn ich nicht mich beeilen wollte, um Aufschluss über die Möglichkeit zu erlangen, von der Übung befreit zu werden. Ist die Sache ganz aussichtslos, entschliesse ich mich vielleicht kurzer Hand, noch auf zwei Wochen nach Königsberg, resp. Cranz zu kommen.

---

[203] Minkowski folgte 1894 Hilbert auf das bezahlte Extraordinariat in Königsberg nach.

[204] Buch IX Satz 20 (in der Ausgabe von Cl. Thaer): „Es gibt mehr Primzahlen, als jede vorgelegte Anzahl von Primzahlen."

Mit herzlichem Grusse
Dein
H. Minkowski

Hilbert an **Hurwitz** HiHu31
14.08.1893, Cranz (Brief)

Lieber Freund.

Obwohl ich Ihre jetzige Adresse nicht weiss, schreibe ich dennoch – und zwar wie sie sehen selber – da ich Ihnen 2 Ereignisse melden muss. Erstens – die Geburt eines Sohnes, welche sehr glücklich in der Nacht vom 10ten bis 11ten erfolgte (5 Minuten nach 12).[205] Meine Frau befindet sich sehr wohl und hat sich eigentlich nur $3\frac{1}{2}$ Stunden quälen dürfen, nachdem wir noch kurz vorher einen kleinen Spaziergang gemacht hatten. Wir sind beide sehr vergnügt, dass nun die Sache erledigt ist. Der Kleine hat eine Amme und ist sehr ruhig.

Zweitens; denken sie, habe ich von Althoff einen Brief erhalten, worin er mir mitteilt, dass er mich zum Nachfolger von Lindemann dem Minister empfehlen werde. Sie können sich kaum denken, wie glücklich ich darüber war. Ich habe dieses rasche und glänzende Vorwärtskommen dem Glücke vor Allem der nachdrücklichen Empfehlung von Lindemann zu verdanken, welcher ausser mir noch Voss, Brill, Krause auf die Vorschlagsliste gesetzt hatte. Ich hoffe, dass meine Ernennung bald erfolgen wird. Ich erhalte 3600 Mark und Wohnungszuschuss.

Die Hadamardsche Arbeit habe ich inzwischen gründlich studiert: es ist genau, wie ich vorausgesagt habe: ein schöner Fortschritt in der allgemeinen Theorie der analytischen ganzen transzendenten Funktionen, wodurch zwar die Zerlegung der $\zeta(r)$ Funktion in lineare Faktoren möglich wird; aber für die Primzahlen folgt nicht das geringste.[206] Dazu ist vielmehr der Nachweis nöthig, dass die reellen Bestandteile der Wurzel $= \frac{1}{2}$ sind. Was Hadamard behauptet ist durchweg richtig.

Ich bin hier sehr viel mit Minkowski zusammen, welcher mir über sein Buch erzählt und leider wahrscheinlich nicht wird nach München[207] kommen können, da er zu einer militärischen Uebung eingezogen ist.

Wenn ich Ihre Adresse weiss schreibe ich bald mehr

Ihr alter Freund

Hilbert

Die besten Grüsse an Sie, Ihre Frau, Ihre Schwiegereltern und Ihren Bruder, falls derselbe da ist von meiner Frau mir und Minkowski.

---

205 Es geht um die Geburt von Sohn Franz, einziges Kind von Käthe und David Hilbert.

206 J. Hadamard: Essai sur l'étude des fonctions données par leur développement de Taylor (Paris, 1892). Direktor der Thèse war E. Picard.

207 Die deutsche Mathematiker-Vereinigung hielt ihre Jahrestagung vom 5. bis 9. September 1893 in München ab. Hilbert sprach über die Zerlegbarkeit der Zahlen eines Körpers in Primideale, Minkowski hielt keinen Vortrag.

Hilbert an **Hurwitz** HiHu32
15.09.1893, Cranz (Brief)

Lieber Freund.

Wie Sie sehen, bin ich schon wieder in Cranz. Rudio und Geiser, welche ich in München kennen gelernt habe, werden Ihnen gewiss schon erzählt haben, wie amüsant es in München war; vor Allem war die Austellung der Mittelpunkt und man konnte in kurzer Zeit eine Einsicht in die vorgeführten Modelle und Apparate gewinnen. Insbesondere wurden Brun, Wiener und Mehmke nie müde, die ausgestellten Gegenstände immer wieder zu erklären. Weniger war mit den Vorträgen los. Auch enttäuschte mich das Referat von Brill und Noether[208], von dem ich garnichts profitirt habe. Für das Jahr 95 haben Minkowski und ich ein Referat über Zahlentheorie[209] übernommen. Von bekannten Universitätsmathematikern waren wenige da, desto mehr Gelegenheit hatte man neue interesante Bekanntschaften zu machen, z. B. B. Meyer aus Zürich, Dückstein aus Warschau, Veronese aus Padua, Bjerknes, Henrici, Greenhill, Veltmann mit seinem recht intressanten Apparat zu Auflösung linearer Gleichungen, welcher wie ein Soxhleter Milchkocher[210] aussah, Stickelberger, Schapira, welcher flammende Reden hielt. Von Berlinern war Niemand gekommen. Auch Althoff erschien eines Abends unter uns. Er hat mir eine deutliche Etatserhöhung von 300 Mrk. für das math. Seminar zugesichert, und überdies noch einmalige Zuwendung von 600 Mrk. für das mathematische Seminar angeboten; und ich habe mir bereits allerlei Gegenstände auf der Ausstellung zum Ankauf angemerkt. Eine grosse Schwierigkeit macht die Wiederbesetzung meines Extraordinariats[211], da Eberhard doch schwer umgangen werden kann.

Mein Sohn, der übrigens eine Amme hat, hat während meiner 10tägigen Abwesenheit $\frac{5}{4}$ Pfd. zugenommen, auch meiner Frau geht es gut, sodass wir Vorauch Nachmittags täglich spazieren gehn können. Wir wollen, falls das Wetter günstig ist, diesen Monat noch hier in Cranz bleiben, wo es uns sehr gut gefällt.

Ihres Bruders Glückwünsche habe ich erhalten und danke ihm sehr für dieselben. Warum hat derselbe gerade Halle zu seinem Studienort gewählt? Wo, wie ich denke, jetzt sehr wenig los ist, da Cantor, wie er selbst eingesteht, die Mathematik ein Gräuel ist. Doch nun leben Sie wohl, empfangen Sie meinen und meiner Frau besten Dnak für Ihre Glückwünsche, und seien Sie und Ihre Frau herzlich gegrüsst von uns Beiden. Ihr Freund

D. Hilbert.

---

[208] Brill und Noether referierten bei der Münchner Versammlung 1893 über ihren Bericht über die Entwicklung der algebraischen Funktionen. Dieser wurde dann im dritten Band des Jahresberichts abgedruckt.

[209] Hilberts Zahlbericht, 1897 gedruckt. Minkowski verfasste keine Bericht.

[210] Der Chemiker Franz von Soxhlet führte Studien zur Sterilisation von Milch durch. Er konstruierte 1886 einen Apparat zur Sterilisation von Milch.

[211] Dieses wurde durch Hilberts Aufrücken in das Ordinariat von Lindemann frei. Erhalten hat es letztlich H. Minkowski. Aus Anxennitätsgründen konnte V. Eberhard auf diese Stelle rechnen.

Hurwitz an **Hilbert** HuHi15
10.10.1893, Zürich (Brief)

Lieber Freund!

Auf meinem Kalender finde ich eine Anmerkung, die mir die Feder in die Hand drückt, obgleich ich jetzt infolge der anstrengenden Diplomprüfungen nichts weniger als schreibselig bin. Aber Ihren Hochzeitstag darf ich doch nicht vorrübergehen lassen, ohne Ihnen und Ihrer lieben Frau meine herzlichen Glückwünsche zu sagen, denen sich meine Frau mit ebensolchen anschliesst. Sie dürfen wahrlich mit Befriedigung auf das erste Jahr Ihrer Ehe zurückblicken und man kann Ihnen nichts Besseres wünschen, als dass sich an dies erste Jahr unzählig viele gleichwertige anreihen mögen.

Die Collegen Geiser und Rudio haben mir, wie Sie richtig vorausgesehen haben, in ausführlicher Weise von der Münch'ner Versammlung[212] erzählt. Rudio ist, wie Sie, durch das Noether'sche Referat sehr enttäuscht worden, während er sich über das Brill'sche[213] günstiger ausgesprochen hat. Interessant war mir, zu hören, dass Sie bei einem Haar in den Vorstand der Mathem.-Vereinigung gewählt worden wären. Da Sie mit Minkowski ein Referat übernommen haben, so werden Sie also sicher im nächsten Jahre nach Wien gehen?[214] Die Herren, die Sie als neue interessante Bekanntschaften aufzählen, würden mich allerdings kaum reizen, die Versammlung mitzumachen. Ich bedaure trotzdem, nicht in München dabei gewesen zu sein, da ich gern die Ausstellung[215] gesehen hätte, die, nach dem Katalog zu urtheilen, eine Menge interessanter und anregender Dinge enthalten zu haben scheint. – Dass Ihnen Althoff in so angenehmer Weise entgegenkommt, ist ja sehr erfeulich. Unangenehem dagegen die Situation Eberhard gegenüber. Ich bin gespannt zu erfahren, wer nun schliesslich Ihr Extraordinariat erhalten wird.

Mein Bruder, dem ich Ihren Dank übermittelt habe, fühlt sich einstweilen in Halle recht wohl. Er hat Halle namentlich der angenehmen Lage und der doch immerhin zu erwartenden Anregungen wegen gewählt. Wangerin ist ein sehr guter Docent, Wiener immerhin recht rege und Stäckel ein aufstrebender junger Mathematiker, von dem ich mir für die Zukunft Etwas verspreche. Cantor

---

[212] Die Jahrestagung der deutschen Mathematiker-Vereinigung, fand im September 1893 in München statt.

[213] Hier scheint ein Missverständis vorzuliegen, Brill und Noether hielten in München gemeinsam ein „Referat über die Entwicklung der Theorie der algebraischen Functionen in älterer und neuerer Zeit". Der eigentliche Bericht von Brill und Noether erschien im Jahresbericht der Deutschen Mathematiker-Vereinigung 3 (1894) auf den Seiten 107 bis 566.

[214] Im Bericht über die Münchner Tagung (Jahresbericht der deutschen Mathematiker-Vereinigung 3 (1894), 7) heißt es: „Es werden die Herren Hilbert und Minkowski ersucht, ein Referat über Zahlentheorie zu erstatten."

[215] Es geht um die Ausstellung mathematischer Modelle, die W. Dyck organisiert hatte und zu der ein umfangreicher Katalog veröffentlicht wurde.

liest Zahlentheorie, soll allerdings vorzugsweise mit Shakespeare-Forschung beschäftigt sein.[216]

Was sagen Sie zu Hadamards Preisarbeit? Ich habe mich kürzlich ausführlich mit derselben beschäftigt. Die Resultate sind ja sehr schön. Ich finde aber, dass man doch keine rechte Freude an dem Studium der Arbeit hat, da alles nur so hingeworfen und nicht gründlich durchgearbeitet ist. Gleich der erste Hauptsatz ist mit einem Beweise versehen, der gar kein Beweis ist. Der Grundgedanke, die Eigenschaften der Function aus dem asymptotischen Gesetze der Coefficienten abzulesen, ist ja sicher richtig und noch in viel weiterem Umfang zu verfolgen.[217]

Dass Ihr Söhnchen so prächtig gedeiht, haben wir mit grossem Vergnügen aus Ihrem letzten Briefe entnommen. Lassen Sie mich mit dem Wunsch schliessen, dass das immer so bleiben möge.

Mit herzlichen Grüssen für Sie und Ihre liebe Frau von meiner Frau und mir bin ich

Ihr

A. Hurwitz.

Hilbert an **Hurwitz** HiHu33

irgendwann nach 10.10.1893, Ort fehlt (Brief)

Lieber Freund.

Ich stecke mitten drin in der Berufungsangelegenheit[218], doch lässt sich heute noch nichts Bestimmtes darüber mittheilen. Auch ich bin sehr begierig, wie sich die Sache entwickeln wird. Ausserdem habe ich mit dem Umzug des Seminars viel zu thun gehabt. Ich habe sowohl Bibliothek wie Modellsamlung gereinigt, sachlich geordnet und neu catalogisirt. In dem neuen Seminarzimmer sieht es sehr freundlich aus, auch habe ich zum Theil ganz neue Möbel erhalten. Im Generalconcil und in der Facultät bin ich bereits eingeführt. Dabei habe ich noch das Glück gehabt, dass der Kunsthistoriker Lange mit späterem Patent als ich zum Ordinarius ernannt ist, sodass ich weder im Concil noch in der Facultät die mühsame und schwierige Aufgabe des Protocollführens zu übernehmen habe. Auch zum ordentl. Mitglied der Prüfungskommission bin ich ernannt, und die Lindemannsche Erbschaft erstreckt sich sogar auf den Talar, den ich soeben zum Schneider schicke.

---

[216]Cantor vertrat die These, dass die Dramen von W. Shakespeare eigentlich von F. Bacon geschrieben worden seien. Er forschte viel zu dieser Idee.

[217]Es geht um J. Hadamard: Sur les propriétés des fonctions entières et en particulier d'une fonction considérée par Riemann (Journal de mathématiques pures et appliquées 4. série 9 (1893), 171-215). Hadamard hatte für diese Arbeit den Grand Prix des Mathématiques der Pariser Akademie 1892 bekommen.

[218]Es geht um die Nachfolge auf Hilberts Extraordinariat, die schließlich Minkowski bekam. Vgl. Minkowskis Briefe an Hilbert vom 29. November 1893 MiHi 16 und vom 3. Januar 1894 MiHi 19 sowie Hilbert an Hurwitz 6. Januar 1894 HiHu 35.

Lie leidet doch entschieden an Grössenwahn, wenn man nach dem 3ten Band seiner Vorlesungen schliessen will[219], trotzdem viel Scharfsinnigen in dem Abschnitt über die Axiome der Geometrie drin zu stecken scheint.

Über Hadamard glaubte ich Ihnen mein Urtheil schon geschrieben zu haben. Ich stürtzte mich gleich, nachdem ich sie bekommen konnte, auf das Studium seiner Arbeit, doch fand ich leider, was ich damals voraussah, voll bestätigt. So interessant an sich einzelne Resultate der Arbeit sind und so sehr sie einen Fortschritt in der Theorie der ganzen Functionen bedeutet, so ergiebt sich nicht der geringste Fortschritt daraus für die Theorie der Primzahlen. Ein solcher Fortschritt ist vielmehr abhängig von dem Beweise des Riemannschen Satzes dass alle Wurzel der Gleichung $\xi(t) = 0$ reell sind, und der Nachweis dieses Satzes ist nicht erbracht.[220]

Doch nun vor Allem unseren herzlichsten Dank, dass Sie unseres Hochzeitstages gedacht haben. Wir haben uns sehr darüber gefreut.

Mit den herzlichsten Grüssen von meiner Frau und mir an Sie und Ihre Frau

Ihr Freund

Hilbert.

Schreiben Sie mir doch, was Sie wissenschaftlich treiben; auch ich werde meinen nächsten Brief wissenschaftlicher einrichten.

Hilbert an **Hurwitz** HiHu34

23.11.1893, Königsberg (Brief)

Lieber Freund.

Um unsere Correspondenzen doch etwas lebhafter zu machen, schreibe ich Ihnen wieder, obgleich ich wenig Stoff haben.

Die Berufungsangelegenheit[221], über die ich Ihnen nächstens ausführlich berichte, hat mich zusätzlich viel Zeit gekostet; ich hätte nicht gedacht, dass dabei so vieles Überlegen und Bemühn nothwendig sei, und zudem habe ich doch die Empfindung es Niemand recht gemacht zu haben.

Das Colloquium ist wieder im Gange und findet alle vierzehn Tage statt im neuen Seminarzimmer. Neulich waren wir elf Mann dabei.

Meine erste Prüfung verlief sehr glatt, es war Dr. Maey, der sein Staatsexamen machte, und Alles wusste, was ich ihn fragte.

Ich stecke jetzt ganz in der Zahlentheorie, und studire insbesondere Kummers Reciprocitätsgesetze und seine Beweise für den Fermat'schen Satz;[222] finde

[219] Der dritte Band von Lies Theorie der Transformationsgruppen (1893) enthielt heftige Vorwürfe, die man teilweise als Plagiatsvorwürfe lesen konnte, gegen F. Klein, die allgemeine Ablehnung hervorriefen.

[220] Vgl. Hilbert an Hurwitz 14. August 1893 HiHu 31. Hilberts Einschätzung sollte sich als Fehlurteil erweisen.

[221] Es geht um die Nachfolge auf Hilberts Extraordinariat, die schließlich Minkowski bekam. Vgl. Minkowskis Briefe an Hilbert vom 29. November 1893 MiHi 16 und vom 3. Januar 1894 MiHi 19 sowie Hilbert an Hurwitz 6. Januar 1894 HiHu 35.

[222] Es handelt sich hierbei um Arbeiten Kummers, die in Richtung Fermat-Vermutung gehen.

aber zunächst nur ungeheure Rechnungen und zwar zu einem Theil wirkliche Xereien (Differentiationen von Functionen von Functionen etc.) Sicherlich werden dieselben zum Beweise seiner Sätze nicht nothwendig sein. Aber um zu erkennen, wie sie zu vermeiden sind, dazu ist jedenfalls ein sehr tiefes Studium, wahrscheinlich auch noch ganz neue Hilftmittel, vielleicht das Hineinsteigen in einen viel höheren, den Kreistheilungskörper etc. enthaltenden Zahlenkörper nothwendig.

Klein scheint ja mit Amerika sehr zufrieden, und in der That nach dem eben erhaltenen Chicagoer Bericht, den ich mir heute von meiner Frau übersetzen liess, ist er ja dort wie ein Fürst aufgenommen worden.[223]

Was sagen sie zu Lies drittem Bande, aus welchem sein Grössenwahn in hellen Flammen herausschlägt?[224] Insbesondere bitte ich Sie, mir das nächste Mal Ihre Meinung darüber mitzutheilen, wie Sie Engels[225] Verhalten dabei beurtheilen.

Wie geht es Ihnen und Ihrer Frau? Uns Beiden geht es gut, und unser Franz wiegt $11\frac{1}{2}$ Pfund.

Am 9ten Dec. fangen wieder die Universitätsbälle an, die wir auch besuchen werden.

Vor einigen Tagen ist Jeep zum Ordinarius ernannt, so dass ich nun schon zwei Hintermänner in der Anciennität habe, und vor der Protocollführung ganz sicher bin.

Mit den besten Grüssen für Sie und Ihre Frau, von meiner Frau und mir
Ihr Freund
Hilbert

Minkowski an **Hilbert** MiHi16

29.11.1893, Bonn (Brief)

Lieber Freund,

Besten Dank für Deinen Brief; Deine Äusserungen klären trotz der grossen Discretion, die ihnen innewohnt, den Sachverhalt doch genug auf, sodass ich wohl demnächst Veranlassung nehmen kann, mich mit Lipschitz auszusprechen. Er ist augenblicklich wieder in einem recht müden Zustande, und es wird nicht ganz leicht sein, ihn zu bewegen, dass er, eintretendenfalls von Althoff angefragt,

[223]Klein war als offizieller Vertreter („imperial commissioner") auf Kosten des Ministerium nach Chicago gereist und musste diesem Bericht erstatten.

[224]Der dritte Band von Lies Theorie der Transformationsgruppen (1893) enthielt heftige Vorwürfe, die man teilweise als Plagiatsvorwürfe lesen konnte, gegen F. Klein, die allgemeine Ablehnung hervorriefen.

[225]Friedrich Engel, mit dem Hilbert befreundet war und mit dem er einen interessanten Briefwechsel unterhielt, unterstützte auf Vorschlag von F. Klein Lie bei der Abfassung seiner Theorie der Transformationsgruppen, zuerst in Christiana, ab 1875 dann in Leipzig. Durch Lies Ausfälle geriet er gewissermaßen zwischen die Fronten. Vgl. auch Hilbert an Hurwitz 14. August 1893 HiHu 31 und 6. Januar 1894 HiHu 35.

nicht Schwierigkeiten schafft. Schon vor längerer Zeit, als ich einmal Kortum gegenüber eine Anspielung in Bezug auf Deine Absichten gemacht hatte, kam bald Lipschitz in ziemlicher Erregung zu mir. Der Grund, weshalb er mein Hierbleiben wünscht, wird wohl zumeist sein, weil er nun einmal an mich gewöhnt ist und bei seinem Zustande mit der Berufung eines neuen Docenten für ihn mannigfache Aufregungen verknüpft sein würden. Aber schliesslich wird er – wenn auch vielleicht nicht seine Frau – doch einsehen müssen, dass es stark wäre, mir zuzumuthen, auf eine mir winkende Verbesserung meiner ganzen Lage aus Rücksichten auf seine Person zu verzichten.

Ein ganz festes Versprechen, zu Weihnachten nach Königsberg zu kommen, kann ich noch nicht geben, doch hoffe ich dies zu thun. Mein Buch[226] bin ich dann jedenfalls los. Ich will an dasselbe möglichst bald einige kleinere Publicationen anschliessen, und jetzt, wo Kronecker[227] nicht mehr da ist und Weber[228] Mitredacteur der Annalen ist, stehen mir diese wohl auch am nächsten.

Lie steht wohl in seiner Art bisher einzig unter den Mathematikern da, wenn es auch schon viele gegeben haben wird, die in Würdigung eigener Leistungen fast an ihn heranreichten. Was sagt denn eigentlich Klein, der doch zum grossen Theile Lie's[229] Stellung geschaffen!

Franz Meyer, der 11 Bogen von meinem Buche gelesen und von den Resultaten erbaut ist, findet die Methoden sehr schwierig. Ich habe aber den Eindruck, dass es Begriffe wie Punktmenge, Häufungsstelle, obere Grenze und Maximum, gleichmässige Stetigkeit u.s.w. sind, die ihm, überhaupt oder in solcher Ausdehnung, zum ersten Male begegnen und die Schwierigkeiten verursachen.[230]

Brunn glaubt den Satz, dass ein, aus einer endlichen Anzahl von convexen Körpern mit Mittelpunkt aufgebauter Körper stets wieder einen Mittelpunkt hat, beweisen zu können; der Beweis soll complicirt sein. Ich habe opus 35 vom Geh. Hofrath H. Scheffler „Beleuchtung und Beweis eines Satzes aus Legendre's Zahlentheorie"[231] zu lesen begonnen. Es handelt sich um den Satz, der nach

---

[226]Gemeint ist die „Geometrie der Zahlen", deren erste Lieferung allerdings erst 1896 bei Teubner erschien, die zweite Lieferung wurde postum 1910 von Andreas Speiser und D. Hilbert herausgegeben.

[227]L. Kronecker war im Dezember 1991 überraschend gestorben.

[228]Heinrich Weber wurde ab Band 42 (1893) geführt unter der Bezeichnung: „unter Mitwirkung der Herren", neben ihm noch P. Gordan, C. Neumann, M. Noether und K. von der Mühll. Herausgeber waren F. Klein, W. Dyck und A. Meyer. Weber und Klein waren von 1892 bis 94 Kollegen in Göttingen; Weber war ein sehr angesehener Mathematiker, der eine vermittelnde Position zwischen den „Berliner Herren" (Kronecker, Weierstraß etc.) und ihren Kritikern (allen voran F. Klein) einnahm. U.a. stellte sich Weber der heiklen Aufgabe, einen Nachruf für Kronecker für den Jahresbericht der Deutschen Mathematiker-Vereinigung Band 2 (1893) zu verfassen.

[229]Lie hatte ab etwa 1889 wiederholt schwere Vorwürfe gegen F. Klein erhoben, diese gipfelten im Vorwort zum dritten Band seiner „Theorie der Transformationsgruppen" (1893) und wurden vielfach kritisiert. Klein hatte maßgeblich dafür gesorgt, dass Lie 1886 sein Nachfolger an der Universität Leipzig wurde und ist auch sonst nachdrücklich für die Anerkennung der Lieschen Arbeiten eingetreten.

[230]Diese Bemerkung lässt vermuten, dass die Grundbegriffe der Mengenlehre und der Weierstrass-Analysis auch nach 1890 noch keineswegs Allgemeingut geworden waren.

[231]Erschienen 1893 bei Teubner in Leipzig. Hermann Scheffler (1820–1903) war Oberbaurat in Braunschweig und Eisenbahnexperte. Er hat sehr viel veröffentlicht, auch zur Mathematik.

Pilz falsch ist; Scheffler will ihn mit Hülfe der Tchebychef'schen Sätze beweisen können; so ganz dumm scheint der Inhalt des Aufsatzes nicht zu sein.

Wie wir unser Referat[232] theilen sollen, wird sich in vielen Einzelheiten wohl allmählich erst herausstellen. Im ganzen dürfte wohl Dein Plan zutreffend sein.

Schoenflies will Plücker's Abhandlungen herausgeben[233], wozu, weiss ich freilich nicht. In Plücker's wissenschaftlichen Nachlass ist, soweit ich hier für ihn auskundschaften konnte, seinerzeit Käse eingewickelt worden. Ein Schüler und Freund von Plücker hatte allerdings vorher seinen Segen dazu gegeben.

Dein Franz[234] kann jetzt wohl schon vieles Andere ausser Schreien? Bitte mich Deiner Frau bestens zu empfehlen. Mit bestem Grusse

Dein
H. Minkowski

Hurwitz an **Hilbert** HuHi16
19.12.1893, Zürich (Brief)

Lieber Freund!

Die Weihnachtsferien stehen vor der Thür: noch einige Conferenzen und vielleicht am Freitag noch eine Vorlesung sind zu absolviren und dann hat man einmal 14 Tage Ruhe und Musse, sich mehr mit eigenen Studien zu befassen. Ich sehne mich auch danach, obgleich ich nicht behaupten kann, dass mich die Vorlesungen nicht auch interessirten. Man hat doch immer wieder Gelegenheit zu feilen, interessante Beispiele zu machen und den Stoff besser zu gliedern und zu ordnen. Im 2ten Curs trage ich seit einigen Wochen über Fourier'sche Reihen vor, über die ich noch nie gelesen habe und die mich im hohen Grade fesseln. Die Darstellung bei Schlömilch Bd II des Compendiums[235] ist an einer Stelle ganz unstrenge, lässt sich aber leicht streng machen und hat dann vor der ursprünglichen Dirichlet'schen entschiedene Vorzüge. Der Unterschied in beiden Darstellungen besteht darin, dass Schlömilch das Integral $\int f(\Theta)\frac{sinp\Theta}{\Theta}d\Theta$ an Stelle des bei Dirichlet vorkommenden $\int f(\Theta)\frac{sinp\Theta}{sin\Theta}d\Theta$ untersucht.

[232]Es geht um den sogenannten Zahlbericht. Bei der Jahrestagung der Deutschen Mathematiker-Vereinigung in München Anfang September 1893 wurde beschlossen: „Es werden die Herren Hilbert und Minkowski ersucht, ein Referat über Zahlentheorie zu erstatten." (Jahresbericht DMV 3 (1894), 7). Kötter sollte zudem über synthetische Geometrie berichten und Pringsheim über die Lehre der unendlichen Reihen. Wie es mit dem gemeinsamen Projekt von Hilbert und Minkowski weiterging, zeigen einige der nachfolgend gewechselten Briefen. Schließlich veröffentlichte Hilbert 1897 seinen Teil im Jahresbericht der deutschen Mathematiker-Vereinigung Band 4 separat: „Bericht über die Theorie der algebraischen Zahlkörper" (pp. 165-546).

[233]Der der Mathematik gewidmete erste Band der gesammelten wissenschaftlichen Abhandlungen von Plücker, der zweite enthielt Arbeiten zur Physik, erschien 1895 bei Teubner, herausgegeben von A. Schoenflies und E. Pockels. Schoenflies hatte keine direkte Beziehung zu Plücker, wohl aber Klein, dessen Kollege er in Göttingen seit 1891 war.

[234]Der Sohn von Käthe und David Hilbert, geboren 11. August 1893.

[235]O. Schlömilch: Compendium der höheren Analysis. Band II (Braunscheig: Vieweg, 1874). Das Werk wurde mehrfach aufgelegt.

Vor einigen Wochen habe ich die Arbeit über die Farey'schen Reihen endlich abgefasst und an Klein geschickt.[236] Es folgt jetzt eine anknüpfende über quadratische Formen die ich in der ersten Ferienwoche abzuschliessen hoffe, um dann an die Farey'schen Punktgruppen in der Zahlentheorie von $a + ib$ zu gehen, die zu sehr merkwürdigen Resultaten zu führen scheinen.

Doch nun zu Ihrem lieben Briefe vom 23. Nov., durch den Sie mich sehr erfreut haben. Es wäre mir allerdings noch lieber, wenn Sie sich einer etwas grösseren Ausführlichkeit befleissigten. Sie wissen ja, dass mich Alles lebhaft interessirt. So würde ich gern hören, wie sich denn jetzt das Colloquium gestaltet hat. Vermuthlich wird doch nun die Mathematik das Übergewicht haben. Ist Volkmann überhaupt noch im Colloquium?

Ich bin gespannt, zu erfahren, wer Ihr Nachfolger[237], also insoweit auch mein Nachfolger in Königsberg, wird. Hoffentlich befriedigen Sie meine Neugierde in Ihrem nächsten Briefe. Mit dem ersten Examinanden können Sie sehr zufrieden sein. Ich weiss es aus eigener Erfahrung, wie angenehm es ist, einen tüchtigen Studirenden zu prüfen und wie wenig erfreulich und mühsam einen Schwächling im Examen vor sich zu haben. – Ihre fortgesetzen Ideal-Studien tragen hoffentlich noch gute Früchte. Der Kummer'sche Beweis des Fermat'schen Satzes[238] ist sehr herausgequält und lässt sich sicher noch erheblich vereinfachen und in eine nothwendigere und daher aesthetisch befriedigendere Form bringen.

Von Felix Klein hatte auch ich vor einiger Zeit einen Brief, in welchem er sich sehr entzückt über den Aufenthalt in Amerika äussert. Auf Lie's Verhalten[239] geht er nicht näher ein; nur bemerkt er, dass er den Ausfall von Abhandlungen für die Annalen, der durch Lie's Verhalten herbeigeführt wurde, bedauert. Sie fragen, was ich von Engels Verhalten denke. So viel mir bekannt, ist doch Engel gar nicht activ betheiligt. Sollte ich eine bez. Publication von Engel übersehen haben? – Über den Verlauf des ersten Universitätsballes haben wir von den Unseren in Königsberg ausführlichen Bericht erhalten, auch gehört, dass Sie sich als Tanzordner wieder verdient gemacht haben. – Doch nun muss ich abbrechen, um mich zur Conferenz der Ingenieur-Abtheilung nach dem Polytechnikum zu begeben. Ich schliesse mit dem Wunsche, dass Sie ein frohes Weihnachtsfest begehen mögen und dass sich das Jahr 1894 für Sie, Ihre liebe Frau und Ihr Söhnchen zu einem recht glücklichen gestalten möge.

---

[236] Die Arbeit zu Farey'schen Reihen ist vermutlich: Über die angenäherte Darstellung der Zahlen durch rationale Brüche, *Math. Ann.* **44** (1894), 417-436.

[237] Nachfolger Hilberts wurde Minkowski. Vgl. Minkowskis Brief an Hilbert vom 29. November 1893 MiHi 16.

[238] E. E. Kummer gelang es 1846, die Fermat-Vermutung für Exponenten zu beweisen, die reguläre Primzahlen sind. 1857 konnte er sein Resultat noch verallgemeinern, vgl. E. E. Kummer: Sätze über die aus den Wurzeln der Gleichung ... nebst Anwendung derselben auf einen weiteren Beweis des letzten Fermatschen Lehrsatzes (Abhandlungen der Kgl. Akademie der Wissenschaften zu Berlin aus dem Jahre 1857. Mathematische Abhandlungen (Berlin: Druckerei der Kgl. Akademie, 1858, 41-74).

[239] Es geht um Kleins Reise nach Chigaco (1893) zum internationalen Mathematiker-Kongress sowie um Lie's Angriffe im Vorwort des dritten Bandes seiner Theorie der Transformationsgruppen (1893). Vgl. Brief Hilbert an Hurwitz 23.11.1893 HiHu 34.

Mit herzlichen Grüssen von meiner Frau und mir für Sie und Ihre liebe Frau bin ich

Ihr getreuer

A.Hurwitz.

Grüssen Sie doch Eberhard, Wiechert von mir. Was treibt letzterer? Hat er noch immer Nichts publicirt?

Minkowski an **Hilbert** MiHi17

20.12.1893, Bonn (Brief)

Lieber Freund,

Nun bleibe ich doch die Weihnachtsferien hier; ausschlaggebend ist für mich gewesen, dass ich seit ein paar Wochen stark erkältet bin und deshalb einen gewissen Horror vor der Reise habe. Ich könnte auch durchaus nicht im wünschenswerthen Grade an mathematischen Spaziergängen theilnehmen. Ich bedauere, so um Deine mir in Aussicht gestellten mündlichen Mittheilungen zu kommen, tröste mich aber damit, dass, wenn auch meine Neugier befriedigt würde, dies die ganze Entwicklung der Berufungsangelegenheit[240] nicht beeinflussen könnte. Auch über unser gemeinsames Referat[241] habe ich noch so wenig nachgedacht, dass ich lieber erst nach einiger Zeit darüber conferiren möchte.

Wie ich vorhatte, habe ich die Bemerkung, die Du mir auf den Spaziergängen in Cranz gemacht hast, in einem Anhange zu meinem Buche wiedergegeben; zum Theil habe ich sie jetzt auch Dedekind bei Gelegenheit des Dankschreibens für Zusendung der neuen Auflage der Zahlentheorie mitgetheilt. Schade, dass ich mich mit meinem Buche nicht etwas mehr beeilt habe. Dedekind hätte auf dasselbe doch an manchen Stellen Rücksicht nehmen müssen.

Ich wünsche Dir und Deiner Frau vergnügte Feiertage und verbleibe mit besten Grüssen

Dein

H. Minkowski

[240]Es geht um die Nachfolge auf Hilberts Extraordinariat, die schließlich Minkowski bekam. Vgl. Minkowskis Briefe an Hilbert vom 29. November 1893 MiHi 16 und vom 3. Januar 1894 MiHi 19 sowie Hilbert an Hurwitz 6. Januar 1894 HiHu 35.

[241]Es geht um den Bericht über Zahlentheorie, den Hilbert und Minkowski im Auftrag der Deutschen Mathematiker-Vereinigung verfassen sollten.

Minkowski an **Hilbert** MiHi18
31.12.1893, Bonn (Brief)

Lieber Freund,

Gestern habe ich Dir das Neueste telegraphirt, weil ich mir sagte, dass nun guther Rath theuer wäre und Du vielleicht noch schnell einen finden könntest. Nach Empfang Deines Briefes[242] vorgestern habe ich sogleich Lipschitz aufgesucht und ihm nach meiner Ansicht klar genug auseinandergesetzt, dass es mein Wunsch sei nach Königsberg zu kommen, und ihm Althoff's Brief angekündigt. Er gerieth in eine sehr deprimirte Stimmung, blickte ganz ängstlich um sich, sagte „sehr unangenehm", schien aber alles zu würdigen, zuzugeben und schliesslich nur das eine auszusetzen zu haben, dass ich schon zu Ostern weg sollte, und versprach zuletzt, mit mir noch einmal zu sprechen, sowie er das Schreiben von Althoff erhalten haben würde. Dies ging ihm denn am nächsten Morgen zu, wie mir Kortum gestern Abend mittheilen kam. Er wäre mit dem Briefe ganz verstört zu Kortum gekommen, und sie hätten dann Althoff zunächst ganz kurz geantwortet, er müsste mich unbedingt hier so verbessern, dass ich nicht nach Königsberg zu gehen brauche. Sie hätten anfangs Study[243] gar nicht erwähnt, aber zuletzt noch einen Zusatz gemacht, dass es ihnen fern läge, mit ihrem Vorschlage irgend ein Urtheil über Study abgeben zu wollen. Nach diesem Bericht von Kortum schienen mir die Dinge sehr schlimm zu liegen. Aber schliesslich scheint es mir doch, dass Althoff jetzt thun kann, was er will. Er brauchte nur zu antworten, dass er mich unmöglich hier besser stellen kann, und mich daraufhin nach Königsberg berufen. Und was Study betrifft, der bei seinem Hiersein im Sommer Lipschitz persönlich gut gefallen hat, würde es den Beiden, L. und K., wenn sie nicht dabei den Collegen gegenüber an Ansehen zu verlieren fürchten würden, sicher am gedientesten sein, wenn Althoff ihn ohne Weiteres hersetzte und sie die Mühen der Berufung vermieden. Ebensogut aber kann Althoff in diesem Augenblick bereits die Versetzung von Study nach Königsberg bewirkt haben. Ich weiss wirklich nicht, wie ich bei der Eigenart von Lipschitz und Kortum auf sie besser hätte einwirken können als ich es gethan habe, und ich habe noch nicht alle Hoffnung aufgegeben, dass ich doch noch nach Königsberg in Deinen Wirkungskreis komme, worauf ich schon so sehr mich gefreut hatte.

Hermite hat mir die Zusendung einiger noch nicht veröffentlichter älterer Arbeiten von ihm über Verallgemeinerungen von Kettenbrüchen in Aussicht

[242]Dieser Brief, in dem Hilbert offensichtlich mitteilte, dass Minkowski als sein Nachfolger auf das Königsberger Extraordinariat berufen werden sollte, ist verloren. Offiziell musste dies vom Ministerium, also von Althoff, verlautet werden. Das Problem war, dass man Minkowski in Bonn nicht gerne gehen ließ, war er doch der einzige wirklich aktive Mathematikdozent.

[243]Study wurde Minkowskis Nachfolger in Bonn. Anscheinend fiel dieser Name in Althoffs Brief. Das Ministerium hatte die Möglichkeit, Professoren innerhalb Preußens ohne Berufungsverfahren zu versetzen.

gestellt. Von der Reduction der quadratischen Formen erhofft er immer noch Dinge, die nach meiner Meinung nicht daher zu erwarten sind, Kriterien für den Affect einer algebraischen Gleichung z. B.

Herzliche Glückwünsche für Dich und die Deinigen zum neuen Jahre, und herzlichen Dank für Deine vielen Bemühungen in meinem Interesse.

Dein H. Minkowski

Minkowski an **Hilbert** MiHi19
03.01.1894, Berlin (Brief)

Lieber Freund !

Ende gut, Alles gut! Auf einen mir gestern zugegangenen Brief von Althoff hin bin ich heute hierhergekommen, habe für Königsberg angenommen und ein weit grösseres Gehalt bekommen, als ich erwartete, 2700 + 660 M. Ich soll Dir von Althoff einen schönen Gruss bestellen, er schwärmt förmlich für Dich. Herzlichen Dank für alle Deine vielen Bemühungen, die zu diesem erfreulichen Resultat geführt haben; und hoffen wir ein angenehmes und erspriessliches Zusammenleben, dass die Primzahlen und Reciprocitätsgesetze wiggeln und waggeln !

Bitte mich Deiner Frau bestens zu empfehlen. Herzlichen Gruss Dein

Minkowski

Hilbert an **Hurwitz** HiHu35
06.01.1894, Königsber (Brief)

Lieber Freund.

Vor Allem muss ich Ihnen von der Berufungsangelegenheit schreiben, die nun endlich erledigt ist. In der Kommission die aus – Pape, Peters, Koken, Hahn und mir bestand – wurde auf meinen Antrag an 1ster Stelle Minkowski, und 2te Study, Engel, Burkhardt auf die Vorschlagsliste gesetzt. Eberhard wurde einstimmig abgelehnt und nur mit Mühe konnte ich erreichen, dass er überhaupt am Ende des Berichts, unter Hervorhebung seiner Verdienste angeführt wurde. Kurz vor der Facultätssitzung erhielt ich zu meinem Staunen von Lindemann ein Schreiben, worin er sagte, dass er die Kandidatur Engels als eine persönliche Kränkung empfinde. Daraufhin lief ich denn bei den Kommissionsmitgliedern herum und erwirkte die Streichung Engels, obwohl ich in der Thatsache der Mitarbeitschaft bei dem Lie'schen Werke keinen Grund für diese Streichung sah, zumal Engel, meines Wissens, niemals gegen Lindemann oder irgendwen gehässig in seinen Arbeiten aufgetreten ist. Nach Annahme dieser Liste durch die Facultät, glaubte ich nun mit der Sache fertig zu sein, als ich in den Weihnachtsferien plötzlich von Althoff nach Berlin beordert wurde. Ich erfuhr dort, dass Study auf jeden Fall untergebracht werden solle, doch bot mir Althoff an, Minkowski hierher zu berufen, falls Lipschitz auf den Tausch mit Study eingehn sollte. Nach vielem Hin und Herschreiben ist es nun wirklich gelungen, Minkowski herzubekommen.

Wie sehr wir uns Beide darüber freuen, können Sie sich denken! Wie schade, dass Sie nicht als Dritter im Bunde mit uns arbeiten können. Althoff hat sich ausserordentlich entgegenkommend uns gegenüber gezeigt.

Die Tage meines Berliner Aufenthalts waren für mich ganz amüsante. Ich war viel mit Hensel zusammen, welcher tief in der Sichtung der Kroneckerschen Abhandlungen steht. Er hat ein Zimmer ganz für den Kroneckerschen Nachlass eingerichtet und berechnet den Zeitraum des Erscheinens der Abhandlungen und Vorlesungen im Ganzen auf zehn Jahre[244]. Fuchs wollte von mir Abhandlungen für sein Journal[245] haben und versprach auch das Datum nicht mehr zu unterdrücken. Weierstrass traf ich wohlauf, und er sagte, dass er meine e und π-Note mit Vergnügen gelesen habe. Schwarz hat sich eine Villa im Grunewald gekauft.

Doch habe ich Ihnen noch garnicht erzählt, was aus Eberhard[246] geworden ist. Diese Sache war mir natürlich sehr fatal, doch hat mir Althoff versprochen, ihn zum Extraordinarius ohne Gehalt zu machen und ihm Renumerationen zu verschaffen, solange Gelder vorhanden sind. Dieser Ausgang ist ja dann sehr glücklich.

Das Colloquium findet Mittwoch zum ersten Mal nach den Ferien wieder statt. Es besteht aus 11 Personen, die auch regelmässig alle vierzehn Tage anwesend sind. Fritz Göhn nimmt zu Ostern Urlaub um bei Bruns in Leipzig zu arbeiten. Volkmann fährt fort im Popularisieren und denkt über die Principien der Naturerkenntnis nach. Wiechert hat in Wiedemanns Annalen über elastische Nachwirkung publiciert; sonst sieht und hört man wenig von ihm, zumal er durch die Krankheit einer Cousine sehr mitgenommen scheint. – Sonst beschränkt sich unser Verkehr auf Garbe und Pape, und wir sind froh, dass wir uns von allem Gesellschaftstrubel fernhalten. Garbe ist ein sehr anregender Mann, der auf einer kleinen Gesellschaft bei uns letzthin recht interessant von seiner Chicagoer Reise erzählt hat.

Ich lese jetzt mit vielem Vergnügen die autographirten Vorlesungen[247] von Klein „Über höhere Geometrie“. Die lesen sich so flüssig, dass man von

[244] Der erste von K. Hensel hg. Band von Kroneckers Werken erschien 1895 bei Teubner in Leipzig. Insgesamt erschienen fünf Bände, der letzte 1931.

[245] Es geht um das Journal für reine und angewandte Mathematik, auch Crelle-Journal genannt, das nach Kroneckers Tod von L. Fuchs unter Mitwirkung der Herren Weierstrass und Helmholtz herausgegeben wurde.

[246] Eberhard erhielt ein Privatdozentenstipendium und wurde 1895 zum bezahlten Extraordinarius in Halle ernannt. Aus Gründen der Anciennität wäre er Minkowski in Königsberg vorzuziehen gewesen. Aufgrund seiner Blindheit war Eberhard zudem ein besonderer Fall.

[247] Die Autographie, der Steindruck, war ein Verfahren, das es in der zweiten Hälfte des 19. Jhs. erlaubte, Vorlesungsskripten zu vervielfältigen. Klein hat davon oft Gebrauch gemacht und sogar in zwei Artikeln in den Mathematischen Annalen hierfür Reklame gemacht (in den Bänden 45 und 46). Wesentlich später wurden Kleins Texte dann in Buchform veröffentlicht.

Schwierigkeiten nichts merkt. Die Ferien habe ich mit dem Studium der Kummer'schen Arbeiten hingebracht, doch wird es eine grosse Mühe kosten, die Gedanken heraus zu schreiben, welche den furchtbaren x'ereien Kummers zu Grunde liegen. Bisher habe ich nichts gewonnen ausser der Erkenntniss, dass alle die Rechnerein von Kummer überflüssig gemacht werden müssen. Mit ihrer Hilfe erzwingt Kummer mit knapper Noth die Reciprocitätsgesetze, während dieselben nach Entwicklung der Theorie wie eine reife Frucht herausfallen müssen. Sehr interessant waren mir die Eisenstein'schen allgemeinen Reciprocitätsgesetze, welche übrigens zeigen, dass Eisenstein die Priorität gegenüber Kummer in der Aufstellung dieser Gesetze hat. Auffallend ist wie Kummer den Eisenstein behandelt; zuerst nämlich sehr anerkennend, später viel lauer und jedenfalls sehr ungerecht. Ich schreibe Ihnen, wenn ich die Sachen studirt habe, Genaueres darüber.

Was die Schlömilch'sche Darstellung der Fourier'schen Theorie betrifft, so kenne ich dieselbe sehr gut, doch bin ich ganz davon abgekommen, den Dirichlet'schen Satz je vorzutragen. Ich trage immer nur den Satz vor, dass jede differenzirbare Function in Fourier'sche Reihen entwickelbar ist. Dieser Satz ist bedeutend leichter zu beweisen, nämlich zunächst beweise $\underset{m=\infty}{L} \int_0^\alpha \varphi(t) \sin mtdt = 0$, wenn $\varphi(t)$ endlich u. stetig ist. Ist nun $\psi(t)$ differenzierbar, so wird $\varphi(t) = \frac{\psi(t)-\psi(0)}{\sin t}$ für $t < \pi$ eine endl. u. stetige Funktion und $\underset{m=\infty}{L} \int_0^\alpha \psi(t) \frac{\sin m(t)}{\sin t} dt = \psi(0) \int_0^\alpha \frac{\sin m(t)}{\sin t} dt$ [nicht lesbar], reicht viel weiter und ist jedenfalls für alle Anwendungen ausreichend, während der Dirichtlet'sche Satz schon bei der Entwicklung von $\sin \frac{1}{x}$ versagt.

Für Ihre Glückwünsche zu Weihnachten und Neujahr danken meine Frau und ich Ihnen bestens und erwiedern dieselben herzlichst. Auch mein Sohn dankt sehr und würde sich freuen, einen kleinen Hurwitz als Spielkamerad zu haben. Mit den besten Grüssen von Haus zu Haus

Ihr Freund

Hilbert

Theilen Sie doch bitte im nächsten Brief etwas über die Verheirathung Ihres Fräulein Cousine mit, ich würde gern etwas über ihr Ergehn erfahren. Mit bestem Gruss

K.H.[248]

Minkowski an **Hilbert** MiHi20

10.01.1894, Bonn (Brief)

Lieber Freund, Besten Dank für Deine und Deiner Frau Glückwünsche. Heute ist mir bereits das ministerielle Schreiben über meine Versetzung zugegangen, wonach ich nun in Königsberg im Verein mit dem Fachordinarius die mathematischen Disziplinen in Vorlesungen und Übungen umfassend

[248] Käthe Hilbert, Hilberts Ehefrau.

vertreten soll. Zugleich werde ich ersucht, das Verzeichniss der von mir für nächstes Semester anzukündigenden Vorlesungen umgehend an euren Decan einzusenden. Ich bitte Dich daher mir mitzutheilen, was bereits in Königsberg f. n. Semester von mathematischen Vorlesungen angekündigt ist, und um Deine Meinung, was rathsam wäre, dass ich ankündige. Besondere Wünsche habe ich nicht gerade, Algebra oder irgend ein Gebiet aus der Analysis wäre mir aber lieber als Geometrie. Übrigens hat die eilige Anzeige beim Dekan wohl nur einen Sinn, wenn euer Vorlesungsverzeichniss noch im Druck ist.

Eberhard's Ernennung[249] ist wohl auch schon heraus. Wenigstens notirt Althoff sich dieselbe zum Vortrage beim Minister in meiner Gegenwart.

Mit besten Grüssen

Dein Minkowski

Hurwitz an **Hilbert** HuHi17
30.01.1894, Zürich (Brief)

Lieber Freund!

Vorigen Sonntag haben wir einen „Klappbummel" machen können, da ich meine Arbeit über quadratische Formen endlich abgeschlossen und an Klein abgeschickt hatte.[250] So fühle ich mich denn einmal wieder erleichtert und verspüre mehr Lust zum Studium und Correspondiren. Also kommt zunächst die Antwort auf Ihren letzten Brief vom 6 Januar, der wieder eine Fülle interessanter Mittheilungen enthielt. Ich stelle mir lebhaft vor, wie angenehm Ihnen der Ausgang der Berufungsangelegenheit ist, wie Sie nun mit Minkowski die mathem. Spaziergänge aufnehmen und sich gegenseitig durch Austausch Ihrer Ideen fördern werden. Sie Beide sind wirklich zu beneiden, denn es ist doch eine Seltenheit, dass man als Mathem. persönlichen Verkehr eines Fachgenossen geniessen kann, den man versteht und der einen versteht. Mir fehlt ein derartiger Verkehr hier ausserordentlich. Für Eberhard freut es mich sehr, dass auch für ihn etwas Erfreuliches herausgekommen ist. Lindemann's Verhalten[251] in der Angelegenheit ist mir nicht recht verständlich. Aber auch nicht, warum Sie darauf reagirt haben. Sie hatten doch verantwortlich für die Wiederbesetzung zu sorgen. Von Engel konnten Sie doch jedenfalls sagen: Kein Engel ist so rein. Ihre Berichte aus Berlin haben mich natürlich sehr interessirt. Also Weierstrass ist weiter ganz mobil! Hensel beneide ich auch nicht um die Arbeit, Kronecker's Nachlass zu sichten und für den Druck vorzubereiten. Eben erhalte ich übrigens Heft I von

[249] Victor Eberhard wurde 1894 zum (unbezahlten) Extraordinarius an der Universität Königsberg ernannt, 1895 dann zum bezahlten an der Universität Halle.

[250] A. Hurwitz: Ueber die Reduktion der binären quadratischen Formen (Mathematische Annalen 45 (1894), 85-117).

[251] Vgl. Brief von Hilbert an Hurwitz vom 6. Januar 1894 HiHu 35.

Crelle 113 mit einer Arbeit von Hensel über Dedekind's Discriminatensatz[252]. Die werde ich gleich studiren, da sie einfach und verständlich geschrieben zu sein scheint. Übrigens habe ich lange keine Idealtheorie gemacht. Nicht eimal die veränderte Darstellung in der 4. Auflage von Dirichlet-Dedekind[253] habe ich angesehen. Die Veränderungen sollen übrigens nach m. Collegen Franel keine Verbesserungen sein. In den letzten Tagen habe auch ich die Vorlesungen Kleins über höhere Geometrie[254] verschlungen – mit vielem Nutzen, denn die Lie'sche Theorie gewinnt jetzt in meinem Innern Licht. – Ihr Colloquium wird gewiss durch Minkowski's Zutritt noch an Leben gewinnen. Das meinige steht auch in Blüthe; ausser Hirsch ist auch D. Waelsch, der neue Assistent von Fiedler dabei und im nächsten Semester will sich auch W. Stiner, mein zweiter Assistent, der sich jetzt habilitirt, betheiligen. D. Waelsch wird übrigens seine Stelle als Assistent schon Ostern niederlegen. Auf die Dauer hält es keiner bei Fiedler aus. Letzterer gilt hier allgemein als eine ganz bösartige Persönlichkeit.[255]

Auf Ihre Untersuchungen über die Reciprocitätsgesetze bin ich gespannt. In welchen Abhandlungen Eisenstein's finden sich denn seine bezüglichen Untersuchungen?

Ihre Bemerkungen über die Fourier'schen Reihen[256] habe ich mir noch nicht überlegt. Zu einem abschliessenden Urtheile werde ich wohl auch erst gelangen können, wenn ich in der zweiten Hälfte des Februar die physikal. Anwendungen im 2. Curs vortrage. Wie dem aber auch sei, jedenfalls scheinen mir doch die Sätze über das Integral $\int f(\Theta)\frac{\sin p\Theta}{\Theta}d\Theta$ an sich bemerkenswerth zu sein.

Ihren Sohne bestellen Sie bitte, dass er sich voraussichtlich noch einige Zeit gedulden müsse, bis er einen kleinen Hurwitz als Spielkamerad erhielte, dass der kleine Hurwitz aber gewiss sehr gern mit ihm spielen würde. – Und nun zum Schluss noch Einiges über die Hochzeit meiner Cousine, für die sich Ihre werthe Frau interessirt. Die Hochzeit hat am 10.Dec. in Berlin stattgefunden in den glänzenden neuen Räumen des Brünn'schen Ehepaares. Frau Brünn ist die Pflegeschwester der Braut und deren und meine Cousine. Das junge Paar hat dann eine kurze Hochzeitsreise nach Dresden unternommen, kehrte von dort nach Berlin zurück und fuhr Ende December via Königsberg in seine Heimat nach Riga. Der junge Ehemann heisst Bernhard Meyer, hat Botanik studirt und später die grosse Bierbrauerei seines Vater's in Riga übernommen. Derselbe soll

---

[252] K. Hensel: Untersuchung der Fundamentalgleichung einer Gattung für eine reelle Primzahl als Modul und Bestimmung der Theiler ihrer Discriminante (Journal für die reine und angewandte Mathematik 113 (1894), 61-83).

[253] P. G. Lejeune Dirichlet: Vorlesungen über Zahlentheorie, hg. von R. Dedekind (Braunschweig: Vieweg, 1863 vierte Auflage 1894).

[254] F. Klein: Vorlesungen über höhere Geometrie, Hg. von W. Blaschke (Berlin: Springer, 1926). Der Text dieses Buches wurde zuerst als Autographie publiziert, vgl. Hilbert an Hurwitz 6. Januar 1894 HiHu 35.

[255] Fiedler war bei seinen Kollegen am Polytechnikum, vor allem bei denen der Ingenieursabteilungen, unbeliebt wegen jahrzehntelanger Kämpfe um die Vorlesung darstellende Geometrie, in der er eine unnachgiebige Haltung zeigte. Waelsch ging allerdings nicht im Unfrieden von Zürich weg, wie seine Briefe an Fiedler belegen (vgl. Bibliothek ETH Hochschularchive Hs 87:1458-1460).

[256] Vgl. Brief von Hilbert an Hurwitz vom 6. Januar 1894 HiHu 35.

in glänzenden Vermögensverhältnissen leben. Die von Riga nach Berlin bisher gelangten Nachrichten lauten sehr befriedigend.

Nun aber muss ich für heute schliessen. Nehmen Sie u. Ihre werthe Frau die herzlichsten Grüsse von meiner Frau und mir Ihrem treuen

A. Hurwitz.

Minkowski an **Hilbert** MiHi21
08.02.1894, Bonn (Brief)

Lieber Hilbert !

Auf irgend eine Weise wirst Du mittlerweile wohl ersehen haben, dass ich für nächstes Semester Algebraische Gleichungen 4 st., Liniengeometrie 2 st., Übungen zur Algebra 1 st. angezeigt habe. Mit den Ausführungen in Deinem letzten Briefe konnte ich nur einverstanden sein. Über den erziehlichen Werth der Geometrie lässt sich nicht streiten, wenn auch in anderen Gebieten der Mathematik mehr Leben ist. – Dass Study hierherkommt, ist wohl sicher. Die Art, wie er vorgeschlagen ist, entspricht dem mathematischen Zustande meiner gegenwärtigen Kollegen hier. Kortum, der es übernommen hatte, die Vorschläge zu machen, und infolge der Mittheilungen von Althoff ein menschliches Rühren über Study[257] empfand, war zunächst sehr deprimirt, als er in seinen Arbeiten zu blättern begann. Schliesslich ermannte er sich dazu, die kürzeste der Arbeiten, einen Aufsatz über (Weierstrasssche) Einheiten in den Göttinger Nachrichten eingehender zu studiren. Wie er nun da etwas traf, was ihm einigermassen gefiel, las er nicht mehr weiter, um ja nicht wieder einen ungünstigeren Eindruck zu erhalten, und setzte Study an die erste Stelle. An zweiter sind Hensel, der als Schüler von Lipschitz und Kortum angesehen wird, weil er hier sein erstes Semester zubrachte, und Stäckel, dessen Arbeiten wenigstens sogleich in den Überschriften hier gewürdigt werden, vorgeschlagen. Es ist also keine Frage, dass Study herkommt.

Allmählich beginne ich hier meine Bündel zusammenzuschnüren. Ich gedenke, in den ersten Tagen des März abzureisen, und will zunächst die schon lange gehegte Absicht zur Ausführung bringen, in Göttingen einen Besuch zu machen. Wer weiss, wann ich später dazu kommen könnte, und es ist ja ganz interessant, die mathematische Werkstätte, die vorderhand im meisten Ansehen steht, einmal zu inspiciren. Dann habe ich Franz Meyer[258] einen Besuch zugesagt und vielleicht halte ich auch bei Dedekind[259] an. Schliesslich werde ich auch in Berlin ein paar Tage zubringen, sodass ich wohl erst gegen Mitte März in Königsberg eintreffen werde. Hast Du irgendwelche Fragen, die ich mit Bezug

[257] Study wurde 1894 zum Nachfolger von Minkowski im bezalhlten Extraordinariat in Bonn ernannt.
[258] In Clausthal.
[259] In Braunschweig.

auf unser Referat[260] unterwegs, namentlich bei Weber[261] und Dedekind, stellen könnte, so unterlasse nicht, mir davon zu schreiben. Selbstverständlich werde ich alle Mathematiker, die ich sprechen werde, zu Gegenbesuchen in Königsberg animiren.

Mit besten Grüssen und der Bitte, mich Deiner Frau zu empfehlen

Dein H. Minkowski

Hurwitz an **Hilbert** HuHi18

08.03.1894, Zürich (Postkarte)

Lieber Fr.! Herzlichen Dank für Ihre „ideale" Abhandlung,[262] die ich sogleich gelesen habe, obgleich ich in dieser Woche entsetzlich angespannt bin (durch Schlussrepetitorien). In II pag 5 habe ich zu bemerken 1.) $\sqrt{a}$ soll doch wohl die Kleinste unter den überhaupt vorkommenden $\frac{g_i}{i}$ sein. Es können ja einige a_i verschwinden. 2.) Man sieht II doch direkt so ein: Ist α Zahl aus μ, so auch Norm von α und α kann also nicht durch eine höhere Potenz von p theilbar sein als Norm(α) etc.

Meinen letzten Brief haben Sie doch erhalten? Ich hoffe nun bald von Ihnen ausführlich zu hören. Was treiben Sie jetzt? Wie geht es den übrigen Herren? Eb. und Mink., dem es hoffentlich gut in Kgbg. gefällt, bitte ich Sie insbesondere zu grüssen. Am Sonntag erwarten wir den Besuch meines Bruders aus Halle. Sonstige Mittheilungen verspare ich mir auf meinen nächsten Brief, den Sie gewiss demnächst provociren werden. Also für heute nur noch die herzlichsten Grüsse von meiner Frau und mir für Sie und die Ihre. Ihr

Hurwitz

Hilbert an **Hurwitz** HiHu36

17.03.1894, Königsberg (Brief)

Lieber Freund.

Endlich komme ich dazu, Ihren Brief vom 30ten Januar und Ihre Karte vom 8ten März zu beantworten. Ich stecke nämlich ganz in der Ausarbeitung einer Theorie des biquadratischen Körpers, welcher aus der imaginären Einheit i und der Quatratwurzel aus einer ganzen imaginären Zahl $a + bi$ zusammengesetzt ist. Diese Theorie will ich auf denjenigen Standpunkt bringen, welcher für quadratische Körper bereits von Gauss erreicht ist: dazu gehört Aufstellung und Beweis der Existenz der Geschlechter, Beweis, dass jede Klasse des Hauptgeschlechts gleich einem Quadrat ist etc. Insbesondere folgen dann auch

---

[260] Der Bericht über Zahlentheorie.

[261] In Göttingen.

[262] D. Hilbert: Ueber die Zerlegung der Ideale eines Zahlenkörpers in Primideale (Mathematische Annalen 44 (1894), 1-8).

die Sätze von Dirichlet für den Fall, dass die Zahl $a + bi$ reell oder rein imaginär ist auf rein arithmetischem Wege. Obgleich die vollständige Ausarbeitung sehr viel Mühe macht und das Eingehn auf viele Einzelheiten verlangt, so habe ich mir doch die Ausführung vorgenommen, um endlich vom blossen Phantasieren in der Idealtheorie zur Lösung eines bestimmten Problems zu kommen und ich glaube, dass das gewählte Beispiel für die spätere Verallgemeinerung der Theorie von Nutzen sein wird. Übrigens erhält man durch meine Arbeit eine der Anordnung nach und auch wohl in manchen Beweispunkten neue Theorie der quadratischen Körper, deren Behandlung in neueren Werken, namentlich auch bei Dedekind, doch sehr viel zu wünschen übrig lässt; wie in Vielen so hat die neue Ausgabe von Dedekind mich auch darin enttäuscht, dass die Theorie der quadratsichen Körper sich im ganzen Buch zerissen und zerstreut, ohne innere und äussere Einheit, und ohne den modernen Standpunkt der Idealtheorie behandelt findet. Auch das Monstrum von Beweis für die Auflösung ternärer diophantischer Gleichungen ist ungeändert beibehalten.

Was Ihre Bemerkungen[263] über meine Arbeit anbetrifft, so sind allerdings die Exponenten g_i ∞ zu denken falls $a_i = 0$ wird. Wie aber mein Satz durch zu Hilfenahme der Norm allein leichter bewiesen werden kann, sehe ich nicht. Doch würde ich mich über einen nähere Mittheilung von Ihnen sehr freuen.

Von Ihrer Arbeit über quadratische Formen[264] haben Sie mir ja garnichts geschrieben. Ich bin sehr begierig auf dieselbe, zumal auch ich jetzt in dieser Theorie ganz zu Hause bin.

Minkowski ist nun seit einigen Tagen hier, nachdem er noch eine Rundreise über Braunschweig, Clausthal, Göttingen und Berlin gemacht hat, von der er viel zu erzählen weiss. Dedekind lässt sich pensionieren und an seine Stelle kommt Fricke, der von allen 18 an erster Stelle vorgeschlagenen den Sieg davongetragen hat. (Vor Allem hatte sich Franz Meyer grosse Hoffnungen gemacht.) Dedekind bereitet die Veröffentlichung einer Arbeit über cubische Körper vor, obwohl ihm ein Theil seiner Sätze trotz 25jähriger Anstrengung nicht zu beweisen gelungen ist. Ich bin sehr begierig auf diese Arbeit. In Göttingen wollen sich 5 Mann für Mathematik habilitieren darunter Sommerfeld. Webers Frau hat Minkowski geklagt, dass ihr Mann ganz verkleinert sei[265]. Minkowski und ich sind bereits einmal mathematisch am Apfelbaum gewesen, wir freuen uns sehr auf unser Zusammenarbeiten.

Eberhard[266] scheint doch recht enttäuscht, zieht sich jetzt ganz zurück und arbeitet fortgesetzt an seinem Buch.

Volkmann und Garbe sind von der Facultät zu Ordinarien vorgeschlagen, doch ist das noch Amtsgeheimnis. Volkmann wird immer philosophischer, hält auch populäre Vorträge für Damen. Nach Bonn hat Kayser Aussicht.

---

[263] Vgl. Brief Hurwitz an Hilbert 8. März 1894 HuHi 18.

[264] A. Hurwitz: Ueber die Reduktion der binären quadratischen Formen (Mathematische Annalen 45 (1894), 85-117). Vgl. Hurwitz an Hilbert 30. Januar 1894 HuHi 17.

[265] Ein sehr schönes Wortspiel. Heinrich Weber verließ denn auch 1895 Göttingen in Richtung Straßburg i. E. (heute Strasbourg).

[266] Burkhardt war Kleins Wunschkandidat für das Königsberger Extraordinariat. Das geht aus Briefen an Hilbert hervor. dieser fürchtete, Klein sei durch die Berufung Minkowskis verstimmt.

Burkhardt hat auch etwas erreicht, nämlich den Professortitel; und Klein ist nicht weiter verstimmt[267] sondern hat mir zu Minkowskis Berufung gratuliert, obwohl er seine Anrede mit „Lieber Freund", die er einige Mal gebrauchte und die mich sehr ehrte, wieder fallen gelassen hat.

Die Fortschrittsreferate habe ich erhalten, doch befindet sich viel langweiliges Zeug darunter, leider auch italienisches[268]. Ich will in diesen Ferien recht fleissig arbeiten um damit aufzuräumen.

Hoffentlich lassen Sie mich auf Antwort nicht so lange warten, wie ich es diesmal gethan habe. Mit den herzlichsten Grüssen von Haus zu Haus, insbesondere auch an Ihren Bruder, der wohl schon eingetroffen ist

Ihr Freund Hilbert

Herzlichen Dank für die freundliche Auskunft über die Verheirathung Ihres Frl. Cousine, die mich sehr interessirt und durch Ihre Ausführlichkeit vollauf befriedigt hat. Besten Gruss K.H.[269]

Hilbert an **Hurwitz** HiHu37
20.04.1894, Königsberg (Postkarte)

Lieber Freund. Noch vor Semesteranfang möchte ich Ihnen ein Lebenszeichen von mir und eine Aufmunterung für Sie zum Schreiben an mich geben. Ich habe soeben eine Arbeit an Klein über den biquadratischen Körper abgeschickt, welcher durch die Quadratwurzel aus einer ganzen imaginären Zahl bestimmt ist.[270] Den Klappbummel feierte ich mit meiner Frau den ganzen Tag in Cranz, wo es sehr schön war. Ihr Bruder soll sich ja schon zum Doctor vorbereiten, was für ein Thema[271] hat er denn? – Montag beginnen die Vorlesungen, die Aussichten sind schlecht, da mir der einzige Student Ernst Neumann neulich seinen Abschiedsbesuch machte. Ich mache mich jetzt an die Fortschrittsreferate, worunter viel langweiliges. Mit bestem Gruss von Haus zu Haus Ihr Freund Hilbert.

---

[267] Er hatte sich offensichtlich Hoffnungen auf die durch Hilberts Beförderung freigewordenen Stelle gemacht. Vgl. Brief Hilbert an Hurwitz 6. Januar 1894 HiHu 35. Zu den Vorgängen um die Nachfolge von Hilbert auf dem Extraordinariat in Königsberg und deren Hintergründe vgl. auch Hänel/Oswald/Steuding/Volkert: Felix Klein aus der Sicht der drei mathematischen Freunde (Jahresbericht der Deutschen Mathematiker:-Vereinigung 126 (2024).

[268] Es geht um Besprechungen für das Jahrbuch über die Fortschritte der Mathematik. Interessant ist, dass Hilbert offensichtlich in der Lage war, Italienisch geschriebene Arbeiten zu verstehen. Im Zusammenhang mit seinen „Grundlagen der Geometrie" (1899) wurde ihm oft vorgeworfen, die Arbeiten italienischer Geometer vernachlässigt zu haben.

[269] Käthe Hilbert, Hilberts Ehefrau.

[270] D. Hilbert: Ueber den Dirchlet'schen biquadratischen Zahlkörper (Mathematische Annalaen 45 (1894), 309-340).

[271] Julius Hurwitz promovierte über Kettenbrüche im Komplexen.

Hurwitz an **Hilbert** HuHi19
26.04.1894, Zürich (Brief)

Lieber Freund!

Sie haben es gut. Während wir schon 14 Tage des Semesters hinter uns haben, fangen Sie jetzt erst die Vorlesungen an. Nach Ihrer Karte sind ja die Aussichten für eine Zuhörerschaft sehr mangelhafte. Das hat freilich das Gute, dass Sie sich voraussichtlich in aller Musse Ihren Arbeiten widmen können. Andererseits wird es Ihnen doch wieder unbehaglich sein. Da sind wir nun wieder besser daran. In der Integralrechnung habe ich 120 Zuhörer und in der Invariantentheorie 15. Die letztere Vorlesung giebt mir sehr viel zu thun, denn ich finde nirgends ausreichende und klar dargestellte Beweise. Ich muss mir Alles mühsam selber zurecht legen. Und die Hoffnung, die ich auf Ihre Dissertation[272] und Ihre Annalenarbeiten (die früheren) setzte, hat sich, obgleich Ihre Arbeiten mir noch den meisten Anhalt neben dem Faà di Bruno[273] (der mir bislang nur in der entstellten französ. Ausgabe zugänglich ist) gewähren, als trügerisch gezeigt. Denn Sie haben sich so kurz gefasst, dass ich meistens erst nach Tagen die Beweise herausbekomme.

Den Hauptsatz über die Darstellung der Covarianten durch die einseitigen Dérivirten habe ich glücklichst heraus erst heute nach langem Bemühen aus den Identitäten (4) auf pag 19. Ihrer Arbeit im 30 Bd. der Annalen[274] herausgelesen, dass der Rang r die Ordnung $m + r$ nach sich zieht. Aber den Beweis für die Anzahl der linear unabh. Covarianten verstehe ich noch immer nicht. Sie sagen, dass aus der Correspondenz zwischen F und den r zugehörigen Covarianten $\mathcal{F}^{(0)}, \mathcal{F}^{(1)}, \ldots \mathcal{F}^{(r)}$ (pag 20 Ihrer Arbeit unten) die Übereinstimmung der Anzahlen der Function F und der Covarianten folgt. Da müssen eine Reihe von Zwischenschlüssen fortgelaufen sein; denn direct sehe ich das gar nicht ein. Wären jedem $\mathcal{F}$ eine <u>einzige</u> Covariante und umgekehrt zugeordnet und linear unabh. $\mathcal{F}$ linear unabhängige Covarianten, dann wäre die Sache ja klar. Ich würde Ihnen sehr dankbar sein, wenn Sie mir einige Zeilen der Aufklärung schreiben wollten. Es thut aber schleunige Hilfe Noth. Denn ich komme sehr bald in der Vorlesung zu den Abhandlungen von Sylvester-Cayley. Ich kann mir allerdings da helfen vermöge des andern, leicht einzusehenden Satzes von der Lösbarkeit der Gleichung $D\mathcal{G} = \mathcal{F}$ für $m > 0$ aus welchem die lineare Unabhängigkeit der Coeff. von $D\mathcal{G}$ folgt, aber ich möchte doch gern Ihren Beweis vortragen, der auf der Zuordnung von $\mathcal{F}$ zu $\mathcal{F}^{(0)}, \ldots \mathcal{F}^{(r)}$ beruht.

Sie sehen, ich arbeite mich da jetzt in das Gebiet ein, auf welchem Sie Ihre ersten wissenschaftl. Lorbeeren errungen haben. Mir macht das Colleg

---

[272] D. Hilbert: Über invariante Eigenschaften spezieller binärer Formen, insbesondere der Kugelfunctionen (Königsberg, 1885).

[273] Faà di Bruno: Théorie des formes binaires (Turin, 1876).

[274] D. Hilbert: Ueber eine Darstellungsweise der invarianten Gebilde im binären Formengebiet (Mathematische Annalen 30 (1887), 15-29).

grosses Vergnügen, zumal die Zuhörer meist sehr reife Mathem. sind. Ausser den Herren des letzten Curses, die vor dem Diplomexamen stehen, finden sich unter ihnen ein Lehrer der Math. und ein Privatdocent Dr. Alexejeff aus Moskau. Dem entsprechend darf ich die Vorl. auf ein höheres Niveau stellen. Ich werde nach Erledigung des ersten elementaren Abschnittes über binäre Formen die Aronhold'schen, Mertens'schen und Ihre allgemeinen Theoien vortragen.

Doch nun zu Ihrem Briefe vom Januar. Ihren neuen Idealbeweis habe ich in den Ferien meinem Bruder, der die ganzen Osterferien bei uns zu Gast war, vorgetragen. Ich denke ihn auch jetzt im Colloquium vorzunehmen. Meine Bemerkung über die Möglichkeit, den einen Punkt in Ihrem Beweise einfacher zu erledigen, beruhte auf einem Irrthum meinerseits. Was sagen Sie zu den neuen Arbeiten von Hensel?[275] Er arbeitet doch consequent weiter. Mir sind die Arbeiten wegen der gehäuften Termini nicht sonderlich sympathisch.

Zum Abschluss Ihrer neuen Arbeit[276] über quadr. Körper meinen Glückwunsch. Meine letzte Arbeit über quadr. Formen[277] giebt eine weitere Ausführung der Chicagoer Note[278], über welche ich Ihnen, wenn ich nicht irre, derzeit schrieb. Ob ich in diesem Semester etwas abschliessen kann, ist mir wegen der Inv.theorie zweifelhaft. Ich habe eine Untersuchung, die Sturm'schen Functionen betreffend, liegen. Einige an Hermite's Reciprocitätssatz anknüpfende Ideen sind noch ziemlich unreif

In den Ferien war Heinrich Weber, der „verkleineste"[279], hier bei Geiser zu Besuch. Ich habe in seiner Gesellschaft einen Nachmittag verbracht. Er ist sehr fleissig; arbeitet jetzt an einem Lehrbuch[280] über algebraische Gleichungen.

Mein Bruder hat freilich die Absicht im Laufe des nächsten Jahres zu promoviren. Er ist aber noch nicht sicher, welches Thema er bearbeiten will. Vielleicht knüpft er an meine Arbeit über Entwicklung complexer Zahlen in Kettenbrüchen an.[281] Ich habe ihm aber zunächst vorgeschlagen, G. Cantor um ein Thema anzugehen. – Die Königsberger Freunde bitte ich Sie herzlich von mir zu grüssen; vor allem Minkowski; der nun hoffentlich bald mit seinem Buche

---

[275] K. Hensel: Untersuchung der Fundamentalgleichung einer Gattung für eine reelle Primizahl als Modul und Bestimmung der Theiler ihrer Discriminante (Journal für die reine und angewandte Mathematik 113 (1894), 61-83), Arithmetische Untersuchung über die gemeinsamen ausserwesentlichen Discriminantentheiler einer Gattung (Journal für die reine und angewandte Mathematik 113 (1894), 128-160), Ueber die Classification der nicht homogenen quadratischen Formen und der Oberflächen zweiter Ordnung (Journal für die reine und angewandte Mathematik 113 (1894), 303-317).

[276] D. Hilbert: Ueber den Dirchlet'schen biquadratischen Zahlkörper (Mathematische Annalaen 45 (1894), 309-340).

[277] A. Hurwitz: Ueber die Reduction der binären quadratischen Formen (Mathematische Annalen 45 (1894), 85-117).

[278] A. Hurwitz: Ueber die Reduction der binären quadratischen Formen (Mathematical Papers Read at the International Mathematical Congress (New York: MacMillan, 1898), 116-124).

[279] Vgl. Brief Hilbert an Hurwitz 17. März 1894 HiHu 36.

[280] H. Weber: Lehrbuch der Algebra. Band I (Braunschweig: Vieweg, 1895), Band II (Braunschweig: Vieweg, 1896).

[281] Julius Hurwitz promovierte 1895 in Halle bei Wangerin mit dem Thema „Über eine besondere Art der Kettenbruch – Entwicklung complexer Größen". Das Thema ging letztlich auf Adolf Hurwitz zurück.

abschliesst. Nehmen Sie selber und Ihre Frau von meiner Frau und mir die besten Grüsse. Ihrem Kleinen geht es doch hoffentlich recht gut?

Ihr
A. Hurwitz.

Hilbert an **Hurwitz** HiHu38
30.04.1894, Königsberg (Postkarte)

Lieber Freund. Jede Funktion F führt auf ein bestimmtes System von Covarianten $F^{(0)} = F^{(1)} = [DF], \ldots$ von den Gewichten $p, p-1, \ldots$. Umgekehrt: Sind $F^{(0)}, F^{(1)}, \ldots$ eine Reihe von Covarianten von den Gewichten $p, p-1, \ldots$ bez., so ist $F = c^{(0)}F^{(0)} + c^{(1)}\Delta F^{(1)} + c^{(2)}\Delta^2 F^{(2)} + \ldots$ eine Funktion, der derart dass $[F] = F^{(0)}, [DF] = F^{(1)}, \ldots$ ist. Dies folgt aus dem auf S. 20 Gesagten und aus der Eindeutigkeit der Entwicklung $\mathcal{G}^{(0)} + \Delta\mathcal{G}^{(1)} + \Delta^2\mathcal{G}^{(2)} + \ldots = 0$ hat nothwendig $\mathcal{G}^{(0)} = 0, \mathcal{G}^{(1)} = 0, \ldots$ zur Folge, wie sich ergiebt, wenn man $1, 2, \ldots$ und das Symbol D anwendet. Mit bestem Gruss und mit der Bitte die Eile zu entschuldigen, da ich die Verabredung zu einem Spaziergang mit Minkowski einhalten muss. Ich habe nur Grundlegende Geometrie[282] 2 St. mit 4 Zuhörern und Seminar mit 2 Zuhörern zu Stande bekommen. Minkowski Algebra 4st. mit 2. Die Uebrigen lesen garnichts. H.

Hurwitz an **Hilbert** HuHi20
04.05.1894, Zürich (Postkarte)

Lieber Freund! Herzlichen Dank für Ihre Notizen zu Ihrem Invar.-Colleg und Ihre zur Aufklärung über den fragl. Punkt bestimmte Karte. Ich bin inzwischen jedoch durch eigenes Nachdenken weiter gekommen und habe eine andere Darstellung, die sich wahrscheinlich Ihrer im Colleg gegebenen annähert. Der Darstellung der Functionen durch Cov. und deren Differentialgl. bedarf es für die Zwecke nicht. Übrigens hatte mir Dr. Hirsch schon Ihren Beweis in verständl. Form mitgetheilt; aus Ihrer Karte hätte ich den Beweis übrigens beiläufig bemerkt wieder nicht verstanden. Der Kernpunkt des Schlusses ist doch der, dass die Formen F_p genau so viele Const. linear und homogen enthalten, wie die Covarianten von den Gewichten $p, p-1, p-2, \ldots$ und dass dieses aus Ihrer Darstellung abgelesen werden sollte, das war es, was mir fehlte. – College Franel hat einen schönen Beweis dafür, dass $f(x)$ eine $n$te Potenz, wenn $f(x)$ für jedes ganze x eine $n$te Potenz ist. Man betrachtet $F(x+a_1)f(x+a_2)\ldots f(x+a_n)$, wo $a_1, a_2, \ldots, a_n$ belieb. ganze Zahlen und entwickle die $n$te Wurzel aus dem Produkte

[282] Wiederaufnahme der ein Jahr zuvor nicht zustande gekommenen Vorlesung über Axiome der Geometrie.

nach Potenzen von $\frac{1}{x}$. Alles Weitere dann sehr leicht. Grüssen Sie Freund Mink. und seien Sie selber und Ihre werthe Frau herzlich gegrüsst von Ihrem

A.H.

Ihr Heft sende ich Ihnen nach einiger Zeit zurück.

Hilbert an **Hurwitz** HiHu39

31.05.1894, Königsberg (Brief)

Lieber Freund.

Schon lange hatte ich mir vorgenommen, Ihnen zu schreiben; endlich komme ich dazu. Vor Allem möchte ich Sie bitten, mir etwas über die Personalien von Amsler-Laffon, dem Fabrikanten der Planimeter[283], mitzutheilen, zwecks seiner in Aussicht genommenen Ehrenpromotion. Lindemann meint, Sie müssten darüber unterrichtet sein.

Es ist nun schon einige Wochen her, dass mir Lindemann ein grosses Manuscript über die conforme Abbildung des Inneren eines Curvenovals auf eine Halbebene schickte. Er hoffte mit den Resultaten der Schottky'schen Arbeit, mit dem Schwarz'schen Differentialausdrucke, mittelst Herumwanderns und -Intergierens auf der Riemann'schen Fläche das grosse Problem gelöst zu haben. Doch war, soweit ich nach langem mühsamem Studiren sehen konnte, Alles, schon von Anfang an, ein Luftgebilde. Er hat seitdem nichts von sich hören lassen, nachdem ich ihm den Sachverhalt natürlich in möglichst zarter Form, mitgetheilt habe.

Kürzlich schrieb Study an mich; er gefällt sich sehr in Bonn, was Ort und Menschen anbetrifft. Er will sich in nächster Zeit ganz mit den Anwendungen der elliptischen und hyperelliptischen Functionen beschäftigen. Nach Wien geht er nicht.

Ich mache, wie ich Ihnen wohl schon schrieb, die Versammlung[284] diesmal auch nicht mit, gedenke vielmehr nächstes Jahr im Anschluss daran, mit meiner Frau eine grössere Reise zu machen. In den Pfingstferien waren meine Frau und ich für einige Tage in Kolberg und haben uns dort prächtig amüsiert.

Sommerfeld war zu einer 4 wöchentlichen Uebung hier. Er gefällt sich in Göttingen ausserordentlich, gedenkt sich dort zu habilitieren, und wird wahrscheinlich bei Klein Assistent.

Ist Frickes Braut eine Verwandte von Klein?

Minkowski lässt Sie bestens grüssen, und Ihnen sagen, dass er das letzte in Ihrer Note[285] genannte Problem betreffend die Annäherung complexer Zahlen durch rationale complexe Brüche gelöst hat. Er ist dadurch auf sehr merkwürdige Kettenbruchentwicklungen geführt worden, in denen die Nenner ganze complexe

[283] Ein mechanisches Gerät zur angenäherten Ermittlung von Flächeninhalten.

[284] Gemeint ist die Versammlung deutscher Naturforscher und Ärzte, in deren Rahmen auch die Deutsche Mathematiker-Vereinigung tagte. Diese fand im September 1894 in Wien statt.

[285] A. Hurwitz: Ueber die angenäherte Darstellung der Zahlen durch rationale Brüche (Mathematische Annalen 44 ((1894), 417-436).

Zahlen (d.h. von der Form $a + bi$ wo a und b ganze rationale Zahlen sind) und in denen die Zähler $1, i$, und $1 \pm i$ sind. Er arbeitet fleissig an der Vollendung seines Buches. – Wir waren gestern bei herrlichem Wetter in Gr. Raan und haben daselbst fast 6 Stunden über Galois'sche Gleichungstheorie (worüber Minkowski jetzt liest), und die Idealtheorie im Galois'schen Körper, (worüber ich nächstens eine kleine Note in den Göttinger Nachrichten zu publicieren gedenke) uns unterhalten.

An den Fortschrittsreferaten arbeite ich fleissig. Von 37 habe ich bereits 20 fertig, wobei mich freilich meine Frau immer sehr thatkräftig durch Ausschreiben unterstützt hat. Die Poincaré'sche Arbeit über die Ausdehnung der Tschebyscheffschen Primzahlsätze auf complexe Zahlen enthält so gut wie garnichts trotz ihres Umfanges. Interessant war mir eine Arbeit von Paraf im Liouville'schen Journal[286] , in welcher das Problem der conformen Abbildung nach der Poincaré'schen Methode (successives Ausfegen eines unendlichen Systems von Kreisen) gelöst wird. In Ihrem Colleg über Invariantentheorie kommen Sie hoffentlich auch zu meiner 2ten grösseren Annalenarbeit[287], ich würde mich sehr darüber freuen, wenn die Resultate dieser Arbeit dadurch in weiteren Kreisen bekannt würden.

Mit den herzlichsten Grüssen von meiner Frau und mir an Sie und Ihre liebe Frau

Ihr Freund
Hilbert

Hurwitz an **Hilbert** HuHi21
03.06.1894, Zürich (Brief)

Lieber Freund!

Lindemann schickte mir neulich Ihren Brief, in welchem Sie um nähere Angaben über Prof. Amsler ersuchten, zu mit der Bitte denselben zu beantworten. Um dieser Bitte zu willfahren, schreibe ich an meinen Freund Amsler, den Sohn, und dieser hat mir nun beifolgende, ausführliche Mittheilungen über Leben und wissenschaftliceh Arbeiten seines Vaters zukommen lassen. Ich füge meinerseits noch Folgendes hinzu. Prof. Amsler erfreut sich noch heute voller geistiger und körperlicher Frische und leitet in Gemeinschaft mit seinem Sohne die von ihm begründete mechanische Werkstatt in Schaffhausen, wo er seit 1857 seinen dauernden Wohnsitz hat.

Die 6 Abhandlungen, die mir Alfred Amsler zugestellt hat, halte ich vorläufig zurück, da ich nicht glaube, dass Sie dieselben gebrauchen werden.

[286]Joseph Liouville gründete 1836 das Journal de Mathématiques Pures et Appliquées, welches hier angesprochen wird. Hilbert irrt hier. Die Arbeit „Sur le problème de Dirichlet ..." von A. Paraf war eine dissertation (Toulouse 1892) und wurde zudem veröffentlicht in den Annales de la Faculté des sciences de Toulouse pour les sciences mathématiques et les sciences physiques, Serie 1, Volume 6 (1892) no. 3, pp. H24-H75.

[287]D. Hilbert: Ueber die vollen Invariantensysteme: (Mathematische Annalen 42 (1893), 313-373).

Zwei der Abhandl. finden Sie im Bd 42 v. Crelle's Journal[288]. Eine Brochure „Anwendungen der Integrators zur Berechnung des Auf- und Abtrages bei Anlage von Eisenbahnen, Strassen, Brücken" ist 1875 in Zürich bei Orell Füssli + Co erschienen. Endlich eine Abhandl. „Neuere Planimeter-Constructionen" in der „Zeitschrift für Instrumentalkunde".

Sollten Sie die Abhandlungen nöthig haben, so schicke ich Sie Ihnen umgehend.

Mit den herzlichsten Grüssen von Haus zu Haus

Ihr

Hurwitz

Haben Sie Bachmanns analytische Zahlentheorie[289] schon gesehen? Bachmann hat mir ein Dedications-Exemplar geschickt. Grüssen Sie Minowski!

Julius Hurwitz an **Hilbert** JuHi1

09.06.1894, Halle (Brief)

[nicht lesbar]

Julius Hurwitz

Hilbert an **Hurwitz** HiHu40

13.06.1894, Königsberg (Brief)

Lieber Freund.

Vor Allem meinen besten Dank für Ihren Brief und die ausführlichen Notizen über Amsler. Gestern wurde mein Antrag, Amsler zum Ehrendoktor zu promovieren, in vorläufiger Abstimmung angenommen, was ich jedoch noch als Amtsgeheimnis zu betrachten bitte. Die Vorschläge waren so zahlreich, dass die Hälfte, glaube ich, gestrichen wurde und nur 20 übrig geblieben sind – eine Zahl, welche wohl auch noch eine Reduktion erfahren wird.

Was ich aber durchaus und möglichst bald wissen möchte, das ist, ob Amsler nicht schon den Doktortitel besitzt, da in diesem Falle die Ehrenpromotion ausgeschlossen ist. Ich würde sehr dankbar sein, wenn Sie mir darüber Nachricht geben könnten; vielleicht ist Ihnen dieses ohne weitere Erkundigung und Mühe möglich.

---

[288] J. Amsler: Neue geometrische und mechanische Eigenschaften der Niveauflächen (Journal für die reine und angewandte Mathematik 42 (18), 314-315). Es gibt nur eine Arbeit von Amsler in diesem Band, sie wird allerdings zweimal im Inhaltsverzeichnis aufgeführt (unter Geometrie und unter Mechanik).

[289] P. Bachmann: Die analytische Zahlentheorie (Leipzig: Teubner, 1894). Zweiter Teil eines größeren Werkes von Bachmann mit dem Titel „Zahlentheorie : Versuch einer Gesammtdarstellung dieser Wissenschaft in ihren Hauptth eilen", das in fünf Teilen von von 1872 bis 1923 bei Teubner in Leipzig erschien.

Sie nennen Amsler Professor, wovon in den Notizen des Sohnes nichts steht. Amsler ist also doch der erste Erfinder des Polarplanimeters[290]? Wissen Sie vielleicht, wo man Etwas Näheres und leicht noch Zubeschaffendes hierüber findet?

Vor einigen Tagen erhielt ich von Ihrem Bruder einen Brief, in welchem er mir ausführlicher über Halle erzählt. Ich habe mich sehr darüber gefreut, wieder einmal etwas von ihm selbst zu hören.

Das Bachmannsche Buch[291] ist, glaube ich, besser, wie der erste Band und jedenfalls wegen der Menge zusammengetragenen Stoffes sehr angenehm zu brauchen. Minkowski, welcher Sie übrigens sehr grüssen lässt, hat ebenfalls ein Dedikationsexemplar erhalten.

Von C. Jordan cours d'analyse[292] ist der 2te Teil erschienen; das ist doch ein herrliches Buch.

Von meinem Colleg über Axiome der Geometrie bin ich übrigens, wenigstens augenblicklich, gar nicht sehr erbaut. Immer dieselbe Sache, ob man dies oder jenes als Axiom nehmen soll und ein und derselbe trockene Ton ohne die lebendige Frische neuer Resultate.

Bitte doch Ihre werte Frau freundlichst zu grüssen und seien Sie selbst herzlich gegrüsst von

Ihrem Freunde
Hilbert

Hurwitz an **Hilbert** HuHi22
16.06.1894, Zürich (Brief)

Lieber Freund!

Ihren soeben eingetroffenen Brief beantworte ich sogleich, um Ihnen die gewünschte Auskunft zu geben. Professor Amsel war, wie Sie aus den Aufzeichnung seines Sohnes ersehen, Lehrer am Gymnasium in Schaffhausen; von daher schreibt sich ein Titel als Professor; in der Schweiz heisst nämlich jeder Gymnasiallehrer „Professor".

Den Doktortitel hat Prof. Amsler weder erworben noch Ehren halber bis jetzt von einer Universität erhalten. Von dieser Seite steht also seiner Promotion nichts im Wege. Amsler gilt als erster Erfinder des Polarplanimeters; ich vermag aber nicht zu sagen, ob ihm die Priorität gebührt oder ob vielleicht begründete Reclamationen erhoben worden sind. Mir ist nie etwas dergleichen zu Ohren gekommen. Ich glaube, Sie brauchen sich wegen dieser Frage keine Gewissensbisse zu machen. zur Orientierung würde ich Ihnen rathen, in irgend

[290] Ein spezielles Planimeter. Das bekannteste Polarplanimeter wurde von J. Amsler entwickelt.

[291] Pauf Bachmann „Zahlentheorie: Versuch einer Gesammtdarstellung dieser Wissenschaft in ihren Haupttheilen". Fünf Teile 1872 bis 1923 bei Teubner in Leipzig. Die „Elemente der Zahlentheorie" (1892) bildeten den ersten Band des Werkes.

[292] C. Jordan Cours d'analyse de l'Ecole Polytechnique. Drei Bände (Paris: Gauthier-Villars). Erste Auflage 1882 bis 1887, zweite Auflage 1893 bis 1896.

einem der grossen Conversationslexica (Meyer oder Brockhaus) nachzulesen. Mein Bruder schrieb mir schon vor einigen Tagen, dass er sich sehr über die Zusendung Ihrer Arbeit gefreut und sich für dieselbe bei Ihnen bedankt habe. Die Nachrichten, die ich von ihm über die Hallenser Mathematiker erhalten habe, sind meistens recht amusant. Stäckel hat neuerdings in der Ostwald'schen Bibliothek die Abhandlungen der Brüder Bernoulli, von Euler, Legendre, Lagrange u. Jacobi über Variationsrechnung[293] herausgegeben. Ich habe dieselben im Colloquium vorgelegt und zur allgemeinen Erheiterung aus den Bernoulli'schen Arbeiten vorgelesen. Sehen Sie sich diese doch an; ich glaube, Sie werden auch Ihr Vergnügen daran haben. C. Jordan, Cours d'analyse[294] werde ich anschaffen lassen. Ich selber besitze den 3. Theil der ersten Auflage. Dieser ist partieenweise sehr schön. Andere Partien gefallen mir aber weniger, da der Stoff theils zu compact und abstract, theils zu formal behandelt ist. Die Erfahrungen, die Sie in Ihrem Colleg über die Axiome der Geometrie[295] machen, sind mir interessant. Sie stimmen mit der Vorstellung, die ich mir von jeher von dieser Art von Untersuchungen gemacht habe. – Nun zu Ihrem vorletzten Briefe, der meinen Amsler-Brief kreuzte! Was will denn Lindemann nur mit dem Probleme der conformen Abbildung eines Curvenovals auf die Halbebene? Die Frage ist doch seit langem vollständig erledigt! Für Lindemann's Eigenart scheinen mir derartige Probleme ganz ungeeignet und es wundert mich deshalb nicht, dass seine Arbeit verunglückt ist. – Study hat mir als Frucht seiner Studien über ellipt. Functionen eine Arbeit über die 4gliedrigen T-Relationen geschickt. Der Gegenstand ist nun auch schon ∞^∞ mal behandelt. Sie fragen mich nach Frickes Braut. Ich habe aber gar keine Ahnung, dass Fricke verlobt ist. Somit kann ich Ihnen auch nicht sagen, ob seine Braut mit Klein verwandt ist. Ist seine Braut ein Frl. Klein?

Von meiner letzten Arbeit habe ich Ihnen, glaube ich, noch keinen Abzug geschickt. Ich werde das nachholen, wenn die Arbeit über quadr. Formen erschienen ist, die mit der über d. Farey'sche Reihe eng zusammenhängt. Dass Minkowski sich mit diesen Dingen beschäftigt, freut mich sehr. Grüssen Sie ihn herzlich. Ich werde voraussichtlich in den nächsten Monaten durch Fortschrittsreferate und geschäftliche Dinge absorbirt werden. Ihre Note in den Acta[296] habe ich mit Vergnügen gelesen; das ist eine elegante Anwendung des Minkowski'schen Satzes, die Sie da geben. Meine Vorlesung über Invariantentheorie geht munter weiter; sie hat auch eine Abhandlung[297] gezeitigt, die ich jüngst an Klein schickte (die betrifft Sylvester'sche Sätze und deren Consequenzen, Hermite'sche Reciprocitätsgesetz) aber an die Auseinandersetzung der Resultate Ihrer 2ten Arbeit komme ich sicher nicht.

---

[293] Abhandlungen über Variationsrechnung, hg. von P. Stäckel (Leipzig: Engelmann, 1894).

[294] C. Jordan Cours d'analyse de l'Ecole Polytechnique. Drei Bände (Paris: Gauthier- Villars). Erste Auflage 1882 bis 1887, zweite Auflage 1893 bis 1896.

[295] Hilberts Vorlesung im Sommersemester 1894, welche schon für 1893 geplant war. Der offizielle Titel lautete: Die Axiome der Geometrie.

[296] D. Hilbert: Ein Beitrag zur Theorie der Legendreschen Polynome (Acta mathematica 18 (1894), 155-159).

[297] A. Hurwitz: Über die Theorie der Ideale (Nachrichten von der k. Gesellschaft der Wissenschaften zu Göttingen, Mathematisch-physikalische Klasse 1894, 291-298).

Es sind zu viele Prämissen für deren Verständniss nöthig und ich habe knapp Zeit, um die Grundlagen der allgemeinen Invariantentheorie zu entwickeln. Der Stoff dehnt sich enorm und specielle Beispiele, die für die Studierenden unerlässlich sind, halten sehr auf. – Für den Sommer hatten wir ursprünglich eine Reise nach Königsberg geplant. Wir bleiben nun aber doch hier in der Nähe Zürichs und erwarten unsererseits den Besuch der Eltern und Schwestern. Die Änderung des Planes hat darin ihren erfreulichen Grund, dass wir in der ersten Hälfte des Oktobers einem freudigen Ereigniss[298] entgegensehen. Hoffentlich führen Sie die grosse Reise, die Sie für's nächste Jahr planen, hierher nach der Schweiz, so dass wir ein frohes Wiedersehen feiern können. Wo wird denn die nächstjährige Versammlung statfinden? Das wird wohl erst in Wien festgestellt? – Die ungewohnte Thatsache, dass Sie den letzten Brief eigenhändig geschrieben haben, hat doch nichts weiter zu bedeuten?[299] Ihre Frau ist doch hoffentlich wohlauf? Grüssen Sie dieselbe, bitte, herzlich von Ida und von mir und seien Sie selber gegrüsst

von Ihrem Freund

A. Hurwitz

Hilbert an **Hurwitz** HiHu41

29.07./05.08.1894, Königsberg/Kleinteich (Brief)

Lieber Freund.

Endlich komme ich dazu Ihnen Ihren Brief vom vorigen Monat zu beantworten. Meine Frau hatte soviel mit Einmachen und Vorbereitungen für den Sommeraufenthalt zu thun, dass wir garnicht zum Schreiben kommen konnten, zumal da noch allerlei Correspondencen mit Weber zu erledigen waren. Diesem habe ich nämlich einen rein arithmetischen Beweis für den Satz mitgetheilt, dass die Klassenanzahl[300] in dem aus den 2^{ν}ten Einheitswurzeln gebildeten Körper eine ungerade Zahl ist, ein Satz, welcher in der Theorie der Abel'schen Gleichungen nothwendig gebraucht wird. Heute fragte mich übrigens Weber an, ob ich eventuell zur Theilname an den Redactionsarbeiten der Mathematischen Annalen[301] bereit sein würde, und ich versicherte ihm, dass mir das zur Ehre gereichen würde. Es scheint, dass Klein allerlei Reformationsgedanken in dieser Beziehung hat, wahrscheinlich wissen Sie Näheres?

---

[298] Geburt von Tochter Lisbeth.

[299] Käthe Hilbert schrieb die Briefe, Skripten u. dgl. ihres Mannes ins Reine, Hilberts Handschrift war nicht sehr leserlich.

[300] D. Hilbert: Neuer Beweis des Kroneckerschen Fundamentalsatzes über Abelsche Zahlkörper (Nachrichten von der Kgl. Gesellschaft der Wissenschaften in Göttingen, Mathematisch-physikalische Klasse 1896, 29-39).

[301] Hilbert erscheint ab Band 50 (1898) als ein Mitwirkender bei der Herausgabe der Mathematischen Annalen (neben Gordan, Neumann, Noether, von der Mühll und Heinrich Weber). Ab Band 50 (1902) war er dann einer drei Herausgeber (neben Dyck und Klein).

Auch von Lindemann hatte ich kürzlich einen Brief. Er klagt, dass es in München so sehr theuer und das Schwänzen der Studenten entsetzlich wäre. Ueber sein Abbildungsproblem wird er wohl nächstens etwas veröffentlichen.

Minkowski hat einen sehr einfachen Kettenbruch für e^i entdeckt, doch wird er mir morgen erst Näheres mittheilen auf einer verabredeten Fahrt nach Cranz. Minkowski bittet mich hinzuzufügen, dass dieser Kettenbruch nichts Neues enthält, sondern schon bei Landsberg vorkommt. Er soll ganz entsprechend dem Ihrigen für e sein.

Die Jubeltage[302] sind nun glücklich vorüber, Sie werden ja wohl von den Ihrigen ausführlich Bericht darüber erhalten. Auch Althoff war in den Tagen hier, ich habe ihn flüchtig gesprochen. Er erkundigte sich nach Lindemann.

Volkmann und Garbe sind Ordinarien geworden, und verwalten als solche ihre bisherigen etatsmässigen Extraordinariate.

Wir ziehen am Mittwoch nach Rauschen heraus, und freuen uns sehr auf den dortigen Aufenthalt. Wann begeben Sie sich in die Sommerfrische, es geht Ihnen und Ihrer Frau doch hoffentlich gut? Wir freuen uns sehr darauf, nächsten Sommer die Bekanntschaft eines kleinen Hurwitz machen zu können, und wünschen herzlich, das bevorstehende Ereigniss[303] möge bei Ihnen einen ebenso glücklichen Verlauf nehmen wie bei uns. Unser Junge wird nun bald ein Jahr, kann Schlaekerkopf machen, Kuchen backen, dodl-dodl sagen und mit Begeisterung zeigen, wo meine Bücher stehn. Meine Frau lässt Ihnen bestens für Ihre freundliche Nachfrage danken, es war nur ein Zufall, dass Sie am Schreiben verhindert war; doch hat sie sich sehr gefreut, dass Sie es sogleich bemerkt haben und soll es nicht wieder vorkommen!

Kleinteich, 05.08.1894

Nun bin ich doch nicht mehr dazu gekommen diesen Brief in der Stadt zu beenden. Die beiden letzten Tage vor unsrer Abreise war ich noch mit Minkowski in Cranz, um denselben mathematisch auszunutzen, und nun geniessen wir seit Mittwoch das Landleben in vollen Zügen. Wir bewohnen hier ein einsam zwischen Feldern und Bergen gelegenes Häuschen für uns allein, nur 7 Minuten von der See entfernt. Die Bäder sind bei dem warmen Wetter und Sonnenschein herrlich, heute war auch schöner Wellenschlag. Ich gedenke vorläufig mich wissenschaftlich ganz auszuruhn, und nur vielleicht an Klein einen Brief[304] über die gerade Linie als die kürzeste Verbindung zweier Verbidung 2er Punkte fertig zu machen. Ich habe nämlich während meines Collegs[305] bemerkt, dass dieser Satz unter einer gewissen Einschränkung schon sehr früh aus den Axiomen der projektiven Geometrie abzuleiten ist und dieses schien mir von einigem Interesse.

[302] Die Universität Königsberg, die Albertina, feierte 1894 ihr 350jähriges Bestehen.

[303] Geburt von Tochter Lisbeth.

[304] D. Hilbert: Ueber die Gerade als kürzeste Verbindung zweier Punkte. Aus einem an Herrn F. Klein gerichteten Brief (Mathematische Annalen 46 (1895), 91-96).

[305] Hilberts Vorlesung im Sommersemester 1894, welche schon für 1893 geplant war. Der offizielle Titel lautete: Die Axiome der Geometrie.

Uebrigens bin ich durch Weber vorläufig angefragt worden, ob ich an den Redaktionsgeschäften der Annalen[306] eventuell theilzunehmen geneigt sein würde. Ich habe das natürlich mit Vergnügen bejaht. Beim Durchlesen bemerke ich soeben, dass die letztere Mittheilung in diesem Brief doppelt vorkommt, was ich Sie zu entschuldigen bitte.

Mit den herzlichsten Grüssen von meiner Frau und mir und an Sie und Ihre liebe Frau

Ihr Freund
Hilbert.

Minkowski an **Hilbert** MiHi22
20.08.1894, Königsberg in Pr. (Brief)

Lieber Freund.

Besten Dank für Deinen Brief und Eure wiederholte liebenswürdige Einladung. Ich muss den Ausflug nach Rauschen leider noch aufschieben. Die Hochzeit[307] meines Bruders findet 14 Tage früher, als ursprünglich geplant war, statt, sodass ich schon Anfang nächster Woche nach Karlsruhe reisen werde. Ich besuche Dich deshalb lieber erst nach der Reise, von der ich doch wohl irgend welche Neuigkeiten mitbringen werde. Der eine oder der andere College wird mir doch unterwegs in den Weg laufen. – Wie ich heute in einer Zeitung gelesen habe, ist Wiener[308] in Darmstadt Ordinarius geworden, und Mertens in Wien an der Universität. Jetzt haben doch die Wiener wenigstens einen Mathematiker. Wie sich Klein mit seinem populären Vortrag über Riemann in Wien[309] aus der Affaire ziehen wird, bin ich wirklich neugierig. – Ich werde gegen den 10. September von meiner Reise zurückkommen und Dich dann sehr bald aufsuchen. Dass Du jetzt so wenig zum Arbeiten kommst, werden die elliptischen Functionen und die Reciprocitätsgesetze danach wahrscheinlich um so mehr entgelten müssen. – Ich bin mit den Kettenbrüchen für zwei reelle Grössen ziemlich fertig, die nun erledigte Ausführung dieser Untersuchung wird doch, glaube ich, ganz lehrreich sein; es ist viel Ähnlichkeit mit dem Jacobi'schen Algorithmus[310] vorhanden; mein Algorithmus besitzt etwas mehr Chicanen, lässt aber dafür die Entscheidung aller möglichen Fragen zu, auf welche bei jenem die Antworten zweifelhaft bleiben.

---

[306] Hilbert erscheint ab Band 50 (1898) als ein Mitwirkender bei der Herausgabe der Mathematischen Annalen (neben Gordan, Neumann, Noether, VonderMühll und Heinrich Weber). Ab Band 50 (1902) war er dann einer drei Herausgeber (neben Dyck und Klein). Hilbert wiederholt sich hier.

[307] 1894 heiratete Oskar Minkowski Marie Johanna Siegel in Karlsruhe.

[308] Es handelt sich um Hermann Wiener, den Sohn von Christian Wiener. Ersterer wurde Professor für darstellende Geometrie in Darmstadt.

[309] F. Klein: Riemann und seine Bedeutung für die Entwicklung der modernen Mathematik. Klein hielt diesen Vortrag in der öffentlichen Sitzung der Naturforscherversammlung in Wien am 26. September 1894, es handelte sich folglich um einen Plenarvortrag, der sich an alle Teilnehmer wandte. Publiziert wurde im Jahresbericht der Deutschen Mathematiker-Vereinigung 4 (1894-95), 71-87.

[310] Iteratives Verfahren zur Lösung von linearen Gleichungssystemen.

Hermite hat jetzt das, was ich ihm von meinem Buche geschickt hatte, genau studirt. Er schreibt darüber sehr entzückt an den Übersetzer: Je crois voir la terre promise[311], u. dergl.

Mit bestem Grusse und mit der Bitte, mich bestens Deiner Frau empfehlen zu wollen

Dein Minkowski

Hurwitz an **Hilbert** HuHi23
28.09.1894, Zürich (Brief)

Lieber Freund!

Ihr noch in Königsberg begonnener und in Kleinteich vollendeter Brief erreichte mich in Schönfels auf dem Zinger Berg, wo wir in Gemeinschaft mit den Unsrigen den August sehr angenehm verlebt haben. Den Sommeraufenthalt habe ich dies Mal, wie gewöhnlich, auch zur Fertigstellung der Fortschritts-Referate benutzt. Lampe[312] schrieb mir vor einigen Woche, als ich ihm meine Referate übersandt hatte, dass er die Absicht habe, im künftigen Jahre die Litteratur von 1893 und 1894 zusammen bearbeiten zu lassen, um das Jahrbuch auf's Laufende zu bringen. Das ist jedenfalls eine gute Idee und es wäre zu wünschen, dass sich der Ausführung desselben keine Schwierigkeiten entgegenstellen.

Seit Anfang September sind wir wieder in unserem behaglichen Heim, und ich habe mich, nach einigen Vorbereitungen für das Wintersemester, hier mit der Begründung der Idealtheorie beschäftigt. Ich habe einen Weg gefunden, der in wenigen Schritten zu dem Fundamentalsatze von der eindeutigen Zerlegung der Ideale in Primideale hinführt. Zuerst beweise ich folgenden Satz:

Wenn $\varphi(x) = \sum_0^r a_i x^{r-i}$, $\psi(x) = \sum_0^s \beta_i x^{s-i}$ ganzzahlig algebraische Coefficienten besitzen und $\varphi(x)\psi(x) = \sum_0^{r+s} \gamma_i x^{r+s-i}$ lauter durch die ganze algebr. Zahl ω theilbare Coefficienten hat, so ist auch jedes Produkt $\alpha_i\beta_k$ durch ω theilbar.

Es genügt offenbar zu zeigen, dass die Coefficienten von $\alpha_0\psi(x) = \sum \alpha_0\beta_i x^{s-i} = \gamma_0 x^s + \ldots$ durch ω theilbar sind. Ist ξ nirgend einer dieser Coefficienten, so ist $\pm\frac{\xi}{\gamma_0}$ eine elementare symmetr. Function von s Wurzeln der Gleichung $\varphi(x)\psi(x) = 0$. Daraus folgt, dass ξ einer Gleichung $\xi^m + \psi_1\xi^{m-1} + \psi_2\xi^{m-2} + \ldots + \psi_m = 0$ genügt, wo ψ_i eine homogene ganze ganzzahlige Function $i$ten Grades von $\gamma_0, \gamma_1, \ldots \gamma_{r+s}$ ist, also eine durch ω^i theilbare Zahl. Folglich ist $\frac{\xi}{\omega}$ eine <u>ganze</u> Zahl.

Nun folgt der Satz: Jedes Ideal $\mathfrak{a}$ lässt sich durch Mulitplication mit einem geeigneten Ideale $\mathfrak{b}$ zu einem Hauptideal machen. Ist nämlich $\mathfrak{a} = (\alpha_0, \alpha_1, \ldots \alpha_r)$ so bilde man $\varphi(x) = \alpha_0 x^r + \ldots + \alpha_r$ und bezeichne mit $\psi(x) = \beta_0 x^s + \ldots + \beta_s$

[311] Etwa: Ich glaube, das gelobte Land zu erblicken. Vielleicht eine Anspielung auf Moses, Hermite war überzeugter Katholik.

[312] E. Lampe, Professor an der TH Berlin, war Hg. des Jahrbuchs über die Fortschritte der Mathematik.

das Produkt der zu $\varphi(x)$ conjugirten Functionen, so dass $\varphi(x)\psi(x) = \gamma_0 x^{r+s} + \ldots + \gamma_{r+s}$ die Norm von $\varphi(x)$ ist. Bezeichnet a den grössten gemeinsamen Theiler der rationalen ganzen Zahlen $\gamma_0, \ldots \gamma_{r+s}$, so ist nach dem vorausgeschickten Satze jede Zahl der Produktes $\mathfrak{ab}$, wo $\mathfrak{b}$ das Ideal $(\beta_0, \ldots \beta_s)$ bezeichnet, durch a theilbar und da $a(= t_0\gamma_0 + \ldots + t_{r+s}\gamma_{r+s})$ selber in $\mathfrak{ab}$ vorkommt, so ist $\mathfrak{ab}$ gleich dem Hauptideal (a).

Alles weitere ist nun natürlich sehr leicht. Sie sehen auch sofort, dass die analogen Betrachtungen auf Functionenkörper Anwendung finden. Interessant ist, dass Dedekind sehr hart an dieser einfachen Begründung der Idealtheorie vorbeigegangen ist. Nachdem ich nämlich meine Arbeit[313] abgeschlossen hatte (die ich gestern an die Göttinger Gesellschaft der W. abschickte) fand ich eine Abhandlung von Dedekind in den Mittheilungen der deutschen mathem. Gesellschaft in Prag, in welcher derselbe einen Satz beweist, der sich wesentlich mit meinem ersten Satze deckt.

Ihre grundlegenden Untersuchungen über Galois'sche Körper interessiren mich natürlich enorm. Aber ich bin noch nicht dazu gekommen, dieselben in aller Musse zu studiren und leider werde ich auch in den nächsten 4–6 Wochen kaum Zeit finden. Denn nun setzt das Wintersemester am 8. Oktober sehr scharf ein. In den 14 Tagen von 8–22ten Okt. habe ich nicht weniger als 41 Stunden Prüfung abzuhalten, täglich ca 4 Stunden und dabei kommt noch, dass wir in derselben Zeit das Einpassiren des kleinen Hurwitzchens[314] erwarten. Wie schön bequem hat es doch ein deutscher Universitätsprofessor, wie viel schöne freie Zeit zu eigenen Arbeiten! Dafür bietet uns ja freilich die Befriedigung eines grösseren Wirkungskreisen wieder Ersatz. Doch nun muss ich noch Einiges aus Ihrem Briefe beantworten. Von dem Reformationsgedanken Klein's bez. der Redaktion der Annalen weiss ich nichts. Minkowski grüssen Sie doch bitte herzlich von mir und sagen Sie ihm, er möchte doch einmal etwas von sich hören lassen. Mit Vergnügen haben wir von den Fortschritten gelesen, die Ihr Söhnchen gemacht hat. Das scheint ja ein höchst intelligentes Bürschchen zu sein. Meiner Frau geht es gottlob ganz vortrefflich. Während der letzten 7 Monate war ihr Wohlbefinden auch nicht im Geringsten gestört. Daher sehen wir dem Kommenden guten Muths entgegen.

In der Hoffnung, dass Sie und die Ihrigen dieser Brief so wohl antrifft, wie er uns verlässt, bin ich mit den herzlichsten Grüssen für Sie und Ihre werte Frau von meiner Frau und mir

Ihr

A. Hurwitz.

---

313 A. Hurwitz: Über die Theorie der Ideale (Nachrichten von der k. Gesellschaft der Wissenschaften zu Göttingen, Mathematisch-physikalische Klasse 1894, 291-298).

314 Geburt von Lisbeth.

Hilbert an **Hurwitz** HiHu42
01.10.1894, Kleinteich (Brief)

Lieber Freund.

Soeben habe ich Ihren Brief erhalten und beantworte denselben umgehend, damit unsere Correspondenz wieder etwas lebhafter wird, auch denke ich in der Stadt vielleicht nicht so bald zum schreiben zu kommen. Wir befinden uns hier nämlich noch in der Sommerfrische und gefallen uns in der Einsamkeit und Ländlichkeit so ausgezeichnet, dass wir uns schwer trennen können. Im Sommer war hier grosser Trubel, viel Familie und eine Menge Professoren und man war ganz froh, als Alles abgereist. Wir geniessen die schönen Herbsttage in vollen Zügen, machen täglich herrliche Spaziergänge und gestern habe ich mein letztes Bad genommen, natürlich längst als einziger Badender. Auch unserem Jungen ist der Landaufenthalt gut bekommen, wir fahren ihn viel spazieren und er hat, seit ich Ihnen das letzte Mal schrieb, seinen Gesichtskreis um ein Bedeutendes erweitert, wenn er auch noch nicht bis zur Idealtheorie gelangt ist. – Dass es Ihrer Frau immer gut geht, freut uns sehr zu hören, und wir nehmen herzlich Theil daran, was uns Ihr nächstes Schreiben bringen wird!

Was Ihren Beweis anbetrifft, so kommt mir Ihr Hilfssatz auch bekannt vor; er findet sich vielleicht bei Mertens in den Wiener Akademieberichten? oder auch in anderer Fassung bei Kronecker? Dieser bezeichnet nämlich zwei ganze algebraische Formen als aequivalent wenn sie sich nur um Einheitsformen als Factoren unterscheiden, wo eine Einheitsform eine Form ist, deren Norm zueinander prime Coefficienten besitzt. Aus $\varphi(x)\psi(x)$ aequ. $\omega h(x)$ folgt, da $\psi(x)$ aequ. $\psi(y)$ ist, auch $\varphi(x)\psi(y)$ aequ. $\omega\mathcal{G}(x,y)$ und dies ist Ihr Satz. Wenn ich auch die Sache noch nicht genau durchgedacht habe, so glaube ich doch, dass der Zusammenhang mit den Kronecker'schen Ideen ungefähr so sein wird. Wie Sie nun aus diesem Hilfssatze den Zerlegungssatz ableiten, ist in der That überraschend einfach und elegant. Ich werde die Sache für meinen Bericht noch genau durcharbeiten und verwenden.

Mein Bericht[315] hat mich auch hier in Rauschen schon beschäftigt, und ich erkenne immer neu, was für eine enorme Arbeit es verlangt Kummer und Kronecker vollständig zu verstehen. Es ist mir gelungen, auf rein arithmetischem Wege, also ohne Dirichlet's Methode der Klassenanzahlbestimmung, den Satz zu beweisen, dass die Klassenanzahl des Kreiskörpers $\left(\frac{\lambda}{\sqrt{2}}\right)$ nicht durch λ theilbar ist, wenn die ersten $\frac{\lambda-3}{2}$ Bernoullischen Zahlen nicht durch λ theilbar sind. Dadurch ist auch ein rein arithmetischer Beweis des Fermat'schen Satzes in diesem besonderen Falle möglich.[316]

---

[315]Es geht um den sogenannten Zahlbericht „Bericht über die Theorie der algebraischen Zahlkörper", erschienen im 4. Band des Jahresberichts der deutschen Mathematiker-Vereinigung für das Jahr 1894, gedruckt aber erst 1897.

[316]E. E. Kummer gelang es 1846, die Fermat-Vermutung für Exponenten zu beweisen, die reguläre Primzahlen sind. 1857 konnte er sein Resultat noch verallgemeinern, vgl. E. E. Kummer Sätze über

Jetzt bin ich übrigens wieder bei der complexen Multiplikation und studire die wunderbaren, tiefliegenden Sätze von Kronecker über den Invariantenkörper in der Hoffnung, den arithmetischen Kern rein herauszuschäalen, sodass auch diese Theorie in meinem Bericht eine Stelle finden kann.

Wie übrigens mein Verhältniss zu Eberhard sich geändert hat, ersehn Sie daraus, dass derselbe sich 14 Tage hier aufgehalten hat, ohne dass ich ihn überhaupt zu Gesicht bekommen habe!

Minkowski sollte uns hier besuchen, fuhr aber zur Hochzeit[317] seines Bruders nach Karlsruhe und so unterblieb es leider.

Mit herzlichem Gruss von meiner Frau und mir an Sie und Ihre Frau und Schwägerin (die sich doch wohl bei Ihnen auf Besuch befindet?) Ihr Freund

Hilbert.

Julius Hurwitz an **Hilbert** JuHi2

04.10.1894, Halle a. d. Saale (Brief)

Georgstraße 7

Hochgeehrter Herr Professor!

Empfangen Sie meinen herzlichsten Dank für die zwei hochinteressanten Abhandlungen, die Sie mir verehrt haben. Ich habe in diesen Ferien an meiner Dissertation (Kettenbruch-entwicklung im complexen Gebiete und Anwendung u. Anwendung zur Reduction der quadr. Formen) gearbeitet und bei dieser Gelegenheit die große Dirichlet'sche Abhandlung Recherches[318] ... eingehend studirt, so daß mir Ihre Arbeit über Dirichlet'sche Zahlkörper jetzt ganz besonders interessant und wertvoll ist. Mit der erwähnten Dissertation hapert es noch an einer Stelle; ist diese überwunden, so werde ich mich im Winter zur Promotion melden.

Mit dem Wunsche, daß Sie und Ihre Frau Gemahlin von ihrem Rauschener Aufenthalt den gewohnten guten Einfluß auf Ihre Gesundheit ernten mögen und mit freundlichen Grüßen verbleibe ich

Ihr ergebener
Julius Hurwitz

---

die aus den Wurzeln der Gleichung ... nebst Anwendung derselben auf einen weiteren Beweis des letzten Fermatschen Lehrsatzes (Abhandlungen der Kgl. Akademie der Wissenschaften zu Berlin aus dem Jahre 1857. Mathematische Abhandlungen (Berlin: Druckerei der Kgl. Akademie, (1858), 41-74).

317 1894 heiratete Oskar Minkowski Marie Johanna Siegel in Karlsruhe.

318 Vermutlich G. Lejeune Dirichlet: Recherches sur les formes quadratiques à coëfficients et à indétérminées complexes (Journal für die reine und angewandte Mathematik 24 (1842), 291-371).

Hilbert an **Hurwitz** HiHu43
14.10.1894, Zürich (Postkarte)

Herzlichen Dank Ihnen und Ihrer lieben Frau für Ihre Glückwünsche und für Ihren letzten Brief. Meine Frau sowohl wie unser Töchterchen, welches den Namen Lisbeth führt, befinden sich ganz vortrefflich. Die Kleine wiegt 5 Pfund 50 Gramm und ist 45cm lang. Sie sieht schon höchst manierlich aus und lässt sich die mit Soxhletscher[319] Apparat gekochte Milch vortrefflich schmecken. Mit Vorliebe verlegt sie ihre sehr kräftigen musikalischen Leistungen auf die Nacht, ist aber im übrigen sehr artig und sieht mit ganz behaglichem Schmunzeln und lebhaften Augen in die Welt. Für mich war die letzte Woche wegen der gleichzeitigen Examina, die sich auch noch über die nächsten acht Tage ausdehnen, recht anstrengend. Täglich habe ich 4 Stunden zu prüfen! Das ist kein Vergnügen. Aber der Mensch gewöhnt sich an Alles und so fällt mir diese Zeit in diesem Jahre doch schon weniger schwer als im vergangenen. Was den Hilfssatz angeht, so schrieb ich Ihnen ja schon in meinem letzten Briefe, dass derselbe in unwesentlicher Modification bei Dedekind (Mittheil. der deutschen mathem. Gesellschaft in Prag, 1892) steht. Natürlich ist derselbe auch ein ganz specieller Fall der Kronecker'schen Sätze. Er folgt ja unmittelbar aus dem Satze, dass das aus den Coefficienten des Produktes zweier Functionen gebildete Ideal gleich dem Produkte der aus den Coefficienten der einzelnen Functionen gebildeten Ideale ist. Die neue Begründung der Idealtheorie, die sowohl die Dedekind'sche wie die Kronecker'sche Fassung desselben liefert, ist das Wesentliche meiner Arbeit, wenn ich auch jenen Hilfssatz unabhängig von Dedekind und Kronecker gefunden habe. Mit herzlichen Grüssen von Familie zu Familie

Ihr treuer H.

Hilbert an **Hurwitz** HiHu44
29.12.1894, Königsberg (Brief)

Lieber Freund.

Ich habe schon seit lange immer gehofft, einen Brief von Ihnen zu erhalten, da Ihr letzter vom 28 September 1894 datiert und ich seitdem 2 Briefe an Sie schrieb. Nun schreibe ich trotzdem, da ich nicht möchte, dass Sie erst aus den Zeitungen meine Berufung nach Göttingen erfahren, die ich soeben erhalten habe. Es war natürlich für mich eine grosse Ehre, von der Göttinger Fakultät als Nachfolger Webers vorgeschlagen zu sein. Meine finanzielle Verbesserung ist übrigens ziemlich gering. Die Zulage beträgt, wenn ich berücksichtige, dass ich doch wahrschinlich nicht ständiges Mitglied der Prüfungskommission sein

[319]Der Chemiker Franz von Soxhlet führte Studien zur Sterilisation von Milch durch. Er konstruierte 1886 einen Apparat zur Sterilisation von Milch.

werde, kaum mehr als 500–600 Mark. Als mein gegebener Nachfolger wird, wie es scheint, auch von Althoff niemand anders als Minkowski angesehen, welcher in Göttingen an 2ter Stelle vorgeschlagen war.

Doch nun Adieu. Empfehlen Sie mich freundlichst Ihrer Frau und haben Sie und Ihre Frau herzlichste Glückwünsche zu Neujahr und unsere besten Grüße

Ihr Hilbert

Hurwitz an **Hilbert** HuHi24
02.01.1895, Zürich (Brief)

Lieber Freund!

Vor allem herzlichen Glückwunsch zu Ihrer Berufung, die mir übrigens nicht überraschend kam, da ich vor mehreren Wochen schon durch Klein von derselben wusste. Mögen Sie und Ihre liebe Frau sich an dem neuen Orte, der nun Ihre zweite Heimat werden soll – bis Sie denselben mit Berlin[320] als dritter und letzter Heimat vertauschen – recht behaglich und glücklich fühlen.

Minkowski bitte ich Sie von mir zu grüssen und ihm vorläufig meine „vertraulichen" Glückwunsch zu übermitteln.

Was unsere Correspondenz betrifft, so befinden Sie sich aber entschieden im Irrthum – es sei denn, dass eine oder zwei Karten von mir verloren gegangen sind. Auf Ihren Brief vom 1. Oktober 94 schrieb ich Ihnen eine Karte, den Hülfssatz zu meine Beweise des Fundamentalsatzes der Idealtheorie betreffend (Den Separatabzug werden Sie inzwischen erhalten haben.) Darauf erhielt ich eine Karte von Ihnen, die ich mit einer ebensolchen umgehend erwiderte. Ich bekenne mich allerdings insofern schuldig, als Ihr interessanter Brief vom 1. Oktober eine ausführiche Antwort verdient hätte. Aber damals stand gerade die Ankunft unserer Lisbeth bevor und so bin ich im Drange der Ereignisse nicht zu einem ausführlichem Briefe gekommen.

Nach dem 1 Oktober habe ich von Ihnen keine Brief erhalten. Sollte ein solcher verloren gegangen sein? Es thut mir sehr Leid, dass ich an Ihren Untersuchungen, die Sie bei Gelegenheit des Referates über Zahlentheorie[321] angestellt haben, nicht solchen Antheil nehmen kann, wie es im gewöhnlichen Verkehr möglich gewesen wäre. Inzwischen haben Sie wohl weitere Fortschritte gemacht, über die Sie mir nächstens Einiges mittheilen. Der rein zahlentheor. Beweis für den Fermat'schen Satz bei Bernoulli'schen Exponenten wird wohl demnächst erscheinen?

---

[320]Hierin drückt sich die Tatsache aus, dass Berlin als das Zentrum der deutschen Mathematik angesehen wurde und folglich ein Ruf dorthin der Höhepunkt einer Mathematikerkarriere darstellte. Hilbert erhielt 1902 tatsächlich einen Ruf nach Berlin als Nachfolger von L. Fuchs, den er ablehnte, weil für Minkowski eine Stelle in Göttingen geschaffen wurde.

[321]Es geht um den sogenannten Zahlbericht „Bericht über die Theorie der algebraischen Zahlkörper", erschienen im 4. Band des Jahresberichts der deutschen Mathematiker-Vereinigung für das Jahr 1894, gedruckt aber erst 1897.

Kurz vor den Weihnachtsferien habe ich eine Arbeit über den Sturm'schen Satz an die Annalen[322] geschickt und jetzt benutze ich die Weihnachtsferien zu gründlichem Faullenzen, so dass ich Ihnen nichts wissenschaftliches berichten kann.

Unser Kleines – das wird Ihre Frau gewiss interessiren – gedeiht ganz prächtig. Es ist ein dickes, fettes Persönchen, äusserst lebhaft und munter. Es kann schon grosse Geschichten erzählen und mit einem sehr drolligen, schlauen Gesichte lachen. Seine Gewichtszunahme ist sehr befriedigend – 200 Gramm per Woche, so dass es jetzt 8 Pfund erreicht hat.

Doch nun genug des Plauderns. Empfangen Sie und Ihre liebe Frau von uns die besten Wünsche für Ihr und Ihres Kindes Wohlergehen im Jahr 1895.

In alter Freundschaft

Ihr

A. Hurwitz.

Hilbert an Hurwitz HiHu45

25.02.1895, Königsberg (Brief)

Lieber Freund.

Leider ist unsere Correspondenz jetzt etwas ins Stocken gerathen, da auch ich Ihnen so lange nicht geantwortet habe. Ueber Ihren Brief habe ich mich sehr gefreut, ich fand denselben als ich kurz nach Neujahr von Göttingen zurückkehrte. In Göttingen hat es mir sehr gefallen, zumal ich von Klein und Weber sehr freundlich aufgenommen wurde und auch bei letzterem logierte.

Ich habe dort ein kleines Häuschen für uns gemiethet, welches einen netten Garten hat und auf dem Kreuzbergweg, einer Nebenstrasse der Weenderchaussee, gelegen ist. Von Vorlesungen habe ich elliptische Functionen und Determinantentheorie angekündigt, sowie Seminar mit Klein zusammen. Haben Sie sich das Webersche Buch über Algebra schon angesehen?[323] Minkowski und ich sind sehr von demselben erbaut. Ich treffe Weber wahrscheinlich noch in Göttingen an, da er erst im April nach Strassburg übersiedelt. Wir gedenken Mitte März hier abzureisen und uns in Berlin einige Tage zum Vergnügen aufzuhalten. Ich freue mich ausserordentlich auf Göttingen, obgleich ich es ja hier auch sehr gut hatte und vollkommner Alleinherrscher war. Was meinen Nachfolger anbetrifft, so hat Minkowski sehr gute Aussichten, wie mir auch Althoff bei meinem letzten Besuch in Berlin versicherte, *) (Inzwischen hat M. den Brief von Althoff schon erhalten; die Ernennung selbst wird wohl aber noch einige Woche dauern) (* doch bitte ich diese Mittheilung vorläufig als eine vertrauliche zu betrachten. Was meine wissenschaftliche Thätigkeit

[322] A. Hurwitz: Ueber die Bedingungen, unter welchen eine Gleichung nur Wurzeln mit negativen reellen Theilen besitzt (Mathematische Annalen 46 (1895), 273-284).

[323] Heinrich Weber: Lehrbuch der Algebra. Band 1 (Braunschweig: Vieweg, 1895), Band 2 (Braunschweig: Vieweg, 1896).

betrifft, so ist dieselbe jetzt ganz durch Vorarbeiten zum Bericht[324] in Anspruch genommen. Der Vorstand der Mathematiker Vereinigung hat an uns[325] plötzlich das Ansinnen gestellt, den Bericht so zu beschleunigen, dass derselbe schon im Herbst der Versammlung vorliegt. Wenn davon nun auch gar keine Rede sein kann, so sehen wir uns doch dadurch veranlasst den Fortgang soviel als möglich zu beschleunigen, freilich haben weder Minkowski noch ich bisher eine Silbe definitiv zu Papier gebracht. Sie können sich denken, wie zeitraubend und schwierig es ist, den Stoff durchzuarbeiten, so sitze ich beispielsweise an einer Seite bei Kummer viele Tage lang. Insbesondere machen mir die grossen Rechnungen Schwierigkeit, welche Kummer anstellt, um den Index der Einheit des Kreiskörpers zu finden und für welche er noch eine besondere, sogenannte Erweiterung der Kreistheilung nöthig hat. Ich bemühe mich, diese Rechnung ganz auszustossen, und die einfachen Resultate durch Schlüsse abzuleiten[326], dies ist mir auch schon für einen Fall gelungen, und ich hoffe sehr, dass es mir allgemein gelingen wird, denn davon hängt es ab, ob überhaupt die Aufnahme der Kummer'schen Abhandlung in den Bericht möglich sein wird.

Minkowski beschäftigt sich jetzt viel mit Flächentheorie, wozu ihm sein Colleg Anlass gegeben hat. Es giebt darin auch schöne Sachen, zum Beispiel die über Verbiegung der Flächen, wobei eine gegeben Curve in eine gegebene Gerade im Raum übergeht. Alles steht wohl im Darboux[327], aber wie Kraut und Rüben durcheinander. Minkowski glaubt, eine geschlossene Fläche kann überhaupt niemals verbogen werden, ohne dass sie Knicke erhält.

Doch nun leben Sie wohl, lassen Sie bald einmal von sich hören, und nehmen Sie und Ihre Frau die herzlichsten Grüsse von mir und meiner Frau.

Ihr Freund Hilbert.

Hurwitz an **Hilbert** HuHi25

11.03.1895, Zürich (Brief)

Lieber Freund!

Sie sind mir mit Ihrem Briefe zuvorgekommen. Da ich von den Unseren hörte, dass Sie an der Gesichtsrose erkrankt waren, hatte ich nämlich schon lange die Absicht, Ihnen zu schreiben, um mich nach Ihrem Befinden zu erkundigen. Aber wie es so zu gehen pflegt, ist es bei der guten Absicht geblieben. Eine Entschuldigung bietet der Umstand, dass ich in der letzten Zeit recht viel zu

[324] Es geht um den sogenannten Zahlbericht „Bericht über die Theorie der algebraischen Zahlkörper", erschienen im 4. Band des Jahresberichts der deutschen Mathematiker-Vereinigung für das Jahr 1894, gedruckt aber erst 1897.

[325] Bei der Versammlung der Deutschen Mathematiker-Vereinigung in München 1893 wurde Hilbert und Minkowski die Aufgabe übertragen, gemeinsam einen Bericht über Zahlentheorie vorzulegen. Vgl. Hilbert an Hurwitz 15. September 1893 HiHu 32 und Hurwitz an Hilbert 10. Oktober 1893 HuHi 15. Minkowski hat seinen Teil nie geliefert, was im weiteren Verlauf des Briefwechsels mehrfach Thema sein wird. Hilberts Teil war der 1897 gedruckte sogenannte Zahlbericht.

[326] Eine für Hilberts Zugang zur Mathematik sehr bezeichnende Äußerung.

[327] G. Darboux: Leçons sur la théorie des surfaces. 4 Bände. (Paris: Gauthier-Villars, 1887–1893).

thun hatte. Gegen Ende des Semesters häuft sich die Arbeit gewöhnlich. Unsere Ferien haben eigentlich noch immer nicht begonnen; denn es stehen in diesen Tagen noch die Schlusskonferenzen an. In den letzten Vorlesungen im 2. Curs habe ich die Schwingungen einer elastischen Saite behandelt und namentlich den Fall der gezupften Saite ausführlich discutirt.[328] Es sind das sehr hübsche, einfache Betrachtungen, die da anzustellen sind. Wie so manchmal zeigt sich auch hier, dass die späteren Bearbeitungen eines Problems einen Rückschritt gegenüber den früheren darbieten. Die Lösung der in Betracht kommenden partiellen Diffgl $\frac{\partial^2 y}{\partial t^2} = a^2 \frac{\partial^2 y}{\partial t^2}$ durch Fourier'sche Reihen, wie sie seit Bernoulli gegeben wird, schwebt so vollständig in der Luft, wegen der nothwendig werdenden und unzulässigen gliedweisen Differentiation der Reihen, worauf Lindemann zuerst hingewiesen hat. Dagegen giebt die einfache frühere Lösung von D'Alembert $y = \varphi(x + at) + \psi(x - at)$ Alles, was man zu wissen wünscht. In der letzten Zeit habe ich auch an einer Arbeit für die Acta über die Classenzahl binärer Formen negativer Determinante geschrieben. Sie enthält Sätze von folgender Art[329]:

Es sei $tgx = c_1 x + c_2 \frac{x^3}{3!} + c_3 \frac{x^5}{5!} + \ldots$. Wenn nun p eine Primzahl der Form $4n + 3$ ist, so ist die Anzahl der eigentlich primitiven Formen der Determinante $-p$ der kleinste positive Rest von $(-1)^{\frac{p+1}{4}} \frac{1}{2} C_{\frac{p+1}{4}}$ nach dem Modul p.

Von Ihrer Göttinger Reise habe ich schon durch Prof. Klein gehört. Ich kann mir denken, dass Sie sich auf Göttingen freuen, namentlich auch im Hinblick auf die ausgiebigere Lehrthätigkeit, die Sie da entfalten können.

Webers Buch über Algebra[330] habe ich noch nicht zu Gesicht bekommen. Ich bin hier überhaupt mit den Buchhändlern schlecht daran. Diese nehmen enorme Preise und sind dabei gar nicht betriebsam. Zur Ansicht erhalte ich monatelang nichts zugeschickt. Auf Ihren und Minkowskis zahlentheoret. Bericht[331] darf man gespannt sein. Diese Arbeit ist eine sehr ausgedehnte, bietet Ihnen aber eine Fülle von Anregungen. Minkowski grüssen Sie doch bitte vielmals von mir.

Bei uns zu Hause steht es ganz vortrefflich. Unser Töchterchen entwickelt sich prächtig: Sie jauchzt, strampelt und lacht sehr viel und kann schon bewusst nach Gegenständen greifen. In einer der letzten Wochen hat es nun beinahe 1Pf zugenommen und wiegt jetzt 13Pf. Seit vorgestern ist mein Bruder Julius bei uns zu Besuch; er lässt Sie und Ihre werthe Frau herzlich grüssen.

---

[328] Das Problem der schwingenden Saite ist ein bekanntes Thema aus der Mathematikgeschichte. Es geht dabei darum, die Schwingungen einer ausgelenkten Saite (z. B. durch Zupfen) unter idealisierten Bedingungen zu beschreiben. Es ergibt sich eine partielle Differentialgleichung, die als Wellengleichung bekannt ist. Erste Lösungsansätze schlugen J. Le Rond d'Alembert, L. Euler und D. Bernoulli im 18. Jh. vor.

[329] A. Hurwitz: Über die Anzahl der Classen binärer quadratischer Formen von negativer Determinante (Acta mathematica 19 (1895), 351-384).

[330] Heinrich Weber: Lehrbuch der Algebra. Band 1 (Braunschweig: Vieweg, 1895), Band 2 (Braunschweig: Vieweg, 1896).

[331] Bei der Versammlung der Deutschen Mathematiker-Vereinigung in München 1893 wurde Hilbert und Minkowski die Aufgabe übertragen, gemeinsam einen Bericht über Zahlentheorie vorzulegen. Minkowski hat seinen Teil nie vorgelegt, Hilberts „Zahlbericht" wurde 1897 gedruckt (siehe auch Abschnitt 2.4).

In der Hoffnung, bald von Ihnen aus Göttingen zu hören, bin ich mit freundschaftlichsten Grüssen, denen sich meine Frau mit den ihrigen anschliesst, für Sie und Ihre werthe Frau

Ihr

A. Hurwitz.

Minkowski an **Hilbert** MiHi23

28.03.1895, Königsberg in Pr., Mitteltragheim 6. (Brief)

Lieber Freund !

Wie mir Dein Vater erzählte, war bei Deiner letzten Postkarte Eure Reise bereits bis zum Fusse des Harzes gediehen. Jetzt seid Ihr wohl schon behaglich in Eurer Wohnung eingerichtet, und hoffentlich ist auch Deine Frau nicht mehr so schweren Herzens wie hier beim Abschiede.[332] Ich wünsche Dir und den Deinen, dass Ihr ordentlich zufrieden mit Göttingen seid und dort sehr viel Freude erlebt.

Heute habe ich meine Ernennung als Dein Nachfolger erhalten (Gehalt 3600). Es hat sich diese ganze Veränderung für mich doch so rasch abgespielt, dass ich zum vollständigen Bewusstsein dieses erstaunlichen Glücksfalls für mich noch gar nicht gekommen bin. Jedenfalls weiss ich, dass ich Alles dabei Dir allein zu verdanken habe. Ich will sehen, mich so zu entpuppen, dass Niemand Dich wegen Deines Vorschlags tadeln soll; das wird mir schon eher gelingen, da es sich hierbei um den Vergleich mit anderen Mathematikern, nicht mit Dir, handelt, als gerade ein Ersatz für Dich zu sein.

Für das nächste Semester sind mir schon vier neue Studenten der Mathematik angekündigt. Es ist also für das Zustandekommen der Vorlesungen gute Aussicht vorhanden. Diese ganze Woche habe ich Legendre und Gauss studirt. Ich habe mich unvorsichtigerweise wieder so erkältet, dass ich schon fast seit Deiner Abreise keine Feder angerührt habe; ich finde aber, dass sich das erste Stadium meines Referats[333] sehr gut mit nothgedrungenem Liegen auf der Chaise-longue[334] verträgt. Nur übermannt mich bei manchen Stellen von Legendre leicht Schläfrigkeit; welch himmelweiter Unterschied, wie Gauss und Legendre dieselben Dinge ansehen, dieselben Gedanken ordnen. Bei nächster Gelegenheit schreibe ich ausführlicher über den bisherigen Erfolg meiner Lektüre zahlentheoretischer Klassiker.[335]

---

[332] Hilbert wurde 1895 als Nachfolger von Heinrich Weber nach Göttingen berufen. Sein Nachfolger auf dem Königsberger Ordinariat wurde Minkowski.

[333] Bei der Versammlung der Deutschen Mathematiker-Vereinigung in München 1893 wurde Hilbert und Minkowski die Aufgabe übertragen, gemeinsam einen Bericht über Zahlentheorie vorzulegen. Minkowski hat seinen Teil nie geliefert.

[334] Sofa.

[335] Es geht um Gauß' „Disquisitiones arithmeticae" (1803) und Legendre's „Essai sur la théorie des nombres" (1797/98).

Ich schicke Dir einen Aufsatz von Laugel zu, den ich heute für Dich erhalten habe. Die Zusammenstellung der Litteratur über Primzahlen, die sich darin findet, kommt mir jetzt sehr zu Pass.

Mit den besten Grüssen an Dich und Deine Frau

Dein

H. Minkowski

Wenn Weber noch in Göttingen ist, bitte ich, mich ihm bestens zu empfehlen.

Minkowski an **Hilbert** MiHi24

16.04.1895, Königsberg in Pr. (Brief)

Lieber Freund!

Deine Karte und Deinen Brief habe ich erhalten, und ich danke Dir für Beides sehr. Zunächst Deinen Rathschlag betreffs meines Buches[336] habe ich befolgt, und ich hoffe, dass der Druck bis Pfingsten zu Ende geführt sein wird. In der Zwischenzeit bin ich in den Studien zu unserem Referat eifrig fortgefahren, und ich denke jetzt daran, die Ausarbeitung zu beginnen. Eine Abhandlung von Stieltjes im 4. Bande der Toulouser Memoiren, (die hier nicht vorräthig sind) habe ich von auswärts bestellen müssen und leider noch nicht erhalten; sie soll ein sehr gutes Referat über die Elemente der Zahlentheorie vorstellen. Es ist ein Glück, dass ich schon in den ersten Partien neue Sätze bringen kann; sonst würde es bei dem im Ganzen fertigen Zustande, den die allerersten Kapitel der Zahlentheorie schon haben, keine dankbare Aufgabe sein, auch über sie zu berichten.

Die jüngste Arbeit von Dedekind macht mir den Eindruck, als wenn Du in Hurwitz einen Leidensgefährten in Bezug auf Dedekind gefunden hast. Dedekind scheint wirklich sich die Kronecker'sche Art, bereits alles gehabt zu haben, zum Muster nehmen zu wollen.

Nach Allem, was ich über die Sitzungen der Fakultät höre, ist es vollkommen ausgeschlossen, dass noch in diesem Semester ein Nachfolger[337] für mich hier einziehen sollte. Ich habe daher noch ein weiteres, für jüngere Semester berechnetes Publikum[338] angekündigt. – Wie mir Cohn, der wieder da ist, mittheilt, ist Struwe hierher berufen, trifft aber erst Ende Mai ein.

Ich habe mich nun einigermassen über die bisherigen Leistungen von Stäckel und Burkhardt[339] orientirt, und ich muss sagen, dass sich bei mir diejenige Meinung bestärkt hat, die ich, wenn auch nur mehr als eine unsichere Empfindung, bereits besass. Ich finde bei Stäckel viel Ähnlichkeit mit Hurwitz.

---

[336] H. Minkowski: Geometrie der Zahlen (Leipzig: Teubner, 1896).

[337] Es geht um die Nachfolge von Minkowski auf dem Königsberger Extraordinariat. Auf mögliche Nachfolger geht Minkowski sogleich ein in seinem Brief.

[338] Gemeint ist eine öffentliche Lehrveranstaltung.

[339] Mögliche Kandidaten für Minkowskis Nachfolge in Königsberg; Nachfolger wurde schließlich Paul Stäckel.

Jede Arbeit von ihm hat eine leicht fassliche und anziehende Pointe (vgl. z. B. die kleinste Arbeit: Zur Theorie des Gauss'schen Krümmungsmasses, Crelle Bd. 111); der Styl ist sehr klar, die Resultate leicht verständlich, ihre Bedeutung immer einleuchtend. In die Fragen, die er behandelt, vertieft er sich mit um so grösserer Liebe, als er offenbar immer selber auf sie gestossen ist, nicht gestossen worden ist; man erkennt dies z. B. deutlich an seiner Geschichte der geodätischen Linien in den Sächsischen Berichten. Burkhardt erinnert mich im Ganzen an die Art von Frobenius. Seine mathematischen Leiden mögen ja auch immer bewunderungswürdige sein; aber da sie ihm zumeist durch Klein geschaffen sind, bleibt immer die Frage, wieviel Medicin von vorn herein Klein zu ihrer Linderung mitgegeben hat, und ob ihm nicht mit Kleins Nähe überhaupt der Sauerstoff entzogen wird[340]. Ich halte sowohl für die Studenten wie für mich Stäckel für die bessere Acquisition; bei seiner Arbeitsfreudigkeit und verständigen Auffassung wird er sich wahrscheinlich noch sehr entwickeln. Was die Anciennetät anlangt, so hat Stäckel 4 Semester früher promoviert und sich drei Semester später habilitiert. Wenn Du vielleicht bald Gelegenheit hast, Dir über Burkhardt ein genaueres Urtheil zu bilden, so würde ich Dir für eine darauf bezügliche Mittheilung vielen Dank wissen. – Eberhard behauptet, dass Althoff ihm die Remuneration[341] gekündigt, andererseits aber zugesagt habe, seine Ansprüche auf das Extraordinariat zu vertreten. Er droht, falls ihn die Fakultät wieder übergeht, Königsberg zu verlassen; die Drohung wird freilich wenig Eindruck machen, sehr bedauerlich aber wäre es, wenn wirklich für ihn keine Besserung seiner Lage zu erreichen sein sollte.

Für Anfang Juli bin ich auf 2 Wochen zu einer Übung einberufen. Doch rechne ich mit Rücksicht auf meine gegenwärtig nicht anzufechtende Unabkömmlichkeit davon befreit zu werden.

In den Sommerferien sollen Lindemann und Frau nach Cranz kommen.

Deine Gesellschaft vermisse ich sehr. Ganz bis an den Apfelbaum, glaube ich, bin ich seit Deiner Abreise noch nicht wieder gekommen, trotzdem ich mehrmals mit Garbe zusammenging, der mir immer die Vorzüge der hiesigen Professorentöchter[342] schildert. Es ist übrigens hier noch ziemlich kalt; meine Erkältung ist aber natürlich längst vergessen.

Mit den herzlichsten Grüssen und der Bitte, mich Deiner Frau bestens zu empfehlen

Dein
H. Minkowski

---

[340] Eine sehr interessante Bemerkung über Klein. Vgl. auch Brief von Hilbert an Hurwitz vom 17. März 1894 HiHu 36.

[341] Bezahlung, vermutlich geht es um das bezahlte Extraordinariat in Königsberg, freigeworden durch Minkowski Aufrücken in das Ordinariat. Eberhard machte sich sicher Hoffnungen auf diese Stelle. Er erhielt aber erst 1895 ein bezahltes Extraordinariat in Halle.

[342] Minkowski war ja noch Junggeselle.

Minkowski an **Hilbert** MiHi25
17.05.1895, Königsberg in Pr. (Brief)

Lieber Freund !

Während wir Beide im Stillen an der harten und gerade nicht allzusüssen Nuss des gemeinsamen Referats[343] knacken, Du vielleicht noch mit schärferen Zähnen und mehr Kraftaufwand wie ich, scheint unsere Correspondenz schon von Anbeginn ins Stocken zu gerathen. Es ist daher wohl höchste Zeit, dass ich einmal über die hiesigen Ereignisse berichte. Es sind unerwartet viel Mathematiker immatrikuliert worden, sechs Mann, sodass ich in der Zahlentheorie neun Zuhörer habe, die bis jetzt auch einen grossen Eifer an den Tag legen. Freilich muss ich mit Rücksicht auf diese unvorhergesehene Schaar von jungen Semestern die Vorlesung etwas anders einrichten, als ich geplant hatte, und zusehen, dass ich überall mit elementaren Hülfsmitteln auskomme. Das geht aber zum Theil besser, als ich gedacht hätte, z. B. habe ich schon bewiesen, dass für die Primzahlen p von der Form $2n + 1$ die Theilung des Kreises in p gleiche Theile mit Lineal und Zirkel ausführbar ist; man kann dabei ganz ohne die Irreducibilität der Kreistheilungsgleichung u. dgl. auskommen. Der Profit, den ich von der Vorlesung für das Referat habe, ist freilich gering. – Zu meiner Vorlesung über algebraische Curven hatten sich nur zwei Zuhörer eingefunden, Kowalewski und Springfield, von denen der letztere zu geringe Vorkenntnisse besass; Neumann hatte die Vorlesung schon bei Königsberger gehört. Trotz des jetzigen Reichthums an Mathematikern hier habe ich daher auf diese Vorlesung verzichten müssen. Dagegen sind das Seminar und noch andere Übungen, die ich halte, gut besucht.

Am letzten Dienstag war endlich die Fakultätssitzung, in welcher die Vorschläge für meinen Nachfolger erledigt wurden. Alles ist so beschlossen worden, wie wir Beide es früher besprochen haben. Nur ist St.[344] an erster Stelle genannt, über B.[345] ist übrigens auch viel Gutes gesagt; freilich fällt das von mir gespendete Lob, wenn man genau zusieht, mehr auf Klein als auf B. Volkmann hatte sich auch von vornherein sehr für St. erwärmt, übrigens, was ich für ziemlich überflüssig betrachten muss, selbst noch eingehende Erkundigungen über Mathematiker eingeholt, die natürlich nur das bestätigten, was ich ausführte. Auch von Lindemann hatte Volkmann eine acht Folioseiten starke Abhandlung in Bezug auf Eberhard beigebracht, die auf Wunsch von Lindemann den Akten einverleibt wurde, ohne dass die Fakultät ein Verlangen sie anzuhören äusserte. In der Hauptsache war das Aktenstück als eine Entschuldigung für den Fall gedacht, dass Jemand Lindemann ob der Zulassung Eberhard's zur

[343] Der bereits erwähnte gemeinsame Bericht über Zahlentheorie für die deutsche Mathematiker-Vereinigung.
[344] Stäckel.
[345] Burkhardt.

Habilitation[346] anklagen sollte, was Niemandem einfiel. Ich dachte bei diesem Schriftstück, das so und so viel mal grösser als mein ganzer Bericht war, dass doch wohl Deine Methode der Nichteinmischung in Dinge, für die man nicht verantwortlich ist, eine sehr weise ist. Über Eberhard hatte übrigens der Minister ausdrücklich einen Bericht gefordert, den ich nun in dem Sinne Deines Briefes[347] an Althoff, vielleicht noch etwas günstiger für E., erstattet habe. Ich hoffe, mit diesen Mittheilungen, die Dich doch wohl noch interessiren, nicht meine neue Pflicht der Verschwiegenheit zu verletzen.

Die Hoffnung, im Juli den Druck des Referats zu beginnen, habe ich noch nicht aufgegeben.

Mit besten Grüssen und der Bitte, mich Deiner Frau zu empfehlen

Dein H. Minkowski

Hurwitz an **Hilbert** HuHi26

19.06.1895, Zürich (Brief)

Lieber Freund!

Wie geht es Ihnen denn in Göttingen? Ihnen, Ihrer werthen Frau und Ihrem Kleinen? Man hört ja gar nichts von Ihnen! Aber die Schuld liegt wohl an mir, da ich vermuthlich Ihren letzten Brief vom 25. Februar (der neben mir liegt) noch gar nicht beantwortet habe. Genau weiss ich es nicht. Wie gefällt Ihnen der neue Wirkungskreis? Haben Sie viele Zuhörer in den ellipt. Fu. und in d. Determinantentheorie? Wie gestaltet sich Colloquium, der wissenschaftiche Verkehr mit den Fachgenossen? Vermuthlich haben Sie doch viel Anregung durch Felix Klein. – Ich bin fleissig bei der Ideal-Arbeit und lasse mich durch Dedekind nicht abhalten. Am letzten Sonnabend ist eine Note[348] von mir in der Göttinger Gesellschaft der Wiss. vorgelegt, die den Satz betrifft, nach welchem die $a_i b_k$ ganze algebr. Functionen der c_r sind, unter a, b die Coeffic. zweier ganz. rationaler Functionen von beliebig vielen Variablen, unter c die Coefficienten ihres Produktes verstanden. Sie sprachen früher die Vermuthung aus, dass dieser Satz irgendwo bei Kronecker stünde. Ich habe in der That eine Note von Kronecker gefunden (Sitzungsber. d. Berl. Akademie), die jenen Satz enthält. Bei dem betr. Citat habe ich nicht erwähnt, dass Sie den Satz als von Kronecker herrührend vermuthen. Legen Sie Werth darauf, dass das geschieht, so kann ich das bei der Correctur nachholen. Jetzt stecke ich tief in der Untersuchung[349] der

[346] Eberhard hatte sich 1888 in Königsberg habilitiert, Lindemann war zu dieser Zeit dort Ordinarius.

[347] Dieser Brief ist – wie alle Briefe von Hilbert an Minkowski – verloren.

[348] A. Hurwitz: Ueber einen Fundamentalsatz der arithmetischen Theorie der algebraischen Größen (Nachrichten von der kgl. Gesellschaft der Wissenschaften zu Göttingen, Mathematisch-physikalische Klasse aus dem Jahre 1895, 230-240). Diese Note enthält eine ungewöhnlich scharfe Bemerkung von Hurwitz gegen Dedekinds Kritik an seiner vorangegangen Arbeit; vgl. Note * p. 230.

[349] A. Hurwitz: Die unimodularen Substitutionen in einem algebraischen Zahlenkörper (Nachrichten von der kgl. Gesellschaft der Wissenschaften zu Göttingen, Mathematisch-physikalische Klasse aus dem Jahre 1895, 332-356).

unimodularen Transformationen, die aus ganzen Zahlen eines algebr. Körpers gebildet sind. Nach langer vergeblicher Anstrengung ist es mir jetzt endlich gelungen nachzuweisen, dass die Gruppe der Transf. $\begin{pmatrix} \alpha & \beta \\ \gamma & \delta \end{pmatrix}$ durch eine endliche Zahl unter ihnen erzeugt werden kann. Es kommen dabei namentlich die Dirichlet'schen Methoden (Theorie der Einheiten) zur Anwendung. In den niedrigen Fällen (vielleicht auch allgemein) können diese Betrachtungen die Idealtheorie völlig ersetzen, indem sich unmittelbar ergiebt, dass jede Zahl $\frac{\omega}{\omega'}$ (wo ω, ω' ganze Zahlen sind) durch eine unimodulare Transformation $\frac{\alpha\frac{\omega}{\omega'}+\beta}{\gamma\frac{\omega}{\omega'}+\delta}$ in eine von k festen Zahlen

$$1, x_1, x_2, \ldots, x_{n-1}$$

übergeführt werden kann. Die letzteren sind nicht in einander transformirbar und entsprechen der Reihe nach den k Idealclassen. Es hat mich selten eine Arbeit so gefesselt wie diese; ich knapse mir die Zeit ab, um in der Fülle von Fragen, die sich darbieten, weiter zu kommen. Die Beschäftigung mit der Theorie der Transformationsgruppen über welche ich eine Vorlesung halte, tritt dagegen in den Hintergrund, obgleich mich die Theorie sehr interessirt und mir grosse Hochachtung vor Lie eingeflösst hat. Es ist das eine gewaltige Leistung und die Hauptsätze der Theorie von grosser Einfachheit und Schönheit. An diesem Colleg nehmen 6 Zuhörer Theil, von welchen aber nur einer regelmässiger Studirender der Math. am Polytechnikum ist. Die Zahl der Math. hat sich hier sehr verringert. Dafür sind andere Abtheilungen um so stärker besucht, so dass ich in der Integralrechnung 109 Zuhörer habe. – Die Weber'sche Algebra[350] habe ich mir erst vor einigen Wochen angeschafft und flüchtig angesehen. Sie macht auch auf mich einen guten Eindruck. Sie enthält eine enorme Menge Stoff; vielleicht <u>zu</u> viel, namenthlich von den elementaren Dingen. Lehrbücher der Determinanten giebt es so viele und gute, dass man in einem Lehrbuch der Algebra Det. voraussetzen darf. – Auf Ihren zahlentheor. Bericht darf man gespannt sein. Wie weit sind Sie damit?[351] Haben Sie die Schwierigkeiten bei Kummer glücklich überwunden? – Nun zu guter Letzt noch von unserem Ergehen! Unser Baby gedeiht ganz vortrefflich; es ist so gesund und lebensfroh, dass es uns noch keinen unruhigen Moment bereitet hat. Meiner Frau und auch mir geht es in jeder Beziehung sehr gut. Von der Reise zur Hochzeit der Schwester ist noch in letzter Zeit Abstand genommen – die Trennung von Mann und Kind wäre Ida zu schwer gefallen. – Von meinem Bruder traf vor acht Tagen die Nachricht ein, dass er in Halle das Doctor-Examen sehr gut bestanden hat.[352] Die Disseration betrifft Kettenbruch-Entw. complexer Grössen. Das Thema habe ich gestellt. Nun, lieber Freund, seien Sie u. Ihre werthe Frau herzlichst gegrüsst von meiner Frau und mir, Ihrem

---

[350] Heinrich Weber: Lehrbuch der Algebra. Band 1 (Braunschweig: Vieweg, 1895), Band 2 (Braunschweig: Vieweg, 1896).

[351] Hilberts Zahlbericht wurde 1897 gedruckt.

[352] Julius Hurwitz: Über eine besondere Art der Kettenbruch-Entwicklung complexer Größen (Inauguraldissertation Halle 1895). Gutachter war A. Wangerin. Vgl. Julius Hurwitz an Hilbert 4. Oktober 1894 JuHi 2.

A.H.
Felix Klein u. Frau bitte ich freundlichst zu grüssen.

Hilbert an **Hurwitz** HiHu46
25.06.1895, Göttingen (Brief)

Lieber Freund.

Schon lange hatte ich die Absicht Ihnen zu schreiben und Ihnen ausführlich über meinen neuen Wirkungskreis zu berichten, doch habe ich jetzt sehr viel mit meinen Vorlesungen zu thun gehabt und dazu kamen noch die grösseren Schreibverpflichtungen gegen meine Heimath. Ich habe bei den elliptischen Functionen siebzehn Zuhörer, von denen fünfzehn regelmässig da sind. In der Determinantentheorie sind etwa 12, es macht das in der That sehr viel mehr Freude vor einem grösseren Zuhörerkreis zu sprechen. Aber auch sonst bin ich von Göttingen sehr erbaut. Wir bewohnen hier ein kleines Häuschen für uns allein, haben einen Garten mit Laube sowie schöne Veranda, die wir täglich benutzen. Ich arbeite manchen Tag von morgens bis abends im Freien, auch nehmen wir alle Mahlzeiten draussen ein, und täglich beschäftige ich mich mit Gartenarbeit. Es macht mir sehr viel Freude, das Wachsthum und Gedeihen der selbst gesäten Gemüse zu beobachten. Unser Häuschen ist das letzte der Strasse und liegt umgeben von Feldern und Gärten. Ich freue mich jedes mal wenn ich morgens in der Furche eines Kartoffelfeldes an Gräben und Hecken vorbei meinen Weg ins Colleg mache, und diesen Weg mit dem Königsberger Gang zur Universität vergleiche. Auch die Spaziergänge sind wunderschön und so zahlreich, dass man täglich einen neuen Spaziergang machen kann.

In den Pfingstferien war Voss hier, der mir seine vergeblichen Versuche mittheilte die Picardschen Sätze über eindeutige Functionen zu verallgemeinern. Voss ist eine sehr angenehme Persönlichkeit. Vor einigen Wochen war Poincaré auf 2 Tage bei Kleins, er war mathematisch sehr interessiert, und hielt auch einen Vortrag in der mathematischen Gesellschaft über die Erweiterung der Karl Neumannschen Methode die Existenz von Potentialen mit gegebenen Randwerthen zu beweisen. Auch Franz Meyer war Poincaré zu Ehren herüber gekommen.

Von den hiesigen jüngeren Mathematikern gefällt mir besonders Ritter sehr gut, welcher der begabteste zu sein scheint, und zum Herbst nach Itaka in Nord-Amerika berufen ist. Mit Sommerfeld, Schoenflies und Burkhardt war ich gestern nach dem Gosselgrund gegangen, auch Klein hat mich einige Male zu Spaziergängen aufgefordert, doch ist derselbe stets sehr mit Dekanatsgeschäften besetzt.

Mein Studium der Kummerschen Abhandlungen war Ostern ein ganz erfolgreiches, doch musste ich dasselbe mit Anfang des Semesters unterbrechen. Zur Darstellung des allgemeinen Reciprocitätssatzes ist jedenfalls eine vollständige Umarbeitung der Kummerschen Methode nöthig. Ich habe jetzt eine erste Darstellung der Elemente der Körpertheorie für den Bericht fertig gemacht.

Der Zerlegungssatz erscheint mir immer noch am einfachsten dadurch bewiesen zu werden, dass man auf den Galoischen Körper zurückgeht; meine Darstellung in den mathematischen Annalen ist freilich noch sehr der Vereinfachung fähig. Die beiden letzten Publicationen von Dedekind erscheinen mir lächerlich und nur von dem Gesichtspunkte seiner Prioritätsansprüche verständlich. Schade, dass Dedekind nicht mittelst Chronometermechanismus gleich die Sekunde des 15ten Februrars 1887 fixiert hat, in welcher er bei angestrengtem Nachdenken jenen von Kronecker 4 Jahre früher publicierten Satz fand. Ob an diesem Tage schönes Wetter war, lässt sich vielleicht noch feststellen. (vergl. übrigens Molk. Acta math. Bd. 6 S. 71)[353]. Ueber den Gegenstand selbst würde ich mich ausserordentlich gern einmal mit Ihnen unterhalten. Vielleicht kommen Sie im Herbst nach Lübeck?[354], wo Minkowski und ich jedenfalls in einem mündlichen Vortrag und in einer Form, wie sie später nicht gedruckt wird, unsere ganzen Ansichten über die Zahlentheorie und ihre Bedeutung für die gegenwärtige Mathematik entwickeln wollen; noch schöner wäre es wenn Sie einmal nach Göttingen zum Besuch kämen!

Dass ich Sie auf das Kroneckersche Citat gebracht habe, bitte ich Sie selbstverständlich nicht zu erwähnen.

Ihre Mittheilung über die linearen Transformationen mit algebraischen Coefficienten hat mich aufs äusserste interessiert. Ich habe mich lange Zeit hindurch mit demselben Gegenstande sehr intensiv beschäftigt. Seit $\frac{1}{2}$ Jahren aber, als der Bericht kam, bin ich von diesem sehr verheissungsvollen Gebiete abgegangen und werde wohl auch erst nach Abfassung des Berichtes mich wieder damit beschäftigen. Ich hätte Ihnen nun am liebsten die ganzen Papiere von damals zugeschickt, dieselben sind aber so ungeordnet und die Aufzeichnungen so flüchtig, dass ich es vorzog, die hauptsächlichsten Resultate, die ich mir in der Eile noch in Erinnerung zurückrufen konnte, auf ein Blatt zu schreiben. Dieses lege ich bei; sowie noch einige weitere Blätter über die Darstellung von Thetafunctionen. Wahrscheinlich haben Sie die Sache mehr nach der arithmetischen Seite verfolgt, doch ist auf diesem schönen Gebiete Raum für uns Beide. Nach Einsicht der Blätter haben Sie vielleicht die Güte mir dieselben eingeschrieben zurück zu senden, da ich keine Abschrift habe. Es sind zusammen 8 Blätter.

Im nächsten Semester lese ich Integralrechnung, partielle Differentialrechnung, und halte zahlentheoretisches Seminar mit Klein zusammen ab.

Für Ihre Arbeit[355] über Gleichungen deren Wurzeln negative reelle Theile besitzen sage ich Ihnen meinen besten Dank; wenn ich einmal algebraische

[353] J. Molk: Sur une notion qui comprend celle de la divisibilité et la théorie générale de l'élémination (Acta mathematica 6 (1885) 1-166).

[354] Vom 16. bis 20. September 1895 fand in Lübeck die Versammlung deutscher Naturforscher und Ärzte statt, in deren Rahmen auch die Deutsche Mathematiker-Vereinigung tagte. Die Herren Hilbert und Minkowski äußerten sich zum Stand ihres Referates, der Text dieser Äußerung wurde nicht gedruckt.

[355] A. Hurwitz: Ueber die Bedingungen, unter welchen eine Gleichung nur Wurzeln mit negativem reellen Theilen besitzt (Mathematische Annalen 46 (1895), 273-284).

Gleichungen lese, werde ich von dem einfachen Satze auf S. 274 guten Gebrauch machen.

Das Königsberger Extraordinariat ist noch nicht besetzt.

Mit den besten Grüssen von meiner Frau und mir für Sie und Ihre Frau

Ihr Freund Hilbert.

Dass Ihr Bruder den Doktor gemacht hat freut mich sehr, ich bin auf seine Dissertation[356] sehr gespannt. Vielleicht kommt derselbe nächstens nach Göttingen? Man kann hier sehr viel lernen.

Hurwitz an **Hilbert** HuHi27
28.06.1895, Zürich (Brief)

Lieber Freund!

Herzlichen Dank für Ihren ausführlichen Brief, aus dem ich zu meiner Freude ersehe, dass Sie sich in Göttingen sehr gut behagen. Ich hoffe, dass auch Ihnre werte Frau sich in Göttingen wohl fühlt und dass Ihr Söhnchen sich weiter prächtig entwickelt. Zu diesem Punkte sind Sie mir wohl nicht ausführlich genug gewesen. Haben Sie bei allen Collegen Besuch gemacht und denken Sie einen grösseren geselligen Verkehr zu unterhalten? Als ich in Göttingen war, herrschte ein sehr reges und gemüthliches Gesellschaftsleben in den Professorenkreisen oder vielmehr in dem Professorenkreise, denn eine Sonderung nach Facultäten fand nicht statt. Damals war Göttingen freilich noch sehr kleinstädtisch. Das ist wohl jetzt anders geworden. Räumlich wenigstens hat sich Göttingen ganz bedeutend ausgedehnt. Der Kreuzbergweg, an dem Sie wohnen, ist mir sehr wohl bekannt. Er liegt hinter der Universität. Ihr Häuschen muss ja allerliebst sein; wegen der Möglichkeit, den ganzen Tag im Freien arbeiten zu können, darf man Sie wirklich beneiden. Bis zur Universität haben Sie doch wohl einen Weg von 20 Minuten, da Sie am äussersten Ende der Strasse wohnen?– Dass Ihnen die stattlichen Collegs Freude machen, kann ich mir lebhaft denken. Den Gegensatz zwischen Königsberg und hier habe ich auch sehr angenehm empfunden. Bei Ihnen kommt hinzu, dass Sie in den nächsten Semestern sicher auf immer wachsende Zuhörer-Anzahlen rechnen dürfen. Denn das Studium der Mathematik ist in Deutschland wieder in entschiedenem Aufschwung begriffen. – Was Sie von Voss und Poincaré berichten hat mich sehr interessirt. Voss scheint also nun unter die Functionen-Theoretiker zu gehen. Auch mir ist Voss als ein sehr angenehmer, freundlicher College in Erinnerung von einem Besuche her, den ich ihm einst in Zürich abstattete. Bei dem heutigen Deutschenhass, der in Frankreich und namentlich im jüngeren Frankreich verbreitet ist, berührt es einen wohlthuend, von einem friedlichen freundschaftlichen Besuche eines der ersten französ. Mathematiker – das ist Poincaré doch zweifellos – an einer deutschen Universität zu hören.

---

[356]Julius Hurwitz: Über eine besondere Art der Kettenbruch-Entwicklung complexer Größen (Inauguraldissertation Halle 1895). Gutachter war A. Wangerin.

Felix Klein und Sie und die übrigen Fachgenossen haben es gewiss auch nicht an freundschaftlicher Ehrung fehlen lassen. Die gute Meinung, welche Sie von Ritter haben, theile ich, soweit ich seine Arbeiten kenne. Ich muss allerdings gestehen, dass ich die neueren Arbeiten von Ritter nicht verfolgt habe, da eine Weile mein Interesse für die Functionentheorie durch das für Zahlentheorie in den Hintergrund gedrängt ist. Nach meiner unmassgeblichen Meinung hat die Zahlentheorie die Führung einstweilen übernommen, nachdem den letzten Jahrzehnten die Functionentheorie die Signatur gegeben hatte. Die letztere – die Functionentheorie – wird darum nicht brach gelegt. Aber ihr Fortschritt ist an den der Zahlentheorie gebunden und in der Befruchtung mit den Errungenschaften der Zahlentheorie und in der zahlentheoretischen Vertiefung ihrer Sätze und Probleme liegt das Heil der Functionentheorie. Nur damit komme ich zu Ihren Ansätzen, die Sie mir auf den beigelegten Blättern mittheilten und die ich mit Freuden begrüsse. Ich kann freilich wenig Genaues aus Ihren Aufzeichungne ersehen, da die Bezeichnungen, die Sie gebrauchen, nicht, oder doch für meine schwache Auffassungsgabe nicht ausreichend erklärt sind. Aber so viel erkenne ich, dass Sie da sehr schöne und interessante Ideenbildungen – richtige Verallgemeinerungen der Modulfunctionen und ihrer Darstellung durch Nullwerte von Θ-Functionen – haben. Unsere Kreise stören sich, wie Sie richtig vermuthen, gar nicht. Meine Untersuchung, die übrigens abgeschlossen und redactionsfähig ist, ist rein arithmetischer Natur. Sie gipfelt einerseits in dem Nachweis, dass die unimodulare Gruppe $\begin{pmatrix} \alpha & \beta \\ \gamma & \delta \end{pmatrix}$ in einem algebr. Zahlenkörper eine endliche Basis hat die durch bestimmte Vorschriften gewonnen wird (woraus dann bereits dasselbe für ternäre, quaternäre,... Subst. geschlossen wird) und giebt andererseits eine ganz neue Begründungun der Idealtheorie. Was das Erstere betrifft, so ist ein Hülfssatz, den ich benutze, dieser:

Nothwendig und hinreichend dafür, dass

$$(\alpha, \beta) = (\alpha', \beta')$$

ist die Existenz von 4 Zahlen des Körpers, die

$$\begin{aligned} \alpha' &= k\alpha + \lambda\beta, \\ \beta' &= \mu\alpha + v\beta, \\ kv - \mu\lambda &= 1 \end{aligned}$$

befriedigen." Ich habe die Bezeichnung Ihres ersten Bogens angewendet. Sie sehen, das ist gerade der entgegengesetzte Satz, wie Sie ihn behaupten. Damit Sie prüfen können, ob ich Recht habe oder nicht, setze ich den sehr einfach Beweis her:

Ist h die Classenzahl, so hat man, wenn $(\alpha, \beta) = (\alpha', \beta')$ vorausgesetzt wird,

$$(\alpha^h, \beta^h) = (\alpha'^h, \beta'^h) = (\tau)$$

Also

$$p\alpha^h + \sigma\beta^h = \tau$$
$$p\alpha'^h + \sigma\beta'^h = \tau$$

Durch die Substit. (mit gebrochenem Coefficienten) von der Determ. 1

$$S = \begin{pmatrix} \alpha & -\frac{\sigma\beta^{h-1}}{\tau} \\ \beta & \frac{p\alpha^{h-1}}{\tau} \end{pmatrix}$$
$$S' = \begin{pmatrix} \alpha', & -\frac{\sigma'\beta'^{h-1}}{\tau} \\ \beta', & \frac{p'\alpha'^{h-1}}{\tau} \end{pmatrix}$$

geht $(1,0)$ in bez. (α,β) und (α',β') über. Daher geht durch

$$\tau = S'S^{-1} = \begin{pmatrix} \frac{p\alpha'\alpha^{h-1}+\sigma'\beta\beta'1h-1}{\tau}, & \frac{\sigma\alpha'\beta^{h-1}-\sigma'\alpha\beta'^{h-1}}{\tau} \\ \frac{p\beta'\alpha^{h-1}-p'\beta\alpha'^{h-1}}{\tau}, & \frac{\sigma\beta'\beta^{h-1}+p'\alpha\alpha'^{h-1}}{\tau} \end{pmatrix}$$

(α,β) in (α',β') über. τ hat aber ganzzahlige Coefficienten und die Determinante 1. Damit ist der Satz bewiesen.

Diesen wichtigen Satz – aus dem hervorgeht, dass es soviele inaequivalente Zahlen im Körper K giebt, als die Classenzahl beträgt – hat Bianchi auf sehr mühsame Weise für den Fall eines imag. quadratischen Körpers bewiesen. (Annalen Bd. 40)[357]

Was nun die neue Begründung der Idealtheorie angeht, so beruht sie darauf, dass von vorneherein die Vertheilung der Ideale in eine endliche Zahl von Classen festgestellt wird und hieraus durch bekannte Gruppen-Schlüsse (und eine hinzutretende Betrachtung) der Satz $\mathfrak{a}^h$ = Haupt-Ideal, wo $\mathfrak{a}$ beliebiges Ideal bezeichnet, abgeleitet wird. Damit ist dann Alles gemacht. Ihrer Meinung, dass der Übergang in den Galois'schen Körper den einfachsten Beweis des Zerlegungs-Satzes liefert, kann ich mich nicht anschliessen. Ich sehe vielmehr – bis mich vielleicht nähere Erörterungen von Ihrer Seite eines Anderen belehren – den Übergang zum Galois'schen Körper und nachherigen Rückgang zum vorgelegten Körper als einen Umweg an. Ihrem Urtheil über Dedekinds letzte Publication schliesse ich mich an und Ihr treffender sarkastischer Scherz hat mich sehr amusirt. Indessen wird man, je älter man wird, um so milder in der Beurtheilung der Menschen und so wird es mir selbst schwer, dem Dedekind auf die Dauer zu grollen. Der alte Herr hat sich so in seinen Formalismus hineingelebt, dass ihm gar nicht mehr klar ist, dass er mit seinem Formelkram die Gedanken erdrückt. Und nun ist es ihm höchst unbehaglich, Arbeiten zu sehen, die sich den Teufel um seine Modulwirtschaft, über sein $> <$: und was dergleichen mehr ist bekümmern, er fürchtet und fühlt ängstlich, dass sein Bau, der mit so viel Liebe und so viel kleinem Schnick-Schnack sorgfältig errichtet ist, nicht auf die Dauer steht und das erregt in ihm die Galle. Soll man ihm das so übel nehmen? Ich glaube, man thäte Unrecht daran.

[357] L. Bianchi: Sui gruppi di sostituzioni lineari con cofficienti appartenenti a corpi quadratici imaginari (Mathematische Annalen 40 (1892), 332-412).

Ich komme noch einmal auf die Gruppe $\begin{pmatrix} \alpha & \beta \\ \gamma & \delta \end{pmatrix}$ zurück. Sie betrachen (wie auch Bianchi und Fricke in den speciellen Fällen, die sie behandeln) die Gruppe $\alpha\delta - \beta\gamma = \epsilon$ (einer Einheit), während ich die kleinere Gruppe $\alpha\delta - \beta\gamma = 1$ untersuche; weil die erstere nach der Theorie der Einheiten durch Hinzunahme einer endlichen Zahl von Substitutionen $\begin{pmatrix} \epsilon & 0 \\ 0 & 1 \end{pmatrix}$ zu der letzteren entsteht, so ist die endliche Basis auch für die weitere Gruppe sicher. Die Anwendung auf die qudrat. Formen im Körper – was ja auf eine Auftürmung einer Quadratwurzel $\sqrt{\omega}$ (Ihre Arbeit über Dirichlet. Zahlkörper) ungefähr hinauskommt – liegt besonders nahe. Der Fall, wo $\sqrt{\omega}$ ein Ideal ist, ist da besonders interessant ($\sqrt{\omega}$ unverzweigte Wurzelfunction). Die ambigen Classen spielen überhaupt eine wichtige Rolle in der Theorie der Gruppe $\alpha\delta - \beta\gamma = 1$, wie übrigens nicht weiter wunderbar. So führt das Problem, alle Subst. im Körper

$$\begin{pmatrix} A, & B \\ C, & D \end{pmatrix}, \quad AD - BC \text{ nicht null}$$

zu bestimmen, die mit der Gruppe $\alpha\delta - \beta\gamma = 1$ vertauschbar sind, zu dem Satze: es giebt genau so viele wesentlich verschiedene derartiger Substitutionen als es ambige Classen im Körper giebt, derart, dass diese Substitutionen eindeutig umkehrbar diesen Classen entsprechen. Die hierdurch möglichen Erweiterungen der Gruppen spielen bei Bianchi eine Rolle. Mehrere Ansätze, die sich an meine Untersuchung anknüpfen, sind zu wenig ausgereift, um darüber berichten zu können. Sie werden auch jetzt, wo Sie tief in dem zahlentheoret. Bericht sind, kaum viel Interesse für diese Dinge haben. Auf Ihren und Minkowski's Bericht[358] bin ich natürlich auf's höchste gespannt – vielleicht die gespannteste Persönlichkeit unter den Fachgenossen. Der Gedanke nach Lübeck[359] zu kommen hat unter diesen Umständen viel Verlockendes für mich. Aber ich habe mir vorgenommen, diesen Sommer ganz zu Hause zu bleiben, da ich mich nirgends so gut erhole, wie in der behaglichen Häuslichkeit. Dazu kommt, dass wir auswärts doch nicht alles so gut und bequem für unser Töchterchen haben, wie zu Hause. Letztere gedeiht übrigens ganz vortrefflich. Es sieht wie das blühende Leben aus und ist ein fabelhaft lustiges Kind. Uns erkennt es schon mit Bewusstsein als Papa und Mama an, wie wir stets wieder mit Vergnügen consultiren, indem wir ihm die Fragen vorlegen: Wo ist Mama, wo ist Papa? Ihr Söhnchen ist ja gewiss schon ein ganz erwachsener Mensch, geht und spricht schon.[360] Nicht wahr? In Ihrem nächsten Briefe müssen Sie darüber berichten. Nun aber genug der Plauderei.

[358] Bei der Versammlung der Deutschen Mathematiker-Vereinigung in München 1893 wurde Hilbert und Minkowski die Aufgabe übertragen, gemeinsam einen Bericht über Zahlentheorie vorzulegen.

[359] Vom 16. bis 20. September 1895 fand in Lübeck die Versammlung deutscher Naturforscher und Ärzte statt, in deren Rahmen auch die Deutsche Mathematiker-Vereinigung tagte.

[360] Franz Hilbert entwickelte sich verzögert und litt später unter psychischen Problemen, mit der sein Vater nur schlecht zurechtkam. Angeblich gelang es erst Minkowski, der offensichtlich gut mit Kindern umgehen konnte, Franz das Sprechen beizubringen. Auffallend im Briefwechsel ist, dass Hilbert ab einem gewissen Zeitpunkt kaum noch etwas zu seinem Sohn verlauten lässt, obwohl Hurwitz und Minkowski ihn immer wieder darauf ansprechen. Vgl. Hilbert an Hurwitz 5. Oktober 1895 HiHu 47 und allgemein die Biographie Hilberts von C. Reid.

Ich muss mich noch ein wenig auf das Colleg über Transformationstheorie (ich halte gerade bei den invariantentheoretischen Anwendungen) vorbereiten (nachmittags 5–7 Uhr). Also adieu für heute! Seien Sie und Ihre werthe Frau herzlichst gegrüsst von meiner Frau und mir,

Ihrem

A. Hurwitz.

Die Herren Klein, Vogt, Schönflies, Burkhardt, Ritter bitte ich Sie gelegentlich von mir zu grüssen.

Di. 29.06.1895

Gegen die Gründe, aus welchen Sie die Existenz eines Urbereiches mit einer endlichen Zahl von Ecken erschliessen oder vielmehr gegen die Beweiskraft dieser Gründe habe ich meine Bedenken. Schon in der Theorie der ellipt. Modulfunctionen kommen eindeutige Functionen von $\omega = x + iy$ $(y > 0)$ vor, deren Fundamentalbereich unendlich viele Ecken (deren zugehörige Gruppe also keine endliche Basis) besitzt. Ist $\lambda(\omega)$ das Doppelverhältnis (im bekannten Sinne) so ist $log\lambda(\omega)$ eine derartige Function (Pick, in den math. Annalen Bd.28)[361]

Ihr Manuscript sende ich heute eingeschrieben zurück. mit nochmaligem herzlichen Gruss

Ihr H.

Minkowski an **Hilbert** MiHi26

01.07.1895, Königsberg i. Pr. (Brief)

Lieber Freund!

Mit Deinen beiden Briefen hast Du mich sehr erfreut. Dass ich Dir keine Korrekturbogen[362] weiter geschickt habe, kommt daher, dass in den nächsten Bogen für die Theorie der algebraischen Zahlen so gut wie garnichts abfällt; meine Darstellung der Theorie der Einheiten hast Du bereits; bezüglich der Endlichkeit der Anzahl der Idealklassen verweise ich in meinem Buche auch nur auf meine Arbeit in Crelle's J. B. 107[363], weil die Auseinandersetzung des Begriffs dieser Klassen aus dem Rahmen meines Buches herausgeführt hätte.

Es ist selbstverständlich auch meine Absicht, meinen Theil des Berichtes[364], wenn wir uns im September[365] wiedersehen, fix und fertig zu haben. Den

[361] G. Pick: Ueber gewisse ganzzahlige lineare Substitutionen, welche sich nicht durch algebraische Congruenzen erklären lassen (Mathematische Annalen 28 (1886), 119-124).

[362] Es geht um die Geometrie der Zahlen.

[363] H. Minkowski: Ueber die positiven quadratischen Formen und über kettenbruchähnliche Algorithmen (Journal für die reine und angewandte Mathematik 107 (1891), 278-297).

[364] Der gemeinsame Bericht über Zahlentheorie. Minkowski hat seinen Teil nie geliefert, einen gewissen Ersatz bildete sein Buch „Geometrie der Zahlen" (1896).

[365] Im September fand traditionell die Jahrestagung der Deutschen Mathematiker-Vereinigung statt im Rahmen der Versammlung deutscher Naturforscher und Ärzte. 1895 fand diese vom 16. bis 20.

Druck zu beginnen, bevor wir die zwei Theile des Referats aneinandergepasst haben, scheint mir nicht rathsam, zumal der Bericht ja doch erst in den nächsten Jahresbericht der Vereinigung aufgenommen wird. In diesem Jahre soll es überhaupt keine Publikation der Vereinigung geben, wie mir Gutzmer[366] sagte.

Ich bin nämlich vorige Woche zwei Tage in Berlin gewesen zur Hochzeit eines Verwandten, und habe bei dieser Gelegenheit auch G.[367] aufgesucht. Er versicherte mich, alle Interessirten wären uns so dankbar, dass wir die mühevolle Arbeit des Referats auf uns genommen hätten, dass auf mehr oder weniger schnelle Drucklegung des Referats gar kein Gewicht gelegt würde. – G. scheint sich habilitiren zu wollen, wohl in Bonn.[368]

Von den Berliner Mathematikern, Schwarz und Fuchs, wusste er schier unglaubliche Dinge zu berichten. Ihr Verhältnis hat sich durch Taktlosigkeiten von Schwarz, denen Fuchs' Benehmen nichts nachgab, derart verschärft, dass eine Versöhnung zwischen den Beiden wohl für alle Zeit ausgeschlossen scheint. Auch in der Akademie liegen sie sich, zum Verdruss der Nichtmathematiker, beständig in den Haaren.

Auch bei Althoff habe ich vorgesprochen, der sehr marode schien. Er will Staeckel hierhin[369] und Eberhard nach Halle[370] setzen. Die Hallenser dürften sich aber wohl gegen Letzteres wehren, wenn sie zeitig Wind davon bekommen. Sprich daher, bitte, vorläufig nur mit Vorsicht hiervon.

Das Aktual-Unendliche ist ein Wort, das ich aus einem Aufsatze von Cantor habe, und ich habe in meinem Vortrage[371] auch grösstentheils Sätze von Cantor gebracht, die allgemeines Interesse fanden; nur wollten Einige nicht recht daran glauben. Das A.-Unendliche in der Natur, von dem ich hauptsächlich sprach – der Titel war etwas aufregend gefasst, um vielleicht trotz der grossen Hitze einige Zuhörer anzulocken, – war die Lage der Punkte im Raume. Ob der Zusatz „in der Natur" gerechtfertigt war oder nicht, muss ich freilich dahingestellt sein lassen, wenn ich auch mit Rücksicht auf denselben mir eigens einige amüsante Beispiele für Cantor'sche Sätze construirt hatte. Bei dieser Gelegenheit habe ich von Neuem wahrgenommen, dass Cantor doch einer der geistvollsten lebenden Mathematiker ist[372]. Seine rein abstracte Definition der Mächtigkeit der

September in Lübeck statt. Die Herren Minkowski und Hilbert äußerten sich dort zum Stand ihres Berichts.

[366]Gutzmer war zu jener Zeit und noch lange danach der Herausgeber des Jahresberichts der Deutschen Mathematiker-Vereinigung. Der dritte Band des Jahresberichts erschien 1894, der vierte 1897. Ab 1899 erreichte man dann eine kontinuierliche jährliche Erscheinungsweise.

[367]Gutzmer.

[368]Gutzmer habilierte sich 1896 in Halle.

[369]Stäckel war von 1895 bis 1897 Extraordinarius in Königsberg.

[370]Eberhard wurde 1895 etatmäßiger außerordentlicher Professor in Halle.

[371]Vermutlich geht es um einen Vortrag von Minkowski im mathematischen Seminar der Universität Königsberg.

[372]Hilbert, Hurwitz und Minkowski traten schon früh für Cantors Ideen ein und leisteten damit einen wichtigen Beitrag zu deren Verbreitung – trotz Widerstände von Kronecker u.a. Zudem zeigen Minkowskis Ausführungen, wie wenig verbreitet Cantors Ideen noch im Jahre 1895 waren. Vgl. auch Hurwitz an Hilbert 29. November 1895 HuHi 28 und Hilbert an Hurwitz 9. November 1897 HiHu 57.

Punkte einer Strecke mit Hülfe der sogenannten transfiniten Zahlen ist wirklich bewundernswerth. (Er hat übrigens auch unendliche Primzahlen definirt.)

Meine Übung ist nur verschoben worden, und muss ich sie vom 5.–17. August in Tilsit abmachen. Unser Colloquium steht in vollster und vielseitigster Blüthe. Ich habe auch Struwe dafür gewonnen.

Wie gefällt es denn Deinem Franz in Göttingen? Mit den besten Empfehlungen an Deine Frau und mit herzlichem Gruss

Dein
H. Minkowski

Minkowski an **Hilbert** MiHi27
30.08.1895, Cranz, Kirchenstrasse 19 (Brief)

Lieber Freund,

In meiner Absicht liegt es, Dienstag d. 10. Sept. 2^{U},49 in Göttingen einzutreffen. Die daraus folgende Länge meines Besuchs wird wohl für unsere Besprechungen und auch gerade dafür, dass ich Dir nicht zu sehr zur Last falle, ausreichen. Ich freue mich schon sehr auf die bevorstehende angeregte Zeit, wenn es mir auch augenblicklich hier recht behaglich ist. Meine Übung, in der ich es noch vor dem endgültigen Schluss meiner militairischen Laufbahn zum Vicefeldwebel gebracht habe, ging am 18ten zu Ende, und auf ihre Wirkung schiebe ich es, dass der Seeaufenthalt seitdem mir so zusagt wie schon seit vielen Jahren nicht. Ich habe schon mehrmals ein ordentliches Bedauern um Euch empfunden, dass Ihr in diesem Jahre diesen Genuss entbehren müsst.

Dass Bachmann hier war und mich mehrmals besucht hat, habe ich vielleicht schon erwähnt. Er macht trotz weisser Haare noch einen jugendfrischen Eindruck, und an seinen Arbeiten scheint er mit grosser Freude zu hängen. Der nächste Band seines Werkes soll die quadratischen Formen behandeln, ist aber noch weit zurück.[373]

Unter den mir zu Referaten zugewiesenen Arbeiten war der Glanzpunkt entschieden Dein Aufsatz über ternäre definite Formen.[374] Zu einer Preisarbeit[375], die mir anfangs vom Dekan zugewiesen war, auf die ich aber schliesslich zu Gunsten von Garbe verzichten musste, hatte ich vor unter Hinweis auf Deine Arbeit als Thema zu stellen, die nothwendigen und hinreichenden Bedingungen

---

[373] P. Bachmann: Arithmetik der quadratischen Formen (Leipzig: Teubner, 1898). Teil 4 von Bachmanns fünfbändigem Werk „Zahlentheorie. Versuch einer Gesammtdarstellung dieser Wissenschaft in ihren Haupttheilen" (Leipzig: Teubner, 1872–1923).

[374] D. Hilbert: Ueber ternäre definite Formen (Acta mathematica 17 (1893), 169-198), referiert von Minkowski im Jahrbuch über die Fortschritte der Mathematik 25 (1894), 319.

[375] Fakultäten stellten oft Preisaufgaben für Studierende, einem ihrer Professoren fiel dabei die Aufgabe zu, diese zu formulieren und die Einsendungen zu bewerten. Vgl. auch Brief von Minkowski an Hilbert vom 4. Dezember 1895 MiHi 29.

für die Darstellbarkeit einer t. d. Form durch eine Summe von Formenquadraten zu finden. Hast Du diese Aufgabe vielleicht schon selbst erledigt?

Sommerfeld, der mir vielleicht noch Grüsse von Dir zu bestellen hat, habe ich vorläufig noch nicht zu Gesicht bekommen. Alle mathematischen Mittheilungen will ich mir schon bis zu unserem Wiedersehen in Göttingen versparen.

Mit der Bitte, mich bestens Deiner Frau zu empfehlen, und vielen Grüssen

Dein
H. Minkowski

Minkowski an **Hilbert** MiHi28
24.09.1895, Königsberg i. Pr. (Brief)

Lieber Freund !

Erst gestern Abend bin ich wieder zu Hause angelangt, und ehe ich mich nach der langen Pause wieder mit frischen Kräften an die Arbeit mache, möchte ich vor Allem Deiner Frau und Dir nochmals meinen herzlichsten Dank für die schöne Zeit, die ich bei Euch verlebt habe, sagen. Es ist eigentlich schade, dass der Aufenthalt in Göttingen nicht den letzten Theil meiner Reise bildete, ich würde dann jedenfalls viel frischer und in angeregterer Stimmung zurückgekehrt sein als jetzt nach den Lübecker Tagen[376]. – Am letzten Freitag bin ich noch zufällig beim Mittagessen in unserem Hotel mit Klein zusammengetroffen, und habe mich zum ersten und einzigen Male während der ganzen Zeit mit ihm etwas eingehender unterhalten können. Um uns sassen Boltzmann, Oettingen, Nernst u.s.w., und wurde die Energiedebatte noch heftig fortgesetzt. Es fällt mir dabei ein, dass wir eigentlich unseren Bericht[377] auch mit der Aufstellung einiger Thesen über das Wesen und die Bedeutung der Zahlentheorie hätten schliessen können, ähnlich wie es die Physiker nach ihrer Debatte gemacht haben; nun hoffentlich ist, auch ohne eine Abstimmung nach Stimmenmehrheit, durch Deine Ausführungen die Zahlentheorie bei Vielen in der Achtung wesentlich gestiegen.

Heute Vormittag war ich nicht wenig überrascht, Garbe auf Abschiedsbesuchen anzutreffen. Er geht nach Tübingen als Nachfolger seines ehemaligen Lehrers, der vor Kurzem in hohem Alter dort verstorben ist. Die Unterhandlungen haben erst vor einer Woche begonnen; seine Forderungen sind anstandslos bewilligt worden, er wird sich im Ganzen auf 6500 M. stehn; natürlich ist er sehr vergnügt über dieses Ereigniss. Eure Grüsse an ihn und seine Frau habe ich bestens bestellt.

[376]Die Jahrestagung der Deutschen Mathematiker-Vereinigung fand in Lübeck 16. bis 20. September 1895 statt. Die Herren Minkowski und Hilbert äußerten sich dort zum Stand ihres Berichts.

[377]Gemeint ist das Referat über ihren geplanten Bericht zur Zahlentheorie, das Hilbert und Minkowski in Lübeck hielten.

Morgen soll Staeckel[378] eintreffen. In Berlin habe ich am Sonntag vergebens einige Mathematiker zu sprechen gesucht. – Von den grossen Versammlungen nimmt wohl jeder die Überzeugung mit sich, dass die Hauptsache ist, was man allein in seiner Klause (beziehlich wie Du unter freiem Himmel) für sich zu Stande bringt. Dieser Gedanke, hoffe ich, wird das Beste von der Reise sein und auch mich für die nächste Zeit zu schnellerer Thätigkeit anspornen, sodass ich es bald zu einem inhaltsreicheren Brief bringe.

Mit den besten Grüssen an die ganze Familie Hilbert

Dein
H. Minkowski

Hilbert an **Hurwitz** HiHu47
05.10.1895, Göttingen (Brief)

Lieber Freund.

Soeben sehe ich mit Beschämung, dass Ihr letzter ausführlicher Brief von 28ten Juni datirt ist, und ich denselben noch nicht beantwortet habe!

Auf Ihre Arbeit über die unimodularen Gruppen bin ich sehr gespannt. Den Beweis des Satzes von der Existenz einer Substitution der Determinante 1, der mir ausserordentlich gefallen hat, habe ich in meinem zahlentheoretischen Bericht schon vor langer Zeit verarbeitet. Übrigens habe ich den Satz in der unrichtigen Form, dass die Bedingung nicht nothwendig ist, in meinen ursprünglichen Aufzeichnungen auch garnicht vorgefunden. Der Irrthum findet sich nur auf dem ersten Bogen, den ich für Sie aufgeschrieben hatte. Die Priorität sowohl des Satzes wie des Beweises ist aber natürlich die Ihrige.

Ueber Lübeck[379] hat Ihnen wohl schon Ihr Bruder ausführlich berichtet? Ich habe mich sehr gefreut dort wenigstens ein Mitglied der Familie Hurwitz wieder zu sehn!

Ich habe jetzt schon so lange nichts mehr von Ihnen gehört, dass ich nicht einmal weiss, wo und wie Sie den Sommer verlebt haben, und ob Sie wieder mit Ihren Schwiegereltern zusammen gewesen?– Wir haben meine Ferien sehr angenehm verbracht, und nur eine 10tägige Tour durch den Harz unternommen, die sehr gelungen ausfiel. Im September war Minkowski mehrere Tage bei uns, und fuhren wir dann gemeinsam nach Lübeck. Mit Minkowski habe ich sehr angeregte und schöne Tage verlebt, und war er uns Allen ein sehr angenehmer Gast, sogar unser Junge hatte ihn ganz ihns Herz geschlossen. Unser Junge ist im August 2 Jahre geworden, und behagt ihm das Göttinger Leben ausserordentlich; er ist den ganzen Tag im Freien, immer vergnügt und macht mit Eifer Sprechversuche, die sich anhören als ob er eine fremde Sprache

[378] Stäckel wurde Nachfolger von Minkowski auf dem bezahlten Extraordinariat in Königsberg.

[379] A. Hurwitz: Ueber die Bedingungen, unter welchen eine Gleichung nur Wurzeln mit negativem reellen Theilen besitzt (Mathematische Annalen 46 (1895), 273-284).

redete. Was den Umgang anbetrifft, so haben wir im Sommer noch keine Gesellschaften mitgemacht, jedoch bei der ganzen Universität Visiten gemacht, wie das hier üblich ist. Mit Kleins haben wir einige Landpartien unternommen, die sehr nett und gemüthlich verliefen. Klein hat stets den Kopf voller Pläne. In diesem Semester will er über Kreiselbewegungen lesen, um dabei zugleich eine Festschrift für die Lehrer vorzubereiten, welche nächstes Jahr wieder zum Feriencursus kommen.

Kürzlich sind wir sehr erschüttert worden durch die Nachricht vom Tode des hiesigen Privatdocenten Ritter, welcher 9 Tage nach seiner Ankunft in Neu-Jork dem Typhus erlegen ist.

Für die Uebersendung Ihrer beiden Arbeiten danke ich bestens. Sie haben in der ersten[380] den Thatbestand betreffs der Priorität Kroneckers sehr treffend auseinandergesetzt. Dedekinds Verfahren ist ihm doch jedenfalls übel zu nehmen, weil er jüngere Leute dadurch abschrecken und muthlos machen kann, er macht es eben grade so wie Kronecker seiner Zeit; und wir wollen uns doch vornehmen es Ihnen nicht gleich zu thun, wenn wir alt sind, sondern mit Freude und ohne Neid jedes Streben anerkennen, selbst wenn unsrer Meinung nach die Resultate hinter dem zurückstehn, was wir gemacht haben!

Ihre 2te Arbeit[381] über quadratische Formen werde ich erst dann genauer lesen, wenn ich an meinem Bericht an die quadratischen Formen komme, und das wird hoffentlich bald sein, da der erste Theil meines Berichtes, der die allgemeine Theorie des Zahlkörpers behandelt, fast fertig ist.

Im Winter werde ich sehr viel zu thun haben. Ich lese Intergalrechnung und partielle Differentialgleichungen je 4stündig und habe ausserdem mit Klein zusammen das zahlentheoretische Seminar. In den partiellen Differentialgleichungen will ich alle Existenztheoreme bringen. Wenn man sich überlegt, so findet man, dass alle Theoreme über die Existenz von Functionen, die man bisher kennt, in den partiellen Differentialgleichungen ihre gemeinsame Wurzel haben. Ich will vor Allem bei dieser Gelegenheit suchen die Existenzbeweise für die Fuchs'schen Functionen genau und streng zu machen. Daneben laufen nun die Arbeiten für unsern Bericht[382]. Bei der Darstellung unsres Berichtes gehen wir hauptsächlich darauf aus, solche einfache und allgemeine Sätze aufzufinden, welche möglichst viele Arbeiten der vorliegenden Litteratur todt machen.[383] Soeben schreibe ich einen solchen nieder, derselbe lautet: Eine ganzzahlige irreducible Gleichung bleibt in jedem algebraischen Körper irreducibel, dessen Diskriminante zur Diskriminante der

---

[380] A. Hurwitz: Ueber einen Fundamentalsatz der arithmetischen Theorie der algebraischen Größen (Nachrichten von der kgl. Gesellschaft der Wissenschaften zu Göttingen, Mathematisch-physikalische Klasse aus dem Jahre 1895, 230-240). Diese Note enthält eine ungewöhnlich scharfe Bemerkung von Hurwitz gegen Dedekinds Kritik an seiner vorangegangen Arbeit; vgl. Note * p. 230.

[381] A. Hurwitz: Über die Anzahl der Classen binärer quadratischer Formen von negativer Determinante (Acta mathematica 19 (1895), 351-384).

[382] Bei der Versammlung der Deutschen Mathematiker-Vereinigung in München 1893 wurde Hilbert und Minkowski die Aufgabe übertragen, gemeinsam einen Bericht über Zahlentheorie vorzulegen.

[383] Eine sehr charakteristische Aussage zu Hilberts Verständnis von Mathematik.

Gleichung prim ist. – Mit den besten Grüssen von meiner Frau und mir für Sie und Ihre Frau

Ihr Freund Hilbert.

Hilbert an **Hurwitz** HiHu48
22.11.1895, Göttingen (Postkarte)

Lieber Freund.

Besten Dank für Ihre und Rudios Schrift[384], die mich aufs höchste interessirt hat und die ich gleich am selben Tage durchgelesen habe. Schon vor längerer Zeit habe ich einmal die Titel der sämmtlichen Abhandlungen von Eisenstein zusammengestellt, es sind 45 Publikationen, während die von Gauss herausgegebene Sammlung nur 7 davon enthält. Was sagen Sie zu dem Plane der Herausgabe sämmtlicher Werke Eisensteins?[385] Wollen wir uns dazu verbinden? Hoffentlich geht es Ihnen und Ihrer Frau gut! In der letzten Sitzung der Gelehrten Gesellschaft wurden 2 Titel von Abhandlungen von Ihnen verlesen, auf deren Erscheinen ich sehr gespannt bin. Mit bestem Gruss Ihr Hilbert.

Hurwitz an **Hilbert** HuHi28
29.11.1895, Zürich (Brief)

Lieber Freund!

Schon lange hatte ich die Absicht Ihren Brief, durch welchen Sie mich anfangs Oktober erfreuten, zu beantworten; nun bringt Ihre gestrige Karte diese gute Absicht zur Reife. Viel weiss ich Ihnen allerdings nicht zu berichten, da unser Leben sich freilich sehr angenehm und behaglich, aber ohne besondere, hervorstechende Ereignisse abspielt, und die wissenschaftliche Ausbeute der letzten Monate in Folge angespannterer Lehrthätigkeit nicht gross war. Ich schrieb Ihnen vielleicht schon einmal, dass die ersten drei Wochen des Wintersemesters durch die Diplom-Examina für mich immer sehr anstrengend sind. In diesem Jahr waren sie es ganz besonders wegen der enorm grossen Zahl der Candidaten. Ich habe in den drei Wochen täglich 4 Stunden prüfen müssen. Zukünftig wird das voraussichtlich besser werden, da man eine die Zahl der zu Prüfenden stark verringerndere Neuordnung zu machen beabsichtigt. Der Zudrang zum Polytechnikum ist ganz enorm. In diesem Semester habe ich 110–120 Zuhörer in

[384] A. Hurwitz/F. Rudio: Briefe von G. Eistensten an M. A. Stern (Zeitschrift für Mathematik und Physik. Band 40, 1895, S. 169-204).

[385] Vgl. Hilbert an Hurwitz 22. November 1895 HiHu 48 und Hurwitz an Hilbert 29. November 1895 HuHi 28. Die Publikation der Werke von Eisenstein dauerte noch lange, vgl. G. Eisenstein: Mathematische Werke. 2 Bände (New York: Chelsea, 1975). Noch zu Lebzeiten von Eisenstein erschien: G. Eisenstein: Mathematische Abhandlungen. Besonders aus dem Gebiete der höheren Arithmetik und der elliptischen Functionen. Mit einer Vorrede von C. F. Gauß (Berlin: Reimer, 1847).

der Diff.-R. und 90 in den Differentialgleichungen. Diese starken Kurse bringen natürlich auch eine grössere Arbeitslast mit sich, da die Vorlesungen durch Übungsstunden ergänzt werden. Ohne meine beiden Assistenten (Dr. Hirsch und Amberg[386]) wäre das nicht zu leisten. Daneben habe ich mit den Herren, die von mir Themata zu eigenen Arbeiten[387] bekommen haben, fast wöchentlich Conferenzen. Es macht auch das viel zu schaffen und nur theilweise Plaisir, da hervorragend Begabte sich nicht untern den gegenwärtig hier Studirenden Mathematikern befinden. Im Colloquium habe ich unter Anderem die neuste Arbeit von Cantor[388] vor; diese ist hervorragend schön. Ich habe die Empfindung, als wenn Cantor hier der Mathematik wirklich ein ganz neues Gebiet erobert hätte, wichtig namentlich darum, weil es auf die Elemente ein neues Licht wirft. Nur ab und zu komme ich zu eigenen Arbeiten; ich schreibe an einem Beitrag für die Festschrift der hiesigen naturforschenden Gesellschaft[389], als welche ich eine weitere Ausführung und Verallgemeinerung der Sätze über die Kettenbruchentwicklung von *e* gewählt habe, die in den Berichten der physik.-oek. Gesellschaft in Königsberg[390] gedruckt sind. Daneben spukt die Idealtheorie in meinem Kopfe. Ich habe allerhand Ansätze, die sich zum Theil an die beiden Arbeiten anschliessen, von denen Sie auf Ihrer Karte sprechen. Diese sind übrigens dieselben, über die ich Ihnen früher ausführlich schrieb. Ich bin neugierig, ob Ihnen die in der ersten Arbeit gegebene, auf der Verallgemeinerung des Euclid. Algorithmus beruhende Begründung der Idealtheorie[391] gefällt. Ich glaube, die Sache ist noch sehr entwicklungsfähig. Die Correcturen habe ich schon vor längerer Zeit gelesen und ich wundere mich, dass ich die Abzüge noch nicht bekommen habe. Sobald diese in meinen Händen sind, schicke ich sie Ihnen zu.

Was nun Ihren an sich sehr schönen und verlockenden Vorschlag zur Herausgabe von Eisensteins Werken betrifft, so scheue ich mich einerseits vor einem derartigen Unternehmen, weil ich meine Kräfte in dieser Hinsicht nicht kenne und die Tragweite nicht absehe; andererseits ist auch zu erwägen, ob nicht die Berliner Akademie, der Eisenstein ja angehörte, die Sache in die Hand zu nehmen hätte. Schön wäre es ja zweifellos, wenn man eine Gesammtausgabe von Eisensteins Werken hätte. À propos wissen Sie etwas darüber, wie es mit

[386] Ernst Julius Amberg promovierte 1897 an der Universität Zürich mit der Arbeit „Ueber den Körper, dessen Zahlen sich rational aus zwei Quadratwurzeln zusammensetzen", Arthur Hirsch hatte 1892 in Königsberg promoviert: „Zur Theorie der linearen Differentialgleichung mit rationalem Integral".

[387] Gemeint sind wohl mathematische Diplomarbeiten in der Fachlehrerabteilung des Polytechnikums.

[388] G. Cantor: Beiträge zur Begründung der transfiniten Mengenlehre (Mathematische Annalen 46 (1895), 481-512).

[389] A. Hurwitz: Ueber die Kettenbrüche, deren Teilnenner arithmetische Reihen bilden (Vierteljahrsschrift der Naturforschenden Gesellschaft in Zürich 41(2) (1896), 46-64). Dieses Heft bildete den zweiten Teil der Festschrift der naturforschenden Gesellschaft in Zürich anlässlich ihres 150jährigen Bestehens.

[390] A. Hurwitz: Ueber die Kettenbruch-Entwicklung der Zahl e (Schriften der physikalisch-ökonomischen Gesellschaft zu Königsberg in Pr. 32 (1891), Sitzungsberichte 59-62).

[391] A. Hurwitz: Zur Theorie der Ideale (Nachrichten von der kgl. Gesellschaft der Wissenschaften zu Göttingen, Mathematisch-physikalische Klasse aus dem Jahre 1894, 291-298).

Dirichlet's Werken steht?[392] Und wie mit Krummer's Werken[393]. Leider habe ich im Sommer, als Hensel mich hier auf 2 Tage besuchte, ganz vergessen, ihn zu fragen. Wir hatten aber auch so viel Mathem. mit einander zu reden, dass die Zeit sehr knapp war. Von den Sommergästen habe ich Ihnen doch schon geschrieben? Mittag-Leffler, sein Schwager del Pezzo (duca di Caianello), Franklin mit Frau, Lüroth, Hölder, Wirtinger, Hensel, tauchten der Reihe nach bei uns auf, Burkhardt nicht zu vergessen, der Ihnen ja der (räumlich) nächste ist. Soeben sehe ich aus Ihrem Briefe, dass ich Ihnen vom Sommer überhaupt noch nicht erzählt habe. Um Ihre Fragen zunächst zu beantworten: Über Lübeck[394] hat mir mein Bruder ausführlich berichtet, Durch Wirtinger ist der Bericht später noch ergänzt worden. Ausser den oben erwähnten Mathematikern haben wir noch dauerhaftere und liebere Gäste in unseren Königsberger Angehörigen gehabt; diese waren nach einem dreiwöchentlichen Aufenthalt in den Bergen (Zermatt und Weissenstein) vier Wochen hier bei uns. Wir selbst sind ganz sesshaft geblieben. Ihre Mittheilungen über Ihr Söhnchen haben uns sehr interessirt, nur sind sie uns und meiner Frau insbesondere noch nicht ausführlich genug. Als Revanche bekommt Ihre Frau diesmal einen Bericht von meiner über unser Baby. – Die „Arithmetisirung der Mathematik"[395] habe ich vor einigen Tagen bekommen. Ich glaube, Sie dürften mit diesen Ausführungen nicht ganz einverstanden sein. Oder haben sich Ihre „Anschauungen" zu Gunsten der „Anschauung" geändert? Über Minkowski hörte ich von Ihnen gern Näheres. Er selbst hat mir, glaube ich, seit ich in Zürich bin, noch nicht <u>ein</u>mal geschrieben. Oder liegt die Schuld vielleicht an mir? Aber wie steht es denn mit seinem Buche „Geometrie der Zahlen"[396]? Vergeblich suche ich in Teubners Mittheilungen jedes Mal wieder nach der Anzeige, dass es erschienen sei. – Von Ritter's Tod habe ich auch zu meinem grossen Bedauern gehört. Der Fall ist wirklich tragisch. Noch dazu war Ritter verheiratet, nicht wahr? Wie hat sich Ihr Colleg über partielle Differentialgleichungen entwickelt und wie Ihr zahlentheoretisches Seminar? Das würde mich sehr interessiren. Haben Sie viel anregenden mathematischen Verkehr in Göttingen? Mir fehlt er ja hier fast ganz; aber ich finde diesen Zustand, wo man unbeirrt aus sich heraus und in sich hinein arbeiten kann, gar nicht übel. Ihr Satz: eine .. Gleichung bleibt irreductibel ... wenn die Discriminanten theilerfremd sind ist eine schöne Verallgemeinerung Kronecker'scher Sätze. Rührt der Satz von Ihnen her, oder findet er sich in der Litteratur?

Nun aber genug für heute. Sie würden mich sehr erfreuen, wenn Sie alle die Fragezeichen, die sich in diesem Briefe finden, bald auflösen würden. Ich verspreche Ihnen, mir auch Mühe zu geben, meine angeborene Schreibfaulheit

---

[392] Der zweite Band von Dirichlets Werken erschien 1897 bei Reimer in Berlin hg. von L. Kronecker und L. Fuchs. Der erste von L. Kronecker alleine hg. Band war bereits 1889 publiziert worden.

[393] Eine Sammlung der Arbeiten von Kummer wurde erst 1975 von A. Weil veröffentlicht: Collected Papers. Zwei Bände (Berlin/Heidelberg: Springer, 1975).

[394] Vom 16. bis 20. September 1895 fand in Lübeck die Versammlung deutscher Naturforscher und Ärzte statt, in deren Rahmen auch die Deutsche Mathematiker-Vereinigung tagte.

[395] F. Klein: Ueber Arithmetisierung der Mathematik (Nachrichten von der kgl. Gesellschaft der Wissenschaften zu Göttingen, Geschäftliche Mittheilungen Heft 2 (1895), 82-91). Klein verteidigte darin den Wert der Anschauung für die Mathematik.

[396] Das Buch erschien 1896.

zu bekämpfen. Die Göttinger Collegen bitte ich Sie gelegentlich zu grüssen. Mit den herzlichsten Grüssen für Sie und Ihre werthe Frau bin ich Ihr

A. Hurwitz.

Minkowski an **Hilbert** MiHi29

04.12.1895, Königsberg in Pr. (Brief)

Lieber Freund

Auch ich hatte schon eine ganze Weile vor, wieder an Dich zu schreiben, und doch ist jetzt sogar fast eine Woche verflossen, bis ich dazukomme, Deinen interessanten Brief zu beantworten. Zunächst will ich den einzelnen Fragezeichen darin der Reihe nach Rede stehen. Gutzmer[397] hat mir noch vor einigen Tagen wieder geschrieben. Der Druck des für den Jahresbericht bereits vorliegenden Materials wird sich bis Ende Januar hinziehen, und zu diesem Termine habe ich ihm meinen Theil des Referats, vielleicht bis auf ein paar Bogen, versprochen. Vorläufig habe ich nur aus dem Kopfe eine Art kurzes Lehrbuch der Zahlentheorie hingeschrieben; mit der gründlichen Durchsicht der ganzen vorhandenen Litteratur und der Berücksichtigung alles dessen, was mir nicht im Gedächtnisse geblieben war oder ich überhaupt noch nicht kenne, fange ich jetzt erst an. So kann ich Dir z. B. auch auf die Frage nach Tabellen für Classenanzahlen quadratischer Formen keine genaue Auskunft geben. Etwas hierüber müßte sich bei Jacobi (Crelle Bd. 9. S. 189)[398] oder bei Kronecker (Crelle Bd. 57. S. 248)[399] finden.

Die Zusätze von Lagrange zu Eulers Algebra[400] habe ich schon in meinem Buche gewürdigt.

Auf Bogen 19 der jetzt im Druck befindlichen Fortschritte[401] ist über vier sehr umfangreiche russische Arbeiten zur Theorie der algebraischen Zahlen referirt, welche wohl in Deinem Theil Berücksichtigung finden müßten; sie sind: I. W. Sochotzki, Das Princip des größten gemeinschaftlichen Theilers in der Anwendung auf die Theorie der algebraischen Zahlen (Petersburg, 1893), und sich daran anschließende Studien von Iwanow (Petersburger Doctorthese

[397] A. Gutzmer war Herausgeber des Jahresberichts der Deutschen Mathematiker-Vereinigung, für den Hilbert und Minkowswki über Zahlentheorie berichten sollten.

[398] C. G. Jacobi: Observationes arithmetica de numero classium divisorum quadraticorum formae yy + Axx, designante A numerom primum formae 4n+3 (Journal für die reine und angewandte Mathematik 9 (1832), 189-192).

[399] L. Kronecker: Ueber die Anzahl der verschiedenen Classen quadratischer Formen von negativer Determinante (Journal für die reine und angewandte Mathematik 57 (1860), 248-255).

[400] Es geht um Eulers „Vollständige Anleitung zur Algebra" (St. Pétersbourg, 1770) und die Zusätze, die J. J. Lagrange zu derselben verfasst hat als Beilage zur französischen Übersetzung von Eulers Werk (Lyon 1774). Vgl. Bd. 1 der ersten Serie von Eulers „Opera omnia" (Leipzig und Berlin: Teubner, 1911). F. Rudio, enger Freund von A. Hurwitz, war am Projekt der Euler-Werke maßgeblich beteiligt.

[401] Jahrbuch über die Fortschritte der Mathematik.

1891, und Petersb. Abh. LXXII) und Woronoj (Petersb.). Letzterer z. B. hat auf 188 Seiten eine Theorie der kubischen Körper entwickelt, von der ich nach dem mangelhaften Referat in den Fortschritten jedenfalls nicht behaupten kann, daß sie die Hauptsachen außer Acht ließe. Du wirst in Göttingen vielleicht in der glücklichen Lage sein, einen das Russische verstehenden Mathematiker zur Verfügung zu haben; dann versäume es nicht, Dich über jene Arbeiten zu informiren; sie könnten doch mehr Gutes enthalten, als unsereiner von Russen erwartet.

Eisenstein's Werke[402] gesammelt herauszugeben, wäre wirklich eine Pflicht und ausgeführt ein Verdienst; und für die Berliner Akademie wäre es eine ewige und wohlverdiente Schande, wenn Jemand sonst dieses Unternehmen angriffe.

Da ich zu Weierstrass' Geburtstag[403] eine schöne Adresse von Seiten der Fakultät veranlaßt hatte, so ließ ich mich überreden, zu persönlicher Übergabe derselben hinzufahren. Es waren zwei sehr angeregte Tage, und ich habe in Berlin noch eine Menge Leute kennen gelernt, die mir bisher entgangen waren, Weingarten, Hamburger, Thomé, Rosanes u. A. – Weierstrass war über die Adresse der Königsberger Fakultät, deren Ehrendoctor er ist[404], (wie Du wohl weißt), ganz besonders erfreut, und hat mir eine sehr schöne Photographie von seinem für die Nationalgallerie gemalten Bilde übersandt.

Volkmann hält außer Reden auf Neumann zwar kein Colleg, aber Vorträge für Damen, die viel Anklang finden und deren Inhaltsverzeichniß ich zu Deiner Erheiterung beilege.

Die Garbe'sche Professur soll durch einen Sanskritisten besetzt werden; für Hoffmann ist vorgestern unter Widerspruch der Philologen ein besonderes Gesuch um Beförderung zum Extraordinarius beschlossen worden.

Staeckel gefällt hier den Studenten und Collegen ganz ungemein; er ist von sehr großem Fleiß und interessirt sich für viel mehr Dinge aus der Mathematik, als man nach seinen Publikationen annehmen könnte. Unsere Gespräche haben sich allerdings bisher hauptsächlich um Flächentheorie und Mechanik gedreht.

Als Preisaufgabe[405] zum 18. Jan. stelle ich das genauere Studium Deiner Darstellung der ternären positiven Formen, worüber ich im Seminar vorgetragen habe.

In der analytischen Geometrie habe ich 7, in der Variationsrechnung 4 Zuhörer, auch sonst sind die mathematischen Vorlesungen sämmtlich zu Stande gekommen. – Sowie ich erst den Bericht hinter mir habe, will ich einige Noten

---

[402]Vgl. Hilbert an Hurwitz 29. November 1895 ?? und Hurwitz an Hilbert 29. November 1895 HuHi 28. Die Publikation der Werke von Eisenstein dauerte noch lange, vgl. G. Eisenstein: Mathematische Werke. 2 Bände (New York: Chelsea, 1975). Noch zu Lebzeiten Eisensteins erschien: G. Eisenstein: Mathematische Abhandlungen. Besonders aus dem Gebiete der höheren Arithmetik und der elliptischen Funktionen. Mit einer Vorrede von C. F. Gauß. (Berlin: Reimer, 1847).

[403]Weierstraß feierte am 31. Oktober 1895 seinen 80. Geburtstag.

[404]Weierstraß, der nicht promoviert hatte, wurde 1854 auf Vorschlag von Fr. Richelot für seine Arbeit über Abelsche Funktionen die Ehrendoktorwürde von der Königsberger Universität verliehen.

[405]Fakultäten stellten oft Preisaufgaben für Studierende, einem ihrer Professoren fiel dabei die Aufgabe zu, diese zu formulieren und die Einsendungen zu bewerten. Vgl. Brief von Minkowski an Hilbert vom 30. August 1895 MiHi 27.

zur Variationsrechnung redigiren, um sie Dir mit der Bitte, sie der Göttinger Gesellschaft vorzulegen, zu übersenden.

Meine Schwester[406] war, als ich ihr aus Deinem Briefe vorlas, was Damen alles leisten können, geradezu geknickt, und konnte sich von ihrer großen Erschütterung nur noch zu der Bitte aufraffen, an Deine Frau und Dich Grüße zu bestellen. Liegt bei dem geometrischen Beweise von Frl. Makinnen[407] noch ein besonderer Gedanke zu Grunde?

Von Deinem amerikanischen Ruf[408] habe ich bei Gelegenheit des Rectorballes, zu dem 180 Personen erschienen waren, meiner Tischdame erzählt, und habe mittlerweise davon schon in $10^{10^{10}}$ Maßstabe zu hören bekommen. Nun, hoffentlich amüsirst Du Dich darüber nur, ohne Dich zu ärgern

Daß Euer Franz mich in so gutem Gedächtniße behält, freut mich sehr, und ich wünsche nur, daß es mir bei seinen Eltern nicht schlechter ergehe.

Mit den herzlichsten Grüßen und der Bitte, mich Deiner Frau zu empfehlen

Dein
H. Minkowski

Ueber die Tafeln wußten Sturtz und Volkmann Nichts mehr. Der Schloßbaurat konnte ebenfalls den Preis der Tafel im mathematischen Seminar nicht mehr feststellen und meinte, daß sie aus einem anderen Institut herübergenommen sei. Er konnte mir nur angeben, daß eine Schiefertafel in der Größe 1,25 x 0,85 met mit der Anbringung 45 Mark und eine Glastafel in der Größe 1,45 x 0,90 an sich etwa 47 M. und mit dem Anbringen etwa 60 Mark gekostet hat.

Hilbert an **Hurwitz** HiHu49
30.12.1895, Göttingen (Brief)

Lieber Freund.

Vor Allem den herzlichsten Glückwunsch von meiner Frau und mir zum neuen Jahr für Sie Beide. Ich würde mich sehr freuen, wenn das nächste Jahr auch uns einmal ein Wiedersehen bringen möchte! Zugleich füge ich meinen Dank für die beiden Noten[409] hinzu, die Sie mir gesandt haben, und die ich sogleich mit grossem Interesse gelesen habe. Ihre neue Begründung des

[406] Fanny Minkowski.

[407] Es geht um Annie Louise MacKinnon Fitch, die 1894 bis 1896 in Göttingen studierte, nachdem sie 1894 an der Cornell University promoviert hatte (Concomitant Binary Forms in Terms of the Roots, Gutachter war J. E. Oliver).

[408] Hilbert hatte einen Ruf an die John-Hopkins-Universität in Baltimore erhalten, wo u.a. schon J. J. Sylvester als Professor gewirkt hatte.

[409] In den Göttinger Nachrichten erschienen 1895 die Noten „Ueber einen Fundamentalsatz der arithmetischen Theorie der algebraischen Grössen“ (pp. 230-240), „Zur Theorie der algebraischen Zahlen“ (pp. 324-331) und „Die unimodularen Substitutionen in einem algebraischen Zahlenkörper“ (pp. 332-356); von W, Furtwängler erschien „Zur Begründung der Idealtheorie“ (pp. 381-384).

Zerlegungssatzes ist einfach und originell, wenngleich der Beweis nicht auf algebraische Functionenkörper verallgemeinerungsfähig sein dürfte. Übrigens hat Herr Furtwängler in dem nämlichen Hefte der Nachrichten die gleiche Idee für den cubischen Körper ausgeführt.

Ich arbeite nach wie vor an meinem Berichte[410] weiter, und habe jetzt den quadratischen Zahlkörper vollkommen druckfertig. Es war da eine vollständige Umarbeitung des grossen Stoffes nöthig, einerseits um die Theorie des quadratischen Körpers als Anwendung und Ausfluss der allgemeinen Körpertheorie, andrerseits als Vorstufe und Specialfall der nun folgenden Theorie des Kreiskörpers und des Kummerschen Körpers darzustellen. Ich hoffe, dass es mir gelungen ist, besonders die Einheitlichkeit und schöne Harmonie hervortreten zu lassen: es ist im Grunde nur der eine Satz, nämlich: das Produkt aller Charaktere $= +1$ liefert die nothwendige und hinreichende Bedingung dafür, dass das betreffende Vorzeichensystem durch ein Geschlecht wirklich vertreten ist. Aehnlich lässt sich in der Theorie des Kreiskörpers all unser Wissen um den Kroneckerschen Fundamentalsatz gruppiren, dass alle Abelschen Körper Kreiskörper sind, und ich hoffe hierfür einen wesentlich neuen Beweis ohne transzendente Hilfsmittel bringen zu können. Dann bleibt freilich der schwerste Klotz, die Kummerschen Reciprocitätsgesetze, noch übrig, woran ich einen Abschnitt über trinomische diophantische Gleichungen, d.h. solche von der Gestalt

$$ax^n + by^m + cz^r = 0,$$

wo a, b, c, x, y, z ganze rationale Zahlen bedeuten, knüpfen will.

Ostern kommen die Gymnasiallehrer zur Auffrischung hierher[411]. Ich will ihnen in 8 Stunden über die Elemente der neuen Zahlen- und Gleichungstheorie vortragen, insbesondere will ich ihnen von zahlentheoretischen Eigenschaften der quadratischen und cubischen Gleichungen erzählen, da ich meine, dass sie das interessiren müsste.

Es ist übrigens schade, dass Ihr Bruder nicht mal Lust hat, hierher zu kommen, zumal die zahlentheoretischen Interessen augenblicklich auch bei Klein obenan stehen. Wir führen hier im Seminar die Studenten wirklich ernstlich in die tiefste Arithmetik ein, und sie müssen die Theorie des arithmetischen Körpers so modern vortragen, wie ich es mir für den Bericht zurecht gelegt habe. Im Sommer setzen wir das Seminar fort, mit besonderer Berücksichtigung der complexen Multiplication. Auch würde ich, wie meine Frau, sich natürlich sehr freuen, durch Ihren Bruder wieder mit Ihnen in etwas nähere Beziehung zu treten.

Hier scheint ein Dr. Levig mit der Absicht der Habilitation umzugehen, doch gefällt er uns nicht besonders.

Was sagen Sie dazu, dass Lindemann 50 Zuhörer hat? 89 Mathematiker sind überhaupt in München.

---

[410]Es geht um Hilberts Zahlbericht, der 1897 gedruckt wurde.

[411]F. Klein hatte nach dem Vorbild von Berlin und Frankfurt a. M. 1892 einen Ferienkurs zur Fortbildung von Mathematiklehrern eingerichtet.

Meine Frau will noch einige Worte über unser sonstiges Ergehen hinzufügen, ich schliesse daher mit den herlichsten Grüssen für Sie und Ihre Frau

Ihr Freund Hilbert.

Liebe Ida!

Habe herzlichen Dank für Deine freundlichen Zeilen, ich habe mich über dieselben gefreut und erwidere sie gerne! Durch Deine Familie habe ich schon immer mit Interesse von Eurem Ergehn in Zürich und dem Gedeihen eurer Kleinen gehört, und habe mich gefreut, auch aus den Briefen Deines Mannes zu sehen, wie behaglich und zufrieden Ihr Euch an eurem neuen Wohnort fühlt! Von uns beide kann ich das leider noch nicht sagen, daß ich mich hier so wohl eingelebt hätte, es gefällt uns ja vieles in Göttingen recht gut – besonders den Sommer kann man hier natürlich ganz anders genießen als in Kö [Rest fehlt].

Minkowski an **Hilbert** MiHi30

30.12.1895, Königsberg in Pr. (Brief)

Lieber Freund !

Viel zu schnell kommt mir der erste Januar herangerückt. Als erste Abschlagszahlung sende ich Dir binnen Kurzem ein Verzeichniss der in meinem Referat[412] erwähnten Litteratur, damit wir bei den Autoren, von welchen mehr als eine Arbeit in Betracht kommt, eine einheitliche Numerirung ihrer Schriften festsetzen. Vor Ende Januar wird es mit dem Beginn des Drucks wohl Nichts werden. Soll ich Dir noch vor dem Druck mein Manuscript zur Meinungsäusserung zusenden, oder willst Du Dich begnügen, die Correcturbogen zu sehen? Das erstere hätte doch manches für sich.

Berücksichtigst Du noch die zwei neuen Aufsätze von Hurwitz, die ja recht interessant zu sein scheinen?

Staeckel hat jetzt eine ganze Zeit darauf verwenden müssen, die Synopsis von Hagen[413] gründlich abzuschlachten. Es finden sich schier unglaubliche Dinge darin. Sein ausführliches Referat, für die Göttinger Anzeigen bestimmt, wird viel Erheiterndes für Mathematiker bringen.

Gestern ist hier plötzlich Eberhardt aufgetaucht. Er musste unbedingt einmal ostpreussischen Grog trinken, giebt er als Grund seiner Herreise an. Man munkelt aber, dass er mit ernsten Absichten[414] hergekommen ist!

Morgen kommt auf einige Zeit Prof. Wassilieff aus Kasan her; er will dann noch weiter die deutsche Mathematik abnehmen.

---

[412]Es geht um den Bericht über Zahlentheorie.

[413]P. Stäckel hat im Band 158 (1897), erster Teilband, der Göttinger Gelehrten Anzeigen das Werk „Synopsis der höheren Mathematik" Erster und zweiter Band (Berlin: Dames, 1891 bzw. 1894) von J. G. Hagen, Societas Jesu, besprochen (pp. 211-227).

[414]V. Eberhard heiratete erst 1921 Emmi Rehfeldt.

Doch nun zur Hauptveranlassung des heutigen Schreibens. Ich wünsche Dir und Deiner Frau zum neuen Jahre von Herzen Glück!

Mit besten Grüssen
Dein
H. Minkowski.

Minkowski an **Hilbert** MiHi31
22.01.1896, Königsberg i. Pr. (Brief)

Lieber Freund !

Herzlichen Glückwunsch zu Deinem Geburtstage[415]! Noch gerade im richtigen Moment werde ich diesesmal auf den Tag aufmerksam. Etwas sehr Angenehmes für das neue Jahr hast Du Dir vielleicht schon selbst bereitet, nämlich mit dem Referat[416] wohl gar schon „Klapp“ gemacht.

Die Litteraturnumerirung hat sich doch von selber erledigt, da nur wenige Autoren da sind, die in beiden Theilen des Referats vorkommen werden, nämlich wohl nur die grossen zahlentheoretischen Meister, und wir deren Werke doch wenigstens vollständig nennen wollen, und dabei die historische Ordnung ja die gegebene ist.

Hast Du eigentlich Fermat's Anmerkungen zu Diophant[417] verarbeitet? und hast Du das Smith'sche Referat berücksichtigt?

Ich bin doch etwas zu spät an das Referat gegangen. Jetzt finde ich natürlich viele hübsche Probleme, von denen es ganz schön gewesen wäre, wenn ich sie erledigt hätte. Die Jordan'schen Aufsätze sind eigentlich recht interessant. Aber wenn Dir schon die Kummer'schen Rechnungen unangenehm waren, so würden die Jordan'schen Operationen, sein „pour fixer les idées“[418] Dir einen wahren Ekel einjagen. – Wie soll ich mich z. B. diesen Jordan'schen Sätzen gegenüber verhalten; dass eine Form von einem Grade (Ordnung) $>$ 2 und mit nichtverschwindender Discriminante keine infinitesimalen Transformationen in sich besitzt, oder dass die Lösungen eines beliebigen Systems algebraischer Gleichungen immer eine endliche Anzahl von Continua bilden. (Ist übrigens dieser zweite Satz wirklich zuerst von Jordan gegeben?) Diese Sätze sind nur für zahlentheoretische Anwendungen aufgestellt, haben aber natürlich viel mehr mit der Invariantentheorie zu thun. Soll ich die Beweise dieser Sätze in meinem Referat nicht doch besser unterdrücken?

---

[415]Hilbert wurde am 23. Januar 1862 in Königsberg geboren..

[416]Es geht um den Bericht über Zahlentheorie. Hilberts Teil erschien 1897.

[417]Vgl. Pierre de Fermat: Bemerkungen zu Diophant. Observationes (dt.). Aus dem Lateinischen übersetzt und mit Anmerkungen hg. von Max Miller (Leipzig: Akademsiche Verlagsgesellschaft, 1932).

[418]Wörtlich: um die Ideen zu fixieren. Gemeint ist wohl, dass konkrete Rechnungen allgemeine Ideen festmachen sollen.

Vorläufig wird noch an dem Bericht über die Lübecker Versammlung[419] gedruckt.

Sehr viel wirst Du wohl aus meinem Theile nicht zu citiren haben und die betreffenden § Nummern könnte ich Dir angeben; es wäre dann, wenn wir eine besondere Paginirung beider Theile einführen wollten, auch eine Möglichkeit da, dass Du mit dem Druck Deines Theiles anfingest.[420] Ich werde doch sicher noch ein Paar Wochen zu thun haben, obwohl ich jetzt wirklich nichts anderes als das Referat den ganzen Tag im Kopf wälze. – Doch werfe ich diesen Gedanken nur so auf, ohne Dich, falls er Dir unsympathisch ist, damit erzürnen zu wollen. – Meine Noten über Variationsrechnung habe ich vorläufig ganz bei Seite gelegt.

Ich muss für heute abbrechen; sonst käme ich wieder mit meinen Wünschen zu spät.

Herzlichen Gruss auch von meiner Schwester[421], die mir das schon unzählige Mal an's Herz gelegt hat, an Dich, Deine Frau und Franz

Dein
Minkowski

Ein Bekannter, der Deine Schülerin Else kennt, hat mich gebeten, ihm irgend eine Auskunft über deren mathematische Veranlagung zu verschaffen. Wenn Du mir ein Urtheil über sie sagen kannst, so will ich davon einen so discreten Gebrauch machen, als angemessen erscheinen sollte.

Minkowski an **Hilbert** MiHi32
10.02.1896, Königsberg in Pr. (Brief)

Lieber Freund !

Es fällt mir nicht ganz leicht, zwischen den zwei Plänen, die Du machst, zu wählen. Zunächst kann ich ehrlich sagen, dass ich das von Dir geforderte Versprechen wohl geben dürfte und zu halten im Stande sein würde. Eine grössere Glaubwürdigkeit zu erzielen, will ich einschalten, wie es eigentlich mit meinem Buche[422] steht, wobei ich Dir noch für Dein Zartgefühl zu danken habe, dass Du zuletzt gar nicht mehr danach gefragt hast. Die vollständige Darstellung meiner Untersuchungen über Kettenbrüche hat schliesslich annähernd den Raum von 100 Druckseiten erfordert. Dabei aber fehlte immer noch der allein befriedigende

---

[419]Jahresversammlung der Deutschen Mathematiker-Vereinigung 1895. Die Berichte über die Jahresversammlungen erschienen im Jahresbericht, derjenige über Lübeck im Band 4, der aber erst 1897 ausgeliefert wurde. Da diese Jahrestagung im Rahmen der Versammlung Deutscher Naturforscher und Ärzte stattfand, gibt es auch einen amtlichen Bericht der Gesellschaft, die zeitnah zu den Versammlungen gedruckt wurden.

[420]Hilberts Teil wurde in der Tat 1897 separat publiziert, Minkowskis Teil ist nie erschienen.

[421]Fanny Minkowski.

[422]Geometrie der Zahlen, erschienen 1896.

Abschluss, das unbestimmt vorschwebende charakteristische Kriterium für cubische Irrationalzahlen. Ohne diesen Abschluss, dem ich mich sehr nahe zu dünken Grund habe, wäre das Kapitel in meinem Buche für mich wenigstens unbefriedigend gewesen; andererseits konnte ich nicht weiter an diesen Fragen arbeiten, da ich wirklich ernstlich an das Referat[423] ging. Für eine spätere einzelne Abhandlung war wieder der Stoff schon so angewachsen, dass als weitaus schnellster Weg zur Publikation mir noch immer der in meinem Buche erschien. Wie ich nun jüngstens wiederum von Weber einen Mahnbrief erhielt mit dem Vorschlage, doch wenigstens das bisher Gedruckte zu publiciren, entschloss ich mich dazu und auch Teubner geht bereitwillig darauf ein, so dass jedenfalls noch in diesem Monat 256 Seiten des Buches als eine erste Lieferung erscheinen.[424] (Bei dieser Gelegenheit bitte ich Dich im Voraus, es mir nicht als zu grosse Eitelkeit auszulegen, wenn ich einige Exemplare, z. B. für Hermite und Dich, auf besserem Papier habe abziehen lassen.) Insbesondere entschloss ich mich zu dieser Theilung auch deshalb leicht, weil endlich auch mein Aufsatz über Kettenbrüche in den Annales de l'Ecole Normale[425] gedruckt ist; ich erwarte jeden Tag die Abdrücke davon.

Diese lange Ausführung sollte bloss, was nach meinen Antecedentien vielleicht nicht überflüssig ist, bekräftigen, dass ich wirklich ernstlich am Referat arbeite (denke hier nur nicht qui s'excuse, s'accuse[426]. Also könnte ich an sich ganz gut Deinem ersten Plane zustimmen.

Andererseits aber hat Dein zweiter Plan mit der Consequenz, dass mein Referat erst ein Jahr später zu erscheinen brauchte, für mich viel Verlockendes. Was ich bisher Eigenes in dem Referat bringe, habe ich zumeist schon in meinem Buche oder in früheren Arbeiten dargestellt. Wenn ich ausserdem die Resultate mancher, bisher kaum geniessbarer Arbeiten menschlichem Verständniss näher bringe, so ist dergleichen ja wohl der eigentliche Zweck solcher Referate, für mich schliesslich auch eine ganz angenehme Arbeit, aber doch nicht eine solche, die ich am höchsten schätze. In den interessanten Fragen über Primzahldichtigkeit u. dgl. gehe ich kaum über bisherige Darstellungen hinaus. Es mag nun sein, dass auch so mein Referat Manchem gefallen könnte. Damit ich mir selbst genug thue, müsste ich noch manche Lücken ausfüllen und gewisse Partieen reifen lassen. Vorläufig nehme ich gar sehr den Contrast mit Deinem Theile wahr. Bis zum nächsten Jahre könnte ich aber vielleicht rechnen, auch selbst mit meiner Arbeit zufrieden zu sein.

Ich gehe also auf Deinen zweiten Plan ein mit der Wirkung, dass mein Theil erst in den nächstjährigen Bericht aufgenommen wird. Dieser Entschluss wird mir, da ich über das Klapp machen an sich sehr resignirt denke, hauptsächlich nur schwer, weil ich jetzt ein Jahr lang das beschämende Gefühl behalten werde, in gewissem Grade Dich und die Vereinigung im Stich gelassen zu haben. Du selbst hast freilich nicht die geringste dahin zielende Äusserung gemacht, es liegt aber

[423] Bericht über Zahlentheorie.

[424] Die zweite Lieferung wurde erst postum von Hilbert und A. Speiser 1910 publiziert.

[425] H. Minkowski: Generalisation de la théorie des fractions continues (Annales Scientifqiues de l'Ecole Normale Superieure, 3e serie, 13 (1896), 41-60).

[426] Wörtlich: Wer sich entschuldigt, klagt sich an.

dieser Gedanke zu nahe, und mancher wird wohl sagen, nach den Erfahrungen mit meinem Buche wäre von mir Nichts anderes zu erwarten gewesen. Nun, etwas werden diese Vorwürfe gemildert werden, wenn jetzt der grösste Theil meines Buchs herauskommt und der Rest schnell folgt, und schliesslich kann ich mir einbilden, ich thue, was ich im Interesse der Sache für das Beste halte.

Dich bitte ich jedenfalls sehr, in keiner Weise zu denken, dass ich Dich mit meinem Referat im Stich gelassen hätte. Wenn ich nun einmal so langsam arbeite und nur schwer mir selbst etwas recht mache, so ist das schliesslich eine Eigenschaft, unter der ich selbst leide, und bei der es für die Anderen zweifelhaft bleibt, ob sie dabei Profit oder Nachtheil haben.

Damit jedoch über meinen Verzicht kein Missverständnis aufkomme, würdest Du mich sehr verpflichten, wenn Du Dich in Deinem Vorworte etwas darüber ausliessest, indem Du eben sagst, dass es einmal gewisse Rücksichten auf die schnellere Fertigstellung des Jahresberichts sind, welche zu einem Aufschub meines Referats geführt haben, dass ferner dieser Aufschub bis zu einem gewissen Grade durch das Erscheinen meines Buchs geringer fühlbar wird wie auch durch das seit der Übernahme meines Referats erfolgte Erscheinen der Bachmann'schen Bücher und des Smith'schen Reports in einem Stück, und dass dies seitdem veränderten Litteraturverhältnisse mich eben veranlasst hätten, den Schwerpunkt meines Referats hauptsächlich in der Vervollkommnung bisheriger Resultate zu suchen, und aus diesem Umstande zumeist der Aufschub herrührt[427]. Deine Erwartung über den Riemann'schen Nachlass[428] im Vorwort kundzuthun, wird wohl noch zu wenig gerechtfertigt erscheinen.

Dass ich unter diesen Umständen in die Lage komme, noch vor der Drucklegung meines Berichts mich mit Dir über vieles, woran ich im Herbst noch nicht dachte, mündlich auszusprechen, wird mir sehr zu Statten kommen.

Die Redaction wird sich, wahrscheinlich mit einem stillen Achselzucken über mich, zufrieden geben, vor Allem Deinen Bericht zu haben.[429]

Dass ich heute etwas lang und vielleicht etwas sentimental mich ausgelassen habe, entschuldigst Du wohl durch den Umstand, dass ich dieser Tage durch eine Erkältung nicht ganz disponirt bin.

Mit besten Grüssen und der Bitte, mich Deiner Frau empfehlen zu wollen

Dein
H. Minkowski

[427]Im Vorwort, datiert Göttingen, 10. April 1897, von Hilberts Zahlbericht finden sich keine Ausführungen in der Art, wie Minkowski dies vorschlug. Hilbert dankt dort lediglich Minkowski für das Lesen von Teilen des Manuskripts und der Korrektur sowie für viele Anregungen, seiner Frau für die Reinschrift des Manuskiriptes.

[428]Dieser wurde 1892 in der zweiten Auflage der Gesammelten Werken von Riemann, herausgegeben von R. Dedekind und H. Weber, teilweise publiziert, Ergänzungen erfolgten durch M. Noether und W. Wirtinger in der dritten Auflage von 1902.

[429]Hilberts Bericht „Die Theorie der algebraischen Zahlkörper" wurde 1897 im Jahresbericht der Deutschen Mathematiker-Vereinigung publiziert (pp. 175-546).

Minkowski an **Hilbert** MiHi33
31.03.1896, Berlin, Savoy-Hotel (Brief)

Lieber Freund !

Für Eure so liebenswürdige Einladung sage ich Dir und Deiner Frau meinen wärmsten Dank. Ich kann noch nicht bestimmt erklären, ob ich sie annehmen kann. Ich bin hier schon bald eine Woche in einer etwas mysteriösen Angelegenheit, die nur ganz lose mit Mathematik zu thun hat, und bleibe auch vielleicht noch eine Woche hier.[430] Sollte es sich dann machen lassen, so würde es mir jedenfalls eine große Freude bereiten, wenn ich auf ein paar Tage nach Göttingen kommen könnte. In solchem Falle würde ich Dir zeitig vorher Nachricht geben. Du entschuldigst wohl auch, daß ich infolge meines hiesigen Aufenthalts die Durchsicht Deines zweiten Correcturbogens[431] etwas verzögert habe. Ich habe zwar wieder eine ganze Menge dazugeschrieben, aber damit eigentlich nur meinen guten Willen dokumentirt; denn wesentliches war wenig zu ändern. Mir gefällt Dein Referat in seiner knappen und dabei doch vollständigen Form außerordentlich, und es wird sicher allgemein großen Beifall finden und die Kronecker'schen wie Dedekind'schen Abhandlungen sehr in den Hintergrund drängen. – Heute habe ich den Umschlag der ersten Lieferung meines Buchs[432] corrigirt, die also nun in den nächsten Tagen erscheint.

Sollte aus meinem Abstecher nach Göttingen, den ich mir sehr durch den Kopf gehen lassen will, zuletzt doch nichts werden, so schreibe ich über meinen hiesigen Aufenthalt ausführlicher.

Mit herzlichen Grüßen an Dich und Deine Frau und nochmaligem Dank für den Beweis Eurer Freundschaft

Dein
H. Minkowski

Minkowski an **Hilbert** MiHi34
05.04.1896, Berlin, Savoy-Hotel (Postkarte)

Lieber Freund !

Heute Abend will ich direkt nach Hause zurückreisen; durch den langen Aufenthalt hier bin ich etwas abgespannt. Auf die Reise nach Göttingen leiste

[430] Es ist leider unklar, was Minkowski hier meint.
[431] Des Hilbertschen Zahlberichts.
[432] Geometrie der Zahlen.

ich mit schwerem Herzen Verzicht, war doch mein Aufenthalt bei Euch in den letzten Ferien der Glanzpunkt jener Zeit. Nun, bis zu den großen Ferien ist ja nur noch ein kurzes Semester, und dann werden wir uns über Manches viel intensiver aussprechen können. Die Ferien will ich jetzt noch auszunutzen suchen, um eine Note für die Göttinger Nachrichten[433] endlich zu liefern.

Ich bitte, mich Eurem Franz in Erinnerung zu bringen, den wiederzusehen ich sehr gespannt gewesen wäre, und ferner mich Deiner Frau bestens zu empfehlen. Mit herzlichen Grüßen

Dein
H. Minkowski

Hurwitz an **Hilbert** HuHi29
07.04.1896, Zürich (Brief)

Lieber Freund! Lang, lang ist es her, dass ich Ihnen nicht geschrieben habe. Das liegt namentlich daran, dass ich mich ein wenig von der Idealtheorie ausgeruht und mich mit geometrischen Dingen à la Steiner und Moebius beschäftigt habe und Ihnen deshalb nur als Mensch und nicht als Mathematiker hätte näher treten können. Heute ist das freilich nicht anders, aber doch will ich nicht länger zögern, Ihnen einmal Nachricht zu geben, zumal wir Ihnen und Ihrer lieben Frau noch immer den Dank für Ihre freundlichen Glückwünsche zur Geburt unserer zweiten Tochter[434] schuldig sind, eine Schuld, die ich hiermit vor allem herzlichst abtragen will. Den Bericht über das Gedeihen des kleinen Wurmes, sowie überhaupt über die internen häuslichen Angelegenheiten, überlasse ich meiner Frau, die sich damit für den uns sehr interessirenden Brief Ihrer werthen Frau revanchiren will. Ich glaube, die Antwort auf Ihren gleichzeitigen Brief – er liegt vor mir und trägt den 30 Dec 95 als Datum – schulde ich Ihnen auch noch. Sie erzählen darin von Ihrem Berichte über Zahlentheorie[435], der wohl nun glücklich abgeschlossen ist? Diese Andeutungen, die Sie über den Charakteren + dem Kronecker'schen Satz machen, dass diese nämlich im Mittelpunkt der ganzen Theorie stehen, sind mir nicht ganz verständlich. Ihr Bericht wird mich darüber aufklären. Wann erscheint derselbe? An der Gleichung $ax^n + by^m + cz^r = 0$ ist der particuläre Charakter so unangenehm. Mit einer grösseren Reihe von specielleren Fällen habe ich mich vor längerer Zeit einmal beschäftigt, um Übungs-Material für die Idealtheorie zusammenzutragen. Z. B. ist die Gleichung $x^2 + 2 = y^n$, wenn $n > 1$ sein soll,

[433] Die Göttinger Nachrichten veröffentlichten 1897 eine Note von Minkowski: Allgemeine Lehrsätze über die konvexen Polyeder (Nachrichten von der kgl. Gesellschaft der Wissenschaften zu Göttingen, Mathematisch-physikalische Klasse aus dem Jahre 1897, 198-219). Vorgelegt von D. Hilbert am 31. Juli 1897.

[434] Eva Hurwitz

[435] Hilberts Zahlbericht erschien 1897 unter dem Titel „Bericht über die Theorie der algebraischen Zahlkörper" im Jahresbericht der Deutschen Mathematiker-Vereinigung Band 4 (1894–1895), 175-543.

in ganzen Zahlen x, y, n nur für $x = 5y = 3$, $n = 3$ befriedigt. Die Gleichung $x^2 + 5 = y^n$ $(n > 1)$ besitzt überhaupt keine ganzzahlige Lösung x, y, n etc. –

Ihren neuen Beweis des Kronecker'schen Satzes habe ich noch nicht gründlich studirt; beim Durchlesen kam mir die Sache sehr schwierig vor. Wie steht es mit Herrn Furtwänglers Arbeit? Ich habe bald nach dem Erscheinen der Furtwängler'schen Note[436] an Klein geschrieben, dass ich dieselbe für verunglückt halte, was ich auch heute noch thue. F. setzt bei seiner Begründung der Idealtheorie einen Satz als selbstverständlich richtig voraus, dessen Beweis nach meiner Meinung ebenso schwierig ist, wie die Begründung der Theorie selbst. Jetzt müssen Sie, nach Ihrem Briefe, mitten in den Vorträgen für die Gymnasiallehrer[437] sein. Wie sind dieselben ausgefallen? Die Nachricht von Lindemann's Lehrerfolg hat mich sehr interessirt. Offenbar legt Lindemann jetzt mehr Gewicht auf die Lehrthätigkeit als er es in Königsberg that. Leider schickt er mir gar nicht mehr seine Abhandlungen. Es sind doch einige von ihm in den Münchener Berichten erschienen.

Zum Schluss knüpfe ich an den Anfang Ihres Briefes an, um Ihnen zu sagen, dass auch ich mich ausserordentlich freuen würde Sie wieder zu sehen. Leider ist es von Zürich nach Göttingen so sehr weit. Aber kühn behaupte ich: von Göttingen nach Zürich ist's viel näher! In alter Freundschaft Ihr

Hurwitz.

Liebe Käthe!

Für Deinen damaligen eingehenden Brief und die freundliche Gratulation zu Evchens Geburt nimm meinen herzlichen Dank! Meine zweite Tochter hat es mir nicht so leicht gemacht, wie die erste, denn diesmal war ich nicht chloroformirt und habe tüchtig aushalten müssen. Dafür erholte ich mich aber schnell und vollkommen. Nun ist Evchen genau $\frac{1}{4}$ Jahr alt und beginnt jetzt, obgleich es noch immer recht zart aussieht, sich recht nett zu entwickeln. Es lächelt bereits oft und anhaltend, lallt seine ersten Nasenslaute, spielt mit den Klappen und blickt aus grossen, verständigen Augen in die Welt. Unser ganzer Stolz aber ist Lisi, jetzt $1\frac{1}{2}$ Jahre alt, ein ebenso süsses, als intelligentes kleines Frauenzimmerchen. Sie sagt bereits ganze Verse her – allerdings nur Eingeweihnten verständlich – kennt und benennt längst alle Tiere in ihren Bilderbüchern und plappert alles nach. Ganz allein gehen aber kann sie erst seit wenigen Wochen und zeigt auch jetzt noch wenig Courage bei der Ausübung dieser Kunst. Aeusserlich ist sie ein dralles, für die Dimensionen ihrer Eltern äusserst stattliches Pummelchen mit nettem, rundem, Gesichtchen, dunklen Augen und einem herzigen, blonden Lockenkopf. Dieser Steckbrief, liebe Käthe, soll Dir einstweilen ein Bild ersetzen, denn augenblicklich sind alle bisherigen Auflagen vergriffen, doch hoffe ich, bald einmal Deinem Wunsche entsprechen zu können.

Mit dienstbaren Geistern bin ich jetzt brillant versehen: die Köchin ist so tüchtig, dass sie mich während meines 3 wöchentlichen Bettliegens bestens

---

[436] Ph. Furtwängler: Zur Begründung der Idealtheorie (Nachrichten von der kgl. Gesellschaft der Wissenschaften zu Göttingen, Mathematisch-physikalische Klasse. Aus dem Jahre 1895, 381-384).

[437] Es geht um den Ferienkurs für Mathematiklehrer, der in den Osterferien stattfand. Vgl. Hilbert an Hurwitz 30. Dezember 1895 HiHu 49.

vertreten hat, (denn von den Meinen war ja diesmal Niemand hier), für Evchen habe ich eine gute geschulte Pflegerin und für Lisi ein ordentliches Kindermädchen, das dann später natürlich beide Kinder übernimmt. Von meinem Manne, der sich ungeheuer mit den Kindern freut, wie Du Dir denken kannst, habe ich sehr viel: wir gehen Nachmittags fast immer zusammen aus und bis auf seine Collegstunden u. Conferenzen habe ich ihn stets zur Seite. So kann eine übermässige Sehnsucht nach Haus garnicht bei mir aufkommen, doch freue ich mich natürlich schon jetzt riesig auf den übernächsten Sommer, wo wir mit Kind u. Kegel nach Königsberg zu reisen hoffen. Von den Meinen erhalten wir glücklicherweise stets sehr befriedigende Nachrichten, und jeden Sommer sind sie bisher zu unserer grossen Freude einige Zeit bei uns gewesen. Ob wir sie auch diesmal wieder erwarten dürfen, ist leider ungewiss, denn Betty erwartet gegen Ende Juni ihre schwere Stunde. – Soeben war Schwager Julius einige Wochen lang unser Gast, von hier ist er nach Ober-Italien gereist, (augenblicklich befindet er sich an der Riviera), Ende April erwarten wir ihn zurück. Ueber seine Zukunft hat er sich noch nicht schlüssig gemacht.

In geselliger Beziehung haben wir diesen Winter naturgemäss ziemlich still verlebt, auch die Kunst kam nicht zu ihrem vollen Recht und erst jetzt holen wir in Theatern u. Conzerten einiges nach.

Dich und den „jungen Herren“, denn ein solcher ist er gewiss schon, treffen diese Zeilen hoffentlich bei bestem Wohlsein an, bei Deinem Gatten halte ich das für ganz selbstverständlich. Ich würde mich freuen, über die Fortschritte des kleinen Franz wieder einmal zu hören, und auch darüber, dass Du Dich in der neuen Heimat allmählig immer behaglicher zu fühlen beginnst. Herzliche Grüsse Dir und Deinem Manne

von Deiner

Ida.

Minkowski an **Hurwitz** MiHu9

11.05.1896, Königsberg, Mitteltragheim (Brief)

Lieber Freund!

Ihr freundliches Schreiben hat mir eine lebhafte Freude bereitet. Ich habe mir schon oft schwere Vorwürfe gemacht, dass ich unseren Briefwechsel so ganz habe einschlummern lassen. Es wäre mir dies aber gewiss nicht möglich geworden, wenn ich nicht doch immer über Ihr Ergehen ziemlich unterrichtet gewesen wäre. Sie selbst sorgten ja durch Ihre schönen, immer reizvollen und bedeutenden Publicationen auf's beste dafür, einen über Ihre emsige wissenschaftliche Thätigkeit auf dem Laufenden zu halten, häufig schrieb auch Hilbert von Ihnen, und keine sich bietende Gelegenheit versäumte ich Familie Samuel[438] über Familie Hurwitz auszuforschen. Nun aber hoffe ich, wieder öfter

[438]Eltern von Hurwitz' Ehefrau Ida.

direct von Ihnen Nachricht zu erhalten, wenn ich auch jetzt durch meine etwas verspätete Antwort von Neuem ein schlechtes Beispiel aufstelle.

Der Satz über Kettenbrüche, den Sie mir mittheilten, ist wirklich durch seine einfache Fassung recht hübsch. Nach der Bedingung und den Kriterien, die darin eine Rolle spielen, sehe ich aber keinen Weg, ihn etwa ohne Formeln allein aus der Bedeutung der Kettenbruchentwicklung (Satz (K), S. 16 meines Buches[439]) heraus zu holen. Ich bin auf Ihren bezüglichen Aufsatz sehr gespannt. In meinem Buche wird unter anderem die Aufgabe für complexe Größen Erledigung finden, die Sie am Schluss Ihres Aufsatzes „Ueber d. angenäherte Darst. der Zahlen durch rat. Brüche"[440] erwähnen. Die Lösung gestaltet sich für den Körper der dritten Einheitswurzeln sehr viel einfacher als für den Körper von $\sqrt{-1}$. Für mein bezügliches Citat wäre es mir sehr lieb, wenn Sie mir mittheilen wollten, was ich über Ihre betreffenden Untersuchungen noch sagen dürfte, und ob ich noch auf eine Publication von Ihnen über diesen Gegenstand hinweisen kann.

Abgesehen von der Arbeit, die ich noch für den Schluss meines Buches nöthig habe, habe ich mich jetzt eifrig der mathematischen Physik zugewandt, für die schon früher grosses Interesse hatte. Ich habe aber auf diesem Felde vorderhand Nichts, was publicationsreif wäre.

Einen nennenswerthen Zuwachs an Studenten haben wir in diesem Jahre nicht bekommen, aber mit den 7, die wir haben, geht es ja zur Noth. Selbst Volkmann, der immer unentwegt an seinem gewohnten Cyclus festhielt und in Folge dessen einige Semester nicht gelesen hat, hat ein besuchtes Colleg. Ich lese Algebra und Kinematik.

Hilberts Referat über die algebraischen Zahlkörper[441], von dem ich die Correcturen mitlese, ist ganz ausgezeichnet und wird zur Hebung der Kenntniss dieses Gebietes ausserordentlich beitragen. Auch der zweite Band von Webers Algebra[442]soll sehr schön sein, wie mir Hensel schreibt. H. kommt Pfingsten hierher zu Besuch. Vor kurzem war Wassiljef hier. Herr Laugel, zu dem sie ja wohl auch Beziehungen haben, schwärmt sehr für einen nächstjährigen Congress in Zürich[443]. Authentisches habe ich darüber bisher Nichts zu hören bekommen.

Sooft ich bei Ihren Schwiegereltern bin, stehe ich in Bewunderung versunken vor dem Bilde Ihrer Ältesten[444]. Klein Evchen[445] wird aber doch jedenfalls ihrer Schwester nichts nachgeben. Ich bitte Sie, mich Ihrer Gemahlin und Ihrem Herrn

[439] Geometrie der Zahlen (1896).

[440] Mathematische Annalen 39 (1891), 279-284.

[441] Bekannt als Hilberts „Zahlbericht", erschienen 1897 unter dem Titel „Bericht über die Theorie der algebraischen Zahlkörper" im Jahresbericht der deutschen Mathematiker-Vereinigung Band 4 (1894-95), 175-543.

[442] Heinrich Weber: Lehrbuch der Algebra. Zweiter Band (Braunschweig: Vieweg, 1896). Er behandelt hauptsächlich Gruppentheorie und die Theorie der algebraischen Zahlen.

[443] Gemeint ist der erste Internationale Mathematiker-Kongress, der im August 1897 in Zürich stattfand.

[444] Lisbeth Hurwitz (*1894).

[445] Eva Hurwitz (*1896).

Bruder, falls er noch bei Ihnen ist, bestens zu empfehlen, und bin mit herzlichen Grüssen

Ihr

H. Minkowski

Minkowski an **Hilbert** MiHi35
30.05.1896, Königsberg in Pr. (Brief)

Lieber Freund!

Deine Karte und Deine eingeschriebene Sendung habe ich heute erhalten, ferner ging mir Dein Manuscript von Reimer[446] zu. Ich werde dasselbe mit thunlichster Beschleunigung durchstudiren; vor einer Woche werde ich es Dir aber wohl nicht zurücksenden können, und wahrscheinlich wird mir im Manuscript noch manches entgehen.

Etwas verspätet nehme ich wahr, daß Du nirgends ausdrücklich darauf aufmerksam gemacht hast, daß die Primideale $\mathcal{P}$, in welche sich eine rationale Primzahl p in einem Galois'schen Körper zerlegt, sämmtlich unter einander conjugirt sind, sodaß also alle die von Dir definirten Anzahlen $f, r_z, r_t, \ldots$ nicht bloß für $\mathcal{P}$, sondern bereits für p charakteristisch sind. Es wäre doch wohl gut, wenn Du noch bei der zweiten Correktur eine dahinzielende Bemerkung einfügst. Insbesondere ist also danach jede Primzahl p stets eine Potenz eines invarianten Ideals, welches lauter verschiedene Primtheiler enthält, und ist immer schon die m^{te} Potenz jedes invarianten Ideals gleich einer ganzen rationalen Zahl.

Deinen hübschen Satz, daß auch die Discriminanten im invariantentheoretischen Sinne solcher ganzzahliger Gleichungen, in denen nicht der erste Coefficient 1 ist, durch die Discriminanten der zugehörigen Körper theilbar sind, scheinst Du nicht aufgenommen zu haben. Vielleicht giebst Du ihn in einer nachträglichen Anmerkung; es werden sich wohl einige Punkte für nachträgliche Zusätze herausstellen. – Der Beweis für die Existenz der Dichtigkeiten Δ_i scheint große Schwierigkeiten zu bieten. Kronecker dürfte ihn auch nicht besessen haben. Die von mir vorgeschlagenen, verhältnißmäßig geringen Änderungen bringen aber doch wohl die betreffende Stelle ganz in Ordnung.

Hensel, der diese Woche hier war, und den ich mehrmals sprach, sagt, daß er jetzt die Zusammensetzung zweier Körper mit beliebigen Discriminanten auf's vollständigste klargelegt habe.

Franz Meyer hat wohl auch Dir geschrieben, daß wir für die Encyclopädie die 3 Kapitel I C 2, 4, 5 seines Programms[447] übernehmen sollen; davon dürfte wohl auf mein Conto nur das erste Kapitel fallen.

---

[446]Reimer war der Verlag, in dem der Jahresbericht der Deutschen Mathematiker-Vereinigung erschien. Es geht um Hilberts Zahlbericht.

[447]Diese betreffen „Arithmetische Theorie der Formen" (geschrieben von Th. Vahlen), „Theorie der algebraischen Zahlkörper" (geschrieben von Hilbert, abgeschlossen April 1900), „Theorie des Kreiskörpers" (geschrieben von Hilbert, abgeschlossen April 1900) und „Arithmetische

Wann soll denn die Dissertation von Furtwängler[448] herauskommen. Das Schwierigste an der Verallgemeinerung der Kettenbrüche war, wie namentlich auch Hermite anerkennt, wirklich bis zu einem fix und fertigen und einfachen Algorithmus vorzudringen. Nach den Schwierigkeiten, die dabei zu überwinden waren, bin ich ordentlich neugierig, wieweit F. in dieser Beziehung gekommen ist. Erscheint seine Arbeit so bald, daß sie als von der meinigen unabhängig wird gelten können?

Hier hält es sich noch mit dem Aufschwung des mathematischen Studiums; wir haben $1(= a^0)$ Neuen. Zur Ergänzung des Bestandes der Seminarbibliothek sind uns aus freien Stücken 2000 Mark (sprich zweitausend) bewilligt worden. Unsere Freude darüber ist nicht gering. Weißt Du vielleicht, wie man am billigsten Gauß Werke bezieht; jemand wollte wissen, von der Universitätskasse in Göttingen.

Ich bin froh, daß ich den Dr. L. so leichten Kaufs losgeworden bin; er machte mir schon durch die Art seiner Briefe einen recht ungünstigen Eindruck. – Wie mir Hensel sagt, will sich Vahlen aus Berlin, der sich vorläufig hauptsächlich mit Zahlentheorie abgegeben hat, hier habilitiren[449] In Berlin soll Fuchs auf's äußerste gegen einen neuen Docenten gewesen sein, und soll dabei das große Wort geäußert haben: Und wenn Abel und Jacobi in eigener Person sich dort habilitiren wollten, so würde er dagegen sein. Ich wäre dieser Habilitation nicht abgeneigt, falls nur V. sich keinen Täuschungen über die Thätigkeit, die seiner hier harrt, und seine Aussichten hier am Orte hingiebt.

Daß Ihr im Begriffe seid, Euch ein Haus[450] zu bauen, erzählte mir schon Dein Vater, und ich wünsche Euch von Herzen viel Glück zu diesem bedeutungsvollen Unternehmen. Wahrscheinlich werden sich aber die Schicksalsgötter nun herausgefordert finden, Dich durch eine Reihe glänzender Rufe in Versuchung zu führen.

Ein sehr nettes Schreiben über mein Buch hatte ich von Picard. Daß Deinem Franz mein Buch auch so gefallen hat, verpflichtet mich ihm sehr, und ich warte nur auf die demnächst zu erwartende Fertigstellung von Separatabzügen des neuesten Opus meines hiesigen Bruders[451], um Deinen Franz auf die Probe zu stellen, ob ihm dieses Werk nicht noch besser gefallen wird.

Mit der Bitte, mich Deiner Frau angelegentlichst zu empfehlen und mit besten Grüßen

Dein
H. Minkowski

Theorie algebraischer Größen" (von Landsberg verfasst). Außer Landsbergs Beitrag finden sie sich alle im Band 1-1-2 der Encyklopädie, erschienen 1900–1904. Minkowski hat einen Beitrag zur mathematischen Physik („Kapillarität" im Band 5-1, abgeschlossen Herbst 1906) für die Encyklopädie geliefert.

448 Philipp Furtwängler promovierte 1896 bei Felix Klein mit der Arbeit „Zur Theorie der in Linearfaktoren zerlegbaren ganzzahlingen ternären kubischen Formen".

449 Theodor Vahlen habilitierte sich 1897 in Königsberg, um dann nach Greifswald zu gehen.

450 Das von der Familie Hilbert errichtete Haus befand sich in der Wilhelm-Weber-Straße 29, F. Klein wohnte in unmittelbarer Nähe. Hilbert nutzte gerne den Garten, er arbeitete auch mathematisch meist im Freien an einer Wandtafel, die in der Pergola angebracht war.

451 Vermutlich Max Minkowski.

Minkowski an **Hilbert** MiHi36
21.07.1896, Kbg in Pr. (Brief)

Lieber Freund !

Inliegend S. 261-274. Dein Beweis des Satzes über die Abel'schen Körper ist wirklich äusserst einfach und schön. Damit der Leser zu einem völlig ungestörten Genusse desselben komme, möchte ich empfehlen, die gebrauchten Hülfssätze über Abel'sche Gruppen mit Andeutungen ihrer Beweise vorweg in §100 zu absolviren; zum mindesten müsstest Du den Leser darauf hinweisen, wo er die Theorie der Abel'schen Gruppen in der nöthigen Weise auseinandergesetzt findet.

Deine Postkarte und den mir geschickten Correcturbogen habe ich erhalten, ebenso heute einen neuen Bogen von Gutzmer.[452] Aus Deinem Referat über meinen mathematischen Brief an Hurwitz[453] erinnerst Du Dich vielleicht noch der folgenden Beziehung: Ist eine quadratische Form f mit n Variabeln in eine Summe von a positiven und b negativen Quadraten zu transformiren, wo $a + b = n$ ist, so lässt sich $(-1)^{\lfloor \frac{a-b}{4} \rfloor + \lfloor \frac{a-b}{2} \rfloor}$, d. i. bei ungeradem n der Restcharakter $\left(\frac{2}{a-b}\right)$ durch die Invarianten der Congruenzen $f \equiv 0$ nach sämtlichen Moduln ausdrücken. Das ist für $n = 3$ die von Dir erwähnte Eigenschaft der ternären Formen. Wenn Du den Satz 102 entsprechen geändert hast, muss aber die Bemerkung am Schlusse von §71 fortfallen.

Reimer[454] druckt sehr langsam; an Manuscript hat es ihm ja bisher nicht gefehlt. Wie will er bis September fertig sein. Wie Dein Vater[455] mir sagte, willst Du schon in den ersten Tagen des August reisen. Ich freue mich sehr, Dich also so bald hier zu sehen. Vorige Woche war ich in Rauschen und bin bis nach Cranz an der See zurückgegangen. Der schöne Fusspfad Cranz – Rosehnen ist bei 10 M. Strafe verboten, was Dich gewiss auch nicht wenig kränken wird.

Alle übrigen Mittheilungen kann ich wohl bis zu unserem Wiedersehen verschieben.

Mit besten Grüssen und der Bitte, mich Deiner Frau zu empfehlen

Dein Minkowski

---

[452] Es geht um die Korrekturfahnen zu Hilberts Zahlbericht, der 1897 im Jahresbericht der Deutschen Mathematiker-Vereinigung erscheinen sollte, dessen Herausgeber wiederum Gutzmer war.

[453] H. Minkowski: Ueber die Bedingungen, unter welche zwei quadratische Formen mit rationalen Coefficienten in einander rational transformirt warden können (Auszug aus einem von Herrn H. Minkowski in Bonn an Herrn Adolf Hurwitz gerichteten Brief) (Journal für die reine und angewandte Mathematik 106 (1890), 5-26). Hilberts Referat findet sich im Jahrbuch über die Fortschritte der Mathematik 22 (1890), 216-219.

[454] Das „Journal" erschien im Verlag Georg Reimer in Berlin.

[455] Amtsgerichtsrat Otto Hilbert, Hilberts Eltern lebten in Königsberg.

Minkowski an **Hurwitz** MiHu10
22.08.1896, Königsberg (Brief)

Lieber Freund!

Für Ihr heute erhaltenes, die Verhältnisse ausführlich darlegendes Schreiben sowie für das, was Sie selbst zur Schaffung der gegenwärtigen Situation[456] gethan haben, meinen allerbesten Dank! Im Ganzen hatte ich schon Alles richtig vermuthet. Um möglichst schnell Klarheit zu schaffen, da ich selbst noch sehr von Zweifeln über das, was ich thun soll, befangen bin, habe ich mich nach Empfang Ihres Briefes entschlossen, Ihrem Rathe zu folgen und mir die Dinge aus der Nähe anzusehen. Morgen Abend bin ich in Strassburg, wo ich mich mit meinem Bruder[457] besprechen will. Von dort aus beantworte ich auch das Schreiben der Erziehungsdirection[458]. In Zürich werde ich Dienstag, vielleicht auch erst Mittwoch eintreffen, mit welchem Zuge, schreibe ich noch.

Ich schreibe dies in höchster Eile, da in dreiviertel Stunden mein Zug geht. Mit herzlichen Grüßen und der Bitte, mich Ihrer Frau Gemahlin gelegenthlich zu empfehlen

Ihr H. Minkowski

Minkowski an **Hurwitz** MiHu11
24.08.1896, Strassburg i. Els., Ruprechtsauer Allee 4 (Postkarte)

Lieber Freund! Zu einem ausführlichen Schreiben bin ich heute leider nicht gekommen. An die Erziehungsdirection habe ich geschrieben und möchte die Antwort zunächst hier abwarten. Ich werde daher wohl erst Ende der Woche nach Zürich kommen.

Mit herzlichen Grüssen
Ihr Minkowski

Minkowski an **Hurwitz** MiHu12
24.08.1896, Strassburg i. Els., Ruprechtsauer Allee 4 (Postkarte)

Lieber Freund!

Unter den Eindruck Ihres liebenswürdigen Schreibens habe ich mich sogleich zur Reise entschlossen. Auf dem Wege aber kamen mir Bedenken, ob meine

---

[456] Die in Aussicht stehende Berufung von Minkowski nach Zürich.

[457] Oskar Minkowski, Hermanns älterer Bruder, war von 1888 bis 1900 an der Universität Straßburg tätig, ab 1891 als ao. Professor, später dann in Köln.

[458] Die Erziehungsdirektion war eine Behörde des Kantons Zürich und für die Universität Zürich zuständig; der Schulrat war das Leitungsgremium des Polytechnikums, das als Institution des Bundes nicht dem Kanton unterstand. Ursprünglich sollte Minkowski sowohl an die Universität Zürich als auch ans Polytechnikum berufen werden, deshalb waren beide Behörden beteiligt.

Anwesenheit in Zürich im gegenwärtigen Stadium der Berufungsangelegenheit eigenthlich einen Sinn habe. Ich will deshalb hier die Antwort der Erziehungsdirection auf mein Schreiben und die Äusserung des Schulrats abwarten. Da ich bereits in steter Nähe von Zürich bin, wird die Entscheidung dann wohl rasch herbei zu führen sein. Mein Standpunkt ist sehr einfach. In Königsberg hält mich nichts; meine Mutter plant selbst einen Aufenthalt mehr nach dem Westen zu, und meine Geschwister in Königsberg haben schon immer den Gedanken erwogen, dass ich wieder von dort fortgehe. Wenn also für mich durch die Berufung nach Zürich eine Verbesserung erwachsen sollte, so bin ich bereit, der Berufung Folge zu leisten. Eine gewaltige Verbesserung sehe ich zunächst in dem Umstande, dass ich dort Ihren Umgang geniessen würde, während ich mich in Königsberg gegenwärtig mathematisch etwas vereinsamt fühle. Im Uebrigen sind die Vortheile der Stellung, die ich inne habe, und der Stellung, die mir angeboten wird, auch wenn ich über letztere mir bestimmtere Vermuthungen mache, nicht leicht gegen einander abzuwägen.

Den Termin meiner Ankunft theile ich Ihnen mit, sobald ich ihn selbst kenne. Ich freue mich schon sehr darauf, nach so langer Trennung Sie wieder zu sehen.

Mit herzlichen Grüssen und der Bitte, mich bestens Ihrer Frau Gemahlin empfehlen zu wollen

Ihr H. Minkowski

Minkowski an **Hilbert** MiHi37

28.08.1896, Strassburg im Els. (Brief)

Lieber Freund !

Aus meinem so schön geplanten Aufenthalt in Rauschen soll nun leider nichts werden. Ich befinde mich auf dem Wege nach Zürich, wo es sich vielleicht schon morgen entscheiden wird, ob ich dorthin gehen werde. Die Züricher legen sehr grossen Werth darauf, mich zu bekommen. Ich habe sowohl einen Ruf als Professor am Polytechnikum in die Schottky'sche Stelle[459] wie als Professor an der Universität[460], so dass ich zwei verschiedene Anstellungsurkunden bekommen würde. Man beweist mir im Übrigen viel Entgegenkommen, sodass ich mich eben zu der Reise entschlossen habe. Weber[461] hier räth mir ausserordentlich zu, anzunehmen. – Weisst Du übrigens, dass auch in Greifswald eine Stelle freigeworden ist. Minnigerode ist gestorben.

---

[459] Diese Stelle am Polytechnikum war 1892 durch Fr. Schottkys Weggang nach Marburg frei geworden und seither noch nicht besetzt.

[460] Hier ging es um die Nachfolge von Arnold Meyer, der 1896 verstarb.

[461] Heinrich Weber war seit 1892 Professor an der Universität Straßburg i. E.; er lehrte von 1870 bis 1875 am Polytechnikum in Zürich.

In den nächsten Tagen schreibe ich ausführlicher. Augenblicklich bin ich etwas in Eile. – Dein Manuscript[462] habe ich bei mir und hüte es wie meinen Augapfel vor allen Fährlichkeiten. Anfang nächster Woche hoffe ich, es Dir zustellen zu können. In Zürich bleibe ich jedenfalls nur ein paar Tage. Ob ich auf die Naturforscherversammlung[463] verzichten werde und schon vorher wieder zurückkomme, weiss ich noch nicht.

Mit herzlichen Grüssen und den besten Empfehlungen an Deine Frau

Dein
Minkowski

Es sieht mir ganz aus, als ob es zur Annahme des Rufes kommen wird. Falls mich dann Althoff wegen eines Nachfolgers befragen sollte, will ich ihm also Hölder in erster Reihe nennen.[464] Wenn Du mir vielleicht in dieser Angelegenheit noch einen guten Rath zu geben hast, so treffen mich Deine Nachrichten: Strassburg im Els., Rupprechtsauer Allee 4.

Minkowski an **Hilbert** MiHi38
05.09.1896, Strassburg im Elsass, Ruprechtsauer Allee 4 (Brief)

Lieber Freund !

Vorgestern erst bin ich von Zürich zurückgekehrt, und ich bleibe die nächste Woche nun hier. Die Berufungsangelegenheit ist noch nicht entschieden. Alles hängt jetzt von der Antwort von Althoff ab, an den ich vor einigen Tagen geschrieben habe. In Zürich ist man mir natürlich mit größter Liebenswürdigkeit entgegengetreten. Die mir zunächst gestellten Bedingungen, mit denen ich mich einverstanden erklärte, ohne jedoch eine bindende Zusage betreffs der Annahme der Berufung abzugeben, waren: 9000 frcs. Gehalt, 10 Stunden Vorlesungen, von denen etwa 6 für Universität und Polytechnikum gemeinsam, die anderen nur für Universität gelten sollten. Universität und Polytechnikum liegen in demselben Gebäude, erstere ist aber eine Anstalt ausschließlich des Kantons Zürich, letzteres eine Anstalt der Eidgenossenschaft. Ich würde also zwei verschiedene Anstellungen gleichzeitig erhalten; die am Polytechnikum (mit 3500 frcs) würde lebenslänglich, die an der Universität (mit 5500 frcs) auf 6 Jahre lauten; es soll aber noch niemals vorgekommen sein, daß jemand nach Ablauf seiner Anstellungszeit nicht wiedergewählt wurde. Die Behörde der Univ. hat schon ihre definitiven Beschlüsse gefaßt, die Vorschläge des Polyt. bedürfen noch der Genehmigung der Bundesregierung, und da haben sich, wie mir am letzten Tage meiner Anwesenheit in Zürich mitgetheilt wurde, gewisse Bedenken erhoben, von denen

[462] Vermutlich geht es um Hilberts Zahlbericht.

[463] Diese fand 1896 in Frankfurt a. M. statt. Minkowski nahm wegen der Berufung nach Zürich nicht daran teil, vgl. Brief von Minkowski an Hurwitz vom 19.9.1896 MiHu 15.

[464] Es war in jener Zeit durchaus üblich, dass ein ausscheidender Professor auf seine Nachfolge einwirken konnte. Hölder wurde dann auch Minkowski Nachfolger, blieb aber nur kurze Zeit in Königsberg, um dann nach Leipzig zu wechseln.

ich aber nur profitiren kann. Nämlich die Bundesregierung wünscht möglichst wenig vereinigte Stellen am Polyt. und der Univ., damit die anderen Kantone, die ja zumeist auch ihre Universitäten haben, nicht auf Zürich neidisch werden. Deshalb würde mir wahrscheinlich, was sich in den nächsten Tagen entscheiden soll, das Angebot gemacht werden, allein in's Polytechnikum einzutreten, unter demselben Gehalt, während die Vorlesungsverpflichtungen dann genau dieselben sein würden, wie ich sie jetzt in Königsberg habe. Eines dieser beiden möglichen Anerbieten soll aber jedenfalls gemacht werden, wie der verflossene Präsident der Schweiz[465] selbst mir versicherte. Wenn nun Althoff keinen Werth darauf legt, mich in Königsberg zu halten, d. h. einigermaßen zu verbessern, so werde ich wohl die Berufung annehmen. In Zürich selbst ist es, wie Du Dir wohl denken kannst, wunderschön. Gesellschaftlich hält man dort sehr wenig zusammen, jeder geht seiner Wege. Die Familie Hurwitz behagt sich recht gut dort. N. B. sie senden Dir und Deiner Frau viele Grüße. Hurwitz ist wenig verändert, hat nur einen Posten weißer Haare bekommen. Er ist an meiner Berufung gar nicht betheiligt, sie ist ganz allein das Werk Geisers[466]. Wenn die Züricher noch mehr hätten bieten können, würden sie zunächst Dich zu fangen versucht haben; ich habe dies, was ich auch durchaus in der Ordnung finde, wohl mit ziemlicher Sicherheit feststellen können. – Anbei schicke ich Dir S. 290-309 Deines Manuscripts. Der Rest folgt sobald als möglich. Zur Naturforscherversammlung[467] bleibe ich wohl hier, danach komme ich unmittelbar nach Königsberg zurück.

Mit herzlichen Grüßen und der Bitte, mich Deiner Frau zu empfehlen

Dein
Minkowski

Minkowski an **Hurwitz** MiHu13

07.09.1896, Strassburg i. Els., Ruprechtsauer Allee (Brief)

Lieber Freund!

Die Tage des Zusammenseins mit Ihnen und die liebenswürdige Aufnahme, die ich bei der ganzen Familie Hurwitz gefunden habe (der erste kleine Schrecken, den ich als schwarzer Onkel[468] bereitet habe, war ja auch schnell verwunden), haben meine Neigung für Zürich so verstärkt, dass meine Gleichgewichtslage

[465] Die Schweiz kennt einen Bundespräsidenten oder – präsidentin, einer/eine der sieben Bundesräte übernimmt dieses Amt im jährlichen Wechsel. Vermutlich ist hier aber der Präsident des Schulrates, des Leitungsgremiums des Polytechnikums, gemeint – also Bleuler. Vgl. Essay Königsberg–Zürich–Göttingen.

[466] Der Mathematiker Carl Friedrich Geiser war 1891 - 1895 Direktor des Polytechnikums.

[467] Die Versammlung Deutscher Naturforscher und Ärzte fand 1896 in Frankfurt a. M. statt, in deren Rahmen auch die Deutsche Mathematiker-Vereinigung tagte. Minkowski nahm wegen der Berufung nach Zürich nicht daran teil, vgl. Brief von Minkowski an Hurwitz vom 19.9.1896 MiHu 15.

[468] Vgl. Portraitfoto von Minkowski.

schon bedenklich labil nach jener Seite hin ist. Ich sage Ihnen und Ihrer Frau Gemahlin für die grosse Freundlichkeit, die Sie mir bewiesen, meinen herzlichen Dank; bei Ihrer eigenen so geringen Reiselust werde ich schon allein deshalb nach Zürich gehen müssen, um einmal eine Gelegenheit zu einer Revanche zu finden.

Heute habe ich das Antwortschreiben von Althoff erhalten, und ich schreibe darüber wesentlich dasselbe auch direct an Herrn Prof. Geiser. Die Antwort ist sehr freundlich gehalten. A. stellt mir für den Fall meines Verbleibens in Königsberg bereits eine Gehaltserhöhung von 1500 M. in Aussicht und wünscht mich ausserdem Ende der Woche in Berlin zu sprechen. Die Züricher Universität hat sich übrigens, wie mir soeben von Königsberg telegraphiert wird, auf Ihr Angebot von 5000 frcs. zurückgezogen.[469] Wenn ich erst im Besitz eines günstigen definitiven Vorschlags des Schweizerischen Schulrates sein würde, könnte ich vielleicht Althoff doch die Gründe, die für die Annahme der Berufung sprechen, so triftig schildern, dass er mich in aller Freundschaft entlässt.

Ich bleibe nun noch einige Tage hier, ueber mein Gespräch mit Althoff berichte ich Ihnen umgehend.

Mit herzlichen Grüssen und der Bitte, mich Ihrer Frau Gemahlin und werthen Ihrigen, soweit sie in Ihrer Nähe weilen, angelegentlichst empfehlen zu wollen

Ihr

H. Minkowski

Minkowski an **Hurwitz** MiHu14
14.09.1896, Berlin (Postkarte)

Lieber Freund!

Wie ich Ihnen schon telegraphierte, habe ich die Berufung an das Polytechnikum allein angenommen. Wegen besonderer Schwierigkeiten, die Althoff in Bezug auf meine Entlassung macht, reise ich unter Verzicht auf Frankfurt[470] schon morgen nach Königsberg. Von dort schreibe ich bald ausführlicher.

Mit herzlichen Grüssen und mit der Bitte, mich Ihrer Frau Gemahlin empfehlen zu wollen

Ihr

H. Minkowski

[469] Ursprünglich sollte Minkowski sowohl an die Universität Zürich als auch an das dortige Polytechnikum berufen werden. Vgl. Minkowski an Hilbert, 5. September 1896 MiHi 38.

[470] Dort fand 1896 die Versammlung Deutscher Naturforscher und Ärzte statt, in deren Rahmen auch die Deutsche Mathematiker-Vereinigung tagte.

Minkowski an **Hurwitz** MiHu15

19.09.1896, Königsberg i. Pr., Mitteltragheim 6 (Brief)

Lieber Freund!

Besten Dank für Ihre Karte, die ich heute erhalten habe. In der Angelegenheit meiner Berufung habe ich immer noch eine solche Menge von Briefen zu schreiben gehabt, dass ich zu dem versprochenen Berichte nicht gekommen bin. Also: Althoff ging in der mündlichen Unterredung noch über sein briefliches Gebot hinaus; gleichzeitig aber betonte er, wenn es für die Wissenschaft etwa besser wäre, dass ich den Ruf annähme, so wolle er mir keine Hindernisse in den Weg legen und würde gut auf mich zu sprechen bleiben. Darauf bat ich mir noch eine kurze Bedenkzeit, habe aber sogleich die Annahme des Rufes nach Bern mitgetheilt. Bei dieser Stellungnahme von Althoff und andererseits dem grossen Entgegenkommen, welches ich von Zürich fand, hätte ich wirklich moralische Bedenken gehabt, abzulehnen und eine Verbesserung meiner Situation in Königsberg herauszuschlagen.

In einer zweiten Unterredung nun sagte Althoff: Die Schweizer Behörden pflegten an ihrer dreimonatigen Kündigungsbedingung festzuhalten und deshalb könne auch er mich nicht sogleich entlassen, es sei denn, ich schaffte einen Ersatz; dazu verlangte er, ich sollte lediglich die Mitglieder der math.-naturwissenschaftlichen Section hier bewegen, mir ihre Unterstützung zu leihen, um Hölder als Ersatz vorzuschlagen; ihn (A.) solle ich dabei jedoch ganz aus dem Spiele lassen. Ich äusserte sogleich meine Zweifel an der Ausführbarkeit dieser Idee, bin jedoch nichtsdestoweniger hierher gereist, um die Collegen zu sondiren. Vor Anfang des Semesters wollte natürlich Niemand mit Geschäften zu thun haben. So habe ich denn gestern A. geschrieben, dass meine Bemühungen vergeblich waren, und ihn gebeten, mein Entlassungsgesuch zum 1.Oct., das ich nun eingereicht habe, auch so zu unterstützen. Ich wüsste kaum, wie dieses Gesuch abgeschlagen werden könnte. Freilich würde dasselbe wohl rascher Erfolg haben, wenn es in irgend einer Weise von den Schweizer Behörden unterstützt würde. Darauf scheint Althoff wesentlich hinaus zu wollen, um eintretendenfalls ein Recht zu haben, auch von jener Seite ein Entgegenkommen zu fordern. Vielleicht haben Sie die Güte, Herrn Prof. Geiser für mich in dieser Angelegenheit zu interpelliren. Mir selbst wäre es natürlich äusserst angenehm, wenn ich bald wüsste, was meiner in den nächsten Wochen harrt.

Von den Behörden des Polytechnikums habe ich übrigens ausser einer Depesche von Herrn Welti vom 12. bisher noch keine Benachrichtigung über die Berufung erhalten. Mein Bruder hat schon scherzhalber besprochen, welchem Berufe ich mich nun zuwenden würde, wenn meine Entlassung hier eintrifft und das erwartete Schreiben aus Bern ausbleibt.

Als Vorlesungen hatte ich eventuell geplant: Variationsrechnung 4 St., Uebungen dazu 1 St., Hydrodynamik 3 St. Vielleicht haben aber diese Themata nach dem gegenwärtigen Studentenmaterial wenig Aussicht auf Zuhörer. Ich würde Ihnen sehr dankbar sein, wenn Sie mir darüber und überhaupt über die Vorlesungen, die zur Zeit angebracht wären, Ihre Meinung sagen wollten.

Hilbert ist noch in Rauschen, kommt aber bei dem gegenwärtig schlechten Wetter doch hoffentlich bald in die Stadt.

Von Ihrem liebenswürdigen Anerbieten, mir bei der Wohnungssuche hilfreich zu sein, werde ich mit vielem Dank Gebrauch machen.

Mit herzlichem Gruß und der Bitte, mich Ihrer Frau Gemahlin zu empfehlen

Ihr

H. Minkowski

Minkowski an **Hurwitz** MiHu16

07.10.1896, Königsberg in Pr. (Brief)

Lieber Freund!

Vielen Dank für Ihren Brief und Ihre Karte in voriger Woche. Ich gedenke morgen hier abzureisen, nehme noch in Berlin und bei meinen Geschwistern Aufenthalt und bin am 15. vormittags spätestens, wahrscheinlich schon etwas früher, in Zürich.

Ich würde Ihnen sehr verpflichtet sein, wenn sie es freundlicherweise übernehmen wollen, die von mir beigelegte Annonce an der oder den geeigneten Stellen vorher inserieren zu lassen.

Hilbert erwidert Ihre Grüsse bestens und wird Ihnen dieser Tage ausführlich schreiben.

Mit den besten Grüssen und Empfehlungen

Ihr

Hermann Minkowski

Minkowski an **Hilbert** MiHi39

17.11.1896, Zürich V, Freiestrasse 102 (Brief)

Lieber Freund,

Deine Postkarten habe ich seinerzeit richtig erhalten und mich über Deine guten Nachrichten gefreut. Was zunächst Deinen Bericht[471] angeht, so schicke

[471] Es geht um Hilberts Zahlbericht, Minkowski las Korrektur.

ich Dir morgen wieder für einen Bogen Manuscript, 20 Seiten habe ich bereits durchgelesen bis zu der Stelle, wo die langen Rechnungen anfangen. Sie sind doch noch ziemlich verwickelt. Wie ist es denn mit dem Falle $\mu \equiv 1 + \lambda^g$, (l^{g+1}), wenn $g > 1$. Brauchst Du die betreffenden Resultate schliesslich nicht? Sonst wäre es nicht sehr befriedigend, wenn hier die Beweise unterbleiben. Ich behalte nach dieser Sendung nur noch einige Seiten, und Du kannst mir daher ein weiteres Stück senden. Auch möchte ich Dich bitten, mir weitere Reindruckbogen zu senden. Ich habe nur fünf. Ich habe dieselben, wogegen Du wohl nichts hast, auch Hurwitz gegeben, der doch noch mancherlei, namentlich am Anfange, auszusetzen hat. Seine hauptsächlichsten Bemerkungen sind wohl diese: Hülfssatz 2 handelt nur von Functionen einer Variablen, es wird aber sogleich der allgemeinere Satz für Functionen von r Variablen gebraucht; ferner, was ich auch schon seinerzeit bemerkt hatte: die Ideale werden für einen bestimmten Körper definirt, aber (z. B in §12) ohne weitere Erörterungen auch in einem niederen oder höheren Körper verwandt; müsste man da nicht schon den Satz haben, dass eine Potenz eines jeden Ideals eine Zahl ist *).[472]

Ich bin hier recht zufrieden und habe jetzt, nachdem die Vorlesungen ordentlich im Gange sind[473], auch viel Zeit für mich übrig. In der Mechanik habe ich ca. 14 Zuhörer. Doch da darunter die überwiegende Mehrzahl Praktiker sind, so muss ich sorgen, nicht zu mathematisch zu werden, und lese daher so ein Zwischending zwischen mathematischer und praktischer Mechanik, vielleicht gar noch mehr praktisch als Klein wohl sein mag. In der Functionentheorie habe ich alle höheren Semester, die von Mathematikern da sind, nämlich – 4 (dieses ist ein Gedankenstrich, nicht ein Minuszeichen), tout comme chez nous[474]. Doch sind in der mathematischen Abtheilung dieses Mal zehn neue hinzugekommen, und da ist wohl für die nächsten Semester auf grössere Zuhörerzahlen Aussicht. – Hier in Zürich selbst ist es natürlich wunderschön. Augenblicklich freilich ist viel Nebel da; bei Sonnenschein aber kann man noch jetzt grossartige Spaziergänge machen. Mit Hurwitz bin ich selbstverständlich sehr viel zusammen. Er wartet noch sehnsüchtig auf Deinen in Aussicht gestellten Brief. Sonst habe ich vorläufig nicht zuviel Verkehr. Mit den Besuchen beschränkt man sich hier auf die nächsten Collegen. Ob ich im Winter jemals zum Tanzen kommen werde, scheint mir zweifelhaft. Freilich vermisse ich dies nicht sehr.

Die Universitätsstelle ist noch immer nicht besetzt, nachdem noch Stickelberger und ein Mathematiker aus Helsingfors[475], der früher hier studirt hat und Leistungen in technischer Mechanik aufzuweisen haben soll, abgelehnt haben. Nun denkt man wieder an einen deutschen Mathematiker, Hensel, Stäckel, Study etc. Hensel würde gute Aussichten haben, wenn man nicht glaubte, dass er schliesslich doch ausschlagen und den Ruf nur für Berlin benutzen würde.[476]

472*) nein! S. 14! S. 204. [Wohl eine von Hilbert notierte Anmerkung].

473Minkowski nahm seine Lehrtätigkeit in Zürich mit Vorlesungsbeginn des Wintersemesters 1896/97 (20. Oktober) auf.

474Wörtlich: Alles wie bei uns. Gemeint ist Königsberg und der dortige Mangel an Mathematikstudenten.

475HjärmänTallquist (Helsinki).

476Berufen wurde schließlich H. Burckhardt.

In Kiel ist als Extraordinarius an erster Stelle Stäckel vorgeschlagen worden. Ich war um eine Auskunft über seine persönlichen Eigenschaften angegangen und habe natürlich möglichst sachlich geantwortet. Der arme Burkhardt hat wirklich Pech. Auch hier (in Zürich) will man ihn nicht, weil er langweilig aussieht. Pochhammer schrieb mir, dass Stäckel jedenfalls kommen würde.[477] Das Ansehen der Königsberger Stellen wird dadurch wohl wieder steigen. Ausgeschlossen scheint es nicht, dass die hiesige Universität, nach manchem Guten, was sie von Stäckel zu hören bekommen hat, ihn zu berufen versuchen wird. Er dürfte es dann wohl nur benutzen, um in Kiel möglichst rasch Ordinarius zu werden, wofür er ja wohl als Ersatz für Weyer[478] von vorn herein bestimmt sein mag. Wie Stäckel veranlagt ist, wird er in Kiel in die dortigen Hofkreise Eingang zu finden wissen, was er ja als Reserveoffizier leicht hat, und ich sehe bereits seine künftige glänzende Laufbahn voraus. Ordentlich leid thut mir nur Burkhardt, der nun einmal über das andere übergangen wird, weil man ihn einmal nicht gewollt hat.

Willst Du den Fermat'schen Satz nicht so aussprechen: $\sqrt[n]{1+x^n}$ ist bei rationalen x und $n > 2$ stets irrational?

Nach diesen Klatsch- und sonstigen Geschichten will ich nächstens einen mehr wissenschaftlichen Brief schreiben.

Mit den besten Empfehlungen an Deine Frau und herzlichen Grüssen

Dein

Minkowski.

Mir fällt noch ein, dass wir vor einigen Tagen eine Sitzung in Betreff des internationalen Mathematikercongresses[479] hatten. Er soll d. 9. 10. 11 August (Montag-Mittwoch) stattfinden. In's Comité ist für Deutschland Klein gewählt, was natürlich zur Folge haben wird, dass aus Berlin sicher Niemand kommen wird. Frankreich wird durch Poincaré vertreten.

Von Prof. Woronoj aus Warschau, der sich eifrig mit Zahlentheorie beschäftigt, bekam ich dieser Tage ein eben erschienenes russisches Buch zugeschickt, in dem er die Kettenbruchalgorithmen ebenso wie ich verallgemeinert haben will. Sein Brief macht einen ganz verständigen Eindruck, und ich habe ihn ermuntert, eine Übersicht seiner Resultate deutsch zu veröffentlichen.

Minkowski an **Hilbert** MiHi40

21.11.1896, Zürich (Postkarte)

Lieber Freund!

Deine Postkarte gestern und soeben S. 394-424 von Deinem Manuscript habe ich erhalten, und ich wünsche Dir und Deiner Frau herzlich Glück, dass der

[477] Stäckel ging als Ordinarius nach Kiel, wo er von 1897 bis 1902 wirkte.

[478] G. D. E. Weyer war ordentlicher Professor für mathematische Astronomie in Kiel.

[479] Der erste internationale Mathematiker-Kongress fand im August 1897 in Zürich statt, Hauptorganisatoren waren Geiser und Rudio.

Bericht[480] nun soweit ist. An Anerkennung für die wissenschaftliche That wird es Dir nicht fehlen, und auf Deine Frau werden nicht bloss die in Göttingen studirenden Damen (deren Zahl ja in diesen Tagen auch Zuwachs von Zürich aus erhalten hat[481], mit Bewunderung blicken. – Wegen des einen in meinem Briefe erwähnten Punktes scheint mir doch noch ein Zusatz zu S. 204 Deines Berichtes notwendig. Die Sache liegt doch so: Es seien $\mathfrak{a}$ und $\mathfrak{b}$ zwei Ideale in k, als Ideale in $\mathcal{K}$ mögen sie $\mathfrak{A}$ und $\mathfrak{B}$ heissen; man nennt dann $\mathfrak{a} = \mathfrak{A}$, $\mathfrak{b} = \mathfrak{B}$. Aus $\mathfrak{a} = \mathfrak{b}$ folgt selbstverständlich $\mathfrak{A} = \mathfrak{B}$. Dass aber aus $\mathfrak{A} = \mathfrak{B}$ auch $\mathfrak{a} = \mathfrak{b}$ folgt, bedarf folgenden besonderen Nachweises: Es sei l der Relativgrad von $\mathcal{K}$ in Bezug auf k, so folgt, wenn α eine beliebige Zahl aus $\mathfrak{a}$ ist, aus $\mathfrak{A} = \mathfrak{B}$ durch Heranziehung der relativ conjugirten Körper, dass α^l durch $\mathfrak{b}^l$ teilbar ist. Nunmehr folgt mit Hülfe des Satzes von der eindeutigen Zerlegbarkeit der Ideale in k, dass α durch $\mathfrak{b}$, also $\mathfrak{a}$ durch $\mathfrak{b}$ teilbar ist. Ebenso ist $\mathfrak{b}$ durch $\mathfrak{a}$ teilbar, mithin $\mathfrak{a} = \mathfrak{b}$. Diese Überlegung ist aber schliesslich doch nicht so einfach, dass sie stillschweigend übergangen werden könnte.

Auf den von Dir in Aussicht gestellten Brief freue ich mich.

Dein Manuscript werde ich mit thunlichster Beschleunigung studiren.

Mit bester Empfehlung an Deine Frau und herzlichen Grüssen

Dein
Minkowski

Hilbert an **Hurwitz** HiHu50
26.11.1896, Göttingen (Brief)

Lieber Freund.

Wegen meiner Schreibfaulheit will ich mich schon lieber garnicht zu entschuldigen suchen, sondern nur ausführen, wie leicht es kommt, dass man etwas immer noch weiter aufschiebt, was man bereits zu weit aufgeschoben hat.

Elf Wochen war ich fort von Göttingen, in Rauschen und dann in Königsberg, und bin nun wieder sehr vergnügt zu Hause. Es war an der See wunderschön und die 57 Seebäder, die ich genommen, thaten mir mir sehr wohl. Auf der Rückreise sprach ich in Berlin Kötter, Frobenius, Hensel, Schwarz, von denen der letztere einen mathematisch sehr interessirten Eindruck machte. Er erzählte mir, dass die Picardschen Beweise für die Existenz der Lösungen der partiellen Differentialgleichung $\Delta u = e^{\text{kuf.}}$ immer noch nicht in Ordnung seien, dass dies

---

480 Hilberts Zahlbericht, er erschien 1897 im Jahresbericht der deutschen Mathematiker-Vereinigung.

481 Charlotte Wedell), eine Studentin von Hurwitz, wechselte 1896 von Zürich nach Göttingen, um später in Lausanne über das Malfatti-Problem im Zusammenhang mit elliptischen Funktionen zu promovieren: Application de la théorie des fonctions elliptiques à la solution du problème de Malfatti (Lausanne: Corbaz et Cie, 1897). Im Seminar von Hilbert und Klein hielt Ch. Wedell am 19. Januar 1897 einen Vortrag über Gauss'sche Summen, vgl. Protkollbuch 124-131. Vgl. Hilbert an Hurwitz 26. November 1896 HiHu 50 und Hurwitz an Hilbert 5. Juli 1897 HuHi 36.

aber der einzige Weg sei auf dem man zu einem strengen Beweise für die Existenz der Fuchsschen Functionen zu gegebner Riemannscher Fläche gelangen kann.

Zu Minkowskis Entführung nach Zürich gratulire ich Ihnen bestens, für mich ist es nur schade, Sie Beide so weit von hier fortgekommen sind; hoffentlich sehn wir uns nächstes Jahr in Zürich.

Fräulein Wedell hat bei mir Ihre Karte abgegeben, mich aber nicht getroffen. Sie wird an unsrer mathematischen Gesellschaft theilnehmen. Unser mathematisches Seminar, das Klein und ich zusammen über Functionentheorie abhalten, zählte heute 27 Theilnehmer. Das Lesezimmer hat 52 Mitglieder. Auch mit meinen beiden Vorlesungen, mit je cirka 20 Zuhörern, bin ich sehr zufrieden.

Über meinen zahlentheoretischen Bericht[482] hat Ihnen wohl schon Minkowski berichtet? Es freut mich sehr, dass Sie die Reindruckbogen sich ansehen, und ich bin Ihnen dankbar für die beiden Unaufmerksamkeiten, die Sie gefunden haben. Ich will Beides in den „Berichtigungen" am Schlusse meines Berichtes kurz ergänzen. Wenn Sie sonst noch etwas auszusetzen haben, so bitte ich Sie es mir selbst, oder durch Minkowski mittheilen zu wollen. Vor Allem würde ich mich freuen, wenn Sie etwas direct Unrichtiges noch entdecken sollten, da ich den Ehrgeiz habe, dass im Bericht nichts Falsches unverbessert stehen bleibt. Ich werde froh sein wenn er fertig ist, ich habe eine ganze erckeckliche Arbeitskraft hineingesteckt.

Ich habe Ihnen wohl noch garnicht einmal geschrieben, dass wir uns hier anbauen? Im April kaufte ich ein Grundstück, im Frühjahr wurde der Bau begonnen. Wir haben uns den Plan bis in alle Einzelheiten selbst überlegt und hoffen, dass nun Alles so ausfallen wird, wie wir es uns gedacht haben. Auch sogar mein Ideal der Dampfheizung wird hier verwirklicht werden. Die Lage und Aussicht ist sehr schön: Wilhelm-Weberstr. 27, dieselbe Strasse, in der ja Klein, Schackert, Liebisch und viele andere Professoren wohnen. Es ist unser Haus das letzte und führt die Strasse direkt auf den Rohns hinauf.

Doch wie geht es nun Ihnen und Ihrer Frau? Wie geht es Ihren Kindern? Unser Junge hat während seines Aufenthaltes in Ostpreussen merkliche Fortschritte gemacht und spricht jetzt schon etwas manirlicher.

Ausser meinem Berichte beschäftige ich mich noch mit complexer Multiplikation und deren Verallgemeinerung, d. h. überhaupt mit dem Problem der zu einem gegebenen Körper relativ-Abelschen Körper. Dabei bin ich auf mir sehr merkwürdige und ganz neue quadratische Reciprozitätsgesetze gestossen, die ich freilich erst zu einem Teil beweisen kann und meist erst experimentell geprüft habe. Ich habe aber bei diesen Untersuchungen die Empfindung, als ob uns unsere Klassiker da doch noch sehr schöne und sehr einfache Sachen zum Untersuchen übrig gelassen haben.

Doch nun Adieu!

[482] Es geht um Hilberts Zahlbericht, der 1897 gedruckt wurde.

Es ist doch sehr schade, dass man später im Leben so weit auseinander kommt und dann nur durch das leblose Band des Briefschreibens mit einander Zusammenhang hat!

Bitte Ihre Frau und Ihre beiden Kinder von meiner Frau und mir herzlichst zu grüssen von Ihrem

alten Freund Hilbert.

Minkowski an **Hilbert** MiHi41
07.12.1896, Zürich (Postkarte)

Lieber Freund!

Gestern habe ich Dir das Manuscript bis S. 404 incl. geschickt. Von Reimer habe ich heute einen neuen Correctur- sowie auch Reindruckbogen bekommen.[483] Daß Du den Bericht möglichst rasch los sein willst, begreife ich, und ich will Dir auch so schnell wie möglich Dein Manuscript zurücksenden. Solange aber noch so vielerlei zu bemerken ist, kann ich mich nicht auf größere Schnellichkeit verpflichten. Schließlich ist doch eine gewisse Sorgfalt im Interesse der Sache und eine kleine Pause zwischen Durchsicht des Manuscripts und Drucklegung immer nützlich. Ich belege diese weisen Bemerkungen durch den Hinweis, daß nach Hurwitz' Satz 60 falsch ist, weil $\iota_1, ... \iota_m$ garnicht unter den Zahlen ϱ vorhanden zu sein brauchte. Ferner hast Du in Satz 64 eine von mir angegebene Änderung nicht angenommen, sodaß Du auf die Richtigkeit dessen schließt, was Du zuerst vorausgesetzt hast. Gieb Dich also zufrieden, wenn möglichst wenig Berichtigungen nöthig sein werden, sollte auch das Ganze ein paar Wochen später zu Ende kommen. – Falls das im Königsberger Seminar liegende Exemplar der Lectures von Klein[484] Dein Eigenthum ist, bitte ich Dich, es Hölder mitzutheilen. Er hat mich schon vor einiger Zeit dieserhalb angefragt.

Mit herzlichen Grüßen und besten Empfehlungen an Deine Frau

Dein
H. Minkowski

[483]Hilberts Zahlbericht erschien 1897 im Jahresbericht der deutschen Mathematiker-Vereinigung, der zu diesem Zeitpunkt noch bei Reimer erschien.

[484]Es geht um die sogenannten Evanston Lectures; The Evanston Colloquium. Lectures on Mathematics delivered from August 28 to September 9, 1893 before members of the congress of mathematics held in connection with the world's fair in Chicago. (New York: Macmillan, 1894). Darin finden sich auch Beiträge von Hilbert „Ueber die Theorie der algebraischen Invarianten" (pp. 116-124), Hurwitz „Ueber die Reduction der binären quadratischen Formen" (pp. 125-132) und Minkowski „Ueber Eigenschaften von Zahlen, die durch räumliche Anschauung erschlossen sind" (pp. 201-207). Auch Klein hatte zwei Beiträge geliefert: „The present status of mathematics" (pp. 133-135) und "Ueber die Entwicklung der Gruppentheorie während der letzten zwanzig Jahre" (pp. 136).

Soeben bekomme ich Deine Karte. In Erwartung einer Mahnung hatte ich schon noch Platz offengelassen. – Ist also B.[485] der Glückliche, den das Loos trifft?

Minkowski an **Hilbert** MiHi42
10.12.1896, Zürich (Postkarte)

Lieber Freund!

Deinem Wunsche entsprechend schicke ich Dir noch Manuscript, sodaß es gewiß zum Bogen reicht. Doch muß ich jetzt schon erklären, daß ich das Manuscript für einen weiteren Bogen Dir nicht innerhalb acht Tagen werde liefern können. – Für Deinen Brief sage ich Dir besten Dank. Die Berufungssachen haben mich sehr interessirt; die Berufung von B.[486] kann noch sehr leicht hier auf große Schwierigkeiten bei der Behörde stoßen, da ein schweizer Kandidat[487]. große Anstrengungen macht. Die Bedeutung, zu der Stäck.[488] nun kommt, ist wirklich wunderlich. In Königsberg erzählt er, Alt.[489] habe ihm gesagt, es sei unrecht von mir, daß ich ihn nicht mit vorgeschlagen habe[490], er würde ihn aber schadlos halten.

Mit herzlichem Gruß

Dein
Minkowski

Minkowski an **Hilbert** MiHi43
30.12.1896, Zürich V, Freiestrasse 102 (Postkarte)

Lieber Freund!

Herzliche Glückwünsche zum neuen Jahre für Dich und Deine Familie.

Daß der Bericht sich noch bis 1897 hinüberschleppt, kränkt Dich wahrscheinlich. Tröste Dich aber damit, daß er nun bald fertig ist und jedenfalls

[485] Es ist H. Burkhardt gemeint, der ja in Göttingen war und nach Zürich an die Universität berufen wurde.

[486] Es geht um H. Burkhardt, der an die Universität Zürich berufen wurde.

[487] Es ist leider nicht bekannt, wer gemeint ist. Frei/Stammbach nennen als einzigen schweizerischen Kandidaten für die Professur L. Stickelberger, der aber eine Berufung nach Zürich ablehnte (cf. Frei-Stammbach 2007, 33). Vgl. Brief von Hurwitz an Hilbert 5. Juli 1899 HuHi 45, wo auch von der Bevorzugung schweizerischer Kandidaten die Rede ist.

[488] Stäckel.

[489] Althoff..

[490] Als Nachfolger auf das Königsberger Ordinariat. Stäckel wurde Ordinarius in Kiel.

viel Anklang finden wird. Von Weber hörte ich, daß Brill[491] ganz unmotivirt Reimer grobgeworden ist und dieser deshalb der Vereinigung den Vertrag gekündigt hat. Weber ist von seinem Verleger[492] aufgefordert, bereits die zweite Auflage der Algebra vorzubereiten, gewiß ein großer Erfolg und ein Zeichen, daß das Buch einem Bedürfniß entsprach. Bekomme ich demnächst wieder Manuscript?

Herzliche Grüße
Dein
Minkowski

Minkowski an **Hilbert** MiHi44
07.01.1897, Zürich (Postkarte)

Lieber Freund!

Dieser Tage war ich sehr in Anspruch genommen, morgen sende ich Dir Manuscript und wohl auch die Correctur. Bei Deinem ersten Beweise des Reciprocitätssatzes für quadr. Reste ist nicht bewiesen, daß man nicht für zwei ungerade Primz. $q \cdot q' \equiv 3 \,(\mathrm{mod} 4)$ sowohl $\left(\frac{q}{q'}\right) = -1$ wie $\left(\frac{q'}{q}\right) = -1$ haben kann, welcher Punkt freilich unter Zuhülfenahme der Pell'schen Gleichung am einfachsten zu beweisen ist.

Mit bestem Gruße
Dein
In Eile Minkowski

Minkowski an **Hilbert** MiHi45
20.01.1897, Zürich (Postkarte)

Lieber Freund!

In der gegenwärtigen Sendung habe ich nichts zu verändern gefunden, außer vielleicht in der Orthographie. Ich habe sie dabei nicht weniger sorgfältig studirt als die früheren. Bis zum Sonntag hoffe ich ein weiteres Stück des Manuscripts

[491] A. Brill war 1896-97 Vorsitzender der Deutschen Mathematiker-Vereinigung, in dessen von K. Reimer verlegten Jahresbericht Hilberts Zahlbericht (neben anderen Berichten) erschien. Vermutlich gab es Differenzen wegen des schleppenden Drucks der Jahresberichte. Der vierte Band des Jahresberichts erschien noch bei Reimer, der fünfte (1901) dann bei Teubner.

[492] Webers Lehrbuch erschien in zwei Bänden 1895–1896 beim Vieweg-Verlag in Braunschweig. Die zweite Auflage folgte 1898 und 1899.

durchzusehen. – Die Reindruckbogen liegen bei Hurwitz, der aber nichts wesentliches mehr findet. Bei nächster Gelegenheit will ich einmal ausführlicher schreiben.

Mit besten Grüßen und der Bitte, mich Deiner Frau zu empfehlen,

Dein
Minkowski

Die Correctur des neuen Bogens erledige ich wohl morgen.

Minkowski an **Hilbert** MiHi46
31.01.1897, Zürich, Freiestrasse 102 (Brief)

Lieber Freund,

Deine beiden Postkarten und den Schluss Deines Manuscripts mit Vorwort[493] habe ich erhalten, und nun wo ich das Ganze habe, will ich die Durchsicht auch doppelt so rasch erledigen.

Dein Beweis des Reciprocitätssatzes ist nicht leicht zu lesen. Vielleicht empfiehlst Du dem Leser an der Stelle, wo Du von dem schrittweisen Vorgehen beim Beweise sprichst, zuerst die sämmtlichen Sätze und Hülfssätze dafür ihrem blossen Wortlaute nach in Kenntniss zu nehmen. – Ich denke das Kapitel über den Reciprocitätssatz morgen an Dich abzuschicken. Das Manuscript bei Reimer reicht ja wohl auch noch.

Übrigens ist mir der Zettel, auf dem ich mir die Nummern der letzten Sätze etc. merkte, abhanden gekommen. Ich merke nun wenigstens die Zahl der neu hinzukommenden Sätze u.s.w. an, damit weiterhin die Angaben wieder richtig gemacht werden können.

Ich hatte in meinem Briefe an Volkmann rein zufällig die Bemerkung gemacht, dass Königsberg die einzige preussische Universität mit Einem mathematischen Ordinariat sei. Ich begriff dann gar nicht seine Freude über diesen grossen „Gedanken", wie ich andererseits mich über sein eigenes starkes Hervortreten in der Berufungssache wunderte. Erst gestern bekam ich die Erklärung dafür durch eine Postkarte von ihm, wonach Hölder mit Urlaub nach Leipzig abgereist ist. Er lässt sich über Hölder's Zustand nicht viel aus, aber seine Bemerkung, „wir wollen Alle das Beste hoffen" klingt wenig zuversichtlich. Hölder soll ja wohl schon früher einmal einen ähnlichen Zustand gehabt haben.[494] Es thut mir herzlich leid um ihn, dass der Ruf für ihn so wenig Erfreuliches mit sich bringt. – Ich kann mir nicht denken, dass es günstig auf seinen Gesundheitszustand wirken wird,

[493] Die Korrektur von Hilberts Zahlbericht verlief zweistufig: Zuerst korrigierte Minkowski das von Käthe Hilbert ins Reine geschriebene Manuskript, dann korrigierten Hurwitz und Minkowski die Druckfahnen.

[494] Hölder hatte 1889 einen – wie man sich seinerzeit ausdrückte – Nervenzusammenbruch erlitten. Er ging 1899 nach nur drei Jahren in Königsberg nach Leipzig.

wenn er erfährt, die Königsberger wollen ihm einen zweiten Ordinarius an die Seite setzen. Und es thut mir leid, diese Frage unter diesen Umständen überhaupt auf's Tapet gebracht zu haben.

Unter S-s in Deiner Karte habe ich anfangs Schoenflies verstanden, hältst Du Scheffers wirklich für eine gute Erwerbung.[495] Im Übrigen bin ich auch ganz für die Kandidaten, die Du genannt hast.

Offen gestanden – aber nun wappne Dich gegen eine Überraschung – am liebsten ginge ich selbst wieder zurück. Wenigstens, wenn mir heute Althoff wieder die Alternative stellte, die er mir seinerzeit gestellt hat, würde ich mich gewiss für Königsberg entscheiden. Du wirst gewiss darüber erstaunt sein, zumal nach meinen ersten zufriedenen Briefen. Mittlerweile habe ich aber die Lage der Dinge hier besser kennen gelernt.

Trotz aller Bemühungen, die ich mir für meine Vorlesung über analytische Mechanik gebe, – ich bereite sie auf's minutiöseste vor und suche in der Auswahl des Stoffes mich den Bedürfnissen der Zuhörer anzupassen, ist das Häuflein derselben doch stark zusammengeschmolzen. Die Leute, und auch die tüchtigsten unter ihnen, sind gewohnt – wie Dr. Hirsch sagt, wie ich gefunden habe, der Einzige, der die hiesigen Verhältnisse gegenüber den deutschen Universitätsverhältnissen richtig abschätzt – dass man ihnen alles um den Mund schmiert. Zu jeder ihrer sonstigen Vorlesungen gehören stets Repetitorien und Übungen. Solche soll ich nicht abhalten, da die Leute schon sehr überhäuft sind, und da ich doch nicht immer bloss an der Oberfläche des zu behandelnden Stoffes bleiben kann, ist die Folge, dass ich nur noch ein Drittel feste Zuhörer habe, während die anderen bloss sporadisch auftauchen. Ich sehe auch gar nicht, wie das jemals viel besser werden soll. Schliesslich komme ich noch gar in den Ruf eines schwierigen Docenten, und dann sind von vornherein die Meldungen zu den Vorlesungen wenig zahlreich. Ich werde in der Popularisirung des Stoffs bis an die äusserst mögliche Grenze gehen müssen; denn auch diejenigen, die mich vielleicht um wissenschaftlicher Leistungen wegen genommen haben, wollen schliesslich für ihr Geld auch etwas haben. So sehe ich ziemlich traurig in die weiteren Semester, viel solche Arbeit, die mir im Grunde wenig zu Gute kommt, anders, als ich mir die Sachlage bei Annahme des Rufes ausgemalt habe. Auch die eigentlichen Mathematiker[496], deren Zahl aber sehr gering ist, sind durch alle Collegien, die sie sonst hören müssen, so in Anspruch genommen, dass sie nur geniessen können, was ihnen zerschnitten und zerlegt nach gewaltsamer Öffnung des Mundes eingetrichtert wird. Hurwitz selbst hat hierbei gar nicht mehr das richtige Empfinden, dass diese Thätigkeit doch nicht die beneidenswertheste ist.

Unter diesen Umständen könnte ich wirklich fast, wenn Aussicht auf Erfolg da wäre, mich zu irgend einem Schritte entschliessen, um die Frage meiner Zurückberufung aufzuwerfen. Andererseits fühle ich doch, dass, selbst wenn ich dabei auf Erfolg Aussicht hätte, ich doch in den Augen der Meisten sehr lächerlich erscheinen würde. Also werde ich mich doch wohl bescheiden müssen

[495] Möglicherweise ging es hier um Nachfolger für Stäckel, der ja 1897 nach Kiel wechselte.

[496] Das waren die Studierenden der Fachlehrerabteilung, Abteilung A Mathematik und Naturwissenschaften.

und dem Leben hier die besten Seiten abzugewinnen suchen. Ich hoffe sehr auf das Frühjahr, jetzt hatten wir meistens Nebel, im ganzen December gab es 9 Stunden Sonnenschein.

Zum Congress sind schon die Programme für Ausflüge etc. entworfen[497], das Wissenschaftliche kommt natürlich auch hier wieder zuletzt.

Du wirst vielleicht über das, was ich Dir vorgeklagt habe, in dem Bewusstsein, alles so vorausgesehen zu haben, eine kleine Genugthuung empfinden. Ich bin eben doch etwas im „Schumm“ gewesen, als ich mich damals so rasch entschloss.

Was für Erfolge hat eigentlich Klein mit seiner „technischen“ Mechanik.[498] Hurwitz und ich streiten uns, wer grösser dasteht; Hurwitz hat nach Klein in einer Arbeit, auf die er besonders stolz ist, „Bemerkungen“ gemacht, und ich habe in meinem Buche „Ansätze“ gegeben.

Was treibst Du eigentlich jetzt? Ich war in der letzten Zeit fast ganz durch die Vorlesungen absorbirt.

Ich bitte, mich Deiner Frau sehr zu empfehlen, die gewiss mehr Mitleid wie Du mit mir haben wird. Auch bitte ich Franz zu grüssen. Mit herzlichen Grüssen

Dein Minkowski

Minkowski an **Hilbert** MiHi47

09.02.1897, Zürich (Postkarte)

Lieber Freund!

Besten Dank für Deinen Brief. Ich schicke Dir anbei nur 19 Seiten Deines Manuscripts, aber nach meiner Berechnung hat Reimer damit über 60 Seiten Manuscript, ein Stillstand wird also nicht eintreten. Den Bogen 29 erledige ich wohl heute oder morgen. – Es ist mir nicht recht klar, wozu Stä.[499] die Mittheilungen macht, um bei Dir oder um bei mir Vorurtheile zu zerstreuen, oder erwartet er irgend eine Gegenäusserung von mir. Wenn Dir letzteres der Fall zu sein scheint, so bitte ich Dich, dies zu constatiren. Sonst können wir diese unerquickliche Geschichte[500] bei Seite legen. – Ist nicht Horn in Charlottenburg werth, als Kandidat in Königsberg genannt zu werden.[501] Er ist schon ziemlich lange Privatdocent, aber nicht alt, früher war er in Freiburg. Man kennt ihn wenig,

---

[497] Gemeint ist der erste Internationale Mathematiker-Kongress, der 1897 in Zürich stattfand. Minkowski war Mitglied des Vergnügungskomitees, also für die Planung der Ausflüge etc. zuständig.

[498] Klein engagierte sich in den 1890er Jahren für eine verstärkte Berücksichtigung der technischen Fächer an den Universitäten, auch in der Lehrerbildung.

[499] Stäckel.

[500] Vermutlich bezieht sich Minkowski hier auf seine Nachfolge in Königsberg, bei der Stäckel übergangen wurde - wie von Minkowski gewollt, der Hölder vorgeschlagen hatte. Vgl. Minkowski an Hilbert, 28. August 1896 MiHi 37 und 10. Dezember 1896 MiHi 42.

[501] Es geht vermutlich um einen Nachfolger für Stäckel, der 1897 nach Kiel wechselte, auf dem etatmäßigen Extraordinariat in Königsberg.

weil er sich sehr zurückziehen soll; er ist aber vielleicht nicht weniger tüchtig als andere jetzt zur Verfügung stehende Privatdocenten. – Mit Hurwitz bin ich viel zusammen. Er hat jetzt in den letzten Tagen recht interessante neue Sätze über Invarianten gefunden und ist es ihm geglückt, neue Endlichkeitssätze zu beweisen, für welche die anderen Methoden nicht ausreichten; er ist darob sehr vergnügt.

Herzliche Grüsse
Dein Minkowski

Hilbert an **Hurwitz** HiHu51
11.03.1897, Göttingen (Postkarte)

Lieber Freund, Ihre Note über Differentialinvarianten[502] ist bereits in der letzten Sonnabendsitzung von Wilamowitz[503] vorgelegt werden. Die von Ihnen veranlasste Dissertation[504] über den biquadratischen Körper von Amberg hat mich sehr interessirt, besonders das auf S. 42 erhaltene Resultat. Bei einer (nach Analogie meiner Arbeit über den Dirichletschen Zahlkörper auszuführenden) arithm. Herleitung würde sich näher zeigen, welche Klassen durch die Multiplikation der Klassen der 3 Unterkörper erzeugt werden können und welche neu hinzu kommen

Wir sind schon mit dem Umzuge in unser neues Haus beschäftigt, das wir Montag beziehen.

Besten Gruss an Ihre Frau und Sie selbst
von meiner Frau und Ihrem Hilbert.

Wegen der späten Ostern haben wir diesmal rund 8 Wochen Ferien, die ich gut nutzen will!

Minkowski an **Hilbert** MiHi48
11.03.1897, Zürich, Freiestrasse 102 (Brief)

Lieber Freund,

Anbei sende ich Dir eine Rede von Schubert über Weierstrass, die Hurwitz gehört, und die ich Dich bitte, bei Gelegenheit ihm zurückzusenden; von Aufsätzen, die

[502] A. Hurwitz: Ueber die Erzeugung der Invarianten durch Integration (Nachrichten von der kgl. Gesellschaft der Wissenschaften zu Göttingen, Mathematisch-physikalische Klasse 1897, 71-90). Vorgelegt vom vorsitzenden Sekretär.

[503] Es geht um den Altphilologen Ulrich von Wilamowitz-Moellendorff, der 1883 bis 1897 Professor in Göttingen und Mitglied der Wissenschaftlichen Gesellschaft war.

[504] E. Amberg: Über den Körper, dessen Zahlen sich rational aus zwei Quadratwurzeln zusammensetzen (Zürich: Orell-Füssli, 1897).

Weierstrass betreffen, wüsste ich sonst nur seine akademische Antrittsrede[505], die Antwort[506] von Encke darauf, ferner die im Jahresbericht gedruckte Adresse[507] der Mathematikervereinigung. Sein Doctordiplom war „propter insignia in theoria functionum Abelianarum inventa" ausgestellt. Die Hauptsache an Deiner Rede[508] wird doch Deine Auffassung seiner wissenschaftlichen Verdienste sein. Ich habe jetzt die Referate für die Fortschritte erledigen müssen.[509] Deshalb habe ich Dir noch nicht Dein Verzeichniss der Druckfehler etc. zurückgesandt. In den ersten Bogen finde ich doch noch mancherlei zu moniren. Willst Du in Deinem Vorwort nicht vielleicht den Thatsachen entsprechend sagen, dass ich die drei letzten Theile im Manuscript gelesen habe[510]. Ich finde, die kleinen Ungenauigkeiten, die am Anfange noch vorhanden sind, wird Dir, der das Ganze im Kopfe haben musste, Niemand vorwerfen; ich hätte sie aber, wenn ich das Manuscript gelesen hätte, nicht übersehen dürfen. Für meinen Satz, dass man n reelle lineare Formen mit einer Determinante $\pm D$ durch ganzzahlige Werthe der Variablen, die nicht alle verschwinden, sämmtlich dem Betrage nach $\leq \sqrt[n]{D}$ machen kann, hat Hurwitz nach einem neulichen Gespräche einen lächerlich einfachen Beweis gefunden, dass ich mich ordentlich schämen muss, nicht selbst auf denselben gekommen zu sein, und dieser Beweis erlaubt auch, den Grenzfall bezüglich des Zeichens $=$ (in $\leq \sqrt[n]{D}$) zu erledigen, wenn letzterer Punkt doch noch einige Schwierigkeiten macht. Der Beweis ist folgender. Es genügt, den Satz für Formen mit rationalen ganzen Coeffizienten zu erledigen: Die Formen seien

$$y_h = a_{h1}x_1 + a_{h2}x_2 + \ldots + a_{hn}x_n \quad (h = 1, \ldots n)$$

und $abs|a_{hk}| = D$. Dann folgt

$$Dx_k = A_{1k}y_1 + A_{2k}y_2 + \ldots + A_{nk}y_n = \xi_k \quad (k = 1, \ldots n),$$

wo die A_{hk} ganze Zahlen sind. Man hat nun unter den Systemen $\xi_1, \ldots \xi_n$ für alle möglichen ganzzahligen Werthe $y_1, \ldots y_n$ im Ganzen D nach D incongruente Systeme $\xi_1, \ldots \xi_n$, wie die unimodulare Reduction von $|a_{hk}|$ auf ein quadratisches

505 Monatsbericht der Kgl. Akademie der Wissenschaften aus dem Jahre 1857, 348-351. In dieser Rede schildert Weierstrass seine bisherigen Arbeiten und entwirft eine Art Forschungsprogramm.

506 Monatsberichte der Kgl. Akademie der Wissenschaften aus dem Jahre 1857, 351-353. Encke äußerte sich u.a. zur „überraschenden Wahrnehmung, daß ein Oberlehrer an dem Gymnasium zu Braunsberg viele Jahre lang ganz in der Stille mit diesen abstrakten Untersuchungen sich beschäftigen konnte." (p. 353) Auch in höherem Alter könne sich das mathematische Genie noch entwickeln (Beispiel: Vandermonde mit 40 Jahren).

507 Adresse der Deutschen Mathematiker-Vereinigung zum achtzigsten Geburtstag des Herrn Karl Weierstrass. 31. Oktober 1895 (Jahresbericht der Deutschen Mathematiker-Vereinigung 4 (1897), 20-21).

508 Weierstrass war 1897 gestorben und Hilbert veröffentlichte einen Nachruf in den Göttinger Nachrichten 1897, geschäftliche Mitteilungen 60-69, den er auch in der Gesellschaft vortrug.

509 Von Minkowski finden sich im Band für 1894 der Jahrbücher zwanzig Besprechungen, im Band für 1895 zwölf und im Band für 1896 noch eine. Die Bände erschienen meist mit zwei- bis dreijähriger Verzögerung zum zu besprechenden Jahr.

510 Im Vorwort seines Zahlberichts schreibt Hilbert am Ende, dass Minkowski „Den größten Teil des Manuscripts gelesen" habe.

System, in dem nur die Diagonalglieder $\neq 0$ sind, ergiebt. Ist nun Δ die grösste in $\sqrt[n]{D}$ enthaltene ganze Zahl, so ist $(\Delta + 1)^n > D$ und nimmt man

$$y_h = 0, 1, 2, \ldots \Delta \quad (h = 1, \ldots n),$$

so hat man daher unter diesen $(\Delta + 1)^n > D$ Systemen nothwendig irgend zwei, $y_1', y_2', \ldots y_n'$ und $y_1'', y_2'', \ldots y_n''$, für welche $\xi_1, \xi_2, \ldots \xi_n$ dieselben Restsysteme nach D liefern. Dann sind$y_1'' - y_1' = b_1, \ldots y_n'' - y_n' = b_n$ sämmtlich dem Betrage nach $\leq \sqrt[n]{D}$, nicht sämmtlich Null, und giebt es ganze Zahlen $x_1, \ldots x_n$, wofür die Formen $y_1, \ldots y_n$ gleich $b_1, \ldots b_n$ werden. –

Hier haben die Ferien noch immer nicht begonnen. Hurwitz' Bruder schreibt, dass Cantor aus Halle nach München berufen sei. Die Nachricht klingt sehr seltsam. Etwa auf einen Lehrstuhl für Shakespearologie?[511]

Was macht eigentlich Dein Haus? Ich habe schon immer vorgehabt, danach zu fragen. Wohnt Ihr eigentlich schon darin?

Mit herzlichen Grüssen und der Bitte, mich Deiner Frau zu empfehlen

Dein H. Minkowski

Minkowski an **Hilbert** MiHi49

17.03.1897, Zürich (Postkarte)

Lieber Freund!

Zunächst wiederhole ich Dir und Deiner Frau meine herzlichsten Glückwünsche zu Eurem Einzug in's eigene Haus.

Deine Zusätze zum Bericht[512], die ich noch bei mir habe, lasse ich mit der nächsten Post an Dich abgehen. Mit der Durchsicht der Reindruckbogen bin ich zwar noch nicht weit gekommen, aber da es doch nur Kleinigkeiten sind, die ich wahrnehme, (nur weil ich bald das Ganze auswendig kenne, erschienen sie mir so schlimm), so wirst Du sie auch noch in nächster Woche in der Correctur der Correcturen berücksichtigen können, soweit es Dir angebracht erscheint. Ich schicke Dir dann die Reindruckbogen mit meinen und Hurwitz' Anmerkungen zu, die meisten sind wohl nur für eine zweite Auflage gut. – Sowie ich mit meinen Referaten[513] fertig bin, will ich Dir eine Note[514] für die Göttinger Nachrichten über convexe Körper zusenden. Ich habe da einige ganz niedliche Sachen herausgebracht, die ich schon sehr lange vermuthete, aber nicht beweisen konnte. Habt Ihr eigentlich vor Ende April noch Sitzungen?

---

[511] Cantor war Anhänger der These, die besagt, dass Francis Bacon der Autor der Werke von William Shakespeare gewesen sei.

[512] Hilberts Zahlbericht.

[513] Für das Jahrbuch über die Fortschritte der Mathematik.

[514] H. Minkowski: Allgemeine Lehrsätze über die convexen Polyeder (Nachrichten von der kgl. Gesellschaft der Wissenschaften zu Göttingen, Mathematisch-physikalische Klasse 1897, 198-219), vorgelegt von D. Hilbert am 31. Juli 1897.

Anfang nächster Woche gehe ich auf kurze Zeit nach Straßburg.[515] Den letzten Correcturbogen und das Vorwort habe ich erhalten und erledige sie sobald als möglich. Daß Du den Dank an Frau Hilbert[516] unterschlagen hast, finden Hurwitz und ich scandalös und darf dies jedenfalls nicht so bleiben.

Herzliche Grüße Dein

Minkowski

Minkowski an **Hilbert** MiHi50

21.03.1897, Zürich (Postkarte)

Lieber Freund!

Die betreffende Stelle bei Gauss steht Werke Bd. II S. 115 *).[517][518]

Für die Auskunft über die Sitzungen Eurer Gesellschaft besten Dank. – Ein Hauptsatz[519], den ich bewiesen habe, und der ebenso in beliebig vielen Dimensionen gilt, ist: Sind $\mathcal{F}_v, \alpha_v, \beta_v, \gamma_v$ $(v = 1, 2, \ldots n)$ irgend welche Grössen, so dass

$$\mathcal{F}_v > 0, \quad \alpha_v^2 + \beta_v^2 + \gamma_v^2 = 1; \quad \sum_v \mathcal{F}_v \alpha_v = 0, \quad \sum \mathcal{F}_v \beta_v = 0, \quad \sum \mathcal{F}_v \gamma_v = 0,$$

ferner keine zwei Systeme $\alpha_v, \beta_v, \gamma_v$ gleich sind und nicht alle Determ.

$$\sum \pm \alpha_{v'} \beta_{v''} \gamma_{v'''}$$

verschwinden, so giebt es ein und nur ein convexes Polyeder mit n Seitenflächen, wobei je eine $\alpha_v, \beta_v, \gamma_v$ als Richtungscosinus der inneren Normalen und $\mathcal{F}_v$ als Grösse der Seitenfläche hat, wenn ausserdem noch der Schwerpunkt des Polyeders beliebig gegeben wird. Damit lässt sich z. B. beweisen: Wenn convexe Körper mit Mittelpunkt sich wieder zu einem convexen Körper zusammensetzen, so hat auch dieser stets einen Mittelpunkt. Ferner der Satz, dass die Kugel die Lösung des bekannten isoperimetrischen Problems ist. Weiter, dass wenn durch Ungleichungen $ax + by + cz + d \leq 0$ (bez. < 0) ein Bereich bestimmt sein soll, der zu jedem beliebigen Systeme x, y, z ein modulo 1 congruentes enthält, der Bereich

[515] Dort lebten Minkowskis Bruder Oskar und seine zukünftige Ehefrau Auguste Adler.

[516] Dieser findet sich in der gedruckten Fassung. Am Ende des Vorwortes des Zahlberichts heißt es: „Mein Dank gilt auch meiner Frau, die das ganze Manuscript geschrieben und die Verzeichnisse angefertigt hat." (Jahresbericht der Deutschen Mathematiker-Vereinigung 4 (1897), VIII). Daneben wird Minkowski fürs Korrekturlesen und seine Verbesserungsvorschläge gedankt.

[517] Werke Band II (1876). Es geht um die Selbstanzeige von Gauß' Abhandlung „Theorematis arithemeticae demonstratio nova" (1831). Auf Seite 152 schildert Gauß das Wesen der Zahlentheorie. Diese Seite ist in der Druckfassung von Gaußens Werken fälschlich mit 115 paginiert, ein Fehler, den Minkowski nicht bemerkt hat, wohl aber Hilbert.

[518] *) S. 152 [Verbesserung von Hilbert]

[519] In diesem Brief zeigt sich, das Minkowski begann, sich mit Konvexgeometrie zu beschäftigen.

einen Mittelpunkt haben muss, für welchen Fall die Aufgabe schon in meinem Buche erledigt ist, u. ähnliche Dinge mehr, die sich einfach ausdrücken, aber doch nicht leicht beweisen lassen.

Mit besten Grüssen und bester Empfehlung an Deine Frau

Dein
H. Minkowski

Hurwitz an **Hilbert** HuHi30
24.03.1897, Zürich (Brief)

Lieber Freund!

Heute will ich endlich mein Versprechen einlösen und Ihren letzten Brief, durch den Sie mich Ende November vorigen Jahres erfreuten, beantworten. Inzwischen fühlte ich mich Ihnen durch Minkowski häufig nahe gebracht. An Ihrem Bericht[520] über die Theorie der algebraischen Zahlen habe ich das lebhafteste Interesse genommen; die Reindruckbogen las ich theilweise im Beginn des Semesters, wovon Ihnen Minkowski gewiss wiederholentlich geschrieben hat. Die grossartige Leistung, die Ihr Bericht darstellt, imponirt mir gewaltig: Sie haben sich durch denselben ein dauenders Ruhmesdenkmal gesetzt, zu dessen glücklicher Vollendung ich Ihnen von Herzen Glück wünsche. Ich bin begierig, nun den fertigen Bericht in die Hände zu bekommen und aus ihm neue Spannkraft für die Arbeit zu schöpfen.

Die Untersuchungen über neue quadratische Reciprocitätsgesetze, von welchen Sie in Ihrem Briefe schreiben, haben Sie wohl mittlerweile abgeschlossen. Diese werden mich sicher auch sehr interessirten. Durch Ihre Karte haben Sie mich von der Sorge für meine Note über die Erzeugung der Invarianten[521] durch Integration befreit, wofür ich Ihnen zu grossem Danke verpflichtet bin. Der Inhalt dieser Note wird Sie, glaube ich, interessiren, da derselbe auch mit Ihren Endlichkeitstheorien Beziehung hat. So ist es mir z. B. gelungen, die Endlichkeit der Orthogonalinvarianten allgemein zu beweisen und ich glaube, dass die nämlichen Methoden auch für den Nachweis der Endlichkeit der Invarianten einer beliebigen algebraische Gruppe von linearen Transformationen ausreichen werden. Der Grundgedanke meiner Note ist dieser: Bilden

$$x_2' = f_i^{(\lambda)}(x_1, x_2, \dots x_n) \quad (i = 1, 2, \dots n)$$

wo λ nach und nach die Indices $1, 2, \dots r$ durchläuft, eine endliche Gruppe von r Substitutionen und geht die Function $F_{(x_1,\dots x_n)}$ durch die Subst. in $F_1, F_2, \dots F_r$ über, so stellt die Summe

$$F_1 + F_2 + \dots + F_r$$

[520] Es geht um Hilberts Zahlbericht, der 1897 gedruckt wurde.

[521] A. Hurwitz: Ueber die Erzeugung der Invarianten durch Integration (Nachrichten von der kgl. Gesellschaft der Wissenschaften zu Göttingen, Mathematisch-physikalische Klasse 1897, 71-90).

eine Invariante der Gruppe vor und zwar die allgemeinste. Ein entsprechendes Verfahren zur Herstellung der Invarianten kann man nun bei continuirlichen Transformationsgruppen einschlagen, wobei dann an Stelle der Summe $F_1 + F_2 + .. + F_r$ ein bestimmtes Integral tritt.

Wendet man z. B. auf die binäre Form $f(x_1, x_2)$ die Substitution

$$x_1 = (r + is)x_1' + (t + iu)x_2'$$
$$x_2 = (-t + iu)x_1' + (r - is)x_2'$$

an und ist $F(a')$ eine ganze rationale Fucntion der Coefficienten a' der transformierten Form so ist

$$J = \int_{-\infty}^{+\infty} \int_{-\infty}^{+\infty} \int_{-\infty}^{+\infty} \int_{-\infty}^{+\infty} F(a') e^{-(r^2+s^2+t^2+u^2)} drdsdtdu$$

die allgemeinste Invariante von $f(x_1, x_2)$.

Neuerding habe ich mich, durch Gespräche mit Minkowski darauf geführt, mit Minkowski's grundlegendem Satze über lineare Formen mit reellen Coeff. und ganzzahligen Variablen beschäftigt und für denselben einen ausserordentlich einfachen, rein arithmetischen Beweis gefunden. Die Grundzüge dieses Beweises sind folgende: Es genügt zu zeigen, dass n lineare reelle Formen der Variablen $x_1, x_2, \ldots x_n$ durch ganzzahlige Werthe der letzteren, die nicht sämmtlich Null sind, absolut ≤ 1 gemacht werden können, unter der Voraussetzung dass die Coefficienten der Formen rational und die Determinante der Formen gleich 1 ist. Multiplicirt man die Formen mit dem Generalnenner D der Coefficienten, so sieht man, dass man folgenden Satz zu beweisen hat: „Die ganzzahligen Formen $u_1, u_2, \ldots u_n$ der ganzzahligen Variablen $x_1, x_2, \ldots x_n$ lassen sich absolut $\leq D$ machen unter der Voraussetzung, dass die Determinate der Formen $= D^n$ ist.“ Um dies nachzuweisen, bezeichne ich zwei Systeme von je n ganzen Zahlen $y_1, y_2, \ldots y_n$ und $z_1, z_2, \ldots z_n$ congruent, wenn $y_1 - z_1 = u_1, y_2 - z_2 = u_2, \ldots y_n - z_n = u_n$ wird durch geeignete Wahl der ganzen Zahlen $x_1, x_2, \ldots x_n$. Man erkennt leicht, dass es D^n incongruente Zahlensysteme $y_1, y_2, \ldots y_n$ giebt. Unter den $(D + 1)^n$ Zahlensystemen $y_1, y_2, \ldots y_n$, welche entstehen, wenn jedes y_i unabhängig von den anderen die Werthe $0, 1, 2, \ldots D$ erhält, sind daher zwei congruente, etwa $y_1', y_2', \ldots y_n'$ und $y_1'', y_2'', \ldots y_n''$, vorhanden. Die Gleichungen $y_1' - y_1'' = u_1$, $y_2' - y_2'' = u_2, \ldots y_n' - y_n'' = u_n$ sind dann durch ganzzahlige Werthe von $x_1, \ldots x_n$ befriedigt, womit der Satz bewiesen ist. –

Herr Dr. Amberg hat sich sehr gefreut, dass Sie an seiner Dissertation[522] Interesse genommen haben. Auch Dedekind hat sich für dieselbe interessirt und Herrn Amberg einen sehr liebenswürdigen Brief geschrieben. Die arithmetische Begründung des Zusammenhanges der Classenzahl im Körper mit den Classenzahlen in den Unterkörpern nach dem Vorbilde Ihrer Untersuchung des Dirichlet'schen Körpers hatte ich Amberg auch vorgeschlagen; er war aber schon zu ermüdet von der anhaltenden Beschäftigung mit dem Gegenstande,

[522] E. J. Amberg: Über den Körper, dessen Zahlen sich rational aus zwei Quadratwurzeln zusammensetzen (Zürich: Orell-Füssli, 1897).

um das noch zu machen. Überhaupt gingen meine Pläne für die Dissertation höher hinauf; eine entsprechende Produktdarstellung der Classenzahl durch die Classenzahlen der Unterkörper gilt auch in dem durch beliebig viele Quadratwurzeln bestimmten Körper und vielleicht noch allgemeiner unter gewissen, die Gruppe des Körpers betreffenden Voraussetzungen. Aber ich musste schon froh sein, Herrn Amberg zu einem einigermassen befriedigenden Abschluss seiner Arbeit zu bringen. Doch nun genug von der „Verirrung des menschlichen Geistes", der Mathematik. Wir, meine Frau und ich, haben uns sehr gefreut, aus Ihren Schreiben entnehmen zu dürfen, dass es der Familie Hilbert so gut ergeht. Das nämlich vortreffliche Befinden kann ich Ihnen von der Familie Hurwitz berichten. Wir werden uns ja im Sommer hoffentlich gegenseitig durch den Augenschein davon überzeugen könne. Zur Beziehung Ihres eigenen Heimes senden wir Ihnen nachträglich unsere herzlichen Wünsche. Mögen Sie nur Glückliches in demselben erleben! Zum Schluss mache ich Ihnen nun noch den Vorschlag, dass wir in Zukunft eine eifrigere Kartenkorrespondenz unterhalten. Zu einer Postkarte entschliesst man sich so viel leichter als zu einem Briefe, so dass dadurch wohl ein regeren Verkehr zwischen uns zu erwarten ist. Burkhardt wird wohl demnächst hier auftauchen und uns Nachrichten von Ihnen bringen. Minkowski ist gegenwärtig in Strassburg. Er kommt Dienstag zurück und denkt dann eine italienische Reise zu machen. Ich möchte lieber, dass er hier bliebe und an seinem Buche[523] weiter arbeite. Er hat neuerdings sehr interessante Sätze über convexe Polyeder gefunden, von denen er Ihnen wohl geschrieben hat.

Ade für heute und herzliche Grüsse von Haus zu Haus!

Ihr

A. Hurwitz

Meinem Bruder geht es in Basel[524] sehr gut. Er ist gerade zu Besuch hier und bittet mich, Ihnen viele Grüse zu bestellen.

Hilbert an **Hurwitz** HiHu52

29.03.1897, Göttingen (Postkarte)

Lieber Freund.

Ihren Vorschlag einer regeren Kartencorrespondenz nehme ich gerne auf. Ihre Methode der Invariantenbildung durch Integration hat mich hoch interessirt und ich bin überzeugt, dass Sie damit meine Endlichkeitsbeweise weit ausdehnen können. Das von ihnen gewählte Beispiel der ternären orthogonalen Subsitution finde sich schon bei Mathematicum, Bd. 36 S. 533[525]. Ihr Beweis von M's Satz stimmt doch im Wesentlichen mit demjenigen überein, den ich vor

[523]Gemeint ist der zweite Teil der Geometrie der Zahlen. Er wurde erst postum 1910 von A. Speiser und Hilbert herausgegeben.

[524]Nach seiner Promotion hatte sich Julius Hurwitz in Basel niedergelassen, wo er später Privatdozent für Mathematik an der Universität wurde.

[525]Gemeint sind die Mathematischen Annalen, im Band 36 (1890), 473-534, findet sich Hilberts Aufsatz „Ueber die Theorie der algebraischen Formen".

3 Jahren Minkowski in Cranz mitteilte und den derselbe in sein Buch aufnehmen wollte. Das wesentliche an diesem arithmetischen Beweise war 1.) der Nachweis, dass man sich auf rationale Coeffizienten beschränken darf 2.) die Hineinbeziehung der Dirichtletschen Gedanken von der Verteilung von $n+1$ Gegenständen in n Kästen. Der Unterschied mit Ihrer Vereinfachung besteht nur darin, dass ich die Formen $n_i, \ldots, n_n$ zunächst mittelst lin. ganzzahl. Substitution der Det. 1 auf eine kanonische Form bringe und um diese für den Zweck möglichst bequem zu machen, es erreicht, dass die Det. mit allen ihren ersten Unterdeterminanten teilerfremd ist. – Klein ist eher von seiner englischen Doktorreise[526] zurückgekommen. Ein recht begabter, aber etwas wenig energievoller Zuhörer namens Anhenn von uns will nächsten Sommer bei Ihnen in Zürich studieren; ich möchte ihn Ihnen hiermit empfehlen. Unser Haus bewährt sich ganz grossartig; hoffentlich besuchen Sie uns einmal. Herzlichsten Gruss von Haus zu Haus und in der Hoffnung auf eine baldige Erwiderung. Ihr D.H.

Ihre Anerkennung meiner Berichte thut mir sehr wohl, da ich thatsächlich eine grosse Arbeitsmühe hinein gesteckt habe!!!

Minkowski an **Hilbert** MiHi51
04.04.1897, Zürich (Postkarte)

Lieber Freund!

Soeben erhielt ich von Reimer[527] die Correcturbogen Deiner Verzeichnisse.[528] Ich schicke sie Dir nicht zu, weil jedenfalls nur Druckfehler darin zu ändern sind, die Du selbst bemerken wirst und ich Dich nicht aufhalten will. Die Reindruckbogen habe ich Dir nicht zugeschickt, da ich zu der vollständigen Durchsicht, die ich vorhatte, in Strassburg nicht kam, andererseits nur nebensächliche Ausstellungen zu machen waren, die besser dem Leser selbst überlassen werden, als in das Verzeichniss aufzunehmen wären. Auch die Note für die Göttinger Nachrichten[529] habe ich noch nicht fertiggestellt, einmal weil ich wenig freie Zeit hatte, andererseits weil die Quelle meiner Sätze sich immer ergiebiger gestaltet und ich sie doch wenigstens in der Hauptsache erschöpfen möchte, ehe ich an die Publication gehe. – Soweit ich aus den Statuten der Göttinger Gesellschaft

[526] Klein erhielt 1907 die Ehrendoktorwürde der Universität Cambridge. Dank an R. Tobies (Jena) für diese Information.

[527] Verlag, in dem der Jahresbericht der deutschen Mathematiker-Vereinigung erschien. Hilberts Bericht wurde in dieser Zeitschrift veröffentlicht.

[528] Hilberts Zahlbericht wurde ergänzt durch mehrere Verzeichnisse, damals eher eine Seltenheit: Verzeichnis der Literatur, Druckfehler, Berichtigungen und Zusätze, Verzeichnis der Sätze und Hilfssätze sowie ein Verzeichnis der Begriffsnamen (heute würde man Sachregister sagen).

[529] H. Minkowski: Allgemeine Lehrsätze über die konvexen Polyeder (Nachrichten von der kgl. Gesellschaft der Wissenschaften zu Göttingen, Mathematisch-physikalische Klasse aus dem Jahre 1897, 198-219). Vorgelegt von D. Hilbert am 31. Juli 1897.

sehe, habt Ihr in der Charwoche keine Sitzung, und ich werde Dir also die Mittheilung erst zur ersten Sitzung nach Ostern senden. – Der Hurwitz'sche Beweis für meinen Satz über lineare Formen[530] ist doch von dem Deinigen wesentlich verschieden, wenn darin auch ebenfalls der Dirichlet'sche Gedanke zur Anwendung kommt.

Mit besten Grüssen

Dein H. Minkowski

Hurwitz an **Hilbert** HuHi31

06.04.1897, Zürich (Postkarte)

Lieber Freund! Heute früh trafen Ihre Abhandlungen[531] bei mir ein, von denen mich namentlich die über diophantische Gleichungen sehr interessirt hat. Es fiel mir wie Schuppen von den Augen, als ich darin las, dass die Discriminante jeder definirenden Gleichung eines Körpers die Körperdiscriminante als Factor hat. Das ist doch der schöne Kern der Sache. Haben alle diese Discriminanten die Körperdiscriminante zum grössten gemeinsamen Theiler? Vermuthlich doch. Bei Ihrer zweiten Abhandlung ist mir gleich Runge eingefallen. Kennen Sie dessen Arbeit in Bd 6 der Acta matematica[532]? Mir scheint da ein ähnlicher Gedanke zu Grunde zu liegen.

Für Ihre Karte vom 29. März herzlichen Dank. Die Correctur der Invarianten-Arbeit[533] habe ich inzwischen gelesen. Ihre Endlichkeitsbeweise sind natürlich citirt; als Beispiel habe ich die Endlichkeit der orthogonalen Invarianten bei n Variablen gegeben.

Was Ihren Beweis des Minkowski'schen Satzes[534] für n lineare Formen angeht, so sind die Schlüsse, welche da vorkommen, ähnlich wie in meinem Beweis. Minkowski, der Ihren Beweis für den zweiten Band der Geometrie der Zahlen ausgearbeitet hat, sagte mir aber, dass die Schlüsse in wesentlich anderer Verkettung auftreten. Vorläufig habe ich meine Ausarbeitung des Beweises in den Kasten gelegt; vielleicht schicke ich sie Ihnen einmal zu, damit wir uns verständigen. Eine Frage, deren Beantwortung mich interessiren würde, ist diese: Hält Herr Furtwängler seine Arbeit „Zur Begründung der Idealtheorie" (Gött. Nachrichten 1895 p. 381) aufrecht? Ich habe meine Bedenken, die ich schon

[530] Vgl. Brief von Hilbert an Hurwitz 29. März 1897 HiHu 52.

[531] 1896 hat Hilbert eine Abhandlung in den Nachrichten der Königl. Gesellschaft veröffentlicht: „Zur Theorie der aus n Haupteinheiten gebildeten complexen Größen" (pp. 179-183), 1897 folgte „Ueber diophantische Gleichungen" (pp. 48-54).

[532] C. Runge: Entwicklung der algebraischen Wurzeln einer Gleichung in Summen von rationalen Functionen der Coefficienten (Acta mathematica 6 (1885), 305-318).

[533] A. Hurwitz: Ueber die Erzeugung der Invarianten durch Integration (Nachrichten von der kgl. Gesellschaft der Wissenschaften zu Göttingen, Mathematisch-physikalische Klasse 1897, 71-90).

[534] Vgl. Hilbert an Hurwitz, 29. März 1897 HiHu 52, und Minkowski an Hilbert, 4. April 1897 MiHi 51.

vor langer Zeit Klein[535] gegenüber aussprach. Wenn Sie mit Herrn Furtwängler sprechen, veranlassen Sie ihn bitte doch, mir ein Exemplar seiner Dissertation zuzuschicken. Im Voraus besten Dank! Herr Anhenn soll uns willkommen sein. – Sogleich muss Freund Minkowski bei mir auf der Bildfläche erscheinen. *) Er ist erschienen und lässt Sie vielmals grüssen(*. Leben Sie wohl, antworten Sie mir bald und seien Sie und Ihre werthe Frau herzlich gegrüsst von meiner Frau und mir, Ihrem

A. Hurwitz.

Hilbert an **Hurwitz** HiHu53

07.04.1897, Göttingen (Postkarte)

Lieber Freund. Ueber die sobaldige Erwiederung meiner Karte habe ich mich sehr gefreut. Als Beweis, wie nöthig eine regere Correspondenz zwischen uns ist, dient die Thatsache, dass ich von der Existenz Ihrer Note „Ueber die Zahlentheorie der Quaternionen" erst jetzt zufällig mich unterrichtete[536], da ich das letzte Heft der Nachrichten in die Hand nehme. Ein Separatabzug derselben befindet sich nicht in meinem Besitze. Wenn es Ihnen noch möglich ist, so bitte ich um einen solchen. Der Inhalt der Note ist mir sehr anregend und höchst interessant, besonders dass Ihnen die Lösung des Eulerschen Problems[537] gelungen ist und noch dazu in so eleganter Weise. Bezüglich Ihrer Beweises des Minkowskischen Satzes bedarf es gar keiner Verständigung zwischen uns; ich bin von der Einfachheit und Originalität desseben nämlich Ihres Beweises auch so überzeugt; nur würde ich mich sehr freuen, wenn Sie den Beweis recht bald aufschrieben und mir für die Nachrichten zuschickten; ich besorge das Vorlegen ebensogut wie der Sekretär und sage noch einige schwungvolle Worte dabei über die Bedeutung der Arbeit, während der Sekretät nur trocken bemerkte, dass wohl kein Grund gegen die Aufnahme vorliegt[538]. Mein Haus u. Garten ist jetzt vollständig fertig; ich arbeite täglich mehrere Stunden im Garten. Das Haus berühmt sich bis jetzt in jeder Hinsicht und macht mir grosse Freude. Es ist uns schon ein Genuss bloss durch die Stuben zu gehen. Hoffentlich besuchen Sie uns recht bald und sehen sich mit Ihrer Frau unser Besitzthum an, an dem wir, wie wir glauben, tausend Dinge angebracht haben, die das Leben angenehm und behaglich machen u. die man gewöhnlich sonst nicht haben kann. Mit bestem Gruss Ihr D.H.

Die anderen Punkte Ihrer Karte beantworte ich das nächste Mal

[535]Klein war Gutachter bei der Göttinger Dissertation von Furtwängler „Zur Theorie der in Linearfaktoren zerlgbaren ganzzahligen ternären kubischen Formen" (1896).

[536]A. Hurwitz: Über die Zahlentheorie der Quaternione (Nachrichten von der kgl. Gesellschaft der Wissenschaften zu Göttingen, Mathematisch-physikalische Klasse aus dem Jahre 1896, 313-340).

[537]Es geht dabei darum, ganzahlige Transformationen zu bestimmen, welche eine Form mit vier Variablen in ein vielfaches ihrer selbst überführen. Vgl. § 9 der Arbeit von Hurwitz (pp. 336-340).

[538]Hurwitz' Note über die Zahlentheorie der Quaternionen war vom Sekretär Willamowitz vorgelegt worden, nicht von Hilbert. Vgl. Hilbert an Hurwitz 11. März 1897 HiHu 51.

Hurwitz an **Hilbert** HuHi32
14.04.1897, Zürich (Postkarte)

Lieber Freund! Herzlichen Dank für Ihre Karte am 7ten April, die zur Beantwortung vor mir liegt. Einen Separatabzug meiner Arbeit über die Zahlentheorie der Quaternionen erhalten Sie umgehend. Ich habe bis jetzt wenige Exemplare verschickt, weil ich auf eine Arbeit, die in den Acta[539] erscheint, warten wollte. Die Correctur der letzteren habe ich vor Monaten gelesen, aber bis jetzt vergeblich auf die Separate gewartet. Den Beweis des Minkowski'schen Satzes hatte ich schon Anfang April aufgeschrieben. Da Minkowski in den nächsten Tagen eine Note über convexe Polyeder mit Mittelpunkt[540] abschliessen wird, so halte ich mein Manuscript bis dahin zurück. Wir schicken Ihnen dann beide Noten zusammen zu mit der Bitte, dieselben in der nächsten Sitzung der Gesellschaft der W. vorzulegen. Was meine Note[541] angeht, so sollte in derselben auch Ihr Bericht über die algebr. Zahlkörper[542] citirt werden. Sie werden die dazu geeigneten Stellen meiner Note sofort erkennen und ich bitte Sie, die Citate auf Ihren Bericht selbst hinzuzufügen. (Namentlich scheint mir in der Schlussnummer ein solches Citat angebracht.) Die Runge'sche Arbeit[543], von der ich Ihnen schrieb (Acta Bd. 6), enthält in der That implicit Ihren Satz über die Darstellung regulärer analyt. Functionen durch Summen ganzer rationaler Functionen. Die Hülfsmittel Runge's sind nur, abgesehen vom Cauchy'schen Satz, andere als die Ihrigen. Der Hülfssatz von Runge, der zum Ziel führt, heisst: Liegen die Pole einer rationalen Function $R(x)$ ausserhalb eines ganz im Endlichen liegendes Bereiches B, so kann man die ganze rationale Funktion $G(x)$ so bestimmen, dass $|R(x) - G(x)|$ im Innern von B kleiner als eine vorgeschriebene Zahl ϵ ist.

Burkhardt[544] ist seit einigen Tagen hier; er hat uns – Minkowski und mir – vorgestern auf gemeinsamem Spaziergange viel von Ihnen erzählen müssen. Ihre neues Haus rühmt er sehr. Ob wir mit den kleinen Kindern bald dazu kommen werden, Sie in Göttingen zu besuchen, ist sehr unsicher. Dagegen rechnen wir mit Sicherheit darauf, Sie und Ihre werthe Frau im Sommer hier in Zürich zu sehen. Anhenn ist noch nicht aufgetaucht; derselbe wird sich, was Vorlesungen angeht, vorzugsweise an Minkowski halten müssen. Ich lese nur Integral-Rechnung; daneben halte ich mit M. Colloquium. Burkhardt wird sich uns anschliessen. Klein

[539] A. Hurwitz: Sur l'intégrale finie d'une fonction entière (Acta mathematica 20 (1896–1897), 285-312).

[540] H. Minkowski: Allgemeine Lehrsätze über die konvexen Polyeder (Nachrichten von der kgl. Gesellschaft der Wissenschaften zu Göttingen, Mathematisch-physikalische Klasse aus dem Jahre 1897, 198-219).

[541] A. Hurwitz: Ueber lineare Formen mit ganzzahligen Coefficienten (Nachrichten von der kgl. Gesellschaft der Wissenschaften zu Göttingen, Mathematisch-physikalische Klasse aus dem Jahre 1897, 139-145).

[542] Hilberts Zahlbericht, gedruckt 1897.

[543] C. Runge: Entwicklung der algebraischen Wurzeln einer Gleichung in Summen von rationalen Functionen der Coefficienten (Acta mathematica 6 (1885), 305-318).

[544] H. Burkhardt hat im Sommersemester 1897 die Lehre an der Universität Zürich aufgenommen.

hatte mir eigentlich schon die Furtwängler'sche Dissertation[545] versprochen. Ich habe sie aber hier noch nicht erhalten. Leben Sie wohl und seien Sie herzlich gegrüsst von Ihrem

Hurwitz.

Hilbert an **Hurwitz** HiHu54

26.04.1897, Göttingen (Postkarte)

Lieber Freund. Anbei sende ich Ihnen mein Exemplar der Furtwänglerschen Dissertation; ich bitte Sie, dasselbe zu behalten, da ich mir ja leicht im Bedarfsfalle ein neues verschaffen kann. Die Runge'sche Arbeit Acta 6[546] habe ich studirt und in der That, die sehr einfachen Mittel zum Nachweise der Annäherung durch ganze Funktionen darin gefunden; ich werde diese Dinge in meinem morgen beginnenden Colleg vortragen, welches hauptsächlich von Kettenbruchentwicklungen handeln soll. Ferner gedenke ich über Invariantentheorie zu lesen und dabei auch Ihre neuste Note[547] zu verwenden, für deren Zusendung ich Ihnen bestens danke. Desgleichen besten Dank für die Schubertsche Rede auf Weierstrass. Was die allgemeine Bemerkung am Schluss Ihrer Invariantentheorie betrifft, so sehe ich noch nicht ihre Verwendbarkeit für den Endlichkeitsbeweis, da ich nicht weiss, wie weit Sie die Convergenz der Intergale sicher gestellt haben. Es würde mich sehr interessieren, zu erfahren, wie die Sache bei der allgemeinen Gruppe der linearen Transformationen liegt. Das math. Colloquium hier wird wohl im bevorstehenden Semester allein auf Schönfliess' und meinen Schulter ruhen müssten, da Klein's Interessen wenigstens augenblicklich von der Technik absorbiert sind.

Besten Gruss an Sie und Ihre Frau von Ihrem D. Hilbert.

Auch Minkowski bitte ich zu grüßen. D.H

Hurwitz an **Hilbert** HuHi33

10.05.1897, Zürich (Postkarte)

Lieber Freund! Soeben trifft Ihr Bericht über die Zahlenkörper ein und ich beeile mich, Ihnen für denselben herzlichst zu danken. Ihre Karte vom 26/4 habe ich rechtzeitig erhalten, desgl. die Dissert. von Furtwängler[548], die sich gegenwärtig in Minkowski's Händen befindet. Ich warte von Woche zu Woche

[545]Ph. Furtwängler: Zur Theorie der in Linearfaktoren zerlegbaren ganzzahlingen ternären kubischen Formen (Göttingen, 1896).

[546]C. Runge: Entwicklung der algebraischen Wurzeln einer Gleichung in Summen von rationalen Functionen der Coefficienten (Acta mathematica 6 (1885), 305-318).

[547]A. Hurwitz: Ueber die Erzeugung der Invarianten durch Integration (Nachrichten von der Kgl. Gesellschaft der Wissenschaften, mathematische-physikalische Klasse 1897, 71-90).

[548]Ph. Furtwängler: Zur Theorie der in Linearfaktoren zerlegbaren ganzzahligen ternären kubischen Formen (Göttingen, 1896).

auf Mink. Note über die Polyeder[549], um Ihnen zugleich den Beweis für Mink. Satz für die Nachrichten[550] zu schicken. Aber M. kommt immer auf neue Ideen und wird auch durch die Vorlesungen in der Redaktion aufgehalten. Der Schlussatz meiner Note über Invariantenerzeugung[551] ist nur so gemeint, dass zu jeder beliebigen speziellen Gruppe zugehörige Invarianten durch die Integration erzeugt werden können. Man erhält indessen nicht nothwendig alle Inv. auf diese Weise, weil eben noch die Convergenz des Integrals in Betracht kommt. Bei der allgemeinen Gruppe der linearen Transformationen, muss man wie das aus der Behandlung der unimod. Transformationen in meiner Note hervorgeht, die Coefficienten der Transf. complex veränderlich nehmen und dann die Untergruppe, die $x_1x_1^0 + x_2x_2^0 + \ldots + x_nx_n^0 = 0$ unverändert lässt, betrachten. Wenn man denn die ganzen ration. Invarianten haben will, so convergiren alle betreffenden Integrale. Wollen Sie am Congress einen Sections-Vortrag[552] so schreiben Sie mir doch bitte umgehend Ihr Thema. Von Dedekind erhielt ich gestern einen sehr liebenswürdig abgefassten Brief mit der Aufforderung in Braunschweig einen zahlentheor. Vortrag zu halten. Ich werde natürlich ablehnen müssen, da wir zur Zeit der Versammlung in Brauschweig[553] in Königsberg sein werden. Der hiesige Congress wird mir ohnedies die Lust verringern, gleich wieder eine derartige Versammlung mitzumachen. Mit Burkhardt machen wir ab und zu mathem. Spaziergänge. Er nimmt auch am Colloquium (bei mir zu Hause) Theil. Herzlichste Grüsse von Haus zu Haus. Ihr

A. Hurwitz.

Minkowski an **Hilbert** MiHi52

15.05.1897, Zürich (Brief)

Lieber Freund!

Deinen Bericht habe ich heute erhalten und ich sage Dir für das schöne Geschenk und die mir durch die wundervolle äussere Ausstattung bewiesene besondere Aufmerksamkeit herzlichsten Dank. Ich wünsche Dir Glück, dass endlich nach

549 H. Minkowski: Allgemeine Lehrsätze über die konvexen Polyeder (Nachrichten von der kgl. Gesellschaft der Wissenschaften zu Göttingen, Mathematisch-physikalische Klasse aus dem Jahre 1897, 198-219).

550 A. Hurwitz: Ueber lineare Formen mit ganzzahligen Coefficienten (Nachrichten von der kgl. Gesellschaft der Wissenschaften zu Göttingen, Mathematisch-physikalische Klasse aus dem Jahre 1897, 139-145).

551 A. Hurwitz: Ueber die Erzeugung von Invarianten durch Integration (Nachrichten von der kgl. Gesellschaft der Wissenschaften zu Göttingen, Mathematisch-physikalische Klasse aus dem Jahre 1897, 71-90).

552 Es geht um den ersten Internationalen Mathematiker-Kongress im August 1897 in Zürich. Vgl. Hilbert an Hurwitz 25. Mai 1897 HiHu 55 und Hilbert an Hurwitz 3. Juni 1897 HiHu 56.

553 Die Versammlung Deutscher Naturforscher und Ärzte in deren Rahmen auch die deutsche Mathematiker-Vereinigung tagte, fand vom 20. bis 25. September 1897 in Braunschweig statt. Hilbert hielt einen Vortrag über relativquadratische Zahlkörper.

der langjährigen Arbeit der Zeitpunkt herangekommen ist, wo Dein Bericht Gemeingut aller Mathematiker wird, und ich zweifle auch nicht daran, dass in nicht ferner Zeit Du selbst unter die grossen Klassiker der Zahlentheorie gezählt werden wirst. Einen wie brauchbaren Bericht Du geschrieben hast, erkennst Du zugleich an diesen Wendungen, die ich aber ebenso ehrlich meine wie der Autor, dem ich sie entlehnt habe.

Auch beglückwünsche ich Deine Frau zu dem guten Beispiel, das sie für alle Mathematikerfrauen aufgestellt hat und das nun für ewige Zeiten der Erinnerung aufbewahrt bleiben wird.[554]

Hast Du nun die Ferien nach Wunsch ausgenutzt? Deine letzten beiden Separatabzüge habe ich mit Interesse studirt. Meine Note für die Göttinger Nachrichten[555] hoffe ich Dir zur nächsten Sitzung (d. 29, soviel ich berechnet habe) bestimmt zu schicken. Dass Klein demnächst Correspondent der Pariser Akademie wird, wie mir Laugel nach einer Mittheilung von Hermite schreibt, wird wohl auch schon bei Euch bekannt sein. So werden die Berliner Mathematiker[556] bald sich in keinem Punkte den Göttingern über halten dürfen.

Der von Dir seinerzeit uns angekündigte Anhenn ist (nach der Beschreibung zu urtheilen, die Burkhardt von ihm entworfen hat), vorgestern einmal in meiner Vorlesung gewesen; im Übrigen hat er sich weder bei Hurwitz noch bei mir blicken lassen.

Wahrscheinlich wird ihm hier alles zu elementar sein. Ich lese partielle Differentialgleichungen, wozu gegen 20 Mann sich eingefunden haben; dagegen ist die Vorlesung über Hydrodynamik, die ich noch halte, spärlich besucht.

Mit Burkhardt treffen wir häufiger zusammen und haben ihn als dritten im Spaziergängerbunde aufgenommen. Er ist ganz angenehm im Umgang und im mathematischen Verkehr. Frau Hurwitz hat grosses Mitgefühl für ihn, weil er sich in Göttingen den Beinamen eines „Bummelzuges“ erworben haben soll.

Jüngstens war Mittag-Leffler hier, mit dem mathematisch offenbar nicht viel los ist. Von meinem Buche schien er wenig erbaut zu sein, und fast fürchte ich, dass es Dir mit Deinem auch nicht viel besser bei ihm gehen wird. Die „Abstractionsfähigkeit des Verstandes“ macht doch manchen Leuten Kopfschmerzen. Dass Franz Meyer nach Königsberg[557] kommt, ist ja sehr nett; hoffentlich werden er und Hölder sich gut vertragen. Meyer wird jedenfalls vor seiner Abreise bei Euch in Göttingen sein; suche ihn dann zu bestimmen, dass er

[554]Käthe Hilbert hatte die Reinschrift des Manuskripts angefertigt – wie sie auch fast alle Briefe und Publikationen von David Hilbert ins Reine schrieb. Am Ende des Vorwortes des Zahlberichts heißt es: „Mein Dank gilt auch meiner Frau, die das ganze Manuscript geschrieben und die Verzeichnisse angefertigt hat.“ (Jahresbericht der Deutschen Mathematiker-Vereinigung 4 (1897), VIII). Minkowski und Hurwitz wiesen Hilbert darauf hin, dass er seiner Frau danken müsse; vgl. Minkowski an Hilbert 17. März 1897 MiHi 49.

[555]H. Minkowski: Allgemeine Lehrsätze über die konvexen Polyeder (Nachrichten von der kgl. Gesellschaft der Wissenschaften zu Göttingen, Mathematisch-physikalische Klasse aus dem Jahre 1897, 198-219). Vorgelegt von D. Hilbert am 31. Juli 1897.

[556]In erster Linie dürften hier die Berliner Ordinarien Schwarz, Fuchs und Frobenius gemeint sein, von denen anscheinend niemand korrespondierendes Mitglied der Pariser Akademie war.

[557]Franz Meyer wurde 1897 auf das zweite Ordinariat in Königsberg berufen, zuvor war er in Clausthal. Vgl. Brief von Minkowski an Hilbert vom 31. Januar 1897 MiHi 46.

sich Hölder's ordentlich annimmt, namentlich auch den Königsberger Collegen gegenüber, die zunächst wohl wenig Vertrauen Hölder entgegenbringen mögen.

Mit herzlichen Grüssen an Dich, Deine Frau und Deinen Franz

Dein
H. Minkowski

Hilbert an **Hurwitz** HiHu55
25.05.1897, Königsberg (Brief)

Lieber Freund.

Letzten Freitag ist meine Schwester im Wochenbett an Blutvergiftung gestorben. Es ist ein entsetzlicher Schlag für meinen Schwager, meine armen alten Eltern und für mich und meine Frau. Auch Sie und Ihre Frau kannten Lischen und werden ihr ein gutes Andenken bewahren.

Da ich bis Sonnabend hier bleibe, so bin ich nicht im Stande Ihre und Minkowskis Note in der Sitzung der Gesellschaft vorzulegen. Ich hätte das sonst so sehr gern gethan. Die Sache muss also entweder 14 Tage aufgeschoben werden; oder Sie schicken die Noten an Klein, oder, wenn noch Zeit ist, an mich hier und ich schicke sie an den Sekretär.

Mit herzlichen Grüssen an Sie und Ihre Frau
Ihr alter Freund
Hilbert

Hurwitz an **Hilbert** HuHi34
29.05.1897, Zürich (Brief)

Lieber Freund!

Die Trauerbotschaft[558], die Ihr Brief aus Königsberg gestern brachte, hat meine Frau und mich auf's tiefste erschüttert. Es will mir nicht in den Sinn, dass Ihre Schwester nicht mehr ist, die mir als das lebendige Bilde der Heiterkeit und Lebenslust vor Augen steht. Bei solch schrecklichen Unglücksfällen giebt es keine Trostgründe; nur die Zeit vermag den Schmerz zu lindern. Ich will es mir auch versagen, direct an Ihre Eltern, die ich auf's tiefste beklage, zu schreiben, da ich weiss, dass Condolenzbriefe den Schmerz in erneuter Heftigkeit zu wecken pflegen. Wenn Sie es für geeignet halten, bitte ich Sie, Ihren Eltern meine innigste Theilnahme auszusprechen.

Die Arbeiten von Minkowski und mir[559] brauchen Sie nicht zu beunruhigen. Minkowski wird voraussichtlich erst in den Pfingsttagen fertig werden; wir

---

[558] Hilberts jüngere Schwester Elise Frenzel verstarb 1897 im Alter von 28 Jahren im Kindbett.

[559] A. Hurwitz: Ueber lineare Formen mit ganzzahligen Coefficienten (Nachrichten von der kgl. Gesellschaft der Wissenschaften zu Göttingen, Mathematisch-physikalische Klasse aus dem Jahre 1897, 139-145) wurde der Gesellschaft von Hilbert am 19. Juni 1897 vorgelegt; H. Minkowski:

schicken Ihnen dann die Manuscripte so ein, dass Sie dieselben heute in 14 Tagen der Akademie vorlegen können. Die aufregende Reise nach Königsberg haben Sie hoffentlich ohne Schädigung Ihrer Gesundheit zurückgelegt. Lassen Sie doch bald wieder von sich hören und nehmen Sie und Ihre werthe Frau von meiner Frau und mir nochmal den Ausdruck unserer herzlichen Theilnahme. In Freundschaft

Ihr

A. Hurwitz.

Minkowski an **Hilbert** MiHi53

30.05.1897, Zürich (Brief)

Lieber Freund!

Die traurige Nachricht, die Dein Brief bringt, hat mich tief ergriffen, und ich drücke Dir und den Deinigen meine innigste Theilnahme aus. Das Ereigniß ist so schrecklich, daß es unmöglich ist, ein tröstendes Wort zu finden.[560] Wer Deine Schwester kannte, mußte sie wegen ihres stets heiteren und freundlichen Wesens bewundern und mußte sich von ihrer glücklichen Lebensauffassung und ihrer Munterkeit mitreißen lassen. Ich denke noch der Zeit, da Ihr ein Jeder mit etwas unsicheren Aussichten in die Zukunft verlobt wart, dann wie fröhlich sie in München und immer in Rauschen war. Es ist schier unfaßbar, daß sie Euch so jung verlassen sollte. Wie mag sie Dir an's Herz gewachsen sein, der Du keine anderen Geschwister hast und so viele Jahre mit ihr zusammen aufgewachsen bist.

Man glaubt mitunter bei der Beschäftigung mit der Wissenschaft, dadurch einen festeren Halt in des Lebens Wechselfällen zu haben als andere Menschen und ihnen an Gleichmuth voraus sein zu können, im Grunde aber hat man doch nicht mehr gewonnen als einen Weg, sich seiner traurigen Gedanken zu entschlagen.

Sei herzlichst gegrüßt von Deinem

H. Minkowski

Hurwitz an **Hilbert** HuHi35

01.06.1897, Zürich (Postkarte)

Lieber Freund! Ich schicke Ihnen heute die Note[561] für die Göttinger Nachrichten zu. Onkel Kopski und ich sind nämlich übereingekommen, dass

---

Allgemeine Lehrsätze über die konvexen Polyeder (Nachrichten von der kgl. Gesellschaft der Wissenschaften zu Göttingen, Mathematisch-physikalische Klasse aus dem Jahre 1897, 198-219) wurde dagegen von Hilbert erst am 31. Juli 1897 vorgelegt. Vgl. Minkowski an Hilbert 23. Juli 1897 MiHi 55.

[560]Hilberts jüngere Schwester Elise Frenzel verstarb 1897 im Alter von 28 Jahren im Kindbett.

[561]A. Hurwitz: Ueber lineare Formen mit ganzzahligen Coefficienten (Nachrichten von der kgl. Gesellschaft der Wissenschaften zu Göttingen, Mathematisch-physikalische Klasse aus dem Jahre 1897, 139-145).

es für Sie vielleicht bequemer sein wird, wenn Sie die beiden Noten – von Kopski und mir – nach einander erhalten. Auch habe ich noch kein rechtes Vertrauen dazu, dass M.[562] bis Samstag in 8 Tagen fertig wird, da die herrlichen Tage in's Freie locken. Ich wollte aber meine Note nicht länger liegen lassen; bitte Sie also, dieselbe in der nächsten Sitzung jedenfalls vorzulegen. Der von Ihnen angekündigte Herr Anhenn ist vorübergehend bei M. u. Burkhardt etwa 3 Wochen nach Beginn des Semesters aufgetaucht und dann wieder spurlos verschwunden. Ich habe ihn überhaupt nicht zu Gesicht bekommen. Schicken Sie uns das nächste Mal einen etwas sichereren Cantonisten. Leben Sie wohl für heute; ich bin mathematisch leer, da der Congress-Vortrag[563] mich absorbirt. Seien Sie herzlich gegrüsst, Sie mit Frau u. Kind, von Ihrem

getreuen A. Hurwitz

Hilbert an **Hurwitz** HiHu56

03.06.1897, Göttingen (Postkarte)

Lieber Freund.

Ihren teilnehmenden Brief habe ich erhalten und sage Ihnen und Ihrer Frau meinen herzlichen Dank. Ihre Karte und Ihr Manuskript habe ich ebenfalls erhalten. Ich werde letzteres Sonnabend über 8 Tage vorlegen[564]. Es freut mich sehr und wird hoffentlich jeden Mathematiker freuen, dass man jetzt für diesen fundamentalen Satz einen nicht mehr zu vereinfachenden Beweis hat. Da Sie es wünschten, habe ich ein Citat auf meinen Bericht[565] eingefügt. Sie werden es bei der Correktur sehen und eventuell abändern können.

Ich wollte Ihnen eigentlich einen kleinen Vortrag „Über die Grenzgebiete zwischen Zahlen- und Funktionentheorie" für Zürich[566] anmelden, als die Krankheit meiner Schwester und der jähe Verlauf derselben dazwischen kam. Uebrigens habe ich in Königsberg mit zuletzt Volkmann und Hölder gesprochen. Letzterem geht es sehr gut; er sieht frisch und kräftig aus und die mathematischen Unterhaltung mit Ihm war mir eine wohlthuende Erfrischung. Grüsse von Haus zu Haus

Ihr Hilbert.

---

[562] H. Minkowski: Allgemeine Lehrsätze über die konvexen Polyeder (Nachrichten von der kgl. Gesellschaft der Wissenschaften zu Göttingen, Mathematisch-physikalische Klasse aus dem Jahre 1897, 198-219).

[563] A. Hurwitz hielt einen der beiden Hauptvorträge beim ersten Internationalen Mathematiker-Kongress in Zürich „Über die Entwickelung der allgemeinen Theorie der analytischen Funktionen in neuerer Zeit" (Verhandlungen des ersten Internationalen Mathematiker-Kongresses in Zürich vom 9. bis 11. August 1897, hg. von F. Rudio [Leipzig: Teubner, 1898], 91-112).

[564] A. Hurwitz: Ueber lineare Formen mit ganzzahligen Coefficienten (Nachrichten von der kgl. Gesellschaft der Wissenschaften zu Göttingen, Mathematisch-physikalische Klasse aus dem Jahre 1897, 139-145) wurde der Gesellschaft von Hilbert am 19. Juni 1897 vorgelegt.

[565] D. Hilbert: Bericht über die Theorie der algebraischen Zahlkörper (Jahresbericht der Deutschen Mathematiker-Vereinigung 4 (1897), 175-546).

[566] Für den ersten Internationalen Mathematiker-Kongress.

Minkowski an **Hilbert** MiHi54
10.06.1897, Zürich (Brief)

Lieber Freund!

Ich bin im Begriffe, Dir und Deiner Frau einen Separatabzug von der Voranzeige meines jüngsten Werks[567] zugehen zu lassen, über welches ich wohl mehr Freude empfinde als über vieles andere. Ich habe mich nämlich am Pfingstsonntag mit Frl. Auguste Adler aus Straßburg i. Els. verlobt. Meine Wahl ist, wie ich überzeugt bin, eine sehr glückliche; und ich hoffe bestimmt, daß auch für mein wissenschaftliches Arbeiten der Zustand, in den ich nach Überwindung des unvermeidlichen, wenig Freiheit lassenden Zwischenstadiums schon Ende August[568] gelangen werde, sehr gut sein wird.

An meiner Note[569] habe ich noch in Straßburg bis Sonnabend gearbeitet. Seit dem Sonntag gehöre ich aber kaum eine Minute mir selber. Ich würde zu ihrer Erledigung vielleicht nur einen, aber wirklich freien Tag brauchen, hoffentlich findet er sich bald. – Für Deine beiden Separatabzüge meinen besten Dank.

Mit herzlichen Grüßen an Dich und Deine Frau

Dein H. Minkowski

Wie ich sehe, ist mein Bericht über meine Braut doch selbst, wenn man zugiebt, daß sich brieflich schwer eine zutreffende Schilderung entwerfen läßt, etwas sehr kurz ausgefallen. Sie ist 21 Jahre, sieht sehr sympathisch aus, nicht bloß nach meinem Urtheil, sondern nach dem Aller, welche sie kennen, ist inmitten von 6 Geschwistern sehr häuslich erzogen und besitzt einen nicht gewöhnlichen Grad von Intelligenz. Der Vater ist Kaufmann, er hat eine große Lederfabrik in der Nähe von Straßburg. – Ein Bild von meiner Braut und mir sende ich Euch, sowie ich ein solches haben kann.

Hurwitz an **Hilbert** HuHi36
05.07.1897, Zürich (Postkarte)

Lieber Freund! Für die Übersendung der interessanten Rede auf Weierstrass[570] sowie für die prompte Vorlage meiner kleinen Note[571] über Minkowski's Satz

[567] Gemeint ist wohl die Verlobungsanzeige.

[568] Am 5. September 1897 heirateten Auguste Adler und Hermann Minkowski in Strassburg, vgl. Brief von Minkowski an Hilbert vom 23. November 1897 MiHi 56.

[569] H. Minkowski: Allgemeine Lehrsätze über die konvexen Polyeder (Nachrichten von der kgl. Gesellschaft der Wissenschaften zu Göttingen, Mathematisch-physikalische Klasse aus dem Jahre 1897, 198-219). Vorgelegt von D. Hilbert am 31. Juli 1897.

[570] D. Hilbert: Zum Gedächtnis an Karl Weierstraß (Nachrichten von der kgl. Gesellschaft der Wissenschaften zu Göttingen, Mathematisch-physikalische Klasse 1897, geschäftliche Mitteilungen, 60-69).

[571] A. Hurwitz: Ueber lineare Formen mit ganzzahligen Coefficienten (Nachrichten von der kgl. Gesellschaft der Wissenschaften zu Göttingen, Mathematisch-physikalische Klasse aus dem Jahre 1897, 139-145).

schulde ich Ihnen noch meinen Dank, den ich hiermit herzlichst abstatte. Vorgestern habe ich die erste Correctur der Note gelesen und um eine zweite gebeten. Der Congress[572] wirft jetzt schon seine Schatten voraus. Seit einigen Tagen weilt Herr Laugel mit Frau und Kind hier: Minkowski und ich sind häufig mit ihm zusammen und radebrechen französisch. Er ist ein recht angenehmer Mann. Dass Minkowski durch seine Brautschaft zunächst absorbirt ist, können Sie sich denken. Sein Hauptinteresse nehmen die Bücher, Wohnungen sowie Möbel etc. in Anspruch. Doch hat er sich vorgenommen, seine Arbeit[573] fertig zu machen und sie Ihnen noch in dieser Woche zuzuschicken. Aber ob er fertig wird, ist mir zweifelhaft. Noch möchte ich Sie bitten, wenn sich Gelegenheit bietet, sich Frl. Wedells[574] ein wenig anzunehmen. Sie ist ein sehr nettes Mädchen, welches Ihrer Frau gewiss sehr gut gefallen wird.

Wie steht es mit Ihren Sommerplänen? Dürfen wir darauf rechnen, dass Sie zum Congress nach Zürich kommen? Herzlichste Grüsse von meiner Frau u. mir für Sie und Ihre werthe Frau. Ihr freundschaftlichst ergebener

Hurwitz

Minkowski an **Hilbert** MiHi55

23.07.1897, Zürich, Freiestrasse 102 (Brief)

Lieber Freund!

Die so oft versprochene Note[575] für die Göttinger Nachrichten habe ich endlich soeben an Dich abgeschickt. Die Resultate stehen nicht im Verhältniss zu der Spannung, die ich durch mein langes Zögern verursacht haben muss. Hoffentlich ist die Note noch so rechtzeitig in Deinen Besitz gekommen, dass Du sie gestern vorlegen konntest. Nach meiner Berechnung muss da die letzte Sitzung vor den Ferien gewesen sein. Ursprünglich war es meine Absicht gewesen, bei Gelegenheit des Congresses an Bekannte Separatabzüge der Arbeit zu vertheilen. Doch dürfte bei der Nähe des Congresses dies jetzt ausgeschlossen sein.

Ich erlaubte mir, eine Photographie von meiner Braut und mir für Dich und Deine Frau beizulegen. Das Bild ist nicht gut, meine Braut namentlich ist sehr schlecht getroffen, doch da ich kein anderes Bild habe, so muss ich schon dieses unvollkommene geben. Unsere Hochzeit ist auf Ende August festgesetzt. Da die

[572] Der erste Internationale Mathematiker-Kongress fand vom 9. bis 11. August 1897 in Zürich statt.

[573] H. Minkowski: Allgemeine Lehrsätze über die konvexen Polyeder (Nachrichten von der kgl. Gesellschaft der Wissenschaften zu Göttingen, Mathematisch-physikalische Klasse aus dem Jahre 1897, 198-219) vorgelegt von Hilbert am 10. Juli 1897.

[574] Charlotte Wedell wechselte 1896 von Zürich nach Göttingen, um ihre mathematische Ausbildung zu vervollständige. Vgl. Minkowski an Hilbert 21.11.1896 MiHi 40.

[575] H. Minkowski: Allgemeine Lehrsätze über die konvexen Polyeder (Nachrichten von der kgl. Gesellschaft der Wissenschaften zu Göttingen, Mathematisch-physikalische Klasse aus dem Jahre 1897, 198-219). Vorgelegt von D. Hilbert am 31. Juli 1897.

Familie meiner Braut vor Kurzem einen nahen Verwandten verloren hat, so wird die Hochzeit in kleinstem Kreise gefeiert.

Wirst Du nun zum Congress[576] kommen? Die bisherigen Anmeldungen sind sehr zahlreich. Wir haben hier schon lange Nichts über Dein Ergehen gehört. Ich bin durch meinen Bräutigamsstand in der letzten Zeit fast gar nicht zu wissenschaftlicher Arbeit gekommen. Dass Burkhardt sich in voriger Woche ebenfalls verlobt hat, mit einer hier studirenden jungen Dame[577], die hier einen Schwager und in Wien den Vater als Professoren besitzt, ist vielleicht schon bis nach Göttingen gedrungen. Welch guten Einfluss also die Berufungen nach Zürich haben!

Ich hoffe, gute Nachrichten von Dir zu erhalten. Mit besten Grüssen an Dich, Deine Frau und Franz

Dein
H. Minkowski

Minkowski an **Hurwitz** MiHu17
20.08.1897, Strassburg. im Elsass, Universitätsplatz 8 (Brief)

Lieber Freund!

Den Brief von Herrn Laugel, den ich hiermit übersende, habe ich gestern erhalten. Die Familie Laugel ist wirklich bedauernswerth wegen ihrer Züricher Erfahrungen[578], hoffentlich vermag sie mit der Zeit, die Erinnerung an uns von der an ihre widrigen Erlebnisse zu trennen.

Gestern Abend ist meine Schwester[579] aus Cranz hier eingetroffen, und ich habe mich sehr gefreut, von ihr gute Nachrichten über Ihr und der Ihrigen Befinden zu erhalten. Ich werde mich bis zur Zeit meiner Hochzeit im Schwarzwalde in Gesellschaft meiner Geschwister aufhalten. Von Göttingen habe ich bereits die Correctur meines Aufsatzes[580] erhalten.

---

[576]Hilbert nahm am Internationalen Mathematiker-Kongress im August 1897 in Zürich nicht teil, obwohl er einen Vortrag geplant hatte. Grund dafür war der Tod seiner Schwester. Vgl. Hilbert an Hurwitz 25. Mai 1897 HiHu 55 und 3. Juni 1897 HiHu 56.

[577]Es geht um Mathilde Büdinger, deren Vater Professor für Geschichte an der Universität Zürich (1861), ab 1872 dann in Wien, war. Hedwig Büdinger, eine Schwester von Burkhardts Frau, war mit Paul Schweizer, Professor für Geschichte an der Universität Zürich verheiratet.

[578]L. Laugel kam mit Familie nach Zürich, um am ersten Internationalen Mathematiker-Kongress teilzunehmen. Das Hotel, in der die Familie Quartier bezogen hatte, brannte aus, was zum Verlust von vielen Kleidungsstücken der Familie führte. Vgl. den nachfolgenden Brief von Laugel an Hurwitz und Minkowski.

[579]Fanny Minkowski.

[580]H. Minkowski: Allgemeine Lehrsätze über die konvexen Polyeder (Nachrichten von der kgl. Gesellschaft der Wissenschaften zu Göttingen, Mathematisch-physikalische Klasse aus dem Jahre 1897, 198-219). Vorgelegt von D. Hilbert am 31. Juli 1897.

Ich wünsche Ihnen, Ihrer Frau und Ihren Kleinen vergnügte Tage und vortreffliche Erholung in Cranz und bin mit herzlichen Grüßen und besten Empfehlungen an Ihre Frau und alle Ihre Angehörigen

Ihr

H. Minkowski

Beiliegend findet sich die Abschrift eines Briefes von Laugel an Minkowski und Hurwitz.

Lundi Golfe Juan

Très chers Messieurs et amis

Je vous écris à tous les deux (Minkowski et Hurwitz) en même temps d'abord parce que je suis accablé de correspondance et ensuite parce que la lettre vous concerne tous deux. Mille remerciements à propos du feu. Nous nous en sommes bien tirés. Nous avons cependant perdu beaucoup de vêtement. Comme nous devions partir j'avais tout emballé surtout les papiers etc. mais ma femme a perdu trois robes, la petite tout, la femme de chambre aussi. On a tout jeté par la fenêtre et naturellement avec la pluie et la foule tout a été ruiné ou disparu. Nous n'avons pas eu de chance, enfin je m'en console par le plaisir de vous avoir rencontré et connu tous les deux. Elles ont dû passer un jour aussi à Zürich acheter des vêtements. Elles me rejoindront à la fin de la semaine. – tout ce que je vous souhaite c'est de voyager avec chance et plus agréablement, et d'éviter le feu et l'eau et le Keuch.husten et le Kegel.bahn etc. Comme je vous souhaite d'ailleurs toutes sortes de prospérités et de bonheur. Maintenant je vous écris ce que m'écrivait M. Hermite.

L'article de M. Hurwitz[581] sur les formes linéaires ne cesse de m'occuper, de me faire réflechir, mais sans grand profit, voici cependant une petite remarque que le lui soumets par votre intermédiaire.

Posant $f_i = a_{1i}x_1 + a_{2i}x_2 + \ldots + a_{ni}x_n$, je considère la forme quadratique à $n+1$ indeterminées

$$(\alpha_1 x + f_1)^2 + (\alpha_2 x + f_2)^2 + \ldots + (\alpha_n x + f_n)^2 + \lambda^2 x_2$$

où λ représente un paramètre variable. Son determinant est $(D\lambda)^2$, D étant le determinant des n formes linéaires f_i, et on pourra exprimer son minimum pour des valeurs entières par $\sqrt[n+1]{(ND\lambda)^2}$, N étant un coefficient numérique qui dépend seulement de n.

Cela étant, on aura si l'on n'envisage que les valeurs absolues les conditions $\alpha_i x + f_i < \sqrt[n+1]{(ND\lambda)^2}$ et $\lambda x < \sqrt[n+1]{(ND\lambda)^2}$.

[581] A. Hurwitz: Ueber lineare Formen mit ganzzahligen Coefficienten (Nachrichten von der kgl. Gesellschaft der Wissenschaften zu Göttingen, Mathematisch-physikalische Klasse aus dem Jahre 1897, 139-145).

J'assujetis maintenant L'entier x à être moindre qu'une quantité déterminée ξ, en disposant de λ par l'égalité $\lambda\xi = \sqrt[n+1]{(ND\lambda)^2}$. On en tire $\lambda\xi = \sqrt[n]{\frac{ND}{\xi}}$

ce qui donne pour toutes les valeurs de i

$$\alpha_i x + f_i < \sqrt[n]{\frac{ND}{\xi}}.$$

Cette formule met bien en évidence que le maximum des formes linéaires decroit si ξ augmente; elle montre en faisant $\xi = 2$ qu'on peut déterminer les entiers $x_1, x_2, \ldots, x_n$ tel qu'on ait quelques soient les constantes $\alpha_1, \alpha_2, \ldots, \alpha_n$

$$\alpha_i + f_i < \sqrt[n]{\frac{ND}{2}}.$$

Mais le point faible est que je ne prouve pas qu'il faut exclure la supposition de $x = 0$; je ne sais pas si la question a été traitée par M. Minkowski, les manuscrits que vous m'avez traduit de son livre étant à Paris. Soyez assez bon, puisque M. Minkowski part pour se marrier, de le demander à M. Hurwitz et de lui dire ainsi qu'à M. Minkowski Vous lui écrivez, que je me sens maintenant rapproché par des liens plus édroits, plus intimes, que ceux de l'arithmétique et que je serais heureux s'il vient à Paris de pouvoir bien sincèrement et affectueusement lui en offrir l'assurance en faisant à moi grande satisfaction sa connaissance personelle.

Etc. signé Hermite

Hurwitz an **Hilbert** HuHi37
06.11.1897, Zürich (Brief)

Lieber Freund!

Ihre Karte vom 28 Okt. hat mich sehr erfreut. Schon lange wollte ich Ihnen nach der Rückkehr von unserer grossen Sommerreise schreiben, aber die grosse Arbeitslast, die von Anfang Oktober auf mir lastete, liess mich nicht dazu kommen, und nun wollte ich, nach Erhalt Ihrer Karte, die Fertigstellung einer kleinen Notiz[582] abwarten, die ich Ihnen beifolgend übersende mit der Bitte, dieselbe in der nächsten Sitzung der Gesellschaft der Wissenschaften vorzulegen. Ich glaube der Inhalt der Note wird Sie interessiren. Der erste Gedanke zu dieser Untersuchung stammt schon aus der Königsberger Zeit, aber erst in den letzten Wochen habe ich die Sache zum Abschluss gebracht.

Unsere Sommerreise ist in jeder Beziehung trefflich gelungen. Wir alle (und namentlich die Kinder) haben uns stets wohl befunden und die Ausspannung von wissensch. resp häuslicher Arbeit gründlich mit den Unsrigen genossen.

[582] A. Hurwitz: Ueber die Entwicklungscoefficienten der lemniscatischen Functionen (Nachrichten von der kgl. Gesellschaft der Wissenschaften zu Göttingen, Mathematisch-physikalische Klasse aus dem Jahre 1897, 273-276), vorgelegt von Hilbert am. 27. November 1897.

In Königsberg traf ich in Glaris vor dem Königsthor auch mit Ihrem Vater zusammen, den ich ganz unverändert fand. Er erzählte mir, dass Sie die Absicht haben, mit Frau und Kind Weihnachten nach Königsberg zu kommen. Dass Sie im Sommer nicht mehr nach Zürich können, haben wir sehr bedauert. Andrerseits ist es mir wiederum verständlich, dass Sie die grosse Reise scheuten, da sogleich nach dem Congress alle Welt auseinander ging. Ihre Zahlentheorie ist ja sehr gut besucht. Das Studium der Mathematik scheint sich in Deutschland wieder stark zu heben. Wieviele Studirende haben Sie im Ganzen in Göttingen?

Bei uns sind etwa 30 Mathematik-Studirende am Polytechnikum. Insofern komme ich, namentlich seitdem Freund Minkowski hier ist, nicht mehr dazu, Special Vorlesungen zu halten. In den allgem. Vorlesungen über Diff. u. Integral Rechnung und Differentialgl. habe ich in diesem Semester wiederum ein sehr stattliches Auditorium. In der Diff.-Rechnung nicht weniger als 146 Zuhörer, in der Differentialgl. 96-100.

Doch nun ade für heute. Lassen Sie bald wieder von sich hören (Kartencorrespondenz fleissig benutzen!) und seien Sie u. Ihre werthe Frau herzlich gegrüsst von meiner Frau und mir,

Ihrem

A. Hurwitz.

Minkowski erzählte mir neulich, dass Sie in die Redaktion der Annalen[583] eingetreten sind, wozu ich Ihnen gratulire. Klein grüssen Sie doch, bitte, bei Gelegenheit von mir; ebenso Schönfliess

Hilbert an **Hurwitz** HiHu57

09.11.1897, Göttingen (Postkarte)

Lieber Freund. Ihre Note[584] habe ich eben erhalten und sofort mit vielem Interesse gelesen. Ich werde sie Sonnabend 13 Nov vorlegen. Auch für Ihren Brief vielen Dank. Besonders begierig bin ich Ihre Beweise kennen zu lernen, da ich mir von denselben eine Förderung der Th. der complex. Multipli. d. ellip. Funktionen wenigsten in dem besonderen Falle $h(\sqrt{-1})$ verspreche. Es würde mich sehr freuen, wenn Sie Ihre Untersuchung auf den Fall eines beliebigen singulären Moduls ausdehnen würden. Nach Allem ist es doch sehr wahrscheinlich, dass nicht nur zu jedem imaginären quadratischen Körper, sondern überhaupt zu jedem Körper Zahlen $\mathcal{E}_n$ zugehören, den die Bernoullischen B_n für den Körper d. rat. Zahl. entsprechen. Wahrscheinlich hängt dies auf's engste mit einer Relation zusammen, die zwischen $\zeta_K(r) = \sum_{(j)} \frac{1}{n(j)^r}$ besteht, sodass dann die $\mathcal{E}_n$ und $\zeta_K(1-r)$ im wesentlichen durch die Werte der Funktion $\zeta(-m)$ bestimmt sind.

[583] Hilbert wird ab Band 50 (1898) als Mitwirkender genannt, Redakteure waren Dyck, Klein, Adolf Mayer.

[584] A. Hurwitz: Ueber die Entwicklungscoefficienten der lemniscatischen Functionen (Nachrichten von der kgl. Gesellschaft der Wissenschaften zu Göttingen, Mathematisch-physikalische Klasse aus dem Jahre 1897, 273-276), vorgelegt von Hilbert am. 27. November 1897.

– Ich selbst habe so vielerlei auszuarbeiten, dass ich nicht recht weiss, was ich zuerst vornehmen soll, und in Folge dessen Alles liegen lasse. Mein Colleg über irrationale Zahlen macht mir viel Vergnügen. Es ist eine schöne Sache um die Cantorsche Theorie. Ich kann beweisen, dass sich die Gesamtheit aller stetigen Funktionen sogar (in gewissem genau zu definierenden Sinne) stetig auf das Linearcontinuum abbilden lässt. Endlich das Wichtigste: Als Annalenredakteur möchte ich den Wunsch aussprechen, dass Sie die Ausführung ihrer Note in den Annalen bringen. Ich würde mich diesmal besonders noch deshalb darüber freuen, wenn Sie die Arbeit recht bald einschickten, weil wir so sehr viel minderwertiges Material liegen haben und ich meine, dass wir das am besten so behandeltn, dass wir wirklich gutes Material recht viel sammeln und bevorzugen. Mit bestem Gruss D.H.

Hurwitz an **Hilbert** HuHi38
17.11.1897, Zürich (Postkarte)

Lieber Freund! Besten Dank für Ihre letzte Karte, aus der ich entnehme, dass Sie meine Note vorigen Sonnabend vorgelegt haben. Die ausführliche Arbeit will ich gern für die Annalen zur Verfügung stellen, nur werde ich nicht so bald dazu kommen, die Arbeit zu redigiren, da ich die Referate für die Fortschritte[585] machen muss; eine lästige Sache, die mich mehrere Monate kosten wird. Für die complexe Multipl. kommt übrigens nichts Neues heraus, da die Hülfsmittel meines Beweises, soweit sie der complexen Multiplic. angehören, bekannt sind. Die Auffindung der Relation zwischen $\zeta_K(s)$ und $\zeta_K(1-s)$ ist ein grosses Problem der Zukunft. Die Zahlen E_n stehen indessen mit der ζ-Function für $K(\sqrt{-1})$, wenn ich nicht irre, nicht in derselben Beziehung wie B_n zu Riemann's $\zeta(s)$.[586] Aber ich habe auch schon an die Summen $\sum_s \sum_r' \frac{1}{(r^2+s^2)^n}$ gedacht, die eine solche Beziehung darbieten würden. Ob ihnen ähnliche Eigenschaften wie den Summen $\sum\sum \frac{1}{(r+is)^n}$, welch' letztere zu den E_n führen, zukommen, vermag ist aber nicht zu sagen. Ernstlich bin ich der Sache nicht näher geterten.

Wie ist der Beweis von Satz 12 (pag186) Ihres Körperberichts[587] zu verstehen? Haben Sie den allgemeineren Satz am Schluss meiner Note „Zur Theorie der algebraischen Zahlen"[588] [Hurwitz[3] in Ihrem Bericht] bemerkt? Ich lese mit grossem Vergnügen, hin und wieder auch mit Schmerzen über meine Dummheit, in Ihrem Berichte, dessen enormer Inhalts-Reichthum geradezu erdrückend ist.

[585] Es geht um Referate für das Jahrbuch über die Fortschritte der Mathematik.

[586] „Mathematische Formeln" wären oft gemäß der Publikationen bezeichnet. Die Hurwitz-Zahl E_n wird heutzutage mit H_n bezeichnet.

[587] D. Hilbert: Bericht über die Theorie der algebraischen Zahlkörper (Jahresbericht der Deutschen Mathematiker-Vereinigung 4 (1897), 173 – 546).

[588] A. Hurwitz: Zur Theorie der algebraischen Zahlen (Nachrichten von der kgl. Gesellschaft der Wissenschaften zu Göttingen, Mathematisch-physikalische Klasse aus dem Jahre 1895, 324-331).

Den Beweis für den letzten Fermat'schen Satz[589] haben Sie doch in wesentlichen Punkten vervollständigt? Auch die Unmöglichkeit von $\alpha^n + \beta^n = \gamma^n$ im Körper $K(\sqrt{-1})$ rührt doch von Ihnen her? Sie hätten, glaube ich, Ihr Eigenthum als solches mehr in dem Bericht hervorheben sollen. Nehmen Sie und Ihre werthe Frau die herzlichsten Grüsse von meiner Frau und mir. Wie geht es Ihrem Franz? Unsere beiden Kleinen gedeihen vortrefflich; die ältere ist schon ein selbstständiges Menschchen mit eigenen Gedanken. Leben Sie wohl und lassen Sie bald wieder etwas von sich hören. Ihr H.

Minkowski an **Hilbert** MiHi56
23.11.1897, Zürich, V, Mittelstrasse 12 (Brief)

Lieber Freund,

Nach meiner Schweigsamkeit mögt Ihr wohl der Meinung sein, ich sei seit meiner Verheirathung ganz verändert, während ich in dem Interesse für meine Freunde und meine Wissenschaft gewiss der Alte geblieben bin. Ich habe nur zunächst eine Zeit lang dieses Interesse nicht in gewohnter Weise an den Tag legen können.

Vor Allem danke ich Dir sehr für Dein freundliches Schreiben, und Dir und Deiner Frau sage ich, zugleich auch im Namen meiner Frau, herzlichen Dank für das schöne Geschenk, durch das Ihr uns erfreut habt. Es gereicht unserem Speisezimmer zu einer grossen Zierde, und ich hoffe, dass Ihr in nicht zu langer Zeit Euch selbst überzeugen könnt, wie schön und angenehm es in die Augen fällt. Der Zufall hat es übrigens gewollt, dass wir von Hurwitzens eine Art Pendant zu Eurer Dedication erhielten, wodurch speciell für mich noch eine ganz besondere Harmonie in dem von uns getroffenen Arrangement hervortritt.

Unsere Hochzeit war am 5. September, und den September hindurch waren wir dann auf Reisen in Tirol, und zuletzt in Italien, an den Seen und in Venedig. An den schönsten Punkten dachte ich oft daran, Euch Ansichtskarten zu senden, unterliess es aber wohl, weil Du damals auf der Naturforscherversammlung[590] jedenfalls für ganz andere Dinge Sinn hattest. Hierher zurückgekehrt, mussten wir fast den ganzen Oktober über noch in einer Pension zubringen, weil an der Wohnung, die ich nach langem Suchen einigermassen freundlich gefunden hatte, noch vieles zu renoviren war. Erst jetzt sind wir mit der Einrichtung ziemlich fertig geworden, sodass ich endlich wieder ruhig an die Mathematik

[589] E. E. Kummer gelang es 1846, die Fermat-Vermutung für Exponenten zu beweisen, die reguläre Primzahlen sind. 1857 konnte er sein Resultat noch verallgemeinern, vgl. E. E. Kummer: Sätze über die aus den Wurzeln der Gleichung ... nebst Anwendung derselben auf einen weiteren Beweis des letzten Fermatschen Lehrsatzes (Abhandlungen der Kgl. Akademie der Wissenschaften zu Berlin aus dem Jahre 1857. Mathematische Abhandlungen (Berlin: Druckerei der Kgl. Akademie, 1858), 41-74).

[590] Die Jahrestagung der Deutschen Mathematiker-Vereinigung fand vom 20. September bis zum 25. September 1897 in Braunschweig im Rahmen der Versammlung Deutscher Naturforscher und Ärzte statt. Hilbert hielt einen Vortrag über die Theorie der relativquadratischen Körper.

gehen kann. – Zu Deinem Eintritt in die Redaction der Annalen[591] gratulire ich Dir bestens; den Annalen wie überhaupt der mathematischen Litteratur wird dieser Umstand sehr förderlich sein. — Ich will Dir einige Partien aus dem zweiten Theile meines Buches[592], die sich leicht loslösen lassen, für die Annalen übersenden.[593] Auf meine Preisarbeit[594] werde ich wohl erst wieder bei Gelegenheit meines Berichts für die Vereinigung, zu dem es eines Tages doch noch kommen wird, zurückkommen.[595] Meine Note über die convexen Polyeder stelle ich etwas ausführlicher in meinem Buche dar; eine französische Übersetzung wollte Mittag-Leffler in den Acta bringen.[596]

Bereitest Du selbst wieder eine grössere Publication vor? Man hat für Deine Verhältnisse schon eine ganze Weile Nichts von Dir zu lesen bekommen. Hurwitz studirt und kritisirt jetzt eifrig Deinen Bericht; er hätte am liebsten die Darstellung so gewünscht, dass jedes kleine Kind den Bericht verstehen könnte.

Ich lese dieses Semester drei zweistündige Vorlesungen[597] und habe in jeder ca. 8 Hörer. Es giebt hier nur einen mathematischen Studenten, der mehr als 3 Semester hat[598]. Das Colloquium wird hauptsächlich durch die Assistenten gestützt. Burkhardt will im December heirathen. Er wird dann in meiner unmittelbaren Nähe wohnen.[599]

Was macht Euer Franz? Wenn Ihr eine neuere Photographie von ihm habt, könntet Ihr sie uns wohl dediciren.

Mit herzlichen Grüssen, auch von meiner Frau, für Dich und Deine Frau

Dein Minkowski

---

[591] Hilbert wird erstmals 1898 im 50. Band als an der Herausgabe der Annalen mitwirkend genannt, die eigentlichen Herausgeber waren Dyck, Klein und Adolf Mayer.

[592] Dieser zweite Teil der Geometrie der Zahlen wurde erst postum 1910 von Hilbert und D. Speiser publiziert.

[593] H. Minkowski: Über die Annäherung an eine reelle Größe durch rationale Zahlen (Mathematische Annalen 54 (1901), 91-124).

[594] Minkowski, H.: Sur la théorie des forms quadratiques à coéfficients entiers (Mémoires présentés à l'Académie des Sciences 29 No. 2). Minkowskis Beitrag zum Preisausschreiben der Pariser Akademie.

[595] Das sollte nicht der Fall sein.

[596] H. Minkowski: Allgemeine Lehrsätze über die konvexen Polyeder (Nachrichten von der kgl. Gesellschaft der Wissenschaften zu Göttingen 1897, 198-219). Vorgelegt von D. Hilbert am 31. Juli 1897. Eine französische Übersetzung dieser Arbeit ist nicht erschienen.

[597] Minkowski las analytische Mechanik, Variationsrechnung und Geometrie der Zahlen im Wintersemester 1897/98, das mathematische Seminar wurde von Geiser, Hurwitz und Minkowski gemeinsam angekündigt.

[598] Allerdings sollten die Studierenden, die in der Fachlehrerabteilung im WS 96 in der mathematisch-physikalischen Sektion begannen, sich bald als sehr geeignet erweisen. Darunter waren Ehrat, Kollros und Grossmann, die alle Mathematikprofessuren erhielten (die beiden letzteren an der ETH) und Albert Einstein sowie seine spätere erste Frau Mileva Maric.

[599] Familie Minkowski lebte in Zürich in der Mittelstraße in Riesbach, in unmittelbarer Nähe zum See. Vgl. Brief von Minkowski an Hilbert vom 13. April 1898 MiHi 57.

Hurwitz an **Hilbert** HuHi39
15.03.1898, Zürich (Postkarte)

Lieber Freund! Heute schicke ich Ihnen die ausführliche Arbeit über die Entwickelungscoefficienten der Lemmiscatent[600] mit der Bitte, diese in die Annalen aufzunehmen. Wie geht es Ihnen und Ihrer lieben Familie? Ich habe schon so lange nichts von Ihnen gehört. Bei uns steht Alles aufs beste; die Kinder erfreuen sich wie ihre Eltern des vortrefflichen Befindens. Mit Minkowski kam ich in der letzten Zeit weniger zusammen, da er als junger Ehemann natürlich nicht immer Mathematiker sein kann. Übrigens arbeitet er doch fleissig am zweiten Theil der Geometrie der Zahlen. Vielleicht nehme ich dadurch angeregt frühere Ansätze zur Reductionstheorie höherer Formen wieder auf, vielleicht auch solche über Sturm'sche Sätze auf Riemann'schen Flächen. Ich schwanke noch, bin aber froh, jetzt nach Abschluss einer Arbeit wieder freie Bahn zu haben.

Lassen Sie doch bald etwas von sich und von Ihren wissenschaftlichem Leben hören.

Herzlichste Grüsse von Haus zu Haus.

Ihr Hurwitz

Klein u. Schoenfliess bitte ich bei Gelegenheit zu grüssen.

Hilbert an **Hurwitz** HiHu58
16.03.1898, Göttingen (Brief)

Lieber Freund.

In der That ist es schmerzlich, dass wir uns so selten schreiben, aber doch noch schmerzlicher, dass wir uns noch seltener sehen. Kommen Sie vielleicht diesen Herbst nach Düsseldorf[601]? Diesen Sommer bin ich mit meiner Familie nach Rauschen eingeladen; es trifft sich, wie es scheint, nie so, dass wir zusammen in Königsberg sind. Nächstes Jahr jedoch – entweder an Ostern oder in den Sommerferien – denken wir an eine grössere Reise nach der Schweiz oder Italien – doch das ist noch lange hin.

Dass Sie mir die schöne Arbeit „Ueber die Entwickelungscoeffizienten der lemmicatischen Functionen" für die Annalen[602] ingeschickt, darüber bin ich sehr stolz und sehr erfreut, Denn – von einer kleinen auf meine Anregung

[600] A. Hurwitz: Ueber die Entwickelungscoefficienten der lemniscatischen Functionen (Mathematische Annalen 51 (1899), 196-226).

[601] Die Versammlung Deutscher Naturforscher und Ärzte fand vom 19. bis 24. September 1898 in Düsseldorf statt, in ihrem Rahmen tagte auch die Deutsche Mathematiker-Vereinigung. Minkowski sprach über ein Kriterium für algebraische Zahlen, Hilbert hielt keinen Vortrag. Schoenflies übernahm die Aufgabe, über die Entwicklung der Mengenlehre einen Bericht zu schreiben.

[602] A. Hurwitz: Ueber die Entwickelungscoefficienten der lemniscatischen Functionen (Mathematische Annalen 51 (1899), 196-226).

zurückgehenden Note von Landsberg[603] abgesehen – ist Ihre Arbeit mein erster Einlauf. Hoffentlich ist das von guter Vorbedeutung. Die sehr undankbare Arbeit des Beurteilens minderwertiger Arbeiten, die immer in Masse da sind, habe ich freilich schon recht ergiebig genossen. Ich werde selbstverständlich Sorge tragen, dass Ihre Arbeit möglichst bald gedruckt wird.

Von hier ist ja Allerlei Mathematisches und Nichtmathematisches zu erzählen. Um mit letzterem anzufangen, so ist Ihnen vielleicht die wunderbare Entdeckung von Nernst[604] schon aus den Zeitungen bekannt. Ich habe die ganze Entwicklung der Sache miterlebt. Schon im vorigen Sommer sprach Nernst von seinem Licht und hat es mir auch gezeigt. Aber erst nach 5 monatlicher Arbeit fand er einen Stoff von genügender Dauerhaftigkeit, der überdies noch den Vorzug hat, bloss mit Hülfe eines Streichhölzchens in elektrischen Brand versetzt werden können, während früher ein Bunsenbrenner oder eine elektrische Glühvorrichtung nöthig war.

Eine andere Göttinger Angelegenheit hat neuerdings erhebliche Fortschritte gemacht, wenigstens insofern Geldmittel in reicher Masse von reichen Industriellen (Krupp etc.) zur Verfügung gestellt sind, nämlich das technische Institut für „Makrophysik", für welches ja Klein so lange Jahre unermüdlich gearbeitet hat. Klein ist jetzt für diese Sache und für andere Dinge ähnlicher Natur (Einrichtung von Polytechniken in Danzig etc.) so sehr interessirt und durch sie so in Anspruch genommen, dass – unter uns gesagt – ich fürchte, seine wissenschaftlichen Interessen werden auf die Dauer wesentlich darunter leiden. Klein lebt zeitweise ausschliesslich vom Organisieren – für mich eine öde Beschäftigung im Vergleich mit wissenschaftlichem Arbeiten.

An Schering's Stelle sind Brendel als theoretischer Astronom und Wiechert als Direktor des magnetischen Institus berufen worden, wobei ja noch Klein viel zu thun gehabt hat und endlich nimmt Klein die Herausgabe von Gauss' Nachlass mit grosser Energie in die Hand. Mitarbeiter sind ihm dabei: Brendel, Wiechert, Stäckel, Fricke und mehrere Geodäten aus Berlin. Fricke hat übrigens herausgebracht, dass Gauss das cubische Reciprocitätsgesetz schon gekannt hat.

Von Mathematikern ist jetzt Sommerfeld aus Klausthal, Landsberg aus Heidelberg (auf einige Tage), Dr Zermelo aus Berlin (der hier studirt und sich zu habilitieren gedenkt) hier. Sommerfeld, der sich hier einer militärischen Hebung wegen mit seiner Frau die ganzen Ferien hindurch aufhält, und Landsberg waren gestern zu Abendbrot bei uns. Wir hatten viel mathematische Gespräche z. B. über die Grundlage der Geometrie[605], in denen noch viel Unklares sich findet. Man hat fast ausschliesslich das Augenmerk auf das Parallelenaxiom gerichtet und über der so entstandenen Nichteuklidischen Geometrie die Euklidische

[603]G. Landsberg: Ueber das Analogon des Riemann-Roch'schen Satzes in der Theorie der algebraischen Zahlen (Mathematische Annalen 50 (1898), 577-582).

[604]Es geht um die Erfindung der sogenannten Nernst-Lampe 1897.

[605]Im Folgenden entwickelt Hilbert einige interessante Gedanken zum Thema „Grundlagen der Geometrie", die in seine Festschrift einflossen. Vgl. auch Essay „Geometrie im Briefwechsel der drei Freunde. Unterwegs zur Festschrift" 2.2.

vernachlässtigt. Neulich hat Schur[606] in einem Briefe an Klein gezeigt, dass mit Hülfe der Congruenssätze im Raume der Paskalsche Satz in der Ebene für das Geradenpaar bewiesen werden kann, d.h. ohne das Archimedische Axiom. Dieser Brief, über den uns Schönfliess in der math. Gesellschaft vortrug, hat mir Anlass gegeben, meine ältere Ueberlegung über die Grundlage der Euklidischen Geometrie wieder aufzunehmen. Es ist merkwürdig wie viel Neues da noch zu holen ist. So habe ich gefunden, dass in der Ebene mit Hülfe der Congruenssätze der spezielle Paskalsche Satz (immer vom Geradenpaar) aus dem Desargueschen Satz (von den perspektiven Dreiecken) abgeleitet werden kann. Ferner dann, wenn man flächengleich = Summe congruenter Dreiecke in der bekannten Weise definirt, aus dem Axiom: Gleiches von Gleichem subtrahiert giebt Gleiches, sowohl als Paskal, wie der Desargues abgeleitet werden. Auch kann ich beweisen, dass es ausser Paskal und Desargues in der Ebene überhaupt keine Schriftpunktsätze für Geraden giebt, die nicht bloss logische Combinationen jener sind etc.

Vor Allem arbeite ich aber in Zahlentheorie und möchte gern in den Ferien Alles, was ich habe, fertig machen. Da ich aber auch noch an Minkowski schreiben möchte und überdies der Raum zu Ende ist, so behalte ich nun lieber diesen Stoff für Minkowski vor.

Besten Gruss von Ihrem Hilbert.

Minkowski an **Hilbert** MiHi57

13.04.1898, Zürich, Mittelstrasse 12 (Brief)

Lieber Freund,

Mit Deinen guten Nachrichten nach so langer Pause in unserer Correspondenz habe ich mich sehr gefreut. Dein Brief wurde mir nach Strassburg nachgeschickt, wohin ich Anfangs der Ferien mit meiner Frau gereist war und von wo ich dieser Tage zurückgekehrt bin. Wir haben dort eine schwere Zeit durchgemacht. Wir waren hingereist, weil mein Schwiegervater[607] leidend war. Zuletzt schien eine wesentliche Besserung in seinem Befinden eingetreten zu sein und wir hatten schon den Tag unserer Abreise festgesetzt, als ein Herzschlag ihn plötzlich dahinraffte. Ich war dann in grosser Sorge, dass die Aufregungen meiner Frau nicht schadeten, die in wenigen Monaten einem freudigen Ereignisse entgegensieht.[608] Doch hat ihre starke Natur die kummervolle Zeit ohne Nachtheil überstanden.

Jetzt leben wir hier noch ruhiger als bisher. Wir haben eine sehr freundliche Wohnung, ganz in der Nähe des Sees, mit wundervoller Aussicht. Das Haus

[606] Fr. Schur: Ueber den Fundamentalsatz der projectiven Geometrie (Mathematische Annalen 51 (1899), 401-409).

[607] Isaac Adler (1837–1898), Lederfabrikant in Strassburg i. E.

[608] Lily Minkowski wurde 1898 in Zürich geboren.

ist ganz frei gelegen, sodass wir frische Luft in Hülle und Fülle haben. Auch ein Gärtchen ist da, worin ich freilich nicht soviel zu schaffen finde wie Du in dem Deinigen, welcher wohl ein Park gegen unseren Garten sein mag. Unser Bekanntenkreis ist wesentlich derselbe wie der von Hurwitz. Burkhardt hat etwas anderen Verkehr, dadurch, dass ein Schwager von ihm Züricher ist.[609] Seine Frau habe ich erst vor Kurzem kennen gelernt. Sie scheint viel Energie zu besitzen, die wohl schon mehr als lebendige Kraft wie als potentielle Energie für B. in Erscheinung tritt. – Vor der Mathematik wie den Mathematikern hat meine Frau den grössten Respekt und ist sehr dafür, dass ich recht fleissig bin. Von Hause kennt sie es nicht anders, als dass die Männer vom Morgen bis zum Abend arbeiten und keine Zeit zum Spazierengehen haben. Dass die Mathematiker nicht an ihre Studirstube gefesselt sind, war ihr neu und gewiss nicht unangenehm.

Hurwitz traf ich bei meiner Rückkehr bettlägerig an; er hat eine Magenverstimmung, die er bei seiner bekannten Vorsicht in der Weise behandelt, dass er nichts isst und sich allein von Mandelmilch nährt. Jetzt geht es ihm aber entschieden wieder so, dass ein anderer an seiner Stelle sich für gesund erklären würde. Immerhin hat er für die nächste Woche Urlaub genommen. Deine Mittheilungen über Dein neues Reciprocitätsgesetz machen mich auf's Äusserste gespannt, und ich beglückwünsche Dich zu den weittragenden Resultaten, die Du gewonnen hast. Im Interesse des Fortschritts der Wissenschaft möchte ich Dich bitten, nicht etwa, wie es nach Deinen Äusserungen fast aussieht, die schönsten Dinge noch lange Zeit für Dich allein zu behalten, sondern Alles, was Du erreicht hast, gleich den Anderen preiszugeben, damit nicht wieder ein Zustand eintrete, wie er nach den ersten Publikationen von Kronecker[610] da war.

Für die Annalen werde ich Dir jedenfalls in kurzer Zeit eine Arbeit[611] senden, entweder über die praktische Bestimmung der Fundamentaleinheiten in beliebigen kubischen Körpern oder über das alte Thema der positiven quadratischen Formen, in deren Theorie ich wieder etwas weiter gekommen bin. Mit der Geometrie der Zahlen[612] hoffe ich bald zum Abschluss zu gelangen. Dafür, dass Du mir die erforderliche Erlaubniss zur Übersetzung meiner Göttinger Note ausgewirkt hast, danke ich Dir sehr; wann die Note in den Acta erscheint, kann ich nicht sagen.[613] – Ich habe mich in der letzten Zeit wieder mit Verallgemeinerungen der Kettenbruchalgorithmen beschäftigt. Jeder Schritt erfordert dabei lange Rechnungen, zu denen die Resultate bisher nicht in entsprechendem Verhältniss stehen; nichtsdestoweniger vermag ich mich noch

[609] Hedwig Büdinger, eine Schwester von Burkhardts Frau, war mit Paul Schweizer, Professor für Geschichte an der Universität Zürich verheiratet.

[610] Vielleicht spielt Minkowski hier darauf an, dass Kronecker in seinen frühen Arbeiten Ergebnisse erhielt, die schon bei Galois standen. dessen Arbeiten Kronecker aber nicht kannte.

[611] Die erste Arbeit, die Minkowski nach diesem Brief in den Mathematischen Annalen veröffentlichte war: Über die Annäherung an eine reelle Größe durch rationale (Mathematische Annalen 54 (1901), 91-124).

[612] Es geht um den zweiten Teil der Geometrie der Zahlen, publiziert erst postum 1910 durch Hilbert und A. Speiser.

[613] Diese ist nicht erschienen.

nicht von dem Gegenstande loszureissen. Im Hintergrunde verbergen sich da noch gewiss schöne Dinge. – Ich muss nun für dieses Mal schliessen.

Herzliche Grüsse von Haus zu Haus

Dein H. Minkowski

Hurwitz an **Hilbert** HuHi40
08.06.1898, Zürich (Postkarte)

Lieber Freund! Heute erhielt ich den zweiten Correcturbogen Ihrer Arbeit[614] über die quadratischen Reste in beliebigen Zahlkörpern, die Sie mir wohl zur Kenntnisnahme zugehen lassen. Oder soll ich Ihnen die Correcturbogen nach Göttingen schicken? Ihre Untersuchungen führen tief in die Körpertheorie hinein; aber gerade wegen ihrer Tiefe sind sie schwer aufzufassen; für mich gegenwärtig um so mehr, als ich mich seit einigen Wochen Hals über Kopf in die Theorie der Resaltanten gesteckt habe, die mich ganz in ihren Banden hält. ich habe die sehr mühseligen Untersuchungen von Mertens wesentlich vereinfacht und hoffe dieselben noch in einigen wichtigen Punkten vervollständigen zu können. Es kommt schliesslich Alles auf einfache Sätze über ganze ganzzahlige Functionen von beliebig vielen Variablen hinaus. – Am Schluss der Osterferien lag ich acht Tage an einem unangenehmen Darmcatarch zu Bett. Jetzt geht es mir aber wieder ganz vortrefflich, ebenso wie meiner Frau und den Kindern. Minkowski ist sehr munter und erwartet Ende dieses Monats seine Vaterschaft[615]. Durch ein langwieriges Beinleiden von Rudio habe ich erhöhte Vorlesungslast, da ich seine Vertretung übernommen habe. Sonst nichts zu berichten. Hoffentlich geht es Ihnen und Ihrer lieben Familie so wohl wie es wünscht Ihr

A. Hurwitz

Bitte Klein, Schönfliess gelegentlich zu grüssen.

Hurwitz an **Hilbert** HuHi41
04.07.1898, Zürich (Postkarte)

Lieber Freund! Soeben höre ich von Minkowski, dass Sie einen Ruf nach Leipzig an Lie's Stelle erhalten und abgelehnt haben. Ich beeile mich, Ihnen hierzu meinen besten Glückwunsch zu senden. Es wird gar nicht lange mehr dauern, dann sehen wir Sie in Berlin[616]! Was beginnen Sie in diesen Sommerferien? Kommen Sie nicht einmal mit Familie in die Schweiz? Wir werden voraussichtlich

[614]D. Hilbert: Ueber die Theorie des relativquadratischen Zahlkörpers (Mathematische Annalen 51 (1899), 1-127).

[615]Lily Minkowski wurde 1898 in Zürich geboren.

[616]Berlin galt als der Höhepunkt einer deutschen Mathematikerkarriere. Hilbert erhielt 1902 einen Ruf nach Berlin als Nachfolger von L. Fuchs. Er lehnte ab, weil für Minkowski ein Ordinariat in Göttingen eingerichtet wurde.

mit unseren Königsberger Angehörigen und meinen Brüdern einige Wochen in der Nähe von Zürich verbringen; von Ende August ab dann zu Hause bleiben. Mathematiker-Besuch haben wir in diesem Sommer noch nicht gehabt. Es scheint, dass Hensel (der an Minkowski geschrieben hat) als Erster uns demnächst das Vergnügen machen wird. Für die Gött. Nachrichten habe ich kürzlich an Klein eine Mittheilung über Composition der quadr. Formen von n Variablen geschickt[617] – Übrigens lässt mir die Lehrthätigkeit jetzt weniger Zeit zur Arbeit, als ich wünschte. Herzlichste Grüsse von Haus zu Haus von Ihrem

Hurwitz.

Minkowski an **Hilbert** MiHi58
20.07.1898, Zürich (Brief)

Lieber Freund,

Deine beiden Briefe habe ich mit grösstem Interesse gelesen und sage Dir für dieselben vielen Dank. Wir freuen uns ausserordentlich, dass Ihr unsere Einladung annehmt. Ihr seid uns im September ebenso willkommen, wie Ihr es uns schon im August sein würdet, und wenn die Witterung günstig sein wird, wird auch dann noch Zürich einen guten Eindruck auf Euch machen. Nach Düsseldorf will ich ebenfalls kommen, und ich freue mich, Dich dort zu treffen.

Mein Aufsatz über e ist doch nicht fertig geworden, sodass ich die Publication auf eine andere Gelegenheit vertagen muss.

Du hast in Deinem ersten Briefe um meine Meinung gefragt, ob Du gut daran gethan hast, in Göttingen zu bleiben. Jedenfalls! wenn Du die Überzeugung hast, dort grössere Frische zum Arbeiten zu haben. Die jungen Mathematiker, die Anregung suchen, werden Dich dort ebenso zu finden wissen wie in Leipzig[618]. Nur wäre es von einem gewissen Werthe, wenn auch die Aussenstehenden sich gewöhnten, in Dir unseren derzeitigen ersten deutschen Mathematiker zu sehen, und das wäre bei räumlicher Trennung von Klein vielleicht rascher zu erreichen. – Die Leipziger Vakanz scheint, nach Briefen, die Hurwitz erhalten hat, die mathematische Welt noch sehr in Aufregung zu halten. Sogar Lindemann (oh heilige Quadratur des Zirkels) soll Stösse von Abhandlungen an Neumann und Scheibner gesandt haben. Letztere sollen am liebsten, um Niemand zu bekommen, Engel haben wollen.[619]

In dem Hülfssatz 30 Deiner Arbeit[620] wird wohl die Forderung ausreichen, dass der betreffende Raum für $\tau = 0$ ganz im Endlichen liege. – Wirst Du auch

[617] A. Hurwitz: Ueber die Composition der quadratischen Formen von beliebig vielen Variablen (Nachrichten von der kgl. Gesellschaft der Wissenschaften zu Göttingen, Mathematisch-physikalische Klasse aus dem Jahre 1898, 309-316).

[618] Leipzig galt gegen Ende des 19. Jhs. als zweite deutsche Universität nach Berlin.

[619] Die durch das Ausscheiden von Lie in Leipzig freigewordene Professur wurde von Otto Hölder übernommen.

[620] D. Hilbert: Ueber die Theorie des relativquadratischen Zahlkörpers (Mathematische Annalen 51 (1899), 1-127).

Deine Resultate über die noch ausgeschlossenen Fälle von relativquadratischen Körpern bald publiciren? Ich will danach die quadratischen Formen mit beliebig vielen Variabeln in einem beliebigen Körper zu behandeln versuchen. – Das Bachmann'sche Buch[621] missfällt mir namentlich durch den Umstand, dass er trotz des grossen Umfanges die Beschränkung auf ungerade Determinanten einführt. – Für die Berechnung von Classenanzahlen sind die Grenzen am engsten, welche die Methode in §42 S. 133 meines Buches ergiebt. Die besten Methoden zu jenem Ende werden freilich erst in dem zweiten Theile meines Buches enthalten sein. Ich selbst rechne jetzt viele Beispiele mit meinen neuen Algorithmen, und ich glaube, dass viel Licht namentlich für die Theorie der kubischen Körper von diesen neuen rechnerischen Hülfsmitteln ausgehen wird.

Wenn ich Dir die Correcturen Deiner Arbeit jetzt auch mit einiger Verzögerung zurücksende, werde ich die letzten Bogen doch schneller durchsehen, so dass im Ganzen keine Verzögerung entstehen wird.

Ich gebe nochmals unserer herzlichen Freude Ausdruck, Euch in den Ferien bei uns zu sehen, und bin mit besten Grüssen an Dich und Deine Frau von mir und meiner Frau

Dein
H. Minkowski

Minkowski an **Hurwitz** MiHu18

03.08.1898, Zürich, Mittelstraße 12, (Brief)[a]

[a]Hurwitz hielt sich im August 1898 in Albisbrunn zur Erholung auf.

Lieber Freund!

$\varepsilon \upsilon \rho \eta \chi \alpha$, nämlich den Beweise dafür, dass der Jacobi'sche Kettenbruchalgorithmus für eine Wurzel einer kubischen Gleichung immer periodisch ist. Und zwar sowohl, wenn die Gleichung 1 reelle und 2 imginäre, wie auch wenn sie 3 reelle Wurzeln hat. Auch die Verallgemeinerungen für Gleichungen beliebigen Grades gelten natürlich.

Die Nachricht, dass Hölder nach Leipzig berufen ist und angenommen hat, wird Ihnen vielleicht bereits Ihr Herr Schwiegervater[622] mitgebracht haben.

Falls wir nicht wieder Besuch erhalten, gedenken meine Frau und ich, in einigen Tagen uns nach Ihrem Ergehen erkundigen zu kommen. Einstweilen bitte ich Sie, die besten Grüße von uns zu nehmen und uns allen Ihrigen gelegenthlich zu empfehlen.

Ihr

H. Minkowski

[621]P. Bachmann: Arithmetik der quadratischen Formen. Erste Abtheilung (Leipzig: Teubner, 1898).
[622]Simon Samuel (1833–1899), Professor für Pathologie an der Universität Königsberg.

Minkowski an **Hurwitz** MiHu19

25.08.1898, Zürich, Mittelstraße 12, (Brief)[a]

[a]Hurwitz hielt sich im August 1898 in Albisbrunn zur Erholung auf.

Lieber Freund!

Ihr freundliches Schreiben haben wir gestern Abend erhalten. Dass Ihr Bruder Julius nicht ganz wohl ist, thut mir herzlich leid und ich wünsche ihm baldige Genesung. Rudio habe ich am Sonntag gesprochen, sein Zustand bessert sich langsam, und er denkt in vielleicht 14 Tagen aufstehen zu können. Seine Kinder, die sich in der Sommerfrische recht erholt haben, sind wieder zu Hause und dadurch kommt Frau Rudio gar nicht zum Schreiben.

Hensel hat uns Dienstag verlassen, wir haben einige sehr schöne Spaziergänge gemacht, unter anderem auf das Albishorn[623], von wo aus man eine wunderschöne Aussicht auf den Züricher und den Zuger See geniesst. Von da bis Albisbrunn[624] soll es nur $\frac{1}{2}$ – $\frac{3}{4}$ Stunde sein. Doch hatte der Aufstieg solange gedauert, dass wir unsere Absicht Sie zu besuchen, nicht mehr ausführen konnten. Am nächsten Tag versuchte dann Hensel alleine zu Ihnen zu kommen. Da er aber seine Fusswanderung vom Uetliberg[625] aus antrat, kam er auch nicht bis ans Ziel.

Ich freue mich sehr, nun bald wieder Ihre Gesellschaft geniessen zu können.

Für die letzte Zeit in Albisbrunn wünsche ich Ihnen und den Ihrigen vortreffliches Befinden, keinen Ärger über Kindermädchen oder dergleichen, gutes Wetter und sonst alles Schöne, wofür der Schweizer das Adjektiv wünschbar bildet.

Mit herzlichen Grüßen an Sie und die Ihrigen
Ihr
H. Minkowski

Liebe Frau Hurwitz!

Mit Ihren Briefen und der angenehmen Nachricht, dass Sie und Ihre Lieben sich wohl befinden, habe ich mich herzlich gefreut. Hoffentlich wird auch Ihr Herr Schwager bald vollständig hergestellt sein. Uns geht es recht gut und unser kleiner Mann[626] nimmt vorbildlich zu – herzlich gerne erfülle ich Ihren Wunsch und bemühe mich eifrigst, Ihnen ein Mädchen zu besorgen. Heute fand ich eine Annonce im Tageblatt, vielleicht könnte es nur gesünder sein. Auch gehe ich zu

[623]Eine Erhebung des Albisgrat am südlichen Rand des Albis, 909 m .ü.M., zwischen Hausen a.A. und Sihlwald.

[624]Weiler südlich des Albishorn, im Jonental, seit 1839 Kurhaus mit Kaltwasserbadeanstalt, geschlossen 1922.

[625]Züricher Hausberg (870 m), ebenfalls zum Albisgrat gehörig. Beliebtes Ausflugsziel mit Aussichtsturm (seit 1894) und Gasthaus mit Hotel, seit 1875 per Bahn erreichbar.

[626]Vermutlich ist hier Hermann Minkowski selbst gemeint.

Frau v. Monakow[627] hinüber, es würde mich sehr freuen, wenn ich Ihnen diese Dienstbotenfrage, die Ihnen augenblicklich doch recht unangenehm sein wird, erledigen könnte. Natürlich kamen wir sehr vergnügt von dem Ausflug zu Ihnen zurück und letzten Sonntag waren wir gut beraten zu Ihnen zu kommen. Hier freue ich mich darauf, Sie und die Ihrigen demnächst hier zu sehen und bin mit herzlichem Gruße für Sie Alle Ihre

Guste Minkowski

Hurwitz an **Hilbert** HuHi42

09.09.1898, Zürich (Postkarte)

Lieber Freund! Wir sind gestern früh durch die Geburt eines kräftigen Jungens hoch erfreut worden[628], um so mehr, da wir nach den beiden ersten Mädchen[629] lieber auf die Fortsetzung der angebrochenen Mädchen-Serie rechneten. Die Geburt war leicht und Mutter und Kind sind bei bestem Wohlbefinden. Durch Minkowski hörte ich gestern, dass wir die Freude haben werden, Sie und Ihre liebe Frau Ende diesen Monats hier zu sehen. Ich freue mich ausserordenthlich auf Ihren Besuch und bedaure nur, dass Sie mich gerade in einer ziemlich unmathematischen Epoche antreffen werden – seit Anfang August habe ich thatsächlich keinen Buchstaben Mathematik getrieben. Wir haben 4 Wochen in einer sehr schönen Sommerfrische (Albisbrunn) gefaulenzt und nun nach der Rückkunft nehmen mich meine Vaterpflichten ganz in Anspruch. Herzlichste Grüsse an Sie, Ihre liebe Frau u. Ihre werthen Eltern von meiner Frau und mir

Ihrem getreuen
A. Hurwitz
Auf frohes Wiedersehen.

Hurwitz an **Hilbert** HuHi43

06.12.1898, Zürich (Brief)

Lieber Freund!

Gestern erhielt ich die äusserst dankenswerthe Dissertation[630] Ihres Schülers von Schaper und dieses giebt mir Veranlassung, Ihnen endlich einmal wieder zu

[627] Die Familie von Monakow gehörte in Zürich zum Freundeskreis der Familien Hurwitz und Minkowski. Sie lebte in der Dufourstraße in unmittelbarer Nähe zur Familie Minkowski, die in der Mittelstraße wohnte. Constantin von Monakow (1853–1930) war als Neuropathologe Professor an der Uni Zürich und Mitglied der Naturforschenden Gesellschaft Zürich. Dank an Urs Stammbach (Zürich) für Informationen zu Monakow.

[628] Es geht um die Geburt von Otto Hurwitz.

[629] Lisbeth und Eva Hurwitz.

[630] H. von Schaper: Über die Theorie der Hadamardschen Funktionen und ihre Anwendung auf das Problem der Primzahlen (1898).

schreiben, wie ich es schon lange beabsichtigte. Sagen Sie doch, bitte, Herrn von Schaper meinen besten Dank für seine Dissertation; Sie haben den jungen Mann doch noch dort in Göttingen?

Der Hadamard'sche Satz über den Convergenzradius einer Potenzreihe ist übrigens, wie Pringsheim glaube ich irgendwo bemerkt hat, schon von Cauchy aufgestellt und bewiesen worden (vgl. meinen Congressvortrag.[631]) Kürzlich habe ich mich mit Ihrer Arbeit „Über Dioph. Gleichungen" in den Göttinger Nachrichten beschäftigen dürfen und dabei bin ich zu einem sehr einfachen Beweise Ihres Satzes gelangt, dass die Discriminante jeder zu einem Körper gehörenden Gleichung durch die Körperdiscriminante theilbar ist. Ist nämlich

$$a_0\theta^n + a_1\theta^{n-1} + a_2\theta^{n-2} + \ldots + a_{n-1}\theta + a_n = 0$$

wo $a_0, a_1, \ldots a_n$ ganze rationale Zahlen, so erkennt man leicht, dass jede der algebraischen Zahlen

$$1, a_0\theta, a_0\theta^2 + a_1\theta, a_0\theta^3 + a_1\theta^2 + a_2\theta, \ldots a_0\theta^{n-1} + a_1\theta^{n-2} + \ldots + a_{n-2}\theta$$

eine ganze Zahl ist. Sei z. B. zur Abkürzung

$$\omega = a_0\theta^2 + a_1\theta = -(a_2 + a_3\theta^{-1} + \ldots + a_n\theta^{-(n-2)})$$

so sind die Zahlen $\omega, \theta\omega, \theta^2\omega, \ldots \theta^{n-1}\omega$ ganz und ganzzahlig durch $1, \theta, \theta^2, \ldots \theta^{n-1}$ darstellbar, woraus folgt, dass ω ganz ist. Nun ist die Discriminante jener n ganzen algebr. Zahlen mit der Discrimante der Gleichung für θ identisch, woraus unmittelbar folgt, dass diese durch die Körperdiscriminante theilbar ist. Die Aufgabe, alle Gleichungen $n$ten Grades mit vorgeschriebener Determinante zu bestimmen, lässt bis zu einem gewissen Punkte eine allgemeine Behandlung zu. Darin ist als spezieller Fall die Fermat'sche Gleichung $u^3 - v^2 = a$ enthalten (wo angebene u und v als ganze Zahlen zu bestimmen). Dann die Discriminante von $x^3 - 3ux + 2v = 0$ ist $4 \cdot 27(u^3 - v^2) = 4 \cdot 27a$. Ist z. B. $a = 2$, so sieht man leicht, dass die Discriminante des durch $x^3 - 3ux + 2v = 0$ bestimmten cubischen Körpers höchstens $\frac{f \cdot 27 \cdot 2}{9} = 24$ sein kann. Ein cubischer Körper hat aber mindestens die Discr. 49 und folglich muss $x^3 - 3ux + 2v = 0$ reducibel sein, woraus sich leicht $u = 3, v = \pm 5$ als einzige Lösung von $u^3 - v^2 = 2$ ergiebt.

Doch nun genug des Mathematisiren's. Wie geht es Ihnen, Ihrer werthen Frau und Ihrem Sprössling? Bei uns gehts allen Familienmitgliedern vortrefflich bis auf mich selbst. Von mir ist nicht viel Rühmliches zu melden; ich plage mich schon seit Wochen mit einer offenbar durch Erkältung entstandenen Trockenen Pleuritis, die bei dem abscheulich nasskalten nebligen Wetter, das hier in dieser Übergangszeit herrscht, nicht weichen will. An gemeinsame Spaziergänge mit

[631] „Über die Entwickelung der allgemeinen Theorie der analytischen Funktionen in neuerer Zeit" (Verhandlungen des ersten Internationalen Mathematiker-Kongresses in Zürich vom 9. bis 11. August 1897, hg. von F. Rudio [Leipzig: Teubner, 1898], 91-112). Die Arbeit von Hadamard wird p. 92 erwähnt.

Freund Minkowski ist deshalb auch nicht zu denken. Doch sehen wir uns häufiger bei mir zu Hause.

Minkowski arbeitet fleissig an seinem Buche[632]. Wahrscheinlich wird er Ihnen demnächst für die Göttinger Nachrichten etwas schicken, die Criterien für eine algebraische Zahl betreffend[633].

Herzlichste Grüsse von Haus zu Haus!

Ihr

A. Hurwitz

Klein und Schoenfliess grüssen Sie doch bitte bei Gelegenheit von mir.

Minkowski an **Hilbert** MiHi59

06.12.1898, Zürich, Mittelstrasse 12 (Brief)

Lieber Freund,

Deine Karte habe ich gestern erhalten. Du könntest meiner in dem betreffenden Aufsatze etwa so Erwähnung thun: Aus einem Satze von H. Minkowski über die eindeutige Bestimmung eines convexen Polyeders unter Verwendung der Inhalte der Seitenflächen (Nachr. d. K. Ges. d. Wiss. zu Göttingen, 1897 S. Lehrsatz II)[634] folgt durch einen geeigneten Grenzübergang von Polyedern zu beliebigen convexen Körpern (nach einer mündlichen Mittheilung des Autors), dass, (oder anders zu fassen, je nach dem Text) wenn zwei geschlossene convexe Flächen durchweg an den Stellen mit gleichgerichteten äusseren Normalen gleiches Krümmungsmaass besitzen, die beiden Flächen nothwendig durch Translation aus einander hervorgehen. – Hierbei könnte man vermeiden, eine Bedingung über die Beschaffenheit der Gaussischen Krümmung (Stetigkeit oder dergl.) auszusprechen. Sonst wäre es, falls dies ausreicht, hübscher etwa zu sagen, dass zu einer als stetige und positive Function der Richtungscosinus der äusseren Normalen gegebenen Gaussischen Krümmung stets eine bis auf Parallelverschiebungen völlig bestimmte geschlossene convexe Fläche gehört.

Dadurch, dass ich mir vorgenommen hatte, mit meinem ersten Briefe Dir eine schöne Arbeit zu senden, habe ich Deinen lieben Brief v. 16. Oct., mit dem wir uns sehr gefreut haben, noch bis heute nicht beantwortet. Die Tage Eures Besuches waren wirklich eine schöne und anregende Zeit für uns, und es ist jammerschade, dass eine solche Zusammenkunft sich nicht beliebig oft arrangiren lässt.

---

[632] Dieser zweite Teil der Geometrie der Zahlen wurde erst postum 1910 von Hilbert und D. Speiser publiziert.

[633] H. Minkowski: Ein Criterium für die algebraischen Zahlen (Nachrichten von der kgl. Gesellschaft der Wissenschaften zu Göttingen, Mathematisch-physikalische Klasse aus dem Jahre 1899, 64-88).

[634] H. Minkowski: Allgemeine Lehrsätze über die konvexen Polyeder (Nachrichten von der kgl. Gesellschaft der Wissenschaften zu Göttingen, Mathematisch-physikalische Klasse aus dem Jahre 1897, 198-219). Vorgelegt von D. Hilbert am 31. Juli 1897.

Zunächst sende ich Dir binnen Kurzem das „Kriterium für die algebraischen Zahlen"[635], das ich noch vereinfacht habe, sodass die Bedeutung auch Jedermann einleuchten dürfte. Die Beweise habe ich vollständig dargestellt, ohne auf mein Buch oder auf den Hurwitz'schen Aufsatz zurückgehen zu müssen. Die Ausarbeitung ist so ziemlich fertig, dass Du für die erste Sitzung nach den Ferien auf diese Note rechnen kannst. – Danach sollen die geometrischen Dinge herankommen. Im Übrigen habe ich mich in der letzten Zeit hauptsächlich mit mathematischer Physik, speciell Thermodynamik abgegeben, worüber ich im Sommer lesen will. Ich habe jüngstens mit Sommerfeld correspondirt und ihn auf meine alte Arbeit[636] über die Bewegung eines festen Körpers aufmerksam gemacht. Er war von der Arbeit sehr erbaut. Es steht darin noch mancherlei, was Klein und Sommerfeld jedenfalls in ihr Buch[637] aufgenommen hätten, wenn sie es vorher gelesen hätten. Hat nicht vielleicht Klein jetzt einmal davon Notiz genommen? Da er in dem Kreiselbuch so manche englische und französische Arbeiten entdeckt hat, hätte er auch schon von meiner Arbeit Notiz nehmen dürfen.

Hurwitz klagt seit der Zeit Eures Besuches noch immerfort. Unmittelbar danach lag er zwei Wochen zu Bett und hat auch erst einige Wochen nach Beginn des Semesters seine Vorlesungen ganz aufgenommen. Der Arzt kann nichts Bestimmtes nachweisen und räth ihm, da er immer sich ungemüthlich zu fühlen behauptet, während der Ferien nach Italien zu gehen. Das Sprechen im Freien vermeidet Hurwitz ganz, so dass ich auch seit Oktober noch keinen Spaziergang mit ihm gemacht habe. Das Colloquium haben wir auch noch nicht aufgenommen und hatte ich statt dessen ein Seminar nur mit Studenten. Burkhardt sehe ich dadurch auch fast gar nicht, und höre so nur noch wenig von der reinen Mathematik, kenne aber dafür die Gastheorie bald in- und auswendig.

Meine Frau und Tochter sind gleich mir sehr vergnügt, meine Tochter ist bald ein grosses Mädchen mit mancherlei Kenntnissen. Ich schreibe bald wieder bei Gelegenheit der Zusendung meiner Arbeit und schliesse für heute mit herzlichen Grüssen von meiner Frau und mir an Deine Frau und Dich und Franz

(Der Brief ist nicht unterschrieben.)

Hilbert an **Hurwitz** HiHu59
31.12.1898, Göttingen (Brief)

Lieber Freund.

Nachdem ich soeben ausführlich an Minkowski geschrieben habe, bleibt mir fast gar kein neuer Stoff übrig zur Beantwortung Ihres liebenswürdigen Briefes

[635] H. Minkowski: Ein Kriterium für algebraische Zahlen (Nachrichten von der Kgl. Gesellschaft der Wissenschaften zu Göttingen, Mathematisch-pyhysikalsiche Klasse aus dem Jahre 1899, 64-88), vorgelegt von David Hilbert am 11. Februar 1899.

[636] H. Minkowski: Über die Bewegung eines festen Körpers in einer Flüssigkeit (Sitzungsberichte der kgl. Preußischen Akademie der Wissenschaften zu Berlin, 40 (1888), 1095-1110).

[637] Klein, F./Sommerfeld, A.: Theorie des Kreisels. 4 Bände (Leipzig: Teubner, 1898–1910).

vom 6ten Dez., über den ich mich allerdings noch mehr gefreut hätte, wenn ich aus ihm ersehen hätte, dass es Ihnen gut geht. Nun ist hoffentlich Ihre Erkältung längst vorüber und das neue Jahr bescheert Ihnen eine gefestigte und durch nichts gestrübte Gesundheit.

Wir haben die Wintersaison bis jetzt sehr still verlebt und nur einige Male eine junge aus Mathematikern und -kerinnen bestehende Gesellschaft bei uns gesehen. Heute wollen wir den Sylvesterabend in kleinem aber auserwähltem Kreise (Klein nebst Frau, Tochter u. Sohn, Schönfliess mit Frau, Wiechert, Sommerfeld mit Frau) verleben und meine Frau und Frau Schönfliess zerbrechen sich schon seit einigen Tagen über kleine Verse zu noch kleineren Geschenken die Köpfe. Am 2ten sind wir bei Schönfliess, am 4ten bei Klein, zu welchen Tagen sich Stäckel aus Kiel angekündigt hat, sodass für die nächsten Tage ein recht reichhaltiges Programm in Aussicht steht.

Ihr Beweis dafür, dass die Diskriminante jeder zu einem Körper gehörenden Gl. durch die Körperdiskriminante teilbar ist, gefällt mir ganz ausnahmend wegen seiner überraschenden Einfachheit.

Für die Construktion des regulären 5-, 17-Eckes etc. ist folgender Satz von Wichtigkeit, den ich schon an Minkowski schrieb: Wenn eine algebraische Zahl α die Eigenschaft besitzt, dass ihre conjugierten Zahlen sowie sie selbst sämtlich reell u. positiv oder imaginär sind, so ist sie = der Summe von 4 Quadraten von Zahlen, die rational durch α ausdrückbar sind, d.h. in Körpern $k(\alpha)$ liegen. Mittelst Ihrer Zahlenquaternionen wird es Ihnen gewiss gelingen, diesen Satz direkt zu beweisen und es wird sich dabei wohl herausstellen, dass wenn α ganz ist, auch die Basen der Quadrate im Nenner nur eine beschränlte Anzahl von Primzahlen enthalten dürfen, die vorher angebbar sind. Es wäre nun sehr interessant, wenn Sie sich diese Frage einmal überlegten.

Meine Vorlesung über Euklidische Geometrie[638] hat mich noch auf eine Reihe ziemlich merkwürdiger Dinge geführt. Am wichtigsten kommt mir das Resultat vor, dass ich jüngst gefunden habe und welches darin besteht, dass es thatsächlich möglich ist, ausschliesslich auf Grund der Congruenzsätze in der Ebene und Parallelenaxiom (also der sogenannten Schulgeometrie) die Euklidische Geometrie aufzubauen, so dass also ohne Stetigkeit (d.h. ohne Archimedisches Axiom) alle Sätze über Schneiden von Höhen im Dreieck alle Aehnlichkeitssätze etc. wirklich beweisbar sind. Dass dieser Beweis nicht auf der Hand liegt, sondern sehr tief verborgen ist, werden Sie finden, wenn Sie versuchen, z. B. den Desargues:

[638]Hilbert las im WS 1898/99 „Grundlagen der Geometrie". Von dieser Vorlesung fertigte H. von Schaper eine Ausarbeitung an, die autographiert verteilt wurde. Diese gilt als wichtige Etappe auf dem Weg zu Hilberts Festschrift (1899). Einige wichtige Überlegungen zur Frage, welche Sätze sind mit welchen Voraussetzungen beweisbar, deutet Hilbert in seinem Brief an. Vgl. Essay „Geometrie im Briefwechsel der drei Freunde. Unterwegs zur Festschrift" 2.2.

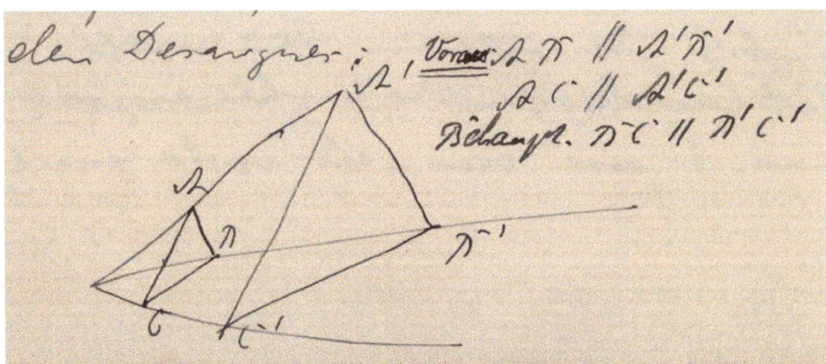

Abbildung 3.1. Skizze von Hilbert zum Satz von Desargues.

mit Hilfe der Congruenzsätze und des Parallelenaxioms zu beweisen.

Noch eins zum Schluss. Teubner wünscht in seinem Verlage mehr gute mathematische Lehrbücher; in der That hat er daran Mangel, weil ihm die übrigen Verleger gerade diesen wichtigsten Teil der math. Litteratur wegschnappen. Nun habe ich schon oft auf der Mathematiker-Vereinigung ein ausführliches Referat über moderne Funktionentheorie in Vorschlag gebracht. Aber immer ohne Erfolg, weil sich kein Bearbeiter darin erbot. Und doch giebt es keinen dankbareren Gegenstand, zumal kein Lehrbuch über höhere Funktionentheorie existirt. Pringsheim[639] wird in seinem Buche gewiss nur eine besondere Seite berücksichtigen und auch nicht sehr weit gehen. Dass Sie der geeignetste Bearbeiter der Funktionenth. sind, wird wohl Allen klar sein. Wie denken Sie darüber – sei es als Bericht – sei es als eigenes Lehrbuch[640] – an eine solche Aufgabe zu gehen?

Doch nun Adieu. Meine Frau und ich wünschen Ihnen und Ihrer ganzen Familie ein frohes und glückliches Neujahr.

Ihr alter Freund
Hilbert.

Hurwitz an **Hilbert** HuHi44
15.01.1899, Zürich (Brief)

Lieber Freund!

Endlich, endlich komme ich dazu, Ihren lieben Brief vom letzten Tage des letzten Jahres zu beantworten und Ihnen für Ihre freundlichen Glückwünsche zum Jahreswechsel zu danken. Ich erwidere dieselben aufs herzlichste zugleich

[639] A. Pringsheim: Irrationalzahlen und Konvergenz unendlicher Prozesse, (Leipzig: Teubner, 1898).

[640] Hurwitz ist dem Wunsch Hilberts nicht nachgekommen. Postum veröffentlichte R. Courant A. Hurwitz' Vorlesungen über allgemeine Funktionentheorie und elliptische Funktionen (Berlin: Springer, 1922).

im Namen meiner Frau, die der Familie Hilbert mit mir fröhliches Gedeihen im Jahre 1899 wünscht. Mein Befinden hat sich schon gegen Ende December wesentlich gebessert und lässt jetzt nichts zu wünschen übrig. Dass ich im Anfang des Semesters an einer trockenen Pleuritis laborirte und infolge derselben die Vorlesungen erst 14 Tage später als im Programme vorgesehen beginnen konnte, habe ich Ihnen wohl derzeit geschrieben. Die Mathematiker am Polytechnikum haben sich in diesem Wintersemester überhaupt nicht gut gemacht; Fiedler hat Urlaub bis zum Sommer und weilt an der Riviera; Rudio begann wegen seines Beines, was jetzt endlich wiederhergestellt ist, erst im November seine Thätigkeit und Geiser hat sich kurz vor den Weihnachtsferien den Arm gebrochen und will sich ausserdem jetzt einer Augenoperation unterziehen, so dass er für längere Zeit durch Hirsch vertreten werden muss. Den Winter haben auch wir bisher sehr still verlebt, da ich bis Anfang Januar Abends nicht ausgehen durfte. Jetzt wirds etwas lebhafter bei uns werden. Morgen Abend sehen wir Minkowskis, Rudios und v. Monakows (Rudio's Schwager) bei uns.

Minkowski hat sich übrigens lange nicht bei mir blicken lassen; vielleicht haben Sie neuere Nachrichten von ihm als ich. – Ihre wissenschaftlichen Mittheilungen haben mich sehr interessirt; insbesondere die über die Darstellung der algebraischen Zahlen als Summen von 4 Quadraten. Doch bin ich noch nicht dazu gekommen, mir die Sache mit Quaternionen zurechtzulegen. Die nothwendigen Sätze über die Zerlegung der Quaternionen mit Componenten, die ganzen Zahlen eines Körpers K sind, in Primgebilde sind jedenfalls nicht ganz leicht zu beweisen. Eine Frage, die einige Ähnlichkeit mit der Ihrigen hat, und die ich schon vor längerer Zeit einmal behandeln wollte, ist diese: Gegeben ist eine quadratische Form von n Variabeln mit ganzen Coefficienten, die in einem Körper K liegen. Die Determinante der Form soll natürlich $\neq 0$ sein. Ist es immer möglich die Form als Summe von n Quadraten lineraer Formen so darzustellen, dass diese linearen Formen ebenfalls ganze algebraische Zahlen als Coefficienten besitzen? Und wenn ja, in welchem niedrigsten Körper dürfen die letzteren Coefficienten angenommen werden?

In den letzten Wochen habe ich mich wieder sehr intensiv mit Ihrem Körperbericht[641] beschäftigt; ich hatte mir vorgenommen, denselben einmal vollständig durchzudenken; aber ich fürchte, ich werde nicht durchdringen, denn Sie haben es dem Leser doch recht sauer gemacht, namentlich in den späteren Partieen. Ich finde unter Anderem den Beweis des Kronecker'schen Satzes über die Abel'schen Körper sehr schwer verständlich, weil die algebraischen Grundlagen (Zusammensetzung der Körper, Entstehung der Gruppe des zusammengesetzten Körpers aus den Gruppen der beiden zusammgesetzten Körper etc..) fehlen oder nur kurz berührt werden. Die Theorie des Kummer'schen Körpers ist ebenfalls eine harte Nuss; durch die Erörterungen über $\{\frac{v,\mu}{l}\}$ ist schwer durchzukommen. Viel liegt natürlich an der Schwierigkeit der Materie und dann haben Sie ja auch nicht die Absicht gehabt, ein Lehrbuch zu schreiben, sondern eben einen zusammenfassenden Bericht zu geben.

641 D. Hilbert: Bericht über die Theorie der algebraischen Zahlkörper (Jahresbericht der Deutschen Mathematiker-Vereinigung 4 (1897), 173-546).

Ihr Vorschlag, dass ich einen functionentheoretischen Bericht abfassen solle, ist verlockend. Aber es fehlt mir gegenwärtig der Muth dazu, ein so weitausschauendes Unternehmen zu beginnen. In der französ. Litteratur haben wir übrigens an dem Jordan'schen Cours d'Analyse[642] und dem Picard'schen Traité[643] recht brauchbare und reichhaltige Darstellungen der mod. Functionentheorie. Es fehlen ja freilich die allerneusten Entwicklungen von Hadamard, Fabry und Borel und einige Andere; aber bei der raschen Entwicklung dieses Gebietes wird jedes neue Buch im Momente des Erscheinens schon so zu sagen veraltet sein. – Ihr quadr. Reciprocitätsgesetzt habe ich in den letzten Tagen auch näher angesehen; die ausnahmlose Fassung von der Gl. $\prod\left(\frac{\mu,v}{w}\right) = 1$ finde ich wunderschön und ein ganz neues Licht auf das alte Reciprocitätsgesetz werfend. Wäre es doch nicht so sehr mühsam, zu diesen Resultate zu gelangen! Das ist der einzige Wunsch, der da bleibt. Das gleichberechtigte Auftreten von μ und v legt den Gedanken nahe, in dem durch $\sqrt{\mu}$ und $\sqrt{v}$ bestimmten relativen Abel'schen Körper 4ten Grades hineinzugehen. Das ist aber nur eine vage Idee, die vielleicht zu Nichts Gescheitem über $\left(\frac{\mu,v}{w}\right)$ führt.

Doch nun genug für heute. Seien Sie und Ihre werthe Frau von meiner Frau und mir herzlich gegrüsst.

Ihr getreuer
Hurwitz.

Minkowski an **Hilbert** MiHi60
11.02.1899, Zürich (Brief)

Lieber Freund!

Wie Du es an mir bereits gewöhnt bist, habe ich wieder über Erwarten lange gebraucht, bis mein Aufsatz[644] mir in druckfertigen Zustande zu sein schien. Wegen der Länge, die er annahm, konnte ich Dir für die Göttinger Nachrichten nur den Beweis des einfachsten allgemeinen Theorems senden. Es that mir namentlich leid, dass ich den bereits völlig ausgearbeiteten Beweis, dass man nun für complexe Grössen, die einer cubischen Gleichung genügen, einen in jeder Hinsicht den Kettenbrüchen für reelle quadratische Irrationalzahlen analogen periodischen Algorithmus findet, unterdrücken musste. Dadurch, dass ich die Verzögerung hätte entschuldigen müssen, bin ich auch so schreibfaul gewesen.

Deinen Brief im Januar sowie Deine Karte mit Litteraturnachweisen habe ich erhalten und sage Dir vielen Dank dafür. Erst jetzt komme ich dazu nachzusehen, ob und wie von den angeführten Autoren die betreffenden Fragen wirklich

[642] C. Jordan Cours d'Analyse de l'Ecole Polytechnique. 3 Bände (Paris. Gauthier-Villars, 1893 – 1896).
[643] E. Picard: Traité d'analyse. 3 Bände (Paris: Gauthier-Villars, 1891–1896).
[644] H. Minkowski: Ein Criterium für die algebraischen Zahlen (Nachrichten von der kgl. Gesellschaft der Wissenschaften zu Göttingen, Mathematisch-physikalische Klasse aus dem Jahre 1899, 64-88).

erledigt sind. Der Liebmann'sche Aufsatz[645] ist ganz nett; aber ist damit schon gezeigt, dass es unter allen convexen geschlossenen Flächen keine ausser der Kugel giebt, welche in beliebigen Partieen stets dieselben Totalkrümmungen wie eine Kugel hat? Ich glaube, auf diesem ganzen Gebiet ist noch mancherlei zu erledigen, und ich will mich jetzt eifrig daran machen.

In Deiner Karte finde ich noch eine Anfrage über die Körper grösster Attraction. Den betreffenden Satz von Gauss kenne ich nur aus einem Beispiel in der Variationsrechnung von Moigno-Lindelöf.[646] Ich habe hier eine Preisaufgabe[647] gestellt, den Körper grösster Anziehung in Bezug auf ein dreiaxiges Ellipsoid zu bestimmen. Das mit der Bonner Dissertation ist eine Verwechslung.

Hurwitz ist wieder ganz auf Deck. Durch die Dissertation von Schaper[648] angeregt, hat er ausserordentliche Vereinfachungen in den Beweisen der Hadamard'schen Sätze und mancherlei Verallgemeinerungen erzielt. Das gute Wetter und diese Funde machen ihn jetzt viel aufgeräumter. Mit der Berufung von Schoenflies[649] habe ich mich für ihn recht gefreut. Dadurch, dass ich damals nach Zürich ging, ist doch recht viel Leben in die Mathematiker gekommen.

Deine und Deiner Frau gute Wünsche zum neuen Jahre haben wir in Gedanken sofort auf's wärmste erwidert, wenn ich dies auch jetzt erst zum Ausdruck bringe.

Auf das in Aussicht gestellte Schreiben Deiner lieben Frau und namentlich auch auf Franzens Bild haben wir immer gewartet und hoffen nach dieser Constatirung sie wirklich jetzt zu erhalten.

Mit Burkhardt und Frau waren wir gestern Abend bei Rudios zusammen. Er hat in verheirathetem Zustande doch viel gewonnen und ist jetzt recht umgänglich. Sein Buch über elliptische Functionen ist nun auch fertig.[650]

Sonst beschäftige ich mich noch viel mit Anwendungen. Von der Thermodynamik bin ich auf Chemie gekommen. Ich denke immer, eines Tages

---

[645] H. Liebmann: Eine neue Eigenschaft der Kugel (Nachrichten von der kgl. Gesellschaft der Wissenschaften zu Göttingen, Mathematisch-physikalische Klasse aus dem Jahre 1899, 44-55), ausführlicher in seiner Habilitationsschrift „Über die Verbiegung der geschlossenen Flächen positiver Krümmung" (Leipzig: Teubner, 1899) – auch Mathematische Annalen 53 (1899), 81-112. Liebmanns Resultat ist bekannt als die Unverbiegbarkeit der Kugel. Vgl. auch Brief von Minkowski an Hilbert vom 20. Februar 1899 MiHi 61.

[646] F. N. M. Moigno-L. L. Lindelöf: Leçons de calcul de variations (Paris, 1861).

[647] Im Polyprogramm für das Jahr 1898 wurde folgende Preisaufgabe für die Schule für Fachlehrer in mathematischer Richtung veröffentlicht, die bis Ende 1900 abzuliefern war: „Ein homogenes Ellipsoid sei vorgelegt. Welche Form und Lage muss ein homogener Körper von gegebenem Volumen haben, um bei Annahme des Newton'schen Attraktionsgesetzes von dem Ellipsoide die grösstmögliche Anziehung zu erhalten?" Im fernern sei für den Körper eine spezielle von einem oder mehrern Parameter abhängige Gattung (Kugel, Ellipsoid, Würfel oder dgl.) vorgeschrieben; welches ist in der Gattung der Körper grösster Anziehung in Bezug auf das Ellipsoid? Es gab nur eine Bearbeitung dieser Preisfrage von N. Spijker aus Holland. Ihr wurde der Preis zuerkannt.

[648] H. von Schaper: Über die Theorie der Hadamardschen Funktionen und ihre Anwendung auf das Problem der Primzahlen (Dissertation bei Hilbert, Göttingen 1898).

[649] A. Schoenflies wurde 1899 von Göttingen nach Königsberg berufen.

[650] 1888 hatte Rudio Maria Emma Müller, Tochter des Carl Wilhelm Nepomuk, von Rheinfelden geheiratet. Burkhardt hat 1899 ein Buch über elliptische Funktionen veröffentlicht: Elliptische Funktionen (Leipzig: Teubner, 1900).

Klein gegen seine vielen Angreifer in der Weise beizuspringen, dass ich zeige, dass die Mathematiker auch wirklich etwas für die Praxis leisten können, und zwar besseres als die Bewegungen des Kreisels festzustellen.

In Erwartung guter Nachrichten von Euch bin ich mit herzlichen Grüssen von mir und meiner Frau

Dein H. Minkowski

Lily ist immer sehr vergnügt und wiegt 19 Pfund.

Minkowski an **Hilbert** MiHi61
20.02.1899, Zürich (Brief)

Lieber Freund,

Ich bemerke, dass eine Überlegung in dem Dir übersandten Aufsatze[651] wesentlich vereinfacht werden kann. Da die betreffende Partie vielleicht noch nicht gedruckt ist, so schicke ich Dir anbei die in Aussicht genommene Änderung, und möchte Dich bitten, sie der Druckerei zuzustellen. Entschuldige diese Bemühung.

Dass zu einer gegebenen Vertheilung des Gaussischen Krümmungsmaasses jedenfalls nicht mehr als eine geschlossene convexe Fläche gehören kann, folgt fast unmittelbar aus den Sätzen in meiner Note „Lehrsätze über die convexen Polyeder"[652], und damit geht dann der Liebmann'sche Satz bereits hervor.

Meine Frau hat sich mit dem heute von Deiner Frau erhaltenen Briefe sehr gefreut und wird ihn bald erwidern. Ohne Euch schmeicheln zu wollen, constatiren wir beide, dass Franz wirklich ein sehr hübscher Junge ist.

Mit herzlichem Gruss von Haus zu Haus

Dein H. Minkowski

Minkowski an **Hilbert** MiHi62
09.03.1899, Zürich (Brief)

Lieber Freund,

Deinen Brief habe ich soeben mit Vergnügen erhalten und antworte Dir sofort in Bezug auf unsere Begegnung. Meine Frau und Tochter reisen nächsten

[651] H. Minkowski: Ein Criterium für die algebraischen Zahlen (Nachrichten von der kgl. Gesellschaft der Wissenschaften zu Göttingen, Mathematisch-physikalische Klasse aus dem Jahre 1899, 64-88). Vorgelegt von Hilbert am 11. Februar 1899, Minkowskis Korrektur kam also zu spät.

[652] Vgl. Brief von Minkowski an Hilbert 11. Februar 1899 MiHi 60. H. Minkowski: Allgemeine Lehrsätze über die convexen Polyeder (Nachrichten der kgl. Gesellschaft der Wissenschaften zu Göttingen, Mathematisch-physikalische Klasse 1897, 198-217). Ein ausführliches Manuskript über konvexe Polyeder von Minkowski wurde erst postum in dessen „Gesammelten Abhandlungen" (Band 2), 131-230 veröffentlicht.

Dienstag nach Strassburg. Ich will sie bis Basel begleiten und Nachmittags hierher zurückkehren, dann bleibe ich noch bis Freitag Abend hier. Sonnabend muss ich meiner Frau zu einer Hochzeit folgen. Schade, dass ich die sehr erwünschte Gelegenheit zu einer Absage, die ich nun gefunden hätte, nicht schon vor mehreren Tagen besass. Ich bin nun noch gar nicht über den Tag, an dem Du kommen kannst, unterrichtet. Ist es Dir möglich, zwischen Dienstag und Freitag hier zu weilen, so würde ich mich ausserordentlich freuen. Tretet Ihr Eure Reise aber erst später an, so bitte ich und meine Frau mit mir dringend, dass Ihr sie so disponirt, dass Ihr am Schlusse derselben noch mehrere Tage hier weilt. Eventuell bei geeignetem Wetter (Anfang April ist es unter Umständen schon sehr schön in der Schweiz) können wir dann noch irgend eine Höhe gemeinsam erklimmen.

Meine Correcturen[653] habe ich dieser Tage erhalten. Die neuangeschaffte Partie j's wird hoffentlich noch manchem Mathematiker, der dem i aus dem Wege gehen will, zu Statten kommen, und ich will mich bemühen, dafür Propaganda zu machen.

Klein wird hier die ersten Tage incognito als Encyclopädiedirigent[654] weilen. Die übrige Menschheit bekommt ihn erst Samstag zu Gesicht.

Hoffentlich erhalte ich nun die Antwort von Dir, dass ich Dich sowohl in nächster Woche wie auf der Rückreise sehe.

Mit herzlichen Grüssen an Dich und Deine Frau

Dein
H. Minkowski

Minkowski an **Hilbert** MiHi63
11.05.1899, Zürich (Postkarte)

Lieber Freund! Deinen Brief habe ich Montag erhalten. Beim Wiederdurchlesen bemerke ich, daß Ende nächster Woche wohl Ende dieser bedeutet. Ich habe über L. sowie H. und P. Erkundigungen[655] eingezogen, jedoch noch nicht die Antwort. L. ist sicher Franzose, sein Vater ist Direktor irgend einer grossen Eisenbahngesellschaft in Paris, er selbst war französischer

[653]Vermutlich zu H. Minkowski: Ein Kriterium für algebraische Zahlen (Nachrichten der kgl. Gesellschaft der Wissenschaften zu Göttingen, Mathematisch-physikalische Klasse 1899, 64-88).

[654]Es geht um die Encyklopädie der mathematischen Wissenschaften, zu deren Initiatoren F. Klein gehörte (neben H. Weber und Franz Wilhelm Meyer); F. Klein wurde dann zum Koordinator des Projekts. Die Bände der Encyklopädie wurden in Einzellieferungen veröffentlicht, beginnend 1899. H. Burkhardt hat mehrere Beiträge zur Encyklopädie geschrieben: Kontinuierliche Transformationsgruppen (1900, zusammen mit L. Maurer), Potentialtheorie (1900, zusammen mit Franz Mayer) und trigonometrische Interpolation (1904), trigonometrische Reihen und Interpolation (1914). Wahrscheinlich ging es um ihn bei Kleins Besuch.

[655]Laugel, Hadamard, Painlevé. Hintergrund ist, dass anlässlich der Einweihung des Gauß-Weber-Denkmals auswärtige Mathematiker den Ehrendoktortitel der Göttinger Universität erhalten sollten. Offensichtlich hatte Hilbert bei Minkowski nachgefragt bzgl. der französischen Mathematiker. Schließlich wurde der Ehrendoktor Hadamard verliehen. Vgl. auch Brief von Minkowski an Hilbert vom 12. Mai 1899 MiHi 64.

Gesandtschaftsattache in Newyork. Hurwitz, den ich sprach, gönnt L. sehr die Ehre, befürchtet aber, daß an manchen Orten über seine Ehrung gespottet werden würde. Über P. kann ich nicht viel urtheilen, ich kenne eigentlich nur seine Mechanik[656], die ich für die Vorles. benutzte; auch Hurwitz getraut sich über ihn kein Urtheil zu; dagegen meinen wir beide, wenn auf ihn die Wahl fallen sollte, so könnte mit demselben Recht etwa Goursat oder Appell oder sonst wer ausgezeichnet werden. Hingegen hat Hadamard doch sehr originelle Leistungen aufzuweisen, die eben auch in besonderer Weise gelohnt werden können. Von Hadamard war ja letzthin im großen Proceß seines entfernten Verwandten Dreyf. die Rede.[657] Franzose ist er jetzt jedenfalls. Ich schreibe etwas in Eile an der Bahn. Morgen sende ich die Correctur zurück und berichte dann noch ausführlicher. Herzlichen Gruß an Dich und Deine Frau

Dein
H. Minkowski

Minkowski an **Hilbert** MiHi64
12.05.1899, Zürich (Brief)

Lieber Freund!

Von Herrn Laugel, den ich um einige biographische Notizen für einen Freund, der sich für die französischen Mathematiker interessirt, ersuchte, habe ich den beiliegenden Brief erhalten, den ich dir folglich übersende für den Fall, daß du die entsprechenden Notizen brauchen kannst. Laugel hat danach auch wieder ein größeres aus dem Deutschen übersetztes Buch[658]vor.

Painlevé und Hadamard sind beide in Angelegenheiten von Dreyfus vom Kassationshof vernommen worden. H. ist ein entfernter Verwandter von Frau Dreyfus und sollte P. gegenüber geäußert haben, daß er Dreyfus für schuldig hielte, was in den geheimen Dossier hineinkam, sich aber schließlich als Verwechselung erwies.

In Frankreich wird es gewiß manchen geben, der eine Auszeichnung dieser Mathematiker von deutscher Seite falsch auslegen wird, was aber natürlich kein bestimmender Gesichtspunkt sein darf. Deine „Grundlagen der Euklid.

[656] Von Painlevé existieren verschiedene autographierte Fassungen seiner Vorlesungen an der Ecole polytechnique über Mechanik und Maschinen.

[657] Hadamards Cousine war mit A. Dreyfus verheiratet. Hadamard setzte sich wie auch E. Borel und seine Frau, die bekannte Autorin Camille Marbot, für Dreyfus ein („Dreyfusards"). Die Affäre Dreyfus hatte einen antisemitischen Hintergrund und erregte großes Aufsehen in der III. Republik; sie begann 1894 mit der unrechtmäßigen Verurteilung des Hauptmanns A. Dreyfus wegen Spionage und endete erst 1906 mit der Aufhebung dieses Urteils und der vollständigen Rehabilitierung von Dreyfus. Bekannt geblieben ist in diesem Zusammenhang E. Zolas Artikel „J'accuse" (13. Januar 1898).

[658] Laugel übersetzte Hilberts Festschrift „Grundlagen der Geometrie" ins Französische („Les principes fondamentaux de la géométrie" (Paris: Gauthier-Villars, 1900)).

Geometrie"[659] haben mir äußerst gut namentlich auch durch die leichte Darstellung gefallen und werden sicher allgemein viel Anklang finden.

Ich behalte mir vor, in kurzem mehr zu berichten. Herzliche Grüße an euch von meiner Frau und mir

Dein
H. Minkowski

Es ist nicht ausgeschlossen, daß ich eurer Einladung zur Gauß-Feier[660] folge. Ich habe gerade am Freitagfrüh bis Samstag keine Vorlesungen.

(Der beigelegte Brief ist nicht erhalten.)

Minkowski an **Hilbert** MiHi65
05.06.1899, Zürich (Brief)

Lieber Freund!

Zunächst wiederhole ich Dir und Deiner Frau meinen Dank für Eure herzliche Einladung, Euch in nächster Woche zu besuchen. Ich komme nun, wenn nicht Unvorhergesehenes dazwischenkommen sollte, bestimmt, bin auch sogar vom Schulrathspräsident[661] als Vertreter der Lehrerschaft des Polytechnikums bei der Feier[662] bezeichnet. Was mein Eintreffen anbelangt, so muß ich zunächst Dienstag 7 Uhr[663] hier wieder lesen, und weil die Züge nicht günstig liegen, deshalb Sonntag Abend von Göttingen wieder aufbrechen. Ich will deshalb, wenn es Euch im Übrigen paßt, schon Freitag Vormittag einzutreffen suchen. Freilich liegen wieder die Züge so, daß dieses nicht leicht zu machen sein wird. Ich behalte mir daher noch vor, die Stunde meiner Ankunft auf der Bahn resp. bei Euch unter der ausdrücklichen Forderung, von meinem Eintreffen mit der Bahn keine Notiz zu nehmen, noch nach dem Studium eines neueren Fahrplans als ich ihn habe, mitzutheilen. Vielleicht schreibst Du mir auch noch, zu welchen Stunden Du event. Freitag Vorlesung hast.

Soeben habe ich den letzten Bogen der Correctur Deiner Festschrift[664] Dir zurückgesandt. Dein Aufsatz hat mir wirklich sehr gefallen und wird gewiß auch allgemein bei den Mathematikern Anklang finden. Man merkt ihm auch

---

[659] Vermutlich ist die von E. von Schaper erstellte Ausarbeitung der Hilbertschen Vorlesung im WS 1898/99 gemeint. Diese trug den Titel „Grundlagen der Euklidischen Geometrie".

[660] Es geht um die Feier anlässlich der Enthüllung des Gauß-Weber-Denkmals in Göttingen am 17. Juni 1899.

[661] H. Bleuler.

[662] Es geht um die Feier anlässlich der Enthüllung des Gauß-Weber-Denkmals am 17. Juni 1899.

[663] Am Polytechnikum wurden Veranstaltungen schon am frühen Morgen angeboten.

[664] Hilberts „Grundlagen der Geometrie" bildeten zusammen mit einer Arbeit von E. Wiechert über die Grundlagen der Elektrodynamik die Festschrift, welche für die feierliche Enthüllung des Gauß-Weber-Denkmals gedruckt wurde.

in keiner Weise an, daß Du daran zuletzt so schnell arbeiten mußtest, und nach mehrjährigem Durcharbeiten wäre er gewiß nicht so frisch herausgekommen. Daß das Euklidische Axiom über die rechten Winkel[665] beseitigt ist, wird besonders auffallen, doch glaube ich noch, daß dies im Grunde mit einer etwas anderen Einführung der Winkel zusammenhängen wird.

Da wir uns nun bald sprechen, so schließe ich.

Mit herzlichen Grüßen an Dich und Deine Frau von meiner Frau und Deinem

H. Minkowski

Minkowski an **Hilbert** MiHi66
24.06.1899, Zürich (Brief)

Lieber Freund,

Die schönen Tage in Göttingen kommen mir, nachdem ich in die Züricher Wirklichkeit zurückgekehrt bin, heute wie ein Traum vor; doch ist an ihrer Existenz wohl ebenso wenig zu zweifeln wie an der Deiner $18 = 17 + 1$ Axiome der Arithmetik.[666] Ich habe mich in Eurem gemüthlichen Hause ausserordentlich wohl gefühlt, und immer von Neuem berichte ich hier mit Vergnügen über die angeregte Zeit, die ich dort verbracht habe. Dir und Deiner Frau möchte ich noch einmal herzlich für die liebenswürdige und gastfreie Aufnahme, die Ihr mir habt zu Theil werden lassen, danken.

Wer diese Tage in Göttingen verlebt hat, wird nicht genug staunen können, wie viel Leben in dem Göttinger mathematischen Kreise herrscht, und zur Zeit ist das ausschliesslich Dein Verdienst. Durch einen Aufenthalt in solcher Luft bekommt man selbst einen erhöhten Thatendrang und einen Impuls zu intensiverem Schaffen. Ich bin dadurch auch schon energisch für die Mathematischen Annalen[667] an der Arbeit. Hoffentlich ist der Anstoss

[665] Buch I, Postulat 4 (oder auch Axiom 10): Gefordert soll sein, daß alle rechten Winkel einander gleich sind. Gemäß der Ausgabe von Cl. Thaer. Minkowski Erwartung diesbezüglich hat sich nicht bewahrheitet.

[666] Im September 1899 stellte Hilbert bei der Jahrestagung der Deutschen Mathematiker-Vereinigung in München sein Axiomensystem der reellen Zahlen im Vortrag „Über den Zahlbegriff" vor. Wie das System für die Euklidische Geometrie hatte dieses 17 Axiomen, jetzt aber ergänzt um ein 18. Axiom der Vollständigkeit. Vgl. Essay über Geometrie der Freunde. Offensichtlich hatte Hilbert das fragliche System schon im Juni zum Zeitpunkt der Enthüllung des Denkmals. Und er wusste zu diesem Zeitpunkt um die Notwendigkeit eines Vollständigkeitsaxioms – will man ein kategorisches Axiomensystem. Minkowski hat im Züricher Seminar Hilberts Festschrift umgehend vorgestellt; vgl. Hurwitz an Hilbert 5. Juli 1899 HuHi 45.

[667] In der nachfolgenden Zeit hat Minkowski zwei Artikel in den Mathematischen Annalen veröffentlicht: „Über die Annäherung an eine reelle Größe durch rationalen Zahlen" (Mathematische Annalen 54 (1901), 91-124) und „Volumen und Oberfläche" (Mathematische Annalen 57 (1901), 447-495). Es handelt sich hier um die erste Arbeit, vgl. Brief von Minkowski an Hilbert vom 30. Dezember 1899 MiHi 67.

von recht langer Nachwirkung, wenigstens bis zu dem neuen Maximum an wissenschaftlicher Aussprache in München.

Der Kugelsatz in n Dimensionen lautet, wie ich mich überzeugt habe, thatsächlich folgendermassen: Man kann den unendlichen Raum von n Dimensionen so mit n-dimensionalen Kugeln von irgend einem festen Radius erfüllen, dass, wenn man aus diesem Raume einen Würfel mit beliebiger Kante k an gehöriger Stelle ausschneidet, der darin von den Kugeln besetzte Raum an Volumen einem Würfel von einer Kante $> \frac{1}{2}k$ gleichkommt. Trotz der Einfachheit dieses Satzes ist es vorderhand ein wirkliches Problem, ihn zu beweisen.

Hurwitz ist wieder recht frisch, er steckt ganz in Quaternionentheorie. Dieser Tage hatte ich wieder Veranlassung, in Deinem Bericht[668] über die algebr. Zahlkörper zu lesen. Ich würde für eine Neubearbeitung der ersten Kapitel sein. Das Princip des „Vorzugs der schärferen und weiter tragenden Hilfsmittel" verlangt entschieden, den Satz von der Endlichkeit der Anzahl der Idealklassen voranzustellen.

Für meine Erlebnisse und Erfahrungen in Göttingen zeigen alle Collegen grösstes Interesse. Geiser erinnerte mich heute wieder an die Festschrift. Ich erlaube mir deshalb zu constatiren, dass das von Brendel mir zugesagte Exemplar vorläufig nicht eingetroffen ist. Vielleicht aber ist es bereits unterwegs.[669]

Dass ich von Franz keinen rechten Abschied genommen habe, hat mich noch auf dem ganzen Rückweg geschmerzt. Hoffentlich behält er mich trotzdem lieb.

Mit herzlichen Grüssen an Dich und Deine Frau bin ich

Dein
H. Minkowski

Hurwitz an **Hilbert** HuHi45

05.07.1899, Zürich (Brief)

Lieber Freund!

Sie werden mir gewiss – und mit Recht – zürnen, dass ich Ihnen seit so langer Zeit nicht geschrieben und für Ihren und Ihrer werthen Frau Beileidsbrief[670] vom 17. Mai noch immer in Ihrer Schuld geblieben bin. Als Entschuldigung darf ich die trübe Stimmung, in die man durch einen Verlust[671], wie er uns betroffen hat, naturgemäss versetzt wird und die eine Unlust zum Briefschreiben erzeugt, aufführen. Durch die sehr strapaziöse Reise nach Königsberg und die mit ihr verbundenen Aufregungen bin ich überhaupt etwas aus dem Geleise gerathen. Meine Arbeiten haben längere Zeit geruht und erst allmählich finde

[668] D. Hilbert: Bericht über die Theorie der algebraischen Zahlkörper (Jahresbericht der Deutschen Mathematiker-Vereinigung 4 (1897), 173-546).

[669] Vgl. auch Hurwitz an Hilbert 5. Juli 1899 HuHi 45; auch er hatte noch kein Exemplar der Festschrift erhalten.

[670] Dieser Brief ist nicht erhalten.

[671] Es geht um den Tod des Vaters von Ida Samuel-Hurwitz.

ich mich wieder zurecht. Ein Aufsatz über die Stirlingsche Reihe, den ich schon Mittag-Leffler bei seinem letzten Besuche versprach und der damals fast fertig war, harrt noch immer der letzten Teile[672]. Ich hoffe nun aber, ihn in den nächsten Tagen abzuschliessen. Durch Minkowski haben wir zu unserer Freude gehört, dass es Ihnen und den Ihrigen in jeder Beziehung gut ergeht. Im letzten Colloquium hat uns Minkowski auch über Ihre wunderschöne Festschrift[673] vorgetragen; wir sind alle auf die Fortsetzung des Vortrages am nächsten Mittwoch gespannt. Dass ich bisher noch kein Exemplar der Festschrift erhalten habe, beruht wohl auf einem Versehen. Ich würde Ihnen sehr dankbar sein, wenn Sie mir möglichst bald ein Exemplar zuschicken wollten, da ich mich sehr gern in die Lecture Ihrer Arbeit vertiefen möchte.

Einer Ihrer Studirenden, Fritz Beer, hat sich an mich mit der Frage gewandt, ob er Assistent bei mir werden könne. Falls Sie Näheres über denselben wissen, haben Sie doch die Freundlichkeit, mir bei Gelegenheit über ihn zu schreiben. Es kommt bei der Besetzung der Assistentenstellen nicht nur darauf an, wissenschaftlich befähigte junge Leute zu haben, sondern namenthlich auch solche, die die Gabe klarer Darstellung haben und deren Persönlichkeit eine gewisse Autorität auf die Studirenden ausübt. Ist der Herr Fritz Beer jüdischer Confession? Übrigens würde ich auf einen auswärtigen Assistenten – wie ich Herrn Beer auch mitgetheilt habe – nur dann reflectiren können, wenn sich hier kein geeigneter junger Mann schweizer Nationalität[674] für die Assistentenstelle finden würde.

Mit den herzlichsten Grüssen für Sie und Ihre werthe Frau und mit dem besten Dank für Ihr Beileidsschreiben

bin ich Ihr alter Freund

A. Hurwitz.

Liebe Käthe!

Dir und Deinem Manne herzlichen Dank für die teilnahmsvollen Zeilen! Unser Verlust ist ein so schwerer, dass wir ihn niemals völlig überwinden werden. Schon seit Jahren hatte Papa sich nicht mehr recht sicher gefühlt, ein so plötzliches Ende aber konnte Niemand voraussehen. Unsrer einziger Trost liegt in dem Gedanken, dass Papa völlig schmerz- und bewusstlos hinüberschlummerte und durch diesen glücklichen Tod vor qualvollem Siechtum bewahrt blieb.

Dir, liebe Käthe, und den Deinen weiter das beste Ergehen wünschend, bin ich mit herzlichen Grüssen

Deine

Ida Hurwitz

---

[672] 1899 erschien in den Acta von Hurwitz „Sur l'intégrale finie d'une fonction entière" (Acta mathematica 22 (1899), 179-180), ein Nachtrag zum gleichnamigen Aufsatz in den Acta Band 20.

[673] Grundlagen der Geometrie (1899).

[674] Offensichtlich wurden schweizerische Kandidaten bevorzugt. Vgl. Brief von Minkowski an Hilbert 10. Dezember 1896 MiHi 42. Die fragliche Stelle, auf die sich auch Einstein beworben hatte, erhielt schließlich Jakob Ehrat. Zu Beer vgl. auch Hilbert an Hurwitz 21. November 1900 HiHu 63.

Hilbert an **Hurwitz** HiHu60
03.09.1899, Rauschen (Brief)

Lieber Freund.

Vielen Dank für Ihren ausführlichen Brief über den ich mich sehr gefreut habe.

Seit Anfang August bin ich mit Frau und Kind hier bei meinen Eltern zu Besuch und wir finden unsere alte Heimath wieder ganz besonders schön. Am Meisten bin ich von den Seebädern entzückt.

In welcher Weise verleben Sie Ihre Sommerferien?

Da der Ort der Mathematikervereinigung[675] von Ihnen aus so leicht erreichtbar ist, so gebe ich mich diesmal der bestimmten Hoffnung hin, Sie dort zu sehn. Ich weiss von einer grossen Reihe von Fachgenossen, dass Sie nach München kommen werden und ich verspreche mir eine wissenschaftlich sehr angeregte Woche.

Dazu kommt, dass es mir heutzutage besonders wünschenswerth erscheint im Interesse der Wissenschaft, wenn Diejenigen, die für die Mathematik selbst – ohne Nebenabsichten – Interesse haben, auch persönlich zusammenhalten und ein solcher Zusammenhalt wird durch den Besuch der Vereinigung in der That sehr gefördert. Wie viel man sich dabei körperlich anstrengen will, hängt ja vom Belieben des Einzelnen ab und ich denke, es würden Ihnen die Münchener Tage sehr gut bekommen, wenn Sie sich von dem Festtrubel selbst zurückhalten.

Am 9ten gedenke ich abzureisen, da ich zu Hause in Göttingen noch ein paar ruhige Tage zur Vorbereitung meines Vortrages brauche.

Was Beer anbetrifft, so habe ich Ihnen über denselben keine weitere Auskunft gegeben, weil Beer bereits eine andere Stelle angenommen hat. Beer ist Jude. Ich habe mit seiner Dissertation[676] recht viel Mühe gehabt; Sie werden über dieselbe ja selbst urtheilen.

Zum Schluss möchte ich Sie noch bitten Ihren Bruder zu grüssen, falls derselbe bei Ihnen ist, desgleichen Ihre Frau; letztere möchte ich noch bitten Ihnen ebenfalls zur Münchner Reise zuzureden und Sie womöglich dorthin zu begleiten.

Mit herzlichem Gruss

Ihr Hilbert.

Hurwitz an **Hilbert** HuHi46
10.09.1899, Zürich (Postkarte)

Lieber Freund! Herzlichsten Dank für Ihren Brief aus Rauschen. Ich hatte sehr darauf gerechnet, Sie in München wiederzusehen, aber leider sind verschiedene

[675] Die deutsche Mathematiker-Vereinigung hielt ihre Jahrestagung vom 17. bis 23. September 1899 in München ab. Hilbert sprach über den Zahlbegriff und über das Dirichletsche Prinzip.

[676] F. Beer: Kriterien für Irrationalität von Funktionalwerten (Göttingen 1899). Vgl. Hilbert an Hurwitz 21. November 1900 HiHu 63.

Ursachen eingetreten, die mich abhalten, nach München zu kommen, was ich umso mehr bedaure, als ich Ihre Meinung betreffs des Zusammenhaltes der reinen Mathematiker vollständig theile. Bei uns herrscht seit einigen Wochen Keuchhusten, der uns voraussichtlich zu einer Trennung der Familie zwingen wird. Meine Frau wird mit den beiden Mädchen Landaufenthalt nehmen müssen, während ich den Jüngsten, der noch nicht angesteckt ist, hier zu Hause behalten werde. Die ganze Sache kommt recht störend in die Ferien hinein. Wir haben diese ganz ruhig hier zu Hause verbracht und Erholung in den Wäldern des Zürichbergs gesucht, wo im August Mutter u. Schwester meiner Frau Sommerfrische genossen haben. Gegenwärtig sind diese noch hier in Zürich zu Besuch, reisen aber morgen nach Königsberg zurück. Soweit der Berufungsprocess[677] mir Zeit lässt, arbeite ich an einer ausführlichen Darstellung der Comptes Rendus Note über den Satz von Hadamard, um die mich Mittag-Leffler gebeten hatte. Über Ihre Münchener Vorträge wird mir Minkowski gewiss berichten. Schönen Dank für die Auskunft über Beer! Ihnen gutes Ergehen und angenehme Tage in München wünschend bin ich mit freundlichen Grüssen auch von meiner Frau

Ihr alter Freund

A. Hurwitz.

Hilbert an **Hurwitz** HiHu61

05/12.11.1899, Göttingen (Brief)

Lieber Freund.

Hier wie im Sommer im Garten sitzend – über mir den blauesten Himmel und ringsrum noch welkes Laub – nehme ich die Gelegenheit wahr, mich für Ihren letzten Brief zu bedanken, über den ich mich sehr gefreut habe.

Da Sie sich auch etwas für meine Grundlagen der Geometrie interessiren, so möchte ich Sie auf eine wohl noch in diesem Semester erscheinende Dissertation[678] von einem meiner besten Schüler Herrn Dehn aufmerksam machen, über deren Resultate ich ganz entzückt bin. Das Thema, das ich ihm stellte, war, zu prüfen, wie weit die Legendre'schen Sätze über die Winkelsumme im Dreieck halten, wenn man ausser dem Euklidischen Parallelenaxiom auch das Archimedische Axiom weglässt. Die Resultate sind so merkwürdig, wie nur möglich:

Die 3 Sätze: wenn in einem Dreieck die Winkelsumme $<$ (bez. $=,>$) ist als 2 Rechte, so ist sie es in allen Dreiecken, lassen sich thatsächlich ohne Archimedisches Axiom beweisen (Legendre benutzt dasselbe wesentlich

[677] Es ist unklar, was Hurwitz hier meint. Die drei Stellen für reine Mathematik sowie die beiden Stellen für darstellende Geometrie der Fachlehrerabteilung waren zu diesem Zeitpunkt besetzt.

[678] M. Dehn: Die Legendreschen Sätze über die Winkelsumme im Dreieck (1899) – vgl. M. Dehn: Die Legendre'schen Sätze über die Winkelsumme im Dreieck (Mathematische Annalen 53 (1900), 404-439).

unbewusst). Der Beweis, dessen Gang ich Dehn vorschlug und den er vollständig durchgeführt hat, ist allerdings noch ausserordentlich mühsam und complizirt. Dagegen ist es ohne Archimedisches Axiom unmöglich zu beweisen, dass wenn es ∞ vielen Parallelen giebt, die Winkelsumme im Dreieck $< 2R$ sein muss. Vielmehr leitet Dehn aus meiner Nicht-Archimedischen Geometrie in der Festschrift eine Geometrie ab, in der es zu jeder Geraden durch jeden Punkt ∞ viele Parallelen giebt und doch die Winkelsumme im Dreieck $> 2R$ (oder auch $= 2R$) ist und in der selbstverständlich alle Verknüpfungs-, Anordnungs- und Congruenz-Axiome gelten. Diese Geometrie haben wir Nicht-Legendresche Geometrie genannt. Wenn dagegen keine Parallelen da sind, so muss die Winkelsumme stets $> 2R$ sein, auch wenn Archimedes nicht gilt, so, dass die Geometrie ohne eine und die mit ∞ Parallelen d.h. die elliptische und hyperbolische gegen den Satz von der Winkelsumme ein völlig entgegengesetztes Verhalten zeigen. Ist das nicht sehr merkwürdig? Der ganze Gedankenprozess, den Gauss mit dem Parallelenaxiom vorgenommen hat, wird hier mit dem Archimedischen Axiom durchgeführt.

Ausser Herrn Dehn, der letzte Woche sein Examen mit No 1, was hier selten ist, bestanden hat, hoffe ich in diesem Wintersemester noch 3 Doktoranden[679] (2 über Zahlentheorie und 1 über den Linienbegriff) durchzubringen. Es macht das Alles viel Arbeit und ich weiss nicht, ob ich recht thue, mir in Zukunft wieder soviele auf den Hals zu laden.

Von meinen Vorlesungen macht mir am meisten diejenige über Flächentheorie zu schaffen, welche ich mit einem Seminar über den gleichen Gegenstand verbunden habe und in welchem ich hauptsächlich höhere Semester zu eigenen Arbeiten zu veranlassen suche. Dieses Colleg besucht auch Ihr Schüler Richter (oder vielmehr Müller, wie er sich jetzt nennt), für dessen Hersendung ich Ihnen sehr dankbar bin, da er in der That ein sehr angeregter junger Mathematiker ist, mit dem ich mich schon wie erhofft gern unterhalten habe. An einem der nächsten Seminartage wird er einen Vortrag über die Verbiegung geschlossener Polyeder halten.

) Haben Sie Kötter contra Klein-Sommerfeld gelesen? Die Universität Göttingen hatte absichtlich keinen Verteter nach Charlottenburg[680] geschickt. Klein wusste es aber doch einzurichten, dass er als „Vertreter einer hiesigen physikalisch-angewandeten Gesellschaft“ dort war (.

---

[679] 1899 promovierten bei Hilbert F. Beer „Kriterien für Irrationalität von Funktionalwerten“, Anne Bosworth „Begründung einer vom Parallelenaxiome unabhängigen Streckenrechnung“, M. Feldblum „Über elementar-geometrische Konstruktionen“ und L. W. Reid „Tafel der Klassenanzahlen für kubische Zahlkörper“. Im nachfolgenden Jahr kamen hinzu K. S. Hilbert „Das allgemeine quadratische Reziprozitätsgesetz in ausgewählten Kreiskörpern der n-ten Einheitswurzeln“, S. Marxen „Über eine allgemeine Gattung irrationaler Invarianten und Kovarianten für eine binäre Form ungerader Ordnung“ und L. Sapolsky „Über die Theorie der Relativ-Abel'schen kubischen Zahlkörper“ sowie E. J. Townsend „Über den Begriff und die Anwendung des Doppellimes“.

[680] Die in Charlottenburg ansässige TU Berlin feierte 1899 ihr hundertjähriges Bestehen. Der preussische König verlieh ihr aus diesem Anlass das Promotionsrecht, allerdings eingeschränkt auf technische Fächer.

Das Wetter ist inzwischen unfreundlich geworden und während ich noch den vorigen Sonntag von $\frac{1}{2}$10 Morgens bis Abends 6 ununterbrochen einschliesslich der Mahlzeiten mich im Garten aufhielt, sitzt man heute gern im geheizten Zimmer und freut sich auf das elektrische Licht, das wir nun hoffentlich bald im Hause haben werden, da auf der Wilhelm-Weberstr. die Leitung gerade jetzt gelegt wird.

Von München[681] wird Ihnen wohl Minkowski berichtet haben. Die Versammlung war die angeregteste und besuchteste, die ich je mitgemacht habe. Lindemann war absolut unsichtbar; so verliert einer nach dem anderen aus der vorangehenden Mathematikergeneration auch den letzten Funken eines Interesses an der Mathematik. Nun desto besser – so ist für uns das Feld frei.

Was sagen Sie zu Lindemann's neuem Schwiegervater Onkel Te?

Lesen Sie wieder eine Spezialvorlesung und worüber? Was treiben Sie sonst Mathematisches *) Denken Sie garnicht an einen funktionentheoretischen Bericht für die Mathem. Vereinigung? (* und was in der neuesten Litteratur hat Sie am meisten interessirt? Haben Sie die kleine Note von Jensen in dem letzten Heft der Acta mathematica[682] gesehen; sie hat mir sehr gefallen; ob Jensen seine am Schluss der Note gegebenen Verpsrechungen, den vollen Beweis der Riemannschen Sätze über die ξ-Funktion erbringen zu wollen, erfüllen wird?

Die Maurersche Arbeit über die Endlichkeit beliebiger voller Invariantensysteme halte ich für einen bedeutenden Fortschritt. (Münchener Berichte d.J.) Ihre Arbeit kannte Maurer garnicht; ich habe ihn auf dieselbe sowohl wie auf Study's Arbeit über orthogonale Invarianten aufmerksam gemacht. Haben Sie Liebmann's Habilitationsschrift[683] über die Unverbiegbarkein geschlossener Flächen schon angesehen?

*) Haben Sie Frege's satyrische Schrift „Ueber die Zahlen des Herrn H. Schubert" gelesen, wo er dessen Encyclopädie Artikel ironisiert? Verlag Jena, Pohle.

Bis Ostern ist zwar noch lange hin; doch planen wir bereits die letzte Hälfte der Osterferien etwa auf 3 Wochen nach Montreux, Les trantes oder einen ähnlichen Ort am Genfer See zu gehen. Auch Minkowski und Frau wollen dorthin; wie ich wenigstens bestimmt hoffe. Wir wollen uns dort in der französischen Sprache auf Paris[684] vorbereiten und uns mathematisch unterhalten und zugleich erholen. Was meinen Sie zu einem solchen Plan? Würden Sie sich nicht auch einmal dazu entschliessen. So gern man zu Hause ist, ist das Reisen doch noch sehr anregend und schön. Ich denke es mir sehr hübsch, wenn wir alle drei mit unseren Frauen die Osterferien zusammen verleben könnten.

---

[681] Die deutsche Mathematiker-Vereinigung hielt ihre Jahrestagung vom 5. bis 9. September 1893 in München ab. Hilbert sprach über die Zerlegbarkeit der Zahlen eines Körpers in Primideale, Minkowski hielt keinen Vortrag.

[682] J. L. W. V. Jensen: Sur un nouvel et important théorème de la théorie des fonctions, (Acta mathematica 22 (1899), 359-364).

[683] H. Liebmann: Über die Verbiegung der geschlossenen Flächen positiver Krümmung (Leipzig: Teubner, 1899).

[684] In Paris fand vom 9. Bis 12. August 1900 der zweite internationale Mathematiker-Kongress statt.

Den südafrikanischen Krieg[685] verfolgen wir natürlich mit grossem Interesse. Natürlich ist alle Sympathie für die Buren und ich wünsche den Engländern in Südafrika von ganzem Herzen alles Unglück.

Mit bestem Gruss auch von meiner Frau an Sie und die Ihrige Ihr alter Freund Hilbert.

Minkowski an **Hilbert** MiHi67
30.12.1899, Zürich, Mittelstrasse 12 (Brief)

Lieber Freund,

Vor einer Weile habe ich die angekündigte Arbeit an Dich abgesandt, betitelt: Über die Annäherung an eine reelle Grösse durch rationale Zahlen.[686] Zunächst muss ich bemerken, dass es durchaus nicht der Aufsatz über Kettenbrüche ist, von dem ich Dir einmal in München[687] sprach und den Du damals quasi refusirt hast. Im Gegentheil habe ich das Hauptresultat erst kürzlich gefunden, und da es mich sowohl wie Hurwitz recht überrascht hat, biete ich Dir den Aufsatz für die Annalen an. Ich vergass eine Anmerkung, die vielleicht die Leser am meisten reizen wird und die ich hier beilege mit der Bitte, sie meinem Manuscript einzuverleiben. Soweit die von mir ausgesprochenen Sätze auch in meinem Buche vorkommen werden, sind sie dort ganz anders dargestellt, namentlich mit wesentlich anderen Beweisen. Ich glaube, dass Dir der Aufsatz bei näherer Lectüre gut gefallen wird, wenn Du Dich durch das Wort Kettenbrüche, die mir auch meist ein Greuel waren, nicht vorweg einnehmen lässt.

Bald nach Neujahr will ich Dir einen Aufsatz für die Göttinger Nachrichten zahlentheoretischen Inhalts zugehen lassen.[688] Hast Du die Dedekind'sche Arbeit studirt. Ich fand noch keinen geeigneten Moment dafür.

Dass ich nun doch in den Vorstand der Vereinigung[689] hineingekommen bin, ist eine merkwürdige Ironie des Schicksals.

In diesem Momente erhalte ich gerade Deinen Brief, mit dem mich sehr gefreut habe. Eure freundlichen Neujahrswünsche erwidern meine Frau und ich auf's herzlichste. Möge Euch das neue Jahrhundert viel Glück und Ruhm bringen und sich die Mathematik im neuen Jahrhundert durch Dich noch mehr ihrer tiefsten Geheimnisse beraubt sehen, als es schon im vorigen der Fall war. Euer Franz aber möge ein so ausgezeichneter und lieber Jüngling werden, dass die Zahl Deiner Schwiegertochterskandidatinnen in's Ungemessene steige.

---

[685] Es geht um den sogenannten Burenkrieg, 1899–1902, der mit einem englischen Sieg endete.

[686] Erschienen in den Mathematische Annalen 54 (1901), 91-124.

[687] Vermutlich bei der Jahrestagung der deutschen Mathematiker-Vereinigung 17. bis 23. September 1899.

[688] Herrmann Minkowski: Zur Theorie der Einheiten in algebraischen Zahlkörpern (Nachrichten von der kgl. Gesellschaft der Wissenschaften zu Göttingen, Mathematisch-physikalische Klasse 1900, 90-93).

[689] Gemeint: Deutsche Mathematiker-Vereinigung. Minkowski wurde 1899 in den Vorstand kooptiert, dann 1900 bis 1902 in den Vorstand gewählt.

Die Erzählung über Klein ist wirklich zu amüsant. Zu Deinen Plänen für eine Rede in Paris[690] kann ich noch keine Meinung äussern, ich will mir die Sache noch überlegen und Dir bald darüber schreiben.

Hurwitz bekomme ich jetzt nicht zu sehen. Seit Anfang voriger Woche liegt er zu Bett an einer Art Influenza und soll Niemand sprechen. Ich weiss nur, dass es seine Absicht war, an Dich zu Neujahr ausführlich zu schreiben, doch kann er dies jetzt jedenfalls nicht.

Auf die gemeinsamen Unternehmungen in den Osterferien freuen wir uns schon sehr. Der Gardasee ist zu längerem Aufenthalt wohl nicht geeignet. In Riva ist es zwar sehr schön, obwohl die Hoteliers geriebene Gauner sind. Die Ufer des Sees sind aber so jäh und steil, dass ich mir nicht vorstellen kann, dass man dort viel Abwechslung in kleineren Spaziergängen hat. In Bellagio fanden wir uns weit schöner. Lugano soll besonders reich an Spaziergängen sein. Uns würde am meisten wohl der Genfer See passen, weil auch meine Schwiegermutter dort weilen wird und unsere Tochter in Obhut nehmen würde. Doch glaube ich, dass man am besten thut, abzuwarten, wie sich die Witterung anlassen wird. Platz findet man ja überall; wo es voll ist, hilft meistens keine vorherige Bestellung, sondern nur persönliches Auftauchen. Vielleicht setzt Du Dich erst mit Volterra in Verbindung, seine Meinung zu hören.

Wenn Sommerfeld in Göttingen ist, bitte ich ihn zu grüssen; ich sitze schon eifrig an meinem Encyclopädieartikel[691]. Wenn Du mir vielleicht auf einer Karte schreiben willst, ob Dir mein Aufsatz für die Annalen passt, wäre ich Dir verbunden. Sonst würde ich ihn an Pringsheim[692] oder Mittag-Leffler[693] geben.[694]

Ich hoffe, Dir auf Deinen Brief bald zu erwidern. Einstweilen herzliche Grüsse von meiner Frau und mir an Deine Frau und Dich

Dein H. Minkowski

Minkowski an **Hilbert** MiHi68

05.01.1900, Zürich, Mittelstrasse 12 (Brief)

Lieber Freund,

Die Züricher Rede von Poincaré[695] habe ich wieder durchgelesen. Ich finde, dass man alle seine Behauptungen bei der milden Form, in der sie gehalten sind, gut

[690] Hilberts Rede über mathematische Probleme beim zweiten Internationalen Mathematiker-Kongress im August 1900 in Paris. Hilbert war auch offizieller Vertreter der Deutschen Mathematiker-Vereinigung in Paris und Vorsitzender dieser Vereinigung in diesem Jahr.

[691] Über Kapillarität.

[692] Vielleicht sollte Pringsheim die Arbeit Minkowskis der Bayrischen Akademie vorlegen. Pringsheim war seit 1898 ordentliches Mitglied dieser Akademie.

[693] Herausgeber der Acta mathematica.

[694] Vgl. auch Brief von Minkowski an Hilbert vom 25. 2. 1900 MiHi 69.

[695] Zum Internationalen Mathematiker-Kongress 1897 in Zürich reichte Poincaré einen Hauptvortrag über „Sur les rapports de l'analyse pure et de la physique mathématique" (Verhandlungen des ersten internationalen Mathematiker-Kongresses in Zürich vom 9. bis 11. August 1897, hg.

unterschreiben kann. Er wird ja auch der reinen Mathematik völlig gerecht. Eine Rede[696] zu ganz ausschliesslichem Lobe der reinen Mathematik will mir daher nicht recht einleuchten. Übrigens werden nur wenige noch wissen, was Poincaré damals gesagt hat. Da Poincaré damals nicht selbst anwesend war und die Rede verlesen wurde, war der Eindruck lange nicht ein solcher, wie z. B. bei Boltzmann in München.[697] – Am anziehendsten würde der Versuch eines Vorblicks auf die Zukunft sein, also eine Bezeichnung der Probleme, an welche sich die künftigen Mathematiker machen sollten.[698] Hier könntest Du unter Umständen erreichen, dass man von Deiner Rede noch nach Jahrzehnten spricht. Doch ist das Prophezeihen natürlich eine schwierige Sache. Du wirst Dich vielleicht auch scheuen, manche Ideen, die Du Dir über die künftige Behandlung von Problemen gemacht hast, preiszugeben. Themata mehr philosophischer Natur sind vielleicht besser für ein deutsches Publikum, als das internationale geeignet. Einen Rückblick und Ausblick wird wahrscheinlich auch ein französischer Mathematiker geben, der wohl als der erste zu Worte kommen wird.[699] Darüber solltest Du Dich irgendwie vergewissern. Da es doch Fachleute sind, vor denen man spricht, finde ich eine Rede wie die Hurwitz'zsche, die damals auch sehr gut gefiel, mit bestimmten Thatsachen besser am Platze als eine blosse Causerie[700], wie es die Poincaré'sche ist. Von Reden, die Dich interessiren könnten, fällt mir nur die von Henry John Stephen Smith „On the Present State and Prospects of Some Branches of Pure Mathematics" in seinen Werken, Bd. II, S. 166 ein.[701] Vielleicht könnte Dir auch die Rede von Hermite bei Einweihung der neuen Sorbonne im Bulletin der Sciences math., 2e série, t. XIV, janvier 1890[702] irgendwie zu Statten kommen.

Hurwitz habe ich immer noch nicht sprechen können, er liegt noch zu Bett, es geht ihm aber etwas besser, Fieber hat er nicht mehr. Doch hat er vorläufig auf unbestimmte Zeit Urlaub genommen. Frau Hurwitz meint, dass der Arzt ihm überhaupt das Lesen in diesem Semester verbieten wird und ihn vielleicht in ein

von F. Rudio [Leipzig: Teubner, 1898], 81-90) ein. Gehalten hat er ihn nicht, da er wegen des Todes seiner Mutter nicht nach Zürich reiste. Den zweiten Hauptvortrag hielt Hurwitz über die Entwicklung der allgemeinen Theorie der analytischen Funktionen in neuerer Zeit (pp. 91-112). Weitere Hauptvorträge hielten noch G. Peano über Logica matematica und F. Klein über Fragen des mathematischen Unterrichts. Man sieht, die Veranstalter bemühten sich um Ausgewogenheit zwischen den Nationen.

[696] Es geht um Hilberts Vortrag über mathematische Probleme beim Pariser Kongress 1900.

[697] Bei der Versammlung Deutscher Naturforscher und Ärzte in München vom 17. bis 23. September 1899, in deren Rahmen auch die Jahrestagung der deutschen Mathematiker-Vereinigung stattfand, hielt L. Boltzmann in der zweiten öffentlichen Sitzung einen Hauptvortrag „Über die Entwicklung der theoretischen Physik in neuerer Zeit". Dieser wurde wegen seines großen Interesses auch im Jahresbericht der Deutschen Mathematiker-Vereinigung abgedruckt: Jahresbericht 8 (1900), 71-85.

[698] Es sieht so aus, als stamme diese Idee von Minkowski.

[699] Ein derartiger Beitrag ist nicht nachweisbar. Die ersten Sprecher waren M. Cantor und V. Volterra.

[700] Plauderei. Diese Bezeichnung trifft wohl sehr gut Minkowskis Sicht auf Poincaré.

[701] Rede vor der London Mathematical Society 9. November 1876 (Proceedings of the London Mathematical Society 8 (1876), 6-29).

[702] Discours prononcé devant le Président de la République le 5 août. A l'inauguration de la nouvelle Sorbonne par M. Ch. Hermite, Professeur à la Faculté des Sciences, Membre de l'Institut (Bulletin des sciences mathématiques 2. sér. 14 (1890), 6-40).

milderes Klima schicken wird. Erholt er sich dann rasch, so könnte er wohl in den Osterferien mit uns zusammen sein.

Pringsheim und Mittag-Leffler neulich[703] waren nicht als Drohung aufzufassen. Ich hatte es Dir wirklich ganz anheimstellen wollen, ob Dir das Thema der Kettenbrüche nicht zu abgedroschen erschien; mit den Beiden hatte ich früher schon über die betreffenden Fragen gesprochen und sie dafür interessirt gefunden.

An einer Stelle meines Aufsatzes[704] möchte ich noch einen kleinen Zusatz machen, den ich hier beilege. Zur Verbilligung der späteren Correctur habe ich auf dem Blatte auch einige Verbesserungen angegeben.

Ich bin gespannt, zu welchem Thema Du Dich zuletzt entschliessen wirst. Es kommt zwar nicht so auf das Thema, wie auf die Ausführung an, immerhin kann man durch die Fassung des Themas bewirken, dass sich die doppelte Zuhörerzahl einstellt.

Mit herzlichem Grusse von Haus zu Haus

Dein
H. Minkowski

Minkowski an **Hilbert** MiHi69
25.02.1900, Zürich, Mittelsrasse 12 (Brief)

Lieber Freund,

Anbei übersende ich Dir einen kleinen Aufsatz über Einheiten. Ich glaube mich dunkel zu erinnern, dass wir über den darin bewiesenen Satz vor Jahren einmal gesprochen haben. Vielleicht hast Du Anwendungen des Satzes, der jedenfalls manche Anwendungen zulassen wird, bereit und bist Du in der Lage, einen Nachtrag zu der Arbeit zu liefern, was mich sehr freuen würde. Wenn Dich der Aufsatz interessirt, möchte ich Dich bitten, ihn vielleicht der Göttinger Gesellschaft vorzulegen.

Wieso hört man Nichts von Euch. Mein letzter Brief enthielt freilich nicht viel mehr als den Rath, wenn Du eine schöne Rede[705] halten wirst, so wird es sehr schön sein. Es war aber auch nicht leicht, einen guten Rath zu geben.

Wie steht es denn mit Euren Reiseplänen. Ihr habt doch bald Ferien. Hier gehen die Vorlesungen noch bis zum 17. März fort. Wenn Ihr vielleicht schon früher von Göttingen abreisen wollt, würden wir, meine Frau und ich, uns sehr freuen, wenn Ihr Lust hättet, einige Zeit bei uns hier in Zürich zu bleiben. Augenblicklich ist es hier wunderschön, reiner Frühling.

[703] Vgl. Brief von Minkowski an Hilbert vom 5. Januar 1900 MiHi 68.

[704] H. Minkowski: Zur Theorie der Einheiten in algebraischen Zahlkörpern (Nachrichten von der kgl. Gesellschaft der Wissenschaften zu Göttingen, Mathematisch-physikalische Klasse 1900, 90-93).

[705] Es geht um Hilberts Vortrag über mathematische Probleme beim Pariser Kongress 1900.

Hurwitz hat mir viele Grüsse für Dich aufgetragen. Du möchtest entschuldigen, dass er Deinen Brief noch nicht beantwortet hat. Er hat nach den Ferien nicht gelesen, ist aber jetzt völlig hergestellt. Nachträglich ist sein Leiden als eine Lungenentzündung erkannt. Morgen will er in Gesellschaft seines ältesten Bruders[706] nach Cannes reisen, um dort 4–6 Wochen zu verweilen.

Ich hoffe, von Dir bald ein Lebenszeichen zu haben, und bin mit herzlichen Grüssen, auch von meiner Frau, an Dich und Deine Frau

Dein H. Minkowski

Minkowski an **Hilbert** MiHi70
09.03.1900, Zürich (Brief)

Lieber Freund,

Mit Deinem Briefe habe ich mich sehr gefreut. Erst jetzt sind wir allmählich über unsere Reise klar geworden. Eine Hauptschwierigkeit war für uns, wo wir während unserer Abwesenheit unsere Tochter lassen. Wir haben keinen anderen Ausweg, als sie nach Strassburg zu bringen. Von dort wollen wir am 25. März abreisen und gegen den 10ten April wieder nach Hause kommen. Die Vorlesungen beginnen schon wieder am 17ten, die meinigen allerdings einige Tage später. Wenn Ihr ebenfalls schon früher reisen könntet, wäre uns dies sehr lieb, sonst könnten wir eben nur kürzere Zeit zusammen sein. Nach dem Gardasee möchten wir nicht hin, die Reise dorthin von hier ist ziemlich umständlich, auch kennen wir den See ziemlich. Vielleicht verlegt Ihr den Besuch dieser Gegend auf das Ende Eurer Reise, und bringt den ersten Theil mit uns am Luganer, Lago Maggiore oder Genfer See zu. Lugano soll ganz besonders durch die Menge von Spaziergängen und Ausflügen, die man von dort aus machen kann, ausgezeichnet sein. Ferner ist uns Locarno und Villa Badia am Lago Maggiore sehr empfohlen worden. Wir nehmen wahrscheinlich ein Abonnement, worauf man 30 Tage beliebig in der ganzen Schweiz herumreisen kann und kommt es uns dann nicht so darauf an, an welchen Ort wir gehen. Am liebsten wäre es uns, Ihr könntet auch schon am 24 oder 25ten reisen. Dann schliessen wir uns Euch, wenn Ihr über Frankfurt kommt, in der Gegend von Strassburg an, sonst fahren wir zunächst nach Lugano. –

Hier bin ich gestern durch Herrn Müller aus Göttingen unterbrochen, der mir Grüsse von Dir überbrachte. Er gefiel mir recht gut. Amüsirt hat mich sehr, wie er in seiner Ausdrucksweise bei mathematischen Dingen ganz und gar durch seinen Lehrer und Meister beeinflusst ist, so dass man glauben könnte, diesen sprechen zu hören.

Abends in Gesellschaft wurde uns wieder sehr die Villa Badia am Lago Maggiore empfohlen. Es ist das eine kleinere, ganz für sich und sehr schön gelegene Pension in der Nähe von Locarno, wo nicht für mehr als 30 Leute Platz

[706] Max (Mosche) Hurwitz.

ist, auch der Preis ein recht niedriger ist. Der hiesige Bamberger mit Frau, die Gutes zu würdigen wissen, gehen jetzt dorthin, um später nach Venedig zu reisen, was Ihr ja dann auch leicht in Euer Reiseprogramm aufnehmen könnt.

Ich habe jüngst recht hübsche Sätze über Theilung des n-dimensionalen Raumes gefunden, durch welche ich auch auf meine neuliche Note über Galois'sche Körper geführt wurde. Es handelt sich um die Bestimmung der von mir als Restbereiche bezeichneten Körper, welche das Analogon zu dem Intervall $-\frac{1}{2} < x \leq \frac{1}{2}$ in einer Dimension sind.

So gilt folgender Satz: Ist $\sum_1^n a_{hk}x_h x_k = f(x_1, x_2, \dots x_n)$ eine quadratische Form, sodass stets $a_{hk} < 0$, $h \gtrless k$ und

$$a_{h1} + a_{h2} + \dots + a_{hn} > 0 \quad (h = 1, 2, \dots n)$$

ist, so giebt es zu jedem System von n beliebigen reellen Grössen $x_l, x_2, \dots x_n$ stets ein und nur ein System von ganzen Zahlen $m_l, m_2, \dots m_n$, wofür die Differenzen

$$x_1 - m_1 = u_1, \quad x_2 - m_2 = u_2, \dots x_n - m_n = u_n$$

die folgenden $2(2^n - 1)$ Ungleichungen erfüllen

$$-\frac{1}{2} f(\epsilon_1, \epsilon_2, \dots \epsilon_n) < \sum_{h,k}^{1,n} a_{hk} u_h \epsilon_k \leqq f(\epsilon_1, \epsilon_2, \dots \epsilon_n) \quad \begin{pmatrix} \epsilon_h = 0, 1; \quad h = 1, 2, \dots n \\ \text{mit Ausnahme von} \\ \epsilon_1 = 0, \epsilon_2 = 0, \dots \epsilon_n = 0 \end{pmatrix}$$

Über diese und manche andere Dinge können wir uns hoffentlich bald mündlich unterhalten.

Schreibe mir nun bald, ob Ihr schon früher reisen könnt und ob Ihr mit Villa Badia oder mit Lugano einverstanden seid.

Herzliche Grüsse an Dich und Deine Frau von mir und meiner Frau

Dein H. Minkowski

Hurwitz an **Hilbert** HuHi47

13.03.1900, Cannes (Postkarte)

Lieber Freund! Ihnen und Ihrer lieben Frau sende ich die herzlichsten Grüsse vom Mittelmeere, wo ich, wie Sie vielleicht schon von Minkowski gehört haben, zur Wiederherstellung meiner Gesundheit nach bestandener Lungenentzündung seit 1 März mit meinem Bruder Max verweile. Laugel hat sich mir hier in liebenswürdigster Weise zur Verfügung gestellt und mir im Hôtel de la Plage sehr gute Unterkunft besorgt. Wir sind viel zusammen und haben auch häufig von Ihnen gesprochen. Von Zürich höre ich heute, dass Sie Ende März mit Minkowski in Lugano sich Rendevouz geben. Vielleicht werde ich auf meiner Anfang April beabsichtigten Heimreise dann das Vergnügen haben, Sie zu sehen. In alter Freundschaft

Ihr Hurwitz.

Minkowski an **Hilbert** MiHi71
18.03.1900, Zürich, Mittelstr. 12 (Postkarte)

Lieber Freund!

Deine Karte habe ich erhalten. Da Ihr erst später reisen wollt, so werden auch wir unsere Reise etwas verschieben. Ich muß aber am 18. wieder hier sein. Hurwitz fängt sogar schon am 17ten (Dienstag nach Ostern) wieder an. Wenn wir erst im April reisen sollten, so würde die Erholungsreise für uns zu kurz werden. Ich denke also, daß wir gegen den 29ten nach Lugano gehen. Wie Schoenflies uns sagte, erwägt Ihr immer noch nach Montreux zu fahren; er wollte uns von Lugano schreiben, wie er es dort findet und ob Montreux oder Lugano vorzuziehen sei. Bisher haben wir von ihm noch Nichts erhalten. Vom 22ten an bin ich in Straßburg (Blauwolkengasse 15). Wenn Ihr uns nicht noch die Direktive Montreux ertheilt, reisen wir am 29ten nach Lugano und erwarten Euch an dem Tage, zu dem Ihr Euch anmeldet.

Herzliche Grüße von Haus zu Haus
Dein
H. Minkowski

Minkowski an **Hilbert** MiHi72
22.03.1900, Zürich (Postkarte)

Lieber Freund,

Da Ihr nun ziemlich gleichzeitig mit uns reist, so will ich nur noch sagen, dass wir unser Billet Bellinzona-Locarno-Luino-Lugano genommen haben, um uns zuerst den Lago Maggiore, den wir noch nicht kennen, etwas anzusehen. Dieser Weg empfiehlt sich, wenn man die beiden Seen besuchen will. Wenn Ihr am 31. reist, so werden wir uns wahrscheinlich auf dem Luzerner Bahnhof begegnen. Die Strassburger Adresse lautet französisch: Rue des nuages bleus[707] 15. Wir stehen unmittelbar vor der Abreise.

Mit herzlichem Gruss von Haus zu Haus

Dein
H. Minkowski

[707] Die Straßennamen waren in jener Zeit in Straßburg i. E. auf Deutsch (Blauwolkengasse, vgl. Karte von Minkowski an Hilbert vom 22. März 1900 MiHi 72). Vielleicht gefiel Minkowski das Wortspiel, in seinen Briefen verwendet er ab und zu französische Idiome.

Minkowski an **Hilbert** MiHi73
24.03.1900, Strassburg (Postkarte)

Lieber Freund,

Wir haben aus Gründen, die mit unseren Verwandten zusammenhängen, unsere Abreise von hier auf Mittwoch Vormittag festsetzen müssen. Wir sind dann Abends in Locarno, Grand Hotel. Es wäre vielleicht gut, damit wir uns leicht treffen, wenn wir bis dahin über Eure Reisedispositionen Bescheid wüssten. In Lugano wurde uns von allen Seiten als das angenehmste (und auch nicht theure) Hotel das Hotel Reichmann in Paradiso empfohlen. In der Nähe des Bahnhofs, der sehr weit vom Orte liegt, zu wohnen, ist nicht rathsam; die dort gelegenen Hotels werden nur von Passanten aufgesucht.

Herzliche Grüsse, auch von meiner Frau,

Dein Hilbert[708]

Minkowski an **Hilbert** MiHi74
22.06.1900, Zürich (Brief)

Lieber Freund,

Schon seit vielen Wochen habe ich vor, an Dich zu schreiben. Der Mangel an Neuigkeiten hat mich hauptsächlich davon abgehalten. Doch will ich eben versuchen, solche von Dir zu extrahiren. Das Programm des Pariser Congresses[709] ohne Deinen Vortrag war für mich eine grosse Enttäuschung. Ich vermuthe, dass Du doch wohl für die Section etwas darbieten wirst.[710] Fast ist mir überhaupt die Lust, zum Congress hinzugehen, vergangen. Von hier aus wird die Betheiligung fast Null sein. Man wird zum grössten Theile dort französische Schullehrer und exotische Mathematiker, Spanier, Griechen etc. sehen, denen es im August in Paris

---

[708]Ein Versehen von Minkowski.

[709]Es geht um den zweiten internationalen Mathematiker-Kongress in Paris 1900.

[710]Hilbert hielt seinen Vortrag über mathematische Probleme am 8. August in der sechsten Sektion „Histoire, Bibliographie. Enseignement et Méthodes" unter dem Vorsitz von Moritz Cantor. Ein wichtiges Thema der Sektion war die Einführung einer Universalsprache. Zudem führte Hilbert den Vorsitz in der ersten Sektion „Arithmétique et Algèbre". Hilberts Vortrag wurde wegen seiner großen Wichtigkeit in französischer Übersetzung von L. Laugel unter den Hauptvorträgen des Kongresses abgedruckt (Compte rendu du deuxième congrès international des mathématiciens tenu à Paris du 6 au 12 aout 1900 ([Paris: Gauthier-Villars 1902], pp. 58-114). Poincaré sprach übrigens über „Du rôle de l'intuition et de la logique en mathématiques" (ibid. pp. 115-130). Minkowski gehörte zum Sekretariat. Vgl. auch zum Pariser Kongress Hilbert an Hurwitz 25. August 1900 HiHu 62.

noch kühl gegen ihre Heimath vorkommt. Auch wird der Zusammenhalt wohl durch die sonstigen Genüsse, die Paris bietet, sehr gestört sein. Wir haben schon sehr den Gedanken erwogen, den Congress sein zu lassen. Weisst Du irgendwie Näheres über die Betheiligung von deutschen Mathematikern und hältst Du es mit Rücksicht auf die Mathematiker Vereinigung für nothwendig, dass ich hingehe?

Ich habe seit unserer Trennung eifrig an meiner zweiten Lieferung[711] weitergearbeitet. Im völlig fertigen Zustande gefällt mir Manches ganz gut. Ich glaube, das Rechnen mit den neuen Algorithmen, die ich auseinandersetze, wird manchen Liebhaber, wenn auch vielleicht nicht gerade unter den Ersten in der Mathematik, finden. – Auch mein Bericht für die Encyclopädie[712] hat mich beschäftigt, doch habe ich bisher mehr Fragen dabei erhalten als Antworten.

Mit dem mathematischen Verkehr hier sieht es augenblicklich etwas traurig aus. Hurwitz ist mit Familie in eine Pension auf den Zürichberg gezogen und sind wir fast eine Stunde Weges getrennt. Hirsch hat zuviel mit seiner Assistentthätigkeit zu schaffen. Die Übrigen kommen nicht viel in Betracht. Burkhardt hat durch die Encyclopadie niemals Zeit, auch liegt seine Frau nach einer schweren Operation in der Klinik und bringt er seine freie Zeit dort zu.

Dass ich Nichts mitzutheilen hätte, sagte ich schon von vornherein. Nun bin ich aber gespannt, was sich in Eurer Welt alles zugetragen hat.

Herzliche Grüsse an Dich, Deine Frau und Euren Franz

Dein
H. Minkowski

Hurwitz an **Hilbert** HuHi48
03.07.1900, Zürich (Postkarte)

Lieber Freund! Durch Minkowski höre ich von der wohlverdienten Ehrung, die Ihnen durch Verleihung des Steinerpreises[713] zu Theil wurde, und ich beeile mich, Ihnen meinen herzlichen Glückwunsch zu derselben auszusprechen. Der Beweis von Poincaré dafür, dass jede funktionelle Beziehung sich uniformisiren lässt, schien auch mir nicht in Ordnung, als ich denselben für meinen Congressvortrag durchlas; ich glaube in unzulässigen Voraussetzungen über die Riem. Flächen von namentlich vieldeutigen Functionen. Dass $x = \varphi(u,v)$, $y = \psi(u,b), z = \xi(u,v)$, wo φ, ψ, χ eindeutig, jede analyt. Abhängigkeit zwischen x, y, z vorstellen kann, ist meines Wissens bisher nirgends bewiesen; auch bei Picard-Lindelöff soweit ich mich erinnere, findet sich Nichts darüber. Eine ziemlich erhebliche Nervenschwäche zwingt mich noch immer zur Unthätigkeit.

---

711 Vermutlich geht es um den zweiten Teil der Geometrie der Zahlen.

712 Minkowskis Artikel über Artikel Kapillarität.

713 Von J. Steiner aus seinem nachgelassenen Vermögen gestifteter Preis für Arbeiten zur Geometrie, der von der Berliner Akademie verliehen wurde. Er ging 1900 an K. F. Geiser, D. Hilbert und F. Lindemann.

Mein Arzt hat mich aus der Stadt heraus auf den Zürichberg geschickt, wo ich jetzt 14 Tage mit Frau und Kindern hause, den ganzen Tag im Wald und auf den Wiesen. Leider muss ich gleich nach Semester-Schluss, (August), zu einer Kaltwasserkur nach Seelisberg. Bis Mitte September voraussichtlich. Meine Frau begleitet mich, die Kinder bleiben in der Stadt unter Aufsicht einer Kindergärtnerin. Herzlichste Grüsse Ihnen und Ihrer l. Frau von Ihrem

Hurwitz.

Minkowski an **Hilbert** MiHi75
10.07.1900, Zürich (Brief)

Lieber Freund,

Durch allerhand Umstände hat sich die Beantwortung Deines Briefes, mit dem ich mich sehr freute, etwas hinausgezogen. Empfange zunächst meine herzlichsten Glückwünsche zu der von der Berliner Akademie erhaltenen Anerkennung.[714] Zu Deinen Resultaten über die Axiome der Geometrie[715] habe ich Dich ja längst beglückwünscht. Dass so zurückhaltende Leute wie die Berliner in das allgemeine Urtheil miteinstimmen[716], ist eine ebenso angenehme wie verheissungsvolle Erscheinung. – Deine Anfrage über Picard und Poincaré hat ja wohl schon Hurwitz beantwortet.[717]

Von bestimmteren Problemen der mathematischen Physik[718], die weder zu speciellen noch zu allgemeinen Charakter tragen, wäre vielleicht zu nennen die Auffindung mechanischer Analogien zur Wirkungsweise der Kräfte im Äther und weiter der chemischen Affinitätskräfte. Vielleicht siehst Du Dir daraufhin in der Gastheorie von Boltzmann[719] die Stellen: Bd. I §1. Einleitung, S. 4. 5. Bd. II. Schluss des §70. S. 206., S. 212 Mitte der Seite, §88-90 an. Irgend welche Bemerkungen, die Du verwenden können wirst, werden Dir dort gewiss auffallen. Ich glaube, dass wirklich auf dem von Boltzmann berührten Gebiete manche interessanten und für die Physik sehr nützlichen mathematischen Fragen sich finden werden. Vielleicht hörst Du darüber die Meinung von Nernst.

Wir sind nun auch entschlossen, nach Paris zu reisen. Wohnung, glaube ich, wird man sich am besten direct bei einem Hotel bestellen. Freilich sind die meisten

[714] Verleihung des Steiner-Preises.

[715] In Hilberts Festschrift „Grundlagen der Geometrie".

[716] Worauf sich diese Bemerkung von Minkowski bezieht, ist unklar. Hintergrund ist die Rivalität zwischen der Berliner und der Göttinger Mathematik.

[717] Soweit feststellbar hat sich Hurwitz zu diesen beiden Mathematikern in seinem Briefwechsel mit Hilbert nicht geäußert. Vgl. aber Minkowski an Hilbert 11. Mai 1899 MiHi 63 und 12. Mai 1899MiHi 64, wo es ebenfalls um französische Mathematiker als Kandidaten für einen Göttinger Ehrendoktor ging.

[718] Die Hilbert in seinem Pariser Vortrag zitieren könnte. Im engeren Sinne bezieht sich nur Problem No. 6 auf die Physik, nämlich um die Frage, wie die Physik axiomatisiert werden könne.

[719] L. Boltzmann: Vorlesungen über Gastheorie. 2 Teile (Leipzig: Barth, 1896 und 1898).

Bekannten, die dort waren und denen Zimmer fest versprochen waren, nicht da, wo sie solche erwarteten, sondern erst im fünften, sechsten Hotel, in dem sie nachfragten, angekommen. Mein ältester Bruder[720], der uns eben hier auf der Rückreise von Paris besucht, empfiehlt sehr das Hotel, in dem er schliesslich wohnte, Hotel St. Petersburg, in der Rue Caumartin 33. Es ist ein kleineres, angenehmes und sehr gut gelegenes Hotel, doch bezahlte er mit seiner Frau auch 20 frcs. täglich. Wir wollen dort bestellen, indem wir uns auf ihn beziehen. Dass wir zusammenwohnen, wäre uns natürlich auch äusserst angenehm.

Mit meinem Befinden geht es ziemlich. Vor Wind und Wetter muss ich mich aber immer etwas in Acht nehmen.

Die Fahnen Deines Vortrags[721] lese ich selbstverständlich mit grossem Interesse.

Viele Grüsse von meiner Frau und mir selbst an Euch Beide

Dein
Minkowski

Minkowski an **Hilbert** MiHi76
17.07.1900, Zürich (Brief)

Lieber Freund,

Von Deinem Vortrag[722] habe ich die 3 ersten Fahnen erhalten. Da ich nicht weiss, was noch kommen wird, kann ich meine definitive Meinung noch nicht äussern. Höchst originell ist es jedenfalls, das als Probleme für die Zukunft hinzustellen, was die Mathematiker am längsten schon völlig zu besitzen glauben, wie die arithmetischen Axiome.[723] Was mögen die im Auditorium jedenfalls auch zahlreich vertretenen Laien dazu sagen? Wird ihr Respect vor uns steigen? Auch mit den Philosophen wirst Du manchen harten Strauss auszukämpfen haben.

Jedenfalls musst Du aber, das ist meine und auch Hurwitz' Meinung, für den mündlichen Vortrag sehr grosse Kürzungen und Zurechtstutzungen vornehmen.[724] Besser ist es, wenn Du Deine Zeit gar nicht ganz auszunutzen brauchst; und manches muss ja auch langsamer gesprochen werden.

Einige Bemerkungen sende ich Dir, sobald wie möglich, auf den Fahnen zu. Der Abschnitt über Variationsrechnung[725], namentlich die Formeln, sind wohl

---

[720]Max Minkowski.

[721]Es geht um den Pariser Vortrag Hilberts über mathematische Probleme.

[722]Siehe vorige Fußnote.

[723]Problem No. 2 lautet: Sind die Axiome der Arithmetik widerspruchsfrei?

[724]Hilbert hat in der Tat in Paris nur eine Kurzfassung seiner Probleme vorgetragen.

[725]Das 19. (Sind alle Lösungen von regulären Variationsproblemen analytisch?) und das 23. Problem (Weiterentwicklung der Methoden der Variationsrechnung) beziehen sich auf die Variationsrechnung.

besser in eine Anmerkung hinter den Vortrag zu verweisen. Mit dem definitiven Druck hat es wohl nicht besondere Eile.

Anbei schicke ich Dir noch den Brief des Hoteliers, bei dem wir Zimmer für uns bestellten und der ein biederer Deutscher ist, sodass man ihm auch deutsch schreiben kann.

Durch Prüfungen u.s.w. bin ich die letzte Zeit ziemlich in Anspruch genommen.

Mit herzlichem Gruss von Haus zu Haus

Dein
H. Minkowski

Minkowski an **Hilbert** MiHi77
28.07.1900, Zürich (Brief)

Lieber Freund,

Deinen Vortrag habe ich nun mit grossem Genusse zu Ende gelesen. Da ich das Ende abwartete, um mir ein richtiges Bild zu machen, hat sich die Lectüre etwas verzögert. Ich kann Dir nur zu der Rede Glück wünschen, sie wird sicher das Ereignis des Congresses bilden und der Erfolg wird ein sehr nachhaltiger sein. Namentlich glaube ich, dass Deine Anziehungskraft auf junge Mathematiker durch diese Rede, die wohl jeder Mathematiker ohne Ausnahme lesen wird, wenn überhaupt möglich noch wachsen wird. Durch Ausmerzung von Kleinigkeiten hat die Einleitung an Vollendung gewonnen. Hurwitz und ich hatten uns zunächst ein ganzes falsches Bild gemacht, indem wir dachten, mit dem Ignorabimus[726] sollte Schluss gemacht werden, namentlich da die Variationsrechnung schon so genau abgehandelt war. Nunmehr hast Du wirklich die Mathematik für das 20te Jahrhundert in Generalpacht genommen und wird man Dich allgemein gern als Generaldirector anerkennen. – Ich bin nun gespannt, wie Du es mit der mündlichen Vorlesung halten wirst. Alles kannst Du unmöglich sagen. Vielleicht liest Du bis zum Ignorabimus, giebst hernach die 21 Probleme in der Section[727], verweist aber darauf in der Sitzung und liest hier noch den Schlusspassus. Nur wird dieses Verfahren am Ende nicht gehen, wenn Deine Rede erst auf die Tagesordnung vom Freitag anstatt vom Montag kommt.

Habt Ihr nun auch in dem Hotel St. Petersburg Zimmer bestellt. Viel billiger wird es wohl anderswo auch nicht sein, an die Mahlzeiten ist man natürlich

[726] „Wir werden nicht wissen." Wohl eine Anspielung auf E. du Bois-Reymonds im deutschsprachigen Raum sehr bekannten Welträtsel. Darin vertrat der Autor die These, dass es unlösbare Probleme gebe. Hilbert hingegen argumentiert in seinem Vortrag für die Lösbarkeit aller (gut gestellten) mathematischen Probleme: Es gibt kein Ignorabimus.

[727] Offensichtlich ging Minkowski hier noch davon aus, Hilbert werde einen Hauptvortrag halten. Er sprach jedoch in der sechsten Sektion; auch hat Hilbert nur einen Auszug vorgetragen.

nicht gebunden. Wir wollen nächsten Samstag früh fahren und treffen dann Nachmittags gegen 5 in Paris ein.

Gegenwärtig ist Volterra mit Frau auf der Hochzeitsreise hier. Sie wohnen auf dem Uetliberg[728] und bekommt man sie daher nicht viel zu sehen.

Auf der definitiv gedruckten Rede[729], von der mir ebenfalls ein Exemplar zuging, habe ich mehrere Druckfehler bemerkt und schicke sie Dir daher ebenfalls, mit nächster Post, zurück.

Mit meinem Buch bin ich doch nicht soweit, wie ich es wünschte, gekommen, nämlich um Hermite den Schluss persönlich überreichen zu können. – Wie Volkmann meinte, würde Hermite sich überhaupt nicht sprechen lassen.[730]

Meine Frau ist seit einigen Tagen in Strassburg bei meiner Schwägerin, die vor einer Woche eine Tochter bekommen hat. Mein Bruder[731] musste unterdess allein nach Köln übersiedeln, um seine neue Stelle anzutreten.

Mit besten Grüssen an Dich und Deine Frau

Dein
H. Minkowski

Hurwitz an **Hilbert** HuHi49
14.08.1900, Ort fehlt (Postkarte)

Lieber Freund! Sie haben mich durch Ihre Hildesheimer Korrespodenz besonders erfreut. Nehmen Sie meinen herzlichen Dank für dieselbem wie für die Grüsse, die Sie mir in Gemeinschaft mit Minkowski, Volkmann, Borel + Jürgens aus Paris[732] geschickt haben. Hier in Seelisberg gebrauche ich eine milde, wie es scheint, gut anschlagende Wassercur, zu welcher eine absolut vegetirende Lebensweise als weiteres Stärkungsmittel vorgeschrieben ist. Die Abfassung dieser Karte gilt beim Arzt hier schon als durchaus kurwidrig. Durch Minkowski werde ich im September, wenn wir uns wieder in Zürich treffen, Näheres über den Pariser Congress hören. Gewiss haben Sie für Ihren grossartig angelegten Vortrag über die Probleme der Zukunft reiche Lorbeeren eingeerntet. Wann wird derselbe im Druck erscheinen? Bis jetzt habe ich nur Fragmente daraus durch Minkowski kennen gelernt. Habe ich hier meine Zeit mit Erfolg abgefaulenzt, so denke ich mit neuem Impetus mich unserer Wissenschaft zu widmen. Ihnen, Ihrer w. Frau, herzlichste Grüsse von meiner Frau und mir.

Ihr A. H.

---

[728] Zürichs „Hausberg" mit Hotel und Gaststätte.

[729] Die Hilbertsche Rede erschien zuerst in den Nachrichten von der kgl. Gesellschaft der Wissenschaften zu Göttingen, Mathematisch-physikalische Klasse 1900 Heft 3 und im Archiv der Mathematik und Physik (3)1 (1901), 44-63 und 213-237. Der offizielle Kongress-Band erschien erst 1902.

[730] Hermite starb am 14. Januar 1901 in Paris.

[731] Oskar Minkowski.

[732] Vom zweiten internationalen Mathematiker-Kongress 6. bis 12. August 1900.

Hilbert an **Hurwitz** HiHu62
25.08.1900, Kirtigehnen (Brief)

Lieber Freund.

Seid $1\frac{1}{2}$ Wochen bin ich hier nun schon in Rauschen bei meinen Eltern; während meine Frau nach Göttingen reiste, machte ich den Weg Paris – Königsberg so direkt als möglich in $29\frac{1}{2}$ Stunden und fuhr dann mit der neuen Samlandbahn hierher. Die Pariser Tage[733] waren im Ganzen recht anstrengend, weil wir stets sehr spät nach Hause kamen und doch verhältnismässig früh aufmussten. Sie sind uns aber gut bekommen, zumal ich mich hier gut ausgeruht und durch die herrlichen Ostseebäder erfrischt habe. Auch bin ich hier nicht ohne mathematischen Umgang, da ich bisweilen mit Ernst Neumann, dem Privatdozenten aus Halle, der hier bei seinem Vater sich aufhält, mathematische Spaziergänge am Strande verabrede. E. Neumann will eine Reihe von Aufsätzen in den mathematischen Annalen publiziren, in denen er das C. Neumannsche Verfahren[734] des arithmetischen Mittels auf nicht convexe Conturen auszudehen sucht – eine Aufgabe, die auch schon Korn in seinem Buche über Potentialtheorie in Angriff genommen hat. Mich interessiren diese Dinge jetzt einerseits wegen meiner Studien über direkte Beweise des Dirichletschen Princips[735] und andererseits, weil ich im Winter einmal partielle Differentialgleichungen mit besonderer Berücksichtigung derjenigen der mathematischen Phsyik lesen will. Haben Sie das neue Webersche Buch[736] über diesen Gegenstand schon ein wenig angesehen?

Dass unser Zusammentreffen in Lugano so flüchtig und kurz war, war schade. Wie geht es denn nun Ihrer Gesundheit? Minkowski erzählte mir, dass Sie nach Seelisberg gehen und soeben teilt mir auch meine Frau mit, dass eine Karte von Ihnen an mich in Göttingen angekommen ist.

Ueber den Verlauf des Pariser Congresses werden Sie vielleicht schon gehört haben. Der Besuch war nicht sehr stark weder in quantitativer noch in qualitativer Hinsicht. Von den Mathematikern der alten Generation in Paris war niemand zu sprechen – obwohl ich Hermite und C. Jordan in ihren Wohnungen aufgesucht habe; von den Mathematikern der gegenwärtig herrschenden Generation war Picard wenige Tage vor Eröffnung des Congresses weggereist und Poincaré war

[733] Es geht um den zweiten internationalen Mathematiker-Kongress 6. bis 12. August 1900.

[734] Vgl. C. Neumann: Ueber die Methode des arithmetischen Mittels (Mathematische Annalen 54 (1901), 1-48) und E. Neumann: Zur Integration der Potentialgleichung vermöge C. Neumann's Methode des arithmetischen Mittels (Mathematische Annalen 55 (1902), 1-52) sowie K. Korn: Lehrbuch der Potentialtheorie (Berlin: Dümmler, 1899). Ernst Neumann hatte im WS 1895/96 bei Hilbert eine Vorlesung über partielle Differentialgleichungen gehört und bezieht sich in seinem Aufsatz ausdrücklich auf diesen.

[735] Vgl. Hilberts Vortrag bei der Münchner Versammlung 1899: Über das Dirichlet'sche Princip (Jahresbericht der deutschen Mathematiker-Vereinigung 8 (1900), 184-188). sowie D. Hilbert: Über das Dirichletsche Prinzip (Mathematische Annalen 59 (1904), 161-176).

[736] Die partiellen Differential-Gleichungen der mathematischen Physik nach Riemann's Vorlesungen in 4. Auflage neu bearbeitet von Heinrich Weber. Zwei Bände (Braunschweig: Vieweg, 1900 – 1901).

offenbar nur der Notwendigkeit gehorchend anwesend; bei dem Schlussbanquet fehlte er, obwohl er präsidieren sollte und noch dazu ohne vorher irgend Jemand sein Nichterscheinen mitgeteilt zu haben. Dagegen waren Darboux, Appell und vor Allem die jüngere Generation Hadamard, Borel, Painlevé sehr liebenswürdig und gastlich. Von Freunden waren noch am meisten Deutsche Mathematiker in Paris anwesend, aber auch diese nur in geringer Zahl etwas 20–25 nach meiner Schätzung, z. B. Gutzmer, Kiepert, Runge, Lampe, Gordan, Lindemann, Schroeder.

Der nächste Congress wird 1904 in Deutschland stattfinden; wo, ist der Deutschen Math. Vereinigung überlassen[737]. Wir müssen uns mit der Vorbereitung jedenfalls mehr Mühe geben und eine bessere und einheitliche Organisation in's Werk setzen. Wenn man überhaupt eine solche Sache übernimmt, so erfordert es der Anstand, dass man sich auch die Mühe nimmt, wenigstens für zweckentsprechende Lokalitäten zu sorgen, in denen die Gäste zusammen kommen können. Was nun die wissenschaftlichen Vorbereitungen anbetrifft, so denke ich, haben wir nun an historischen Ueberblicken, Encyklopaedien, Referate etc. genug und man könnte für 1904 vielleicht lieber einzelne Gelehrte zu Vorträgen spezieller Art über ihre eigenen Forschungsresultate auf ihren eigensten Gebieten auffordern. Was würden Sie beispielsweise für 1904 übernehmen? etwa einen Gegenstand aus dem Gebiete der analytischen Funktionen? Vielleicht entschliessen Sie sich überhaupt einmal zu einem grösseren Werke über analystische Funktionen!

Dass Sie nach Aachen[738] kommen, hoffe ich garnicht einmal mehr. Hoffentlich aber können wir im nächsten Jahre einmal ein Zusammentreffen irgendwo verabreden. Mit den besten Grüssen an Sie und Ihre Frau bin ich

Ihr alter Freund

Hilbert

Wie lange ist es her, dass wir hier einmal hinter Bosin im Fichtenwalde mathematische Nachmittagsruhe pflegten?

Minkowski an **Hilbert** MiHi78

11.09.1900, Zürich, Mittelstrasse 12 (Brief)

Lieber Freund,

Dein ausführliches Schreiben aus Rauschen hat mich herzlich erfreut und hat auch mir die schöne Zeit, die wir zusammen am Strand verbrachten, lebhaft in's Gedächtnis zurückgerufen. Mit Vergnügen habe ich auch daraus gesehen, was ich allerdings schon lange weiss, dass man von Dir nicht bloss in der Mathematik,

[737]Der Kongress fand vom 8. bis 13. August 1904 in Heidelberg statt.

[738]Dort fand vom 16. bis 23. September 1900 die Jahrestagung der Deutschen Mathematiker-Vereinigung statt.

sondern auch in der Kunst, das Dasein verständig nach wahrer Philosophenart zu geniessen, viel lernen kann.

Wir sind seit der Pariser Zeit hiergeblieben. Zu der weiten Reise nach Reichenhall mit Frau und Kind konnte ich mich nicht mehr aufschwingen, zumal es in der ersten Zeit auch recht kühl war. Im Übrigen ging es mir auch immer gut hier, und ich war froh, eine Zeit lang ohne Störungen arbeiten zu können. Dafür haben wir von hier aus kleinere, aber recht schöne Ausflüge gemacht. – Aus Paris hatten wir für Deine Frau allerlei Reminiscenzen an den „Aiglon"[739] mitgebracht, welchen Deine Frau damals mitten in den spannendsten Stellen verlassen musste. Sie sind aber noch hier, da meine Frau noch nicht zu dem Begleitschreiben gekommen ist.

Ich habe mich nun zur Reise nach Aachen[740] entschlossen. Auf meine Anmeldung in diesen Tagen habe ich Logis in einem Hotel Grand Monarque gefunden. Ich habe auch nach Empfang Deines Briefes noch einen Vortrag: Über die Begriffe Länge, Oberfläche und Volumen angekündigt. Viel Neues wirst Du freilich nicht daraus erfahren. Der Satz über die Bestimmung der Flächen constanter Krümmung scheint so zu stimmen, wie ich ihn in Lugano gesagt habe. – In Aachen werde ich wahrscheinlich erst Sonntag Nacht eintreffen, da ich den Tag bei meinem Bruder[741] in Köln verbringen will.

Wie die Vorbereitungen für den künftigen Congress[742] zu treffen sind, werden wir in Aachen eingehend besprechen. Das wäre ja eine schöne Idee, Leute direct zu bestimmten Untersuchungen für den Congress zu veranlassen; ob aber viele darauf anbeissen würden? Vielleicht könnte man auch eine solche Schrift, wie sie Klein in Chicago[743] brachte, veranlassen, zu welcher dann noch die Einzelnen Erläuterungen am Congresse selbst geben könnten. – Doch da wir alle diese Dinge mündlich besprechen können, lohnt es kaum davon hier zu reden.

Ich hoffe, dass auch Deine Frau von Paris die angenehmste Erinnerung bewahrt und von den Anstrengungen nichts mehr weiss. Was hat Franz zu den Wundern des Herrn Perlemperper und zu den anderen merkwürdigen Erzählungen aus Paris gesagt? Es wird das Alles gewiss gewaltigen Eindruck auf

[739] Am 15. März 1900 am Pariser Théatre Sarah-Bernhardt uraufgeführtes Theaterstück von Edmond Rostand über das Lebensende des Herzogs von Reichstadt, des Sohnes von Napoleon I. Das Stück war ein großer Erfolg, es war von 1940 bis 1944 verboten.

[740] Die Jahrestagung der deutschen Mathematiker-Vereinigung fand vom 16. bis zum 23. September 1900 im Rahmen der Versammlung Deutscher Naturforscher und Ärzte in Aachen statt. Minkowski hielt einen Vortrag mit dem Titel „Über die Begriffe Länge, Oberfläche und Volumen".

[741] Oskar Minkowski lebte und arbeitete von 1900 bis 1905 in Köln.

[742] Der dritte Internationale Mathematiker-Kongress fand 1904 in Heidelberg statt.

[743] The Evanston Colloquium. Lectures on Mathematics delivered from August 28 to September 9, 1893 before members of the congress of mathematics held in connection with the world's fair in Chicago. (New York: Macmillan, 1894). Darin finden sich Beiträge von Hilbert "Ueber die Theorie der algebraischen Invarianten" (pp. 116-124), Hurwitz „Ueber die Reduction der binären quadratischen Formen" (pp. 125-132) und Minkowski „Ueber Eigenschaften von Zahlen, die durch räumliche Anschauung erschlossen sind" (pp. 201-207). Auch Klein, der nach Chicago gereist war, hatte zwei Beiträge geliefert: „The present status of mathematics" (pp. 133-135) und „Ueber die Entwicklung der Gruppentheorie während der letzten zwanzig Jahre" (pp. 136).

ihn gemacht haben. – Meine Frau will sehr bald schreiben. Einstweilen herzliche Grüsse von uns Beiden an Euch

Dein
H. Minkowski

Hurwitz an **Hilbert** HuHi50
05.11.1900, Zürich (Brief)

Lieber Freund! Sie werden gewiss denken – und leider mit Recht – dass meine Schreibfaulheit im Quadrat oder einer noch höheren Potenz des zunehmenden Alters wächst. Denn schon sind zwei volle Monate ins Land gegangen, dass Sie mich durch einen mich sehr interessirenden Brief erfreuten und noch immer bin ich Ihnen die Antwort schuldig geblieben. Damals war ich noch in Seelisberg und Ihr Brief traf gerade zu der Zeit ein, als auch Krause dort zur Erholung von den Strapazen des Pariser Aufenthaltes hingekommen war. Wir sind viel miteinander spazieren gegangen, ohne jedoch viel zu mathematisiren. Auch von Paris[744] konnte Krause nicht viel erzählen; ihm hatte es in Zürich auch besser gefallen. Nach den Berichten Ihres Briefes und den mündlichen Erzählungen von Minkowski und Geiser scheint der Congress unter der mangelhaften Organisation stark gelitten zu haben. Sie werden es in Deutschland gewiss viel besser machen, aber auch dann nicht durch die zerstreuenden Einflüsse einer Weltausstellung behindert sein. Ihr Congressvortrag[745] hat mich natürlich ausserordentlich interessirt. Nur hat es mir leid gethan, dass Sie bei seiner Abfassung nicht ganz an meine Bestrebungen gedacht haben (Zahlentheorie complexer Zahlen, Endlichkeitsbeweise). Minkowski hat Ihnen ja in Aachen davon gesprochen, aber mir scheint, die Sache ist dadurch in ein etwas schiefes Licht gerückt. Es hat mir gänzlich fern gelegen, Ihnen das irgendwie übel zu nehmen oder Ihnen gar einen Vorwurf machen zu wollen; denn ich weiss sehr wohl, dass ein solches Thema, wie Sie es behandelt haben, weder Vollständigkeit anstreben kann noch will. In Ihrer Stelle würde ich auch bei den in Aussicht stehenden Übersetzungen keinerlei Zusätze machen; das würde der angenehmen Frische des Vortrages entschieden schaden. So etwas muss bleiben, wie es aus der Feder geflossen ist.

Bei uns ist das Semester jetzt in vollem Gange. Freilich arbeite ich nur mit $\frac{3}{4}$ Dampf; ich habe nämlich im Sommer schon, da ich nicht wusste, wie die Erholung während der Ferien anschlagen würde, die Vorlesung über DifferentialR. für den Winter an Hirsch abgetreten und habe infolgedessen nur eine Vorlesung über Differentialgleichungen mit 3 Übungsstunden – 7 Stunden im Ganzen – zu halten. Glücklicherweise ist mein Befinden so gut, dass ich meine ganze Thätigkeit hätte leisten können; doch ist es mir aus psychologischen Gründen sehr lieb, dass ich einmal von der ewigen Wiederkehr

[744]Es geht um den zweiten internationalen Mathematiker-Kongress 6. bis 12. August 1900.
[745]Hilberts Vortrag über mathematische Probleme in Paris.

der Vorlesung über Differentialrechnung[746] befreit bin. Die Wechselwirtschaft ist auch auf geistigem Gebiete äusserst angebracht. Nach Überwindung der 42 Stunden Examina, die ich Anfang Oktober abzuhalten hatte, habe ich mich nun auch einmal wieder an die Arbeit gesetzt. Im Sommer erkannte ich, dass die Anzahlbestimmung der Riemann'schen Flächen mit n Blättern und w gegebenen einfachen Verzweigungspunkten durch die neueren Arbeiten von Frobenius über Gruppencharaktere zu einem völlig befriedigendem Abschluss gebracht werden kann. In meiner frischen Arbeit über die Frage war noch ein unbefriedigender Rest geblieben. In nächster Zeit werde ich Ihnen meine Resultate in einer kleinen Arbeit für die Annalen[747] schicken. Daran knüpft sich eine andere Untersuchung über die Gruppendeterminante einer beliebigen endlichen Gruppe. Die Entwicklungscoefficienten des Logarithmus der Gruppendeterminante haben eine einfache Bedeutung als Anzahlen. Sie geben nämlich an, wie viele Lösungen die Gleichung

$$T_1 T_2 T_3 \dots T_w = 1$$

besitzt, wenn unter den Substitutionen $T_1, T_2 \dots T_w$ w_1-Mal die Subst. S_1, w_2-Mal die Subst. $S_2, \dots w_k$-Mal die Subst. S_k auftreten soll. Dann ist natürlich $w_1 + w_2 + \dots + w_k = w$ und $S_1, S_2, \dots S_k$ bedeuten die in irgend eine Reihenfolge gebrachten Substitutionen der Gruppe. Hieraus lassen sich dann Kriterien dafür ableiten, ob gewisse aus einer Gruppe ausgewählte Substitutionen die ganze Gruppe oder nur eine Untergruppe erzeugen,

Alles das soll Gegenstand einer 2ten Arbeit werden.

Nun noch eine Frage, die Sie vielleicht die Freundlichkeit haben, mir per Karte zu beantworten. Da ich leider von Klein's silberner Hochzeit zu spät gehört habe, möchte ich die grüne Hochzeit der ältesten Tochter wahrnehmen, um mich für das freundliche Geschenk Klein's zu meiner eigenen Hochzeit zu revanchieren. Können Sie mir sagen, wann die Hochzeit von Luise Klein stattfindet? Oder, wenn dieselbe schon stattgefunden hat, können Sie mir die genaue Adresse des jungen Paares mittheilen? (Mir ist selbst der Name des Bräutigams nicht mehr in deutlicher Erinnerung.)

Bei Minkowski sah ich neulich Ihre Mittheilung über das Dirichlet'sche Princip[748]. Senden Sie mir doch, bitte, auch ein Exemplar derselben. Auch hätte ich gern die unter Ihrer Leitung entstandenen zahlentheoretischen Dissertationen, die mir noch fehlen. Haben Sie nicht eine Dissertation[749] über relativ-Abelsche Körper u. Reciprocitätsgesetze veranlasst? Matter hat Ihnen doch

---

[746] Hurwitz' Professur war mit der Verpflichtung verbunden, die Anfängervorlesungen regelmäßig anzubieten. Minkowski hingegen konnte sich als Inhaber der zweiten Professur auf fortgeschrittene Vorlesungen konzentrieren. Deshalb wechselte Hurwitz nach Minkowskis Weggang auf dessen Stelle.

[747] A. Hurwitz: Ueber Riemann'sche Flächen mit gegebenen Verzweigungspunkten (Mathematische Annalen 39 (1901), 1-61).

[748] D. Hilbert: Über das Dirichlet'sche Princip (Jahresbericht der deutschen Mathematiker-Vereinigung 8 (1900), 184-188). Vortrag bei der Münchner Versammlung der DMV 1899.

[749] L. Sapolsky: Über die Theorie der Relativ-Abel'schen kubischen Zahlkörper (1900).

seine Dissertation[750] zugeschickt. Doch ade für heute! Nehmen Sie und Ihre liebe Frau die herzlichsten Grüsse von meiner Frau und mir,

Ihrem getreuen
Hurwitz.

Minkowski an **Hilbert** MiHi79
05.11.1900, Zürich (Postkarte)

Lieber Freund, Indem ich Dir einen Separatabzug der Arbeit aus den Annalen[751] sende, will ich hinzufügen, dass N° 2 für die Annalen, die Bearbeitung meines Aachener Vortrags[752], bald folgen soll. Der Nachweis meiner Sätze über die Bestimmung der Flächen durch ihre Gaussische Krümmung macht immer noch gewisse Schwierigkeiten, wenn auch an ihrer Richtigkeit nicht zu zweifeln ist. Vielleicht sind Deine Resultate über das Dirichlet'sche Princip[753] dabei gut zu brauchen. – Hurwitz schwärmt augenblicklich sehr von den Frobenius'schen letzten Arbeiten[754], die ihn in der Bestimmung der Anzahl der Riemann'schen Flächen weitergebracht haben. Dir zu schreiben, wie Du ihn in dem Neuabdruck Deines Pariser Vortrags erwähnen könntest, vermochte er nicht über's Herz zu bringen. – Mertens hat uns einen jungen Mathematiker geschickt, der einen sehr guten Eindruck macht, und sich über kurz oder lang hier oder anderswo habilitiren will. Bei uns zu Hause geht Alles gut, und ich hoffe, dass dasselbe bei Euch der Fall ist.

Herzliche Grüsse von Haus zu Haus

Dein H. Minkowski

---

[750] K. Matter: Die den Bernoulli'schen Zahlen analogen Zahlen im Körper der dritten Einheitswurzel (Universität Zürich, 1900). Gutachter waren H. Burkhardt und A. Hurwitz.

[751] H. Minkowski: Ueber die Annäherung an eine reelle Größe durch rationale Zahlen (Mathematische Annalen 54 (1901), 91-124).

[752] Bei der Jahrestagung der deutschen Mathematiker-Vereinigung in Aachen ((16. Bis 23. September 1900) hatte Minkowski einen Vortrag gehalten: Über die Begriffe Länge, Oberfläche und Volumen (Jahresbericht der Deutschen Mathematiker-Vereinigung 9 (1900), 116-120). Vgl. H. Minkowski: Volumen und Oberfläche (Mathematische Annalen 47 (1903), 447-495).

[753] D. Hilbert: Über das Dirichlet'sche Princip (Jahresbericht der deutschen Mathematiker-Vereinigung 8 (1900), 184-188). Vortrag bei der Münchner Versammlung der DMV 1899.

[754] In seiner Arbeit „Ueber die Anzahl der Riemann'schen Flächen mit gegebenen Verzwieigungspunkten" (Mathematische Annalen 55 (1902), 53-66) nennt Hurwitz folgende Arbeiten von Frobenius: „Ueber Gruppencharaktere" (Sitzungsberichte der kgl. preußischen Akademie der Wissenschaften zu Berlin 1896), „Ueber die Primfaktoren der Gruppendeterminante" (ebenda 1903, 401-409) und „Ueber die Charaktere der symmetrischen Gruppe" (ebenda 1900, 516-534).

Hilbert an **Hurwitz** HiHu63
21.11.1900, Göttingen (Brief)

Lieber Freund.

Herzlichen Dank für Ihren ausführlichen freundschaftlichen Brief und auch für die Uebersendng Ihrer Arbeit für die Annalen[755]. Ihre Arbeit über die Riemannschen Flächen mit gegebenen Verzweigungspunkten erschien mir immer, wegen der Einfachheit und Abgeschlossenheit der Fragestellung als eine Ihrer schönsten und interessantesten, und es freut mich daher besonders, dass Ihnen jetzt auch noch die Bestimmung der Constanten c gelungen ist und dass Sie mich zum Vermittler des Abdrucks Ihrer Arbeit in den Annalen ausersehen haben. Ich habe es mir nicht nehmen lassen, ihre Arbeit vollständig durchzulesen. So kann denn wirklich mit den Frobeniusschen Gruppendeterminanten etwas ordentliches gemacht werden. Die schliesslichen Werthe der c sind wirklich auffallend einfach. Zum vollen Verständniss des Beweises ist nun leider ein Zurückgehen auf die Frobeniusschen Arbeiten, die mir immer sehr abstrakt und verwickelt vorkommen, nöthig. Werden Sie sich vielleicht in der Arbeit, die Sie nun vorhaben über die Entwicklungscoefficienten des Logarithmus der Gruppendeterminante von Frobenius unabhängig machen können? Wäre das nicht erstrebenswerth?

Es freut mich sehr, dass Ihr Befinden jetzt so gut ist, dass Sie neben Ihrer Lehrthätigkeit noch im Semester zur Fertigstellung eigener Arbeiten kommen. Wie gerne möchte ich mit Ihnen ein ordentliches und ergiebiges mathematisches Gespräch führen! In Lugano war es doch nichts damit.

Was meinen Pariser Vortrag[756] anbetrifft, so fiel es mir sofort, als Minkowski davon sprach, schwer auf die Seele, dass ich bei dem Invariantenproblem nicht Ihrer schönen Arbeit über Invariantenerzeugung durch Integration gedacht habe, die mir selbst damals so sehr wichtig erschien, weil sie die ersten über meine alten Endlichkeitssätze hinausgehenden Resultate enthielt. Ich habe aber das Versäumniss sofort an dieser und auch noch an einer anderen Stelle meiner Rede von mir aus gut zu machen gesucht; denn die definitive Veröffentlichung meiner Rede[757] in deutscher und französischer Sprache steht ja noch bevor. Dass die Sache durch Minkowskis Bemerkung in ein etwas schiefes Licht gerückt ist, davon kann keine Rede sein. Kann es mir doch nur schmeichelhaft sein, wenn Sie auf eine solche Erwähnung Werth legen, und kann doch der Vortrag dadurch nur gewinnen. Minkowski hat sich sogar selbst beim Correkturlesen an einer Stelle hinein verbessert.

[755] A. Hurwitz: Ueber Riemann'sche Flächen mit gegebenen Verzweigungspunkten (Mathematische Annalen 39 (1901), 1-61).

[756] Hilberts Vortrag über mathematische Probleme in Paris.

[757] Der offizielle Kongress-Band erschien erst 1902, die Druckfassung in Deutsch 1901 (in den Göttinger Nachrichten und im Archiv für Mathematik und Physik).

Die Mattersche Dissertation[758] habe ich erhalten und in der mathematischen Gesellschaft darüber referirt. Wie ist es nun mit den Bernoullischen Zahlen in solchen Zahlkörpern, die sich nicht durch die elliptischen Functionen beherrschen lassen? Die bei mir angefertigten Dissertationen werde ich Ihnen gerne schicken resp. schicken lassen, doch bitte ich mit ihnen Nachsicht zu haben, da es bei der grossen Anzahl von Doktoranden nicht immer möglich ist Befriedigendes zu erreichen. Insbesondere ist die Beersche Dissertation[759] zu fast garkeinen Resultaten gekommen, obwohl ich ziemlich viel Mühe hatte ihm auch nur das einzutrichtern. Mein Namensvetter Hilbert[760] war ein kranker unglücklicher Mensch, man musste mit ihm Nachsicht haben. Dagegen wird noch vor Weihnachten ein Herr Rüelzle über quadratische Reciprocitätsgesetze promovieren, der von den zahlentheoretischen Doktoranden wohl der tüchtigste ist.

Die Note über den Dirichletschen Zahlkörper werde ich Ihnen gleichfalls schicken. Ich bin in diesen Untersuchungen[761] seitdem erheblich weiter gekommen und hoffe so wirklich zu einfachen und strengen Beweisen für die Lösung allgemeiner Randwerthaufgaben zu gelangen.

Ich lese in diesem Semester Functionentheorie und partielle Differentialgl. und arbeite fast ausschliesslich an der Vorbereitung (60 Zuhörer oder noch mehr!!!) zu den partiellen, die mir ausserordentlich viel Vergnügen machen. Besonders schwer empfand ich folgende Lücke: man beweist durch die Potenzreihenmethode leicht, dass es eine und nur eine analytische Lösung giebt, die für $x = 0$ in eine gegebene Function der übrigen Variablen übergeht, aber es scheint mir höchst nothwendig zu wissen, dass es auch keine andere, nicht analytische Lösung mehr giebt, was für gewöhnliche Differentialgleichungen zu beweisen nicht schwer fällt. Alle meine Versuche dies zu beweisen, schlugen fehl, bis ich auf ein Verfahren kam welches darauf beruht, dass eine stetige Function $f(x)$ eindeutig bestimmt ist, wenn man die sämmtlichen Werthe der Integrale $\int_0^1 f(x)dx, \int_0^1 \int_0^x f(x)dxdx, \int_0^1 \int_0^x \int_0^x f(x)dxdxdx \ldots$ infinitum kennt. Ich hätte noch vieles Mathematisches zu erzählen z. B. dass eines meiner Probleme (No 3) in völlig befriedigender Weise von einem meiner Schüler Dr. Dehn gelöst worden ist[762]. Doch möchte ich Sie nun nicht länger auf die Bestätigung der guten Ankunft Ihrer Arbeit warten lassen. Auch muss ich mir noch einigen Stoff für Minkowski reserviren, in dessen Briefschuld ich arg stecke.

---

[758] K. Matter: Die den Bernoulli'schen Zahlen analogen Zahlen im Körper der dritten Einheitswurzel (Universität Zürich, 1900). Gutachter waren H. Burkhardt und A. Hurwitz.

[759] F. Beer: Kriterien für Irrationalität von Funktionalwerten (1899). Zu Beer vgl. Hurwitz an Hilbert, 5. Juli 1899 HuHi 45 und Hilbert an Hurwitz, 3. September 1899 HiHu 60.

[760] Karl Sigismund Hilbert: Das allgemeine quadratische Reziprozitätsgesetz in ausgewählten Kreiskörpern der n-ten Einheitswurzeln (1900).

[761] Vgl. D. Hilbert: Über das Dirichlet'sche Princip (Jahresbericht der deutschen Mathematiker-Vereinigung 8 (1900), 184-188). Vortrag bei der Münchner Versammlung der DMV 1899.

[762] Beim dritten Problem ging es um die Frage, ob volumengleiche Polyeder stets auch zerlegungsgleich sind. Dehn beantwortete diese Frage negativ. Vgl. M. Dehn: Über den Rauminhalt (Mathematische Annalen 55 (1901), 465-478).

Luise Klein wird erst Ostern übers Jahr heiraten. Ihr Bräutigam heisst Sichting. Wir werden Ihnen zur Zeit Alles genau mitteilen. Sie ist übrigens ein sehr liebenswürdiges und angenehmes Wesen und versteht sich mit meiner Frau; ihre Verabredung kam danach sehr überraschend. Ihr Bräutigam – ein Freund ihres Bruders – ist noch sehr jung und hat auch wohl noch keine auskömmliche oder genügend sichere Stellung.

Doch nun leben Sie wohl und seien Sie selbst sowie Ihre Frau herzlich von meiner Frau und mir gegrüsst.

Ihr Hilbert

Minkowski an **Hilbert** MiHi80

10.12.1900, Zürich (Brief)

Lieber Freund,

Es ist wieder eine so lange Zeit verflossen, seit ich zuletzt von der Mathematikerstadt Göttingen hörte, dass ich mir schon wiederholt Vorwürfe machte, nicht regeren Briefwechsel mit Dir zu pflegen. – Meine Arbeit über Volumen und Oberfläche[763] hielt ich für so gut wie abgeschlossen, als ich dem Gegenstande wesentlich neue Seiten abgewann, sodass ich jetzt der definitiven Arbeit vielleicht erst eine Note für die Göttinger Nachrichten vorausschicken werde.[764]

Einige Bemerkungen, zu denen ich gekommen bin, sind ganz niedlich, z. B. die folgende, welche charakteristische Eigenschaften für die Kugel unter allen möglichen convexen Körpern liefert:

Es sei $d\omega$ ein Element einer Kugelfläche Ω vom Radius 1, es sei v die äussere Normale von $d\omega$, ferner n eine feste Richtung, so ist $\int |\cos(nv)| d\omega$, über die ganze Kugelfläche genommen, offenbar $= 2\pi$. Nun sei K irgend ein convexer Körper, V sein Volumen, F seine Oberfläche (im gewöhnlichen Sinne). Ist df ein Element von F, ferner n die äussere Normale von df, v eine feste Richtung, so ist andererseits

$$\int |\cos(nv)| df$$

über die ganze Fläche F erstreckt, das Doppelte der Projection von F auf eine zur Richtung v senkrechte Ebene, und werde $= 2\mathcal{P}_v$ gesetzt.

Dann ist, zuerst über die Kugelfläche genommen,

$$2\int \mathcal{P}_v d\omega = \int d\omega \int |\cos(nv)| df = \int df \int |\cos(nv)| d\omega = 2\pi \int df,$$

also, da $\int d\omega = 4\pi$ ist:

$$F = \frac{4\int \mathcal{P}_v d\omega}{\int d\omega}.$$

[763] H. Minkowski: Volumen und Oberfläche (Mathematische Annalen 57 (1903), 447-495).

[764] Das ist nicht geschehen.

Oder:

Die Oberfläche eines convexen Körpers ist gewissermassen das Vierfache des arithmetischen Mittels aus allen möglichen Projectionen des Körpers.

Unter anderem folgt daraus sofort: Wenn ein convexer Körper einen zweiten solchen Körper umschliesst, so hat der erste stets eine grössere Oberfläche.

Weiter sei nun $\mathcal{K}$ nicht eine Kugel. Setzt man das Volumen V von $\mathcal{K}$ gleich $\frac{4\pi}{3} \cdot R^3$, so ist dann nach dem isoperimetrischen Hauptsatze für den Raum

$$F > 4\pi R^2.$$

Die für F oben erhaltene Formel zeigt dann, dass es stets solche Richtungen v geben muss, wofür

$$\mathcal{P}_v > \pi R^2$$

ist. Sodann ist noch, da $\mathcal{P}_v$ ein Oval vorstellt, nach dem isoperimetrischen Hauptsatze für die Ebene der Umfang von $\mathcal{P}_v$ stets $> 2\pi R$.

Stellt man endlich die entsprechenden Betrachtungen für die Ebene an, so zeigt sich, dass weiter $\mathcal{P}_v$ stets irgendwelche Paare von parallelen Tangenten besitzen muss mit einem gegenseitigen Abstande $> 2R$. Danach resultirt der Satz:

Ein convexer Körper, der nicht eine Kugel ist, besitzt

1) umgeschriebene Cylinder von grösserem Querschnitt,

2) umgeschriebene Cylinder von grösserem Umfange des Querschnitts,

3) Paare paralleler Tangentialebenen von grösserem gegenseitigen Abstande als eine Kugel von gleichem Volumen.

Diese Sätze sind ja sehr plausibel, ich glaube aber nicht, dass Jemand versucht hat, sie zu beweisen. Namentlich der Satz 3) scheint fast auf der Hand zu liegen, ist aber nur für Körper mit Mittelpunkt evident. Hier giebt es dann stets auch Paare paralleler Tangentialebenen mit geringerem Abstande als der Durchmesser der Kugel. Dass aber letzterer Umstand nicht allgemein zutrifft, zeigt das Beispiel des regulären Tetraeders. –

Die wesentlichste Verbesserung hat meine Arbeit durch Einführung eines neuen Begriffs erfahren, der sich auf drei völlig beliebige convexe Körper $\mathcal{K}_1, \mathcal{K}_2, \mathcal{K}_3$ bezieht, und dem ich (vorläufig!) den Namen Mischvolumen von $\mathcal{K}_1, \mathcal{K}_2, \mathcal{K}_3$ gebe.

Es seien diese Körper zunächst Polyeder, und ich will ferner annehmen, dass jeder die gleiche Anzahl von Seitenflächen mit den gleichen äusseren Normalenrichtungen haben soll und auch je drei gleichgerichtete Seitenflächen stets von gleichvielen und gleichgerichteten Kanten begrenzt sein sollen. (Diese Annahme ist hier übrigens keine Beschränkung, wenn man in der gehörigen Weise Seitenflächen vom Flächeninhalt Null und Kanten von der Länge Null in Rücksicht zieht.) Man nehme nun einen Hülfspunkt in $\mathcal{K}_1$ und fälle von diesem Perpendikel auf alle Seitenflächen von $\mathcal{K}_1$. Es sei g_1 ein solches Perpendikel. In der dazu senkrechten Seitenfläche von $\mathcal{K}_2$ nehme man einen Hülfspunkt an und fälle daraus Lothe auf die Kanten der Seitenfläche von $\mathcal{K}_2$, ein solches Loth sei h_2. In der Kante von $\mathcal{K}_3$ endlich, welche der betreffenden auf h_2 senkrechten Kante von $\mathcal{K}_2$ entspricht, nehme man einen Theilpunkt beliebig an und es sei dann l_3 einer der zwei dadurch gebildeten Theile dieser Kante. Die Summe $\frac{1}{3}\sum g_1 h_2 l_3 = A_{1,2,3}$ über alle möglichen in der angegebenen Weise herzuleitenden Producte $\frac{1}{3} g_1 h_2 l_3$ ist nun das, was ich als Mischvolumen von $\mathcal{K}_1, \mathcal{K}_2, \mathcal{K}_3$ bezeichne.

Zunächst leuchtet ein, dass dieser Begriff, obwohl ich hier Lothe benutzt habe, Nichts auf die Kugel Bezügliches aufweist. Weiter erkennt man (aus den Eigenschaften von orthogonalen Transformationen), dass der Begriff unabhängig von den verwandten Hülfspunkten ist. Diese dienen nur dazu, um einzusehen, dass $A_{1,2,3}$ stets positiv ist. Weiter ändert sich auch $A_{1,2,3}$ nicht mit Parallelverschiebungen der einzelnen Körper. Ferner wird, wenn einer der Körper ausgedehnt wird, niemals $A_{1,2,3}$ kleiner und darauf gründet sich die Übertragung dieses Begriffs auf beliebige Körper. Endlich zeigt sich, dass die Grösse $A_{1,2,3}$ auch von der Reihenfolge der Körper nicht abhängt, eine Thatsache, in der insbesondere die oben angegebenen Sätze über die Kugel begründet sind.

Werden nun zwei der Körper $\mathcal{K}_2$ und $\mathcal{K}_3$ gleich einer Kugel vom Radius 1 genommen, so ist $3A_{1,2,3}$ die Oberfläche von $\mathcal{K}_1$ in gewöhnlichem Sinne.

Es mögen jetzt α, β, γ die Richtungscosinus irgend einer Richtung bedeuten, und es seien d_1, d_2, d_3 die Maxima des Ausdrucks

$$\alpha x + \beta y + \gamma z$$

im Bereiche der Körper $\mathcal{K}_1$, bez. $\mathcal{K}_2$, bez. $\mathcal{K}_3$. Sind u_1, u_2, u_3 feste positive Parameter, so wird alsdann durch die sämmtlichen Ungleichungen

$$\alpha x + \beta y + \gamma z \leqq d_1 u_1 + d_2 u_2 + d_3 u_3$$

für alle möglichen Systeme α, β, γ (mit $\alpha^2 + \beta^2 + \gamma^2 = 1$) ein convexer Körper $\mathcal{K}(u_1, u_2, u_3)$ definirt, dessen Volumen

$$f(u_1, u_2, u_3) = \sum_{p,q,r}^{1,2,3} A_{p,q,r} u_p u_q u_r$$

ist, worin $A_{p,q,r}$ die verschiedenen Mischvolumina zu den Körpern $\mathcal{K}_1, \mathcal{K}_2, \mathcal{K}_3$ sind, wenn die einzelnen Körper auch wiederholt zu benutzen sind.

Für diese zehn Constanten $A_{p,q,r}$ nun bestehen eine Reihe von Ungleichungen, die darauf hinauslaufen, dass die durch das Nullsetzen von $f(u_1, u_2, u_3)$ definirte cubische Curve ein Oval besitzt, aber keinen reellen Doppelpunkt, und das Coordinatendreieck ganz im Oval liegt. Diese Ungleichungen sind dann die weitgehendste Ausdehnung des Satzes, dass unter allen convexen Körpern gleichen Volumens die Kugel die kleinste Oberfläche besitzt.

Da über nichtmathematische Dinge gleichzeitig meine Frau berichtet, so will ich schliessen. Ich hoffe, bald einmal auch von Dir etwas zu hören und bin mit herzlichen Grüssen für Dich, Deine Frau und Franz

Dein H. Minkowski

Hilbert an **Hurwitz** HiHu64
27.12.1900, Göttingen (Brief)

Lieber Freund.

In Ihrem Brief vom 5.11. erwähnen Sie noch die Zahlenth. höheren complexen Zahlen. Würden Sie vielleicht auf dem Correkturbogen, den ich Ihnen mit gleicher Post sende, mir wenn möglich genauer bemerken, wo und wie ich am besten dieser Ihrer Bestrebung in meiner Rede Erwähnung thue. Sie würden mir dadurch einen grossen Gefallen thun.

Eine Aufforderung zur Selbstbiographie haben Sie von Mittag-Leffler gewiss auch erhalten. Ich werde ablehnen, da ich so viele andere interessante u. fruchtbare Arbeiten vorhabe. Mit den besten Neujahrswünschen für Sie und Ihre Frau

Ihr Hilbert

Hurwitz an **Hilbert** HuHi51
30.12.1900, Zürich (Brief)

Lieber Freund.

Wieder bin ich stark in Ihrer Schuld: vor mir liegt Ihr liebenswürdiger Brief vom 21 November, sowie Ihre Karte von vorgestern nebst den Correcturbogen Ihres Pariser Vortrages[765]. Um mit letzterem zu beginnen, so habe ich mir erlaubt, auf pag 23 an den Rand eine Anfrage anzumerken, welche Sie sich vielleicht ansehen. Ein Citat auf meine Zahlentheorie der Quaternionen wäre in der That nur möglich, durch Aufnahme eines neuen Problems zwischen dem 11ten + 12ten, nämlich: Man soll die Zahlentheorie der Systeme höherer complexer Zahlen entwickeln. In jedem Systeme höherer complexer Zahlen können gerade so, wie im System der gewöhnlichen Zahlen, „Zahlkörper" gebildet werden, die in allen wesentlichen Eigenschaften den „Euclidischen (algebraischen) Zahlkörpern" gleichen. Es erwächst nun die Aufgabe, die Sätze aus der Theorie der gewöhnlichen endlichen Zahlkörper auf jene allgemeinere Körper zu übertragen, insbesondere die Theilbarkeitsgesetze in letzteren festzustellen. Bisher ist diese Aufgabe nur für den Fall des Körpers der rationalen Quaternionen (meine Arbeit[766] in den Göttinger Nachrichten vom December 1896) erledigt sowie (im Wesentlichen) im Falle desjenigen Körpers, dessen Elemente die linearen Substitutionen

$$S = (a_{ik}) \quad (i, k = 1, 2, \dots n)$$

[765]Hilberts Vortrag über mathematische Probleme in Paris.

[766]A. Hurwitz: Über die Zahlenteorie der Quaternionen (Nachrichten von der kgl. Gesellschaft der Wissenschaften zu Göttingen, Mathematisch-physikalische Klasse aus dem Jahre 1896, 314-340).

mit rationalen Coefficienten a_{ik} sind. Bekanntlich kann man die Substitutionen S als complexe Zahlen mit n^2 Einheiten ansehen, für welche die Multiplication mit der Zusammensetzung der Substitutionen identisch ist, während die Addition durch die Festsetzung

$$(a_{ik}) + (b_{ik}) = (a_{ik} + b_{ik})$$

definiert ist. (Vgl. Frobenius, Über lineare Substitutionen und bilineare Formen, Crelle's Journal Bd. 84. S.1)

In dem von den Substitutionen S gebildeten Körper sind diejenigen, deren Coefficienten a_{ik} ganzzahlig sind, die „ganzen" Zahlen und unter diesen wieder diejenigen, deren Determinante $|a_{ik}| = \pm 1$ ist, die „Einheiten" Die Theilbarkeitsgesetze in diesem Körper werden im Wesentlichen durch die bekannten Sätze über die Zusammensetzung der ganzzahligen Substitutionen S aus solchen, deren Determinante eine Primzahl ist, gegeben. Diese Sätze erscheinen so unter einem interessanten neuen Gesichtspunkte. –

Ich glaube aber, lieber Hilbert, Sie thuen besser, diese ganze Sache Ihrem Vortrage nicht einzuverleiben, da sonst die Probleme von No12 ab umnummeriert werden müssten, was doch eine zu grosse Umwälzung verursacht.

Jedenfalls danke ich Ihnen sehr, dass Sie nun meine Arbeiten in Ihrem ein mathematischen Dokument bildenden Vortrag mit berücksichtigt haben. Ich glaube bestimmt, dass Ihr Vortrag auf lange hinaus, namentlich der nachwachsenden Generation, die nachhaltigste Anregung für die Weiterentwicklung der mathem. Forschung geben wird.

Von Mittag-Leffler habe ich auch die Aufforderung erhalten, eine Besprechung meiner Publikationen zu liefern. Ich habe ihm geschrieben, dass ich seinem Unternehmen sympathisch gegenüberstehe, dass ich aber eine definitive Zusage noch nicht geben wolle, da ich eine Scheu vor der Verpflichtung zu bestimmten Arbeiten habe.

Indessen werde ich mich doch sehr wahrscheinlich zu einem resumierenden Überblick über meine Arbeiten für Mittag-Leffler entschliessen, da ich wirklich glaube, dass die von Mittag-Leffler geplante Publikation[767], wenn sie einigermassen gelingt, ein werthvolles litterarisches Hülfsmittel bilden wird. Wenn ich daher auch Ihre Abneigung, sich zu betheiligen, sehr wohl verstehen kann, so würde ich es doch bedauern, wenn Sie definitiv ablehnen würden. Geben Sie doch, wie ich, eine halbe Zusage und versuchen Sie, wie ich es zu thun gedenke, ein solches Resumé aufzusetzen. Sieht man, dass einem die Sache wirklich sehr viel Zeit kostet, so kann man sie ja immer noch fallen lassen.

Was die Frobenius'schen Arbeiten über d. Gruppendeterminanten[768] betrifft, so sind sie auch für mich schwer lesbar; aber ich glaube doch an ihren Werth, da ich bei anhaltender Lecture mehrere Rosinen aus dem grossen Kuchenteig herausklauben konnte. Das Peinigende bei den Frob. Arbeiten ist für mich immer die Thatsache, dass ich nie recht weiss, was von ihm eigentlich Alles bewiesen

[767] Diese kam nicht zustande.

[768] G. Frobenius: „Ueber Gruppencharaktere" (Sitzungsberichte der kgl. preußischen Akademie der Wissenschaften zu Berlin 1896), ders. „Ueber die Primfaktoren der Gruppendeterminante" (ebenda 1903, 401-409) und ders. Ueber die Charaktere der symmetrischen Gruppe (ebenda 1900, 516-534).

ist. Es fehlen stets die scharfen Einschnitte nach der Führung der Beweise, überhaupt die übersichtliche Gliederung des behandelten Stoffes. – Matter wird sich gewiss sehr freuen zu hören, dass Sie seine Dissertation[769] eines Referates[770] gewürdigt haben. Er ist seit Oktober Gymnasiallehrer in Frauenfeld, wird mich aber demnächst wieder besuchen. Wie die Bernoulli'schen Zahlen in einem beliebigen Zahlenkörper zu definieren sind, das ist eine schwierige Frage.

Meine Vermuthung ist die, dass man die Werthe von

$$\zeta(s) = \sum \frac{1}{n(j)^s}$$

für negative ganzzahlige Wethe von s zu discutiren hat. Aber wie weit ist man noch von tieferer Erkenntnis der Function $\zeta(s)$ entfernt! Können Sie beweisen, dass die Fortsetzung von $\zeta(s)$ stets eine in der ganzen s-Ebene eindeutige Function liefert?

Sämmtliche bei Ihnen angefertigte Dissertationen (Beer, Hilbert, Rückle etc. etc.[771]) interessiren mich sehr. Selbstverständlich alles was aus Ihrer eigenen Feder kommt noch weit mehr. Ihre Untersuchungen über das Dirichlet'sche Princip[772] erwarte ich mit Spannung. Die Frequenz Ihrer Vorlesungen ist wirklich imposant. Sie haben unter Ihren Zuhörer wohl auch viele Ausländer?

Wie der interessante Satz, dass das Verschwinden der Integrale $\int_0^1 dx \int_0^x f(x)dx^n$ das Verschwinden der stetigen Function $f(x)$ zur Folge hat, zu beweisen ist und wie er mit der Theorie der part. Differentialgl. zusammenhängt, ist mir noch ein Räthsel, dessen Auflösung Sie gewiss bald publiciren.

Nun noch einen Satz, den ich kürzlich gefunden: Durchläuft A, B, C alle Lösungen der Gleichung $AC - B^2 = D$, wo D eine gegebene positive ganze Zahl, A, C positive ganze, B ganze Zahl, so ist

$$\sum \frac{1}{A(A + 2B + C)C} = \frac{\kappa\pi}{D\sqrt{D}} h$$

wo κ ein irrelevanter Zahlenfactor ($= \frac{1}{4}$ oder ähnlich) und h die Anzahl der Classen der positiven quadr. Formen (a, b, c) der Det. $ac - b^2 = D$. Derartige Geichungen kann ich in grosser Zahl herstellen. Vielleicht können sie zur Berechnung der Classenzahl h verwendet werden. – Herzlichste Grüsse und Glückwünsche zum neuen Jahr Ihnen, Ihrer werthen Frau und Franz von meiner Frau und mir, Ihrem freundschaftlichst ergebenen

[769] K. Matter: Die den Bernoulli'schen Zahlen analogen Zahlen im Körper der dritten Einheitswurzel (Universität Zürich, 1900). Gutachter waren H. Burkhardt und A. Hurwitz.

[770] Die Dissertation von Matter wurde im Jahrbuch über die Fortschritte der Mathematik 31 (1900), 204-206 referiert, allerdings nicht von Hilbert sondern von Landau.

[771] F. Beer: Kriterien für Irrationalität von Funktionalwerten (1899), Karl Sigismund Hilbert: Das allgemeine quadratische Reziprozitätsgesetz in ausgewählten Kreiskörpern der n-ten Einheitswurzeln (1900), G. Rückle: Quadratische Reziprozitätsgesetze in algebraischen Zahlkörpern (1901).

[772] D. Hilbert: Ueber das Dirichlet'sche Prinzip (Mathematische Annalen 59 (1904), 161-186), D. Hilbert: Ueber das Dirichlet'sche Prinzip (Journal für die reine und angewandte Mathematik 129 (1905), 63-67).

A. Hurwitz. *) Minkowski ist zum Besuche seiner Mutter vorgestern nach Königsberg gereist. Ihr Brief, von dessen Eintreffen meine Frau heute bei einem Besuche bei Frau Minkowski hörte, wird ihm nachgeschickt. Übrigens kommt M. schon Montag wieder, da Dienstag, d.8. die Vorlesungen wieder anfangen. Auch wir, Minkowski und ich, bedauern häufig, Ihren angenehmen Verkehr entbehren zu müssen.

Minkowski an **Hilbert** MiHi81
04.01.1901, Königsberg in Pr., M.19 (Brief)

Lieber Freund,

Mit Deinem ausführlichen Schreiben, das mir hierher nachgeschickt wurde, habe ich mich sehr gefreut. Ich bin erst seit Sonntag hier. Die Veranlassung zu meiner Reise war, dass meine Mutter infolge eines Knöchelbruchs am Fusse und infolge des längeren Liegens sich schwach fühlte. Es geht ihr aber jetzt wesentlich besser. Wie ich Zürich verliess, habe ich mir ein Retourbillet auf dem kürzesten Wege über Stuttgart genommen. Ich habe nun den Fahrplan nach allen Richtungen hin studirt, (schon vor mehreren Tagen), wie ich wohl den Weg über Göttingen nehmen könnte. Es lässt sich das aber nur mit grossen Schwierigkeiten und höchstens so bewerkstelligen, dass ich ein paar Stunden dort wäre. Hier kann ich nicht vor morgen Abend abreisen und Montag muss ich wieder zu Hause sein, da ich Dienstag bereits wieder lese. Wie leid es mir thut, muss ich daher Eure freundliche Einladung, für die ich Euch vielen Dank weiss, für diesesmal ablehnen. Ich hoffe aber bestimmt, dass wir uns in 2–3 Monaten, wenn Ihr Eure Ferienreise unternehmt, wiedersehen werden und dann wenigstens einige Tage zusammen sind.

Gestern Mittag begegnete ich Deinem verehrten Herrn Vater und ging eine Weile mit ihm. Ich fand ihn recht rüstig und frisch.

Ich sprach noch Volkmann und Schoenflies, die hauptsächlich mir ihre alten F.W.M. Leiden[773] klagten.

Dass nun die Variationsrechnung und die partiellen Differentialgleichungen gründlich herankommen, interessirt mich sehr. Deine Ausführungen darüber in Deinem Briefe sind etwas knapp und bin ich auf Deine Publicationen[774] darüber recht gespannt. Sie werden mir jedenfalls bei den speciellen Gleichungen aus der Flächentheorie, die ich jetzt vorhabe, gute Dienste leisten.

[773]Gemeint sind Probleme mit Friedrich Wilhelm Franz Meyer, dem dritten Königsberger Mathematiker. Unter den Königsberger Mathematikern herrschte großen Unfrieden HiHu 84

[774]Vgl. D. Hilbert: Zur Variationsrechnung (Nachrichten von der kgl. Gesellschaft der Wissenschaften zu Göttingen, Mathematisch-physikalische Klasse aus dem Jahre 1905, 159-180) und D. Hilbert: Zur Variationsrechnung (Mathematische Annalen 62 (1906), 351-370).

Mit dem Oval hatte ich mir die Sache so gedacht, wie Du es sagst, dass auch im Falle des Doppelpunktes die Schleife als Oval zu bezeichnen ist u.s.w. Aber gerade an dieser Stelle muss ich meinen letzten Brief berichtigen. Ich hatte einen Factor 2 übersehen, durch den der geometrische Satz über die Curve dann einen ganz anderen Ausdruck annimmt. Es hätte heissen sollen: Die Curve $f(u_1, u_2, u_3) = 0$ zusammen mit ihrer Hessischen Curve zerlegen die Ebene in Gebiete unter denen sich insbesondere 4 Ovale finden, und das Coordinatendreieck liegt dann ganz in einem einzigen (beliebigen) dieser Ovale. Die Ungleichungen in rationaler Form für diese Umstände sind sehr einfach.

Ich habe die wesentlichsten Sätze in functionentheoretischer Darstellung vor meiner Abreise aus Zürich an Darboux geschrieben, und ich bat ihn, meine Note in die Comptes Rendus aufzunehmen.[775]

Zu der Übernahme der Hauptredaktion der Annalen[776] gratulire ich Dir herzlich, und ich bin überzeugt, dass von diesem Momente eine grosse Blüthezeit dieser Zeitschrift datiren wird. Ebenso erwidere ich auf's wärmste Eure freundlichen Glückwünsche zum neuen Jahre und dem sich daran anschliessenden Saeculum.

Mit herzlichen Grüssen an Dich, Deine Frau und Franz

Dein H. Minkowski

Minkowski an **Hilbert** MiHi82
11.03.1901, Zürich, Mittelstrasse 12 (Brief)

Lieber Freund,

Den Empfang Deines Briefes vom December bestätigte ich bereits aus Königsberg. Ich war sehr froh, einmal wieder Ausführlicheres von Dir zu hören. Zu meinem grossen Bedauern war es mir damals unmöglich, über Göttingen zurückzureisen. Ich hoffe nun aber bestimmt, dass wir bald Gelegenheit haben, Euch wiederzusehen. Am liebsten würde es uns sein, wenn Ihr einigen Aufenthalt bei uns in Zürich nähmet. Die Gelegenheit zu einem Gegenbesuch bei Euch wird sich gewiss auch bald bieten, sodass Ihr dies nicht als conditio sine qua non hinstellen dürft. Wir haben für die Ferien keine besonderen Pläne, nur am 26. März wollte ich einen Tag in Strassburg zubringen. Im Übrigen will ich in den Ferien besonderen Fleiss entwickeln. Meine Arbeit über „Volumen und Oberfläche"[777] nähert sich ihrem Abschlusse. Ich hoffe sie Dir noch in den Ferien zugehen lassen zu können, sodass sie vielleicht noch in den ersten unter Deiner speciellen Leitung erscheinenden Band der Annalen Aufnahme findet. Sie wird

[775] H. Minkowski: Sur les surfaces convexes fermées (Comptes rendus de l'Académie des Sciences 132 (1901), 21-24).

[776] Ab Band 55 (1902) zählte Hilbert neben F. Klein und W. Dyck zu den drei Hauptherausgebern der Mathematischen Annalen. Vorher war er einer der Mitwirkenden.

[777] H. Minkowski: Volumen und Oberfläche (Mathematische Annalen 57 (1903), 447-495).

ziemlich umfangreich, ich glaube aber, dass die Entwicklungen fast durchweg eine bleibende Gestalt haben werden. Namentlich habe ich auch die neuen Sätze über partielle Differentialgleichungen (Bestimmung der Flächen durch ihre Gaussische Krümmung u.s.w.) in völliger Strenge und grosser Allgemeinheit entwickelt. Meine Methode ist im Grunde eine Art Dirichlet'schen Princips und wird jedenfalls auf eine grosse Klasse von Differentialgleichungen zu übertragen sein. In sehr einfacher Weise ergeben sich die geschlossenen Flächen, für welche die Summe der Krümmungsradien (nicht die mittlere Krümmung) als Function der Normalenrichtung gegeben ist. Man kann die Lösung der betreffenden Differentialgleichung unmittelbar in Kugelfunctionen hinschreiben. – Hurwitz' Concurrenznote in den Comptes rendus[778] hast Du wohl bemerkt; H. bemüht sich jetzt, die entsprechenden Sätze im Raume mittelst Kugelfunctionen zu begründen. Doch sind bisher nur Sätze über diese Functionen herausgekommen, die nicht direct einzusehen sind.

Publicirst Du nicht demnächst Einiges über Deine Untersuchungen zur Theorie der partiellen Differentialgleichungen? Ich bin sehr gespannt darauf.

Von den Dissertationen, die Du in Deinem Briefe aufzählst, habe ich nicht die von Townsend, Hilbert, Beer, Marksen, Feldblum, Bosworth.[779]

Im nächsten Semester bekommst Du wieder einen Mathematiker von hier, W. Ritz, der viel Interesse zeigt, bisher sich aber immer unlösbare Probleme ausgesucht hat. Hier haben wir erst mit Ende dieser Woche Ferien.

Ich hoffe, nun bald von Dir zu hören, welche Dispositionen Ihr getroffen habt, und bitte Euch nochmals, so lang als möglich bei uns zu sein.

Mit herzlichen Grüssen für Dich, Deine Frau und Franz

Dein
H. Minkowski

Minkowski an **Hilbert** MiHi83
26.03.1901, Strassburg im Elsass (Brief)

Lieber Freund,

Dein liebes Schreiben erhielt ich noch in Zürich. Ich beantworte es erst von hier aus, da ich noch mit meiner Frau vorher über die Möglichkeiten einer Reise

[778] A. Hurwitz: Sur le problème des isopérimètres (Comptes rendus de l'Académie des Sciences 132 (1901), 401-403).

[779] Edgar Jerome Townsend: Über den Begriff und die Anwendung des Doppellimes (1900); Karl Hilbert: Das allgemeine quadratische Reziprozitätsgesetz in ausgewählten Kreiskörpern der 2k-ten Einheitswurzeln (1900); Fritz Beer: Kriterien für die Irrationalität von Funktionswerten (1899); Sophus Marxen: Über eine allgemeine Gattung irrationaler Invarianten und Coinvarianten für eine binäre Form ungerader Ordnung (1900); Michal Feldblum: Über elementar-geometrische Konstruktionen (1899); Anne Lucie Bosworth: Begründung einer vom Parallelenaxiom unabhängigen Streckenrechnung (1899). Alle diese Dissertationen wurden bei Hilbert geschrieben.

Rath pflegen musste. Ich bin natürlich auch mit ganzer Seele dabei, in Deiner Gesellschaft eine kleine Tour zu unternehmen. Auch ein Rendezvous in Bozen (oder ebensogut auch in Luzern) würde mir sehr gut passen. Doch möchte ich im Ganzen nicht über 10 Tage fortbleiben, einmal mit Rücksicht auf Frau und Kind, die zu Haus bleiben, dann weil bei uns schon am 15ten die Vorlesungen anfangen und ich in den Ferien noch etwas arbeiten möchte. Falls Du viel länger wegbleiben willst, könnten wir uns dann ja in einem gewissen Zeitpunkt trennen; und wir, meine Frau und ich, würden dann noch darauf rechnen, Dich einige Zeit bei uns in Zürich zu haben. Ich überlasse es nun ganz Dir, mir den Reiseplan mit Rücksicht auf diese meine Wünsche vorzuschreiben; nur möchte ich Dich bitten, mir dann zeitig genug zur Bestellung der Billets Nachricht zu geben. Ich möchte auch schon einen Tag früher als Du abreisen (bei einer eventuellen Fahrt über Bozen), um meine Schwägerin und meine Schwester[780], die augenblicklich in Meran sind, dort zu besuchen.

Ich bin eben wieder im Begriffe, nach Zürich zurückzureisen und erwarte dort Deine Nachrichten.

Mit bestem Grusse von Haus zu Haus

Dein
H. Minkowski

Der Brief ist in grosser Eile geschrieben.

Hurwitz an **Hilbert** HuHi52
09.05.1901, Zürich (Brief)

Lieber Freund!

Ihre liebenswürdige Sendung der Dissertationen[781], die ein imponierendes Bild Ihrer Lehrthätigkeit geben, bringt endlich die lang gehegte Absicht, Ihnen einmal wieder zu schreiben, zur Ausführung. Ich glaube ich stehe schon erschrecklich lange in Ihrer Briefschuld; je älter man wird, umso mehr muss man die Nachsicht der alten Freunde in Anspruch nehmen. Die Dissertationen interessiren mich sämmtlich; ich bin Ihnen durch deren Übersendung zu lebhaftem Dank verpflichtet, den ich Ihnen hiermit abtragen möchte. Die Dissertation von Beer[782] beabsichtige ich demnächst einmal gründlich zu lesen, heute habe ich sie nur flüchtig durchblättern können. Dabei hatte ich freilich den Eindruck, dass der Verf. zu wirklich einfach schönen Resultaten nicht durchgedrungen ist; aber ich kann mich irren, wenn mir auch dunkel vorschwebt, dass Sie selbst einmal sich ähnlich äusserten[783]. Mein besonderes Interesse hat die Arbeit von Boy[784] über die projective Ebene erregt. Haben Sie Modelle

[780] Fanny Minkowski.
[781] Vgl. Hurwitz an Hilbert 30. Dezember 1900 HuHi 51.
[782] F. Beer: Kriterien für Irrationalität von Funktionalwerten (1899).
[783] Vgl. Hilbert an Hurwitz 21. November 1900 HiHu 63.
[784] W. Boy: Über die Curvatura integra und die Topologie geschlossener Flächen (1901).

seiner Flächen dem Schilling'schen Modell-Verlag übergeben oder event. wollen Sie solches nicht veranlassen? Im vorgestrigen Colloquium habe ich die Arbeit eingehender besprochen. Ich bemerkte dabei, was Sie wohl auch schon gethan haben, dass es leicht ist, im Raum von 4 Dimensionen ein völlig sigularitätenfreies zwei-dimensionales Gebilde, welches die project. Ebene im Sinne der Analysis situs darstellt, anzugeben. Es ist definirt durch die Gleichungen

$$x = vw, y = wu, z = uv, t = v^2 - u^2$$

wo u, v, w alle der Bedingung $u^2 + v^2 + w^2 = 1$ genügenden Werthsysteme durchläuft. Jedem Punktepaar $(u.v.w), (-u. - v. - w)$ der Kugel $u^2 + v^2 + w^2 = 1$ entspricht nämlich ein Punkt (x, y, z, t) jenes Gebildes und umgekehrt jedem Punkte (x, y, z, t) des Gebildes nur ein einziges Punktepaar der Kugel. Die durch die Gleichungn

$$x = wv, y = uw, z = vu(u^2 + v^2 + w^2 = 1)$$

dargestellte Fläche liefert eine Darstellung der proj. Ebene, wobei indessen endende Doppellinien vorkommen. Die Fläche ist eine Steiner'sche Fläche 4. Ordn., wie überhaupt jede Projection der oben genannten 4dimensionalen Fläche auf den 2dimens. Raum. Es scheint, dass erst homog. Functionen 4ten Grades von u, v, w für x, y, z genommen, Flächen von der Art der Boy'schen liefern. Minkowski hat mir viel von Ihnen erzählen müssen. Ihre mit Hensel gemeinsam verfasste Karte hat mir derzeit viel Vergnügen gemacht. Gern hätte ich mit Ihnen zusammen die Osterferien verbracht. Doch würde ich die grossen Fusstouren, die Sie unternommen haben, nicht haben leisten können. Da wir in den Osterferien in unserer neuen sehr angenehmen und herrlich gelegenen Wohnung Besuch von meinen Brüdern hatten, war ich ohnedies an Zürich gebunden. Oben habe ich Ihnen übrigens meine neue Adresse[785] bemerkt, die Sie der Adresse Ihrer heutigen Sendung zufolge, offenbar noch nicht kannten. Von unserer Veranda aus haben wir an klaren Tagen den Blick auf die ganze Kette der Schneeberge von Glärnisch bis zum Bristenstock. Uns gegenüber liegt der Ütliberg und unter uns die Stadt und der See. Namenthlich jetzt im Frühjahr, wo es in den Gärten um und unter uns grünt und blüht, ist es hier entzückend. Zu unserer Wohnung gehört auch ein recht hübscher Garten, der für die Kinder äusserst angenehm ist. Da Sie selbst Garten besitzen, und zwar, wie ich durch Minkowski höre, ein sehr thätiger sind, so wissen Sie die Annehmlichkeiten eines solchen zu schätzen. Wann werden Sie und dann hoffentlich auch Ihre werthe Frau sich einmal unser Tusculum in Zürich ansehen?

Nun will ich Ihnen noch etwas davon erzählen, womit ich mich in der letzten Zeit beschäftigt habe. Sie haben sich wohl meinen Beweis des isoperimetr. Hauptsatzes in den Comptes Rendus[786] angesehen. Die Benutzung der Reihenentwicklung willkürlicher Funktionen für die Untersuchung allgemeiner

[785] Die Familie wohnte in der Bächtoldsstrasse am Zürichberg.

[786] A. Hurwitz: Sur le problème des isopérimètres (Comptes rendus de l'Académie des Sciences 132 (1901), 401-403).

Eigenschaften der Curven erweist sich nun überhaupt als sehr fruchtbar. Einige bemerkenswerthe Sätze, die ich auf diesem Wege erhalten habe, sind:

Bezeichnet ρ den Krümmungsradius (der durchgängig von Null verschieden vorausgesetzt wird), ist ferner s der Bogen und L die Gesamtlänger einer geschlossenen Curve, so ist stets

$$\frac{1}{L}\int \frac{ds}{\rho^2} \geq \left(\frac{2\pi}{L}\right)^2$$

und das Gleichheitszeichen gilt nur für den Kreis.

Hieraus folgt insbesondere, dass unter den Krümmungskreisen einer geschlossenen Curve, die nicht ein Kreis ist, stets mindestens einer von kleinerem Umfang, als die Curve hat, vorkommt.

Für eine convexe geschlossene Curve gilt überdies

$$\frac{1}{L}\int \rho ds \geq \frac{L}{2\pi},$$

wobei das Gleichheitszeichen wieder nur für den Kreis stattfindet. Für eine convexe Curve giebt es daher auch immer Krümmungskreise von grösserem Umfang, als die Curve ihn hat.

Bei convexen Curven erhalte ich ferner noch einige merkwürdige Sätze über die Evolute. Als Durchlaufungssinn der Evolute nehme ich den, welcher der Krümmungsmittelpunkt beschreibt, wenn die ursprüngl. Curve im positiven Sinne durchlaufen wird. Dann ist die Fläche der Evolute auch dem Vorzeichen nach völlig bestimmt. Nun gilt die merkwürdige Thatsache, dass für eine convexe Curve die Evolute stets eine negative Fläche besitzt, ausgenommen wenn die Curve ein Kreis ist, in welchem Falle die Evolutenfläche Null ist.

Ferner: Nach dem isoperimetr. Hauptsatze ist $F \leq \frac{L^2}{4\pi}$, wo F die Fläche, L die Länge der Curve. Für convexe Curven stellt sich neben diese Ungleichung die folgende

$$F + \frac{1}{9}E \geq \frac{L^2}{4\pi}$$

wo E die (absolut genommene) Evolutenfläche bedeutet.

Ich glaube, es wird sehr schwierig sein, diese Sätze auf einem anderen Wege, als den von mir benutzten, also ohne die Anwendung der Fourier'schen Entwicklungen zu beweisen.

Unser Colloquium hat durch Herrn Dr. Timerding aus Strassburg einen angenehmen Zuwachs erhalten. Dr. Timerding hält sich hier ein Semester auf, um am Polyt. einige praktische Fächer; darst. Geometrie, graph. Statik etc. zu hören. Er ist Privatdocent in Strassburg und hat sich nur für $\frac{1}{2}$ Jahr beurlauben lassen.

In der Hoffnung, dass es Ihnen, Ihrer werthen Frau und Ihrem Söhnchen ganz nach Wunsch ergeht verbleibe ich mit herzlichstem Gruss von Haus zu Haus

Ihr getreuer

A. Hurwitz.

Die Arbeiten von E. Landau gefallen mir sehr gut. Auf einer der Dissertationen, die Sie mir heute geschickt, steht mit Blaustift „Minkowski". Bedeutet das, dass ich dieselbe Minkowski abgeben soll? D.U.

Minkowski an **Hilbert** MiHi84

30.07.1901, Zürich, Mittelstr. 12 (Brief)

Lieber Freund,

Es ist gewiss Unrecht, dass ich das ganze Semester Nichts habe hören lassen. Infolgedessen habe ich auch Deine Nachrichten ganz vermissen müssen. Wir hatten geplant, die Ferien diesesmal an der Ostsee zu verbringen, doch haben wir schliesslich infolge ärztlicher Anordnungen davon Abstand genommen und werden einen Theil der Ferien hier in der Schweiz, in Tarasp[787] verbringen. Da dieses schon ein ziemlich theures Pflaster ist, so bin ich auch zweifelhaft geworden, ob ich danach nach Hamburg[788] gehen werde. Dein Vortrag und die in Aussicht genommene Exkursion nach Göttingen reizt mich allerdings sehr. Kommt Deine Frau nach Hamburg mit? Meine Frau interessirt sich dafür ganz besonders und würde in dem Falle gewiss sehr für die Reise nach Hamburg eintreten.

Meine Arbeit „über Volumen und Oberfläche" ist ziemlich fertig, und hat mir noch mancherlei Mühe gemacht.[789] In meinem Aachener Vortrage[790] habe ich eine Bemerkung über das Eintreten des Gleichheitszeichens in einer gewissen Ungleichung nicht ganz richtig ausgesprochen, und diesen Punkt vollständig zu erledigen, musste ich zum Theil sehr weit ausholen. Für die Kugel z. B. gelten diese Sätze: Unter allen Körpern von gleicher Oberfläche besitzt allein die Kugel das Minimum der mittleren Krümmung; dagegen haben unter allen Körpern gleicher Oberfläche das Maximum des Products aus Volumen und mittlerer Krümmung neben der Kugel noch alle „Kappenkörper der Kugel", d. s. die Körper, die aus der Kugel entstehen, wenn man auf ihrer Oberfläche beliebige Kalotten (in endlicher oder unendlicher Anzahl) annimmt, die sämmtlich kleiner als die Halbkugel sind und deren Flächen im Inneren ganz auseinanderliegen, und wenn man sodann auf jede Kalotte einen Kegel aufsetzt, dessen Erzeugende die Kugel im Rande der Kalotte berühren.

---

[787] Gemeinde im Unterengadin, Kanton Graubünden.

[788] Zur Jahrestagung der Deutschen Mathematiker-Vereinigung (22. bis 28. September) in Hamburg im Rahmen der 73. Versammlung Deutscher Naturforscher und Ärzte. Hilbert hielt in Vertretung des erkrankten Vorsitzenden W. Dyck eine Ansprache über den Nutzen der Mathematiker-Vereinigung und ihre Funktionen und stellte „einige neure mathematische Dissertationen" vor. Minkowski reiste schließlich doch nach Hamburg, vgl. Minkowski an Hilbert, 26. August 1901 MiHi 85 und Minkowski an Hilbert, 20. September 1901 MiHi 87.

[789] H. Minkowski: Volumen und Oberfläche (Mathematische Annalen 57 (1903), 447-495).

[790] Die Jahrestagung der deutschen Mathematiker-Vereinigung fand vom 16. bis zum 23. September 1900 im Rahmen der Versammlung Deutscher Naturforscher und Ärzte in Aachen statt. Minkowski hielt einen Vortrag mit dem Titel „Über die Begriffe Länge, Oberfläche und Volumen".

Die ganze Arbeit ist ziemlich umfangreich geworden, vielleicht an 100 Druckseiten, und muss ich noch eine Reinschrift anfertigen. Ich hoffe, sie Dir aber noch vor Hamburg zugehen lassen zu können.

Wie steht es mit Deiner Festschrift?[791] Der Beitrag von Wiechert wurde nicht mehr mit abgedruckt. Druckst Du bereits an ihr?

Wer ist E. Schmidt, von dem die Arbeit im letzten Annalenhefte ist?[792]

Ich hoffe, dass Du mit Beginn der Ferien die Musse findest, mir einmal zu schreiben. Du hast gewiss in der Zwischenzeit viel interessante Dinge gefunden und erlebt.

Geiser hat mich wiederholt gebeten, Dir zu schreiben, Du möchtest ihm ein Exemplar Deiner Pariser Rede[793] zugehen lassen.

Ich wünsche Dir, Deiner Frau und Franz vergnügte Ferien und gute Erholung in Rauschen und bin, mit herzlichen Grüssen auch von meiner Frau

Dein
H. Minkowski

Minkowski an **Hilbert** MiHi85
26.08.1901, Vulpera-Tarasp. (Brief)

Lieber Freund,

Etwas spät antworte ich auf Deinen Brief und die liebenswürdige Einladung, Euch in Göttingen zu besuchen. Ich bin nun doch entschlossen, die Versammlung in Hamburg[794] nicht zu besuchen. Ich habe den ersten Theil der Ferien so arg gefaullenzt, dass ich die übrige Zeit um so mehr ausnutzen möchte. Auch schreckt uns die weite Reise ab. Morgen gehen wir von hier fort und bringen noch einige Zeit in Weesen am Walensee, Hotel Schwert, zu, wo es ruhiger zugeht als hier. – Wenn wir nun nicht nach Hamburg gehen, so hoffen wir, dass in nicht zu ferner Zeit sich eine andere Gelegenheit finde, wo Euch unser Besuch recht ist. Jedenfalls sagen wir Euch besten Dank für die jetzige Einladung.

Was die Wahl des Vorsitzenden für die Vereinigung anlangt, so ist für nächstes Jahr vielleicht Gutzmer der geeignete Kandidat, wenn die Versammlung in Jena[795]

[791] Es geht um die „Grundlagen der Geometrie", deren 2. Auflage in Deutsch 1903 bei Teubner separat (also ohne Wiecherts Beitrag) erschien. Zuvor waren schon Übersetzungen ins Französische (1900) und ins Englische (1902) publiziert worden.

[792] Erhard Schmidt: Über die Definition des Begriffes Länge krummer Linien (Mathematische Annalen 55 (1902), 163-176).

[793] Mathematische Probleme.

[794] Es geht um die Jahrestagung der Deutschen Mathematiker-Vereinigung (22. bis 28. September) in Hamburg, die im Rahmen der 73. Versammlung Deutscher Naturforscher und Ärzte stattfand. Hilbert hielt in Vertretung des erkrankten Vorsitzenden W. Dyck eine Ansprache über den Nutzen der Mathematiker-Vereinigung und ihre Funktionen und stellte „einige neure mathematische Dissertationen" vor.

[795] Die Jahrestagung der Deutschen Mathematiker-Vereinigung fand vom 21. bis 27. September 1902 in Karlsbad statt. Vorsitzender der Deutschen Mathematiker-Vereinigung war Franz Meyer von 1902 bis 1905. A. Gutzmer wurde nie zum Vorsitzenden gewählt.

statt hat. Gutzmer wird den Schriftführerposten[796] wohl niederlegen, wenn die Umgestaltung der Jahresberichte erfolgt.

Es ist hier in den Bergen wundervoll, vielfach ähnlich wie bei Bozen. Doch würde ich sehr gern wieder an der Ostsee sein.

Deine Festschrift[797] ist nun wohl mit Riesenschritten fortgeschritten in der für mathematisches Denken so bewährten Rauschener Luft.

Meine Frau ist augenblicklich mit dem Packen der Koffer beschäftigt. Von ihr und mir an Euch die herzlichsten Grüsse

Dein
H. Minkowski

Minkowski an **Hilbert** MiHi86
05.09.1901, Weesen (Brief)

Lieber Freund,

Es hat uns sehr leid gethan, aus Deinem Briefe zu erfahren, dass Deine Frau nicht wohl gewesen ist. Hoffentlich erholt sie sich jetzt mit raschen Schritten, wie wir es ihr von Herzen wünschen.

Was meine Arbeit[798] anlangt, so werden doch wohl noch einige Wochen vergehen, bis ich sie Dir vollständig zusende. Ich würde bedauern, wenn ich die Stelle, die Du mir in den Annalen offengehalten hast, nicht einnehmen sollte. Doch kann ich zunächst nicht mehr thun, als mit möglichster Beschleunigung an der Arbeit herumfeilen, um sie in tadellosen Zustand zu bringen. In Tarasp kam ich leider nicht viel dazu, hier bin ich aber in dieser Woche schon ziemlich weit gekommen. Sollte ich in zwei Wochen im Wesentlichen fertig sein, was nicht ausgeschlossen ist, so komme ich am Ende doch noch auf Deine verlockenden Darstellungen hin nach Hamburg.[799]

Dass der junge Neumann[800] so gut vorwärtskommt, freut mich sehr. Die anderen tüchtigen Mathematiker werden jedenfalls dank der Beachtung, die gute Leistungen heutzutage erfahren, auch niemals so pessimistisch über ihre Aussichten zu denken brauchen, wie Privatdocenten vor 15 Jahren.[801]

[796] Gutzmer gab die Jahresberichte auch weiterhin heraus.

[797] Es geht um die „Grundlagen der Geometrie", deren 2. Auflage in Deutsch 1903 bei Teubner separat erschien. Zuvor waren schon Übersetzungen ins Französische (1900) und ins Englische (1902) publiziert worden.

[798] H. Minkowski: Volumen und Oberfläche (Mathematische Annalen 57 (1903), 447-495).

[799] Die Jahrestagung der Deutschen Mathematiker-Vereinigung fand vom 22. bis 28. September 1901 in Hamburg im Rahmen der 73. Versammlung Deutscher Naturforscher und Ärzte stattfand. Hilbert statt in Vertretung des erkrankten Vorsitzenden W. Dyck eine Ansprache über den Nutzen der Mathematiker-Vereinigung und ihre Funktionen und stellte „einige neure mathematische Dissertationen" vor. Minkowski nahm doch teil, vgl. Minkowski an Hilbert, 20. September 1901 MiHi 87.

[800] Es geht um Ernst Neumann, der 1901 ein etatmäßiges Extraordinariat in Breslau erhielt.

[801] Eine Anspielung auf Hilberts Pessimismus, vgl. Brief von Minkowski an Hilbert 11. Juni 1892 MiHi 11.

Das Lindemann'sche Opus ist mir nicht zugegangen. Ich bin schon etwas gespannt darauf.

Für den Betrag einer Determinante $|a_{ik}|$ $(i,k = 1,2,\ldots n)$ mit den Bedingungen, dass die Beträge der $a_{ik} \leqq 1$ sind, gilt, soviel ich sehe, wenn die Grössen a_{ik} complex sind, dieselbe obere Grenze $\sqrt{n^n}$ wie im Falle reeller Grössen. Sollte dieses nicht ebenfalls schon Hadamard im Bulletin d. sc. bemerkt haben? Der Beweis dafür ist folgender (er steht vielleicht ebenso bei Hadamard):

Es sei $\bar{a}_{ik}$ die conjugirte complexe Grösse zu a_{ik} , so bilde man die componirte Determinante $|a_{ik}||\bar{a}_{ki}| = |b_{ik}|$ $(i,k = 1,2,\ldots n)$. Die bilineare Form $f = \sum b_{ik}u_i\bar{u}_k$ mit conjugirt imaginären Variabelnreihen u_i, $\bar{u}_i$ ist dann, wenn $|a_{ik}| \neq 0$ ist, eine Hermite'sche positive Form. Man kann sie in einen Ausdruck transformiren

$$D_1(u_1 + \beta_{12}u_2 + \ldots + \beta_{1n}u_n)(\bar{u}_1 + \bar{\beta}_{12}\bar{u}_2 + \ldots + \bar{\beta}_{1n}\bar{u}_n) + \frac{D_2}{D_1}$$
$$(u_2 + \ldots + \beta_{2n}u_n)(\bar{u}_2 + \ldots + \bar{\beta}_{2n}\bar{u}_n) + \ldots + \frac{D_n}{D_{n-1}}u_n\bar{u}_n,$$

worin $D_1, D_2, \ldots D_n$ reelle positive Grössen und speciell $D_n = |b_{ik}|$ ist.
Setzt man hierin $u_n = 1, u_1 = u_2 = \ldots = u_{n-1} = 0$, so folgt

$$b_{nn} \geqq \frac{D_n}{D_{n-1}}.$$

Nimmt man allgemeiner $u_1 = u_2 = \ldots = u_{h-1} = 0$, $u_h = 1$, $u_{h+1} = \ldots = u_n = 0$, so folgt $b_{hh} \geqq \frac{D_h}{D_{h-1}}$ und durch Multiplication aller dieser Ungleichungen entsteht die neue Ungleichung

$$b_{11}b_{22}\ldots b_{nn} \geqq D_n = |b_{ik}| = \|a_{ik}\|^2$$

Sind nun alle Grössen a_{ik} dem Betrage nach $\leqq 1$, so folgt für jede Grösse b_{kk} die Ungleichung $b_{kk} \leqq n$, und geht sodann hier

$$|a_{ik}| \leqq \sqrt{n^n}$$

hervor. –

Nimm die besten Grüsse von mir und meiner Frau, und hoffentlich doch noch auf Wiedersehen in Hamburg,

Dein
H. Minkowski

Minkowski an **Hilbert** MiHi87
20.09.1901, Zürich (Postkarte)

Lieber Freund, Besten Dank für Deine Karte. Auch von Deiner Frau hatten wir Nachricht, womit wir uns sehr freuten. Auf der Hinreise fahre ich über

Köln[802], und passire erst auf der Rückreise Göttingen. In Hamburg wohne ich Hotel Fahrenkrug. Vielleicht bist Du auch dort, da es sehr nahe an unserem Sitzungslokal liegt. Meine Frau bleibt zu Hause. – Lindemann's Arbeit ist bei näherem Zusehen unter aller Kanone. Nach ihm würde, wenn $a \equiv b + c$ (modulo einer Primzahl p) ist, auch $a^h \equiv b^h + c^h$ (mod p) für jeden Exponenten h gelten!!! Hurwitz sagt, was mögen da die Zuhörer im Colleg zu hören bekommen. Dass Ihr einen tüchtigen Astronomen[803] in Göttingen bekommt, wird die Zugkraft Göttingens, wenn überhaupt möglich, noch erhöhen. In meiner Arbeit[804] ist nun mathematisch alles tadellos und klappt sehr gut zusammen, ich glaube, dass die Methoden wohl manche Verallgemeinerung zulassen werden.

Herzliche Grüsse, auch von meiner Frau
von Deinem
H. Minkowski

Hilbert an **Hurwitz** HiHu65
25.09.1901, Hamburg (Postkarte)

Lieber Freund. Nach 7 Jahren wieder vereint trinken wir in Erinnerung alter fröhlicher Zeiten Ihr

David Hilbert
Victor Eberhard

Minkowski an **Hilbert** MiHi88
30.10.1901, Zürich (Brief)

Lieber Freund,

Herzlichen Dank für Dein Schreiben und die sehr angenehme Nachricht, die es mir bringt. Ich bin auf die Ehre, die mir widerfahren ist, sehr stolz, wenn ich auch ganz zufrieden gewesen wäre, mich noch einige Jahre Deiner Vermittlung bei den Publicationen in den Nachrichten zu bedienen.[805] Es ist für mich nicht schwer zu errathen, dass ich diese Auszeichnung vor Allem Dir zu verdanken habe. Sie ist mir auch in erster Linie werth als ein Zeichen, dass Du selbst von meiner Mathematik (in spe) keine schlechte Meinung hast.

[802] Wo Oskar Minkowski lebte.

[803] Karl Schwarzschild wurde 1901 nach Göttingen berufen.

[804] H. Minkowski: Volumen und Oberfläche (Mathematische Annalen 57 (1903), 447-495).

[805] Minkowski wurde als auswärtiges Mitglied in die Göttinger Akademie gewählt. Als solches konnte er nun selbst Manuskripte einreichen.

Ich habe Euch bisher noch gar nicht für die gastliche Aufnahme gedankt, die ich vor vier Wochen bei Euch gefunden habe; mein Brief sollte zugleich Begleitschreiben zur Annalenarbeit[806] werden. Und nun seid Ihr bereits so liebenswürdig, mich von Neuem einzuladen. Es gäbe in der That viele Umstände, die mich zur Reise reizten; vor Allem wäre ich sehr gern wieder in Deiner Gesellschaft; dann hätte ich auch Zeit zur Reise, weil meine Vorlesungen fast ganz in die erste Hälfte der Woche fallen. Endlich reden mir mehrere mathematische Collegen zu, die dem Präsidenten Bleuler gegenüber es gern sähen, dass auch einmal etwas bei den Mathematikern passirte und nicht Alles bloss von den Technikern spräche[807]. Es überwiegt aber doch schliesslich bei mir jetzt das Bedürfnis nach Ruhe zu ungestörter Arbeit, sodass ich für dieses Mal meine Reiselust bekämpfen will. Nimm aber vielen Dank für die herzliche Einladung!

Deine Festschrift[808] hat mir sehr gut gefallen, und ich bin jetzt noch mehr als schon vordem begierig, Deine grössere ausgeführte Theorie der partiellen Differentialgleichungen bald zu besitzen. Ich habe seinerzeit den Correcturbogen etwas flüchtig durchgelesen, da ja bei der knappen Darstellung der Versuch einer Kritik unstatthaft gewesen wäre.

Die Spannung wegen meiner Annalenarbeit denke ich nun am schnellsten vielleicht so zu lösen, dass ich eine kurze Entwicklung der Sätze über partielle Differentialgleichungen darin, die Dich wohl am meisten interessiren dürften, und erst ganz am Schluss der Arbeit stehen, für die Göttinger Nachrichten liefere.[809] Die Arbeit ist im Übrigen wirklich fertig und geht Dir bald zu.

Meine Frau, die gerade zu einer Hochzeit in Strassburg weilt, fühlt sich jetzt natürlich auch nicht wenig, und würde wahrscheinlich, wenn die Hochzeit nicht schon vorgestern gewesen wäre, heute mit Niemandem mehr tanzen wollen.[810]

Mit dem Wunsche, dass die Jubelfeier[811] zu Eurer Zufriedenheit ausfallen möge, sende ich Dir, Deiner Frau und Franz die herzlichsten Grüsse

Dein
H. Minkowski

Hilbert an **Hurwitz** HiHu66
Ende 1901, Rauschen (Brief)

(Tochter) nicht recht frei waren. Nur mit Franz Meyer bin ich wiederholt zusammengetroffen, da dieser noch bis jetzt in Warmitzen sich aufhält. Auch Saalschütz ist übrigens hier in Rauschen. Was sagen Sie zu Lindemann's neuester

---

[806] H. Minkowski: Volumen und Oberfläche (Mathematische Annalen 57 (1903), 447-495).

[807] Minkowski deutet hier an, dass am Züricher Polytechnikum die Techniker eine vorherrschende Rolle spielten.

[808] Es geht um die „Grundlagen der Geometrie", deren 2. Auflage in Deutsch 1903 bei Teubner erschien. Zuvor waren schon Übersetzungen ins Französische (1900) und ins Englische (1902) publiziert worden.

[809] Das ist nicht geschehen.

[810] Ruth Helene Minkowski wurde am 11.Juli 1902 geboren.

[811] Vielleicht ist Hilberts 40. Geburtstag am 23. Januar 1902 gemeint.

Arbeit über den Fermatschen Satz, wo er die Unmöglichkeit von $x^n + y^n + z^n = 0$ ohne alle Hilfsmittel bloss durch Rechnen mit Congruenzen beweisen zu können meint. Ich habe den Fehler (es ist ein Vorzeichenversehen) ihm mitgeteilt. Aber es wäre besser gewesen, wenn Lindemann vorsichtiger gewesen wäre und, dass der Beweis sich so führen liesse, wie er es erstrebte, war doch absolut unwahrscheinlich.

Mein bester mathematische Umgang ist hier Ernst Neumann, mit dem ich manche mathematische Spaziergänge am Strande mache; er ist soeben in Breslau zum Extraordinarius für mathematische Physik ernannt.

Was treiben Sie nun Mathematisches? Welche kleineren und welche grösseren Pläne haben Sie? Bekomme ich bald etwas für die mathematischen Annalen von Ihnen? Hat es nicht für Sie etwas Verlockendes, einmal ein wirklich gutes und für alle Zeiten mustergültiges Buch über Funktionentheorie zu schreiben? Wollen Sie erst noch die Encyklopädie-Artikel darüber abwarten? Dann aber gehen Sie gewiss daran.

In Hamburg[812] gedenke ich über einige der Göttinger Dissertationen zu referiren, hauptsächlich oder ausschliesslich wohl über die geometrischen, die zu den bestgelungenen gehören. Die Beersche Dissertation[813], die Sie in Ihrem letzten Schreiben erwähnten, betrachte ich eigentlich als verfehlt. Auch in manchen anderen Dissertationen (Noble[814], Hedrick[815]..) finden sich manche Missverständnisse. Ich betrachte diese Dissertationen eigentlich als Vorarbeiten für meine eigenen Studien und hoffe einmal auf die Gegenstände zurück zu kommen.

Im Sommer hat sich bei uns ein neuer Privatdozent Dr. Blumenthal[816] – mein bester Schüler in Göttingen – habilitirt, sodass wir in Göttingen ein ziemlich starker Lehrkörper für Math. und Physik sind. Ich muss jetzt schliessen und sage Ihnen und Ihrer Frau herzlich Lebewohl – auch von der meinen.

Ihr alter Freund
Hilbert.

---

[812] Die deutsche Mathematiker-Vereinigung hielt ihre Jahrestagung vom 22. bis 28. September 1901 in Hamburg im Rahmen der Versammlung Deutscher Naturforscher und Ärzte ab. Hilbert sprach in Vertretung des erkrankten Vorsitzenden W. Dyck über die zukünftigen Aufgaben der Vereinigung sowie über einige neuere mathematische Dissertationen.

[813] Fritz Beer hatte 1899 bei Hilbert mit der Arbeit „Kriterien für Irrationalität von Funktionalwerten" promoviert.

[814] Charles Albert Noble hat 1901 bei Hilbert mit der Arbeit „Eine neue Methode in der Variationsrechnung" promoviert.

[815] Earle Hedrick hat 1901 bei Hilbert mit der Arbeit „Über den analytischen Charakter der Lösungen von Differentialgleichungen" promoviert.

[816] Otto Blumenthal habilierte sich im 1901 mit der Arbeit „Über Modulfunktionen von mehreren Veränderlichen".

Hurwitz an **Hilbert** HuHi53
30.12.1901, Zürich (Brief)

Lieber Freund!

Ihr letztens ausführliches Schreiben aus Rauschen traf mich schon wieder in der Züricher Häuslichkeit an, wohin wir Ende August von dem Aufenthalt in Seelisberg erfrischt zurückkehrten. Wenige Wochen später erfreute mich Ihre mit Eberhard gemeinsam verfasste Karte[817] vom Bord der „Auguste Victoria" in Hamburg. Dass ich Hamburg[818] nicht besuchte habe ich nach Minkowski's Berichten offenbar nicht zu bedauern, da der Aufenthalt nach ihm ein recht ungemütlicher gewesen ist und abgesehen von Ihrem Vortrage über die von Ihnen veranlassten Dissertationen mathematisch Interessantes nicht geboten wurde. Mit grossem Interesse habe ich Ihre neue Festschrift über das Dirichlet'sche Princip[819] gelesen, in welcher die grosse Ergiebigkeit der Grundidee besonders werthvoll ist. Im Jahre 1895 od. 1896 hielt ich hier auf der Schweiz. Naturforscher Versammlung einen Vortrag über geometrische Maxima + Minima[820], in welchem ich die Betrachtungen von Steiner und L'Huilier dadurch streng machte, dass ich den Satz heranzog, nach welchem in einem stetigen Gebiete von endlicher Dimensionanzahl die oberen + unteren Grenzen erreicht werden. (Eine Spur dieses Vortrags findet sich in den Berichten jener Gesellschaft). Damals dachte ich an die Möglichkeit, hiervon ausgehend auch die Existenz des Minimums, welches beim Dirichlet'schen Princip gebraucht wird, nachweisen zu können. Ich habe die Sache aber nie weiter verfolgt und es ist mir auch zweifelhaft, ob man den Gedanken mit Erfolg durchführen kann. Mit Ihrer Idee, den Satz zu benutzen, nach welchem man in jedem Gebiete der unteren Grenze jedenfalls beliebig nahe kommen kann, ist nun endlich der Riemann'sche Ideengang gerettet und die bisher nothwendigen Umwege unnötig gemacht. Meine mathematische Thätigkeit war in diesem Jahre eine sehr beschränkte. Noch immer sitze ich an einer Arbeit[821], die ich Picard für die Annales de l'École normale versprochen habe und die Anwendung der Fourier'schen Reihen auf geometrische Fragen betrifft. Seit Beginn des Wintersemesters bin ich durch die Lehrthätigkeit wieder stark beansprucht. Im I Jahreskurs habe ich 226 Zuhörer in der Differentialrechnung, im II Jahreskurs etwa 160 in den Differentialgleichungen.

[817] Hilbert an Hurwitz, 25. September 1901 HiHu 65.

[818] Die deutsche Mathematiker-Vereinigung hielt ihre Jahrestagung vom 22. bis 28. September 1801 in Hamburg im Rahmen der Versammlung Deutscher Naturforscher und Ärzte ab. Hilbert sprach in Vertretung des erkrankten Vorsitzenden W. Dyck über die zukünftigen Aufgaben der Vereinigung sowie über einige neuere mathematische Dissertationen.

[819] D. Hilbert: Über das Dirichlet'sche Princip (Jahresbericht der deutschen Mathematiker-Vereinigung 8 (1900), 184-188).

[820] A. Hurwitz: Ueber die Theorie der geometrischen Maxima und Minima (Verhandlungen der Schweizerischen Naturforschenden Gesellschaft. 79. Versammlung Zürich 3. bis 5. August 1896 (Genève: Bureau des Archives, 1896), 57-58.

[821] A. Hurwitz: Quelques applications géométriques de la théorie des séries de Fourier (Annales de l'Ecole Normale Supérieure (3) 19 (1902), 357-408).

Gegenwärtig dürfte wohl das Maximum der Frequenz erreicht sein; denn der Niedergang der Industrie wird sich wohl nun bemerkbar machen. Für den Abel-Jubelband[822] der Acta habe ich einen kleinen Beitrag geliefert. Sie werden doch auch in dem Bande vertreten sein? Haben Sie die Abhandlung von Poincaré „Sur les propriétés arithmét. des courbes algèbriques“[823] gesehen. Das ist im Wesentlichen unsere alte gemeinsame Arbeit aus den Acta[824]. Da Poincaré's Arbeit mit einiger Praetension abgefasst ist, so reizte sie mich, Poincaré ein Exemplar unserer Arbeit zu schicken, worauf er mir antwortete, dass er in den Monumenta Mathematica die „Rectification“ machen werde. Was „Monumenta mathematica“[825] sind, weiss ich nicht. Kennen Sie diese Publication?– Was habe Sie für Ostern geplant? Es wäre sehr hübsch, wenn Sie wieder eine Reise nach dem Süden machen würden, die Sie zu uns führen würde. Vielleicht werden meine Frau und ich einen Theil der Osterferien zu meiner Erfrischung in Lugano oder Locarno zubringen. Aber bestimmte Pläne haben wir noch nicht gemacht. Meiner Frau und den Kindern geht's vortrefflich und auch ich kann gegen das Ende des Jahres mit meinem Befinden recht zufrieden sein. Die sehr anstrengenden Examina im Beginn des Winters hatten mich stark angegriffen, wovon ich mich aber nun wieder ganz erholt habe.

Ihnen, wie Ihrer Frau und Ihrem Franz geht es hoffentlich immer nach Wunsch. Möge Ihnen Allen das neue Jahr nur angenehme, glückliche Tage bringen!

Seien Sie mit Frau und Kind herzlichst gegrüsst von meiner Frau und mir,
Ihrem alten Freunde
A. Hurwitz.

Minkowski an **Hilbert** MiHi89
17.03.1902, Zürich, Mittelstr. 12 (Postkarte)

Lieber Freund, Während ich von Dir durch Gutzmers Klatschblatt[826] und durch die Göttinger Nachrichten immer etwas höre, muss ich meinerseits bei Dir schon als gänzlich verschollen gelten. Hier haben wir jetzt erst Ferien, morgen habe ich noch die letzte Conferenz[827] abzuhalten. Reisepläne habe ich keine, doch möchte ich ganz gern, wenn Du in erreichbare Nähe kommst, – (Du sprachst

[822] Der Band 26 (1902) der Acta mathematica war N. H. Abel anlässlich dessen hunderstem Geburtstag gewidmet, Hilberts Beitrag war „Ueber die Theorie der relativ-Abelschen Zahlkörper“ (pp. 99-131), Hurwitz schrieb „Ueber Abel's Verallgemeinerung der binomischen Formel“ (pp. 199-204), Minkowski „Ueber periodische Approximationen algebraischer Zahlen“ (pp. 333-351). Auch der nachfolgende Band 27 (1903) war noch dem Gedenken Abels gewidmet.

[823] H. Poincaré: Sur les propriétés arithmétiques des courbes algébriques (Journal de mathématiques. pures et appliquées 7 (1901), 161-233).

[824] D. Hilbert/A. Hurwitz: Ueber die diophantischen Gleichungen vom Geschlecht Null (Acta mathematica 14 (1890-91), 217-224).

[825] Es ist unklar, was damit gemeint ist.

[826] Gemeint sind die Jahresberichte der Deutschen Mathematiker-Vereinigung.

[827] In seiner Eigenschaft als Vorstand der Fachlehrerabteilung.

einmal von Baden-Baden) – mich Dir für ein Paar Tage anschließen. Mit meinen Arbeiten bin ich in diesem Semester leidlich vorangekommen, wenn ich auch weder Dir noch den Göttinger Nachrichten bisher etwas zugeschickt habe. Doch war es schon ganz gut, dass ich nicht einen Theil zum Drucke gab, ehe das Ganze fertig war. Dafür soll das Jahr 1902 endlich die mathematische Welt durch eine seltene Productionskraft in Staunen versetzen. – Neulich war ich auf einen Tag in Strassburg und sprach Weber, der schon wieder an einem grossen Lehrbuch[828] schreibt. Hurwitz geht in einer Woche nach Lugano, er hat einen ganz interessanten Aufsatz für die Annales de l'Ecole Normale[829] geliefert. Wir machen uns jetzt gegenseitig in problèmes délectables[830] Concurrenz, er mit Fourier'schen Reihen, ich mit Kugelfunctionen. Das Neueste darin sind Briefbeschwerer zum Gebrauche für Mathematiker, die ich demnächst Schilling[831] in Arbeit geben will. Ich hoffe, gute Nachrichten über Euer aller Befinden von Dir zu erhalten und bin mit herzlichen Grüssen von Haus zu Haus

Dein H. Minkowski

Minkowski an **Hilbert** MiHi90

05.07.1902, Zürich, Mittelstr. 12 (Brief)

Lieber Freund,

Gestern Abend bin ich wohlbehalten heimgekehrt und die vielen Erlebnisse der letzten Woche kommen mir wie ein Traum vor, so schnell ist Alles vor sich gegangen. Zwei Stunden habe ich heute mit der Lectüre der eingelaufenen Briefe zu thun gehabt, und nun will ich vor Allem Dir von Herzen für die vielen Beweise Deiner Freundschaft danken, die mir diese Tage gebracht haben, dafür, dass Du diese grossen Ereignisse in meinem Leben, die für meine ganze zukünftige Entwicklung bestimmend sind, in die Wege geleitet hast und durch Deine Energie zu glänzendem Ausgange geführt hast. An meine Übersiedlung nach Göttingen und die Anregungen, die ich dort durch den nahen Verkehr mit Dir und das ganze Milieu zu erwarten habe, knüpfe ich in der That die schönsten Hoffnungen für mein weiteres Dasein und Wirken an. Deiner Frau und Dir danke ich auch ganz besonders für die gastliche Aufnahme in Eurem gemüthlichen Hause. Dass mein Aufenthalt Euch viel Arbeit und Umstände gemacht hat, war mir gewiss nicht recht, und es war sehr aufopfernd von Euch, dass Ihr das so liebenswürdig mit hingenommen habt. Meine Frau freut sich auch sehr, in Eure Nähe zu kommen. Dass sie es noch nicht selbst geschrieben hat, liegt daran, dass sie die ganze Woche

[828] Vermutlich ist die zweite Auflage seines Lehrbuchs der Algebra gemeint.

[829] A. Hurwitz: Quelques applications géométriques de la théorie des séries de Fourier (Annales de l'Ecole Normale Supérieure (3) 19 (1902), 357-408).

[830] Köstliche Probleme.

[831] Der Verlag von Martin Schilling war der führende Anbieter von mathematischen Modellen in der Nachfolge des Verlags von Ludwig Brill.

gar nicht recht wohl war. Die unerwarteten Ereignisse haben sie doch bei ihrem jetzigen Zustand[832] etwas aufgeregt.

Den Plan von Göttingen, den ich als Reiselectüre benutzt habe, kenne ich bald auswendig. Die Prinz-Albrechtstrasse scheint mir fast 1 halbe Stunde von Eurer Wohnung entfernt zu liegen, so dass ich doch grosses Bedenken habe, die Wohnung dort zu nehmen. Wusste die Eiselen nichts Neues vorzuschlagen? Es thut mir leid, dass ich Euch mit diesen Dingen noch quälen muss. Doch bin ich auf Eure Unterstützung hierbei etwas angewiesen. Unsere Wohnung hier werden wir kaum weitervermiethen können, da das Haus zum 1. Oct. 1903 verkauft ist.

Hurwitz sprach ich bereits. Er hat sich von Bleuler[833] ausgewirkt, dass er nur noch Differentialgleichungen für den II. Kurs, aber nicht mehr Diff. und Integralrechnung zu lesen braucht, dafür übernimmt er die speciell math. Vorlesungen, tritt also an meine Stelle; der Ausfall an Collegiengelder wird ihm ersetzt, sodass er um 1500 Frcs. im Gehalt steigt. Hirsch wird nun jedenfalls Ordinarius[834] und soll Diff. und Integralrechnung lesen, er soll vor Vergnügen ganz aus dem Häuschen sein; so herrscht hier allgemeines Wohlgefallen. Burkhardt ist schon in dem Gedanken glücklich, dass Klein unter Umständen an ihn gedacht haben würde.

Seid nun mit Franz, der hoffentlich nicht bös ist, dass ich ihm nicht Adieu gesagt habe, herzlichst gegrüsst von Eurem

H. Minkowski

Ich bitte mich auch Eurer Mutter bestens zu empfehlen.

Minkowski an **Hilbert** MiHi91

13.07.1902, Zürich, Mittelstrasse 12 (Brief)

Lieber Freund!

Besten Dank für Deine Karte und Deinen Brief, sowie für die Mühe, die Ihr meinetwegen habt. Mittlerweile haben sich bei uns grosse Ereignisse zugetragen; meine liebe Frau hat mir Freitag Nachmittag ein zweites Mädelchen[835] geschenkt. Die Entbindung ist wohl durch die Aufregungen der letzten Wochen und weil meine Frau sich während meiner Abwesenheit nicht genügend in Acht genommen haben mag, etwas zu früh, vielleicht 4 Wochen, erfolgt. Doch ist das Kleine recht kräftig, sie wiegt gegen $6\frac{1}{2}$ Pf. Meiner Frau, die sich recht quälen musste, aber sich sehr tapfer benahm, geht es jetzt durchaus gut. Für

---

[832] Ruth Helene Minkowski wurde am 11. Juli 1902 geboren.

[833] Der amtierende Präsident des Schulrats, des Leitungsgremiums des Polytechnikums.

[834] Hurwitz wechselte in die zweite Lehrstelle, die keine Verpflichtungen bzgl. der Servicevorlesungen hatte und die Minkowski innegehabt hatte. A. Hirsch wurde Nachfolger von Hurwitz in der ersten Lehrstelle.

[835] Ruth Helene Minkowski, geboren am 11. Juli 1902

unsere Übersiedelung ist es ja sehr praktisch, dass dieses freudige Ereigniss sich etwas verfrüht hat. Ich bin in diesen Tagen natürlich nicht viel zur Mathematik gekommen, doch kann ich jedenfalls heute mit der Lectüre Deiner geometrischen Arbeit[836] beginnen, und da morgen meine Schwiegermutter kommt, so habe ich wieder soviel freie Zeit, dass ich wohl bis Mittwoch die Durchsicht beendigen kann.

Den Plan, der Deinem Briefe beilag, schicke ich hier zurück. Diese Wohnung in der Prinz Albrechtstr. würde dem Raume nach genügen, falls noch Mädchenzimmer in der 2. Etage extra vorhanden sind; sonst wäre sie zu klein. Die Lage freilich mit der Entfernung von der W. Weberstr.[837] will mir gar nicht zusagen. Da gefällt mir die Plankstr. weit besser.[838] Ich will auf Deinen Brief hin an Herrn v. Bargen schreiben. (Burkhardt kennt die Familie und sagte mir, dass die Adelspartikel nur mit zum Namen gehört, dem Herrn aber dazu diente, in adlige Kreise hineinzuheirathen, in einer Weise, die auf ihn gerade kein günstiges Licht wirft.) Da ich mir nicht recht klar darüber bin, inwieweit die Angaben der Eiselen als authentisch zu betrachten sind, so lege ich den Brief an v. B. hier bei und bitte ihn, mit einer 5 Pf. Marke versehen, in Göttingen aufzugeben, falls Du es nicht für rathsamer hältst, dass ich mich auch noch der Eiselen als Zwischenglied bediene. Sie könnte dann vielleicht die Angaben aus dem Briefe an Herrn v. Bargen übermitteln und daraufhin eine bestimmte Zusage von ihm extrahiren, ob er an mich die Wohnung vermiethen will. Er schien ja dazu keine rechte Lust zu haben, und es ist auffällig, dass er die Wohnung nun für M. 1600 soll vermiethen wollen, während er ja von mir M. 1800 verlangte. Zur Noth würde ich unter den gegenwärtigen Umständen mit Anfang der Ferien nochmals nach Göttingen zur Wohnungssuche gehen können.

Mit besten Grüssen an Deine Frau und Dich, ferner an Deine verehrte Schwiegermutter sowie an Franz, von meiner Frau und Deinem

H. Minkowski

Minkowski an **Hilbert** MiHi92
17.07.1902, Zürich, Mittelstrasse 12 (Brief)

Lieber Freund,

Für den Abelglückwunsch[839] sind ja die Gedanken ziemlich gegeben und kommt es zumeist auf gefällige Ausschmückung an. Man kann wohl construiren, dass

[836]Zum Thema Grundlagen der Geometrie hat Hilbert nach seiner Festschrift zwei Aufsätze in den Annalen publiziert: „Über die Grundlagen der Geometrie" (Mathematische Annalen 56 (1902), 381-422) und „Neue Begründung der Bolyai-Lobatschefskyschen" Geometrie (Mathematische Annalen 57 (1903), 137-150).

[837]Wo Familie Hilbert wohnte.

[838]Dort wohnte dann auch die Familie Minkowski.

[839]Anscheinend hat Hilbert eine Rede auf Abel in Christiana gehalten, vgl. Karte an Hurwitz vom 17. August 1902 HiHu 67. Es gab dort Feierlichkeiten, vgl. Niels Henrik Abel: Mémorial publié

Göttingen einen ausgezeichneten Antheil an diesem Feste habe, weil Abel ja in hohem Maasse die Ideen des Göttinger Gauss weitergeführt habe und seine Entdeckungen in erster Linie wieder durch einen Göttinger, Riemann, zum Abschluss und zur höchsten Vollendung entwickelt seien. Das Leben Abels wäre eine Episode in Göttingens Geschichte, als wenn von Göttingen ein Schiff, zu erfolgreicher Fahrt auf's beste mit den Ideen Gauss' ausgerüstet, in die Welt hinausgegangen sei, in Abel ein fremdes Land mit ungeahnten Schätzen von unendlicher Pracht aufgefunden habe und von dort mit wunderbaren neuen Errungenschaften und Kenntnissen heimgekehrt sei, welche wieder zu Hause eine neue Blüthezeit künstlerischen Schaffens, durch den Namen Riemann gekennzeichnet, hervorgerufen hätten. Ich glaube, dass ein solcher Seefahrtsvergleich speciell in Christiania seine Wirkung nicht verfehlen dürfte.

Weiter könntest Du vielleicht an dem Beispiele Abels demonstriren, wieso gerade in der Mathematik schon die Jugend zu grossen Leistungen kommen kann. Dies liess sich vielleicht ebenso wie in einer Adresse auch für einen Toast auf die künftige mathematische Generation verwenden. Obwohl die Mathematik ja heute einen so gewaltigen und ausgedehnten Bau vorstellt, werden die Zugänge immer offener, die Räume immer heller und durchsichtiger, und dringt man, wenn man nur den richtigen Schlüssel zur Pforte sich geschmiedet hat, alsobald in das tiefste Innerste. Um aber die Kunstschlüssel auf das richtige Lösungswort einzustellen, bedarf man nur der richtigen Erfassung der Voraussetzungen, der Klarheit über die Axiome, der zielbewussten Problemstellungen, wie es Abel's Inangriffnahme der Räthsel über die algebraischen Gleichungen, über die Binominialreihe etc. beweisen. Wer mit dem gehörigen kritischen Geist und mit frischem Wagemuth, frei von übernommenen langjährigen Vorurtheilen die Beantwortung der Fragen der Mathematik versucht, trägt die Erfolge von dannen.

Die Lectüre Deiner Arbeit in den Annalen[840] habe ich noch nicht ganz beendet. Ich finde sie sehr interessant, doch muss man sie zu ordenlicher Würdigung mit Unterbrechungen lesen. Ich habe einiges dazu geschrieben, das meiste ohne Bedeutung; an einzelnen Stellen liesse sich vielleicht ein möglicher Zweifel, der allerdings durch spätere Ausführungen von selbst geklärt wird, von vornherein ausschliessen.

Für Eure gemeinsame neuliche Postkarte über die Wohnung vielen Dank. Der Herr v. Bargen schickte mir den Plan der Wohnung und schrieb, dass er zunächst den Baumeister interpelliren wolle. Weiteres habe ich von ihm noch nicht gehört. Eventuell würde ich ja doch noch auf die Wohnung in der Prinz-Albrechtstr. recurriren müssen.

Meiner Frau geht es jetzt recht gut. Ein paar Tage hatte sie ziemliches Fieber. Doch können wir jetzt ganz ausser Sorge sein und macht ihre Genesung täglich

---

à l'occassion du centenaire de sa naissance, éd. par E. Holst, C. Stormer et L. Sylow (Kristiana: Dybwad, 1902).

[840] Zum Thema Grundlagen der Geometrie hat Hilbert nach seiner Festschrift zwei Aufsätze in den Annalen publiziert: „Über die Grundlagen der Geometrie" (Mathematische Annalen 56 (1902), 381-422) und „Neue Begründung der Bolyai-Lobatschefskyschen" Geometrie (Mathematische Annalen 57 (1903), 137-150).

weitere Fortschritte. Meine zweite Tochter heisst Ruth Helene, und ist bis jetzt nur zu loben.

Empfiehl mich bestens Klein und den anderen Collegen. Mit vielen herzlichen Grüssen für Deine Frau, Dich, Deine Schwiegermutter und Franz von meiner Frau und

Deinem H. Minkowski

Minkowski an **Hilbert** MiHi93
21.07.1902, Zürich (Postkarte)

Lieber Freund! Herzlichen Dank für das liebe Schreiben Deiner Frau, mit dem wir uns sehr freuten, sowie für Deine beiden Karten. Soeben habe ich den Contract wegen der Wohnung Plankstr. unterschrieben an Herrn B. zurückgeschickt. Ich habe zwar noch einige Änderungen angebracht, doch wird B. damit jedenfalls einverstanden sein. So wäre ich denn in Göttingen glücklich untergebracht. Herzlichen Dank für die Mühe, die Ihr dabei hattet. Im Theater abonniren wir natürlich mit großem Vergnügen am Montag, zwei Plätze. Bitte also für uns vormerken zu lassen. Könntest Du mir noch die Adresse eines guten Göttinger Möbelhändlers (oder Tapezierers) angeben. Ich will verschiedene Messungen an der Wohnung ausführen lassen, um danach Alles hier, wo wir ja noch viel Zeit haben, so arrangiren zu lassen, daß wir dort sogleich mit Allem fix und fertig dastehen. Weiß vielleicht auch Deine Frau, ob man dort wohl ein weibliches Factotum zur Aushilfe am Vormittag haben kann. Von hier nehmen wir unsere Köchin und das Kindermädchen mit, etwas Hilfe für diese Beiden wird dann doch noch nöthig sein. Zur Noth würden wir ein Stubenmädchen dort nehmen. – Deine Correctur sandte ich gestern zurück. Wenn Du meine Bemerkungen auch nicht viel wirst brauchen können, so habe ich doch jedenfalls alles gut capiren können. Nur fehlt mir noch die rechte Vorstellung, welche Curven in voller Allgemeinheit ein wahrer Kreis bedeuten kann.

Herzliche Grüße von Haus zu Haus
Dein
H. Minkowski

Meiner Frau geht es unverändert gut.

Hilbert an **Hurwitz** HiHu67
17.08.1902, Lysekil (Postkarte)

Hoch verehrter Herr Professor! Viele Grüsse aus Lysekil (Schweden) erlaube ich Ihnen zu senden. Ihr ergebener [unleserliche Unterschrift]. Ich schliesse mich mit den herzlichsten Grüssen für Sie, Ida und die Kinder an. Ihre Käthe Hilbert.

Lieber H. Ich hoffe sehr, Sie in Kristiana als Vertreter Ihres Polytechnikums wieder zu sehen. Nach herrlicher Dampferfahrt und noch herrlicherem Seebade sitzen wir hier am Meere und finden, dass das Nordland auch von dem Süden manches voranhat. Beste Grüsse von Ihrem Hilbert.

) E. Zermelo (

Minkowski an **Hurwitz** MiHu20

22.12.1902, Savoy Hotel, Friedrichstraße 103, Berlin (Brief)

Lieber Freund,

Schon in Göttingen[841] habe ich einen angefangenen Brief an Sie liegen, der dort geblieben ist. Ich will Ihnen seit Wochen schreiben, mit Ihrer Karte freute ich mich sehr und auch Ihre Abhandlung in den Annales de L' E. N[842] habe ich mit grösstem Interesse genauer studiert und Hilbert und ich haben darüber in der Math. Gesellschaft vorgetragen. Ich habe mich jetzt sehr in die Functionen vertieft, welche bei Gelegenheit dieser Fragen als Analoga zu den Kugelfunktionen für beliebige Flächen herauskommen. Diese Functionen lassen sich in der That vollkommen beherrschen, für den Beweis der fundamentalen Ungleichungen erreicht man freilich nicht viel damit, da die Ungleichungen als ein wesentliches Hilfsmittel der Untersuchung schon vorher erledigt sein müssten.

Es geht in Göttingen natürlich sehr angeregt zu und verfliesst die Zeit dadurch schneller als je. Sogar Klein ist jetzt wieder rein mathematisch angelegt und geht einmal die Woche mit uns ordentlich spazieren.[843] In der Hauptsache nimmt ihn die Herausgabe der Encyklopädie[844] und die Vorlesung, die er jetzt darüber hält, ein. Hilbert steckt ganz in der Mathematik der Continua und behauptet, zum ersten Mal die Grundgleichungen der Hydrodynamik richtig abgeleitet zu haben. An der Analysis situs habe ich mehr Freude[845], als ich erwartet habe; meine Functionentheorie ist von ca. 60 Leuten besucht. Im Ganzen sind als Mathematiker 190–200 Studierende immatrikuliert.

[841] Es geht um den nachfolgend abgedruckten Brief. Minkowski war zum WS 1902/03 nach Göttingen gewechselt.

[842] A. Hurwitz: Quelques applications géométriques de la théorie des séries de Fourier (Annales de l'Ecole Normale Supérieure (3) 19 (1902), 357-408).

[843] In Studentenkreisen waren diese Spaziergänge als Bonzenspaziergänge bekannt; ursprünglich in der Besetzung Hilbert-Klein-Minkowski. Diese Spaziergänge kommen im Briefwechsel Hilbert-Hurwitz mehrfach vor.

[844] Die Encyklopädie der Mathematischen Wissenschaften mit Einschluss ihrer Anwendungen erschien von 1898 bis 1935 im Auftrag der Akademien in Göttingen, Leipzig, München und Wien; sie blieb unvollendet. Klein wiederum war als Vertreter der Göttinger Akademie maßgeblich an dem Projekt beteiligt. Beim Internationalen Mathematiker-Kongress in Rom stellte W. von Dyck in Vertretung von F. Klein das Projekt der mathematischen Gemeinschaft vor.

[845] Minkowski hat keine eigenen Arbeiten zur Analysis situs, wie man damals die Topologie meist nannte, veröffentlicht. Allerdings promovierte 1904 Paul Wernicke bei ihm in Göttingen mit der Arbeit „Über die Analysis situs mehrdimensionaler Räume", einer Art von Einführung in die einschlägigen Aufsätze von H. Poincaré.

Ich bin jetzt ein paar Tage hier mit meiner Frau. Mittwoch wollen wir nach Königsberg reisen und am 2ten will ich wieder in Göttingen sein. Zu den ersten, die ich in Göttingen im Doctorexamen (im Nebenfach) zu prüfen hatte, gehörte vorigen Freitag Ritz, den Sie wohl noch von Zürich in Erinnerung haben. Er machte ein glänzendes Examen, summa cum laude, was sehr selten vorkommt und wird hier als ein grosses Lumen betrachtet. Seine mündliche Prüfung war in der That sehr gelungen.

Hilbert bekommt den nächstjährigen Lobatscheffskypreis[846], doch bitte ich Sie, davon ihm gegenüber noch keine Notiz zu nehmen, da er vor der definitiven Erledigung nicht gerne darüber spricht.

Ich hoffe, dass es Ihnen und Ihrer Familie recht gut geht und werde mir in den nächsten Tagen von Ihrer Frau Schwiegermutter Genaueres über ihr Ergehen berichten lassen. Einstweilen breche ich hier ab, indem ich Ihnen Allen herzliche Grüsse und die besten Wünsche für 1903 sende, auch von meiner Frau, die augenblicklich Läden anstrebt.

Ihr

H. Minkowski

Minkowski an **Hurwitz** MiHu21

27.08.1903, Crantz, Plantagestr. 3 (Brief)

Lieber Freund,

Es schaudert mir vor meiner eigenen Schlechtigkeit. Ich will deshalb gar keinen Versuch machen, mich zu rechtfertigen. Was ist aus den guten Vorsätzen geworden, Ihnen immer getreu Bericht zu erstatten. Das Jahr in Göttingen ist aber auch zu rasch verflogen. Um gleich das Wichtigste vorwegzunehmen, Sie kommen doch sicher nach Kassel[847] und hernach zu uns nach Göttingen. Ich kann Sie nur dringend dazu animieren, sich einmal der großen Menge zu zeigen. Es bereiten sich ja viele Dinge vor, von denen Sie auch berührt werden. In St. Blasien haben Sie für die Strapazen, mit denen die Reise verknüpft ist, gewiss überschüssige Kraft genug gewonnen.

Von den grossen Heerden von Mathematikern, die auf den Gefilden Göttingens weiden und sich nur in Acht zu nehmen haben, sich an dem vielen Futter nicht

[846] Von der Universität Kasan im Gedenken an N. Lobatschewski 1896 gestifteter Preis, hauptsächlich eine Medaille, der 1897 erstmals für Verdienste um die Geometrie verliehen wurde. Preisträger waren 1897 S. Lie, 1900 W. Killing, 1904 D. Hilbert, 1912 F. Schur und Fr. Schlesinger, 1927 H. Weyl, 1937 H. Cartan und W. W. Wagner. Vergleichbar mit dem Bolyai-Preis, den Poincaré 1905 und Hilbert 1910 erhielten.

[847] Zur Jahrestagung der Deutschen Mathematiker-Vereinigung, die dort im September 1903 stattfand unter Beteiligung von Hilbert und Minkowski. Vgl. auch Brief von Auguste Minkowski an Ida Hurwitz-Samuel vom 25. Dezember 1903 MiHu 22 sowie Hilbert an Hurwitz 25.8.1903 HiHu 75.

zu überessen, haben Sie durch Hilbert schon gehört. Mir selbst bekommt die Göttinger Atmosphäre ausgezeichnet. Ueber alle Einzelheiten sprechen wir nun hoffentlich bald ausführlich auf einem gemüthlichen Spaziergange in Göttingen. Die Wirkung dieser erneuten Aufforderung an Sie, aus der Zürcher Einsamkeit hervorzukommen, will ich nicht abschwächen durch Lehrsätze, die diesem Fundamentaltheorem sich nicht an die Seite setzen lassen. Also wir rechnen bestimmt auf Sie und Ihre Frau.

Mit herzlichen Grüssen

Ihr

H. Minkowski

Ergänzung von Auguste Minkowski

Liebe Ida,

auch ich fühle mich gleich meinem Mann sehr schuldig, daß ich deinen langen ausführlichen Brief unbeantwortet ließ. Laß jetzt Dir versichern, daß ich mich sehr nach deinem Bericht gefreut habe, so erst etwas spät ebenso die darin enthaltenen Fragen zu erwidern, rechnen wir doch fest darauf, Dich mit Deinem Mann in Cassel und bei uns in Göttingen zu sehen und daß du unser Leben und Treiben gehörig kennen lernen wirst. Wir sind nun volle drei Wochen hier und werden noch bis zum 15. Sept. bleiben. Ich kam mit fast geringen Erwartungen hierher und bin aufs angenehmste enttäuscht. Besonders Neukuhren fand ich landschaftlich so schön, doch scheint es mir bequemer mit den Kindern, die gern am Strand sind, hier zu leben.

Zu unserer Freude bekommt die Seeluft Lily und Ruth[848] vorzüglich, das Strandleben ist für die Kinder doch einzig schön, uns Großen behagt es ebenfalls sehr. Von meiner Schwägerin Leoni ließ ich mir berichten, daß Deine Frau Mutter und Geschwister so frisch und wohlauf sind, ich hoffe immer noch, daß wir ihnen begegnen werden. In der Erwartung einer baldigen, frohen Wiedersehensfeier grüße ich Dich, Deinen Mann und die Kinder, die sich hoffentlich wie ihr des besten Wohlseins erfreuen herzlichst.

Stets deine Guste Minkowski

Hurwitz an **Hilbert** HuHi54
31.12.1902, Zürich (Brief)

Lieber Freund!

Dies Jahr soll nicht zu Ende gehen, ohne dass ich Ihnen für Ihren letzten Brief, durch den Sie mich Ende November sehr erfreuten, meine

[848] Die beiden Töchter von Auguste und Hermann Minkowski.

Dankesschuld abgetragen habe. Wie schade, dass die briefliche Unterhaltung eine so schwerfällige Ihrer Natur nach ist. Sonst würden wir häufiger in Beziehung zu einander treten und ich würde von dem lebhaften mathematischen Treiben bei Ihnen und Ihrem Riesenfluge in die höchsten mathematischen Regionen viel Anregung erfahren Da hat es nun Minkowski gut gehabt, der jetzt mit Ihnen zusammen in Göttingen wirkt und die täglichen an unsere ehemaligen Königsberger Spaziergänge nach dem berühmten Apfelbaume gemahnenden mathematischen Promenaden mit Ihnen und den anderen Göttinger Mathematikern machen kann. Aus Minkowski's vor einigen Tagen bei uns eingetroffenem Briefe leuchtet die Freude an seiner neuen Wirksamnkeit hervor, die ihm ja auch eine ungleich grössere Befriedigung als die Thätigkeit hier am Polytechnikum gewähren muss, wo ein Colleg von 12–16 Zuhörern in der mathem. Abtheilung schon ein sehr gut besuchtes ist. Dass ich es in der Funktionentheorie in diesem Semester auf 18 Zuhörer gebracht habe, verdanke ich nur dem Umstande, dass mehrere Assistenten und Oberlehrer vom Kantonsgymnasium das Colleg bei mir hören.

Dass meine Abhandlung über die Fourier'schen Reihen[849] Ihr Interesse gefunden hat, freut mich sehr. Es wäre sehr hübsch, wenn die Poincaré'schen Fundamentalfunktionen einer Fläche den Beweis des isoperim. Hauptsatzes im Raume einfach zu führen gestatteten. Minkowski scheint nach seinem letzten Briefe in dieser Richtung Untersuchungen angestellt zu haben, doch meint er, die betreffenden Ungleichungen auf diese Weise nicht erhalten zu können. Vielleicht beschäftige ich mich auch noch einmal mit dieser Frage. Gegenwärtig redigire ich eine Arbeit „über die Fourier'schen Constanten", deren Hauptinhalt ein neuer Beweis des Fundamentalsatzes

$$\frac{1}{\pi}\int_0^{2\pi} f\varphi dx = \frac{1}{2}a_0b_0 + \sum_1^\infty (a_kb_k + a'_kb'_k)$$

bildet, sowie einigie analytische Anwendungen dieses Satzes. Der neue Beweis beruht wesentlich auf der Idee von Fejer, statt der Summenglieder der Fourier'schen Reihe die successiven arithmetischen Mittel dieser Summenglieder zu betrachten. Daneben habe ich neuerdings wieder aus Anlass einer Dissertation, die ein Assistent[850] des Polytechnikums bei mir macht, ältere Untersuchungen über automorphe Funktionen von beliebig vielen Variablen aufgenommen. Für die Bestimmung der Fundamentalbereiche habe ich ein allgemeines Princip, welches im einfachsten Falle der Modulgruppe sich so ausspricht: Man nehme in jeder Gruppe unter einander aequivalenter Punkte $\frac{\alpha\omega+\beta}{\gamma\omega+\delta}$ denjenigen, dessen nicht-euklidische Entfernung von der Axe der rein imaginären Zahlen den kleinsten Werth besitzt. Die so erhaltenen Punkte bilden das Gebiet,

[849] A. Hurwitz: Quelques applications géométriques de la théorie des séries de Fourier (Annales de l'Ecole Normale Supérieure (3) 19 (1902), 357 – 408).

[850] Vermutlich geht es um Otto Bohler, der 1905 bei Hurwitz mit der Arbeit „Über die Picard'schen Gruppen aus dem Zahlkörper der dritten und der vierten Einheitswurzel" an der Universität Zürich promovierte.

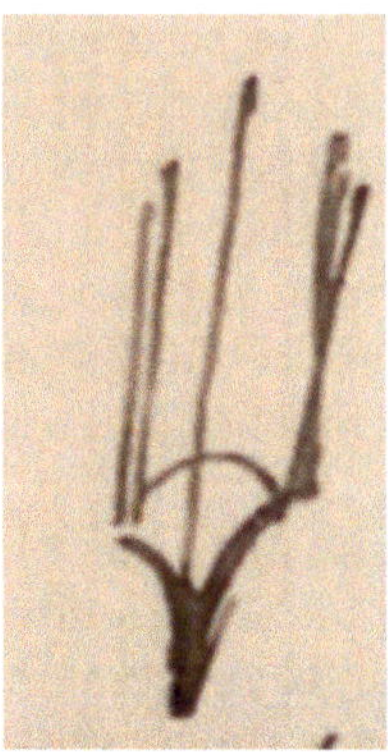

Abbildung 3.2. Skizze von Hurwitz zum Fundamentaldreieck.

dessen Hälfte das bekannte Fundamentaldreieck ist.

Die Aussicht, Sie in den Osterferien vielleicht wiederzusehen, ist mir eine sehr erfreuliche. Unsere Pläne gehen dahin, etwas 14–21 Tage der Osterferien in Lugano zu verbringen, vermuthlich zusammen mit dem Ehepaar Stiner. Jedenfalls schreiben Sie mir doch zu Zeit genau, wann Sie Ihre Reise an die Riviera antreten, damit wir uns verständigen können. Was die Versammlung in Kassel[851] betrifft, so denke ich wirklich ernstlich daran, dieselbe mitzumachen und Sie, Klein und Minkowski dann in Göttingen heimzusuchen. Auch der internationale Congress in Heidelberg[852] lockt mich; vielleicht wird dieser die Anfangsstation einer Reise nach Königsberg für uns sein. Doch das liegt ja noch im weiten Felde.

Nun noch ein herzliches Prosit Neujahr Ihnen, Ihrer Frau und Ihrem Herrn Sohn! Möge es Ihnen Allen im neuen Jahre immer gut ergehen! Der Meinigen und mein Befinden lässt in diesem Winter kaum etwas zu wünschen; die Kinder namenthlich wachsen fröhlich und gesund heran.

Ade! Lassen Sie in nicht zu ferner Zeit einmal wieder von sich hören. In alter Freundschaft

Ihr

A. Hurwitz.

Von meiner Frau für Sie und Ihre Frau beste Grüsse!

Hilbert an **Hurwitz** HiHu68

22.01.1903, Göttingen (Brief)

Lieber Freund!

Schon lange hatte ich die Absicht, Ihnen zu schreiben, doch will ich mich mit Entschuldigungen meiner Schreibsäumigkeit nicht aufhalten. fast ein Jahr, daß

[851] Es geht um die Jahrestagung der deutschen Mathematiker-Vereinigung, die im September 1903 in Kassel stattfand.

[852] Es geht um den dritten internationalen Mathematiker-Kongress, der 1904 in Heidelberg stattfand.

wir nicht mehr correspondirt haben; Ihr letzter Brief datirt vom 30. Dec. 1901; und ich trage also die Schuld, da ich inzwischen, wie ich denke, nur mit Karten geantwortet habe.

Hoffentlich geht es Ihnen gut! Und Sie fühlen sich wohl, zumal da ja Ihre Thätigkeit durch Minkowski's Weggang eine noch angenehmere und leichtere geworden ist. Wir haben einen sehr schönen Sommer hinter uns. Im August hatten wir hier den Astronomenkongress, den wir mit viel Interesse und Vergnügen mit gefeiert haben. Dann machten wir eine Reise durch Norwegen, [unlesbar], die uns ein großer Genuß gewesen. Die Tage in Christiana waren sehr amüsant und anregend, und viele auswärtige Mathematiker anwesend. Wir folgten nachher noch einer Einladung Mittag-Lefflers nach Stockholm, wo wir viel mit [unlesbar] zusammen waren.

Doch nun ist natürlich Minkowskis Hiersein die Tatsache, die alles übrige in den Schatten stellt. Wir sind fast täglich zusammen und machen große mathematische Spaziergänge, theils auch mit den jungen Leuten, mit denen wir regelmäßig nach dem Colloquium den Abend zusammen bleiben. Montag Nachmittag halten Minkowski und ich Seminar und suchen dafür Abends zur Erholung mit unseren Frauen das Theater, wo wir auch mit anderen Kollegen und Kollegenfrauen uns Kurzweil verschaffen. (+ [Am Ende der Seite ergänzt:] Dienstag Colloquium und Abendessen mit den jungen Leuten. Donnerstag Spaziergang mit Klein u. Minkowski. Sonnabend Spaziergang mit Blumenthal, Zermelo, Müller u.a.) Minkowskis Kollegs gehören im Augenblick zu den beliebtesten und besuchtesten (1300 Mark Einnahme). Ich glaube, es gefällt ihm wie seiner Frau vorläufig hier sehr gut.

Für die Zusendung Ihrer Abhandlung[853] sage ich Ihnen meinen besten Dank; sie hat mich sehr interessirt und Minkowski und mir schon viel Stoff zur Unterhaltung geboten. Sie verstehen es in bewundernswerten Umfang mit Kugelfunktionen zu rechnen , was Ihnen im letzteren Problem noch fehlt, wird sich leicht ergänzen lassen, wie wir glauben, wenn man statt der Kugelfunktionen die entsprechenden zu einer beliebigen Fläche gehörigen Funktionen einführt.

Im Seminar haben wir eine Reihe interessanter Probleme durch Vorträge der Mitglieder behandeln lassen, so die Hermite-Appellschen verallgemeinerten Kugelfunktionen von 2 Veränderlichen, die Riemannschen Ringfunktionen und die Kirchhoffsche Methode zur Bestimmung des Potentials der Kugeln, demnächst kommt ein Vortrag über Ihre Funktionalgleichungs-Arbeit in den Acta und noch vieles andere Schöne steht in Aussicht.

Die meiste Arbeit macht mir mein Kolleg über die Mechanik der Continua, die mir den Zugang zur mathematischen Physik verschaffen soll. Die Literatur ist enorm und doch muß man sagen, daß das alles schöne und reine Mathematik ist.

Eben bekomme ich die Einladung zu einer Vorstandssitzung in Heidelberg für Ende April zur Vorbereitung des internationalen Kongresses, vielleicht können wir uns so einrichten, daß wir vorher eine Reise nach der Riviera machen, wozu

---

[853] A. Hurwitz: Über die Fourier'schen Konstanten integrierbarer Funktionen (Mathematische Annalen 57 (1903), 425-446). Ergänzung hier unter gleichem Titel (Mathematischen Annalen 59 (1904), 453).

ich große Lust habe. Könnte ich da nicht einmal mit Ihnen zusammentreffen? Wir haben uns doch so lange nicht gesehen! Die nächste Versammlung findet ja in Kassel statt, wir rechnen bestimmt darauf, daß Sie sich dabei betheiligen, um dann auch uns hier einen Besuch zu machen. Sie werden dann Göttingen kaum wiedererkennen, so hat es sich verschönt durch die weit ausgedehnten Anlagen und Waldungen, wie sie nur wenige Standorte aufzuweisen haben und die mir den Ort zum täglichen Gebrauch zum angenehmsten machen. Auch mein Haus möchte ich Ihnen gerne zeigen und meinen Garten, den ich kürzlich durch Ankauf noch erheblich vergrößert habe und in dem ich noch neue Plätze, Laube und sogar eine bedachte Wandtafel anlegen will, so daß man auch während des Regens mathematische Spaziergänge machen kann.

Doch nun leben Sie wohl und empfangen Sie herzliche Grüße ebenso Ihre Frau, von meiner Frau und Ihrem alten Freund Hilbert

Bitte grüßen Sie auch Hirsch und sagen Sie ihm, ich würde mich sehr freuen, etwas mathematisches von ihm zu hören.

Hurwitz an **Hilbert** HuHi55
09.03.1903, Zürich (Postkarte)

Lieber Freund!

Ihre letzte Karte, aus der ich zu meiner Freude ersah, dass die Arbeit[854], welche ich Ihnen im Januar schickte, Ihren Beifall findet, erwidere ich erst heute, da sich bisher unsere Ferienpläne nicht genügend consolidirt hatten. In den letzten Tagen sind wir nur so weit gekommen, unsere Dispositionen mit einem genügend hohen Wahrscheinlichkeitsgrade wie folgt zu treffen: Am 20 März soll's mit Übernachten in Marland an die Riviera gehen und zwar beabsichtigen wir uns hier in Mentone festzusetzen und dem schönsten Punkte der Riviera, Monte Carlo, möglichst nahe zu sein. Nach circa 14tägigem Aufenthalt an der Riviera fahren wir dann, falls Stiners ihre Absicht, nach Lugano zu reisen, verwirklichen, nach Lugano, um noch 8 Tage mit Stiners zusammen zu sein. Da ich zu meiner Freude von Herrn Dr. Müller heute hörte, dass auch Sie die Riviera als Reiseziel gewählt haben, so werden wir also nun sicher auf ein Zusammensein mit Ihnen rechnen dürfen. Vielleicht schreiben Sie mir in den nächsten Tagen, welche Absichten Sie bez. Ihrer Reise haben, damit wir uns dann über das Rendevouz verständigen können. Tritt in unseren Plänen noch eine Änderung ein, so benachrichtige ich Sie sogleich. Herzlichste Grüsse von Haus z Haus. Ihr alter Freund

Hurwitz.

Ihrer w. Frau sowie Klein + Minkowski viele Grüsse!

Schön wäre es, wenn Sie auch nach Mentone kämen.

[854] A. Hurwitz: Über die Fourier'schen Konstanten integrierbarer Funktionen (Mathematische Annalen 57 (1903), 425-446). Ergänzung hierzu unter gleichem Titel (Mathematische Annalen 59 (1904), 453).

Hurwitz an **Hilbert** HuHi56
25.01.1903, Zürich (Postkarte)

Lieber Freund! Heute übersende ich Ihnen eine kleine Arbeit[855] über die Fourier'schen Constanten, welche ich Sie bitte in die Math. Annalen aufzunehmen. Mein Brief vom Ende des letzten Jahres wird Ihnen wohl nach Königsberg nachgeschickt worden sein. Durch die Unsrigen hörten wir, dass Sie mit Familie und mit Minkowski's die Weihnachtsferien in Königsberg verlebt haben. Nun werden Sie hoffentlich glücklich wieder in Göttingen angelangt sein und der Arbeit des Semesters obliegen. Die Arbeit von Blumenthal[856] in dem neuesten Hefte der Annalen habe ich mit Interesse freilich zunächst nur flüchtig gelesen. Die Fortsetzung der Arbeit wird mich besonders interessiren.

Seien Sie mit Frau und Kind herzlichst gegrüsst von Ihrem alten Freunde

A. Hurwitz.

Für Klein und Minkowski viele Grüsse!

Hilbert an **Hurwitz** HiHu69
17.03.1903, Ort fehlt, (...)

Lieber Freund! Besten Dank für Ihre Karte [nicht lesbar].

Hilbert an **Hurwitz** HiHu70
27.03.1903, Göttingen (Postkarte)

Lieber Freund.

Sonnabend d. 28.3. wollen wir von hier direkt nach Rapallo abreisen, dann die Levante und Florenz besuchen und den 16ten oder 17 April von Genua abreisen. Uns liegt sehr daran, Sie zu sehen. Treffen wir Sie noch in Lugano? oder in Luzern oder könnte ich Sie eventuell in Zürich aufsuchen? Eine Nachricht trifft uns Rapallo poste restante.

Mit den besten Grüssen

Ihr Hilbert.

P.S. Könnten wir uns nicht in Nervi oder Portofino treffen?

---

[855] A. Hurwitz: Über die Fourier'schen Konstanten integrierbarer Funktionen (Mathematische Annalen 57 (1903), 425-446). Ergänzung hierzu unter gleichem Titel (Mathematische Annalen 59 (1904), 453).

[856] O. Blumenthal: Zum Eliminationsproblem bei automorphen Funktionen mehrerer Veränderlicher (Mathematische Annalen 57 (1903), 356-368).

Hilbert an **Hurwitz** HiHu71
29.03.1903, Mailand (Postkarte)

Lieber Freund.

Wir treffen heut Abend noch in Rapallo ein und erhalten dort jede Nachricht post restante. Wir gedenken eine Woche dort zu bleiben und würden dann gern mit Ihnen in Nervi oder sonst wo (wenn Sie wollen auch in Genua) ein Rendevouz verabreden.

Den 7. etwa (spätestens) möchten wir nach Sestri, Spezia weiter und schliesslich nach Florenz, von wo wir Mitte April unseren Rückweg wieder über Genua u. Freiburg nehmen. Bestens grüssend in Eile Hilbert.

Hilbert an **Hurwitz** HiHu72
Frühjahr 1903, Ort fehlt (Brief)

Lieber Freund.

Ihre freundliche Einladung habe ich doppelt erhalten – denn auch Ihre erste Karte gelangte wenn auch erst 6 Tage nach ihrer Absendung richtig in meine Hände – trotzdem lässt es sich mit meinen anderweitigen Absichten, diesmal nicht machen, dass ich ihr folge. Nach den doch etwas anstrengenden Tagen hier in Florenz möchte ich noch einige Tage an der Riviera und zwar in Portefino (Grand Hotel splendide) in Ruhe den Landaufenthalt geniessen und am Montag d. 20sten[857] muss ich in Heidelberg zu einer Vorbesprechung der Mitglieder des Commités zur Vorbereitung de deutschen Congresses für 1904 eintreffen.

Auch meine Frau lässt vielmals für Ihr und Ihrer Frau freundliche Einladung danken. Wir kommen ein ander Mal, wenn Sie Ihre Einladung wiederholen, sehr gern. Inzwischen hoffen wir Sie und Ihre Frau in Cassel[858] bei Gelegenheit der Naturforscher-Versammlung zu sehen, wo Sie ja dann auch in Göttingen unsere Gäste sein werden. Es wäre doch herrlich, wenn Sie einmal auch die Versammlung mitmachten und sich bei dieser Gelegenheit auch Göttingen ansähen, das sich, glaube ich seit Ihrem letzten Dortsein sehr verändert hat.

Minkowski's haben sich in Göttingen sehr rasch eingelebt. Auch Minkowski und Klein sind sehr bald einander nahe gekommen. Wir drei machen jeden Donnerstag regelmässig einen wissenschaftlichen Spaziergang.

Was mein eigenes wissenschaftliches Arbeiten betrifft, so möchte ich gern mit dem freilich sehr umfangreichen und zum Teil für den Mathematiker schwer zugänglichen Stoff der mathematischen Physik bekannt werden; daher habe ich bereits in den letzten Semestern häufig über angrenzende Themata

[857] April.

[858] Dort fand im September 1903 die Jahrestagung der deutschen Mathematiker-Vereinigung im Rahmen der Versammlung deutscher Naturforscher und Ärzte statt.

gelesen und nächstes Semester sollen sogar Thermodynamik und Elektrodynamik herankommen.

Woran arbeiten Sie in nächster Zeit? Minkowski hat mir eine Arbeit über Oberfläche-Volumen[859] für die Annalen gegeben. Ich habe die letzte Zeit an der Herstellung einer 2ten Auflage meiner Grundlagen der Geometrie[860] gearbeitet. Damit aber und mit einer sehr bald in den Annalen erscheinenden Arbeit über Lobatschewskysche Geometrien[861] will ich meinerseits dann dies Thema „Geometrie" sein lassen. Müller habe ich gebeten, Ihnen recht viel von Göttingen zu erzählen – hat er das gethan? Ein solch mündlicher Bote ist besser als ein geschriebenes Blatt.

Nochmals herzlichen Dank auch an Ihre Frau und von der meinen.

Beste Grüsse und in der Hoffnung auf Wiedersehen im Sommer.

Ihr Hilbert.

Hilbert an **Hurwitz** HiHu73

17.04.1903, Ort fehlt (Postkarte)

Lieber Freund. Es thut mir sehr leid, dass Sie bis jetzt auf Antwort von mir haben warten müssen. Ich habe Ihre freundliche Einladung erhalten und Ihnen noch von Florenz aus einen ausführlichen Brief nach Reichmanns Hotel in Lugano geschrieben, in dem ich Ihre freundliche Einladung nach Zürich für diesmal ablehnte. Es ist mir diese Ablehnung sehr schwer geworden, doch wollte ich noch die letzten Tage meiner Reise hier an der Riviera an einem ganz ländlichen Orte – wie es das Hotel ist – in vollständiger Ruhe verbringen, zumal ich den 21 April in Heidelberg eine Vorbesprechung für den internationalen Congress[862] beiwohnen muss. Es ist aber mein fester Vorsatz, Sie bei nächster Gelegenheit aufzusuchen. Hoffentlich können wir in Cassel[863] alles Nähere mündlich verabreden. Minkowski geht mit Klein nach Elberfeld, der Einladung der Industriellen (Göttinger Verein für angewandte Physik) folgend. Ich habe auch da für diesmal abgelehnt.

Ihr alter Freund Hilbert.

[859]H. Minkowski: Volumen und Oberfläche (Mathematische Annalen 57 (1903), 447-495).

[860]Die zweite (deutsche) Auflage der Grundlagen der Geometrie erschien 1903 bei Teubner in Leipzig.

[861]D. Hilbert: Neue Begründung der Bolyai. – Lobatscheskyschen Geometrie (Mathematische Annalen 57 (1903), 137-150).

[862]Es geht um den dritten internationalen Mathematiker-Kongress, der 1904 in Heidelberg stattfand.

[863]Dort fand im September 1903 die Jahrestagung der deutschen Mathematiker-Vereinigung im Rahmen der Versammlung deutscher Naturforscher und Ärzte statt.

Hilbert an **Hurwitz** HiHu74
02.06.1903, Göttingen (Postkarte)

Wir waren so verwegen
Zu fahren in den Harz
Da gab es vielen Regen
Der Himmel wurde schwarz
Trotz Donner und trotz Blitz
Blieb heiter unser Sinn
Und dachten wir an Hurwitz
Das brachte uns Gewinn
Käthe Hilbert
David Hilbert Franz
H. Minkowski, (Fortsetzung in Bälde)
G. Minkowski Brief folgt in den nächsten Tagen

Hurwitz an **Hilbert** HuHi57
08.06.1903, Zürich (Brief)

Lieber Freund!

Lange schon hatte ich die Absicht, Ihnen einmal wieder zu schreiben, namenthlich um mein grosses Bedauern auszudrücken, dass in den Osterferien aus unserem Rendevouz an der Riviera oder hier in Zürich nichts geworden ist. Ihren Brief aus Florenz, den Sie kurz vor Ihrer Abreise nach Portefino schrieben, habe ich schon in Zürich erhalten; denn wir hatten unseren Aufenthalt wegen des sehr stürmischen Wetters und des wegen der Überfülle von Menschen sehr unbehaglichen Situation im Hôtel Reichmann a. See abgekürzt. Wir haben uns geschworen, nie wieder um die Osterzeit nach Lugano zu gehen, da dieser Zustand, in welchen man sich um Unterkunft geradezu reissen muss, unwürdig und vor allem nichts weniger als vergnüglich ist.

Ihre mit Minkowski's gemeinsam verfasste Karte aus dem Harz erfreute mich vor einigen Tagen. Ich bewundere Ihre Attitude und nun satteln Sie auch gar noch den Pegasus und gehen unter die Dichter. Mir ist das vor allem ein erfreulicher Beweis Ihrer guten Stimmung. Kennen Sie Kronecker's Distichon, das mir hierbei einfällt? „Wir Mathematiker auch sind die geborenen Dichter, Uns liegt nur der Beweis des Gedichteten ob."

Ihre neuen geometrischen Abhandlungen[864] habe ich mit grossem Interesse gelesen. Sie haben da ein unermessliches Feld mathem. Forschung erschlossen,

[864] D. Hilbert: Über die Grundlagen der Geometrie (Mathematische Annalen 56 (1903), 381-422), Neue Begründung der Bolyai-Lobatscheskyschen Geometrie (Mathematische Annalen 57 (1903), 137-150). Diese beiden Aufsätze wurden mit einigen anderen den späteren Auflagen der „Grundlagen der Geometrie" als Anhänge beigegeben.

welches als „Mathematik der Axiome" bezeichnet werden könnte und weit über das Gebiet der Geometrie hinausreicht.

Die grosse Zahl von Dissertationen, die auf Ihre Inspiration entstehen, imponiert mir auch gewaltig. Ich weiss die enorme damit verbundene Arbeitsleistung sehr zu schätzen, da mich die vier Arbeiten, die ich gegenwärtig machen lasse, fast vollständig absorbiren. Die Themata sind: Zahlentheorie der ganzzahl. linearen Substitutionen[865] (nach der Art der Quaternionentheorie), die Picard'sche Gruppe[866], die Theorie der symmetr. Funktionen der Zahlen $1, 2, 3, \ldots n$[867], und die Theorie der Jordan'schen und allgemeiner der stetigen Curven[868]. Bei letzterem Thema scheint der Bearbeiter am wenigsten Leistung zu bringen, was wohl mit der Schwierigkeit des Gegenstandes zusammenhängt. Die Vorlesung über ellipt. Funktionen und die funktionentheor. Übungen machen mir viel Freude. Die ellipt. F. sind von 17 Zuhörern besucht, darunter ältere Herren, denn so viele Studierende haben wir nicht aufzuweisen. Bei Ihnen müssen die Collegien ja gegenwärtig kleinen Volksversammlungen gleichen.

Über unser Ergehen kann ich Ihnen das Beste melden. Namenthlich den Kindern gehts vorzüglich, sie gedeihen hier in der herrlichen Luft am Zürichberg und bei den vortrefflichen Lehrerinnen, die wir für sie haben, körperlich und geistig so, wie man's nur wünschen kann. Indem ich Ihnen, nebst Frau und Sohn, herzliche Grüsse von meiner Frau + mir sage und Sie bitte, solche auch Minkowski's + Kleins zu vermitteln, bin ich in alter Freundschaft

Ihr
Hurwitz.

Hilbert an **Hurwitz** HiHu75
25.08.1903, Westerland (Brief)

Lieber Freund.

Endlich am letzten Tage meines hiesigen Strandaufenthaltes komme ich zur Ausführung meiner längst gehegten Absicht, Ihnen zu schreiben. Obwohl man hier soviel Zeit hat, hat man doch zu Nichts Zeit; auch die vielerlei mathematischen Ueberlegungen, die ich mir besonders für den Strandaufenthalt zurechtgelegt und vorbehalten hatte, sind auf dem Standpunkt ruhen geblieben, wo ich sie vor 3 Wochen verliess; als ich mit Kind u. Kegel gleich nach Schluss der Vorlesungen nach Sylt aufbrach, um zunächst in einem kleinen Ort Kampen Logis zu nehmen. Meine Frau, Franz und ich haben uns dort sehr amüsiert

[865] L. G. du Pasquier: Zahlentheorie der Tettarionen (Dissertation Universität Zürich, 1906); vgl. Vierteljahrsschrift der Naturforschenden Gesellschaft in Zürich 51 (1906), 55-130 sowie 52 (1907), 243-248).

[866] O. Bohler: Über die Picard'schen Gruppen aus dem Zahlkörper der dritten und der vierten Einheitswurzel (Dissertation Universität Zürich, 1905).

[867] Vermutlich E. Meissner: Über die zahlentheoretischen Formeln Liouville's (Vierteljahrsschrift der Naturforschenden Gesellschaft in Zürich 52 (1907), 156-216).

[868] A. Hess: Stetige Abbildung einer Linie auf ein Quadrat (Dissertation Universität Zürich, 1905).

und erholt und waren sehr betrübt, dass Franzens Schule am 20 August begann und da bin ich noch allein hier in Westerland eine Woche zurückgeblieben, um die herrlichen Seebäder zu geniessen. Ich fand hier mancherlei Bekannte, auch Göttinger Collegen, insbesondere Wiechert, mit dem ich viel zusammen war in gelehrten u. ungelehrten Gesprächen. Wiechert lässt Sie sehr grüssen, ebenso Eberhardt (Halle), der ebenfalls hier war. Für Ihren letzten Brief, der mir hier leider nicht vorliegt, dergleichen für Ihre Ansichtskarte besten Dank. Wir haben uns über Beides sehr gefreut, obwohl es mir sehr leid thut, dass Sie nicht nach Cassel[869] kommen werden. Wir beabsichtigen die Mathematiker und Physiker nach Göttingen einzuladen und ich verspreche mir viel von dem Zusammensein, da der Besuch wahrscheinlich ein sehr zahlreicher sein wird. Ist Ihr Entschluss, nicht nach Cassel zu kommen ein definitiver? Wäre nicht Ihre Teilnahme an der Versammlung eine gute Vorbereitung für den nächstjährigen Congress[870], den Sie doch unter allen Umständen mitmachen müssten? Ich möchte auch zugleich bei dieser Gelegenheit bei Ihnen um einen funktionentheoretischen Vortrag für Heidelberg werben, da ich ja mit H.A. Schwarz zusammen zum Vorsitzenden dieser funktionentheoretischen Abtheilung ausersehen worden bin. Da Sie es immer so gut verstehen, eine scharfe Pointe aufzufinden und in vollkommener und Allen verständlichen Weise darzustellen, so ist uns Ihre Zusage natürlich von besonderem Wert. Leider giebt es ja nur wenig Mathematiker, von denen man in dieser Hinsicht das Gleiche sagen kann. Es wäre mir sehr lieb, wenn Sie mir gelegentlich Ihre Meinung mitteilen würden, wer sonst wohl persönlich für Funktionentheorie aufzufordern wäre.

Was meine eigene mathematische Bethätigung betrifft, so habe ich noch zum Teil während meines hiesigen Aufenthaltes die letzten Correkturen der zweiten Auflage meiner Grundlagen der Geometrie[871] vollendet. Es sind an der ersten Auflage allerlei Verbesserungen angebracht und dann vor Allem die in verschiedenen Zeitschriften zerstreuten auf die Grundlagen der Geometrie bezüglichen Arbeiten von mir nebst genauem Citate der anschliessenden Arbeiten insbesondere meiner Schüler als Anhänge wieder abgedruckt worden. Ich gedenke nun mehr nicht sobald wieder auf dieses Gebiet zurückzukommen. Von alten Sachen, die ich noch zur Klarheit und gern selbst zur Ausarbeitung und Publikation bringen möchte, wäre nun noch eine Reihe logisch-mengentheoretische Fragen, die sich an folgende schon vor einer Reihe von Jahren von mir bemerkten Thatsache anschliessen: Wenn man von der abzählbaren Menge ausgehend durch gesetzte Anwendung der Belegungs- und des Grenzprocesses neue Mengen ableitet und diese sämtlichen Mengen wiederum als Elemente einer Menge auffasst, so enthält diese Menge, wie sich leicht zeigen lässt, einen Widerspruch in sich. Es scheint mir da ein Fall vorzuliegen, wie man durch Anwendung der üblichen Regeln der überlieferten Logik zu einem Widerspruch in sich gelangt und ich glaube, dass man diesen

[869]Dort fand im September 1903 die Jahrestagung der deutschen Mathematiker-Vereinigung im Rahmen der Versammlung deutscher Naturforscher und Ärzte statt.

[870]Es geht um den dritten internationalen Mathematiker-Kongress, der 1904 in Heidelberg stattfand.

[871]Die zweite Auflage der „Grundlagen der Geometrie" erschien 1903 bei Teubner in Leipzig.

Widerspruch und gewisse weitere Fragen nach der Existenz gewisser Begriffe in befriedigender Weise nur lösen kann, wenn man die Logik von Anfang an streng „nach der axiomatischen Methode" ähnlich wie die Geometrie aufbaut. Ob ich freilich dazu käme, das alles selbst zu thun, glaube ich kaum;[872] umsomehr, als ich mich schon seit längerer Zeit mit ganz anderen Dingen nämlich Fragen der Mechanik beschäftigt habe. Ich habe in den letzten Semestern nämlich über Mechanik der Continua gelesen und soll ja auch, wie Sie vielleicht aus dem Programm der Naturforscher-Versammlung ersehen haben, aus diesem Gebiete in Cassel einen Vortrag[873] halten. Leider weiss ich noch durchaus nicht, welches Thema ich wählen werde. Da Minkowski und ich uns im letzten Semester in dem von uns gemeinsam geleiteten Seminar viel die Fragen der Stabilität und Labilität deformierbarer Körper beschäftigt haben, so liegt mir ein Thema hierüber nahe. Es sind jedoch diese Dinge ebenso schwierig wie wichtig, selbst in den einfachsten Fällen und unter den leichtesten Annahmen. So habe ich schon grosse Schwierigkeiten, die Stabilität eines in einem Gefässe allein unter der Wirkung der Schwere stehenden Flüssigkeit (also mit horizontaler Oberfläche) nachzuweisen; ja ich bin erst kürzlich zu der Ueberzeugung gelangt, dass die Flüssigkeit dann stabil sein wird. Sollte mir das herauszubringen gelingen, so hätte ich ein schönes Thema.

Minkowski ist seit Anfang der Ferien in Cranz, wie Sie wohl wissen werden. Da er in den nächsten Semestern Mechanik lesen wird und jetzt über Capillarität[874] (für die Encyklopädie) arbeitet, so haben wir ja viel gemeinsame Interessen und ich freue mich natürlich sehr darüber. Doch nun Adieu. Entschuldigen Sie bitte Schrift u. Papier mit der Sommerfrische u. seien Sie selbst so wie Ihre Frau herzlichst gegrüsst von Ihrem D. H.

Hurwitz an **Hilbert** HuHi58
11.09.1903, Zürich (Brief)

Lieber Freund!

Über Ihren Brief aus Westerland habe ich mich sehr gefreut. Ich erhielt denselben in St. Blasien, von wo wir erst am Sonntag d. 6 Sept. nach Hause zurückgekehrt sind. Meiner Frau hat die Kur sehr gut gethan; dagegen hatte ich das Pech, Mitte August eine Magenverstimmung zu acquiriren, die ich bis heute nicht völlig überwunden habe – immer noch erfordert meine Ernährung grosse Vorsicht. Unter diesen Umständen kann ich leider an eine Betheiligung in

[872] Der in Göttingen tätige E. Zermelo legte 1908 ein Axiomensystem der Mengenlehre vor. („Untersuchungen über die Grundlagen der Mengenlehre" [Mathematische Annalen 65 (1908), 261-281]).

[873] Hilbert sprach in Kassel über Mechanik der Kontinua, Minkowski über Kapillarität.

[874] H. Minkowski: Kapillarität (Encyklopädie der mathematischen Wissenschaften mit Einschluss der Anwendungen Band 5 Teil 1 (Leipzig: Teubner, 1903–1921), 558-613), abgeschlossen Herbst 1906.

Kassel[875] nicht denken, um so weniger als die Kassler Versammlung hart an den Beginn der Diplonexamina heranrückt, die mich Anfang Oktober während drei Wochen täglich 2 Stunden in Anspruch nehmen werden. Ihrer und Minkowski's Einladung nach Göttingen wäre ich sehr gern gefolgt; ich hätte garzu gern einmals in Ihre gemüthliche und mathematische Häuslichkeit geblickt. Vielleicht beschert mir wenigstens künftiges Frühjahr ein Zusammentreffen mit Ihnen, wenn Sie Ihre Ferienreise wieder gen Süden führt. Ich glaube, wir würden dann mehr von einander haben, als auf einer grossen Versammlung, wo die Mannigfaltigkeit der Persönlichkeiten einer Zersplitterung leicht Vorschub leistet. Dass Sie für den internationalen Kongress 1904[876] einen funktionentheoretischen Vortrag von mir haben wollen und diesem ein so günstiges Vorurtheil entgegenbringen, ist mir sehr schmeichelhaft. Ich werde mir die Sache überlegen und wenn's mir gelingt, etwas Passendes zu finden, dieses Ihnen zur Verfügung stellen. Als funktionentheoretische Adressen für den internationalen Congress wüsste ich nur Hadamard, Borel, Painlevé, Lindelöff als besonders geeignete zu nennen. Vielleicht auch Fredholm u. Koch + Bendixson (letzterer ist gewiss ein klar und pointirt sprechender Mathematiker.) Dem Charakter des Kongresses würde es aber angemessen sein, wenn Sie sich von jeder mathem. Kulturnation wenigstens einen Repräsentanten aussuchen würden. Bei Ihren vielseitigen Beziehungen wird ihnen das wohl nicht schwer fallen. – Was Sie von Ihren eigenen mathematischen Plänen berichten, hat mich sehr interessirt. ich erinnere mich, dass Sie schon vor Jahren[877] von dem logischen Widerspruch sprachen, den Sie in der Mengentheorie aufgefunden haben; doch kann ich mir die Sache nicht wieder construieren. Die Klärung dieser Frage ist natürlich von der höchsten Wichtigkeit denn mit der Zuverlässigkeit unserer Logik steht und fällt das ganze mathematische Lehrgebäude. Die Fragen der Mechanik, die Sie und Minkowski jetzt interessiren, liegen mir ferner; sie schienen mir schon wegen des complicirten Begriffes der Stabilität sehr schwierig zu sein. Meine nächste Absicht ist eine sehr kurze neue Begründung der Theorie der Modulfunctionen zu schreiben, zu der ich bei Gelegenheit der Vorlesung über elliptische Funktionen gelangt bin, die ich im letzten Sommer hielt. Sodann möchte ich meine älteren Untersuchungen über automorphe Funktionen beliebig vieler Variablen ordnen, für welche jetzt nach den Arbeiten Blumenthals[878], die an Ihre Untersuchungen anknüpfen, und nach dem Plane der Vorträge für Cassel[879] erhöhtes Interesse vorausgesetzt werden darf. – In St. Blasien machte ich beim Schachspiel die Bekanntschaft von Oberst Mannheim (Kinematiker) aus Paris, einem netten alten Herren, der sich Ihrer von Ihrem Aufenthalte in Paris her sehr gut erinnerte. – Nun, leben Sie wohl für heute

[875] Dort fand im September 1903 die Jahrestagung der deutschen Mathematiker-Vereinigung im Rahmen der Versammlung deutscher Naturforscher und Ärzte statt.

[876] Es geht um den dritten internationalen Mathematiker-Kongress, der 1904 in Heidelberg stattfand.

[877] Ein interessanter Hinweis darauf, dass Hilbert die Problematik der Widersprüche in der naiven Mengelehre schon früh bekannt gewesen ist (wie auch G. Cantor). Allgemein bekannt wurde diese erst durch B. Russell (1903).

[878] O. Blumenthal: Zum Eliminationsproblem bei automorphen Funktionen mehrerer Veränderlicher (Mathematische Annalen 57 (1903), 356-368).

[879] Blumenthal hielt in Kassel einen Vortrag „Über Abel'sche Funtionen und Modulfunktionen mehrerer Veränderlichen".

und seien Sie mit Frau und Kind herzlichst gegrüsst von meiner Frau und mir, Ihrem alten Freunde

A. Hurwitz.

Für Minkowski und Klein viele Grüsse. Ersterem werde ich in den nächsten Tagen schreiben.

Minkowski an **Hurwitz** MiHu22
25.12.1903, Göttingen, Planckstr. 15 (Brief)

Lieber Freund,

Ihr letzter Brief, der vor mir liegt, ist nun bald ein Vierteljahr alt. Wir haben Sie damals in Kassel sehr vermisst. Schreiben lässt sich doch vieles nicht so gut wie mündlich besprechen. Jetzt dürfte Sie die Bonner Berufung[880] besonders interessiren. Das wichtigste will ich vorwegnehmen, dass Sie mit auf der dem Minister von der Fakultät eingereichten Liste stehen. Im Uebrigen will ich historisch berichten.

Die erste Kunde, die hierher drang, war ein Brief von Kayser in Bonn, wonach Kortum für mich agitire und Kayser für Runge eintrete. Klein war für die Berufung von Runge ganz enthusiasmirt, den er überhaupt sehr schätzt und namentlich für Bonn als den richtigen Mann hält. Kurz darauf verbreitete Lexis hier allgemein, dass ich nach Bonn berufen würde. Um jene Zeit war zufällig mein Bruder[881] mit anderen Kölner Ärzten in Angelegenheit der in Köln zu errichtenden Medicinischen Akademie bei Althoff; mitten im Gespräch fragt er nun, wird Ihr Bruder nach Bonn gehen. Weiter vergingen Wochen, ohne dass Neues zu hören war. Endlich kam die Nachricht, auf der Bonner Liste stünde mein Name nicht, und als ich auch damit zufrieden war, traf am Morgen danach ein Brief von Elster bei Hilbert ein des Inhalts: Die Bonner hätten an erster Stelle Study, an zweiter Hensel und Lie, an dritter Stäckel genannt. Er wäre der Meinung gewesen, dass ich an erster Stelle vorgeschlagen würde; wie dieses wohl der Fall war, hätte er den dortigen Dekan um Aufklärung gebeten und die Antwort erhalten: Die Fakultät habe nach meinen wissenschaftlichen Arbeiten auch mich berufen wollen, hätte aber davon Abstand genommen, indem sie sich sagte, ich würde nicht nach einem Jahr bereits von Göttingen nach Bonn übersiedeln wollen. Elster ersuchte nun Hilbert, ihm umgehend zu sagen, ob ich bereit sein würde, nach Bonn zu gehen, ferner ihm über alle für Bonn irgend in Betracht kommenden Personen seine Meinung zu sagen. Darauf erklärte ich ohne weitere Verhandlungen, hier bleiben zu wollen. Hilbert stellte noch meine Beweggründe sehr schwungvoll dar und es herrschte allgemeine Befriedigung, auch wurde ich hier seitdem in mannigfacher Weise gefeiert. Von den Kandidaten hat Hilbert Sie

[880] 1903 war Lipschitz gestorben, weshalb sein Ordinariat neu zu besetzen war.

[881] Oskar Minkowski wirkte von 1900 bis 1905 am Augusta Hospital in Köln, 1904 wurde er Professor an der neugegründeten Medizinischen Akademie in Köln.

in erster Linie gesetzt, ungefähr mit den Ausdrücken: Sie seien ein im Inlande wie im Auslande gleich hoch angesehener Mathematiker und keiner der anderen Kandidaten könnte sich durch Ihre Berufung zurückgesetzt fühlen.

Die weitere Fortsetzung vernahmen wir dieser Tage durch einen Brief von Study. Er sei angefragt worden, unter welchen Bedingungen er nach Bonn übersiedeln würde und hat geantwortet, dass er die Erhöhung seiner Ausgaben in Bonn auf 1200 M. beziffere (in Greifswald hat er wohl z. B. 4200 M.). Sie sehen aus diesen Zahlen, welch besonderen Schwierigkeiten Ihrer Berufung durch die Gehaltsfrage entgegenstehen. Es soll eben auf Schritt und Tritt gespart werden.

Durch eine kleine Vorlesung der Zahlentheorie bin ich wieder auf alte Dinge zurückgekommen, u. A. die Farey'schen Reihen und Netze. Eine sehr einfache Bemerkung scheint sich weder in Ihren Arbeiten noch bei Christoffel zu finden, nämlich über eine Funktion, die ich neulich hier als Funktion von $y \ =?(x)$ [Fragezeichen im Original] vorführte. Während man auf der x-Achse im Intervall $0 \leq x \leq 1$ die Farey'sche Reihe construiert, führe man gleichzeitig auf der y-Achse für das Intervall $0 \leq x \leq 1$ den Bolzano'schen Process aus, fortwährend Intervalle zu halbieren, analytisch heisst dieses: entwickelt sich x in gewohnter Weise in den Kettenbruch $\frac{1}{a+\frac{1}{b+\frac{1}{c+...}}}$, wobei im Falle eines rationalen x die Anzahl der Theilnenner gerade eingerichtet werde (da $g = (g-1) + \frac{1}{1}$), setze man dann im dualistischen System

$$y(x) = 0,\underbrace{00...0}_{a-1}\,\underbrace{11...1}_{b}\,\underbrace{00...0}_{c}\,\underbrace{11...1}_{d}00$$

an. Alsdann ist $y(x)$ eine continuirlich wachsende Funktion von x, und y ist dann und nur dann rational, wenn x eine quadratische Irrationalzahl bzw. rational ist; (und zwar tritt der erste oder der zweite Fall ein, je nachdem der Nenner von y auch eine ungerade Primzahl enthält oder nur die Primzahl 2). Diese Fassung des Lagrange'schen Kriteriums kommt mir sehr einnehmend vor.

Dass ich schon bis zum zweiten Bogen angelangt bin, deutet jedenfalls auf eine beginnende Besserung in meinem Briefeschreiben hin. Ich hoffe, dass Sie diese Reconvalescenz unterstützen werden, indem sie uns recht bald gute Nachrichten über Ihr Ergehen zusenden. Ich sende Ihnen, Ihrer Frau, Lissi, Eva, Otto[882] und Ihren werthen Brüdern die besten Neujahrswünsche und herzliche Grüsse

Ihr

H. Minkowski

(In anderer Schrift, von Auguste Minkowski geschrieben:)

Liebe Ida,

Den Neujahrsgrüßen meines Mannes schließe ich die meinigen sehr herzlichen an. Daß wir so wenig von einander hören, ist nicht zum geringsten Teil meine

[882] Die drei Kinder von Ida und Adolf Hurwitz.

Schuld, ich will es gar nicht versuchen, Besserung zu geloben, vielleicht beweise ich es 1904 auch durch die That. In dieser langen Zeit hätte es ja viel zu erzählen gegeben. In Cassel[883] haben auch wir Frauen, es waren eigentlich nur Frau Pringsheim da und fast täglich Frau Sommerfeld, Frau Hilbert, Frau Geiser, Frau Schoenflies sehr vergnügte unbeschwerte Tage verlebt. Im Oktober hatten wir meine Mutter einige Wochen zu Besuch und im Anschluß daran begleitete ich sie nach Berlin, wo wir viel Schönes genossen. November, Dezember, sind die Gesellschaftsmonate, in dem kleinen Göttingen drängt sich ein Vergnügen, eine Gesellschaft nach der anderen. Auch wir haben unser Teil geleistet und haben eine sehr befriedigend verlaufende Abendgesellschaft und einen Herrenabend (26 junge Leute aus aller Herren Länder) gegeben. Wie unsere Jugend sich in letzter Zeit oder vielmehr seitdem der Ihr sie gesehen habt, entwickelt hat, soll dir ihr Bild zeigen. Ruth ist gut getroffen, Lily sieht in Wirklichkeit lebhafter, gewählter aus, so lautet das Hilbertsche Urteil. Dass ich auf das Lebhaftetste Interesse an dieser Entwicklung [Rest unleserlich].

Ich würde mich freuen, viel von Euren Taten und Treiben zu hören Jetzt haben sie gewiss wieder großen Jubel unter Onkel Julius u. (Franz) [nicht leserlich]. Der ist doch ihr liebstes Weihnachtsvergnügen. Lily giebt nächste Woche eine Weihnachts

[Rest unleserlich].

Hurwitz an **Hilbert** HuHi59
16.01.1904, Zürich (Brief)

Lieber Freund,

die Hälfte des Januars freilich schon verstrichen, aber doch ist es wohl noch nicht zu spät, um Ihnen, nebst Frau und Sohn, meine besten Wünsche für ein glückliches Jahr 1904 zu senden. Gestern sah ich erst zufällig, unter welch' glücklichen Stern Sie das neue Jahr begonnen haben. Nachdem ich durch verschiedene Umstände längere Zeit nicht ins Lesezimmer unserer Bibliothek gekommen war, nahm ich gestern, wie gewohnt, zuerst die letzten Nummer des Comptes Rendus zur Hand und freute mich, aus diesen zu ersehen, dass Ihnen für Ihre Arbeiten aufs Neue eine höchst ehrenvolle Anerkennung zu Teil geworden ist.[884] Das Schöne dabei ist besonders, dass Ihnen Alles das als ungewollte Frucht rein idealer Bestrebungen in den Schoss fällt. Nehmen Sie zu diesem schönen Erfolge meinen herzlichen Glückwunsch! – Von Minkowski erhielt ich vor einigen Wochen ausführliche Nachrichten[885]. Ich freue mich, aus seinem Briefe zu ersehen, dass es den Göttinger Freunden gut ergeht. Minkowski hat sich vollkommen bei Ihnen eingelebt und es ist sehr verständlich, dass er

[883]Dort fand im September 1903 die Jahrestagung der deutschen Mathematiker-Vereinigung im Rahmen der Versammlung deutscher Naturforscher und Ärzte statt.

[884]1903 erhielt Hilbert den Prix Poncelet der Pariser Akademie der Wissenschaften, ihr korrespondierendes Mitglied wurde er erst 1909.

[885]Vgl. Minkowski an Hurwitz, 25. Dezember 1903 MiHu 22.

das Anerbieten, als Lipschitz' Nachfolger nach Bonn zu gehen, ohne Bedenken ausgeschlagen hat. Über den Gang der Bonner Berufung hat er mich genau unterrichtet. Dass mich die Art, wie man mich auf der Bonner Liste eingereicht hat, nicht angenehm berührte, wird Ihnen Minkowski wohl erzählt haben. Umsomehr hat es meinem Herzen wohlgetan, dass Sie in so freundschaftlicher Weise warm für mich eingetreten sind. Dieser Umstand, sowie eine Bemerkung Burkhardts, wonach Sie ihn interpellirt hätten, wie ich über eine Rückkehr nach Deutschland dächte, veranlasste mich, mich Ihnen gegenüber einmal hierüber auszusprechen. Es wäre undankbar von mir, wenn ich nicht anerkennen wollte, dass meine Stellung hier eine ausserordentlich angenehme ist. Auch bietet das Leben in Zürich durch die Vereinigung der Vorzüge einer Grossstadt mit einer entzückenden Natur, sehr viele Reize. Aber der Gedanke hier fest sitzen zu bleiben, ist mir trotzdem nicht angenehm; denn bei allem guten, was man hier hat, wird man doch das Gefühl nicht los, dass man in der Fremde lebt. Freilich würde ich andererseits, da ich mich, wie gesagt, im Übrigen hier sehr wohl fühle, nicht den ersten besten Ruf annehmen wollen. Die Gehaltsfrage (hier habe ich 10000 frn) spielt keine so grosse Rolle bei mir. Meine Aussichten, an einer preussischen Universität einmal ernstlich in Frage zu kommen, muss ich wohl schon durch Althoffs Animosität gegen mich für gering taxiren. Von dieser Animosität, die mir nicht recht erklärlich ist, erfuhr ich durch Minkowski, der mir erzählte, Althoff habe in einer Unterredung mit Ihnen, als Sie mich erwähnten, gesagt: „von dem will ich nichts hören" oder etwas Ähnliches.

Haben Sie damals eigentlich erfahren, aus welchem Grunde Althoff gegen mich eingenommen ist?

Doch nun genug von diesen persönlichen Dingen! Zu wissenschaftlichen Arbeiten bin ich in den letzten Wochen gar nicht gekommen. Aber ich hoffe, demnächst die Ausarbeitung älterer Ansätze über automorphe Funktionen mehrerer Variabeln aufnehmen zu können. Diese ergaben mir in ihrer Anwendung auf den einfachen Fall der Modulf. auch merkwürdige zahlentheoretische Sätze. Z. B.: Sei D eine positive ganze Zahl und

$$\psi(m) = \sum \frac{\partial + \partial'}{(\partial - \partial') + 4D'},$$

die Summe erstreckt sich über $\partial\partial' = m$. Dann ist

$$\frac{1}{2D}\psi(D) + \frac{1}{1+D}\psi(1+D) + \frac{1}{4+D}\psi(4+D) + ... + \frac{1}{n^2+D}\psi(n^2+D) + \dots = x \cdot \frac{3\pi}{D\sqrt{D}} \cdot h(D)$$

$$\begin{gathered}(x = \tfrac{1}{4} \text{ für } D = 1\\ x = \tfrac{1}{6} \text{ für } D = 3\\ x = \tfrac{1}{2} \text{ in allen anderen Fällen}),\end{gathered}$$

wobei $h(D)$ die Anzahl der Classen positiv. Formen $ax^2 + 2xy + cy^2$ der Det. $acb^2 = D$ bedeutet.

Mir scheint, dass diese Reihe zur numerischen Berechnung von Classenzahlen sehr geeignet ist. Doch habe ich noch keine praktischen Versuche gemacht. – Was treiben Sie jetzt Gutes? Leben Sie wohl, lassen Sie bald einmal von sich hören und seien Sie mit den Ihrigen herzlich gegrüsst von Ihrem

A. Hurwitz.

Viele Grüsse von meiner Frau an Sie und Ihre w. Frau!

Hilbert an **Hurwitz** HiHu76

19.??.1904, Göttingen (Brief)

Lieber Freund.

Sie beschämen mich, indem Sie mich wieder durch einen Brief Ihrerseits erfreuen, ohne dass ich schon Ihren liebenswürdigen Brief vom Sommer (11ten Sept.)[886] beantwortet habe. Um nun zunächst an Ihren ersten Brief anzuknüpfen, so nehme ich Sie beim Wort, dass Sie uns in Heidelberg[887] einen schönen funktionentheoretischen Vortrag halten: vielleicht aus der Therie der Modulfunktionen. Sie schrieben von einer sehr kurzen neuen Begründung der Theorie der Modulfunktionen, an deren Darstellung Sie arbeiten. Ich bin sehr gespannt auf diese Arbeit und hoffe, dass Sie sie den Annalen recht bald zur Verfügung stellen werden; von Ihrer an Klein gesandten Note[888] erzählte mir dieser letztens, sie ist wohl zu einer Zeit hier eingetroffen, wo ich nicht anwesend war.

Dass Sie nicht nach Kassel[889] kamen, haben wir sehr bedauert, zumal sich auch den Kasseler Tagen noch eine Reihe sehr froher und angeregter Geselligkeiten hier in Göttingen anschlossen. Unter Anderem hatten wir zirka 50 Mathematiker in unserem neu angelegten Garten zu einem Gartenfest vereinigt, das recht froh verlief. Hoffentlich kommen Sie ein andernmal nach Göttingen, um zu sehen, wie sich Göttingen seit Sie es kennen dank der anerkennenswerten städtischen Fürsorge verschönt hat und wie angenehm und behaglich wir hier leben.

Was diese Ostern betrifft, so wird sich dabei ein Zusammentreffen nicht bewerkstelligen lassen. Ich beabsichtige zum 13. März zu meines Vaters Geburtstag in Königsberg zu sein, von da über Breslau nach Wien zu gehen, wo ich mit meiner Frau, die von hier dahinkommt, zusammentreffen will. Dann wollen wir nach Abbasia, von da nach Bozen und dann über München

[886] Es geht um den Brief Hurwitz an Hilbert vom 11. September 1903 HuHi 58. Hilberts Brief dürfte also vom Januar 1904 stammen.

[887] Es geht um den dritten internationalen Mathematiker-Kongress, der im August 1904 in Heidelberg stattfand. Hurwitz hielt dort allerdings keinen Vortrag.

[888] Vermutlich A. Hurwitz: Über die imaginären Nullstellen der hypergeometrischen Funktion (Nachrichten von der kgl. Gesellschaft der Wissenschaften in Göttingen, Mathematisch-physikalsiche Klasse aus dem Jahre 1906, 275-277).

[889] Dort fand im September 1903 die Jahrestagung der deutschen Mathematiker-Vereinigung im Rahmen der Versammlung deutscher Naturforscher und Ärzte statt.

zurück. Dagegen wollen meine Frau und ich im Anschluss an den Heidelberger Congress eine ordentliche Fussreise durch die Schweiz unternehmen und bei dieser Gelegenheit liesse sich wohl ein Zusammentreffen verabreden.

Dass Sie mir Ihre Gedanken über eine Rückberufung nach Deutschland mitgeteilt haben, ist mir sehr lieb. Auch ich bin der Meinung, dass Sie doch einmal wieder zurückmüssen. Althoff hat sich mir gegenüber nie so direkt ausgesprochen; doch gebe ich zu, dass eine gewisse Animosiät gegen sie da ist. Daraus folgt aber in keiner Weise, dass er Sie bei einer passenden Gelegenheit nicht beruft. Für Bonn wählte er den billigsten Kandidaten; Study hat bei seiner Versetzung nach Bonn kaum einen materiellen Gewinn davongetragen. A. hat ihm nur die Zusicherung der Gehaltsstufenzulagen eines Ordinarius gemacht.

Ihre zahlentheoretische Formel will ich mit Minkowski besprechen, der augenblicklich zum Begräbnisse seiner Mutter[890] in Königsberg weilt.

Mathematisch habe ich vielerlei getrieben, insbesondere über Integralgleichungen habe ich in meinen Vorlesungen viel vorgetragen und der Stoff hat sich allmählig angehäuft, dass ich an's Publiciren gehen muss. Ich gedenke einer Serie kurzer Noten in den Göttinger Nachrichten[891] zu veröffentlichen. Es handelt sich im wesentlichen um das Problem eine reelle Funktion g der reellen Variablen r zu finden, wenn etwa

$$f(r) = \int_0^1 A(r,t)g(t)dt$$

sein soll, wo $f(r)$ und $A(r,t)$ geg. Funktionen sind. Der systematische Ausbau einer Theorie dieser Integralgl. ist sehr dankenswert und wichtig, wegen der zahlreichen und tiefgreifenden Anwendung auf fast alle Teile der Analysis (anal. Funktionen, Potentialth., Variationsrechnung, gewöhnliche partielle Differ.). Doch nun muss ich wohl schliessen und rufe Ihnen und Ihrer Frau die herzlichsten Grüsse zu.

Auf Wiedersehen im Januar
Ihr alter Freund Hilbert

Minkowski an **Hurwitz** MiHu23
14.02.1904, Göttingen (Brief)

Lieber Freund,

Die teilnehmenden Zeilen, die Sie bei dem Tode meiner Mutter[892] an mich richteten, haben mich tief berührt. Dieser Verlust hat mich hart betroffen. Meine

[890] Rachel Minkowski (*1827) geb. Taubmann starb 1904.

[891] 1904 erschienen zwei Noten „Grundzüge einer allgemeinen Theorie der Integralgleichungen" von D. Hilbert in den Göttinger Nachrichten (Erste Mittheilung, 49-91; zweite Mittheilung, 213-259). Bis 1910 publizierte Hilbert insgesamt sechs dieser Mitteilungen in den Göttinger Nachrichten. Sie erschienen 1912 unter dem gleichen Titel in Buchform (Leipzig: Teubner, 1912).

[892] Rachel Minkowski (*1827), geborene Taubmann, starb 1904.

Mutter war, wenn auch hochbetagt, noch in voller Rüstigkeit; sie wurde uns durch einen Unfall von grenzenloser Grausamkeit entrissen.

Als ich von Königsberg zurückkam, konnte ich mich nur schwer in die gewohnte Thätigkeit hineinfinden. Hier stürmt so vieles auf einem ein; alles erfährt man selbst in dem vielwissenden Göttingen nicht. Was ich in math. Personalien Neues weiss, berichte ich Ihnen gern. In Greifswald sind Engel, Schlesinger, Schoenflies vorgeschlagen. Da die ersten Beiden ausscheiden, dürfte der Ruf an Schoenflies ergehen, der sich ja von Königsberg wegwünscht, weil - - - er selbst im Verein mit Franz Meyer gegen Volkmann nicht aufkommen kann. Was die Marburger planen, ist uns gänzlich verborgen. Hensel sollte im Januar auf der Rückreise von Berlin hier Station machen, blieb aber aus, wie man meint, weil ihm eine gebundene Marschroute dictirt worden ist, von der er sich nicht abbringen lassen wollte.

Mit herzlichen Grüssen an Sie und Ihre Lieben von meiner Frau und Ihrem

H. Minkowski

Minkowski an **Hilbert** MiHi94
25.03.1904, Göttingen (Brief)

Lieber Freund,

Aus Eurer Postkarte sahen wir mit Vergnügen, dass der Anfang Eurer Reise so gelungen verlaufen ist. Die Fortsetzung lässt hoffentlich ebensowenig zu wünschen übrig. Ich sende Dir anbei eine Postkarte, die mir soeben von Klein zuging, der sehr dafür ist, dass Du Raleigh[893] citirst, und in der That angiebt, wie das sehr gut zu machen ist. Er zeigte mir gestern einen Brief von Anissimoff aus Warschau, worin dieser sich gewaltig ereifert, dass A. Mayer von Deinem Unabhängigkeitssatze in der Variationsrechnung spricht und behauptet, Weierstrass habe ihn besessen. Jedenfalls vermeidest Du unnütze Angriffe, wenn Du Raleigh nennst.

Klein erzählte noch, dass Runge[894] nach Danzig berufen sein soll. Auf eine Anfrage an ihn hat Klein jedoch noch keine directe Antwort. Ferner ist die Affaire Lorenz[895] nun definitiv geordnet, Lorenz hat Urlaub genommen; als Director des Instituts tritt zunächst wieder Riecke officiell ein, während unter dem Titel

[893]Vgl. p. 52 von Hilberts erster Note über Integralgleichungen (Nachrichten von der kgl. Gesellschaft zu Göttingen, Mathematisch-physikalische Klasse vom Jahre 1904, 49-91), wo Hilbert Raleigh erwähnt. Vorgelegt wurde die Note am 5. März 1904.

[894]C. Runge war seit 1894 Professor an der Technischen Hochschule Hannover, 1904 wechselte er nach Göttingen.

[895]Hugo Lorenz war technischer Physiker in Göttingen. Es kam zu Spannungen mit Klein, weil Lorenz sich dessen Bestrebungen um den Ausbau der Göttinger Physik mit Schwerpunkt auf der theoretischen Physik widersetzte: „Lorenz' zunehmend eigenächtiges Verhalten führte dazu, dass Klein und Böttinger ihn an die TH Danzig weglobten." (Tobies 2019, 389).

Abteilungsvorsteher ein Dr. ing. Koob aus München, der recht tüchtig sein soll, berufen wird. Im Sommer erfolgt aller Wahrscheinlichkeit nach die Berufung von Lorenz nach Danzig.

Ferner hat Klein von Jemand, der es in der Zeitung gelesen haben will, gehört, dass Kowalewski nach Breslau berufen ist. (!?)[896]

Morgen früh telegraphiren wir Euch hoffentlich Franz[897] glückliche Versetzung. Meine Frau war heute bei Rotts und fand Franz sehr vergnügt, es gefällt ihm bei Rotts besonders gut, und meine Frau hat auch den Eindruck, dass Rotts ihn sehr liebevoll behandeln. Dazu schwärmte sie noch bei ihrer Heimkehr von dem leckeren Bratenduft, der aus Rotts Küche zum Vorschein kam.

Wir wollen nächsten Donnerstag nach Wiesbaden reisen, ich für mein Teil denke etwa eine Woche dort zu bleiben.

Seid von mir und meiner Frau herzlichst gegrüsst, erholt Euch gut und vergesst nicht

Eure Minkowskis

Die Klexe hat meine Frau gemacht; damit scheint sie das Bestreben kundzutun, demnächst als mein Secretär einzutreten.

Hilbert an **Hurwitz** HiHu77
17.06.1904, Göttingen (Postkarte)

Lieber Freund!

Den kleinen Nachtrag will ich gerne zum baldigen Abdruck in den Annalen[898] bringen. Besten Dank für Ihre Postkarte, über die wir uns hier alle sehr gefreut haben. Ihre Grüße habe ich unverzüglich ausgerichtet, da wir Mathematiker uns jetzt häufig sehen. College Schilling hat nach Danzig angenommen, umso Mangoldt, der vermutlich Sommer (aus Poppelsdorf) nach sich ziehen wird. Auch die Besetzung des zurückgetretenen Platzes in Leipzig schwebt. Ich und meine Frau freuen uns sehr, Sie in Heidelberg wiederzusehen. Mink. Und ich werden noch besprechen, ob wir vielleicht wenig früher dort sein können.

Mit herzlichem Gruß Ihr Hilbert

[896] G. Kowalewski wirkte von 1901 bis 1904 in Greifswald, danach ging er nach Bonn.

[897] Es geht vermutlich um Franz Hilbert, den Sohn von David und Käthe Hilbert. Die anschließende Bemerkung deutet wohl an, dass Franz schulische Leistungen nicht allzu gut waren.

[898] Dieser Nachtrag ist nicht in den Mathematischen Annalen erschienen.

Minkowski an **Hurwitz** MiHu24
02.12.1904, Göttingen, Planckstr. 15 (Brief)

Lieber Freund,

Dass Sie mich trotz meiner Schreibfaulheit nicht in Acht und Bann thun, hat mich sehr gefreut und seit Ihrem letzten Briefe trage ich mich täglich mit dem Gedanken, Ihnen zu schreiben. Zunächst kann ich nur wieder die grosse Klage anheben, dass aus unserem geplanten Wiedersehen nichts geworden ist. Aber Sie sollten nun wirklich eine Gelegenheit suchen, sich wieder einmal der Menge zu zeigen. Ich weiss ja, dass Sie sich in Zürich wohl fühlen, und es ist gewiss fraglich, ob Sie es mit Bonn, Marburg oder Breslau vertauscht hätten. Aber es wäre gewiss doch richtig gewesen, wenn man an allen drei Orten Sie in erster Linie gewünscht hätte. Es wagt aber heute selten Jemand, eine Berufung zu machen ohne persönliche Bekanntschaft mit dem Kandidaten. Übrigens ist der von hier aus geübte Einfluss bei den vielen Besetzungen in der letzten Zeit nur ein äusserst geringer gewesen. Klein und Hilbert sind manchmal gefragt worden, aber nur damit jedes Mal genau das Entgegengesetzte als das, was sie riethen, geschehen sollte. Jeder fühlt sich ein Tyrann in seinem Reiche und anderswo als in Göttingen ist jeder froh, Alleinherrscher zu sein, und sucht mit Extraordinarien die vorhandenen Lücken zu stopfen. Hörten Sie eigentlich davon, dass Hilbert in Heidelberg[899] ein glänzendes Anerbieten gemacht wurde, eine dort eigens für ihn zu schaffende Stelle zu übernehmen? Nach kurzem Bedenken und unter großer Aufregung von Frau Hilbert lehnte er rundweg ab. Der offizielle Dank ist am letzten Sonntag in einer Ernennung zum Geheimrat eingetroffen. Einstweilen herrscht noch viel Heiterkeit darüber im Lande, man wird sich aber auch daran gewöhnt haben.

Unsere gemeinsamen Donnerstags-Nachmittags-Spaziergänge machen wir nun seit Runges Eintreffen zu viert, was nicht ganz so intim ist wie zu dritt. Durch Runge ist viel neue Anregung hereingetragen. Der Gedanke, Runge hierher zu ziehen, kann Klein als sein eigenstes Verdienst in Anspruch nehmen. Dass die Ausführung glückte, ist wirklich ein Wunder und hängt mit einer bei Althoff manchmal anzutreffenden Sentimentalität zusammen.

Dass Sie in meine letzte Arbeit hineingesehen haben, hat mich sehr gefreut. Hier hat trotz des lebhaften gegenseitigen Verkehrs Jeder nur für seine eigenen Fragen Sinn; Klein steckt ganz in pädagogischen Fragen, Hilbert laboriert an der Existenz der ganzen Zahlen, am meisten hat noch Runge Teilnahme für das, was andere quält. Das Ende meines Buches[900] wird in der nächsten Zeit noch nicht sichtbar

[899] Für Hilbert sollte ein neues mathematisches Ordinariat in Heidelberg geschaffen werden (neben Ordinarius L. Königsberger). Da dieser ablehnte, kam das Ordinariat vorläufig nicht zustande, Es wurde erst 1914 eingerichtet und mit Oskar Perron (neben P. Stäckel) besetzt.

[900] Der zweite Teil der Geometrie der Zahlen, er wurde postum von Hilbert und A. Speiser herausgegeben.

werden. Zunächst werde ich daraus noch eine Festabhandlung für das Crellesche Journal[901] zum 100. Geburtstag Dirichlets herausschlachten, dann soll vorher auch eine Vorlesung herankommen, die ich letzten Winter über Zahlentheorie hielt und die ausgearbeitet ist, aber von mir noch stellenweise verbessert wird. Auch hier tragen wir uns mit dem Gedanken einer Dirichletfeier[902]; ich fürchte nur, dass die damit verbundene Arbeitslast schliesslich mir zufallen wird, da Hilbert sich sehr geschickt nicht rein mathematischen Aufgaben zu entziehen weiss und Klein absolut jeder Begeisterung für Dirichlet entbehrt.

Ich werde lieber hier mittendrin abbrechen (vgl. Geometrie der Zahlen Lief. I) als die Absendung des Briefes noch verzögern. Viele herzliche Grüsse für Sie und die lieben Ihrigen

Ihr H. Minkowski

Minkowski an **Hurwitz** MiHu25
13.02.1905, Göttingen (Postkarte)

Göttingen, den 13.2.1905 Dirichletkommers; Karte mit Bild von Dirichlet und mit Unterschriften von Minkowski, Klein, Runge und Schwarzschild

Hilbert an **Hurwitz** HiHu78
vermutet 1905, Königsberg-Berlin (Brief)

Lieber Freund.

Ich möchte Ihnen doch gern zum Neujahr ein Lebenszeichen geben und Ihnen sowie Ihrer Familie die herzlichsten Glückwünsche aussprechen.

Schon letzten Sylvester hatten wir mit Collegen Nernst verabredet, diesen Sylverster in Berlin zu verleben und dann den Schluss der Weihnachtsferien mit ihnen gemeinsam uns voll u. ganz den Genüssen der Grossstadt hinzugeben. Diesen Plan wollen wir auch ausführen, ich bin auch auf 3 Tage voraus nach Königsberg zum Besuch meiner Eltern gefahren und befinde mich jetzt auf der Rückreise nach Berlin, wo dann gleichzeitig meine Frau u. Nernst u. Franz eintreffen.

---

[901] H. Minkowski: Discontinuitätsbereich für arithmetische Äquivalenz (Journal für die reine und angewandte Mathematik 129 (1905), 220-274). Dieser Dirichlet gewidmete Band enthält auch Abhandlungen von D. Hilbert „Über das Dirichlet'sche Prinzip" (pp. 63-67) und A. Hurwitz „Über eine Darstellung der Klassenzahl binärer quadratischer Formen durch unendliche Reihen" (pp. 151-186).

[902] Vgl. die nachfolgende Postkarte. Minkowskis Beitrag zur Dirichlet-Feier wurde im Jahresbericht der Deutschen Mathematiker-Vereinigung veröffentlicht: Peter Gustav Lejeune Dirichlet und seine Bedeutung für die heutige Mathematik. Rede, gehalten in der Festsitzung der Göttinger Mathematischen Gesellschaft am 13. Februar 1905 (Band 14 (1905), 149-163. Der Schluss dieser Rede ist bemerkenswert wegen des bei Minkowski selten anzutreffende Pathos; er benennt darin auch seine mathematischen Vorbilder (Dirichlet, Eisenstein, Dedekind, Kronecker). Zudem ist sie eine Eloge auf Göttingen.

In Königsberg habe ich auch Schönfliess, Fr. Meyer u. Volkmann gesprochen. Diese drei Collegen leben in höchster Uneinigkeit mit einander und arbeiten mit vieler Energie gegeneinander. Keiner von Ihnen lässt am anderen ein gutes Haar und was das merkwürdigste ist, wenn man einen von Ihnen spricht, muss man ihm Recht geben; vielleicht hat auch jeder wirklich Recht.

Da sind unsere Zustände in Göttingen glücklicherweise wirklich anders. Besonders auch die erst neu hinzugetretenen Collegen Runge u. Prandtl haben sich sehr rasch unserer aller Sympathie erworben. Runge ist ein ganz ausserordentlich kenntnissreicher und vielseitig interessirter Mathematiker, der auch von den Physikern sehr geschätzt wird, und Prandtl entpuppt sich mehr als Mathematiker als wir dachten; er hat uns schon zweimal über Flüssigkeitsbewegungen in der math. Ges. vorgetragen. und in unserem (Mink. und meinem) Seminar, wo wir dies Semester das Problem der Strömung von Gasen behandeln insbesondere die Riemannsche Arbeit hat Prandtl versprochen selbst einen Vortrag über Bewegung der Gase mit Ueberschallgeschwindigkeit zu halten. – Uebrigens nimmt Runge nun auch regelmässig an unserem Donnerstag Nachmittagsspaziergang teil, sowie er und Prandtl an der Nachsitzung am Dienstag nie fehlen. Die wissenschaftliche Ausbeute meines Königsberger Besuches sind, wie ja auch nicht anders möglich, sehr gering gewesen. Mit Schönfliess habe ich mich etwas über den neulich in den Ann. erschienen Beweis von Zermelo für die Möglichkeit alle Mengen wohlzuordnen[903] ausgesprochen. Sch. macht gegen Z. Einwendungen, die ich aber nicht für stichhaltig anerkenne ebensowenig, wie solche, die Bernstein (Halle) geltend macht. Die ganze Polemik wird in einem der nächsten Ann.hefte Platz finden[904]. Die Beschäftigung mit den Grundlagen der Arithmetik wird jetzt, wie es scheint, wieder von den verschiedensten Seiten aufgenommen. Dass gerade die wichtigsten u. interessantesten Fragen von Dedekind und Cantor noch nicht (und erst recht nicht von Weierstrass u. Kronecker) erledigt worden sind, ist eine Ansicht, die ich schon lange hege und, um einmal in die Notwendigkeit versetzt zu sein, darüber im Zusammenhang nachzudenken, habe ich für nächsten Sommer eine zweistündiges Colleg über die „logischen Grundlagen des math. Denkens" angezeigt. Leider habe ich noch so viel anderes zu thun: nämlich für die Integralgl. liegt mir noch eine Menge unausgearbeiteter Stoff auf dem Halse und dann treiben Minkowski und ich nun schon Semester für Semester im Seminar math. Physik und noch immer ist es, als kneten wir im Sande, ohne dass sich ein Grund findet. –

Ueber die Veränderung, die unser Apfelbaum-Spaziergang in Königsberg erfahren hat, sind Sie wohl informiert. Ich bin ihn in den 3 Tagen mehrmals gegangen und auch mehrmals an der Ecke Rherastr. – Nachtigallensteig gewesen, wo wir wir uns so oft trafen und von wo wir dann unsere regelmässigen math. Spaziergänge unternahmen. Es war das doch auch eine schöne Zeit!

[903]E. Zermelo: Beweis, dass jede Menge wohlgeordnet werden kann (Mathematische Annalen 59 (1904), 514-516), vgl. auch Neuer Beweis für die Möglichkeit einer Wohlordnung (Mathematische Annalen 65 (1908), 107-128).

[904]Vgl. §2 in E. Zermelo „Beweis für die Möglichkeit einer Wohlordnung" (Mathematische Annalen 65 (1908), 107-128), wo dieser einen Überblick zu den Debatten um seinen Beweis gibt.

Was pflegen Sie in die Weihnachtsferien zu treiben? Wir hatten am ersten Weihnachtsfeiertag Klein nebst Frau und zwei Töchtern, Nernst u. Frau, Wiechert und noch einen jungen Math. zu Besuch. Jeder Gast bekam ein kleines Geschenk nebst einem Verschen, das auf ihn Bezug hatte und so waren wir schliesslich in ganz vergnügte Stimmung geraten: Klein wünschte sogar Pfänderspiel zu spielen und schlug schliesslich einen Wettkampf vor, wer am längsten auf einem Fuss stehen kann u. den Preis gewann Minkowski, der nämlich mit seiner Frau noch nach dem Abendbrod zu aller freundiger Ueberraschung gekommen war. Eine Einladung hatte er nämlich wegen Kinderfräuleins und Dienstbotenausgang abgelehnt.

Doch nun habe ich nur noch wegen dieses Zettels, der mir als Briefbogen dient und wegen der schlechten Schrift[905] – ich schreibe im D-Zuge während der wegen Schneewehen ungebührlich ausgedehnten Eisenbahnfahrt – um Entschuldigung zu bitten.

Indem ich nochmals meine herzlichen Grüsse hinzufüge

Ihr alter Freund Hilbert.

Hurwitz an **Hilbert** HuHi60
09.03.1905, Zürich (Brief)

Lieber Freund!

Schon lange wollte ich Ihnen schreiben und Ihnen für Ihren Brief, durch den Sie mich von Ihrer Weihnachtsreise nach Berlin erfreuten, danken. Aber wie das so zu gehen pflegt: die Tage verrinnen, ziehen sich zu Wochen und Monaten und die besten Absichten bleiben unerfüllt. Doch nun steht der Semesterschluss vor der Türe und da will ich nicht länger zögern, um die Ferien mit reinem Gewissen antreten zu können. Sie werden vermuthlich schon geschlossen haben, wie es an der hiesigen Universität der Fall ist. Am Polytechnikum herrscht eine etwas strengere Zucht, die unseren Lehrfleiss fast bis zum völlig officiellen Schluss wach erhält. So werde ich erst künftigen Dienstag mit den Vorlesungen ganz fertig sein. Dann kommen noch einige Conferenzen, die letzte am 20. März. Doch werde ich mich in dieser wohl durch den Collegen Hirsch vertreten lassen. Meine Frau und ich planen nämlich, am 18 März nach Locarno zu reisen, um dort etwa 14 Tage Natur zu kneipen. Den Rest der Ferien verbringen wir dann häuslich in Zürich. Was haben Sie denn für die Osterferien vor? Es wäre doch sehr schön, wenn Sie nach dem Süden reisten und wir uns endlich einmal wieder sehen könnten. Ihre Mittheilungen[906] über die Königsbergen Collegen haben mich sehr interessirt. Man kann diese Herren wirklich bedauern, denn bei diesem gegenseitigen Verhältnis müssen sie sich doch recht ungemütlich fühlen. Wie ruhig und friedlich leben wir hier dagegen! Freilich kommt dieser Friede wohl

[905] In der Regel schrieb Käthe Hilbert die Briefe wie auch andere Manuskripte ihres Mannes nochmals ins Reine.

[906] Vgl. den vorangehenden Brief von Hilbert an Hurwitz.

hauptsächlich daher, dass jede Reibungsfläche fehlt. Man sieht sich sehr selten und seit Minkowski gegangen ist, fehlt mir jeder wissenschaftliche Umgang. – Mit Ihren Integralgleichungen haben wir uns gestern im Seminar beschäftigt, in dem ich in diesem Semester Algebra getrieben habe. Ein noch junger, aber sehr begabter Studierender, Meissner[907], hat uns über Ihre erste Arbeit sehr gut vorgetragen. Den jungen Mann schicke ich, wenn er Sommer 1906 sein Diplom bei uns gemacht hat, zu Ihnen nach Göttingen. Er dachte schon jetzt zu gehen, doch habe ich ihm abgeraten, da er noch nicht reif genug ist, um von Göttingen schon den vollen Nutzen haben zu können.

Im nächsten Semester lese ich vierstündig Zahlentheorie und einstündig über die Axiome der Arithmetik und der Geometrie und wandle hier natürlich auf Ihren Pfaden. Dass Sie sonst nunmehr auf das logische Gebiet übergehen ist die natürliche Consequenz Ihrer früheren Untersuchungen. Ich bin auf die Resultate Ihrer neuen Bestrebungen gespannt. Die alteingewurzelte Abneigung gegen rein logische Untersuchungen wird man überwinden müssen, denn dass diese für eine völlig befriedigende Grundlegung der Mathematik notwendig sind, ist ja unzweifelhaft. Für Ihren Gruss vom Dirichlet-Kommers[908] vielen Dank, ebensolchen bitte an Klein und Minkowski mit vielen Grüssen von mir zu sagen. An Minkowski werde ich demnächst schreiben. Empfangen Sie mit Frau und Kind von meiner Frau und mir die herzlichsten Grüsse! Ihr alter Freund

A. Hurwitz.

Hilbert an **Hurwitz** HiHu79

11.03.1905, Göttingen (Postkarte)

Lieber Freund.

Herzlichen Dank für Ihren Brief, den ich soeben erhielt und der mich sehr erfreute. Warum aber wollen Sie schon am 18ten März nach Locarno, wo es noch kaltes, unsicheres Wetter und keine Spur einer Vegetation dort giebt? Nach meinen Erfahrungen, die auch Baedeker bestätigt, ist der März höchstens wie unser April und sogar an der Rivera meist schlecht, sodass wir immer erst die zweite Hälfte der Osterferien zur Reise nach dem Süden benutzen. Würden Sie etwa am 10–12 April noch in Locarno sein, so würde ich mich ebenfalls einrichten, dort einige Tage zu bleiben. Unsere Vorlesungen beginnen erst den 2ten Mai.

Mit den besten Grüssen

Ihr Hilbert.

*) Uebrigens lese ich im nächsten Semester statt der 4st. Zahlenth. nur 2st.Integralgl. und ausserdem nur 2st. Logik.

[907] Ernst Meissner promovierte 1907 an der Universität über „Über die zahlentheoretischen Formeln Liouville's“, Gutachter war A. Hurwitz. Erst danach ging er für zwei Semester nach Göttingen. 1910 erhielt Meissner eine Professur für technische Mechanik an der ETH.

[908] Vgl. Karte von Minkowski an Hurwitz vom 13. Februar 1905 MiHu 25.

Hurwitz an **Hilbert** HuHi61
14.03.1905, Zürich (Postkarte)

Lieber Freund!

Zu meiner Freude ersehe ich aus Ihrer Karte, dass Sie in den Osterferien nach dem Süden zu reisen beabsichtigen und wir uns demnach hoffentlich endlich einmal wieder sehen werden. Da meine Magenverhältnisse in den letzten Tagen weniger gut waren und ich deshalb die Hotelkost zunächst noch scheue, so wird unsere Reise voraussichtlich erst später erfolgen. Die Witterungsverhältnisse würden wir auch in Betracht ziehen; doch sind dieselben um die gegenwärtige Zeit in Locarno manchmal recht günstig, wie wir von hiesigen Freunden wissen, die in der zweiten Märzhälfte in Locarno gewesen sind. Die Vegetation soll sogar im ganzen Winter in Locarno recht erfreulich sein im Gegensatz zu Lugano und den anderen Fremden-Centren an den oberitalienischen Seen.

Auf alle Fälle werde ich Ihnen Nachricht geben, sobald wir uns zur Reise entschlossen haben und ich bitte Sie, mir auch Ihrerseits zu schreiben, wann und wohin Sie reisen. Solange ich Ihnen keine Mittheilung mache dürfen Sie annehmen, dass ich in Zürich bin.

Mit herzlichen Grüssen von Haus zu Haus

Ihr

Hurwitz.

Hilbert an **Hurwitz** HiHu80
28.03.1905, Göttingen (Postkarte)

Lieber Freund! Ich gedenke mich am 7ten April von hier direkt nach Lokarno zu reisen und dort eine Woche zu bleiben. Da mir wesentlich daran liegt, mit Ihnen zusammen zu sein, so hoffe ich bestimmt, dass Ihre Reisedispositionen damit überein stimmen? Ich freue mich sehr darauf endlich einmal wieder mit Ihnen zusammen zu sein.

Mit herzlichem Gruß

Ihr Hilbert.

Hurwitz an **Hilbert** HuHi62
29.03.1905, Zürich (Postkarte)

Lieber Freund!

Ich habe mich nun doch entschlossen, die Osterferien ganz zu Hause zu verbringen, wo ich die beste Erholung im beginnenden Züricher Frühling geniessen kann. Ich benutze die Musse, um die automorphen Funktionen[909] nun endlich fertig zu machen; ich schicke Sie Ihnen wahrscheinlich schon in allernächster Zeit für die Annalen. Wenn wir uns nun auch in Locarno nicht treffen, so hoffe ich doch, Sie auf Ihrer Reise nach dem Süden hier in Zürich begrüssen zu können. Schreiben Sie mir doch nun bitte genau Ihren Reiseplan. Meine Frau wird höchst wahrscheinlich vom 7–25 April in Wiesbaden mit Stiners zusammen sein. Fällt aber Ihre eventuelle Anwesenheit in Zürich nicht gerade in jene Tage, so würden wir uns sehr freuen, wenn Sie und Ihre w. Frau mit unserem freilich sehr bescheidenen Fremdenzimmer vorlieb nehmen wollten. Jedenfalls teilen Sie mir doch bald Ihre Reisedispositionen mit. Schoenfliess ist gestern hier durchgekommen, doch habe ich ihn nicht gesehen. Seine Einwendung gegen Zermelo sind mir zu schwabbelig und quallenhaft abgefasst. Schade, dass König über Bernstein[910] auf die Nase gefallen ist und Cantor den schönsten Tag seines Lebens auf einem Irrtum gründen musste. So gehts häufig in der Welt. Was machen Minkowski's? Grüssen Sie dieselben bitte und seien Sie mit Frau + Sohn selbst vielmals gegrüsst von Ihrem alten

Hurwitz.

Hilbert an **Hurwitz** HiHu81
03.04.1905, Göttingen (Postkarte)

Lieber Freund!

Also doch nein das nicht! Für Ihre freundliche Einladung, nach Zürich zu kommen herzlichen Dank auch von meiner Frau, dieselbe wollte gar nicht mit nach Lokarno kommen, und ich habe mich daher entschlossen, den Süden ganz zu lassen und erst am 15ten mit meiner Frau zusammen nach Leoben Leoben [so im Original] zu reisen. Wir wollen uns dort bis zum 1ten Mai alleine aufhalten. In Lokarno hätte ich gerne mit Freude die südliche Sonne genossen und Ihnen viel Interessantes und Neues aus der Mathematik erzählt, aber schriftlich ist das zu mühsam.

Schade dass Ihre Frau garnicht ein wenig Einfluss ausübt, Sie etwas herauszubringen. Den Satz, dass die Kugel grösstes Volumen hat, kann ich jetzt in sehr eleganter Weise genau wie Sie es für den Kreis thun, mit meinen allgemeinen Eigenfunktionen, die zu einem beliebig. conv. Körper gehören, beweisen.

Besten Gruss Ihr H.

---

[909] A. Hurwitz: Zur Theorie der automorphen Funktionen von beliebig vielen Variablen (Mathematische Annalen 61 (1905), 325-368).

[910] Es geht hier um den von D. König beim internationalen Kongress in Heidelberg vorgetragenen Beweis für die Kontinuumshypothese, der von F. Bernstein u.a. (z. B. F. Hausdorff) als falsch erkannt wurde.

Hilbert an **Hurwitz** HiHu82
16.04.1905, Ort fehlt (Postkarte)

Lieber Freund.

Ihre Karte hat mich sehr erfreut. Wir treffen heute Abend in Baden-Baden ein, wo uns postlagernd jede Nachricht trifft. Wir bleiben die ganze Woche dort. Kommen Sie nur ja, wenn auch nur auf kurze Zeit. Es ist denn doch der Anfang gemacht und wir können hoffentlich jede Ostern eine Zusammenkunft verabreden, nachdem einmal die erste geglückt ist. Klein ist wieder hier. Minkowski am Genfer See.

Ich habe noch eine Arbeit über Variationsrechnung für die Nachrichten[911] fertig gemacht. Alle Uebrige mündlich.

Mit besten Grüssen auch an Ihre Frau

Ihr Hilbert.

Hurwitz an **Hilbert** HuHi63
30.04.1905, Zürich (Brief)

Lieber Freund!

Sie und Ihre w. Frau werden nun auch wieder zu den heimischen Penaten zurückgekehrt sein. Hoffentlich haben Sie sich in Heidelberg noch recht erfrischt und hat Ihre Frau den so sehr von ihr geliebten Ort trotz der Teurung im Schlosshotel mit rechtem Behagen genossen. Ihre Karte von dort gelangte gestern in meine Hände.

Die Tage, die ich mit Ihnen in Baden-Baden verlebte, sind mir in angenehmster Erinnerung und ich hoffe sehr, dass mir das nächste Frühjahr wieder ein Zusammensein mit Ihnen bescheren wird. Die Conferenz mit Krönlein[912] hat noch nicht stattgefunden und so ist über Operation oder Nichtoperation noch nicht entschieden. Ich denke, dass Operation einstweilen nicht nötig befunden wird. Seit meiner Heimkehr bin ich sehr eifrig an der definitiven Redaktion der automorphen Funktionen mehrerer Variablen[913] und ich hoffe, Ihnen die Arbeit spätestens Ende Mai zusenden zu können. Einige Tage nach der Rückkehr von Baden-Baden erhielt ich von Schur einen Brief, in welchem er mir mitteilt, dass er mit Study einen Tag nach meiner Abreise auch in Baden-Baden war. Sie werden die Herren wohl auch nicht mehr gesehen haben, was Ihnen wegen Study nicht sehr leid thun wird. Anbei schicke ich Ihnen ein Blatt, auf welches Eva für Franz

[911] D. Hilbert: Zur Variationsrechnung (Göttingenr Nachrichten 1905, 159-178), vgl. auch (Mathematische Annalen 62 (1906), 351-370).

[912] Krönlein war der Chirurg, der die Nierenoperation durchführte. Die Niere musste entfernt werden mit drastischen Folgen für Hurwitz' Gesundheit; vgl. Hurwitz an Hilbert 1. Januar 1906 HuHi 67.

[913] A. Hurwitz: Zur Theorie der automorphen Funktionen von beliebig vielen Variablen (Mathematische Annalen 61 (1905), 325-368).

einige ihrer Rätsel und Gedichte aufgeschrieben hat, darunter den Held Otto, den ich Ihnen in Baden-Baden nicht vollständig citiren konnte. – Minkowski, Klein, Runge, Schwarzschild Blumenthal bitte ich bei Gelegenheit vielmals von mir zu grüssen. Empfangen Sie und Ihre werthe Frau – auch von meiner Frau – die herzlichsten Grüsse! In alter Freundschaft

Ihr

Hurwitz.

Hilbert an **Hurwitz** HiHu83

08.05.1905, Göttingen (Postkarte)

Lieber Freund.

Besten Dank für Ihr Manuskript[914], das so rasch als möglich gedruckt werden soll. Auch für Ihren freundlichen Brief vom 30.4. den herzlichsten Dank. Die darin ausgesprochene Hoffnung, dass wir nun künftige Ostern wieder ein Rendevouz gehen wollen, teile ich mit der Versicherung, dass es an meinem Willen nicht fehlen wird. Auch wir sind von unserem Aufenthalt in Baden-Baden sehr befriedigt, obwohl das Wetter hätte besser sein können. Meine Note über Variationsrechnung[915] ist schon gedruckt, doch will ich noch die Korrekturen einiger jungen math. Freunde abwarten. Unser Ausflug nach Berlin ist auf den 23–24 Juni hinausgeschoben worden. – Ich arbeite jetzt ausschliesslich an meinen Vorlesungen. Schur u. Study habe ich Baden-Baden nicht mehr gesehen; dagegen trafen wir in Heidelberg mit H. Weber, dessen Sohn und dem jungen Physiker Carlähne, wie mit Poskels und Frau zusammen und machten mit diesen einen Ausflug ins Nekarthal.

Mit besten Grüssen, auch Ihre werte Frau

Ihr Hilbert.

Hurwitz an **Hilbert** HuHi64

09.05.1905, Zürich (Postkarte)

Lieber Freund!

Es wird Sie und Ihre w. Frau interessiren, das Resultat der Consultation[916] mit meinem Chirurgen, Krönlein, die heute stattgefunden, zu erfahren. Also: Die Anheftung der Niere will er wirklich ausführen, aber erst am Schluss des

[914] A. Hurwitz: Zur Theorie der automorphen Funktionen von beliebig vielen Variablen (Mathematische Annalen 61 (1905), 325-368).

[915] D. Hilbert: Zur Variationsrechnung (Nachrichten der k. Gesellschaft der Wissenschaften zu Göttingen, Mathematisch-physikalische Klasse aus dem Jahre 1905, 159-178).

[916] Die Niere musste entfernt werden mit drastischen Folgen für Hurwitz' Gesundheit; vgl. Hurwitz an Hilbert 1. Januar 1906 HuHi 67.

Sommersemesters, da er es nicht für dringend ansieht. – Mein Manuskript[917] werden Sie inzwischen erhalten haben. Gestern sah ich einmal, aus Anlass unserer Unterhaltung, die betr. Arbeiten von Furtwängler nach, wobei ich constatirte, dass ich doch im Recht bin: Furtwängler hat nicht vor mir die Idee, die Idealtheorie auf die Composition zu gründen, gehabt. Meine bez. Arbeit[918] ist in derselben Sitzung (Oktober 1905) der Gött. Ges. d. W. vorgelegt, wie die (übrigens falsche) erste Mitteilung von Furtwängler. Die Dissertation von F.[919] ist erst ein Jahr später (1896) erschienen.

Viele Grüsse für Sie + die Ihrigen von meiner Frau und Ihrem
A. Hurwitz
Für Minkowskis besten Gruss!

Minkowski an **Hurwitz** MiHu26
10.06.1905, Ort fehlt (Brief)

Lieber Freund,

Wie kurz unser Wiedersehen auch war, so hat es mir doch wieder die alten schönen Zeiten in Ihrer Nähe völlig zum Greifen gebracht und ebenso wie ich haben alle Göttinger, die damals in Baden[920] zusammenfanden, grosses Verlangen bald sich noch viel gründlicher Ihrer angenehmen Gesellschaft erfreuen zu können. Ich stecke ganz in automorphen Funktionen und bin besonders gespannt auf Ihre bevorstehende Publikation[921]. Leider mangelt es bei den Annalen immer mit der Fixigkeit des Erscheinens, hauptsächlich weil wohl Teubner durch die Enzyklopädie soviel Typen unbrauchbar festlegen muss. Wollen Sie nicht einen Auszug in den Göttinger Nachrichten publizieren. Mit Ottos Leo freuten wir uns sehr. Er ist wirklich ein stattlicher künftiger Vaterlandsverteidiger, der in Leutnantsuniform die Schwärmerei vieler Mädchenherzen bilden wird.

Viele herzliche Grüsse für Ihre liebe Frau, Ihre Kleinen, Ihre zwei Brüder und alle Züricher Freunde

[917] A. Hurwitz: Zur Theorie der automorphen Funktionen von beliebig vielen Variablen (Mathematische Annalen 61 (1905), 325-368).

[918] Vgl. A. Hurwitz: Über einen Fundamentalsatz der arithmetischen Theorie der algebraischen Grössen (Nachrichten von der kgl. Gesellschaft der Wissenschaften zu Göttingen, Mathematisch-physikalische Klasse aus dem Jahre 1895, 230-240). Vorgelegt vom Sekretär am 15. Juni 1895. Die Arbeit von Furtwängler „Zur Begründung der Idealtheorie" erschien ebenfalls 1895 in den Nachrichten (pp. 381-384). Sie wurde am 19. Oktober 1895 vom Sekretär vorgelegt. In derselben Sitzung wurde vorgelegt A. Hurwitz „Die unimodularen Substitutionen in in einem algebraischen Zahlkörper" (pp. 332-356). Diese hatte aber nichts mir Idealtheorie zu tun. Hurwitz hat hier vermutlich einige Daten durcheinander gebracht.

[919] Zur Theorie der in Linearfaktoren zerlegbaren ganzzahlingen ternären kubischen Formen (Göttingen, 1896), Gutachter war F. Klein.

[920] Es geht um Baden-Baden, wo ein Treffen stattgefunden hatte, vgl. Hilbert an Hurwitz, 8. Mai 1905 HiHu 83.

[921] A. Hurwitz: Zur Theorie der automorphen Funktionen von beliebig vielen Variablen (Mathematische Annalen 61 (1905), 325-368).

Von Ihrem

H. Minkowski

(Ergänzung von Auguste Minkowski:)

Ruth ist regelmäßig zwei [unlesbar] Stunden [unlesbar], so daß ich ziemlich beschäftigt bin. Mit Hilberts sind wir viel zusammen, machen mit ihnen regelmäßig Ausflüge, wobei sich Franz und Lily immer beteiligen. Daß Hilberts Mutter gestorben ist, wißt Ihr wohl, beide reisen zur Beerdigung nach Königsberg u. Frau Hilbert geht schon Mitte Juli mit Franz auf Rauschen. Wie geht es Deinen Lieben in Köln[922]? Ist Frau Burkhardt wieder in Zürich; ich hörte lange nichts mehr von ihr. Monakows, Sterns[923], Rudios, Bambergers, von allen möchte ich möglichst viel hören, am meisten aber von Dir, Deinem Gatten u. den Kindern. Sag Allen innigste Grüße und viel herzlicher von Deiner

Guste

Hurwitz an **Hilbert** HuHi65
11.06.1905, Zürich (Brief)

Lieber Freund,

Zu unserem grössten Bedauern erfuhren wir gestern durch Frau Minkowski, dass Sie und die Ihrigen von einem harten Verluste betroffen sind. Dass ich an Ihrem Schmerz den herzlichsten Anteil nehme, bedarf bei unserer alten Freundschaft kaum der Versicherung. Möge Ihnen der Gedanke Trost gewähren, dass das Leben Ihrer Mutter nichts mehr zu bieten hatte und der Tod sie von längerem Siechtum erlöste. Das Bild Ihrer Mutter, ihre freundliche, wohlwollende Art stehen mir so lebhaft vor Augen und so wird sie stets in meiner Erinnerung fortleben. – Ich hoffe, dass Sie, Ihre werte Frau und Franz wohlauf sind. Die Meinigen und mein eigenes Befinden lässt gegenwärtig kaum zu wünschen. Ihre beiden interessanten Abhandlungen[924] habe ich vor einiger Zeit richtig erhalten. Ganz besonders interessirt mich die Behandlung der Randwertaufgabe mit Hülfe der Integralgleichungen. Sie sprachen davon schon in Baden-Baden. Die letzten Paragraphen von Riemanns Dissertation besprechen die Möglichkeit solcher Fragestellungen.

---

[922] Vermutlich ist die Familie von Minkowskis Bruder gemeint.

[923] Alfred Stern (1846–1936), Sohn des Mathematikers Moritz Abraham Stern, und seine Frau zählten zum Freundeskreis von Ida und Adolf Hurwitz wie auch zu dem von Hermann und Auguste Minkowski in Zürich. Stern war Historiker und seit 1887 Professor in Zürich. Sein Vater lebte seit 1884 bei ihm, er starb 1894 in Zürich. Hurwitz kannte den Vater aus seiner Göttinger Zeit.

[924] D. Hilbert: Grundzüge einer allgemeinen Theorie der Integralgleichungen. (Erste Mittheilung, (Göttinger Nachrichten 1904, 49-91); zweite Mittheilung, (Göttinger Nachrichten 1904, 213-259). Bis 1910 publizierte Hilbert insgesamt sechs dieser Mitteilungen in den Göttinger Nachrichten. Sie erschienen 1912 unter dem gleichen Titel in Buchform (Leipzig: Teubner, 1912).

Mit herzlichstem Grusse, auch für Ihre w. Frau, bin ich Ihre freunschaftlichst ergebener

A. Hurwitz.

Meine Frau bittet mich, Ihnen ihre herzlichste Teilnahme auszusprechen.

Hilbert an **Hurwitz** HiHu84

18.06.1905, Göttingen (Brief)

Lieber Freund.

Vor Allem meinen herzlichen Dank für Ihren teilnehmenden Brief. Wenn auch meine Mutter selbst nicht mehr viel vom Leben hatte, so bedeutete doch ihr Tod für meinen Vater einen Schlag, den er wohl schwer wird verwinden, da er jetzt so völlig einsam lebt. An sich hat ja meine Mutter eine längere Lebensdauer gehabt, als wir gehofft hatten und wohl auch, als wie ihr Organismus eingerichtet war.

Ihre freundlichen Zeilen versetzen mich wieder in die Rückerinnerung an die mit Ihnen in Königsberg gemeinsam verlebte schöne Zeit. Wie ganz anders war es damals mit der Mathematik in Königsberg bestellt, wie jetzt, wo unter den dortigen Dozenten nichts wie Unzufriedenheit herrscht. Soeben erhalte ich eben wieder einen höchst langweiligen Brief von Volkmann, wo dieser von Schönfliess die dümmsten Dinge klagt, und Schönfliess scheint beinahe wirklich der schuldigste zu sein, da er statt Volkmann seiner Wege gehen zu lassen, immer wieder von Neuem anfängt.

Die Rätsel und Gedichte Ihrer Tochter haben wir mit viel Bewunderung gelesen und Minkowski und Anderen gezeigt. An einer etwaigen vermehrten Auflage lassen Sie uns teilnehmen.

Mit Furtwängler[925] haben Sie recht; es bleibt doch aber soviel, dass er selbstständig auf die Idee gekommen ist. Ich schätze die gegenwärtigen Arbeiten F's, auch wenn es schliesslich nur Ausführungen der meinigen sind, doch sehr hoch, weil ich weiss, welche harte Mühe und Geisteskraft wegen der Abstraktheit derer Dinge nöthig ist, um zur Herrschaft darüber zu gelangen. Auch bin ich so sehr froh, dass ich sobald einen so verständnissinnigen und so zuverlässigen Schüler in F. gefunden habe.

Minkowski's sind schon vorgestern Nacht von ihrer Thyringer Reise zurückgekehrt; Klein ebenso von seinen Reisen nach Leipzig und Jena. Die nächste Woche Donnerstag – Sonntag unternehmen wir nun den gemeinschaftlichen Ausflug nach Berlin als Mitglieder des Göttinger Vereins für angew. Math. u. Physik. Da somit das Semester soviele Unterbrechungen erleidet und sobald zu Ende ist (d. 2ten August gedenke ich bereits nach der Nordsee abzureisen), so habe ich mich in den Ferien ordentlich an die Vorbereitungen meiner Vorlesungen gehalten. Was nämlich meine „Axiome des Denkens“ anbelangt, so komme ich jetzt an die Mechanik, Physik, Thermodynamik und Wahrscheinlichkeitsrechnung. Es liegt hier besonders in

[925] Vgl. Hurwitz an Hilbert 9. Mai 1905 HuHi 64.

Mech. und Thermodynamik sehr viel mehr Litteratur über die Axiome vor, als man denkt. Freilich liegt Alles noch in wüstem Chaos durcheinander wegen der Verschiedenheit der Standpunkte der Verfasser. Auch die Axiome des Versicherungswesens hat bereits Bohlmann[926] aufgestellt. Dann erst zum Schluss meiner Vorlesung komme ich zu den Axiomen der Logik selbst. Dies ist der schwierigste Teil, weil sich hier die Grenzen zwischen Math. und Philosophie ganz vermischen. Während nämlich z. B. in meinen Grundlagen der Geometrie das Ding, das ich „Gerade" nenne, immer nur eine logische Einheit bleibt und als solche garnichts mit dem wirklichen Punkte *) mit diesem hat nur der Experimentator zu thun. (* zu thun hat[927], so kommen jetzt gewisse Dinge „oder", „und", „nicht" in's Spiel, die ebenfalls durch bestimmte Axiome mit einander verbunden sind und logische Einheiten bedeuten, die aber plötzlich einmal auch die wirklichen „oder", „und" und das wirkliche „nicht" zu bedeuten anfangen, sodass es hier scheint, als ob die Fähigkeit des Experimentators und die des reinen Denkens ineinander fliessen.

Doch nun genug zu diesen mir selbst noch sehr unklaren Ueberlegungen.

Besonders hat es mich gefreut, dass es Ihnen gesundheitlich so gut geht. Dann ist die Operation[928] vielleicht garnicht nöthig. Falls es, wie Sie schreiben, Ende des Semesters zu derselben kommt, wünsche ich Ihnen guten Erfolg.

Bitte Ihre Frau bestens zu grüssen und seien Sie selbst gegrüsst von

Ihrem

Hilbert.

P.S. In der Pfingstwoche war Kowalewski aus Bonn hier zu Besuch, er war persönlich recht angenehm, wenn auch math. nicht sehr ergiebig.

Hurwitz an **Hilbert** HuHi66

09.07.1905, Zürich (Brief)

Lieber Freund!

Vielen Dank für Ihren interessanten Brief vom 18. Juni! Die Zustände in Königsberg unter unseren Fachgenossen scheinen ja wirklich recht lieblich zu sein. Ich hoffe, dass Sie sich als Friedensstifter nicht zu viel Ärger aufbürden. Bei manchen Naturen ist alles Liebesmüh für friedlichen Ausgleich vergebens.

Ihre Untersuchungen über die Grundlagen der exacten Wissenschaften interessiren mich umso mehr, als mir die betreffenden Fragen doch mein

[926] Vgl. G. Bohlmann: Lebensversicherung-Mathematik. In: Encyklopädie der mathematischen Wissenschaften mit Einschluss ihrer Anwendungen 1. Band 2. Theil (Leipzig: Teubner, 1900–1904), 852-917 (abgeschlossen Mai 1901).

[927] Eine interessante Bemerkung Hilberts zu den ontologischen Vorstellungen, die seinen Grundlagen der Geometrie (1899) zugrunde liegen.

[928] Die Niere musste entfernt werden mit drastischen Folgen für Hurwitz' Gesundheit; vgl. Hurwitz an Hilbert 1. Januar 1906 HuHi 67.

1stündiges Colleg über die Axiome der Arithm. + Geometrie[929] näher gerückt sind. In diesem Colleg habe ich mich im Wesentlichen darauf beschränkt, für Ihre Ideen Propaganda zu machen, und ich glaube, es ist mir das auch gelungen. Die Zuhörerschaft setzt sich aus über 20 Jüngern der Wissenschaft, darunter 5 Gymnasiallehrer + 5 Assistenten zusammen und zeigt sich sehr interessirt. Leider werde ich wohl schon am nächsten Freitag mit den Construktionen mit Lineal + Eichmass[930] schliessen müssen, da nun die Operation bevorsteht. Eine Voruntersuchung, die sehr schmerzhaft war, ist im Beginn voriger Woche schon ausgeführt, doch bin ich über das Ergebnis derselben noch nicht ausreichend orientiert, da unser Chirurg so stark besetzt ist, dass es schwer fällt, ihn zu sprechen.

Anbei sende ich Ihnen heut einige Zeilen, die ich Sie bitte an Teubner weiterzuleiten mit der Bestimmung, dass sie an den Schluss meiner Arbeit über die automorphen Funktionen[931] angefügt werden.

Die Arbeit von Johansson[932], die ich gestern erhielt, ist mir vom Verf. wohl auf Ihre Anregung hin zugeschickt. Sie interessirt mich sehr, da sie, namenthlich in ihrem ersten Teil, Ideen ausführt, die sich mit meinen alten Untersuchungen über Riem. Flächen innig berühren. Ob Alles in Ordnung ist, vermag ich bei flüchtiger Lektüre der Arbeit nicht zu übersehen, doch habe ich den Eindruck, dass Johansson auf dem richtigen Wege ist.

Dass Franz sich für Eva's poetische Produktionen interessirt, hat dieser grosses Vergnügen gemacht und sie angeregt, diesem Briefe zwei weitere Früchte ihrer poetischen Mussestunden beizulegen. Das Kind ist unheimlich produktiv, zu Zeiten vergeht kein Tag, an welchem sie nicht 1–2 Gedichte ihren gesammelten Werken einverleibt... Nun, lieber Freund, leben Sie wohl für heute. Grüssen Sie Ihre werte Frau, alle Göttinger Freunde und Bekannte, Minkowski, Klein, Runge, Blumenthal, Schwarzschild, und seien Sie selber herzlich gegrüst von Ihrem

A. Hurwitz.

---

[929] Hurwitz hielt im Sommersemester 1905 am Polytechnikum eine Vorlesung dieses Titels. Man findet auch Aufzeichnungen zur Axiomatik in seinem Tagebuch (25. Januar 1902) sowie in seiner detaillierten Ausarbeitung für die genannte Vorlesung (Bibliothek ETH Hochschularchiv Hs 582 : 111).

[930] Ein Thema, das Hilbert in seinen Grundlagen der Geometrie (1899) behandelt. Er arbeitet noch mit dem Streckenübertrager, das Eichmaß wurde kurze Zeit später von J. Kürschak eingeführt.

[931] A. Hurwitz: Zur Theorie der automorphen Funktionen von beliebig vielen Variablen (Mathematische Annalen 61 (1905), 325-368). Am Ende dieses Artikels gibt es einen Nachtrag mit Literaturhinweisen (p. 367-368).

[932] 1906 erschienen zwei Arbeiten von Severin Johansson im Band 62 der Mathematischen Annalen: „Ein Satz über die konforme Abbildung einfach zusammenhängender Riemannscher Flächen auf den Einheitskreis" (pp. 177-183) und „Beweis der Existenz linear polymorpher Funktionen vom Grenzkreistypus auf Riemannschen Flächen" (pp. 184-193). Johansson hat 1905 eine Dissertation vorgelegt mit dem Titel „Über die Uniformisierung Riemannscher Flächen mit endlicher Zahl von Windungspunkten" (Acta Societatis Scientiarum Fennicae 33 (1908) No. 7 [28 Seiten]).

Hilbert an **Hurwitz** HiHu85
03.08.1905, Göttingen (Postkarte)

Lieber Freund! Es thut mir herzlich leid, daß Sie sich noch immer so in Acht nehmen müssen. Wir haben heute geschlossen, und denken am 18ten hier wegzureisen, treffen am Sonntagvormittag in Zürich ein.

Sonntag

Falls es Ihnen dann passt, würden wir sehr gern den Tag in Zürich bleiben. Wir wollen dann 4 Wochen im Engadin Fusstouren machen und am 16 Sept. zur Naturforscher-Versammlung in Stuttgart[933] wieder zurück sein.

Beste Grüsse für Sie und Ihre Frau
von Ihrem
alten Freunde
Hilbert.

Hilbert an **Hurwitz** HiHu86
25.08.1905, Borkum (Brief)

Lieber Freund.

Vor Allem besten Dank für Ihre Mitteilung über die gelungene Operation[934] und herzlichsten Glückwunsch dazu. Hoffentlich sind Sie nun schon wieder ganz hergestellt. Dass Ihre Niere nun für alle Zeit ganz festgemacht[935] ist, begrüsse ich auch aus ganz egoistischen Gründen: denn es wird nun hoffentlich viel leichter als früher ein Rendevouz mit Ihnen oder auch ein Zusammentreffen auf Versammlungen sich bewerkstelligen lassen. Es war doch sehr nett vorige Ostern in Baden-Baden und wir könnten leicht so etwas jede Osterferien verabreden. Nach Meran[936] gehe ich freilich nicht; das ist mir von hier aus zu weit und zu unbequem. Wir bleiben – meine Frau kommt Sonntag hierher – noch bis Mitte September hier und dann freue ich mich auch schon sehr, wieder zu Hause zu

933 Die Jahresversammlung der Deutschen Mathematiker-Vereinigung fand vom 16. bis 22. September 1906 im Rahmen der Versammlung deutscher Naturforscher und Ärzte in Stuttgart statt. Hilbert sprach über Wesen und Ziele der Theorie der Integralgleichungen, Minkowski über ein noch zu bestimmendes Thema aus der theoretischen Physik (laut Bericht im Jahresbericht 15 (1906), 446). Vgl. aber Minkowski an Hilbert 9. September 1906 MiHi 95 und Hilbert an Hurwitz 30. September 1906 HiHu 89.

934 Die Niere musste entfernt werden mit drastischen Folgen für Hurwitz' Gesundheit; vgl. Hurwitz an Hilbert 1. Januar 1906 HuHi 67.

935 Hilbert irrt sich hier, die Niere musste entfernt werden mit erheblichen Folgen für Hurwitz' Gesundheit; vgl. Hurwitz an Hilbert 25. July 1906 HuHi 68. Insofern kann es auch keine Mitteilung über die gelungene Operation gegeben haben; vgl. aber Hurwitz an Hilbert 9. Mai 1905 HuHi 64.

936 Dort fand im September 1905 die Jahrestagung der deutschen Mathematiker-Vereinigung im Rahmen der Versammlung Deutscher Natuforscher und Ärzte statt. Bekannt geblieben ist diese Versammlung wegen der Meraner Reformvorschläge.

sein. Die Bäder und die See sind hier übrigens herrlich. Vielleicht richten Sie sich nächstes Jahr – wo die Versammlung in Köln[937] sein soll – so ein vorher in ein holländisches Seebad zu gehen. Ich glaube, dass dies mehrere Mathematiker, zu denen auch wir wahrscheinlich gehören werden, zu tun beabsichtigen. Jedenfalls wäre dies eine gute Veranlassung einmal nach Norden zu reisen.

Ich bin hier seit 3 Wochen und es gefällt mir eigentlich mit jedem Tage besser, so dass ich nicht denke noch auf eine andere Insel zu gehen, wozu Klein, der in Juist ist, sehr zuredet.

Die Hauptsache ist hier für mich das Baden, dann das Spazierengehen; ich beschäftige mich aber auch etwas mathematisch; vor Allem habe ich eine dritte Note[938] über Integralgleichungen von hier aus druckfertig gemacht: vielleicht wird die Sie auch etwas mehr interessiren, weil sie einige Anwendungen auf Theorie der Funktionen einer komplexen Veränderlichen behandelt. Ich habe dem Abschnitt den Titel „Riemannsche Probleme" gegeben mit Rücksicht auf die Bemerkungen Riemanns in seiner Inaugural- Disseration, auf die Sie und übrigens auch Klein mich aufmerksam machten. Die Hauptsache ist, dass der Nachweis der Existenz von Differentialgl. mit vorgeschriebener Monodromiegruppe vollständig und zwar in sehr ordentlicher Weise ohne Kontinuitäts- und überhaupt ohne besondere Convergenz-Betrachtungen gelingt. Doch Sie werden das ja selbst sehen; den ersten Bogen habe ich bereits in Korrektur. Der Stoff zur 4ten Note ist fertig; ich habe ihn grösstenteils in meiner Vorlesung letztes Semester vorgetragen; die Ausarbeitung wird freilich noch manche Mühe machen. Und dann plane ich wohl eine 5te und letzte, in welche alle resultirenden Anwendungen hineinsollen.

Im nächsten Semester habe ich Mechanik angekündigt – eine Vorlesung, die ich immer sehr gern lese und auf die ich mich auch schon diesmal sehr freue und dann noch 2st. partielle Differentialgl. für mittlere Semester als Einführung. Ich will dabei natürlich zusehen, ob ich da nicht auch schon etwas Integralgl. anbringen kann. *) Ich habe mich, trotzdem ich 6 St.+2 Seminarst. lese, doch so einrichten können, dass ich nur Montag, Dienstag und Donnerstag lese. (*

Ich bin hier fast immer alleine gewesen und weiss daher sonst nicht viel zu erzählen; es war übrigens auch einmal recht angenehm eine so einsame Zeit und ich habe mich sehr wohl dabei gefühlt und mit keinem Augenblick gelangweilt.

Doch nun Adieu, grüssen Sie ihre Frau und seien Sie selbst herzlichst gerüsst
von Ihrem
Hilbert.

---

[937] Dort fand erst im September 1908 die Jahrestagung der deutschen Mathematiker-Vereinigung im Rahmen der Versammlung Deutscher Naturforscher und Ärzte statt. Minkowski hielt dabei seinen berühmten Vortrag über Raum und Zeit. Die Versammlung des Jahres 1906 fand vom 16. bis 22. September in Stuttgart statt. Hilbert sprach über Wesen und Ziele der Theorie der Integralgleichungen, Minkowski hielt keinen Vortrag; vgl. Minkowski an Hurwitz 9. September 1906 MiHi 95.

[938] D. Hilbert: Grundzüge einer allgemeinen Theorie der Integral-Gleichungen (Nachrichten von der kgl. Gesellschaft der Wissenschaften zu Göttingen, Mathematisch-physikalische Klasse aus dem Jahre 1905, 307-338). Die vierte und fünfte Mitteilung erschienen im Band der Göttinger Nachrichten für 1906 (pp. 157 - 227 bzw. 439-476).

Hilbert an **Hurwitz** HiHu87
19.10.1905, Göttingen (Postkarte)

Lieber Freund.

Dass Sie schon so lange zu Bett liegen müssen, thut uns wirklich herzlich Leid; das ist sehr böse. Sie müssen nun Ihren Urlaub dazu benutzen sich recht gründlich zu erholen und wenn dann die Operation schliesslich den gewünschten Erfolg hat, und Ihre Niere festsitzt[939], so ist dieser Vorteil auch nicht zu theuer bezahlt. – Minkowski's sind jetzt in Strassburg; ich habe ihm Ihre Grüsse aber noch hier ausgerichtet. – Das Wintersemester ist ganz den automorphen Funktionen gewidmet. Klein erklärte uns neulich – staunen Sie – dass er sein elektrotechnisches Seminar aufgeben und dafür in unseres von M. und mir geleitete kommen wolle, auch selbst eig. Vorträge über lin. Differentialgl. übernehme. Ich hoffe, dass alle Existenzth. (Oszillationsth.) sich mit meinen Integralgl. werden beweisen lassen. Herzliche Grüsse und rasche Besserung wünscht Ihr Hilbert.

Minkowski an **Hurwitz** MiHu27
29.12.1905, Göttingen (Brief)

Lieber Freund!

Auf den neuen Kalender möchte ich meine Sünden nicht übertragen und melde mich daher noch, solange Zeit zur Besserung ist. Ich würde gerne von Ihnen hören, dass Sie sich von der durchgemachten Leidenszeit völlig erholt haben und sich jetzt so wohl fühlen, wie in den besten Zeiten. Auch, dass Sie infolge dessen neue Pläne schmieden, wie wir alten mathematischen Freunde, Sie, Hilbert und ich in absehbarer Zeit ein ebenso frohes Rendezvous wie im letzten Frühjahr uns geben können. Ihren Artikel aus den Annalen[940] habe ich neulich in den Korrekturen mit großem Interesse gelesen, auf Ihren Aufsatz im Dirichletband von Hensel[941] warte ich schon lange. Fast sieht es aus, als ob Hensel nicht genügend Stoff für das letzte Heft hat; eine Arbeit von mir[942], die sich inhaltlich

[939] Die Niere musste entfernt werden mit drastischen Folgen für Hurwitz' Gesundheit; vgl. Hurwitz an Hilbert 1. Januar 1906 HuHi 67.

[940] A. Hurwitz: Zur Theorie der automorphen Funktionen in beliebig vielen Variablen (Mathematische Annalen 61 (1905), 325-368).

[941] A. Hurwitz: Über eine Darstellung der Klassenzahl binärer quadratischer Formen durch unendliche Reihen (pp. 151-186). H. Minkowski: Diskontinuitätsbereich für arithmetische Äquivalenz (Journal für die reine und angewandte Mathematik, 129 (1905), 220–274). Auch Hilbert und Hurwitz lieferten Beiträge zu diesem Band des Journals, der Dirichlet gewidmet war: Über das Dirichletsche Prinzip (63-67) bzw. Über eine Darstellung der Klassenzahl binärer quadratischer Formen (187-213).

[942] H. Minkowski: Discontinuitätsbereich für arithmetische Äquivalenz (Journal für die reine und angewandte Mathematik 129 (1905), 220-274).

an manchen Stellen mit Ihrem Annalenartikel berührt, ist schon seit 4 Monaten darin gedruckt, ohne dass sie ans Tageslicht kommen kann.

Hier ist wie immer viel wissenschaftliches Leben, wir haben auch tüchtigen jungen Zuwachs durch unsere Privatdozenten; auf Herglotz, der noch kaum Mitte der 20er ist und die gesamte Mathematik geradezu spielend betreibt, setze ich ganz besondere Hoffnungen; ein äusserst klarer Kopf, aber nicht so intensiv bei der Arbeit, ist Erhard Schmidt, der sich nach Neujahr in Bonn habilitieren wird; auch Caratheodory, der schon älter ist und eines Tages wohl Göttingen mit seiner griechischen Heimat vertauschen wird, ist wenn auch nicht so vielseitig in seinen Spezialgebieten unternehmend und glücklich. Klein kommt wieder in wissenschaftliches Fahrwasser hinein, den Anstoss gab wohl, abgesehen davon, dass seine sämtlichen Pläne sonst allmählich ausgeführt sind, die letzte Budapester Preisverleihung[943]. Er sollte das Gutachten über Poincaré und Hilbert machen, legte aber seinen Bericht gleich so grossartig an, dass er in der mathematischen Gesellschaft seit Oktober ununterbrochen über Poincaré vortragend dessen Leistungen erst zu einem Drittel etwa erschöpft hat. Inzwischen rückte der Termin der offiziellen Preisverleihung in Budapest heran und Klein, dem die übernommene Aufgabe immer riesiger anwuchs, musste sein Amt der dortigen Akademie zur Verfügung stellen. Über dieses Missgeschick tröstet sich Klein mit der Verlobung seiner Tochter Sophie.[944] Haben die jungen Leute einstweilen noch nicht genug zum Leben, so ist doch der Bräutigam sehr rührig und hoffnungsvoll; schon als Referendar erschloss er sich ansehnliche Einnahmen durch Repetitorien. Hilbert redigiert an Note[945] 4–6 seiner Integralgleichungen, es giebt nichts auf der Welt, was nicht viel leichter und vollkommener mit Integralgleichungen ginge. Ich selbst mache nun jetzt endlich Ernst mit dem Encyklopädieartikel über Kapillarität[946], nachdem mein unmittelbarer Vorgänger dort, Boltzmann[947], der vielen Aufschub verursacht hat, wirklich seinen Beitrag glänzend geliefert hat. Der Gegenstand interessiert mich jetzt, nachdem ich mich darin vertieft habe, recht; ich befinde mich aber dadurch in dem Zustand einer großen Freiheitsberaubung in Bezug auf rein mathematische Spekulationen. –

Ich bin auch sehr begierig auf die Nachrichten, die sie uns von Frau und Kindern senden werden. Je mehr die Kleinen heranwachsen, umso mehr Freude haben Sie gewiss von ihnen, wenn Talente und Neigungen immer deutlicher hervortreten. Wir können ja aus unserer eigenen Erfahrung sprechen. Inzwischen ist Lily ein grosses Mädchen geworden, die ihre Kameradinnen im

943 Es geht um den Bolyai-Preis, der 1905 an Poincaré und 1910 an Hilbert von der Ungarischen Akademie verliehen wurde. Danach trat eine Pause bis zum Jahr 2000 ein.

944 Sophie Eugenie Klein (1885–1965) verh. Hagemann.

945 Erschienen in den Göttinger Nachrichten 1906 und 1907.

946 Hermann Minkowski: Kapillarität. In: Encyklopädie der mathematischen Wissenschaften mit Einschluß ihrer Anwendungen Band. Fünfter Band: Physik, hg. von A. Sommerfeld. Erster Teil (Leipzig: Teubner, 1903–1921), 559-622 (abgeschlossen im Herbst 1906).

947 Botzmann, Ludwig/Nabl, J.: Kinetische Theorie der Materie. In: Encyklopädie der mathematischen Wissenschaften mit Einschluß ihrer Anwendungen Band. Fünfter Band: Physik, hg. von A. Sommerfeld. Erster Teil (Leipzig: Teubner, 1903–1921), 454-558 (abgeschlossen im Oktober 1905).

Kopfrechnen übertrifft und auch den Eulerschen Polyedersatz neulich gleich verstand, während Ruth, von der Sie wohl nur den Namen wissen werden, in Leichtigkeit und schauspielerischen Talenten und in meist beabsichtigter Komik Nummer Eins verdient.

Von den Zürcher Bekannten hörten wir seit langer Zeit Nichts. Was machen Burkhardt's, was Stern's, was Rudio's? Stern's sehen Sie ja wohl öfters. Darf ich Sie bitten, ihnen freundliche Grüße von uns auszurichten, ich habe die Absicht, morgen selbst an sie zu schreiben, aber sicherer ist es immerhin, wenn ich mich auch Ihrer Vermittlung hier bediene.

Nehmen Sie nun mit den lieben Ihrigen meine innigsten Wünsche zum neuen Jahr. Dasselbe soll Ihnen allen nur das Erfreulichste bringen. Werden Sie selbst ein Riese an Körperkräften und bleiben Sie der alte ruhmreiche Held auf dem mathematischen Kampfplatze.

Viele herzliche Grüsse auch an Ihre lieben Brüder

Ihr

H. Minkowski

(In kindlicher Handschrift auf Linien geschrieben von Ruth und Lily Minkowski:)

Ganz herzliche Grüsse an Lissi, Eva und Otto senden Ruth und Lily

Hurwitz an **Hilbert** HuHi67

01.01.1906, Zürich (Brief)

Lieber Freund,

ein böses Jahr liegt nun glücklich hinter mir. Ihnen ist es holder gewesen, wenn Sie auch nicht von schmerzlichem Verlust verschont geblieben sind. Für Sie persönlich und Ihre allerengste Familie kann ich Ihnen jedenfalls nichts besseres zum Jahreswechsel wünschen, als dass Ihnen das Schicksal so günstig gesinnt bleiben möge, wie bisher. – Ich glaube, ich habe Ihnen noch niemals geschrieben, dass bei der Ausführung der Operation sich die vollständige Extirpation der rechten Niere als notwendig herausstellte, eine blosse Anheftunge war, wegen der vorgeschrittenen Degeneration des Organs, unmöglich. Der Eingriff war also ein recht tiefgreifender. Die Folgen kann ich heute wohl so gut wie überwunden ansehen. Nur der Zustand meiner körperlichen Kräfte lässt noch zu wünschen, so dass ich auch für die zweite Hälfte des Semesters Urlaub nehmen musste. Interesse für mathem. Arbeit ist wieder vorhanden, doch hält sich meine Tätigkeit in müssigen Schranken. Eine zahlentheoretische Kleinigkeit habe ich an das Archiv[948] geschickt. Jetzt möchte ich mich etwas in Hensels neulich erschienenem

[948] A. Hurwitz: Über eine Aufgabe der unbestimmten Analysis (Archiv für Mathematik und Physik 3. Serie 11 (1907), 185-196).

Meraner Vortrag[949] vertiefen. Wenn die Sache in Ordnung ist, so bedeutet sie doch einen grossen Fortschritt in den uns zu Verfügung stehenden Methoden. Aus dem letzten Gutzmer Hefte[950] ersehe ich, dass Caratheodory sich mit dem Picardschen Satze beschäftigt hat. Ich vermute, dass er dieselben Betrachtungen angestellt hat, die ich an meine Arbeit „Über die Anwendung der ellipt. Modulf. auf einen Satz der allgem. Funktionentheorie" (Naturf. Ges. Zürich 1904)[951] anknüpfte, aber nicht veröffentlichte. Dieselben geben logarithm. Grenzen für den betr. Radius und stützen sich auf die hypergeometr. Reihen der Theorie der Modulfunktionen. Sprechen Sie doch, bitte, einmal mit Caratheodory darüber; es würde mich interessiren, davon zu hören.

Für Ihre Karte vom math. Verein in Göttingen, vielen Dank, den ich Sie auch den Beteiligten bei Gelegenheit mit meinen Grüssen zu vermitteln bitte. Nun, leben Sie wohl, grüssen Sie Ihre werthe Gattin bitte von meiner Frau und mir herzlich, seien Sie in mathematices nicht zu fleissig, damit wir mitkommen können und bewahren Sie Ihre Freundschaft Ihrem alten Freunde

A. Hurwitz.

Hilbert an **Hurwitz** HiHu88

04.01.1906, Göttingen (Brief)

Lieber Freund!

Vor allem unsere herzlichsten Wünsche zu Ihrer Wiederherstellung, und daß Sie nur Ihre volle Gesundheit wiedererlangen, und des neuen Jahres froh werden, hoffentlich bringt uns dasselbe ein so angenehmes Zusammensein wie das letzte in Baden-Baden. Wir gedenken Ostern an die französische Riviera zu gehen; vielleicht können wir dort ein Rendevouz verabreden; Sie werden ja nun auch viel besser wandern können und daher auch von einer Reise viel mehr haben als früher.

Vor Weihnachten hatten wir Einweihung des neuen prachtvollen phys. Instituts, zu der eine Menge auswärtiger Physiker erschienen war darunter auch Newton. Es war sehr interessant; ist doch die Physik jetzt in ihrer fruchtbarsten Periode.

Hensels Vortrag[952] habe ich nicht gelesen; doch bin ich vom stärksten Misstrauen erfüllt. Ich bin begierig, wer zuerst den Fehler finden wird. Caratheodory hat glaube ich den Kern der ganzen Frage enthüllt, indem er das genaue Maximum der 2ten Coeffizienten als Funktion der ersten wirklich angiebt; im wesentlichen ist es die Modulfunktion, die sich auf die einfachste

[949] Hensel hielt in Meran einen Vortrag „Über die arithmetischen Eigenschaften der algebraischen und transzendenten Zahlen" (Jahresbericht der deutschen Mathematiker-Vereinigung (1905), 545-548).

[950] Gemeint ist der von Gutzmer hg. Jahresbericht der deutschen Mathematiker-Vereinigung.

[951] Vierteljahrsschrift der Naturforschenden Gesellschaft Zürich 49 (1904) , 242-253.

[952] K. Hensel: Über die arithmetischen Eigenschaften der algebraischen und transzendenten Zahlen (Jahresbericht der deutschen Mathematiker-Vereinigung (1905), 545-548).

und naheliegendste Weise so herausstellt. Ihre Grenzen müssen daraus durch Abschätzung natürlich auch herauskommen.

Minkowski u. Klein sind beide angeblich in Berlin – ersterer auf einer Vergnügungsreise mit seiner Frau und seinem Bruder aus Greifswald und letzterer zu Beratungen im Kultusministerium.

Ich sitze ziemlich fleissig an den Integralgleichungen, von denen ich mir verspreche, dass sie einst auf die Analysis einen umgestaltenden Einfluss üben werden; denn ihre Anwendungen werden immer mannigfaltiger und eine Reihe schwierigster und wichtigster Fragen findet mit Ihrer Hilfe die einfachste Lösung. Der Stoff schwillt so an, dass ich gar nicht weiss, was ich zuerst fertig machen soll. Meine 4te Note[953] soll eine neue Begründung der Theorie bringen, welche, wie ich hoffe, ansprechender ausfallen wird, wie die in meiner ersten Note. Doch nun leben Sie wohl, grüssen Sie bestens Ihre Frau und behalten Sie in alter Freundschaft

Ihren
D. Hilbert.

Hurwitz an **Hilbert** HuHi68
25.07.1906, Zürich (Postkarte)

Lieber Freund!
Die Ferien haben begonnen und da ich durch Herrn Hollerdrigs, der uns vor einigen Tagen besucht, zu meiner Freude hörte, dass Sie in die Schweiz kommen, so will ich nicht unterlassen, Ihnen zu schreiben, dass ich während der Ferien in Zürich bleibe. Also habe ich doch wohl Aussicht, Sie hier zu sehen. Mein Befinden liess in letzter Zeit leider zu wünschen; der Arzt hat mir namentlich unangenehmer Weise weitere Spaziergänge völlig untersagt, so dass Sie sich in Zürich schon zu uns in die Wohnung bemühen müssten. Übrigens ist es bei uns am Zürichberg wunderschön und Sie werden es bei uns auf der Veranda und im Garten schon für einige Nachmittage behaglich finden.

Schreiben Sie mir doch bitte jedenfalls einmal eine Karte über Ihre Reisepläne.

Herzlichste Grüsse von Haus zu Haus.

Ihr Hurwitz.

[953]D. Hilbert: Grundzüge einer allgemeinen Theorie der Integralgleichungen. (Erste Mittheilung, (Göttinger Nachrichten 1904, 49-91); vierte Mittheilung, (Göttinger Nachrichten 1906, 157-227). Bis 1910 publizierte Hilbert insgesamt sechs dieser Mitteilungen in den Göttinger Nachrichten.Sie erschienen 1912 unter dem gleichen Titel in Buchform (Leipzig: Teubner, 1912).

Minkowski an **Hilbert** MiHi95

09.09.1906, Göttingen (Brief)

Lieber Freund,

Eure Karten lasen wir mit grossem Vergnügen, wir freuen uns, dass Ihr so befriedigt seid und begeistern uns an den schönen Bildern auch ohne die dazugehörige Schweizer Luft. Hier bildet sich Jeder, den man trifft und deren giebt es auffallend viele, ein, er wäre allein da und allein fleissig. Zweimal haben auch schon die Kehrspaziergänge stattgefunden. Runge wusste viel Amüsantes aus England zu berichten, auch Intimes. Frau J. J. Thomson hält die mathematischen Naturforscher für viel bessere Leute als die biologischen, weil sie öfter in die Kirche gingen, und J. J. Thomson weiss ebensogut zu knieen als Elektronen zu zählen.[954] Für meinen Vortrag habe ich mich zu „statistischer Kinetik" entschieden. Aber ich trage mich noch sehr mit dem Gedanken überhaupt zu striken. Göttingen ist ja in Stuttgart[955] so glänzend vertreten, da darf ich schon ruhig zu Hause bleiben, meine Frau kommt jedenfalls nicht mit. Statistische Kinetik, das soll das Gegenstück zu statistischem Gleichgewicht sein und entspricht so ziemlich dem Gegenstande, den ich schon früher in Aussicht nahm. Dass Boltzmann's Encyclopädieartikel[956] nicht welterschütternd ist, dachte ich mir schon, aber zur Auffrischung etwa verloren gegangener Einzelheiten aus dem grossen Maxwell'schen Bau dürfte er bequem sein. Sehr viel reinlicher als in der kinetischen Gastheorie ist die Anwendung derselben Principien der Wahrscheinlichkeitsrechnung in der Theorie der Wärmestrahlung von Planck. Der Ansatz hier ist viel allgemeiner, nicht so mit speciellen Vorstellungen wie den Stössen der Moleküle durchtränkt. Der Planck'sche Erfolg scheint mir auch viel eindringlicher als die alte kinetische Gastheorie für die grosse Bedeutung dieser statistischen Mechanik, wie Gibbs es nennt, zu sprechen. Ich würde in meinem Vortrage von Planck, Gibbs, dem J. J. Thomson'schen Buche[957], das Du mitgenommen hast, der Anwendung der kinetischen Vorstellungen zur Ableitung des chemischen Massenwirkungsgesetzes und der Gesetze über die Reaktionsgeschwindigkeiten sprechen. Immerhin aber wäre für denjenigen, der die Dinge einigermassen kennt, so wenig Neues dabei, dass ich es schon für richtiger halte, meine frisch erworbene Weisheit in einem Zustande grösserer Reife bei einer späteren Gelegenheit an den Mann zu bringen.

[954] J. J. Thomson gilt neben E. Wiechert als Entdecker des Elektrons.

[955] Die Jahrestagung der Deutschen Mathematiker-Vereinigung 1906 fand vom 16. bis 20. September in Stuttgart statt. Hilbert hielte einen Vortrag „Über Wesen und Ziele der Theorie der Integralgleichungen", Minkowski hielt keinen Vortrag.

[956] Botzmann, Ludwig/Nabl, J.: Kinetische Theorie der Materie. In: Encyklopädie der mathematischen Wissenschaften mit Einschluß ihrer Anwendungen Band. Fünfter Band: Physik, hg. von A. Sommerfeld. Erster Teil (Leipzig: Teubner, 1903–1921), 454-558 (abgeschlossen im Oktober 1905).

[957] Vermutlich J. J. Thomson: Elements of the Mathematical Theory of Electricity and Magnetism (1897).

Vor einer Weile habe ich mit Nernst in Bremke telephonirt, den wir heute Abend aufsuchen wollen. Wir hatten vor, Franz mitzunehmen; Franz hat aber unsere Einladung dankend abgelehnt, er ist wohlauf und wird sich infolge Husserl's Lehreifer[958] bei Eurer Rückkehr jedenfalls als ein vollkommen durchgebildeter Mathematiker repräsentieren.

Indem ich Euch für den Schluss der Reise noch ebensoviel Schönes wünsche wie bisher, grüsse ich Euch zugleich von Frau und Kindern herzlichst

Euer
H. Minkowski

Viele Grüße für Hurwitzens auf Eurer Rückreise.

Hilbert an Hurwitz HiHu89
30.09.1906, Göttingen (Brief)

Seit wir bei Ihnen gewesen, sind für uns die 8 Stuttgarter Tage[959] verflossen und 8 Tage sind wir hier wieder zu Hause. Da müssen wir Ihnen und Ihrer Frau vor Allem unseren herzlichsten Dank für Ihre freundliche Aufnahme in Zürich aussprechen, insbesondere noch dafür, dass Sie – wie wir morgens beim Versuch, die Hotelrechnung zu bezahlen bemerkten – Ihre Gastfreigiebigkeit sogar auf unser Logis im Pensionat erstreckten.

In Stuttgart war es recht amüsant, besonders Abends; wo wir stets bis 1 Uhr zusammenblieben. Von den Vorträgen habe ich wenig gehabt, zumal ich Sie sehr unregelmässig besucht habe; ich habe eigentlich nur den Pringsheimschen Vortrag[960], der mit vielen Witzen durchstreckt war, und die Referate von Schönfliess und Hartogs[961] vollständig gehört. Nach Aussen hin spielte Gutzmer als pädagogische Autorität die Hauptrolle; er war auch zum Minister geladen etc. Pringsheim ist wieder ganz hergestellt und war sehr aufgekratzt, mit ihm und noch mehr mit seiner Frau waren wir sehr viel zusammen. Die Versammlung war sehr stark besucht besonders von Seiten der jüngeren Mathematiker: Noether, Brill, Weingarten, Weber, Schur,... Hölder, Fr. Meyer, der mir jetzt immer einen etwas eigentümlichen Eindruck macht, Hessenberg, Steinitz, Hilb, Hamel, Landsberg, Bernstein, Hahn, Faber, Perron, Cohn, Steinitz, Caratheodory,... Minkowski hatte nur 3 andern Ordinarien die Vertretung von

[958]Franz Hilbert hatte Probleme in der Schule, er litt wohl an einer nicht genauer geklärten Beeinträchtigung. Offensichtlich gab ihm Edmund Hussserl Nachhilfe in Mathematik. Dieser hatte ja, bevor er sich der Philosohpie zuwandte, in Mathematik promoviert (Beiträge zur Theorie der Variationsrechnung (Universität Wien, 1887; Gutachter war L. Königsberger)).

[959]Die Jahresversammlung der Deutschen Mathematiker-Vereinigung fand vom 16. bis 22. September 1906 im Rahmen der Versammlung deutscher Naturforscher und Ärzte in Stuttgart statt.

[960]Pringsheim sprach über das Fouriersche Integral-Theorem.

[961]Schönflies sprach über die Entwicklung der Lehre von den Punktmannigfaltigkeiten (zweiter Teil: Geometrie und Funktionentheorie), Hartogs über neuere Untersuchungen auf dem Gebiete der analytischen Funktionen.mehrerer Variablen.

Göttingen überlassen; er war mit seinem physikalischen Vortrage nicht fertig geworden, obwohl er ununterbrochen sehr fleissig Physik treibt – augenblicklich Elektronentheorie, von der er mir jetzt jeden Vormittag – wir gehen immer 12 – $1\frac{1}{4}$ Uhr einen bestimmten Spaziergang in den Ferien – sehr begeistert erzählt. Ueberhaupt befinde ich mich nun nach der 5wöchentlichen Unterbrechung wieder ganz im alten Geleise. Auch unseren Donnerstag-Nachmittagsspaziergang haben wir vier vollzählig bereits gemacht, wobei wir hauptsächlich unsere Erlebnisse über Stuttgart austauschen. Die anderen Nachmittage habe ich 3 Stunden lang und länger mich im Garten mit Aepfel-abnehmen beschäftigt. Es ist das eine ebenso schwierige wie interessante Arbeit: die schönsten Aepfel pflegen auf der äussersten Spitzen der höchsten Zweige zu sitzen, so dass es dann förmlich aufregend ist, ob und durch welche Methoden es gelingen wird, den Apfel zu bekommen und, was dann auch nicht immer gelingt, heil herunter zu bringen. Die Ernte ist dieses Jahr sehr reichlich sodass ich trotz ununterbrochener Arbeit an jedem Tage noch nicht die Hälfte aller Aepfel abgeernet habe.

Auch meine wissenschaftlichen Arbeiten laufen wieder im alten Geleis, ich glaube nämlich, dass ich doch sobald als möglich diejenigen meiner Untersuchungen über Integralgleichung, die ich nun schon lange habe und bereits wiederholt im Kolleg vorgetragen habe, auch publicieren soll und so sitze ich an meiner „fünften" Mitteilung[962]. Dabei fällt mir übrigens die Note[963] von Kneser ein, die Sie mir zeigten: es zeigt sich da von Neuem und in sehr amüsanter Weise die schon oft von uns bemerkte Kneser'sche Eifersucht! Die Note beabsichtigt gar nichts anderes als einen anderen Beweis eines von mir in der ersten Mitteilung aufgestellten und bewiesenen Satzes, der für meine Th. natürlich fundamental ist, an den Fredholm nie gedacht hat, weil er ja gar nicht symmetrische Kerne betrachtet hat und den ich publizierte, als E. Schmidt noch gar nicht wusste, was eine Integralgl. ist. Aber Kneser schreibt als Titel „Rückblick auf Fredh. Th." und nennt den Satz einen Satz von Schmidt, während er mich nur erwähnt – und obendrein noch in unzutreffender Weise – als den, der eine Bezeichnungsweise eingeführt hat!! Es ist dieselbe Erfahrung, wie ich sie zuerst mit Gordan, dann mit Dedekind und dann mit Schur gemacht habe. Mit diesen bin ich aber schon längst wieder ausgesöhnt. Doch nun adieu. Grüssen Sie bitte auch Ihre Frau und seien Sie selbst herzlichst gegrüsst von

Ihrem alten Freunde
D. Hilbert

[962] D. Hilbert: Grundzüge einer allgemeinen Theorie der Integralgleichungen. Fünfte Mittheilung, (Göttinger Nachrichten 1906, 439-480). Bis 1910 publizierte Hilbert insgesamt sechs dieser Mitteilungen in den Göttinger Nachrichten. Sie erschienen 1912 unter dem gleichen Titel in Buchform (Leipzig: Teubner, 1912).

[963] A. Kneser: Theorie der Integralgleichungen (Rendiconti del circolo mathematico di Palermo 22 (1906)).

Hilbert an **Hurwitz** HiHu90
01.10.1906, Göttingen (Postkarte)

Lieber H.

Eben habe ich den Brief abgeschickt. Ich vergass mitzuteilen, dass ich Ihnen mit gleicher Post meine Mitteilung[964] schicke; Ihrem Einwand gegen S.194 lässt sich sehr leicht begegnen, wie Sie aus meiner Verbesserung ersehen werden. Die Beweisführung wird dadurch sogar noch kürzer!! Besten Dank und bitte mir, wenn Sie wieder etwas einzuwenden finden, es mitzuteilen.

Ihr D.H.

Hurwitz an **Hilbert** HuHi69
05.10.1906, Zürich (Brief)

Lieber Freund,

Nehmen Sie meinen herzlichsten Dank für Ihren interessanten Brief, den Separatabzug Ihrer vierten Abhandlung[965]. über die Integralgleichungen und das wunderschöne beigefügte Bild, welches jetzt meinen Schreibtisch schmückt. Sie sind auf demselben wirklich bildhübsch und dabei ungeschmeichelt lebenswahr. Da ich Ihrer Frau keine Concurrenz machen kann, brauche ich nicht zu befürchten, durch meine Begeisterung ihre Eifersucht zu erwecken. Sobald ich neue Bilder von mir habe, werde ich mir übrigens erlauben, mich zu revanchieren. Ihre Mitteilungen über die Stuttgarter Versammlung haben mich natürlich sehr interessirt. Inzwischen habe ich auch mündliche Berichte durch Schoenflies, der uns mit Frau auf der Durchreise nach dem Genfer See kürzlich besuchte, und durch Dr. F. Bernstein aus Halle, der gestern Abend bei uns war, erhalten. Bernstein hat mir im ganzen einen sehr guten Eindruck gemacht. Die Schilderung Ihrer Erntebemühungen im Garten hat meine Frau und mich sehr amusirt. Die Freuden der Obsternste teilen wir übrigens, wenn auch in bescheidenem Masse, mit Ihnen. Unser kleiner Pfirsichbaum hat gegen alle Erwartung eine Ausbeute von 180 Früchten geliefert.

Ihre Theorie der quadratischen Formen mit unendlich vielen Variablen hat mich noch viel seit Ihrem Besuche beschäftigt. Ich bin aber noch weit davon entfernt, alle Details so zu verstehen, wie ich es wünschte. Namentlich bin ich aus dem Stadium des Verblüfftseins über die wunderbare Deduktion Ihres in seiner Allgemeinheit so sehr schönen Satzes I noch nicht heraus. Manche Teile Ihrer Arbeit sind mir durch die Bemerkung näher gerückt, dass das, was Sie Faltung zweier Bilinearformen nennen, mit dem Produkt zweier Matrices im

[964] D. Hilbert: Grundzüge einer allgemeinen Theorie der Integralgleichungen. Vierte Mittheilung, (Göttinger Nachrichten 1906, 157-227).

[965] Siehe vorige Fußnote.

Sinne der Cayley'schen Matrices-Rechnung identisch ist und so beispielsweise die „Resolvente" einer quadratischen Form k, die (-1)ste Potenz der Matrix $1 - \lambda\kappa$ ist, woraus die Entwicklung $1 + \lambda\kappa + \lambda^2\kappa\kappa + \lambda^3\kappa\kappa + \ldots$ sofort folgt. Auf p. 179 sagen Sie, nachdem Sie gezeigt haben, dass die Reihe $\sum_k \frac{\partial A}{\partial y_k}\frac{\partial B}{\partial x_k} = \sum_k (a_{1k}x_1 + a_{2k}x_2 + \ldots)(b_{k1}y_1 + b_{k2}y_2 + \ldots)$ absolut convergirt: „dieselbe stellt dann notwendig wiederum eine Bilinearform der Variablen $x_1, x_2, \ldots, y_1, y_2, \ldots$ dar". Nun kann ich dieses freilich beweisen, aber ich sehe nicht, wie es sich unmittelbar aus dem Zusammenhang Ihrer Arbeit ergiebt. Ich wäre hierüber beruhigt, wenn es Ihre Meinung war, dass der Leser sich das selbst überlegen soll. Zu pag. 181 möchte ich bemerken, dass die Symbolik der Matricesrechnung für einige Zwecke Ihrer Punktsymbolik vorzuziehen sein dürfte (ohne dass ich bei gewissen Rechnungen den Vorzug der letzteren über die ersteren verkenne). Aus $C = AB$ folgt nämlich $O^{-1}CO = O^{-1}AO.O^{-1}BO$ d.i. $C' = A'B'$.

Dank Ihrer Randnote $e_{11} = e_{11}^2 + e_{12}^2 + \ldots$ verstehe ich jetzt Ihre sehr schöne Deduction auf pag 194 u. 195 bis auf einen Punkt: Sie zeigen, dass, unter $L_1, L_2, \ldots$ ein System orthogonaler Linearformen verstanden, $(y, y) - L_1^2(y) - \ldots - L_m^2(y) > 0$. Daraus folgt, dass die endliche bez. unendlich fortgesetzte Formenreihe $E = L_1^2(y) + L_2^2(y) + \ldots$ eine beschränkte Form darstellt und, dass diese Form die Relation (77) $(E^2 = E)$ erfüllt. Letzteres ist mir klar, wenn $L_1^2(y) + L_2^2(y) + \ldots$ eine endliche Reihe ist. Aber wie beweist man es, wenn letztere Reihe eine unendliche ist? - Den folgenden Satz haben Sie wohl in Ihrer Vorlesung gegeben: Wenn $l_1^2 + l_2^2 + \ldots + l_n^2 + \ldots$ divergiert, so kann man $x_1, x_2, \ldots x_n, \ldots$ so bestimmen, dass $\sum_1^\infty x_n^2$ convergirt , $l_1x_1 + l_2x_2 + \ldots + l_nx_n + \ldots$ aber divergirt? Daraus folgt sofort, dass $l_1x_1 + l_2x_2 + \ldots + l_nx_n \ldots$ nur dann eine Funktion vorstellt, wenn $l_1^2 + l_2^2 + \ldots + l_n^2 + \ldots$ convergirt. Gibt es einen ähnlichen Satz für bilineare Formen $\sum a_{pq}x_py_q$? – Ich sitze jetzt eifrig an der Redaktion des Beweises für die Sätze betr. die Nullstellen der hypergeometrischen Funktionen. Nach Abschluss werde ich die Arbeit Klein, der sich besonders für den Gegenstand interessirt, für die Annalen[966] einschicken. Alle Freunde, Minkowski, Klein, Runge bitte ich zu grüssen. Die herzlichsten Grüsse Ihnen und Ihrer werthen Gattin von meiner Frau und mir, ihrem alten Freunde

A. Hurwitz.

Minkowski an **Hurwitz** MiHu28

29.12.1906, Göttingen, Planckstr. 15 (Brief)

Lieber Freund,

Nehmen Sie herzlichen Dank, der allerdings sich recht verspätet hat, für Ihre lieben Zeilen von Ende Oktober. Nach der letzten Reise in die alte Heimat habe

[966] A. Hurwitz: Über die Nullstellen der hypergeometrischen Funktion (Mathematische Annalen 64 (1907), 517-560).

ich lange Zeit gebraucht, wieder frischen Mut zu gewinnen. Mein Bruder[967] war in voller Gesundheit gewesen, sah freudig in die Zukunft, und auf einmal, als er sich am Tage eine Weile zur Ruhe legte, wachte er nicht mehr auf. Die Sektion klärte auf, dass sein Tod durch einen sehr selten vorkommenden Unglücksfall erfolgt war.

Ueber dieses Memento habe ich mich eifriger als je in die Mathematik gestürzt, überhaupt das Zaudern früherer Jahre bereut. Jetzt treibe ich nur zu viel verschiedene Dinge gleichzeitig. Der Enzyklopädieartikel über Kapillarität[968] ist, soviel an mir liegt, unter Dach gebracht. Auch die zahlentheoretische Vorlesung[969], die an 2 Jahre in meiner Schublade lag, ist glücklich bei Teubner und im Druck. Ich habe die Kollegen herangekriegt, mir zur Gesellschaft je auch eine Vorlesung zu versprechen, sodass wir den renommistischen Sammeltitel „mathematische Uebungen an der Universität Göttingen" gewählt haben. Gerade habe ich meine Voranzeige für Teubner geschrieben. Das Buch ist, Dank der geschickten Ausarbeiter, wie ich glaube, ganz gefällig zu lesen und wird am Ende den einen oder anderen unerfahrenen Jüngling für Ideale und Einheiten begeistern. Die Korrekturen werden in Zürich erledigt, wo der betreffende Herr, ein Dr. Axer, jetzt lebt. Ich hatte ihm vor Jahresfrist eine Empfehlung an Sie gegeben, die er wohl damals keine Gelegenheit auszurichten fand. Er ist ein äusserst bescheidener stiller Mann, in keiner Weise zudringlich, wie wohl rechtgläubig, und war mir sehr nützlich; ich will hier einen Brief von ihm beilegen, den ich letzthin erhielt (Rücksendung ist kaum nötig), woraus Sie erkennen werden, welches Geistes Kind der Mann ist. Vielleicht finden Sie einmal Gelegenheit, ihm eine Arbeit zuzuweisen; ich will ihn aber nicht an Sie dirigieren, um Ihnen nicht damit zur Last zu fallen.

Ich habe stark daran gedacht, Sie kurz nach Neujahr von Strassburg aus zu besuchen. Aber jetzt sind unsere Reisepläne durch uns angekündigten Besuch sehr problematisch geworden. Neulich habe ich in einem Kolleg über Invariantentheorie über Ihre Arbeit[970] von 1897 vorgetragen und die Zuhörer sehr dafür begeistert. Überhaupt ist durch dieses Kolleg in mir eine große Begier nach den noch ungehobenen Schätzen in der Algebra Tiefen erwacht. Mir fehlt weniger der jugendliche Mut, als die Muse, zu tauchen in diesen Schlund. Außerdem hatte ich ein Kolleg mit sehr verunglückten Titel Enzyklopädie der Elementarmathematik. Ich habe aber gleich in der ersten Stunde den Begriff der Elemente so gefasst, dass alles darunter fällt, was mir Spass macht, und so habe ich schon die Cantorsche Mengenlehre, die Axiome der Geometrie darin vorgetragen und komme jetzt dazu, die quadratischen Formen als Universalmittel in allen mathematischen, reinen wie angewandten, Nöten zu

[967] Es geht um Toby Minkowski (1873–1906), den jüngsten Bruder von Hermann Minkowski.

[968] H. Minkowski: Kapillarität (Encyklopädie der mathematischen Wissenschaften mit Einschluss der Anwendungen Band 5 Teil 1 (Leipzig: Teubner, 1903–1921), 558-613), abgeschlossen Herbst 1906.

[969] H. Minkowski: Diophantische Approximation. Eine Einführung in die Zahlentheorie (Leipzig: Teubner, 1907).

[970] A. Hurwitz: Ueber die Erzeugung der Invarianten durch Integration (Göttinger Nachrichten 1897, 71-90).

preisen. Desweiteren habe ich im Colloquium über die Fortschritte auf dem Gebiete der Wärmestrahlung im letzten Jahrzehnt vorgetragen, nehme es also an Vielseitigkeit mit Felix Bernstein auf.

In voriger Woche war Lindemann einen Tag hier, er kam von Hannover, wo seine Mutter 80 Jahre geworden ist. Äusserlich sah er imponierend aus wie immer, aber wir hatten alle Mitleid mit ihm. Seit $1\frac{1}{a}$ hat er sich in Elektronentheorie vertieft, will seinen Widerstand gegen Sommerfeld's Berufung nach München rechtfertigen, und behauptet, alle Autoren auf dem Gebiete hätten Integration und Differentiation falsch kommentirt, er beabsichtigt eine große Publikation, lässt sich davon nicht abbringen und wird eine grosse neue Blamage erzielen. Hilbert ist seit einer Woche unter die Schneeschuhläufer gegangen und macht zusammen mit Runge die umliegenden Wälder den ganzen Tag unsicher.

Ich hoffe, dass Sie und die lieben Ihrigen wohl sind, und sowohl Feiertage wie gewöhnliche Tage in guter Stimmung sind. Ich werde mich mit jeder guten Nachricht von Ihnen sehr freuen, und ich sende Ihnen, Ihrer lieben Frau, Ihren lieben Kindern und den Brüdern, zugleich auch im Namen meiner Frau, die sehr bald selbst schreiben wird, die herzlichsten Wünsche zum neuen Jahr.

Ihr

H. Minkowski

Ich bitte Sie, auch gelegentlich Sterns, Geiser, Rudios von mir zu grüssen.

Minkowski an **Hurwitz** MiHu29
24.06.1907, Göttingen (Brief)

Lieber Freund,

Herzlich freute ich mich, von Ihnen Nachricht zu erhalten. Sehr bald will ich auf Ihren heutigen und den letzten Brief ausführlich erwidern. Augenblicklich will ich nur Ihre Frage betreffend darstellende Geometer[971] beantworten. Es geschieht dies etwas in Eile, da ich zu morgen noch einen Vortrag 1) über Wärmestrahlung 2) über Variationsrechnung 3) über mein Buch zu überlegen habe.

Wenn der Herr Präsident Gnehm[972] seine Reise soweit nach Norden erstrecken sollte, möchte ich empfehlen – und es war das auch die Meinung von Klein – dass er einen Abstecher hierher macht. Klein kennt die eventuell in Betracht kommenden Personen wohl so ziemlich, da er mehrfach das

[971] Hintergrund ist, dass W. Fiedler, der langjährige Vertreter der darstellenden Geometrie am Züricher Polytechnikum, zum Wintersemester 1907 nach 40jähriger Tätigkeit ausschied. Hurwitz machte sich offensichtlich Gedanken über einen Nachfolger.

[972] Präsident des Schweizerischen Schulrats, des Leitungsgremium des Polytechnikums, und Professor ebenda.

Ministerium wegen der neu zu errichtenden Polytechnika beraten musste. Auch sind hier mancherlei Einrichtungen betreffend darstellende Geometrie und sonst angewandte Mathematik getroffen, die kennen zu lernen von Interesse sein würde. Klein und Runge werden natürlich aufs Bereitwilligste Auskunft erteilen. Soviel ich selber weiß, ist wohl Schilling in Danzig derjenige unter den darstellenden Geometern, der die Sache am besten heraus hat; er hatte auch grosse Lehrfolge, als er noch hier war. Da er aber schon Berlin wesentlich aus Bequemlichkeitsgründen abgelehnt hat, so ist zweifelhaft, ob er für Zürich überhaupt in Frage kommen kann. Neulich hat Fricke überall nach einem darstellenden Geometer Umschau gehalten und unter den Jüngeren Ludwig aus Karlsruhe am besten gefunden. Ein sehr gescheidter, äusserst lebendiger und amüsanter Mann ist Hessenberg, der am Charlottenburger Polytechnikum infolge Feindseligkeiten von Seiten Lampes nicht aufkommen konnte und im Begriffe steht, einem Rufe nach Poppelsdorf Folge zu leisten.[973]

Entschuldigen Sie für heute meine Eile. Mit herzlichen Grüssen für Sie und die lieben Ihrigen

Ihr

H. Minkowski

Hilbert an **Hurwitz** HiHu91

03.10.1907, Ort fehlt (Postkarte)

Lieber Freund. Wir sind soeben auf einen Tag noch herübergekommen, um Sie zu besuchen. Wir stehen Ihnen morgen den ganzen Tag bis 6:40 Abends zu Verfügung. Ich komme Vormittags zu Ihnen heran, wenn Sie mir nicht telephonisch besonderen Bescheid geben. Wir logiren Hotel St. Gotthart Bahnhofsstr. Mit herzlichen Grüssen auch an Ihre Frau

Ihr Hilbert.

Hurwitz an **Hilbert** HuHi70

20.11.1907, Zürich (Postkarte)

Lieber Freund!

Heute sende ich an Ihre Adresse zwei meiner Beiträge[974] für die math. Annalen, von denen ich bei Ihrem Besuche sprach. Würden Sie die Freundlichkeit haben, dieselben zum Druck zu befördern?

[973] Minkowskis Hinweise wurden nicht befolgt, Nachfolger Fiedlers wurde sein Schüler Marcel Grossmann, nachdem der Erstplatzierte M. Disteli abgesagt hatte.

[974] A. Hurwitz: Über die Darstellung der ganzen Zahlen als Summen von n-ten Potenzen ganzer Zahlen (Mathematische Annalen 65 (1908), 424-425). A. Hurwitz: Über die diophantische Gleichung $x^3y + y^3z + z^3x$ (Mathematische Annalen 65 (1908), 428-434).

Durch Dr. Meissner hörte ich kürzlich von Ihnen und Ihrer Vorlesung, für die er begeistert ist. Wir sind hier auch mitten in der Semestertätigkeit; ich lese Zahlentheorie mit solchem Vergnügen, da ich ein volles Auditorium (25 Zuhörer) und darin einige interessirte ältere Herren (Assistenten und Oberlehrer) habe. Ihr und der Ihrigen Befinden lässt hoffentlich nichts zu wünschen. Bei mir geht es auch ganz gut. Die herzlichsten Grüsse von meiner Frau und mir Ihnen und Ihrer werten Gattin!

In alter Freundschaft

Ihr

Hurwitz.

Für Minkowski, Klein, Runge, Wiechert, Schwarzschild viele Grüsse!

Hilbert an **Hurwitz** HiHu92

22.11.1907, Göttingen (Postkarte)

Lieber Freund. Vor Allem vielen Dank für Ihre höchst amüsanten Noten, die ich natürlich sehr gern – zur Freude der Leser – in den Annalen abdrucken werde. Ich werde selbst nächsten Dienstag in der math. Gesellschaft über dieselben referiren. – Ihre Grüsse habe ich bereits gestern auf unserem Donnerstag-Spaziergang alle bis auf den an Schwarzschild ausgerichtet. Letzterem droht eine Berufung nach Potsdam an Vogels Stelle. Hoffentlich geht dieser Kelch an uns vorüber. – Klein haben wir mit ziemlicher Mühe und ganz knappen Mayorität unter enormer Wahlbeteiligung – es wählten 54 Ordinarien – als Vertreter der Universität ins Herrenhaus[975] gewählt. Klein nimmt sich des neuen Amtes mit der ihm eigenen Elastizität an. – Sie haben wohl noch nicht erfahren, dass der Vetter meiner Frau Fritz Jerosch, der ja auch Ihr Schüler war und dann 4 Semester hier in Göttingen studirt hat, vor 2 Wochen in Berlin an den Folgen einer Oberkieferknochenoperation gestorben ist. Ich hatte ihn zu Landau geschickt, damit er auch einmal etwas Anderes kennen lernen sollte. Von Landau erhielten wir dann auch die erste Nachricht von seinem schrecklichen Ende. Eine ganz geringfügige Sache – etwas Schnupfen und eine Operation –, wobei mit des Arztes eigener Aussage jede Gefahr absolut ausgeschlossen war. Die Mutter war garnicht nach Berlin gekommen; die Operation natürlich ausgezeichnet gelungen alles normal verlaufen, aber am 4ten Tage Fritz plötzlich tod war – Gehirnreizung oder Blutvergiftung, wie der Arzt sagt. Wir sind noch ganz unter dem Eindruck. Doch nun leben Sie wohl, grüssen Sie herzlich auch Ihre Frau von uns allen Ihr alter Fr. H.

[975] Erste Kammer des preußischen Landtages. Vgl. Minkowski an Hurwitz 1.Feb.1908 MiHu 30.

Hurwitz an **Hilbert** HuHi71
03.01.1908, Zürich (Brief)

Lieber Freund!

Herzlichen Dank Ihnen und Ihrer verehrten Gattin für den süssen heimatlichen Gruss, den Sie uns zum neuen Jahre gespendet haben! Er versetzte uns recht lebhaft in alte Zeiten zurück. Das neue Jahr haben Sie hoffentlich mit den Ihrigen in bestem Wohlbefinden angetreten. Möge es Ihnen nur gute Tage bringen! Gleichzeitig mit diesem Neujahrswunsch darf man Ihnen ja wieder einmal zu einer grossen Auszeichnung gratuliren, die Ihnen in Gestalt eines hohen bayerischen Ordners[976] zu Teil geworden ist. So erzählte mir wenigstens mein hiesiger College Bamberger (Chemiker).

Nun muss ich Ihnen noch für Ihre Karte vom 22 November und Ihre mit Runge und Minkowski gemeinsam abgesandte Weihnachtskneipenkarte danken, durch welche Sie mich sehr erfreuten. Hoffentlich ist es Ihnen gelungen, Schwarzschild fest zu halten. Je älter man wird, um so mehr schliesst man sich an die alten Freunde an, um so schwerer fällt einem die Trennung und die Notwendigkeit, sich an neue Menschen zu acclimatisiren. Der traurige Fall Fritz Jerosch hat auch uns auf tiefste betrübt. Wie kann die arme Mutter jemals diesen Verlust verchmerzen?! Hier hörte ich durch eine Cousine von Fritz, dass dieser in ganz unvernünftiger Weise geraucht und dadurch sein Herz vermutlich geschwächt habe, so dass es den Anforderungen der Operation vielleicht nicht mehr habe genügen können.

Mathematisch habe ich in diesen Ferien nur Allotria getrieben; die Kinder haben zu Weihnachten einige Hefte mit Anleitungen zu Papierarbeiten geschenkt bekommen; da habe ich eine Theorie der Geometr. Construktionen durch Falten von Papier[977] entworfen und mit den Kindern tüchtig gefaltet und geklebt. Am 8 Januar gehen meine Vorlesungen wieder an und da komme ich zu ersteren Dingen. Über Ihre vielseitigen Göttinger Bestrebungen habe ich Manches durch Dr. Meissner und Herrn Courant gehört.

Lassen Sie es sich im neuen Jahre recht gut ergehen und seien Sie und Ihre verehrte Frau herzlichst gegrüsst von Ihrem alten Freunde

Hurwitz.

Liebe Käthe!

Zwar sehr lieb, aber doch garnicht recht ist es von Dir, dass Du Dir unseretwegen solche Mühe machtest. Nimm jedenfalls auch meinen herzlichen Dank für das freundliche Gedenken in Gestalt Deiner prächtigen und wohlschmeckenden Marcipansendung!

---

[976] Hilbert erhielt 1907 den Bayrischen Maximiliansorden. Vgl. Minkowski an Hurwitz 10. Mai 1908 MiHu 31.

[977] Vgl. Oswald, N.: Adolf Hurwitz faltet Papier (Mathematische Semesterberichte 62 (2015), 123-130) sowie Flachmeyer, J.: Zu „Hurwitz faltet Papier" (Mathematische Semesterberichte 63 (2016), 195-200).

Hoffentlich habt Ihr das neue Jahr, für dessen Verlauf ich Euch alles Gute wünsche, in allseitiger Gesundheit begonnen und Franz war zu Weihnachten recht vergnügt! Auch wir haben ein ganz fröhliches Fest gefeiert, da wir mit meines Mannes Gesundheit im Ganzen zufrieden sein können und auch mein Schwager mässig wohl ist.

Nochmals Dank u. herzlichen Gruss Dir und Deinem lieben Manne von
Deiner alten Freundin
Ida.

Minkowski an **Hurwitz** MiHu30
01.02.1908, Göttingen (Brief)

Lieber Freund,

Zwei Umstände verzögerten den Ausdruck meines herzlichsten Dankes für Ihr wohlgelungenes Bild, das mir eine sehr liebe und freudige Ueberraschung war. Einmal musste ich Sie doch erst im Rahmen mir gegenüber an der Wand sehen, um die anregende Einwirkung Ihrer Nähe voll zu empfinden. Dann kenne ich Ihre große Abneigung gegen Bazillen und wartete ab, dass ich Ihnen garantieren kann: von Lilys Scharlach, der nun gut abgelaufen ist, bringt dieser Brief Ihnen keinerlei Ansteckungsmöglichkeit ins Haus.

Ihre freundlichen Neujahrwünsche erwidere ich etwas verspätet aufs herzlichste für Sie und alle Ihre Lieben.

Seit dem Herbst bin ich fortgesetzt eifrig an einer Arbeit beschäftigt, die ins Gebiet der Physik fällt, aber auch mathematisch interessante Fragen streift, sodass ich hoffe, die Separatabzüge[978], die ich Ihnen bald sende, werden vielleicht auch Sie auf dieses von Ihnen bisher gemiedene Feld locken. Es handelt sich um eine höchst sonderbare Sache, die allmählich aus den Arbeiten von H. A. Lorentz und anderen Physikern herauskommt, aber von den Physikern selbst aus Mangel an gehöriger mathematischer Bildung sehr langsam und schwer verdaut wird. Man kann es ebenso kurz wie scheinbar verrückt aussprechen: Wenn man $\frac{1}{3 \cdot 10^{10}}$ Sekunde als $\sqrt{-1}$. Centimeter (d.h. die Zeiteinheit so wählt, dass die Lichtgeschwindigkeit 1 wird, und sie dann als $\sqrt{-1}\times$ Längeneinheit anspricht) bezeichnet, so wird die ganze Physik eine mathematisch höchst befriedigende

[978] Die erste Veröffentlichung von Minkowski zu seiner geometrischen Deutung der speziellen Relativitätstheorie H. Minkowski: Die Grundgleichungen für die elektromagnetischen Vorgänge in bewegten Körpern, erschien in den Nachrichten von der kgl. Gesellschaft der Wissenschaften zu Göttingen, Mathematisch-physikalische Klasse aus dem Jahre 1908, 53-111; vorgelegt wurde die Note am 21. Dezember. Bekannt wurde vor allem der Vortag Minkowskis „Raum und Zeit" am 21. September 1908 bei der 84. Versammlung deutscher Naturforscher und Ärzte in Köln. Vgl. Verhandlungen der Gesellschaft Deutscher Naturforscher und Ärzte. 84. Versammlung zu Cöln. Hg. Von A. Wangerin (Leipzig: Hirzel, 1909), pp. 4-9; auch abgedruckt im Jahresbericht der Deutschen Mathematiker-Vereinigung 18 (1909), 75-88. Minkowski hatte 71 Zuhörer.

Wissenschaft. Man kann dann unglaublich viel voraussagen und die scheinbar verschiedensten Gesetze unter einen Hut bringen. Die neugewonnene Einsicht übertrifft fast diejenige, die aus $e^{i\phi} = \cos\phi + i\sin\phi$ erwuchs.

Rings umher werden Zurüstungen für den römischen Kongress[979] getroffen. Wie schön wäre es, wenn Ihr Arzt Ihnen erlaubte, auch dorthin zu kommen!

Hilbert schwelgt in Funktionen-Funktionen unendlich vieler Variablen, Klein präpariert sich aufs Herrenhaus[980], in das ihn die Universität hineindeputiert hat dank einer Agitation im Schweisse unseres Angesichts. Ich schicke lieber Bogen 1 ab, ehe ich noch weiter mit meinem Dank zögere und sende Ihnen, Ihrer lieben Frau und den Kindern, Ihrem l. Bruder die herzlichsten Grüsse auch von meiner Frau

Ihr

H. Minkowski

Minkowski an **Hilbert** MiHi96
04.05.1908, Göttingen (Brief)

Lieber Freund,

Eben komme ich aus dem Seminar, das nun ebenfalls (mit ca 30 Teilnehmern und Toeplitz als einmaligem Ehrengast) in Gang gekommen ist. Ich habe zunächst ein provisorisches Menu, das bis etwa Pfingsten reichen kann, entworfen. Mit Deiner lieben Karte, deren Ton mir recht munter klang, freute ich mich sehr, und ich hoffe, dass jetzt, wo endlich Frühling ins Land gezogen ist, der letzte Rest von Beschwerden, die Du noch empfinden solltest, bald verflogen sein wird.[981] Wir vermissen Dich natürlich alle sehr und auf Schritt und Tritt fehlt Deine treibende Kraft und Dein mitreissender Enthusiasmus. Rom[982] war recht interessant, und auch gar nicht strapaziös, wie man es sich vielleicht gedacht hatte. Der wissenschaftliche Profit war nicht gross; Poincaré erkrankte schon nach den ersten Tagen, Pringsheim setzt seine Krankheit in die Gleichung um

$$\text{Poincaré} = \text{Blaserna} \overset{\text{minus}}{-} \text{Pincherle}$$

[979] Der vierte Internationale Mathematiker-Kongress fand 1908 in Rom statt.

[980] Ab 1855 die Erste Kammer des Preußischen Landtags. Klein war von 1908 bis 1918 Mitglied als Vertreter der Universität Göttingen. Alle preußischen Universitäten hatten einen Vertreter im Herrenhaus. Vgl. auch Minkowski an Hurwitz 1.2.1908 MiHu 30

[981] Hilbert hielt sich im Frühjahr 1908 zur Erholung im Sanatorium Winterhold in Wilhelmshöhe (heute zu Kassel gehörig) auf. Vgl. Brief von Hilbert an Hurwitz vom 9. Mai 1908 HiHu 93 und von Minkowski an Hurwitz vom 10. Mai 1908 MiHu 31.

[982] Der vierte Internationale Mathematiker-Kongress fand vom 6. bis 11. April 1908 in Rom statt. Minkowski nahm teil, ohne vorzutragen.

(Urinverhaltung).[983] Darboux las dann neben seiner eigenen Vorlesung noch die von Poincaré[984], welche ein ganz schwächlicher Abklatsch Deines Pariser Vortrages war. Ob nun die Mathematik eine Zukunft haben wird oder nicht, ging aus dem Vortrag nicht hervor. Wir waren auch auf einem Empfangsabend bei Kehr. Im Übrigen sind die Erlebnisse meist besser zu erzählen als schriftlich zu berichten. Wenn Du einmal in der Stimmung bist, Dir etwas über Rom oder Göttingen erzählen zu lassen, brauchst Du mir nur Mittags zeitig telephonieren zu lassen. Ich finde mich dann mit dem Zuge um 42 bei Dir ein, um so kurz oder so lang zu bleiben, wie es Dir recht ist. Allerdings bleiben von freien Tagen wohl nur Mittwoch und Samstag, (auch Sonntag und Donnerstag!) zur Verfügung. Das Seminar habe ich vorläufig, da über die Verlegung sich keine Einigung erzielen liess, auf Montag belassen, und Freitag sind meistens Prüfungen.

Herzliche Grüsse von Deinem treuen
Minkowski

Hurwitz an **Hilbert** HuHi72
06.05.1908, Zürich (Postkarte)

Lieber Freund,

Zu meinem grossen Bedauern erfahre ich soeben durch einen Brief von Dr. Meissner, dass Ihr Befinden zu wünschen lässt. Dies ist wohl auch der Grund, dass ich bei Gelegenheit des Congresses in Rom[985] nicht die Freude Ihres Besuches hatte, wie ich hoffte. Da Meissner nichts näheres schreibt, so hat wohl ihre verehrte Gattin die Freundlichkeit, uns ein Bulletin über Ihr Ergehen zukommen zu lassen. Hoffentlich kann dasselbe günstig lauten. – Was sagen Sie zu Lindemann's neuer Fermat-Arbeit? An Freund Minkowski, dem ich seit langem Brief schulde, schreibe ich heute näheres darüber. – Hoffentlich ist der Wunsch guter Besserung schon gar nicht mehr nötig. Herzlichste Grüsse Ihnen und Ihrer verehrten Gattin von meiner Frau und mir, Ihrem alten Freunde

A. Hurwitz.

Minkowski an **Hilbert** MiHi97
09.05.1908, Göttingen (Postkarte)

Lieber Freund, Am Donnerstag ist Runge mit 22 St. gegen eine, die auf Schwarzschild. fiel, gewählt worden[986]. Da er erst im Okt. seine volle

[983] Poincaré litt an Prostata-Krebs. Eine Embolie nach der operativen Behandlung dieses Krebses führte 1912 zu seinem Tode.

[984] Der Vortrag von Poincaré hieß „L'avenir des mathématiques", also die Zukunft der Mathematik.

[985] Dort fand der vierte Internationale Mathematiker-Kongress vom 6. bis 11. April 1908 statt, den Minkowski besucht hat.

[986] Als Dekan.

„Dekanabilität" hat, wird um Dispens beim Minister ersucht werden. – T. wurde allgemein wegen der Krümmung in der Bahn seiner letzten Transformation auf 10 Jahre als unmöglich bezeichnet. — Hurwitz schreibt, was sagen Sie zu der unglaublichen Arbeit von Lindemann? H. hat ein einfaches Beispiel beim Exponenten 7, wo wesentliche Behauptungen von L. bereits falsch sind. — Ich komme eben aus der Gesellschaft d. Wiss., wo 4 zum Teil sehr schwungvolle Gedenkreden stattfanden. Es sollten nun die Bestimmungen wegen des Wolfskehl-Preises[987] publiziert werden, im letzten Moment aber macht die Frau W.[988] Schwierigkeiten, weil sie auf die verdrehte Idee gekommen ist, die Ges. wolle den Preis in kleine Preise zerstückeln. Leo will weitere Entschliessungen bis zu Deiner Rückkehr vertagen, Klein meint, ich soll noch einmal hinfahren; die Sache fängt an, allen lästig zu werden. Morgen hoffen wir Deine liebe Frau zu sprechen. Herzliche Grüsse

von Deinem
H. Minkowski

Hilbert an **Hurwitz** HiHu93
09.05.1908, Sanatorium Wiederhold in Wilhelmshöhe bei Kassel (Brief)

Lieber Freund.

Herzlichen Dank für Ihre Karte und Ihre Teilnahme; ich nehme um so lieber Veranlassung, Ihnen mit einem Briefe zu antworten, als ich ja immer tief in Ihrer Briefschuld stecke. Also zunächst, was mich betrifft: Ende des Wintersemesters fühlte ich mich ziemlich angegriffen, litt an heissem Kopf und Hautkribbeln. Das war daher gekommen, dass ich – wie mein Göttingen Arzt an der Empfindlichkeit und Ueberreiztheit des Nervensystems konstatirte – dass ich im Winter neben der geistigen und beruflichen Tätigkeit mich körperlich durch Schneeschuhlaufen, Schwimmen, Turnen, Radeln und übertriebens Spazierengehen zusehr abgearbeitet hatte. Er verordnete mir eine Ruhepause und Pflegekur und schickte mich hierher, wo ich denn auch gleich in den ersten 5 Tagen 3 Pf. zugenommen habe und mich zusehends erholte. Ich werde die Gelegenheit benutzen, mich einmal völlig auszuruhen und werde erst nach Pfingsten meine Vorlesungen beginnen.

Ueber Rom[989] haben Sie gewiss auch schon gehört; wie von allen Seiten bestätigt wird, haben wir durch unser Fernsein dort in wissenschaftlichen Hinsicht nicht viel verloren, wenngleich die festlichen Arrangements alle sehr gut

[987] Fr. Wolfskehl hat 1906 der Göttinger Gesellschaft einen Preis von 100 000 Goldmark gestiftet, der für den Beweis der Fermat-Vermutung verliehen werden sollte. Der Wolfskehl-Preis wurde 1908 offiziell ausgelobt, er wurde am 27. Juni 1997 in Göttingen an Andrew Wiles übergeben und betrug noch 75000 DM. Die Zinsen aus dem Preisgeld wurden anfänglich dazu verwendet, um Gäste nach Göttingen einzuladen, etwa H. Poincaré im Jahr 1910.

[988] Wolfskehl.

[989] Dort fand der vierte Internationale Mathematiker-Kongress vom 6. bis 11. April 1908 statt, den Minkowski besucht hat.

geklappt haben. Minkowski, der vorgestern mich hier besuchen kam, meinte, dass die Franzosen am zahlreichsten und gewichtigsten vertreten waren und demnach auch die Hauptrolle spielten. In Heidelberg[990] waren sie sehr mässig vertreten.

Lindemann ist unverbesserlich. Vor 7–8 Wochen, denke ich, erhielt ich sein Elaborat, zugleich mit einem überschwänglichen Brief von Liesbeth, in dem sie mich beschwört, ihrem Mann so rasch wie möglich zu den 100,000 M. zu verhelfen, damit „der Lorbeer ihres Mannes endlich die goldenen Früchte trage". Ich habe diesen Brief garnicht beantwortet. Lindeman hat doch den Anspruch, dass man so etwas studiert, verscherzt. Haben Sie den oder die Fehler gefunden? Ich bin überzeugt, dass Lindemann schon den Fall $n = 3$ niemals verstanden hat und überhaupt die allernothdürftigsten Vorkenntnisse gar nicht besitzt, obwohl er sich, wie Liesbeth sagt, 26 Jahre mit dem Problem beschäftigt. Man kann ihn wirklich nur bedauern, zumal ja die Beschränktheit, von der er befallen ist, nicht so schlimm als mathematisch, wie als rein menschlich ist.

Den Brief, den Sie an Minkowski geschrieben, werde ich von diesem wohl zur Lektüre erhalten und hoffentlich daraus ersehen, dass es Ihnen gut geht und dass Sie wieder allerhand interessantes Mathematisches vorhaben. Ich habe hier lediglich etwas an der Zubereitung einer 3ten Auflage meiner Grundlagen der Geometrie[991] gearbeitet. Haben Sie etwa Bemerkungen, die ich berücksichtigen könnte? Ich würde Ihnen für die Mitteilung solcher natürlich sehr dankbar sein!

In meiner Abwesenheit von Göttingen sind merkwürdigerweise zwei uns sehr angenehme und interessirende Verlobungen erfolgt: Wiechert mit einem 35jährigen, sehr netten Frl. Ziebarth – einer ausgebildeten Konzertsängerin, Tochter des verstorbenen Juristen Prof. Z. Meine Frau hat sie gesehn; die beteiligten und vor Allem die Mutter Wiechert ist sehr glücklich. und 2.) unser O. Blumenthal mit Mali Ebstein, die mit meiner Frau sehr befreundet ist, Sie werden sich Mali's wahrscheinlich auch noch erinnern.

Doch nun Adieu. Grüssen Sie herzlich Ihre Frau und seien Sie selbst ebenso gegrüsst von Ihrem

Hilbert.

P.S. Klein geht augenblicklich ganz in seiner Eigenschaft als Herrenhausmitgl. auf, hat auch im H. schon seine Jungfernrede gehalten.

Minkowski an **Hurwitz** MiHu31
10.05.1908, Göttingen (Postkarte)

Lieber Freund!

Mit Ihrem lieben Brief und den guten Nachrichten über Ihr Befinden freute ich mich sehr. Schade, dass kein Preis für denjenigen ausgesetzt ist, der in

[990] Beim dritten Internationalen Mathematiker-Kongress 1904.
[991] Die dritte Auflage erschien 1909 bei Teubner in Leipzig in der Sammlung Wissenschaft und Hypothese.

L's Arbeit den ersten Fehler entdeckt. So müssen wir uns denn nach Joh. Bernoulli begnügen, „die Tugend sich selbst der schönste Lohn ist und Ruhm ein gewaltiger Stachel, den Scharfsinn dieses grossen Apollo in Schrift und Wort zu preisen, rühmen und feiern". Wir waren in Italien solange herumgebummelt, dass ich leider in Zürich nicht mehr Station machen konnte, auch hatte ich noch einen Ferienkurs[992] abzuhalten. Ueber Hilbert's Befinden kann ich Ihnen vollkommen beruhigende Nachrichten geben. Ich besuchte ihn letzten Mittwoch in Wilhelmshöhe und fand ihn ganz wie immer, etwas weniger hohl im Gesicht, völlig munter und über Lindemann noch schärfer urteilend als Sie selbst. Er denke gar nicht anders, als seine Vorlesungen demnächst wieder aufzunehmen und wird in Kürze wieder schöne Arbeiten über Integralgleichungen und andere Dinge liefern. Seine Beschwerden, „heisser Kopf" nach ihm selbst oder häufiges jungfräuliches für einen Ritter des Maximilianordens[993] nicht angemessenes Erröten, waren stark übertrieben dargestellt worden. Nach Einigen sollte ihm schon der Angstschweiss ausgebrochen sein, wenn er Klein von weitem sah. „Mir auch" rief ein College dazwischen.

Wir haben wieder starken Zuwachs an Mathematikern, über 140 sind neuimmatrikuliert und namenthlich am Anfange des Semesters bringt die grosse Zahl der Studenten viel Arbeit mit sich, sodass ich von dem Prinzip der hyperbolischen Welt[994], wie ich jetzt die Quintessenz meiner letzten Studien etiquettire, ein anderes Mal schreiben will. Bei uns ist Alles in bester Ordnung. Viele herzliche Grüsse an Sie und die lieben Ihrigen von allen Ihren

Minkowskis

Minkowski an **Hilbert** MiHi98

14.05.1908, Göttingen (Postkarte)

Lieber Freund, Wenn es Dir recht ist, besuche ich Dich morgen Freitag Nachmittag um 4 Uhr, wie neulich. Sollte es Dir nicht passen, könntest Du mir vielleicht durch irgend Jemand abtelephonieren lassen (Tel. 325), jedoch schon vor 12 Uhr. – Du kannst mir bei meinem Dortsein Deine Vorlesungsanzeige für nächstes Semester mitgeben, die Vorbesprechung findet am Sonntag statt. — Ich könnte auch, wenn Dir dies lieber sein sollte, am Samstag kommen. – Ich bin zwar diesesmal nicht mit Neuigkeiten so gestopft, werde aber doch versuchen, möglichst erschöpfenden Bericht über das Verflossene und Bevorstehende (Mittwoch um $12\frac{3}{4}$ kommt der Minister sogar auf das Lesezimmer) zu geben.

Herzliche Grüsse von Deinem H. Minkowski

---

[992] Fortbildungskurs für Mathematiklehrer in den Osterferien.

[993] Hilbert hatte diesen Bayrischen Orden für Wissenschaft und Kunst, gestiftet 1853 von König Maximilian II, 1907 verliehen bekommen; F. Klein übrigens schon 1898.

[994] Minkowskis geometrische Deutung der speziellen Relativitätstheorie. Vgl. Minkowski an Hurwitz 1. Februar 1908 MiHu 30.

Hurwitz an **Hilbert** HuHi73
17.05.1908, Zürich (Brief)

Lieber Freund,

Sehr freute ich mich, aus Ihrem Briefe zu ersehen, dass Ihr Unwohlsein nur in einer vorübergehenden Abspannung seinen Grund hat und dass Sie sich durch körperliche und geistige Ruhe schon soweit erholt haben, dass Sie gar an Arbeiten und Wiederaufnahme Ihrer Lehrtätigkeit denken. Seien Sie aber in dieser Hinsicht nur recht vorsichtig und bedenken Sie, dass Ihnen die enorme Arbeit, die Sie in den letzten Jahren geleistet haben, ein volles Recht auf längere Ruhepausen giebt. Über den Römer-Congress[995] habe ich erst durch Sie, Minkowski und Dr. Meissner (meinem Schüler, der jetzt bei Ihnen in Göttingen studirt) Einiges gehört. Ich glaubte bei Gelegenheit des Congresses eine grosse Zahl von Fachgenossen bei mir zu sehen. Es ist aber kein Einziger hier in Zrüich gewesen. Wahrscheinlich haben die meisten, wie Minkowski, den Aufenthalt in Italien möglichst ausgedehnt und dann die Rückfahrt möglichst beschleunigen müssen. Am meisten bedaure ich, dass Sie u. Minkowski nicht hier waren. Vielleicht habe ich in den Sommerferien mehr Glück mit Ihnen, indem Sie dann Ihre Schritte wieder nach der Schweiz lenken. – Dass Sie schon die 3te Auflage Ihrer Grundlagen[996] vorbereiten müssen, ist infurirend. Leider kann ich Ihnen nur diese unwichtigen Bemerkungen aus meinem Hausexemplar beisteuern: Auf pag 13 (2te Auflage) habe ich mir am Rande zu Satz 15 bemerkt: „Dass es überhaupt rechte Winkel giebt, folgt so: Mache $\measuredangle\alpha = \measuredangle\alpha'$ und dann

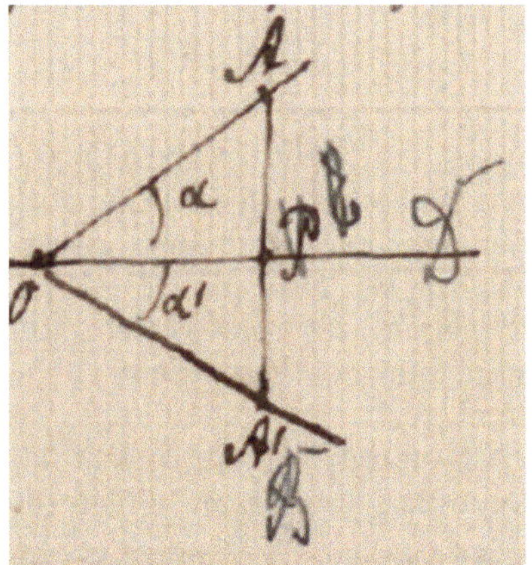

Abbildung 3.3. Skizze von Hurwitz zum Existenzbeweis rechter Winkel.

[995]In Rom fand der vierte Internationale Mathematiker-Kongress vom 6. bis 11. April 1908 statt.

[996]Die dritte Auflage erschien 1909 bei Teubner in Leipzig in der Sammlung Wissenschaft und Hypothese.

$OA = OA'$, ziehe AA', so ist $OPA \cong OPA'$, folglich OPA ein rechter Winkel". Auf pag. 79 ist Zeile 11 von oben „definit" verdruckt.

Lindemann kann einem wirklich leid tun. Minkowski wird Ihnen vielleicht schon erzählt haben, dass ich mir die Arbeit an den Ostertagen aus unserem Lesezimmer nach Hause genommen hatte (denn Lindemann hatte mir keinen Abzug zugeschickt) und bald damit fertig war. Der Hülfssatz pag 338/9 erregte sogleich meine Bedenken. Derselbe wird durch folgendes Zahlenbeispiel (das mir durch die von Lindemann selbst pag 339 Anmerkung gegebenen Zahlencongruenzen geliefert wurde) widerlegt:

$$10^{7^2} - 2^{7^2} - 1^{7^2} \equiv 0 (\bmod 7^3)$$
$$10^7 - 2^7 - 1^7 \equiv 0 (\bmod 7^2)$$

aber $10^7 - 2^7 - 1^7$ nicht $\equiv 0$ sondern $\equiv 7^2 (\bmod 7^3)$. Nach weiteren Fehlern, die nach meiner Überzeugung in der Arbeit stecken, habe ich nicht mehr gesucht, da dieser eine völlig genügt. Lindemann habe ich nicht durch Mitteilung des Fehlers kränken wollen, mögen das andere tun. Aber unter uns gesagt, macht die ganze Arbeit den Eindruck, als wenn sie von einem mathematischen Dilettanten herrühre, der ein wenig mit algebr. Umformungen und Congruenzen zu rechnen versteht, aber selbst dieses nur unsicher. Was Sie über Lisbeth schreiben hat uns sehr amusirt. Sommerfeld, der mich kürzlich besuchte, erzählte, man sage in München, Frau Lindemann habe die 100000 Mark schon vorher ausgegeben. Von Epstein u. Blumenthal erhielten wir Verlobungsanzeige. Dagegen wussten wir noch nichts von Wiecherts Absicht, in den Stand der Ehe zu treten. Ihre Mitteilung interessirte uns natürlich sehr. Nun wünsche ich Ihnen weiter gute + rasche Wiederherstellung, bitte Sie, Ihre liebe Frau vielmals von uns zu grüssen und selbst die herzlichsten Grüsse entgegenzunehmen von Ihrem alten

Hurwitz.

Schreiben Sie doch bald wieder, wenn auch nur Karten.

Hilbert an **Hurwitz** HiHu94

12.01.1909, Göttingen (Brief)

Mein lieber alter Freund.

Sie sind's jetzt nur noch allein, seitdem unser lieber Minkowski heute mittag $\frac{1}{2}1$ Uhr an Blinddarmentzündung in der Braunschen Privatklinik bis zuletzt im vollsten Bewusstsein sanft entschlafen ist. Sonntag Abend wurde die Diagnose gestellt, in der Nacht zu Montag die sehr schwierige Operation ausgeführt. Gestern lies uns der fieberfreie Zustand hoffen; auch heut morgen noch, bis ich plötzlich Mittags an sein Krankenlager gerufen wurde. Als ich eintrat, war er gerade tot; er hatte noch nach mir verlangt.

Für Ihre herzliche Neujahrskarte, über die ich mich sehr gefreut hatte, wollte ich mich in einem ausführlichen Brief bedanken; da ich Ihnen auch über allerlei

Mathematisches erzählen wollte – aus Ihrer schönen invariantentheoretischen Arbeit[997] in den Gött. Nachr. habe ich eine wie mir scheint gute Idee genommen zur Behandlung des Waringschen Problems – so verzögerte sich mein Schreiben und statt dessen erhalten Sie nun diesen Trauerbrief. Alles hier steht unter diesem erschütternden Ereigniss. Die Ärzte selbst standen tränender Augen um sein Bett.

In den Osterferien komme ich Sie jedenfalls einige Tage besuchen; bis dahin in alter Treue

Ihr

Hilbert.

P.S. Noch Mittwoch kam er sehr vergnügt mit seiner Frau von einer Berliner Reise zurück. Dann machten wir zu 4 (mit Klein und Runge) unseren regelmässigen Donnerstagnachmittagsspaziergang, Freitag hat er noch gelesen und Prüfung abgehalten. Erst in der Nacht zu Sonnabend fühlte er sich schlecht u. hatte sich heftigstes Erbrechen; doch sahen sie die Erkrankung nicht für schlimm an und benachrichtigten uns erst Sonntag. Seine Leiche wird seinen Wunsch in Heidelberg verbrannt.

H.

Hurwitz an **Hilbert** HuHi74

05.03.1909, Zürich (Brief)

Lieber Freund,

Herzlichen Dank für Ihre geniale Arbeit[998] über das Waring'sche Problem. Sie wird das allergrösste Aufsehen erregen und Ihren vielen Ruhmestiteln einen neuen hinzufügen. Wie Sie von der transcendenten Darstellung der Form $(x_1^2 + .. + x_5^2)^m$ zu den rationalen übergehen und hieraus alles weitere ableiten ist geradezu verblüffend und hat mich ordentlich aufgeregt. Wie schön, dass dies alte Problem nun endlich erledigt ist! Schade, dass Minkowski, dem Sie Ihre Arbeit gewidmet haben, das nicht mehr erlebt hat. Wir sprechen so oft von dem betrübenden Ende Minkowski's und bedauern auch Sie, der Sie, gewohnt täglich mit dem alten Freunde zu verkehren, die Lücke doppelt schmerzlich empfinden werden. In wissenschaftlicher Hinsicht werden Sie ja in Landau, den Sie als Nachfolger wohl schon zu Ostern nach Göttingen bekommen, Ersatz finden. Ihre Wahl scheint mir eine vortreffliche zu sein, denn ich schätze Landau ausserordentlich hoch.

[997] A. Hurwitz: Ueber die Erzeugung der Invarianten durch Integration (Göttinger Nachrichten 1897, 71-90).

[998] D. Hilbert: Beweis für die Darstellbarkeit der ganzen Zahlen durch eine feste Anzahl n-ter Potenzen (Waringsches Problem) (Mathematische Annalen. 67 (1909), 281-300). Eine vorläufige Fassung hatte Hilbert der Göttinger Gesellschaft bereits am 6. Februar 1909 vorgelegt (Nachrichten von der kgl. Gesellschaft der Wissenschaften zu Göttingen, Mathematisch-physikalische Klasse aus dem Jahre 1909, 17-36).

Durch Schmidt's[999] Herkunft, mit dem ich mich sehr gut verstehe, veranlasst habe ich wieder ein mathematisches Colloquium eingerichtet, das allseitige Anregung bietet, da wir auch eine grössere Zahl von mathematischen Doctoren und Privatdocenten hier haben. Im Colloquium habe ich eingehend die Arbeiten von Dickson ($x^n + y^n + z^n \equiv 0 (\mathrm{mod} p)$) und Thue (über diophantische Gleichungen) besprochen, die mir einen hübschen Fortschritt zu geben scheinen. Die Ableitung der Sätze von Dickson habe ich wesentlich vereinfachen und zum Teil verallgemeinern können. Vielleicht schicke ich darüber demnächst etwas an Hensel[1000], doch will ich erst abwarten, ob nicht Dickson selbst auf dieselben Ideen kommt.

Gesundheitlich geht es uns, abgesehen von kleinen Schwankungen und unbedeutenden Unpässlichkeiten der Kinder, ganz befriedigend.

Hoffentlich ist auch Ihr und der Ihrigen Befinden zufriedenstellend. Seien Sie und Ihre liebe Frau herzlich gegrüsst von meiner Frau und mir

Ihrem alten Freunde

A. Hurwitz.

77

Zürich 5 März 1909

Lieber Freund,

Herzlichen Dank für Ihre geniale Arbeit über das Waring'sche Problem. Sie wird das allergrößte Aufsehen erregen und Ihren vielen Ruhmestiteln einen neuen hinzufügen. Wie Sie von der transcendenten Darstellung der Form $(x_1^2 + \cdots + x_5^2)^m$ zu der rationalen übergehen und hieraus alles weitere ableiten ist geradezu verblüffend und hat mich ordentlich aufgeregt. Wie schön, daß dies alte Problem nun endlich erledigt ist! Schade, daß Minkowski, dem Sie Ihre Arbeit gewidmet haben, das nicht

[999] Erhard Schmidt wurde 1908 an die Universität Zürich berufen. Er blieb allerdings nur bis 1910, um nach Erlangen zu wechseln.

[1000] Herausgeber des Journals für reine und angewandte Mathematik (Crelle-Journal).

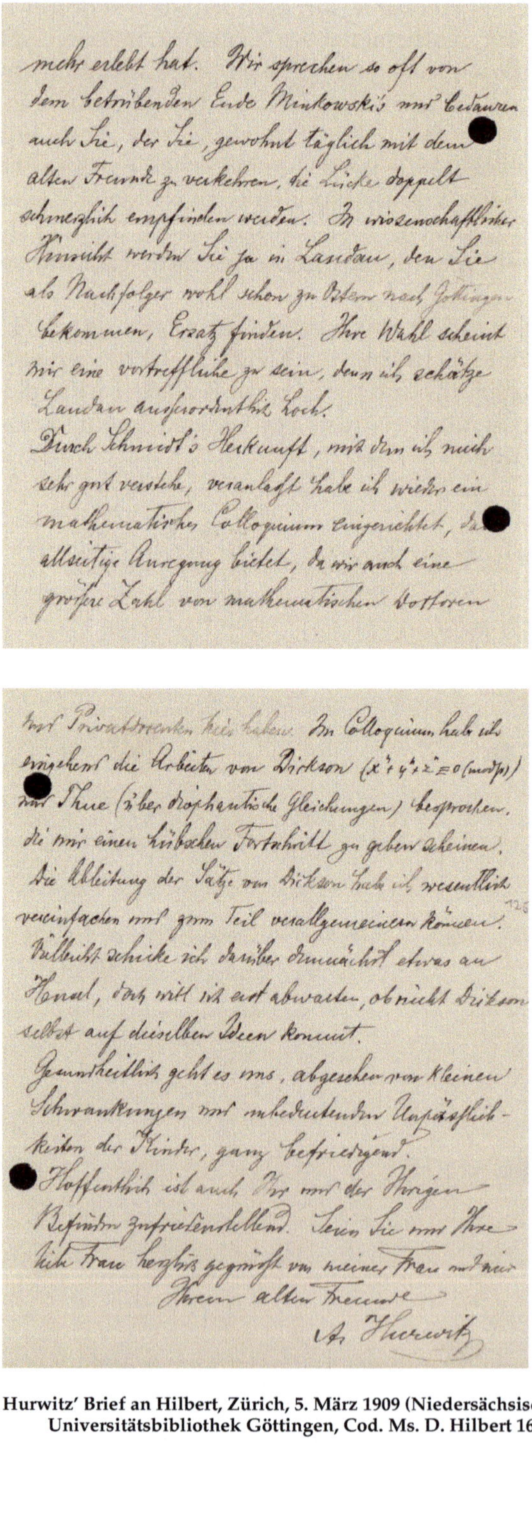

mehr erlebt hat. Wir sprechen so oft von
dem betrübenden Ende Minkowski's und bedauern
auch Sie, der Sie, gewohnt täglich mit dem
alten Freunde zu verkehren, die Lücke doppelt
schmerzlich empfinden werden. In wissenschaftlicher
Hinsicht werden Sie ja in Landau, den Sie
als Nachfolger wohl schon zu Ostern nach Göttingen
bekommen, Ersatz finden. Ihre Wahl scheint
mir eine vortreffliche zu sein, denn ich schätze
Landau außerordentlich hoch.
Durch Schmidt's Herkunft, mit dem ich mich
sehr gut verstehe, veranlaßt habe ich wieder ein
mathematisches Colloquium eingerichtet, das
allseitige Anregung bietet, da wir auch eine
größere Zahl von mathematischen Doktoren

und Privatdozenten hier haben. Im Colloquium habe ich
eingehend die Arbeiten von Dickson ($x^n+y^n+z^n\equiv 0 \pmod p$)
und Ihre (über diophantische Gleichungen) besprochen,
die mir einen hübschen Fortschritt zu geben scheinen.
Die Ableitung der Sätze von Dickson habe ich wesentlich
vereinfachen und zum Teil verallgemeinern können.
Vielleicht schicke ich darüber demnächst etwas an
Annal., doch will ich erst abwarten, ob nicht Dickson
selbst auf dieselben Ideen kommt.
Gesundheitlich geht es uns, abgesehen von kleinen
Schwankungen und unbedeutenden Unpäßlich-
keiten der Kinder, ganz befriedigend.
Hoffentlich ist auch Ihr und der Ihrigen
Befinden zufriedenstellend. Seien Sie und Ihre
liebe Frau herzlich gegrüßt von meiner Frau und Ihrem
Ihrem alten Freunde
A. Hurwitz

Abbildung 3.4. Hurwitz' Brief an Hilbert, Zürich, 5. März 1909 (Niedersächsische Staats- und Universitätsbibliothek Göttingen, Cod. Ms. D. Hilbert 160, Nr. 77).

Hilbert an Hurwitz HiHu95
13.03.1909, Göttingen (Brief)

Lieber Freund.

Sie beschämen mich förmlich durch Ihre herzlichen Briefe und Karte. Vor Allem Ihre teilnehmenden Worte zu Minkowski's Tode haben mir sehr wohlgetan. Die ersten Wochen waren wir täglich bei Frau Minkowski; auch jetzt sind wir sehr viel dort und sie und Fanny Minkowski[1001] bei uns. Wir lesen dann seine Briefe, die ich von ihm erhalten und lassen dann unsere ganze Jugend, unser ganzes Leben an uns vorüberziehen. Und eine wie grosse Rolle spielen auch Sie darin! Wir müssen uns gründlich über alles aussprechen. Wir beabsichtigen in der nächsten Woche nach der Riviera zu reisen und dann Anfang April nach Locarno oder an einen ähnlichen Ort zu gehen, wo wir bis Mitte April bleiben wollen. Als dann möchte ich gern einige Tage nach Zürich kommen; es wäre aber schöner, wenn wir die ganzen 14 Tage schon von April an zusammen sein könnten. Würden Sie nicht nach Locarno kommen können? Auch jeder andere Ort jenseits des Gotthard ist mir recht. In Baden-Baden waren Sie doch schliesslich sehr zufrieden und es geht Ihnen doch glücklicher Weise jetzt gesundheitlich sehr gut. Ich habe meinen heissen Kopf endlich so gut wie völlig verloren und fühle mich sehr wohl, habe nicht weniger als 20 Pfd. zugenommen. Ich bin etwas vorsichtiger mit Spazierengehen geworden, da ich dies übertrieben hatte. Ich weiss nicht, ob ich Ihnen schrieb, dass ich Pfingsten vorigen Jahres eine kleine Operation habe machen lassen; diese hat mir sehr wohlgetan und meine Verstopfung, an der ich Jahrzehnte lang litt, völlig beseitigt hat.

Ich beschäftige mich sehr viel mit Minkowski's Abhandlungen teils, weil ich eine Gedächtnisrede vorbereite, teils weil ich seine gesammelten Abhandlungen[1002] herauszugeben gedenke. Doch darüber können wir uns besser mündlich unterhalten.

Ihre freundschaftliche Anerkennung meiner Waring-Arbeit ist mir ein Lichtstrahl in düsterer Zeit; ich danke Ihnen herzlich. Ihre Bemerkung wegen des Satzes I hatten mir übrigens bereits Hausdorff und Kürschak gemacht. Ich konnte sie sogar in den Göttinger Nachrichten zum Schluss noch anbringen, da der betreffende Bogen noch nicht gedruckt war. In den Annalen will ich das 5fache Integral von vorneherein nehmen und dann neben H.-K. auch Ihren Namen[1003] nennen, falls Sie es so gut finden; übrigens ist das 25fache Integral an sich richtiger!

Am 22–28 April wird Poincaré hier Vorträge halten und dabei ein kleiner Congress für die anwesenden Mathematiker hier tagen.

[1001] Nach Minkowskis Tod zog dessen Schwester Fanny nach Göttingen, um ihre Schwägerin zu unterstützen. Sowohl Fanny als auch Auguste Minkowski emigrierten im Nationalsozialismus in die USA.

[1002] H. Minkowski: Gesammelte Abhandlungen. Hg. von D. Hilbert unter Mithilfe von A. Speiser und H. Weyl. 2 Bände (Leipzig: Teubner, 1911).

[1003] Vgl. p. 282 von Hilberts Annalenarbeit. H ist Hausdorff, K ist Kürschak.

Doch nun Adieu. Grüssen Sie herzlich auch Ihre Frau und seien Sie selbst ebenso gegrüsst von Ihrem

Hilbert

P.S. Von Mitte nächster d.h. dieser Woche an ist unsere Adresse

Alassio Grand Hotel Alassio

Italien, Riviera poniente

Hilbert an **Hurwitz** HiHu96

18.03.1909, Ort fehlt (Postkarte)

Lieber Freund. Wir sitzen hier sehr angenehm in der Trattoria del Theatro de Folire mit Jaffée, den wir zufällig in der Eisenbahn trafen und mit dem wir hier gemeinsam Ihrer gedenken. Haben Sie die herzlichsten Grüsse

von Ihrem Hilbert.

[nicht lesbar] Jaffée

Herzliche Grüsse auch von Käthe Hilbert

Hilbert an **Hurwitz** HiHu97

31.08.1910, Baden (Postkarte)

Lieber Freund. Nachdem ich also ein Duzendmal im Flimser See zwischen dessen Klippen u Inseln herumgeschwommen bin, ging ich noch auf 8 Tage nach Pontresina; dort war es herrlich, besonders auf dem Berminapass entlang der Kette von Gletschern. Ich war viel mit Hirsch zusammen. Es war aber wirklich Zeit etwas gegen meinen hartnäckigen u. langjährigen Rheumatismus zu tun und daher begab ich mich hierher und ich glaube hier auch an die richtige Schmiede gekommen zu sein. Ich habe einen guten Arzt u. ein gutes Hotel gefunden und werde von beiden geradezu liebevoll behandelt. Nach gemütlichster Untersuchung von Herz, Blut etc. hat mir dann der Arzt erklärt, dass es ein durch den Körper verbreiteter Muskelrheumatismus wäre und dass er mich sicher und vollständig von diesem Leiden befreien werde. Ich muss baden, trinken, werde elektrisirt und injizirt, wo besonders letzteres nicht angenehm ist. Und da die ganze Sache doch etwas angreifend ist, werde ich wohl meinen Aufenthalt in der Schweiz zu verlängern beantragen. In den nächsten Tagen kommen mich Bär und Weyl besuchen; in nächster Woche möchte ich selbst nach Zürich hinüber. Jedenfalls hoffe ich Sie bestimmt einmal am Nachmittag zu sehen. Ich werde schreiben oder telephoniren. Mit herzlichsten Grüssen auch an Ihre Familie Ihr D. Hilbert.

Hurwitz an **Hilbert** HuHi75
31.12.1910, Zürich (Brief)

Lieber Freund!

Vor Kurzen las ich im Gutzmer'schen Blatte, dass Sie der Träger des Bolyai-Preises[1004] geworden sind und dadurch Ihre Verdienste um den Fortschritt der mathemat. Wissenschaft eine erneute Anerkennung erfahren haben. Ich wollte Ihnen gleich hierzu gratuliren, schob es aber noch hinaus, um Ihnen und den lieben Ihrigen gleichzeitig bestes Ergehen im neuen Jahre zu wünschen. Beides sei also hiermit getan. Ihre sechste Integralnote[1005] hat mich sehr interessirt und durch die Aufdeckung des Zusammenhanges mit dem gemischten Volumen Minkowski's überrascht. Wenn ich auch wenig selbst arbeite, da ich mit meinen Kräften haushalten muss, so verfolge ich doch die mir interessanten Erscheinungen beständig und freue mich über die Fortschritte. So habe ich mit Vergnügen die Arbeiten Ihres Schülers Toeplitz[1006] gelesen, deren Resultate ich mir früher schon selbst zum Teil zurecht gelegt hatte. –

Nun noch eine Bitte. Ein junger italienischer Mathematiker hat sich eingehend mit denjenigen Gleichungen, deren Wurzeln sämmtlich negative reelle Bestandteile besitzen, beschäftigt über welche ich in den Annalen Bd. 46, S.27 eine Arbeit[1007] veröffentlichte. Er sandte mir einige italienische Publicationen darüber und bat mich eine zusammenfassende Arbeit, die er gegenwärtig in deutscher Srache darüber redigirt, zur Aufnahme in die Annalen zu empfehlen. Seine Betrachtungen sind sehr hübsch und einfach, so dass ich seinem Wunsche mit gutem Gewissen nachkommen kann. Falls Sie also nicht sonst abgeneigt wären, möchte ich Sie bitten, die betr. Arbeit[1008] für die Annalen anzunehmen. Der Verfasser heisst Luciano Orlando und ist Privatdocent an der Universtät in Rom.

[1004] Von der Ungarischen Akadmie der Wissenschaften verliehener Preis für besondere Leistungen in der Mathematik. Erster Preisträger war 1905 H. Poincaré, zweiter 1910 dann Hilbert. Danach wurde der Preis bis zum Jahr 2000 ausgesetzt.

[1005] D. Hilbert: Grundzüge einer allgemeinen Theorie der Integralgleichungen. Sechste Mittheilung, (Nachrichten von der kgl. Gesellschaft der Wissenschaften zu Göttingen, Mathematisch-physikalische Klasse aus dem Jahre 1910, 355-417).

[1006] O. Toeplitz: Die Jacobische Transformation der quadratischen Formen von unendlichvielen Veränderlichen (Nachrichten von der kgl. Gesellschaft der Wissenschaften zu Göttingen, Mathematisch-physikalische Klasse aus dem Jahre 1907, 101-109); O. Toeplitz: Zur Transformation der Scharen bilinearer Formen von unendlichvielen Veränderlichen (Nachrichten von der kgl. Gesellschaft der Wissenschaften zu Göttingen, Mathematisch-physikalische Klasse aus dem Jahre 1907, 110-115); O. Toeplitz: Theorie der quadratischen Formen von unendlichvielen Veränderlichen (Nachrichten von der kgl. Gesellschaft der Wissenschaften zu Göttingen, Mathematisch-physikalische Klasse aus dem Jahre 1910, 489-506).

[1007] A. Hurwitz: Ueber die Bedingungen unter welchen eine Gleichung nur Wurzeln mit negativen reellen Theilen besitzt (Mathematische Annalen 46 (1895), 273-284).

[1008] L. Orlando: Sul problema di Hurwitz relativo alle parte reali della radici di un' equazioni algebrica (Mathematische Annalen 71 (1912), 233-245).

Nun, lieber Hilbert, lassen Sie auch mal wieder etwas von sich hören. Wie geht es Ihnen, Ihrer lieben Frau und Ihrem Sohne? Die Meinigen sind alle wohlauf und mein Befinden ist bei mässigen Ansprüchen ziemlich befriedigend. Ein herzliches Prosit Neujahr Ihnen und den Ihrigen – auch von meiner Frau – wie von Ihrem alten Freunde

A. Hurwitz.

Hilbert an **Hurwitz** HiHu98
18.08.1911, Mölle (Brief)

[1009]Lieber Freund.

Sie haben mir zu Neujahr einen so interessanten und freundschaftlichen Brief geschrieben und noch immer liegt er unbeantwortet auf meinem Schreibtische in Göttingen; ich fühle mich sehr schuldig. Zumal jetzt, wo Minkowski tot ist, dürfen wir doch den Zusammenhang nicht verlieren! An sich ist ja aus Göttingen wenig für mich übrig zu berichten, da Sie ja das Wichtigere meist durch die Göttinger Herrn, die Sie besuchen, erfahren. Und so will ich nur von mir erzählen.

Ich habe letztes Semester Mechanik der Continua gelesen und mir in diesem Kolleg zur Aufgabe gestellt, die theoretische Physik in allen ihren Teilen von diesem Kontinuumsstandpunkt darzustellen: Hydrodynamik, Elastizitätstheorie, Thermodynamik und Elektrodynamik, wobei ich dann zuletzt ganz in die Relativitätstheorie eingemündet bin. Im folgenden Semester möchte ich nun gerade den entgegengesetzten atomistischen Standpunkt vertreten und treibe zu dem Zwecke jetzt kinetische Gastheorie, Elektronentheorie und Radioaktivität. In der kinetischen Gastheorie glaube ich wenigstens so weit zu kommen, dass ich die bestimmten math. Probleme formuliere. Als Assistent stand und steht mir Dr. Hecke – derselbe, der die Funktionen für die höheren Zahlkörper untersucht hat – zur Seite und ausserdem die Göttinger jungen Physiker. Auch will ich nach Karlsruhe[1010], um dort besonders von den Physikern (Sommerfeld etc.), die jetzt sehr erfolgreich in ihrer Arbeit sind, zu profitiren.

Hier bin ich in Begleitung von Dr. Haar – als Ersatz für die verlorene Amerikafahrt. Unser Ministerium wünschte mich nämlich als Anstandsprofessor nach der Harwarduniversität zu schicken. Obwohl ich garkeine Lust hatte, erklärte ich mich schliesslich bereit, bis Weihnachten hinüberzugehen; meine Frau sollte mitkommen und ausserdem hatten Haar u. Born sich als Assistenten auf eigene Kosten sich mir zur Verfügung gestellt. Schliesslich scheiterte der Plan, als der Praesident der Havard-Universität den Vortrag in englischer Sprache wünschte. Ich war sehr froh.

Das Baden, was ja immer ein Hauptvergnügen für mich war, ist hier in Mölle ganz besonders schön – so frei und vergnügt wie im alten Rauschen. Dazu die

[1009]Der Brief ist auf einem Blatt mit dem durchgestrichenen Briefkopf Dr. Alfred Haar, Privatdozent an der Universität Göttingen geschrieben.

[1010]Dort fand vom 24. bis 30. September 1911 die Jahrestagung der Deutschen Mathematiker-Vereinigung im Rahmen der Versammlung Deutscher Naturforscher und Ärzte statt.

Felder und der Wald. Meine Frau macht sich nicht sonderlich viel aus dem Baden und da sie Königsberger Besuch erwartete, so ist sie in Göttingen geblieben. Vielleicht machen wir noch gelegentlich der Naturforscherversammlung, zu der sie mitkommt, noch einen kleinen Abstecher ins Gebirge.

Uebrigens werden Sie Dr. Haar im kommenden Winter näher kennen lernen, da er sich erboten hat, Zermelo in Zürich zu vertreten. Ich hoffe, dass er Ihnen gut gefällt.

Wie geht es Ihnen, Ihrer Frau und Ihren Kindern? Toeplitz wird mir wohl, wenn ich nach Göttingen zurückkehre, von Ihnen berichten. Nun leben Sie wohl und seien Sie und die Ihrigen herzlichst gegrüsst von Ihrem

alten Freund
David Hilbert.

Hurwitz an **Hilbert** HuHi76
29.12.1911, Zürich (Brief)

Liebster Freund,

Das Jahr geht zur Neige und immer noch harrt Ihr Brief aus Mölle, durch den Sie mich im Sommer erfreuten, der Antwort. Sie würden schon viele Briefe von mir inzwischen erhalten haben, wenn das Gedenken mit dem Schreiben identisch wäre. Leider nimmt die Schwierigkeit, den Gedanken in die Tat umzusetzen, bei mir nicht nur auf dem Gebiete des Briefeschreibens mit wachsendem Alter quadratisch zu. Nur mühsam ringe ich mir ab und zu eine kleine wissenschaftliche Tat ab, während Sie, in rastlosem Fluge die Höhen der Wissenschaft durchmessend, immer weiter reiche Schätze einbringen. Dr. Haar und Toeplitz erzählten mir von Ihren erfolgreichen Arbeiten auf dem Gebiete der mathematischen Physik, von denen Sie auch andeutungsweise in Ihrem letzten Briefe sprachen. Beide Herren haben mir übrigens sehr gut gefallen. Dr. Haar ist ein sehr feiner, sympathischer Mensch und kenntnisreicher Mathematiker, dessen Anwesenheit in Zürich ich leider nur schwach ausnützen konnte, da ich gerade im Beginn des Wintersemesters erkrankte und daher erst kurz vor Weihnachten ein paar Besuche von Dr. Haar annehmen konnte. Mein Erkrankung nötigte mich, um Entlastung von meiner Vorlesung (Zahlentheorie) einzukommen, so dass ich in diesem Semester nur das Seminar über hyperkomplexe Zahlensysteme bei mir zu Hause abhalte. Übrigens geht es mir seit Ende November wieder ganz ordentlich. Auch meine Frau wurde im Sommer und Anfang des Winters von einem alten Leiden recht geplagt, das aber seit einigen Wochen glücklicher Weise fast ganz verschwunden ist. Den Kindern ging und geht es immer sehr gut, sie sind jetzt durch die Schulen recht absorbirt. Lisi besucht die Fortbildungsschule, während Eva und Otto Gymnasiasten sind. Eva wird alles sehr leicht und bringt unerlaubt gute Zeugnisse nach Hause; dagegen muss sich Otto recht plagen und marschirt nur dank der Nachhülfe, die er bei mir als seinem „Hauslehrer" geniesst, in der Mitte seiner Klasse mit. Eine kleine Arbeit von mir über den Budan-Fourier'schen

Satz[1011] wird wohl im nächsten Hefte der Annalen erscheinen. Ihr Inhalt ist nicht aufregend, aber ich darf Sie wohl darauf aufmerksam machen, dass sie einen Fehler corrigirt hat, der in allen Lehrbüchern sich findet und dass sie einen für Vorlesungszwecke sehr geeigneten Beweis für den richtigen Budan-Fourier'schen Satz giebt.

Landau ist augenblicklich in Engelberg. Er kündigte mir seinen Besuch auf der Rückreise ca 7 Januar an. Da hoffe ich dann wieder auch Erfreuliches über Sie zu hören.

Mit den herzlichsten Neujahrswünschen für Sie, Ihre liebe Frau und Franz, bin ich in alter Freundschaft

Ihr A. Hurwitz.

Meine Frau sendet Ihnen und Ihrer l. Frau die herzlichsten Grüsse.

Hurwitz an **Hilbert** HuHi77
12.06.1912, Zürich (Postkarte)

Lieber Freund!

Gleichzeitig mit dieser Karte sende ich Ihnen eine kurze Abhandlung[1012], die an die Remak'sche Bemerkung in Bd 72, S. 153 der Annalen anknüpft. Bei der lebhaften Arbeit im Kreise Ihrer Jünger halte ich es allerdings für möglich, dass die Sache inzwischen schon von anderer Seite bemerkt sein könnte und Ihnen bereits eingeliefert ist. In diesem Falle bitte ich Sie, mein Manuskript einfach dem Papierkorb zu überantworten. Andernfalls drucken Sie es wohl in den Annalen ab. – Wie geht es bei Ihnen? Ich habe so lange nichts von Ihnen gehört. Bei uns stehts im Ganzen ordentlich. Ich fühle mich freilich meistens sehr matt und leide unter schlechtem Schlaf. Doch kann ich wenigstens in diesem Sommer meine Vorlesungen regelmässig halten und sonst das Leben einigermassen geniessen.

Herzlichste Grüsse Ihnen und Ihrer werten Gattin auch im Namen meiner Frau – von Ihrem alten Freunde

A. Hurwitz.

Wenn Sie Klein, Landau, Runge demnächst sehen, bitte ich Sie, dieselben von mir zu grüssen. –

Hilbert an **Hurwitz** HiHu99
16.06.1912, Göttingen (Postkarte)

Lieber Freund.

Vielen Dank für Ihre Karte u. Ihren kleinen Annalenbeitrag. Es freut mich natürlich herzlich, zu hören, dass es Ihnen leidlich geht.

[1011] A. Hurwitz: Über den Satz von Fourier-Budan (Mathematische Annalen 71 (1912), 584-591).
[1012] A. Hurwitz: Über definite Polynome (Mathematische Annalen 73 (1913), 173-176).

Die Grüsse an Landau u. Runge werde ich ausrichten. Doch Klein ist seit Weihnachten im Sanatorium Hahnenklee im Harz; er erholt sich zwar jetzt, aber sehr langsam; wird aber im Winter wieder ein kleines Kolleg zu lesen versuchen. Ich habe jetzt sehr viel mit meinem Kolleg über Strahlungstheorie zu thun. Sobald ich mehr Zeit habe, schreibe ich Ihnen ausführlicher.

Herzlich grüsst Sie

Ihr D. Hilbert.

Hilbert an **Hurwitz** HiHu100

11.07.1914, Göttingen (Postkarte)

Lieber Freund. Wir haben Sie soeben zum auswärtigen Mitglied der Kgl. Gesellsch. gewählt. – Es tut mir sehr leid, dass wir so wenig von einander erfahren; ich weiss wohl, dass es meine Schuld ist, aber ich bin stets so mit allerlei Dingen beschäftigt, dass ich gar nicht zum Briefschreiben komme – zumal in diesem Sommersemester, wo sich Alles an Arbeit vereinigt, haben wir doch augenblicklich sogar zwei „Gastprofessoren" nämlich Haar-Klausenberg u. Debye-Utrecht bei uns und so werden wir von allen Seiten mit modernster Weisheit versehen. Unsere Hauptsorge ist, dass es uns gelingt, den viel umworbenen Debye für uns als Nachfolger für Voigt zu gewinnen. – Hoffentlich kann ich einmal Sie in Zürich besuchen kommen. Ich freue mich besonders; dass es Ihnen gesundheitlich recht gut geht und wünsche Ihnen vor Allem, dass es Ihnen in dieser Hinsicht immer nach Ihrer Zufriedenheit gehen möge. Mit vielen Grüssen noch an Ihre Frau u. Familie

Ihr alter Freund

Hilbert

Hurwitz an **Hilbert** HuHi78

13.07.1914, Zürich (Brief)

Lieber Freund, Nicht nur die Mitteilung, dass Sie in Göttingen meiner in so liebenswürdiger und ehrender Weise gedacht haben, sondern vor allem auch die Tatsache, dass ich einmal wieder direkte Nachrichten von Ihrer eigenen Hand erhielt, erfreuten mich heute früh ausserordentlich. Indirekt von Ihnen zu hören, habe ich ja häufig Gelegenheit, da die hochgehenden wissenschaftlichen Wogen Göttingens bis zu uns vordringen. Die letzten Nachrichten bekam ich von Weyl und von Pólya: Ersteren, der uns allen sehr sympathisch ist, sehe ich leider nur selten, letzteren, Pólya, um so häufiger, und zwar verkehre ich sehr gern mit ihm, da er ein ausserordentlich kenntnisreicher und sehr anregender Mathematiker ist. Sehr oft in letzter Zeit habe ich an unsere lebhaften Diskussionen über Riemanns Primzahlarbeiten auf unseren ehemaligen Spaziergängen nach Luisenwahl gedacht, da ich mit Pólya über die schönen

Fortschritte sprach, die kürzlich auf den Gebiete der ζ-Funktion erzielt sind. – Wenn ich Ihnen so sehr selten geschrieben habe, so liegt das an der Empfindung, dass ich Ihnen leider wissenschaftlich nichts zu bieten vermag, was Sie in höherem Grade interessiren könnte. Denn während Sie Ihre Kreise immer weiter und weiter ziehen, bin ich mit meinen Interessen und meiner Arbeit auf den mir vertrauten alten Gebieten geblieben und dabei ist die Ausbeute sehr gering, da ich nur sehr gemächlich arbeiten kann. Im allgemeinen muss ich zufrieden sein, wenn ich meinen Pflichten gegenüber meinem Lehramt nachkomme; jetzt wird z. B. meine ganze Kraft durch Vorlesungen, Seminar und drei dicke Diplomarbeiten, die ich zu beurteilen habe, absorbirt. Meine gesundheitlichen Verhältnisse reichen eben dazu aus und sind nicht so erfreuliche, wie Sie es voraussetzen und freundschaftlich wünschen. Dass Haar und Debye bei Ihnen Gastrollen geben, wusste ich durch Polya. Beide sind ja hier in Zürich gewesen und mir sehr gut bekannt. Debeye sprach ich noch kürzlich ganz flüchtig bei der Einweihung unserer neuen Universität[1013]. Haar war sehr häufig bei uns in der Familie, als er Zermelo vertrat. Bei Gelegenheit grüssen Sie doch, bitte, beide von mir.

Ein Wiedersehen mit Ihnen würde mir selbstverständlich die grösse Freude bereiten und ich hoffe, dass Sie Ihre Reisen bald einmal wieder nach Zürich führen werden.

Mit den herzlichsten Grüssen von Haus zu Haus bin ich in alter Freundschaft Ihr A. Hurwitz.

Hilbert an **Hurwitz** HiHu101
28.12.1915, Göttingen (Postkarte)

Lieber Freund. Haben Sie und Ihre Familie die herzlichsten Glückwünsche zum Feste und zum neuen Jahre. Durch Polya hörte ich, dass es Ihnen gut geht. Wenn es möglich ist, will ich Ostern in die Schweiz kommen und Sie besuchen. Wir werden uns viel zu erzählen haben.

Viele Grüsse von Ihrem Hilbert.

Hilbert an **Hurwitz** HiHu102
27.01.1916, Göttingen (Postkarte)

Lieber Freund. Ich hatte Ihnen einen Weihnachtsgruss gesandt und mitgeteilt, dass ich die Absicht habe Ostern in die Schweiz zu kommen und Sie zu besuchen. Mehr will ich nicht schreiben, damit der Zensor meiner Karte gnädig ist und sie nicht Wochen zurückbehält.

Herzliche Grüsse von Ihrem Hilbert.

[1013] Im Jahr 1914 bezog die Universität Zürich ihr eigenes Gebäude an der Rämistraße, zuvor war sie im selben Gebäude wie das Polytechnikum untergebracht.

Hilbert an **Hurwitz** HiHu103

05.04.1916, Lugano (Postkarte)

Lieber Freund. Vor Allem nochmals den besten Dank für die freundliche Aufnahme, die Sie und Ihre Frau mir bereitet haben. Ich wollte aber doch den eigentlichen Zweck meiner Reise nicht länger hinausschieben und so entschloss ich mich doch schon morgens abzureisen. Der Zug war so besetzt, dass ich Lasker garnicht gesehen aber dafür hier sogleich am See spazierengehend getroffen habe. Wir gingen dann sogleich zusammen zum Kaffee Vanini im Kursaal. Heut morgen regnete es, aber jetzt scheint schon die Sonne. Ich sitze hier im Kaffee Vanini bei Schlagsahne. In meinem Hotel hab ich's sehr gut getroffen: Hübsches Zimmer zum See hinaus, aufmerksamste Bedienung und Ruhe, (Hotel Europe, Lugano-Paradiso) die ich jetzt sehr geniesse, indem ich hier immer allein bin. Für mein Elektron habe ich eine neue Idee, die hoffentlich die entscheidende ist. Leider ist die Verbindung mit meinem Assistenten von hier aus etwas länglich. Doch nun für jetzt Adieu. Seien Sie alle – insbesondere auch Ihre Sohn Otto – herzlich gegrüsst von

Ihrem Hilbert.

Hurwitz an **Hilbert** HuHi79

07.04.1916, Zürich (Postkarte)

Lieber Freund! Vielen Dank für Ihre Karte, aus welcher ich mit Vergnügen ersehe, dass Sie glücklich an Ihrem Ziel angelangt sind und sich dort recht behaglich fühlen. Ihr Besuch war für mich eine grosse Freude und ebenso für die Meinen, an der wir noch lange in der Erinnerung zehren werden. Sie haben uns so viel wissenschaftliche und andere Anregung gebracht, dass wir Ihnen dankbar sein müssen. Mir ist besonders angenehm, dass ich jetzt so viel klarer in der grossartigen Welttheorie sehe. Hoffentlich wiederholen Sie nun Ihren Besuch bei uns in jedem Frühling und bringen so schöne Gaben wie diesmal als „Mann aus der Fremde“. Otto schwärmt noch von den interessanten Unterhaltungen auf den abendlichen Gängen.

Mit dem Wunsche recht angenehme Tage am Luganer See und herzlichen Grüssen von uns allen

Ihr

A. Hurwitz.

Hurwitz an **Hilbert** HuHi80
02.11.1916, Zürich (Postkarte)

Lieber Freund! Ihre Karte vom Jahresschluss hätte ich längt erwidert, wenn ich nicht so entsetzlich energielos wäre. Das Urteil Polya's über meinen Gesundtheitszustand ist wohl erklärlich, da er mich nur in animierter Unterhaltung kennt, entspricht aber nicht den Tatsachen. Vielmehr leide ich sehr unter Schlaflosigkeit und den damit verbundenen Folgen. Ich bin froh, wenn ich meinen Lehrpflichten genügend nachkomme und mache sonst fast nichts, so dass Sie mich recht versimpelt antreffen werden. Dass ich mich ordentlich freue, Sie nach so langer Zeit einmal wieder zu sehen, brauche ich Sie nicht zu versichern. Schreiben Sie mir bitte nur, sobald Ihre Pläne festgelegt sind, wann wir das Vergnügen haben, Sie hier begrüssen zu köennen. – Dass wir auch hier unter dem Druck dieses grauenhaften Krieges stehen, ist Ihnen ja bekannt. Da wir das Glück haben, in friedlichem Lande zu leben, leiden wir freilich nicht so sehr, wie die direkt beteiligten Länder, aber schlimm genug bleibts immer.

Übrigens ist's mit der Zensur der Briefe hier und Deutschland nicht so arg, wie Sie anzunehmen scheinen. Wir bekommen häufig lange Briefe und eng beschriebene Karten aus Deutschland. Solche aus Königsberg z. B. brauchen gegenwärtig nicht mehr als 3 Tage, um zu uns zu gelangen. Interessant ist die Menge von auswärtigen Künstlern + Gelehrten, die in Zürich eine Zuflucht gesucht haben. Unter anderm ist M. Abraham seit längerer Zeit hier; kürzlich hielt er in der phys. Ges. einen Vortrag über neue Mechaniken, den Polya sehr rühmte. Ich habe ihn nicht gehört, da ich selbst nicht einmal das math. Colloquium besuche, welches mir zu unbequem liegt.[1014]

Herzlichste Grüsse von Haus zu Haus und auf frohes Widersehen!

In alter Freundschaft

Ihr

Hurwitz.

Hilbert an **Hurwitz** HiHu104
16.10.1918, Göttingen (Postkarte)

Lieber Freund.

Vielen Dank für die versprochene Note über Normgebilde[1015], die ich so schleunig wie möglich in die Annalen besorge. – Nun bin ich wieder hier und

[1014] Aus einem Artikel in der „Neuen Zürcher Zeitung" (163. Jahrgang, Morgenausgabe No. 120) zum 80. Geburtstag von Hilbert vom 23. Januar 1942 von Paul Bernays geht hervor, dass Hilbert 1917 in einem Vortrag „Axiomatisches Denken" in Zürich über die „axiomatische Methode als eine ganz allgemeine Methode der wissenschaftlichen Forschung" vorgetragen hat. Unklar ist, ob Hurwitz bei diesem Vortrag anwensend war.

[1015] A. Hurwitz: Über die algebraische Darstellung der Normgebilde (Mathematische Annalen 79 (1919), 313-320).

habe nur die schöne Erinnerung an die herrlichen 8 Wochen in der Schweiz. Vielleicht gelingt es mir im Frühling meine Frau mitzubringen. Mein Arzt hat mir nämlich dann eine Nachkur in Baden verordnet. Nach Baden war ich noch 5 Tage in Vitznau, Parkhotel, wo auch der König Konstantin mit Familie abgestiegen war, die ich auch kennen gelernt habe, was sehr interessant war. – Der Grenzübergang zurück war recht unangenehm; ich versäumte den Zug und musste die ganze Strecke bis Heidelberg mit Personenzug fahren. Dort kam mir meine Frau reichlich mit Lebensmitteln entgegen und wir blieben noch 8 Tage dort. Jetzt bin ich wieder ganz im Semester. Nun haben Sie die herzlichsten Grüsse and Sie und Ihre Familie und leben Sie wohl

Ihr alter Freund Hilbert.

Hilbert an **Hurwitz** HiHu105

13.09.1918, Baden (Postkarte)

Lieber Freund.

Vielen Dank für Ihre beiden freundlichen Karten. Meine Kur geht ihren normalen Weg; sie ist aber etwas anstrengend und daher habe ich noch gewartet. Ich werde Sie nunmehr morgen (Sonnabend) gegen 5 Uhr ev. zum Kaffee besuchen. Falls es Ihnen nicht passen sollte, so macht das Nichts; ich werde alsdann andere Geschäfte in Zürich erledigen. Falls Sie Polya und Freytag benachrichtigen, wäre ich sehr erfreut. ebenso, wenn Sie vielleicht Dr. Richard Bär Bergstr. 54 telephonisch mitteilen, wann er mich von Ihnen abholen soll.

Mit besten Grüssen u auf Wiedersehen

Ihr Hilbert

Baden Grand Hotel.

Hurwitz an **Hilbert** HuHi81

02.12.1918, Zürich (Brief)

Lieber Freund!

Ihr Karte vom 16 Oktober, die Sie so freundlich waren, mir nach Ihrer Heimkunft zu schreiben, erhielt ich damals am 23. Oktober. Was ist seitdem alles in der Welt vorgegangen! Darüber würden wir alle gern mit Ihnen plaudern. Vielleicht bringt uns nun wirklich der Frühling wieder Ihren – und Ihrer Frau – Besuch! Und dann wird auch Ihre Reise sich wieder bequemer als die letzte Heimreise gestalten. Heute schreibe ich Ihnen im Interesse Pólya's. Sie wissen wohl, dass durch Graf's Tod in Bern eine Professur für höhere Mathematik frei geworden ist, die kürzlich ausgeschrieben wurde. Um diese will sich Polya bewerben und da würde es natürlich für ihn von grösstem Nutzen sein, wenn Sie Ihr gewichtiges Wort für ihn in empfehlendem Sinne bei der Erziehungsdirektion des Kantons Bern in Bern einlegen würden. Wenn Sie also, woran ich nicht zweifle,

Polya seinen Qualitäten nach hierfür als würdig erachten, so würden Sie durch eine Empfehlung ein gutes Werk für ihn tun. Ich selbst habe soeben ohne sein Wissen dergleichen getan. Wir sind jetzt hier endlich seit 14 Tagen wirklich in den Vorlesungen; deren Beginn wurde immer wieder hinausgeschoben wegen der Grippe, die unter der Jugend entsetzlich viele Opfer gefordert hat. Das fehlte der Welt gerade noch bei all der sonstigren Misère. Die verlängerten Ferien habe ich benutzt, um ein kleines Werk „Vorlesungen über die Zahlentheorie der Quaternionen"[1016] zu schreiben. Es ist bis auf Kleinigkeiten fertig; ich halte es aber noch zurück, um noch etwas zu feilen und dann, weil gegenwärtig ein sehr ungünstiger Zeitpunkt für solche Dinge ist. Ich habe auch gar keine Eile. Wohin ist der frühere jugendliche Impetus verschwunden, als wir noch unsere „Klapp-Bummel" auf die Hufen nach Vollendung einer Arbeit machten!

Doch nun ade! Ich hoffe, dass es Ihnen gesundheitlich gut geht und dass Sie von Pneumatismus verschont geblieben sind. Seien Sie und Ihre Frau von den Meinigen und mir herzlichst gegrüsst. In alter Freundschaft

Ihr
Hurwitz.

Hilbert an **Hurwitz** HiHu106
24.04.1919, Baden (Postkarte)

Lieber Freund.

Ihre Frau wird Ihnen berichtet haben, dass wir wieder in der Schweiz sind; es ist uns gerade noch knapp gelungen, die vielseitigen Schwierigkeiten zu überwinden u. wir freuen uns hier unseres Lebens. Es hat uns sehr leid getan, zu hören, dass Ihre Frau sich einer Operation unterziehen muss; glücklicherweise ist es eine solche, die Ihre Frau sicher gut überwinden wird u. meist den besten Erfolg verspricht. Wir bleiben hier noch längere Zeit, ich zur Kur und wir beide zum Ausruhen. Natürlich möchten wir Sie gern sehen gelegentlich eines Ausfluges nach Zürich. Hoffentlich passt es Ihnen einmal später, wenn Sie über Ihre Frau schon gute Nachrichten haben. Bis daher die herzlichsten Grüsse auch von meiner Frau

Ihr D. Hilbert.

Hilbert an **Hurwitz** HiHu107
22.05.1919, Mellingen (Postkarte)

Lieber Freund.

Es tut uns sehr leid, dass wir Sie unserer Absicht und Ihrer freundlichen Einladung nach nicht mehr besuchen konnten; erst jedoch hatten wir noch eine

[1016] A. Hurwitz: Vorlesungen über die Zahlentheorie der Quaternionen (Leipzig: Teubner, 1919). – Neuausgabe in Englisch von N. Oswald und J. Steuding (Berlin: EMS, 2023).

Reihe von Besuchen in Zürich zugesagt und nachher wurde es zu spät, da wir hier doch noch an einen ganz ländlichen Ort die „Nachkur" gebrauchen mussten. Und in der Tat dieser Ort ist geradzu ideal: ein wohlhabendes freundliches Dörfchen, zwischen Wassern u. ragenden Bergfelsen auf Wiesen Matten u. Obstgärten gelegen. Wir denken noch bis Mittw. d. 28. hier zu bleiben und wollen dann direkt über Basel zurück. Ich bin noch nie so ungern zurückgekehrt. Wir hätten uns noch viel zu erzählen gehabt; das Erzählen reisst ja in dieser Zeit nicht ab, wenn es auch meist nichts Erfreuliches ist, was man sich erzählt. Spätestens hoffen wir nächsten Frühjahr wieder in die Schweiz zu kommen; wenn es aber gar zu übel wird, komme ich schon früher. Ich hätte auch gern einmal Ihre Tochter[1017] gesprochen. Ich glaube den Idealismus und insbesondere den der Jugend gut verstehen zu können; er ist freilich in diesem Falle völlig deplacirt! Es ist merkwürdig, dass fast Alle, die im Kriege ein so objektives u. vernünftiges Urteil zeigten, jetzt nach der Revolution versagen (wie meiner Meinung nach auch Einstein) und nicht einsehen, dass wie früher den Krieg, jetzt alles drauf ankommt die Revol. zu stoppen. Weil sie früher im Kriege zur Opposition hielten, glauben sie irrtümlich auch jetzt dasselbe zu tun! Doch nun Adieu! Meine Frau, die ebenfalls herzl. grüsst, lässt Otto fragen, ob er nicht mal in Götting. studiren kommt. Ihr Hilbert.

Hilbert an **Hurwitz** HiHu108
27.08.1919, Göttingen (Postkarte)

Lieber Freund. Vielen Dank für Ihre Zahlenth. d. Quat., für die Ihnen alle Freunde echter Zahlentheorie, die immer modern bleibt, zum grössten Dank verpflichtet sind. – Wir bleiben doch hier in Göttingen[1018], wo ja Alles so vortrefflich für uns eingerichtet ist, dass wir es nirgends ebensogut haben können und weil wir doch trotz Allem hoffen, dass Deutschland allmählich wieder besser wird. Besonders meiner Frau wurde es furchtbar schwer, auf das herrliche Bern zu verzichten: zumal die Verhältnisse so sind, dass eine Ablehnung doch nicht a priori klar war: Die Berner Regierung machte mir über Zahl und Art der Vorlesungen gar keine Einschränkungen oder Bedingungen; es sind an der dortigen Universität, die uebrigens ein grosses schönes und herrlich gelegenes Gebäude zur Verfügung hat, 5 math. Ordinarien, darunter 3 für reine Mathem. ich sollte 15000 Fr. Gehalt und 10000 Fr. ev. Pension erhalten. Wegen der Teuerung und da ich von meinem bisherigen Vermögen nur wenig gehabt hätte, ist das allerdings zu wenig. Auch ein Assistent von 1500 Fr. wurde mir bewilligt etc. Meine Frau u ich waren dann noch 4 Tage in Kandersteg, wohin man von Bern aus in $1\frac{1}{2}$ St. mit der prachtvollen elektrischen Vollbahn kommt. Und es hätte nicht viel gefehlt, so hätten wir Sie auch noch in Zürich besucht. Nun im nächsten

[1017]Offensichtlich hatte Eva Hurwitz Sympathien für die in Deutschland ablaufende Revolution. Sie war Mathematikstudentin am Polytechnikum, hatte ihre Diplomarbeit begonnen, verließ aber Zürich, um Kinder aus Berlin in die Schweiz zu begleiten. Sie kehrte aber nicht zurück.

[1018]Hilbert hatte einen Ruf nach Bern erhalten und abgelehnt.

Frühjahr hoffe ich jedenfalls nach Baden zu kommen u. Sie dann wiederzusehen. Hoffentlich befinden Sie u. die Ihrigen sich wohl. Es grüsst Sie herzlich

Ihr D. Hilbert.

Hilbert an **Hurwitz** HiHu109
15.12.1919, Göttingen (Brief an Ida)

Liebe Frau Hurwitz.

Tief erschüttert hat mich der Tod Ihres Mannes, bin ich ihm doch so lange Jahrzehnte hindurch mit treuer und nie getrübter Freundschaft verbunden gewesen, ist er doch mein ältester mathematischer Freund – Minkowski trat erst etwas später hinzu. Er ist sehr traurig, dass Hurwitz nun nicht mehr unter uns ist, dass sein gewohnter, alt bewährter mathematischer Blick nicht mehr auf unserem mathematischen Tun ruht. Ich habe alle seine Briefe an mich vorgesucht; der älteste ist vom Jahre 1886 aus Königsberg. In seinem letzten Brief[1019], den ich im Herbst nach meiner Rückkehr aus Bern erhielt, spricht er mir noch seine Befriedigung aus, dass ich in Deutschland geblieben bin. Freilich erschreckt mich seine Mitteilung, dass er sich nur immer einen Tag um den anderen einigermassen wohlbefinde, je nachdem er Morphium erhielte oder nicht; doch sprach er mir so seine freudige Erwartung auf ein Wiedersehen im Frühling aus, dass ich sicher war, Ihrer sorgfältigen, liebevollen und klugen Pflege, die allein ihm solange das Leben verlängert hatte, würde es auch noch weiter gelingen. Nun müssen und können wir dem Geschick dankbar sein, dass ihm lange Qualen, von denen so oft die Menschen, die in Hurwitz's Alter sterben, heimgesucht werden, erspart geblieben sind. Wir Zurückgebliebenen bewahren uns das Andenken an einen Freund – ebensosehr von freundlichem heiteren Sinn wie von seltener Geradheit und Zuverlässigkeit des Charakters.

Inzwischen, liebe Frau Hurwitz, habe in den Brief von Polya erhalten; in der Tat ist die Angelegenheit der Herausgabe der Abhandlungen von Hurwitz unsere wichtigste Sorge. Ihrem Manne und der math. Welt sind wir das schuldig. Mit Hülfe der Arbeitskraft Polya's wird die Herausgabe auch gut gelingen, falls die materiellen Schwierigkeiten sich überwinden lassen, die ich Ihnen sofort offen darlegen will. Der einzige Verlag, der überhaupt in Frage kommt, ist Julius Springer – Berlin. Teubner hat z. B. den Verlag von Klein's Werken glatt abgelehnt, trotzdem ihm 20000 M, die von Kleins Freunden zu diesem Zweck gelegentlich des 70 Geburtstages gesammelt waren, zur Verfügung gestellt waren. Springer will einen Band von Klein versuchen zu drucken. Die Kosten für die gesamten Werke Klein's betragen 150000 M. Nun müsste Polya zunächst abschätzen, wie viel Seiten der im Springers Verlag erscheinenden „math. Zeitschrift" etwa die gesammelten Werke von Hurwitz ausmachen würden. Nehme ich an, dass die Gesamtkosten für Hurwitz Werke 50–60000 M. betragen, so kommt es darauf an, ob Sie diese Summe, die ja in Schweizer Frank nicht sehr hoch ist,

---

[1019] Dieser Brief ist anscheinend verloren gegangen.

Springer zur Verfügung stellen können. Die Verhandlungen könnte ich durch einen hiesigen sehr gewandten math. Kollegen mündlich mit Springer führen lassen. Mein Rat wäre auch, rasch zu handeln, da die Kosten möglicherweise noch steigen und dann der Plan überhaupt nicht mehr ausführbar wird. Bei den Verhandlungen müssen wir zu erreichen suchen, dass eine, wenn auch nur bescheidene Honorirung Polya's von Seiten Springers zugestanden wird[1020].

Ich schliesse mit den herzlichsten und teilnehmendsten Grüssen an Sie und Ihre Kinder. Meine Frau schreibt ebenfalls an Sie, doch möchte ich diesen Brief nun nicht länger liegen lassen. Ihr treu ergebener Hilbert

Unvollständige/Undatierte Briefe

Hilbert an **Hurwitz** HiHu110
Datum fehlt, Waldhausen-Flims (Postkarte)

Lieber Freund. Am 31. Juli habe ich wieder glücklich die Grenze passiert und befinde mich wieder im Märchenlande und das Zauberschloss dieses Märchenlandes ist mein Hotel – wo ich umstehende Aussicht habe und so ruhig und eine so unsägliche Verpflegung, wie man sie nur wünscht. Dabei hat sich mein Assistent Dr. Bär – ein Schweizer – freiwillig hierher begeben, und sich mir zum Rechnen völlig zur Verfügung gestellt, wovon ich den ergiebigsten Gebrauch mache. Hoffentlich gelingt es meiner Frau Mitte Sept. nach zu kommen. Ich bade täglich und habe es hier herrlich. Im Speisesaal sitzen Engländer, ein russischer Grossfürst, preussische Offiziere [unlesbar] etc. friedlich nebeneinander und Zeitungen lese ich viel. Herzlichste Grüsse an Sie und die Ihrigen

Ihr D. Hilbert.

Hilbert an **Hurwitz** HiHu111
Datum fehlt, Monte-Carlo (Postkarte)

Lieber Freund. Wir halten uns seit Ende März an der Riviera auf. Da ich jedoch fürchte, doch nicht zu einem ausführlichen Reisebericht, an Sie, den ich mir vorgenommen, zu kommen, so greife ich zur Aussichtskarte. Wir sind hier auf einem Ausfluge von Menton aus, wo wir noch diese Woche bleiben und dann werden wir den Rest der Ferien noch in Bordighera bleiben. Wir haben hier vollkommen Sommer, halten uns den ganzen Tag im Freien auf und brauchen selbst auf unsern grossen Spaziergägen nichts zur Bewärmung mitzunehmen. Ihren Brief an Minkowski habe ich mit vielem Interesse gelesen; es wundert

[1020] Die Publikation der mathematischen Werke von A. Hurwitz kam erst 1932 im Birkhäuser-Verlag zustande, herausgegeben von der Abteilung für Mathematik und Physik der Eidgenössischen Technischen Hochschule in Zürich. Bearbeiter waren G. Polya, M. Gut, H. Hopf und L. Kollros.

mich, dass Sie zu Hamels Vortrage Zutrauen hatten. Ihrer Gesundheit geht es nun hoffentlich im nächsten Jahr so gut, dass wir uns wieder einmal treffen können. Besten Gruss

Hilbert.

Personenverzeichnis

ABEL, Niels Henrik (1802–1829), jung verstorbenes Talent. Während Auslandsbesuchen nach Berlin (gefördert von August Leopold Crelle) und Paris wurde ihm Tuberkulose diagnostiziert; er bekam letztlich eine Vertretungsprofessur an der Universität und Ingenieurschule in Christiania (Oslo).

ALTHOFF, Friedrich (1839–1908), preußischer Ministerialbeamter, zuletzt Ministerialdirektor im Kultusministerium, der ab 1882 mit seinem *System Althoff* wesentlich die Wissenschaftslandschaft Preußens beeinflusste.

AMSLER, Alfred Jakob (1857–1940), Sohn von Jakob Amsler-Laffon, Ingenieur und Betriebsleiter der Maschinenfabrik Alfred J. Amsler, die sein Vater gegründet hatte; Ehrendoktorwürde der ETH 1919.

AMSLER-LAFFON, Jakob (1823–1912), Mathematiker, Physiker und Ingenieur; erfand u.a. das Polarplanimeter, gründete anschließend ein Unternehmen und vertrieb dieses und andere technische Geräte. Wurde 1894 Ehrendoktor in Königsberg, wo er studiert hatte.

APPELL, Paul Émile (1855–1930) war ein exzellenter und einflussreicher französischer Analytiker, aus Strasbourg stammender Freund und Mitschüler von Henri Poincaré.

ARONHOLD, Siegfried (1819–1884), Mathematiker und Physiker, begründete die Invariantentheorie; ab 1863 Professor am Berliner Gewerbeinstitut.

BACHMANN, Paul Gustav Heinrich (1837–1920), promovierte 1862 bei Kummer in Berlin; lernte Dirichlet und Dedekind während eines Aufenthaltes in Göttingen kennen. 1864 habilitierte er an der Universität Breslau und wurde dort 1867 außerordentlicher Professor. Er nahm 1875 eine Professur an der Königlich Theologischen und Philosophischen Akademie in Münster an. 1890 gab er seinen Lehrstuhl auf (nach Scheidung von seiner Frau) und zog nach Weimar; er verfaßte dann etliche Bücher zur Zahlentheorie (und widmete sich der Musik).

BERNSTEIN, Felix (1878–1956), promovierte 1901 bei Hilbert in Göttingen. 1903 folgte Habilitation an der Friedrichs-Universität in Halle. Von 1921 bis 1934 lehrte

J. M. Hänel et al., *Drei mathematische Freunde*, Mathematik im Kontext,
https://doi.org/10.1007/978-3-662-71861-2

er in Göttingen (1934 Verlust der Professur aufgrund des rassistischen Gesetzes zur Wiederherstellung des Berufsbeamtentums); er emigrierte in die USA.

BESSO, Michele Angelo (1873–1955), Maschinenbau-Ingenieur, Freund von A. Einstein, zunächst am Patentamt in Bern tätig; studierte mit Einstein an der ETH insbesondere Vorlesungen von Minkowski. Später auch Austausch von Ideen zur allgemeinen Relativitätstheorie.

BLUMENTHAL, Otto (1876–1944), studierte in Göttingen und in München, wurde er der *erste* Doktorand von Hilbert. Nach der Promotion 1898 folgte ein Aufenthalt bei Borel und Jordan in Paris. 1901 habilitierte Blumenthal in Göttingen und wurde anschließend Privatdozent in Göttingen (mit Professurvertretung in Marburg). 1905 wurde Blumenthal an die RWTH Aachen berufen. Seine Interessen lagen in der Anwendung der Theorie der komplexen Funktionen in der Zahlentheorie (insbesondere *Kroneckers Jugendtraum* und sogenannte *Hilbert-Blumenthalsche* Modulformen). 1906–1938 war er geschäftsführender Herausgeber der *Mathematischen Annalen*; 1933 wurde Blumenthal zunächst beurlaubt und etwas später entlassen. Seine Tätigkeit für die *Mathematischen Annalen* musste er aufgeben. 1939 folgte die Emigration in die Niederlande; 1943 Deportation in das KZ Herzogenbusch, dann in das Durchgangslager Westerbork verschleppt. 1944 verstarb er im Ghetto Theresienstadt.

BOLTZMANN, Ludwig (1844–1906), Physiker und Philosoph. Lehrte an den Universitäten Wien, Graz, München und Leipzig. Machte wichtige Entdeckungen im Bereich der Thermodynamik und statistischen Mechanik.

BORN, Max (1882–1970), Mathematiker und Physiker. Er promovierte bei Carl Runge in Göttingen; er mied Klein als Prüfer und wählte stattdessen Hilbert. Er habilitierte 1909 in Göttingen. Ab 1914 war Born außerordentlicher Professor in Frankfurt und ab 1915 in Berlin; ab 1921 ordentlicher Professor in Frankfurt, arbeitete insbesondere zur Quantenmechanik. Emigrierte während der Nazi-Zeit und wurde Professor in Edinburgh. Born erhielt 1954 den Nobel-Preis für Physik.

von BRILL, Alexander Wilhelm (1842–1935), Schüler von Alfred Clesch, promovierte in Gießen und wurde später Professor in Darmstadt und Münschen, wo er Kollege von Klein und Lehrer von Hurwitz war. Ab 1894 war er als ordentlicher Professor und Rektor in Tübingen tätig.

di BRUNO, Faà (1825–1888), Priester und Mathematiker, Professor in Turin.

BRUNS, Heinrich (1848–1919), ab 1873 Observator an der Sternwarte Dorpat (heute Tartu in Estland), dann ab 1876 außerordentlicher Professor in Berlin, ab 1882 ordentlicher Professor in Leipzig; dort auch Direktor der Sternwarte.

BRUNN, Hermann Karl (1862–1939),Studium in München und Berlin, 1887 Promotion in München, leistete wichtige Beiträge zur Konvexgeometrie (Brunn-Minkowskische Ungleichung). 1896 Bibliothekar an der Bibliothek der TH München, später deren Direktor. Brunn arbeitet auch im Bereich der Arabistik und war als Übersetzer tätig.

BURKHARDT, Heinrich (1861–1914), ab 1897 Professor in Zürich, ab 1908 in München.

CANTOR, Georg (1845–1918) promovierte bei Eduard Kummer in Berlin, war ab 1872 Professor in Halle. In diese Zeit fallen auch seine ersten Arbeiten, die die Mengenlehre begründen und ein neues Verständnis des Unendlichkeitsbegriffs liefern, was ihm aber u.a. die Missbilligung seines früheren Lehrers Kronecker einbrachte. Insbesondere in Hurwitz, Hilbert und Minkowski besaß Cantor Fürsprecher seiner Ideen (wie sich beispielsweise aus Hurwitz' Rede auf dem ICM bzw. entnehmen lässt). Cantor war auch ein Gründungsmitglied der DMV und ihr erster Vorsitzender.

CARATHÉODORY, Constantin (1873–1950), deutscher Mathematiker griechischer Abstammung, kam über seine vielseitigen Tätigkeiten als Bauingenieur schließlich zur Mathematik. Er promovierte 1904 in Göttingen zu einem Thema der Variationsrechnung bei Minkowski. Nach Habilitation und Privatdozentur und einem Jahr in Bonn wurde er 1909 ordentlicher Professor an der Technischen Hochschule Hannover; 1910 wurde er an die Technische Hochschule Breslau berufen. 1913 kehrte Carathéodory als Nachfolger von Klein nach Göttingen zurück; 1918 folgte er dem Ruf nach Berlin. 1920 wurde er Professor an der Universität Smyrna (heute: Izmir); Rückzug aufgrund des Einmarsch der Türkei. Anschließend wurde er bis 1924 Professor in Athen. 1924 wurde er Nachfolger von Lindemann an der Universität München. Ab 1930 beschäftigte er sich mit der Neuorganisation der Wissenschaften in Griechenland; 1938 erfolgte seine Emeritierung.

CHRISTOFFEL, Elwin Bruno (1829–1900), promovierte 1856 bei Dirichlet in Berlin. 1859 wurde er Privatdozent. 1862 folgte er Dedekind an das Züricher Polytechnikum. Nach einer Zwischenstation (an der Gewerbeakademie in Berlin) wurde Christoffel 1872 Professor an der Universität Straßburg. Wissenschaftlich hat er insbesondere zur Theorie der konformen Abbildungen und Potentialtheorie gearbeitet.

DEDEKIND, Richard (1831–1916), gilt als letzter Student von Carl Friedrich Gauß und promovierte bei ihm 1852. Dedekind habilitierte 1854 ebenfalls in Göttingen, und 1858 bekam er ein Ordinariat am Polytechnikum Zürich. Von 1862 bis zur Emeritierung im Jahre 1894 war er Professor für Mathematik in Braunschweig an der dortigen Technischen Hochschule. 1872 bis 1875 war er Direktor.

DEHN, Max (1878–1952), löste das dritte Hilbertsche Problem. Er promovierte 1899 bei Hilbert in Göttingen und habilitierte sich im folgenden Jahr an der Akademischen Lehranstalt in Münster mit anschließendem Lehrauftrag. Ab 1911 wurde er außerordentlicher Professor an der Christian-Albrechts-Universität zu Kiel und ab 1913 ordentlicher Professor an der Technischen Hochschule Breslau. Ab 1921 war er zunächst Professor in Frankfurt am Main. 1935 verlor er seine Professur aus rassistischen Gründen, er flüchtete vor dem Nazi-Regime 1939. Nach mehreren Zwischenstationen gelangte er in die USA, wo er zuletzt am

Black Mountain College unterrichte. Seine Versuche, seine Frankfurter Stelle wiederzuerlangen, blieben erfolglos.

DICKSON, Leonard Eugene (1874–1954), promovierte 1896 an der University of Chicago in der Gruppentheorie. Nach Besuch von Lie und Jordan wurde er 1899 Professor in Austin und ab 1900 in Chicago; ab 1910 bekam er eine volle Professur bis zu seiner Emeritierung 1939. Er ist bekannt insbesondere für seine Arbeit zu Algebren (und Vorformen von Emmy Noethers Algebra).

DIRICHLET, Peter Gustav Lejeune (1805–1859); Studium in Paris, Habilitation 1827 in Bonn, ab 1829 in Berlin, gefördert von Alexander von Humboldt, 1831 a. o., 1839 ordentlicher Professor an der Universität Berlin. Dirichlet erhielt 1855 Gauß' Lehrstuhl in Göttingen, verstarb aber kurz danach. Er setzte auch Gauß' Forschung fort: er bewies 1837-39 insbesondere die Existenz von unendlich vielen Primzahlen in jeder primen Restklasse.

DYCK, Walther (1856–1934); Schüler von Klein, ab 1884 Professor in München (heutige TUM), u.a. auch als deren Rektor (1919–1925); ab 1901 *Ritter von Dyck*, aktiv in der DMV, Gruppen- und Funktionentheorie

EBERHARD, Victor (1861–1927), erblindete bereits während seiner Kindheit. Er promovierte 1885 mit Doktorvater Heinrich Schröter an der Universität Breslau. Er setzte seine Studien an der Universität in Berlin fort und habilitierte an der Universität in Königsberg 1888. Er wurde 1895 Professor an der Universität in Halle; er setzte sich mangels Unterstützung 1926 zur Ruhe.

EINSTEIN, Albert (1879–1955), studierte am Polytechnikum Zürich in der Abteilung für Fachlehrer in mathematischer und naturwissenschaftlicher Richtung von 1896 bis 1900 mit Vorlesungen u.a. bei Hurwitz und Minkowski. Ab 1902 arbeitete er am Patentamt in Bern. 1905 startete seine wissenschaftliche Karriere: er verfasste u.a. die spezielle Relativitätstheorie. 1908 Habilitation an der Universität in Bern; 1909 Dozentur an der Universität Zürich, ab 1911 außerordentlicher Professor. 1911–12 Professor an der Deutschen Universität Prag, danach an der ETH in Zürich und damit Kollege von Hurwitz. 1914 wurde Einstein hauptamtliches Mitglied der preußischen Akademie der Wissenschaften in Berlin; 1917 Direktor des Kaiser-Wilhelm-Instituts für Physik, Anfang 1933 emigrierte Einstein in die USA, wurde Professor am Institute for Advanced Studies in Princeton. 1922 erhielt Einstein den Nobel-Preis.

EISENSTEIN, Ferdinand Gotthold Max (1823–1852), studierte in Berlin. Er wurde aufgrund seiner Vielseitigkeit ehrenhalber promoviert und habilitierte 1847; viele seiner Veröffentlichungen setzten Gauß' Ideen fort. Während seiner Privatdozentur hielt er Vorlesungen in Berlin mit wenig Erfolg und verstarb unerwartet an den Folgen einer Tuberkulose.

ENGEL, Friedrich (1861–1941), war ein Schüler Kleins; kooperierte auf Vermittlung von Klein mit Lie. Ab 1889 außerordentlicher Professor in Leipzig und ab 1899 ordentlicher Honorarprofessor. Ab 1904 ordentlicher Professor in Greifswald und ab 1913 in Gießen. 1910 Präsident der DMV.

FIEDLER, Wilhelm (1832–1912), Geometer, Professor in Prag (1864–1867) und anschließend Polytechnikum in Zürich in der Fachlehrerabteilung, 1892 wurde Hurwitz sein Kollege.

FRANEL, Jérôme (1859–1939), Analytiker, Professor in Lausanne (1884–1886) und anschließend an der ETH für reine Mathematik in französischer Sprache, Präsident der ETH von 1905 bis 1909.

FROBENIUS, Ferdinand Georg (1849–1917), zuerst außerordentlicher Professor in Berlin (1874), anschließend am Polytechnikum in Zürich (1875–1892), und wieder Berlin (ab 1892); wesentliche Beiträge u.a. in der Darstellungstheorie.

FUCHS, Lazarus (1833–1902), ab 1866 außerordentlicher Professor in Berlin, ab 1869 ordentlicher Professor in Greifswald, anschließend Göttingen (1874–1875), Heidelberg (1875–1884) und schließlich wiederum Berlin.

FURTWÄNGLER, Friedrich Pius Philipp (1869–1940) war im von Hildesheim nur 15 Kilometer entfernten Elze geboren, allerdings zehn Jahre nach Hurwitz, besuchte aber dieselbe Schule (das Andreanum in Hildesheim). Furtwängler studierte ab 1889 an der Universität Göttingen und promovierte 1896 bei Klein zur Theorie der in Linearfaktoren zerlegbaren ganzzahligen ternären kubischen Formen. Anschließend war er tätig am Geodätischen Institituts in Potsdam. 1904 wurde er zunächst Professor an der Landwirtschaftlichen Hochschule Poppelsdorf in Bonn, ab 1907 Professor für Mathematik an der Technischen Hochschule in Aachen und ab 1910 wiederum in Bonn. Von 1912 bis zu seinem Ruhestand 1938 war er Professor an der Universität in Wien. Durch eine Lähmung halsabwärts musste Furtwängler in den Hörsaal getragen werden; Kurt Gödel rühmte trotzdem seine Vorlesungen – ohne Manuskript – als außerordentlich. Furtwänglers Beweis des Hauptidealsatzes für Klassenkörper algebraischer Zahlkörper (von 1930) wurde mit viel Wohlwollen aufgenommen. Einige seiner Artikel führen Forschung der Drei explizit weiter.

GALOIS, Évariste (1811–1832), verstarb aufgrund der Verletzung in einem Duell. Hatte hervorragende Ideen zu Kettenbrüchen und der Auflösung algebraischer Gleichungen durch Radikale (Abel und Ruffini fortsetzend); dies führte zur Entwicklung des Begriffs einer *Gruppe*. Seine Ideen blieben zunächst der Nachwelt vorenthalten; erst Liouville sorgte für deren Veröffentlichung.

von GARBE, Richard (1857–1927), Indologe; ab 1880 außerordentlicher und ab 1894 ordentlicher Professor in Königsberg; 1908/09 Rektor.

GEISER, Carl Friedrich (1843–1934), Geometer, ab 1869 Titularprofessor und schließlich von 1873 bis 1913 Ordinarius am Polytechnikum Zürich; dort Direktor (1881–1887 und 1891–1895); aktiv bei der Organisation des ersten ICM.

GORDAN, Paul (1837–1912), Schüler von Clebsch, außerordentlicher Professor in Gießen (1864–1874) und Erlangen (1874) und schließlich dort auch ordentlicher Professor (ab 1875). Er war als der "König der Invariantentheorie" bekannt.

GUTZMER, August (1860–1924), Professor in Jena (1889–1905) und Halle-Wittenberg (ab 1905), beschäftigte sich mit Differentialgleichungen und analytischen Funktionen, war in der DMV aktiv.

HAAR, Alfréd (1885–1933) promovierte 1909 bei Hilbert und war dessen Assistent bis 1912; ab 1912 war er als Professor in Kolozsvár (heute Cluj-Napoca) tätig und später in Budapest und in Szeged (wohin die Universität von Cluj nach der Abtretung Siebenbürgens verlegt worden war).

HADAMARD, Jacques (1865–1963), Analytiker und Zahlentheoretiker, Professor in Bordeaux (1896–1897); anschließend an der Sorbonne in Paris. Er bewies 1896 (zeitgleich mit und unabhängig von Charles-Jean de la Vallée Poussin) den Primzahlsatz (eine Vermutung von Gauß); im Briefwechsel klingt seine wichtige Vorarbeit zu Produktdarstellungen (aus seiner Dissertation) an. Ergriff während der Dreyfus-Affäre Partei für Alfred Dreyfus.

HAMBURGER, Hans Ludwig (1889–1956), war Professor in zuerst Berlin, und später Köln und Ankara. Er promovierte 1914 bei Pringsheim (in München) und bewies 1921 eine Charakterisierung der Riemannschen Zetafunktion. Während des Nationalsozialismus wurde ihm die Venia legendi an der Kölner Universität entzogen; 1939 verließ er Deutschland und arbeitete 1941–1947 als Lecturer am University College in Southampton (später Universität Southampton). 1947 bekam Hamburger eine Gastprofessur an der Universität Ankara und erhielt 1953 – im Rahmen der Gutmachung – eine ordentliche Professur an der Universität zu Köln.

HAUSDORFF, Felix (1868–1942), hatte vielerlei Interessen. Er gilt als der Mitbegründer der Topologie und lieferte zudem wichtige Beiträge zur Mengenlehre. Er war u.a. Professor in Bonn. Neben der Mathematik veröffentlichte er unter dem Pseudonym Paul Mongré Philosophie und Literatur. Von den Nationalsozialisten wurde er verfolgt und beging schließlich Selbstmord, um der Deportation in ein KZ zu entgehen.

HECKE, Erich (1887–1947), studierte Mathematik und Naturwissenschaften zunächst an den Universitäten Breslau, Berlin und Göttingen bei u.a. Landau und Hilbert. 1910 promovierte er bei Hilbert mit einer Arbeit über Modulfunktionen in zwei Variablen (einem von Hilberts Problemen). 1912 habilitierte er sich in Göttingen; 1915 erhielt er eine Professur in Basel. Es folgte die Rückkehr 1918 nach Göttingen, und schließlich 1919 Hamburg. Er leistete wesentliche Beiträge sowohl zur algebraischen als auch zur analytischen Zahlentheorie.

HEFFTER, Lothar (1862–1962), promovierte 1886 bei Lazarus Fuchs in Berlin und arbeitete anschließend an seiner Habilitation, jeweils zu Differentialgleichungen. Stellen als außerordentlicher Professor in Gießen und Bonn folgten ordentliche in Aachen, Kiel und Freiburg.

von HELMHOLTZ, Hermann (1821–1894), Universalgelehrter, ab 1849 Professor der Physiologie und Pathologie in Königsberg, ab 1855 in Bonn, ab 1858 in Heidelberg. Ab 1871 Professor für Physik in Berlin; dort auch Rektor 1887/1888;

lieferte Beiträge zur Physik und Physiologie, auch zu Grundlagenfragen der Geometrie. Wegen seines enormen Einfluss' „Bismarck der Wissenschaften" genannt.

HENSEL, Kurt (1861–1941), Zahlentheoretiker; Schüler von Kummer, Kronecker und Weierstraß in Berlin. Nach außerordentlicher Professur in Berlin wurde er 1901 ordentlicher Professor in Marburg. Editierte Kroneckers Nachlass und führte die p-adischen Zahlen ein.

HERMITE, Charles (1822–1901), ab 1869 Professor an der École Polytechnique und der Sorbonne; er bewies u.a. 1873 die Transzendenz der Eulerschen Zahl e.

HERRENBERG, Gerhard (1874–1925), Studium in Straßburg und Berlin, 1901 Habilitation an der TH Berlin, Professuren an der Landwirtschaftlichen Hochschule in Bonn, an der TH Breslau und an der Universität Tübingen. Leistete Beiträge zu den Grundlagen der Geometrie (Desargues folgt aus Pascal) und zur Mengenlehre.

HESSE, Ludwig Otto (1811–1874), Studium in Königsberg bei C. G. Jacobi, danach Lehrer an der dortigen Gewerbeschule,1855 a. o. Professor in Königsberg ohne Bezahlung, 1855 ordentlicher Professor in Halle, 1855 in Heidelberg und 1868 an der TH München. Leistete wichtige Beiträge zur analytischen/algebraischen Geometrie und zur Invariantentheorie, Verfasser weit verbreiteter Lehrbücher zu diesen Themen.

HIRSCH, Arthur (1866–1944), Studium in Königsberg und Berlin, 1892 Promotion in Königsberg, 1893 Assistent bei Hurwitz am Polytechnikum Zürich, 1903 dessen Nachfolger in der ersten Lehrstelle für reine Mathematik in deutscher Sprache. Vertrat Hurwitz oft krankheitshalber.

HÖLDER, Otto (1859–1937), kam über ein Ingenieursstudium (am Polytechnikum in Stuttgart) zur Mathematik, studierte ab 1877 in Berlin u.a. bei Kronecker, Weierstraß und Kummer. Er promovierte bei Paul Du Bois-Reymond 1882 in Tübingen; kürzere Zeiten blieb er an der Universität Leipzig und eine Privatdozentur 1884 in Göttingen. 1890 erhielt er einen Ruf nach Tübingen; später Professuren in Königsberg 1896–1899 und schließlich wieder in Leipzig von 1899 bis 1927. Im Verlauf seiner Karriere lieferte Hölder wichtige Konzepte in der Gruppentheorie, man denke an Kompositionsreihen und das Jordan-Hölder-Theorem. Er lieferte ebenfalls den Anfang des Klassifikationsprogramms der endlichen einfachen Gruppen, die Hölder 1892 bis zur Ordnung 200 bestimmte (unter Verwendung der Sylow-Sätze).

HURWITZ, Julius (1857–1919), älterer und ebenfalls mathematisch begabter Bruder von Adolf. Das Mathematikstudium ergab sich nach einer kurzen Laufbahn als Banker und anschließendem Besuch einer höheren Schule (Nordhausen) und externem Abitur. Zunächst studierte Julius Hurwitz in Königsberg und später in Zürich (jeweils mit Kontakten bei dem erfolgreichen Bruder). Die Promotion erfolgte bei Wangerin in Halle 1895; das Dissertationsthema kam von seinem Bruder. Es folgte eine Zeit als Privatdozent an der Universität in Basel und bald danach der Rückzug aus der Mathematik. Julius verstarb einige Monate vor Adolf in Luzern.

JACOBI, Carl Gustav Jacob (1804–1851), begann und beendete seine Karriere in Berlin; seine vielseitigen Arbeiten beinhaltet insbesondere die Theorie der elliptischen Funktionen (1829; gleichzeitig wie Abel, aber unabhängig). Jacobi wirkte von 1826 bis 1843 an der Universität Königsberg (wie Friedrich Wilhelm Bessel bis zu seinem Tod und zeitgleich Franz Ernst Neumann).

JACCOTTET, Charles (Lebensdaten unbekannt), promovierte 1895 bei Klein mit der Arbeit *Über die allgemeine Reihenentwicklung der Potentialfunktion nach Laméschen Produkten*.

JEEP, Ludwig August (1846–1911), Philologe, ab 1886 außerordentlicher und ab 1893 ordentlicher Professor in Königsberg.

JORDAN, Camille (1838–1922), Studium an der Ecole polytechnique in Paris, danach als Ingenieur tätig, 1860 Promotion, 1873 Examinateur an der Ecole polytechnique, 1876 Professor daselbst, 1883 Professor am Collège de France. Jordan hat grundlegende arbeiten zu Analysis, Algebra und Topologie geleistet und das erste Lehrbuch der Gruppentheorie 1870 verfasst.

KLEIN, Felix (1849–1925), Professor in Erlangen, München (TH), Leipzig und Göttingen, war nicht nur Hurwitz' Doktorvater, sondern auch ein extrem einflussreicher Mathematiker und Hochschulpolitiker seiner Zeit. Mit Hilbert zusammen schuf er ab 1895 den Aufschwung von Göttingen zur Weltgeltung in der Mathematik.

KIEPERT, Ludwig (1846–1934), Studium in Breslau und Berlin, Promotion 1870 in Berlin bei Weierstrass „De curvis quarum arcus integralibus ellipticis primi generis exprimuntur", danach in Freiburg, ab 1877 Professor in Darmstadt, ab 1879 dann in Hannover. Das zweibändige Lehrbuch „Grundriss der Differential- und Integralrechnung", dessen Bearbeitung er ab der fünften Auflage 1888 übernahm, erlebte viele Auflagen (13. Auflage 1918–1922) und war allgemein bekannt. Kiepert beschäftigte sich auch mit Versicherungsmathematik und war an der Gründung des entsprechenden Instituts an der Universität Göttingen beteiligt.

KILLING, Wilhelm (1847–1923), Geometer, zunächst als Lehrer in Berlin, Brilon und Braunsberg tätig, dann ab 1892 Professor in Münster, wo er von 1897 bis 1898 auch Rektor war.

KÖNIGSBERGER, Leo (1837–1921), Analytiker und Weiterstrass-Schüler, ab 1864 Professor in Greifswald, ab 1869 in Heidelberg, ab 1875 in Dresden, ab 1877 in Wien und ab 1884 wieder in Heidelberg (auch unter dem Nachnamen Koenigsberger bekannt).

KORTUM, Hermann (1836–1904), Studium, Promotion (1861) und Habilitation (1865) in Bonn, 1869 a.o. Professor, 1892 ordentlicher Professor in Bonn und damit

Kollege von Minkowski. Kortum gewann 1868 den Steiner-Preis. Seine Arbeiten betrafen Fragen der klassischen Geometrie.

KÖTTER, Ernst (1859–1922), Weierstrass-Schüler, Professor in Berlin und Aachen, Verfasser eines Berichtes für die DMV über die Entwicklung der synthetischen Geometrie (1901). Seine Arbeiten galten hauptsächlich der algebraischen Geometrie.

KOWALEWSKAJA, Sofja (1850–1891), auch Sophie oder Sonja, ab 1884 Professorin in Stockholm. Kowaleskaja arbeitete zu partiellen Differentialgleichungen. Sowohl ihr Vor- als auch Nachname wurde nicht einheitlich im Deutschen verwendet.

KRAUSE, Martin (1851–1920), Analytiker, ab 1878 Professor in Rostock und ab 1888 in Dresden; dort auch zweimal Rektor (1894–1896 und 1919–1920). Präsident der DMV 1909.

KRONECKER, Leopold (1823–1891), streitbarer Berliner Mathematiker, der wesentliche Beiträge zur Entwicklung der algebraischen Zahlentheorie (insbesondere das Konzept der Divisoren als Substitut für Dedekinds Ideale) beitrug. Nach Studien an den Universitäten Berlin, Bonn und Breslau und seiner Promotion 1845 in Berlin war er zunächst zehn Jahre ein erfolgreicher Gutsverwalter in Berlin, bevor er als Privatgelehrter sich in Berlin niederließ und dort 1861 Mitglied der Berliner und Göttinger Akademien wurde. 1883 wurde er Lehrstuhlinhaber als Nachfolger seines Lehrers Ernst Kummer. Kronecker vertrat den Finitismus (nahe dem Konstruktivismus und Vorbote von Brouwers Intuitionismus).

KUMMER, Ernst Eduard (1810–1893) legte 1831 das Staatsexamen ab und promovierte; er war zunächst als Gymnasiallehrer für Mathematik und Physik tätig (und hatte u.a. Kronecker und Joachimsthal als Schüler). Unterstützt von Dirichlet und Jacobi wurde Kummer 1842 Professor an der Schlesischen Friedrich-Wilhelms-Universität; 1855 wurde er der Nachfolger von Dirichlet an der Friedrich-Wilhelms-Universität Berlin. Kummer entwickelte maßgeblich Aspekte der Zahlentheorie weiter; insbesondere beschäftigte er sich mit höheren Reziprozitätsgesetzen, Kreisteilungskörper und der Fermatschen Vermutung. 1857 erhielt er den großen Preis der Pariser Académie des sciences (für seine Fortschritte bei der Lösung der Fermatschen Vermutung). Auf sein Ansinnen hin wurden Kronecker und Weierstraß berufen und die Universität Berlin entwickelte sich bestens.

KÜRSCHAK, József (1864–1933); lehrte an der Technischen Hochschule Budapest und leistete Beiträge im Anschluss an Hilberts "Grundlagen der Geometrießowie zur Bewertungstheorie von Körpern. Einer seiner Schüler war John von Neumann.

LAMPE, Emil (1840–1918), Lehrer in Berlin (Gewerbeschule, Realschule), ab 1877 außerordentlicher und ab 1889 ordentlicher Professor an der Technischen Hochschule Charlottenburg (Berlin), Rektor derselben von 1892 bis 1893; aktiv in der DMV und Herausgeber des Jahrbuchs über die Fortschritte der Mathematik, für das er eine sehr große Zahl von Referaten verfasste.

LANDAU, Edmund (1877–1938), analytischer Zahlentheoretiker. Promotion 1899 an der Friedrich-Wilhelms-Universität Berlin bei Frobenius; es folgte die Habilitation 1901 und Tätigkeit als Privatdozent. 1909 nahm er einen Ruf nach Göttingen an (als Nachfolger von Minkowski). Landau war 1927/28 ein Jahr Gastprofessor in Jerusalem und engagierte sich für die Gründung und Ausstattung der Hebräischen Universität; er vermachte dieser seine umfangreiche Bibliothek. 1933 wurde Landau von nationalsozialistischen Studenten boykottiert (angeführt von Oswald Teichmüller); 1934 wurde er in den vorzeitigen Ruhestand versetzt. Zu Landaus Schülern gehörten u.a. Harald Bohr, Alexander Ostrowski und Carl Ludwig Siegel.

LANDSBERG, Georg (1865–1912), Studium in Breslau und Leipzig, 1890 Promotion in Breslau mit einer Arbeit zur Idealtheorie, 1893 Habilitation Heidelberg, danach professor in Heidelberg, Breslau und Kiel. Verfasste zusammen mit K. Hensel das bekannte Buch „Theorie der algebraischen Funktionen von einer Veränderlichen" (1902).

LASKER, Emanuel (1868–1941), promovierte 1900 bei Max Noether (Erlangen) und war Schachweltmeister von 1894 bis 1921. Lasker war auch philosophisch und schriftstellerisch tätig.

LIE, Sophus (1824–1899), war ein norwegischer Mathematiker und untersuchte in der nach ihm benannten Theorie Symmetrien (bzw. Gruppen) im Kontext von Differentialgleichungen; er wurde 1886 als Nachfolger Kleins nach Leipzig berufen. 1898 kehrte Lie in seine Heimat zurück. Er erregte großes aufsehen durch seine heftigen Angriffe v.a. gegen F. Klein.

(von) LINDEMANN, Ferdinand (1852–1939), war zunächst Professor in Freiburg; 1882 bewies er die Transzendenz von π und damit die Unmöglichkeit der Kreisquadratur unter Verwendung von ausschließlich Zirkel und Lineal. Anschließend war er Professor in Königsberg (1883–1893) und letztlich in München. Lindemann holte Hurwitz nach Königsberg und war der Doktorvater von Hilbert und Minkowski.

LIOUVILLE, Joseph (1809–1882), studierte u.a. an der École polytechnique (bei Poisson). Nach Zwischenstationen wurde er 1838 Professor an der École Polytechnique und 1850 erhielt er einen Mathematiklehrstuhl am Collège de France. Neben seiner herausragenden Forschung war Liouville auch ein sehr guter Organisator. 1836 begründete er das *Journal de Mathématiques Pures et Appliquées*. Er machte Galois' mathematisches Vermächtnis bekannt (mit Hilfe seiner Zeitschrift). Liouville war mathematisch sehr vielseitig, insbesondere in der Zahlentheorie, Funktionentheorie und Differentialgeometrie, aber auch in der mathematischen Physik und Astronomie.

LIPSCHITZ, Rudolf (1832–1902), gebürtig aus Königsberg. Promotion bei Dirichlet in Berlin; 1857 Habilitation in Berlin, 1862 außerordentlicher Professor in Breslau, 1864 wurde Lipschitz ordentlicher Professor in Bonn (und damit zeitweise Kollege von Minkowski).

LORENTZ, Hendrik Antoon (1853–1928), theoretischer Physiker. Professor an der Universität in Leiden. Nobel-Preis 1902 für seine Untersuchungen zur Elektrodynamik (was später auf Einsteins allgemeine Relativitätstheorie führte).

MAYER, Adolph (1839–1908), Studium in Heidelberg, Göttingen, Leipzig und Königsberg, 1861 Promotion bei L. O. Hesse in Heidelberg, 1866 Habilitation in Leipzig, 1871 Professor daselbst. Enger Mitarbeiter von F. Klein bei der Herausgabe der Mathematischen Annalen. Wohlhabend verzichtete Mayer lange auf sein Gehalt zugunsten eines jüngeren Kollegen.

MEISSNER, Ernst (1883–1939), promovierte am Polytechnikum 1907 bei Hurwitz und habilitierte 1909 dort nach einjährigem Aufenthalt in Göttingen bei Hilbert und Minkowski. Professor für technische Mechanik ab 1911 (an der umbenannten Eidgenössischen Technische Hochschule); 1938 emeritierte er.

MEHMKE, Rudolf (1857–1944), Studium der Mathematik und der Architekt in Stuttgart, Tübingen und Berlin, Promotion in Tübingen, 1880 Dozent an der TH Stuttgart, 1884 Professor in Darmstadt, 1894 in Stuttgart. Lehrte darstellende Geometrie und entwickelte mathematische Apparate. Mehmke arbeitete auch im Bereich der Numerik und propagierte die Vektorrechnung.

MERTENS, Franz (1840–1927), außerordentlicher Professor in Krakau ab 1865 und dort ordentlicher Professor ab 1870, anschließend in Graz (ab 1884) und Wien (ab 1894).

MEYER, Franz (1856–1934), forschte hauptsächlich zur Geometrie (insbesondere zu algebraischen Kurven) und war Professor in Würzburg, Clausthal und ab 1898 schließlich in Königsberg; zudem war er ein Gründungsmitglied der DMV 1890.

MITTAG-LEFFLER, Gösta (1846–1927), studierte u.a. bei Hermite und Weierstraß. Mittag-Leffler ist bekannt für seine Arbeiten zur (komplexen) Analysis und war zuerst Professor in Helsinki (1876–1881) und anschließend in Stockholm, wo er auch die Zeitschrift *Acta Mathematica* gründete und Sofja Kowalewskaja untertützte.

MÖBIUS, August Ferdinand (1790–1868), Studium in Leipzig und Göttingen bei Gauß, Promotion und Habilitation in Leipzig, 1816 Observator bei der Leipziger Sternwarte, 1820 deren Direktor. 1844 erhielt Möbius zusätzlich eine ordentliche Professur für Mathematik in Leipzig.

NERNST, Walther Hermann (1864–1941), Physiker und Chemiker, der die physikalische Chemie begründete. Er promovierte 1897 bei Friedrich Kohlrausch in Würzburg und habilitierte 1899 in Leipzig; er lehrte ab 1890 in Göttingen, ab 1905 in Berlin. Rektor der Friedrich-Wilhelms Universität in Berlin 1921/22. Anschließend war er von 1922 bis 1924 Präsident der Physikalisch-Technischen Reichsanstalt, und später bis 1933 Professor für Experimentalphysik. Nernst fand den dritten Hauptsatz der Thermodynamik 1905 und wurde hierfür 1920 mit dem Nobel-Preis für Chemie ausgezeichnet. 1897 erfand er die Nernst-Lampe; der Verkauf des Patents an die AEG machte ihn zu einem reichen Mann. (Im Briefwechsel: „*Von hier ist ja Allerlei Mathematisches und Nichtmathematisches zu erzählen. Um mit letzterem anzufangen, so ist Ihnen vielleicht die wunderbare Entdeckung von Nernst schon aus den Zeitungen bekannt. Ich habe die ganze Entwicklung der Sache miterlebt. Schon im vorigen Sommer sprach Nernst von seinem Licht und hat es mir auch gezeigt. Aber erst nach 5 monatlicher Arbeit fand er einen Stoff von genügender Dauerhaftigkeit, der überdies noch den Vorzug hat, bloss mit Hülfe eines Streichhölzchens in elektrischen Brand versetzt werden können, während früher ein Bunsenbrenner oder eine elektrische Glühvorrichtung nöthig war.*" (siehe HiHu 58) Die Produktion der Nernst-Lampen erfolgte bei AEG in Berlin und Westinghouse (Nernst Lamp Company) in Pittsburgh. Die Lampe war ein großer Erfolg auf der Weltausstellung in Paris im Jahr 1900. Die Stückzahl an Nernst-Lampen erreichte zu dieser Zeit etwa ca. vier Millionen. Als Strahlungsquelle in der Infrarotspektroskopie wurden Nernst-Lampen in leicht modifizierter Form noch bis in die 1990er Jahre eingesetzt. Während des Ersten Weltkriegs arbeitete Nernst für das Militär und hatte Kontakt zu Kaiser Wilhelm II. Er war beteiligt am Gaskrieg, insbesondere bei der Entwicklung von Geschossen und Geschützen (gemeinsam mit den Chemikern Carl Duisberg und Fritz Haber). Nach dem Krieg tauchte sein Name in diesem Kontext auf, er wurde aber nicht angeklagt. Nernst bekannte sich klar zur Weimarer Republik, den Nationalsozialismus lehnte er hingegen ab. Aus Protest gegen den Antisemitismus der Nationalsozialisten trat er 1933 in den Ruhestand.

NEUMANN, Franz Ernst (1798–1895), war ein theoretischer Physiker, über Jahre als Professor tätig in Königsberg. Sein Sohn, Carl Gottfried Neumann (1832–1925), studierte in Königsberg und promovierte schließlich bei Otto Hesse 1856. Es folgte die Habilitation 1858 in Halle, wo er zunächst Privatdozent wurde und ab 1863 als außerordentlicher Professor tätig war. Nach kurzen Stationen (1863 Basel und Tübingen 1865) erhielt er 1868 einen Ruf an die Universität Leipzig. Der Neffe Ernst Richard Neumann (1875–1955) war in Königsberg geboren und aufgewachsen,1893–1898 studierte er Mathematik in Königsberg, Heidelberg und Leipzig. In Leipzig war er Schüler seines Onkels Carl. Danach Assistent im Fach Physik in Halle, wo er 1899 habilitierte. 1901 Ruf nach Breslau, ab 1905 Professor für Mathematik in Marburg.

NOETHER, Max (1844–1921), Studium, Promotion und Habilitation in Heidelberg. Nach der Promotion ging Noether für einige Zeit nach Gießen zu Clebsch, der seine weiteren Arbeiten stark beeinflusste. 1875 Professor in Erlangen, seit 1888 als Ordinarius, beschäftigte sich größtenteils mit algebraischer Geometrie und algebraischen Funktionen.

PASCH, Moritz (1843–1930), Geometer, außerordentlicher Professor an der Universität Gießen (1873) und ab 1875 ordentlicher Professor, 1893/4 Rektor der Universität. Bemühte sich in *Vorlesungen über neuere Geometrie* (Leipzig 1882) um einen streng logischen Zugang zur Geometrie.

PERRON, Oskar (1880–1975); Promotion 1902 bei Ferdinand Lindemann in München und Habilitation 1906 ebenfalls in München (nach Aufenthalten in Tübingen und bei Hilbert in Göttingen). Ab 1910 außerordentliche Professur in Tübingen; 1914 ordentliche Professor in Heidelberg, ab 1922 dann in München. Veröffentlichte u.a. Bücher zu Kettenbrüchen und Irrationalzahlen sowie ein zweibändiges Lehrbuch der Algebra.

PICARD, Émile (1856–1941), Studium an der Ecole normale supéieure in Paris, Promotion in Paris, wurde Dozent 1878 an der Universität von Paris und 1879 Professor in Toulouse. 1881 wurde er Maitre de conférences für Mechanik und Astronomie an der ENS und 1885 Professor für Differentialrechnung an der Sorbonne. Von 1894 bis 1937 war er auch Professor an der École Centrale Paris. Bekannt ist er für den sogenannten Satz von Picard (frühere Ergebnisse von Casorati und Weierstraß verschärfend, das Werteverhalten von ganzen bzw. meromorphen Funktionen betreffend; 1879) und das Picardsche Iterationsverfahren in der Theorie der Differentialgleichungen, womit der Satz von Picard-Lindelöf bewiesen wird. Picard war für seine Lehre bekannt: sein Schüler Hadamard nannte seine Vorlesungen die perfektesten, die er je gehört habe. 1920 war er Präsident des Internationalen Mathematikerkongresses in Straßburg. Nach dem Ersten Weltkrieg war Picard eine treibende Kraft, um Deutschland und Österreich aus der Internationalen Mathematischen Union (IMU) und von den Internationalen Mathematikerkongressen auszuschließen (was nur bis 1928 gelang).

PICK, Georg (1859–1942), war Professor in Prag und arbeitete zu Differentialgeometrie und Analysis.

PLANCK, Max Karl Ernst (1858–1947), erhielt Nobel-Preis 1918 in Physik für die Begründung der Quantenphysik (genauer: der Entdeckung der Grundgleichung des Planckschen Wirkungsquantums); kriegsbedingt erst 1919. Seine érsten Stationen nach dem Studium (in München und Berlin) waren eine Professur 1885 in Kiel und 1889 in Berlin. Während des ersten Weltkrieges war Planck strikter Patriot und während der Weimarer Republik Mitglied der DVP. Den Nationalsozialisten begegnete er zunehmend distanziert. Gegen Ende widmete Planck sich zunehmend der philosophischen Seite der Physik.

PLÜCKER, Julius (1801–1861), Studium in Berlin, Bonn und Heidelberg, hielt sich längere Zeit in Paris auf. 1824 Promotion in Marburg, 1825 Habilitation in Bonn. 1832 ging Plücker nach Berlin als Privatdozent an der Universität und Lehrer an einem Gymnasium. 1833 Berufung nach Halle, 1835 Ordinarius in Bonn. Plücker hatte hier zeitweise sowohl eine Professur für Mathematik als auch eine für Physik inne. In der Physik leistete Plücker wichtige Beiträge zur Erforschung der Kathodenstrahlung, mit seinem Mitarbeiter H. Geißler legte er die Grundlagen der Vakuumtechnik. In der Mathematik ist Plücker vor allem im Bereich der algebraischen/analytischen Geometrie bekannt, vor allem durch die vielfach verwendeten Plücker-Formeln und die Liniengeometrie. F. Klein war physikalischer Assistent von Plücker und gab ein Werk desselben postum heraus.

POINCARÉ, Henri (1854–1912), war ein exzellenter und einflussreicher französische Analytiker. Ab 1873 Studium an der Ecole polytechnique in Paris, danach an der Ecole des mines. Nach seinem Abschluss arbeitete Poincaré einige Monate als Bergbauingenieur in den Vogesen, danach war an der Universität Caen und in Paris tätig. Galt als der wichtigste französische Mathematiker seiner Generation. Verfasste auch wissenschaftstheoretische und philosophische Schriften (am bekanntesten: „Wissenschaft und Hypothese"). Auch wichtige Arbeiten zur Himmelsmechanik und zur Physik.

PÓLYA, George (1887–1985), war ein multikultureller Mathematiker mit verschiedenen Staatsangehörigkeiten (ungarisch von Geburt an, schweizerisch ab 1918 und U.S.-amerikanisch ab 1947; dabei persönlich unbetroffen während der Weltkriege). Über die Jahre arbeitete er insbesondere zur Analysis, Kombinatorik, Stochastik und Zahlentheorie (jeweils mit großem Einfluß). Der Promotion bei Leopold Fejér folgte eine Anstellung 1914 an der ETH Zürich und Kooperation mit Hurwitz (ab 1920 Titularprofessor und ab 1928 ordentlicher Professor). Es folgten in den 1930ern Forschingsaufenthalte und schließlich die komplette Übersiedlung in die USA, ab 1942 wirkte Polya in Stanford.

PRINGSHEIM, Alfred (1850–1941), Studium in Berlin Heidelberg, promovierte bei Königsberger in Heidelberg. Es folgte die Habilitation 1877 in München; er erhielt 1886 eine außerordentliche Professur an der Ludwig-Maximilians-Universität in München. In seiner Forschung beschäftigte ihn insbesondere die aufkeimende Funktionentheorie (und er hatte ein ausgeprägtes Faible für bildende Kunst und war ein engagierter Musiker [insbesondere Anhänger von R. Wagner])). 1939 emigrierte er in die Schweiz. Seine Frau war die Tochter und Schauspielerin Hedwig Anna Dohm der bekannten Frauenrechtlerin Hedwig Dohm; unter ihren Kindern ist insbesondere Katia Mann bekannt, die vor ihrer Heirat einige Semester Mathematik in München studiert hatte. Der Vater Rudolf von Alfred Pringsheim galt als einer der reichsten Männer in Deutschland.

PRYM, Friedrich (1841–1915), war seit 1867 Professor in Würzburg und Rektor der Universität 1896/97. Er forschte zu partiellen Differentialgleichungen, abelschen Funktionen und Varietäten.

REMAK, Robert (1888–1942), promovierte 1911 bei Frobenius an der Berliner Universität und habilitierte dort 1929. Er arbeitete insbesondere zur Zahlentheorie und Geometrie der Zahlen und war als Privatdozent bis zur Machtergreifung tätig. Nach dem Novemberpogrom 1936 wurde er festgenommen und für ein paar Wochen im KZ Sachsenhausen inhaftiert; nach der Emigration in die Niederlande wurde er 1942 erneut festgenommen und nach Auschwitz deportiert und ermordet.

RIEMANN, Bernhard (1826–1866), promovierte 1851 bei Gauß und habilitierte 1854 mit einem Vortrag *über die Hypothesen, welche der Geometrie zu Grunde liegen.* Ab 1857 war Riemann außerordentlicher Professor in Göttingen, ab 1859 ordentlicher Professor (auf Dirichlet und damit auch Gauß nachfolgend).

Riemann verstarb an den Folgen einer Tuberkulose während eines längeren Italienaufenthaltes.

ROSANES, Jakob (1842–1922), nach kaufmännischer Tätigkeit Studium in Breslau und Berlin, 1865 Promotion in Breslau, 1870 Habilitation daselbst, ab 1873 Professor in Breslau, ab 1876 Ordinarius. Arbeiten zur Invariantentheorie und zur algebraischen Geometrie. einer der stärksten Schachspieler seiner Zeit.

RUDIO, Ferdinand (1856–1929), ab 1881 am Züricher Polytechnikum, ab 1889 als Professor; daneben Leiter der Bibliothek des Polytechnikums. Er war einer der Hauptorganisatoren des ersten internationalen Mathematiker-Kongresses in Zürich (1897). Er forschte hauptsächlich zu Algebra, Gruppen und Geometrie sowie zur Geschichte der Mathematik. Freund von Hurwitz und Minkowski.

RUNGE, Carl (1856–1927), war einer der ersten *angewandten* Mathematiker. 1886 wurde er Professor an der Technischen Hochschule Hannover, 1904 wurde er (auf Bestreben von Klein) nach Göttingen auf die neu geschaffene *Professur für angewandte Mathematik* berufen. Er entwickelte u.a. mit Martin Wilhelm Kutta das Runge-Kutta-Verfahren zur numerischen Lösung von Anfangswertproblemen. Gemeinsam mit Schwarzschild unternahmen sie 1906 eine Expedition, um eine Sonnenfinsternis in Algier zu beobachten.

SAALSCHÜTZ, Louis (1835–1913), Zahlentheoretiker; wurde 1875 außerordentlicher Professor an der Universität Königsberg und schließlich ab 1888 ordentlicher Professor. Buch *Vorlesungen über die Bernoullischen Zahlen, ihren Zusammenhang mit den Secanten-Coefficienten und ihre wichtigeren Anwendungen,* (1893).

SAMUEL, Simon (1833–1899), Professor der Pathologie in Könisgberg und Vater von Ida Samuel (1864–1951), der späteren Frau und Biographin von Hurwitz.

SCHLÖMILCH, Oskar (1823–1901), Analytiker und erfolgreicher Lehrbuchautor, ab 1849 Professor in Dresden und anschließend ab 1874 Erziehungsminister in Sachsen.

SCHÖNFLIES, Arthur (1853–1928), studierte u.a. bei Kummer und Weierstraß in Berlin; er promovierte 1877. Zunächst arbeitete er als Lehrer in Berlin, habilitierte sich 1884 und bekam 1891 einen Ruf auf das neugeschaffene Extraordinariat für angewandte Mathematik in Göttingen. 1899 wechselte er an die Universität in Königsberg und 1911 an die Akademie für Sozial- und Handelswesen in Frankfurt am Main. Er wurde damit ein Gründungsmitglied der gerade gegründeten, gestifteten Universität Frankfurt und war ihr Gründungsrektor. Wichtige Beiträge zur Kristallographie, zur Geometrie und zur mengentheoretischen Topologie.

SCHOTTKY, Friedrich (1851–1935), Schüler von Weierstraß, zunächst in Breslau aktiv, anschließend als Professor am Züricher Polytechnikum (1882–1892), Marburg (1892–1902) und letztlich Berlin (ab 1902); forschte zur komplexen Analysis.

SCHRÖTER, Heinrich (1829–1892), Studium in Königsberg, Habilitation in Breslau, wo er sich 1855 habilitierte und 1858 Professor wurde. Vertreter der klassischen Geometrie, Hg. von Steiners Vorlesungen über synthetische Geometrie (1867).

SCHUBERT, Hermann Cäsar Hannibal (1848–1911), war kurz nach seiner Promotion in Berlin Gymnasiallehrer am Andreanum in Hildesheim, wo er Hurwitz und dessen Bruder Julius unterrichtete und förderte, bevor er ab 1876 Gymnasialprofessor am Johanneum in Hamburg wurde. Mit dem Schubert-Kalkül ist es möglich, geometrische Objekte mit bestimmten Eigenschaften abzuzählen; die gemeinsam mit dem 17-Jährigen Hurwitz verfasste Arbeit behandelt den hieran anknüpfenden Satz von Chasles. Schubert sah sich als Lehrer als Außenseiter der mathematischen Gemeinschaft. Er war ein erfolgreicher Autor, u.a. Bücher zur Unterhaltungsmathematik und zu Schulstunden. Darüber hinaus gab er eine Buchreihe, die Sammlung Schubert, heraus.

SCHUR, Friedrich (1856–1932), nach einem Studium in Berlin, promovierte er 1879 bei Kummer. 1880 legte er das Lehrerexamen ab, habilitierte sich 1881 bei Klein, wurde Privatdozent und schließlich 1884 Assistent (alles in Leipzig). 1885 wurde er außerordentlicher und ab 1888 ordentlicher Professor an der Universität Dorpat. 1892 wurde er Professor für Darstellende Geometrie und Graphische Statik an der RWTH Aachen und ging 1897 an die Technische Hochschule Karlsruhe; 1904/05 wurde er Rektor in Aachen. 1909 wurde er Professor an der Universität Straßburg. Nach der Entlassung (nach dem verlorenen Ersten Weltkrieg) wurde er 1919 Professor in Breslau, wohin er 1924 emeritierte. Friedrich Schur befasste sich mit Differentialgeometrie, Transformationsgruppen (insbesondere Lie-Gruppen) in Anschluss an Lie und Grundlagen der Geometrie.

SCHUR, Issai (1875–1941), entwickelte zusammen mit seinem akademischen Lehrer Frobenius die Theorie der Darstellungen. 1901 erfolgte Schurs Promotion bei Frobenius und Fuchs an der Universität Berlin (mit einer Arbeit über Darstellungen der algebraischen linearen Gruppen); Habilitation und Privatdozent 1903 sowie im selben Jahr Antritt einer außerordentlichen Professur in Bonn (und Nachfolge von Hausdorff). 1916 Professor in Berlin, ab 1919 ordentlicher Professor. Nach der Machtergreifung der Nazis und Ausschluss aus dem Lehrbetrieb emigrierte Schur 1939. Er verstarb 1941 in Tel Aviv.

SCHWARZ, Hermann Amandus (1843–1921), kam von der Chemie (Studium am Berliner Gewerbeinstitut, wo Weierstrass lehrte) zur Mathematik. Promovierte bei Kummer 1864 in Berlin. Es folgte seine Habilitation 1866 in Berlin und außerordentliche Professur in Halle; ab 1869 wurde er ordentlicher Professor am Polytechnikum Zürich und ab 1875 ordentlicher Professor an der Universität Göttingen, Wechsel 1892 an die Friedrich-Wilhelms-Universität in Berlin. Schwarz beschäftigte sich u.a. mit Funktionentheorie; besonders zu erwähnen sind die Schwarz-Christoffel-Transformation, die Cauchy-Schwarz-Ungleichung, das Schwarzsche Lemma und das Lemma von Schwarz-Pick.

SCHWARZSCHILD, Karl Siegmund (1873–1916), war als Astronom und Physiker aktiv. Ab 1901 war er Professor und Direktor der Sternwarte Göttingen und pflegte Kontakte mit Hilbert und Minkowski; 1909 wurde er Direktor des Astrophysikalischen Observatoriums in Potsdam. 1916 wurde er zum ordentlichen Honorarprofessor an der Universität in Berlin ernannt. Starb als Soldat im ersten Weltkrieg.

SOMMERFELD, Arnold Johannes Wilhem (1868–1951), Mathematiker und theoretischer Physiker. Wie Hilbert und zuvor Lipschitz und Hensel war Sommerfeld in Königsberg geboren. Nach Schulbesuch und Studium der Physik in Königsberg (angeleitet von Franz Ernst Neumann und Carl Gustav Jacobi) folgte eine Promotion 1891 bei Lindemann. 1893 ging Sommerfeld nach Göttingen als Assistent am mineralogischen Institut; er wurde anschließend von Klein gefördert und habilitierte 1895. Er folgte 1897 ein Ruf auf eine ordentliche Professur an die Bergakademie Clausthal, 1900 ein Ruf an den Lehrstuhl für Technische Mechanik an der RWTH Aachen. 1906 wurde er Professor für theoretische Physik an der Ludwig-Maximilians-Universität München. 1935 wurde er emeritiert. Sehr erfolgreicher akademischer Lehrer, zu seinen Schülern zählen u.a. Hans Bethe, Peter Debye, Werner Heisenberg und Wolfgang Pauli.

STÄCKEL, Paul (1862–1910), außerordentlicher Professor in Königsberg (1895–1897), ordentlich in Kiel (1897–1905), Hannover (1905–1908), Karlsruhe (1908–1913) und ab 1913 in Heidelberg.

STEINITZ, Ernst (1871–1928); promovierte bei Jacob Rosanes 1894 in Breslau; Habilitation 1897 an der TH Berlin-Charlottenburg und 1910 ordentliche Professur an der Technischen Hochschule in Breslau; ab 1918 zugleich ordentliche Honorarprofessur an der dortigen Universität. 1920 Ordinarius an der Universität Kiel. 1910 veröffentlichte Steinitz seinen wegweisenden Artikel zur abstrakten Theorie der Körper, 1934 erschienen postum seine Vorlesungen über Polyeder.

STERN, Moritz (1807–1894) promovierte bei Gauß, hatte ab 1848 ein Extraordinat an der Universität Göttingen inne und ab 1859 dann ein Ordinat, womit er erster jüdischer Ordinarius an einer deutschen Universität war. Nach Ende seiner Dienstzeit 1887 zog Stern zu seinem Sohn, dem Historiker Alfred Stern nach Bern, und 1887 nach Zürich. Alfred Stern war mit A. Hurwitz und H. Minkowski befreundet.

STIELTJES, Thomas Joannes (1856–1894), niederländischer Analytiker und Zahlentheoretiker, Professor in Toulouse (ab 1889); zuvor war eine Berufung in Göttingen wegen eines nicht vorhandenen Nachweises eines Diploms vom Erziehungsministeriums verhindert worden.

STINER, Georg (Lebensdaten unbekannt), Assistent am Züricher Polytechnikum, später Lehrer in Frauenfeld am Technikum in Winterthur.

STUDY, Eduard (1862–1930), war Professor in Greifswald und Bonn; er forschte zu Invariantentheorie und hyperkomplexen Zahlen.

STURM, Charles-François (1803–1855), Mathematiker und Physiker, ab 1830 Professor in Paris, zuerst am Collège Rollin, ab 1840 an der Sorbonne und an der École Polytechnique. Sein Satz über die Verteilung der Nullstellen von Polynomen erregte großes Aufsehen.

THUE, Axel (1863–1922), studierte und promovierte 1889 in Oslo, setzte sein Studium bei u.a. Lie, Kronecker und Fuchs fort; lehrte an dem Vorläufer der Technischen Hochschule in Trondheim. 1903 wurde er Professor für Angewandte Mathematik an der Universität Oslo. Er publizierte Wichtiges zu zahlentheoretischen Fragen.

TOEPLITZ, Otto (1881–1940), promovierte 1905 bei Sturm und Rosanes in Breslau. Es folgte 1907 die Habilitation und Tätigkeit als Gastdozent in Göttingen. 1913 außerordentliche und ab 1920 ordentliche Professur in Kiel. 1928 Professor in Bonn. Da Toeplitz unter die Ausnahmebestimmungen des rassistischen *Gesetzes zur Wiederherstellung des Berufsbeamtentums* (1933) fiel, konnte er bis 1935 weiter lehren; es folgte seine Emigration 1939 und Auswanderung nach Jerusalem. Wichtige Arbeiten zur Funktionalanalysis, beschäftigte sich auch mit Geschichte der Mathematik und mit dem mathematischen Unterricht. Mit Heinrich Behnke gründete er 1932 die noch heute bestehenden *Mathematischen Semesterberichte*.

TSCHEBYSCHEFF, Pafnuti (1821–1894), ab 1850 außerordentlicher und ab 1860 ordentlicher Professor in St. Petersburg; behandelte in seiner Dissertation die Primzahlverteilung.

VOLKMANN, Paul (1856–1938), studierte ab 1875 Mathematik und Physik in Königsberg, wurde dort schließlich ordentlicher Professor (1894) und später Rektor (1907/08).

VOSS, Aurel (1845–1931), ab 1875 außerordentlicher Professor in Darmstadt, ab 1879 in Dresden und ab 1885 Professor an der Technischen Hochschule München, anschließend (1891) ordentlicher Professor in Würzburg, und schließlich ab 1903 an der Ludwig-Maximilians-Universität München.

WANGERIN, Albert (1844–1933), 1866 promovierte Wangerin bei Franz Ernst Neumann an der Universität Königsberg; zur selben Zeit bestand er das Staatsexamen. Zunächst folgte eine Anstellung als Lehrer in Berlin, dann in Posen und später wieder in Berlin. 1876 wurde Wangerin außerordentlicher Professor an der Friedrich-Wilhelms-Universität in Berlin; 1882 ordentlicher Professor an der Universität Halle (als Nachfolger seines Lehrers Eduard Heine). Wangerin hatte eine ungewöhnlich große Zahl von Doktoranden. Arbeiten zur Potential- und zur Differentialgeometrie.

WEBER, Heinrich Martin Georg (1842–1913), vielseitiger und weit gereister Mathematiker. Habilitation in Heidelberg 1866; drei Jahre später Ruf an ans Polytechnikum in Zürich, 1875–1883 Professur an der Albertus-Universität Königsberg; er publiziert „Theorie der algebraischen Functionen einer Veränderlichen" mit Dedekind. In den nächsten Jahren Professuren an der Technischen Hochschule Charlottenburg und der Philipps-Universität Marburg,

1892 Wechsel an die Universität Göttingen und schließlich 1895 an die Kaiser Wilhelms-Universität Straßburg. Sein Lehrbuch der Algebra von 1895 in mehreren Bänden blieb längere Zeit ein Standardwerk. Weber gab zusammen mit Richard Dedekind die Werke von B. Riemann heraus.

WEDELL, Charlotte (1862–1953) – mit vollem Namen: Charlotte Bolette Sophie, Baroness Wedell-Wedellsborg, ging nach ihrem Studium in Lausanne (1894 Licencié ès sciences mathématiques) nach Zürich (1896/97) und nach Göttingen. Von Göttingen aus wechselte Charlotte Wedell nach Lausanne zwecks Promotion. Danach kehrte sie in ihre dänische Heimat zurück; im Jahr 1898 heiratete sie dort den Ingenieur E. Thomasini, von dem sie 1909 geschieden wurde. Später trat sie in ein Kloster ein, wo sie Äbtissin wurde.

WEIERSTRASS, Karl (1815–1897) war zunächst als Gymnasiallehrer tätig und erhielt 1854/56 die Ehrendoktorwürde der Königsberger Universität für seine Arbeiten zu abelschen Funktionen. Ab 1856 hatte Weierstraß eine Professur in Berlin inne (zuerst am Gewerbeinstitut, dann auch an der Universität) und begründete in dieser Phase die moderne Analysis. Zusammen mit E. E. Kummer und L. Kronecker machte er, auch durch seine erfolgreichen Vorlesungen, Berlin zu einem Weltzentrum der Mathematik, später kam es zu einem Zerwürfnis mit Kronecker aufgrund der Cantorschen Mengenlehre.

WEYL, Hermann (1885–1955) studierte und promovierte 1908 in Göttingen und habilitierte dort zwei Jahre später; 1913 wurde er Professor an der ETH und schrieb das Buch „Die Idee der Riemannschen Fläche". 1930 wurde Weyl Professor in Göttingen (als Nachfolger Hilberts); emigrierte 1933 und wurde Professor in Princeton am Institute for Advanced Studies (wo er sich für deutsche Emigranten einsetzte). Weyl war ein vielseitiger Mathematiker, als junger Mann spielte er auch eine Rolle in der Grundlagenkrise. Er war in erster Ehe mit der Philosophin, Übersetzerin (Ortega y Gasset) und Schriftstellerin Helene Joseph (1893–1948) verheiratet. Da das Ehepaar den Nationalsozialismus ablehnte und die Entrechtung der Juden – Helene Weyl war jüdischer Abstammung – voraussah, emigrierten es 1933 kurz nach der Machtergreifung. Nach 1945 lebte das Paar im Wechsel in Princeton und Zürich.

WIECHERT, Emil (1861–1928), Studium der Physik in Königsberg, Freund von Hilbert und Minkowski, 1889 Promotion bei P. Volkmann, 1890 Habilitation, 1897 Ruf nach Göttingen, 1898 wurde dort der Lehrstuhl für Geophysik eingerichtet. Mitentdecker des Elektrons und Begründer der Geophysik. Schrieb 1899 den zweiten Beitrag (neben Hilberts Grundlagen der Geometrie) für die Festschrift zur Enthüllung des Gauß-Weber-Denkmals.

WIENER, Hermann (1857–1939), Privatdozent in Halle (1885–1894), anschließend ordentlicher Professor in Darmstadt; lehrte (wie sein Vater Christian Wiener [Karlsruhe]) darstellende Geometrie, baute Modelle und lieferte Beiträge zu den Grundlagen der Geometrie (u.a. Spiegelungsgeometrie).

WILTHEISS, Ernst Eduard (1855–1900), war außerordentlicher Professor in Halle und arbeitete zu elliptischen Funktionen und Invariantentheorie.

WOLFSKEHL, Paul (1856–1906), Arzt; gab seinen Beruf bei Diagnose einer Multiplen Sklerose auf und wandte sich der Mathematik zu. Testamentarisch hinterließ Wolfskehl einen hochdotierten Preis für die Lösung der sogenannten Fermatschen Vermutung.

ZERMELO, Ernst (1871–1953), promovierte 1894 an der Universität Berlin bei Hermann Amandus Schwarz, habilitierte 1897 an der Universität in Göttingen. 1904 formulierte er das Auswahlaxiom und bewies den Wohlordnungssatz; angesichts dessen wurde er 1905 in Göttingen zum Professor ernannt. 1908 formullierte er die axiomatische Mengenlehre (was heute als Zermelo-Fraenkel-Mengenlehre bezeichnet wird). Ab 1910 hatte Zermelo eine Professur an der Universität Zürich inne; aus gesundheitlichen Gründen zog er sich bereits 1916 zurück. Ehrenhalber gab er ab 1926 Vorlesungen in Freiburg; beendete sein Engagement jedoch angesichts des Aufkommens der Nazis.

Namen (im Briefwechsel)

J. M. Hänel et al., *Drei mathematische Freunde*, Mathematik im Kontext,
https://doi.org/10.1007/978-3-662-71861-2

Tabellarische Korrespondenzübersicht

Hilbert an Hurwitz

12.08.1884, Rauschen, HiHu 1, Seite 187
02.01.1886, Leipzig, HiHu 2, Seite 189
28.02.1886, Leipzig, HiHu 3, Seite 191
25.08.1887, Kirtigehnen, HiHu 4, Seite 194
17.09.1887, Kirtigehnen, HiHu 5, Seite 195
26.09.1887, Königsberg, HiHu 6, Seite 196
30.09.1887, Königsberg, HiHu 7, Seite 197
09.08.1888, Kirtigehnen, HiHu 8, Seite 199
27.08.1888, Kirtigehnen, HiHu 9, Seite 203
24.09.1888, Rauschen, HiHu 10, Seite 204
02.04.1890, Königsberg, HiHu 11, Seite 213
Mittwoch 1890 (vermutlich Ende August), Kirtigehnen, HiHu 13, Seite 217
12.09.1890, Norderney, HiHu 14, Seite 217
19.09.1890, Bremen, HiHu 15, Seite 218
03.10.1890, Königsberg, HiHu 16, Seite 218
19.08.1891, Rauschen, HiHu 17, Seite 224
18.09.1891, Königsberg, HiHu 18, Seite 225
19.09.1891, Halle, HiHu 19, Seite 226
25.08.1892, Kirtigehnen bei St. Lorenz, HiHu 20, Seite 232
18.09.1892, Ort fehlt, HiHu 21, Seite 237
24.10.1892, Königsberg, HiHu 22, Seite 238
31.12.1892, Königsberg i.Pr., HiHu 23, Seite 241
13.01.1893, Königsberg, HiHu 24, Seite 244
08.03.1893, Königsberg, HiHu 25, Seite 250
19.04.1893, Königsberg, HiHu 26, Seite 253
15.05.1893, Königsberg, HiHu 27, Seite 257
31.05.1893, Königsberg, HiHu 28, Seite 258
21.06.1893, Cranz, HiHu 29, Seite 261
21.07.[1893 (ergänzt)], Cranz, HiHu 30, Seite 261
14.08.1893, Cranz, HiHu 31, Seite 266
15.09.1893, Cranz, HiHu 32, Seite 267
irgendwann nach 10.10.1893, Ort fehlt, HiHu 33, Seite 269
23.11.1893, Königsberg, HiHu 34, Seite 270
06.01.1894, Königsber, HiHu 35, Seite 277
17.03.1894, Königsberg, HiHu 36, Seite 283
20.04.1894, Königsberg, HiHu 37, Seite 285
30.04.1894, Königsberg, HiHu 38, Seite 288
31.05.1894, Königsberg, HiHu 39, Seite 289

J. M. Hänel et al., *Drei mathematische Freunde*, Mathematik im Kontext,
https://doi.org/10.1007/978-3-662-71861-2

13.06.1894, Königsberg, HiHu 40, Seite 291
29.07./05.08.1894, Königsberg/Kleinteich, HiHu 41, Seite 294
01.10.1894, Kleinteich, HiHu 42, Seite 299
14.10.1894, Zürich, HiHu 43, Seite 301
29.12.1894, Königsberg, HiHu 44, Seite 301
25.02.1895, Königsberg, HiHu 45, Seite 303
25.06.1895, Göttingen, HiHu 46, Seite 312
05.10.1895, Göttingen, HiHu 47, Seite 322
22.11.1895, Göttingen, HiHu 48, Seite 324
30.12.1895, Göttingen, HiHu 49, Seite 329
26.11.1896, Göttingen, HiHu 50, Seite 353
11.03.1897, Göttingen, HiHu 51, Seite 361
29.03.1897, Göttingen, HiHu 52, Seite 367
07.04.1897, Göttingen, HiHu 53, Seite 370
26.04.1897, Göttingen, HiHu 54, Seite 372
25.05.1897, Königsberg, HiHu 55, Seite 375
03.06.1897, Göttingen, HiHu 56, Seite 377
09.11.1897, Göttingen, HiHu 57, Seite 383
16.03.1898, Göttingen, HiHu 58, Seite 387
31.12.1898, Göttingen, HiHu 59, Seite 398
03.09.1899, Rauschen, HiHu 60, Seite 411
05/12.11.1899, Göttingen, HiHu 61, Seite 412
25.08.1900, Kirtigehnen, HiHu 62, Seite 428
21.11.1900, Göttingen, HiHu 63, Seite 434
27.12.1900, Göttingen, HiHu 64, Seite 439
Ende 1901,Rauschen, HiHu 66, Seite 453
25.09.1901, Hamburg, HiHu 65, Seite 452
17.08.1902, Lysekil, HiHu 67, Seite 461
Frühjahr 1903, Ort fehlt, HiHu 72, Seite 470
22.01.1903, Göttingen, HiHu 68, Seite 466
17.03.1903, Ort fehlt, HiHu 69, Seite 469
27.03.1903, Göttingen, HiHu 70, Seite 469
29.03.1903, Mailand, HiHu 71, Seite 470
17.04.1903, Ort fehlt, HiHu 73, Seite 471
02.06.1903, Göttingen, HiHu 74, Seite 472
25.08.1903, Westerland, HiHu 75, Seite 473
19.??.1904, Göttingen, HiHu 76, Seite 481
17.06.1904, Göttingen, HiHu 77, Seite 484
vermutet 1905, Königsberg-Berlin, HiHu 78, Seite 486
11.03.1905, Göttingen, HiHu 79, Seite 489
28.03.1905, Göttingen, HiHu 80, Seite 490
03.04.1905, Göttingen, HiHu 81, Seite 491
16.04.1905, Ort fehlt, HiHu 82, Seite 492
08.05.1905, Göttingen, HiHu 83, Seite 493
18.06.1905, Göttingen, HiHu 84, Seite 496

Hurwitz an Hilbert

19.12.1893, Zürich, HuHi 16, Seite 273
30.01.1894, Zürich, HuHi 17, Seite 280
08.03.1894, Zürich, HuHi 18, Seite 283
26.04.1894, Zürich, HuHi 19, Seite 286
04.05.1894, Zürich, HuHi 20, Seite 288
03.06.1894, Zürich, HuHi 21, Seite 290
16.06.1894, Zürich, HuHi 22, Seite 292
28.09.1894, Zürich, HuHi 23, Seite 297
02.01.1895, Zürich, HuHi 24, Seite 302
11.03.1895, Zürich, HuHi 25, Seite 304
19.06.1895, Zürich, HuHi 26, Seite 310
28.06.1895, Zürich, HuHi 27, Seite 314
29.11.1895, Zürich, HuHi 28, Seite 324
07.04.1896, Zürich, HuHi 29, Seite 337
24.03.1897, Zürich, HuHi 30, Seite 365
06.04.1897, Zürich, HuHi 31, Seite 369
14.04.1897, Zürich, HuHi 32, Seite 371
10.05.1897, Zürich, HuHi 33, Seite 372
29.05.1897, Zürich, HuHi 34, Seite 375
01.06.1897, Zürich, HuHi 35, Seite 376
05.07.1897, Zürich, HuHi 36, Seite 378
06.11.1897, Zürich, HuHi 37, Seite 382
17.11.1897, Zürich, HuHi 38, Seite 384
15.03.1898, Zürich, HuHi 39, Seite 387
08.06.1898, Zürich, HuHi 40, Seite 391
04.07.1898, Zürich, HuHi 41, Seite 391
09.09.1898, Zürich, HuHi 42, Seite 395
06.12.1898, Zürich, HuHi 43, Seite 395
15.01.1899, Zürich, HuHi 44, Seite 400
05.07.1899, Zürich, HuHi 45, Seite 409
10.09.1899, Zürich, HuHi 46, Seite 411
13.03.1900, Cannes, HuHi 47, Seite 420
03.07.1900, Zürich, HuHi 48, Seite 423
14.08.1900, Ort fehlt, HuHi 49, Seite 427
05.11.1900, Zürich, HuHi 50, Seite 431
30.12.1900, Zürich, HuHi 51, Seite 439
09.05.1901, Zürich, HuHi 52, Seite 445
30.12.1901, Zürich, HuHi 53, Seite 455
31.12.1902, Zürich, HuHi 54, Seite 464
25.01.1903, Zürich, HuHi 56, Seite 469
09.03.1903, Zürich, HuHi 55, Seite 468
08.06.1903, Zürich, HuHi 57, Seite 472
11.09.1903, Zürich, HuHi 58, Seite 475
16.01.1904, Zürich, HuHi 59, Seite 479
09.03.1905, Zürich, HuHi 60, Seite 488

08.02.1894, Bonn, MiHi 21, Seite 282
20.08.1894, Königsberg in Pr., MiHi 22, Seite 296
28.03.1895, Königsberg in Pr., Mitteltragheim 6., MiHi 23, Seite 306
16.04.1895, Königsberg in Pr., MiHi 24, Seite 307
17.05.1895, Königsberg in Pr., MiHi 25, Seite 309
01.07.1895, Königsberg i. Pr., MiHi 26, Seite 318
30.08.1895, Cranz, Kirchenstrasse 19, MiHi 27, Seite 320
24.09.1895, Königsberg i. Pr., MiHi 28, Seite 321
04.12.1895, Königsberg in Pr., MiHi 29, Seite 327
30.12.1895, Königsberg in Pr., MiHi 30, Seite 331
22.01.1896, Königsberg i. Pr., MiHi 31, Seite 332
10.02.1896, Königsberg in Pr., MiHi 32, Seite 333
31.03.1896, Berlin, Savoy-Hotel, MiHi 33, Seite 336
05.04.1896, Berlin, Savoy-Hotel, MiHi 34, Seite 336
30.05.1896, Königsberg in Pr., MiHi 35, Seite 341
21.07.1896, Kbg in Pr., MiHi 36, Seite 343
28.08.1896, Strassburg im Els., MiHi 37, Seite 345
05.09.1896, Strassburg im Elsass, Ruprechtsauer Allee 4, MiHi 38, Seite 346
17.11.1896, Zürich V, Freiestrasse 102, MiHi 39, Seite 350
21.11.1896, Zürich, MiHi 40, Seite 352
07.12.1896, Zürich, MiHi 41, Seite 355
10.12.1896, Zürich, MiHi 42, Seite 356
30.12.1896, Zürich V, Freiestrasse 102, MiHi 43, Seite 356
07.01.1897, Zürich, MiHi 44, Seite 357
20.01.1897, Zürich, MiHi 45, Seite 357
31.01.1897, Zürich, Freiestrasse 102, MiHi 46, Seite 358
09.02.1897, Zürich, MiHi 47, Seite 360
11.03.1897, Zürich, Freiestrasse 102, MiHi 48, Seite 361
17.03.1897, Zürich, MiHi 49, Seite 363
21.03.1897, Zürich, MiHi 50, Seite 364
04.04.1897, Zürich, MiHi 51, Seite 368
15.05.1897, Zürich, MiHi 52, Seite 373
30.05.1897, Zürich, MiHi 53, Seite 376
10.06.1897, Zürich, MiHi 54, Seite 378
23.07.1897, Zürich, Freiestrasse 102, MiHi 55, Seite 379
23.11.1897, Zürich, V, Mittelstrasse 12, MiHi 56, Seite 385
13.04.1898, Zürich, Mittelstrasse 12, MiHi 57, Seite 389
20.07.1898, Zürich, MiHi 58, Seite 392
06.12.1898, Zürich, Mittelstrasse 12, MiHi 59, Seite 397
11.02.1899, Zürich, MiHi 60, Seite 402
20.02.1899, Zürich, MiHi 61, Seite 404
09.03.1899, Zürich, MiHi 62, Seite 404
11.05.1899, Zürich, MiHi 63, Seite 405
12.05.1899, Zürich, MiHi 64, Seite 406
05.06.1899, Zürich, MiHi 65, Seite 407

24.06.1899, Zürich, MiHi 66, Seite 408
30.12.1899, Zürich, Mittelstrasse 12, MiHi 67, Seite 415
05.01.1900, Zürich, Mittelstrasse 12, MiHi 68, Seite 416
25.02.1900, Zürich, Mittelsrasse 12, MiHi 69, Seite 418
09.03.1900, Zürich, MiHi 70, Seite 419
18.03.1900, Zürich, Mittelstr. 12, MiHi 71, Seite 421
22.03.1900, Zürich, MiHi 72, Seite 421
24.03.1900, Strassburg, MiHi 73, Seite 422
22.06.1900, Zürich, MiHi 74, Seite 422
10.07.1900, Zürich, MiHi 75, Seite 424
17.07.1900, Zürich, MiHi 76, Seite 425
28.07.1900, Zürich, MiHi 77, Seite 426
11.09.1900, Zürich, Mittelstrasse 12, MiHi 78, Seite 429
05.11.1900, Zürich, MiHi 79, Seite 433
10.12.1900, Zürich, MiHi 80, Seite 436
04.01.1901, Königsberg in Pr., M.19, MiHi 81, Seite 442
11.03.1901, Zürich, Mittelstrasse 12, MiHi 82, Seite 443
26.03.1901, Strassburg im Elsass, MiHi 83, Seite 444
30.07.1901, Zürich, Mittelstr. 12, MiHi 84, Seite 448
26.08.1901, Vulpera-Tarasp., MiHi 85, Seite 449
05.09.1901, Weesen, MiHi 86, Seite 450
20.09.1901, Zürich, MiHi 87, Seite 451
30.10.1901, Zürich, MiHi 88, Seite 452
17.03.1902, Zürich, Mittelstr. 12, MiHi 89, Seite 456
05.07.1902, Zürich, Mittelstr. 12, MiHi 90, Seite 457
13.07.1902, Zürich, Mittelstrasse 12, MiHi 91, Seite 458
17.07.1902, Zürich, Mittelstrasse 12, MiHi 92, Seite 459
21.07.1902, Zürich, MiHi 93, Seite 461
25.03.1904, Göttingen, MiHi 94, Seite 483
09.09.1906, Göttingen, MiHi 95, Seite 506
04.05.1908, Göttingen, MiHi 96, Seite 517
09.05.1908, Göttingen, MiHi 97, Seite 518
14.05.1908, Göttingen, MiHi 98, Seite 521

Minkowski an Hurwitz

25.07.1889, Bonn, Thomastraße 22, MiHu 1, Seite 207
25.01.1890, Bonn, MiHu 2, Seite 211
24.02.1890, Bonn, MiHu 3, Seite 211
10.04.1890, Königsberg in Pr., MiHu 4, Seite 215
24.02.1891, Bonn, MiHu 5, Seite 221
05.01./07.02.1892, Bonn, MiHu 6, Seite 227
11.06.1892, Bonn, MiHu 7, Seite 231
18.08.1892, Bonn, MiHu 8, Seite 232
11.05.1896, Königsberg, Mitteltragheim, MiHu 9, Seite 339
22.08.1896, Königsberg, MiHu 10, Seite 344
24.08.1896, Strassburg i. Els., Ruprechtsauer Allee 4, MiHu 11, Seite 344

24.08.1896, Strassburg i. Els., Ruprechtsauer Allee 4, MiHu 12, Seite 344
07.09.1896, Strassburg i. Els., Ruprechtsauer Allee, MiHu 13, Seite 347
14.09.1896, Berlin, MiHu 14, Seite 348
19.09.1896, Königsberg i. Pr., Mitteltragheim 6, MiHu 15, Seite 349
07.10.1896, Königsberg in Pr., MiHu 16, Seite 350
20.08.1897, Strassburg. im Elsass, Universitätsplatz 8, MiHu 17, Seite 380
03.08.1898, Zürich, Mittelstraße 12, MiHu 18, Seite 393
25.08.1898, Zürich, Mittelstraße 12, MiHu 19, Seite 394
22.12.1902, Savoy Hotel, Friedrichstraße 103, Berlin, MiHu 20, Seite 462
27.08.1903, Crantz, Plantagestr. 3, MiHu 21, Seite 463
25.12.1903, Göttingen, Planckstr. 15, MiHu 22, Seite 477
14.02.1904, Göttingen, MiHu 23, Seite 482
02.12.1904, Göttingen, Planckstr. 15, MiHu 24, Seite 485
13.02.1905, Göttingen, MiHu 25, Seite 486
10.06.1905, Ort fehlt, MiHu 26, Seite 494
29.12.1905, Göttingen, MiHu 27, Seite 501
29.12.1906, Göttingen, Planckstr. 15, MiHu 28, Seite 510
24.06.1907, Göttingen, MiHu 29, Seite 512
01.02.1908, Göttingen, MiHu 30, Seite 516
10.05.1908, Göttingen, MiHu 31, Seite 520

MIX
Papier aus verantwortungsvollen Quellen
Paper from responsible sources
FSC® C105338

If you have any concerns about our products,
you can contact us on
ProductSafety@springernature.com

In case Publisher is established outside the EU,
the EU authorized representative is:
Springer Nature Customer Service Center GmbH
Europaplatz 3, 69115 Heidelberg, Germany

Printed by Libri Plureos GmbH
in Hamburg, Germany